W0014677

Elemente der Mathematik

Niedersachsen

11./12. Schuljahr
Grundlegendes und erhöhtes Niveau

Herausgegeben von
Heinz Griesel, Andreas Gundlach, Helmut Postel, Friedrich Suhr

Schroedel

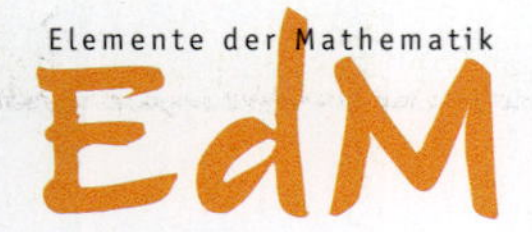

Niedersachsen 11/12
Grundlegendes und erhöhtes Niveau

Herausgegeben von
Prof. Dr. Heinz Griesel, Dr. Andreas Gundlach, Prof. Helmut Postel, Friedrich Suhr

Bearbeitet von
Roland Dinkel, Gabriele Dybowski, Manuel Garcia Mateos, Dr. Andreas Gundlach, Prof. Dr. Klaus Heidler, Dr. Arnold Hermans, Anke Horn, Reinhard Kind, Dr. Reinhard Köhler, Jakob Langenohl, Wolfgang Mathea, Hanns Jürgen Morath, Prof. Dr. Lothar Profke, Dr. Rolf-Ingraban Riemer, Sandra Schmitz, Heinz Klaus Strick, Friedrich Suhr, Dr. Jürgen Vaupel

Für Niedersachsen bearbeitet von
Dr. Andreas Gundlach, Dr. Arnold Hermans, Reinhard Kind, Hans Kramer, Stefan Luislampe, Alheide Röttger, Heinz Klaus Strick, Thomas Sperlich, Friedrich Suhr, Wilhelm Weiskirch

Zum Schülerband erscheint: Lösungen Best.-Nr. 978-3-507-87921-8 und 978-3-507-87922-5

© 2009 Bildungshaus Schulbuchverlage
Westermann Schroedel Diesterweg Schöningh Winklers GmbH, Braunschweig
www.schroedel.de

Das Werk und seine Teile sind urheberrechtlich geschützt. Jede Nutzung in anderen als den gesetzlich zugelassenen Fällen bedarf der vorherigen schriftlichen Einwilligung des Verlages.
Hinweis zu § 52 a UrhG: Weder das Werk noch seine Teile dürfen ohne eine solche Einwilligung gescannt und in ein Netzwerk eingestellt werden. Dies gilt auch für das Intranet von Schulen und sonstigen Bildungseinrichtungen.
Auf verschiedenen Seiten dieses Buches befinden sich Verweise (Links) auf Internet-Adressen.
Haftungshinweis: Trotz sorgfältiger inhaltlicher Kontrolle wird die Haftung für die Inhalte der externen Seiten ausgeschlossen. Für den Inhalt dieser externen Seiten sind ausschließlich deren Betreiber verantwortlich. Sollten sie bei dem angegebenen Inhalt des Anbieters dieser Seite auf kostenpflichtige, illegale oder anstößige Inhalte treffen, so bedauern wir dies ausdrücklich und bitten Sie, uns umgehend per E-Mail davon in Kenntnis zu setzen, damit beim Nachdruck der Verweis gelöscht wird.

Druck A[1] / Jahr 2009
Alle Drucke der Serie A sind im Unterricht parallel verwendbar.

Redaktion: Dr. Petra Brinkmeier
Herstellung: Reinhard Hörner
Umschlaggestaltung: sensdesign, Roland Sens, Hannover
Illustrationen: Dietmar Griese, Laatzen
Zeichnungen: Michael Wojczak, Budjadingen; Langner und Partner, Hemmingen
Satz und Layout: imprint, Zusmarshausen
Repro, Druck und Bindung: westermann druck GmbH, Braunschweig

ISBN 978-3-507-**87920**-1

Vorwort

Elemente der Mathematik 11/12 wurde auf der Basis des neuen Kerncurriculums für die gymnasiale Oberstufe für Gymnasien, Gesamtschulen, Abendgymnasien und Kollegs in Niedersachsen entwickelt und kann sowohl für den Unterricht auf grundlegendem Niveau als auch auf erhöhtem Niveau eingesetzt werden. Der Aufbau und die didaktische Konzeption des vorliegenden Buches zielen darauf hin, vielfältige Lernsituationen zum Erwerb prozess- und inhaltsbezogener Kompetenzen bereitzustellen. So werden die Lernenden optimal auf das Abitur vorbereitet und den Lehrenden werden Anregungen und Hilfen für einen zeitgemäßen Mathematikunterricht gegeben.

Zur allgemeinen Zielsetzung des Buches

Zum Entwicklungsstand des vorliegenden Buches

Neben den Erfahrungen aus dem Unterricht in Niedersachsen mit den Vorgängerbänden sind aktuelle fachdidaktische Erkenntnisse in die Entwicklung des vorliegenden Buches eingeflossen.
Konsequent wird der grafikfähige Taschenrechner eingesetzt; darüber hinaus gibt es Angebote zum Einsatz von Computer-Algebra-Systemen. (Entsprechende Aufgaben sind am Symbol CAS zu erkennen.) Aber auch die Entwicklung händischer Fähigkeiten und Fertigkeiten wird gezielt unterstützt.
Die Entwicklung der prozessbezogenen Kompetenzen erfolgt über Aktivitäten der Lernenden. Voraussetzung für Aktivität überhaupt ist Grundwissen, womit wiederum inhaltliche Kompetenzen verbunden sind. Die Kompetenzentwicklung bei Lernenden kann über vier *Aktivitätsbereiche* sowohl analysiert, als auch konstruiert werden. So fördert das vorliegende Buch die Entwicklung von Kompetenzen aus den Bereichen Lernen, Begründen, Problemlösen und Kommunizieren in besonderer Weise dadurch, dass die Zugänge und Aufgaben – auch verstärkt durch den Einsatz neuer Technologien – gezielt *darstellend-interpretative Aktivitäten*, *heuristisch-experimentelle Aktivitäten*, *kritisch-argumentative Aktivitäten*, aber auch *formal-operative Aktivitäten* einfordern. Die reichhaltige Aufgabenkultur ermöglicht es den Schülerinnen und Schülern, durch Anknüpfen an Alltagserfahrungen und an Vorerfahrungen im Mathematik-Unterricht mathematische Zusammenhänge eigenständig zu entdecken und zu entwickeln. Dabei werden sie sich der Lösungsstrategien bewusst und erkennen auch Fehler und Umwege als bedeutsame Bestandteile von Lernprozessen. (Aufgaben zur Fehlersuche sind am Symbol zu erkennen.) Insbesondere wird bei den Aufgaben Wert gelegt auf das Ermöglichen unterschiedlicher Unterrichtsformen, zu erkennen an den Symbolen für Partnerarbeit und für Gruppenarbeit.

Zum Aufbau des Buches

1. Das Buch ist in neun Kapitel gegliedert, die das Kerncurriculum exakt widerspiegeln. Jedes der Kapitel 1 bis 8 stellt einen der acht Lernbereiche des Kerncurriculums dar. Das Kapitel 9 enthält Aufgaben zur Vorbereitung auf das Abitur. Über den Kern hinausgehende Inhalte sind innerhalb der Kapitel als **Zusatz** gekennzeichnet. (Entsprechende Aufgaben sind am Symbol zu erkennen.) Inhalte für das **erhöhte Niveau** sind ebenfalls ausgewiesen. (Aufgaben dazu sind am Symbol eN zu erkennen.)

2. Jedes Kapitel beginnt mit einer **Einstiegsseite**, die kurz in die neue Thematik einführt und die Bedeutung der neuen Inhalte erläutert und einordnet, die die Lernenden aktiviert und die Ziele des Kapitels nennt. An die Einstiegsseite schließt ein **Lernfeld** an. Hier haben die Lernenden anhand verschiedener Problemsituationen die Gelegenheit, neue Inhalte in größeren Zusammenhängen über eigene Wege zu erarbeiten. Die Problemstellungen eines Lernfeldes müssen nicht im Block nacheinander bearbeitet

werden, vielmehr ist es dem Lehrenden überlassen, an welchen Stellen im Unterricht das jeweilige Problem als Zugang zu neuen Erkenntnissen genutzt wird.

3. Die Erarbeitung des Stoffes erfolgt in einzelnen **Lerneinheiten**, die alle durchnummeriert und im Inhaltsverzeichnis aufgeführt sind. Eine Lerneinheit beginnt im Allgemeinen mit einer problemorientierten **Einstiegsaufgabe** mit vollständiger Lösung, die zum Kern der Einheit führt. Ist das Problem allerdings so gelagert, dass die Lernenden kaum eine Chance haben, selbstständig eine Lösung zu finden, so wird statt der Einstiegsaufgabe eine aktivitätsbezogene **Einführung** in das Problem gegeben. Sowohl die Einstiegsaufgaben mit Lösung, als auch die Einführungen geben den Lernenden die wertvolle Gelegenheit, die Lerneinheiten in Ruhe zu Hause nachzuarbeiten. Lehrerinnen und Lehrer können sich an diesen Stellen schnell einen Überblick über den von den Autoren vorgeschlagenen didaktisch-methodischen Weg verschaffen und können ihn deshalb leichter für ihr eigenes Vorgehen nutzen, abwandeln oder einen anderen Zugang wählen. Hierfür bietet sich auch die alternative Einstiegsaufgabe an (siehe unten).
   Um den Theorieteil einer Lerneinheit im Buch übersichtlicher beieinander zu haben, folgen nach der Einstiegsaufgabe bzw. der Einführung **weiterführende Aufgaben**, die im Unterricht in aller Regel erst nach einer ersten Festigung der neuen Inhalte behandelt werden. Deshalb ist bei den weiterführenden Aufgaben auch immer an einer Überschrift zu erkennen, welcher weiterführende Aspekt angesprochen wird, sodass die Lehrenden entscheiden können, ob und wann sie diesen Aspekt behandeln möchten. Falls der Aspekt behandelt werden soll, empfehlen die Autoren die Behandlung der weiterführenden Aufgaben im Unterricht. Dies schließt nicht aus, dass Schülerinnen und Schüler diese Aufgaben eigenständig bearbeiten und ihr Ergebnis präsentieren. Die Lösungen jedoch sollten zur Ergebnissicherung im Unterricht besprochen werden.
   Die Ergebnisse aus den Einstiegsaufgaben bzw. Einführungen und mitunter auch aus weiterführenden Aufgaben werden in übersichtlichen **Informationen** mit Definitionen, Sätzen und Beispielen zusammengefasst.
   Die **Übungsaufgaben** beginnen in aller Regel mit einer **alternativen Einstiegsaufgabe**, deren Lösung nicht im Buch ausgeführt wird. Damit wird oft auch ein anderer, in der Lösung offenerer Zugang zum Kern der Lerneinheit angeboten.

4. Neben den oben erwähnten Lerneinheiten werden im Buch auch Lerneinheiten zum **selbst lernen** angeboten, in der das Thema so aufbereitet ist, dass es von den Lernenden selbstständig bearbeitet werden kann.

5. Unter der Überschrift **Blickpunkt** werden innermathematische, aber insbesondere auch fachübergreifende, komplexere Themen, die von besonderem Interesse sind und in engem Zusammenhang mit dem Lerninhalt des Kapitels stehen, als Ganzes behandelt. Diese Abschnitte eignen sich auch zur Differenzierung und Förderung von eigenständigen Schüleraktivitäten über einen etwas größeren Zeitraum.

6. **Exkurse** geben interessante Einblicke in die Geschichte der Mathematik und in das Leben und Wirken ausgewählter bedeutender Mathematiker.

7. Den Abschluss eines Kapitels bildet ein **Klausurtraining**. Die Aufgaben dienen der Organisation des selbstständigen Lernprozesses. Zur Kontrolle sind alle Lösungen im Anhang des Buches abgedruckt.

8. In den Abschnitten **Bleib fit in ...** vor einigen Kapiteln, werden Inhalte aus früheren Schuljahren sowohl bezüglich der Grundvorstellungen, als auch bezüglich der Grundfähigkeiten wiederholt und damit die Voraussetzung für die Erarbeitung neuen Inhalte gesichert.

Inhaltsverzeichnis

Im Buch verwendete Symbole

Alternativer Einstieg

Partnerarbeit

Gruppenarbeit

thematisiert häufige Schülerfehler

Einsatz eines Computer-Algebra-Systems sinnvoll

Übungsaufgaben für erhöhtes Niveau

Aufgabe zu einem Zusatzthema

kennzeichnet Zusatzthemen

kennzeichnet Abschnitte für das erhöhte Niveau

kennzeichnet Abschnitte zum Selbst lernen

Bleib fit in Differenzialrechnung

Zum Aufwärmen

1 Das abgebildete Höhenprofil beschreibt einen kleinen Pfad in den Bergen.

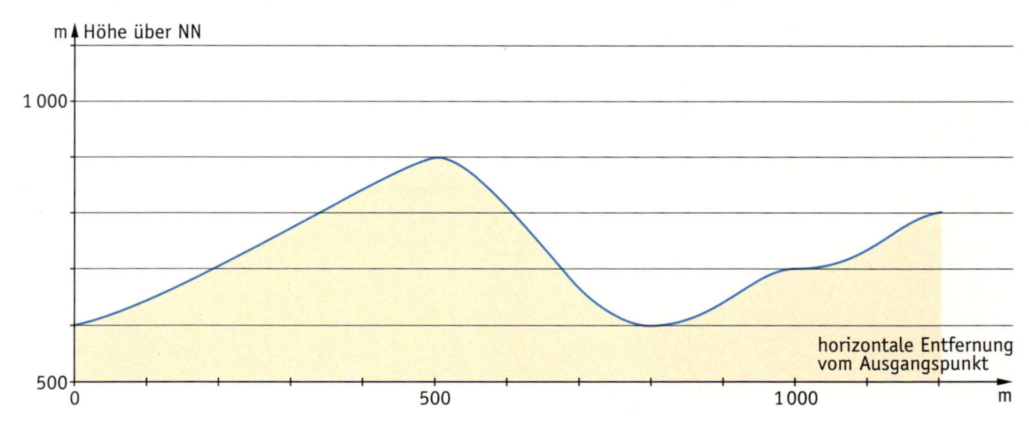

Bestimmen Sie die Steigung in einigen Punkten und skizzieren Sie damit den Graphen der Funktion *horizontale Entfernung von Ausgangspunkt (in m)* $\mapsto$ *Steigung an dieser Stelle.*

2 Bei einer Überschwemmung wurden die Wasserstände in den Radio-Nachrichten mitgeteilt.

Uhrzeit	7	9	10	13	17
Wasserstand (in m)	1,10	1,40	1,80	2,70	2,90

a) Ermitteln Sie, in welcher Zeitspanne der Wasserstand am schnellsten angestiegen ist.

b) Wie müsste man vorgehen, um die Geschwindigkeit, mit der sich der Wasserstand um 9 Uhr ändert, zu bestimmen?

3 In der oberen Bildzeile sind Graphen von Funktionen, in der unteren Graphen der zugehörigen Ableitungsfunktionen abgebildet.

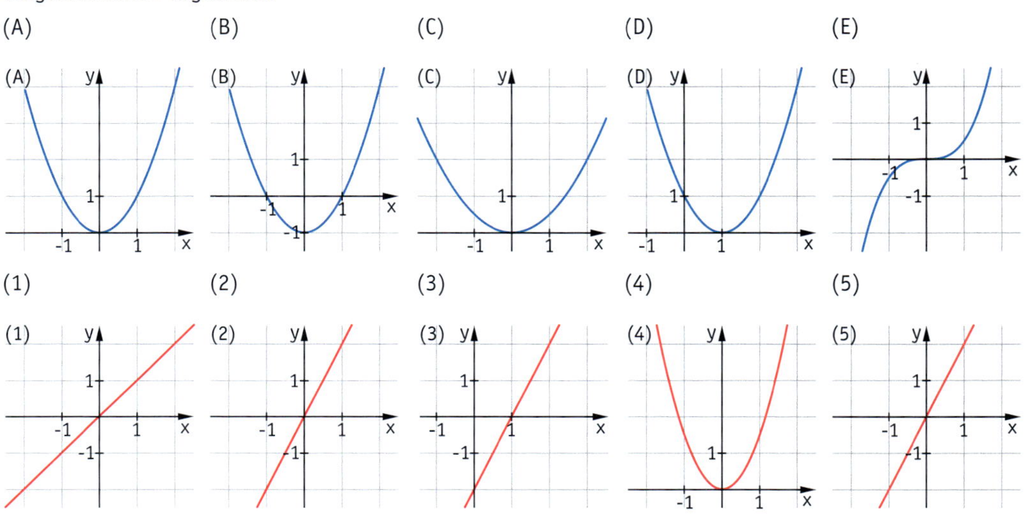

a) Ordnen Sie zu, welcher Funktionsgraph zu welchem Ableitungsgraphen gehört.

b) Ermitteln Sie die Funktionsterme der Funktionen und der Ableitungen.

Zur Erinnerung

(1) Steigung – Ableitung – Änderungsrate

P ist ein Punkt auf dem Graphen einer Funktion f mit den Koordinaten $P(x_0 | f(x_0))$. Als **Steigung des Graphen der Funktion f im Punkt P** bezeichnet man die Steigung der Tangente an den Graphen in diesem Punkt P. Diese Steigung an der Stelle x_0 heißt **Ableitung** der Funktion f an der Stelle x_0. Die Ableitung von f an der Stelle x_0 wird mit $f'(x_0)$ bezeichnet, gelesen: *f Strich von x_0*.

Es gilt:
$f'(x_0) = \lim\limits_{x \to x_0} \frac{f(x) - f(x_0)}{x - x_0}$

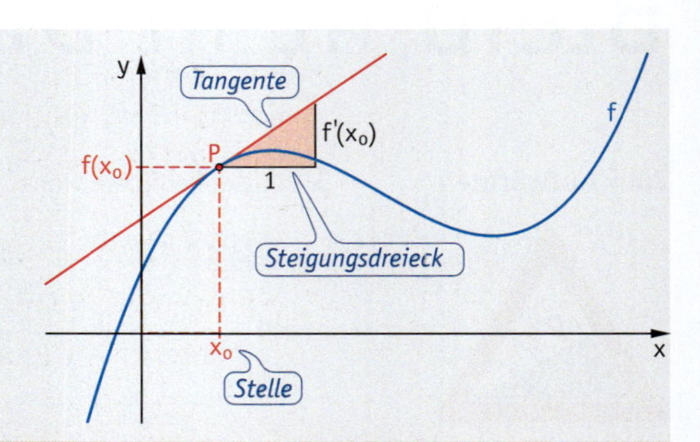

Die Ableitung $f'(x_0)$ gibt auch die **lokale Änderungsrate** der Funktion f an der Stelle x_0 an.

(2) Ableitungsregeln

Potenzregel
Für alle rationalen Zahlen r gilt: Die Funktion f mit $f(x) = x^r$ hat die Ableitung $f'(x) = r x^{r-1}$.

Ein konstanter Faktor bleibt beim Ableiten erhalten.

Faktorregel
Wenn die Funktion u die Ableitung u' hat, dann hat die Funktion f mit $f(x) = k \cdot u(x)$ mit $k \in \mathbb{R}$ die Ableitung $f'(x) = k \cdot u'(x)$.

Eine Summe wird gliedweise abgeleitet.

Summenregel
Wenn die Funktion u die Ableitung u' und die Funktion v die Ableitung v' hat, dann hat die Funktion f mit $f(x) = u(x) + v(x)$ die Ableitung $f'(x) = u'(x) + v'(x)$

Innere Ableitung mal äußere Ableitung

Kettenregel bei linearer innerer Funktion
Wenn die Funktion u die Ableitung u' hat, dann hat für $a, b \in \mathbb{R}$ die Funktion f mit $f(x) = u(ax + b)$ die Ableitung $f'(x) = a \cdot u'(ax + b)$.

Beispiele

- $f(x) = x^4$ hat die Ableitung $f'(x) = 4x^3$
- $f(x) = \frac{1}{x^2} = x^{-2}$ hat die Ableitung $f'(x) = -2x^{-3} = -\frac{2}{x^3}$
- $f(x) = \sqrt{x} = x^{\frac{1}{2}}$ hat die Ableitung $f'(x) = \frac{1}{2}x^{-\frac{1}{2}} = \frac{1}{2\sqrt{x}}$
- $f(x) = -2x^3$ hat die Ableitung $f'(x) = -2 \cdot 3x^2 = -6x^2$
- $f(x) = x^3 + x$ hat die Ableitung $f'(x) = 3x^2 + 1$
- $f(x) = (-2x + 5)^3$ hat die Ableitung $f'(x) = (-2) \cdot 3(-2x + 5)^2 = -6(-2x + 5)^2$

(3) Ableitung trigonometrischer Funktionen

Die Sinusfunktion f mit $f(x) = \sin x$ hat die Ableitung $f'(x) = \cos x$.
Die Kosinusfunktion f mit $f(x) = \cos x$ hat die Ableitung $f'(x) = -\sin x$.

Zum Trainieren

4 Die Höhe einer startenden Rakete kann in den ersten 20 Sekunden nach dem Start näherungsweise beschrieben werden durch die Funktion mit dem Term $h(t) = 3t^2$. Dabei wird die Zeit t nach dem Start in s und die zugehörige Höhe h(t) in m angegeben.

a) Zeichnen Sie den Graphen.

b) Bestimmen Sie folgende Terme und geben Sie deren Bedeutung für den Sachverhalt an.

(1) $h(5)$ (2) $h(10) - h(0)$ (3) $\frac{h(10) - h(0)}{10 - 0}$ (4) $h'(5)$ (5) $\lim\limits_{t \to 10} \frac{h(t) - h(10)}{t - 10}$

Markante Punkte beachten

5 Der Funktionsgraph rechts beschreibt den Temperaturverlauf eines Tages im Spätsommer. Skizzieren Sie den Graphen der Ableitung dieser Funktion und erläutern Sie die Bedeutung der Ableitung.

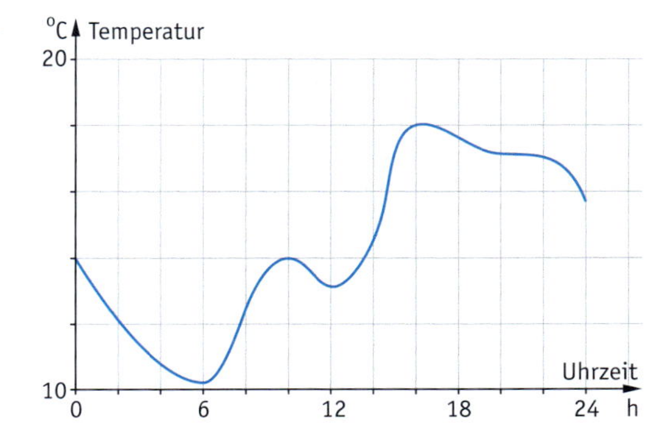

6 Bestimmen Sie die Ableitung.

a) $f(x) = x^7$
b) $f(x) = \frac{1}{x}$
c) $f(x) = \sqrt[3]{x}$
d) $f(x) = 3x^8$
e) $f(x) = 2\sqrt{x}$
f) $f(x) = \frac{3}{x^2}$
g) $f(x) = x^4 + x^2$
h) $f(x) = 2x^3 + x$
i) $f(x) = x^5 - 2x^2$
j) $f(x) = 5x^4 - x^3 + 2x + 1$
k) $f(x) = \sin(2x - 1)$
l) $f(x) = 2\cos\left(\frac{x}{2} - 1\right)$

7 Geben Sie zwei verschiedene Funktionen zu der angegebenen Ableitung an.

a) $f'(x) = 9x^8$
b) $f'(x) = 4x^5$
c) $f'(x) = 3x^2 - x$
d) $f'(x) = x^2 + 2x$
e) $f'(x) = -\frac{3}{x^2}$
f) $f'(x) = \frac{1}{\sqrt{x}}$
g) $f'(x) = \sin(x)$
h) $f'(x) = 2\cos(2x + 1)$
i) $f'(x) = \sin\left(\frac{x}{2}\right)$

8 Bestimmen Sie die Ableitung f′ von f.

a) $f(x) = 3x^3 - 9x^2 + x + 2$
b) $f(x) = \frac{1}{4}x^5 - \frac{2}{3}x^3 + \frac{2}{7}x - 1$
c) $f(x) = \sqrt{3}\,x^6 - \pi x^3 + 18^2$

9 Berechnen Sie die Steigung der Tangente an den Graphen von f im Punkt P.

a) $f(x) = x^3$; $P(2\,|\,y)$
b) $f(x) = \frac{1}{3}x^4 - 5x^3$; $P(0\,|\,0)$
c) $f(x) = x^2 - 2\sin x$; $P(\pi\,|\,y)$

10 Betrachten Sie die Funktion, die jeder Kantenlänge a das Volumen des zugehörigen Würfels zuordnet. Bestimmen Sie die lokale Änderungsrate. Deuten Sie Ihr Ergebnis geometrisch.

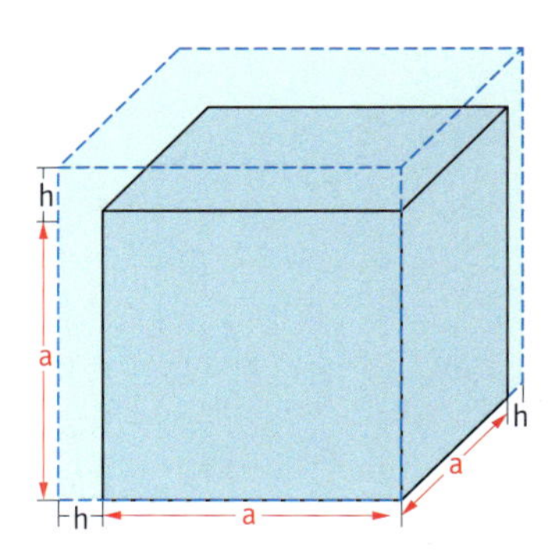

11 Ermitteln Sie, an welchen Stellen der Funktionsgraph die Steigung 1 hat.

a) $f(x) = x^2$
b) $f(x) = \frac{1}{2}x^4$
c) $f(x) = x^3$
d) $f(x) = \sqrt{x}$
e) $f(x) = \frac{1}{x}$
f) $f(x) = \sin(x)$

Bleib fit in Funktionsuntersuchungen

Zum Aufwärmen

1 Die nebenstehende Abbildung zeigt den Graphen der Ableitungsfunktion f′ einer Funktion f in einem Intervall. Nennen Sie die Bereiche, in denen f streng monoton wachsend bzw. streng monoton fallend ist. An welchen Stellen hat der Graph von f Extrempunkte?
Skizzieren Sie einen möglichen Graphen von f.

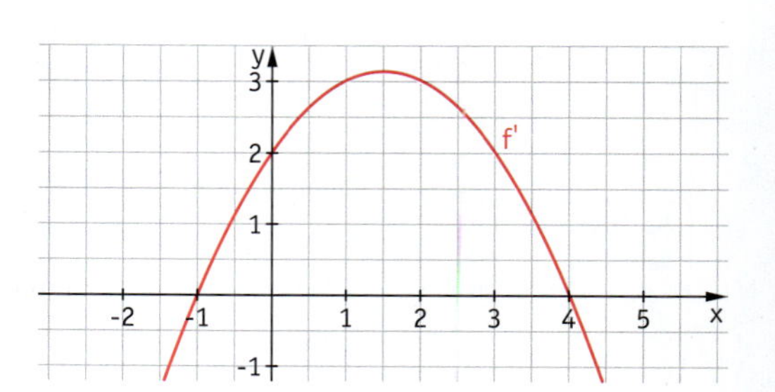

2 Unten sind die Graphen der Funktionen zu $f(x) = \frac{1}{3}x^3 - 2x$, $g(x) = \frac{1}{2}x^4 - 4x^2 + 3$, $h(x) = \frac{1}{5}x^5 - \frac{3}{4}x^4$ abgebildet. Ordnen Sie diese Funktionen den Graphen zu, ohne einen GTR zu verwenden. Begründen Sie Ihre Entscheidung am Funktionsterm.

(1)

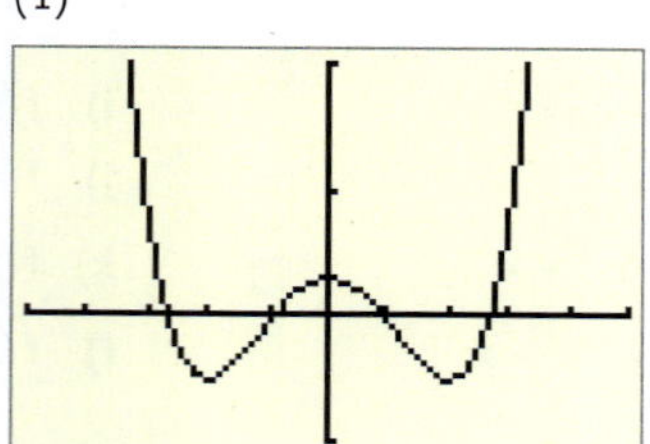

(2)

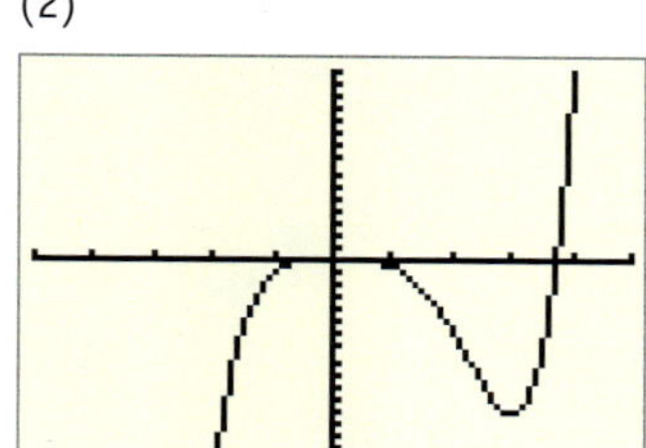

(3)

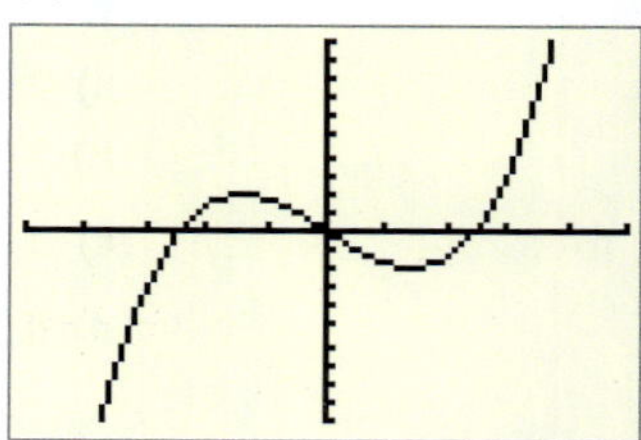

3 Ermitteln Sie mögliche Funktionsterme zu den abgebildeten Funktionsgraphen. Erläutern Sie Ihre Überlegungen.

(1)

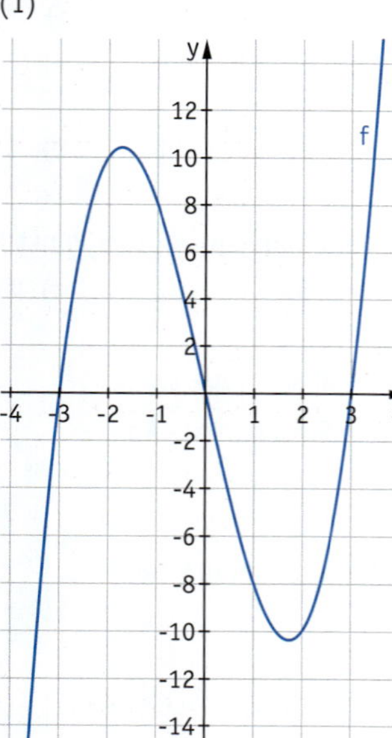

(2)

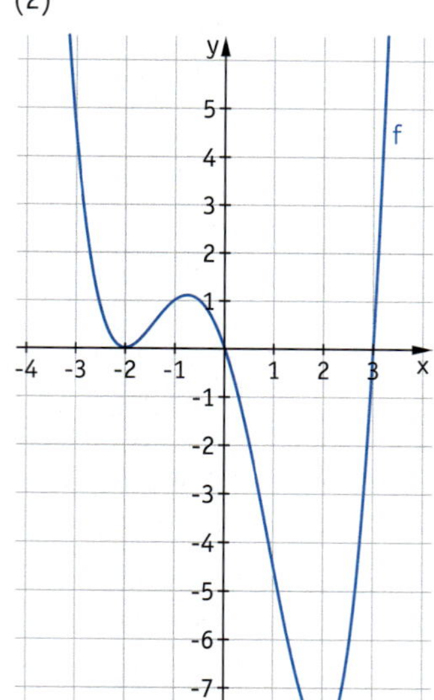

(3)

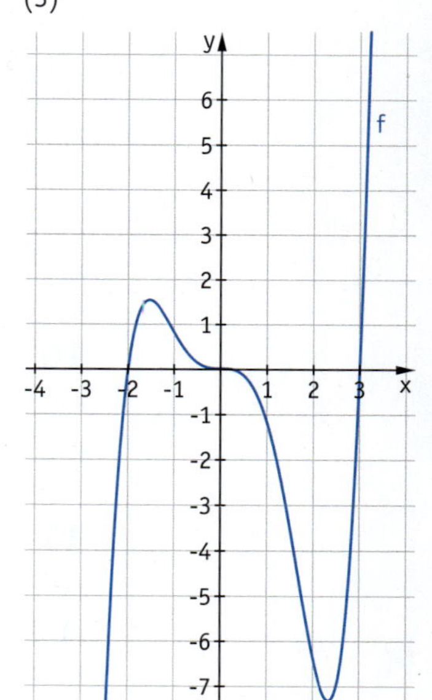

Zur Erinnerung

(1) Monotonie

Definition

Eine Funktion f heißt in einem Intervall I **streng monoton wachsend,** wenn für beliebige Stellen x_1, x_2 aus dem Intervall gilt:

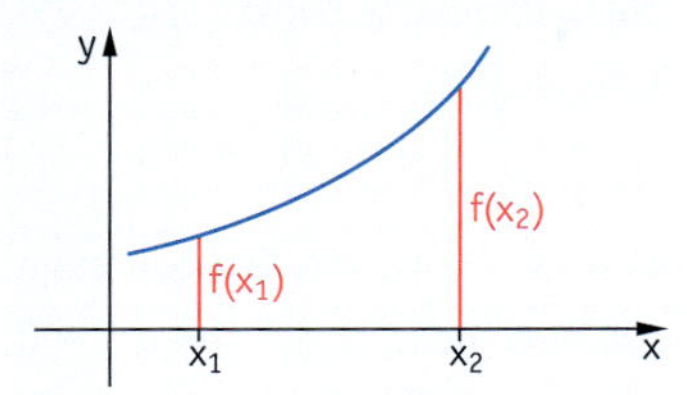

Wenn $x_1 < x_2$ ist, dann ist $f(x_1) < f(x_2)$.

Eine Funktion f heißt in einem Intervall I **streng monoton fallend,** wenn für beliebige Stellen x_1, x_2 aus dem Intervall gilt:

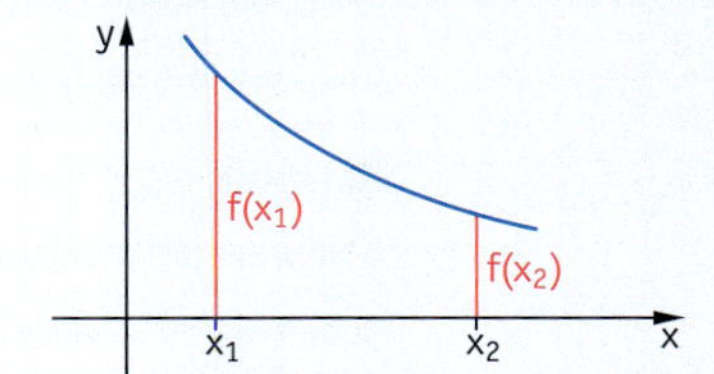

Wenn $x_1 < x_2$ ist, dann ist $f(x_1) > f(x_2)$.

Bereiche, in denen eine Funktion streng monoton ist, kann man mithilfe der Ableitung ermitteln.

Monotoniesatz

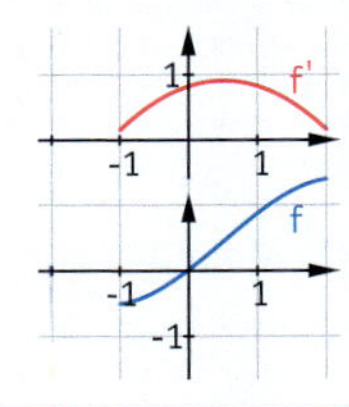

Für eine Funktion f mit der Ableitung f′ in einem Intervall I gilt:

Wenn $f'(x) > 0$ für alle $x \in I$, dann wächst f streng monoton im Intervall I.

Wenn $f'(x) < 0$ für alle $x \in I$, dann fällt f streng monoton im Intervall I.

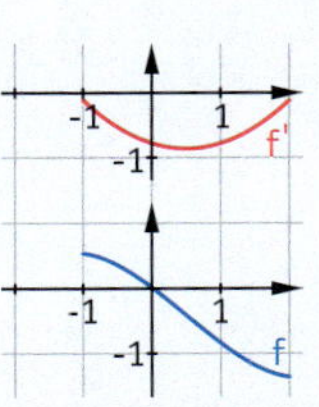

(2) Extrempunkte

Definition

Der Graph einer Funktion f hat an der Stelle x_e einen **Hochpunkt**, wenn es ein offenes Intervall I um die Stelle x_e gibt, in dem alle Funktionswerte kleinergleich dem Funktionswert an der Stelle x_e sind. Für alle $x \in I$ gilt also: $f(x) \le f(x_e)$.

Der Graph einer Funktion f hat an der Stelle x_e einen **Tiefpunkt**, wenn alle Funktionswerte über einem offenen Intervall I um x_e größergleich dem Funktionswert an der Stelle x_e sind. Für alle $x \in I$ gilt also: $f(x) \ge f(x_e)$. Ist ein Punkt $P(x_e \mid f(x_e))$ ein Hoch- bzw. ein Tiefpunkt des Graphen von f, dann heißt P **Extrempunkt** und x_e heißt **Extremstelle** der Funktion.

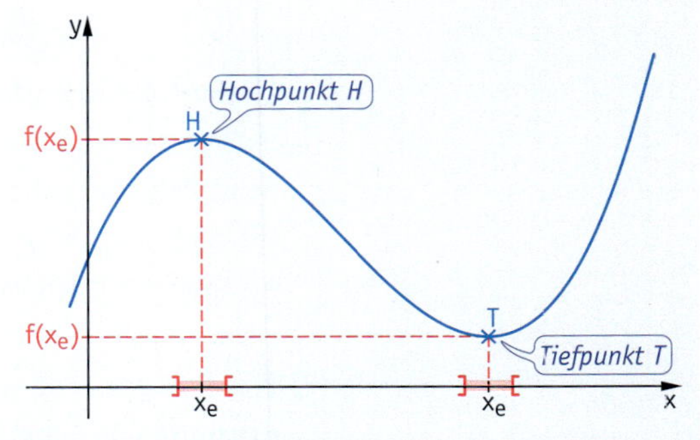

An einer Extremstelle wechselt der Funktionsgraph sein Steigungsverhalten: Er wechselt vom Steigen ins Fallen bzw. umgekehrt. An der Extremstelle liegt somit eine waagrechte Tangente vor.

Ein Kriterium für Extremstellen

Für eine Funktion f mit der Ableitung f′ gilt:

Wenn der Graph von f an der Stelle x_e einen Extrempunkt besitzt, dann ist $f'(x_e) = 0$.

Wenn eine Funktion f mit der Ableitung f′ eine Extremstelle x_e hat, so muss die Bedingung $f'(x_e) = 0$ erfüllt sein. Ist sie *nicht erfüllt*, so liegt *keine Extremstelle* vor.

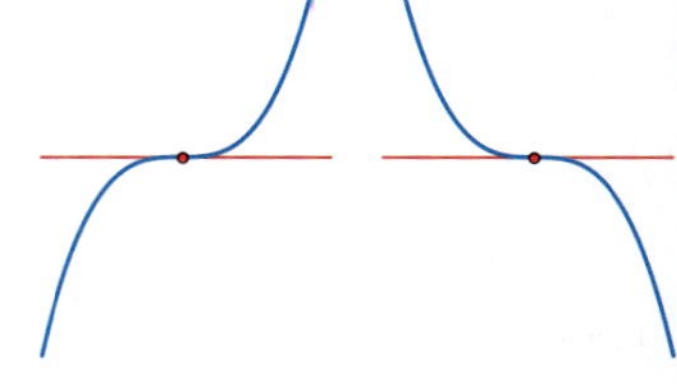

Umgekehrt reicht die Bedingung $f'(x_e) = 0$ aber alleine noch nicht aus, um sicherzustellen, dass an der Stelle x_e wirklich ein Extrempunkt vorliegt. Es könnte auch ein Punkt mit waagerechter Tangente sein, der kein Extrempunkt ist, sondern ein Sattelpunkt. $f'(x) = 0$ gilt also für Extrempunkte und für Sattelpunkte.

Beispiel

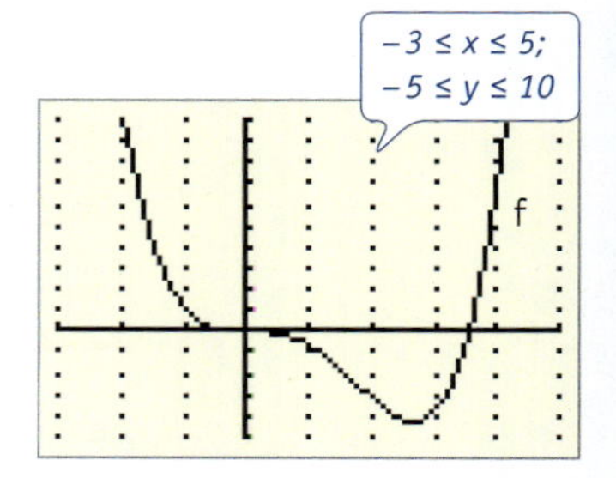

Gegeben ist die Funktion f mit $f(x) = \frac{1}{4}x^4 - \frac{8}{9}x^3$. Am Graphen kann man einen Tiefpunkt im Intervall [2; 3] erkennen. An der Stelle $x = 0$ scheint ein Sattelpunkt vorzuliegen. Sind dies aber die einzigen Stellen mit einer waagerechten Tangente?

Alle möglichen Extremstellen sind die Lösungen der Gleichung $f'(x) = 0$.

Mit $f'(x) = x^3 - \frac{8}{3}x^2$ folgt daraus die Gleichung

$$x^3 - \frac{8}{3}x^2 = 0$$
$$x^2\left(x - \frac{8}{3}\right) = 0$$
$$x^2 = 0 \text{ oder } x - \frac{8}{3} = 0$$
$$x = 0 \text{ oder } x = \frac{8}{3}$$

Man erhält also die beiden Lösungen $x_1 = 0$ und $x_2 = \frac{8}{3}$. Weitere Stellen mit waagerechter Tangente kann es somit nicht geben.

(3) Ganzrationale Funktionen – Globalverlauf

Funktionsterme, die Summe von Vielfachen von Potenzen der Variablen sind, kommen häufig vor.

Definition: Polynome und ganzrationale Funktionen

(1) Ein Term der Form $a_n x^n + a_{n-1}x^{n-1} + \ldots + a_2 x^2 + a_1 x + a_0$
mit $n \in \mathbb{N}$, $a_0, a_1, a_2, \ldots, a_{n-1}, a_n \in \mathbb{R}$ und $a_n \neq 0$
heißt **Polynom** mit der Variablen x.
Die Zahlen $a_0, a_1, a_2, \ldots, a_{n-1}, a_n$ nennt man die **Koeffizienten** des Polynoms.
Als **Grad** des Polynoms wird der höchste Exponent n von x bezeichnet, dessen zugehöriger Koeffizient a_n nicht null ist.

(2) Eine Funktion f, deren Funktionsterm f(x) als Polynom geschrieben werden kann, heißt **ganzrationale Funktion**.
Der Grad des Polynoms heißt auch Grad der ganzrationalen Funktion.
Als Definitionsmenge einer ganzrationalen Funktion wählt man üblicherweise die Menge $\mathbb{R}$ der reellen Zahlen.

Beispiele

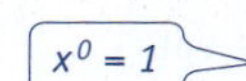

$f(x) = 7x^3 - x^2 + \frac{1}{2}$, $g(x) = -\frac{1}{2}x + 5$ sind Funktionsterme ganzrationaler Funktionen.
Die Funktion f hat den Grad 3, die Funktion g den Grad 1.

Für $x \to \infty$ und $x \to -\infty$ bestimmt der Summand mit dem höchsten Exponenten das Verhalten der Funktionswerte einer ganzrationalen Funktion.

Satz: Globalverlauf einer ganzrationalen Funktion

Bei einer ganzrationalen Funktion f mit $f(x) = a_n x^n + a_{n-1} x^{n-1} + \ldots + a_2 x^2 + a_1 x + a_0$, wobei $a_n \neq 0$, entscheidet der Summand $a_n x^n$ mit dem größten Exponenten über das Verhalten von f(x) für $x \to \infty$ und $x \to -\infty$.

Dabei gilt für die Potenz x^n:

Wenn $x \to +\infty$, dann $x^n \to +\infty$.

Wenn $x \to -\infty$, dann $x^n \to \begin{cases} +\infty, & \text{falls n gerade} \\ -\infty, & \text{falls n ungerade.} \end{cases}$

Beim Verhalten des Summanden $a_n x^n$ ist das Vorzeichen von a_n zu beachten.

Beispiele

$f(x) = -2x^3 + 3x^2$

$= x^3 \cdot \left(-2 + \frac{3}{x}\right) \to \begin{cases} -\infty & \text{für } x \to \infty \\ \infty & \text{für } x \to -\infty \end{cases}$

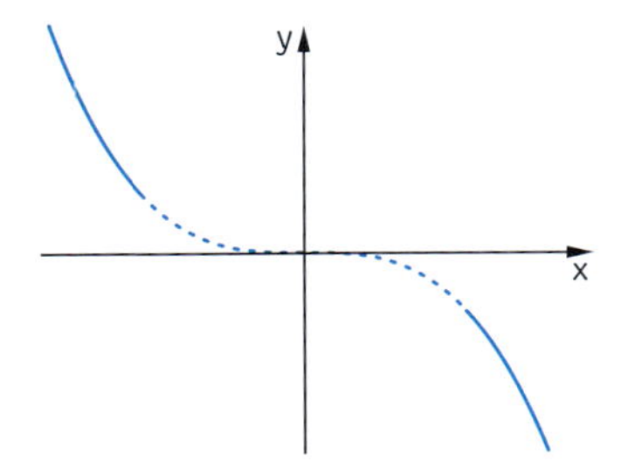

$g(x) = 2x^6 + x^4 + 3$

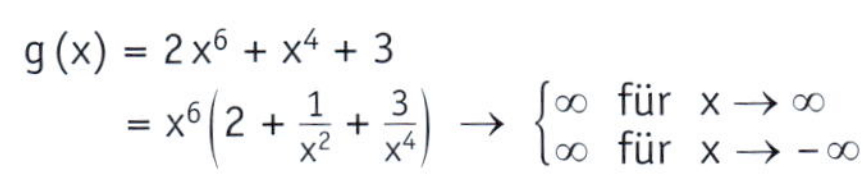

$= x^6\left(2 + \frac{1}{x^2} + \frac{3}{x^4}\right) \to \begin{cases} \infty & \text{für } x \to \infty \\ \infty & \text{für } x \to -\infty \end{cases}$

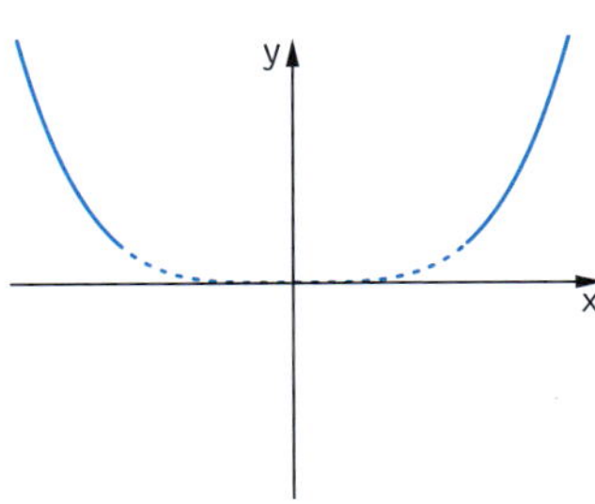

(4) Symmetrie von Funktionsgraphen

Satz: Symmetrieeigenschaften eines Graphen

Der Graph einer Funktion f ist **achsensymmetrisch** zur y-Achse, falls gilt: $f(-x) = f(x)$ für alle x.

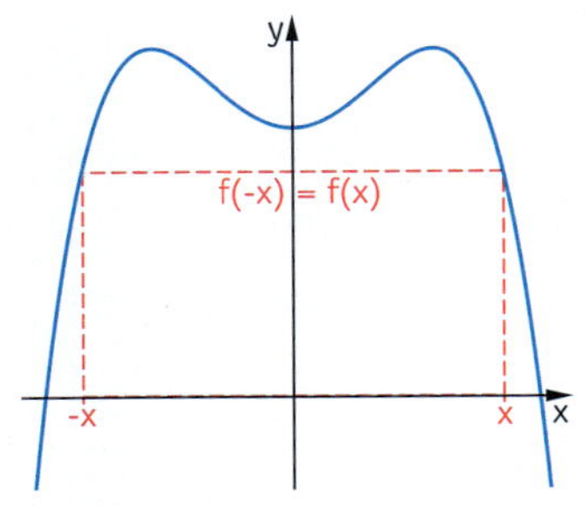

Der Graph einer Funktion f ist **punktsymmetrisch** zum Koordinatenursprung, falls gilt: $f(-x) = -f(x)$ für alle x.

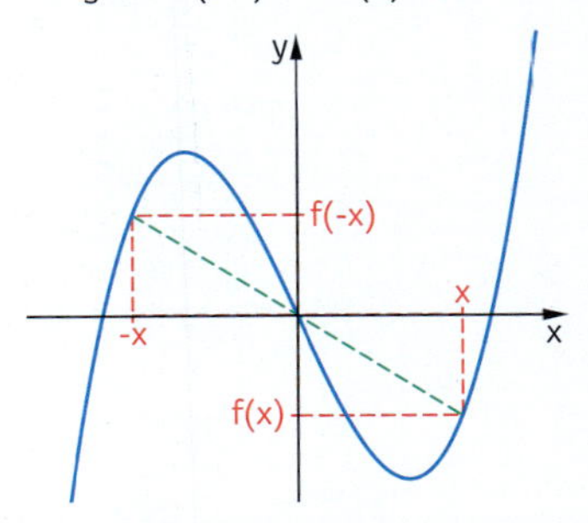

Ist f eine ganzrationale Funktion, so lässt sich eine vorhandene Symmetrie einfach erkennen:

(1) Treten im Funktionsterm von f nur Potenzen von x mit geraden Exponenten auf, so ist der Graph von f achsensymmetrisch zur y-Achse.

(2) Treten im Funktionsterm von f nur Potenzen von x mit ungeraden Exponenten auf, so ist der Graph von f punktsymmetrisch zum Koordinatenursprung.

Beispiele

- Der Graph von $f(x) = -2x^4 - x^2 + 5$ ist achsensymmetrisch zur y-Achse.
- Der Graph von $g(x) = 4x^5 - 2x$ ist punktsymmetrisch zum Ursprung.

(5) Nullstellen ganzrationale Funktionen

Nullstellen ganzrationaler Funktionen kann man besser am Funktionsterm ablesen, wenn man ihn als Produkt schreibt.

Beispiel: $f(x) = x^3 - x^2 = x^2(x - 1)$.

Das Produkt $x^2(x - 1)$ kann nur dann den Wert Null annehmen, wenn mindestens einer der Faktoren x^2 und $(x - 1)$ Null ist, sonst nicht. Die Funktion f hat also Nullstellen bei 0 und 1.

Satz

Ist x_1 eine Nullstelle der ganzrationalen Funktion f mit dem Grad n, so lässt sich der Funktionsterm von f als Produkt des Linearfaktors $x - x_1$ mit einem Polynom $g(x)$ schreiben:

$f(x) = (x - x_1) \cdot g(x)$

Dabei hat $g(x)$ den Grad $n - 1$.

Aus diesen Satz und dem Globalverlauf ergibt sich sofort:

Satz

Für eine ganzrationale Funktion f vom Grad n gilt:

(1) Die Funktion f hat höchstens n Nullstellen.

(2) Ist der Grad der Funktion f eine ungerade Zahl, so hat f mindestens eine Nullstelle.

Zerlegt man den Funktionsterm einer ganzrationalen Funktion f in Linearfaktoren, so können diese mehrfach vorkommen.

Beispiel: $f(x) = (x + 3)^3 (x - 1)^2 (x - 3)$.

Man nennt hier -3 eine **dreifache**, 1 eine **doppelte** und 3 eine **einfache Nullstelle**.

An einfachen, dreifachen, ... Nullstellen wechseln die Funktionswerte ihr Vorzeichen, an doppelten, vierfachen, ... nicht.

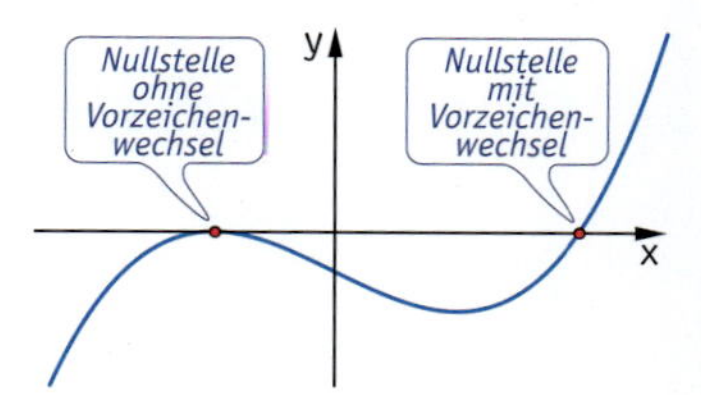

Definition

Kann man den Term einer ganzrationalen Funktion f in der Form $f(x) = (x - x_1)^n \cdot g(x)$ mit $n \in \mathbb{N}$ und einem Polynom g mit $g(x_1) \neq 0$ schreiben, so nennt man x_1 eine **n-fache Nullstelle** von f.

Allgemein gilt:

Der Graph einer ganzrationalen Funktion f verläuft in der Nähe einer n-fachen Nullstelle prinzipiell so wie der Graph einer entsprechenden Potenzfunktion g mit $g(x) = k \cdot x^n$ in der Nähe der Stelle 0 mit geeignetem Streckfaktor k.

Einfache Nullstellen: *Doppelte Nullstellen:* *Dreifache Nullstellen:*

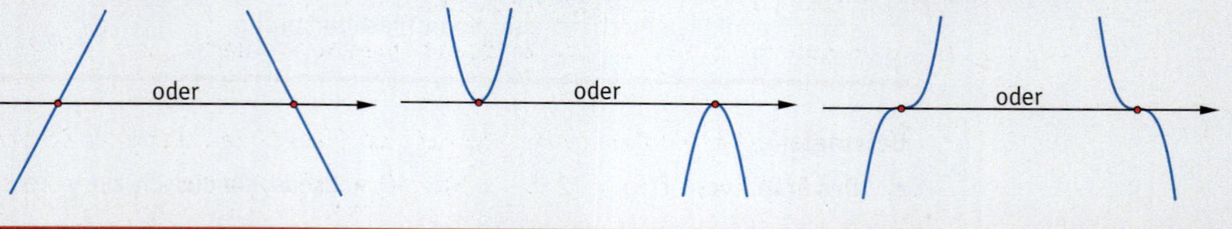

Zum Trainieren

4 Die nebenstehende Abbildung zeigt den Graphen der Ableitungsfunktion f′ einer Funktion f.

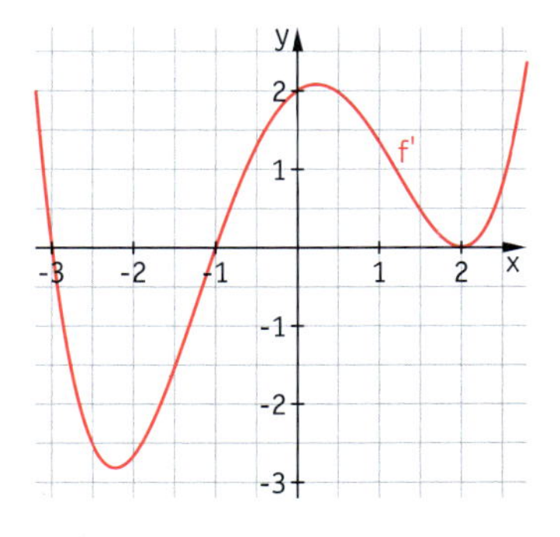

a) Geben Sie die Intervalle an, in denen die Funktion f streng monoton steigend bzw. streng monoton fallend ist.

b) Schließen Sie vom Verlauf des Graphen von f′ und von der Lage der Nullstellen der Ableitungsfunktion f′ auf die Lage und die Art der Extremstellen von f.

c) Skizzieren Sie einen Funktionsgraphen von f.

5 Betrachten Sie den nebenstehenden Graphen einer ganzrationalen Funktion f im Intervall $[-4; 5]$.
Untersuchen Sie, ob die folgenden Aussagen richtig oder falsch sind. Begründen Sie jeweils Ihre Entscheidung.

(1) Die Funktion f ist über dem Intervall $]-2; 3[$ streng monoton fallend.

(2) $f'(x) > 0$ für $-3 < x < 0$

(3) Der Grad der Funktion f ist 3.

(4) $f'(3) = 0$

(5) Der Graph der Ableitungsfunktion f′ verläuft im Intervall $[-4; -3]$ unterhalb der x-Achse.

6 Welcher Ableitungsgraph (1), (2), (3) oder (4) gehört zu welchem Funktionsgraphen (A), (B), (C) oder (D)? Begründen Sie.

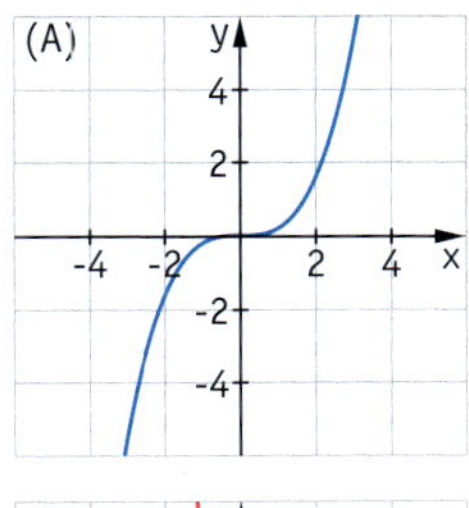

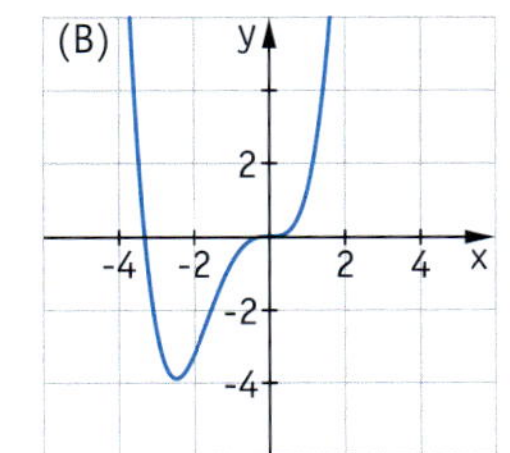

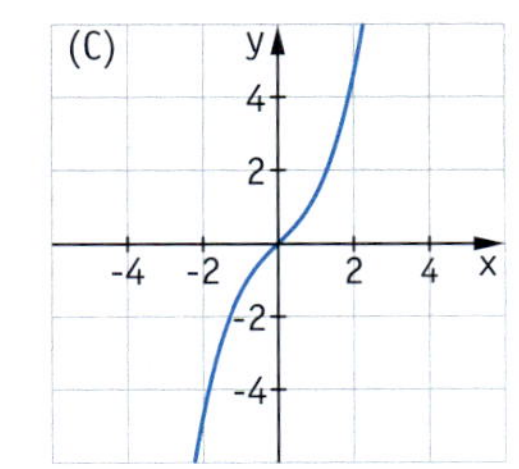

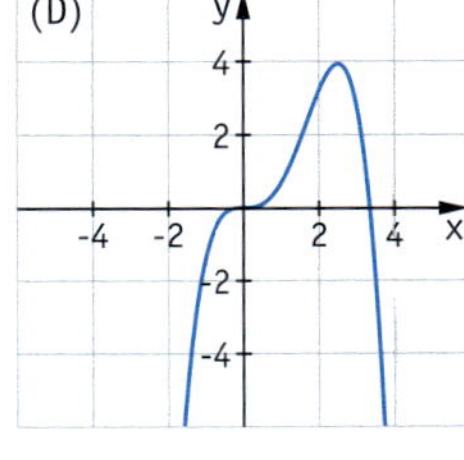

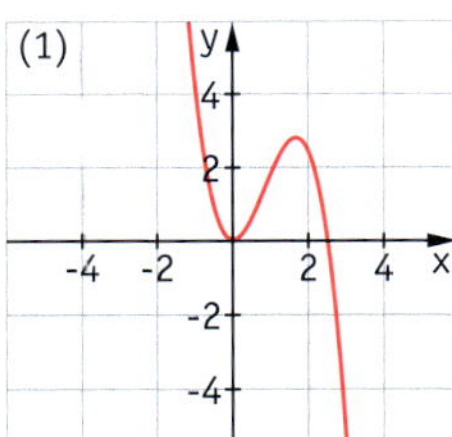

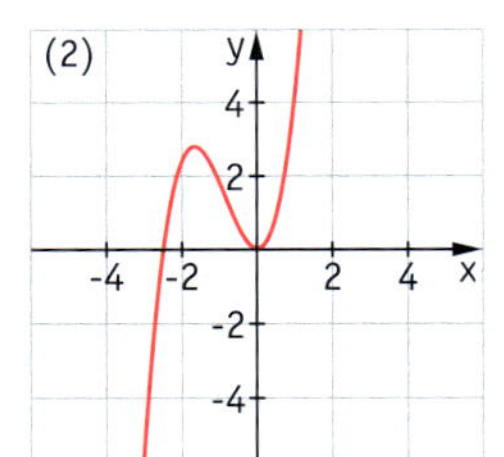

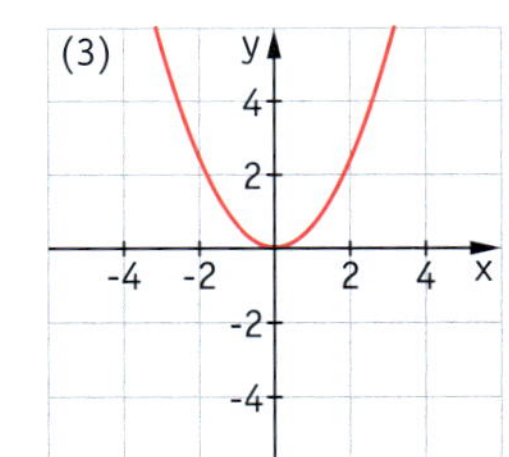

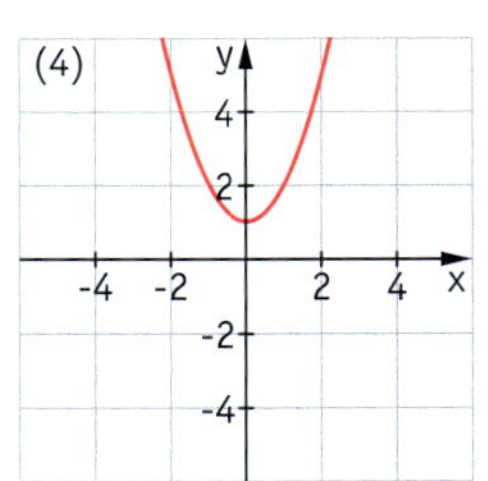

7

a) Ermitteln Sie die Intervalle, in denen die Funktion f mit $f(x) = x^3 - \frac{9}{4}x^2 - 3x$ streng monoton wachsend bzw. streng monoton fallend ist. An welchen Stellen hat der Funktionsgraph Extrempunkte? Um welche Art von Extrempunkten handelt es sich?

b) Bestimmen Sie die Nullstellen des Graphen von f und skizzieren Sie den Funktionsgraphen.

8 Ermitteln Sie (ohne Rechner), an welchen Stellen die Funktion f Extremstellen haben könnte.

a) $f(x) = x^5 - 4x^2$ **b)** $f(x) = \frac{1}{3}x^3 + x^2 + 4x$ **c)** $f(x) = x^3 - x - 1$

9 Von einer Funktion f ist die Ableitungsfunktion f′ mit $f'(x) = -\frac{1}{2}x^2 + x + \frac{3}{2}$ bekannt. Der Graph von f verläuft durch den Punkt P(0 | −2).

a) Bestimmen Sie die Lage und Art der Extremstellen von f und skizzieren Sie den Funktionsgraphen.

b) Geben Sie einen Funktionsterm der Funktion f an.

10 Bestimmen Sie den Globalverlauf der Funktion f.

a) $f(x) = x^4 + 3x^2 - 2$ **c)** $f(x) = -x^6 + x^4 - 2x^2$ **e)** $f(x) = 2x^7 + x - 3$

b) $f(x) = 2x^3 + x$ **d)** $f(x) = -2x^5 + x^3 + 4x$ **f)** $f(x) = -3x^8 + x^4 + x$

11 Untersuchen Sie, ob der Funktionsgraph eine Symmetrie zur y-Achse oder eine Punktsymmetrie zum Ursprung aufweist.

a) $f(x) = \frac{1}{2}x^5 - x^3 + x$ **c)** $f(x) = x^5 + x^2$ **e)** $f(x) = x^3 - x - 1$

b) $f(x) = -x^4 + 2x^2 + 1$ **d)** $f(x) = 3x^3 + x$ **f)** $f(x) = x^6 - 2x^4$

12 Ordnen Sie die GTR-Bilder den Funktionstermen zu, ohne selbst einen GTR zu verwenden. Entscheiden Sie auch, ob der Verlauf des Graphen im Wesentlichen vollständig zu sehen ist.

(1) $f(x) = x^4 - 33x^2 + 90$
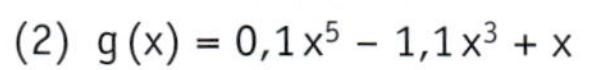
(2) $g(x) = 0{,}1x^5 - 1{,}1x^3 + x$
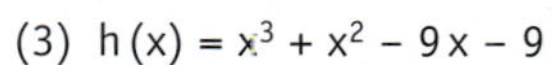
(3) $h(x) = x^3 + x^2 - 9x - 9$

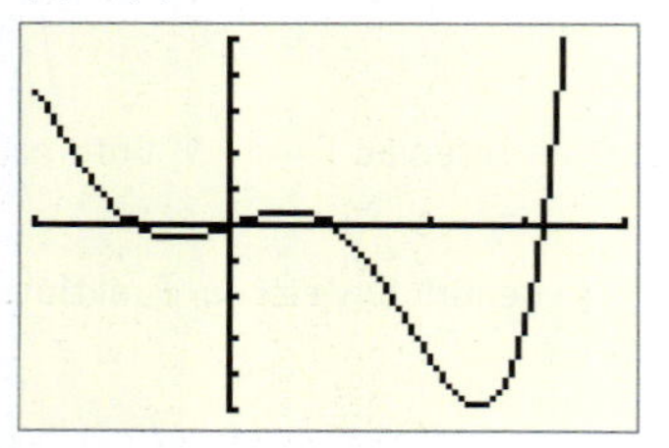
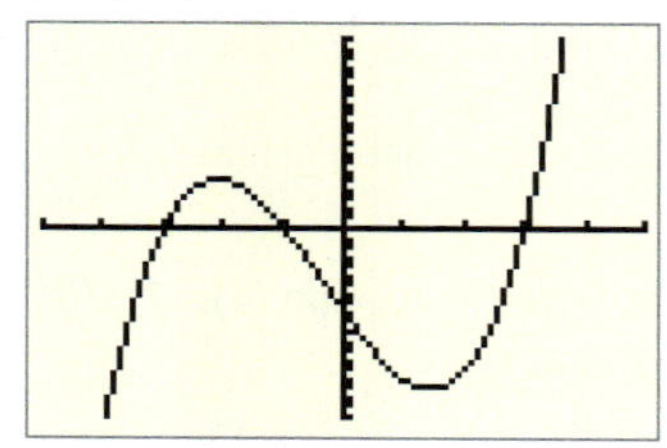
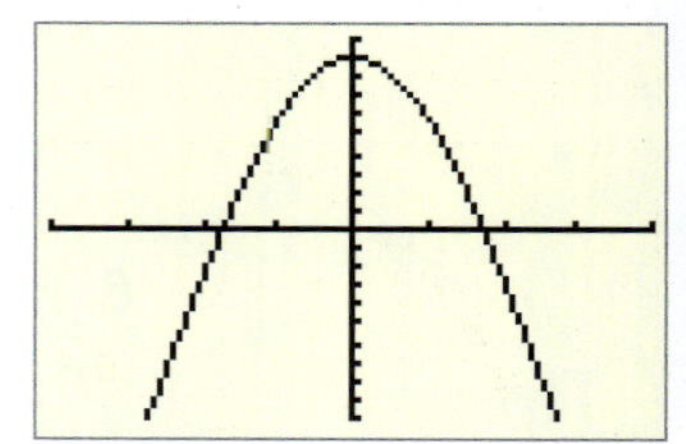

13 Die Abbildung zeigt den Graphen einer ganzrationalen Funktion 4. Grades.

a) Sind in der Abbildung alle Punkte mit waagerechter Tangente zu sehen? Begründen Sie Ihre Entscheidung.

b) Skizzieren Sie den Graphen der Ableitungsfunktion f′. Erläutern Sie Ihr Vorgehen.

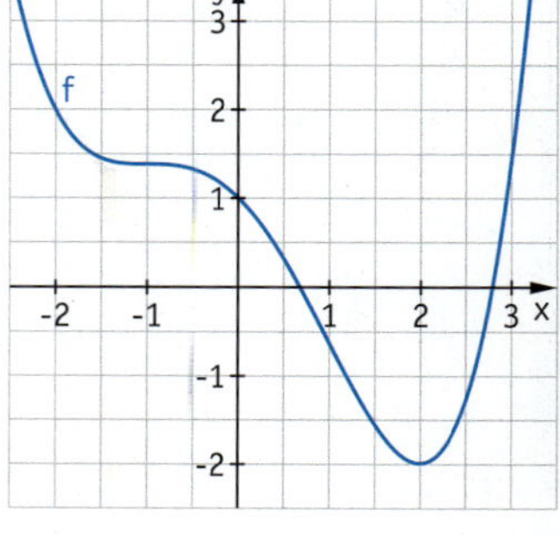

14 Skizzieren Sie den Graphen der Funktion f zunächst ohne einen GTR zu verwenden. Kontrollieren Sie dann mit einem GTR.

a) $f(x) = (x + 5)^2(x - 1)(x + 2)^3$ **c)** $f(x) = -(x + 1)x(x - 3)^4$

b) $f(x) = (x - 2)^2 x(x + 2)^2$ **d)** $f(x) = -2(x - 3)^2 x^4 (x + 3)^3$

CAS **15** Zerlegen Sie den Funktionsterm mithilfe eines CAS in Linearfaktoren. Welche Informationen über den Verlauf des Graphen von f ergeben sich aus der Zerlegung?

```
■ factor(x^3 - x^2 - 5·x - 3)        (x - 3)·(x + 1)^2
factor(x^3-x^2-5x-3)
MAIN          RAD AUTO          FUNC 1/30
```

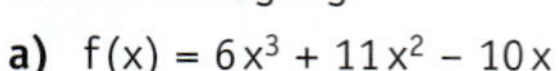
a) $f(x) = 6x^3 + 11x^2 - 10x$ **c)** $f(x) = x^7 - 4x^6 + x^5 + 10x^4 - 4x^3 - 8x^2$

b) $f(x) = x^4 - 5x^3 + 7x^2 - 3x$

16 Nennen Sie ein Beispiel einer ganzrationalen Funktion

a) mit keiner Nullstelle; **b)** einer einfachen, zwei doppelten und einer dreifachen Nullstelle.

1 Kurvenanpassung – Lineare Gleichungssysteme

Bei der Erweiterung eines Schienennetzes oder eines Straßennetzes muss man vorhandene gerade oder gekrümmte Teilstücke möglichst gut miteinander verbinden.
Zwischen Arl und Bonin plant die Bahn eine Verbindung schon vorhandener Bahnstrecken. Welche Aspekte sollten bei der Planung dieser Neubaustrecke von Arl nach Bonin berücksichtigt werden?

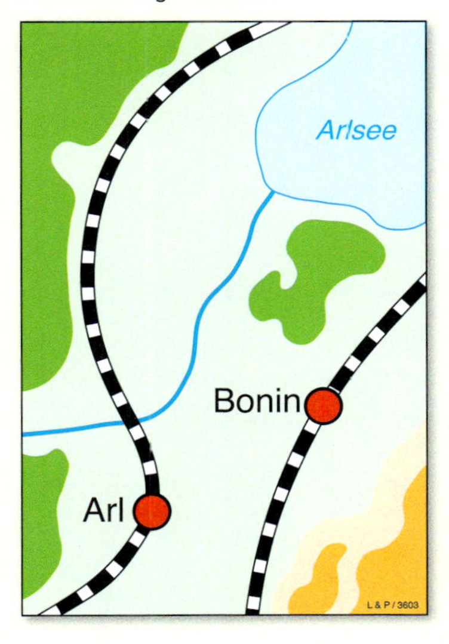

In diesem Kapitel

- *beschreiben Sie die Krümmung von Funktionsgraphen;*
- *bestimmen Sie ganzrationale Funktionen mit vorgegebenen Eigenschaften;*
- *lösen Sie lineare Gleichungssysteme mit drei und mehr Variablen sowohl ohne als auch mit dem Rechner;*
- *ermitteln Sie zu gegebenen Datenpunkten auf verschiedene Weise möglichst gut passende Funktionen;*
- *untersuchen Sie Besonderheiten abschnittsweise definierter Funktionen.*

Krumm, aber doch passend glatt

Von einer Kurve in die nächste

1

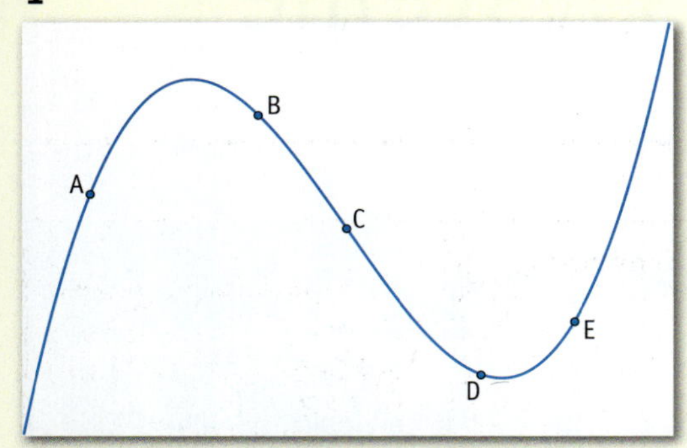

a) Zeichnen Sie mit Kreide eine Kurve wie oben links auf den Schulhof, groß genug, sodass man sie mit einem Fahrrad abfahren kann.
Ein Schüler fährt die Kurve von links nach rechts mit seinem Rad ab.
Beschreiben Sie seine jeweilige Lenkerstellung in den angegebenen Punkten.
Skizzieren Sie anschließend die Kurve als Funktionsgraph in Ihr Heft. Skizzieren Sie auch den dazugehörigen Graphen der Ableitungsfunktion. Vergleichen Sie den Ableitungsgraphen mit der von Ihnen beobachteten Lenkerstellung.

b) Wählen Sie auch andere Formen für den Funktionsgraphen und skizzieren Sie dessen Ableitungsgraphen. Vergleichen Sie wieder den Ableitungsgraphen mit der Lenkerstellung. Versuchen Sie, ein möglichst allgemeines Ergebnis zu formulieren.

Glasdesign

2 Ein Designer hat eine Glasserie entworfen. Für die industrielle Herstellung ist es erforderlich, den Umriss der Gläser durch Funktionen zu erfassen.
Wählen Sie ein geeignetes Koordinatensystem. Welche Eigenschaften muss eine passende Funktion besitzen?
Wenn Sie an ganzrationale Funktionen denken: Wie groß muss der Grad der Funktion mindestens sein?

Gleichungssysteme – Lösen mit System

3 Gleichungssysteme aus zwei Gleichungen mit zwei Variablen können Sie schon lösen.
Bestimmen Sie die Lösungsmenge folgender Gleichungssysteme und beschreiben Sie Ihre Lösungsstrategie.

a)
$$\left|\begin{array}{rrrrl} 2x + 6y & -\ 30z & +\ 12w & = & -6 \\ y & -\ z & +\ w & = & -2 \\ & z & +\ w & = & 4 \\ & & 3w & = & -6 \end{array}\right|$$

b)
$$\left|\begin{array}{rrrrl} x & -\ y & +\ 2z & = & 9 \\ -x & +\ 2y & +\ z & = & -1 \\ 3x & +\ 2y & -\ z & = & -7 \end{array}\right|$$

Planung einer Autobahn

4 Neue Verkehrsplanungen sehen vor, die Autobahn A 39 von Wolfsburg nach Lüneburg auszubauen. Damit würde eine Autobahnverbindung zwischen der A 2 bei Wolfsburg und der A 1, die bis Lüneburg führt, geschaffen werden. Viele betroffene Bürger haben sich in der Planungsdiskussion engagiert.

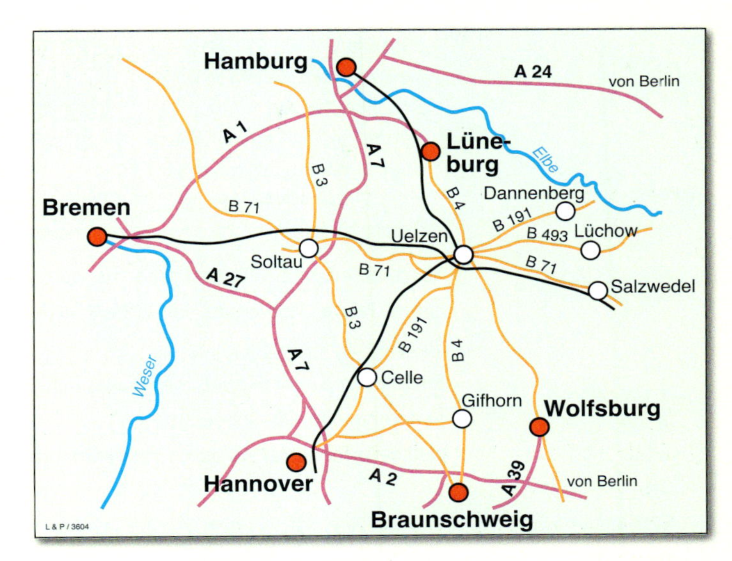

Insbesondere im Bereich um Lüneburg sind verschiedene Varianten der Trassenführung diskutiert worden.

a) Diskutieren Sie miteinander, welche Argumente für oder gegen die eine oder die andere Variante der rechts eingezeichneten Trassen sprechen könnten.

b) Überlegen Sie, welche Bedingungen man für den Verlauf der Trasse aufstellen sollte.

c) Analysieren Sie, wie man vorgehen muss, um eine Trasse einer mathematischen Beschreibung zugänglich zu machen.

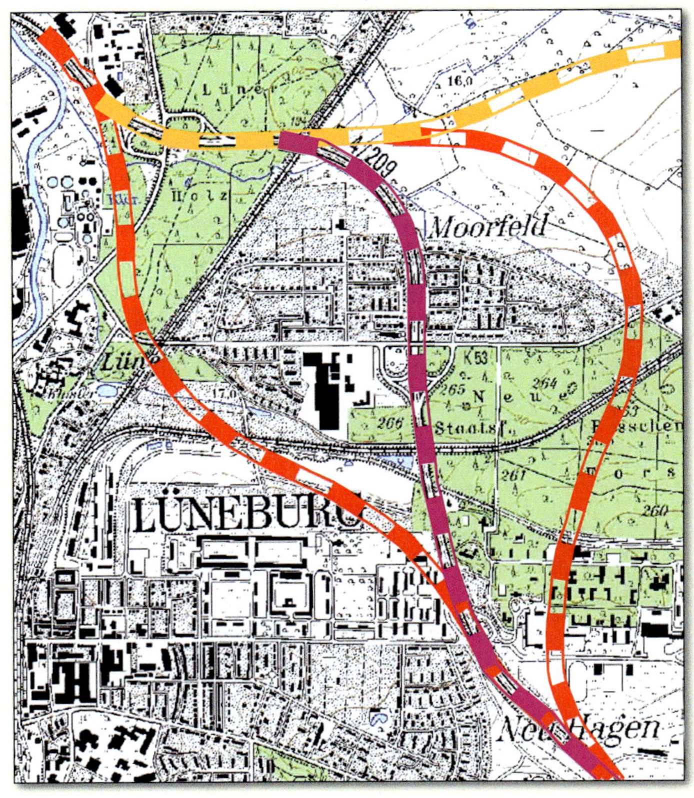

1.1 Krümmung – Wendepunkte

Aufgabe

1 Extremale Änderungsraten

Heizen mit der Sonne
Wer Sonnenwärme nicht nur für Dusche und Bad, sondern auch zum Heizen nutzen will, für den gibt es inzwischen eine Reihe ausgefeilter solarer Kombisysteme.
Sie tragen mit Kollektorflächen zwischen 10 und 15 Quadratmetern bis zu einem Viertel zum gesamten Wärmebedarfs eines Einfamilienhauses bei.

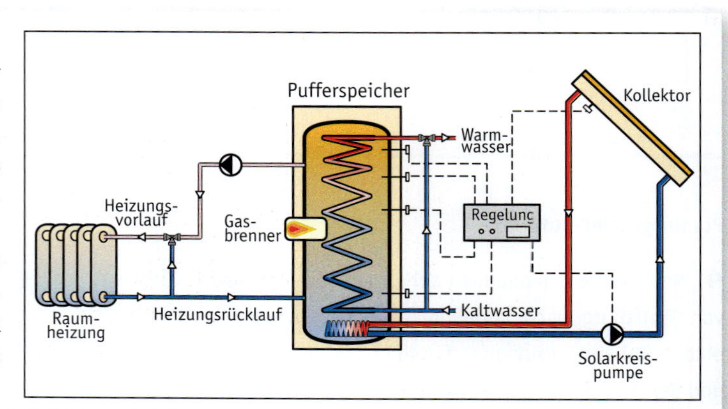

Beschreiben und interpretieren Sie den abgebildeten Temperaturverlauf im Pufferspeicher einer Solar-Heizungsanlage.
Bestimmen Sie den grafischen Verlauf der lokalen Änderungsrate der Temperatur.
Welche Informationen lassen sich entnehmen?

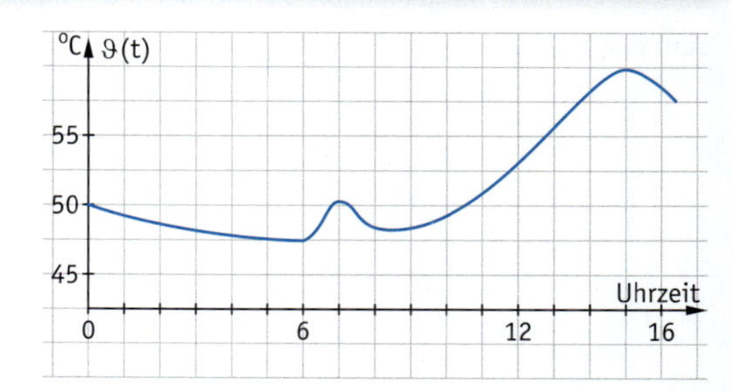

Lösung

Von 0 bis 6 Uhr sinkt die Temperatur langsam. Dann erfolgt bis 7 Uhr ein starker Anstieg, vermutlich durch Inbetriebnahme des Gasbrenners. Anschließend sinkt die Temperatur bis 8.30 Uhr, vermutlich durch Nutzung der Heizung. Bis 15 Uhr steigt die Temperatur dann auf ihren Tageshöchstwert an, vermutlich durch Speicherung eingestrahlter Sonnenenergie. Danach sinkt die Temperatur wieder.

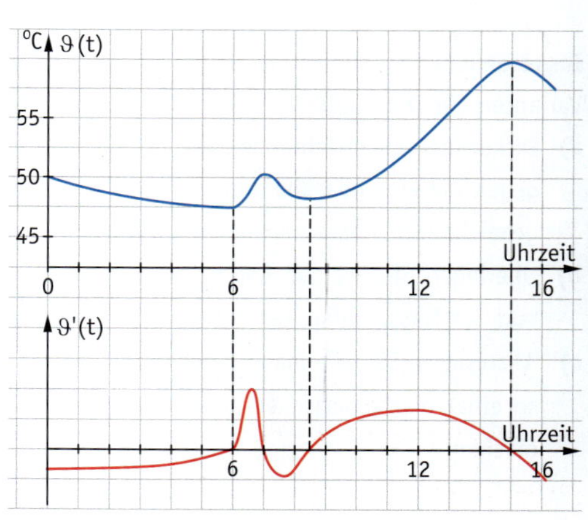

Die lokale Änderungsrate der Temperatur ist zunächst negativ und nimmt bis 6 Uhr auf den Wert 0 zu. Danach ist sie positiv, bis sie um 7 Uhr wieder den Wert 0 hat und negativ wird bis um 8.30 Uhr. Zu diesem Zeitpunkt hat sie den Wert 0 und ist danach positiv, bis sie um 15 Uhr wieder den Wert 0 annimmt und danach negativ wird.
Zu den Zeitpunkten, an denen die Pufferspeicher-Temperatur extremale Werte aufweist, hat die lokale Änderungsrate den Wert 0. Auch die lokale Änderungsrate weist Höchst- oder Tiefstwerte auf. Diese lassen sich folgendermaßen deuten:

- 6.30 Uhr: stärkste Temperaturerhöhung durch Heizen des Gasbrenners;
- 7.30 Uhr: stärkster Temperaturabfall durch Entnahme von Wärme zum Heizen;
- 12.00 Uhr: stärkste Temperaturerhöhung durch größte Sonneneinstrahlung.

Die Extrempunkte des Graphen der lokalen Änderungsrate liefern also zusätzliche Informationen über den Temperaturverlauf.

Aufgabe

2 Links- und Rechtskurven – Wendepunkte

Der Schottenring war eine der ältesten Rennstrecken in Hessen, auf der zwischen 1925 und 1955 vor allem Motorradrennen veranstaltet wurden. Heutzutage wird der Schottenring nur noch für Rennen mit historischen Fahrzeugen genutzt. Der Graph rechts zeigt einen Teil der Strecke. Fassen Sie die Strecke als Graph einer Funktion f auf: Jeder x-Koordinate wird die y-Koordinate des zugehörigen Punktes auf dieser Teilstrecke zugeordnet. Skizzieren Sie zu dem Funktionsgraphen den Ableitungsgraphen. Erläutern Sie Zusammenhänge zwischen beiden Graphen unter Berücksichtigung besonderer Punkte.

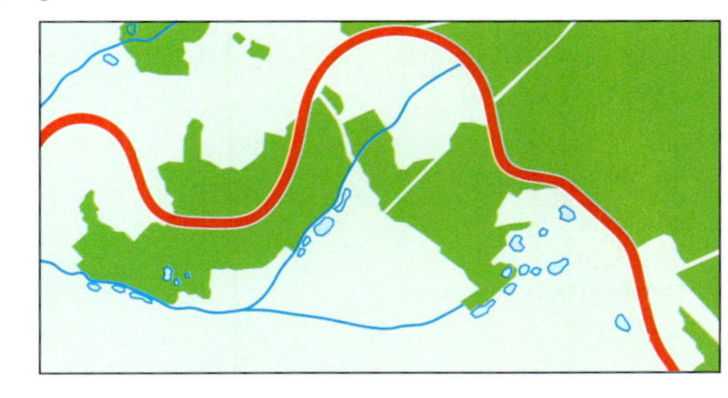

Lösung

Wir ermitteln den Graphen der Ableitungsfunktion f′ näherungsweise durch grafisches Differenzieren.
An den Stellen mit Hoch- und Tiefpunkten des Graphen der Funktion f sind Nullstellen der Ableitung f′. Zwischen je zwei Nullstellen der Ableitung weist der Ableitungsgraph einen Hoch- oder Tiefpunkt auf.
Aber auch die Extrempunkte der Ableitung f′ haben für die Funktion f eine Bedeutung:
Bis zum ersten Tiefpunkt des Graphen von f′ fällt f′ monoton. Die Steigungen des Graphen von f werden in diesem Bereich kleiner; der Graph bildet eine Rechtskurve. Nach dem Tiefpunkt des Graphen von f′ steigt f′ monoton bis zum nächsten Hochpunkt. Bis dorthin werden die Steigungen von f größer; der Graph von f bildet eine Linkskurve.

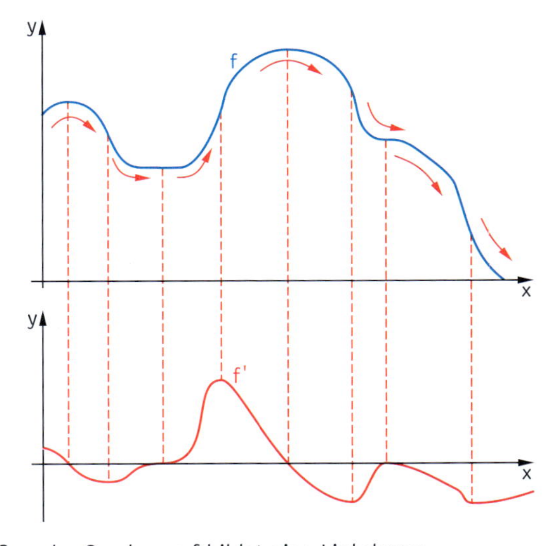

An der Stelle eines Extrempunktes des Ableitungsgraphen findet beim Funktionsgraph ein Wechsel von einer Kurve in die nächste statt. An einer solchen Stelle muss der Motorradfahrer den Lenker wenden.

Information

(1) Linkskurve und Rechtskurve eines Funktionsgraphen

In Aufgabe 2 haben wir die Begriffe Linkskurve und Rechtskurve aus dem Alltag übernommen. Sie sollen nun für Funktionsgraphen mithilfe der Ableitung präzisiert werden. Dazu betrachten wir den Funktionsgraphen rechts mit seinem Ableitungsgraphen:

Negative Steigung bei fallenden Graphen

In einer Linkskurve des Graphen nimmt die Steigung ständig zu; die Ableitungsfunktion ist monoton steigend. In einer Rechtskurve nimmt die Steigung des Funktionsgraphen ab; die Ableitungsfunktion ist monoton fallend.
Wir verwenden diese Eigenschaft zur Definition der Begriffe *Linkskurve* und *Rechtskurve*.

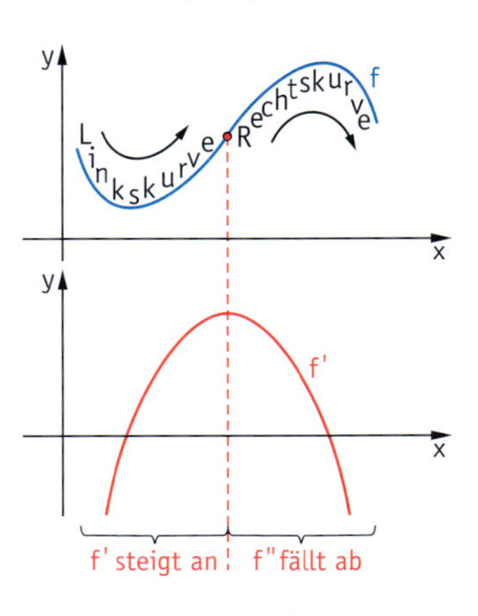

Definition 1

Die Funktion f soll in einem Intervall an jeder Stelle eine Ableitung besitzen.

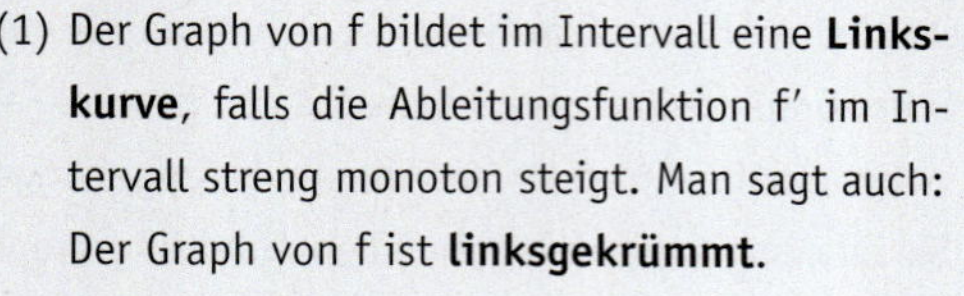

(1) Der Graph von f bildet im Intervall eine **Linkskurve**, falls die Ableitungsfunktion f′ im Intervall streng monoton steigt. Man sagt auch: Der Graph von f ist **linksgekrümmt**.

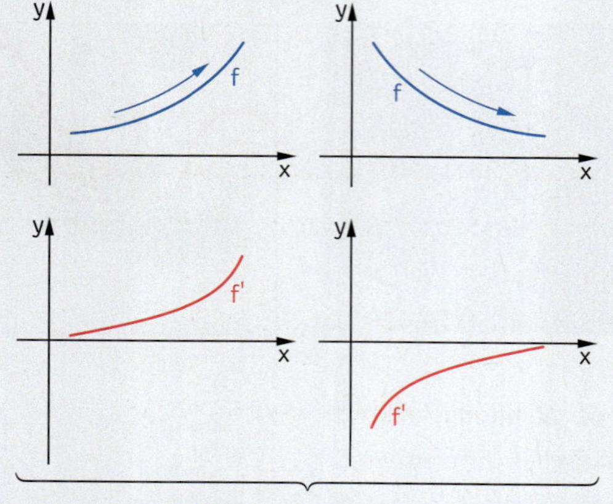

f′ monoton steigend: Linkskurve am Graph von f

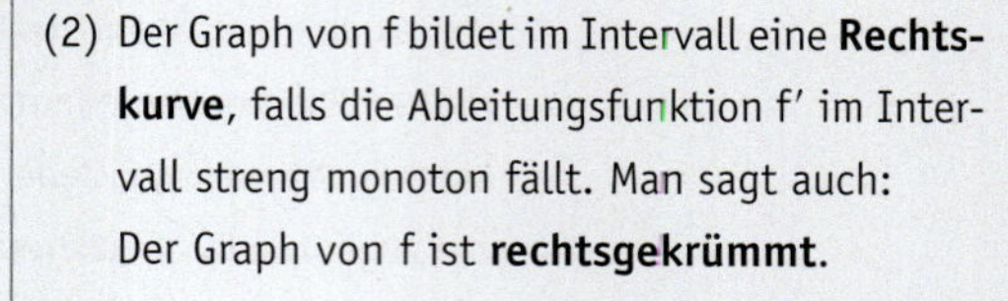

(2) Der Graph von f bildet im Intervall eine **Rechtskurve**, falls die Ableitungsfunktion f′ im Intervall streng monoton fällt. Man sagt auch: Der Graph von f ist **rechtsgekrümmt**.

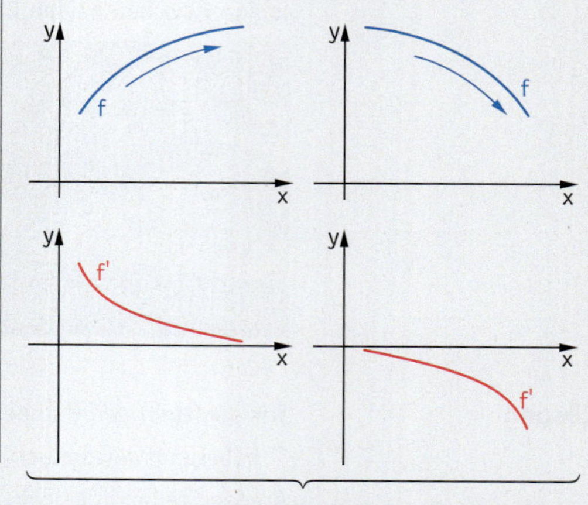

f′ monoton fallend: Rechskurve am Graph von f

Intervall: Bereiche auf der Zahlengeraden können mit Intervallen beschrieben werden.

$[a; b] = \{x \in \mathbb{R} \mid a \le x \le b\}$

$]a; b[= \{x \in \mathbb{R} \mid a < x < b\}$

(2) Wendepunkt

An einer Stelle, an der bei einem Funktionsgraphen ein Übergang von einer Linkskurve in eine Rechtskurve stattfindet, hat dieser eine maximale Steigung, da vor dieser Stelle die Ableitungswerte größer werden (monotones Steigen von f′) und nach dieser Stelle die Ableitungswerte kleiner werden (monotones Fallen von f′).

Entsprechend findet an einer Stelle mit minimaler Steigung ein Übergang von einer Rechtskurve in eine Linkskurve statt. Stellt man sich den Funktionsgraphen als Verlauf einer Straße vor, so muss ein Fahrer an solchen Punkten mit Kurvenwechsel den Lenker wenden. Daher bezeichnet man solche Punkte auch als *Wendepunkte*.

Definition 2

Ein Punkt, an dem bei einem Funktionsgraphen ein Wechsel von einer Linkskurve in eine Rechtskurve oder umgekehrt von einer Rechts- in eine Linkskurve stattfindet, heißt **Wendepunkt** des Graphen der Funktion.

Die x-Koordinate dieses Punktes nennt man auch **Wendestelle**.

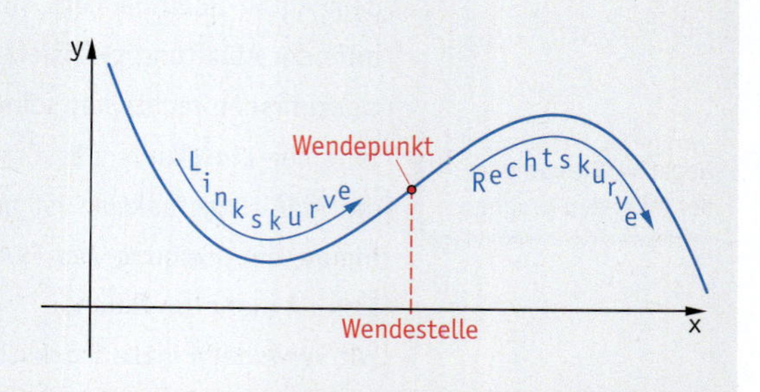

(3) Sattelpunkte als spezielle Wendepunkte

Bereits in Klasse 10 haben wir Sattelpunkte kennengelernt als Punkte mit waagerechter Tangente, die weder Hoch- noch Tiefpunkte sind. Jetzt können wir dies präzisieren:

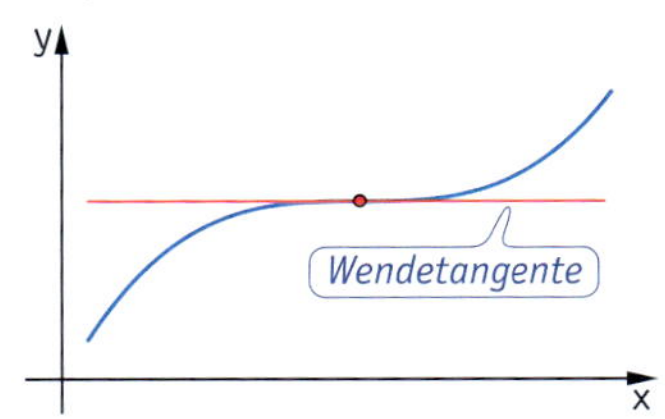

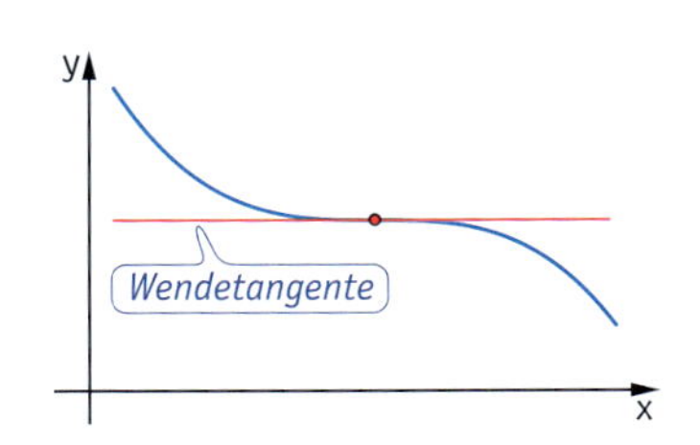

Definition 3

Ein **Sattelpunkt** ist ein Wendepunkt mit einer zur x-Achse parallelen Tangente.

Aufgabe

3 Berechnen von Wendepunkten

Rechts ist der Graph der Funktion zu $f(x) = x^5 - x^4$ gezeichnet.
Untersuchen Sie den Graphen auf Wendepunkte.
Führen Sie anschließend eine rechnerische Bestimmung der Koordinaten der Wendepunkte durch.

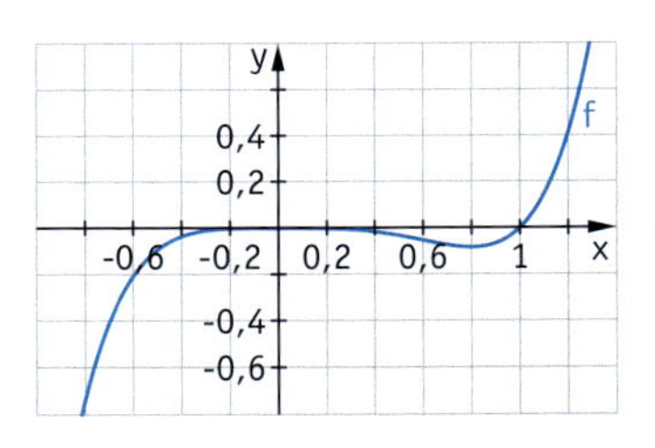

Lösung

Der Graph zeigt zunächst eine Rechtskurve und wechselt dann an einer Stelle in der Nähe von 0,5 in eine Linkskurve. An dieser Stelle liegt ein Wendepunkt vor.

Am Wendepunkt findet bei der Ableitungsfunktion f′ ein Wechsel vom monotonen Fallen zum monotonen Steigen statt; also liegt an dieser Stelle ein Tiefpunkt des Graphen f′ vor.

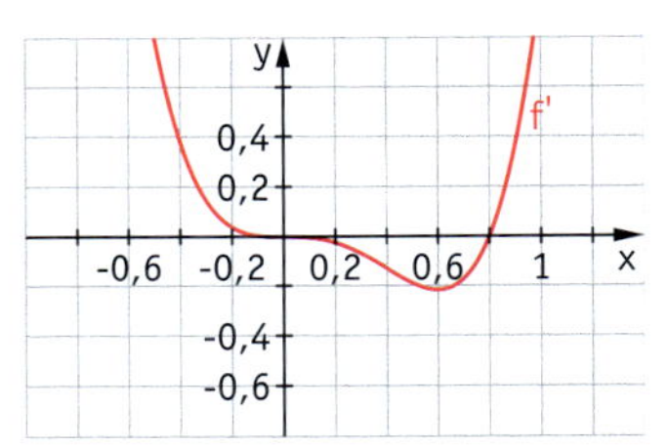

Die genaue Lage dieses Tiefpunktes können wir bestimmen, indem wir die Ableitungsfunktion f′ noch einmal ableiten und die Nullstellen dieser zweiten Ableitung f″ bestimmen.

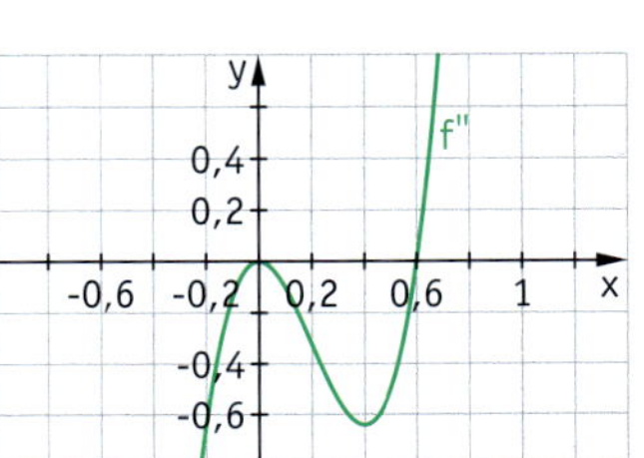

Ableitung f′: $f'(x) = 5x^4 - 4x^3$

Ableitung der Ableitung f″: $f''(x) = 20x^3 - 12x^2$

Nullstellen von f″:

$$20x^3 - 12x^2 = 0$$
$$4x^2(5x - 3) = 0$$
$$4x^2 = 0 \text{ oder } 5x - 3 = 0$$
$$x = 0 \text{ oder } x = \tfrac{3}{5} = 0{,}6$$

An der Stelle 0 liegt kein Wendepunkt der Funktion vor, da an dieser Stelle die Ableitung f′ ihr Monotonieverhalten nicht ändert, also keinen Extrempunkt hat.
Der einzige Wendepunkt des Funktionsgraphen liegt also an der Stelle $x = 0{,}6$.
Der Wendepunkt ist $W(0{,}6 \mid -0{,}05184)$.

Information

(4) Zweite Ableitung einer Funktion

In Aufgabe 3 haben wir gesehen, dass man bei der Berechnung von Wendepunkten die Ableitung der Ableitung einer Funktion benötigt.

Definition 4

Hat auch die Ableitung f' einer Funktion f noch eine Ableitung, so bezeichnet man diese als **zweite Ableitung** der Funktion und nennt sie f''.

Beispiele

- $f(x) = 2x + 4;\ f'(x) = 2;\ f''(x) = 0$
- $g(x) = \sin x;\ g'(x) = \cos x;\ g''(x) = -\sin x$

Entsprechend kann man durch weiteres Ableiten *höhere Ableitungen*, z. B. f''' als Ableitung von f'', usw. bilden.

(5) Charakterisieren von Links- und Rechtskurve mithilfe der zweiten Ableitung

Monotoniesatz:
Wenn für eine Funktion f für alle x in einem Intervall $f'(x) > 0$ gilt, dann ist die Funktion f in diesem Intervall streng monoton wachsend.
Entsprechend folgt aus $f'(x) < 0$, dass f streng monoton fallend ist.

Die Monotonie einer Funktion f kann man mithilfe des Monotoniesatzes mit der Ableitung f' der Funktion untersuchen. Links- und Rechtskurve eines Funktionsgraphen erkennt man an der Monotonie von f'. Diese kann man folglich mithilfe der 2. Ableitung f'' untersuchen. Daraus folgt:

Satz 1

Die Funktion f soll in einem Intervall eine zweite Ableitung besitzen.

(1) Gilt für alle x aus dem Intervall $f''(x) > 0$, so hat der Graph von f in diesem Intervall eine Linkskurve.

(2) Gilt für alle x aus dem Intervall $f''(x) < 0$, so hat der Graph von f in diesem Intervall eine Rechtskurve.

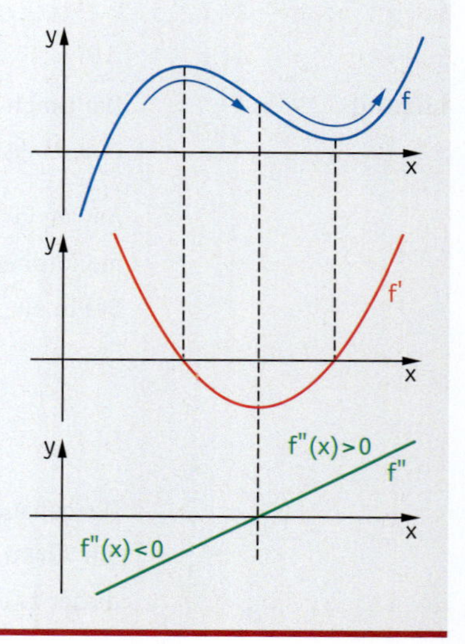

(6) Bestimmen von Wendepunkten

Da die Wendestellen einer Funktion f die Extremstellen der ersten Ableitung f' dieser Funktion sind, hat an den Wendestellen die zweite Ableitung f'' Nullstellen.

Satz 2

Hat eine Funktion f an der Stelle x_w eine Wendestelle und eine zweite Ableitung f'', so gilt: $f''(x_w) = 0$.

Beachte: Da nicht jede Nullstelle der 2. Ableitung zu einer Extremstelle der 1. Ableitung gehören muss, kann es Nullstellen der 2. Ableitung geben, die keine Wendestellen der Funktion sind. Ein Beispiel dafür ist die Stelle 0 der Funktion f in Aufgabe 3.

Weiterführende Aufgabe

4 Hinreichendes Kriterium für Wendestellen

Untersuchen Sie an geeigneten Skizzen für Funktionsgraphen und deren 1. und 2. Ableitung, unter welcher Bedingung eine Nullstelle der 2. Ableitung einen Wendepunkt des Funktionsgraphen zur Folge hat.

Information

(7) Kriterien für Wendestellen

Satz 3

Für eine Funktion f mit den Ableitungen f′, f″ und f‴ in einem Intervall gilt:

(1) Wenn f″ an der Stelle x_w eine Nullstelle mit Vorzeichenwechsel hat, dann ist x_w Wendestelle von f.

(2) Wenn $f''(x_w) = 0$ und zugleich $f'''(x_w) \neq 0$ gilt, dann ist x_w Wendestelle von f.

Diese Bedingungen in Satz 3 bezeichnet man auch als **hinreichende Kriterien** für Wendestellen. Liegen die in dem Wenn-Satz formulierten Voraussetzungen vor, dann liegt an der Stelle ein Wendepunkt vor. Demgegenüber bezeichnet man die Bedingung aus Satz 2 nur als **notwendig**: Wenn an einer Stelle x_w ein Wendepunkt von f vorliegt, dann muss $f''(x_w) = 0$ gelten. Aber diese Bedingung alleine reicht noch nicht aus, um das Vorliegen eines Wendepunktes an dieser Stelle zu garantieren (siehe Aufgabe 3).

Weiterführende Aufgabe

5 Flachpunkte

a) Folgende Funktionen haben an der Stelle 0 in der 2. Ableitung eine Nullstelle, dort aber keinen Wendepunkt. Untersuchen Sie, welche Besonderheit ihre Graphen an der Stelle 0 aufweisen.

(1) $f_1(x) = \frac{1}{4}x^4 - x$ (2) $f_2(x) = x^6$ (3) $f_3(x) = \frac{1}{20}x^5 - \frac{1}{6}x^4 + x$

b) Vergleichen Sie diese Besonderheit mit dem Verlauf eines Funktionsgraphen in einen Wendepunkt. Welche allgemeine Aussage lässt sich über die Bedeutung der Nullstellen der 2. Ableitung für den Verlauf des Funktionsgraphen folgern?

Ein Punkt $F(x_0 \mid f(x_0))$ eines Funktionsgraphen, für den $f''(x_0) = 0$ gilt, heißt **Flachpunkt**.

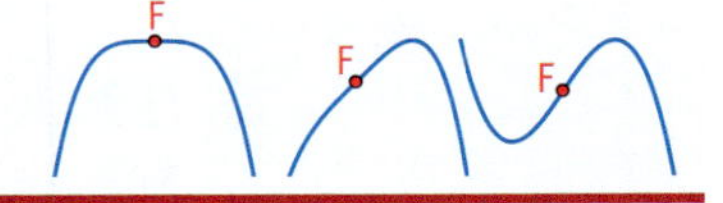

In diesem Punkt ist der Graph von f nicht gekrümmt, d. h. in seiner Nähe verläuft der Graph besonders gut geradlinig. Wendepunkte sind besondere Flachpunkte; aber nicht jeder Flachpunkt ist ein Wendepunkt.

Übungsaufgaben 

6 Folgende Gefäße werden mit Wasser bei konstantem Zufluss gefüllt.

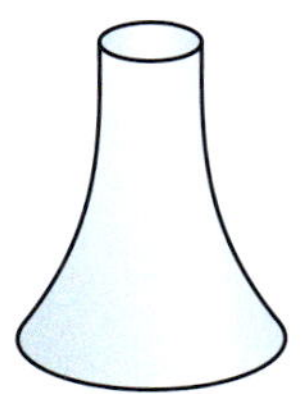    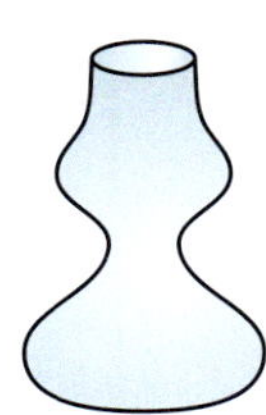

a) Zeichnen Sie jeweils den Graphen der Funktion *Zeit → Füllhöhe* und beschreiben Sie ihn.

b) Zeichnen Sie jeweils den Graphen der Funktion *Zeit → Steiggeschwindigkeit des Wasserspiegels im Gefäß* und beschreiben Sie ihn.

c) Stellen Sie Zusammenhänge her zwischen dem Graphen für die Füllhöhe und dem Graphen für die Steiggeschwindigkeit.

7 Ermitteln Sie die 2. Ableitung f″ zur Funktion f.

a) $f(x) = x^3$ **b)** $f(x) = x^4 - 3x$ **c)** $f(x) = \sin x$ **d)** $f(x) = x^3 + \frac{1}{x}$

8 Geben Sie verschiedene Funktionen an, die alle dieselbe zweite Ableitung f″ besitzen.

a) $f''(x) = 6x^3$ **b)** $f''(x) = x^4$ **c)** $f''(x) = x^2 - x$ **d)** $f''(x) = \sin x$

9 Bestimmen Sie Intervalle, in denen der Graph von f eine Linkskurve bzw. eine Rechtskurve hat.

a) $f(x) = \frac{1}{3}x^3 - x$ **b)** $f(x) = \frac{1}{4}x^4 - \frac{1}{2}x^2$ **c)** $f(x) = (x-2)^3$ **d)** $f(x) = \sin x$

10 Nehmen Sie Stellung zu den Äußerungen der Schüler.

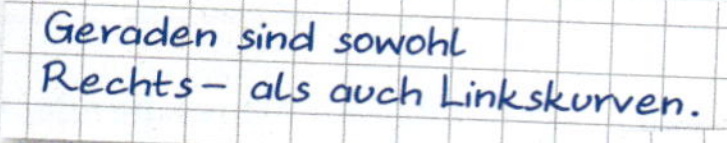

11 Bestimmen Sie die Wendepunkte des Graphen der Funktion f und geben Sie an, in welchen Intervallen eine Rechts- beziehungsweise Linkskurve beschrieben wird.

a) $f(x) = \frac{1}{3}x^3 - x$ **c)** $f(x) = \frac{1}{4}x^4 - \frac{1}{2}x^2$ **e)** $f(x) = -3 \cdot x + 4$

b) $f(x) = -3 \cdot x^2 - 2 \cdot x + 1$ **d)** $f(x) = x^4 - 2 \cdot x$ **f)** $f(x) = (x-1)^3$

12 Gute oder schlechte Nachrichten? Erläutern Sie mithilfe des Begriffs Wendepunkt anhand typischer Funktionsgraphen.

Maximale Zuwachsrate erreicht
Der Aufschwung erlahmt
Die Talfahrt ist gebremst
Eine Trendwende ist eingetreten

13 Kontrollieren Sie Antonias Hausaufgabe. Erläutern Sie Ihre Anmerkungen.

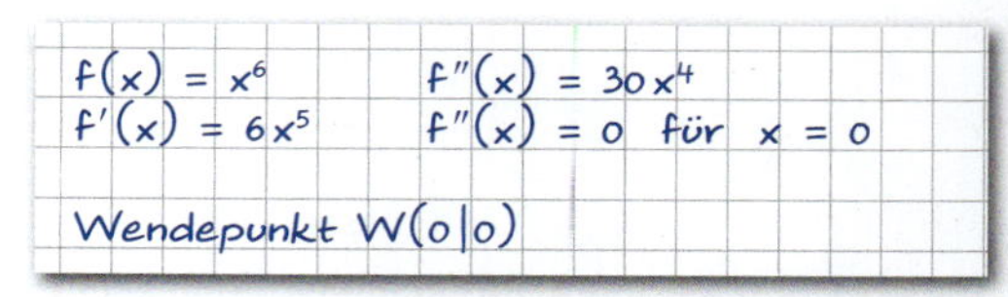

14 Untersuchen Sie den Graphen der Funktion f zu $f(x) = x^4 - x$ auf Extrempunkte und Wendepunkte. Erläutern Sie insbesondere die Besonderheit an der Stelle 0.

15 In der nebenstehenden Abbildung ist der Graph der 1. Ableitung f′ einer Funktion dargestellt.

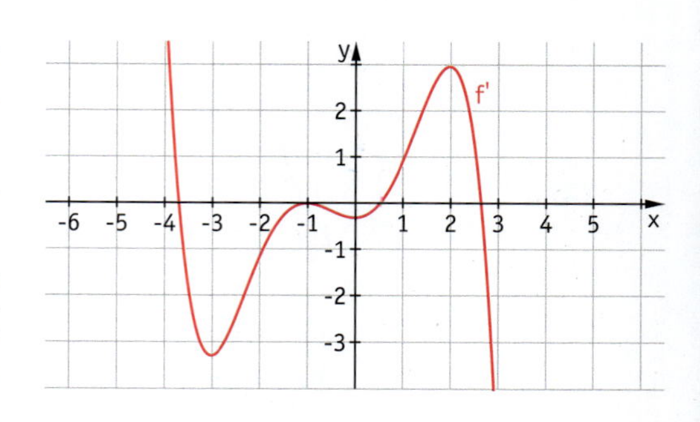

a) An welchen Stellen hat der Graph der Funktion f Extrempunkte bzw. Wendepunkte?

b) Der Graph der Ausgangsfunktion f verläuft durch den Koordinatenursprung. Skizzieren Sie die Graphen von f und f′ untereinander in zwei Koordinatensystemen; verbinden Sie dann zusammengehörende markante Punkte der beiden Graphen mit gestrichelten farbigen Linien.

16 Von einer Funktion f ist die zweite Ableitung f″ bekannt. Was lässt sich über Wendepunkte und Extrempunkte des Graphen von f aussagen? Skizzieren Sie einen möglichen Verlauf des Funktionsgraphen.

a) $f''(x) = -x + 1$ **b)** $f''(x) = 2$ **c)** $f''(x) = x^2 - 1$ **d)** $f''(x) = -x^2 + 2$ **e)** $f''(x) = x^2$

17 Eine Bergetappe wird beschrieben durch den Graphen der Funktion mit
$f(x) = -0{,}1x^6 + 0{,}9x^5 - 3x^4 + 4{,}4x^3 - 2{,}4x^2 + 2$
im Intervall [0; 2,5], wobei in einem örtlichen Koordinatensystem in der Einheit km gemessen wird.

a) Bestimmen Sie die Stelle, an der die Steigung dieser Bergetappe maximal ist.
Wie groß ist diese?

b) Untersuchen Sie, an welcher Stelle das stärkste Gefälle vorliegt.

18 Das Wachstum einer Schimmelpilzkultur wird im Zeitintervall [0; 2,3] beschrieben durch die Funktion f mit $f(x) = 9x^3 - x^5$. Dabei bezeichnet x die Zeit nach Beobachtungsbeginn in Tagen und f(x) die Größe der von der Kultur bedeckten Fläche in cm^2.
Untersuchen Sie, wann die Änderungsrate des bedeckten Flächeninhalts maximal ist. Welche Bedeutung hat der entsprechende Zeitpunkt für den Wachstumsprozess?

19 Skizzieren Sie einen Funktionsgraphen, der genau folgende charakteristische Punkte besitzt:

a) einen Wendepunkt, keinen Extrempunkt;

b) einen Wendepunkt, einen Hochpunkt und einen Tiefpunkt;

c) einen Wendepunkt, einen Hochpunkt und keinen Tiefpunkt;

d) drei [zwei] Wendepunkte, keinen Extrempunkt;

e) zwei Tiefpunkte, einen Hochpunkt, zwei Wendepunkte;

f) einen Tiefpunkt, keinen Hochpunkt, zwei Wendepunkte.

20 Die Abbildungen (1), (2), (3) und (4) zeigen die Graphen von vier Funktionen, die Abbildungen (A), (B), (C) und (D) zeigen die zugehörigen Graphen der 2. Ableitung. Ordnen Sie die Graphen einander zu. Begründen Sie Ihre Zuordnung.

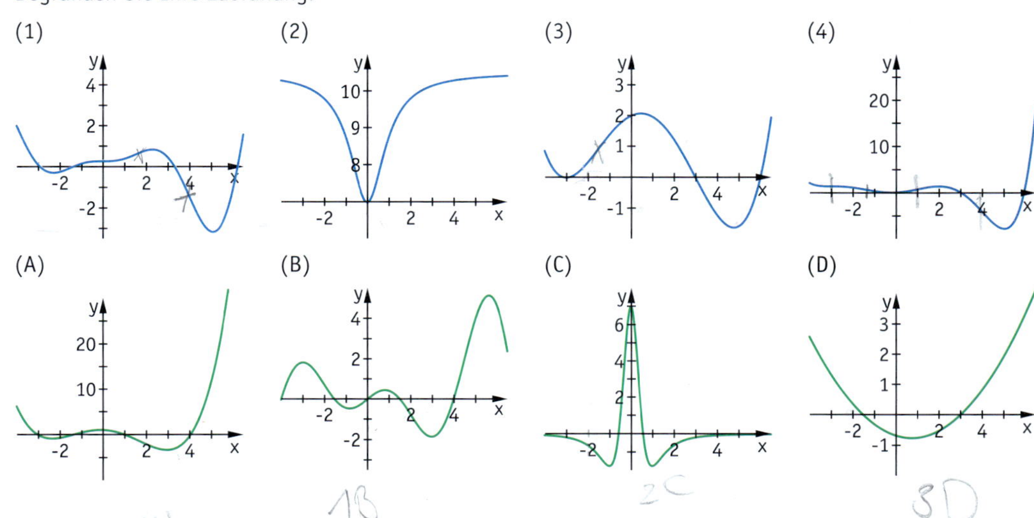

1.2 Bestimmen ganzrationaler Funktionen – lineare Gleichungssysteme

Einführung

Eine Rutsche in ein Schwimmbecken soll aus drei Blechteilen hergestellt werden. Das erste Blechteil, von A nach B, ist waagerecht eben, das dritte, von C nach D, ist auch eben und wird mit einer Steigung von 150 % montiert. Zwischen diesen beiden Blechen soll ein gebogenes Teil knickfrei montiert werden.
Gesucht ist eine Funktion, die den Verlauf dieses Bleches beschreibt.

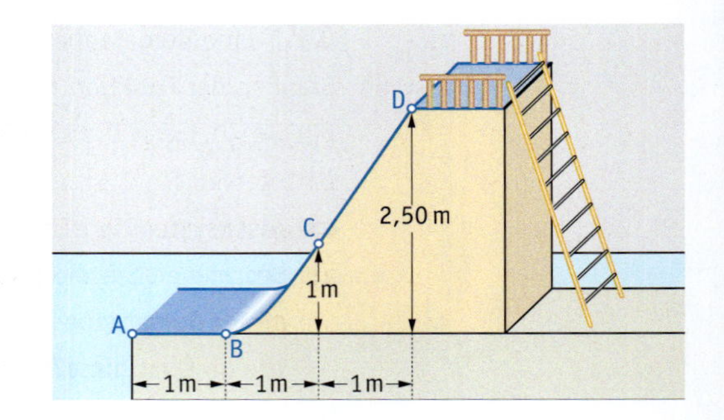

absolutes Glied:
Summand ohne Variable im Funktionsterm einer ganzrationalen Funktion

(1) Festlegen eines Koordinatensystems

Wir legen den Ursprung des Koordinatensystems in den Punkt B. Damit gilt $f(0) = 0$. Der Funktionsterm hat somit kein absolutes Glied.

(2) Eigenschaften der Funktion

Für die Funktion f, die das Profil des gebogenen Bleches beschreibt, muss neben $f(0) = 0$ weiterhin gelten:

$f'(0) = 0$; da der Graph im Ursprung eine waagerechte Tangente haben muss, um glatt an das waagerechte Blech anzuschließen.

$f(1) = 1$; da der Graph im Punkt $C(1|1)$ an das dritte Blech anschließt.

$f'(1) = 1{,}5$; da der Graph im Punkt $C(1|1)$ dieselbe Steigung haben muss wie das anschließende Blech mit der Steigung 150 %.

(3) Erstellen eines linearen Gleichungssystems aus den Bedingungen

Nach dem Festlegen des Koordinatensystems haben wir die geforderten Eigenschaften der Funktion in drei Bedingungen zusammengefasst.
Daher liegt es nahe, eine ganzrationale Funktion mit drei Koeffizienten im Funktionsterm ohne absolutes Glied zu bestimmen:

Gesucht: a, b und c

$f(x) = ax^3 + bx^2 + cx$, also eine ganzrationale Funktion 3. Grades.

Die Ableitung dieser Funktion hat den Term:

$f'(x) = 3ax^2 + 2bx + c$

Durch Einsetzen der drei Bedingungen aus (2) erhalten wir drei Gleichungen:

$f'(0) = 0$ liefert: $c = 0$

$f(1) = 1$ liefert: $a \cdot 1^3 + b \cdot 1^2 + c \cdot 1 = 1$, also $a + b + c = 1$

$f'(1) = 1{,}5$ liefert: $3a \cdot 1^2 + 2b \cdot 1 + c = 1{,}5$, also $3a + 2b + c = 1{,}5$

Damit erhalten wir drei lineare Gleichungen mit drei Variablen.
Zusammengefasst ist dies ein Gleichungssystem aus drei Gleichungen, die alle drei zugleich erfüllt sein müssen:

$$\left|\begin{array}{rcl} c &=& 0 \\ a + b + c &=& 1 \\ 3a + 2b + c &=& 1{,}5 \end{array}\right|$$

Aus der ersten Gleichung kann man schon den Wert für c entnehmen. Daher setzt man diesen in die 2. und 3. Gleichung ein.

$$\left|\begin{array}{rcl} c &=& 0 \\ a + b + c &=& 1 \\ 3a + 2b + c &=& 1{,}5 \end{array}\right| \quad \text{Einsetzen}$$

$$\left|\begin{array}{rcl} c &=& 0 \\ a + b &=& 1 \\ 3a + 2b &=& 1{,}5 \end{array}\right| \quad \cdot(-2)\ \oplus$$

Betrachtet man nur die 2. und 3. Gleichung, so handelt es sich um ein Gleichungssystem aus 2 Gleichungen mit 2 Variablen. Nächstes Ziel ist es, in einer der beiden Gleichungen eine Variable zu eliminieren. Wir verwenden dazu das Additionsverfahren.

$$\left|\begin{array}{rcl} c &=& 0 \\ a + b &=& 1 \\ a &=& -0{,}5 \end{array}\right| \quad \text{Einsetzen}$$

Setzt man diesen Wert für a in die 2. Gleichung ein, so enthält diese nur noch eine Variable, deren Wert berechnet werden kann.

$$\left|\begin{array}{rcl} c &=& 0 \\ -0{,}5 + b &=& 1 \\ a &=& -0{,}5 \end{array}\right|$$

$$\left|\begin{array}{rcl} c &=& 0 \\ b &=& 1{,}5 \\ a &=& -0{,}5 \end{array}\right|$$

Die gesuchte Funktionsgleichung lautet also $f(x) = -0{,}5x^3 + 1{,}5x^2$.

(4) Probe am gestellten Problem

Durch Berechnen von $f'(0)$, $f(1)$, $f'(1)$ kann man schnell feststellen, dass diese Funktion alle geforderten Bedingungen erfüllt. Die Ableitungsfunktion hat den Term $f'(x) = -1{,}5x^2 + 3x$.

$f'(0) = 0$

$f(1) = -0{,}5 \cdot 1 + 1{,}5 \cdot 1 = 1$

$f'(1) = -1{,}5 \cdot 1 + 3 \cdot 1 = 1{,}5$

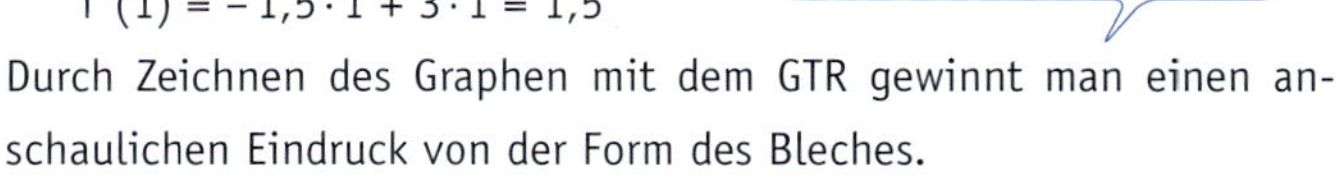

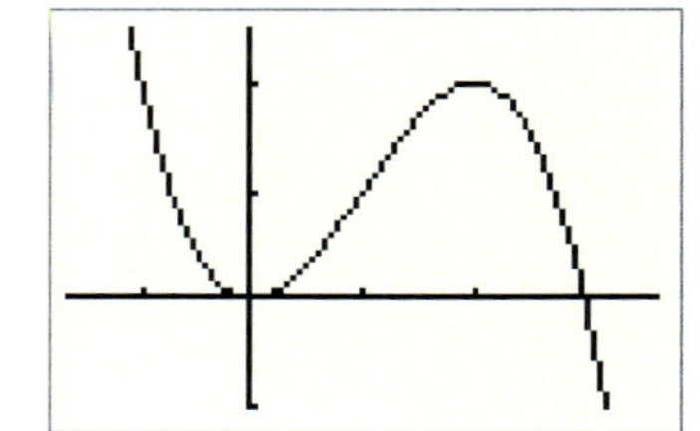

Durch Zeichnen des Graphen mit dem GTR gewinnt man einen anschaulichen Eindruck von der Form des Bleches.

Ergebnis

Das Profil des gebogenen Blechs wird also beschrieben durch die Funktion f mit $f(x) = -0{,}5x^3 + 1{,}5x^2$ mit $0 \le x \le 1$.

Information

(1) Schritte beim Bestimmen ganzrationaler Funktionen mit vorgegebenen Eigenschaften

In der Einführung sind wir folgendermaßen vorgegangen, um den Term einer Funktion zu ermitteln:

- Formulieren der Bedingungen an die Funktion
- Festlegen eines allgemeinen Funktionsterms mit variablen Koeffizienten
- Erstellen eines linearen Gleichungssystems aus den formulierten Bedingungen
- Lösen des linearen Gleichungssystems
- Probe

Eine solche Aufgabe zum Ermitteln einer Funktion mit vorgegebenen Eigenschaften nennt man auch *Steckbriefaufgabe*.

Information

(2) Lineare Gleichungen – lineare Gleichungssysteme

Aus der Sekundarstufe I wissen Sie:

- Lineare Gleichungen mit *einer* Variablen haben einzelne Zahlen als Lösung. Beispielsweise hat die Gleichung $4 \cdot x = 8$ die Lösung 2; die Gleichung $0 \cdot x = 0$ hat jede reelle Zahl als Lösung.
- Lineare Gleichungen mit *zwei* Variablen haben *Zahlenpaare* als Lösung. Beispielsweise ist $(1|2)$ eine Lösung der Gleichung $8x - 4y = 0$, denn $8 \cdot 1 - 4 \cdot 2 = 0$.

Entsprechend haben lineare Gleichungen mit *drei* Variablen *Zahlentripel* als Lösung, usw. Beispielsweise ist $(1|2|3)$ eine Lösung der linearen Gleichung $4x - y + z = 5$, denn $4 \cdot 1 - 2 + 3 = 5$.

Man nennt eine Gleichung **linear**, wenn sie nur aus einer Summe von Vielfachen der Variablen besteht. Sollen mehrere lineare Gleichungen zugleich erfüllt sein, so spricht man von einem **linearen Gleichungssystem.**

(3) Lösen eines linearen 3×3-Gleichungssystems

In der Einführung haben wir ein Gleichungssystem aus 3 Gleichungen mit 3 Variablen gelöst. Dies war besonders einfach, weil eine Gleichung schon einen Wert für eine der Variablen enthielt. Allgemein strebt man dieses Zwischenziel an und geht folgendermaßen vor:

$$\left|\begin{array}{rcl} x + 2y + 6z &=& 9 \\ x + y + 4z &=& 5 \\ 2x + 3y + 13z &=& 23 \end{array}\right| \quad \cdot(-1) \quad \cdot(-2)$$

Mithilfe der 1. Gleichung wird aus der 2. Gleichung und aus der 3. Gleichung die Variable x eliminiert.

$$\left|\begin{array}{rcl} x + 2y + 6z &=& 9 \\ - y - 2z &=& -4 \\ - y + z &=& 5 \end{array}\right| \quad \cdot(-1)$$

Mithilfe der 2. Gleichung wird aus der 3. Gleichung die Variable y eliminiert.

Dreiecksgestalt

$$\left|\begin{array}{rcl} x + 2y + 6z &=& 9 \\ - y - 2z &=& -4 \\ 3z &=& 9 \end{array}\right| \quad \leftarrow \text{Wert für z berechnen}$$

$$\left|\begin{array}{rcl} x + 2y + 6z &=& 9 \\ - y - 2z &=& -4 \\ z &=& 3 \end{array}\right| \quad \begin{array}{l} \leftarrow \text{Wert für z einsetzen und vereinfachen} \\ \leftarrow \text{Wert für z einsetzen und Wert für y berechnen} \\ \end{array}$$

$$\left|\begin{array}{rcl} x + 2y &=& -9 \\ y &=& -2 \\ z &=& 3 \end{array}\right| \quad \leftarrow \text{Wert für y einsetzen und Wert für x berechnen}$$

$$\left|\begin{array}{rcl} x &=& -5 \\ y &=& -2 \\ z &=& 3 \end{array}\right|$$

Lösungsmenge $L = \{(-5|-2|3)\}$

Probe: Das Einsetzen der Lösungsmenge in das Ausgangssystem bestätigt das Ergebnis.

Rückblick auf den Lösungsweg

Der entscheidende Schritt zum Lösen des Gleichungssystems war das Umformen auf **Dreiecksgestalt.** In dieser enthält die letzte Gleichung nur eine Variable und jede vorherige höchstens eine mehr als die nachfolgende. Aus der letzten Gleichung kann dann sofort der Wert einer Variablen berechnet werden. Diese wird dann in die vorletzte Gleichung eingesetzt, aus der dann der Wert einer weiteren Variable berechnet werden kann usw.

Die zum Schluss entstehende Form des Gleichungssystems, aus der man die Lösung unmittelbar ablesen kann, nennt man **Diagonalgestalt.**

$$\left|\begin{array}{rcl} x &=& -5 \\ y &=& -2 \\ z &=& 3 \end{array}\right|$$

Weiterführende Aufgaben

1 Notwendigkeit der Probe

Gesucht ist eine quadratische Funktion, deren Graph einen Tiefpunkt bei T(2 | 1) hat, ferner soll der Graph an der Stelle – 1 die Steigung 3 haben.
Deuten Sie Ihr Ergebnis am Graphen.

2 Widersprüchliche Bedingungen

Gesucht ist eine quadratische Funktion, deren Graph an der Stelle 2 eine waagerechte Tangente hat und durch die Punkte P(1 | 2) und Q(3 | 3) verläuft.
Deuten Sie Ihr Ergebnis am Graphen.

3 Mehrere Funktionen als Lösung

Gesucht ist eine quadratische Funktion, deren Graph durch die Punkte P(1 | 1) und Q(3 | 1) verläuft und an der Stelle 2 eine waagerechte Tangente hat.
Deuten Sie Ihr Ergebnis am Graphen.

Information

(4) Eine Aufgabe zum Bestimmen einer ganzrationalen Funktion mit vorgegebenen Eigenschaften kann *keine*, *eine* oder *mehrere* Lösungen haben.
In jedem Fall ist nach dem Lösen des linearen Gleichungssystems eine Probe erforderlich.

Übungsaufgaben

4 Ermitteln Sie den Funktionsterm der im Steckbrief rechts gesuchten Funktion.

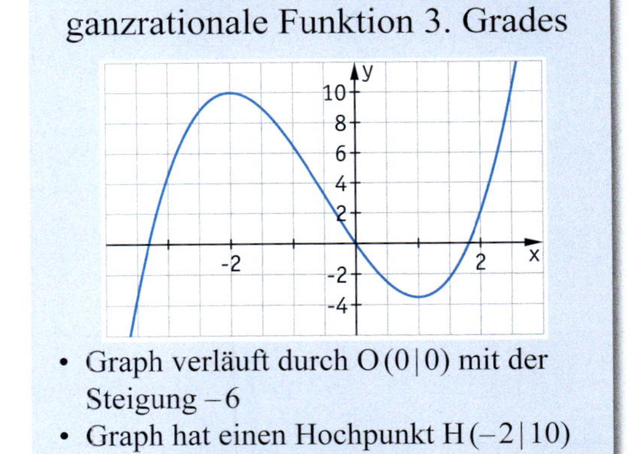

5 Bestimmen Sie eine ganzrationale Funktion dritten Grades, deren Graph die angegebenen Eigenschaften hat. Skizzieren Sie zunächst einen möglichen Verlauf des Graphen per Hand.

a) Der Koordinatenursprung ist Punkt des Graphen, W(2 | 4) ist Wendepunkt, die zugehörige Wendetangente hat die Steigung – 3.

b) Der Koordinatenursprung ist Wendepunkt, der Punkt H(3 | 2) ist Hochpunkt.

c) Der Graph verläuft durch die Punkte A(– 4 | – 8), B(– 2 | 1), C(1 | 1) und D(3 | 5).

d) Der Graph geht durch den Ursprung und hat in S(2 | 1) einen Sattelpunkt.

e) Der Graph hat den Wendepunkt W(0 | 1) und berührt die Parabel mit der Gleichung $y = x^2 + x$ im Scheitelpunkt.

f) Der Graph hat den Wendepunkt W(1 | 0). Weitere Nullstellen liegen bei – 1 und 3. Die Tangente im Wendepunkt W hat die Steigung – 4.

6 Bei einem Glas wurde gemessen, in welcher Höhe bestimmte Radien vorliegen:

h (in cm)	0	1	2	3
r (in cm)	1	1,5	1,8	2

Bestimmen Sie die Funktion, welche den Radius in Abhängigkeit von der Höhe angibt.

1.3 Lösen linearer Gleichungssysteme – GAUSS-Algorithmus

Einführung

Es soll ein systematisches Verfahren zum Lösen linearer Gleichungssysteme entwickelt werden. Wir gehen dazu von dem Beispiel rechts aus.

$$\left|\begin{array}{rcl} x_1 + 3x_2 + x_3 &=& 2 \\ -2x_1 - 4x_2 + 2x_3 &=& 6 \\ 3x_1 + x_2 + x_3 &=& 8 \end{array}\right|$$

Wir haben schon gesehen, dass ein wichtiges Zwischenziel zur Lösung die Dreiecksgestalt ist. Daher eliminieren wir zunächst in der 2. und 3. Gleichung die Summanden mit der Variable x_1. Dies kann erfolgen durch Addieren des Doppelten der 1. Gleichung zur 2. Gleichung sowie des (−3)-fachen der 1. Gleichung zur 3. Gleichung.

$$\left|\begin{array}{rcl} x_1 + 3x_2 + x_3 &=& 2 \\ -2x_1 - 4x_2 + 2x_3 &=& 6 \\ 3x_1 + x_2 + x_3 &=& 8 \end{array}\right| \quad \cdot 2 \oplus \quad \cdot(-3) \oplus$$

$$\left|\begin{array}{rcl} x_1 + 3x_2 + x_3 &=& 2 \\ 2x_2 + 4x_3 &=& 10 \\ -8x_2 - 2x_3 &=& 2 \end{array}\right| \quad \cdot 4 \oplus$$

Eliminieren des Summanden mit x_2 aus der 3. Gleichung

$$\left|\begin{array}{rcl} x_1 + 3x_2 + x_3 &=& 2 \\ 2x_2 + 4x_3 &=& 10 \\ 14x_3 &=& 42 \end{array}\right| \quad :14$$

Gleichungssystem in Dreiecksgestalt

$$\left|\begin{array}{rcl} x_1 + 3x_2 + x_3 &=& 2 \\ 2x_2 + 4x_3 &=& 10 \\ x_3 &=& 3 \end{array}\right|$$

Einsetzen und Vereinfachen

$$\left|\begin{array}{rcl} x_1 + 3x_2 &=& -1 \\ 2x_2 &=& -2 \\ x_3 &=& 3 \end{array}\right| \quad :2$$

$$\left|\begin{array}{rcl} x_1 + 3x_2 &=& -1 \\ x_2 &=& -1 \\ x_3 &=& 3 \end{array}\right|$$

Einsetzen und Vereinfachen

$$\left|\begin{array}{rcl} x_1 &=& 2 \\ x_2 &=& -1 \\ x_3 &=& 3 \end{array}\right|$$

Gleichungssystem in Diagonalgestalt

Die Lösung ist das Tripel $(2\,|-1\,|\,3)$, die Lösungsmenge ist $L = \{(2\,|-1\,|\,3)\}$.

Information

(1) Der GAUSS-Algorithmus zum Lösen eines linearen Gleichungssystems

CARL FRIEDRICH GAUSS; (1777 – 1855)

Das in der Einführung angewandte Verfahren heißt **GAUSS-Algorithmus**, benannt nach dem deutschen Mathematiker CARL FRIEDRICH GAUSS. Es ermöglicht, für jedes lineare Gleichungssystem die Lösungsmenge *systematisch* zu bestimmen. Die Grundidee besteht darin, das gegebene System so umzuformen, dass es eine dreiecksähnliche Gestalt hat. Im umgeformten System enthält jede Gleichung eine Variable weniger als die vorhergehende.

Zum Umformen wendet man das Additionsverfahren wiederholt an:

- Multiplikation beider Seiten einer Gleichung mit einer geeigneten Zahl ungleich Null;
- Addition einer Gleichung zu einer anderen, sodass eine Variable eliminiert wird, also wegfällt;
- Vertauschen der Reihenfolge der Gleichungen.

Auch die nicht veränderten Gleichungen muss man weiter mitführen. Das Weglassen einer Gleichung bedeutet nämlich den Verzicht auf eine Bedingung.

Information

(2) Einfacheres Notieren eines linearen Gleichungssystems und Lösen mithilfe eines GTR

Um Schreibarbeit zu sparen und die Übersichtlichkeit zu erhöhen, notiert man ein lineares Gleichungssystem oft in Form eines Zahlenschemas, der sogenannten *Koeffizientenmatrix*, in dem nur die Koeffizienten der Gleichungen notiert werden:

Statt des Gleichungssystems

$$\left|\begin{array}{rcrcrcr} x_1 & + & 6x_2 & - & 3x_3 & = & -6 \\ 4x_1 & + & 3x_2 & + & 3x_3 & = & 3 \\ 4x_1 & - & 3x_2 & + & 6x_3 & = & 18 \end{array}\right| \quad \text{schreibt man} \quad \begin{array}{cccc} x_1 & x_2 & x_3 & \\ \hline \end{array} \begin{pmatrix} 1 & 6 & -3 & -6 \\ 4 & 3 & 3 & 3 \\ 4 & -3 & 6 & 18 \end{pmatrix}$$

Erweiterte Koeffizienten-Matrix

rref = row reduced echolon form

Mit dieser erweiterten Koeffizientenmatrix lassen sich alle Schritte des GAUSS-Algorithmus durchführen. Auch bei einer Lösung mithilfe eines GTR wird die erweiterte Koeffizientenmatrix benötigt. Wenn wir dieses Zahlenschema in den Rechner eingeben, erhalten wir durch Benutzung des **rref**-Befehls eine Lösung des linearen Gleichungssystems in Diagonalgestalt:

(1) Aufrufen des Untermenüs **EDIT** im **MATRIX**-Menü und Festlegen des Namens und der Anzahl der Zeilen und Spalten:

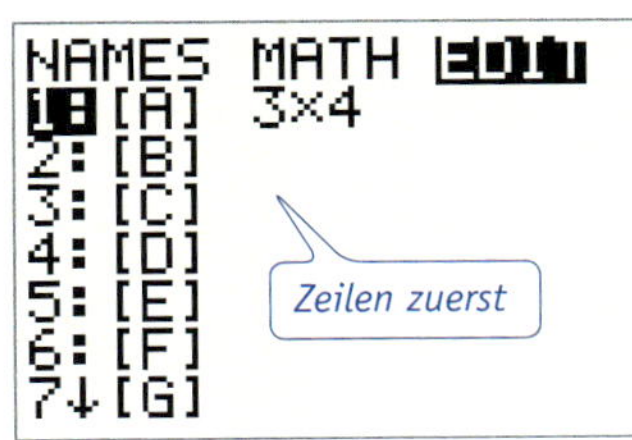

(2) Eingeben der Koeffizienten in die Leerfelder der Matrix:

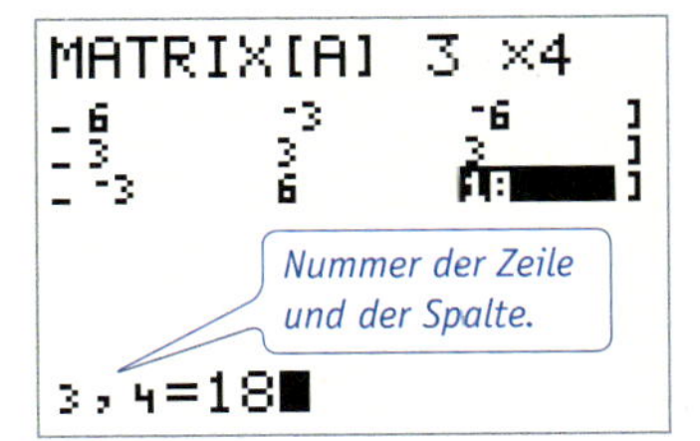

(3) Aufrufen des **rref**-Befehls im Untermenü **MATH** des **MATRIX**-Menüs:

```
NAMES MATH EDIT
7↑augment(
8:Matr▸list(
9:List▸matr(
0:cumSum(
A:ref(
B:rref(
C↓rowSwap(
```

Eingabe über NAMES im MATRIX-Menü

(4) Ergebnis ablesen:

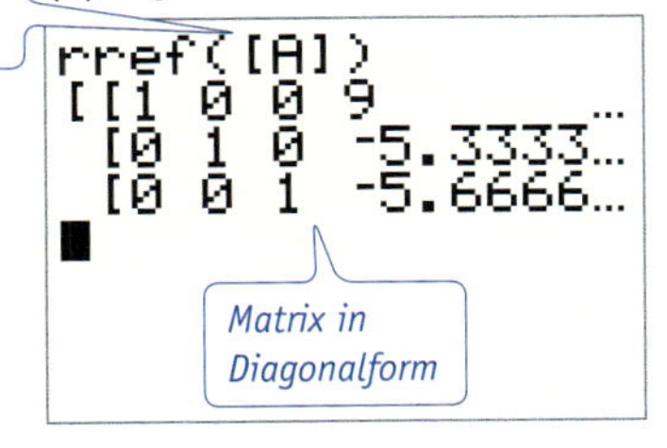

Dem vierten Fenster kann man unmittelbar die Lösung entnehmen: $x_1 = 9$, $x_2 = -5{,}3333$ und $x_3 = -5{,}666$. Der Rechnerbefehl **Frac** aus dem **MATH**-Menü gibt das Ergebnis als Bruch an: $x_1 = 9$, $x_2 = -\frac{16}{3}$, $x_3 = -\frac{17}{3}$.

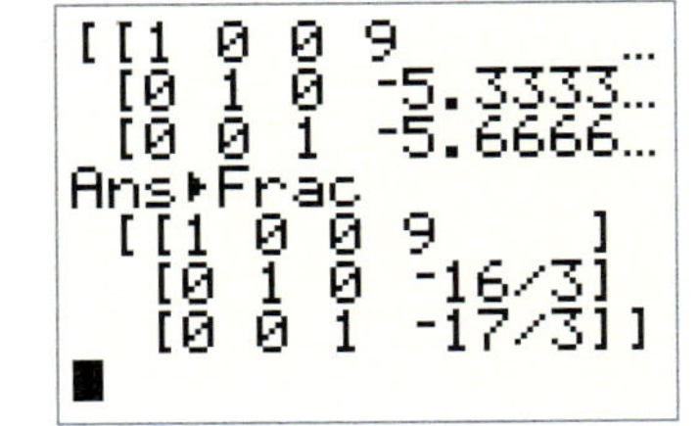

Bei einem CAS-Rechner kann man den Befehl **rref** und die Matrix direkt im Hauptbildschirm eingeben und erhält unmittelbar das exakte Ergebnis.

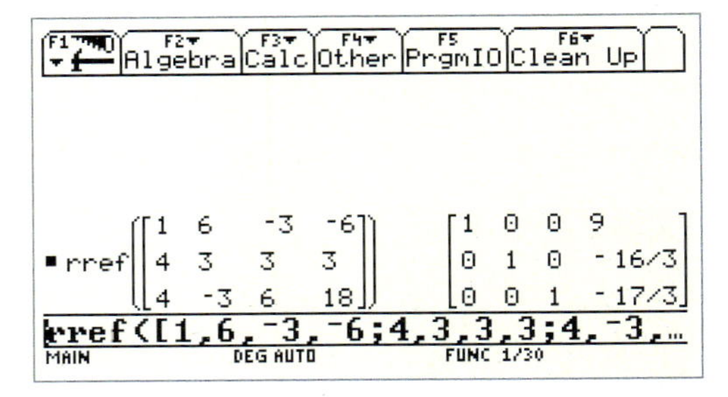

Ergänzung: Auch bei manchen grafikfähigen Taschenrechnern kann man die Matrix direkt im Hauptbildschirm eingeben.

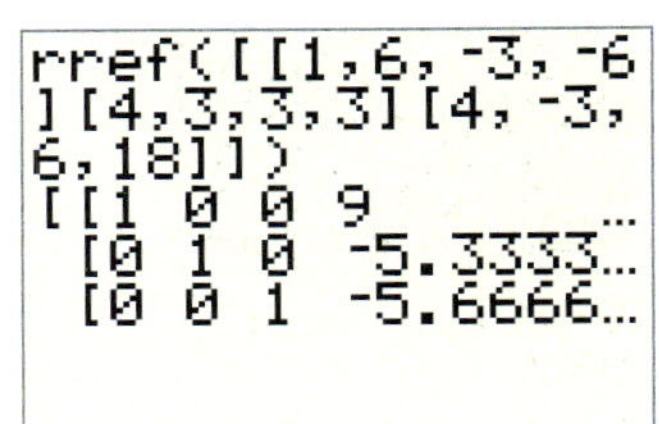

Aufgabe

1 Berechnen Sie alle Lösungen des linearen Gleichungssystems mit dem GAUSS-Algorithmus.

(1) $\left|\begin{array}{l} 2x_1 + 6x_2 - 3x_3 = -6 \\ 4x_1 + 3x_2 + 3x_3 = 6 \\ 4x_1 - 3x_2 + 9x_3 = 6 \end{array}\right|$

(2) $\left|\begin{array}{l} 2x_1 + 6x_2 - 3x_3 = -6 \\ 4x_1 + 3x_2 + 3x_3 = 6 \\ 4x_1 - 3x_2 + 9x_3 = 18 \end{array}\right|$

Lösung

Wir lösen beide Gleichungssysteme mit dem GAUSS-Algorithmus und formen die Systeme in Dreiecksgestalt um. Wir erhalten:

(1)

$$\left|\begin{array}{rrrr} 2x_1 + & 6x_2 - & 3x_3 = & -6 \\ 4x_1 + & 3x_2 + & 3x_3 = & 6 \\ 4x_1 - & 3x_2 + & 9x_3 = & 6 \end{array}\right| \quad \cdot(-2) \text{, zur 2. und 3. Gleichung addieren}$$

$$\left|\begin{array}{rrrr} 2x_1 + & 6x_2 - & 3x_3 = & -6 \\ & -9x_2 + & 9x_3 = & 18 \\ & -15x_2 + & 15x_3 = & 18 \end{array}\right| \quad \begin{array}{l} :3 \\ :(-5) \end{array}$$

$$\left|\begin{array}{rrrr} 2x_1 + & 6x_2 - & 3x_3 = & -6 \\ & -3x_2 + & 3x_3 = & 6 \\ & & 0 = & -12 \end{array}\right|$$

Die letzte Gleichung des obigen Gleichungssystems lautet also:

$0 = -12$

Diese Aussage ist falsch. Damit ist weder das letzte Gleichungssystem noch das Ausgangssystem lösbar.

Die Lösungsmenge des Gleichungssystems ist also die leere Menge: $L = \{\ \}$

(2)

$$\left|\begin{array}{rrrr} 2x_1 + & 6x_2 - & 3x_3 = & -6 \\ 4x_1 + & 3x_2 + & 3x_3 = & 6 \\ 4x_1 - & 3x_2 + & 9x_3 = & 18 \end{array}\right| \quad \cdot(-2) \text{, zur 2. und 3. Gleichung addieren}$$

$$\left|\begin{array}{rrrr} 2x_1 + & 6x_2 - & 3x_3 = & -6 \\ & -9x_2 + & 9x_3 = & 18 \\ & -15x_2 + & 15x_3 = & 30 \end{array}\right| \quad \begin{array}{l} :9 \\ :(-15) \end{array}$$

$$\left|\begin{array}{rrrr} 2x_1 + & 6x_2 - & 3x_3 = & -6 \\ & -x_2 + & x_3 = & 2 \\ & & 0 = & 0 \end{array}\right|$$

Die letzte Gleichung des obigen Gleichungssystems lautet ausgeschrieben:

$0x_1 + 0x_2 + 0x_3 = 0$

Sie ist allgemeingültig, da sie bei beliebiger Einsetzung der Variablen stets erfüllt ist. Sie liefert keine Einschränkungen für die Lösung des Systems.

Wir müssen uns also die verbleibenden Gleichungen ansehen.

Die vorletzte Gleichung lautet: $-x_2 + x_3 = 2$.

Man kann auch x_1 oder x_2 wählen.

Wählt man z. B. für x_3 eine beliebige Zahl t, also $x_3 = t$ mit $t \in \mathbb{R}$, so erhält man $-x_2 + t = 2$ und somit $x_2 = -2 + t$.

Setzt man $x_3 = t$ und $x_2 = -2 + t$ in die erste Gleichung ein, so ergibt sich

$2x_1 + 6 \cdot (-2 + t) - 3 \cdot t = -6$.

Daraus erhält man:

$x_1 = 3 - 1{,}5t$.

Das lineare Gleichungssystem hat somit unendlich viele Lösungen, nämlich alle Zahlentripel der Form $(3 - 1{,}5t \mid -2 + t \mid t)$ mit $t \in \mathbb{R}$.

Die Lösungsmenge ist folglich:

$L = \{(3 - 1{,}5t \mid t - 2 \mid t) \mid t \in \mathbb{R}\}$

Information

(3) Anzahl der Lösungen bei linearen Gleichungssystemen

Ein lineares Gleichungssystem kann

- genau eine Lösung,
- keine Lösung oder
- unendlich viele Lösungen haben.

Beispiele

(1)

$$\left|\begin{array}{rcrcrcr} 2x_1 & - & 3x_2 & - & 4x_3 & = & 8 \\ 3x_1 & + & 5x_2 & + & x_3 & = & 10 \\ -4x_1 & + & x_2 & - & 3x_3 & = & 7 \end{array}\right|$$

```
rref([A]
     [[1 0 0 1 ]
      [0 1 0 2 ]
      [0 0 1 -3]]
```

Das LGS hat die Lösung $(x_1|x_2|x_3)$ mit

$x_1 = 1,\ x_2 = 2,\ x_3 = -3$

Lösungsmenge $L = \{(1|2|-3)\}$

*LGS, Abkürzung für: **L**ineares **G**leichungs-**s**ystem*

(2)

$$\left|\begin{array}{rcrcrcr} -2x_1 & + & 4x_2 & + & 5x_3 & = & 9 \\ 2x_1 & - & 3x_2 & - & x_3 & = & 5 \\ 4x_1 & - & 6x_2 & - & 2x_3 & = & 7 \end{array}\right|$$

```
rref([A]
     [[1 0 5.5 0]
      [0 1 4   0]
      [0 0 0   1]]
```

Das LGS hat keine Lösung, da die Gleichung $0 \cdot x_1 + 0 \cdot x_2 + 0 \cdot x_3 = 1$ für keine Zahlen x_1, x_2, x_3 erfüllt ist.

Lösungsmenge $L = \{\ \}$

(3)

$$\left|\begin{array}{rcrcrcr} 2x_1 & - & 2x_2 & - & 2x_3 & = & -2 \\ x_1 & + & 2x_2 & - & 13x_3 & = & 8 \\ x_1 & + & x_2 & - & 9x_3 & = & 5 \end{array}\right|$$

```
rref([A])
     [[1 0 -5 2]
      [0 1 -4 3]
      [0 0 0  0]]
```

Das LGS hat unendlich viele Lösungen $(x_1|x_2|x_3)$ mit

$x_1 = 2 + 5t,$

$x_2 = 3 + 4t,$

$x_3 = t$ und $t \in \mathbb{R}$.

Lösungsmenge

$L = \{(2 + 5t|3 + 4t|t) | t \in \mathbb{R}\}$

Weiterführende Aufgaben

2 Lösungsmenge mit zwei Parametern

Auch das folgende lineare Gleichungssystem hat unendlich viele Lösungen. Erläutern Sie, wie sich die Lösung dieses Gleichungssystems von der in Aufgabe 1 (2) unterscheidet.

$$\left|\begin{array}{rcrcrcr} 2x_1 & + & 6x_2 & - & 3x_3 & = & -6 \\ -x_1 & - & 3x_2 & + & 1{,}5x_3 & = & 3 \\ 4x_1 & + & 12x_2 & - & 6x_3 & = & -12 \end{array}\right|$$

3 Anzahl der Variablen ist ungleich der Anzahl der Gleichungen

Bei einem linearen Gleichungssystem kann die Anzahl der Gleichungen verschieden sein von der Anzahl der Variablen.

Bestimmen Sie die Lösungsmengen folgender Gleichungssysteme. Was fällt auf?

(1) $\left|\begin{array}{rcrcr} x & + & y & = & 3 \\ 2x & - & 3y & = & -4 \\ 4x & - & y & = & 2 \end{array}\right|$

(2) $\left|\begin{array}{rcrcr} x & + & y & = & 3 \\ 2x & - & 3y & = & -4 \\ 4x & - & y & = & 1 \end{array}\right|$

(3) $\left|\begin{array}{rcrcrcr} x & + & y & - & z & = & 2 \\ x & + & 2y & - & 3z & = & 1 \end{array}\right|$

4 Lineares Gleichungssystem mit einem Parameter

Gesucht ist die Lösung für das folgende lineare Gleichungssystem:

$$\left|\begin{array}{rcrcrcr} 2x_1 & + & x_2 & + & 2x_3 & = & 5 \\ 3x_1 & + & 2x_2 & + & 3x_3 & = & 8 \\ 4x_1 & + & 3x_2 & + & 4x_3 & = & t + 1 \end{array}\right| \quad \text{mit einem Parameter } t \in \mathbb{R}$$

Schreibt man dieses Systems folgendermaßen auf, so zeigt der GTR folgende Lösung:

$$\left|\begin{array}{rcrcrcrcr} 2x_1 & + & x_2 & + & 2x_3 & + & 0 \cdot t & = & 5 \\ 3x_1 & + & 2x_2 & + & 3x_3 & + & 0 \cdot t & = & 8 \\ 4x_1 & + & 3x_2 & + & 4x_3 & - & t & = & 1 \end{array}\right|$$

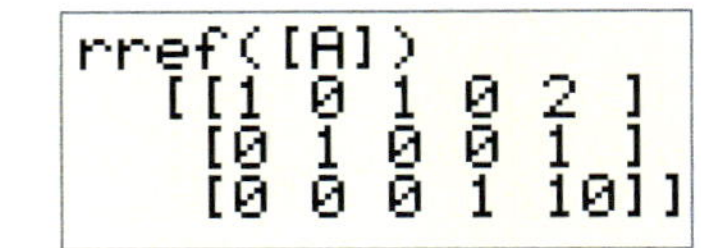

Tipp: Notieren Sie die erweiterte Koeffizientenmatrix für dieses LGS.

a) Erklären Sie die Vorgehensweise.

b) Begründen Sie, dass das lineare Gleichungssystem für $t = 10$ lösbar ist.
Geben Sie die Lösungen an, indem Sie die Gleichungen der GTR-Lösung ausführlich aufschreiben.

c) Welche Lösungen hat das System für $t \neq 10$?

Übungsaufgaben

5 Beschreiben Sie die Strategie, die dem rechts begonnenen Lösungsweg zugrunde liegt. Führen Sie ihn dann zu Ende.

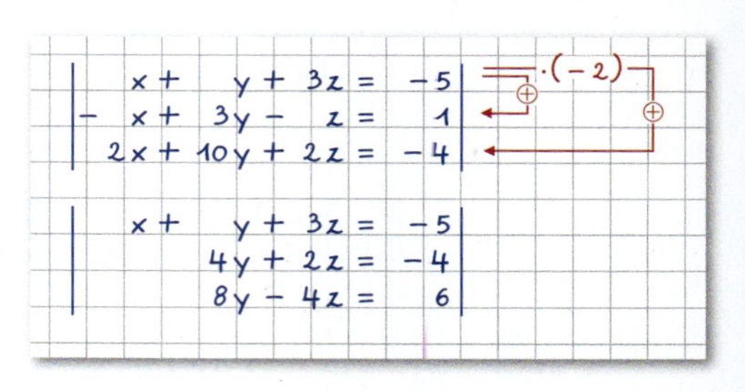

6 Bestimmen Sie die Lösungen des linearen Gleichungssystems durch Anwendung des GAUSS-Algorithmus ohne Rechner.

a) $\left|\begin{array}{l} 2x_1 + 3x_2 = 4 \\ 3x_1 + 4x_2 = 5 \end{array}\right|$

b) $\left|\begin{array}{rl} x_2 + 3x_3 &= 1 \\ x_3 &= 1 \\ x_1 + 2x_2 + 2x_3 &= 3 \end{array}\right|$

c) $\left|\begin{array}{rl} x_1 + 2x_2 + x_3 &= 1 \\ 2x_1 + x_2 - x_3 &= -1 \\ -x_1 + 2x_2 + 2x_3 &= 1 \end{array}\right|$

d) $\left|\begin{array}{l} x_2 - x_3 + x_1 = 0 \\ x_1 - x_2 + x_3 = 0 \\ x_3 - x_1 + x_2 = 0 \end{array}\right|$

e) $\left|\begin{array}{rl} 4x + 3y + 3z &= 6 \\ x + 3y - z &= 4 \\ 4x + 2y + 3z &= 1 \end{array}\right|$

f) $\left|\begin{array}{rl} z + 3y &= 5 - 4x \\ 2x - 5y + 3z &= 1 \\ -2z + 5 &= 2 - 7x + y \end{array}\right|$

g) $\left|\begin{array}{rl} 2a - 3b - 4c &= 8 \\ 3a + 5b + c &= 10 \\ -4a + b - 3c &= 7 \end{array}\right|$

h) $\left|\begin{array}{rl} x_1 + 4x_2 + 2x_3 &= 2 \\ x_1 + x_2 - x_3 &= -1 \\ -x_1 + 4x_2 + 4x_3 &= 2 \\ x_1 + 3x_2 + 3x_3 &= 5 \end{array}\right|$

i) $\left|\begin{array}{rl} a + b + c &= 2 \\ a + c + d &= 0 \\ a + b + d &= -5 \\ b + c + d &= -3 \end{array}\right|$

7 Lösen Sie das lineare Gleichungssystem mit dem GTR.

a) $\left|\begin{array}{rl} 2x_1 - x_2 + 3x_3 &= -4 \\ -x_1 + x_2 + 2x_3 &= -3 \\ -4x_1 + 3x_2 - 3x_3 &= -6 \end{array}\right|$

b) $\left|\begin{array}{rl} 4a + 3b - c + d &= 2 \\ a - b + 3c + 2d &= 14 \\ 3a + 2b - c - d &= -4 \\ 5a + 3c - 4d &= -1 \end{array}\right|$

c) $\left|\begin{array}{rl} 7a - 3b + c &= 16 \\ a + 2b &= -3 \\ b - c &= -5 \end{array}\right|$

d) $\left|\begin{array}{rl} 2x - 3y + z - u &= -19 \\ 4x + 5y - 2z + u &= -1 \\ -x + y - 2z + 3u &= -1 \\ 3x - 2y + z + 2u &= 13 \end{array}\right|$

e) $\left|\begin{array}{rl} -6x + 5y - z &= 11 \\ -y + 3z &= -5 \\ 4x + 2y &= 6 \end{array}\right|$

f) $\left|\begin{array}{rl} 3a + 2b - 4c &= -4 \\ a - b + 5c &= 13 \\ 2a + b - 3c &= -3 \\ a + b - c &= -1 \end{array}\right|$

8 Stellen Sie ein lineares Gleichungssystem mit genauso vielen Gleichungen wie Variablen auf, das die angegebene Lösung hat. Tauschen Sie mit Ihrem Nachbarn und lösen Sie sein lineares Gleichungssystem mit dem GAUSS-Algorithmus als Probe.

a) $(3\,|\,2\,|\,-1)$ **b)** $(-1\,|\,2\,|\,0\,|\,4)$ **c)** Wählen Sie selbst eine Lösung.

9 Anne und Christoph lösen beide das folgende lineare Gleichungssystem:

$\left|\begin{array}{rl} b + 2c + 2k + 5m &= 64 \\ 2b + 3c + 4k + m &= 69 \\ 2b + 3c + 2k + 3m &= 67 \\ 5b + c + k + 3m &= 80 \end{array}\right|$

Anne rechnet von Hand mit dem GAUSS-Algorithmus und erhält:

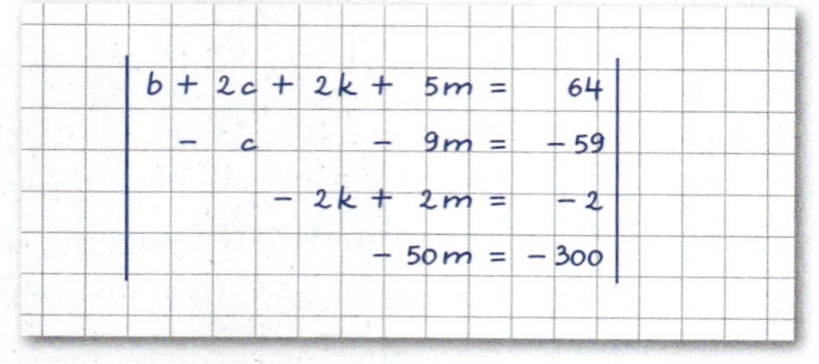

Christoph rechnet mit dem **ref**-Befehl des GTR (statt **rref**) und erhält mithilfe des **Frac**-Befehls:

$$\begin{pmatrix} 1 & \frac{1}{5} & \frac{1}{5} & \frac{3}{5} & 16 \\ 0 & 1 & \frac{8}{13} & \frac{9}{13} & \frac{175}{13} \\ 0 & 0 & 1 & -1 & 1 \\ 0 & 0 & 0 & 1 & 6 \end{pmatrix}$$

Haben beide richtig gerechnet?

10 Für ein lineares Gleichungssystem ist die erweiterte Koeffizientenmatrix gegeben durch:

$$\begin{pmatrix} 1 & 1-s & 1 \\ 1 & 1+s & 0 \end{pmatrix}$$

a) Finden Sie für $s = 0{,}1$ näherungsweise eine grafische Lösung durch Zeichnen der Geraden. Vergleichen Sie mit der rechnerischen Lösung, die der GTR mit dem **rref**-Befehl ausgibt.

b) Bestimmen Sie dann der Reihe nach für $s = 10^{-6}$, $s = 10^{-7}$ und $s = 10^{-8}$ Lösungen. Formulieren Sie Ihre Beobachtung.

c) Lösen Sie das lineare Gleichungssystem (von Hand) für ein beliebiges $s > 0$ und vergleichen Sie mit den Lösungen aus Teilaufgabe b).

11 Zeigen Sie ohne Rechner: Das Gleichungssystem hat keine Lösung.

a) $\left|\begin{array}{l} 3x_1 + 2x_2 - 4x_3 = -5 \\ 4x_1 - 3x_2 + x_3 = 11 \\ -x_1 + 5x_2 - 5x_3 = 8 \end{array}\right|$
b) $\left|\begin{array}{l} 4x_1 - 3x_2 - 3x_3 = 3 \\ 2x_1 - 5x_2 - x_3 = 1 \\ x_1 + x_2 - x_3 = 2 \end{array}\right|$
c) $\left|\begin{array}{l} 3x_1 - 2x_2 + 5x_3 = 12 \\ 2x_1 - 3x_2 + 4x_3 = 7 \\ x_1 - 4x_2 + 3x_3 = 5 \end{array}\right|$

12 Bestimmen Sie mit dem Rechner die Lösungsmenge.

a) $\left|\begin{array}{l} x_1 - x_2 = 3 \\ x_1 + x_3 = 1 \end{array}\right|$
c) $\left|\begin{array}{l} x_1 - x_2 + x_4 = 3 \\ x_1 + 3x_3 - 2x_4 = 2 \\ x_1 + x_2 - x_3 = 0 \end{array}\right|$
e) $\left|\begin{array}{l} a + b - c = 2 \\ 3a - 2b + c = 3 \\ a - 4b + 3c = -1 \end{array}\right|$

b) $\left|\begin{array}{l} x_1 + x_2 - x_3 = 1 \\ 3x_1 - x_2 - x_3 = 1 \end{array}\right|$
d) $\left|\begin{array}{l} 4x_1 + x_2 - x_3 - 3x_4 = 3 \\ 2x_1 - x_2 + 3x_3 - x_4 = -1 \\ x_1 + 2x_2 + x_3 - 3x_4 = 5 \end{array}\right|$
f) $\left|\begin{array}{l} p - 2q + 3r + s = 1 \\ p + q - r + s = -1 \\ 2p - q + r + 2s = 0 \end{array}\right|$

13 Eine, keine oder unendlich viele Lösungen?
Bestimmen Sie die Lösungen der Gleichungssysteme. Falls es unendlich viele Lösungen gibt, geben Sie auch drei konkrete Lösungen an.

a) $\left|\begin{array}{l} x - y + z = 4 \\ 2x - y - 3z = 7 \\ x + 5y - 9z = 2 \end{array}\right|$
c) $\left|\begin{array}{l} a + b = 1 \\ a + c = 6 \\ c - b = 4 \end{array}\right|$
e) $\left|\begin{array}{l} 3x_1 + 4x_2 + 5x_3 = 5 \\ -2x_1 + 3x_2 - 4x_3 = -4 \\ x_1 - 6x_2 + 3x_3 = 3 \end{array}\right|$

b) $\left|\begin{array}{l} a + c = 5 \\ b - d = -3 \\ c + d = 4 \\ a + d = 7 \end{array}\right|$
d) $\left|\begin{array}{l} x - y + z = 4 \\ 2x + y - 3z = 7 \\ x + 5y - 9z = 2 \end{array}\right|$
f) $\left|\begin{array}{l} 0{,}5x - 0{,}3y - 0{,}7z = -0{,}5 \\ 0{,}4x + 0{,}3y - 3{,}2z = 0{,}9 \\ 0{,}7x - 0{,}6y - 0{,}1z = 0 \end{array}\right|$

14 Lösen Sie:

a) $\left|\begin{array}{l} x_1 - 2x_2 + x_3 = 3 \\ 3x_1 - 5x_2 + 2x_3 = 9 \\ x_1 - 3x_2 + 2x_3 = -3 \end{array}\right|$
b) $\left|\begin{array}{l} x_1 - 2x_2 + x_3 = 0 \\ 3x_1 - 5x_2 + 2x_3 = 0 \\ x_1 - 3x_2 + 2x_3 = 0 \end{array}\right|$
c) $\left|\begin{array}{l} x_1 - 2x_2 + x_3 = 3 \\ 3x_1 - 5x_2 + 2x_3 = 9 \\ x_1 - 3x_2 + 2x_3 = 3 \end{array}\right|$

15 Lara und Tom haben das folgende lineare Gleichungssystem gelöst.

$$\left|\begin{array}{l} a + 2b - 4d = 10 \\ b - 3d = 2 \\ -3b + c + 5d = -11 \end{array}\right|$$

Wer hat Recht? Nehmen Sie Stellung.

16 Geben Sie die Lösungsmenge an.

a) $\left| \begin{array}{l} x + y = 3 \\ t \cdot x + y = 1 \end{array} \right|$

b) $\left| \begin{array}{l} x_1 + x_2 + 2x_3 = 3 \\ 2x_1 + t \cdot x_2 + 3x_3 = 1 \\ 3x_1 + 4x_2 + 5x_3 = 4 \end{array} \right|$

c) $\left| \begin{array}{l} x_1 - 4x_2 = 2 \\ 3x_1 + t \cdot x_2 = 1 \\ -2x_1 + t \cdot x_2 = 3 \end{array} \right|$

17 Bestimmen Sie die Lösungsmenge.

a) $\left| \begin{array}{l} x_1 + x_2 + x_3 = 2 \\ 4x_1 - x_2 + x_4 = 4 \\ 4x_2 - x_3 + 5x_4 = 1 \\ 5x_1 + 2x_3 - x_4 = 7 \\ x_1 + x_2 + x_3 + x_4 = 3 \end{array} \right|$

b) $\left| \begin{array}{l} x_1 + 2x_2 + 3x_3 + x_4 = -1 \\ 2x_1 + 3x_2 + 4x_3 - x_4 = 12 \\ 3x_1 + 4x_2 + x_3 + 2x_4 = -3 \\ 4x_1 + x_2 + 2x_3 + 3x_4 = 2 \end{array} \right|$

c) $\left| \begin{array}{l} 3x_1 - 2x_2 + 2x_3 = 7 \\ x_1 + 4x_2 + 4x_3 = -1 \\ 5x_1 + 3x_2 + x_3 = 7 \\ 4x_1 + 5x_2 + 2x_3 = 7 \end{array} \right|$

d) $\left| \begin{array}{l} x_1 + x_2 + x_3 + x_4 = 2 \\ 2x_1 + x_2 + 3x_3 - x_4 = -3 \\ x_1 - 2x_2 - x_3 + 2x_4 = 9 \\ 3x_1 - 4x_2 - x_3 + x_4 = 6 \\ 5x_1 + x_2 + 3x_3 + 2x_4 = 12 \end{array} \right|$

e) $\left| \begin{array}{l} 4x_1 - x_2 + 6x_3 = 20 \\ 2x_1 - 3x_2 - 5x_3 = -6 \\ 3x_1 + x_2 + 6x_3 = 18 \\ 2x_1 - x_2 + 6x_3 = 16 \end{array} \right|$

f) $\left| \begin{array}{l} 4x_1 + x_2 - x_3 + x_4 = 7 \\ x_1 - 2x_2 + x_3 - x_4 = -4 \\ x_1 - 3x_2 - 4x_3 + 5x_4 = 3 \\ -5x_1 + x_2 - 3x_3 + x_4 = -8 \end{array} \right|$

18 Entscheiden Sie, ob folgende Aussagen wahr oder falsch sind. Begründen Sie Ihre Entscheidung und geben Sie gegebenenfalls ein Gegenbeispiel an.

(1) Nur wenn ein lineares Gleichungssystem weniger Gleichungen als Variablen hat, besitzt es unendlich viele Lösungen.

(2) Wenn in einem linearen Gleichungssystem die Anzahl der Variablen mit der Anzahl der Gleichungen übereinstimmt, hat es stets genau eine Lösung.

(3) Wenn man zwei Gleichungen in einem linearen Gleichungssystem addiert, ändert sich die Lösung.

(4) In keinem linearen Gleichungssystem mit vier Variablen und drei Gleichungen kann die Lösung eindeutig sein.

Anwendungen linearer Gleichungssysteme

19

$134 = 1 \cdot 100 + 3 \cdot 10 + 4 \cdot 1$

Quersumme:
$1 + 3 + 4 = 8$

a) Eine dreiziffrige Zahl hat die Quersumme 15. Das Doppelte der mittleren Ziffer ist dreimal so groß wie die Summe der beiden anderen Ziffern. Streicht man die erste Ziffer, so entsteht eine Zahl, die fünfmal so groß ist wie die Zahl, die durch Streichen der letzten Ziffer entsteht.
Wie lautet die Zahl?

b) Die Quersumme einer vierstelligen Zahl ist 24. Die Tausenderziffer ist das Dreifache der Hunderterziffer. Die Summe der Tausender- und Hunderterziffer ist genau so groß wie die Summe aus Zehner- und Einerziffer. Die Differenz von Tausender- und Einerziffer ist genauso groß wie die Differenz von Zehner- und Hunderterziffer.
Wie lautet die Zahl?

20 Gesucht sind alle vierstelligen natürlichen Zahlen, die die folgenden drei Eigenschaften erfüllen:

- Subtrahiert man von der vierstelligen Zahl ihre Quersumme, so erhält man 1224.
- Streicht man die erste Ziffer der vierstelligen Zahl, so erhält man eine dreistellige natürliche Zahl. Subtrahiert man von dieser dreistelligen Zahl ihre Quersumme, so erhält man 225.
- Streicht man die ersten zwei Stellen der vierstelligen Zahl, so erhält man eine zweistellige natürliche Zahl. Subtrahiert man von dieser zweistelligen natürlichen Zahl ihre Quersumme, so erhält man 27.

21 Ein Versandhandel möchte sein Lager zum Saisonende räumen und plant eine Sonderaktion im Internet: Drei unterschiedlich zusammengestellte Sortimente aus Taschenbüchern, Hörbüchern und Musik-CDs sollen angeboten werden.

	Taschenbücher	Hörbücher	CDs
Sortiment 1	2	2	4
Sortiment 2	3	6	1
Sortiment 3	4	2	1

Das Lager umfasst noch 1890 Taschenbücher, 2400 Hörbücher und 1690 CDs.
Kann die Firma mit dieser Aktion ihr Lager vollständig räumen?

22 Eine historische Aufgabe aus dem alten China:

„Aus 3 Garben einer guten Ernte, 2 Garben einer mittelmäßigen Ernte und 1 Garbe einer schlechten Ernte erhält man den Ertrag von 39 Münzen. Aus 2 Garben einer guten Ernte, 3 Garben einer mittelmäßigen Ernte und 1 Garbe einer schlechten Ernte erhält man den Ertrag von 34 Münzen. Aus 1 Garbe einer guten Ernte, 2 Garben mittelmäßiger Ernte und 3 Garben schlechter Ernte erhält man den Ertrag von 26 Münzen. Wie groß ist der Ertrag einer Garbe der guten, der mittelmäßigen und der schlechten Ernte?"

23 Ein Kaffeegroßröster stellt Kaffeemischungen verschiedener Preisklassen her. Von einer Bohnensorte A würden 500 g im Verkauf 6,00 €, Sorte B 7,50 €, Sorte C 9,00 € und Sorte D 11,25 € kosten.

a) Eine Mischung soll Bohnen der Sorten A, B, C enthalten und 6,75 € pro 500 g kosten. Begründen Sie, dass man aus diesen Angaben das Gleichungssystem

$$\left|\begin{array}{l} 6a + 7{,}5b + 9c = 6{,}75 \\ a + b + c = 1 \end{array}\right|$$

Wenn es um Anteile geht, die zweite Bedingung beachten!

aufstellen kann. Bestimmen Sie alle Lösungen des Gleichungssystems. Wie groß muss der Anteil der Sorte A mindestens sein?

b) Eine Mischung soll Bohnen der Sorte A, B und D enthalten und 9 € pro 500 g kosten. Stellen Sie ein Gleichungssystem auf und bestimmen Sie alle Lösungen.
10 % sollen von Sorte D genommen werden. Welche Anteile müssen für Sorte A gewählt werden?

24 Müsli-Hersteller Cerealis hat bisher eine Mischung verkauft, die in etwa auf 40 % Weizen- und Roggenflocken, 35 % Cornflakes, 15 % Rosinen und Trockenobst sowie 10 % Nüssen und Mandeln besteht. Nach umfangreichen Verbrauchertests und zurückgehenden Verbraucherzahlen entschließt er sich, die Mischung zu ändern:
Die Anteile sollen in Zukunft 50 %, 20 %, 24 % und 6 % betragen. Von der alten Mischung sind noch 1000 kg vorhanden. Diese soll durch Hinzufügen geeigneter Mengen zur neuen Geschmacksrichtung abgeändert werden.
Welches sind die Mindestmengen, die hinzugefügt werden müssen?

25 Der durchschnittliche Tagesbedarf eines Menschen an Vitamin C beträgt 100 mg. Eine wichtige Quelle für dieses lebensnotwendige Vitamin sind Früchte und Fruchtsäfte.
Von einigen Fruchtsäften ist folgendes bekannt:

	Apfelsaft	Ananassaft	Multivitaminsaft	Orangensaft
Vitamin-C-Gehalt in 100 ml Saft (in mg)	7,4	12,5	55	35
Energiegehalt pro 100 ml Saft (in kJ)	193	243	197	163

a) Kann man den Vitamin-C-Bedarf mit einem 200-ml-Getränk, das aus allen vier Säften besteht, exakt abdecken? Welche Möglichkeiten gibt es?

b) Marcus möchte mit 200 ml von einem Mischgetränk aus Ananas-, Multivitamin- und Orangensaft seinen Vitamin-C-Bedarf exakt abdecken und dabei genau 397 kJ zu sich nehmen. Untersuchen Sie, ob diese Bedingung erfüllbar ist.

26 Auszug aus einem Möbelprospekt

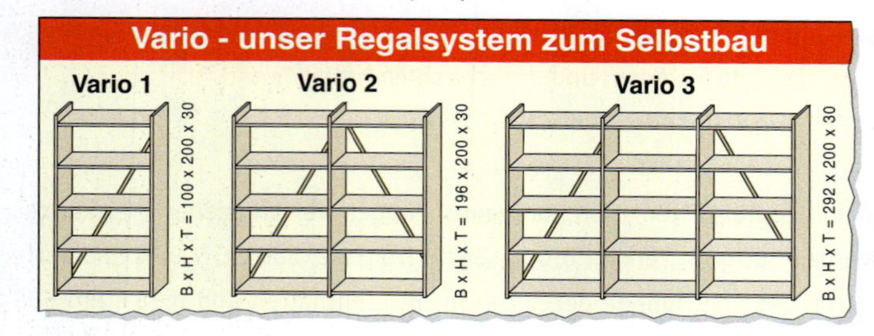

Lagerbestand

Art.-Nr.	Bezeichnung	Bestand
471165	Vario Regalträger	620
475432	Vario Regalboden	1850
476963	Stützstange	350

a) Wie viele Regale der Sorten Vario 1, Vario 2 und Vario 3 können mit dem Lagerbestand hergestellt werden?

b) Ein vierter Regaltyp ist geplant, der aus 5 Regalträgern, 4 Stützstangen und 20 Regalbrettern besteht. Untersuchen Sie, ob es bei unverändertem Lagerbestand auch hier eine Lösung gibt.

27 Drei Sorten Milch, die 3 %, 4 % bzw. 6 % Fett enthalten, stehen zur Verfügung, um 10 Liter Milch mit 5 % Fettgehalt zu mischen.

a) Welche Mischungsmöglichkeiten bestehen?

b) Welche Mischungen lassen sich mit einem 500-ml-Schöpflöffel herstellen?

c) Die Literpreise für die Milchsorten sind 0,50 €, 0,80 € und 1 €.
Welche Mischung ist die billigste, welche die teuerste?

28 An einer weiträumigen Kreuzung wurde durch Verkehrszählungen festgestellt, wie viele Fahrzeuge im Mittel pro Zeiteinheit in der Hauptverkehrszeit ein- und ausfahren.

Damit im Kreuzungsbereich kein Stau entsteht, müssen Zufluss und Abfluss an den Knotenpunkten A, B, C, D übereinstimmen. Dies führt auf ein lineares Gleichungssystem für die Verkehrsflüsse x_1, x_2, x_3, x_4 zwischen den Knotenpunkten.

a) Erstellen und lösen Sie das lineare Gleichungssystem.

b) Welche der Lösungen aus Teilaufgabe a) sind nicht brauchbar? Deuten Sie auch die Lösungen, die zu $x_4 = 0$ [$x_4 = 10$, $x_4 = 100$, $x_4 = 500$] gehören.

c) Genügen die in der Verkehrszählung gewonnenen Daten für einen verkehrsgerechten Ausbau der Kreuzung?

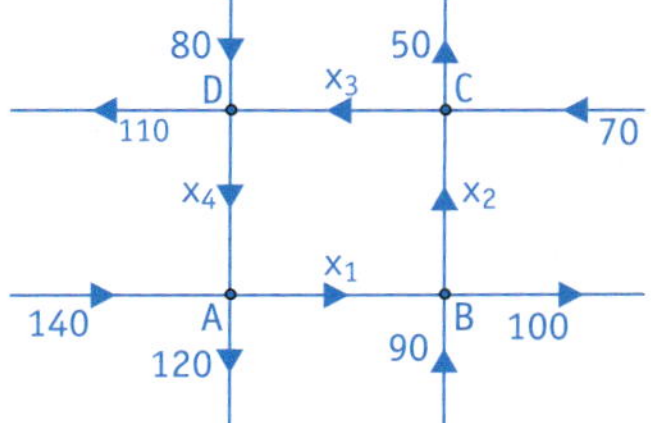

29

a) Ammoniumdichromat zerfällt beim Erwärmen in Chromoxid, Stickstoff und Wasserdampf:

$a \cdot (NH_4)_2\,Cr_2O_7 \rightarrow b \cdot Cr_2O_3 + c \cdot N_2 + d \cdot H_2O$

Die Koeffizienten a, b, c, d müssen so bestimmt werden, dass für jede Atomart die Anzahl der Atome links und rechts vom Reaktionspfeil übereinstimmt. Zeigen Sie, dass sich damit folgendes Gleichungssystem ergibt:

$$\begin{array}{l|ll|} \text{N-Atome:} & a \cdot 2 & = c \cdot 2 \\ \text{H-Atome:} & a \cdot 4 \cdot 2 & = d \cdot 2 \\ \text{Cr-Atome:} & a \cdot 2 & = b \cdot 2 \\ \text{O-Atome:} & a \cdot 7 & = b \cdot 3 + d \end{array}$$

Erläutern Sie, warum dieses Gleichungssystem unendlich viele Lösungen hat. Lösen Sie es mit möglichst kleinen Zahlen.

b) Vervollständigen Sie folgende Reaktionsgleichungen, indem Sie ein lineares Gleichungssystem aufstellen und lösen.

(1) Verbrennen von Propan: $a\,C_3H_8 + b\,O_2 \rightarrow c\,CO_2 + d\,H_2O$

(2) Explosion von Nitroglycerin: $a\,C_3H_5N_3O_9 \rightarrow b\,CO_2 + c\,H_2O + d\,N_2 + e\,O_2$

(3) Borsäure-Herstellung aus Natriumborat: $a\,Na_2B_4O_7 + b\,HCl + c\,H_2O \rightarrow d\,H_3BO_3 + e\,NaCl$

Bestimmen von Funktionen aus Bedingungen

30 Der Graph einer ganzrationalen Funktion soll durch die gegebenen Punkte verlaufen. Bestimmen Sie die Funktionsgleichung unter der Voraussetzung, dass der Grad der Funktion möglichst niedrig sein soll.

a) $P_0(-1\,|\,1)$, $P_1(0\,|\,-3)$, $P_2(2\,|\,4)$

b) $P_0(-3\,|\,4)$, $P_1(1\,|\,10)$, $P_2(2\,|\,8)$

c) $P_0(-4\,|\,-8)$, $P_1(-2\,|\,1)$, $P_2(1\,|\,1)$, $P_3(3\,|\,5)$

d) $P_0(-3\,|\,-7)$, $P_1(-2\,|\,-4)$, $P_2(-1\,|\,3)$, $P_3(0\,|\,0)$

31 Untersuchen Sie die Frage, ob es ganzrationale Funktionen dritten Grades mit den angegebenen Eigenschaften gibt. Falls nein, versuchen Sie eine passende Funktion vierten Grades zu finden.

a) Der Graph hat im Punkt E(1|4) eine waagerechte Tangente und in W(0|2) einen Wendepunkt.

b) Der Graph verläuft durch den Punkt P(4|32) und hat in T(−1|7) einen Tiefpunkt, die Stelle $x = 0{,}5$ ist Wendestelle.

c) Der Graph ist punktsymmetrisch zum Ursprung, geht durch den Punkt P(1|−1) und hat an der Stelle $x = 2$ einen Extrempunkt.

d) Der Graph hat bei $x = -2$ und $x = 4$ relative Extremstellen, der Wendepunkt liegt auf der y-Achse.

32 Finden Sie eine ganzrationale Funktion, deren Graph mit dem gegebenen Graphen übereinstimmt.

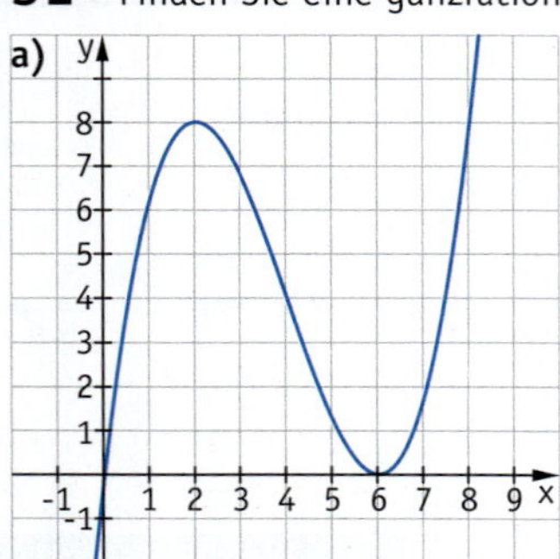

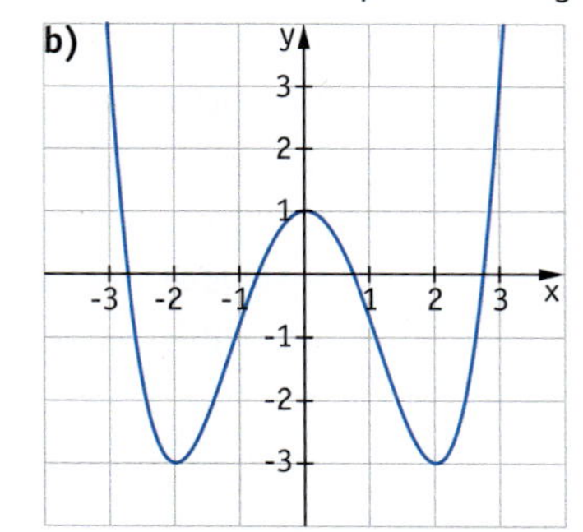

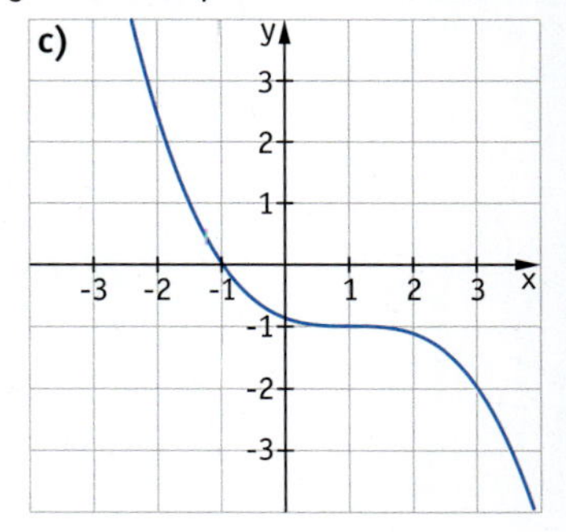

33 Bestimmen Sie eine ganzrationale Funktion möglichst niedrigen Grades, sodass gilt:

a) S(0|3) ist Sattelpunkt des Graphen. Im Punkt P(3|0) liegt eine horizontale Tangente vor.

b) T(2|4) ist Tiefpunkt und W(0|0) Wendepunkt des Graphen. Die Wendetangente hat die Steigung 1.

c) H(0|0) ist Hochpunkt des Graphen. Bei 3 ist eine relative Extremstelle. W(1|11) ist Wendepunkt.

34 Gesucht ist eine ganzrationale Funktion möglichst niedrigen Grades, die an der Stelle $x = 0$ mit der Kosinusfunktion $f(x) = \cos(x)$ im Funktionswert und in allen Ableitungswerten der 1. bis 4. Ableitung übereinstimmt. Skizzieren Sie die Graphen dieser Funktion und der Kosinusfunktion im Intervall $\left[-\frac{\pi}{4}; \frac{\pi}{4}\right]$ in einem Koordinatensystem. Erläutern Sie, warum es möglich und sinnvoll ist, von dem Ansatz $p(x) = 1 + a \cdot x^2 + b \cdot x^4$ auszugehen, und führen Sie die erforderlichen Rechnungen durch.

Strategie:

Symmetrien bereits im Ansatz berücksichtigen

- Ansatz für Graphen, die zur y-Achse symmetrisch sind: $f(x) = a + b \cdot x^2 + c \cdot x^4 + \ldots$
- Ansatz für Graphen, die zum Ursprung symmetrisch sind: $f(x) = a \cdot x + b \cdot x^3 + \ldots$

35 Bestimmen Sie eine ganzrationale Funktion, deren Graph zur y-Achse symmetrisch ist und für die gilt:

a) Der Graph geht durch O(0|0) und hat bei $x_0 = 3$ eine Nullstelle. Die Steigung in dieser Nullstelle beträgt −48 [2; 0].

b) W(1|3) ist Wendepunkt des Graphen, die zugehörige Wendetangente hat die Steigung −2.

36 Der Graph einer ganzrationalen Funktion ist zur y-Achse symmetrisch, hat einen Tiefpunkt auf der x-Achse und an der Stelle $x = 1$ einen Wendepunkt. Bestimmen Sie einen möglichen Funktionsterm.

37 Bestimmen Sie eine ganzrationale Funktion, deren Graph symmetrisch zum Koordinatenursprung ist und für die gilt:

a) Der Graph hat eine Nullstelle bei $x = 2$; die Steigung in dieser Nullstelle beträgt 8.

b) Der Graph hat eine Nullstelle bei $x = 1$; dort hat er eine waagerechte Tangente. Im Ursprung beträgt die Steigung 1.

38 Bestimmen Sie eine ganzrationale Funktion 4. Grades so, dass die Funktion an der Nullstelle $x = 1$ einen Sattelpunkt hat. Die Funktion soll außerdem im Punkt $P(2|2)$ die Steigung 2 haben.
Hinweis: Durch geeignete Verschiebung des Graphen der gesuchten Funktion können die Bedingungen und das Gleichungssystem vereinfacht werden.

39 Konstruieren Sie selbst eine Steckbriefaufgabe und lassen Sie diese Ihren Partner als Probe lösen.

a) Die Steckbriefaufgabe soll genau eine Lösungsfunktion zweiten [dritten] Grades besitzen.

b) Die Steckbriefaufgabe soll unendlich viele Lösungsfunktionen zweiten [dritten] Grades besitzen.

c) Die Steckbriefaufgabe soll keine Lösungsfunktion zweiten [dritten] Grades, aber genau eine lineare [quadratische] Lösungsfunktion besitzen.

d) Das zugehörige lineare Gleichungssystem soll nicht lösbar sein, die Steckbriefaufgabe soll aber unendlich viele Lösungsfunktionen dritten [vierten] Grades besitzen.

e) Die Steckbriefaufgabe soll keine Lösungsfunktion zweiten [dritten] Grades besitzen, obwohl das zugehörige lineare Gleichungssystem lösbar ist.

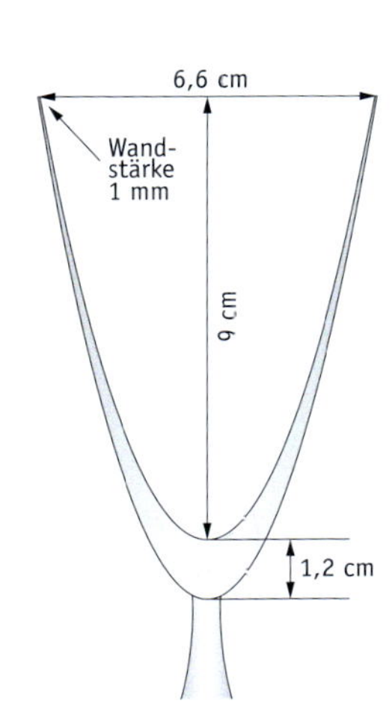

40 Bestimmen Sie möglichst einfache Funktionsterme, die die äußere und innere Berandung des Querschnitts des links abgebildeten Sektglases (ohne Stiel) beschreiben.
Zeichnen Sie damit ein maßstabsgetreues Schnittbild des Sektglases.

41 Bei einem Freistoß, der ohne Effet getreten wird, soll der Weg des Fußballes durch eine ganzrationale Funktion h dritten Grades beschrieben werden. Dabei soll x die Entfernung des Balles in der Horizontalen vom Ausgangspunkt und $h(x)$ die Höhe des Balles angeben. Die Flugkurve des Balles hat im Ausgangspunkt einen Tiefpunkt und nach 12 m eine maximale Höhe von 4 m.

a) Ermitteln Sie einen Funktionsterm der Funktion h und zeichnen Sie ihren Graphen.

b) Wie hoch darf eine aus Gegenspielern gebildete „Mauer" maximal sein, die in 9,15 m Entfernung vom Ausgangspunkt steht, damit der Ball gerade noch über die Mauer fliegt?

c) Der Ball senkt sich in einer Höhe von 2 m ins Tor. Wie weit war der Freistoß vom Tor entfernt?

d) In welcher Entfernung und unter welchem Winkel wäre der Ball am Boden aufgekommen, wenn er nicht ins Tor gegangen wäre?

42 Die Durchbiegung von Holzbalken und Metallstreifen spielt bei vielen Bau- und Maschinenkonstruktionen ein wichtige Rolle. Die Theorie der sogenannten „Balkenbiegelehre" ist ein Teilgebiet der technischen Mechanik.
Ein dünner, biegsamer Metallstreifen ist im Punkt F waagerecht eingespannt und liegt im Abstand von 20 cm auf der gleich hohen Spitze L lose auf. Durch sein Eigengewicht biegt sich der Streifen etwas durch. In der Mitte beträgt die Durchbiegung 1 cm. Bestimmen Sie eine ganzrationale Funktion f, die die Form des Metallstreifens näherungsweise beschreibt.

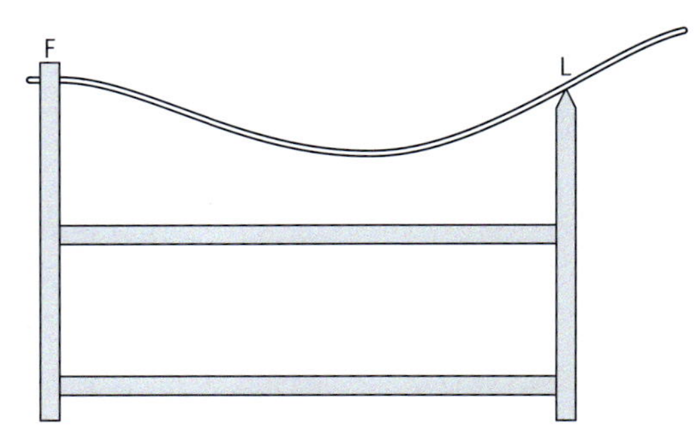

Computertomografie

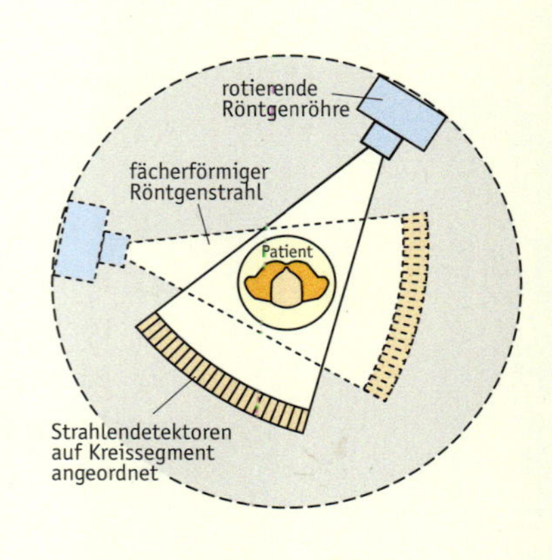

Die Computertomografie wurde von A. M. CORMACK und G. N. HOUNSFIELD entwickelt und 1972 eingeführt. Die Computertomografie gilt als größte Weiterentwicklung der Röntgenuntersuchung. Sie wird vor allem in der Tumor- und Bandscheibendiagnostik eingesetzt. Bei diesem Verfahren wird die zu untersuchende Körperregion mit einem dünnen Röntgenstrahlbündel aus vielen Richtungen durchleuchtet. Dieser als Abtastung bezeichnete Vorgang erfolgt mithilfe einer rotierenden Röntgenstrahlröhre und einem dazugehörigen Strahlendetektor. Die jeweilige Röntgenstrahlabsorption wird für jede Position der Röntgenröhre vom Detektor gemessen, als elektronischer Impuls an einen Computer weitergeleitet und in Form einer linearen Gleichung gespeichert. So entsteht ein Gleichungssystem mit mehr als 500 000 Variablen und Gleichungen, welches sekundenschnell gelöst wird. Aus der Lösung erhält man Informationen über die Absorption in verschiedenen Körperregionen, die bildlich dargestellt werden. An einem stark vereinfachten Modell soll untersucht werden, wie die Daten über das Körperinnere durch das Lösen linearer Gleichungssysteme gewonnen werden können.

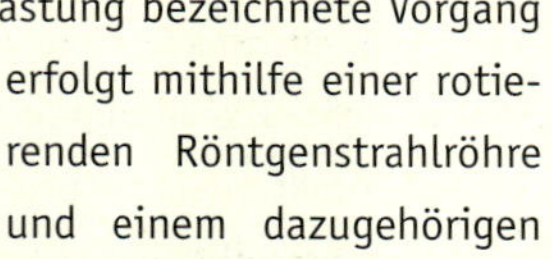

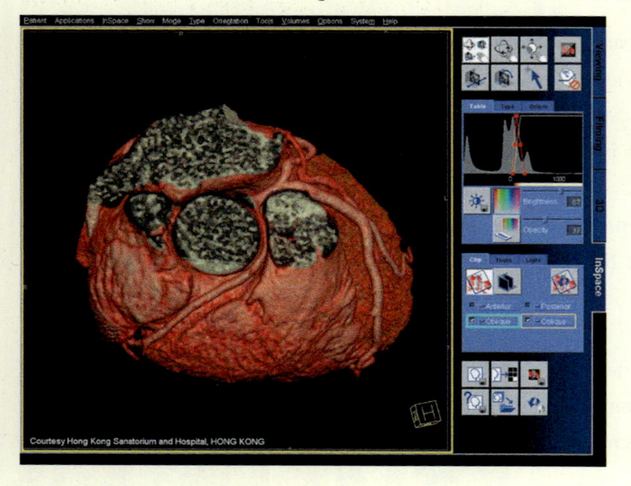

1 Eine Anordnung aus fünf Glaszylindern wird von fünf Lichtstrahlen I, II, III, IV und V durchleuchtet. Die Lichtstrahlen werden verschieden stark gedämpft, je nachdem, welche Zylinder sie durchlaufen haben. Die Dämpfung eines Lichtstrahls gibt Auskunft über die Summe der Dämpfungszahlen a, b, c, d oder e der durchlaufenen Zylinder. Begründen Sie, dass sich aus den angegebenen Dämpfungen der Lichtstrahlen das nebenstehende Gleichungssystem ergibt. Bestimmen sie daraus die Werte für a, b, c, d, e. Überlegen Sie anschließend, welche Vereinfachungen bei dieser Modellierung vorgenommen wurden.

$$\left| \begin{array}{l} a + b = 7 \\ a + c + e = 21 \\ a + d = 8 \\ b + c + d = 14 \\ d + e = 10 \end{array} \right|$$

2 Erstellen Sie jeweils für die dargestellten Anordnungen das Gleichungssystem und lösen Sie es.

(1)

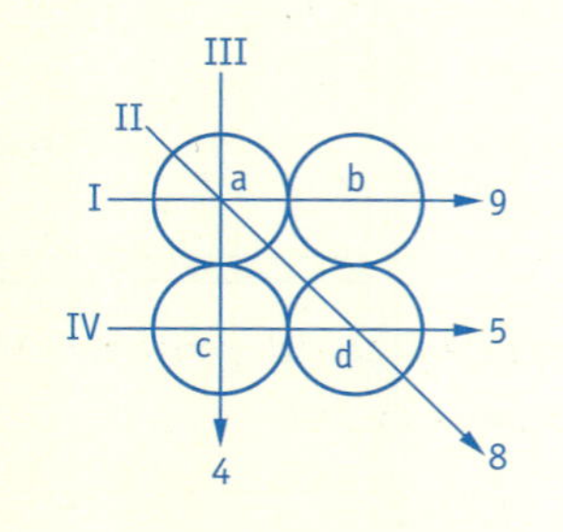

(2)

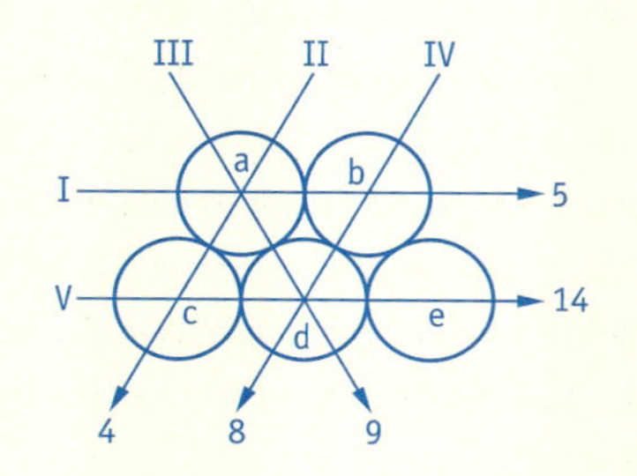

(3)

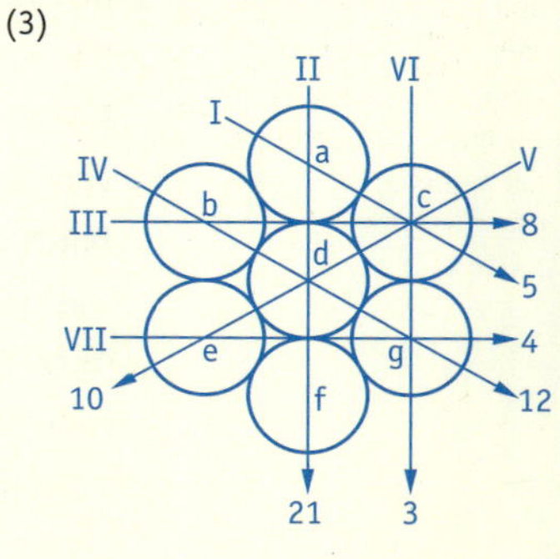

1.4 Verschiedene Verfahren der Anpassung von Funktionen an vorgegebene Bedingungen

1.4.1 Trassierung

Ziel

In diesem Abschnitt lernen Sie Bedingungen kennen, wie zwei Abschnitte einer Trasse (z. B. einer Straße oder eines Gleises) so verbunden werden können, dass der Übergang zwischen beiden Teilen möglichst „glatt" ist. Dann kann er von Fahrzeugen gefahrlos durchfahren werden.

Zum Erarbeiten

Zwei Eisenbahngleise verlaufen in einem Abstand von 5 m parallel zueinander. Zwischen ihnen soll auf einer Länge von 100 m ein Übergang hergestellt werden. Gesucht ist eine Funktion, deren Graph den Übergangsbogen zwischen den beiden Gleisen darstellt.

(1) Einführen eines Koordinatensystems

Da der Übergang in beiden Richtungen in gleicher Weise befahren werden kann, ist es offensichtlich sinnvoll, den Verlauf des Übergangs punktsymmetrisch zu gestalten. Daher bietet es sich an, den Koordinatenursprung in der Mitte zwischen den beiden Gleisen und in der Mitte der Übergangslänge vorzusehen.

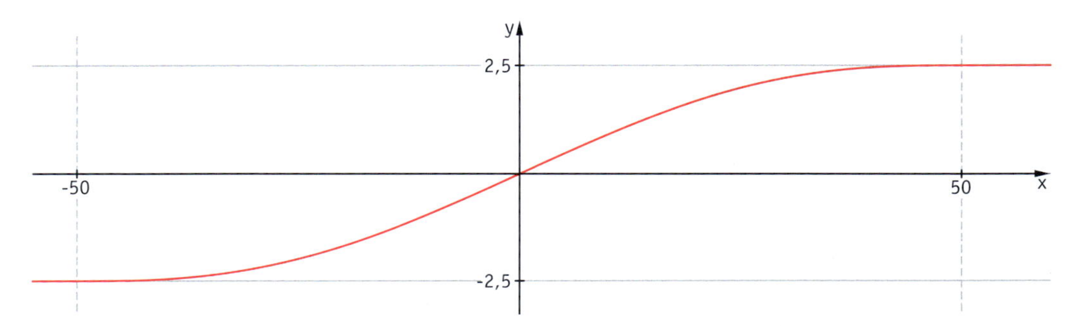

(2) Wahl eines Funktionstyps

Punktsymmetrie zum Ursprung bei einer ganzrationalen Funktion: nur *ungerade* Exponenten

Im einfachsten Fall bietet sich eine ganzrationale Funktion 3. Grades an mit einem Funktionsterm der Form $f(x) = a x^3 + b x$. Die beiden Parameter a und b lassen sich aus folgenden Bedingungen bestimmen:
An der Stelle 50 muss der Übergangsbogen das Gleis treffen:

$f(50) = 2{,}5$

Durch Einsetzen in den Funktionsterm folgt daraus:

$a \cdot 50^3 + b \cdot 50 = 2{,}5$

Ferner soll er hier tangential in das Gleis einmünden, da sich sonst ein Knick ergeben würde, der sich ungünstig auf den Fahrverlauf des Fahrzeugs auswirken würde:

$f'(50) = 0$

Die Ableitung von f hat den Funktionsterm $f'(x) = 3ax^2 + b$. Durch Einsetzen erhält man:

$3a \cdot 50^2 + b = 0$

Insgesamt ergibt sich folgendes Gleichungssystem

$$\left| \begin{array}{l} a \cdot 50^3 + b \cdot 50 = 2{,}5 \\ 3a \cdot 50^2 + b \quad = 0 \end{array} \right|$$

Dieses Gleichungssystem hat die Lösung $(a \mid b) = (-0{,}00001 \mid 0{,}075)$.

Somit ist der Funktionsterm der gesuchten Funktion

$f(x) = -0{,}00001x^3 + 0{,}075x$.

(3) Kritische Betrachtung des Ergebnisses

Beim Bau eines solches Überganges zeigt sich, dass dieser an den Anschlussstellen an die geraden Gleise bei höheren Geschwindigkeiten des Zuges zu ruckartigen Bewegungen führt. Die geraden Gleise sind ungekrümmt, der Übergangsbogen weist eine Krümmung auf. Zur genaueren Analyse betrachten wir die Graphen der Funktionen f, f′ und f″.

$$f(x) = \begin{cases} -2{,}5 & \text{für } -100 \le x < -50 \\ -0{,}00001x^3 + 0{,}075x & \text{für } -50 \le x < 50 \\ 2{,}5 & \text{für } 50 \le x \le 100 \end{cases}$$

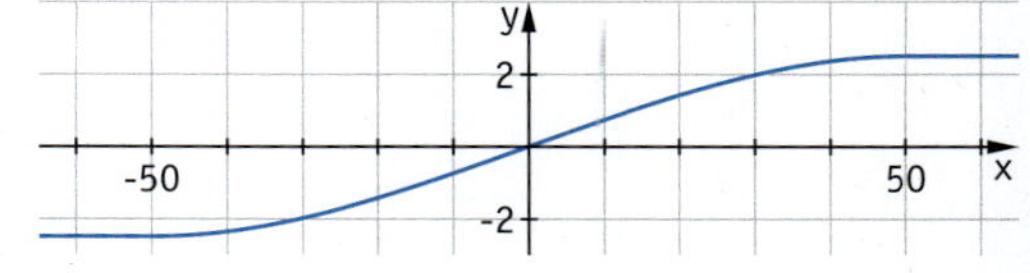

$$f'(x) = \begin{cases} 0 & \text{für } -100 \le x < -50 \\ -0{,}00003x^2 + 0{,}075 & \text{für } -50 \le x < 50 \\ 0 & \text{für } 50 \le x \le 100 \end{cases}$$

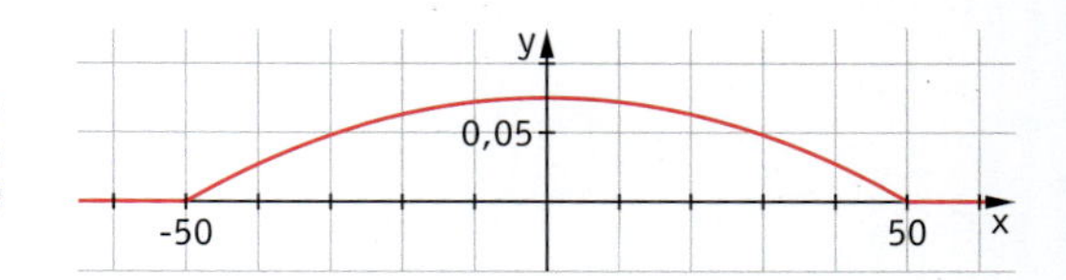

$$f''(x) = \begin{cases} 0 & \text{für } -100 \le x < -50 \\ -0{,}00006x & \text{für } -50 \le x < 50 \\ 0 & \text{für } 50 \le x \le 100 \end{cases}$$

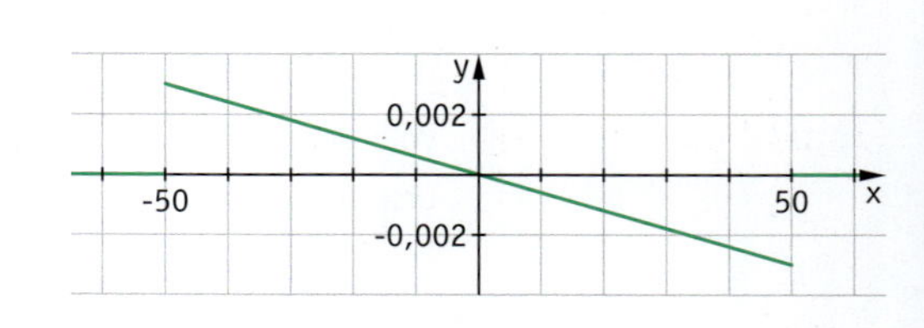

Im Bereich einer Linkskrümmung des Graphen einer Funktion f gilt $f''(x) > 0$, im Bereich einer Rechtskrümmung $f''(x) < 0$.

An den Graphen erkennt man, dass der Übergangsbogen zwar nahtlos und mit gleicher Steigung an die geraden Gleise anschließt, aber mit einem Sprung in den Werten der zweiten Ableitung von 0 im geraden (das heißt ungekrümmten) Teil auf 0,003 bzw. −0,003 an den Enden des gekrümmten Teils. So ein Verhalten bezeichnet man als *Krümmungsruck*.

(4) Konstruktion einer Funktion ohne Krümmungsruck an den Anschlussstellen

Neben den schon formulierten Bedingungen $f(50) = 2{,}5$ und $f'(50) = 0$ muss zusätzlich gelten $f''(50) = 0$. Da jetzt drei Bedingungen an die punktsymmetrische ganzrationale Funktion gestellt sind, muss der Funktionsterm drei Parameter haben, also vom Grad 5 sein: $f(x) = ax^5 + bx^3 + cx$.

Die drei obigen Bedingungen liefern das lineare Gleichungssystem:

$$\left| \begin{array}{l} a \cdot 50^5 + b \cdot 50^3 + c \cdot 50 = 2{,}5 \\ 5a \cdot 50^4 + 3b \cdot 50^2 + c \quad = 0 \\ 20a \cdot 50^3 + 6b \cdot 50 \quad = 0 \end{array} \right|, \text{ also}$$

$$\left| \begin{array}{l} 312\,500\,000a + 125\,000b + 50c = 2{,}5 \\ 31\,250\,000a + 7\,500b + c = 0 \\ 2\,500\,000a + 300b \quad = 0 \end{array} \right|$$

Dieses hat die Lösung $(a \mid b \mid c) = (0{,}000000003 \mid -0{,}000025 \mid 0{,}09375)$.

Daraus ergibt sich der folgende Funktionsterm:

$0{,}000000003x^5 - 0{,}000025x^3 + 0{,}09375x$.

Wir betrachten die Graphen der Funktionen f, f′ und f″.

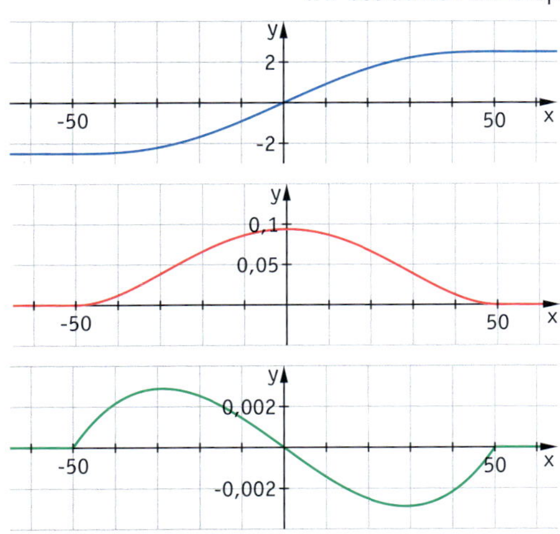

$$f(x) = \begin{cases} -2{,}5 & \text{für } -100 \le x < -50 \\ 0{,}000000003\,x^5 - 0{,}000025\,x^3 + 0{,}09375\,x & \text{für } -50 \le x < 50 \\ 2{,}5 & \text{für } x \le 50 \le 100 \end{cases}$$

$$f'(x) = \begin{cases} 0 & \text{für } -100 \le x < -50 \\ 0{,}000000015\,x^4 - 0{,}000075\,x^2 + 0{,}09375 & \text{für } -50 \le x < 50 \\ 0 & \text{für } 50 \le x \le 100 \end{cases}$$

$$f''(x) = \begin{cases} 0 & \text{für } -100 \le x < -50 \\ 0{,}00000006\,x^3 - 0{,}00015\,x & \text{für } -50 \le x < 50 \\ 0 & \text{für } 50 \le x \le 100 \end{cases}$$

Die Graphen zeigen, dass hier ein glatter Übergang der Krümmungen vorliegt.

Information

Beim Verbinden von zwei Trassen (Straßen, Gleisen, ...), deren Verlauf durch zwei Funktionen f und g gegeben ist, muss an einer Stelle x_0 gelten:

- $f(x_0) = g(x_0)$: nahtloser Übergang
- $f'(x_0) = g'(x_0)$: glatter Übergang
- $f''(x_0) = g''(x_0)$: krümmungsruckfreier Übergang

Zum Üben

1

1865 – 1869 Bau der ersten transkontinentalen Eisenbahn Amerikas

Der Bau der ersten Eisenbahnstrecke durch Nordamerika von Küste zu Küste begann in Omaha durch die *Union Pacific Railroad* und in Sacramento durch die *Central Pacific Railroad*. Der Staat gewährte für jedes Streckenstück einen Zuschuss und schenkte den Bahngesellschaften Land entlang der Bahnlinie. Aufgrund dieser Regelung waren die Gesellschaften bestrebt, so schnell wie möglich so viele Streckengleise wie möglich zu verlegen. So kam es zu Beginn des Jahres 1869 dazu, dass die beiden Gesellschaften nahezu parallele Gleise bauten, die einen von Ost nach West und die anderen von West nach Ost. Schließlich einigte man sich darauf, die beiden Strecken in den Hügeln am Großen Salzsee in Utah zu verbinden. Am 10. Mai 1869 wurde die Verbindung mit einem symbolischen goldenen Gleisnagel gefeiert. Der Ort der Feier ist heute als *Golden Spike National Historic Site* ausgewiesen. (Wikipedia, April 2009)

Nehmen Sie an, dass die 2 Meilen voneinander entfernten Gleise auf einer Länge von 10 Meilen miteinander verbunden werden sollen. Erstellen Sie eine Funktion, die diesen Übergang beschreibt.

2 Ein Grundstück liegt unterhalb des Straßenniveaus. Überlegen Sie verschiedene Möglichkeiten für die Gestaltung der Auffahrt und vergleichen Sie diese.

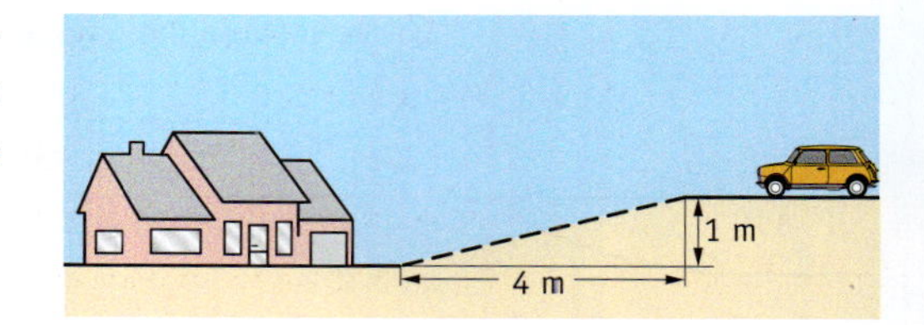

3 Das nebenstehende Bild zeigt den Entwurf einer Metallrutsche für Spielplätze. Das seitliche Profil der Rutsche soll durch den Graphen einer ganzrationalen Funktion modelliert werden und durch deren Extrempunkte begrenzt sein.

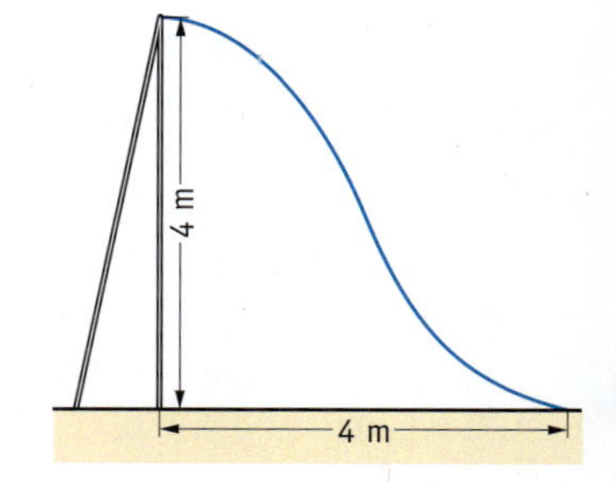

a) Bestimmen Sie einen geeigneten Funktionsterm.

b) Der TÜV fordert von den Herstellern, dass Spielzeugrutschen an keiner Stelle steiler sein dürfen als 50° gegen die Horizontale. Entspricht die Rutsche dieser Anforderung?

c) Entwerfen Sie eine 4 m hohe Rutsche, deren Steigung an der steilsten Stelle genau 45° beträgt.

4 In einer Siedlung sollen zwei Stichstraßen miteinander verbunden werden, um dazwischen einen Supermarkt zu bauen.
Bestimmen Sie eine ganzrationale Funktion f, die den Straßenverlauf des Übergangsbogens zwischen beiden Straßen beschreibt. Vergleichen und bewerten Sie verschiedene Lösungen.

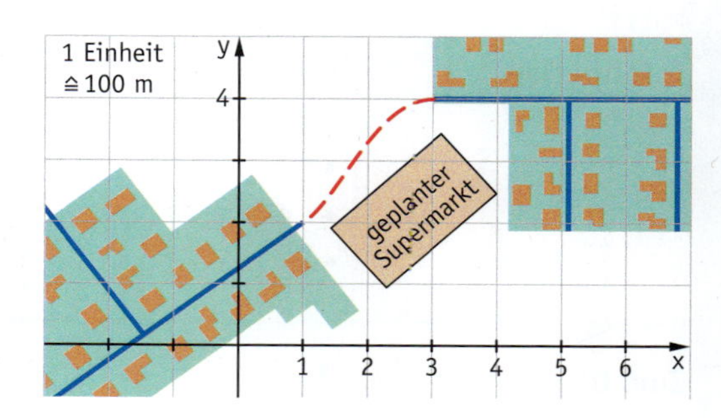

5

Aufbau einer Sprungschanze

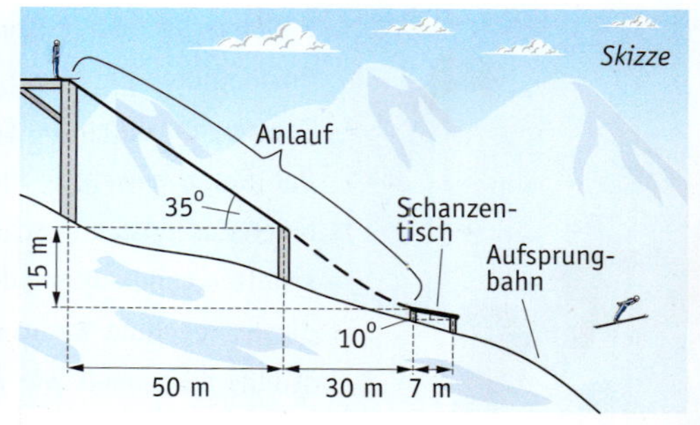

Bei den meisten Schanzen wird der Anlauf auf einem künstlichen Turm errichtet, bei sogenannten Naturschanzen direkt am Berghang. Man kann die Länge des Anlaufs variieren, indem man den Ausstieg oder den Startbalken, auf dem der Skispringer vor Beginn des Sprunges sitzt, verschiebt. Den Startbalken nennt man auch Happle-Balken, nach dem ehemaligen Skispringer und Schanzenbauexperten Wolfgang Happle. Der Schanzentisch ist der Bereich, in dem der Absprung erfolgt. Dieser ist üblicherweise um etwa 10 Grad nach unten geneigt.

Ermitteln Sie eine Funktion zur Beschreibung des Übergangs zwischen dem geradlinigen Teil des Anlaufs und dem Schanzentisch.

6 Im „Höhenplan" eines Straßenstücks sollen die Spitzen – man sagt im Straßenbau auch: die „Kuppen" und die „Wannen" – durch quadratische Parabelstücke ausgerundet werden.
Es gibt mehrere Möglichkeiten. Ermitteln Sie eine Möglichkeit und stellen Sie diese grafisch dar.

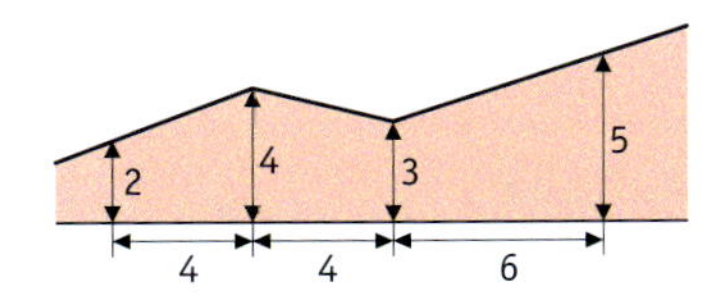

7 Beim Bau einer Go-Kart-Bahn sind die beiden bereits vorhandenen geradlinigen Teilstücke der Fahrbahn durch einen Übergangsbogen glatt miteinander zu verbinden. Dabei wird zusätzlich gefordert, dass dieses Verbindungsstück ein einheitliches Krümmungsverhalten aufweist, also keinen Wendepunkt besitzt.

(1) Prüfen Sie zunächst, ob es eine geeignete ganzrationale Funktion dritten Grades gibt.

(2) Versuchen Sie es dann, falls erforderlich, mit Funktionen vierten Grades.

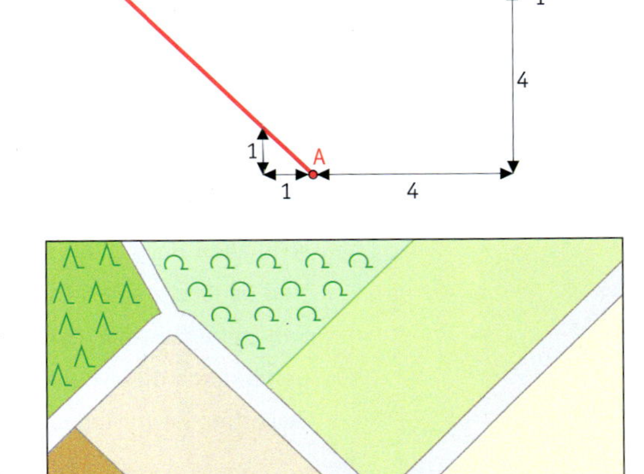

8 Die rechtwinklige Ecke einer Straße soll durch einen Bogen ersetzt werden, um Unfallgefahren zu vermindern. Für die neue Straßenführung soll der Bogen ansetzen an die Straßen, die in einem lokalen Koordinatensystem in der Einheit km beschrieben werden durch $f(x) = x$ für $x \geq 1$ und $g(x) = -x$ für $x \leq -1$.
Bestimmen Sie eine geeignete Funktion.

9 Zwei Straßenstücke, die in einem lokalen Koordinatensystem mit der Einheit km durch $f(x) = 0$ für $x \leq 0$ und $g(x) = \frac{1}{2}x$ für $x \geq 1$ beschrieben werden, sollen verbunden werden.
Ermitteln Sie eine geeignete Funktion.

10 An einer Straße wurde ein neuer Fahrradweg so gebaut, dass ein alter Baum nicht gefällt werden musste.
Schätzen Sie geeignete Maße und bestimmen Sie damit eine Funktionsgleichung für den Verlauf des Fahrradweges.

1.4.2 Interpolation – Spline-Interpolation

Aufgabe

1 Interpolation

Ein **Spant** ist ein tragendes Bauteil zur Verstärkung des Rumpfes bei Booten und Schiffen. Die Spanten sind zugleich Träger der Beplankung. Durch diese Bauweise wird gegenüber einer massiven Bauweise (wie beispielsweise beim Einbaum) erheblich Gewicht eingespart. Man unterscheidet nach ihrer Ausrichtung zwischen **Querspanten**, die quer zu Rumpf und Kiel liegen und **Längsspanten**, die parallel zum Kiel liegen. Auf den Spanten werden schmale Bretter (sogenannte **Planken**) befestigt, die die Außenhaut des Schiffes bilden. (Wikipedia, April 2009)

An einer Stelle wird der rechte Querschnitt festgelegt durch die Punkte $P_1(0\,|\,-3)$, $P_2(6\,|\,0)$, $P_3(8\,|\,3)$ und $P_4(9\,|\,9)$ (gemessen in der Einheit dm). Zur maschinellen Herstellung des Spantes wird eine Funktion benötigt, deren Graph den Verlauf beschreibt. Ermitteln Sie eine ganzrationale Funktion, deren Graph durch diese Punkte verläuft.
Bewerten Sie Ihr Ergebnis.

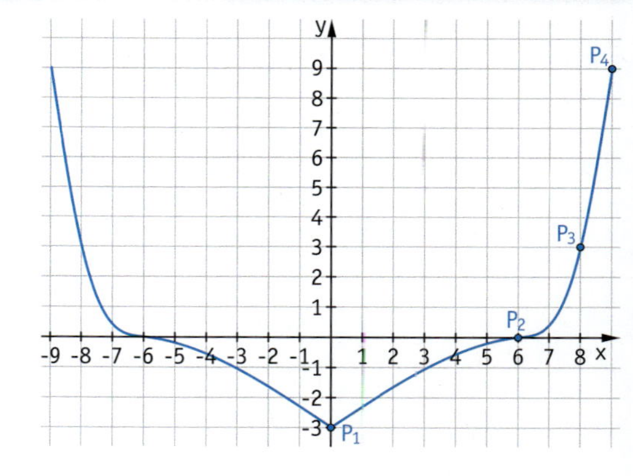

Lösung

Aus diesen vier Punkten ergeben sich vier Bedingungen, aus denen sich dann vier Parameter für den Funktionsterm ermitteln lassen. Folglich bietet sich eine ganzrationale Funktion 3. Grades mit einem Term der Form $f(x) = ax^3 + bx^2 + cx + d$ an.

Die Bedingungen $\left|\begin{array}{l} f(0) = -3 \\ f(6) = 0 \\ f(8) = 3 \\ f(9) = 9 \end{array}\right|$ führen auf das lineare Gleichungssystem

$$\left|\begin{array}{r} d = -3 \\ 216a + 36b + 6c + d = 0 \\ 512a + 64b + 8c + d = 3 \\ 729a + 81b + 9c + d = 9 \end{array}\right|.$$

```
[A]
...0    0   0  1  -3]
...216  36  6  1   0 ]
...512  64  8  1   3 ]
...729  81  9  1   9 ]]
```

Dieses lässt sich mit dem **rref**-Befehl des Rechners lösen:

$(a\,|\,b\,|\,c\,|\,d) = \left(\frac{11}{72}\,\middle|\,\frac{-145}{72}\,\middle|\,\frac{85}{12}\,\middle|\,-3\right)$

Die gesuchte ganzrationale Funktion 3. Grades hat also den Term $f(x) = \frac{11}{72}x^3 - \frac{145}{72}x^2 + \frac{85}{12}x - 3$ und den nebenstehenden Graphen. Als Profil für einen Querspanten ist dieser Graph wegen der starken Einbuchtung zwischen den ersten beiden Punkten völlig ungeeignet.

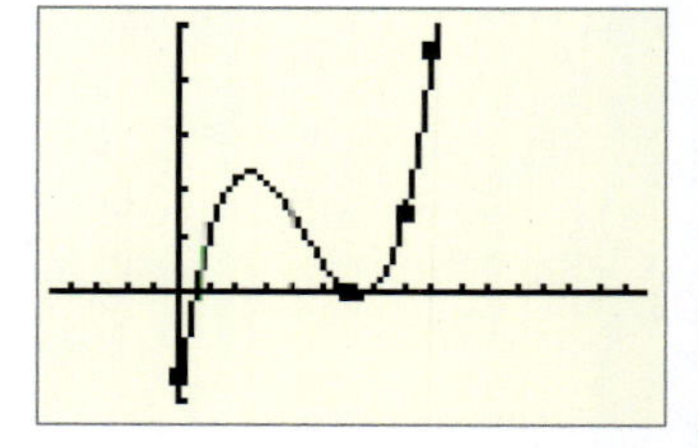

Aufgabe

2 Spline-Interpolation

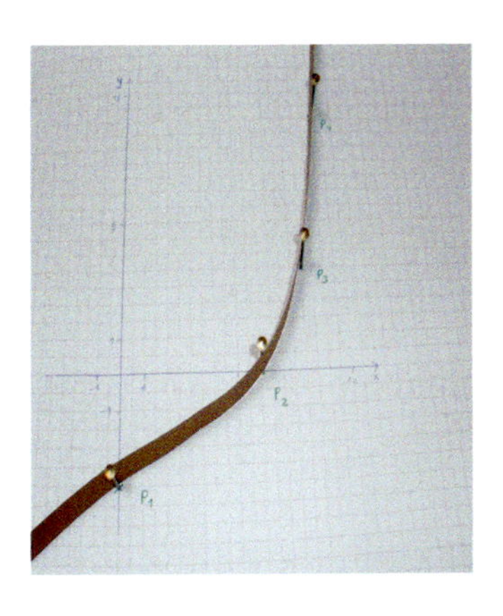

Zur Konstruktion der Spanten wurden früher im Schiffsbau elastisch biegsame Latten verwendet (sogenannte Straklatten oder (engl.) *splines*). An den Interpolationspunkten wurden Gewichte aufgestellt, die die Straklatten zwangen, die Interpolationsbedingungen zu erfüllen: Aufgrund der Elastizität des Materials entstand eine Biegelinie kleinster Gesamtkrümmung.

Wir führen dieses Verfahren mathematisch für den Schiffsrumpf aus Aufgabe 1 durch.

Der Schiffrumpf lässt sich mathematisch modellieren, indem man zwischen den vorgegebenen Stellen der Punkte eine Funktion abschnittsweise aus kubischen Teilfunktionen zusammensetzt, also

$$s(x) = \begin{cases} s_1(x) = a_1x^3 + b_1x^2 + c_1x + d_1 & \text{für } 0 \le x < 6 \\ s_2(x) = a_2x^3 + b_2x^2 + c_2x + d_2 & \text{für } 6 \le x < 8 \\ s_3(x) = a_3x^3 + b_3x^2 + c_3x + d_3 & \text{für } 8 \le x \le 9 \end{cases}$$

Zu bestimmen sind die 12 Parameter a_1, a_2, a_3, a_4, ..., c_3 und d_3.

- An den Anschlussstellen müssen die Funktionswerte der Teilfunktionen überstimmen, und zwar mit den y-Werten der vorgegebenen Punkte. Daraus ergeben sich sechs Bedingungen:

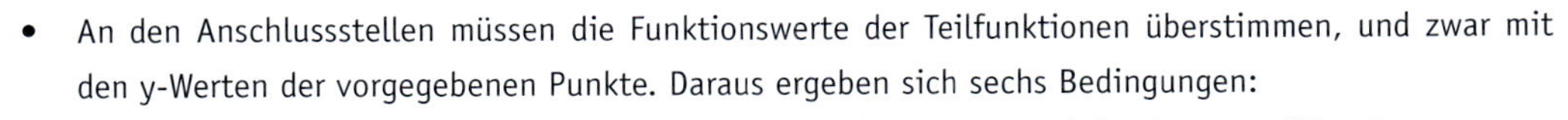

  $s_1(0) = -3$ $\quad s_1(6) = 0$ $\quad s_2(6) = 0$ $\quad s_2(8) = 3$ $\quad s_3(8) = 3$ $\quad s_3(9) = 9$
- An den Anschlussstellen müssen die Steigungen der Teilfunktionen jeweils überstimmen, damit ein knickfreier Übergang erfolgt. Daraus ergeben sich zwei Bedingungen:

  $s_1'(6) = s_2'(6)$ $\quad s_2'(8) = s_3'(8)$
- An den Anschlussstellen müssen die 2. Ableitungen der Teilfunktionen gleich sein, damit ein krümmungsruckfreier Übergang erfolgt. Daraus ergeben sich auch zwei Bedingungen:

  $s_1''(6) = s_2''(6)$ $\quad s_2''(8) = s_3''(8)$

  In der Praxis lag hier kein Gewicht mehr auf den Latten.
- Am Anfang und am Ende verläuft die Biegelinie ungekrümmt. Daraus ergeben sich auch zwei Bedingungen: $s_1''(0) = 0$ $\quad s_3''(9) = 0$

Ermitteln Sie aus diesen 12 Bedingungen die 12 Parameter für den abschnittsweise definierten Funktionsterm der Funktion s.

Lösung

Mit den Termen für die Ableitung und die 2. Ableitung, z. B. $s_1'(x) = 3a_1x^2 + 2b_1x + c_1$ sowie $s_1''(x) = 6a_1x + 2b_1$, ergeben sich die Bedingungen

$$\begin{array}{|l|} d_1 = -3 \\ 216a_1 + 36b_1 + 6c_1 + d_1 = 0 \\ 216a_2 + 36b_2 + 6c_2 + d_2 = 0 \\ 512a_2 + 64b_2 + 8c_2 + d_2 = 3 \\ 512a_3 + 64b_3 + 8c_3 + d_3 = 3 \\ 729a_3 + 81b_3 + 9c_3 + d_3 = 9 \\ \\ 108a_1 + 12b_1 + c_1 = 108a_2 + 12b_2 + c_2 \\ 192a_2 + 16b_2 + c_2 = 192a_3 + 16b_3 + c_3 \\ \\ 36a_1 + 2b_1 = 36a_2 + 2b_2 \\ 48a_2 + 2b_2 = 48a_3 + 2b_3 \\ \\ 2b_1 = 0 \\ 54a_3 + 2b_3 = 0 \end{array}$$

Die Werte für die Parameter d_1 und b_1 sind schon bekannt: $d_1 = -3$ und $b_1 = 0$. Setzt man diese direkt ein, so erhält man ein Gleichungssystem aus 10 Gleichungen mit 10 Variablen:

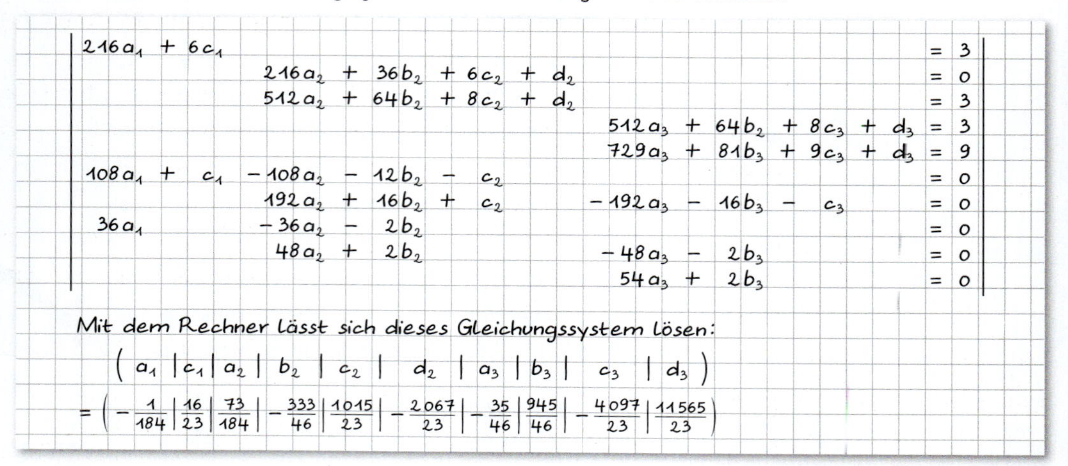

<, >, ≤, ≥ findet man z. B. im TEST-Menü des GTR.

Damit ergibt sich der Funktionsterm für die gesuchte Funktion zu

$$s(x) = \begin{cases} s_1(x) = -\frac{1}{184}x^3 + \frac{16}{23}x - 3 & \text{für } 0 \le x < 6 \\ s_2(x) = \frac{73}{184}x^3 - \frac{333}{46}x^2 + \frac{1015}{23}x - \frac{2067}{23} & \text{für } 6 \le x < 8 \\ s_3(x) = -\frac{35}{46}x^3 + \frac{945}{46}x^2 - \frac{4097}{23}x + \frac{11565}{23} & \text{für } 8 \le x \le 9 \end{cases}$$

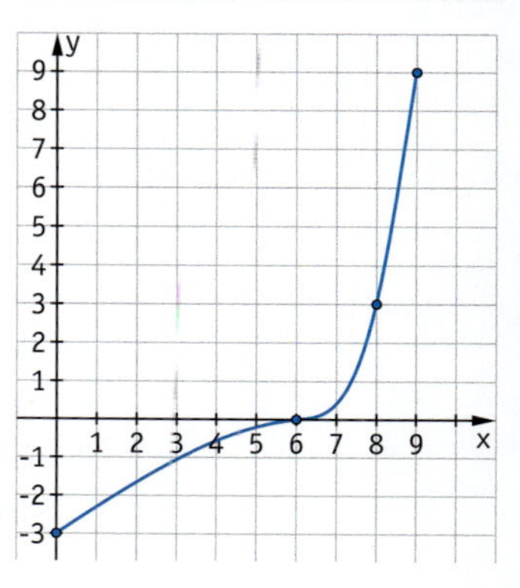

Dieser Funktionsgraph passt sich den gegebenen Punkten ohne überflüssige Krümmungen an. Die Spline-Funktion ist daher wesentlich besser geeignet, das Profil der Schiffsspanten zu beschreiben, als die Funktion aus Aufgabe 1.

Information

(1) Spline-Interpolation

Es sind n Datenpunkte gegeben. Dazu wird eine Spline-Funktion folgendermaßen bestimmt:

- Die Spline-Funktion ist abschnittsweise definiert, und zwar für die $n-1$ Abschnitte zwischen den Stellen, die zu den Datenpunkten gehören. Man nennt diese Stellen auch *Stützstellen*.
- In jedem Abschnitt ist der Funktionsterm ganzrational von (höchstens) 3. Grad.
- An den Stützstellen stimmen die Funktionswerte der Teilfunktionen der Abschnitte überein. Ebenso stimmen jeweils die 1. Ableitungen und auch die 2. Ableitungen an diesen Stellen überein.
- Im 1. und im n-ten Datenpunkt ist der Graph der Splinefunktion ungekrümmt; die 2. Ableitung der Funktion hat dort jeweils den Wert 0.

Weiterführende Aufgabe

2 Regression

An Datenpaare, die durch Punkte veranschaulicht werden können, lässt sich mithilfe des Regressions-Befehls des Rechners ein möglichst guter Funktionsgraph anpassen. Dieses Verfahren kennen Sie bereits aus der Sekundarstufe I. Verwenden Sie die Daten aus Aufgabe 1: $P_1(0|-3)$, $P_2(6|0)$, $P_3(8|3)$ und $P_4(9|9)$.
Passen Sie den Daten eine möglichst gute

(1) kubische Funktion
(2) ganzrationale Funktion 4. Grades
(3) quadratische Funktion an. Was stellen Sie fest?

Information

(2) Vergleich Interpolation, Spline-Interpolation, Regression

Mit dem Verfahren der Interpolation erhält man einen ganzrationalen Funktionsterm, dessen Graph durch die gegebenen Punkte verläuft. Allerdings kann sich dieser Graph zwischen den gegebenen Punkten stark von diesen entfernen.

Mit der Spline-Interpolation erhält man eine abschnittsweise definierte Funktion durch die gegebenen Punkte, die eine möglichst geringe Krümmung aufweist und deren Graph sich daher auch zwischen den gegebenen Punkten nur wenig von diesen entfernt. Trotz des höheren Rechenaufwandes liefert die Spline-Interpolation daher häufig das brauchbarere Ergebnis.

Ist es nicht erforderlich, dass der Graph genau durch die gegebenen Punkte verläuft, sondern diese nur möglichst gut annähert, empfiehlt es sich, mithilfe der Regression einen möglichst einfachen Funktionsterm zu ermitteln.

Übungsaufgaben 

3 Die Tragfläche eines Flugzeuges soll den rechts abgebildeten Querschnitt aufweisen (Maße in dm). Das obere Profil soll durch die Punkte $O(0|0)$, $P(1|1)$, $Q(4|2)$ und $R(10|0)$ verlaufen.

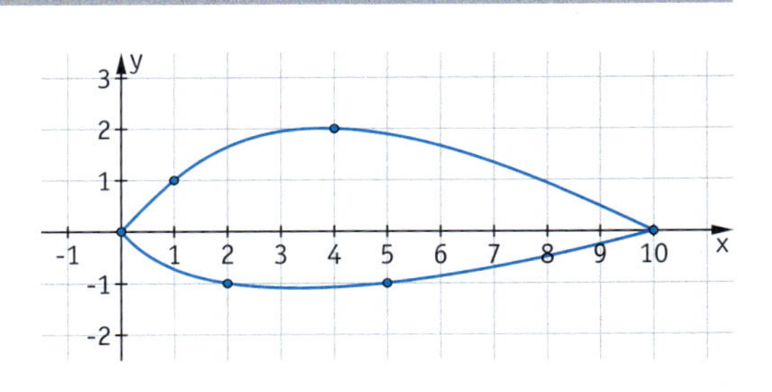

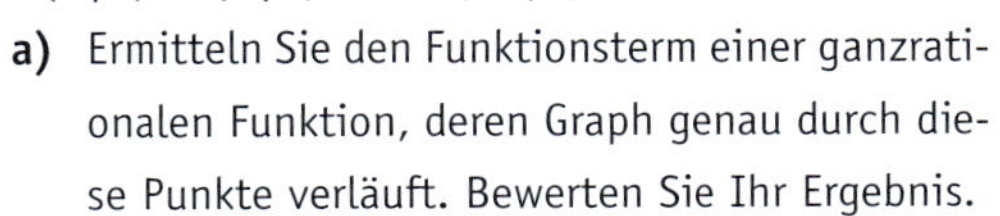

a) Ermitteln Sie den Funktionsterm einer ganzrationalen Funktion, deren Graph genau durch diese Punkte verläuft. Bewerten Sie Ihr Ergebnis.

b) Passen Sie das Profil in den Intervallen $[0; 1]$, $[1; 4]$ und $[4; 10]$ durch ganzrationale Funktionen 3. Grades an, deren Graphen an den Verbindungsstellen 1 und 4 gut zusammenpassen. Vergleichen Sie mit Ihrem Ergebnis aus Teilaufgabe a).

c) Beschreiben Sie entsprechend der Vorgehensweise in den Teilaufgaben a) und b) das untere Profil der Tragfläche.

4 Das Profil der Windschutzscheiben von Autos wird aerodynamisch gestaltet. Im Beispiel rechts sind drei Punkte vorgegeben. Ermitteln Sie zu diesen Punkten

(1) eine ganzrationale Funktion möglichst kleinen Grades

(2) eine Spline-Funktion.

Vergleichen Sie beide Lösungen.

5 Das Profil von Motorradhelmen, die für hohe Geschwindigkeiten geeignet sind, wird ständig optimiert. Bestimmen Sie zu den vorgegebenen Maßen geeignete Spline-Funktionen zur Beschreibung des Profils.

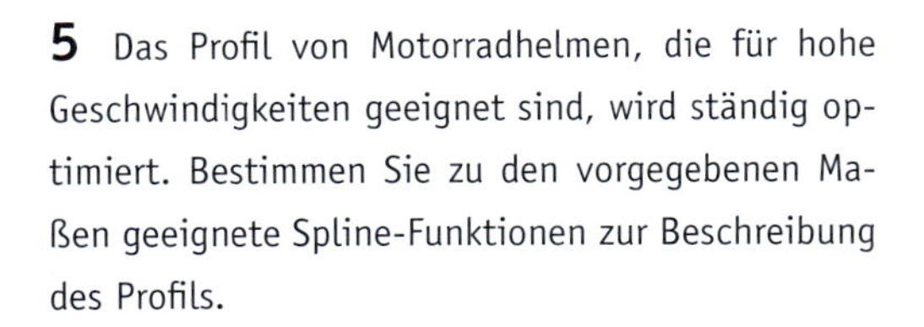

6 Ein Metallstreifen ist im Punkt A waagerecht befestigt und liegt im Abstand von 30 cm im Punkt B lose auf. Bei einer bestimmten Belastung beträgt die maximale Durchbiegung 8 cm.
Beschreiben Sie die Form des Metallstreifens durch eine ganzrationale Funktion. Wo genau liegt der tiefste Punkt? Wie groß ist die Durchbiegung genau in der Mitte zwischen A und B?

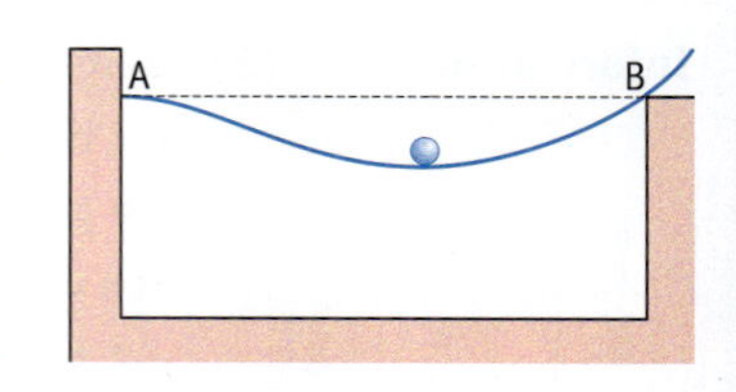

7 Die folgende Tabelle zeigt, wie der Mindestradius einer Kurve von der maximalen Geschwindigkeit abhängt, mit der ein Auto die Kurve bei trockener Fahrbahn durchfahren darf. Beschreiben Sie diesen Zusammenhang mit einer ganzrationalen Funktion. Welcher Mindestradius ist für eine Geschwindigkeit von 75 km/h erforderlich?

Geschwindigkeit (in 10 km/h)	3	4	5	6	7	8
Mindestradius (in 10 m)	2,5	5,0	8,0	13,0	19,0	28,0

8 Der Graph rechts zeigt die Leistung eines Motors in Abhängigkeit von der Drehzahl.

a) Wählen Sie fünf geeignete Stützstellen und berechnen Sie das Interpolationspolynom.

b) Verwenden Sie für die Bestimmung eines geeigneten Funktionsterms die Koordinaten des Wendepunktes und des Hochpunktes sowie die Steigung im Wendepunkt.

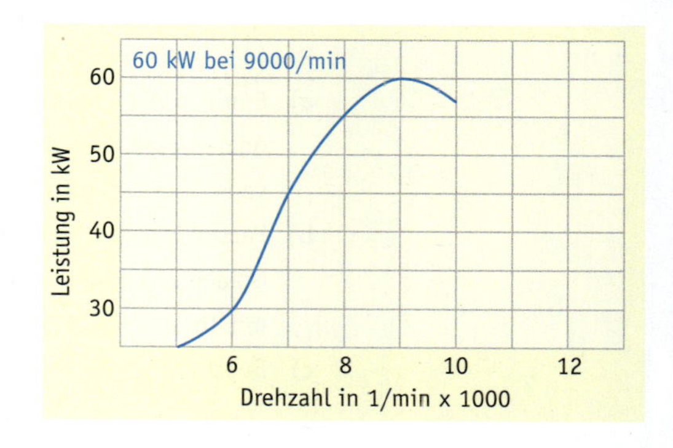

9 In einem Experiment wurde der elektrische Widerstand eines Drahtstücks bei verschiedenen Temperaturen gemessen:

Temperatur T (in °C)	50	80	100	120	160
Widerstand R (in Ω)	53,3	58,4	61,9	65,3	72,3

a) Zeichnen Sie die Messpunkte in ein Koordinatensystem und bestimmen Sie die Gleichung der Regressionsgeraden. Beurteilen Sie, ob ein linearer Zusammenhang ein gutes Modell darstellt.

b) Welchen Widerstand hat der Draht bei einer Temperatur von 20 °C?

10 Von einem hohen Turm wird ein Ball fallen gelassen. Dabei wird gemessen, in welcher Zeit er welche Strecke zurückgelegt hat.

a) Begründen Sie anhand der Wertepaare, dass hier kein exponentieller Prozess vorliegt.

b) Untersuchen Sie, ob das Anwachsen der Werte durch eine Potenzfunktion beschrieben werden kann.

Zeit x (in s)	Streckenlänge y (in m)
1	5,0
2	20,1
3	44,9
4	80,2

11 Die Tabelle enthält die Länge s und die Breite b von Flaschenkürbissen, jeweils in mm gemessen.

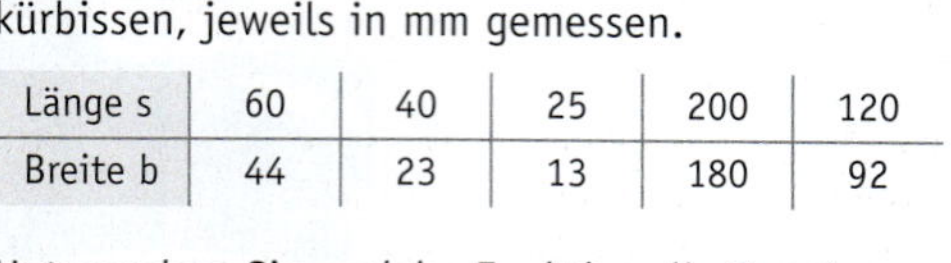

Länge s	60	40	25	200	120
Breite b	44	23	13	180	92

Untersuchen Sie, welche Funktion die Zuordnung *Länge* → *Breite* beschreibt. Ermitteln Sie die Funktionsgleichung.

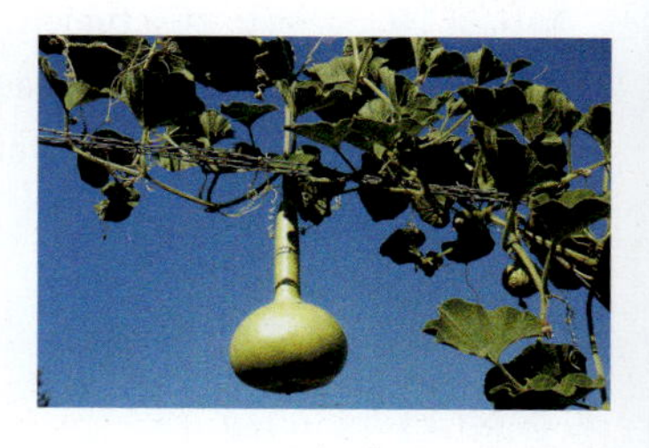

12 Beim Stundenweltrekord im Radsport wird gemessen, welche Strecke man in einer Stunde zurücklegen kann. Durch Verwendung von High-Tech-Spezialrädern konnte dieser Rekord in den letzten Jahrzehnten stark gesteigert werden. Allerdings hat der internationale Radsportverband im Jahr 2000 das Reglement so verändert, dass Spezialräder, die extreme Sitzpositionen zulassen, nicht mehr erlaubt sind. Die in den letzten 28 Jahren aufgestelleten Rekorde gelten daher nicht als Weltrekorde sondern als Weltbestleistungen.

1967	Ferdinand Bracke	Belgien	48,093 km
1968	Ole Ritter	Dänemark	48,643 km
1972	Eddy Merckx	Belgien	49,432 km
1984	Francesco Moser	Italien	51,151 km
1993	Chris Boardman	Großbritannien	52,270 km
1994	Tony Rominger	Schweiz	55,291 km
1996	Chris Boardman	Großbritannien	56,375 km

Stellen Sie eine Prognose auf:

- Mit welcher Weltbestleisung kann man im Jahre 2010 rechnen?
- Wann wird wohl zum ersten Mal die 60-km-Grenze überschritten werden?

Eine Funktion, deren Graph diese Punkte gut annähert, können Sie mithilfe des grafikfähigen Taschenrechners ermitteln.

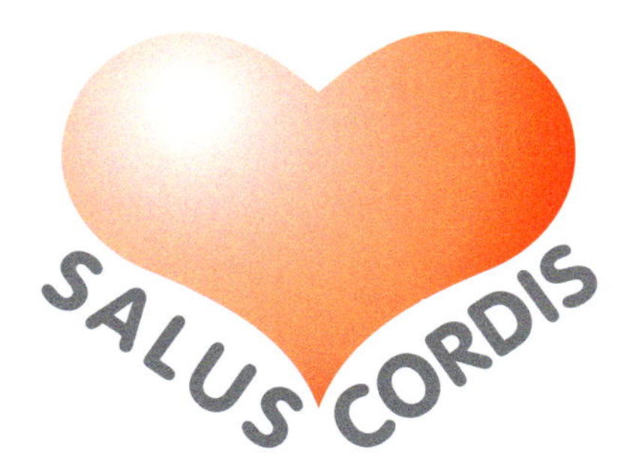

13 Beschreiben Sie das Logo links abschnittsweise mithilfe geeigneter Funktionen.

14 Passen Sie den Daten im Artikel unten Regressionsgeraden an.

Wärme-Rekord

Deutschland erlebt seit einem Jahr eine ungewöhnliche Warmphase. Die Temperatur lag in den vergangenen zwölf Monaten um 3,1 Grad höher als üblich. Das zeigt eine Daten-Grafik, die der Deutsche Wetterdienst DWD für den *stern* erstellt hat. Es war die wärmste Zwölf-Monats-Periode seit Beginn der Wetteraufzeichnungen des DWD vor 106 Jahren. Ausgenommen August 2006, waren alle Monate seit der Fußball-WM im vergangenen Sommer deutlich wärmer als sonst. Am stärksten wich der Januar des laufenden Jahres von der Norm ab: Die Temperatur lag fünf Grad höher als gewöhnlich. Der soeben zu Ende gegangene Juni war knapp zwei Grad wärmer als normal, gleichwohl regnete es mehr als in dieser Jahreszeit üblich.

Die Daten des DWD zeigen, dass sich die Erwärmung in Deutschland seit 1988 beschleunigt hat. Seither erlebt das Land ein ungewöhnlich mildes Jahr nach dem anderen, lediglich 1996 sorgte für Abkühlung.

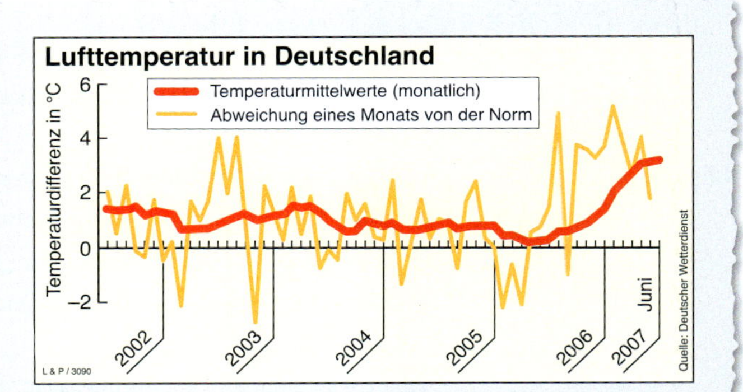

Die weiteren Aussichten: „Für den Sommer 2007 deutet sich wechselhaftes Wetter an“, sagt DWD-Sprecher Gerhard Lux. Für den Juli sehen die Wetterforscher Anzeichen für einen „Mix aus sonnigen und wolkenreichen Tagen“. Es werde vermutlich „nicht zu heiß“, so Experte Lux. *Axel Bojanowski*

1.5 Stetigkeit und Differenzierbarkeit

Beim Verbinden von Funktionsgraphen, die Trassen beschreiben, haben wir gesehen, dass es auf besonders gute Übergänge an den Verbindungsstellen ankommt. Die dabei zu beachtenden Eigenschaften von Funktionen sollen nun innermathematisch genauer untersucht werden.

1.5.1 Stetigkeit

Einführung

Lucas telefoniert mit einer Telefonkarte, auf der nur noch wenig Guthaben ist. Daher betrachtet er das angezeigte Restguthaben sorgfältig: 1,30 €; 1,10 €; 0,90 €; ...

Zu bestimmten Zeitpunkten verringert sich das Guthaben schlagartig um 20 Cent. Betrachtet man den Graphen der Funktion
Gesprächsdauer (in min) → Restguthaben (in €),
so weist dieses eine Besonderheit auf:
Der Graph fällt nicht kontinuierlich, sondern zu bestimmten Zeitpunkten mit einem Sprung: Bis unmittelbar vor 2 Minuten Gesprächsdauer beträgt das Guthaben 1,30 €, ab genau 2 Minuten dann nur noch 1,10 €. An dieser Stelle symbolisiert • einen Punkt, der zum Graphen gehört, und ∘ einen Punkt, der nicht dazu gehört.
Im Gegensatz zu vielen anderen Graphen, die wir bislang betrachtet haben, kann man diesen also nicht in einem Zuge durchzeichnen.

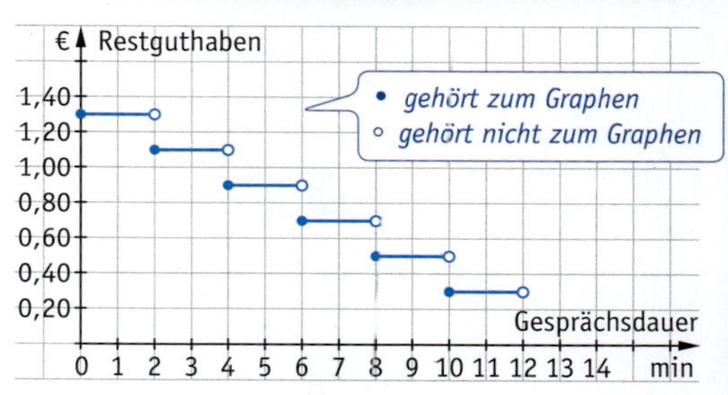

Aufgabe

1 Zeichnen Sie die Graphen der Funktionen zu

(1) $f(x) = \begin{cases} -x - 1 & \text{für } x \le 1 \\ x^2 & \text{für } x > 1 \end{cases}$

(2) $g(x) = \begin{cases} |x| + 1 & \text{für } x \neq 0 \\ -1 & \text{für } x = 0 \end{cases}$

Beschreiben Sie Besonderheiten der Graphen.

Lösung

Beide Graphen weisen an einer Stelle einen Sprung auf. Nähert man sich auf dem Graphen von f von links der Stelle 1, so nähern sich die Funktionswerte dem Funktionswert $f(1) = -2$. Nähert man sich dagegen von recht dieser Stelle, so nähern sich die Funktionswerte dem Wert 1.
Nähert man sich auf dem Graphen von g der Stelle 0, so nähern sich die Funktionswerte dem Wert 1; es ist aber $g(1) = -1$.

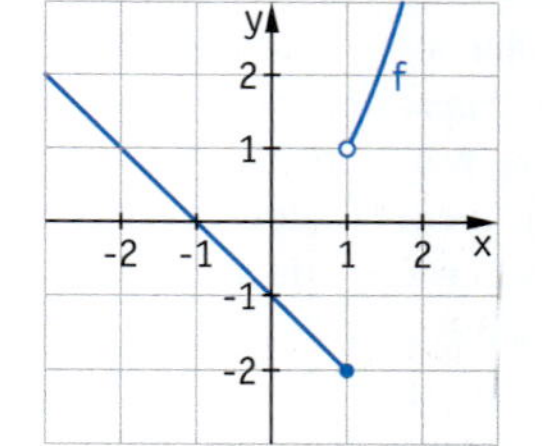

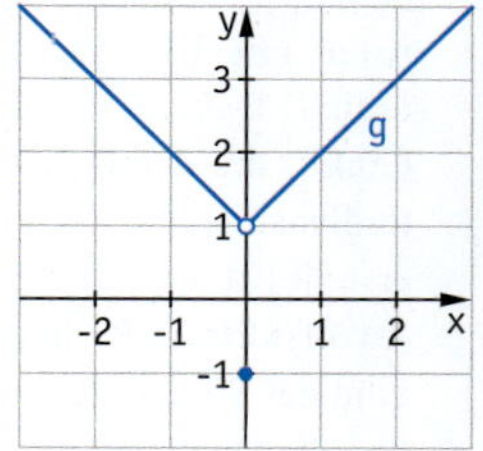

Man kann die Funktionsterme auch in einen GTR eingeben. Damit die Graphen richtig gezeichnet werden, muss unter **MODE** die Option **Dot** statt **Connected** angewählt werden, da der GTR sonst Sprungstellen verbindet.

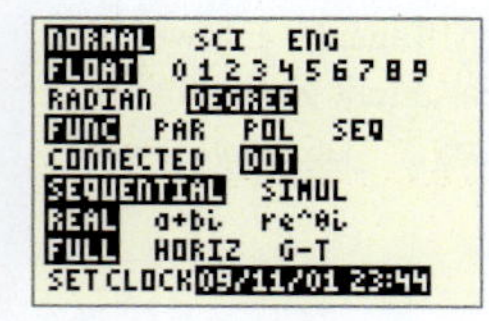

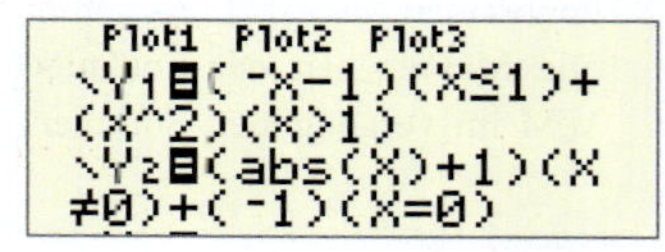

Information

(1) Stetigkeit an einer Stelle x_0.

In der Einführung und in Aufgabe 1 haben wir Funktionen betrachtet, die Stellen aufweisen, an denen der Graph einen Sprung macht. Nähern sich die x-Werte dieser Stelle an, so nähern sich die zugehörigen Funktionswerte nicht dem Funktionswert an dieser Stelle an. Wir nennen die Funktion an dieser Stelle *unstetig*.

Definition 5

Die Funktion f sei an der Stelle x_0 definiert. Sie heißt dann **an der Stelle x_0 stetig**, falls $\lim\limits_{x \to x_0} f(x)$ existiert und $\lim\limits_{x \to x_0} f(x) = f(x_0)$ ist. Andernfalls heißt die Funktion *an der Stelle x_0 unstetig*.

(1) f ist stetig an der Stelle x_0

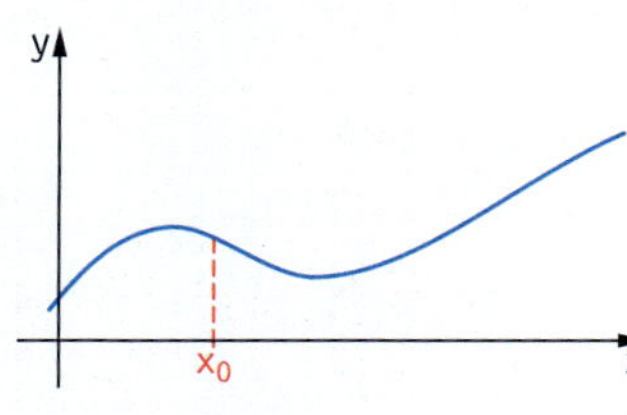

(2) f ist unstetig an der Stelle x_0

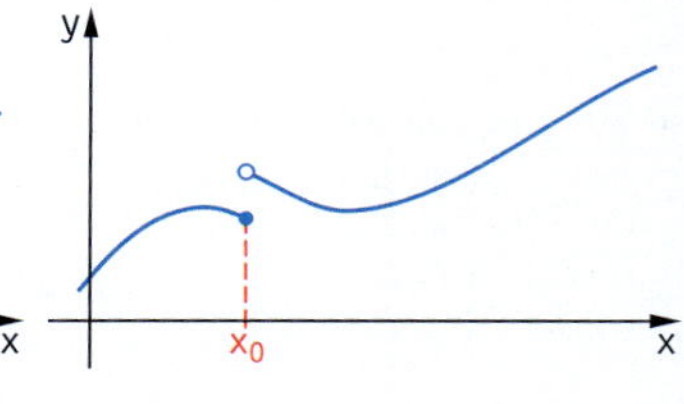

(3) f ist weder stetig, noch unstetig an der Stelle x_0

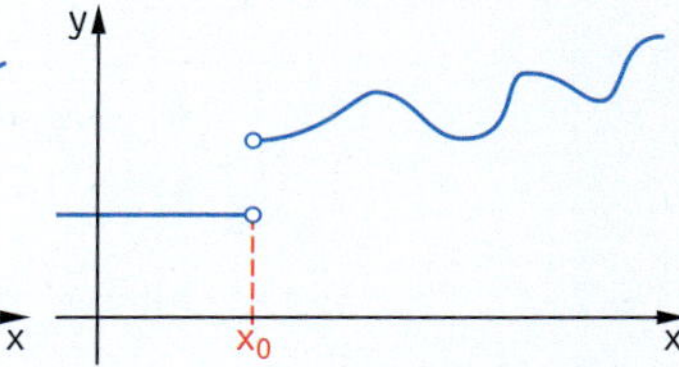

(2) Beispiele stetiger Funktionen

Die meisten einfachen Funktionen sind stetig.

Satz 4

Folgende Funktionen sind an jeder Stelle ihres Definitionsbereichs stetig:

$x \mapsto x$; $x \mapsto c$; $x \mapsto x^r$ (für $r \in \mathbb{R}$); $x \mapsto b^x$ (für $b > 0$); $x \mapsto \sqrt{x}$; $x \mapsto \sin x$; $x \mapsto \cos x$; $x \mapsto \tan x$

(3) Stetigkeit im Definitionsbereich

Definition 6

Eine Funktion heißt **stetig**, wenn sie an jeder Stelle ihres Definitionsbereichs stetig ist.

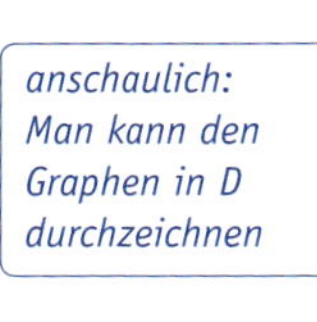

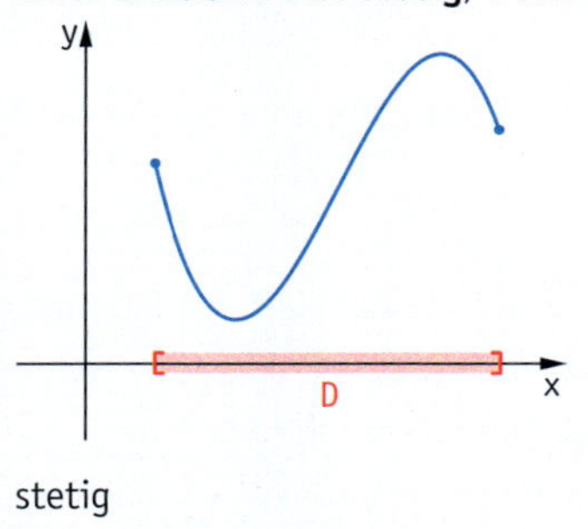

stetig

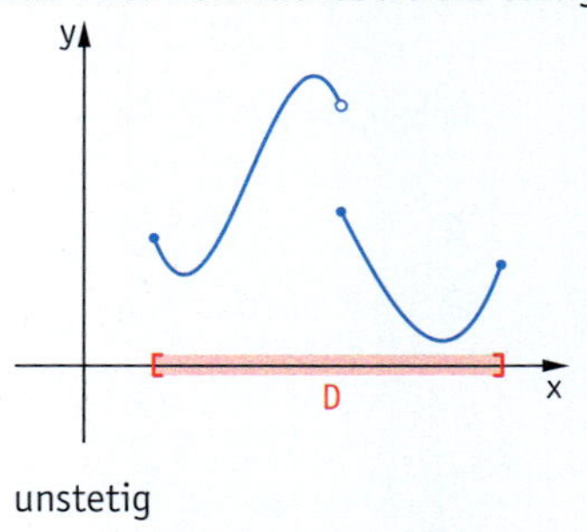

unstetig

Satz 5

Jede ganzrationale Funktion ist stetig in $\mathbb{R}$.

Übungsaufgaben 

2 Zeichnen Sie den Graphen der Funktion
Gewicht (in kg) → *Porto (in €)* für Postpakete.
Beschreiben Sie Besonderheiten des Graphen.

▶ DHL Paket
Preise

Gewicht	Deutschland
bis 10 kg	6,90 Euro
bis 20 kg	9,90 Euro
bis 31,5 kg	13,90 Euro

3 Zeichnen Sie den Graphen der Funktion und untersuchen Sie diese auf Stetigkeit.

Heaviside-Funktion

a) $H(x) = \begin{cases} 0 & \text{für } x \le 0 \\ 1 & \text{für } x > 0 \end{cases}$

b) $\operatorname{sgn}(x) = \begin{cases} -1 & \text{für } x < 0 \\ 0 & \text{für } x = 0 \\ 1 & \text{für } x > 0 \end{cases}$

Signum-Funktion

c) $f(x) = [x]$

Gauß-Klammer [x] bezeichnet die größte ganze Zahl kleiner gleich x.

4 Zeigen Sie, dass die Funktion f an der Stelle x_0 unstetig ist.

a) $f(x) = \begin{cases} x & \text{für } x < 0 \\ x^2 + 1 & \text{für } x \ge 0 \end{cases}; \; x_0 = 0$

b) $f(x) = \begin{cases} x + 4 & \text{für } x \ge -3 \\ 4 - x & \text{für } x < -3 \end{cases}; \; x_0 = -3$

c) $f(x) = \begin{cases} x & \text{für } x \le 0 \\ x - 1 & \text{für } x > 0 \end{cases}; \; x_0 = 0$

d) $f(x) = \begin{cases} x & \text{für } x \le 2 \\ x - 1 & \text{für } x > 2 \end{cases}; \; x_0 = 2$

5 Untersuchen Sie die Funktionen auf Stetigkeit.

a) $y = \frac{1}{x - 1}$ **b)** $y = \frac{2}{(x + 2)^2}$ **c)** $y = \frac{x^2 - 1}{x + 1}$

6 Üblicherweise wird definiert: $0^0 = 1$.

a) Untersuchen Sie die Funktionen zu $f(x) = x^0$ sowie $g(x) = 0^x$ auf Stetigkeit.

b) Wie würde sich das Ergebnis von Teilaufgabe a) ändern, wenn man definieren würde $0^0 = 0$?

c) Geben Sie mithilfe der obigen Überlegungen ein Argument an, warum die zunächst ungewöhnlich erscheinende Definition $0^0 = 1$ sinnvoller ist als $0^0 = 0$.

7 In der Abbildung rechts fehlt der mittlere Teil des Graphen einer abschnittsweise definierten Funktion. Ergänzen Sie für den Mittelteil

a) einen linearen Term,

b) einen quadratischen Term,

sodass die Funktion aus den drei Teilen stetig ist.

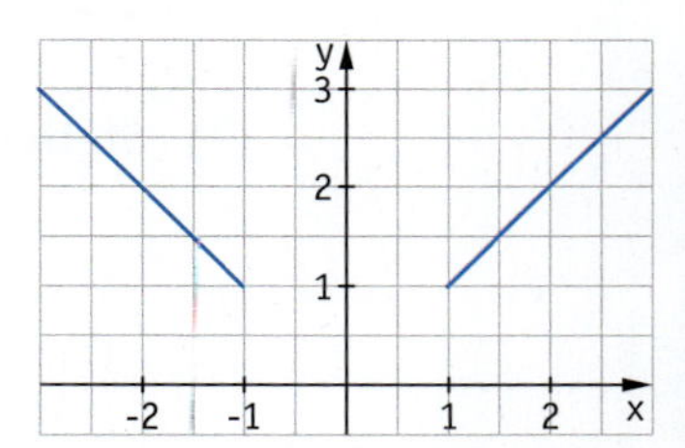

Geben Sie jeweils die vollständige Definition der Funktion an und zeichnen Sie auch den Graphen.

8

a) Die Funktion $x \mapsto \frac{x^2 - 1}{x - 1}$ ist an der Stelle 1 nicht definiert. Sie hat dort eine Lücke.
Welchen Funktionswert muss man für $x = 1$ festsetzen, damit die dadurch erweiterte Funktion an der Stelle 1 stetig ist (sogenannte *stetige Erweiterung* an der Stelle 1)?

b) Verfahren Sie ebenso mit folgenden Funktinen: (1) $x \mapsto \frac{x^2 - 4}{x + 2}$ (2) $x \mapsto \frac{\sin x}{x}$

9 Wo ist die Funktion f stetig, wo unstetig, wo weder stetig noch unstetig?

a) $f(x) = 4(x - 1)$ **b)** $f(x) = \frac{\operatorname{sgn}(x^2)}{\operatorname{sgn}(x)}$ **c)** $f(x) = \frac{\sqrt{|x|}}{\operatorname{sgn}(x)}$ **d)** $f(x) = \frac{\sqrt{x}}{\operatorname{sgn}(x)}$

10 Zeigen Sie, dass die Funktion f an allen Stellen unstetig ist: $f(x) = \begin{cases} 1 & \text{für } x \text{ rational} \\ 2 & \text{für } x \text{ irrational} \end{cases}$

1.5.2 Differenzierbarkeit

Einführung

Rechts ist der Graph der Funktion f mit $f(x) = |x^2 - 1|$ abgebildet. Man kann ihn sich folgendermaßen entstanden denken:
Der Teil des Graphen zu $y = x^2 - 1$, der unterhalb der x-Achse liegt, wird an der x-Achse gespiegelt. Somit hat der Graph zu $f(x) = |x^2 - 1|$ an den Stellen 1 und −1 eine Spitze.

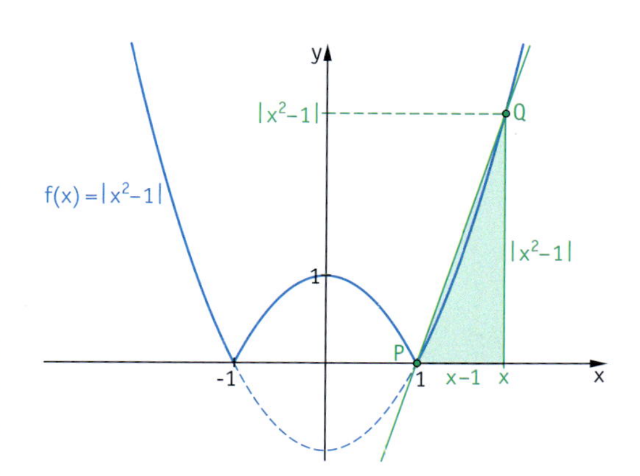

Wir wollen nun die Ableitung von f an der Stelle 1 bestimmen. Dazu betrachten wir zunächst eine Sekante durch den Punkt P(1 | 0) mit zweitem Schnittpunkt $Q(x \mid f(x))$ mit $x \neq 1$. Deren Steigung beträgt:

$$m = \frac{f(x) - f(1)}{x - 1} = \frac{|x^2 - 1| - 0}{x - 1} = \frac{|x^2 - 1|}{x - 1}$$

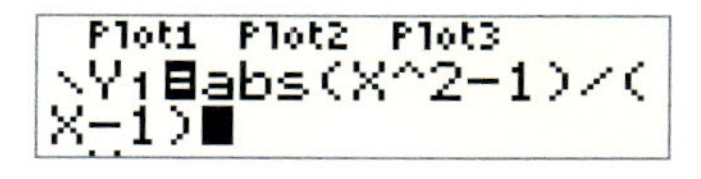

Wegen des Betrages müssen wir eine Fallunterscheidung zum Umformen dieses Terms vornehmen.

1. Fall: Für $x > 1$, d. h. Q liegt rechts von P, gilt:

$$m = \frac{|x^2 - 1|}{x - 1} = \frac{x^2 - 1}{x - 1} \quad (\text{da } x^2 - 1 > 0 \text{ für } x > 1)$$
$$= \frac{(x + 1)(x - 1)}{x - 1} = x + 1$$

Für die Steigung dieser Sekante gilt: $x + 1 \rightarrow 2$ für $x \rightarrow 1$

X	Y1
2	3
1.5	2.5
1.1	2.1
1.01	2.01
1.001	2.001
1.0001	2.0001
	2

X=1.00001

2. Fall: Für $x < 1$ liegt Q links von P. Da wir Q an P annähern wollen, können wir uns darauf beschränken, nur den Fall $x > 0$ zu betrachten. In diesem Fall gilt:

$$m = \frac{|x^2 - 1|}{x - 1} = \frac{-(x^2 - 1)}{x - 1} \quad (\text{da } x^2 - 1 < 0 \text{ für } 0 < x < 1)$$
$$= \frac{-(x + 1)(x - 1)}{x - 1} = -x - 1$$

Für die Steigung dieser Sekante gilt: $-x - 1 \rightarrow -2$ für $x \rightarrow 1$

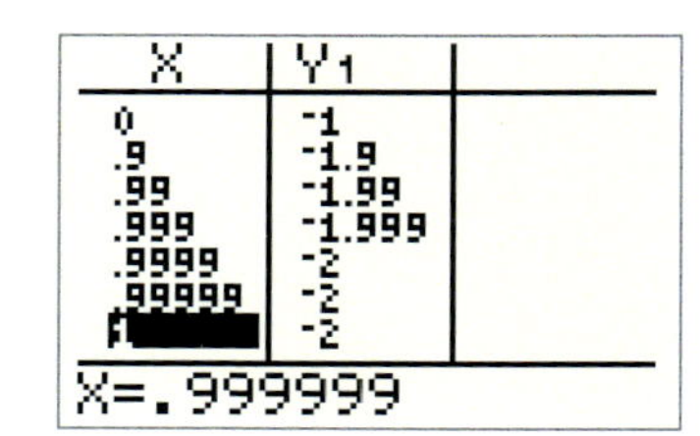

X	Y1
0	-1
.9	-1.9
.99	-1.99
.999	-1.999
.9999	-2
.99999	-2
	-2

X=.999999

Lässt man bei einer Sekante, deren zweiter Schnittpunkt rechts von P liegt, diesen Schnittpunkt auf P zu wandern, so nähern sich die Sekantensteigungen dem Wert 2. Dagegen nähern sich bei Sekanten mit zweitem Schnittpunkt links von P die Sekantensteigungen dem Wert −2. Bei Annäherung von links und rechts nähern sich die Sekanten verschiedenen Geraden an. Es gibt also keine Gerade, die sich zugleich links und rechts von P gut an den Graphen von f anschmiegt. Daher gibt es keine Tangente im Punkt P an der Stelle 1. Folglich hat die Funktion f an der Stelle 1 keine Ableitung.
Entsprechende Überlegungen lassen sich für die Stelle −1 durchführen.

Aufgabe

1 Die HEAVISIDE-Funktion H hat keinen einheitlichen Funktionsterm, sondern wird abschnittsweise definiert:

$$H(x) = \begin{cases} 0 & \text{für } x \leq 0 \\ 1 & \text{für } x > 0 \end{cases}$$

Zeichnen Sie den Graphen der Funktion und untersuchen Sie, ob die Funktion eine Ableitung an der Stelle 0 besitzt.

OLIVER HEAVISIDE
(1850 – 1925)
britischer Mathematiker
und Physiker

Lösung

Wir betrachten zunächst eine Sekante durch den Punkt $P(0\,|\,0)$ und den zweiten Schnittpunkt $Q\big(x\,|\,H(x)\big)$ mit $x \neq 0$. Für deren Steigung gilt:

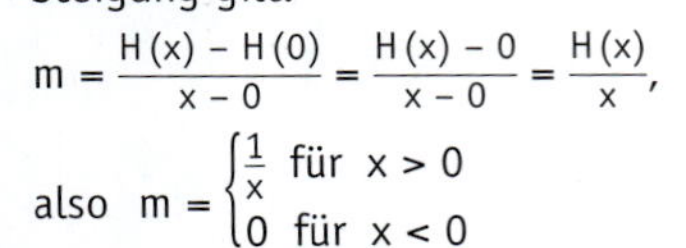

$$m = \frac{H(x) - H(0)}{x - 0} = \frac{H(x) - 0}{x - 0} = \frac{H(x)}{x},$$

also $m = \begin{cases} \frac{1}{x} & \text{für } x > 0 \\ 0 & \text{für } x < 0 \end{cases}$

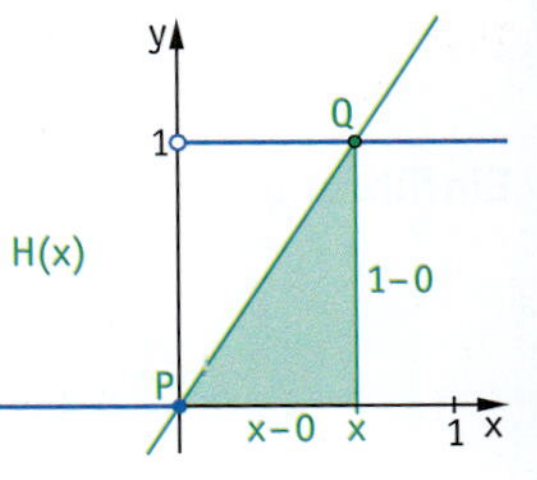

Alle Sekanten mit zweiten Schnittpunkt Q links von P haben also die Steigung 0.

Für Sekanten mit zweitem Schnittpunkt rechts von P gilt:

1. Koordinate von Q	1	0,5	0,1	0,01	0,001	...
Sekantensteigung $\frac{1}{x}$	1	2	10	100	1000	...

Je näher der zweite Schnittpunkt an P rückt, desto größer wird die Steigung der Sekante. Sie nähert sich keiner Zahl an. Bei Annäherung von links und rechts nähern sich die Sekanten verschiedenen Geraden an. Es gibt also keine Gerade, die sich zugleich links und rechts von P gut an den Graphen von H anschmiegt. Daher gibt es keine Tangente im Punkt P an der Stelle 0. Folglich hat die HEAVISIDE-Funktion H an der Stelle 0 keine Ableitung.

Information

(1) Differenzierbarkeit

An einer Stelle, an der ein Graph eine Spitze oder einen Sprung aufweist, gibt es keine Gerade, die sich dem Graphen zugleich links und rechts von dieser Stelle gut anschmiegt. Der Graph hat an dieser Stelle keine Tangente. Daher hat die Funktion an dieser Stelle keine Ableitung. An dieser Stelle nähern sich die Sekantensteigungen keiner gemeinsamen Zahl an, wenn sich die zweite Schnittstelle von links oder rechts dieser Stelle nähert.

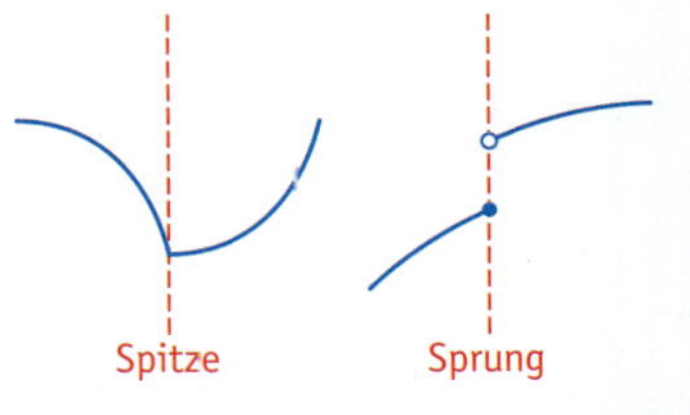

Definition 7

Zur Bestimmung der Ableitung einer Funktion f an einer Stelle x_0 geht man folgendermaßen vor:

(1) Man bestimmt für Sekanten, die den Graphen an einer zweiten Stelle $x \neq x_0$ schneiden, die Steigung, d. h. den Differenzenquotienten:

$$m = \frac{f(x) - f(x_0)}{x - x_0}$$

(2) Man nähert die Stelle x immer mehr der Stelle x_0 an. Nähern sich dabei die Werte des Differenzenquotienten sowohl bei Annäherung von links als auch von rechts derselben Zahl an, so nennt man die Funktion **differenzierbar** an der Stelle x_0. Der Grenzwert des Differenzenquotienten ist die **Ableitung**:

$$f'(x_0) = \lim_{x \to x_0} \frac{f(x) - f(x_0)}{x - x_0}$$

Andernfalls heißt die Funktion f **nicht differenzierbar** an der Stelle x_0 und hat dann an dieser Stelle keine Ableitung.

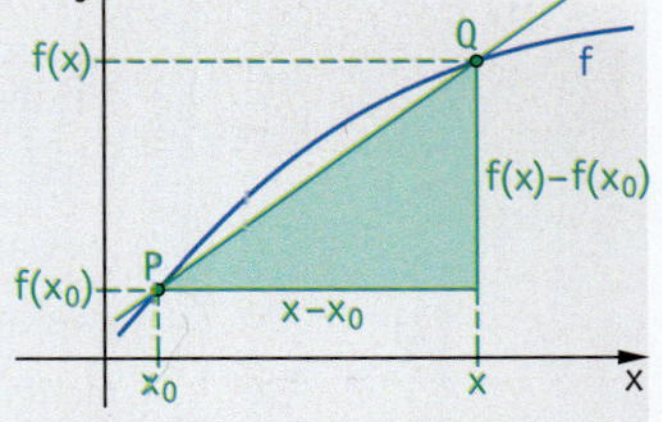

Weiterführende Aufgabe

2 Untersuchung auf Differenzierbarkeit bei parallel zur y-Achse verlaufenden Tangenten

Betrachten Sie die Funktion f mit: $f(x) = \begin{cases} \sqrt{x} & \text{für } x \geq 0 \\ -\sqrt{-x} & \text{für } x < 0 \end{cases}$

Untersuchen Sie, ob die Funktion f an der Stelle 0 differenzierbar ist.

Hat der Graph an der Stelle 0 eine Tangente?

Information

(2) Exakte Definition der Tangente

In Jahrgang 10 haben wir anschaulich von einer Tangenten an einen Funktionsgraphen gesprochen. Beim zeichnerischen Bestimmen ergaben sich dabei ungenaue Werte. Mithilfe der Ableitung können wir nun festlegen:

Definition 8

Der Graph einer Funktion f hat in einem Punkt $P\left(x_0 \mid f(x_0)\right)$ eine Tangente, wenn f an der Stelle x_0 differenzierbar ist.
Die Tangente ist dann die Gerade durch P, welche die Steigung $f'(x_0) = \lim\limits_{x \to x_0} \frac{f(x) - f(x_0)}{x - x_0}$ hat.

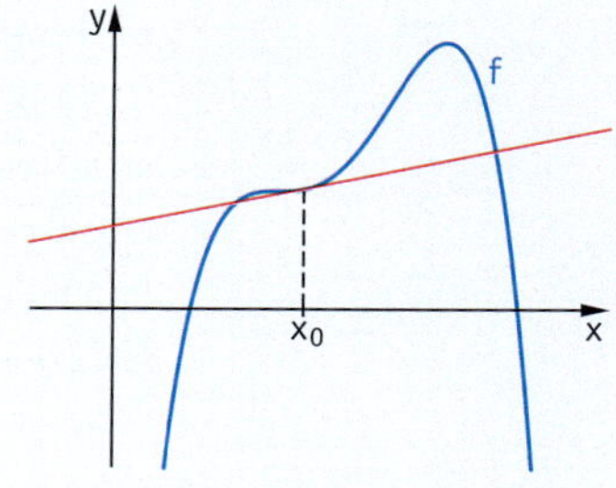

Ist f an der Stelle x_0 nicht differenzierbar, so hat der Graph im Punkt $P\left(x_0 \mid f(x_0)\right)$ auch keine Tangente, es sei denn, die Tangente verläuft parallel zur y-Achse.

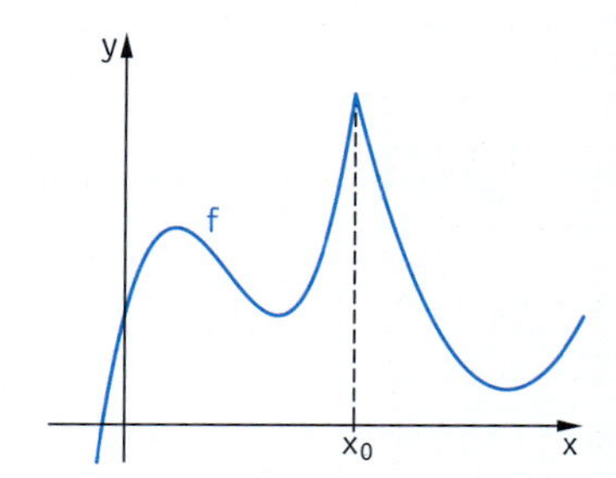

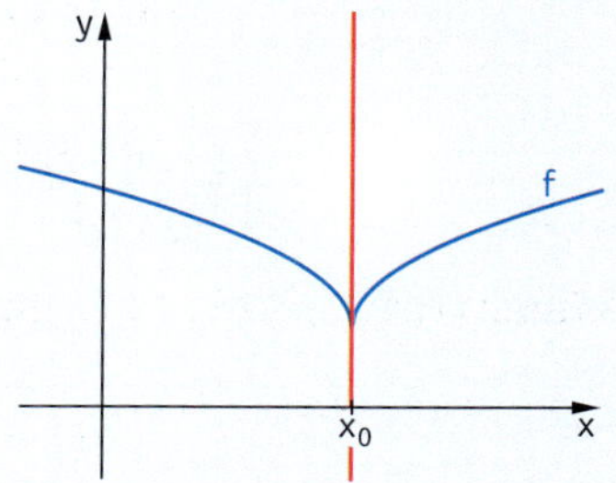

(3) Andere Sprech- und Bezeichnungsweisen

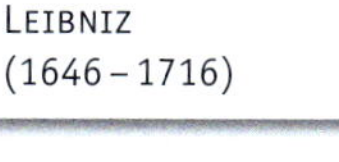

GOTTFRIED WILHELM LEIBNIZ (1646 – 1716)

Die Ableitung der an der Stelle x_0 differenzierbaren Funktion wird auch **Differenzialquotient** genannt. Diese Bezeichnung hat historische Gründe. GOTTFRIED WILHELM LEIBNIZ vertrat die Auffassung, die Steigung der Tangente sei ein Quotient von sogenannten Differenzialen. Dafür führte er 1675 das Symbol $\frac{dy}{dx}$ ein. Vor allem bei Anwendungen in Physik und Technik schreibt man auch Δx (gelesen: Delta x) für die Koordinatendifferenz $x - x_0$:

$$\Delta x = x - x_0$$

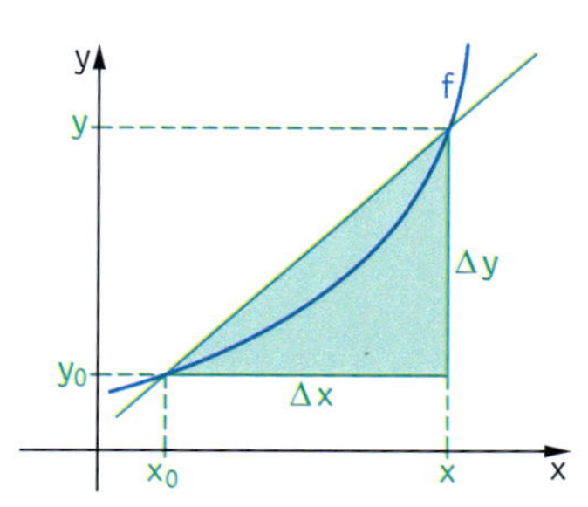

Für die Differenz $f(x) - f(x_0)$ schreibt man dann folgerichtig Δy:

$$\Delta y = y - y_0 = f(x) - f(x_0)$$

Für die Sekantensteigung m gilt dann: $m = \frac{\Delta y}{\Delta x}$

Für die Ableitung $f'(x)$ an einer beliebigen Stelle schreiben wir dann auch y' oder $\frac{dy}{dx}$. $\frac{dy}{dx}$ ist nach unserer Theorie *kein* Quotient. Das Symbol $\frac{dy}{dx}$ muss hier als Ganzes gesehen werden. Deswegen wird gelesen: *dy nach dx*.

Beispiel

Die Funktion f ist durch die Gleichung $y = x^2$ gegeben.

Dann ist $\frac{dy}{dx} = 2x$. *gelesen: dy nach dx gleich 2x*

Bei CAS-Rechnern lautet der Befehl zum Ableiten $\frac{d}{dx}(\;)$. Er erfolgt über die Taste **d**. Die Schreibweise dieses Befehls erinnert an die von LEIBNIZ.

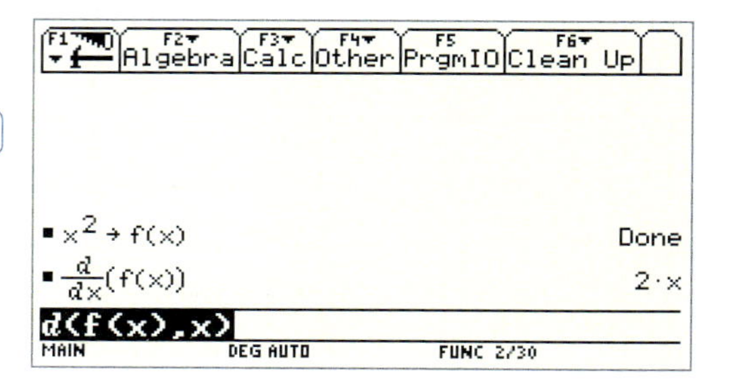

Übungsaufgaben 

3 Der Graph zu $f(x) = |4 - x^2|$ weist besondere Punkte auf. Untersuchen Sie, ob der Graph in diesen Punkten eine Tangente hat.

4 In den Bildern rechts wurde jeweils eine Stelle des Graphen zur Funktion f mit $f(x) = |x^2 - 2{,}25|$ mehrfach vergrößert („Funktionenmikroskop“). Beschreiben Sie und vergleichen Sie die beiden Beispiele.

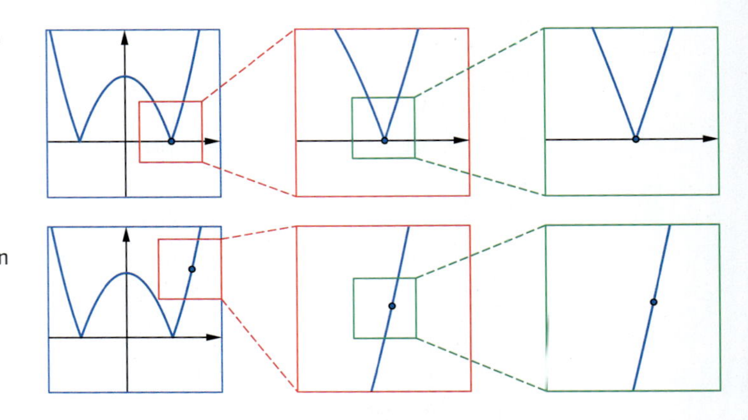

5 An den Graphen einer Funktion wurden an der Stelle x_0 Tangenten eingezeichnet. Nehmen Sie Stellung.

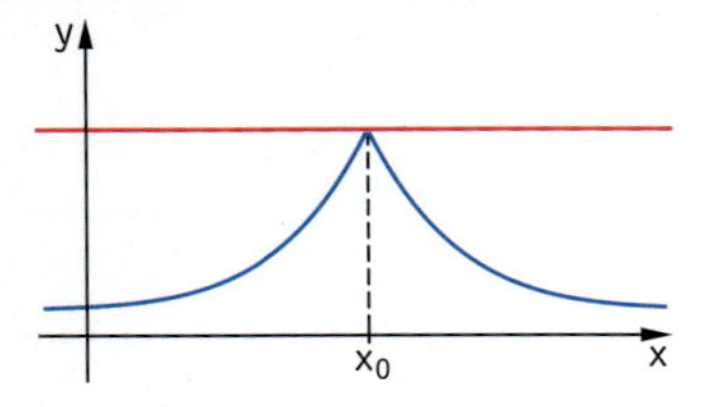

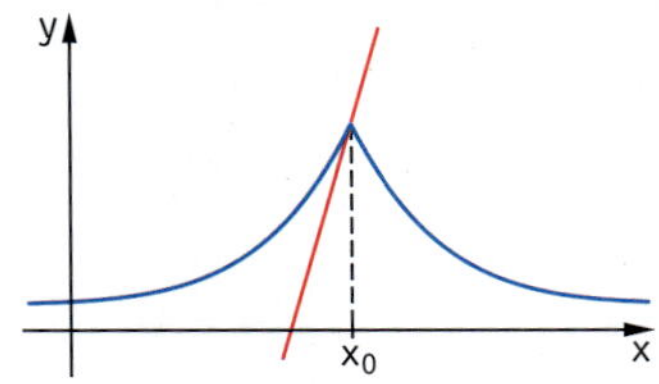

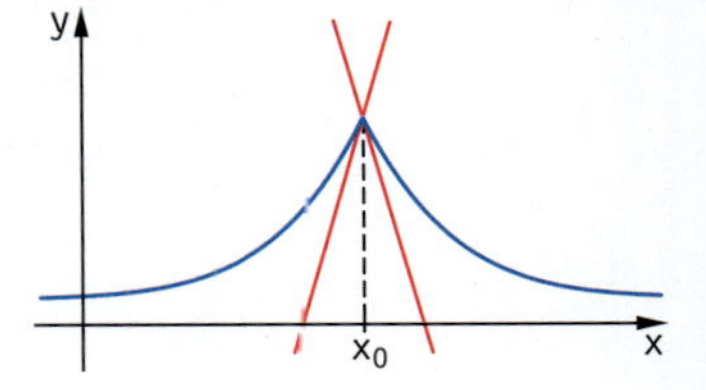

6 Untersuchen Sie, ob die Funktion f an der angegebenen Stelle differenzierbar ist. Hat der Graph an dieser Stelle eine Tangente?

a) $f(x) = |x|$; Stelle 0

b) $f(x) = |x^2 - 9|$; Stelle 3 [Stelle −3]

c) $f(x) = x \cdot |x|$; Stelle 0

7 An welchen Stellen hat der Graph keine Tangente?

a) 

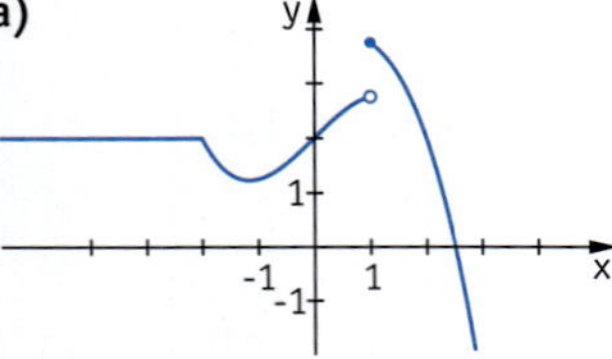

b)

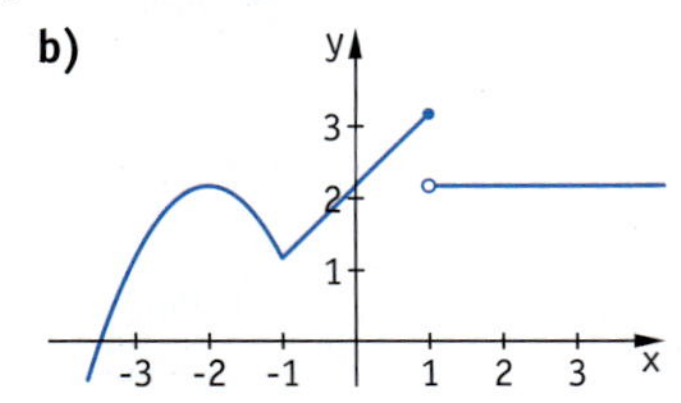

c)

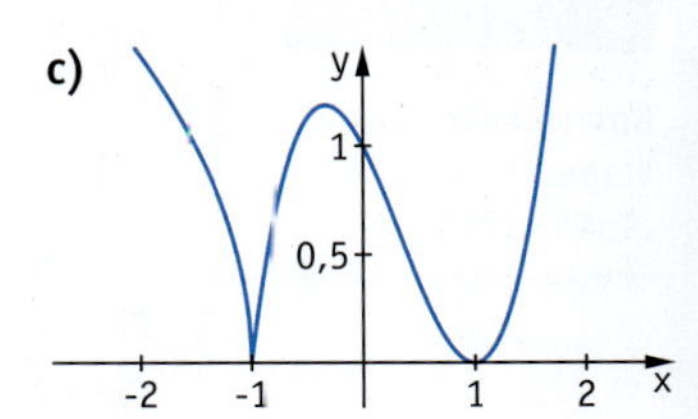

8 Das Profil einer Rutsche soll einen Höhenunterschied von 1,25 m überbrücken.
Das blau gezeichnete Übergangsprofil wird aus dem Kreisbogen $k(x) = 2{,}5 - \sqrt{6{,}25 - x^2}$ und dem Parabelbogen $p(x) = 1{,}25 - (x - 2{,}5)^2$ zusammengesetzt.

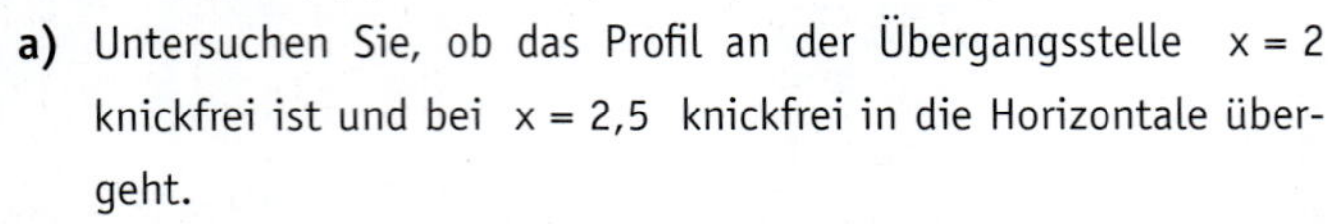

a) Untersuchen Sie, ob das Profil an der Übergangsstelle $x = 2$ knickfrei ist und bei $x = 2{,}5$ knickfrei in die Horizontale übergeht.

b) Beurteilen Sie die Differenzierbarkeit an den Übergangsstellen.

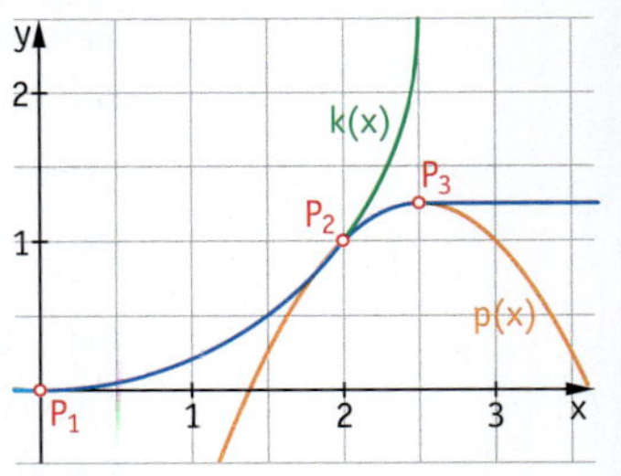

1.5.3 Zusammenhang zwischen Stetigkeit und Differenzierbarkeit

Aufgabe

1 Die Funktion mit $f_1(x) = x^2$ für $x \le 1$ soll so durch eine lineare Funktion mit dem Funktionsterm $f_2(x)$ für $x > 1$ so fortgesetzt werden, dass die Funktion zu $f(x) = \begin{cases} f_1(x) & \text{für } x \le 1 \\ f_2(x) & \text{für } x > 1 \end{cases}$ differenzierbar ist. Ermitteln Sie den Term der linearen Funktion.

Lösung

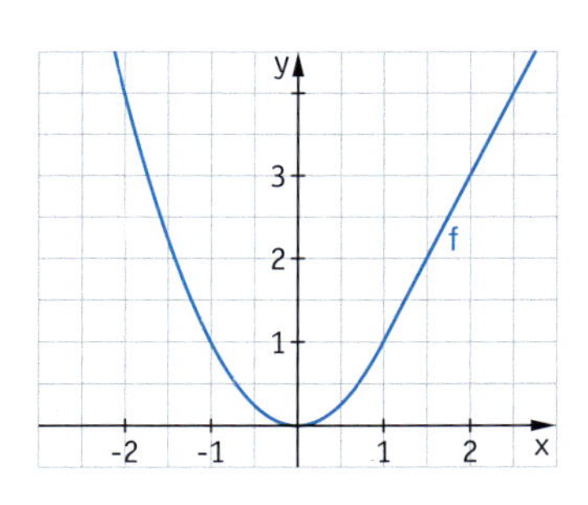

Wir notieren den Term der linearen Funktion in der Form

$f_2(x) = mx + b$.

An der Stelle 1 müssen die Steigungen der Funktionsgraphen zu f_1 und f_2 übereinstimmen, also $f_1'(1) = f_2'(1)$

Es ist $f_1'(x) = 2x$, also $f_1'(1) = 2$, und $f_2'(x) = m$, also $f_2'(1) = m$

Daraus folgt: $m = 2$.

An einer Stelle, an der eine Funktion differenzierbar sein soll, darf ihr Graph keinen Sprung haben, also muss gelten $f_1(1) = f_2(1)$.

Es ist $f_1(1) = 1^2 = 1$ und

$f_2(1) = m \cdot 1 + b$

$= 2 \cdot 1 + b$ *(Wert für m eingesetzt)*

Daraus folgt $1 = 2 + b$, also $b = -1$.

Der gesuchte Funktionsterm ist somit $f(x) = \begin{cases} x^2 & \text{für } x \le 1 \\ 2x - 1 & \text{für } x > 1 \end{cases}$

Diese Funktion ist an der Stelle 1 differenzierbar, denn für den Differenzenquotienten $\frac{f(x) - f(1)}{x - 1}$ gilt:

(1) Ist $x > 1$, so lautet er $\frac{2x - 1 - 1}{x - 1} = \frac{2x - 2}{x - 1} = 2$

(2) Ist $x < 1$, so lautet er $\frac{x^2 - 1}{x - 1} = \frac{(x - 1)(x + 1)}{x - 1} = x + 1$.

Für $x \to 1$ gilt: $x + 1 \to 2$.

Somit gilt: $\lim\limits_{x \to 1} \frac{f(x) - f(1)}{x - 1}$ existiert und hat den Wert 2.

Information

(1) Differenzierbarkeit und Stetigkeit

Anschaulich ist klar:

Satz 6

Ist eine Funktion f an einer Stelle x_0 differenzierbar, so ist sie an dieser Stelle auch stetig.

Beweis:

Wir schreiben den Funktionsterm von f so, dass er den Differenzenquotienten an der Stelle x_0 enthält:

$$f(x) = \underbrace{\frac{f(x) - f(x_0)}{x - x_0}}_{\substack{\to f'(x) \\ \text{für } x \to x_0}} \cdot \underbrace{(x - x_0)}_{\substack{\to 0 \\ \text{für } x \to x_0}} + f(x_0)$$

Daraus folgt $\lim\limits_{x \to x_0} f(x) = f(x_0)$, d. h. f ist an der Stelle x_0 stetig.

Dieser Satz besagt auch:

Ist eine Funktion f an einer Stelle unstetig, so kann sie an dieser Stelle nicht differenzierbar sein.

(2) Zusammensetzen von Teilfunktionen zu einer differenzierbaren Funktion

Anschaulich ist klar:

Satz 7

f_1 ist eine differenzierbare Funktion für $x \le x_0$ und f_2 eine differenzierbare Funktion für $x \ge x_0$.

Gilt (1) $f_1(x_0) = f_2(x_0)$ und

(2) $f_1'(x_0) = f_2'(x_0)$,

so ist die Funktion f mit $f(x) = \begin{cases} f_1(x) & \text{für } x \le x_0 \\ f_2(x) & \text{für } x > x_0 \end{cases}$ differenzierbar.

Der Beweis verläuft analog zur Überlegung zur Differenzierbarkeit der Funktion in Aufgabe 1.

(3) Rückbezug zur Spline-Interpolation

Mit den Fachbegriffen Stetigkeit und Differenzierbarkeit können wir die Bedingungen übereinstimmender Funktionswerte und Ableitungen an den Stützstellen bei der Spline-Interpolation (siehe Seite 54) auch folgendermaßen formulieren: Die zusammengesetzte Funktion soll differenzierbar sein.

Übungsaufgaben 

2 Ermitteln Sie die Parameter a und b so, dass die Funktion zu

$f(x) = \begin{cases} x^3 & \text{für } x \le 1 \\ a x^2 + b & \text{für } x > 1 \end{cases}$

überall differenzierbar ist.

3 Zeichnen Sie den Graphen der Funktion f mit $f(x) = \begin{cases} -1{,}5x & \text{für } x \le -3 \\ \frac{1}{2}x^2 & \text{für } -3 < x \le 3 \\ x + 1{,}5 & \text{für } x > 3 \end{cases}$.

Untersuchen Sie f auf Stetigkeit und Differenzierbarkeit.

4 Untersuchen Sie die Funktion f auf Differenzierbarkeit:

a) $f(x) = |x^3|$ **b)** $f(x) = |x^3 - 1|$ **c)** $f(x) = x \cdot |x|$

5 Bestimmen Sie den Parameter t so, dass die Funktion f stetig ist. Ist sie auch differenzierbar?

a) $f(x) = \begin{cases} x + 2 & \text{für } x \ge 3 \\ x^2 + t & \text{für } -3 \le x < 3 \end{cases}$ **b)** $f(x) = \begin{cases} (x - t)^2 & \text{für } x \ge t \\ 2x - t & \text{für } x < t \end{cases}$

6 Bestimmen Sie die Parameter s und t so, dass die Funktion f stetig und auch differenzierbar ist.

a) $f(x) = \begin{cases} 2 - tx & \text{für } x \le 2 \\ -\frac{5}{2}x^2 & \text{für } x > 2 \end{cases}$ **b)** $f(x) = \begin{cases} \frac{1}{2}x^3 & \text{für } x \le 2 \\ s x^2 + t & \text{für } x > 2 \end{cases}$ **c)** $f(x) = \begin{cases} \sin x & \text{für } x \le \pi \\ s x + t & \text{für } x > \pi \end{cases}$

7 In der Abbildung rechts fehlt der mittlerer Teil der abschnittsweise definierten Funktion. Ergänzen Sie für den Mittelteil einen quadratischen Term, sodass die aus den drei Teilen zusammengesetzte Funktion differenzierbar ist.

Geben Sie die vollständige Definition der Funktion an und zeichnen Sie auch den Graphen.

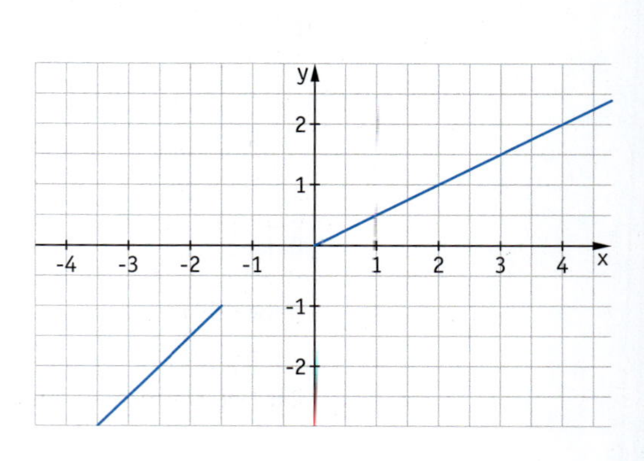

1.6 Funktionenscharen

Aufgabe

1

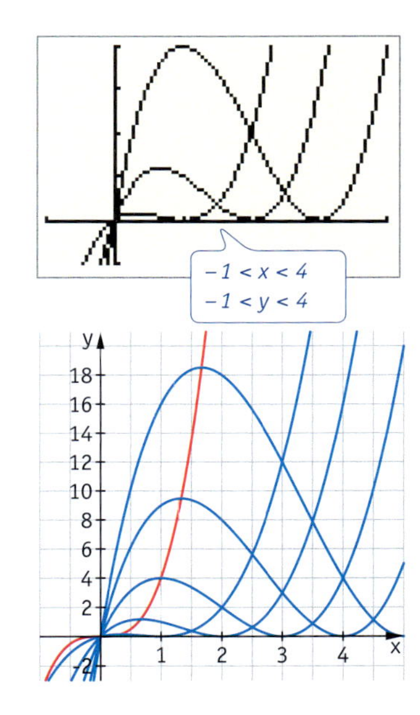

a) Rechts sehen Sie die Graphen der Funktionen zu $f_1(x) = x(x-1)^2$, $f_2(x) = x(x-2)^2$ und $f_3(x) = x(x-3)^2$. Beschreiben Sie diese. Äußern Sie Vermutungen.

b) Diese Funktionen haben alle einen Funktionsterm der Form $f_a(x) = x(x-a)^2$ mit einem Parameter $a > 0$. Bestimmen Sie allgemein die Nullstellen und die Extrempunkte dieser Funktionen.

c) Betrachten Sie die Hochpunkte aller Graphen der Funktionen aus Teilaufgabe b). Alle diese Hochpunkte liegen auf einer Linie, die man als Graph einer Funktion auffassen kann. Bestimmen Sie deren Funktionsgleichung.

Lösung

Globalverlauf:
Verhalten der Funktionswerte $f(x)$ für $x \to \infty$ und $x \to -\infty$

a) Alle drei Graphen haben denselben Globalverlauf und verlaufen durch den Ursprung. Die zweite Nullstelle der drei Graphen ist eine doppelte Nullstelle bei 1 bzw. 2 bzw. 3. Ferner haben alle Graphen zwischen den beiden Nullstellen einen Hochpunkt.

b) **Globalverlauf**

Allgemein gilt:

$f_a(x) = x(x-a)^2 \to \infty$ für $x \to \infty$ und $f_a(x) \to -\infty$ für $x \to -\infty$

Nullstellen

$f_a(x) = 0$, also $x(x-a)^2 = 0$

$x = 0$ oder $(x-a)^2 = 0$

$x = 0$ oder $x = a$

Die Funktion f_a hat somit an der Stelle 0 eine einfache und an der Stelle a eine doppelte Nullstelle, also eine Nullstelle ohne Vorzeichenwechsel. Wegen des Globalverlaufs einer ganzrationalen Funktion 3. Grades liegt bei der doppelten Nullstelle zugleich ein Tiefpunkt vor.

Extrempunkte

Zum Berechnen der Extrempunkte benötigt man die 1. Ableitung. Zum Bilden der Ableitung wird der Funktionsterm zunächst ausmultipliziert:

$f_a(x) = x(x-a)^2 = x(x^2 - 2ax + a^2) = x^3 - 2ax^2 + a^2x.$

Daraus ergibt sich: $f_a'(x) = 3x^2 - 4ax + a^2$.

An den Extremstellen hat die 1. Ableitung den Wert 0.

$f_a'(x) = 0$

$3x^2 - 4ax + a^2 = 0$

$x = \frac{a}{3}$ oder $x = a$.

Wegen der Nullstellen und des Globalverlaufs muss an der Stelle a ein Tiefpunkt und an der Stelle $\frac{a}{3}$ ein Hochpunkt vorliegen. Der Tiefpunkt hat die Koordinaten $T_a(a\,|\,0)$. Für den Hochpunkt muss noch die y-Koordinate berechnet werden:

$f_a\left(\frac{a}{3}\right) = \frac{a}{3}\left(\frac{a}{3} - a\right)^2 = \frac{4}{27}a^3$

Der Hochpunkt des Graphen zur Funktion f_a hat die Koordinaten $H_a\left(\frac{a}{3}\,\middle|\,\frac{4}{27}a^3\right)$.

c) Der Hochpunkt hat in Abhängigkeit vom Parameter a die Koordinaten $x = \frac{a}{3}$ und $y = \frac{4}{27}a^3$. Um eine Funktionsgleichung für den Graphen zu bestimmen, auf dem die Hochpunkte liegen, müssen wir eine Funktion $x \mapsto y$ finden, d. h. wir benötigen eine Vorschrift, wie man die y-Koordinate aus der x-Koordinate berechnen kann. Da diese Vorschrift unabhängig vom Parameter a sein muss, formen wir die Gleichung für die x-Koordinate zunächst nach a um: $x = \frac{a}{3}$ liefert $a = 3x$.
Diesen Term für a setzen wir dann in die Gleichung für die y-Koordinate ein $a = 3x$, also $y = \frac{4}{27}(3x)^3 = 4x^3$. Somit liegen alle Hochpunkte auf dem Graphen der Funktion zu $y = 4x^3$.

Information

(1) Funktionenschar

Ein Term, der neben einer Funktionsvariablen (z. B. der Variablen x) noch einen Parameter (z. B. die Variable a) enthält, definiert mehrere Funktionen zugleich: Zu jeder zulässigen Wahl des Parameters a gehört eine Funktion $x \mapsto f_a(x)$. Die Menge aller dieser Funktionen bezeichnet man als **Funktionenschar.**

(2) Ortslinie

Statt Ortslinie verwendet man oft auch den Begriff Ortskurve.

Einen Graphen, auf dem alle Hochpunkte einer Funktionenschar liegen, bezeichnet man als **Ortslinie** der Hochpunkte. Entsprechend erhält man die Ortslinie für andere markante Punkte, z.B. Wendepunkte.

Vorgehen zum Bestimmen einer Ortslinie

Die Koordinaten für die betrachteten Punkte werden in Abhängigkeit vom Parameter bestimmt.
- Die Gleichung für die x-Koordinate wird nach dem Parameter aufgelöst.
- Damit wird der Parameter in der Gleichung für die y-Koordinate ersetzt.
- Die entstandene Gleichung beschreibt die Ortslinie.

Beispiel

$f_a(x) = (x - a)^3 + \frac{1}{4}a^2$: Die Ortskurve der Wendepunkte $W_a\left(a \middle| \frac{1}{4}a^2\right)$ ist der Graph zu $g(x) = \frac{1}{4}x^2$.

(3) Kriterien für Extrempunkte

Wir wissen, dass bei einer Funktion, die differenzierbar ist, an der Stelle eines Extrempunktes die Steigung null ist *(notwendiges Kriterium)*. Aber nicht an jeder Stelle mit Steigung null muss ein Extrempunkt vorliegen; es könnte auch ein Sattelpunkt vorliegen. Mithilfe des Monotoniesatzes kann man folgende *hinreichende* Kriterien beweisen, die insbesondere bei der Untersuchung von Funktionenscharen hilfreich sind:

Satz 8

Für eine Funktion f mit den Ableitungen f′ und f″ in einem Intervall gilt:

(a) Wenn f′ an der Stelle x_e eine Nullstelle mit Vorzeichenwechsel hat, dann ist x_e Extremstelle von f.

(b) Wenn $f'(x_e) = 0$ und zugleich $f''(x_e) \neq 0$ gilt, dann ist x_e Extremstelle von f.
Insbesondere hat dann der Graph von f
- im Fall $f''(x_e) < 0$ einen Hochpunkt bei x_e,
- im Fall $f''(x_e) > 0$ einen Tiefpunkt bei x_e.

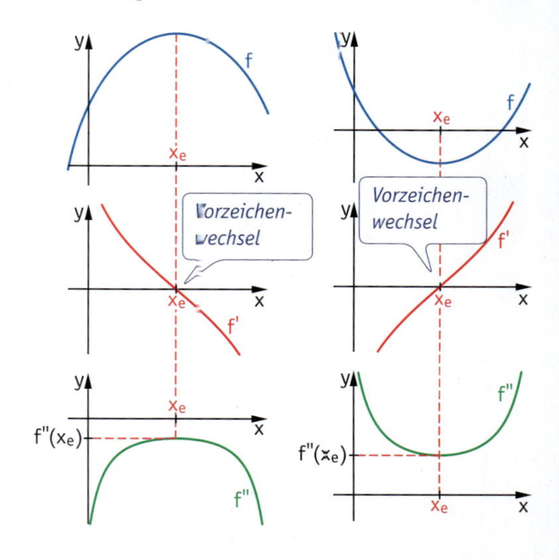

Weiterführende Aufgaben

2 Klassifikation der Funktionen einer Schar

Betrachten Sie die Funktionenschar mit dem Term $f_a(x) = x(x^2 - a)$ für $a \in \mathbb{R}$. Je nach dem Wert für den Parameter a sehen die Graphen verschieden aus. Führen Sie eine Fallunterscheidung durch und fertigen Sie eine Übersicht an, welche Formen von Graphen möglich sind.

3 Hüllkurve

Betrachten Sie die Funktionenschar aller Geraden, die mit den Koordinatenachsen im 1. Quadranten ein Dreieck mit dem Flächeninhalt 2 einschließen.

a) Erstellen Sie den Funktionsterm dieser Funktionenschar.

b) Zeichnen Sie mit dem GTR viele dieser Geraden. Betrachten Sie den Graphen: Was fällt auf?

c) Führen Sie einen rechnerischen Nachweis für Ihre Vermutung aus Teilaufgabe b).

Übungsaufgaben 

4 Flugbahnen beim Kugelstoßen – Funktionenschar

Flugbahnen beim Kugelstoßen können sehr gut durch quadratische Funktionen der Form $f(x) = ax^2 + bx + c$ beschrieben werden, wenn man vom Einfluss des Luftwiderstandes absieht. Dabei hängen die Werte für a und b von der Abstoßgeschwindigkeit und dem Abstoßwinkel des Stoßes ab, der konstante Summand c gibt die Abstoßhöhe an.

Bei den Olympischen Spielen 2004 in Athen erhielt Nadine Kleinert-Schmitt die Silbermedaille im Kugelstoßen der Frauen. Sie verbesserte bei diesem Wettbewerb ihre persönliche Bestleistung von 19,23 m auf 19,55 m.

Bei diesem Versuch wurden als Abstoßgeschwindigkeit $13{,}24\,\frac{m}{s}$,
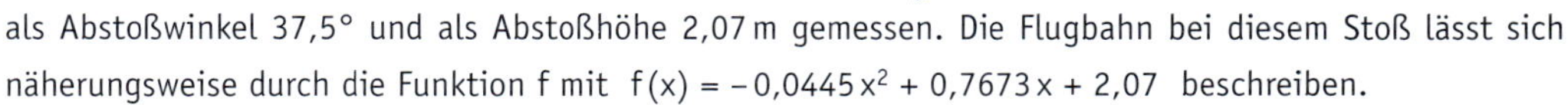
als Abstoßwinkel 37,5° und als Abstoßhöhe 2,07 m gemessen. Die Flugbahn bei diesem Stoß lässt sich näherungsweise durch die Funktion f mit $f(x) = -0{,}0445\,x^2 + 0{,}7673\,x + 2{,}07$ beschreiben.

a) Stellen Sie die Flugbahn grafisch dar. Welche Stoßweite erhält man bei dieser Näherungskurve? Geben Sie Gründe für die Abweichung vom gemessenen Wert an.

b) Bei Spitzensportlern schwanken die Abstoßhöhen je nach Körpergröße und Stoßtechnik zwischen 1,90 m und 2,30 m. Im Folgenden soll untersucht werden, welchen Einfluss die Abstoßhöhe auf die Stoßweite hat, wenn Abstoßgeschwindigkeit v_0 und Abstoßwinkel α konstant bleiben.
Geben Sie die Funktionsgleichung der *Funktionenschar* f_h an. Ersetzen Sie dazu in der Funktion f die Abstoßhöhe 2,07 m des Versuchs von Nadine Kleinert-Schmitt durch den allgemeinen Parameter h. $v_0 = 13{,}24\,\frac{m}{s}$ und $\alpha = 37{,}5°$ werden als konstant vorausgesetzt.
Wie wirkt sich eine Änderung des Parameters h auf die Graphen der Schar aus?
Stellen Sie für mehrere Werte von h die zugehörigen Flugbahnen in einem gemeinsamen Koordinatensystem dar. Wie unterscheiden sich die Stoßweiten, wenn h sich in dem angegebenen Bereich ändert? Geben Sie eine Faustregel an.

5

Gegeben sind die Funktionen f_a mit $f_a(x) = x^2 + ax + a$, $a \in \mathbb{R}$.

a) Untersuchen Sie die Graphen der Funktionen f_a auf Extrempunkte. Skizzieren Sie den Graphen für $a = -2$, für $a = 0$ und für $a = 2$.

b) Zeigen Sie, dass alle Extrempunkte der Graphen der Funktionenschar f_a auf der Parabel mit $y = -x^2 - 2x$ liegen.

c) Für welche Werte für a liegt der Extrempunkt des Graphen von f_a oberhalb der x-Achse?

6 Geben Sie jeweils eine Funktionenschar an, zu der die folgenden Funktionsgraphen gehören.

a)

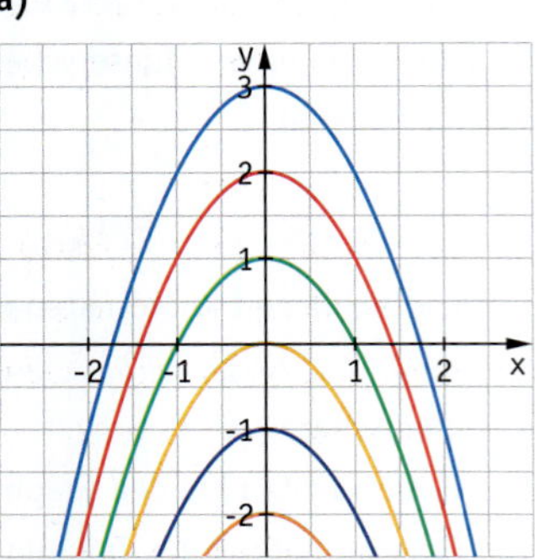

b)

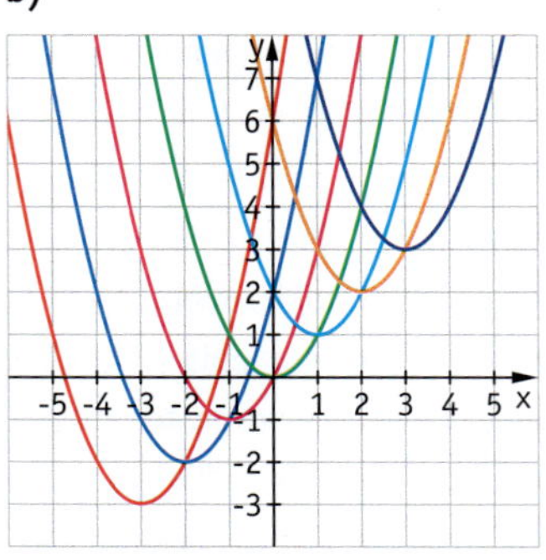

c)

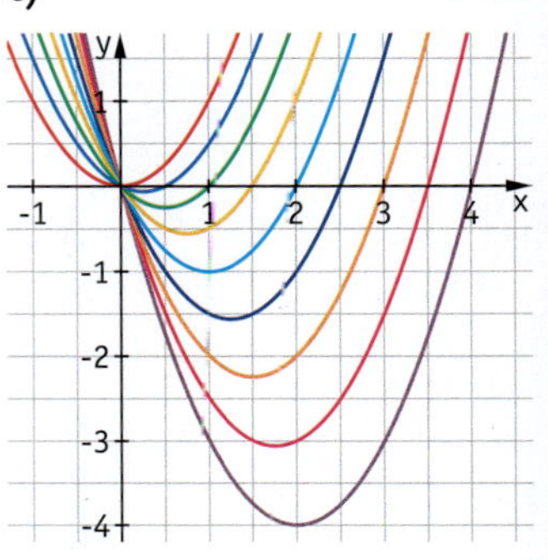

7 In der nebenstehenden Abbildung sind Heizkennlinien für eine Heizungsanlage dargestellt. Sie geben jeweils die Heizwassertemperatur (in °C) in Abhängigkeit von der Außentemperatur (in °C) für verschiedene Einstellungen (Skalenwerte) an der Anlage an. Ermitteln Sie einen Funktionsterm $f_k(x)$, der die Heizkennlinien in Abhängigkeit vom Parameter k, $0 \leq k \leq 20$ beschreibt. Wählen Sie als Ansatz eine Parabelschar.

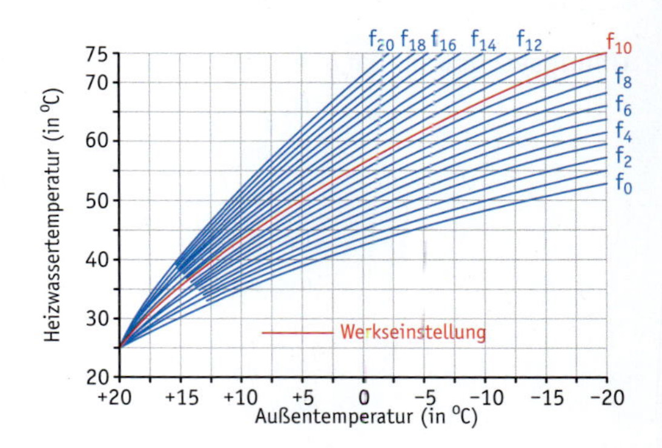

8 Gegeben sind die Funktionen f_k mit $f_k(x) = x^4 - kx^2$, $k \in \mathbb{R}$.

a) Untersuchen Sie die Graphen der Funktionen f_k auf Extrem- und Wendepunkte. Skizzieren Sie den Graphen für $k = -2$ und für $k = 2$.

b) Bestimmen Sie die Ortslinie für die Tiefpunkte aller Funktionsgraphen.

c) Es sind $x_e \neq 0$ eine Extremstelle und x_w eine Wendestelle von f_k für $k > 0$.
Zeigen Sie: Das Verhältnis $\frac{x_e}{x_w}$ hängt nicht von k ab. Was bedeutet diese Aussage?

9 Gegeben sind die Funktionen f_k mit $f_k(x) = x^2 - kx^3$, $k \in \mathbb{R}$.

a) Bestimmen Sie die Nullstellen, Extremstellen und Wendestellen der Graphen der Funktionen f_k.

b) Für welchen Wert k hat die Funktion f_k an der Stelle $x = 100$ eine Nullstelle?

c) Zeigen Sie, dass die Wendepunkte der Graphen aller Funktionen f_k auf einer Parabel liegen.

d) Welcher von allen Extrempunkten hat vom Punkt $P(0|2)$ minimalen Abstand?

10 Gegeben sind die Funktionen f_k mit $f_k(x) = 2x^3 - 3kx^2 + k^3$, $k \in \mathbb{R}$.

a) Zeigen Sie, dass für $k \neq 0$ alle Funktionen die x-Achse berühren.

b) Skizzieren Sie die Graphen für $k = -1$ und $k = 1$. Was fällt auf? Begründen Sie Ihre Vermutung.

c) Zeigen Sie: Die Graphen von f_k und f_{-k} mit $k > 0$ sind symmetrisch zueinander.

11 Gegeben ist die Funktionenschar f_k mit $f_k(x) = (x^2 - 1) \cdot (x - k)$, $k \in \mathbb{R}$.

a) Zeigen Sie, dass sich alle Funktionsgraphen in zwei Punkten schneiden.

b) Bestimmen Sie k so, dass der Graph von f_k die x-Achse berührt.

12 Gegeben ist die Funktionenschar f_t mit $f_t(x) = x^5 - tx^3,\ t \in \mathbb{R}$.
Untersuchen Sie die Graphen der Funktionen f_t auf besondere Punkte. Zeichnen Sie die Graphen von f_t für $t = -3$ und für $t = 3$. Bestimmen Sie eine Ortslinie für alle Extrempunkte der Graphen von f_t.

13 Für $k \in \mathbb{R}$ ist $f_k(x) = -x^3 + kx^2 + (k-1)x$.

a) Zeigen Sie, dass sich alle Funktionsgraphen in genau zwei Punkten schneiden.

b) Bestimmen Sie k so, dass der Graph von f_k an der Stelle $x = 3$ einen Extrempunkt hat.

c) Für welchen Wert des Parameters k hat der Graph von f_k *keinen* Extrempunkt?

d) Gibt es Parameter k, sodass der Graph von f_k keinen Wendepunkt hat?

14 Für $k \in \mathbb{R}$ ist $f_k(x) = -(x-k)^2 + k$. Zeichnen Sie mithilfe eines GTR die Graphen von f_k für $k = -2;\ -1{,}75;\ -1{,}5;\ \ldots;\ 1{,}75;\ 2$.
Stellen Sie eine Vermutung auf bezüglich einer gemeinsamen Tangente für die Graphen aller Funktionen f_k, $k \in \mathbb{R}$. Prüfen Sie diese Vermutung.

15 Zwei Masten A und B einer Seilbahn stehen 500 m auseinander. Der Mast B liegt um 100 m höher als Mast A. Das Seil zwischen den beiden Masten kann durch die Graphen der Funktionenschar f_t mit $f_t(x) = tx^2 + (0{,}2 - 500t)x$ beschrieben werden (Einheiten in m).

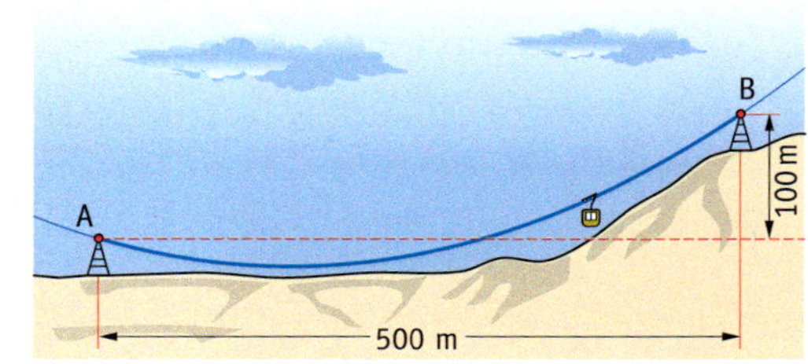

a) Welche Werte kommen für den Parameter t in Frage? Stellen Sie für einige dieser Werte den Verlauf des Seils grafisch dar.

b) Bei welcher Form des Seils kommt das Seil unter einem Winkel von 45° in der Bergstation an? Unter welchem Winkel verlässt in diesem Fall das Seil die Talstation?

c) Zeichnet man die Gerade zwischen Tal- und Bergstation, so versteht man unter dem *Durchhang* des Seiles an einer Stelle x die Differenz zwischen den Funktionswerten der linearen Funktion und der quadratischen Funktion an dieser Stelle. Ermitteln Sie für den Verlauf des Seils aus Teilaufgabe b) auf grafischem Weg möglichst genau die Stelle, an der der Durchhang am größten ist.

16 Zu jedem $t \in \mathbb{R}$ ist eine Funktionenschar f_t gegeben durch $f_t(x) = \frac{1}{4}x^4 + tx^3 - x^2$.

a) Zeichnen Sie die Graphen zu den Scharparametern $t = 0$, $t = 0{,}2$ und $t = -0{,}2$ in ein gemeinsames Koordinatensystem.

b) Begründen Sie, dass sich die Tangenten an den Wendestellen der Graphen auf der y-Achse schneiden. Geben Sie die Koordinaten dieses Schnittpunktes an.

c) Untersuchen Sie, ob es mehr als einen Punkt gibt, durch den alle Graphen von f_t gehen. Bestimmen Sie die Anzahl der gemeinsamen Punkte der Graphen von f_t mit der x-Achse.

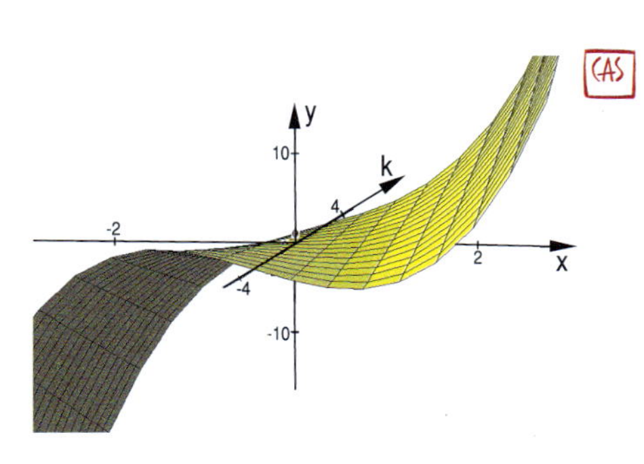

CAS **17** Wenn man neben der x-Achse und der y-Achse noch eine 3. Achse für den Parameter k verwendet, kann man $y = f_k(x)$ als Funktionsgleichung mit zwei Veränderlichen auffassen. Den Graphen von f_k kann man dann als gekrümmte Fläche im 3-dimensionalen Raum darstellen.

a) Interpretieren Sie die mit einem CAS gezeichnete Grafik als Darstellung der Funktionenschar f_k mit $f_k(x) = x^3 + kx$.

b) Stellen Sie die Funktionenschar f_k mit $f_k(x) = x^4 - kx^2$ mitilfe eines CAS dar.

Der Prioritätsstreit zwischen NEWTON und LEIBNIZ

Wissenschaftler im Streit

Immer wieder kommt es insbesondere in den Naturwissenschaften zu Prioritätsstreitigkeiten, d.h. Wissenschaftler sind uneins, wer zuerst eine bestimme Entdeckung gemacht hat. Der Grund, eine Entdeckung als die eigene zu reklamieren, liegt auf der Hand. Dem Erstentdecker gebührt Ruhm und Ehre nicht nur zu Lebzeiten, sondern zumeist weit darüber hinaus – schließlich werden Entdeckungen nicht selten nach ihrem Entdecker benannt. Zudem werden wichtige Entdeckungen häufig mit beträchtlich dotierten Preisen belohnt. Der zweifelsohne berühmteste und wahrscheinlich heftigste Prioritätsstreit der Wissenschaftsgeschichte entbrannte in der Zeit um 1700 zwischen dem englischen Physiker und Mathematiker Sir ISAAC NEWTON und seinem deutschen Widerpart GOTTFRIED WILHELM LEIBNIZ über die Entdeckung der Differenzialrechnung. Um diesen Streit nachvollziehen zu können, sollte man einen Einblick in die Persönlichkeiten der beiden Genies gewinnen.

ISAAC NEWTON (1643–1727) – Das zornige Genie

NEWTON war auf vielen Gebieten der Naturwissenschaft eine Koriphäe. Zu seinen bekanntesten Errungenschaften gehören die drei nach ihm benannten Bewegungsgesetze, mit denen er den Grundstein für die klassische Mechanik legte. Aber auch auf politischem Gebiet war er zu seiner Zeit einer der wichtigsten Männer Englands. So wurde er 1696 Direktor der königlichen Münze Großbritanniens und jagte in diesem Amt unerbittlich Münzfälscher.

NEWTON war mit genialen Geistesgaben gesegnet, aber zugleich auch ein aufbrausender, jähzorniger Mensch. Er war extrem ehrgeizig und gewohnt, von einem Erfolg zum nächsten zu gelangen. Zugleich war er zeitlebens in heftige Streitigkeiten mit seinen Mitmenschen verwickelt. So stritt er nicht nur mit LEIBNIZ über die Entdeckung der Differenzialrechnung, sondern auch mit ROBERT HOOKE über Einfluss an der Universität Cambridge und mit dem Jesuitenorden über die Dreifaltigkeitslehre. NEWTON starb reich und berühmt.

GOTTFRIED WILHELM LEIBNIZ (1646–1716) – der letzte Universalgelehrte

LEIBNIZ ist den meisten Menschen als Philosoph bekannt. Er schrieb wegweisende philosophische Traktate, die noch heute zum Kerncurriculum der Philosophie gehören. Doch auch in Politik, Medizin, Technik und Mathematik hat sich LEIBNIZ einen Namen gemacht. Er konstruierte komplizierte Rechenmaschinen und entwickelte beispielsweise Pläne für ein Unterseeboot.

Anders als NEWTON verstand LEIBNIZ sich selbst nicht als Genie. Obwohl man LEIBNIZ aus heutiger Sicht berechtigterweise als einen der letzten „Universalgelehrten", der das gesamte Wissen seiner Zeit kannte, bezeichnet, litt er zeitlebens unter Minderwertigkeitskomplexen aufgrund seines wenig attraktiven Erscheinungsbildes und eines Sprachfehlers, der mit einem starken sächsischen Dialekt einherging.

Leibniz konnte seine wegweisenden Forschungsergebnisse nie in materiellen Wohlstand umwandeln. Er starb verarmt und wurde – nach den Worten eines Zeitgenossen – „wie ein Straßenräuber" begraben.

„Ich hab' ihm das Herz gebrochen!" – Kampf der Genies

1664–1666	NEWTON macht erste Entdeckungen zur Fluxionsrechnung, die von ihm geprägte Bezeichnung für die Infinitesimalrechnung.
16. Mai 1966	NEWTON verfasst ein erstes Manuskript, welches das Problem von Momentan- und Durchschnittsgeschwindigkeiten lösen soll.
August 1669	NEWTON schickt seine Erkenntnisse an verschiedene englische Mathematiker. Weil er stets eine große Angst vor Plagiaten hatte (diese waren früher viel schwerer nachzuweisen als heutzutage), veröffentlichte er seine Ergebnisse nur sehr ungern.
20. Dezember 1672	In einem Brief an JOHN COLLINS, Mitglied und Sekretär der Royal Society (einem wichtigen Wissenschaftlerzirkel Englands), erläutert NEWTON die Tangentenmethode zur Bestimmung der Steigung des Graphen in einem Punkt.

Anfang 1673	LEIBNIZ besucht zum ersten Mal London und wird ebenfalls Mitglied der Royal Society. Da eine von ihm vorgestellte Rechenmaschine nicht funktioniert, hinterlässt er aber Skepsis in der englischen Wissenschaftswelt hinsichtlich seiner Fähigkeiten.
1675	LEIBNIZ entwickelt seine Version der Differenzialrechnung. Sein Ausgangspunkt ist allerdings ein anderer als der NEWTONS.
Juli 1676 – Juli 1677	Der Briefverkehr zwischen NEWTON und LEIBNIZ (über HENRY OLDENBOURG, Sekretär der Royal Society) beginnt. Er beinhaltet den Austausch über mathematische Entdeckungen. LEIBNIZ' Bitte um weitere Informationen zu NEWTONS Infinitesimalmethoden macht diesen stutzig. NEWTON stellt deshalb seine allgemeinen Methoden nur in Form von Anagrammen dar, d. h. er notiert zwar alle Buchstaben, aber in willkürlicher Reihenfolge. So kann er stets nachweisen, der Urheber des Textes zu sein, ohne den Inhalt des Textes zu verraten.
13. Oktober 1676	LEIBNIZ veröffentlicht die von ihm entdeckten Ergebnisse. Seine Ideen breiten sich schnell auf dem Kontinent aus, da sein Kalkül bereits sehr weit entwickelt und in der Praxis gut handhabbar ist.
1708	JOHN KEILL, ein Günstling Newtons, der ebenfalls in der Royal Society tätig ist, beschuldigt LEIBNIZ öffentlich (in einem Absatz seines Buches „Philosophical Transactions") des Plagiates. LEIBNIZ beschwert sich daraufhin bei der Royal Society, woraufhin diese eine Kommission zur Prüfung der Beschwerde einberuft.
22. März 1711	An diesem Tag findet die Sitzung der Kommission statt, die – unter anonymer Mitwirkung NEWTONS, der mittlerweile Präsident der Royal Society ist – schnell zu einem Schauprozess gegen den deutschen Wissenschaftler umschwenkt.
Frühjahr 1712	Die Royal Society veröffentlicht einen Bericht, der im Prioritätsstreit zugunsten ISAAC NEWTONS entscheidet. Bis heute existiert jedoch das Gerücht, dass dieser Bericht von NEWTON selbst verfasst wurde. Der persönliche Streit zwischen den beiden Forschern endete 1716 mit dem Tode LEIBNIZ'. Bis heute geht die – allerdings unbestätigte – Legende, dass NEWTON das Ableben seines Widersachers gefeiert haben soll. Zitaten zufolge soll er sich noch Jahre danach damit gerühmt haben, dass er LEIBNIZ das Herz gebrochen habe.

Von verschiedenen Problemen zum gleichen Ergebnis – die Wege zur Differenzialrechnung

NEWTONS Idee der Differenzialrechnung entstand aus einer kinematischen Vorstellung. So stellte er sich zum Beispiel eine Gerade nicht als eine Aneinanderreihung von Punkten, sondern als eine fortwährenden Bewegung von Punkten vor. Diese Punkte oder andere mathematische Größen bezeichnete er mit den letzten Buchstaben des Alphabets: v, x, y und z.
Die Geschwindigkeit, mit denen sich die Größen verändern, kennzeichnete er durch dieselben Buchstaben mit einem Punkt darüber. Bei dieser Geschwindigkeit handelt es sich um die Ableitung der jeweiligen Größe. NEWTON ließ das Zeitintervall, in dem sich die Größe veränderte, beliebig klein werden und konnte so den Begriff der Momentangeschwindigkeit, also der Ableitung an einer Stelle, definieren.

LEIBNIZ wählte einen stärker geometrischen Ansatz. Er wollte den Anstieg einer Tangente an einer Kurve ermitteln, um damit Aussagen über den Anstieg der Kurve selbst zu machen. Hierzu betrachtete er eine Kurve als Polygon mit unendlich vielen Ecken, die unendlich nah beieinander liegen. Zwischen zwei solcher Ecken konnte er nun unendlich kleine Steigungsdreiecke anlegen. Die Katheten dieser Steigungsdreiecke wurden als Infinitesimalzahlen bezeichnet. Anders als NEWTON betrachtetet LEIBNIZ die Ableitung nicht unter dem Gesichtspunkt der Grenzwertermittlung, sondern als ein geometrisches Phänomen.
So ist der uns bekannte Differenzenquotient entstanden, der schließlich zur Ableitung einer Funktion an einer Stelle führt.
Begriffe, wie Differential, Integral oder das Symbol d für das Differential, wie es noch heute benutzt wird, wurden von LEIBNIZ eingeführt. Zudem bewies er Ableitungsregeln für Summen, Produkte, Quotienten und Potenzfunktionen und beschrieb das Verfahren zur Bestimmung von Extrem- und Wendepunkten.

Die wissenschaftlichen Folgen des Streites waren sehr tiefgreifend und sind bis heute spürbar. Britische Mathematiker entfernten sich immer weiter von ihren Kollegen auf der anderen Seite des Ärmelkanals, mit der Konsequenz, dass sich die LEIBNIZ'sche Schreibweise in Europa, aber nicht auf den britischen Inseln durchsetzte, was man bis heute in der mathematischen Literatur beobachten kann.
Heute geht man davon aus, dass NEWTON und LEIBNIZ ihre Entdeckungen weitgehend unabhängig voneinander gemacht haben. NEWTON gelangte zwar früher zu den wichtigsten Erkenntnissen, publizierte diese jedoch nie in einer vollständigen, lesbaren Form. Viele Manuskripte wurden erst nach seinem Tod entdeckt und der Öffentlichkeit zugänglich gemacht. LEIBNIZ hingegen entwickelte nicht nur den mathematischen Kalkül, sondern auch eine bis heute gebräuchliche Schreibweise für diesen, die auch in diesem Buch verwendet wird.

1.7 Krümmung von Funktionsgraphen

Einführung

(1) Zum Problem des Krümmungsrucks im Verkehr

Bei Straßen und Bahnstrecken gibt es immer wieder Übergänge zwischen unterschiedlichen Kurven. Dabei werden – im Gegensatz etwa zu Spielzeugeisenbahnen – direkte Übergänge zwischen Kreis- und Streckenstücken vermieden. Ein Fahrzeug, das sich mit einer konstanten Geschwindigkeit auf einer kreisförmigen Kurve vom Radius r bewegt, erfährt nämlich eine zu $\frac{1}{r}$ proportionale Radialkraft, die bei einem plötzlichen Übergang in ein geradliniges Bahnstück ruckartig abbricht. Man spricht von einem für die Verkehrssicherheit äußerst problematischen *Krümmungsruck*.

κ, gelesen: kappa; griechischer Buchstabe

Die Krümmung in einem Punkt auf einem Kreisbogen ist um so geringer, desto größer der Radius r des Kreises ist. Einem Kreis mit dem Radius r wird die konstante *Krümmung* $\kappa = \frac{1}{r}$ zugeordnet.
Sind ein Kreis, sowie zwei Punkte auf dem Kreis und in diesen Punkten die Tangenten an den Kreis gegeben, so liegen die Radien vom Mittelpunkt zu den Punkten orthogonal zu den Tangenten.
Zeichnet man also zwei zu den Tangenten orthogonale Geraden durch die beiden Punkte, dann schneiden sich diese beiden Geraden im Mittelpunkt des Kreises. Diese zu den Tangenten orthogonalen Geraden nennt man **Normalen.**

(2) Das Problem des Krümmungskreises

$P(a\,|\,f(a))$ ist ein fester Punkt auf einem Kurvenstück, das durch den Graphen einer Funktion f gegeben ist. Welchen Mittelpunkt und welchen Radius hat der Kreis, der die Kurve im Punkt P berührt und sich in der Nähe von P dem Kurvenverlauf optimal anpasst? Diesen Kreis nennt man **Krümmungskreis in P.**

(3) Normalengleichungen für zwei Punkte auf dem Kurvenstück aufstellen

Zwei Geraden mit den Steigungen m_1 und m_2 sind genau dann orthogonal zueinander, wenn gilt: $m_1 \cdot m_2 = -1$

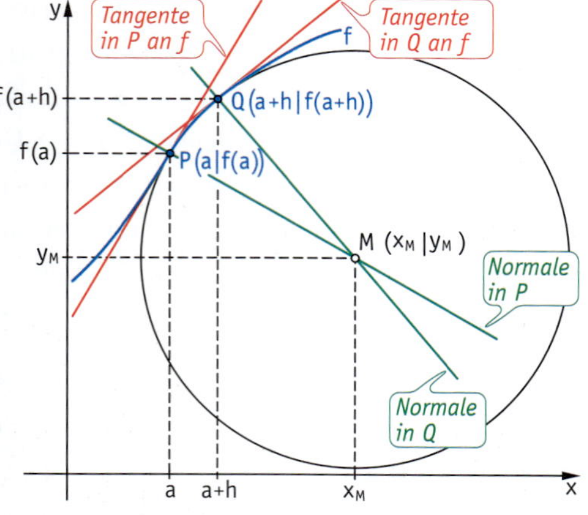

Gleichung der Geraden durch $P(u\,|\,v)$ mit der Steigung m:
$y = m(x - u) + v$

Handelt es sich bei dem Kurvenstück um ein Kreisstück, so findet man den Mittelpunkt M des Krümmungskreises in P als Schnittpunkt zweier Normalen. Wir stellen deshalb zunächst die Gleichungen für zwei Normalen auf, die Normale in $P(a\,|\,f(a))$ und die Normale in $Q(a + h\,|\,f(a + h))$, wobei P und Q auf dem Graphen von f liegen.
$f'(a)$ bzw. $f'(a + h)$ sind die Steigungen der Tangente durch P bzw. durch Q an den Graphen von f. Wir wissen, dass die jeweilige Normale orthogonal zu der zugehörigen Tangente verläuft. Damit erhalten wir die Normalengleichungen

$y = -\frac{1}{f'(a)}(x - a) + f(a)$ bzw.

$y = -\frac{1}{f'(a + h)}(x - a - h) + f(a + h).$

(4) Schnittpunktkoordinaten der Normalen für $h \to 0$ bestimmen

Im Allgemeinen ist das Kurvenstück zwischen P und Q jedoch kein Kreisstück und Q liegt nicht auf dem Krümmungskreis in P. Da sich der Krümmungskreis aber in einer Umgebung von P dem Graphen von f optimal anpasst, können wir davon ausgehen, dass sich für $h \to 0$ Kurvenstück und Kreisstück einander annähern und der Mittelpunkt des Krümmungskreises $M(x_M \mid y_M)$ auf beiden Normalen aus (3) liegt:

(1) $y_M = -\frac{1}{f'(a)}(x_M - a) + f(a)$

(2) $y_M \approx -\frac{1}{f'(a+h)}(x_M - a - h) + f(a+h)$

Wir multiplizieren beide Seiten der Gleichung (1) mit $f'(a)$ und erhalten (3). Ebenso multiplizieren wir beide Seiten der Gleichung (2) mit $f'(a+h)$ und erhalten (4):

(3) $y_M \cdot f'(a) = a - x_M + f(a) \cdot f'(a)$

(4) $y_M \cdot f'(a+h) \approx a + h - x_M + f(a+h) \cdot f'(a+h)$

Wir subtrahieren (3) von (4) und erhalten (5):

(5) $y_M \cdot \left(f'(a+h) - f'(a)\right) \approx h + f(a+h) \cdot f'(a+h) - f(a) \cdot f'(a)$

Wenn wir die Gleichung (5) auf beiden Seiten durch $h \neq 0$ dividieren, so erhalten wir (6):

(6) $y_M \cdot \frac{f'(a+h) - f'(a)}{h} \approx 1 + \frac{f(a+h) \cdot f'(a+h) - f(a) \cdot f'(a)}{h}$

Auf der linken Seite von (6) steht der Differenzquotient $\frac{f'(a+h) - f'(a)}{h}$ als Faktor. Auf der rechten Seite können wir aber keine bekannten Differenzquotienten erkennen. Hier hilft jedoch eine geschickte Umformung: Wir subtrahieren und addieren im Zähler des Bruchterms auf der rechten Seite von (6) den Term $f(a) \cdot f'(a+h)$ und erhalten (7):

(7) $y_M \cdot \frac{f'(a+h) - f'(a)}{h} \approx 1 + \frac{f(a+h) \cdot f'(a+h) - f(a) \cdot f'(a+h) + f(a) \cdot f'(a+h) - f(a) \cdot f'(a)}{h}$

Durch Ausklammern auf der rechten Seite erhalten wir daraus (8):

(8) $y_M \cdot \frac{f'(a+h) - f'(a)}{h} \approx 1 + f'(a+h) \cdot \frac{f(a+h) - f(a)}{h} + f(a) \cdot \frac{f'(a+h) - f'(a)}{h}$

Wir untersuchen die Gleichung (8) für den Fall $h \to 0$. Dabei benutzen wir die Tatsache, dass der Näherungsfehler in der Gleichung (2) für $h \to 0$ gegen null strebt. Falls die Funktion f an der Stelle a zweimal differenzierbar ist, erhalten wir:

(9) $y_M \cdot f''(a) = 1 + f'(a) \cdot f'(a) + f(a) \cdot f''(a)$

Wir lösen nach y_M auf und erhalten:

$$y_M = f(a) + \frac{1 + \left(f'(a)\right)^2}{f''(a)}$$

Setzen wir y_M in (1) ein und lösen nach x_M auf, so erhalten wir:

$$x_M = a - f'(a) \cdot \frac{1 + \left(f'(a)\right)^2}{f''(a)}$$

(5) Radius des Krümmungskreises in P bestimmen

Den Radius des Krümmungskreises erhalten wir mithilfe des Satzes von PYTHAGORAS:

$$r^2 = (x_M - a)^2 + \left(f(a) - y_M\right)^2$$

Daraus ergibt sich:

$$r^2 = \left(-f'(a) \cdot \frac{1 + \left(f'(a)\right)^2}{f''(a)}\right)^2 + \left(-\frac{1 + \left(f'(a)\right)^2}{f''(a)}\right)^2$$

$$r^2 = \frac{\left(1 + f'(a)\right)^3}{\left(f''(a)\right)^2}$$

$$r = \frac{\left(\sqrt{1 + \left(f'(a)\right)^2}\right)^3}{|f''(a)|}$$

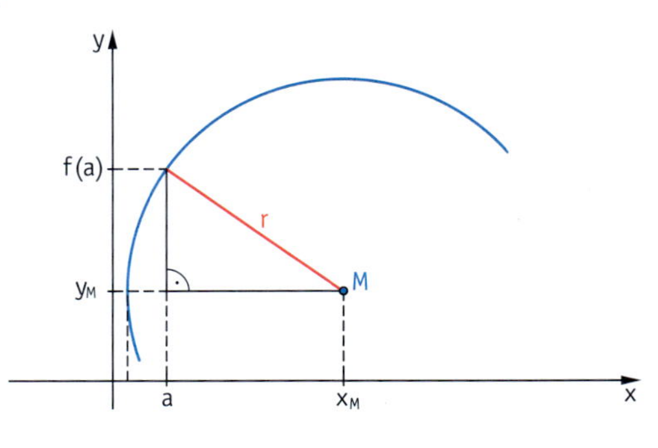

Information

Krümmung und Krümmungsformeln

Wir fassen die Überlegungen aus der Einführung zusammen:

Ist $P\big(a\,|\,f(a)\big)$ ein Punkt des Graphen einer (zweimal differenzierbaren) Funktion f und gilt außerdem $f''(a) \neq 0$, so existiert ein Kreis, der den Graphen von f in P berührt und der sich in der Nähe von P dem Verlauf des Graphen optimal anpasst. Für die Koordinaten des Mittelpunktes $M\,(x_M\,|\,y_M)$ und für den Radius r dieses **Krümmungskreises** gelten die folgenden **Krümmungsformeln:**

$$x_M = a - f'(a)\cdot\frac{1+\big(f'(a)\big)^2}{f''(a)};\quad y_M = f(a) + \frac{1+\big(f'(a)\big)^2}{f''(a)};\qquad \frac{1}{r} = \frac{|f''(a)|}{\left(\sqrt{1+\big(f'(a)\big)^2}\right)^3}$$

Den Wert $\kappa(a) = \dfrac{f''(a)}{\left(\sqrt{1+\big(f'(a)\big)^2}\right)^3}$ bezeichnet man als die **Krümmung** des Graphen von f im Punkt $\big(a\,|\,f(a)\big)$.

Für $\kappa(a) > 0$ handelt es sich um eine Linkskrümmung, für $\kappa(a) < 0$ um eine Rechtskrümmung.

Die Funktion κ mit $\kappa(x) = \dfrac{f''(x)}{\left(\sqrt{1+\big(f'(x)\big)^2}\right)^3}$ heißt die **Krümmungsfunktion** zu der (zweimal differenzierbaren) Funktion f. Sie ordnet jeder Stelle x die entsprechende Krümmung $\kappa(x)$ des Graphen von f zu.

Übungsaufgaben

1

a) Bestimmen Sie die Krümmungskreise der Normalparabel mit $y = x^2$ für die Punkte $P_1(0\,|\,0)$, $P_2(1\,|\,1)$ und $P_3(2\,|\,4)$ und zeichnen Sie diese.

b) Ermitteln Sie auch die Krümmungsfunktion und stellen Sie deren Graphen mithilfe des GTR dar.

c) Bestimmen Sie ferner eine Gleichung der Kurve, auf der alle Krümmungskreismittelpunkte liegen und zeichnen Sie diese Kurve mithife des GTR.

2 Die Graphen unten zeigen in einem örtlichen Koordinatensystem mit der Einheit km den Verlauf von zwei Straßen, die verbunden werden sollen.

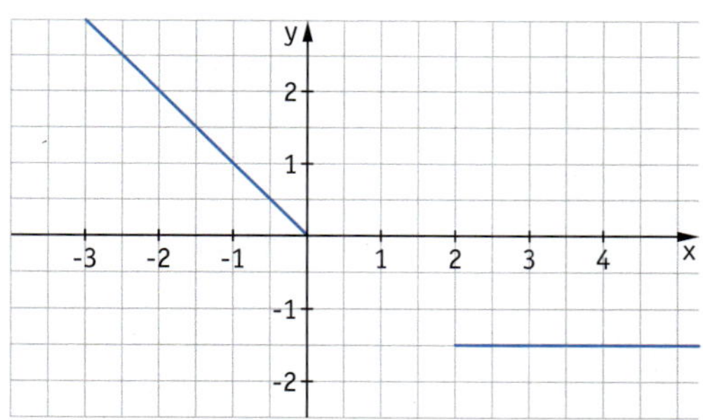

a) Erstellen Sie eine Gleichung für eine geeignete Verbindungs-Trasse.

b) Ermitteln Sie die zugehörige Krümmungsfunktion und beurteilen Sie damit die gefundene Verbindung.

3 Im Rahmen der im Mai 2009 vorgestellten Pläne zum Neubau der ICE-Strecke von Frankfurt nach Mannheim könnte Darmstadt einen ICE-Bahnhof erhalten. Entnehmen Sie dem Plan die notwendigen Daten und modellieren Sie den Anschlussbogen für Darmstadt. Bestimmen Sie auch die maximale Krümmung, die der von Ihnen modellierte Bogen aufweist.

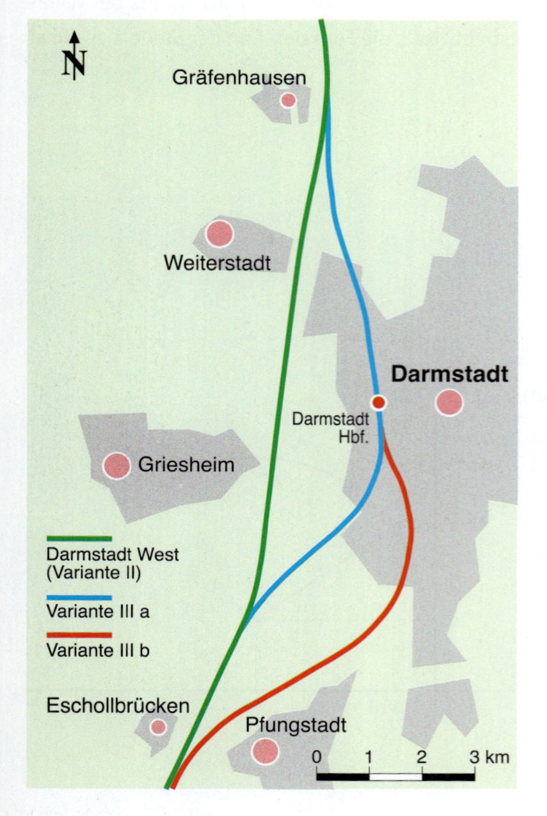

Die folgenden Aufgaben helfen Ihnen bei der Organisation des selbstständigen Lernprozesses. Zur Selbstkontrolle sind alle Lösungen dieser Aufgaben im Anhang dieses Buches abgedruckt.

1 Bestimmen Sie die Lösungsmenge des linearen Gleichungssystems ohne einen Rechner zu verwenden.

a) $\left| \begin{array}{rcrcrcr} 3x & - & 2y & + & 5z & = & 13 \\ -x & + & 3y & + & 4z & = & -1 \\ 5x & + & 6y & - & z & = & 3 \end{array} \right|$

b) $\left| \begin{array}{rcrcrcr} 3x & + & 2y & + & 4z & = & 6 \\ 4x & + & 3y & + & 5z & = & 7 \\ 5x & + & 4y & + & 6z & = & 4 \end{array} \right|$

c) $\left| \begin{array}{rcrcr} x & + & y & = & 1 \\ x & + & z & = & 6 \\ z & - & y & = & 5 \end{array} \right|$

2 Zu dem in der Abbildung dargestellten Graphen soll ein Funktionsterm bestimmt werden. Welcher Ansatz eigenet sich, welcher nicht? Formulieren Sie jeweils eine kurze Begründung.

(1) $f(x) = a \cdot x^2 + b \cdot x + c$

(2) $f(x) = a \cdot x^3 + b \cdot x^2 + c \cdot x + d$

(3) $f(x) = a \cdot x^4 + b \cdot x^3 + c \cdot x^2 + d \cdot x + e$

(4) $f(x) = a \cdot (x - 4)^3 + b \cdot (x - 4) + 14$

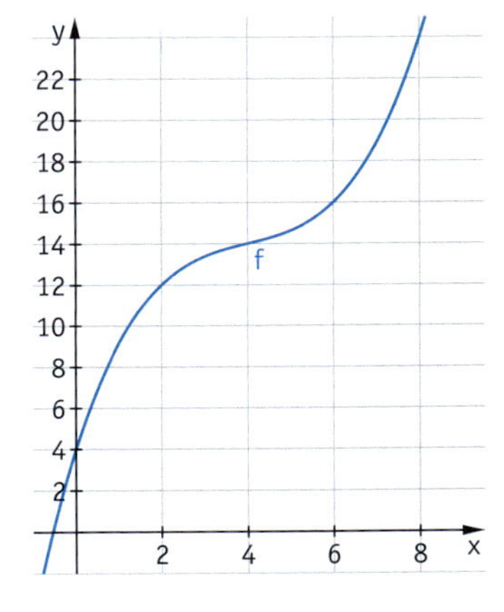

3 Untersuchen Sie, ob es eine ganzrationale Funktion dritten Grades mit den folgenden Eigenschaften gibt. Sollte dies nicht der Fall sein, so versuchen Sie, eine geeignete Funktion vierten Grades zu bestimmen:

Der Funktionsgraph hat den Tiefpunkt $T(-1|3)$, die Wendestelle $x_W = 0$ und geht durch den Punkt $P(3|3)$.

4 Die beiden Graphen zu $y = 0$ (für $x \leq 0$) und zu $y = 6x - 6$ (für $x \geq 2$) stellen geradlinige Straßenstücke dar. Diese sollen einen Übergangsbogen glatt und krümmungsruckfrei miteinander verbunden werden. Das bedeutet: An den Übergangsstellen sollen die aneinander grenzenden Funktionen nicht nur im Funktionswert sondern auch in der 1. Ableitung (d. h. glatt) und in der 2. Ableitung (d. h. krümmungsruckfrei) übereinstimmen.

Bestimmen Sie für den Übergangsbogen eine mögliche Funktionsgleichung.

5 Bei einem frisch gezapften Bier nimmt die Höhe der Schaumkrone im Laufe der Zeit ab. Die folgende Tabelle zeigt die Höhe h der Schaumkrone (in cm) in Abhängigkeit von der Zeit t.

Zeit t (in s)	0	5	10	15	20	25	30	35	40
Höhe h (in cm)	5,0	4,2	4	3,4	3,1	2,8	2,5	2,3	2,1

Ermitteln Sie eine mögliche Gleichung der Funktion *Zeit t (in s)* $\mapsto$ *Höhe h (in cm)*.

6 Erläutern Sie die Grundidee der Spline-Interpolation. Stellen Sie deren Vorteile dar.

7 Bestimmen Sie den Parameter b so, dass die Funktion zu $f(x) = \begin{cases} x^3 & \text{für } x \geq -1 \\ x + b & \text{für } x < -1 \end{cases}$ stetig ist.

Untersuchen Sie, ob diese Funktion auch differenzierbar ist.

Falls nein, ermitteln Sie als zweiten Funktionsterm einen anderen linearen Funktionsterm, sodass f auch differenzierbar ist.

8 Abgebildet ist der Querschnitt einer Eisenbahnbrücke, unter der eine zweispurige Straße durchführt. Der Brückenbogen wird bei geeigneter Wahl des Koordinatensystems durch eine Parabel der Form $y = ax^2 + b$ beschrieben. Auf beiden Seiten der Straße befindet sich ein je 1 m breiter und um 10 cm erhöhter Fußgängerweg.

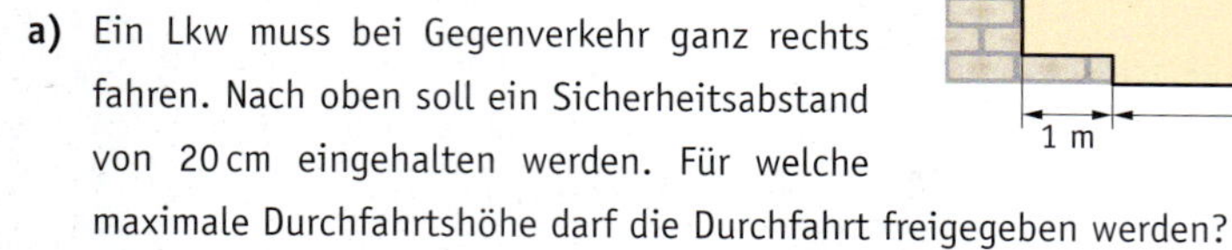

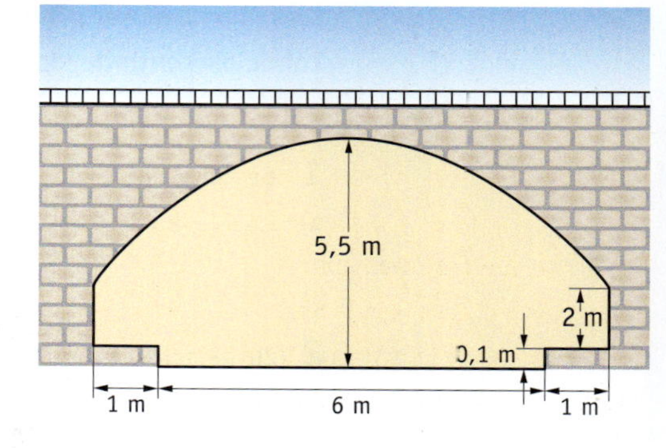

a) Ein Lkw muss bei Gegenverkehr ganz rechts fahren. Nach oben soll ein Sicherheitsabstand von 20 cm eingehalten werden. Für welche maximale Durchfahrtshöhe darf die Durchfahrt freigegeben werden?

b) Laut Straßenverkehrsordnung darf die Höhe eines Fahrzeugs samt Ladung 4 m nicht überschreiten. Das zuständige Straßenbauamt plant deshalb, die Straße tiefer zu legen, um bei wachsendem Verkehrsaufkommen die Straße ohne Höhenbeschränkung freigeben zu können.
Wie viel tiefer müsste die Straße gelegt werden?

9 Die Biegung einer einseitig eingeklemmten Blattfeder, auf deren freies Ende eine Kraft wirkt, kann durch eine kubische Parabel beschrieben werden.
Bestimmen Sie für die angegebenen Abmessungen diese Funktion.
Wie groß ist die Auslenkung bei 6 cm?

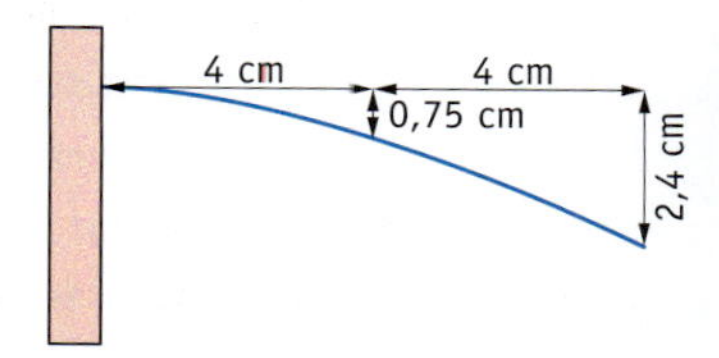

10 Gegeben sind die Funktionen f_k mit $f_k(x) = 3x^3 - kx^2 + 3kx$.

a) Untersuchen Sie die Graphen der Funktionen f_k. Wie ist k zu wählen, damit der Graph von f_k genau eine waagerechte Tangente besitzt?

b) Untersuchen Sie, ob verschiedene Graphen der Schar Punkte gemeinsam haben können.

c) Die Wendepunkte der Graphen der Funktionen f_k liegen auf einer Kurve. Bestimmen Sie die Gleichung dieser Kurve.

11 Bei einem Springbrunnen treten aus mehreren Düsen Wasserstrahlen nach allen Seiten unter einem Winkel von 80° mit der Austrittsgeschwindigkeit v aus. Wir betrachten Fontänen, die nach gegenüberliegenden Seiten austreten. Man kann sie in Abhängigkeit von der Austrittsgeschwindigkeit v durch die beiden Funktionenscharen f_v und g_v mit $f_v(x) = 5{,}7x - \frac{163}{v^2}x^2$ bzw. $g_v(x) = -5{,}7x - \frac{163}{v^2}x^2$ näherungsweise beschreiben (v in $\frac{m}{s}$ und x in m).

a) Zeichnen Sie für Werte von v zwischen $8\frac{m}{s}$ und $10\frac{m}{s}$ die zugehörigen Graphen der beiden Funktionenscharen.

b) Die Düse befindet sich in der Mitte eines kreisförmigen Beckens mit 6 m Radius. Wie hoch darf die Austrittsgeschwindigkeit höchstens sein, damit die Fontäne innerhalb des Beckens auftrifft? Wie hoch sind dann die Fontänen maximal?

2 Integralrechnung

Der Aralsee trocknet aus

Der Aralsee, das einst viertgrößte Binnenmeer der Erde, wird im Jahr 2020 fast komplett ausgetrocknet sein. Seit etwa 40 Jahren werden die beiden Hauptzuflüsse des an der Grenze zwischen Usbekistan und Kasachstan gelegenen Sees angezapft, um in Usbekistan Baumwollplantagen zu bewässern, die einen sehr hohen Wasserbedarf haben. Neue Satellitenbilder zeigen, wie klein der Aralsee mittlerweile ist und wie groß die neu entstandene Wüste schon ist. Noch in den sechziger Jahren war der Aralsee anderthalbmal so groß wie Niedersachsen. Nach Angaben der Weltraumbehörde ESA ist der See heute aber mit einer Oberfläche von rund 27 000 km² nur noch etwa halb so groß.

Wie kann man die Größe solcher krummlinig begrenzten Flächen möglichst genau bestimmen?

Wir wissen zwar, wie man den Flächeninhalt einer geradlinig begrenzten Figur, z. B. eines Dreiecks, berechnet. Aber für die Berechnung des Flächeninhalts einer krummlinig begrenzten Fläche kennen wir bisher nur wenige Beispiele. Zur Berechnung des Flächeninhalts krummlinig begrenzter Flächen kann man oft den Rand durch einen Funktionsgraphen modellieren und dann den Flächeninhalt näherungsweise berechnen.

Da sich bei vielen physikalischen oder ökonomischen Fragestellungen die zu untersuchenden Größen als Flächen deuten lassen, die ein Funktionsgraph mit der x-Achse einschließt, reicht die Bedeutung der Integralrechnung weit über die Berechnung von Flächeninhalten hinaus.

In diesem Kapitel …

- lernen Sie neue Verfahren zur Inhaltsberechnung von Flächen und zur Volumenbestimmung von Körpern kennen;
- lernen Sie, wie Größen (z. B. in den Natur- und Ingenieurwissenschaften) als Flächeninhalte interpretiert und berechnet werden;
- erfahren Sie, welcher Zusammenhang zwischen dem Flächeninhaltsproblem der Integralrechnung und dem Tangentenproblem aus der Differenzialrechnung besteht.

Wie groß ist ...?

Download eines Programms

1 Ein Programm hat den Download des Programms *Acrobat Reader* aus dem Internet aufgezeichnet. Das Herunterladen hat 2 Minuten und 4 Sekunden gedauert.

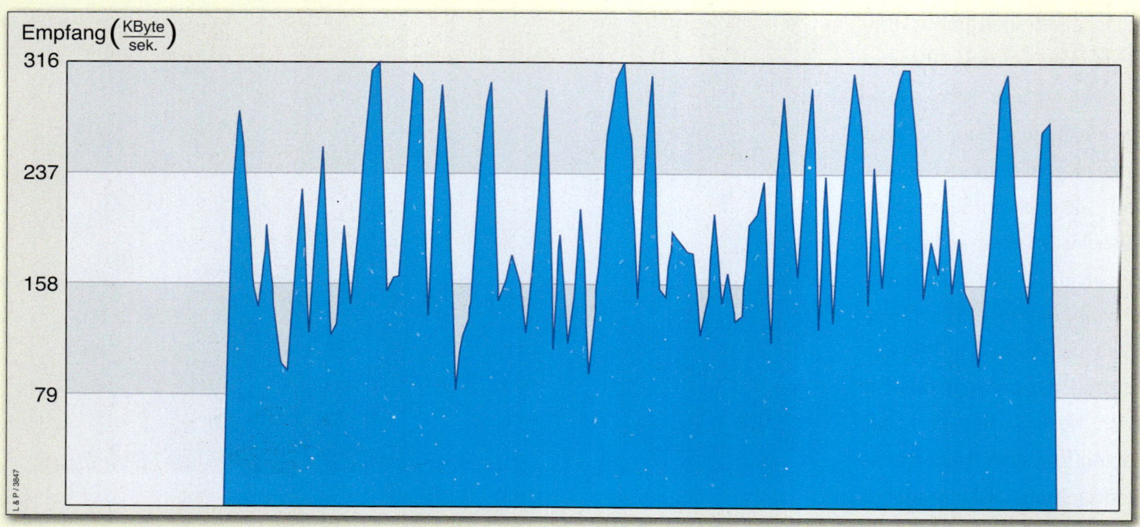

Erläutern Sie das Diagramm und ermitteln Sie die Größe der heruntergeladenen Datei. Beschreiben Sie Ihr Vorgehen. Kontrollieren Sie Ihren Wert mithilfe von Angaben aus dem Internet.

Durchschnittstemperatur

2

- Florian notiert mehrmals am Tag die Außentemperatur:

Uhrzeit	7:00	9:00	10:00	13:30	15:50	18:10	22:00
Temperatur in °C	6,3	6,7	7,3	10,4	12,6	10,2	8,4

  Er ermittelt den Mittelwert:
  (6,3 °C + 6,7 °C + 7,3 °C + 10,4 °C + 12,6 °C + 10,2 °C + 8,4 °C) : 7 = 8,8 °C
  Was ist an seiner Überlegung falsch? Ermitteln Sie einen realistischen Wert. Vergleichen Sie Ihre Ergebnisse untereinander.

- Bis zum 31.3.2001 hat der *Deutsche Wetterdienst* die Tagesdurchschnittstemperatur nach der folgenden Formel angegeben:
  „Man addiert die Temperaturen um 7 Uhr, um 14 Uhr und das Doppelte der Temperatur um 21 Uhr und teilt die Summe durch 4." Bestimmen Sie nach dieser Regel die Durchschnittstemperatur aus dem nebenstehenden Temperaturverlauf. Erläutern Sie die Formel. Nennen Sie Vor- und Nachteile.
- Entwickeln Sie anhand des Diagramms Ideen zur Bestimmung eines genaueren Durchschnittswerts.

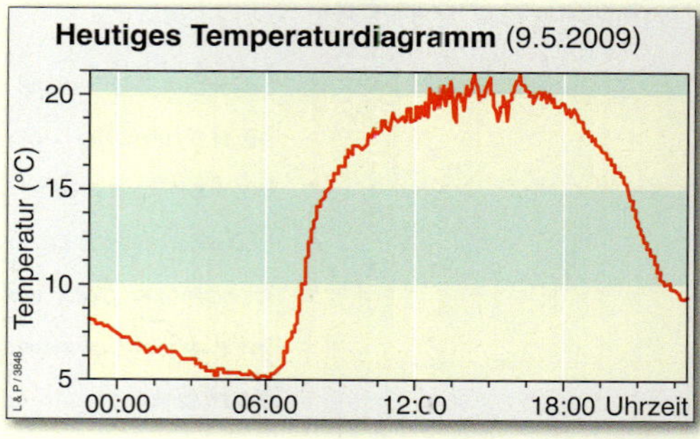

Ausstoss von Kohlendioxid

3

- Ermitteln Sie den gesamten weltweiten CO_2-Ausstoß zwischen dem Beginn der Industriellen Revolution und dem Ende des Zweiten Weltkriegs. Vergleichen Sie dies mit dem Verbrauch zwischen 1990 und 2005.
  Wie groß ist der durchschnittliche Verbrauch pro Jahr in den beiden Zeiträumen?

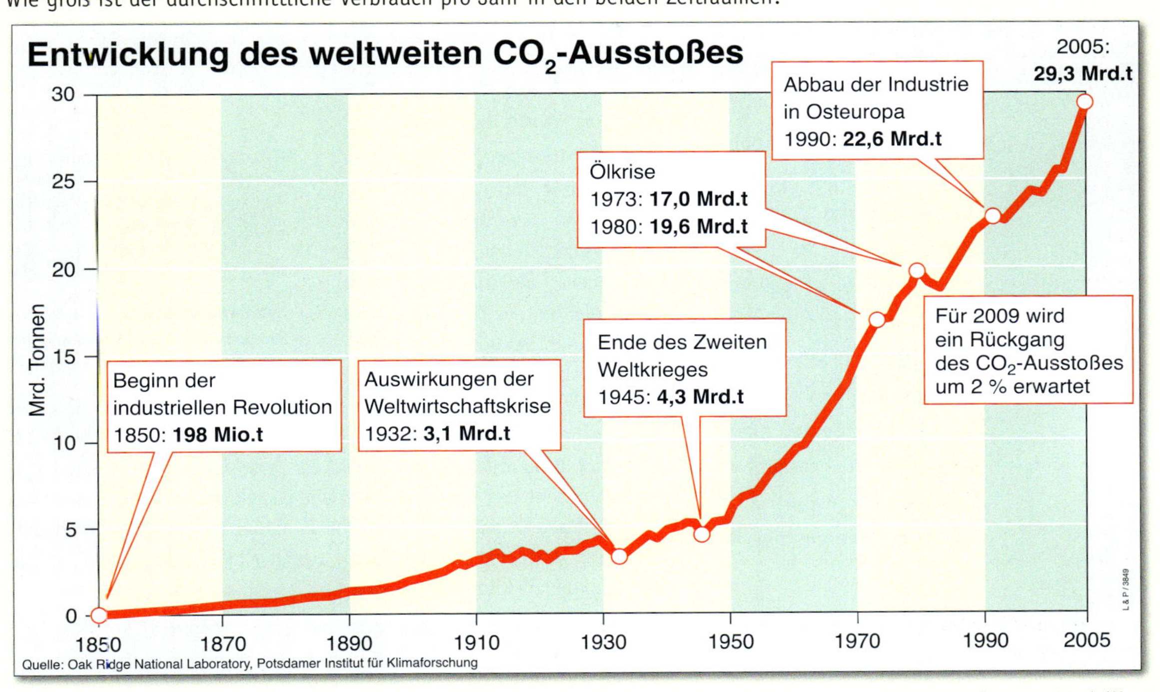

- Vergleichen Sie den gesamten Verbrauch an CO_2 für die USA, China und Westeuropa zwischen 1850 und 2004. Modellieren Sie dazu den jeweiligen Verbrauch pro Jahr durch Funktionsterme. Vergleichen Sie Ihre Ergebnisse untereinander.

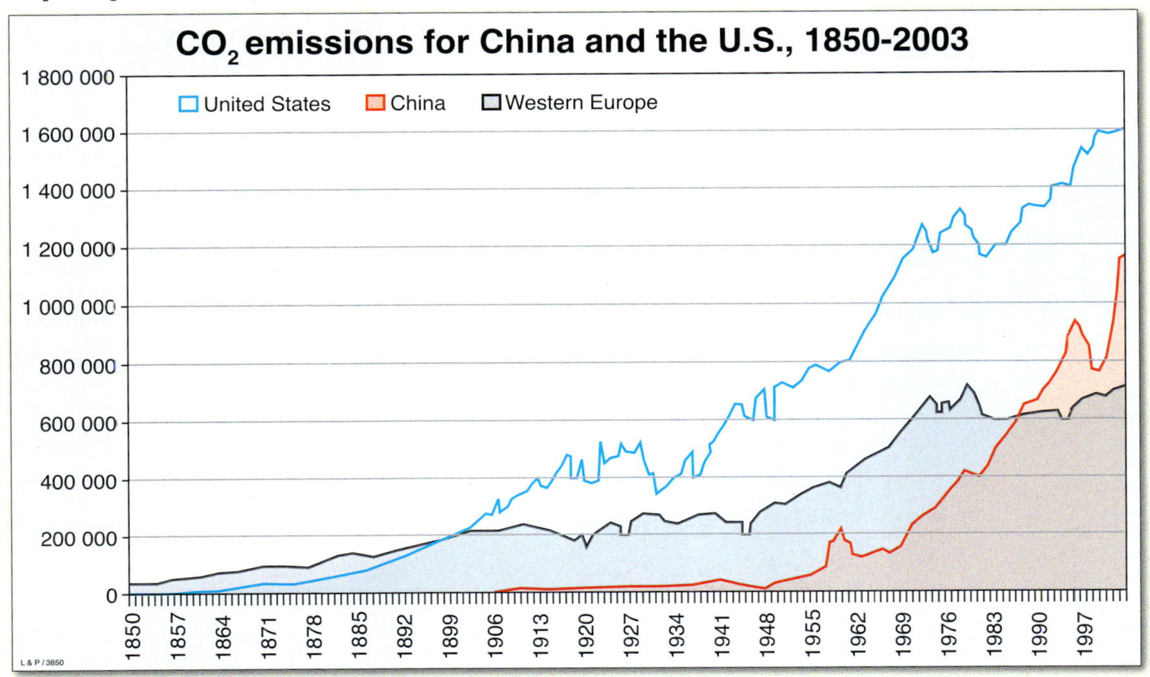

2.1 Der Begriff des Integrals

2.1.1 Orientierte Flächeninhalte – Geometrische Definition des Integrals

Einführung

(1) Orientierter Flächeninhalt bei abschnittsweise konstanten Funktionen

Wir betrachten ein Hybridauto, das zunächst vier Minuten bergab fährt und dabei gleichmäßig abgebremst wird. Anschließend fährt das Auto zwei Minuten bergauf, wobei es gleichmäßig beschleunigt wird. Während des Abbremsens werden der Batterie konstant 0,175 kWh elektrische Energie pro Minute zugeführt. Bei der Fahrt bergauf werden der Batterie konstant 0,32 kWh elektrische Energie pro Minute entnommen.

Was ist ein Hybridauto?

Ein Auto mit Hybridantrieb arbeitet mit zwei Motoren, einem Verbrennungsmotor (Benzin oder Diesel) und einem Elektromotor. Beim Anfahren aus dem Stand wird nur der Elektromotor verwendet, dabei wird der Batterie elektrische Energie entnommen. Bei normaler Fahrt arbeiten beide Motoren so zusammen, dass möglichst wenig Kraftstoff verbraucht wird. Bremst der Fahrer ab, wird der Verbrennungsmotor automatisch abgestellt und ein Generator erzeugt elektrische Energie, die wieder der Batterie zugeführt wird. Der Benzinverbrauch eines Hybridautos kann durch diese Kombination zweier Motoren unter fünf Liter auf einhundert Kilometern liegen.

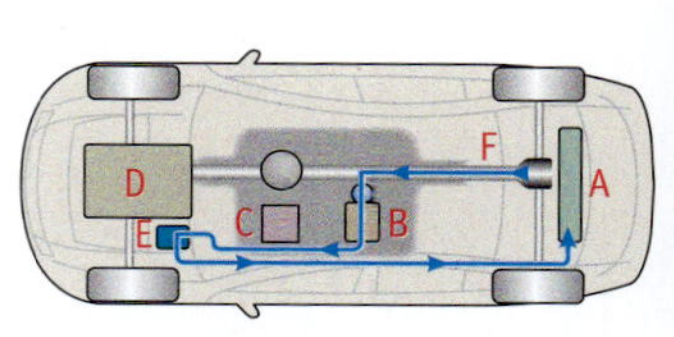

A Hochleistungsbatterie D Benzinmotor
B Elektromotor E Steuerungseinheit
C Generator F Energiefluss

Die Abbildung rechts zeigt diesen Energiefluss für die Batterie, d. h. die Energiezufuhr (positives Vorzeichen) bzw. die Energieentnahme (negatives Vorzeichen) pro Zeiteinheit.

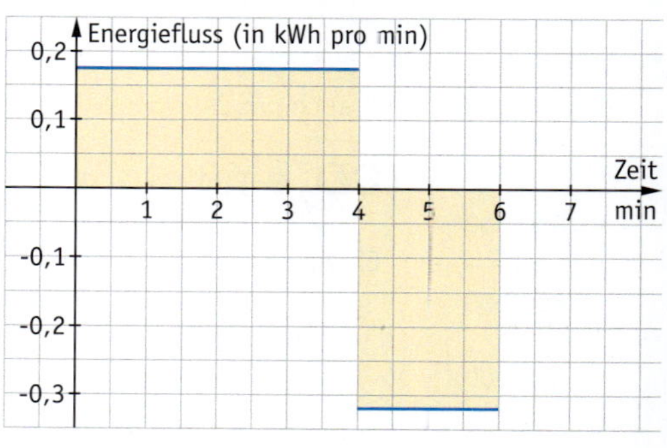

Die der Batterie zunächst zugeführte Energie erhalten wir als Produkt der Zeit, in der das Auto abgebremst wird, mit dem Energiezufluss in dieser Zeit, also $4\,\text{min} \cdot 0{,}175\,\frac{\text{kWh}}{\text{min}} = 0{,}7\,\text{kWh}$.

Dieses Produkt können wir in der Abbildung durch den Flächeninhalt des Rechtecks über dem Intervall [0; 4] *oberhalb* der Zeit-Achse veranschaulichen.

Bei der Fahrt bergauf ist der Energiefluss negativ, da der Batterie Energie entnommen wird. Die Energieentnahme erhalten wir nun als $2\,\text{min} \cdot 0{,}32\,\frac{\text{kWh}}{\text{min}} = 0{,}64\,\text{kWh}$. Sie lässt sich durch den Flächeninhalt des Rechtecks über dem Intervall [4; 6] *unterhalb* der Zeit-Achse veranschaulichen.

Um deutlich zu machen, dass durch den Flächeninhalt des ersten Rechtecks eine Energiezufuhr und durch den Flächeninhalt des zweiten Rechtecks eine Energieentnahme dargestellt wird, versehen wir die Flächeninhalte mit einem positiven bzw. einem negativen Vorzeichen und sprechen vom *orientierten* Flächeninhalt:

- orientierter Flächeninhalt des ersten Rechtecks: $+0{,}7$ (ohne Maßeinheit)
- orientierter Flächeninhalt des zweiten Rechtecks: $-0{,}64$ (ohne Maßeinheit)

Somit veranschaulichen die orientierten Flächeninhalte direkt (bis auf die Einheiten) den gesamten Energiezufluss bzw. -abfluss über den jeweils betrachteten Zeitintervallen.

Die Veränderung des Ladezustands der Batterie über dem *gesamten* betrachteten Zeitraum erhalten wir dann als die Summe der orientierten Flächeninhalte. Hier ist also $+0{,}7 + (-0{,}64) = +0{,}06$ die Veränderung des Ladezustands im Zeitintervall $[0;\, 6]$.

(2) Orientierter Flächeninhalt bei Funktionen mit gekrümmten Graphen

In der Realität ist die Fahrsituation nicht so einfach, da der Energiefluss nicht stückweise konstant ist, wie wir zunächst angenommen haben. Der Energiefluss kann oft durch einen gekrümmten Graphen beschrieben werden, dann können wir die zugeführte bzw. entnommene Energie aber nicht mehr einfach als Produkt aus betrachteter Zeit und Energiefluss berechnen.

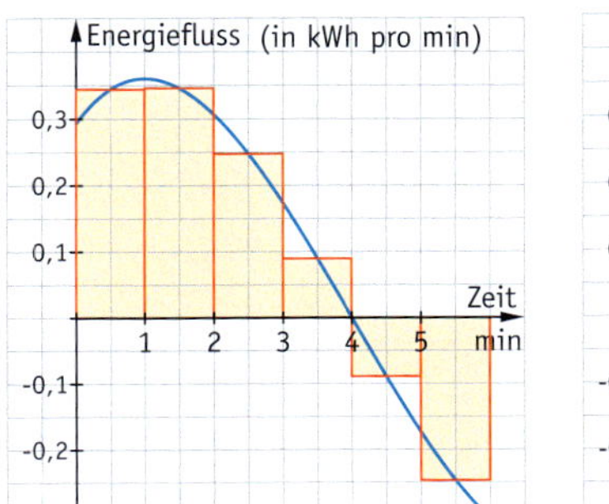

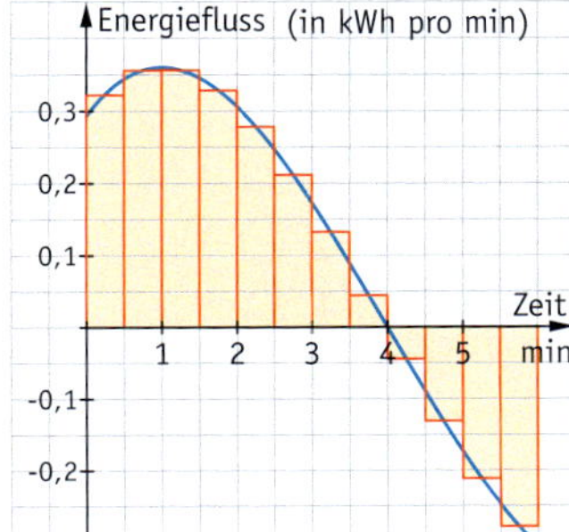

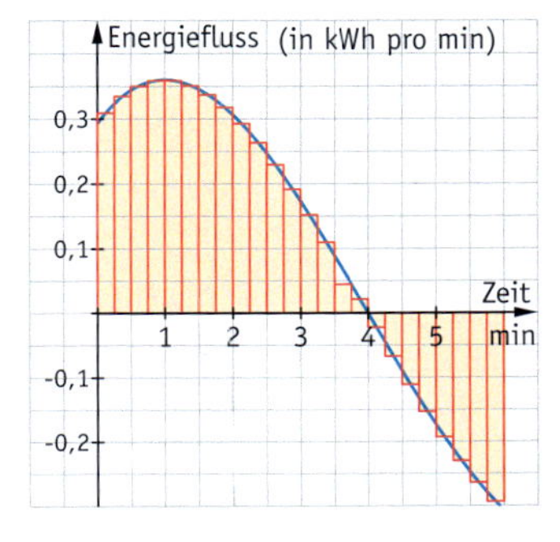

Um zu veranschaulichen, dass auch in diesem Fall die zugeführte oder entnommene Energie als positiv bzw. negativ orientierte Flächeninhalte gedeutet werden kann, unterteilen wir das Intervall $[0;\, 6]$ in kleine Teilintervalle und setzen den Energiefluss für jedes dieser kleinen Teilintervalle konstant.

Je schmaler wir die Rechtecke wählen, umso besser nähert sich die Summe der Flächeninhalte der Rechtecke dem Flächeninhalt der Fläche zwischen der Zeitachse und dem Graphen an.

Wenn wir uns also den Funktionsgraphen für den Energiefluss für sehr kleine Zeitintervalle als konstant vorstellen, so können wir auch in diesem Fall die der Batterie zugeführte bzw. entnommene Energie als orientierten Flächeninhalt zwischen dem Funktionsgraphen und der Zeit-Achse deuten.

Information

(1) Orientierter Flächeninhalt

Die Inhalte der Flächen zwischen dem Graphen einer Funktion und der x-Achse können eine konkrete Bedeutung haben.

Dabei ist es sinnvoll, jeweils durch ein Vorzeichen vor dem Flächeninhalt zu kennzeichnen, ob die Fläche oberhalb oder unterhalb der x-Achse liegt. Man spricht dann vom *orientierten* Flächeninhalt.

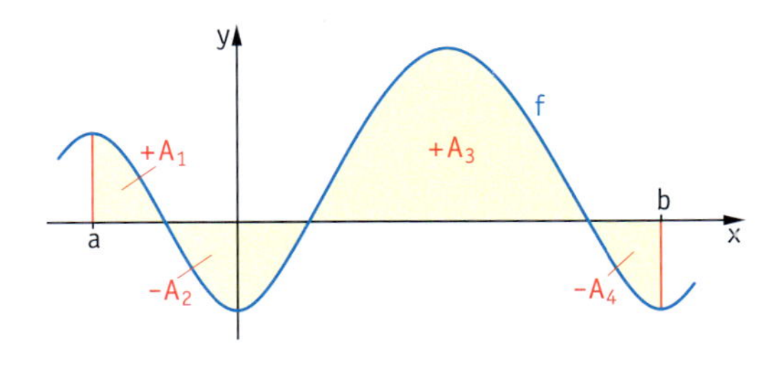

- Flächeninhalte sind stets positiv.
- *Orientierte* Flächeninhalte können auch negativ sein.

Beim **orientierten Flächeninhalt** sind die Inhalte von Flächen oberhalb der x-Achse mit einem positiven und unterhalb mit einem negativen Vorzeichen versehen.

Verläuft der Funktionsgraph für eine Fläche vollständig oberhalb oder vollständig unterhalb der x-Achse, so gibt der orientierte Flächeninhalt neben dem Inhalt der vom Funktionsgraphen und der x-Achse begrenzten Fläche auch an, ob die Fläche oberhalb oder unterhalb der x-Achse liegt.

Information

(2) Geometrische Definition des Integrals

In vielen Anwendungen ist nach der *Summe* der orientierten Flächeninhalte *aller* Teilflächen einer Funktion über einem Intervall gefragt.

Man nennt die Summe der orientierten Flächeninhalte zwischen dem Graphen einer Funktion und der x-Achse über einem Intervall [a; b] das *Integral* von a bis b der Funktion f.

integralis (lat.): das Ganze ausmachend

Definition 1: Geometrische Definition des Integrals

Wir betrachten eine Funktion f, die über einem Intervall [a; b] definiert ist.
Die Summe der orientierten Flächeninhalte der Teilflächen zwischen dem Graphen von f, der x-Achse und den Parallelen zur y-Achse mit den Gleichungen $x = a$ und $x = b$ nennt man **Integral von f von a bis b.**

Das Integralzeichen ∫ ist ein langgezogenes S und steht für Summe.

Man schreibt hierfür: $\int_a^b f(x)\,dx$

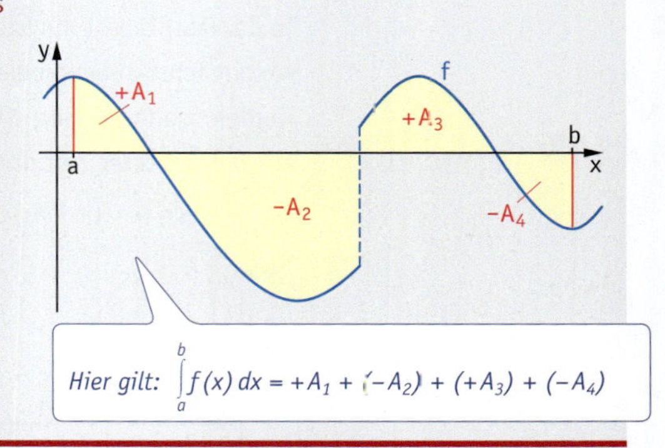

Hier gilt: $\int_a^b f(x)\,dx = +A_1 + (-A_2) + (+A_3) + (-A_4)$

Übungsaufgaben

1

Funktion eines Pumpspeicherwerks

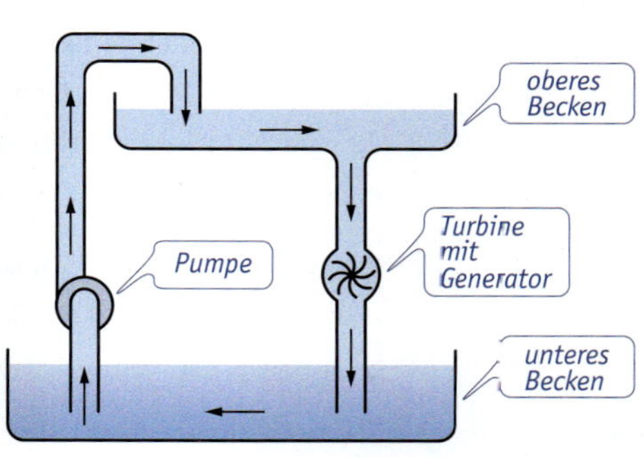

In einem Pumpspeicherwerk (siehe die schematische Darstellung) wird nachts mithilfe überschüssiger elektrischer Energie Wasser in ein höheres Becken gepumpt.
In Zeiten großen Bedarfs an elektrischer Energie (z. B. mittags) wird Wasser zur Stromerzeugung vom oberen Becken wieder in das untere Becken abgelassen und elektrische Energie an das Stromnetz abgegeben.

Das obere Becken eines Pumpspeicherwerks wird 40 min lang mit Wasser gefüllt. Die Zuflussgeschwindigkeit beträgt gleichbleibend $3\,000\,\frac{m^3}{min}$.
Danach wird das Wasser mit einer konstanten Geschwindigkeit von $2\,000\,\frac{m^3}{min}$ entleert.

a) Stellen Sie den Verlauf des Vorgangs grafisch dar und veranschaulichen Sie die zugeflossene und abgeflossene Wassermenge. Berechnen Sie, wie viel m³ Wasser nach 40 min in das obere Becken geflossen sind und wie viel m³ Wasser in den darauf folgenden 10 min wieder abgeflossen sind.

b) Bestimmen Sie, um wie viel m³ sich die Wassermenge im oberen Becken während des gesamten Zeitraums der 50 min geändert hat.

c) In der Abbildung rechts ist eine Zuflussgeschwindigkeit dargestellt, die ständig variiert. Bestimmen Sie näherungsweise, um wie viel m³ sich die Wassermenge im gesamten Zeitraum von 40 min geändert hat.

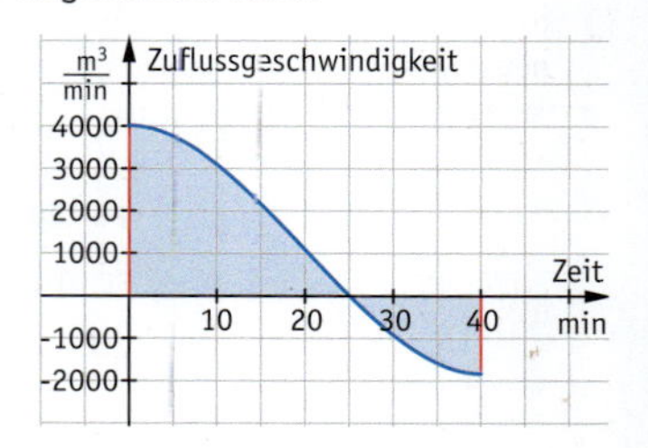

2

Langzeit-Wärmespeicher dienen der Speicherung von Wärme über einen Zeitraum von mehreren Monaten. So kann z. B. die im Sommer überschüssige Solarenergie in den Wintermonaten Teile des Heizwärmebedarfs decken. Seit etwa 1995/96 wurden in Deutschland verschiedene Pilotanlagen gebaut und erprobt.

In einer einfachen Modellrechnung nehmen wir an, dass Einspeisung und Entnahme der Wärmeenergie in 12 Monaten folgendermaßen verlaufen: In den Monaten Juni, Juli, August und September werden konstant 250 MWh Energie pro Monat eingespeist. In den Monaten Oktober und November werden 100 MWh pro Monat entnommen, von Dezember bis Februar werden 280 MWh pro Monat entnommen und von März bis Mai 40 MWh pro Monat eingespeist.

1 MWh = 1 Megawattstunde = 10^6 Wh

a) Stellen Sie die Energieeinspeisung und -entnahme von Juni bis Mai des Folgejahres grafisch dar. Wie kann man die entnommene und die eingespeiste Energie grafisch veranschaulichen?

b) Wie stellt sich die Energiebilanz innerhalb eines Jahres dar?

3 Ein Fahrtenschreiber hat eine Autofahrt in dem rechts abgebildeten Geschwindigkeits-Zeit-Diagramm protokolliert.

a) Berechnen Sie, wie viel Kilometer das Auto von 13.00 Uhr bis 13.30 Uhr zurückgelegt hat. Wie kann man die Länge des zurückgelegten Weges von 13.00 Uhr bis 13.30 Uhr in dem Diagramm veranschaulichen?

b) Berechnen Sie, wie viel Kilometer das Auto von 13.30 Uhr bis 13.50 Uhr zurückgelegt hat.

c) Wie viel Kilometer ist das Auto von 13.00 bis 14.00 Uhr gefahren?

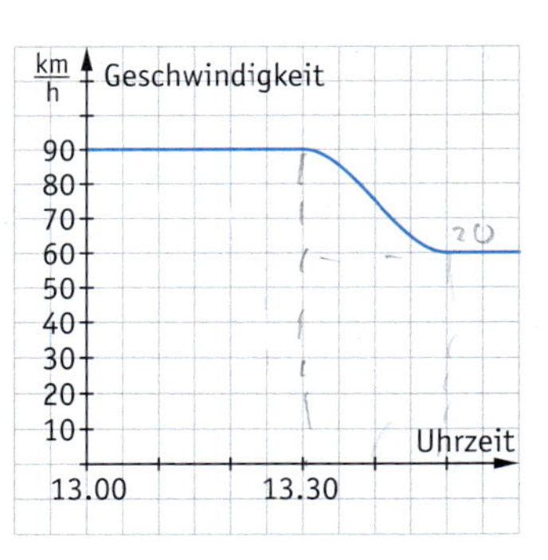

4 Die Funktionen zu den abgebildeten Graphen sind jeweils stückweise über einem Intervall definiert.

a) Bestimmen Sie jeweils den Flächeninhalt der gefärbten Fläche und das dazugehörige Integral.

b) Bestimmen Sie jeweils den Wert des Integrals $\int_{-1}^{1} f(x)\,dx$.

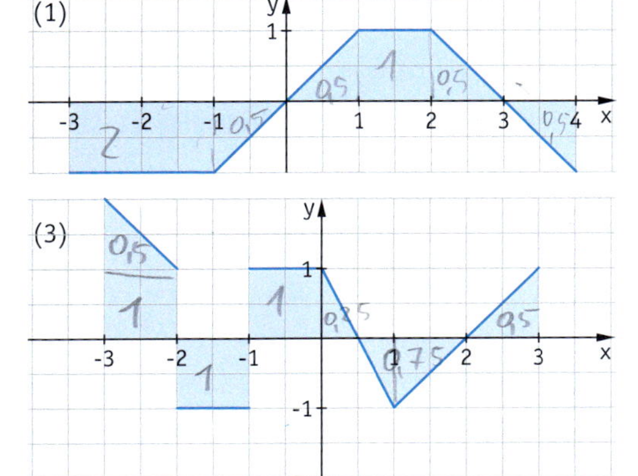

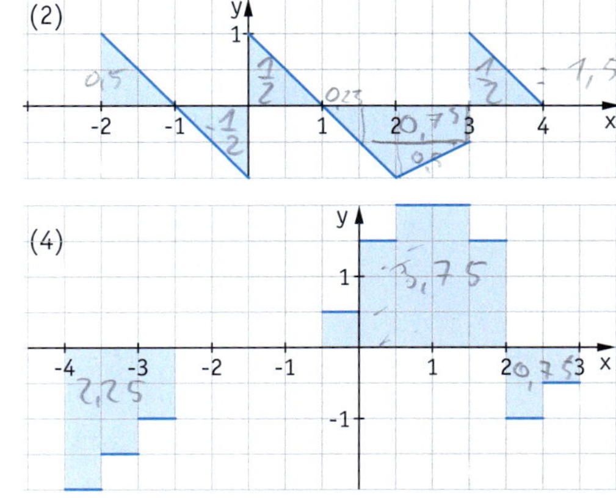

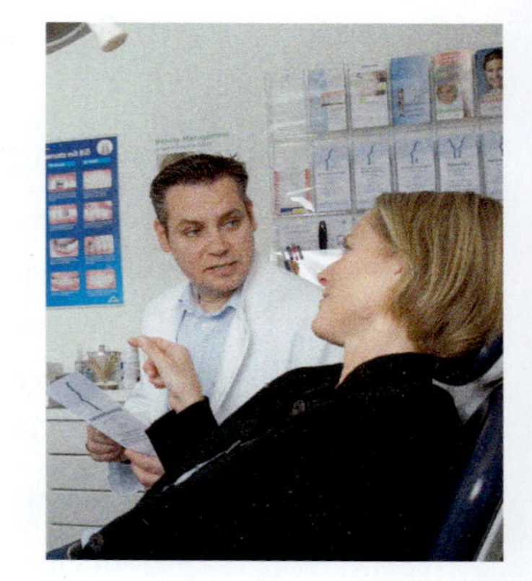

5 Frau Mayer fühlt sich seit längerer Zeit krank. Sie hat gehört, dass die Quecksilberbelastung aus Amalgamfüllungen die Ursache sein könnte, und will sich nun alle Füllungen entfernen lassen. Sie stimmt zu, an einer wissenschaftlichen Untersuchung teilzunehmen, bei der nach der Entfernung der Amalgamfüllungen die Menge des über den Urin ausgeschiedenen Quecksilbers (Hg) gemessen wird. Dabei soll festgestellt werden, wie sich die Quecksilberausscheidung nach der Entfernung der Füllungen verändert.

Messungen *vor* der Entfernung der Füllungen ergaben:

Hg-Menge im Urin: $3{,}5\,\frac{\mu g}{\text{Tag}}$

Die Messungen *nach* dem Entfernen der Füllungen haben ergeben, dass sich die ausgeschiedene Hg-Menge wie folgt verändert:

Zeit (in Tagen)	0	30	60	120	150	180
Hg-Menge $\left(\text{in } \frac{\mu g}{\text{Tag}}\right)$	3,5	2,4	1,7	0,8	0,5	0,4

Es ist die Gesamtmenge des ausgeschiedenen Quecksilbers gesucht.

a) Stellen Sie die Daten grafisch dar und bestimmen Sie einen ersten Näherungswert für die Hg-Menge, die *nach* der Entfernung der Füllungen ausgeschieden wurde.

b) Untersuchen Sie, welche Gesamtmenge innerhalb von 180 Tagen *vor* der Behandlung etwa ausgeschieden wurde.

c) Ermitteln Sie mit dem GTR eine zu den Daten passende Funktion.

d) Bestimmen Sie mithilfe der Funktion f aus Teilaufgabe c) die ausgeschiedene Quecksilbermenge für kleinere Schrittweiten als in Teilaufgabe a).

6 Der Graph der Funktion f im Intervall $[-2;\,3]$ hat den rechts abgebildeten Verlauf.

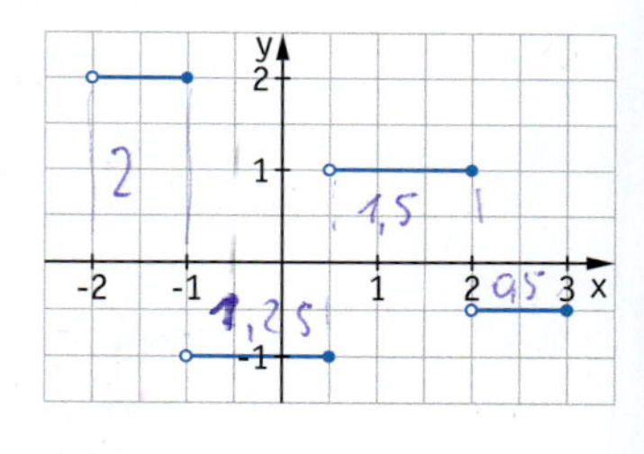

a) Berechnen Sie $\int_{-2}^{3} f(x)\,dx$.

b) Geben Sie ein Teilintervall $[a;\,b]$ von $[-2;\,3]$ an, sodass $\int_{a}^{b} f(x)\,dx = 0$ ist.

c) Berechnen Sie die Werte von b, für die gilt: $\int_{-2}^{b} f(x)\,dx = 1$.

d) Der Graph zu der Funktion f* ergibt sich, indem man den Graphen zu f parallel zur y-Achse mit dem Faktor 1,5 streckt.
Skizzieren Sie den Graphen von f*.
Vergleichen Sie $\int_{-2}^{3} f(x)\,dx$ und $\int_{-2}^{3} f^*(x)\,dx$.

7 Skizzieren Sie den Graphen einer Funktion f, sodass mit den Flächeninhalten A_1, A_2, A_3, A_4 gilt:

a) $\int_{a}^{b} f(x)\,dx = A_1 - A_2 + A_3 - A_4$

b) $\int_{a}^{b} f(x)\,dx = -A_1 + A_2 + A_3 - A_4$

c) $\int_{a}^{b} f(x)\,dx = -A_1 + A_2 - A_3 > 0$

d) $\int_{a}^{b} f(x)\,dx = -A_1 + A_2 - A_3 + A_4 < 0$

8 Gegeben ist die Funktion f. Bestimmen Sie alle Nullstellen von f und begründen Sie, dass das Integral von f von der kleinsten Nullstelle bis zur größten Nullstelle den Wert null hat.

a) $f(x) = x^3 - 2x$ **b)** $f(x) = x^5 - 9x^3$ **c)** $f(x) = x \cdot (x^2 - 2) \cdot (x^2 - 1)$

9 Die abgebildeten Funktionsgraphen sind symmetrisch. Notieren Sie jeweils das dargestellte Integral als Term mithilfe des Integralzeichens wie in der Definition 1.
Beurteilen Sie, ob das Integral positiv, negativ oder gleich 0 ist.

(1)

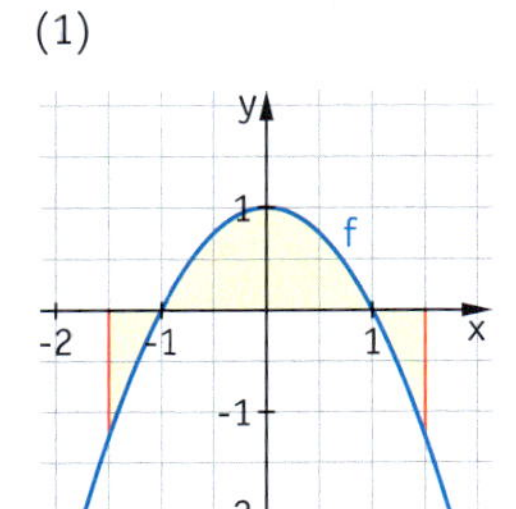

(2)

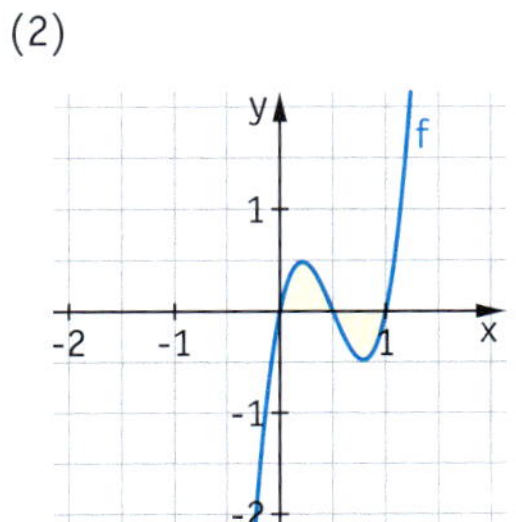

(3)

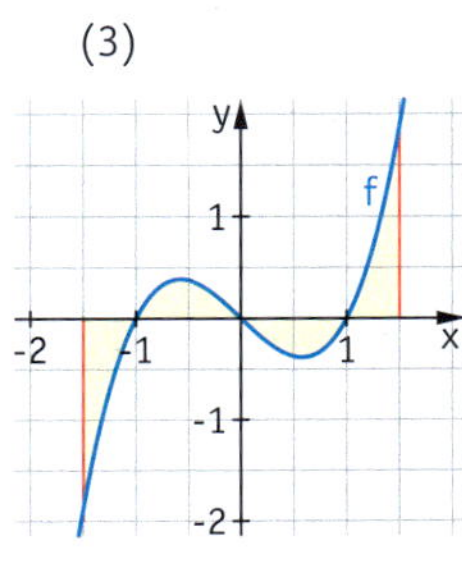

(4)

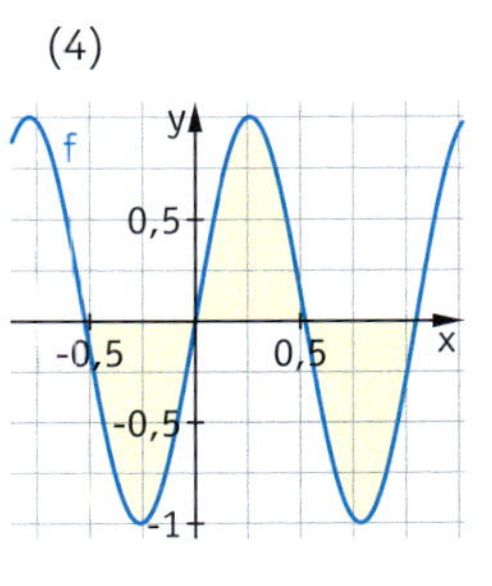

10 Geben Sie drei Integrale der Sinusfunktion [der Kosinusfunktion] von a bis b an, die den Wert null haben.

11 Eine Waldfläche wird durch Holzeinschlag um 10 ha pro Jahr verringert. Nach 5 Jahren wird der Einschlag beendet und die Fläche wird wieder aufgeforstet, sodass die Waldfläche dann um 7 ha pro Jahr zunimmt.

a) Die Funktion f beschreibt die Veränderung der Waldfläche pro Jahr für den Zeitraum der ersten 15 Jahre nach Beginn des Holzeinschlags.
Stellen Sie f als abschnittsweise definierte Funktion dar und zeichnen Sie den Graphen von f.

b) Untersuchen Sie, wann die Waldfläche wieder die ursprüngliche Größe erreicht hat.

c) Bestimmen Sie die Integrale $\int_0^5 f(x)\,dx$, $\int_5^{15} f(x)\,dx$ und $\int_2^{10} f(x)\,dx$ und erläutern Sie die Bedeutung dieser drei Integralwerte.

12 Ein leeres Becken hat einen Zufluss und einen Abfluss. Zunächst wird der Zufluss 15 min geöffnet.
Die Zuflussgeschwindigkeit beträgt $300\frac{\mathrm{l}}{\mathrm{min}}$.
Dann wird 20 min lang der Zufluss geschlossen und der Abfluss geöffnet.
Die Abflussgeschwindigkeit beträgt $100\frac{\mathrm{l}}{\mathrm{min}}$.

Zufluss

Abfluss

(1) Zeichnen Sie den Graphen der folgenden Funktion F: *Zeitdauer* $\mapsto$ *Zuflussgeschwindigkeit*

Deuten Sie die Abflussgeschwindigkeit als negative Zuflussgeschwindigkeit und ergänzen Sie den Graphen.

(2) Ermitteln Sie, wie viel l sich nach 5, 10, 15, 20, 25, 30, 35 min im Becken befinden.
Zeichnen Sie den Graphen der Funktion *Zeitdauer* $\mapsto$ *Volumen im Becken*.

(3) f sei die Funktion *Zeitdauer* (in min) $\mapsto$ *Zuflussgeschwindigkeit* $\left(\text{in } \frac{\mathrm{l}}{\mathrm{min}}\right)$.
Berechnen Sie $\int_0^{35} f(x)\,dx$.
Untersuchen Sie, welcher Zusammenhang mit den Ergebnissen von Teilaufgabe (2) besteht.

2.1.2 Näherungsweises Berechnen von Integralen – Analytische Definition des Integrals

Einführung

Integrale näherungsweise berechnen

Im vorangegangenen Abschnitt haben Sie gesehen, dass orientierte Flächeninhalte vielfältige Anwendungsbezüge haben. Dabei wird häufig die Fläche durch einen *krummlinigen* Funktionsgraphen begrenzt. Wir wollen im Folgenden ein Verfahren entwickeln, mit dem man den orientierten Inhalt einer krummlinig begrenzten Fläche berechnen kann. Das Verfahren wird hier am Beispiel der Funktion f mit $f(x) = x^2$ erläutert, indem wir $\int_0^2 x^2\,dx$ berechnen.

(1) Grundgedanke der Näherung durch Treppenfiguren

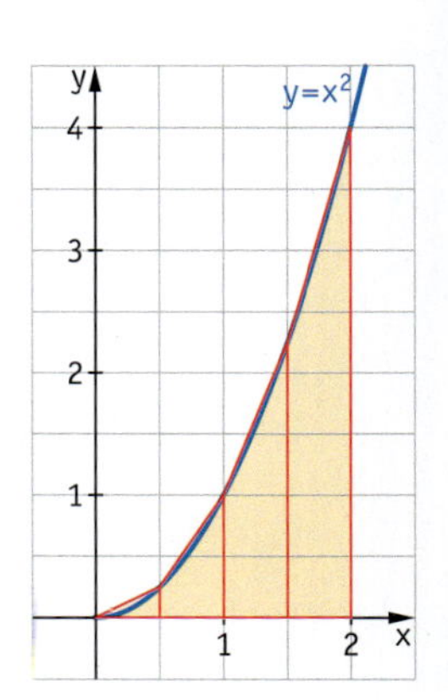

Die Fläche ist vom Graphen von f krummlinig begrenzt. Wir kennen keine Formel für ihren Flächeninhalt. Daher berechnen wir den Wert des Integrals zunächst *näherungsweise*.

Dazu zerlegen wir die Fläche in vier gleich breite Streifen. Über jedem dieser Teile kann man die Fläche durch ein Trapez annähern. Der Flächeninhalt aller Trapeze ist dann ein Näherungswert für den gesuchten Flächeninhalt.

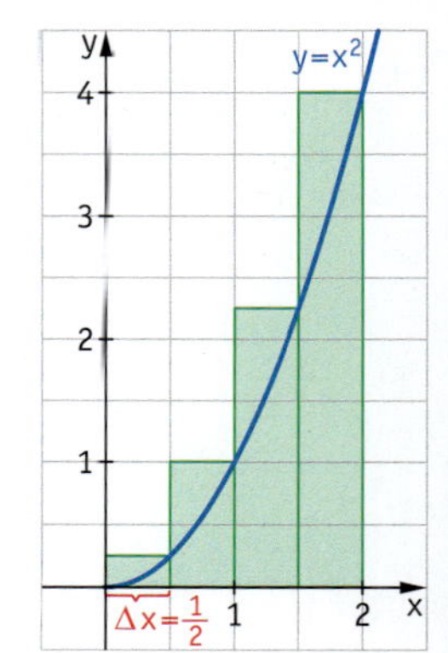

Für die Berechnungen ist es jedoch einfacher, wenn wir die Fläche durch mehrere gleich breite Rechteckstreifen annähern. Dabei wählen wir die zur y-Achse parallele Rechteckseite jeweils so, dass sie mit dem größten Funktionswert in dem Streifen übereinstimmt. Es entsteht eine sogenannte Treppenfigur, die die tatsächliche Fläche annähert. Man bezeichnet den Flächeninhalt der Treppenfigur auch als *Obersumme* und schreibt dafür $\overline{S}_4$.

(2) Näherungsweise Berechnungen durch Obersummen

Δx (gelesen: Delta x) bezeichnet die Breite eines Rechteckstreifens

Da alle Rechteckstreifen dieselbe Breite $\Delta x = \frac{1}{2}$ haben und die Höhe eines jeden Rechteckstreifens der jeweils rechte Funktionswert ist, erhalten wir:

$$\begin{aligned}\overline{S}_4 &= \tfrac{1}{2}\cdot f\left(\tfrac{1}{2}\right) + \tfrac{1}{2}\cdot f(1) + \tfrac{1}{2}\cdot f\left(\tfrac{3}{2}\right) + \tfrac{1}{2}\cdot f(2)\\ &= \tfrac{1}{2}\cdot\left(f\left(\tfrac{1}{2}\right) + f(1) + f\left(\tfrac{3}{2}\right) + f(2)\right)\\ &= 3{,}75\end{aligned}$$

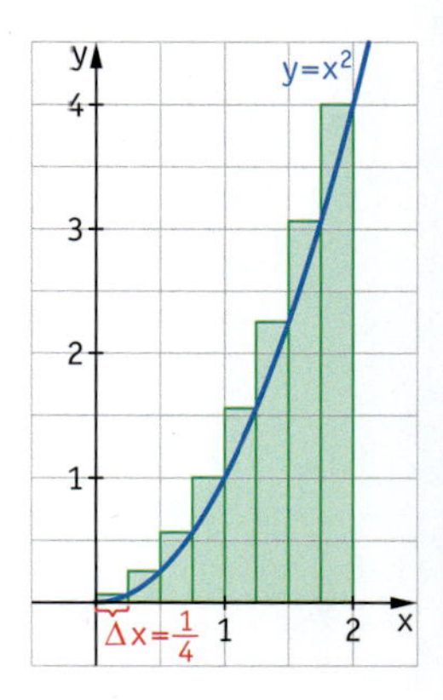

Die Berechnung mit Rechtecken hat den Nachteil, dass die Näherung durch Rechtecke ungenauer ist als die Näherung durch Trapeze. Wir können den Näherungswert aber verbessern, indem wir die Breite der Rechtecke schmaler wählen.

Bilden wir beispielsweise acht statt vier Rechteckstreifen, so haben alle Rechteckstreifen die Breite $\Delta x = \frac{1}{4}$ und wir erhalten für die Obersumme $\overline{S}_8$:

$$\begin{aligned}\overline{S}_8 &= \tfrac{1}{4}\cdot f\left(\tfrac{1}{4}\right) + \tfrac{1}{4}\cdot f\left(\tfrac{2}{4}\right) + \tfrac{1}{4}\cdot f\left(\tfrac{3}{4}\right) + \tfrac{1}{4}\cdot f\left(\tfrac{4}{4}\right) + \tfrac{1}{4}\cdot f\left(\tfrac{5}{4}\right) + \tfrac{1}{4}\cdot f\left(\tfrac{6}{4}\right) + \tfrac{1}{4}\cdot f\left(\tfrac{7}{4}\right) + \tfrac{1}{4}\cdot f\left(\tfrac{8}{4}\right)\\ &= \tfrac{1}{4}\cdot\left(f\left(\tfrac{1}{4}\right) + f\left(\tfrac{2}{4}\right) + f\left(\tfrac{3}{4}\right) + f\left(\tfrac{4}{4}\right) + f\left(\tfrac{5}{4}\right) + f\left(\tfrac{6}{4}\right) + f\left(\tfrac{7}{4}\right) + f\left(\tfrac{8}{4}\right)\right)\\ &= \tfrac{51}{16}\\ &= 3{,}1875\end{aligned}$$

Als weitere Näherungswerte erhalten wir mit einem GTR mithilfe des LIST-Menüs bei 16 Rechtecken mit der Breite $\Delta x = \frac{1}{8}$:

$\overline{S}_{16} = 2{,}921875$.

```
1/8*sum(seq(X²,X
,0,2,1/8))
         2.921875
```

Bei Rechnern mit dem Summenbefehl kann man auch wie rechts für 1000 Rechtecke dargestellt vorgehen.

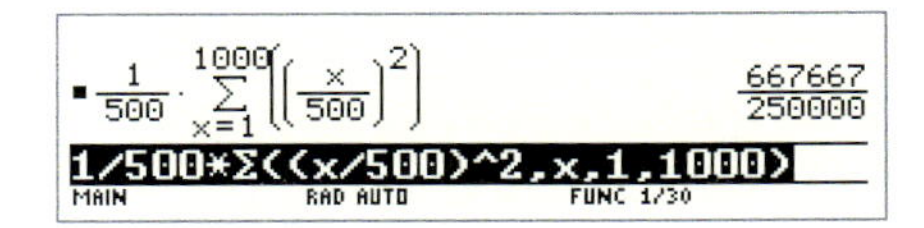

Bezeichnen wir mit n die Anzahl der Rechtecke, so erhalten wir als Obersummen

n	50	100	1000	10 000	100 000	1 000 000
$\overline{S}_n$	2,7472	2,7068	2,670668	2,66706668	2,6667066668	2,666670666668

Offenbar besitzt die Folge $\overline{S}_1, \overline{S}_2, \overline{S}_3, \ldots$ der Obersummen einen Grenzwert; vermutlich ist dieser $2\frac{2}{3}$. Da der Flächeninhalt der eingeschlossenen Fläche stets kleiner als jede Obersumme ist, kann er auch nur höchstens so groß wie dieser Grenzwert sein.

(3) Abschätzen des gesuchten Flächeninhalts durch den Grenzwert der Obersummen

Um den Grenzwert zu bestimmen, berechnen wir $\overline{S}_n$ für ein allgemeines n:

- Breite der Rechtecke: $\Delta x = \frac{2}{n}$
- Höhen der Rechtecke = Funktionswerte f(x) an den rechten Grenzen der Teilintervalle: $f\left(\frac{2}{n}\right)$, $f\left(2\cdot\frac{2}{n}\right)$, $f\left(3\cdot\frac{2}{n}\right)$, $f\left(4\cdot\frac{2}{n}\right)$, …, $f\left((n-1)\cdot\frac{2}{n}\right)$, $f\left(n\cdot\frac{2}{n}\right)$

Damit erhalten wir

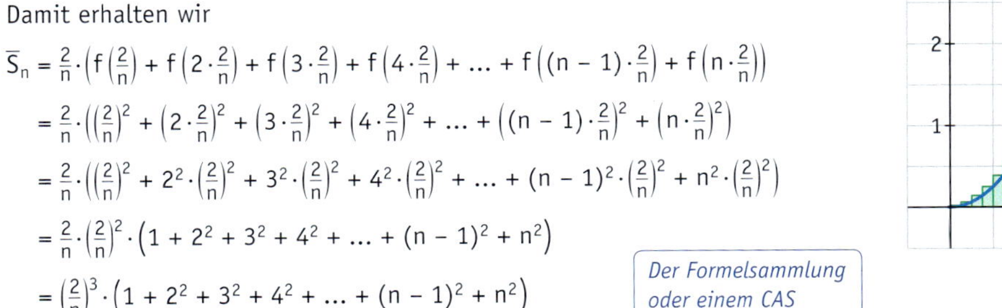

$$\begin{aligned}
\overline{S}_n &= \tfrac{2}{n}\cdot\left(f\left(\tfrac{2}{n}\right) + f\left(2\cdot\tfrac{2}{n}\right) + f\left(3\cdot\tfrac{2}{n}\right) + f\left(4\cdot\tfrac{2}{n}\right) + \ldots + f\left((n-1)\cdot\tfrac{2}{n}\right) + f\left(n\cdot\tfrac{2}{n}\right)\right)\\
&= \tfrac{2}{n}\cdot\left(\left(\tfrac{2}{n}\right)^2 + \left(2\cdot\tfrac{2}{n}\right)^2 + \left(3\cdot\tfrac{2}{n}\right)^2 + \left(4\cdot\tfrac{2}{n}\right)^2 + \ldots + \left((n-1)\cdot\tfrac{2}{n}\right)^2 + \left(n\cdot\tfrac{2}{n}\right)^2\right)\\
&= \tfrac{2}{n}\cdot\left(\left(\tfrac{2}{n}\right)^2 + 2^2\cdot\left(\tfrac{2}{n}\right)^2 + 3^2\cdot\left(\tfrac{2}{n}\right)^2 + 4^2\cdot\left(\tfrac{2}{n}\right)^2 + \ldots + (n-1)^2\cdot\left(\tfrac{2}{n}\right)^2 + n^2\cdot\left(\tfrac{2}{n}\right)^2\right)\\
&= \tfrac{2}{n}\cdot\left(\tfrac{2}{n}\right)^2\cdot\left(1 + 2^2 + 3^2 + 4^2 + \ldots + (n-1)^2 + n^2\right)\\
&= \left(\tfrac{2}{n}\right)^3\cdot\left(1 + 2^2 + 3^2 + 4^2 + \ldots + (n-1)^2 + n^2\right)\\
&= \left(\tfrac{2}{n}\right)^3\cdot\frac{n\cdot(n+1)\cdot(2n+1)}{6}\\
&= \frac{8\cdot n\cdot(n+1)\cdot(2n+1)}{6\cdot n^3}\\
&= \frac{4}{3}\cdot\frac{(n+1)\cdot(2n+1)}{n^2}\\
&= \frac{4}{3}\cdot\frac{n+1}{n}\cdot\frac{2n+1}{n}\\
&= \frac{4}{3}\cdot\left(1+\frac{1}{n}\right)\cdot\left(2+\frac{1}{n}\right)
\end{aligned}$$

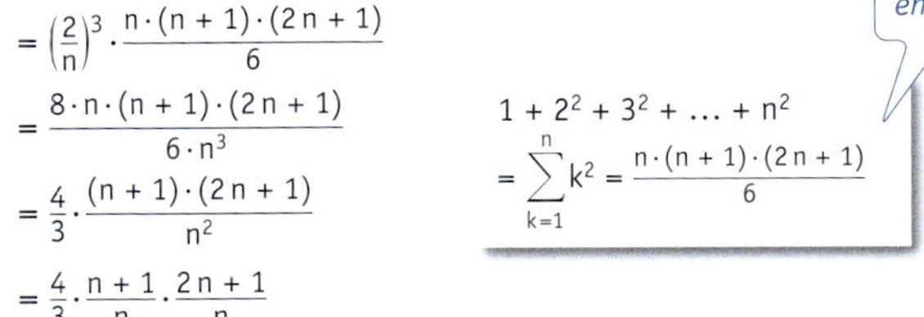

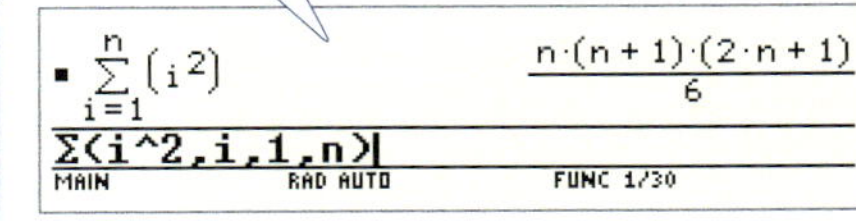

Für $n \to \infty$ gilt $\frac{1}{n} \to 0$. Dann gilt für $n \to \infty$ auch $1 + \frac{1}{n} \to 1$ und $2 + \frac{1}{n} \to 2$.

Somit folgt: $\lim\limits_{n\to\infty} \frac{4}{3}\cdot\left(1+\frac{1}{n}\right)\cdot\left(2+\frac{1}{n}\right) = \frac{4}{3}\cdot 1\cdot 2 = \frac{8}{3}$

Der Grenzwert der Folge der Obersummen ist also tatsächlich $\frac{8}{3}$ und daher gilt für den gesuchten Flächeninhalt A: $A \le \frac{8}{3}$.

Durch die Annäherung an den Funktionsgraphen durch Treppenfiguren von oben haben wir mit dem Grenzwert der Folge der Obersummen für den gesuchten Flächeninhalt die Abschätzung $A \le \frac{8}{3}$ erhalten.

Es ist naheliegend, durch eine Annäherung an den Funktionsgraphen durch Treppenfiguren von *unten* den gesuchten Flächeninhalt entsprechend mit dem Grenzwert der Folge der *Untersummen* $\underline{S}_n$ abzuschätzen.

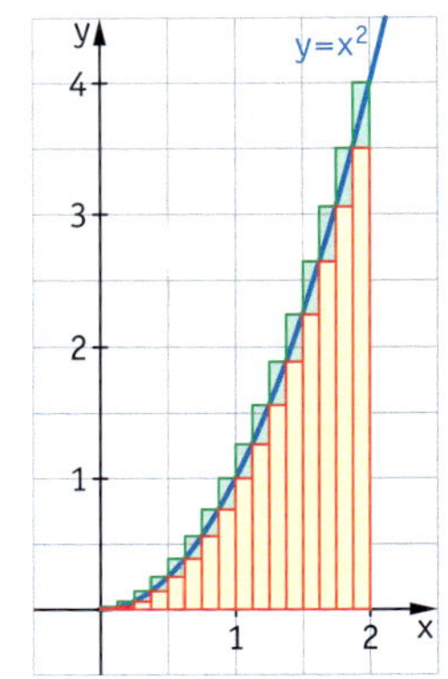

(4) Abschätzen des gesuchten Flächeninhalts durch den Grenzwert der Untersummen

Die Untersumme $\underline{S}_n$ erhält man analog zur Bestimmung der Obersumme $\overline{S}_n$. Sie ist die Summe der Flächeninhalte aller Rechtecke mit der Breite $\Delta x = \frac{2}{n}$ und der Höhe, die durch den jeweils *kleinsten* Funktionswert in dem Streifen bestimmt ist.

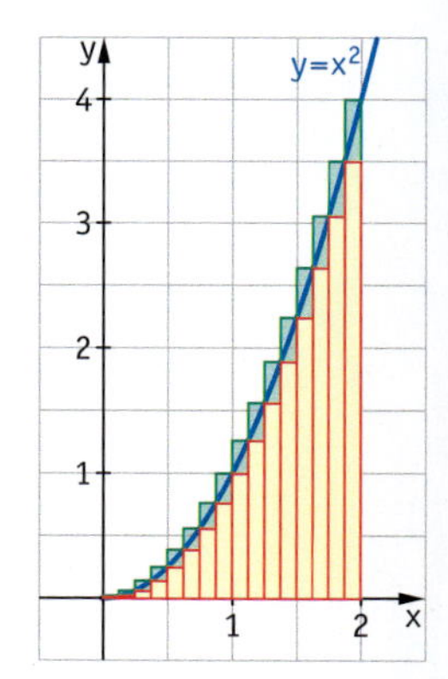

Statt alle Berechnungen für $\underline{S}_n$ erneut durchzuführen, nutzen wir aus, dass wir wegen der Monotonie von $f(x) = x^2$ auf dem Intervall [0; 2] die Rechtecke von $\underline{S}_n$ durch Verschiebung der Rechtecke von $\overline{S}_n$ jeweils um ein Rechteck nach rechts erhalten. Dabei entfällt das letzte Rechteck von $\overline{S}_n$ über dem Teilintervall $\left[2 - \frac{2}{n}; 2\right]$, das den Flächeninhalt $\frac{2}{n} \cdot 2$ hat.

Daher gilt: $\underline{S}_n = \overline{S}_n - \frac{2}{n} \cdot 2 = \overline{S}_n - \frac{4}{n}$.

Für $n \to \infty$ gilt $\overline{S}_n \to \frac{8}{3}$ und $\frac{4}{n} \to 0$. Damit folgt ebenfalls $\lim\limits_{n \to \infty} \underline{S}_n = \frac{8}{3}$.
Also gilt: $A \geq \frac{8}{3}$.

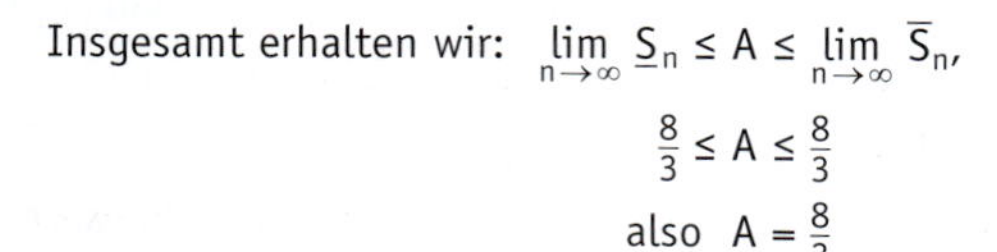

Insgesamt erhalten wir: $\lim\limits_{n \to \infty} \underline{S}_n \leq A \leq \lim\limits_{n \to \infty} \overline{S}_n$,

$$\frac{8}{3} \leq A \leq \frac{8}{3}$$

also $A = \frac{8}{3}$

(5) Rückblick auf den Lösungsweg

Wir haben den Flächeninhalt A der Fläche, die der Graph der Funktion f mit $f(x) = x^2$ mit der x-Achse über dem Intervall [0; 2] einschließt, berechnet, indem wir die Fläche zunächst durch Treppenfiguren aus gleich breiten Rechteckstreifen angenähert haben. Die zugehörigen Untersummen $\underline{S}_n$ und Obersummen $\overline{S}_n$ waren dabei jeweils Näherungswerte für den gesuchten Flächeninhalt mit $\underline{S}_n \leq A \leq \overline{S}_n$.
Je größer man die Anzahl n der Rechteckstreifen wählt, desto genauer nähern $\underline{S}_n$ und $\overline{S}_n$ den Flächeninhalt A an. Da die Folge der Obersummen $\overline{S}_n$ und die Folge der Untersummen $\underline{S}_n$ den gemeinsamen Grenzwert $\frac{8}{3}$ haben, muss auch $A = \frac{8}{3}$ sein.
Ergebnis: Für den Flächeninhalt A der Fläche unter dem Graphen der Funktion f mit $f(x) = x^2$ über dem Intervall [0; 2] gilt: $A = \frac{8}{3}$.
Somit gilt also $\int_0^2 x^2\,dx = \frac{8}{3}$.

In der folgenden Aufgabe soll das Integral der Funktion f mit $f(x) = x^2$ über einem Intervall mit *beliebiger*, aber fester oberer Intervallgrenze berechnet werden.

Aufgabe

1 Berechnen Sie für $b > 0$ das Integral $\int_0^b x^2\,dx$ als gemeinsamen Grenzwert der Folge von Obersummen $\overline{S}_n$ und der Folge von Untersummen $\underline{S}_n$.

Lösung

(1) Aufstellen einer Formel für die Obersumme $\overline{S}_n$ und einer Formel für die Untersumme $\underline{S}_n$

Für die Breite Δx der Rechteckstreifen gilt: $\Delta x = \frac{b}{n}$
Die Intervallgrenzen der einzelnen Teilintervalle sind dann $x_0 = 0$, $x_1 = \frac{b}{n}$, $x_2 = 2\frac{b}{n}$, $x_3 = 3\frac{b}{n}$, ..., $x_{n-1} = (n-1)\frac{b}{n}$, $x_n = n\frac{b}{n} = b$.

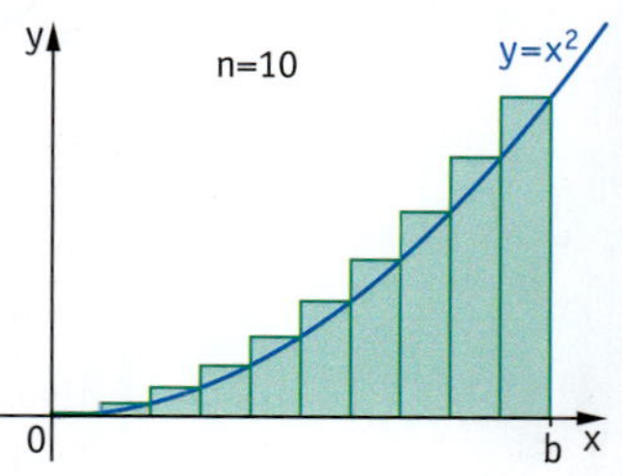

Die Funktion f mit $f(x) = x^2$ ist in jedem Intervall [0; b] mit $b > 0$ monoton wachsend. Deshalb sind die Rechteckhöhen die Funktionswerte von f an den rechten Rändern der Streifen und man erhält für die Obersummen:

$$\overline{S}_n = \Delta x \cdot \left(f(x_1) + f(x_2) + f(x_3) + \ldots + f(x_{n-1}) + f(x_n)\right)$$
$$= \frac{b}{n} \cdot \left(\frac{b^2}{n^2} + 2^2\frac{b^2}{n^2} + 3^2\frac{b^2}{n^2} + \ldots + (n-1)^2\frac{b^2}{n^2} + n^2\frac{b^2}{n^2}\right)$$
$$= \frac{b^3}{n^3} \cdot \left(1^2 + 2^2 + 3^2 + \ldots + (n-1)^2 + n^2\right)$$
$$= \frac{b^3}{n^3} \cdot \frac{n(n+1)(2n+1)}{6}$$
$$= \frac{b^3}{6} \cdot \left(1 + \frac{1}{n}\right)\left(2 + \frac{1}{n}\right)$$

$1^2 + 2^2 + 3^2 + \ldots + n^2 = \frac{n \cdot (n+1) \cdot (2n+1)}{6}$

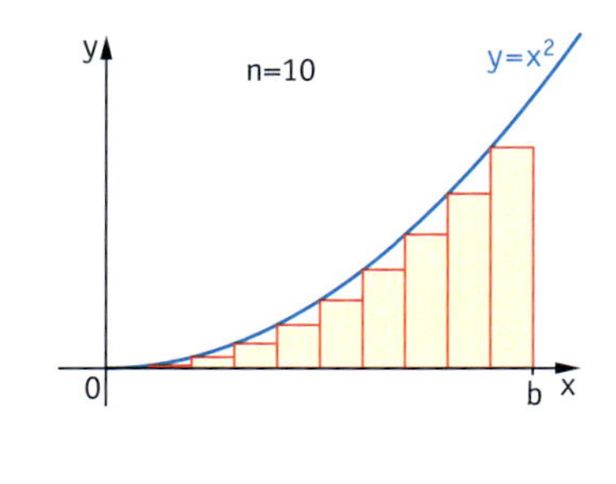

Bei der Untersumme sind die Rechteckhöhen die Funktionswerte von f an den linken Rändern der Streifen. Damit erhält man:

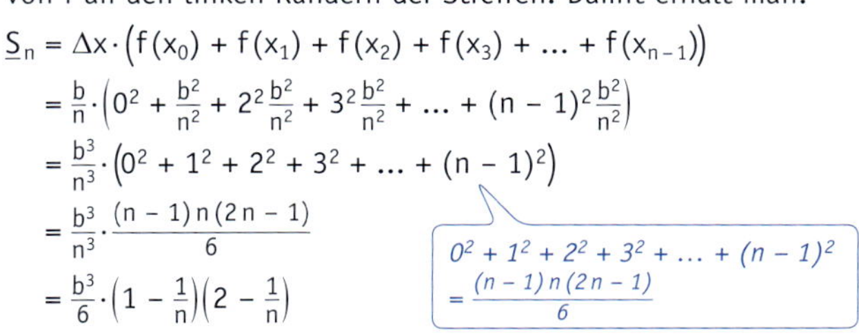

$$\underline{S}_n = \Delta x \cdot \left(f(x_0) + f(x_1) + f(x_2) + f(x_3) + \ldots + f(x_{n-1})\right)$$
$$= \frac{b}{n} \cdot \left(0^2 + \frac{b^2}{n^2} + 2^2\frac{b^2}{n^2} + 3^2\frac{b^2}{n^2} + \ldots + (n-1)^2\frac{b^2}{n^2}\right)$$
$$= \frac{b^3}{n^3} \cdot \left(0^2 + 1^2 + 2^2 + 3^2 + \ldots + (n-1)^2\right)$$
$$= \frac{b^3}{n^3} \cdot \frac{(n-1)n(2n-1)}{6}$$
$$= \frac{b^3}{6} \cdot \left(1 - \frac{1}{n}\right)\left(2 - \frac{1}{n}\right)$$

$0^2 + 1^2 + 2^2 + 3^2 + \ldots + (n-1)^2 = \frac{(n-1)n(2n-1)}{6}$

(2) Grenzwertbestimmung

Nun kann man zu jedem n direkt den Wert der Obersumme $\overline{S}_n$ bzw. der Untersumme $\underline{S}_n$ berechnen und für $n \to \infty$ die Grenzwerte der zugehörigen Folgen bestimmen.

Für das gesuchte Integral gilt also:

$$\frac{b^3}{6} \cdot \left(1 - \frac{1}{n}\right)\left(2 - \frac{1}{n}\right) < \int_0^b x^2\,dx < \frac{b^3}{6} \cdot \left(1 + \frac{1}{n}\right)\left(2 + \frac{1}{n}\right)$$

Für $n \to \infty$ gilt: $\left(1 - \frac{1}{n}\right) \to 1$, $\left(2 - \frac{1}{n}\right) \to 2$, $\left(1 + \frac{1}{n}\right) \to 1$, $\left(2 + \frac{1}{n}\right) \to 2$

Also ergibt sich für $n \to \infty$:

$$\frac{b^3}{6} \cdot 1 \cdot 2 \le \int_0^6 x^2\,dx \le \frac{b^3}{6} \cdot 1 \cdot 2$$

$$\frac{b^3}{3} \le \int_0^b x^2\,dx \le \frac{b^3}{3}$$

(3) Ergebnis

Für den Flächeninhalt A der Fläche unter dem Graphen der Funktion f mit $f(x) = x^2$ über dem Intervall $[0;\, b]$ mit $b > 0$ gilt: $A = \int_0^b x^2\,dx = \frac{1}{3}b^3$

Weiterführende Aufgaben

2 Untersumme und Obersumme bei monoton fallender Funktion

Gegeben ist die Funktion f mit $f(x) = -x^2 + 4$.

Berechnen Sie das Integral $\int_0^2 f(x)\,dx$ als gemeinsamen Grenzwert der Folgen von Ober- und Untersummen.

Nennen Sie Unterschiede zur Funktion f mit $f(x) = x^2$.

Beachten Sie:
$1^2 + 2^2 + 3^2 + \ldots + n^2 = \frac{n \cdot (n+1) \cdot (2n+1)}{6}$
$0^2 + 1^2 + 2^2 + 3^2 + \ldots + (n-1)^2 = \frac{(n-1)n(2n-1)}{6}$

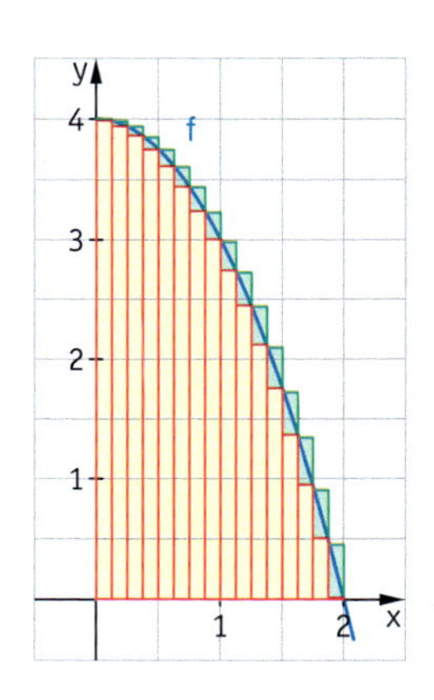

3 Untersumme und Obersumme bei Funktionen mit negativen und positiven Funktionswerten

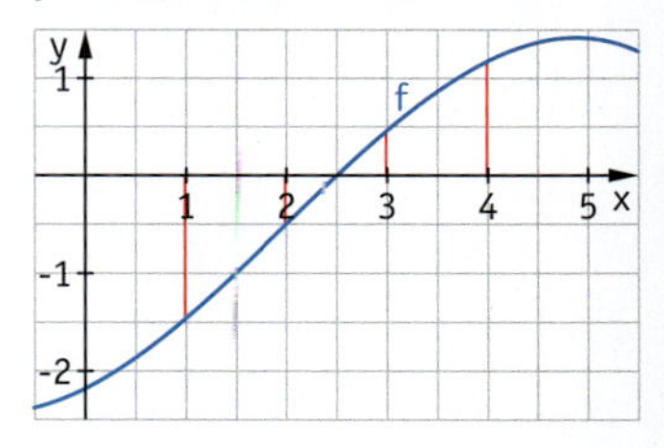

Rechts ist der Graph einer Funktion f über dem Intervall [0; 4] abgebildet. Das Intervall wurde in vier Teilintervalle zerlegt.
Übertragen Sie die Abbildung in Ihr Heft und zeichnen Sie die obere und die untere Treppenfigur ein. Berechnen Sie $\overline{S}_4$ und $\underline{S}_4$.

Hinweis: Die Höhe h eines Rechteckstreifens über einem Teilintervall $[x_i; x_{i+1}]$ ergibt sich aus folgender Tabelle:

	f ist monoton wachsend über $[x_i; x_{i+1}]$	f ist monoton fallend über $[x_i; x_{i+1}]$
Höhe des Rechteckstreifens bei Obersumme	$f(x_{i+1})$	$f(x_i)$
Höhe des Rechteckstreifens bei Untersumme	$f(x_i)$	$f(x_{i+1})$

4 Integralformeln

a) Zeigen Sie für b > 0: $\int_0^b x\,dx = \frac{b^2}{2}$. Fertigen Sie hierzu eine Skizze an und begründen Sie die Formel ohne die Verwendung von Ober- und Untersummen.

Folgern Sie für $0 \le a < b$: $\int_a^b x\,dx = \frac{b^2}{2} - \frac{a^2}{2}$

b) In Aufgabe 1 wurde für b > 0 gezeigt: $\int_0^b x^2\,dx = \frac{b^3}{3}$.

Folgern Sie für $0 \le a < b$: $\int_a^b x^2\,dx = \frac{b^3}{3} - \frac{a^3}{3}$

c) Berechnen Sie für b > 0 das Integral $\int_0^b x^3\,dx$ als gemeinsamen Grenzwert der Folgen von Ober- und Untersummen.

Folgern Sie für $0 \le a < b$: $\int_a^b x^3\,dx = \frac{b^4}{4} - \frac{a^4}{4}$

Beachten Sie dabei:
$1^3 + 2^3 + 3^3 + \ldots + m^3 = \frac{1}{4}m^2 \cdot (m+1)^2$

5 Integrale näherungsweise mit einem GTR bestimmen

Rechner bieten oft verschiedene Möglichkeiten, Integrale näherungsweise zu berechnen. Hier wurde das Integral $\int_{0,5}^{6} \frac{1}{5}(x-1)(x-5)(x-8)\,dx$ einmal mithilfe des Integralbefehls aus dem **CALC**-Menü und einmal mit dem **fnInt**-Befehl aus dem **MATH**-Menü näherungsweise bestimmt.

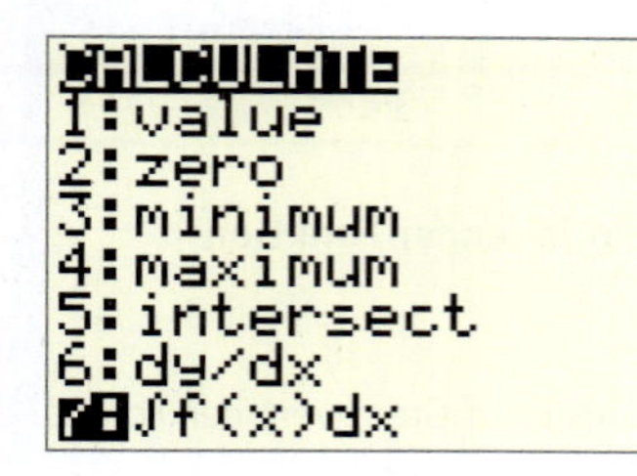

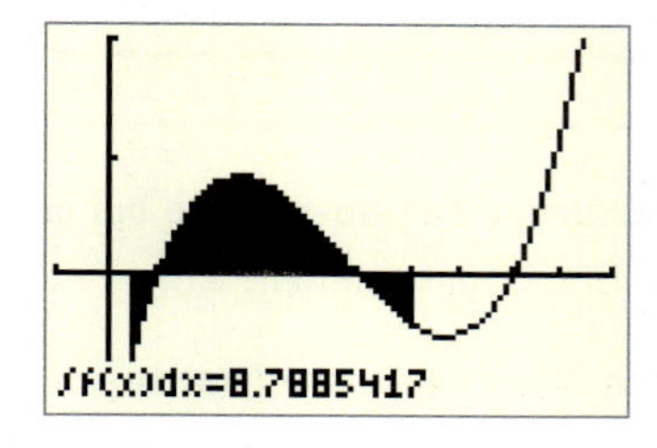

a) Informieren Sie sich über die Möglichkeiten Ihres Rechners, Integrale näherungsweise zu bestimmen, und wenden Sie diese für das hier gezeigte Beispiel an.

b) Benutzen Sie die Integralformeln aus der Aufgabe 4 und berechnen Sie damit folgende Integrale:

(1) $\int_2^7 x^2\,dx$ (2) $\int_1^{10} x^3\,dx$

Berechnen Sie anschließend die Integrale näherungsweise mithilfe ihres Rechners und vergleichen Sie die Ergebnisse mit den exakten Werten.

Information

(1) Analytische Definition des Integrals

Bei der geometrischen Definition des Integrals wurde auf den *geometrischen* Begriff des Flächeninhalts Bezug genommen. Man kann das Integral einer Funktion auch definieren, ohne auf den geometrischen Begriff der Fläche zurückzugreifen, indem man das Integral über das *Verfahren* definiert, mit dem wir in der Einführung und in der Aufgabe 1 den Flächeninhalt krummlinig berandeter Flächen berechnet haben.

In der Einführung wurde ein Intervall betrachtet, in dem die Funktion f monoton wächst. Wenn die Funktion f monoton fällt, können diese Überlegungen leicht übertragen werden, indem die Terme von Untersumme und Obersumme vertauscht werden (siehe Aufgabe 2).

Für die Funktion f rechts gilt:
f ist in [c, a] monoton steigend, in [a; b] monoton fallend und in [b, d] monoton steigend.
Das Integral von f von c bis d können wir als Summe der Integrale über diesen Teilintervallen berechnen:

$$\int_c^d f(x)\,dx = \int_c^a f(x)\,dx + \int_a^b f(x)dx + \int_b^d f(x)\,dx$$

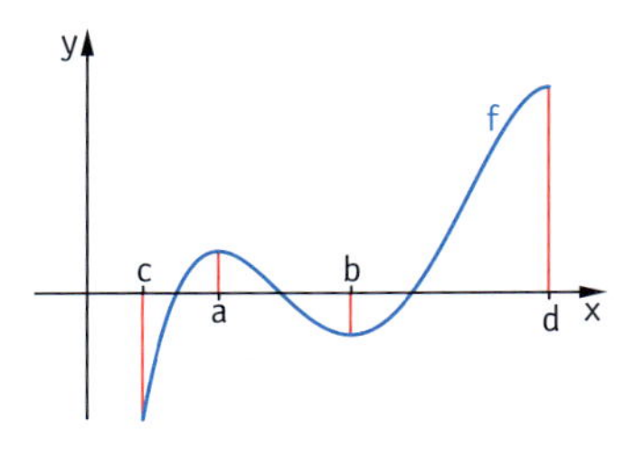

Definition 2: Analytische Definition des Integrals

Gegeben ist eine Funktion f, die über einem Intervall [a; b] definiert und

monoton wachsend | monoton fallend ist.

Das Integral $\int_a^b f(x)\,dx$ ist eine Zahl, die man nach folgendem Verfahren erhält:

(1) Man teilt das Intervall [a; b] in n Teilintervalle der Breite $\Delta x = \frac{b-a}{n}$ auf.
Die Intervallgrenzen dieser Teilintervalle sind dann:
$x_0 = a,\; x_1 = a + \Delta x,\; x_2 = a + 2\cdot\Delta x,\; x_3 = a + 3\cdot\Delta x,\; x_4 = a + 4\cdot\Delta x,\; \ldots,\; x_n = a + n\cdot\Delta x = b$

(2) Man bestimmt die zugehörige

monoton wachsend	monoton fallend
Untersumme	bzw. Obersumme
$\underline{S}_n = \Delta x\cdot\big(f(x_0) + f(x_1) + f(x_2) + \ldots + f(x_{n-1})\big)$	$\overline{S}_n = \Delta x\cdot\big(f(x_0) + f(x_1) + f(x_2) + \ldots + f(x_{n-1})\big)$
Obersumme	bzw. Untersumme
$\overline{S}_n = \Delta x\cdot\big(f(x_1) + f(x_2) + \ldots + f(x_{n-1}) + f(x_n)\big)$	$\underline{S}_n = \Delta x\cdot\big(f(x_1) + f(x_2) + \ldots + f(x_{n-1}) + f(x_n)\big)$

(3) Haben die Folge der Obersummen und die Folge der Untersummen einen gemeinsamen Grenzwert, so nennen wir diesen Grenzwert das **Integral von f von a bis b.**

$$\int_a^b f(x)\,dx = \lim_{n\to\infty} \underline{S}_n = \lim_{n\to\infty} \overline{S}_n$$

(2) Erläuterungen zum Integralzeichen

Das Integralzeichen $\int$ erinnert an ein langgezogenes S. Es ist historisch auf die Summation der Produkte in der Untersumme und Obersumme zurückzuführen. Das Zeichen dx hat seinen Ursprung in dem Δx, welches die Breite der einzelnen Teilintervalle bezeichnet.

Die Funktion, über die das Integral gebildet wird, nennt man **Integrandenfunktion**. Die Integrandenfunktion und die Integrationsvariable können auch anders bezeichnet werden, zum Beispiel mit s oder t:

$$\int_0^4 f(s)\,ds = \int_0^4 f(t)\,dt.$$

(3) Integralformel für Potenzfunktionen

Die Formeln $\int_a^b x\,dx = \frac{b^2}{2} - \frac{a^2}{2}$, $\int_a^b x^2\,dx = \frac{b^3}{3} - \frac{a^3}{3}$ und $\int_a^b x^3\,dx = \frac{b^4}{4} - \frac{a^4}{4}$ ... lassen sich für einen beliebigen natürlichen Exponenten verallgemeinern:

Integralformel für Potenzfunktionen

Für $n \in \mathbb{N}$ gilt: $\int_a^b x^n\,dx = \frac{b^{n+1}}{n+1} - \frac{a^{n+1}}{n+1}$

Übungsaufgaben 

6 Gegeben ist die Funktion f mit $f(x) = 2 - x^2$.

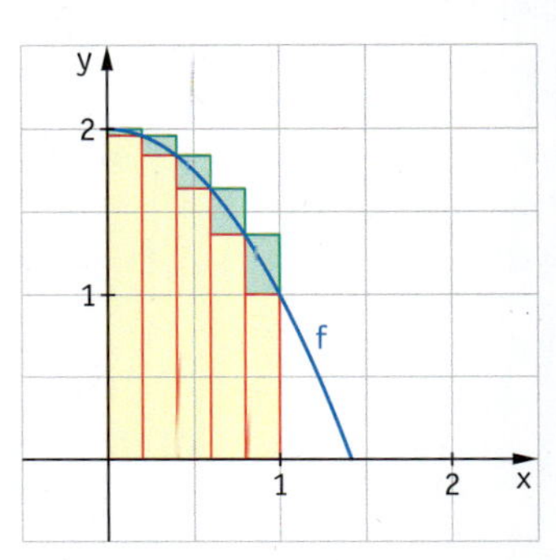

a) Zeichnen Sie den Graphen der Funktion f über dem Intervall [0; 1]. Wählen Sie dabei 10 cm für eine Einheit.
Zeichnen Sie außerdem eine untere Treppenfigur und eine obere Treppenfigur aus jeweils 5 Rechteckstreifen ein.

b) Bestimmen Sie den Inhalt $\underline{S}_5$ bzw. $\overline{S}_5$ der Fläche, die die untere bzw. obere Treppenfigur mit der x-Achse einschließt, und schätzen Sie das Integral $\int_0^1 (2 - x^2)\,dx$ mithilfe von $\underline{S}_5$ und $\overline{S}_5$ ab.

c) Erhöhen Sie die Anzahl der Rechteckstreifen auf 10 und schätzen Sie damit das Integral erneut ab.

Beachten Sie:
$1^2 + 2^2 + 3^2 + \ldots + (m-1)^2 + m^2 = \sum_{k=1}^{m} k^2 = \frac{m \cdot (m+1) \cdot (2m+1)}{6}$

d) Zeigen Sie, dass man allgemein für n Rechteckstreifen mit der Breite $\Delta x = \frac{1}{n}$ erhält:
$\underline{S}_n = 2 - \frac{(n+1)(2n+1)}{6n^2}$ und $\overline{S}_n = 2 - \frac{(n+1)(2n+1)}{6n^2} + \frac{1}{n}$

e) Wie groß muss die Anzahl n der Rechteckstreifen gewählt werden, damit $\underline{S}_n$ und $\overline{S}_n$ auf fünf Nachkommastellen übereinstimmen?
Was bedeutet das für das Integral $\int_0^1 (2 - x^2)\,dx$?

7 Gegeben ist die Funktion f mit $f(x) = 2^x$. Mithilfe eines GTR sollen über dem Intervall [0; 1] Unter- und Obersummen berechnet werden.

a) Berechnen Sie $\overline{S}_{10}$ und $\underline{S}_{10}$. Geben Sie eine Abschätzung für $\int_0^1 2^x\,dx$ an.

b) Berechnen Sie $\underline{S}_{100}$ und $\overline{S}_{100}$ und geben Sie damit entsprechende Abschätzungen für $\int_0^1 2^x\,dx$ an.

eN **8** **Unterschiedliche Grenzwerte von Unter- und Obersummen**

Die Funktion f ist über dem Intervall [0; 1] gegeben durch $f(x) = \begin{cases} 1 & \text{falls x eine rationale Zahl ist;} \\ 0 & \text{falls x eine irrationale Zahl ist.} \end{cases}$

a) Beschreiben Sie den Funktionsgraphen. Welche Probleme gibt es hinsichtlich der Darstellung des Graphen von f?

b) Berechnen Sie die Obersumme $\overline{S}_n$ und die Untersumme $\underline{S}_n$ für n = 5, 10, 100, 1000. Verallgemeinern Sie Ihr Ergebnis für eine beliebige natürliche Zahl n.

c) Begründen Sie, dass man für die Funktion f das Integral $\int_0^1 f(x)\,dx$ nicht berechnen kann.

9 Berechnen Sie für das folgende Integral Unter- und Obersummen für 20, 50, 100 und 200 Rechteckstreifen mithilfe eines GTR. Erläutern Sie, wie mithilfe der Ober- und Untersummen das Integral bestimmt werden kann, und schätzen Sie anhand Ihrer Berechnungen den Wert des Integrals ab.
Hinweis: Achten Sie auf das Monotonieverhalten.

a) $\int_0^5 0{,}2x^2\,dx$ **b)** $\int_0^2 (x^2 - 4)\,dx$ **c)** $\int_1^4 \frac{1}{x}\,dx$ **d)** $\int_{-1}^1 (2 - x^2)\,dx$

10 Bestimmen Sie das Integral durch die Berechnung des gemeinsamen Grenzwertes der Folge von Ober- und Untersummen.

a) $\int_0^4 3x^2\,dx$ **b)** $\int_0^5 (x^2+3)\,dx$ **c)** $\int_0^2 (-x^3)\,dx$

11 Bestimmen Sie das Integral mithilfe geometrischer Überlegungen *ohne* Rückgriff auf Ober- und Untersummen. Skizzieren Sie zunächst den Graphen der Integrandenfunktion.

a) $\int_0^2 (x+2)\,dx$ **b)** $\int_0^3 1\,dx$ **c)** $\int_0^8 (4-\frac{1}{2}x)\,dx$

12 Berechnen Sie das Integral näherungsweise mithilfe eines Rechners.

a) $\int_{-2}^3 (x^3-4x^2+1)\,dx$ **c)** $\int_{-3}^3 \frac{x}{x^2+1}\,dx$ **e)** $\int_{-1}^2 \frac{1}{2}(2^x-2^{-x})\,dx$

b) $\int_{-1}^0 x(x-1)^5\,dx$ **d)** $\int_1^2 (3^x-x)\,dx$ **f)** $\int_2^3 \log(x)\,dx$

13 Geben Sie den Flächeninhalt der Fläche zwischen dem Graphen von f und der x-Achse über dem Intervall I mithilfe eines Integrals an und berechnen Sie dessen Wert.

a) $f(x)=x^2$, $I=[1;3]$ **b)** $f(x)=x^3$, $I=[1;2]$ **c)** $f(x)=x^2$, $I=[-2;2]$

14 Berechnen Sie mithilfe geometrischer Überlegungen und bekannter Integrale den Flächeninhalt der gefärbten Fläche.

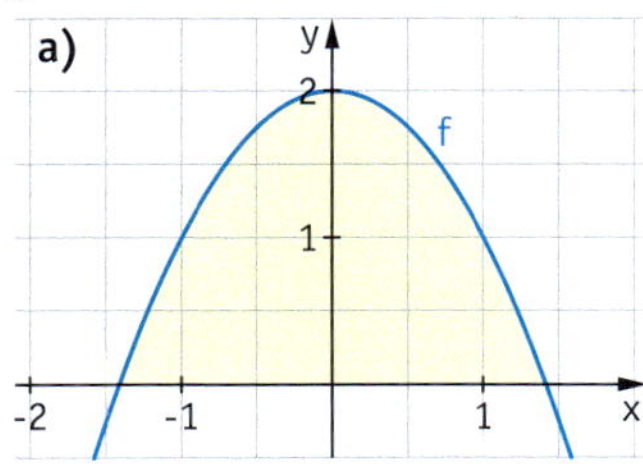

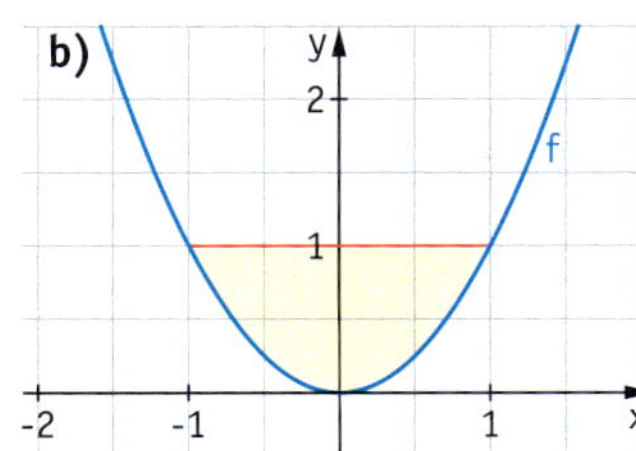

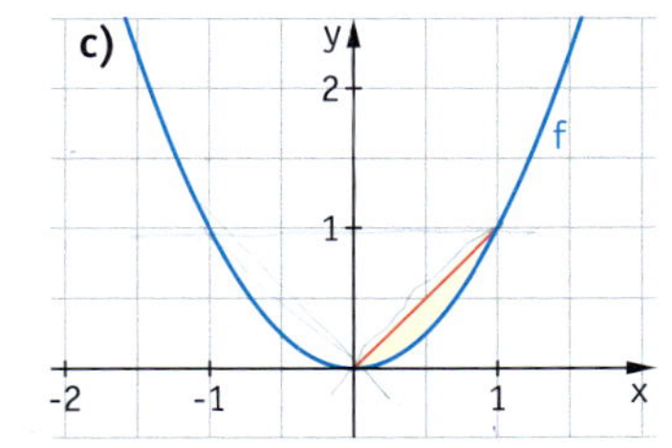

15

a) Zeichnen Sie die Graphen zu f und g mit $f(x)=\sqrt{x}$ und $g(x)=\sqrt[3]{x}$ für den Bereich $0 \le x \le 1$.

Bestimmen Sie mittels geometrischer Überlegungen und bekannter Integrale die Integrale $\int_0^1 \sqrt{x}\,dx$ und $\int_0^1 \sqrt[3]{x}\,dx$.

b) Bestimmen Sie $\int_0^b \sqrt{x}\,dx$ und $\int_0^b \sqrt[3]{x}\,dx$ sowie $\int_a^b \sqrt{x}\,dx$ und $\int_a^b \sqrt[3]{x}\,dx$ für $0 < a < b$.

16 Ein sichelförmiges Metallstück ist durch zwei Parabelbögen begrenzt. Die Oberfläche soll mit einem Speziallack beschichtet werden. Die Kosten hierfür betragen $2{,}40\,\frac{€}{dm^2}$.
Berechnen Sie die Kosten für eine einseitige Beschichtung.

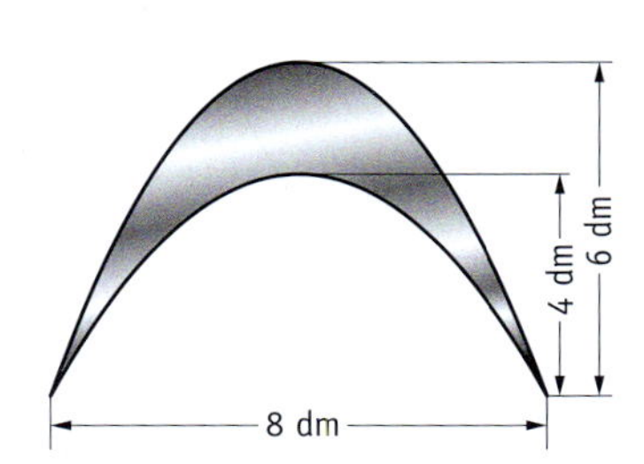

17 Gegeben ist die Funktion f mit $f(x)=x^2$.
Untersuchen Sie, welchen Wert b annehmen muss, damit gilt:

(1) $\int_0^b f(x)\,dx = 9$ (2) $\int_3^b f(x)\,dx = 18$

2.2 Aus Änderungsraten rekonstruierter Bestand – Integralfunktionen

Aufgabe

1 Der Kraftstoffverbrauch und die Emissionen bei einem Auto sind auf den ersten Kilometern nach einem Kaltstart am höchsten, da weder der Motor noch der Katalysator die ideale Betriebstemperatur erreicht haben.

Die nebenstehende Tabelle zeigt für ein bestimmtes Fahrzeug den *momentanen* Kraftstoffverbrauch in $\frac{l}{km}$ in Abhängigkeit von der Länge der gefahrenen Strecke.

Normalerweise wird der Kraftstoffverbrauch in $\frac{l}{100\,km}$ angegeben. Die nachfolgenden Rechnungen werden jedoch übersichtlicher, wenn wir den Verbrauch in $\frac{l}{km}$ messen.

Länge der Fahrstrecke (in km)	2	4	6	8	10	12
momentaner Kraftstoffverbrauch $\left(\text{in } \frac{l}{km}\right)$	0,130	0,110	0,098	0,090	0,084	0,080

a) Erläutern Sie die Tabelle. Berechnen Sie näherungsweise anhand der Tabelle den insgesamt verbrauchten Kraftstoff nach einer Fahrt von 8 km.

b) Die in der Tabelle angegebenen Datenpaare können gut durch den rechts abgebildeten Graphen der Funktion k mit $k(x) = \frac{0{,}48}{x+4} + 0{,}05$ beschrieben werden.

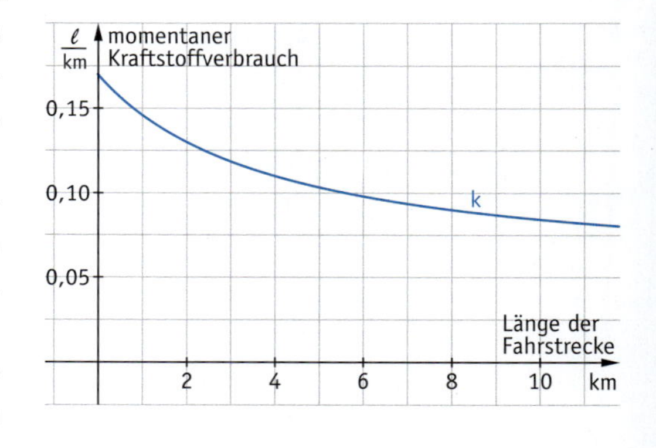

Untersuchen Sie, welche Bedeutung der orientierte Flächeninhalt der Fläche hat, die vom Graphen und der x-Achse über einem Intervall eingeschlossen wird.

Wie kann man den in Teilaufgabe a) berechneten Näherungswert für den Verbrauch nach 8 km genauer bestimmen?

Berechnen Sie einen möglichst genauen Wert. Verwenden Sie dazu gegebenenfalls einen GTR.

c) Legen Sie eine Wertetabelle für $x = 1, 2, 3, \dots, 10$ an und bestimmen Sie eine Funktion, die angibt, wie viel Liter Kraftstoff jeweils nach einer Fahrstrecke von x km insgesamt verbraucht wurden.

Lösung

a) In der Tabelle wird für verschiedene Fahrstreckenlängen (in km) jeweils ein bestimmter Benzinverbrauch $\left(\text{in } \frac{l}{km}\right)$ angegeben. Der angegebene Benzinverbrauch ist der *momentane* Verbrauch, also der Verbrauch zu dem Zeitpunkt, zu dem das Fahrzeug genau die jeweilige Fahrstrecke zurückgelegt hat. Der Tabelle entnimmt man beispielsweise, dass nach einer zurückgelegten Fahrstrecke von 4 km der momentane Kraftstoffverbrauch bei $0{,}11\,\frac{l}{km}$ liegt. Unterstellt man, dass der momentane Kraftstoffverbrauch zwischen 2 km bis 4 km konstant $0{,}11\,\frac{l}{km}$ betrug, so wären auf dieser 2 km langen Fahrstrecke $2 \cdot 0{,}11\,l$, also $0{,}22\,l$, Benzin verbraucht worden. Um den Kraftstoffverbrauch des Fahrzeugs nach insgesamt 8 km näherungsweise zu berechnen, nehmen wir an, dass der momentane Kraftstoffverbrauch stückweise konstant ist.

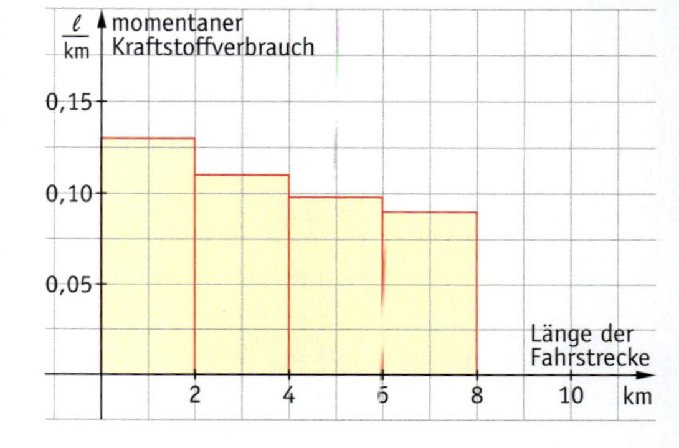

Dann können wir die Menge des verbrauchten Kraftstoffs während der einzelnen Streckenabschnitte durch den orientierten Flächeninhalt der Rechtecke veranschaulichen, die als Breite $\Delta x = 2$ (Länge der Teilstrecken) und als Höhe den jeweiligen als konstant unterstellten momentanen Kraftstoffverbrauch während dieser Teilstrecke haben.

Wir erhalten als Näherungswert für den Verbrauch nach 8 km Fahrt:

$$2\,\text{km} \cdot 0{,}13\,\frac{\text{l}}{\text{km}} + 2\,\text{km} \cdot 0{,}11\,\frac{\text{l}}{\text{km}} + 2\,\text{km} \cdot 0{,}098\,\frac{\text{l}}{\text{km}} + 2\,\text{km} \cdot 0{,}09\,\frac{\text{l}}{\text{km}}$$
$$= 2 \cdot (0{,}13 + 0{,}11 + 0{,}098 + 0{,}09)\,\text{l}$$
$$= 0{,}856\,\text{l}$$

Während der ersten 8 Fahrkilometer wurde also etwa 1 Liter Kraftstoff verbraucht.

b) Da die Größen auf der x-Achse die Einheit km und auf der y-Achse die Einheit $\frac{\text{l}}{\text{km}}$ haben, erhält man beim Multiplizieren die Einheit $\text{km} \cdot \frac{\text{l}}{\text{km}} = \text{l}$.
Der Flächeninhalt der Fläche, die vom Graphen der Funktion k und der x-Achse über einem Intervall eingeschlossen wird, kann also als Menge des verbrauchten Kraftstoffs während des Zurücklegens dieser Strecke verstanden werden.
Um den Verbrauch nach 8 km näherungsweise zu bestimmen, haben wir in Teilaufgabe a) als Näherungswert für den Kraftstoffverbrauch die Untersumme $\underline{S}_4$ berechnet.

Um einen genaueren Wert für die Menge des verbrauchten Kraftstoffs nach insgesamt 8 km Fahrstrecke zu erhalten, wählen wir die Unterteilung in Rechteckstreifen feiner und erhalten beispielsweise für n = 100:

$$\underline{S}_{100} \approx 0{,}924$$

```
8/100*sum(seq(.4
8/(X+4)+.05,X,8/
100,8,8/100))
          .9241481202
```

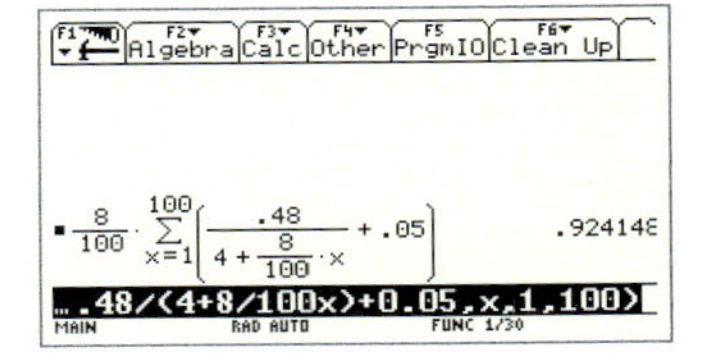

Verfeinern wir die Unterteilung immer weiter, so nähern sich die Untersummen ebenso wie die entsprechenden Obersummen dem orientierten Flächeninhalt bzw. dem gesamten Kraftstoffverbrauch nach 8 km immer genauer an. Der gemeinsame Grenzwert der Folgen der Unter- und Obersummen, das Integral über die Funktion k in den Grenzen 0 und 8, ist der Wert der Menge des verbrauchten Kraftstoffs nach insgesamt 8 km.

Bezeichnen wir mit I(x) die Menge des verbrauchten Kraftstoffs nach x km, so erhalten wir:

$$I(8) = \int_0^8 k(x)\,dx = \int_0^8 \left(\frac{0{,}48}{x+4} + 0{,}05\right)dx$$

Das Integral kann man mithilfe eines GTR leicht näherungsweise berechnen:

$$\int_0^8 \left(\frac{0{,}48}{x+4} + 0{,}05\right)dx \approx 0{,}927$$

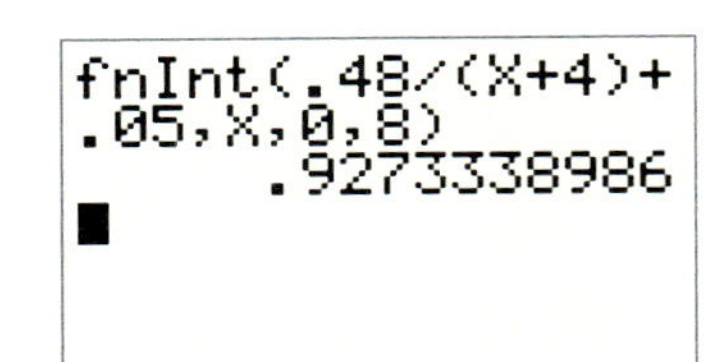

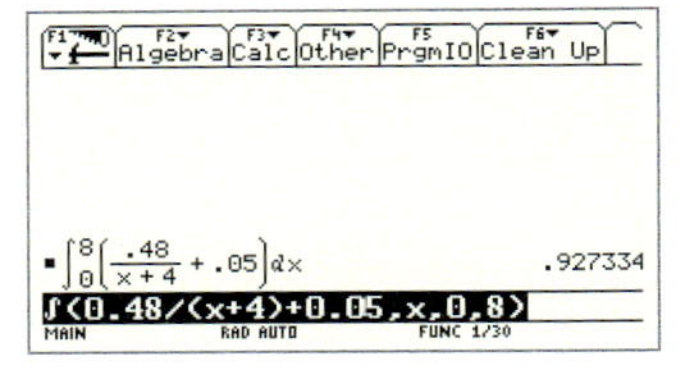

Während der ersten 8 km werden also insgesamt etwa 0,93 Liter Kraftstoff verbraucht.

c) Mithilfe eines GTR erhalten wir als Wertetabelle für die Menge $I(x)$ (in l) des verbrauchten Kraftstoffs nach einer Fahrstrecke x (in km):

Länge x der Fahrstrecke (in km)	1	2	3	4	5	6	7	8	9	10
Menge des verbrauchten Kraftstoffs I (x) (in l)	0,157	0,295	0,419	0,533	0,639	0,740	0,836	0,927	1,016	1,101

Durch $I(x) = \int_0^x k(x)\,dx = \int_0^x \left(\frac{0{,}48}{x+4} + 0{,}05\right) dx$ ist also eine Funktion I gegeben, die zu jeder Wegstrecke x die bis dahin verbrauchte Menge an Kraftstoff angibt.

Information

(1) Aus Änderungsraten rekonstruierter Bestand

Bei der Lösung von Aufgabe 1 wurde von der momentanen Änderungsrate (momentaner Kraftstoffverbrauch in $\frac{l}{km}$) auf den *Bestand* (verbrauchte Kraftstoffmenge in l) geschlossen. Solche Anwendungsprobleme lassen sich geometrisch auf die Bestimmung orientierter Flächeninhalte zurückführen.
Dabei müssen die Änderungsraten nicht immer aus einem Graphen abgelesen werden, oft sind diese auch wie in Teilaufgabe 1 a) in einer Messwerttabelle angegeben oder sie werden durch einen Funktionsterm beschrieben, der beispielsweise durch Regression aus vorhandenen Messdaten gewonnen wurde.

(2) Begriff der Integralfunktion

Die in Aufgabe 1 gegebene Funktion k mit $k(x) = \frac{0{,}48}{x+4} + 0{,}05$ ordnet jeder Stelle x der Fahrstrecke den jeweiligen momentanen Kraftstoffverbrauch zu.
Zu dieser Funktion haben wir dann die Funktion I gebildet, die zu jeder Stelle x der Fahrstrecke die bis dahin verbrauchte Menge Kraftstoff angibt. Die Funktionswerte $I(x)$ lassen sich jeweils als Integral über die Funktion k in den Grenzen von 0 bis x berechnen:

$$I(x) = \int_0^x k(x)\,dx$$

Die obere Grenze dieses Integrals ist dabei die Variable x; als untere Grenze kann statt 0 eine beliebige Zahl a als Beginn für die Messung gewählt werden. Die Variable x kommt dabei in zweierlei Bedeutung vor, einmal als Variable der Funktion k und ein anderes mal als Variable der Funktion I. Deshalb wird die Variable der Integrandenfunktionen umbenannt, z. B. in t.

Definition 3: Integralfunktion

Gegeben ist eine Funktion f.

Für eine fest gewählte Zahl a heißt die Funktion I_a mit

$$I_a(x) = \int_a^x f(t)\,dt,$$

die jeder Stelle x den Wert des Integrals $\int_a^x f(t)\,dt$ zuordnet,
Integralfunktion von f mit der unteren Grenze a.

Die Funktion f, über die integriert wird, heißt Integrandenfunktion (siehe Seite 93).

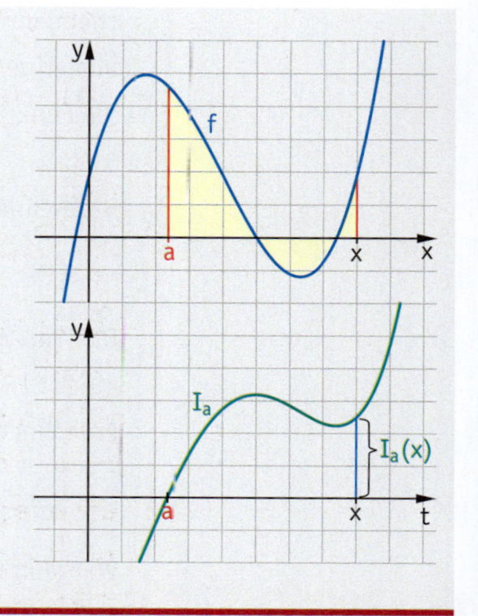

Beispiele

Um die Definition zu verdeutlichen, bestimmen wir zu $f(x) = x^2$ die Integralfunktionen I_0, I_1 und $I_{1,5}$:

(1) $I_0(x) = \int_0^x t^2\,dt = \frac{x^3}{3} - \frac{0^3}{3} = \frac{x^3}{3}$, für $x > 0$

(2) $I_1(x) = \int_1^x t^2\,dt = \frac{x^3}{3} - \frac{1^3}{3} = \frac{x^3}{3} - \frac{1}{3}$, für $x > 1$

(3) $I_{1,5}(x) = \int_{1,5}^x t^2\,dt = \frac{x^3}{3} - \frac{1{,}5^3}{3} = \frac{x^3}{3} - 1{,}125$, für $x > 1{,}5$

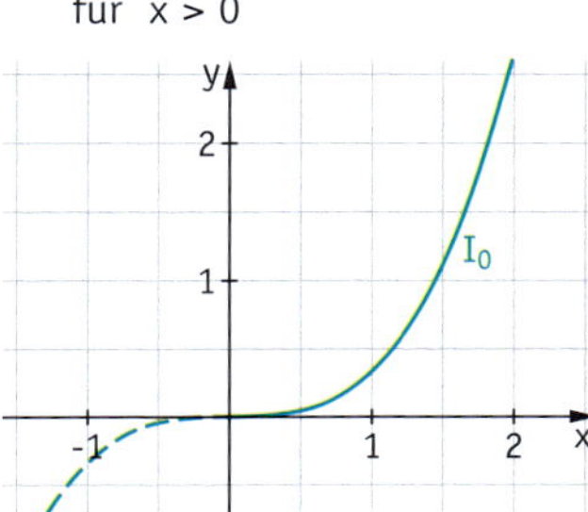

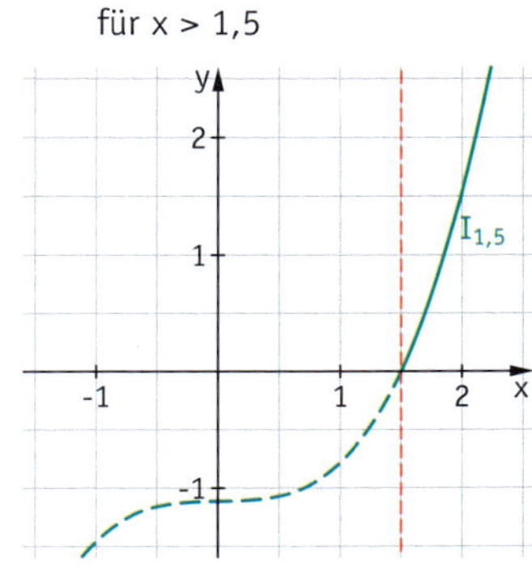

Weiterführende Aufgaben

2 Integrale mit beliebigen Integrationsgrenzen

Wir haben bei der Definition des Integrals $\int_a^b f(x)\,dx$ bisher immer vorausgesetzt, dass $b > a$ ist. Die oben aufgeführten Beispiele I_0, I_1 und $I_{1,5}$ legen aber die Frage einer Definition von $\int_a^b f(x)\,dx$ auch für $b \le a$ nahe.

a) Verdeutlichen Sie anhand der oben aufgeführten Beispiele, dass die Definition $\int_a^a f(x)\,dx = 0$ sinnvoll ist. Inwiefern ist diese Definition auch geometrisch plausibel?

b) Begründen Sie anhand einer Skizze für $a \le b \le c$:

$$\int_a^b f(x)\,dx + \int_b^c f(x)\,dx = \int_a^c f(x)\,dx.$$

c) Begründen Sie, dass die Gleichung $\int_a^b f(x)\,dx + \int_b^c f(x)\,dx = \int_a^c f(x)\,dx$ genau dann für beliebige Integrationsgrenzen a, b, c gilt, falls man $\int_a^b f(x)\,dx = -\int_b^a f(x)\,dx$ setzt.

Integrale mit beliebigen Integrationsgrenzen

(1) $\int_a^a f(x)\,dx = 0$

(2) $\int_b^a f(x)\,dx = -\int_a^b f(x)\,dx$

Beispiele

- $\int_3^3 x^2\,dx = 0$
- $\int_2^1 x^2\,dx = -\int_1^2 x^2\,dx = -\left(\frac{2^3}{3} - \frac{1^3}{3}\right) = -\frac{7}{3}$

3 Integralfunktionen mit einem GTR darstellen

Ein GTR kann nur numerisch rechnen. Dennoch kann man mit einem GTR den Graphen einer Integralfunktion darstellen und auch Berechnungen durchführen. Das nebenstehende GTR-Fenster zeigt, wie man die Integralfunktion direkt in den Funktionen-Editor eingibt. Erläutern Sie die Anzeige und untersuchen Sie, welche Möglichkeiten Ihr GTR bietet.

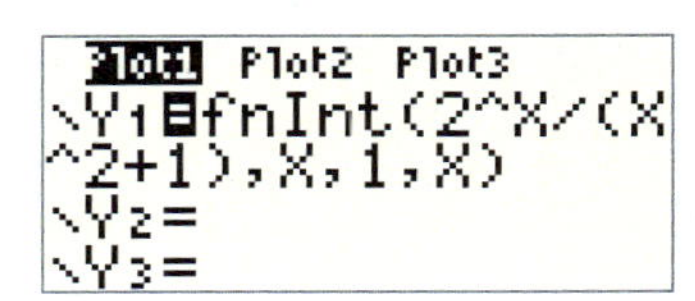

Zeichnen Sie mithilfe eines GTR den Graphen einer Integralfunktion zu f mit $f(x) = \sqrt{x} \cdot \sin x$ mit $x \ge 0$.

Übungsaufgaben 

4 Unmittelbar nach dem Deichbruch eines Flusses fließen etwa 150 m³ Wasser pro Minute durch die Bruchstelle. Man geht davon aus, dass sich die Bruchstelle durch den Wasserfluss so vergrößert, dass sich innerhalb einer Minute die Durchflussstärke um 30 m³ pro Minute erhöht.

a) Geben Sie einen Funktionsterm $f(t)$ an, der jedem Zeitpunkt t nach dem Dammbruch eine Durchflussstärke (in m³ pro Minute) zuordnet. Zeichnen Sie den Graphen von f.

b) Bestimmen Sie die Menge Wasser, die nach 10 min, 20 min, 30 min, x min durch die Bruchstelle geflossen ist. Beschreiben Sie die Funktion F, welche jedem Zeitpunkt x (in min) nach dem Dammbruch die bisher durchgeflossene Wassermenge (in m³) zuordnet, auch mithilfe eines Integrals. Zeichnen Sie den Graphen von F.

5

Härten von Stahl

Bei der Herstellung von Werkzeugen aus Stahl werden Härtungsverfahren verwendet. Solche Härtungsverfahren bestehen aus dem Erwärmen bis zu einer werkstoffabhängigen Temperatur, dem Aufrechterhalten dieser Temperatur und dem anschließenden Abkühlen (Abschrecken) unter Beobachtung der Abkühlgeschwindigkeit, die dabei bestimmte kritische Werte nicht überschreiten bzw. unterschreiten darf.

Ein Gegenstand wird mit folgenden Abkühlgeschwindigkeiten abgeschreckt.

Zeit (in min)	1	2	3	4	5	6	7	8
Abkühlgeschwindigkeit $\left(\text{in } \frac{°C}{min}\right)$	−2,26	−2,05	−1,85	−1,68	−1,52	−1,37	−1,24	−1,12

a) Berechnen Sie näherungsweise, um wie viel Grad die Temperatur des Gegenstandes nach 8 min gesunken ist.

b) Zeigen Sie, dass die Abkühlgeschwindigkeit gut durch die Funktion f mit $f(t) = -2{,}5 \cdot 0{,}9045^x$ angenähert werden kann. Berechnen Sie mithilfe eines GTR oder eines CAS möglichst genau, um wie viel Grad die Temperatur des Gegenstandes nach 1 min, 2 min, 3 min, … , 8 min gesunken ist.

6 In einem Pumpspeicherwerk wird nachts Wasser aus einem unteren Becken in ein oberes Speicherbecken gepumpt. Zur Stromerzeugung kann das Wasser am Tag über eine Turbine wieder abgelassen werden.
Zwischen 20.00 und 22.00 Uhr werden alle 15 Minuten folgende Messungen für die ins Speicherbecken einlaufende Wassermenge aufgezeichnet:

Zeit (in min)	0	15	30	45	60	75	90	105	120
Zulaufstärke (in m³ pro min)	14	8	10	27	30	46	71	75	99

a) Stellen Sie die Daten grafisch dar. Welcher Funktionsterm passt gut zu den Daten?

b) Bestimmen Sie näherungsweise, welche Wassermengen bis 20.15; 20.30; 20.45; 21.00; 21.15; 21.30; 21.45; 22.00 Uhr insgesamt einfließen, und stellen Sie die ermittelten Werte in einer Tabelle dar.

c) Ermitteln Sie einen Funktionsterm, der gut zu den Wertepaaren der Tabelle aus Teilaufgabe b) passt.

7 Der Graph rechts zeigt die Zulaufgeschwindigkeit, d. h. die pro Sekunde zulaufende Wassermenge in Liter, beim Füllen einer Badewanne.
Bestimmen Sie näherungsweise die Wassermenge, die sich nach 22 Sekunden in der Badewanne befindet.

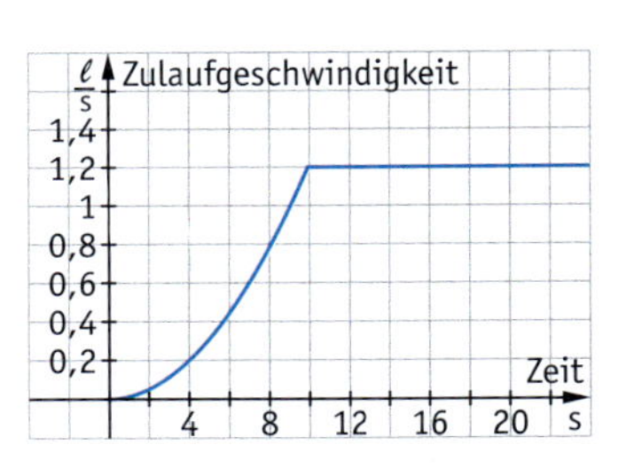

8 Gegeben ist die Funktion f mit $f(x) = 4 - 0{,}8x$.
Bestimmen Sie für $a = -2$, $a = -1$, …, $a = 2$ jeweils einen Term für die Integralfunktion I_a.
Stellen Sie die verschiedenen Integralfunktionen grafisch dar. Erläutern Sie die Zusammenhänge.

9 Bestimmen Sie jeweils zum vorgegebenen Wert von a die Integralfunktion I_a von f und zeichnen Sie die Graphen von f und I_a in zwei Koordinatensysteme untereinander.

a) $f(x) = 3x + 1$, $a = 0$ [$a = 2$; $a = -1$]

b) $f(x) = 2x - 6$, $a = 0$ [$a = 3$; $a = -2$]

c) $f(x) = \frac{1}{2}x - 1$, $a = 0$ [$a = 1$; $a = -4$]

d) $f(x) = x^2 + 1$, $a = 1$ [$a = 1$; $a = -1$]

e) $f(x) = 3x^2 - 1$, $a = 0$ [$a = 2$; $a = -2$]

f) $f(x) = -3x^2 + 2$, $a = 0$ [$a = 1$; $a = -3$]

10 Bestimmen Sie Funktionsterme für die Integralfunktionen von $f(x) = x^2$ und $g(x) = x^3$.

a) Setzen Sie zunächst voraus, dass die untere Grenze $a \geq 0$ ist.

b) Geben Sie auch jeweils den Funktionsterm im Fall $a < 0$ an.

11 Der Graph einer Funktion f ist achsensymmetrisch zur y-Achse [punktsymmetrisch zum Koordinatenursprung].

a) Untersuchen Sie, ob der Graph der Integralfunktion I_a ebenfalls Symmetrien aufweist.

b) Untersuchen Sie auch, ob bei Symmetrien einer Integralfunktion auch die Integrandenfunktion Symmetrien aufweist.

12 Für den Zerfall einer radioaktiven Substanz hat man folgende Messwerte erhalten. Dabei gibt ein Bq (Becquerel) die Anzahl der Atome an, die pro Sekunde zerfallen.

Zeitpunkt t (in s)	0	5	10	15	20	25	30
Zerfall (in Bq)	1247	1172	1101	1035	972	913	858

a) Stellen Sie die Daten grafisch dar und ermitteln Sie einen Näherungswert für die Anzahl der Atome, die insgesamt nach 30 s zerfallen sind.

b) Zeigen Sie, dass die Funktion f mit $f(t) = 1246{,}5 \cdot 0{,}5^{0{,}018\,t}$ näherungsweise die Anzahl der Atome angibt, die pro Sekunde zerfallen.

c) Berechnen Sie mithilfe eines Rechners, wie viele Atome nach 30 s [60 s; 5 min] zerfallen sind.

13 Der Fahrtenschreiber eines Lkw zeigt den abgebildeten Zusammenhang zwischen der Zeit t und der Geschwindigkeit v(t) des Fahrzeugs.

a) Beschreiben Sie v(t) über dem Intervall [0; 5] durch eine ganzrationale Funktion 3. Grades.

b) Berechnen Sie, wie viele Kilometer das Fahrzeug nach 2 min [5 min; 6 min] zurückgelegt hat.

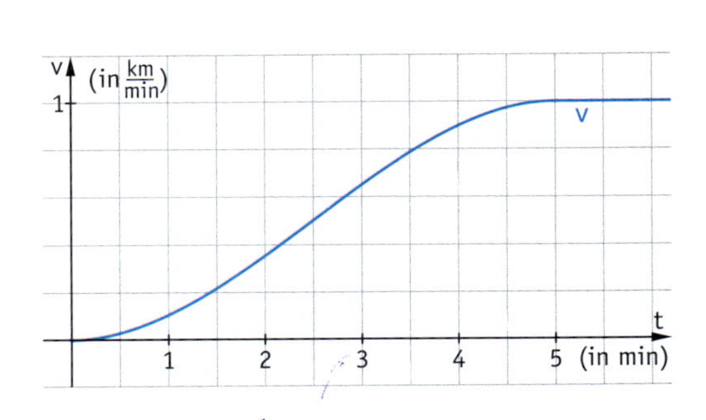

eN **14** Skizzieren Sie die Graphen zu den Integralfunktionen $I_0(x) = \int_0^x f(t)\,dt$ und $I_1(x) = \int_1^x f(t)\,dt$. Die Abbildung zeigt den Graphen der Integrandenfunktion f.

a)

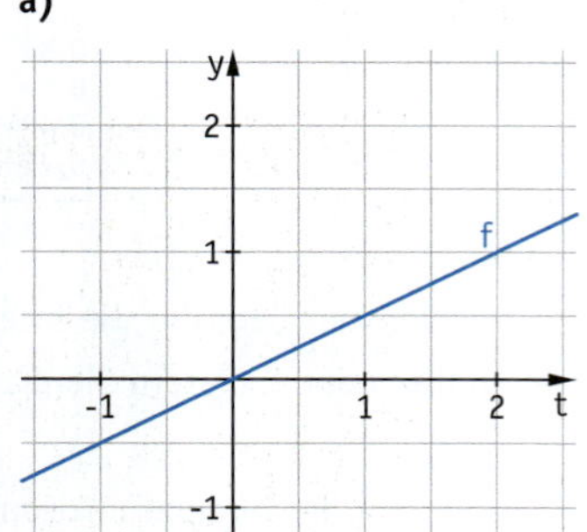

b)

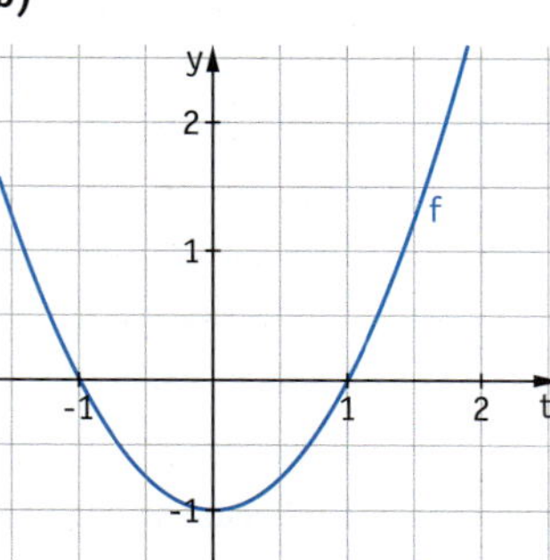

c)

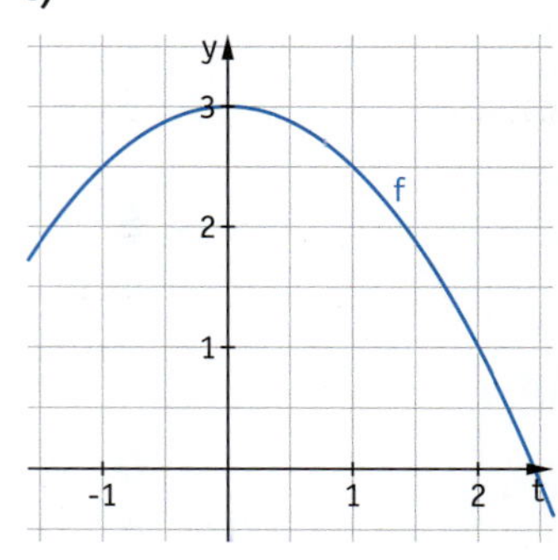

eN **15** Entscheiden Sie, ob F eine Integralfunktion einer stetigen Integrandenfunktion sein kann. Geben Sie gegebenenfalls die Integrandenfunktion an.

a) $F(x) = |x|$

b) $F(x) = \begin{cases} x^2 & \text{für } x \le 2 \\ 4(x-2) & \text{für } x > 2 \end{cases}$

c) $F(x) = x \cdot |x|$

d) $F(x) = \begin{cases} x^3 - 1 & \text{für } x < 1 \\ -x^2 + 1 & \text{für } x \ge 1 \end{cases}$

16 Ein Auto erhöht seine Geschwindigkeit in 10 s von $80\,\frac{\text{km}}{\text{h}}$ auf $120\,\frac{\text{km}}{\text{h}}$. Berechnen Sie die Länge der Strecke, die das Auto in dieser Zeit zurücklegt, falls

a) die Beschleunigung gleichmäßig erfolgt;

b) die Geschwindigkeit des Autos sich entsprechend dem abgebildeten parabelförmigen Graphen des Fahrtenschreibers ändert.

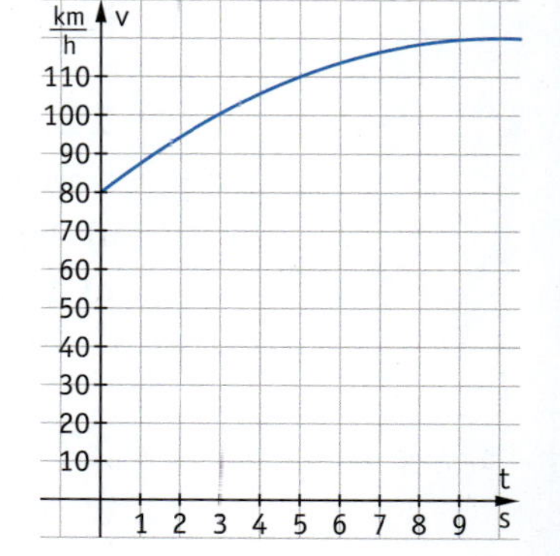

17 Nach dem Verzehr von mit Quecksilber kontaminierter Nahrung wurden bei einer Person erhöhte Quecksilberausscheidungen durch den Harn pro Tag gemessen.
Die am Tag t ausgeschiedene Menge lässt sich näherungsweise durch die Funktion f mit
$f(t) = 1{,}2 + 2 \cdot 2{,}72^{-0{,}01t}$ (in µg) beschreiben.

a) Geben Sie an, gegen welchen „Normalwert" der Wert der täglichen Ausscheidungen strebt. Berechnen Sie die Halbwertzeit für die über dem Normalwert liegende Menge.

b) Welche Menge Quecksilber sind näherungsweise nach 70 Tagen insgesamt ausgeschieden? Vergleichen Sie diese Menge mit der Menge, die im unbelasteten Fall in dieser Zeit ausgeschieden wurde.

18 An bestimmten Stellen der Autobahnen (Messbrücken) wird ständig die Anzahl der Autos bestimmt, die innerhalb von 10 s die Stelle passieren.
Dieser Wert wird als *Verkehrsstärke* während dieser 140 s bezeichnet. Die Verkehrsstärke ist eine zeitliche Änderungsrate, also die Ableitung einer Funktion F.
Wie ist diese Funktion F definiert? Welche Idealisierungen muss man vornehmen? Wie kann man aus der ständig registrierten Verkehrsstärke die Funktion F bestimmen?

Verwechseln Sie nicht Verkehrsstärke mit Verkehrsdichte.

2.3 Hauptsatz der Differenzial- und Integralrechnung

Aufgabe

1 In Gärten werden häufig sogenannte Solarleuchten aufgestellt. Diese Lampen verfügen über Solarzellen, die tagsüber einen Akku laden. Bei Nacht schaltet sich eine LED-Lampe an, die ihren Strom aus dem Akku bezieht.

Unten rechts ist ein (vereinfachter) Graph der Funktion f abgebildet, die die momentane Energieaufnahme bzw. -abnahme der Leuchte in Abhängigkeit von der Zeit beschreibt.

a) Übertragen Sie den Graphen von f in Ihr Heft. Untersuchen Sie, welche Bedeutung die Integralfunktion I_0 in diesem Sachzusammenhang hat.
Skizzieren Sie unter dem Graphen von f in einem neuen Koordinatensystem für $0 \le t \le 24$ den Graphen der Integralfunktion I_0 von f. Begründen Sie den Verlauf des Graphen der Integralfunktion.

b) Betrachten Sie die Graphen von f und I_0. Welchen Zusammenhang vermuten Sie zwischen den Funktionen f und I_0? Begründen Sie.

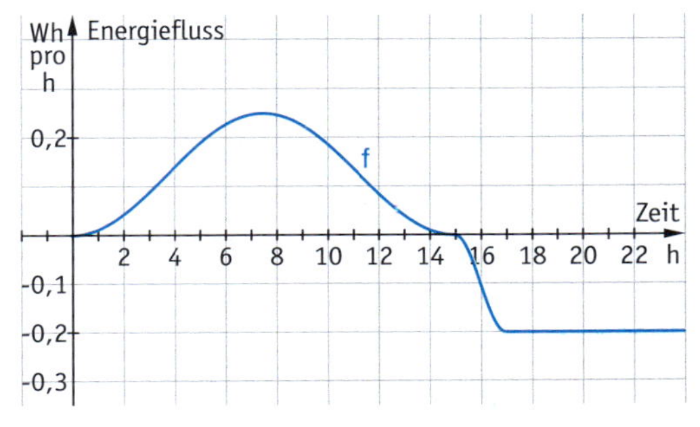

Lösung

a) $I_0(x) = \int_0^x f(t)\,dt$ gibt an, wie sich die im Akku gespeicherte Energie bis zum Zeitpunkt x insgesamt gegenüber dem Zeitpunkt 0 geändert hat. Geometrisch veranschaulicht wird dies durch den orientierten Flächeninhalt zwischen dem Graphen von f und der Zeitachse über dem Intervall [0; x].

Um den Graphen von I_0 zu skizzieren, betrachten wir also jeweils den orientierten Flächeninhalt, den der Graph von f über dem Intervall [0; x] mit der Zeit-Achse einschließt:

Wir beginnen mit dem Skizzieren des Graphen von I_0 wegen $I_0(0) = 0$ im Koordinatenursprung und setzen den Graphen von I_0 so von links nach rechts fort, dass $I_0(x)$ etwa dem positiv orientierten Flächeninhalt der Fläche entspricht, die der Graph von f über dem Intervall [0; x] mit der Zeitachse einschließt. Dabei wächst der Graph von I_0 zunächst monoton, da wegen $f(t) \ge 0$ der orientierte Flächeninhalt immer größer wird.

Da f(t) zunächst mit wachsendem t immer größer wird, wächst auch I_0 zunächst immer stärker. Etwa ab der Stelle 7,5 fällt f(t), ab dieser Stelle wächst

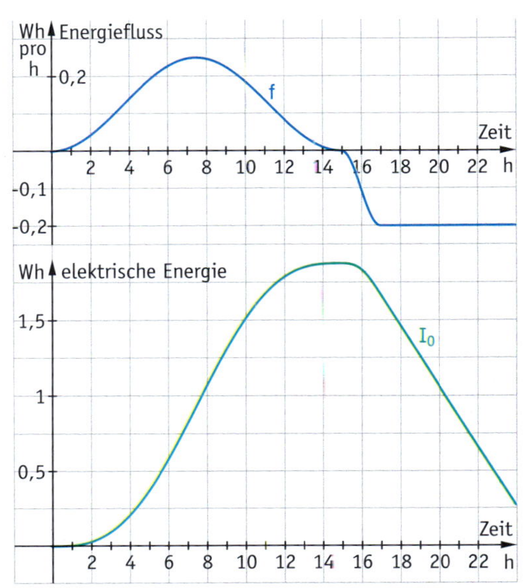

I_0 nicht mehr so stark. An der Stelle 15 wechselt f(t) das Vorzeichen und wird negativ. Das bedeutet, dass sich I_0 ab $x > 15$ aus einem positiv orientierten und aus einem negativ orientierten Flächeninhalt zusammensetzt.

Für $x > 15$ gilt also: $I_0(x) = \int_0^x f(t)\,dt = \underbrace{\int_0^{15} f(t)\,dt}_{>0} + \underbrace{\int_{15}^{x} f(t)\,dt}_{<0}$

Daher nehmen die Funktionswerte von I_0 an der Stelle $x = 15$ einen maximalen Wert an und werden danach immer kleiner.

Vorzeichenwechsel-kriterium
Wenn $g'(x_e) = 0$ und g' an der Stelle x_e einen (+/–)-Vorzeichenwechsel, dann liegt an der Stelle x_e ein lokaler Hochpunkt.

b) Beim Skizzieren des Graphen von I_0 haben wir bereits geschlossen, dass wegen des (+/–)-Vorzeichenwechsels von f(t) an der Stelle 15 der Graph von I_0 an der Stelle 15 einen Hochpunkt haben muss. Diesen Sachverhalt kennen wir bereits aus der Differenzialrechnung als ein hinreichendes Kriterium für das Vorliegen eines Hochpunktes. Daher liegt die Vermutung nahe, dass die Integrandenfunktion f die Ableitung der Integralfunktion I_0 ist.

Auch der Zusammenhang zwischen dem Vorzeichen von f(t) und dem Monotonieverhalten von I_0 scheint diese Vermutung zu bestätigen:

Wenn $f(t) \geq 0$, dann wächst I_0 monoton; wenn $f(t) \leq 0$, dann fällt I_0 monoton.

Schließlich haben wir beim Skizzieren des Graphen von I_0 darauf geachtet, dass I_0 dort am stärksten wächst, wo f(t) maximal wird; d. h., dass die Maximalstelle von f eine Wendestelle von I_0 ist. Auch dieser Zusammenhang zwischen einer Funktion und ihrer Ableitung ist uns aus der Analysis bekannt.

Daher vermuten wir:

Die Integrandenfunktion ist die Ableitung der Integralfunktion.

Information

(1) Vermutung zum Zusammenhang zwischen einer Funktion f und ihren Integralfunktionen

Bildet man zu einer vorgegebenen Funktion f zunächst eine Integralfunktion I_a mit $I_a(x) = \int_a^x f(t)\,dt$ und dann deren Ableitung, so erhält man die Ausgangsfunktion zurück: $I_a' = f$.

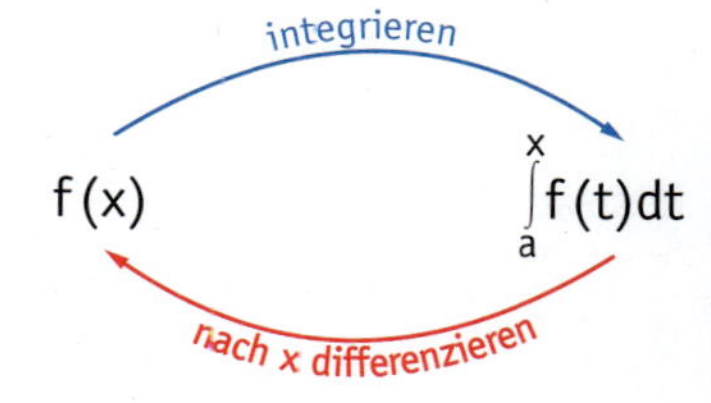

(2) Beweis der Vermutung

Es soll für eine beliebige Stelle x_0 aus dem Definitionsbereich von f gezeigt werden, dass die Ableitung der Integralfunktion I_a an dieser Stelle mit dem Wert von f an dieser Stelle übereinstimmt:

$$I_a'(x_0) = f(x_0)$$

Um dies zu zeigen, betrachten wir den zu $I_a'(x_0)$ zugehörigen Differenzenquotienten:

$$\frac{I_a(x) - I_a(x_0)}{x - x_0} = \frac{\int_a^x f(t)\,dt - \int_a^{x_0} f(t)\,dt}{x - x_0}$$

$$= \frac{1}{x - x_0}\left(\int_a^x f(t)\,dt - \int_a^{x_0} f(t)\,dt\right)$$

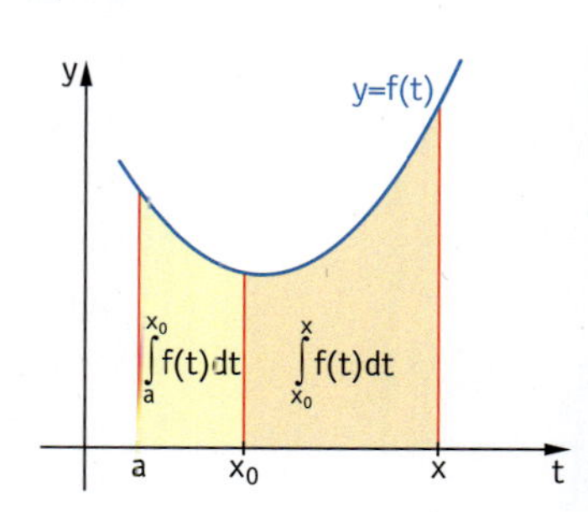

Am Graphen der Funktion erkennt man, dass gilt:

$$\int_a^x f(t)\,dt - \int_a^{x_0} f(t)\,dt = \int_{x_0}^x f(t)\,dt$$

Daher erhalten wir: $\frac{I_a(x) - I_a(x_0)}{x - x_0} = \frac{1}{x - x_0}\int_{x_0}^x f(t)\,dt$

Wir müssen somit den Grenzwert von $\frac{1}{x - x_0}\int_{x_0}^x f(t)\,dt$ bestimmen, wenn x gegen x_0 strebt.

Wenn f stetig ist (linkes Bild), dann hat der Graph von f keine Sprungstellen und man kann zwischen x_0 und x eine Zahl z finden, sodass gilt:

$\int_{x_0}^{x} f(t)\,dt = (x - x_0) \cdot f(z)$

Das heißt: Das Integral $\int_{x_0}^{x} f(t)\,dt$ ist gleich dem Flächeninhalt eines Rechtecks mit den Seitenlängen $f(z)$ und $(x - x_0)$.

Wenn der Graph von f jedoch nicht stetig ist (rechtes Bild), dann ist dies nicht immer möglich.

Damit folgt $\frac{1}{x - x_0} \int_{x_0}^{x} f(t)\,dt = \frac{1}{x - x_0} \cdot (x - x_0) \cdot f(z) = f(z)$ mit $x_0 \le z \le x$ für eine stetige Funktion f.

Diese Umformung ermöglicht es uns, den Grenzwert von $\frac{1}{x - x_0} \int_{x_0}^{x} f(t)\,dt$ einfach zu bestimmen, falls x gegen x_0 strebt:

Strebt x gegen x_0, so strebt auch z gegen x_0, da z stets zwischen x_0 und x liegt.

Dann strebt $\frac{I_a(x) - I_a(x_0)}{x - x_0} = \frac{1}{x - x_0} \int_{x_0}^{x} f(t)\,dt = f(z)$ gegen $f(x_0)$, falls f stetig ist.

Das heißt, $\lim\limits_{x \to x_0} \frac{I_a(x) - I_a(x_0)}{x - x_0} = f(x_0)$,

also $I_a'(x_0) = f(x_0)$.

Insgesamt ergibt sich aus diesem Beweis der folgende Satz:

Satz 1: Hauptsatz der Differenzial- und Integralrechnung

Wenn f eine stetige Funktion ist, dann gilt:

Die Ableitung der Integralfunktion I_a mit $I_a(x) = \int_a^x f(t)\,dt$, ist die Integrandenfunktion f.

Das heißt, es gilt:

$$\mathbf{I_a'(x) = f(x)}$$

(3) Zur Bedeutung des Hauptsatzes

Der Hauptsatz der Differenzial- und Integralrechnung stellt einen Zusammenhang zwischen zwei Bereichen der Analysis her:

- Die Integralrechnung befasst sich mit der Berechnung orientierter Flächeninhalte.
  Das Integral ist dabei als gemeinsamer Grenzwert von Folgen von Ober- und Untersummen definiert.
- Die Differenzialrechnung befasst sich mit der Berechnung der Steigung von Tangenten an einen Funktionsgraphen. Dabei ist die Steigung der Tangente als Grenzwert der Sekantensteigungen definiert.

Der Hauptsatz der Differenzial- und Integralrechnung besagt nun, dass die eine Grenzwertbildung die andere rückgängig macht. Dieser Zusammenhang zwischen den beiden geometrischen Bereichen Tangentensteigung und orientierter Flächeninhalt ist zunächst nicht erkennbar.

Allerdings kennen wir aus dem vorangegangenen Abschnitt 2.2 noch eine andere Deutung:

- Beschreibt eine Funktion f die momentane Änderungsrate eines Bestandes, so ergibt sich der Bestand aus der Integralfunktion I von f, also durch Integration von f.
- Die momentane Änderungsrate f eines Bestandes ergibt sich aus der Ableitung des Bestandes, also aus der Ableitung der Integralfunktion I.

Weiterführende Aufgabe

2 Integralfunktionen bei Graphen mit einem Knick oder einem Sprung

(1) (2)

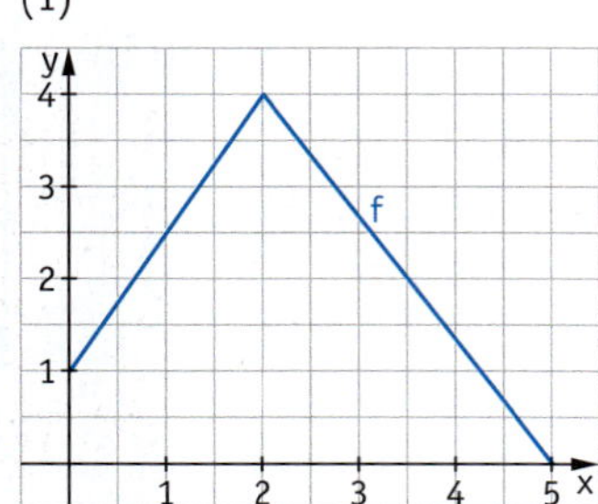

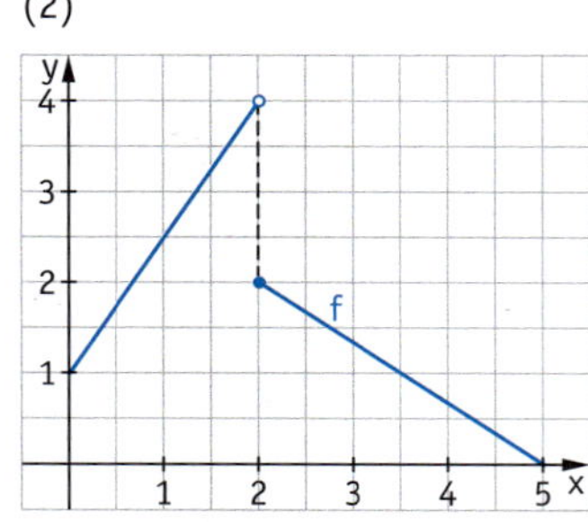

Geben Sie zur Funktion f eine Integralfunktion I_0 für das Intervall [0; 5] an.

Gilt $\left(\int_a^x f(t)\,dt\right)' = f(x)$?

Begründen Sie.

Was fällt auf?

Übungsaufgaben

3 Gegeben sind die Funktion f und die Integralfunktion I_0.

(1) $f(x) = x^2 - 4$

$I_0(x) = \int_0^x (t^2 - 4)\,dt$

(2) $f(x) = x^3 - x^2 - 2x$

$I_0(x) = \int_0^x (t^3 - t^2 - 2t)\,dt$

(3) $f(x) = 1 - 2^x$

$I_0(x) = \int_0^x (1 - 2^t)\,dt$

Zeichnen Sie mithilfe eines GTR jeweils die Funktion f und die Integralfunktion I_0 in ein gemeinsames Koordinatensystem. Vergleichen Sie die Graphen. Achten Sie dabei insbesondere auf Nullstellen, Extremstellen und Wendestellen.

Formulieren Sie eine Vermutung über den Zusammenhang zwischen der Integralfunktion und der Integrandenfunktion und überprüfen Sie Ihre Vermutung an weiteren Beispielen.

4 Für ein Segelflugzeug ist die Steig- bzw. Sinkgeschwindigkeit v(t) in Abhängigkeit von der Zeit t im rechts abgebildeten Graphen dargestellt.

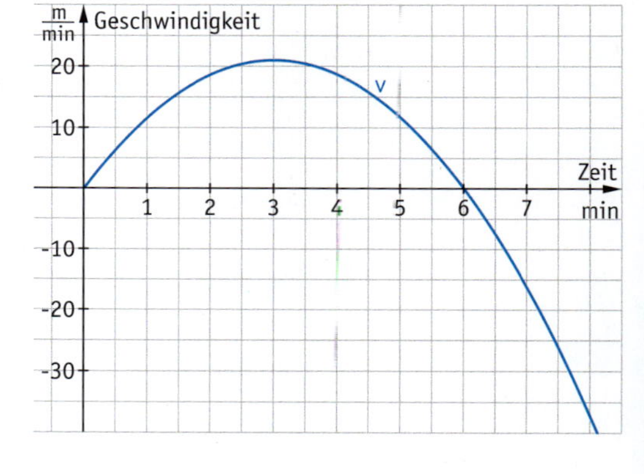

a) Übertragen Sie den Graphen von v in Ihr Heft. Mit I_0 bezeichnen wir die Integralfunktion von v mit der unteren Grenze null.
Erläutern Sie die Bedeutung von I_0.
Was gibt $I_0(t)$ an?
Skizzieren Sie unter dem Graphen von v in einem neuen Koordinatensystem für $0 \le x \le 8$ den Graphen der Integralfunktion I_0 von v.
Begründen Sie den Verlauf des Graphen der Integralfunktion.

b) Betrachten Sie die Graphen von v und I_0. Welcher Zusammenhang besteht zwischen den Funktionen f und I_0? Begründen Sie.

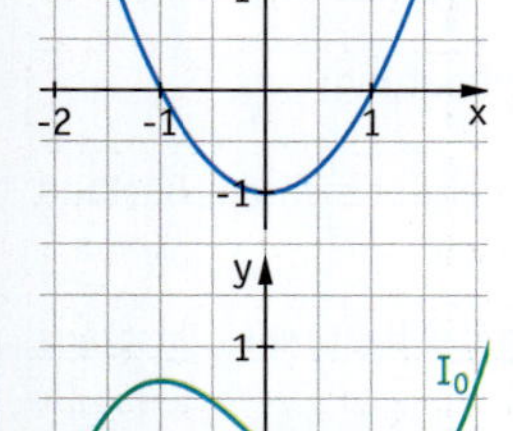

5 Die Abbildungen links zeigen den Graphen der Funktion f mit $f(x) = x^2 - 1$ und darunter den ihrer Integralfunktion I_0 mit $I_0(x) = \int_0^x f(t)\,dt$.

Vergleichen Sie beide Graphen. Begründen Sie den Verlauf des Graphen der Integralfunktion aus dem Verlauf des Graphen f.

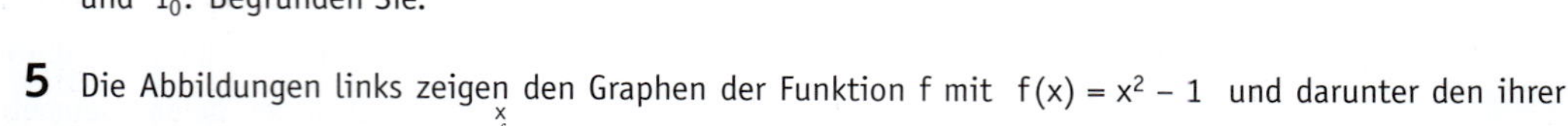

6 Gegeben ist die Funktion f. Ermitteln Sie für die Integralfunktion I_a und für die Ableitung von I_a jeweils einen Funktionsterm.

a) $f(x) = 4 - x^2;\ a = -2$ **b)** $f(x) = 3x - 12;\ a = 1$ **c)** $f(x) = x^2 + x;\ a = 0$

7

Rote Welle

Eine typische Situation im Stadtverkehr: Man hält bei Rot an einer Ampel an, nach etwa einer Minute fährt man bei Grün mit zunächst konstanter Beschleunigung und anschließend mit konstanter Geschwindigkeit weiter. Kaum hat man diese Geschwindigkeit erreicht, kommt die nächste Ampel, an der man stoppen muss.

- Stellen Sie den zeitlichen Verlauf der Geschwindigkeit grafisch dar: $v = f(t)$.
- Welche Bedeutung hat hier die Integralfunktion? Zeichnen Sie deren Graphen direkt unterhalb des Graphen von f.
- Untersuchen Sie, welcher inhaltliche Zusammenhang zwischen den beiden Funktionen besteht. Erläutern Sie auch, welche Bedeutung die Ableitung der Integralfunktion hat.

8 Bestimmen Sie zur Funktion f zunächst die Ableitung und dann zu der Ableitung f′ eine beliebige Integralfunktion. Untersuchen Sie, welcher Zusammenhang zwischen der Integralfunktion von f′ und der gegebenen Funktion f besteht.

a) $f(x) = x^2 - 4x + 5$ **b)** $f(x) = \frac{1}{3}x^3 + 2x$ **c)** $f(x) = 5$

9 In den Abbildungen sind die Graphen von drei Funktionen und die Graphen von jeweils einer der Integralfunktionen dieser Funktionen dargestellt.
Untersuchen Sie, welche Integralfunktion zu welcher Ausgangsfunktion gehört. Lässt sich jeweils auch die untere Integrationsgrenze a angeben? Beurteilen Sie, ob diese Angabe ggf. eindeutig möglich ist.

(1)

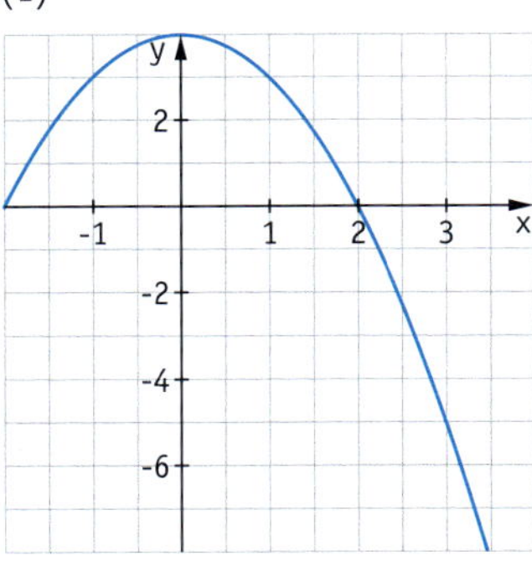

(2)

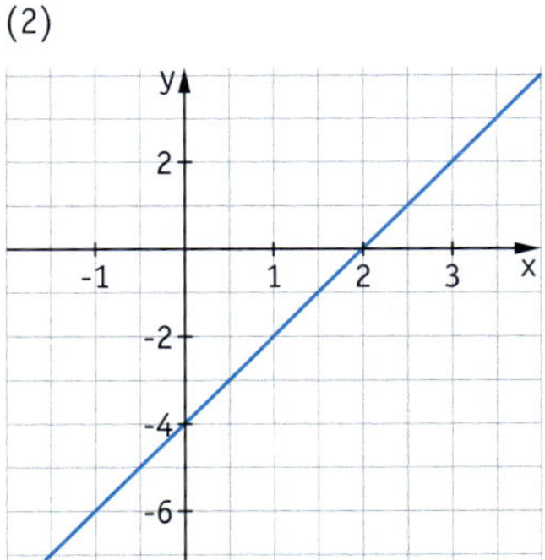

(3)

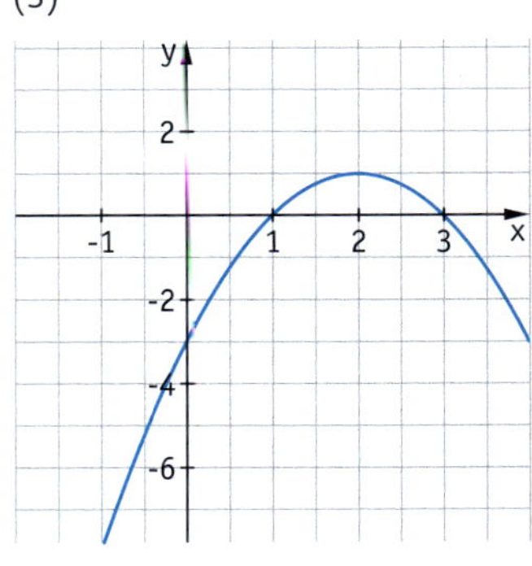

(4)

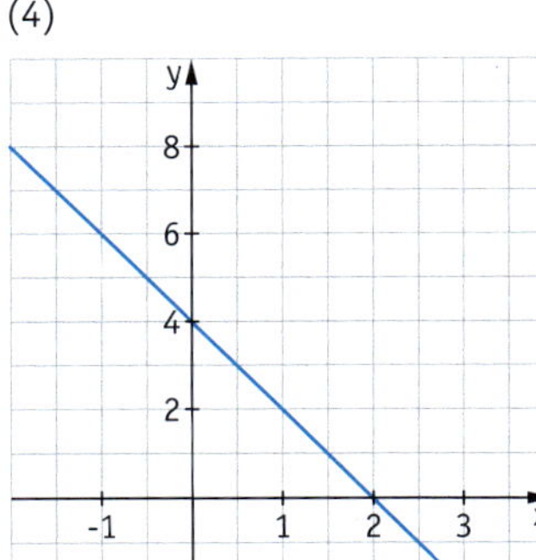

(5)

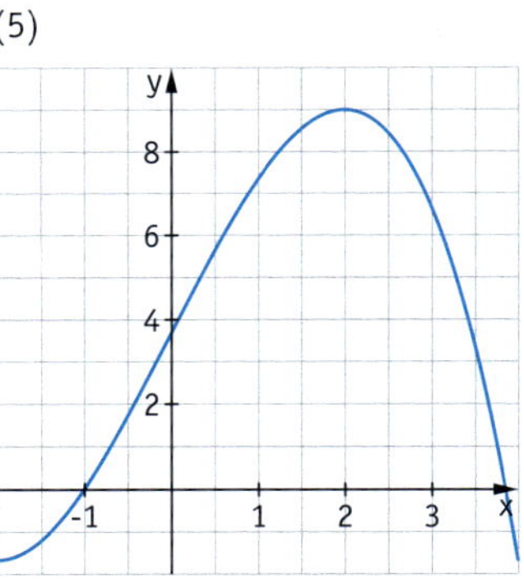

(6)

2.4 Integration mithilfe von Stammfunktionen

2.4.1 Berechnen von Integralen mithilfe von Stammfunktionen

Der Hauptsatz der Differenzial- und Integralrechnung besagt, dass die Ableitung der Integralfunktion einer Funktion f mit der Funktion f übereinstimmt.
Dieser Zusammenhang ermöglicht es uns, Integrale auf einfache Weise zu berechnen, ohne die Ermittlung von Grenzwerten von Folgen von Ober- und Untersummen.

Aufgabe

1

a) Berechnen Sie das Integral mithilfe des Hauptsatzes. Kontrollieren Sie Ihr Ergebnis.

(1) $\int_0^4 (t^3 + 5)\,dt$ (2) $\int_0^{\frac{\pi}{2}} \sin(t)\,dt$

b) Verallgemeinern Sie das in Teilaufgabe a) entwickelte Verfahren zur Berechnung eines Integrals $\int_a^b f(t)\,dt$ mithilfe des Hauptsatzes der Differenzial- und Integralrechnung.

Lösung

a) (1) Das Integral $\int_0^4 (t^3 + 5)\,dt$ ist der Wert der Integralfunktion $I_0(x) = \int_0^x (t^3 + 5)\,dt$ an der Stelle 4.
Um $I_0(4)$ berechnen zu können, benötigen wir einen konkreten Funktionsterm für $I_0(x)$.

Da die Ableitung der Integralfunktion die Integrandenfunktion ist, suchen wir für I_0 eine Funktion F, deren Ableitung $F'(x) = x^3 + 5$ ergibt. Offenbar erfüllt die Funktion F mit $F(x) = \frac{1}{4}x^4 + 5x$ diese Gleichung, sodass wir mit $I_0(x) = F(x) = \frac{1}{4}x^4 + 5x$ berechnen können:

$$\int_0^4 (t^3 + 5)\,dt = I_0(4) = F(4) = 84$$

Ergebnis: $\int_0^4 (t^3 + 5)\,dt = 84$

Kontrolle:

Mithilfe des GTR erhalten wir dasselbe Ergebnis:

```
fnInt(X^3+5,X,0,
4)
                84
```

Das Ergebnis ist also korrekt.

(2) Wie bei (1) setzen wir für $I_0(x) = \int_0^x \sin(t)\,dt$ einen konkreten Funktionsterm $F(x)$ mit $F'(x) = \sin(x)$.

Für $F(x) = -\cos(x)$ gilt $F'(x) = \sin(x)$.

Setzen wir $I_0(x) = F(x) = -\cos(x)$, so erhalten wir $\int_0^{\frac{\pi}{2}} \sin(t)\,dt = I_0\left(\frac{\pi}{2}\right) = F\left(\frac{\pi}{2}\right) = -\cos\left(\frac{\pi}{2}\right) = 0$.

Dieses Ergebnis kann nicht stimmen.

Ein Blick auf den Graphen der Integrandenfunktion f mit $f(t) = \sin(t)$ zeigt, dass das Integral $\int_0^{\frac{\pi}{2}} \sin(t)\,dt$ positiv sein muss, da der orientierte Flächeninhalt unter dem Graphen von f über dem Intervall $\left[0; \frac{\pi}{2}\right]$ positiv ist.

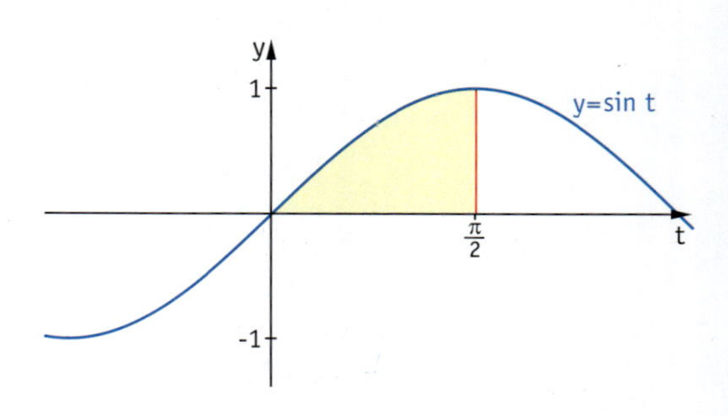

Daher kann die Funktion F mit $F(x) = -\cos(x)$ nicht die gesuchte Integralfunktion I_0 sein.

Da aber sowohl $(I_0(x))' = \sin(x)$ als auch $F'(x) = \sin(x)$ gilt, beide Funktionen also *dieselbe* Ableitung haben, können sie sich nur um eine Konstante c unterscheiden:

$I_0(x) = F(x) + c$

Den Wert von c können wir ermitteln, indem wir in dieser Gleichung $x = 0$ setzen:

$0 = I_0(0) = F(0) + c$, also $c = -F(0)$.

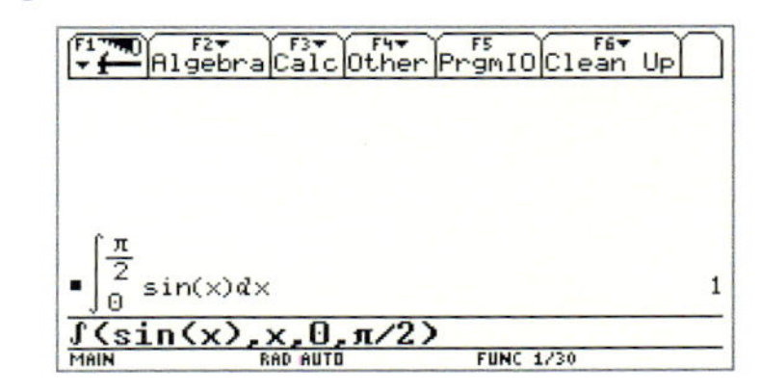

Damit erhalten wir $I_0(x) = F(x) - F(0)$ und somit

$$\int_0^{\frac{\pi}{2}} \sin(t)\,dt = F\left(\tfrac{\pi}{2}\right) - F(0) = -\cos\left(\tfrac{\pi}{2}\right) - \left(-\cos(0)\right) = 1$$

Ein GTR oder ein CAS bestätigt das Ergebnis.

b) Ist F eine beliebige Funktion mit $F'(x) = f(x)$, so unterscheiden sich F und die Integralfunktion I_a mit $I_a(x) = \int_a^x f(t)\,dt$ um eine Konstante c: $I_a(x) = F(x) + c$.

Setzt man $x = a$, so ergibt sich

$0 = I_a(a) = F(a) + c$, also

$c = -F(a)$ und $I_a(x) = F(x) - F(a)$.

Somit folgt: $\int_a^b f(t)\,dt = I_a(b) = F(b) - F(a)$.

Ergebnis: Ist f eine beliebige Funktion mit $F'(x) = f(x)$, dann ist $\int_a^b f(t)\,dt = F(b) - F(a)$.

Information

(1) Stammfunktion

Wir halten das Ergebnis von Aufgabe 1 fest und führen dabei zunächst den Begriff *Stammfunktion* ein.

Die Berechnung des Integrals $\int_a^b f(t)\,dt = F(b) - F(a)$ erfolgt mit einer Funktion F, für deren Ableitung gilt: $F'(x) = f(x)$. Eine derartige Funktion F heißt Stammfunktion von f:

Statt Stammfunktion sagt man auch „Aufleitung".

Definition 4

Eine Funktion F heißt **Stammfunktion** zu einer gegebenen Funktion f, wenn f die Ableitung von F ist:

$F'(x) = f(x)$

Beispiel

F mit $F(x) = \frac{1}{3}x^3 + 2x^2 - 2x + 1$ ist eine Stammfunktion zu f mit $f(x) = x^2 + 4x - 2$, da $F'(x) = f(x)$.

Bei der Herleitung zur Berechnung eines Integrals mithilfe einer Stammfunktion haben wir den folgenden unmittelbar einleuchtenden Satz benutzt:

Satz 2: Gesamtheit aller Stammfunktionen zu einer gegebenen Funktion

Ist F eine beliebige Stammfunktion zu einer gegebenen Funktion f über dem Intervall [a; b], so sind alle Stammfunktionen von f über dem Intervall [a; b] gegeben durch

$F(x) + c$ mit $c \in \mathbb{R}$.

Beispiel

F mit $F(x) = \frac{1}{3}x^3$ ist eine Stammfunktion zu f mit $f(x) = x^2$, da $F'(x) = f(x)$.

Aber auch G mit $G(x) = \frac{1}{3}x^3 + 7$ ist eine Stammfunktion zu f.

Der Term $F(x) + c = \frac{1}{3}x^3 + c$ mit $c \in \mathbb{R}$ beschreibt alle Stammfunktionen zu f.

(2) Berechnung von Integralen mithilfe von Stammfunktionen

Aufgrund des Hauptsatzes der Differenzial- und Integralrechnung können wir ein Integral mithilfe einer beliebigen Stammfunktion zur Integrandenfunktion berechnen:

In manchen Formelsammlungen wird auch dieser Satz als „Hauptsatz der Differenzial- und Integralrechnung" bezeichnet.

Satz 3

Ist F eine beliebige Stammfunktion zu einer Funktion f im Intervall [a; b], so gilt:

$$\int_a^b f(t)\,dt = F(b) - F(a)$$

Für die Differenz der Funktionswerte verwendet man die kurze Schreibweise $F(b) - F(a) = [F(x)]_a^b$.

Beispiel

Zur Berechnung von $\int_2^3 \left(t^2 + \frac{3}{t^2}\right)dt$ wählen wir F mit $F(x) = \frac{x^3}{3} - \frac{3}{x}$ als Stammfunktion zu f mit $f(x) = x^2 + \frac{3}{x^2}$.

Dann erhalten wir $\int_2^3 \left(t^2 + \frac{3}{t^2}\right)dt = \left[\frac{x^3}{3} - \frac{3}{x}\right]_2^3 = \left(\frac{3^3}{3} - \frac{3}{3}\right) - \left(\frac{2^3}{3} - \frac{3}{2}\right) = 8 - \frac{7}{6} = 6\frac{5}{6}$.

(3) Tabelle von Stammfunktionen F zu f

f(x)	m	x	x^n mit $n \in \mathbb{N}$	$\frac{1}{x^2}$	$\frac{1}{\sqrt{x}}$	$\sqrt{x}$	sin (x)	cos (x)
F(x)	$m \cdot x$	$\frac{1}{2}x^2$	$\frac{1}{n+1}x^{n+1}$	$-\frac{1}{x}$	$2 \cdot \sqrt{x}$	$\frac{2}{3}x \cdot \sqrt{x}$	− cos (x)	sin (x)

Weiterführende Aufgaben

2 Faktor- und Summenregel für Integrale

Beweisen Sie mithilfe von Stammfunktionen die folgenden Integrationsregeln.

Satz 4: Faktorregel für Integrale

Ein konstanter Faktor kann vor das Integral gezogen werden:

$$\int_a^b k \cdot f(x)\,dx = k \cdot \int_a^b f(x)\,dx$$

Satz 5: Summenregel für Integrale

Eine Summe von Funktionen kann gliedweise integriert werden:

$$\int_a^b \big(f(x) + g(x)\big)\,dx = \int_a^b f(x)\,dx + \int_a^b g(x)\,dx$$

3 Stammfunktionen und Integralfunktionen

Nach dem Hauptsatz der Differenzial- und Integralrechnung ist jede Integralfunktion einer Funktion f auch eine Stammfunktion zu f.

Untersuchen Sie, welche der folgenden Funktionen F auch Integralfunktionen sind. Geben Sie Bedingungen an, unter denen eine Stammfunktion auch eine Integralfunktion ist.

(1) $F(x) = x^2 - 1$

(2) $F(x) = x^2 + 1$

(3) $F(x) = \cos(x)$

(4) $F(x) = \cos(x) + 2$

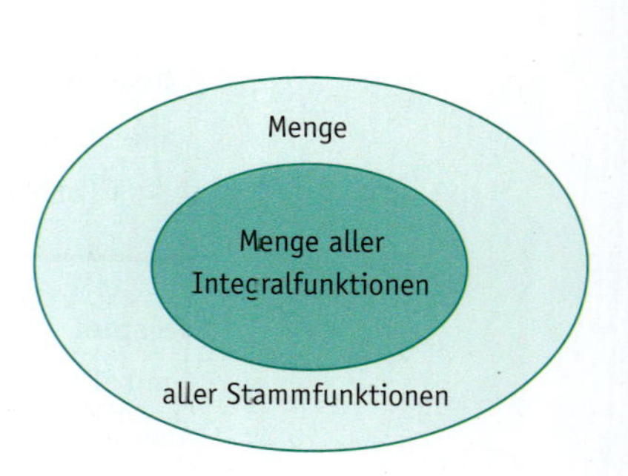

4 Stammfunktionen mit einem CAS bestimmen

a) Stammfunktionen können mithilfe eines CAS ermittelt werden, wie die rechts abgebildeten Beispiele zeigen. Finden Sie heraus, wie Sie mit Ihrem CAS Stammfunktionen bestimmen können und überprüfen Sie damit die Beispiele.

- $\int(x^3 - 5 \cdot x + 12)\,dx$ $\quad \frac{x^4}{4} - \frac{5 \cdot x^2}{2} + 12 \cdot x$
- $\int \sqrt{x}\,dx$ $\quad \frac{2 \cdot x^{3/2}}{3}$
- $\int \cos(x)\,dx$ $\quad \sin(x)$

```
∫(cos(x),x)
MAIN    RAD AUTO    FUNC 3/30
```

b) Nicht zu jeder Funktion lässt sich eine elementare Stammfunktion finden, so z. B. nicht für $f(x) = \sqrt{x} \cdot \sin(x)$ mit $x \geq 0$. Welches Resultat liefert Ihr CAS für diesen Fall? Geben Sie dennoch mithilfe eines Integrals einen Term für eine Stammfunktion von f an. Zeichnen Sie den Graphen dieser Stammfunktion und erstellen Sie eine Wertetabelle.

- $\int(\sqrt{x} \cdot \sin(x))\,dx$ $\quad \int(\sqrt{x} \cdot \sin(x))\,dx$

```
∫(√(x)*sin(x),x)
MAIN    RAD AUTO    FUNC 1/30
```

5 Mittelwert der Funktionswerte einer Funktion

a) Der rechts abgebildete Graph zeigt den momentanen Kraftstoffverbrauch $\left(\text{in } \frac{l}{km}\right)$ eines Fahrzeugs zwischen 8 km und 15 km.
Dieser momentane Kraftstoffverbrauch kann gut durch den Graphen der Funktion f mit
$f(t) = -0{,}0003125\,t^3 + 0{,}009375\,t^2 - 0{,}07875\,t + 0{,}3025$
modelliert werden.
Untersuchen Sie, wie hoch der mittlere Kraftstoffverbrauch auf dem Abschnitt zwischen 8 km und 15 km war. Veranschaulichen Sie Ihr Ergebnis am Graphen von f.

$\frac{l}{km}$ Kraftstoffverbrauch; 0,05; 0,10; 0,15; Länge der Fahrstrecke; 8 9 10 11 12 13 14 15 16 km

b) Begründen Sie, warum die folgende Definition sinnvoll ist:

Definition 5: Mittelwert der Funktionswerte einer Funktion

Für eine über einem Intervall [a; b] stetige Funktion f ist der Mittelwert μ aller Funktionswerte über dem Intervall [a; b] die Zahl $\mu = \frac{1}{b-a}\int_a^b f(x)\,dx$.

Übungsaufgaben 

6

a) Berechnen Sie das Integral $\int_1^2 (x^4 + 6x + 1)\,dx$ mithilfe des Hauptsatzes der Differenzial- und Integralrechnung von Seite 105.

b) Erstellen Sie eine Formel für die Berechnung des Integrals $\int_a^b f(x)\,dx$ einer beliebigen Funktion f.

7 Geben Sie jeweils drei Stammfunktionen von f an.

a) $f(x) = x^5$
b) $f(x) = 2x^3 + 5x^2 - 4x + 7$
c) $f(x) = a\,x^n$
d) $f(x) = \sin x$
e) $f(z) = 0$
f) $f(t) = t - \frac{1}{t^2}$

8 Geben Sie eine Stammfunktion von f an, deren Graph durch den vorgegebenen Punkt P verläuft.

a) $f(x) = 3x^5 - 2x^3 + 7$; P(0 | 1)
b) $f(x) = \frac{1}{4}x^4 - \frac{1}{2}x^2$; P(1 | 0)
c) $f(z) = z^2 - \frac{1}{z^2}$; P(−2 | 2)

9 Berechnen Sie das Integral ohne Verwendung eines GTR oder CAS.

a) $\int_{-1}^{2} (x^3 - x^2)\,dx$ **c)** $\int_{\frac{1}{2}}^{\frac{3}{2}} (4x^3 - 3x^4)\,dx$ **e)** $\int_{1}^{4} \left(2x^3 - \frac{1}{4\sqrt{x}}\right) dx$

b) $\int_{-3}^{3} (2x^5 - 3x^3 + 4x)\,dx$ **d)** $\int_{-1}^{3} (at + bt^2)\,dt$ **f)** $\int_{-2}^{-1} \left(\frac{2}{x^2} - \frac{4}{x^3}\right) dx$

10 Geben Sie eine Stammfunktion von f an.

a) $f(x) = x(x-1)$ **c)** $f(x) = \left(1 - \frac{1}{x}\right)\left(1 + \frac{1}{x}\right)$ **e)** $f(x) = \frac{1}{\sqrt{x}}$

b) $f(x) = (x^2 - 2)^2$ **d)** $f(x) = \frac{5x - 4}{x^3}$ **f)** $f(x) = \sqrt{x} - x$

11 Bestimmen Sie $b > 0$ so, dass die Gleichung erfüllt ist. Verdeutlichen Sie Ihr Ergebnis an einer Skizze.

a) $\int_{0}^{b} (x^2 - 3)\,dx = 0$ **b)** $\int_{1}^{b} (4 - x)\,dx = -4$ **c)** $\int_{-1}^{b} x^3\,dx = \frac{15}{4}$

12 Bestimmen Sie den orientierten Flächeninhalt der gefärbten Fläche.

(1)

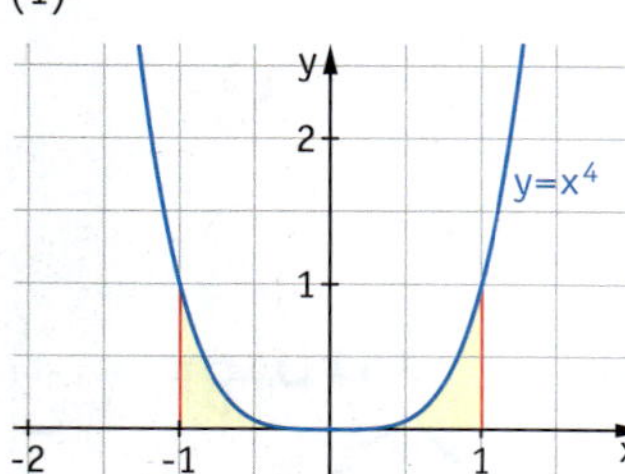

(2)

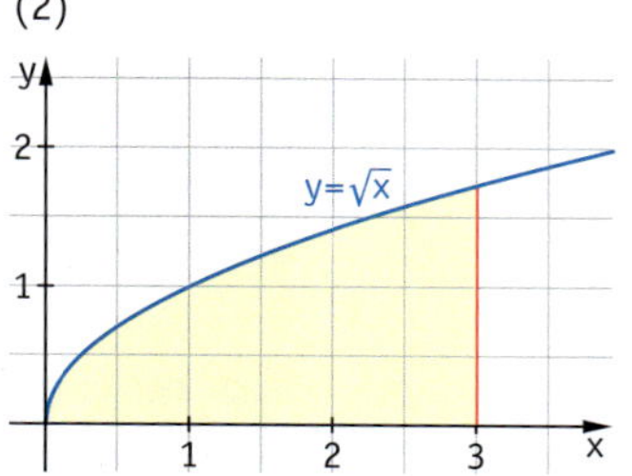

(3)

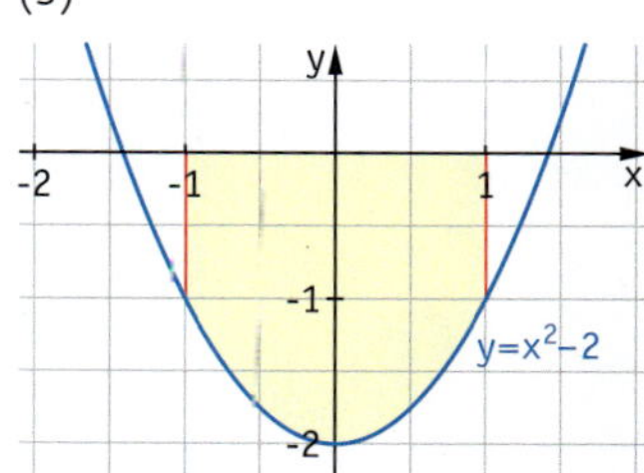

13 Doreen hat im Physikunterricht die Ausflussgeschwindigkeit von Wasser aus einem Glaszylinder in Abhängigkeit von der Zeit gemessen und dabei folgenden Zusammenhang ermittelt:
$v(t) = 0{,}2 \cdot t - 6{,}431$. Dabei ist die Zeit in s und die Geschwindigkeit in $\frac{cm}{s}$ angegeben.
Die Wassersäule im Glaszylinder hatte zu Beginn der Messung eine Höhe von 78 cm.
Nach welcher Zeit ist der Glaszylinder leer?

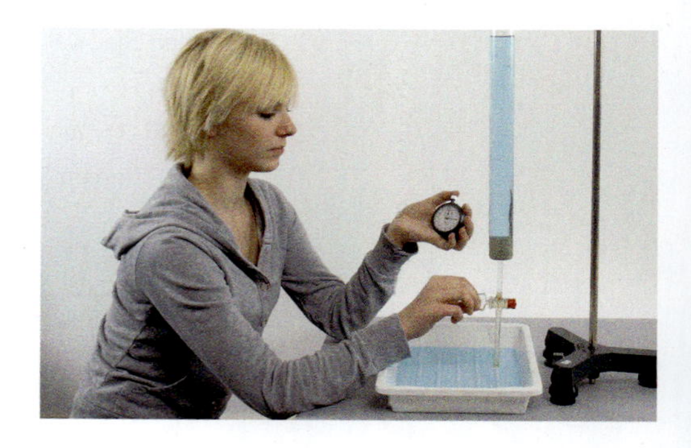

14 Skizzieren Sie die Graphen der Funktion f und ihrer Integralfunktion I_a mit $I_a(x) = \int_a^x f(t)\,dt$ ohne einen Rechner zu verwenden. Überprüfen Sie anschließend Ihr Ergebnis mithilfe eines GTR oder mithilfe eines CAS.

a) $f(t) = 4 - t^2,\ a = -1$ **b)** $f(t) = \frac{1}{1 + t^2},\ a = 0$ **c)** $f(t) = 1 - \sin(t),\ a = 0$

15 Für die mittlere Tageslufttemperatur T des Tages mit der Nummer x gilt die Faust-Formel:
$T(x) = 10{,}2 \cdot \sin\frac{2\pi}{365} \cdot (x - 113) + 9{,}5$ (T in Grad Celsius, x = Anzahl der Tage seit Jahresbeginn)
Zeichnen Sie den zugehörigen Graphen und interpretieren Sie seinen Verlauf.
Berechnen Sie die mittlere Jahrestemperatur.

16 In die Blutbahn einer Patientin wurden 20 mg eines medizinischen Wirkstoffes zum Zeitpunkt $t = 0$ eingegeben. Die Abbaugeschwindigkeit des Wirkstoffes $\left(\text{in } \frac{\text{mg}}{\text{h}}\right)$ lässt sich mithilfe der Funktion f mit $f(t) = 2 \cdot 0{,}905^t$ modellieren .

a) Zeichnen Sie den Graphen von f und interpretieren Sie den Verlauf.

b) Untersuchen Sie, wie viel mg des Wirkstoffes nach 12 Stunden abgebaut sind.

c) Nach welcher Zeit ist weniger als 1 % der Anfangsmenge des Wirkstoffes im Körper der Patientin?

17 Ein Motorboot fährt zwei Minuten lang mit einer Geschwindigkeit von $12\,\frac{\text{m}}{\text{s}}$. Dann wird der Motor ausgestellt und das Boot fährt noch eine Weile ohne Antrieb weiter. Die Geschwindigkeit $v(t)$ des Bootes $\left(\text{in } \frac{\text{m}}{\text{s}}\right)$ in Abhängigkeit von der Zeit t (in s) ist unten rechts als Graph dargestellt.

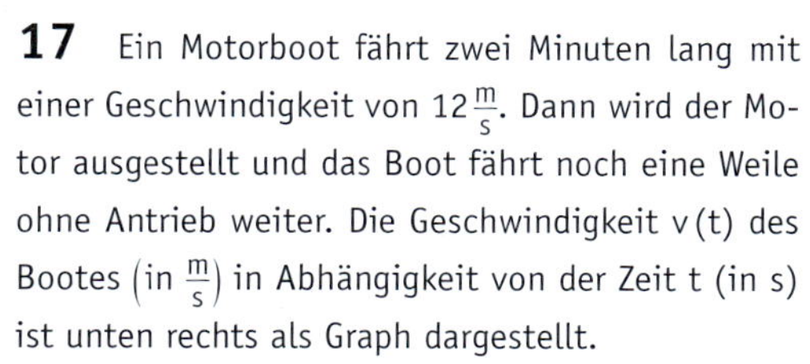

a) Berechnen Sie, wie weit das Boot nach 120 s gefahren ist. Wie kann man das Ergebnis im nebenstehenden Koordinatensystem veranschaulichen?

b) Erläutern Sie, wie man die Länge des bis zum Zeitpunkt t zurückgelegten Weges mithilfe von $v(t)$ berechnen kann.

c) Berechnen Sie, nach welcher Fahrstrecke das Boot praktisch zum Stillstand kommt, falls für $t \geq 120$ gilt: $v(t) = 2{,}01 \cdot 1{,}015^t$

d) Geben Sie allgemein an, wie man für einen mit der Geschwindigkeit $v(t)$ bewegten Körper die Länge des im Zeitintervall $[t_1;\ t_2]$ zurückgelegten Weges berechnen kann.

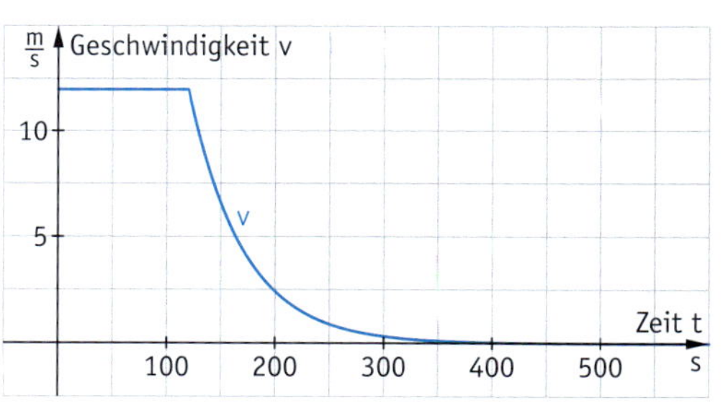

18 Bei der Herstellung eines bestimmten Satelliten-Receivers fallen pro Tag 8000 € Fixkosten an. Die Änderungsrate der Kosten lässt sich in Abhängigkeit von der pro Tag hergestellten Produktionsmenge x angeben durch die Funktion k mit
$k(x) = \frac{1}{2000}x^2 - \frac{1}{5}x + 70$ und $x \geq 0$.

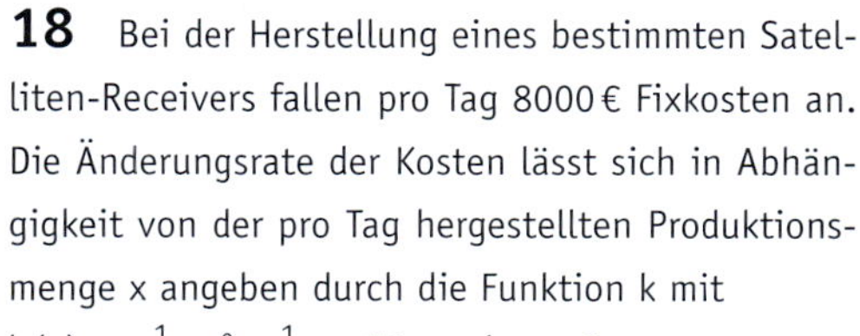

a) Berechnen Sie für eine beliebige Produktionsmenge die Herstellungskosten pro Tag.

b) Pro Tag können bis zu 750 Receiver zu einem Stückpreis von 230 Euro verkauft werden.
Untersuchen Sie, wie viele Receiver pro Tag hergestellt werden müssen, wenn der Gewinn maximiert werden soll.

2.4.2 Integration durch lineare Substitution

Aufgabe

1

a) Lina und Johannes haben Stammfunktionen F und G der Funktion f und g bestimmt.

Lina

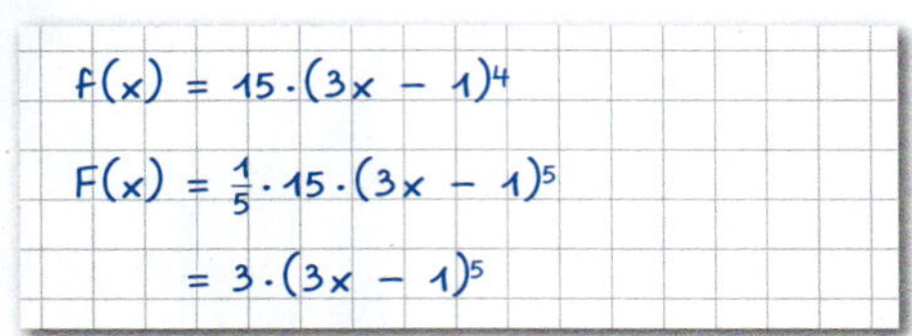

Johannes

$g(x) = (5x + 2)^3$

$G(x) = \frac{1}{4} \cdot (5x + 2)^4$

Überprüfen Sie die Ergebnisse von Lina und Johannes, korrigieren Sie falls nötig.

b) Bestimmen Sie eine Stammfunktion zu f mit $f(x) = (7x - 5)^{10}$ und berechnen Sie damit $\int_1^2 f(x)\,dx$.

Lösung

Kettenregel:
Für h mit
$h(x) = f(ax + b)$ gilt:
$h'(x) = a \cdot f'(ax + b)$.

a) F ist genau dann eine Stammfunktion von f, wenn gilt: $F'(x) = f(x)$. Also können wir Linas Ergebnis durch Ableiten überprüfen.

Wir leiten F mit $F(x) = 3(3x - 1)^5$ nach der Kettenregel ab und erhalten

$F'(x) = 3 \cdot 3 \cdot 5(3x - 1)^4 = 3 \cdot 15(3x - 1)^4$.

Offensichtlich gilt $3 \cdot 15(3x - 1)^4 \neq 15(3x - 1)^4$, also $F' \neq f$.

Korrigiert man jedoch Linas Ergebnis mit dem Faktor $\frac{1}{3}$, dann ist es richtig.

Also ist F mit $F(x) = \frac{1}{3} \cdot 3(3x - 1)^5 = (3x - 1)^5$ eine Stammfunktion von f.

Ebenso leiten wir G mit $G(x) = \frac{1}{4}(5x + 2)^4$ nach der Kettenregel ab und erhalten

$G'(x) = 5 \cdot 4 \cdot \frac{1}{4}(5x + 2)^3 = 5(5x + 2)^3$.

Offensichtlich gilt $5(5x + 1)^3 \neq (5x + 2)^3$, also $G' \neq g$.

Korrigiert man jedoch das Ergebnis von Johannes mit dem Faktor $\frac{1}{5}$, dann stimmt es. Also ist G mit $F(x) = \frac{1}{5} \cdot 5(5x + 2)^4 = (5x + 2)^4$ eine Stammfunktion von g.

b) Die Ergebnisse aus Teilaufgabe a) zeigen, dass es nicht ausreicht, beim Aufleiten nur den Exponenten von f zu beachten, sondern man muss auch den Faktor 7 des linearen Terms $7x - 5$ im Inneren von $f(x)$ berücksichtigen.

Nach dem Verfahren bei der Lösung von Teilaufgabe a) müsste dann F mit

$F(x) = \frac{1}{7} \cdot \frac{1}{11} \cdot (7x - 5)^{11} = \frac{1}{77}(7x - 5)^{11}$ eine Stammfunktion von f sein. Ableiten von F bestätigt: $F' = f$.

Damit ergibt sich $\int_1^2 (7x - 5)^{10}\,dx = \left[\frac{1}{77}(7x - 5)^{11}\right]_1^2 = \frac{9^{11} - 2^{11}}{77} \approx 407\,546\,202$.

Information

Integration durch lineare Substitution

Die Lösung von Aufgabe 1 zeigt: Wenn $F(x)$ der Term einer Stammfunktion zu $f(x)$ ist, dann ist $\frac{1}{m}F(mx + n)$ der Term einer Stammfunktion zu $f(mx + n)$.

Dies legt die folgende Regel zur Bestimmung des Integrals einer Funktion mit dem Term $f(mx + n)$ nahe:

Satz 6: Integration durch lineare Substitution

Ist F eine Stammfunktion der Funktion f, so ist:

$$\int_a^b f(mx + n)\,dx = \frac{1}{m}\left[F(mx + n)\right]_a^b \quad \text{mit } m \neq 0$$

Beispiel

$\int_0^{\pi} \sin(3x + 1)\,dx$ soll bestimmt werden. $f(x) = \sin x$; $F(x) = -\cos x$; $f(3x + 1) = \sin(3x + 1)$

$\int_0^{\pi} \sin(3x + 1)\,dx = \frac{1}{3}[-\cos(3x + 1)]_0^{\pi} = \frac{1}{3}(-\cos(3\pi + 1) + \cos 1) = \frac{2}{3} \cdot \cos(1) \approx 0{,}360.$

$-\cos(3\pi + 1) = \cos(1)$

Übungsaufgaben  **2**

a) Gegeben sind die Funktionen f und g mit $f(x) = \sqrt{x}$ und $g(x) = f(3x + 1) = \sqrt{3x + 1}$.
Bestimmen Sie eine Stammfunktion F zu f und anschließend eine Stammfunktion G zu g.
Berechnen Sie auch $\int_2^4 \sqrt{3x + 1}\,dx$.

b) Gegeben sind die Funktionen f und g mit $g(x) = f(mx + n)$. Zeigen Sie: Wenn F eine Stammfunktion zu f ist, dann ist G mit $G(x) = \frac{1}{m} F(mx + n)$ eine Stammfunktion zu g mit $m \neq 0$.

c) F soll eine Stammfunktion zu f sein. Untersuchen Sie, wie man $\int_a^b f(mx + n)\,dx$ berechnen kann.

3 Bestimmen Sie eine Stammfunktion zu f.

a) $f(x) = (2x + 8)^3$ **c)** $f(x) = \frac{3}{(2x - 1)^2}$ **b)** $f(x) = 5 \cdot (2 - 3x)^7$ **d)** $f(x) = (x - 4)^3 + \frac{1}{(x - 4)^3}$

4 Berechnen Sie das Integral ohne Verwendung eines GTR oder CAS.

a) $\int_{-0{,}5}^{1{,}5} (4x - 1)^7\,dx$ **b)** $\int_{-1}^{3} \frac{1}{(x + 4)^3}\,dx$ **c)** $\int_0^4 \sqrt{2 - 3x}\,dx$

5 Die Wachstumsgeschwindigkeit einer Bakterienkultur beträgt $w(t) = 1000 \cdot 2^{0{,}1t}$ pro h (t in h). Zum Zeitpunkt $t = 0$ betrug der Bestand $N(0) = 10\,000$. Rekonstruieren Sie den Bestand zum Zeitpunkt t.

6

Mit der Verbreitung der Dampfschifffahrt entstand auch das Bedürfnis nach einer genauen Vorausberechnung der Gezeiten. 1867 verwendete WILLIAM THOMSON, bekannt als LORD KELVIN, ein Verfahren, das auf den französischen Mathematiker JEAN-BAPTISTE JOSEPH DE FOURIER zurückgeht. Dabei wird die tatsächliche Gezeitenkurve eines Ortes in eine Anzahl von gleichmäßigen Sinusschwingungen zerlegt. Anders als die unregelmäßige tatsächliche Schwingung können die Sinusschwingungen relativ einfach vorausberechnet werden. Da Sinusschwingungen relativ leicht mechanisch erzeugt werden können, wurde es möglich, mechanische Gezeitenrechenmaschinen zu konstruieren.

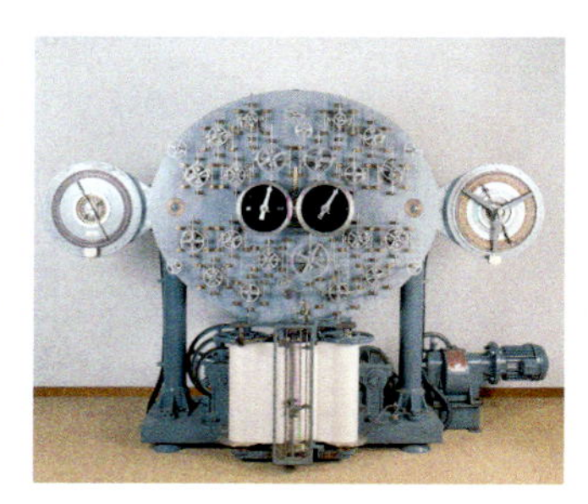

Erste deutsche Gezeitenrechenmaschine von 1916 (Deutsches Schifffahrtsmuseum Bremerhaven)

Die Änderungsrate des Wasserstandes (in $\frac{m}{h}$) eines Hafens kann für einen Tag (von 0 Uhr bis 24 Uhr) näherungsweise durch die Funktion f mit $f(x) = \frac{1}{2}\cos\left(\frac{1}{2}x\right) + \frac{1}{2}\cos\left(\frac{1}{4}x\right)$ beschrieben werden.

a) Rekonstruieren Sie den Wasserstand im Hafen für einen Tag, an dem der Wasserstand um 0 Uhr 2,6 m betrug. Stellen Sie den Wasserstand auch grafisch dar.

b) Untersuchen Sie, zu welcher Tageszeit der Wasserstand maximal ist und wann minimal.

c) Ab einer Wassertiefe von unter 2,5 m dürfen Boote einer bestimmten Größe nicht in den Hafen. Untersuchen Sie, für welche Tageszeiten dies zutrifft.

2.5 Berechnen von Flächeninhalten

2.5.1 Fläche zwischen einem Funktionsgraphen und der x-Achse

Aufgabe

1 Fläche zwischen Graph und x-Achse

Für den Bau einer Bewässerungsanlage soll für einen offenen Beton-Kanal die Durchflussmenge berechnet werden.

Der parabelförmige Querschnitt des Kanals kann durch die Fläche zwischen dem Graphen der Funktion f mit $f(x) = x^2 - 2$ (Einheit m) und der x-Achse beschrieben werden. Die Durchflussgeschwindigkeit des Wassers beträgt $2\frac{m}{s}$.

Die Durchflussmenge pro Sekunde ergibt sich als Produkt aus dem Querschnittflächeninhalt des Wassers und der Durchflussgeschwindigkeit.

Zeichnen Sie den Graphen von f und berechnen Sie die Durchflussmenge pro Sekunde bei einer Wassertiefe von 2 m in der Kanalmitte.

Lösung

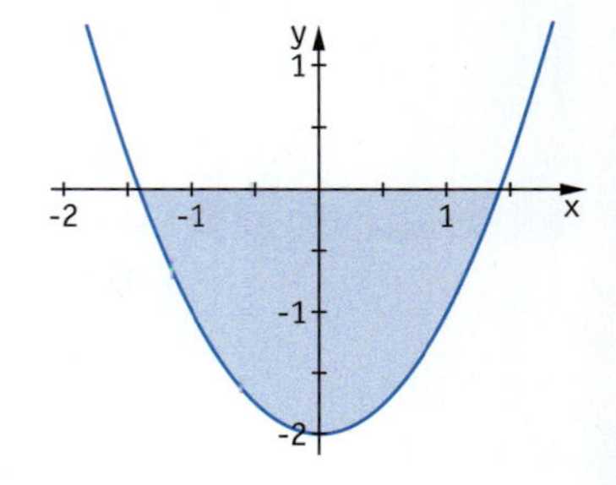

Um die Durchflussmenge zu bestimmen, muss die Querschnittfläche berechnet werden.

Da die Wassertiefe in der Kanalmitte 2 m beträgt, ist die Fläche zu berechnen, die vom Graphen von f mit $f(x) = x^2 - 2$ und der x-Achse zwischen den Nullstellen von f eingeschlossen wird. Sie ist in der Abbildung blau gefärbt.

Aus der Gleichung $f(x) = x^2 - 2 = 0$ ergeben sich die Nullstellen $\sqrt{2}$ und $-\sqrt{2}$.

Aufgrund der Symmetrie des Graphen von f gilt:

$$\int_{-\sqrt{2}}^{\sqrt{2}} f(x)\,dx = 2\cdot\int_0^{\sqrt{2}} (x^2 - 2)\,dx = 2\cdot\left[\frac{x^3}{3} - 2x\right]_0^{\sqrt{2}} = -\frac{8\sqrt{2}}{3} \approx -3{,}77$$

2fnInt(X²−2,X,0,√(2))
−3.771236166

Da die Fläche unterhalb der x-Achse liegt, ist das Integral $\int_{-\sqrt{2}}^{\sqrt{2}} f(x)\,dx$ negativ. Für den gesuchten Flächeninhalt gilt dann:

$$A = \left|\int_{-\sqrt{2}}^{\sqrt{2}} f(x)\,dx\right| = \frac{8\sqrt{2}}{3} \approx 3{,}77$$

Die Berechnung kann auch mithilfe eines CAS erfolgen:

$\blacksquare \left|\int_{-\sqrt{2}}^{\sqrt{2}} (x^2 - 2)\,dx\right| \qquad \frac{8\cdot\sqrt{2}}{3}$

abs(∫(x^2−2,x,⁻√(2),√(2)))
MAIN RAD AUTO FUNC 1/30

Man erhält also als Durchflussmenge:

$$3{,}77\,m^2 \cdot 2\frac{m}{s} \approx 7{,}54\frac{m^3}{s}.$$

Ergebnis:

Die Durchflussmenge beträgt 7,54 m^3 pro Sekunde.

Aufgabe

2 Nullstelle im Integrationsintervall

Eine Funktion g ist gegeben durch $g(x) = x^3 - x^2 - 2x$.

Skizzieren Sie den Graphen von g.

(1) Berechnen Sie, welchen Flächeninhalt der Graph der Funktion g mit der x-Achse einschließt.

(2) Zeichnen Sie den Graphen der Funktion h mit $h(x) = |g(x)| = |x^3 - x^2 - 2x|$ und vergleichen Sie die Flächeninhalte der Flächen, die die Graphen von g und h jeweils mit der x-Achse einschließen.

Berechnen Sie anschließend näherungsweise mithilfe eines GTR den Flächeninhalt der Fläche, die der Graph von g mit der x-Achse einschließt, als Integral über die Funktion h.

Lösung

$y = g(x) = x^3 - x^2 - 2x$

A1

A2

(1) Das Integrationsintervall wird durch die Nullstellen von g begrenzt. Aus der Gleichung $g(x) = x^3 - x^2 - 2x = x \cdot (x^2 - x - 2) = 0$ erhält man als Nullstellen -1; 0 und 2.

Da die linke Teilfläche oberhalb der x-Achse liegt, erhält man für den Flächeninhalt:

$$A_1 = \int_{-1}^{0} (x^3 - x^2 - 2x)\,dx = \left[\tfrac{1}{4}x^4 - \tfrac{1}{3}x^3 - x^2\right]_{-1}^{0} = \tfrac{5}{12}$$

Da die rechte Teilfläche unterhalb der x-Achse liegt, erhält man für den Flächeninhalt dieser Fläche:

$$A_2 = \left|\int_{0}^{2} (x^3 - x^2 - 2x)\,dx\right| = \left|\left[\tfrac{1}{4}x^4 - \tfrac{1}{3}x^3 - x^2\right]_{0}^{2}\right| = \left|-\tfrac{8}{3}\right| = \tfrac{8}{3}$$

Damit ergibt sich für den gesuchten Flächeninhalt:

$$A = A_1 + A_2 = 3\tfrac{1}{12} \approx 3{,}083$$

(2) Durch die Bildung des Betrages wird der Teil des Graphen von g unterhalb der x-Achse und damit auch die Fläche A_2 im oberen Bild bei der Funktion h an der x-Achse „nach oben" gespiegelt. Der Flächeninhalt bleibt gleich. Da der Flächeninhalt, den der Graph von g mit der x-Achse einschließt, gleich dem Flächeninhalt ist, den der Graph von h mit der x-Achse einschließt, ist

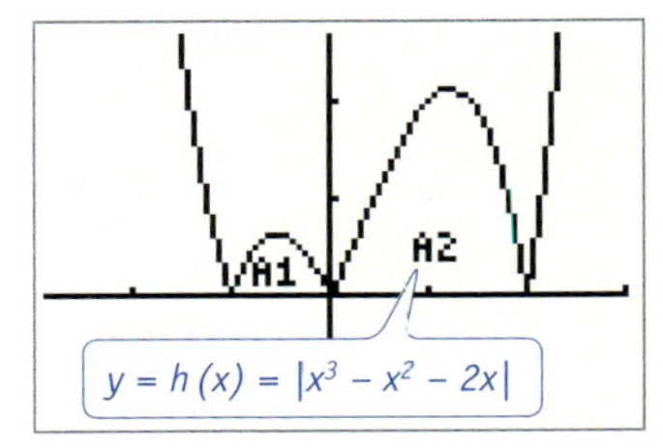

$$A = \int_{-1}^{2} |g(x)|\,dx.$$

Weil stets $h(x) = |g(x)| \geq 0$ ist, kann man mithilfe eines GTR oder CAS dieses Integral direkt über dem Intervall $[-1; 2]$ näherungsweise berechnen, ohne die zwischen den Integrationsgrenzen liegenden Nullstellen zu berücksichtigen:

```
Plot1 Plot2 Plot3
\Y1=X^3-X²-2X
\Y2=abs(Y1)
\Y3=
```

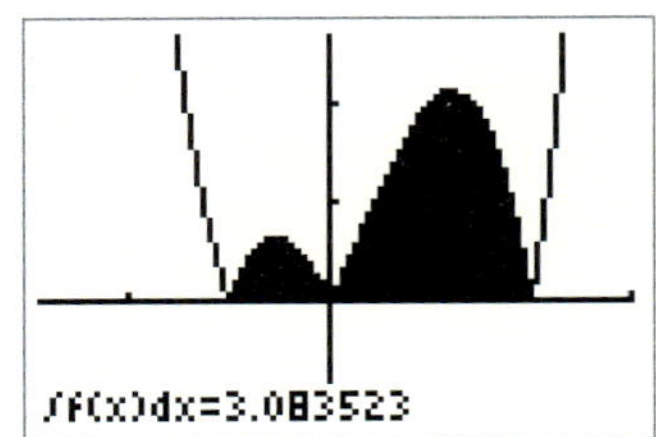


```
fnInt(abs(X^3-X²
-2X),X,-1,2
          3.083336313
```

Also gilt: $A = \int_{-1}^{2} |x^3 - x^2 - 2x|\,dx \approx 3{,}083$

Ein CAS Rechner bestätigt dieses Ergebnis.

```
■ ∫ from -1 to 2 |x³ - x² - 2·x| dx        3.08333
∫(abs(x^3-x^2-2x),x,-1,2)
MAIN          RAD AUTO          FUNC 1/30
```

Information

Flächeninhalt der Fläche zwischen einem Funktionsgraphen und der x-Achse berechnen

(1) Um zum Beispiel den Flächeninhalt A der Fläche zwischen dem abgebildeten Graphen der Funktion f und der x-Achse über dem Intervall [a; b] zu berechnen, bestimmt man zunächst die Nullstellen von f, hier x_1, x_2, x_3, und berechnet dann die Integrale und addiert anschließend deren Beträge:

$$A = \int_a^{x_1} f(x)\,dx + \left|\int_{x_1}^{x_2} f(x)\,dx\right| + \int_{x_2}^{x_3} f(x)\,dx + \left|\int_{x_3}^{b} f(x)\,dx\right|$$

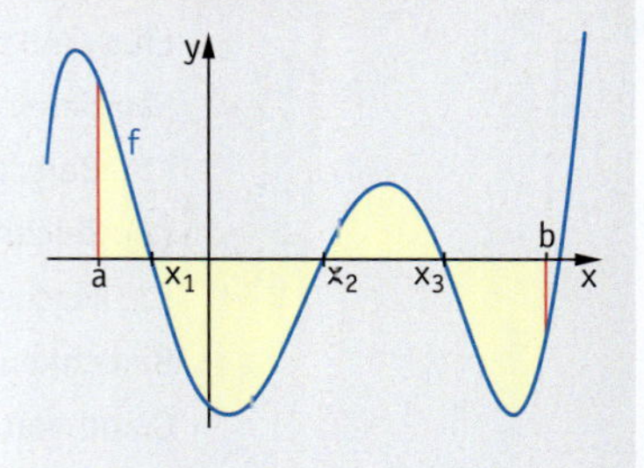

(2) Für die näherungsweise Berechnung des Flächeninhalts A der Fläche zwischen dem abgebildeten Graphen der Funktion f und der x-Achse mithilfe eines GTR oder eines CAS ist es vorteilhaft, mit dem Betrag von f zu rechnen: $A = \int_a^b |f(x)|\,dx$

Man benötigt dabei die Nullstellen zwischen a und b nicht.

Übungsaufgaben  **3**

a) Die Funktion f ist gegeben durch $f(x) = 2 - x^3$.
Skizzieren Sie den Graphen von f und berechnen Sie den Flächeninhalt der Fläche, die der Graph von f über dem Intervall [0; 2] mit der x-Achse einschließt.
Vergleichen Sie das Ergebnis mit $\int_0^2 f(x)\,dx$.

b) Gegeben sind $g(x) = (x - 5)(x - 1)(x + 1)$ und $h(x) = |(x - 5)(x - 1)(x + 1)|$.
(1) Zeichnen Sie die Graphen von g und h.
(2) Vergleichen Sie die Flächeninhalte der Flächen, die die Graphen von g und h jeweils mit der x-Achse einschließen. Berechnen Sie den Flächeninhalt der Fläche, die der Graph der Funktion g mit der x-Achse einschließt, näherungsweise mit dem GTR als Integral über h.

4 Berechnen Sie ohne Verwendung eines GTR den Flächeninhalt der Fläche, die der Graph der Funktion f über dem angegebenen Intervall mit der x-Achse einschließt.

a) $f(x) = x^2 - 2$ $I = [-2; -1]$
b) $f(x) = -x^2 + 5x - 6;$ $I = [0; 4]$
c) $f(x) = 0{,}25x^3 - 2;$ $I = [-4; 1]$
d) $f(x) = (2x - 1)^2$ $I = [-1; 3]$
e) $f(x) = x + \frac{1}{x^2}$ $I = [1; 2]$
f) $f(x) = 2x - \sqrt{2x};$ $I = [2; 3]$

5 Ermitteln Sie den Flächeninhalt der Fläche, die der Graph der Funktion f über dem angegebenen Intervall mit der x-Achse einschließt.

a) $f(x) = \frac{1}{2}x^2 - 3x + \frac{7}{2};$ $I = [1{,}2; 5{,}6]$
b) $f(x) = x^3 - x^2 - 2x + 1;$ $I = [-2; 2]$
c) $f(x) = (x^2 - 1)^2 - 1;$ $I = [-1; 2]$
d) $f(x) = \frac{2}{x} - x;$ $I = [1; 2]$
e) $f(x) = x - \sqrt{x};$ $I = [0; 3]$
f) $f(x) = \left(\frac{1}{x} - x\right)^2$ $I = [1; 4]$

6 Bestimmen Sie die Intervallgrenze u des Intervalls I so, dass der Graph von f mit der x-Achse über dem Intervall I eine Fläche mit dem Flächeninhalt A einschließt.

a) $f(x) = x + 2,$ $I = [1; u],$ $A = 13\frac{1}{2}$
b) $f(x) = 2x^2 - 2x - 12,$ $I = [u; 2],$ $A = 43$
c) $f(x) = x^3 - 2x^2 + 1,$ $I = [u; 4],$ $A = 26\frac{1}{4}$
d) $f(x) = \sqrt{2x + 1},$ $I = [0; u],$ $A = 1$
e) $f(x) = 2\cos\left(\frac{\pi}{2}x\right),$ $I = [0; u],$ $A = \frac{2\sqrt{2}}{\pi}$
f) $f(x) = 2^x + 2,$ $I = [u; 1],$ $A = 5$

7 Untersuchen Sie, wie $k \in \mathbb{R}$ gewählt werden muss, damit die drei Flächenstücke, die der Graph zu f mit $f(x) = x^2 - k$ und $k > 0$ über dem Intervall $[-3; 3]$ mit der x-Achse einschließt, gleich groß sind.

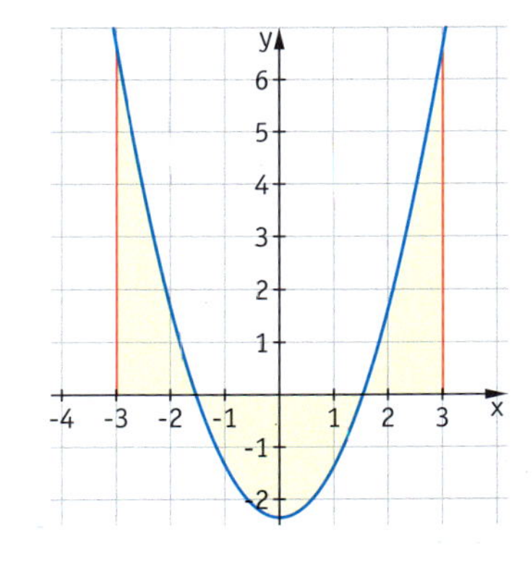

8 Berechnen Sie ohne GTR oder CAS den Flächeninhalt der Fläche, die der Graph der Funktion f mit der x-Achse einschließt.

a) 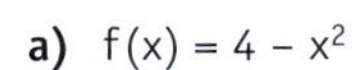 $f(x) = 4 - x^2$

b) $f(x) = (x - 2) \cdot (4 - x)$

c) $f(x) = x \cdot (x - 1) \cdot (3 - x)$

d) $f(x) = -x^2 + 6x + 7$

e) $f(x) = x^3 - 3x^2 - x + 3$

f) $f(x) = (x^2 - 1)\left(4 - \frac{1}{x^2}\right)$

9 Berechnen Sie den Flächeninhalt der gefärbten Fläche.

a) $f(x) = x^2 + 1$

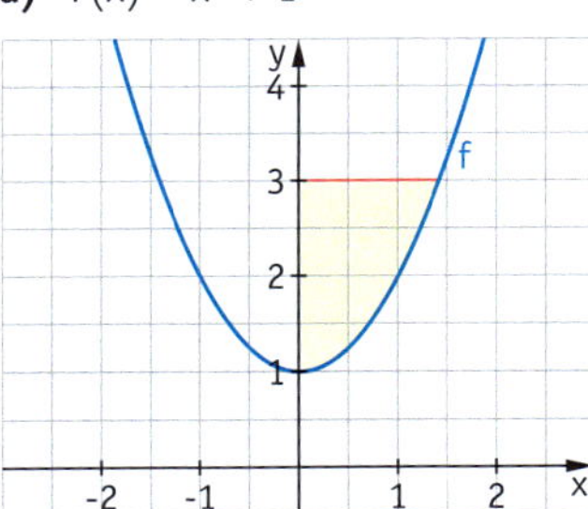

b) 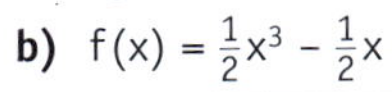 $f(x) = \frac{1}{2}x^3 - \frac{1}{2}x$

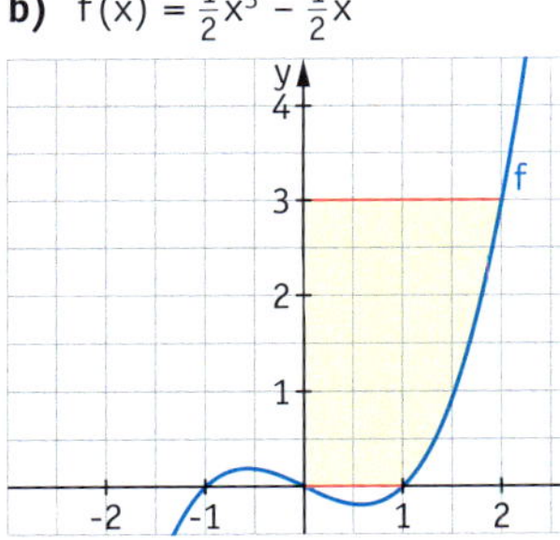

c) 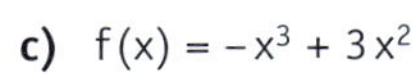 $f(x) = -x^3 + 3x^2$

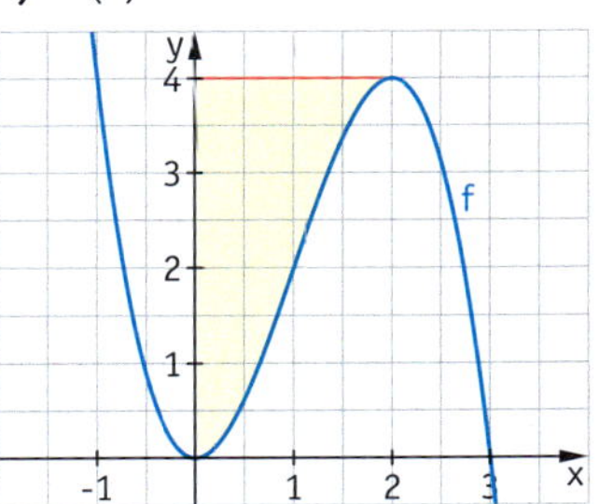

10 Finden Sie einen möglichen Funktionsterm für den Graphen und berechnen Sie damit den Flächeninhalt der gefärbten Fläche.

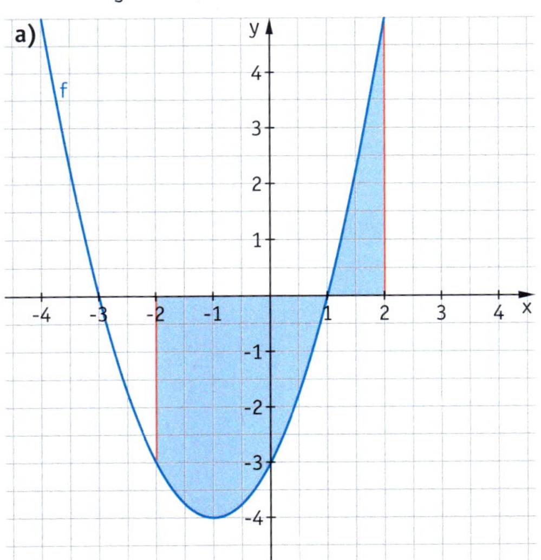

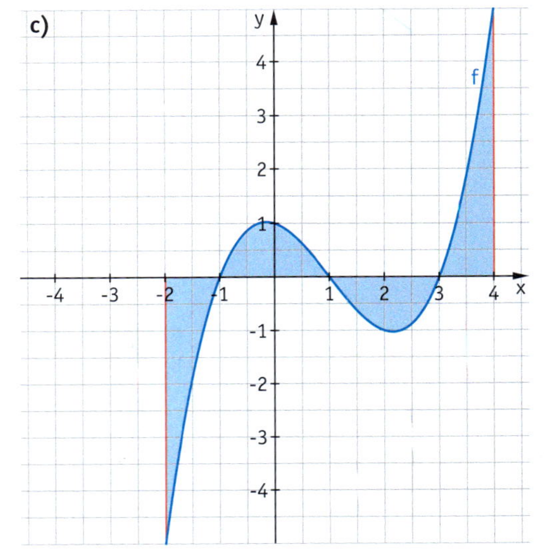

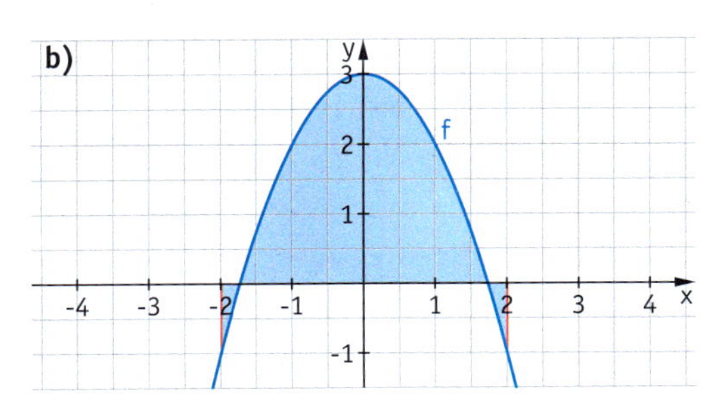

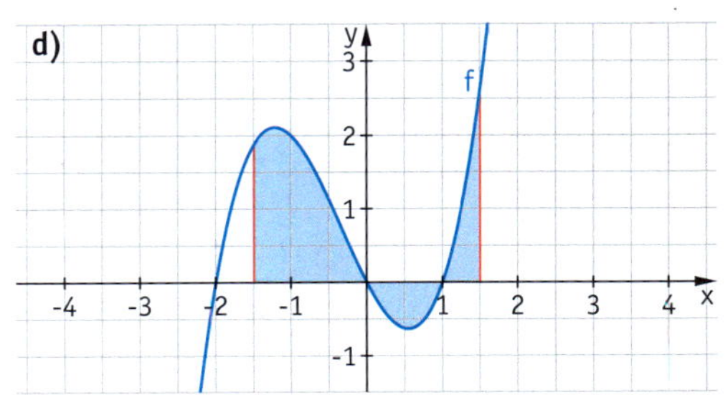

11 Skizzieren Sie den Graphen der Funktion f und bestimmen Sie den Flächeninhalt der Fläche, die der Graph der Funktion f mit der x-Achse einschließt.

a) $f(x) = x^4 - 8x^3 + 18x^2 - 8x$ **c)** $f(x) = (x^2 - x - 2) \cdot x$ **e)** $f(x) = x - \sqrt{x}$

b) $f(x) = -x^4 + 11x^2 - 18$ **d)** $f(x) = x - 6 + \frac{8}{x}$ **f)** $f(x) = (2^x - 1)(2^x - 2)$

12 Begründen Sie ohne zu rechnen, dass die Rechnung fehlerhaft ist. Bestimmen Sie das richtige Ergebnis.

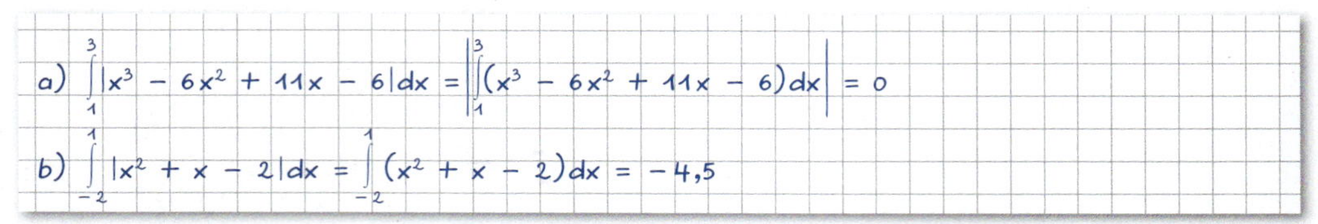

13 Seit der Antike beherrschen Baumeister die Kunst, Torbögen zu konstruieren, zum Beispiel für Tore, Brücken oder Aquädukte. Die Bögen der Pont du Gard (im 1. Jh. n. Chr. von den Römern erbautes Aquädukt) in Südfrankreich sind in Halbkreisform gebaut. Als sehr stabil erweisen sich auch Bögen, die von Parabelbögen gebildet werden.

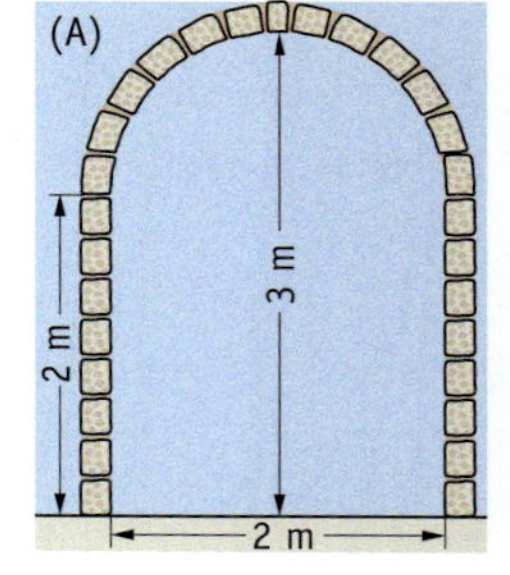

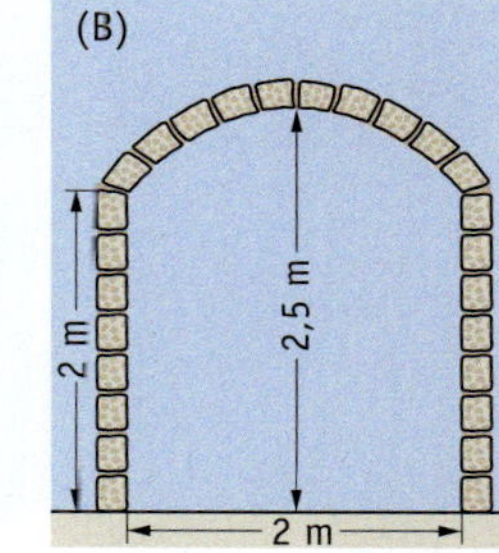

a) Beschreiben Sie anhand der Skizze (A), wie man die Öffnungsfläche bei einem Torbogen in Halbkreisform berechnen könnte.

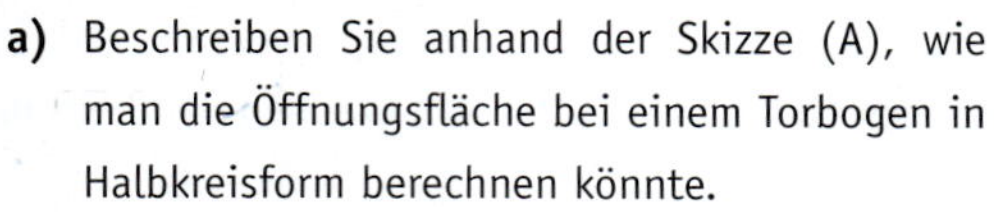

b) Wie müsste man zur Bestimmung der Öffnungsfläche bei einem von einem Parabelbogen begrenzten Torbogen (B) vorgehen?

c) Vergleichen Sie die Öffnungsflächen der beiden Torbögen (A) und (B) miteinander.

14 Bestimmen Sie $k \in \mathbb{R}$ so, dass der Graph der Funktion f mit der x-Achse eine Fläche vom angegebenen Flächeninhalt A einschließt.
Erläutern Sie anhand einer Skizze den Einfluss des Parameters k.

a) $f(x) = x^2 - kx;\quad A = 36$ **b)** $f(x) = kx^3 - 4x;\quad A = 16$ **c)** $f(x) = 2x^3 + kx;\quad A = 9$

15 Gegeben ist die Funktion f mit $f(x) = -x^3 + 3x^2$.
Zerlegen Sie die Fläche, die der Graph von f mit der x-Achse einschließt, so durch eine Parallele zur y-Achse, dass zwei Flächen mit demselben Flächeninhalt entstehen.

16

a) Begründen Sie, dass der Graph der Funktion f mit $f(x) = \sqrt{r^2 - x^2}$ der abgebildete Halbkreis um den Koordinatenursprung mit dem Radius r ist. Betrachten Sie dazu für einen beliebigen Punkt $P(x|y)$ des Halbkreises das Dreieck mit den Punkten $0(0|0)$, $R(x|0)$ und $P(x|y)$.

b) Berechnen Sie für einen Kreis mit dem Radius 6 cm den Flächeninhalt eines Kreissegmentes der Höhe 2.

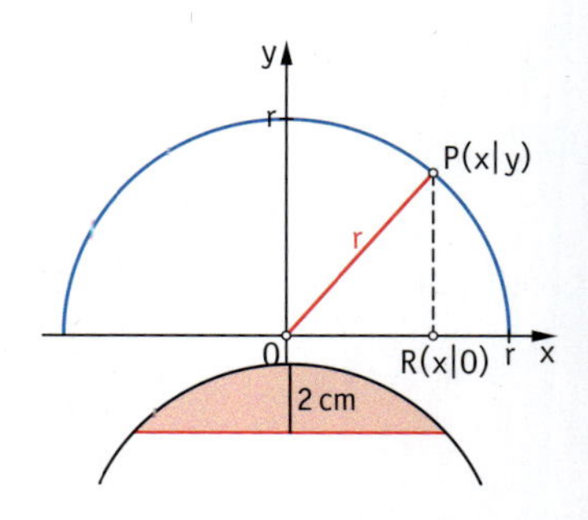

2.5.2 Fläche zwischen zwei Funktionsgraphen

Aufgabe

1 Flächen zwischen zwei Funktionsgraphen

Der Yachthafen eines Segelclubs wird näherungsweise durch parabelförmig angelegte Kaimauern begrenzt.
Bestimmen Sie den Flächeninhalt der in der nebenstehenden Zeichnung blau gefärbten Wendefläche für die Boote.

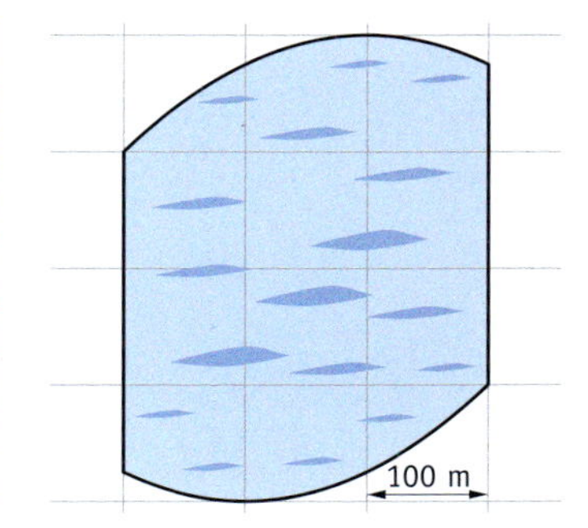

Lösung

Man kann die Ufer des Hafens (näherungsweise) durch quadratische Funktionen beschreiben. Dazu legt man den Scheitelpunkt der nach oben geöffneten Parabel in den Ursprung. In dieser Lage lassen sich die Funktionen gut bestimmen. Dann berechnet man den Flächeninhalt zwischen den Funktionsgraphen.

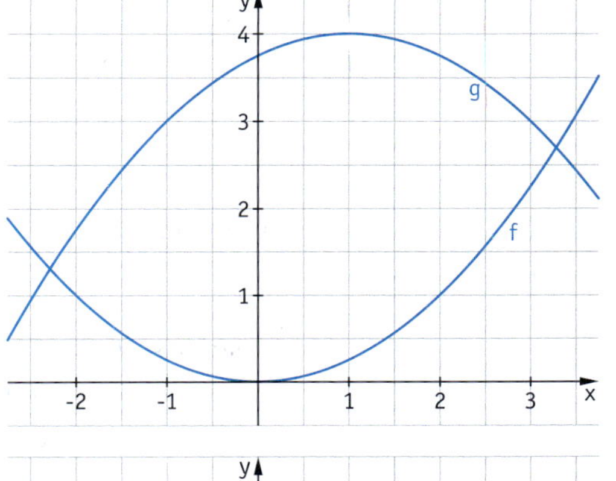

Wir wählen dazu 100 m als eine Einheit und beschreiben die Berandungen der Wasserfläche durch Funktionen f und g: Der Graph von f ist offensichtlich eine in y-Richtung gestauchte Normalparabel mit dem Streckungsfaktor $\frac{1}{4}$, also $f(x) = \frac{1}{4}x^2$.
Der Graph von g ist ebenfalls eine Parabel mit dem Streckungsfaktor $-\frac{1}{4}$ und dem Scheitelpunkt $S(1\,|\,4)$, also

$$g(x) = -\frac{1}{4}(x-1)^2 + 4 = -\frac{1}{4}x^2 + \frac{1}{2}x + \frac{15}{4}$$

Es muss nun die Fläche zwischen beiden Funktionsgraphen über dem Intervall $[-1; 2]$ berechnet werden.

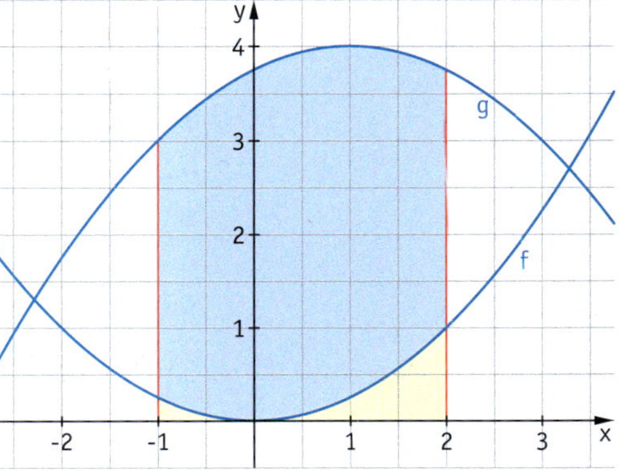

Dazu subtrahieren wir vom Flächeninhalt A_1 der Fläche, die der Graph von g über dem Intervall $[-1; 2]$ mit der x-Achse einschließt, den Flächeninhalt A_2 der Fläche, die der Graph von f über dem Intervall $[-1; 2]$ mit der x-Achse einschließt:

A_1:
```
fnInt(-.25(X-1)²
+4,X,-1,2)
            11.25
```

A_2:
```
fnInt(.25X²,X,-1
,2)
              .75
```

Damit ergibt sich als Flächeninhalt der eingeschlossenen Fläche $A = A_1 - A_2 = 11{,}25 - 0{,}75 = 10{,}5$.
Da wir 100 m als Einheit gewählt haben, beträgt die Wendefläche 10,5 ha oder 105 000 m^2.

Aufgabe

2 Flächen zwischen zwei sich schneidenden Funktionsgraphen

Zwei Funktionen f und g sind gegeben durch $f(x) = \frac{1}{2}x^3 + \frac{3}{2}x^2 - x - 2$ und $g(x) = x^2 - 2$.
Skizzieren Sie die Graphen von f und g und berechnen Sie den Flächeninhalt der Fläche, die von beiden Graphen eingeschlossen wird.

Lösung

Die eingeschlossene Fläche wird von den Schnittstellen beider Funktionsgraphen begrenzt, die wir als Lösungen der Gleichung

$f(x) = g(x)$, also

$\frac{1}{2}x^3 + \frac{3}{2}x^2 - x - 2 = x^2 - 2$

erhalten. Diese Gleichung ist äquivalent zu $x \cdot (x^2 + x - 2) = 0$, woraus sich als Schnittstellen -2; 0 und 1 ergeben.

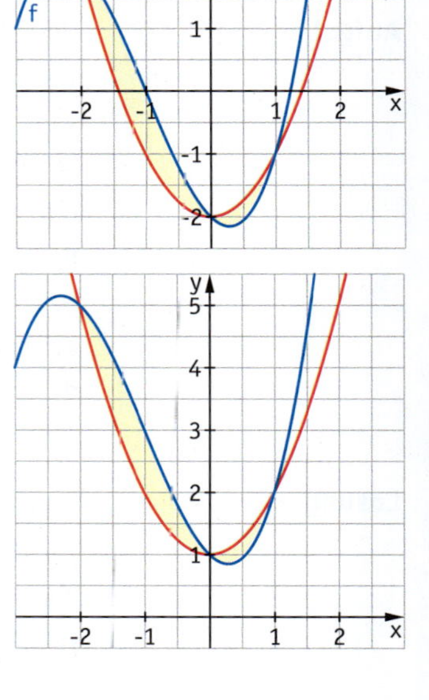

Um eine Fallunterscheidung hinsichtlich oberhalb und unterhalb der x-Achse liegender Flächenteile zu vermeiden, verschieben wir beide Funktionsgraphen um +3 in y-Richtung und berechnen die eingeschlossene Fläche:

f(x) ≥ g(x) *g(x) ≥ f(x)*

$$A = \int_{-2}^{0} \big((f(x) + 3) - (g(x) + 3)\big)\,dx + \int_{0}^{1} \big((g(x) + 3) - (f(x) + 3)\big)\,dx$$

$$= \int_{-2}^{0} \big(f(x) - g(x)\big)\,dx + \int_{0}^{1} \big(g(x) - f(x)\big)\,dx$$

$$= \int_{-2}^{0} \left(\tfrac{1}{2}x^3 + \tfrac{1}{2}x^2 - x\right)dx + \int_{0}^{1} \left(-\tfrac{1}{2}x^3 - \tfrac{1}{2}x^2 + x\right)dx$$

$$= \left[\tfrac{1}{8}x^4 + \tfrac{1}{6}x^3 - \tfrac{1}{2}x^2\right]_{-2}^{0} + \left[-\tfrac{1}{8}x^4 - \tfrac{1}{6}x^3 + \tfrac{1}{2}x^2\right]_{0}^{1}$$

$$= \frac{4}{3} + \frac{5}{24} = \frac{37}{24} \approx 1{,}54$$

Unabhängig von der Lage der Graphen von f und g hätten wir die Graphen nicht verschieben müssen, sondern hätten direkt über f(x) − g(x) bzw. g(x) − f(x) integrieren können!

Die Aufteilung des Intervalls ist überflüssig, wenn man über den Betrag der Differenz der Funktionen integriert:

$$A = \int_{-2}^{1} |f(x) - g(x)|\,dx \approx 1{,}54$$

```
fnInt(abs(1/2X^3
+1/2X²-X),X,-2,1
      1.541672616
```

Information **Fläche zwischen zwei Funktionsgraphen über einem Intervall**

(1) Um den Flächeninhalt A der Fläche zwischen den Graphen von zwei Funktionen f und g wie im Beispiel rechts dargestellt über dem Intervall [a; b] zu berechnen, bestimmt man zunächst die Schnittstellen von f und g innerhalb von [a; b] (hier: x_1 und x_2) und berechnet dann:

$$A = \int_{a}^{x_1} \big(f(x) - g(x)\big)\,dx + \int_{x_1}^{x_2} \big(g(x) - f(x)\big)\,dx + \int_{x_2}^{b} \big(f(x) - g(x)\big)\,dx$$

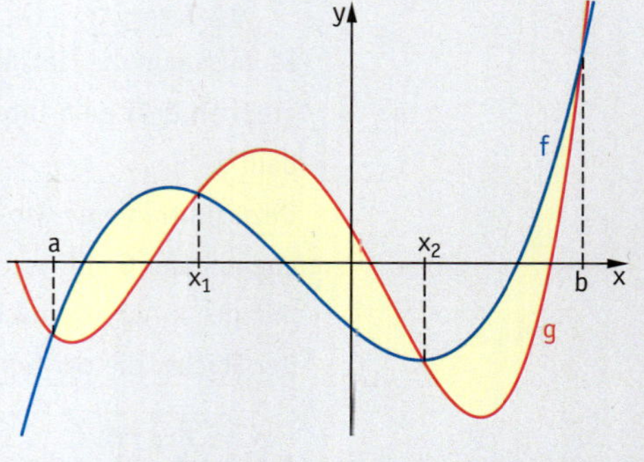

(2) Verwendet man einen GTR oder ein CAS, so ist es vorteilhaft, den Flächeninhalt A der Fläche zwischen zwei Funktionsgraphen über dem Intervall [a; b] näherungsweise zu berechnen, indem man mit dem Betrag rechnet:

$$A = \int_{a}^{b} |f(x) - g(x)|\,dx$$

Dabei müssen die Schnittstellen der beiden Funktionsgraphen zwischen a und b nicht bestimmt werden.

Übungsaufgaben 

3 Die Funktionen f und g sind gegeben durch $f(x) = x^3 - 2$ und $g(x) = x^2 + 2x - 2$.

(1) Skizzieren Sie die Graphen der beiden Funktionen.

(2) Berechnen Sie den Flächeninhalt der Fläche, die von den Graphen von f und g eingeschlossen wird. Beschreiben Sie Ihre Vorgehensweise.

4 Berechnen Sie ohne Verwendung eines GTR den Flächeninhalt der Fläche, die die Graphen der Funktionen f und g über dem angegebenen Intervall einschließen.

a) $f(x) = x^3$; $g(x) = x$; $I = [-2; 5]$

b) $f(x) = x^3$; $g(x) = 2x^2 - 15x$; $I = [-4; 3]$

c) $f(x) = x^4 + 4$; $g(x) = 5x^2$; $I = [-1; 3]$

d) $f(x) = x^3 + x$; $g(x) = x^2 + 1$; $I = [0; 2]$

e) $f(x) = x$; $g(x) = \sqrt{x}$; $I = [0; 1]$

f) $f(x) = \sin\left(\frac{1}{2}x\right)$; $g(x) = -\cos(x)$; $I = [0; \pi]$

g) $f(x) = \frac{1}{x^2}$; $g(x) = \frac{17}{4} - x^2$; $I = [1; 3]$

h) $f(x) = x^3$; $g(x) = \sqrt{x}$; $I = [0; 2]$

5 Skizzieren Sie die Graphen von f und g und berechnen Sie, wie groß der Flächeninhalt der von beiden Funktionsgraphen über dem Intervall I eingeschlossenen Fläche ist.

a) $f(x) = x^3 - 4x + 3$; $g(x) = 4 - \frac{1}{2}x^2$; $I = [-3; 2]$

b) $f(x) = -x^3 + 9x^2 - 25x + 22$; $g(x) = \frac{1}{x}$; $I = [1; 5]$

c) $f(x) = x^2 - 2$; $g(x) = \sqrt{x + 4}$; $I = [-2; 2]$

d) $f(x) = 2^x - 3x^2$; $g(x) = \frac{1}{1 + x^2}$; $I = [0; \sqrt{10}]$

6 Skizzieren Sie die Graphen von f und g und berechnen Sie den Flächeninhalt der Fläche, den die Graphen miteinander einschließen.

a) $f(x) = x^3 - 2x$; $g(x) = x^2 - 2$

b) $f(x) = x^4 - 5$; $g(x) = x^3 - 4x^2$

c) $f(x) = -x^2 + 5$; $g(x) = x^4 - 2x^3$

d) $f(x) = -x^2 + 3$; $g(x) = 2^x$

7 Finden Sie passende Funktionsterme zu den Graphen und berechnen Sie den Flächeninhalt der gefärbten Fläche.

a)

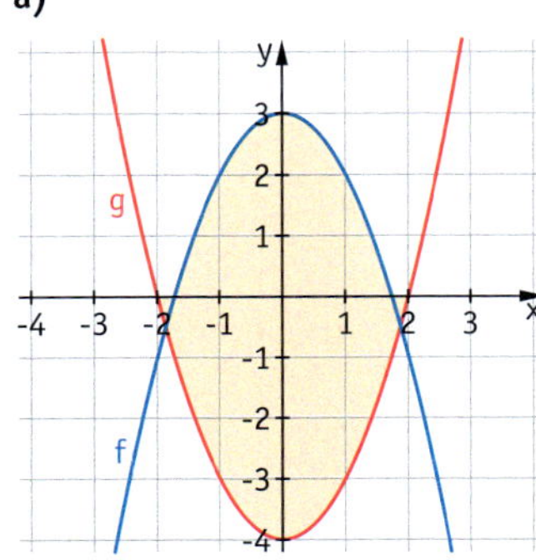

c)

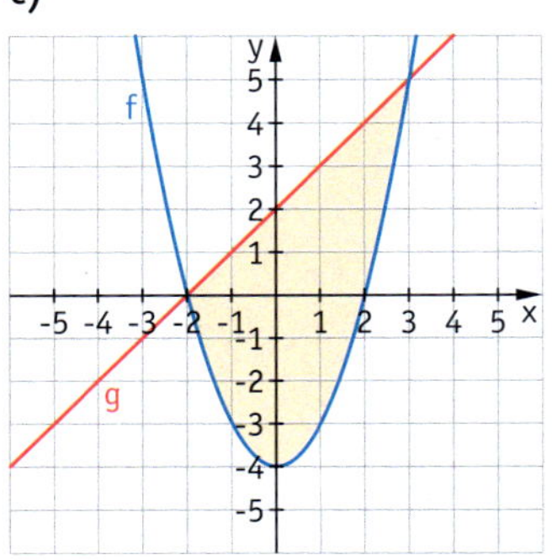

e)

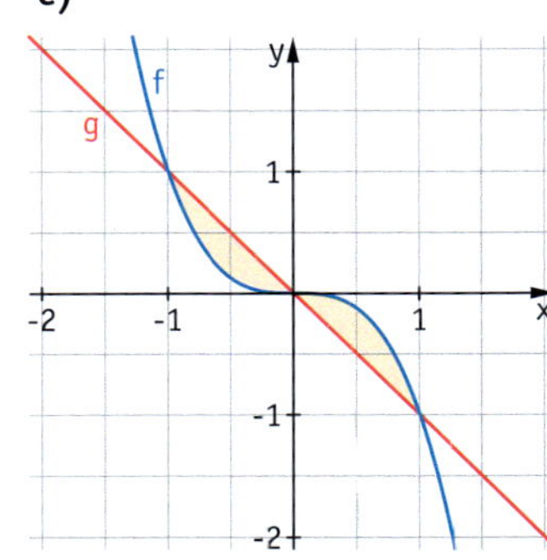

b)

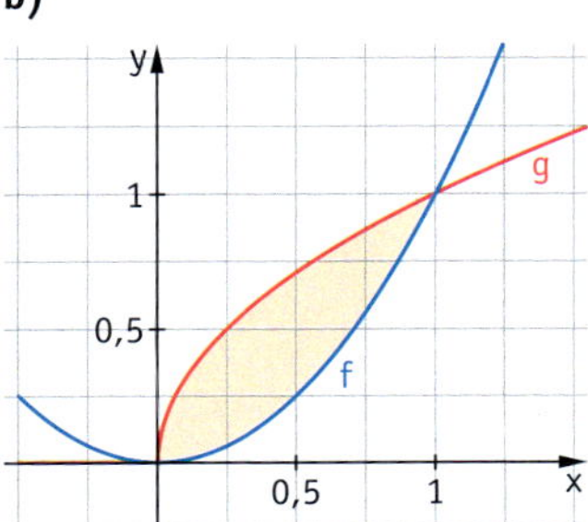

d)

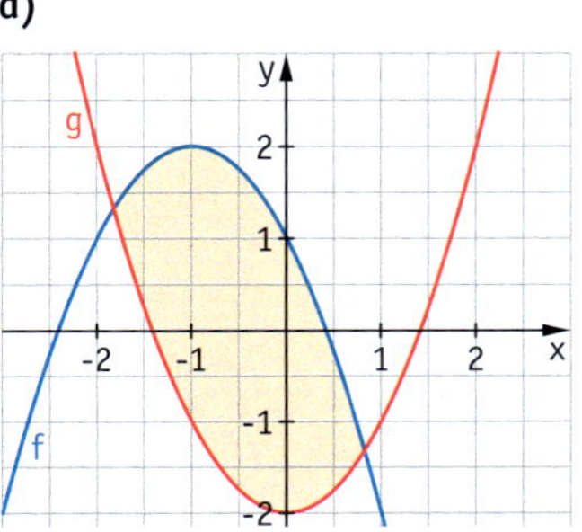

f)

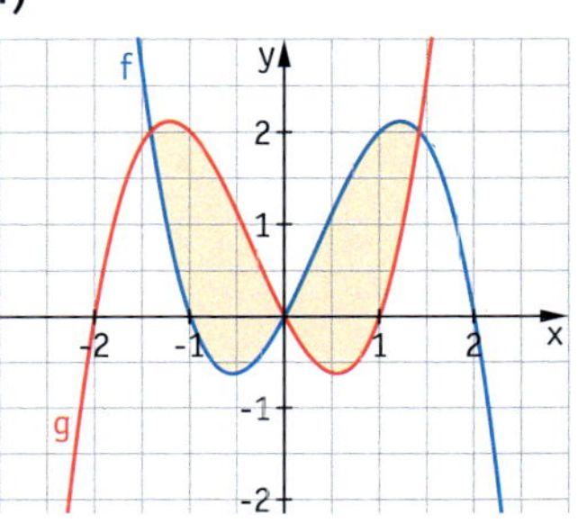

8 Geben Sie die Flächeninhalte $A_1, A_2, \ldots, A_6$ der gefärbten Flächen mithilfe von Integralen an.

9 Skizzieren Sie die Graphen der Funktionen f und g und berechnen Sie den Flächeninhalt der Fläche, die die Graphen der Funktionen f und g einschließen.

a) $f(x) = x^2$; $g(x) = -x + 2$

b) $f(x) = x^3$; $g(x) = x^2 + 2x$

c) $f(x) = x^3 - 6x^2$; $g(x) = x - 6$

10 Die gefärbten Teile der Schmuckform sollen mit Blattgold belegt werden. Die Linien sind Parabeln oder Kreise. $1\,cm^2$ Blattgold kostet einschließlich Belegung 7,99 Euro. Wie teuer wird die Blattgoldarbeit? Legen Sie das Koordinatensystem geeignet fest.

a)

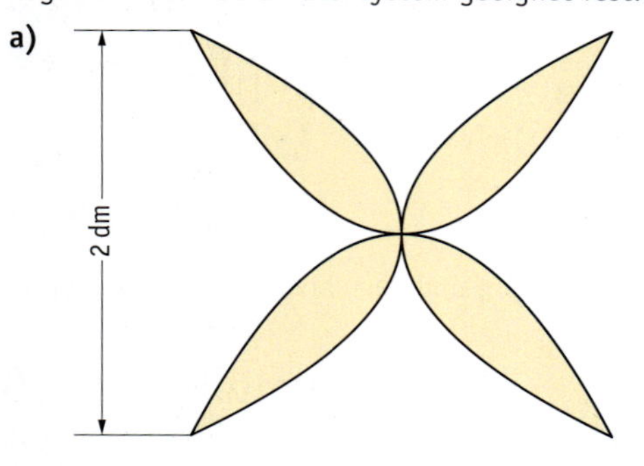

c)

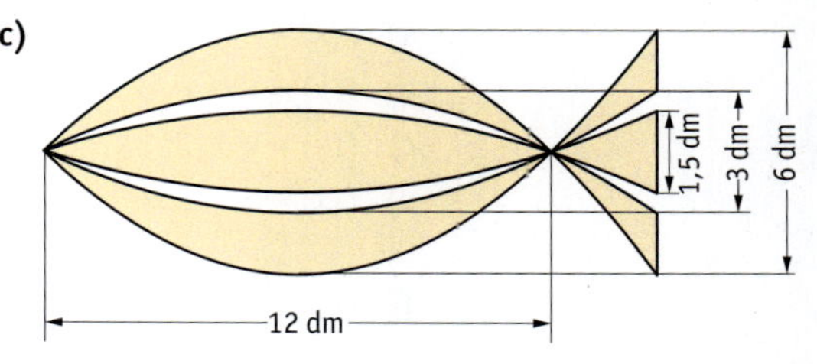

b)

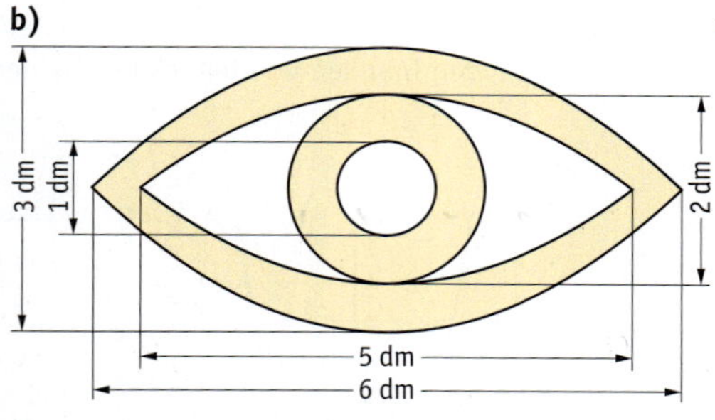

d)

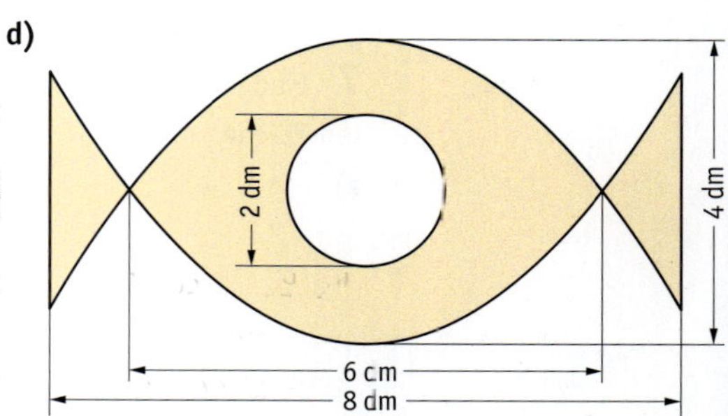

11 Bestimmen Sie $k > 0$ so, dass die Graphen der Funktionen f und g eine Fläche mit dem Flächeninhalt A einschließen.

a) $f(x) = kx^2$; $g(x) = 5kx + 6k$; $A = 1$

b) $f(x) = x^2 + 4x$; $g(x) = k \cdot (x + 4)$; $A = \frac{125}{6}$

c) $f(x) = x^2 - k$; $g(x) = k - x^2$; $A = \frac{8}{3}$

d) $f(x) = k \cdot 2^x - k$; $g(x) = k - k \cdot 4^{-x}$; $A \approx 0{,}051$

12 Für $k > 0$ ist die Funktion f_k gegeben durch $f_k(x) = x^3 - 2kx^2 + k^2x$.

a) Zeigen Sie, dass alle Funktionsgraphen einen Tiefpunkt auf der x-Achse haben.

b) Für welches k schließt der Graph von f_k mit der x-Achse eine Fläche mit dem Flächeninhalt 108 ein?

c) Bestimmen Sie den Flächeninhalt der Fläche, die der Graph von f_1 mit der Geraden $y = x$ einschließt.

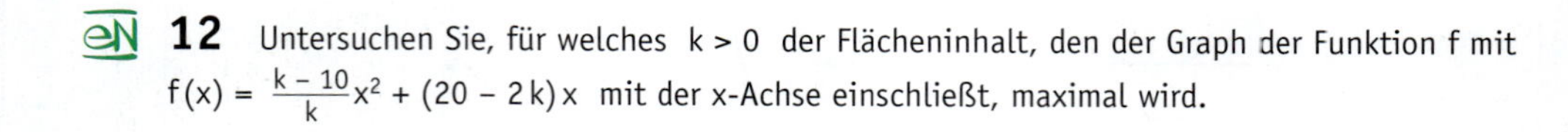

12 Untersuchen Sie, für welches $k > 0$ der Flächeninhalt, den der Graph der Funktion f mit $f(x) = \frac{k - 10}{k}x^2 + (20 - 2k)x$ mit der x-Achse einschließt, maximal wird.

14 Die abgebildete Fläche eines Sees kann abschnittsweise annähernd durch Parabelbögen berandet werden.
1 Längeneinheit entspricht 1 km.
Berechnen Sie die Größe des Sees.

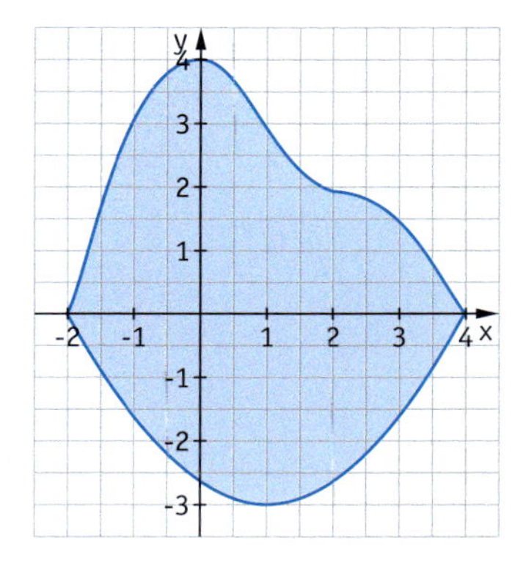

 **15** Gegeben sind die Funktionen f und g mit $f(x) = x^3 - 4x$ und $g(x) = -\frac{1}{2}x^3 + 2x$.
Skizzieren Sie die Graphen und begründen Sie ohne zu rechnen, dass die folgende Gleichung fehlerhaft ist. Bestimmen Sie das richtige Ergebnis.

$$\int_{-2}^{2} |f(x) - g(x)|\,dx = \int_{-2}^{2} |f(x)|\,dx + \int_{-2}^{2} |g(x)|\,dx$$

16 Bestimmen Sie $k \in \mathbb{R}$ so, dass die von den Graphen der Funktionen f und g eingeschlossene Fläche den Flächeninhalt A hat. Fertigen Sie eine Skizze an und erläutern Sie daran den Einfluss des Parameters k.

a) $f(x) = x^3$; $g(x) = 2kx^2 - k^2x$; $A = \frac{4}{3}$

b) $f(x) = x^2$; $g(x) = -x^2 + k$; $A = 1$

d) $f(x) = x^2$; $g(x) = 1 - kx^2$; $A = \frac{2}{3}$

d) $f(x) = x^3$; $g(x) = kx$; $A = \frac{1}{4}$

17

a) Begründen Sie die Formel rechts.

Der griechische Mathematiker ARCHIMEDES VON SYRAKUS (287–212 v. Chr.) zeigte, dass der Inhalt der Fläche unter einer Parabel stets $\frac{2}{3}$ vom Produkt aus Grundseite g und Höhe h beträgt.

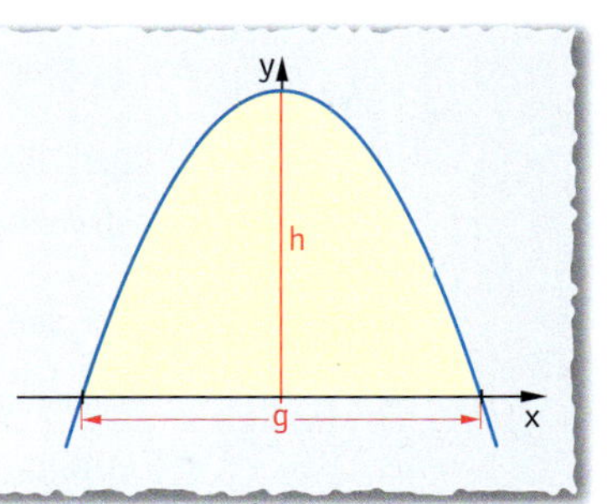

b) Begründen Sie die Verallgemeinerung der Formel des ARCHIMEDES:

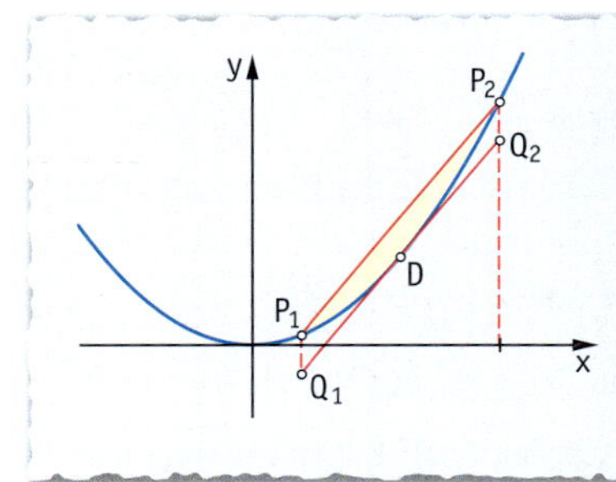

Der Flächeninhalt eines Parabelsegments beträgt zwei Drittel des Parallelogramms, das durch die Sehne und die zu ihr parallele Tangente bestimmt ist.

18 Berechnen Sie näherungsweise die Größe des im Zentrum des Bildes abgebildeten Feldes.

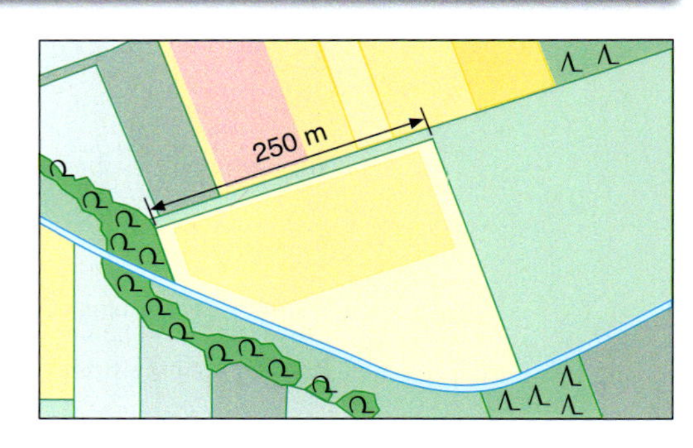

2.5.3 Uneigentliche Integrale

Aufgabe

1 Gegeben sind die Funktionen g und f.

a) $g(x) = \frac{1}{x^2}$

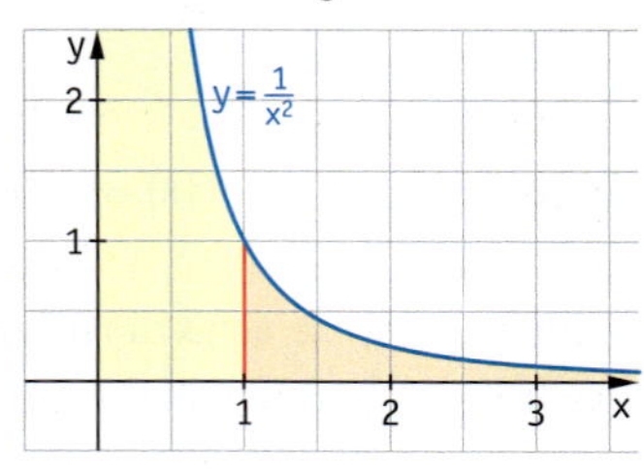

b) $f(x) = \frac{1}{\sqrt{x}}$

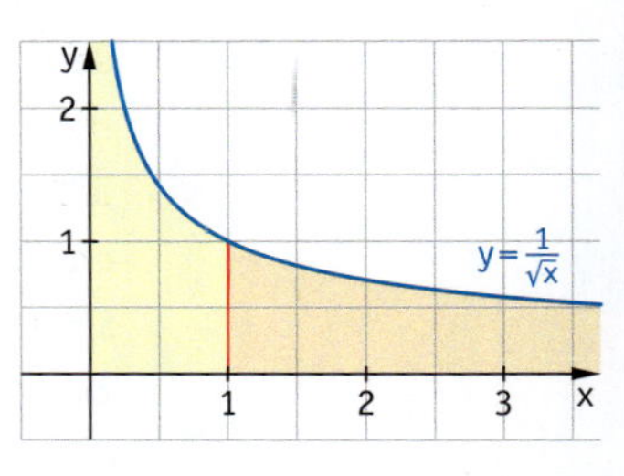

Die Graphen beider Funktionen schmiegen sich den Koordinatenachsen an und schließen über dem Intervall [0; 1] zusammen mit der y-Achse und über dem Intervall [1; ∞[zusammen mit der x-Achse jeweils eine unendlich ausgedehnte Fläche ein. Untersuchen Sie, ob für diese Flächen ein Flächeninhalt angegeben werden kann.

Lösung

a) Um den Flächeninhalt der Fläche über dem Intervall [1; ∞[zu bestimmen, untersuchen wir, wie sich das Integral $\int_1^b \frac{1}{x^2}\,dx$ verhält, wenn die Intervallgrenze b beliebig groß wird.

Es gilt: $\int_1^b \frac{1}{x^2}\,dx = -\frac{1}{b} + 1.$

Wenn $b \to \infty$, dann $-\frac{1}{b} + 1 \to 1.$

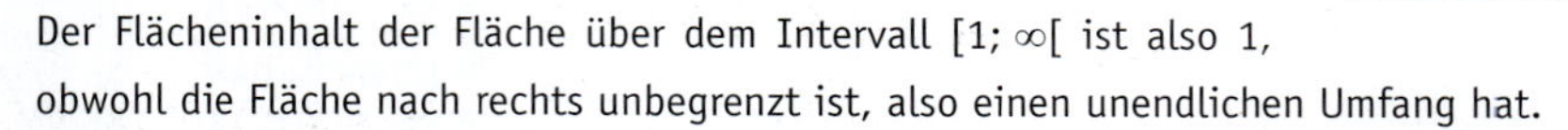

Der Flächeninhalt der Fläche über dem Intervall [1; ∞[ist also 1, obwohl die Fläche nach rechts unbegrenzt ist, also einen unendlichen Umfang hat.

Um den Flächeninhalt der Fläche über dem Intervall [0; 1] zu bestimmen, untersuchen wir, wie sich das Integral $\int_a^1 \frac{1}{x^2}\,dx$ verhält, wenn sich die untere Intervallgrenze a dem Wert 0 nähert.

Es gilt: $\int_a^1 \frac{1}{x^2}\,dx = \left[-\frac{1}{x}\right]_a^1 = -1 + \frac{1}{a}$

Wenn $a \to 0$, dann $-1 + \frac{1}{a} \to \infty.$

Der Flächeninhalt der Fläche über dem Intervall [0; 1] ist unendlich groß.

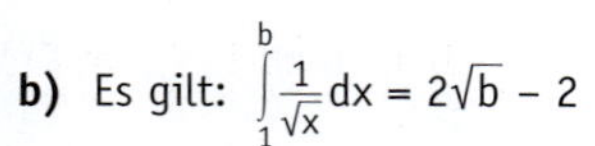

b) Es gilt: $\int_1^b \frac{1}{\sqrt{x}}\,dx = 2\sqrt{b} - 2$

Wenn $b \to \infty$, dann $2\sqrt{b} - 2 \to \infty.$

Der Flächeninhalt der Fläche über dem Intervall [1; ∞[ist unendlich groß.

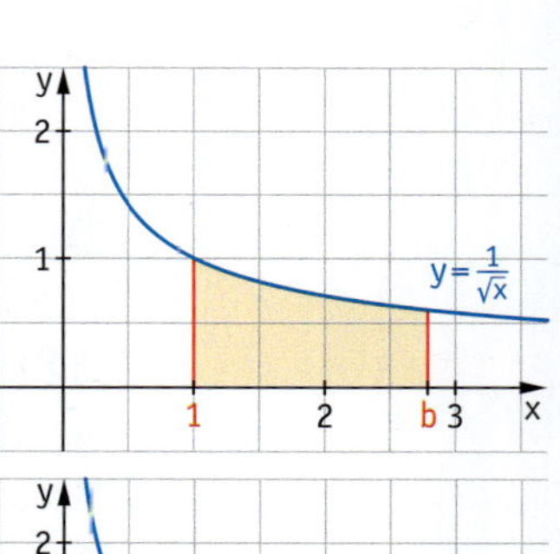

Wir verfahren wie bei der Lösung von Teilaufgabe a).

Es gilt: $\int_a^1 \frac{1}{\sqrt{x}}\,dx = \int_a^1 x^{-\frac{1}{2}}\,dx = \left[\frac{x^{\frac{1}{2}}}{\frac{1}{2}}\right]_a^1 = \left[2\sqrt{x}\right]_a^1 = 2 - 2\sqrt{a}$

Wenn $a \to 0$, dann $2 - 2\sqrt{a} \to 2.$

Der Flächeninhalt der Fläche über dem Intervall [0; 1] ist also 2.

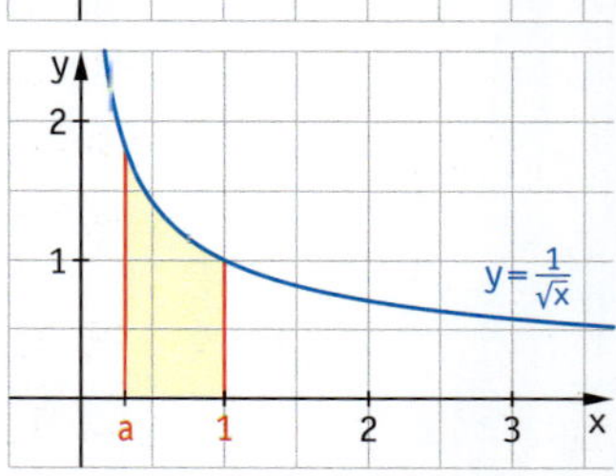

Information

Definition des uneigentlichen Integrals

Obwohl die Flächenstücke ins Unendliche reichen, d. h. eine unendlich lange Begrenzungslinie haben, kann der Flächeninhalt endlich sein.

Hierbei kann einmal der Fall vorliegen, dass das „Intervall ins Unendliche reicht" (siehe die obere Grafik) oder zum anderen, dass die Funktion nicht im ganzen Intervall definiert ist und dort unbeschränkt ist (siehe die untere Grafik: $\frac{1}{\sqrt{x}}$ nicht definiert für $x = 0$). Es ist daher naheliegend, den Integralbegriff zu erweitern.

Der Einfachheit halber setzen wir Stetigkeit der Integrandenfunktion f voraus.

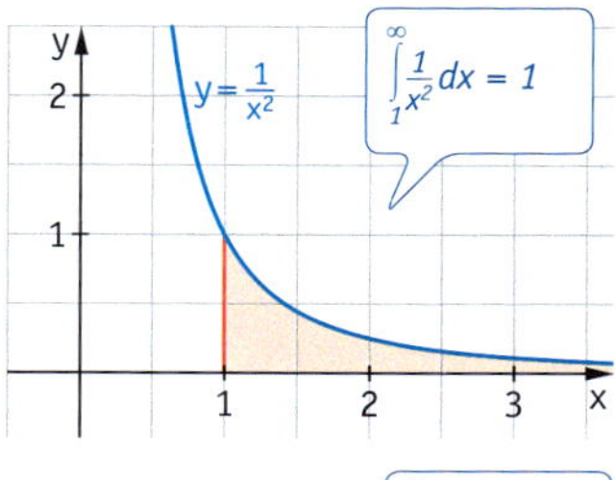

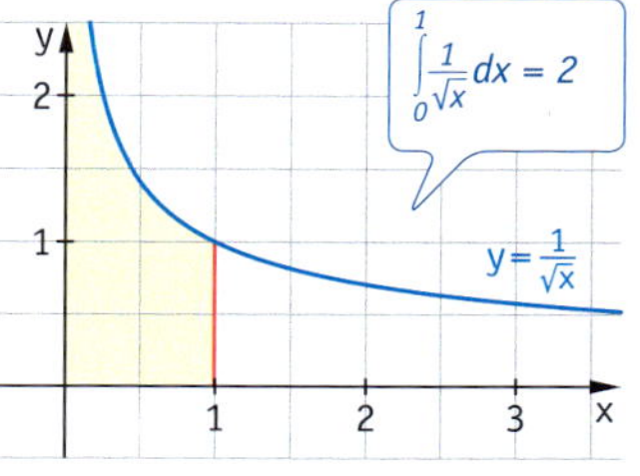

Definition 6

(1) Die Funktion f soll stetig sein für alle $x > a$ bzw. für alle $x < b$. Dann ist:

$$\int_a^{+\infty} f(x)\,dx = \lim_{c \to +\infty} \int_a^c f(x)\,dx \qquad \int_{-\infty}^b f(x)\,dx = \lim_{c \to -\infty} \int_c^b f(x)\,dx$$

(2) Die Funktion f soll stetig sein für]a; b] bzw. für [a; b[. Dann ist:

$$\int_a^b f(x)\,dx = \lim_{c \to a} \int_c^b f(x)\,dx, \text{ falls f definiert ist für]a; b];}$$

$$\int_a^b f(x)\,dx = \lim_{c \to b} \int_a^c f(x)\,dx, \text{ falls f definiert ist für [a; b[.}$$

Die Integrale links vom Gleichheitszeichen heißen **uneigentliche Integrale**. Existiert der Grenzwert rechts von den Gleichheitszeichen nicht, sagt man: Das uneigentliche Intergral existiert nicht.

Übungsaufgaben 

2 Gegeben ist die Funktion f mit $f(x) = x^{-k}$, $k > 1$.

a) Zeigen Sie, dass die Funktion F mit $F(x) = \frac{1}{1-k}x^{1-k}$ eine Stammfunktion zur Funktion f ist.

b) Berechnen Sie für $b > 1$ den Flächeninhalt der Fläche, die der Graph von f über dem Intervall [1; b] mit der x-Achse einschließt. Untersuchen Sie das Verhalten des Flächeninhalts für $b \to \infty$. Deuten Sie das Ergebnis anschaulich.

c) Führen Sie die Untersuchungen aus den Teilaufgaben a) und b) für Exponenten k mit $0 < k < 1$ durch.

3 Gegeben ist die Funktion f. Untersuchen Sie, ob ein uneigentliches Integral $\int_a^{+\infty} f(x)\,dx$ existiert. Berechnen Sie gegebenenfalls den Wert des uneigentlichen Integrals.

a) $f(x) = \frac{2}{x^3}$, $a = 1$ **b)** $f(x) = \frac{1}{\sqrt[3]{x}}$, $a = 8$ **c)** $f(x) = \frac{1}{(2x-1)^2}$, $a = 1$

4 Untersuchen Sie, ob die unbeschränkte Fläche, die der Graph der Funktion f über dem Intervall [0; 1] mit der x-Achse einschließt, einen endlichen Flächeninhalt hat.

a) $f(x) = \frac{1}{\sqrt{x}}$ **b)** $f(x) = \frac{1}{x}$ **c)** $f(x) = \frac{-1}{x-1}$

5 Berechnen Sie das uneigentliche Integral.

a) $\int_1^\infty \frac{1}{x^4}dx$ **b)** $\int_0^\infty \frac{1}{(x+1)^2}dx$ **c)** $\int_{-\infty}^{-2} \frac{1}{x^2}dx$ **d)** $\int_0^2 \frac{1}{\sqrt{x}}dx$

Integralrechnung im Altertum – die Exhaustions-Methode

Schon die Mathematiker im antiken Griechenland beschäftigten sich mit Flächeninhaltsproblemen und erzielten bemerkenswerte Erfolge, obwohl viele Begriffe und Schreibweisen noch nicht so weit entwickelt waren wie heute. Beispielsweise konnten sie den Flächeninhalt einer krummlinig berandeten Fläche mit der Exhaustions-Methode, die der modernen Methode sehr ähnlich ist, beliebig genau annähern. Die Entwicklung dieser Methode ist mit drei Namen besonders eng verbunden.

ANTIPHON (5. Jh. v. Chr.)

Der griechische Philosoph ANTIPHON lebte im fünften Jahrhundert v. Chr. Über sein Leben ist wenig bekannt, es ist noch nicht einmal sicher, ob es zwei berühmte Männer desselben Namens gab, einen Redner und einen Philosophen, oder ob beide Personen identisch waren. Einige seiner Reden sind überliefert worden, die Inhalte seiner philosophischen Texte lassen sich nur anhand von Zitaten in den Werken anderer Autoren rekonstruieren.

ANTIPHON war vermutlich der erste Wissenschaftler, der die Exhaustions-Methode verwendete. Mit ihrer Hilfe wollte er den Kreis quadrieren. Er versuchte, Vielecke (n-Ecke) iterativ so in einen Kreis einzubeschreiben, dass in jedem Schritt die Anzahl der Ecken der Vielecke verdoppelt wird. Nach sehr vielen (nach heutigem mathematischen Verständnis unendlich vielen) Schritten sollte der Flächeninhalt der einbeschriebenen Vielecke mit dem des Kreises zusammenfallen.

EUDOXOS VON KNIDOS (4. Jh. v. Chr.)

EUDOXOS VON KNIDOS, der im vierten Jahrhundert v. Chr. lebte, war Mathematiker, Astronom, Geograph, Philosoph und Politiker. Nach Studienaufenthalten in Süditalien, Athen und Ägypten hielt er in seiner Heimatstadt Vorlesungen und verfasste Schriften zu mathematischen, astronomischen und geographischen Themen. Auch seine Schriften wurden nicht direkt überliefert.

In der Mathematik ist EUDOXOS' Werk über Proportionen und numerische Verhältnisse berühmt geworden, das in wesentlichen Teilen im Buch XII der Elemente des EUKLID überliefert ist. Er entwickelte ein Verständnis der reellen Zahl, das bis zu den Zeiten DESCARTES' (1596 – 1650) grundlegend für mathematische Studien war. Durch diese Erkenntnisse gelang es EUDOXOS, die Methode von ANTIPHON zu festigen und als streng mathematische Theorie auszubauen.

ARCHIMEDES VON SYRAKUS (287 – 212 v. Chr.)

ARCHIMEDES, Mathematiker, Physiker und Techniker, entwickelte die Exhaustions-Methode maßgeblich weiter. Elf seiner Werke sind überliefert, darunter mathematische Arbeiten über die Bestimmung von (Ober-)Flächeninhalten und Volumina (z. B. der Kugel oder von Rotationskörpern). Aufbauend auf ANTIPHONS Ergebnissen gelang es ARCHIMEDES, den Wert von π näherungsweise sehr genau zu berechnen, indem er dem Kreis Vielecke mit beliebig vielen Ecken einbeschrieb.

Durch die Exhaustions-Methode erhielt ARCHIMEDES auch das berühmte Resultat, dass die Fläche, die von einer Parabel und einer die Parabel schneidenden Gerade eingeschlossen wird, $\frac{4}{3}$-mal so groß ist wie die Fläche des durch die Gerade einbeschriebenen Dreiecks (Quadratur der Parabel):

„Der Flächeninhalt eines Parabelsegments ist $\frac{4}{3}$ des Flächeninhalts des Dreiecks, das mit ihm gleiche Grundfläche und Höhe hat."

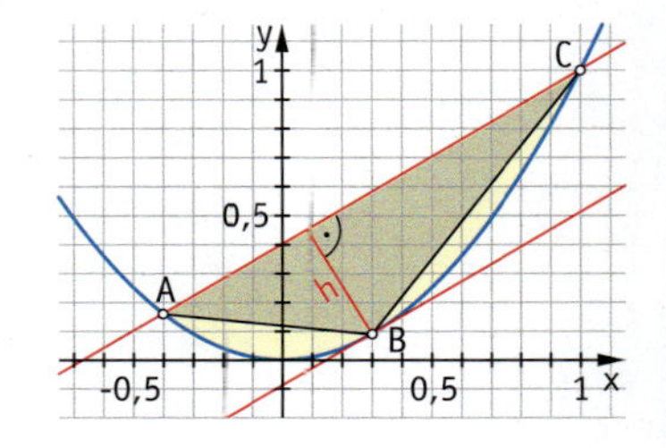

Der Legende nach starb ARCHIMEDES, als 212 v. Chr. römische Truppen Syrakus einnahmen, weil er sich weigerte, seine mathematischen Studien zu unterbrechen. Er soll einem Offizier, der ihn zum General bringen sollte, geantwortet haben: *Noli turbare circulos meos.* (Störe meine Kreise nicht.) Daraufhin soll dieser so erzürnt gewesen sein, dass er ARCHIMEDES erschlug.

Die Exhaustions-Methode

Mithilfe der Exhaustions-Methode (*exhaurire* (lat.): herausnehmen, erschöpfen) wird der Flächeninhalt einer Fläche berechnet, indem man ihr eine Folge von Vielecken einbeschreibt, deren Inhalt man elementar berechnen kann. Im Grenzfall konvergiert diese Folge von Vielecken gegen die zu berechnende Fläche, also fallen im Grenzfall auch die Flächeninhalte zusammen.

So kann man beispielsweise die Fläche zwischen dem Funktionsgraphen einer stetigen Funktion f und der x-Achse über dem Intervall [a; b] mit der Exhaustions-Methode wie folgt berechnen:

Schritt 1: Der gesuchten Fläche wird ein Dreieck einbeschrieben, von dem zwei Ecken in $A(a|0)$ und $B(b|0)$ liegen. Die dritte Ecke entsteht durch Schnitt des Funktionsgraphen in der Mitte des Intervalls.

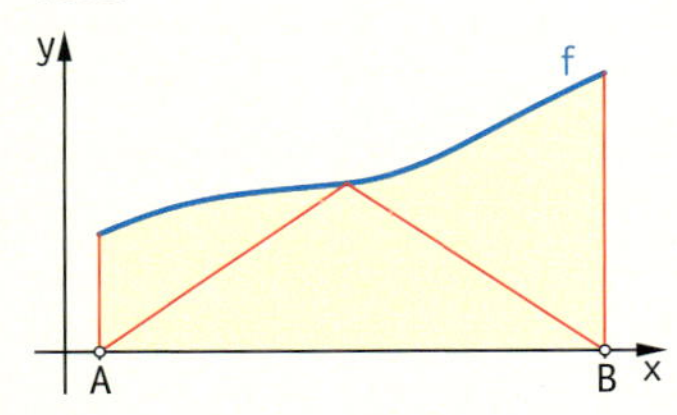

Schritt 2: Auf dieses Dreieck werden zwei weitere Dreiecke aufgesetzt; zwei ihrer Ecken fallen mit dem alten Dreieck zusammen und die dritte entsteht durch Schnitt des Graphen in der Mitte des linken, bzw. rechten Teilintervalls.

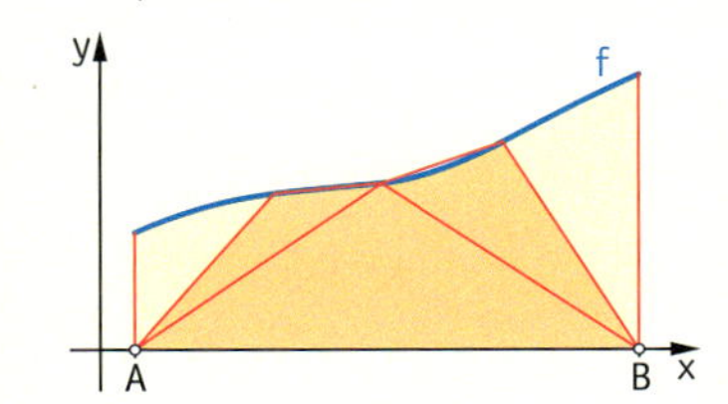

Schritt 3: Der zweite Schritt wird wiederholt. Man erhält zwei weitere Dreiecke und eine verbesserte Näherung des gesuchten Flächeninhalts.

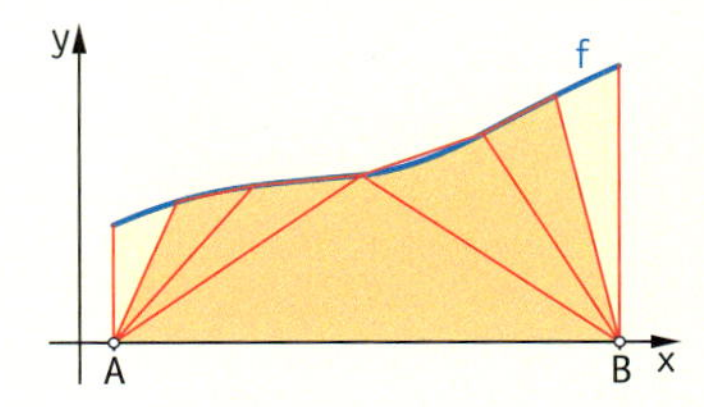

Alle Dreiecke lassen sich elementar berechnen, auch wenn diese Rechnungen mühsam sind. Durch beliebig häufige Wiederholung dieser Iteration kann der Flächeninhalt beliebig genau berechnet werden. Es können sogar Flächeninhalte unter Graphen von Funktionen berechnet werden, zu denen keine Stammfunktionen bekannt sind.

EUDOXOS' Volumenformel für den Kegel

Mithilfe der Exhaustions-Methode konnte EUDOXOS auch das Volumen von Körpern berechnen. Er wies nach, dass das Volumen des Kegels ein Drittel des Volumens des Zylinders mit gleicher Grundfläche und gleicher Höhe ist.

Schritt 1: Einem Kegel mit der Höhe h und dem Radius r wird ein Zylinder umbeschrieben. Man erhält als erste Näherung für das Kegelvolumen $V_1 = \pi \cdot h \cdot r^2$.

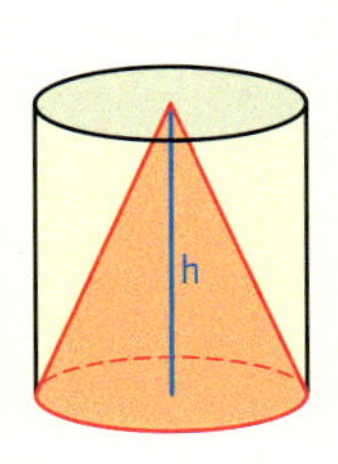

Schritt 2: Anschließend werden dem Kegel zwei Zylinder umbeschrieben, man erhält als Näherung $V_2 = \pi \cdot \frac{h}{2} \cdot r^2 + \pi \cdot \frac{h}{2} \cdot \left(\frac{r}{2}\right)^2$.

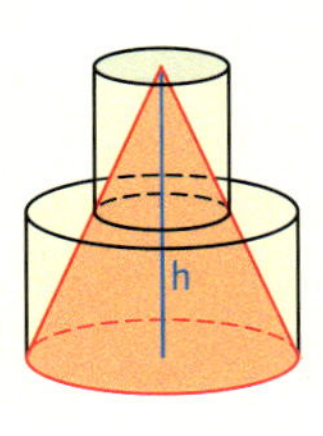

Schritt 3: Bei drei Zylindern, die dem Kegel umschrieben werden, erhält man

$V_3 = \pi \cdot \frac{h}{3} \cdot r^2 + \pi \cdot \frac{h}{3} \cdot \left(\frac{2r}{3}\right)^2 + \pi \cdot \frac{h}{3} \cdot \left(\frac{r}{3}\right)^2$.

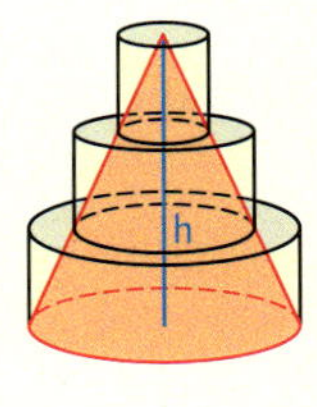

Schritt n: Setzt man das Verfahren fort, so erhält man nach n Schritten:

$$V_n = \frac{\pi \cdot h}{n} \cdot \left(\frac{r}{n}\right)^2 + \frac{\pi \cdot h}{n} \cdot \left(\frac{2r}{n}\right)^2 + \frac{\pi \cdot h}{n} \cdot \left(\frac{3r}{n}\right)^2 + \ldots + \frac{\pi \cdot h}{n} \cdot \left(\frac{(n-1)r}{n}\right)^2 + \frac{\pi \cdot h}{n} \cdot \left(\frac{nr}{n}\right)^2$$

Klammert man aus, ergibt sich:

$$\frac{\pi \cdot h r^2}{n^3} \cdot \left(1 + 2^2 + 3^2 + (n-1)^2 + n^2\right)$$

Es gilt: $1^2 + 2^2 + 3^2 + \ldots + n^2 = \frac{n(n+1)(2n+1)}{6} = \frac{2n^3 + 3n^2 + n}{6}$

Damit ergibt sich als Näherungsformel für den Kegel bei n umschreibenden Zylindern:

$$V_n = \frac{\pi \cdot h r^2 \cdot (2n^3 + 3n^2 + n)}{6n^3} = \pi h r^2 \cdot \left(\frac{1}{3} + \frac{1}{2n} + \frac{1}{6n^2}\right)$$

Für $n \to \infty$ gilt dann: $\lim\limits_{n \to \infty} V_n = \lim\limits_{n \to \infty} \pi h r^2 \cdot \left(\frac{1}{3} + \frac{1}{2n} + \frac{1}{6n^2}\right) = \pi h r^2 \cdot \left(\frac{1}{3} + 0 + 0\right) = \frac{1}{3} \pi h r^2$

2.6 Volumina von Rotationskörpern

Einführung

Für einige Körper (z. B. Kugel, Pyramide, Kegel) können wir bereits die Volumina berechnen. Wir erarbeiten jetzt weitere Möglichkeiten, Volumina von Körpern zu bestimmen. Dazu beschränken wir uns auf rotationssymmetrische Körper. Solche Körper entstehen dadurch, dass die Fläche unter dem Graphen einer Funktion f über einem Intervall um die x-Achse rotiert.

Durch Rotation der Fläche unter dem Graphen einer konstanten Funktion f mit $f(x) = c$ um die x-Achse entsteht ein **Zylinder**.

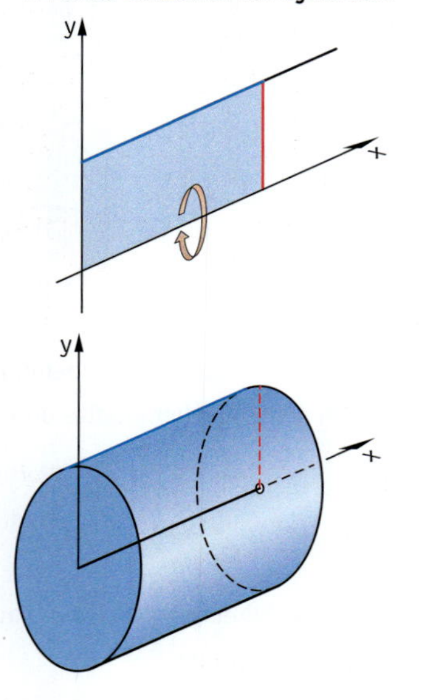

Durch Rotation der Fläche unter dem Graphen einer Funktion f mit $f(x) = m\,x$ um die x-Achse entsteht ein **Kegel**.

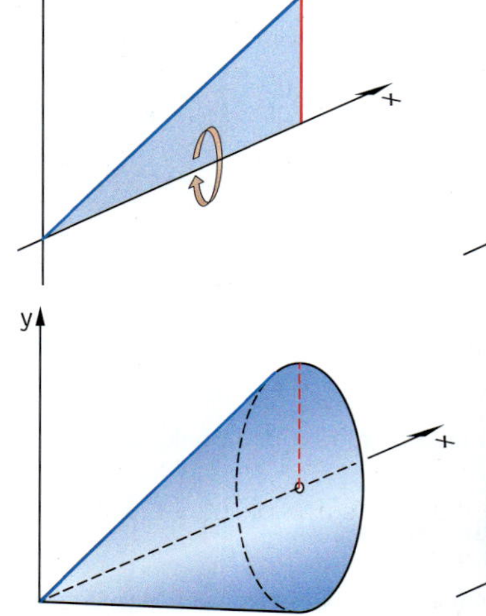

Durch Rotation der Fläche unter dem Graphen der Funktion f mit $f(x) = \sqrt{r^2 - x^2}$ um die x-Achse entsteht eine **Kugel**.

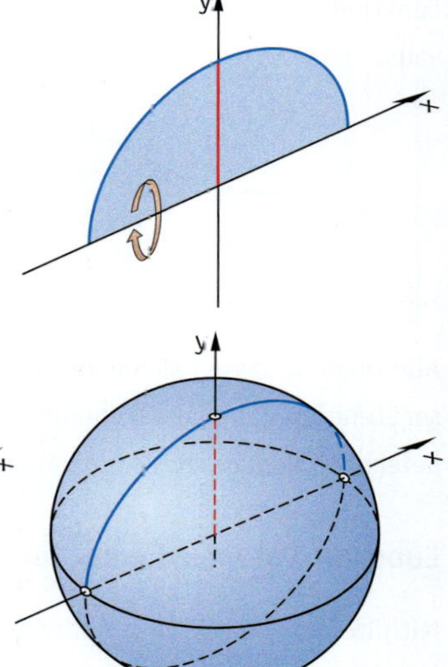

Aufgabe

1 Ein rotationssymmetrischer Stahlbolzen kann durch die Rotation der Fläche unter dem abgebildeten Funktionsgraphen in den Grenzen 0 und 9 um die x-Achse beschrieben werden (1 Einheit = 1 mm). Dabei verläuft der Graph der Funktion f jeweils zwischen 0 und 3 und zwischen 7 und 9 parallel zur x-Achse. Für $3 \le x \le 7$ gilt:

$$f(x) = \frac{1}{2}\sqrt{x^2 - 6x + 13}$$

Berechnen Sie das Volumen des Stahlbolzens.

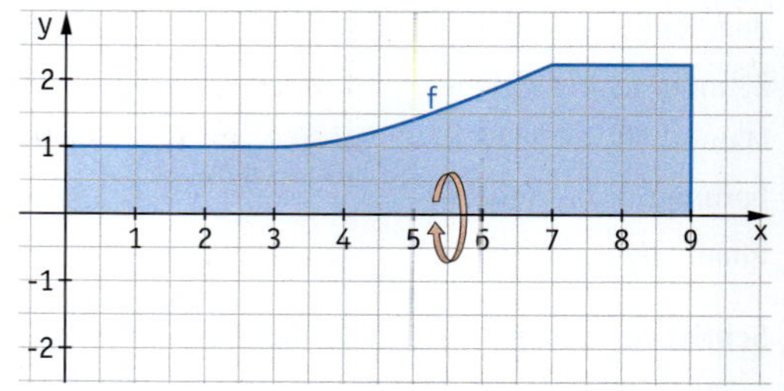

Lösung

Wir stellen uns vor, dass der Stahlbolzen dadurch entsteht, dass die Fläche unter dem Graphen der Funktion f um die x-Achse rotiert.

Der zu $0 \le x \le 3$ gehörende Teil des Bolzens ist ein Zylinder, der durch Rotation eines Rechtecks um die x-Achse entsteht. Der Radius des Zylinders ist der auf dem Intervall [0; 3] konstante Funktionswert und die Höhe des Zylinders ist die Länge des Intervalls [0; 3], also $r = 1$ und $h = 3$.

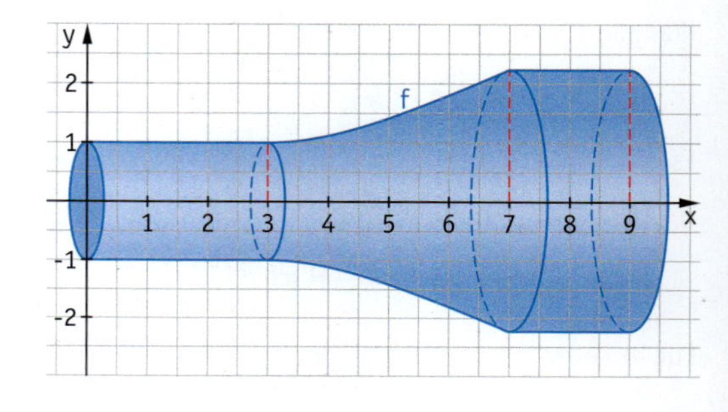

Damit ergibt sich als Volumen für diesen Teil: $V_{links} = \pi \cdot r^2 \cdot h = 3\pi \approx 9{,}425$.
Entsprechend erhält man für das Volumen des rechten zylinderförmigen Teils mit dem Radius $r = f(7) = \sqrt{5}$ und $h = 2$: $V_{rechts} = 10\pi \approx 31{,}416$.
Das Volumen V_{Mitte} des Rotationskörpers für $3 \le x \le 7$ können wir nicht direkt angeben.

1. Schritt

Um das Volumen zunächst näherungsweise zu berechnen, teilen wir das Intervall $[a;\, b] = [3;\, 7]$ in n gleich lange Teilintervalle mit

$$a = x_0 < x_1 < \ldots < x_n = b.$$

Durch Teilung des Intervalls entstehen Scheiben. Jede Scheibe wird durch eine möglichst große innere zylindrische Scheibe und eine möglichst kleine äußere Scheibe der Dicke $\Delta x = \frac{b-a}{n}$ angenähert. Es entstehen ein einbeschriebener und ein umbeschriebener Treppenkörper. Dabei sollen $\underline{S}_n$ das Volumen des einbeschriebenen Treppenkörpers und $\overline{S}_n$ das Volumen des umbeschriebenen Treppenkörpers sein. Jeder Treppenkörper besteht aus n zylindrischen Scheiben.

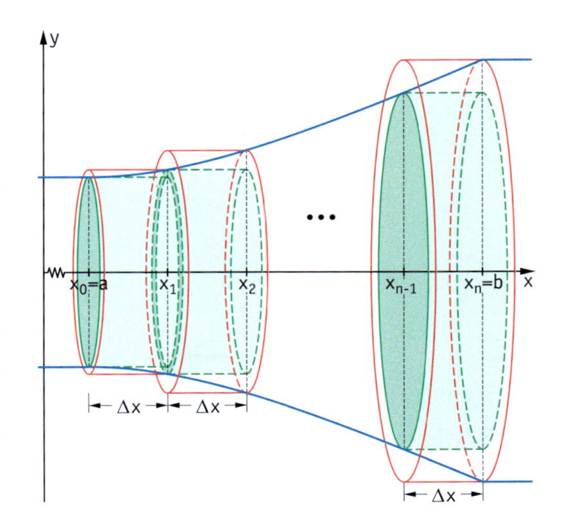

2. Schritt

Wir berechnen das Volumen $\underline{S}_n$ des einbeschriebenen Treppenkörpers. Das Volumen der inneren Scheibe über einem Teilintervall $[x_i;\, x_{i+1}]$ beträgt aufgrund der Monotonie von f: $\pi \cdot (f(x_i))^2 \cdot \Delta x$.
Also gilt:

$$\underline{S}_n = \pi \cdot (f(x_0))^2 \cdot \Delta x + \pi \cdot (f(x_1))^2 \cdot \Delta x + \ \ldots + \pi \cdot (f(x_{n-1}))^2 \cdot \Delta x$$

Für das Volumen des umbeschriebenen Treppenkörpers findet man:

$$\overline{S}_n = \pi \cdot (f(x_1))^2 \cdot \Delta x + (\pi \cdot f(x_2))^2 \cdot \Delta x + \ldots + \pi \cdot (f(x_n))^2 \cdot \Delta x$$

wobei $\pi \cdot (f(x_{i+1}))^2 \cdot \Delta x$ das Volumen der äußeren Scheibe über einem Teilintervall $[x_i;\, x_{i+1}]$ ist.

3. Schritt

Bei der Volumenbestimmung der Treppenkörper wurden die Flächeninhalte $\pi \cdot (f(x_0))^2$, $\pi \cdot (f(x_1))^2$, …, $\pi \cdot (f(x_n))^2$ der Grundflächen der zylindrischen Scheiben jeweils mit der Dicke Δx der Scheibe multipliziert. Die Flächeninhalte der Grundflächen kann man als neue Funktion g mit $g(x) = \pi \cdot (f(x))^2$ interpretieren. $\underline{S}_n$ und $\overline{S}_n$ sind dann Unter- bzw. Obersummen von g und man erhält als Grenzwert für $n \to \infty$:

$$\lim_{n \to \infty} \underline{S}_n = \lim_{n \to \infty} \overline{S}_n = \int_a^b \pi \cdot (f(x))^2\, dx = V_{Mitte}$$

4. Schritt

Wir berechnen

$$V_{Mitte} = \int_3^7 \pi \cdot \left(\tfrac{1}{2}\sqrt{x^2 - 6x + 13}\right)^2 dx = \tfrac{\pi}{4}\int_3^7 (x^2 - 6x + 13)\, dx = \tfrac{\pi}{4}\left[\tfrac{1}{3}x^3 - 3x^2 + 13x\right]_3^7$$

$$= \frac{28\pi}{3} \approx 29{,}322$$

Das gesamte Volumen beträgt somit

$$V = V_{links} + V_{Mitte} + V_{rechts} = 3\pi + \frac{28\pi}{3} + 10\pi = \frac{67\pi}{3} \approx 70{,}162$$

Ergebnis

Das Volumen des Stahlbolzens beträgt etwa 70,2 mm³.

Information

Die obige Herleitung für das Volumen des mittleren Teils gilt entsprechend für die Rotation des Graphen einer beliebigen Funktion f über einem Intervall [a; b]. Man erhält die folgende Formel:

Integralformel für das Volumen eines rotationssymmetrischen Körpers

Rotiert die Fläche unter dem Graphen einer Funktion f über dem Intervall [a; b] um die x-Achse, dann gilt für das Volumen V des entstehenden Rotationskörpers:

$$V = \int_a^b \pi \cdot (f(x))^2 \, dx$$

$\pi \cdot (f(x))^2$ ist der Flächeninhalt der Querschnittsfläche an der Stelle x.

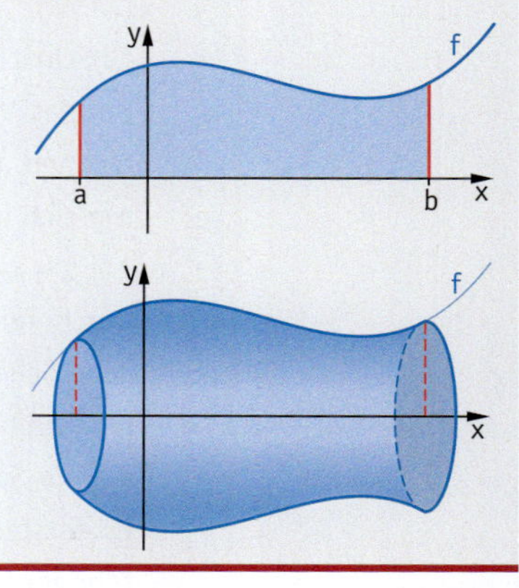

Weiterführende Aufgabe

2 Volumenbestimmung bei unbekannter Randfunktion

Ein annähernd kreisrund angelegter Baggersee hat einen Durchmesser von 1 km und eine größte Tiefe von 48 m. Er ist durch Kiesabbau entstanden, wobei man den Kies ungefähr in konzentrischen Scheiben nach unten abgebaut hat. Nach der Flutung des Abbaues wurden die Böschungen geglättet und man hat die im Abstand a vom Ufer – darauf bezogen jeweils weitgehend konstanten – Wassertiefen gemessen:

Abstand a vom Ufer (in m)	10	60	150	230	300	500
Wassertiefe t (in m)	2,7	21,3	42,9	48,0	48,0	48,0

Wie viel Wasser befindet sich ungefähr im See?

Übungsaufgaben 

3 Auch Kreisel sind Rotationskörper. Die abgebildeten Kreisel lassen sich – ohne den Griff – mathematisch beschreiben durch eine Rotation der Fläche unter dem Graphen der Funktion f mit $f(x) = -x^2 + 2x$ über dem Intervall [0; 1].

a) Zeichnen Sie den Graphen der Funktion f über dem Intervall [0; 1]. Wählen Sie dabei 0,5 cm für eine Einheit 1.

b) Berechnen Sie das Volumen des Kreisels näherungsweise, indem Sie den Rotationskörper durch 10, 20 bzw. $n \in \mathbb{N}$ Zylinderscheiben gleicher Dicke von innen bzw. von außen annähern. Schätzen Sie das Volumen des Kreisels durch die Volumina der Näherungsfiguren nach oben und nach unten ab.

c) Zeigen Sie, dass für das Volumen V des Kreisels gilt: $V = \int_0^1 \pi \cdot (f(x))^2 \, dx$. Berechnen Sie das Volumen.

4 Berechnen Sie das Volumen des Körpers, der durch Rotation der Fläche zwischen dem Graphen von f und der x-Achse über dem Intervall I entsteht. Beschreiben Sie die Form des Rotationskörpers.

a) $f(x) = x - 1$, $I = [0; 2]$ **b)** $f(x) = \sqrt{2x + 2}$, $I = [-1; 1]$ **c)** $f(x) = 2^x$, $I = [1; 4]$

5 Die Fläche zwischen dem rechts abgebildeten Graphen und der x-Achse rotiert um die x-Achse. Berechnen Sie näherungsweise das Volumen des entstehenden Rotationskörpers.

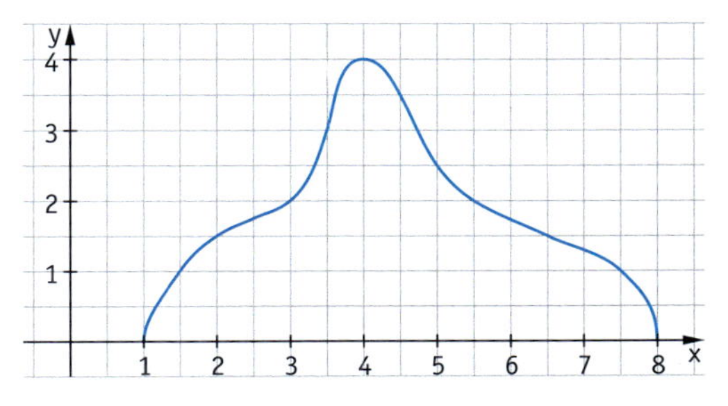

6 Die Fläche unter dem Graphen von f mit $f(x) = \sqrt{16 - x^2}$ rotiert um die x-Achse. Skizzieren Sie die Fläche und berechnen Sie das Volumen des zugehörigen Rotationskörpers.

7 Die Form eines Woks kann näherungsweise durch die Mantelfläche einer Kugelschicht einer Kugel mit dem Radius r = 25 cm beschrieben werden. Die Kugelschicht hat eine Höhe von 9 cm und einen oberen Durchmesser von 40 cm.

Berechnen Sie das Fassungsvermögen des Woks.

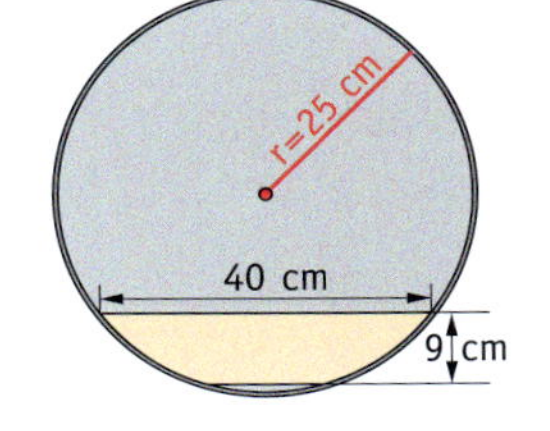

8 Die zwischen dem Graphen der Funktion f mit $f(x) = \frac{1}{12}(x - 1)(x - 2)(x - 6)(x - 7)$ und der x-Achse eingeschlossene Fläche rotiert um die x-Achse.

Beschreiben Sie die Form des Rotationskörpers, der dabei entsteht. Machen Sie auch eine Skizze.

Bestimmen Sie das Volumen.

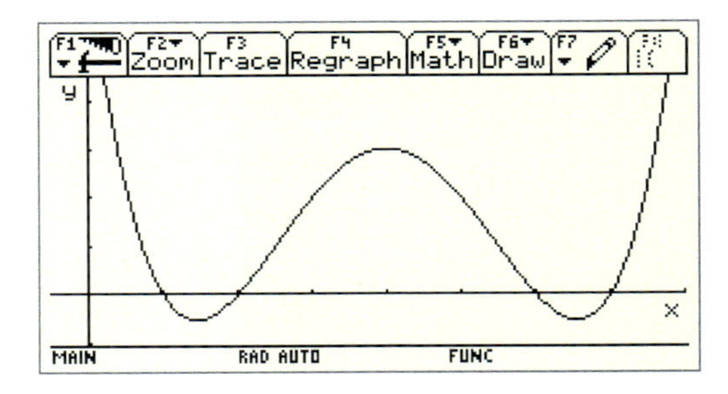

9 **Herleitung bekannter Volumenformeln**

a) Auch Kegel, Kegelstumpf und Kugel sind rotationssymmetrische Körper. Sie kennen die Volumenformeln bereits oder finden sie in einer Formelsammlung. Leiten Sie diese Formeln mithilfe der Integralformel für das Rotationsvolumen her. Bestimmen Sie auch eine Formel für den Kugelabschnitt.

b) Zeigen Sie, dass sich die Formel für das Zylindervolumen aus der Volumenformel eines Rotationskörpers gewinnen lässt. Begründen Sie, warum man die Herleitung der Zylinderformel aus der Volumenformel für Rotationskörper nicht als Beweis ansehen kann.

10 Gegeben sind die Funktionen f und g mit $f(x) = 1 - x^2$ und $g(x) = \sqrt{x}$, $x \geq 0$.

Berechen Sie die Flächeninhalte, die die Funktionsgraphen über dem Intervall [0; 1] mit der x-Achse einschließen, sowie die Rotationsvolumina, die sich bei Rotation der Funktionsgraphen um die x-Achse über dem Intervall [0; 1] ergeben. Vergleichen Sie die Ergebnisse und erläutern Sie die Zusammenhänge.

11 Modellieren Sie ein Stück Obst als Rotationskörper und bestimmen Sie näherungsweise das Volumen. Überprüfen Sie Ihr Ergebnis auch experimentell.

12 Die Fläche zwischen den Graphen der Funktionen f und g mit $f(x) = \sqrt{x+2}$ bzw. $g(x) = \sqrt{x}$ rotiert über dem Intervall $[-0{,}5;\ 5]$ um die x-Achse. Frederik und Cosima schlagen für die Berechnung des Volumens des entstehenden Rotationskörpers unterschiedliche Lösungswege vor:

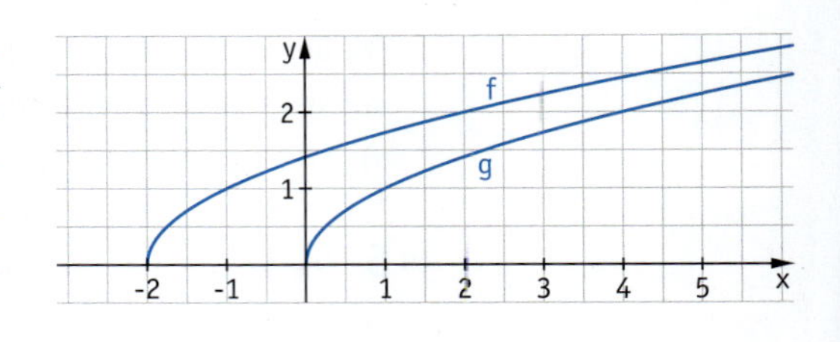

Frederik: $V = \int_{-0{,}5}^{5} \pi \cdot (f(x) - g(x))^2\,dx$ Cosima: $V = \int_{-0{,}5}^{5} \pi \cdot \left((f(x))^2 - (g(x))^2\right)dx$

Nehmen Sie zu den Lösungsvorschlägen Stellung.

13 Die Fläche zwischen dem Graphen der Funktion f mit $f(x) = \sin(x)$ und der x-Achse rotiert um die Gerade g mit $g(x) = c$ mit $0 \le c \le 1$ über dem Intervall $[0;\ \pi]$. Bestimmen Sie c so, dass der entstehende Rotationskörper minimales Volumen hat.

14 Durch Rotation der Fläche zwischen dem Graphen zu $f(x) = 9 - x^2$ und der x-Achse über dem Intervall $[-3;\ 3]$ um die x-Achse entsteht ein Rotationskörper. Berechnen Sie das Volumen.

15 Die Funktionen f und g sind durch $f(x) = \frac{1}{4}x^2$ und $g(x) = 2\sqrt{x}$ gegeben.

a) Berechnen Sie den Flächeninhalt der von den Graphen von f und g eingeschlossenen Fläche.

b) Bestimmen Sie das Volumen des Rotationskörpers, der bei Rotation dieser Fläche um die x-Achse entsteht.

16 Wenn man eine Flüssigkeit in einem Zylinder rotieren lässt, stellt sich diese mit parabolischer Mantelfläche auf. Kann man aus den Angaben in der Grafik die Gleichung der begrenzenden Parabel bestimmen, wenn man weiß, dass das Gefäß mit einem Liter Wasser gefüllt ist?

17 Erläutern Sie an zwei selbstgewählten Beispielen, dass gleich große Flächen Rotationskörper erzeugen können, die gleiche Volumina, aber auch verschiedene Volumina haben.

18 Der Kühlturm eines Kraftwerkes hat eine Höhe von 100 m. Er ist innen hohl. Die Zeichnung zeigt einen Querschnitt durch den Turm längs der Ebene, die die Rotationsachse enthält. Dabei entspricht 1 Längeneinheit im Koordinatensystem 10 m in der Wirklichkeit.

Der Graph der äußeren Begrenzungslinie im 1. Quadranten gehört zur Funktion f, der Graph der inneren Begrenzungslinie im 1. Quadranten zur Funktion g. Unten befindet sich ein ringförmiger Sockel mit der Höhe 10 m.

a) Der Graph von f hat einen Funktionsterm der Form $f(x) = \frac{4}{ax+b}$.
Er verläuft durch die Punkte $A(2\,|\,4)$ und $B(3\,|\,1)$.
Bestimmen Sie die Zahlen a und b und geben Sie den Funktionsterm an.

b) Der Graph der inneren Begrenzungslinie im ersten Quadranten gehört zu der Funktion g mit $g(x) = \frac{7}{6x-10}$. Berechnen Sie das Volumen der Baumasse.

Die folgenden Aufgaben helfen Ihnen bei der Organisation des selbstständigen Lernprozesses. Zur Selbstkontrolle sind alle Lösungen dieser Aufgaben im Anhang dieses Buches abgedruckt.

1 Geben Sie eine Stammfunktion von f an, deren Graph durch den vorgegebenen Punkt verläuft.

a) $f(x) = \frac{1}{5}x^5 - x^2 + 4;\ P(-1\,|\,2)$ **b)** $f(x) = \left(\frac{1}{2}x + 4\right)^2;\ P(2\,|\,0)$ **c)** $f(x) = x \cdot (x-2)^2;\ P\left(1\,\middle|\,-\frac{53}{12}\right)$

2 Berechnen Sie das Integral ohne Verwendung eines GTR oder CAS.

a) $\int_{-2}^{0} (x^3 - 3x)\,dx$ **b)** $\int_{-3}^{3} (x^4 + 2x^2 - 4)\,dx$ **c)** $\int_{-1}^{2} 6(x+3)(x-2)\,dx$

3 Berechnen Sie den Flächeninhalt der gefärbten Fläche.

a)

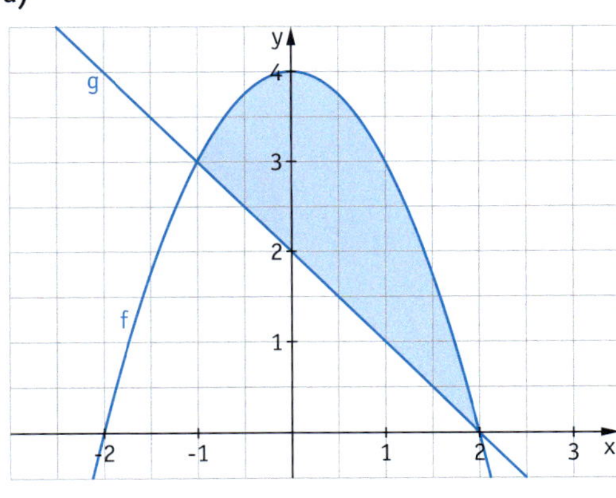

b)

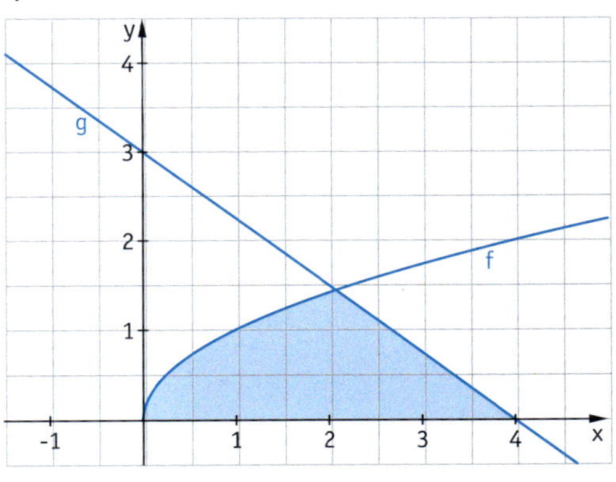

4 Für $k > 0$ ist die Funktion f_k gegeben durch $f_k(x) = x^3 - k^2x$.
Bestimmen Sie k so, dass der Graph von f_k mit der x-Achse eine Fläche mit dem Inhalt 8 einschließt.

5 Berechnen Sie den Flächeninhalt der Fläche, die die Graphen von f und g einschließen.

a) $f(x) = x^3 + 5x^2 - 10x - 6;\ g(x) = x^4 - x^3 - 5x^2 + 6x + 10$

b) $f(x) = 2^{-x};\ g(x) = -x + 4$

c) $f(x) = \sin(x);\ g(x) = \cos(x);\ 0 \le x \le 2\pi$

d) $f(x) = \frac{4}{x};\ g(x) = -\frac{1}{4}(x^2 + 11x + 31)$

6 Vom Koordinatenursprung O(0 | 0) wird die Tangente an den Graphen der Funktion f mit $f(x) = x^2 + 2$ gezeichnet (siehe rechts). Berechnen Sie den Flächeninhalt der im ersten Quadranten eingeschlossenen Fläche.

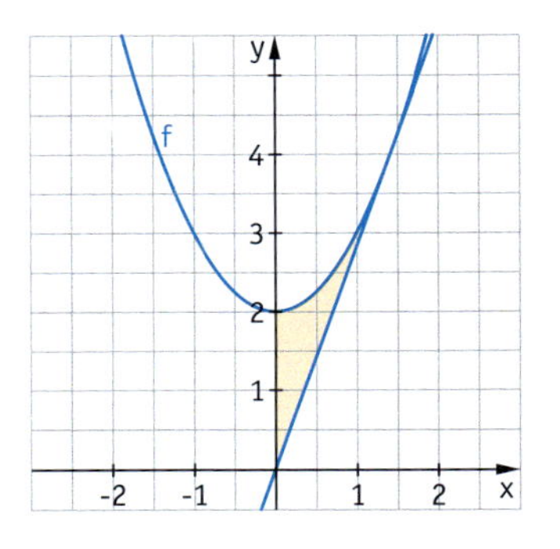

7 Gegeben ist die Funktion f mit $f(x) = 9 - x^2$. Zerlegen Sie die Fläche, die der Graph von f mit der x-Achse einschließt, so durch eine Parallele zur x-Achse, dass zwei Flächen mit demselben Flächeninhalt entstehen.

8 Ein Akku hat eine Energiemenge von 50 Wh gespeichert. Die momentane Änderungsrate der gespeicherten Energiemenge lässt sich durch die Funktion f mit $f(t) = -5 \cdot 0{,}9^t$ beschreiben (t in Stunden, f(t) in Wh pro Stunde). Berechnen Sie den gesamten Energieverlust innerhalb der ersten 24 Stunden.

9 Durch eine parabelförmige Öffnung fließt so Wasser, dass stets die ganze Öffnung ausgefüllt ist (Einheit 1 cm).
Die Durchflussgeschwindigkeit kann angegeben werden durch die Funktion g mit $g(t) = 100 - 0{,}37^t$ $\left(t \text{ in Sekunden, } g(t) \text{ in } \frac{cm}{s}\right)$.
Berechnen Sie, wie viel Wasser innerhalb der ersten 20 Sekunden durch die Öffnung geflossen ist.

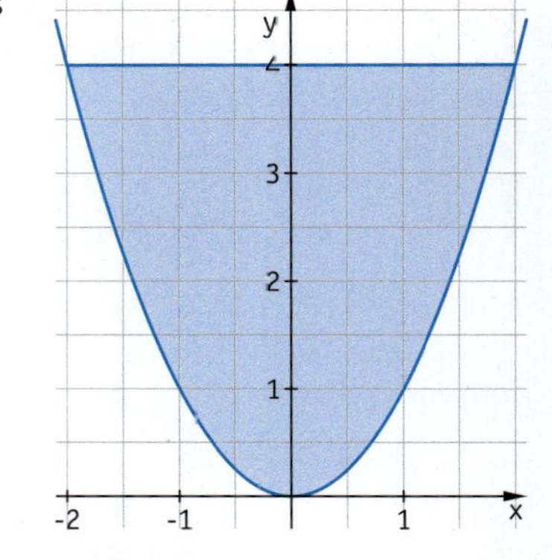

10 Die Änderungsrate der Wirkstoffkonzentration eines Medikamentes im Körper einer Patientin zum Zeitpunkt $t \geq 0$ kann durch die Funktion f mit $f(t) = (12 - 2{,}4t) \cdot 0{,}87^t$ beschrieben werden $\left(t \text{ in Stunden, } f(t) \text{ in } \frac{mg}{l}\right)$.
Zum Zeitpunkt $t = 0$ beträgt die Wirkstoffkonzentration $0\,\frac{mg}{l}$.

a) Ermitteln Sie, zu welchem Zeitpunkt die Wirkstoffkonzentration im Körper der Patientin maximal ist. Wie hoch ist die Wirkstoffkonzentration zu diesem Zeitpunkt?

b) Berechnen Sie für $t > 0$ die Wirkstoffkonzentration im Körper der Patientin.
Untersuchen Sie, wie sich die Wirkstoffkonzentration mit immer größer werdenden t entwickelt.

11

a) Zeigen Sie, dass für beliebiges $b > 0$ die Flächeninhalte der gefärbten Flächen stets im Verhältnis 1 : 2 stehen.

b) Verallgemeinern Sie das Ergebnis aus Teilaufgabe a) für eine beliebige Potenzfunktion f mit $f(x) = x^n$ mit $n \in \mathbb{N}$.

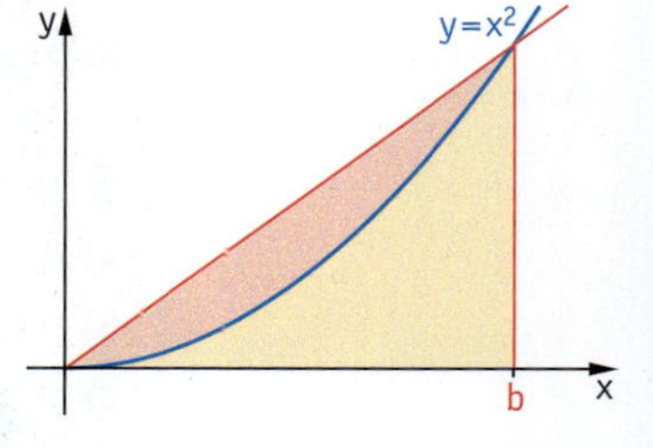

eN **12** Durch Rotation der Fläche zwischen dem Graphen zu $f(x) = x^3 - 9x^2 + 27x + 10$ und der x-Achse um die x-Achse über dem Intervall [1; 5] entsteht ein Rotationskörper. Berechnen Sie das Volumen.

eN **13** Durch Rotation der Fläche zwischen den Graphen der Funktionen f und g mit $f(x) = \sqrt{10x + 40}$ bzw. $g(x) = \sqrt{15x - 75}$ über den Intervallen [0; 20] bzw. [5; 20] um die x-Achse entsteht ein schalenförmiger Körper. Dabei ist 1 Einheit = 1 cm.
Berechnen Sie das Volumen der Schale.

eN **14** Ein Kühlbehälter für eine Sektflasche kann modelliert werden durch einen Rotationskörper, der durch Rotation der Fläche zwischen den Graphen der Funktionen f und g mit $f(x) = 1{,}1^x + 6$ und $g(x) = 1{,}1^x + 6{,}5$ über dem Intervall [−25; 0] um die x-Achse entsteht (Einheit 1 cm), und durch einen zylinderförmigen Boden mit dem Radius $r = 6{,}5$ cm und der Höhe $h = 0{,}5$ cm.
Berechnen Sie das Fassungsvermögen sowie das Volumen des Körpers.

Bleib fit in Exponentialfunktionen und Logarithmen

Zum Aufwärmen

1 In den folgenden Informationstexten werden Wachstumsprozesse dargestellt, die durch Funktionen beschrieben werden können. Erstellen Sie jeweils einen passenden Funktionsterm und den zugehörigen Funktionsgraphen. Gehen Sie dabei davon aus, dass im ersten Beispiel die Algen zu Beginn 1 dm hoch sind bzw. im zweiten Beispiel zu Beginn 1,6 mg radioaktives Iod vorliegt.

Iod-Gewinnung aus dem Meer

Das seltene Element Iod kommt im Meerwasser vor. Algen reichern davon in ihrem Organismus bis zu 20 g je kg Trockenmasse an. Man züchtet deshalb zur Iod-Gewinnung spezielle Algen in ca. 30 m Tiefe. Diese wachsen sehr schnell: Eine Anpflanzung verdoppelt wöchentlich ihre Höhe.

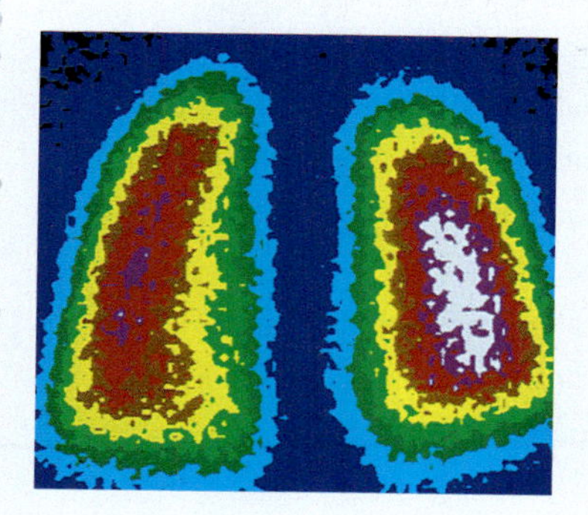

Iod in der Szintigraphie

Zur Untersuchung von Tumoren erhält ein Patient intravenös ein Medikament mit radioaktivem Iod. Dieses reichert sich im kranken und gesunden Gewebe unterschiedlich stark an, sodass mit der von Iod ausgesandten radioaktiven Strahlung Lage und Größe von Tumoren erkannt werden können. Das verwendete radioaktive Iod-Isotop ^{131}I zerfällt nur langsam: Seine Menge halbiert sich wöchentlich.

intravenös: in eine Vene hinein (zu lat. intra: innerhalb; vena: Ader)

2 Zeichnen Sie die Graphen zu Funktionen des Typs $x \mapsto a \cdot b^x$ für verschiedene Werte von a und b. Schreiben Sie eine Zusammenfassung Ihrer Beobachtungen und skizzieren Sie auch einige typische Graphen per Hand.

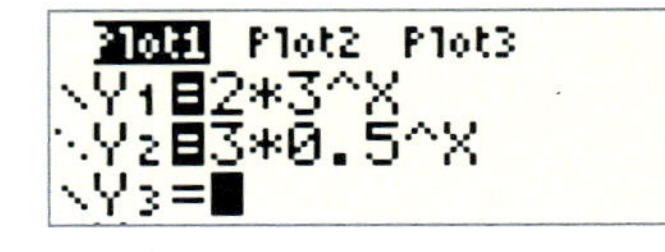

$x \mapsto f(x)$ ist die Zuordnungsvorschrift einer Funktion f mit der Gleichung $y = f(x)$

3

a) Bestimmen Sie im Kopf den Exponenten, für den gilt:

(1) $2^x = 8$ (2) $3^x = 1$ (3) $5^x = 0{,}2$ (4) $16^x = 4$

b) Ermitteln Sie grafisch eine Lösung der Gleichung $1{,}5^x = 4$.

4 Geben Sie drei Funktionen f des Typs $x \mapsto a \cdot b^x$ an, für die gilt: $f(x + 1) = 3\,f(x)$

Zum Erinnern

(1) Definition der Exponentialfunktionen

Definition

Eine Funktion f mit $f(x) = a \cdot b^x$ mit $a, b \in \mathbb{R}$ und $b > 0$, $b \neq 1$ sowie $a \neq 0$ heißt allgemeine **Exponentialfunktion** zur **Basis** b.

Als Definitionsmenge legen wir, wenn nichts anderes vereinbart ist, $\mathbb{R}$ zugrunde.

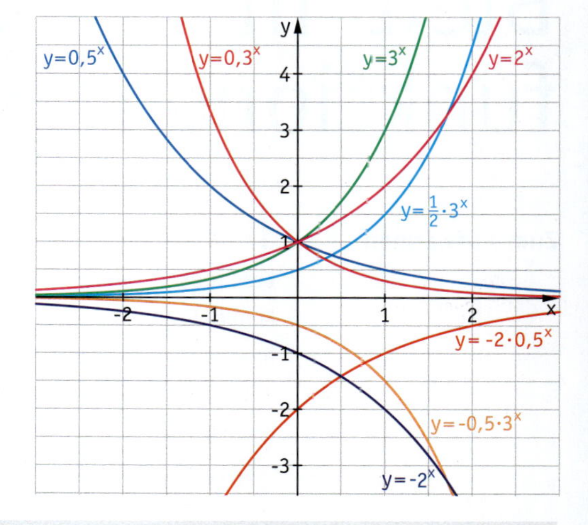

(2) Eigenschaften der Exponentialfunktion

Satz

Für jede Exponentialfunktion f mit $f(x) = a \cdot b^x$ gilt:

(a) Für $a > 0$ gilt:
- Wenn $0 < b < 1$, dann ist f streng monoton fallend.
- Wenn $b > 1$, dann ist f streng monoton wachsend.

Für $a < 0$ gilt:
- Wenn $0 < b < 1$, dann ist f streng monoton wachsend.
- Wenn $b > 1$, dann ist f streng monoton fallend.

(b) Für $a > 0$ ist $W = \{y \mid y \in \mathbb{R} \text{ und } y > 0\}$ die Wertemenge von f.
Für $a < 0$ ist $W = \{y \mid y \in \mathbb{R} \text{ und } y < 0\}$ die Wertemenge von f.

(c) Die x-Achse ist Asymptote des Graphen von f.

(d) Erhöht man x jeweils um dieselbe Schrittweite s, so muss man den zugehörigen Funktionswert $a \cdot b^x$ mit demselben Faktor b^s multiplizieren *(Grundeigenschaft der Exponentialfunktionen)*.

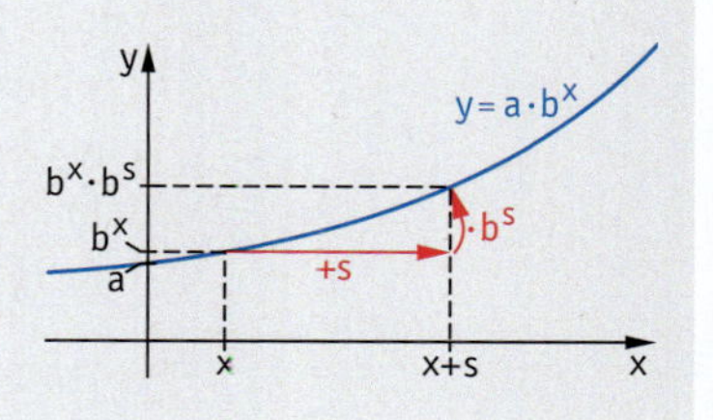

Potenzgesetz $b^{x+s} = b^x \cdot b^s$

Stelle	Funktionswert
x	$a \cdot b^x$
$x + s$ (+s)	$a \cdot b^{x+s}$ ($\cdot b^s$)

(3) Definition des Logarithmus

Definition

Ist $b^x = y$ mit $y > 0$ und $b > 0$ sowie $b \neq 1$, so nennt man den Exponenten x den **Logarithmus von y zur Basis b.**

Man schreibt: $x = \log_b(y)$

Klammern dürfen weggelassen werden, wenn dadurch keine Missverständnisse entstehen: $\log_b x = \log_b(x)$

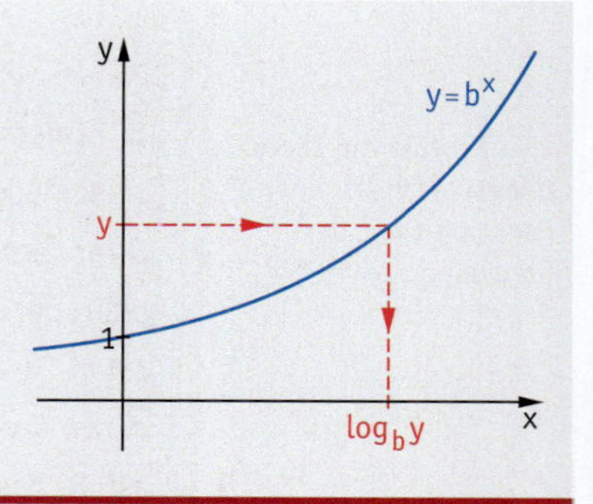

Beispiele

$\log_2(8) = 3$, denn $2^3 = 8$

$\log_2(1) = 0$, denn $2^0 = 1$

$\log_2\left(\frac{1}{4}\right) = -2$, denn $2^{-2} = \frac{1}{2^2} = \frac{1}{4}$

$\log_2(\sqrt{2}) = \frac{1}{2}$, denn $2^{\frac{1}{2}} = \sqrt{2}$

Zum Erinnern

(4) Zusammenhang zwischen Potenzieren und Logarithmieren

Das Logarithmieren ist neben dem Wurzelziehen eine andere Möglichkeit, das Potenzieren rückgängig zu machen: Beim Wurzelziehen wird die Basis der Potenz gesucht, beim Logarithmieren der Exponent.

Satz: Zusammenhang zwischen Potenzieren und Logarithmieren

Für alle $b, x, y \in \mathbb{R}$ mit $y > 0$ und $b > 0$ sowie $b \neq 1$ gilt:

(1) $\log_b(b^x) = x$ (2) $b^{\log_b y} = y$

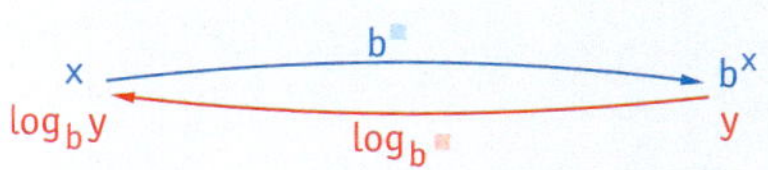

Merke: der Logarithmus ist ein Exponent

Beispiele

- $\log_2 32 = 5$, denn $2^5 = 32$; $2^{\log_2 32} = 32$
- $\log_3 81 = 4$, denn $3^4 = 81$; $3^{\log_3 81} = 81$

(5) Dekadischer Logarithmus

Der Logarithmus zur Basis 10 heißt **dekadischer Logarithmus** (Zehnerlogarithmus). Statt $\log_{10} x$ schreibt man kurz $\log x$.

$\log x = \log_{10} x$

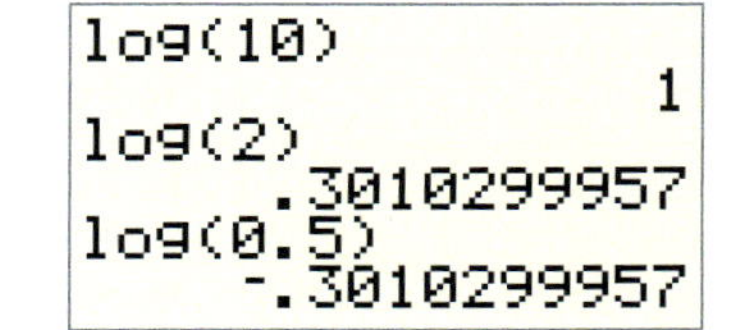

(6) Logarithmengesetze

Satz

Für alle $b, x, y, t \in \mathbb{R}$ mit $x > 0$, $y > 0$ und $b > 0$ sowie $b \neq 1$ gilt:

(1) $\log_b(x \cdot y) = \log_b x + \log_b y$

Der Logarithmus eines Produktes ist die Summe der Logarithmen der Faktoren.

(2) $\log_b\left(\frac{x}{y}\right) = \log_b x - \log_b y$

Der Logarithmus eines Quotienten ist die Differenz der Logarithmen von Dividend und Divisor.

(3) $\log_b(x^t) = t \cdot \log_b x$

Der Logarithmus einer Potenz ist das Produkt aus dem Exponenten und dem Logarithmus der Basis.

(4) Berechnen beliebiger Logarithmen mit dem Taschenrechner:

Für alle $b, x \in \mathbb{R}$ mit $x > 0$ und $b > 0$ sowie $b \neq 1$ gilt: $\log_b x = \frac{\log x}{\log b}$

Zum Trainieren

5 Frau Mayer hat 500 000 Euro im Lotto gewonnen. Sie legt dieses Geld auf einem Konto mit einer 4,5%igen Verzinsung an.

a) Geben Sie das Kontoguthaben in Abhängigkeit von der Zeit an.

b) Zeichnen Sie den Graphen dieser Funktion. Informieren Sie sich dazu über die Verzinsung für Bruchteile eines Jahres. Wie müsste man den Graphen demzufolge genau zeichnen?

6 Frische Vollmilch enthält 1 mg Vitamin C pro 100 ml. Dieses zersetzt sich unter dem Einfluss von Licht. In einer farblosen Glasflasche nimmt der Vitamin-C-Gehalt stündlich um 5 % ab, in einer braun getönten Flasche um 2 %.

Beschreiben Sie den zeitlichen Verlauf des Vitamin-C-Gehalts für beide Fälle durch Funktionen. Zeichnen Sie die Graphen in ein gemeinsames Koordinatensystem.

7 Ermitteln Sie Funktionsgleichungen der gezeichneten Graphen von Exponentialfunktionen.

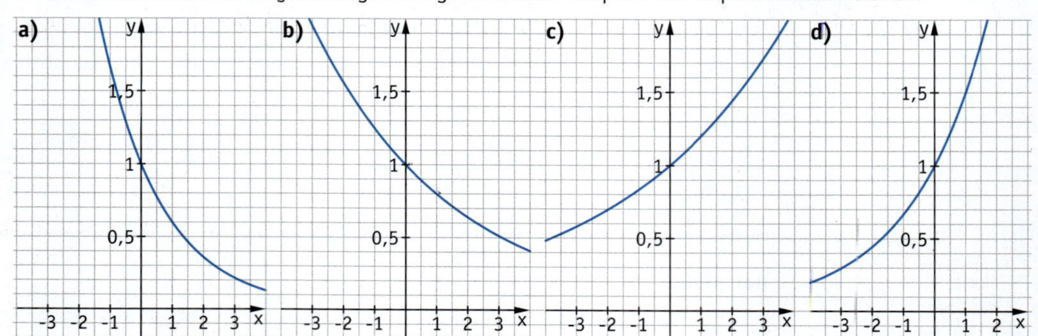

8 Wie gehen die Graphen der Funktionen aus dem Graphen der Funktion $x \mapsto 2^x$ hervor?
$x \mapsto 2^{-x}$; $x \mapsto \frac{1}{2^x}$; $x \mapsto 2^{x-1}$; $x \mapsto 2^{x+1}$; $x \mapsto \frac{1}{2^{1-x}}$; $x \mapsto \frac{1}{2^{x-1}}$; $x \mapsto \frac{1}{2} \cdot 2^x$; $x \mapsto \left(\frac{1}{2}\right)^{x-1}$

9 Die Abbildungen zeigen Graphen zu Funktionen vom Typ $f(x) = a\,b^x + c$. Ermitteln Sie a, b und c passend zum Graphen. Begründen Sie Ihre Lösung. Überprüfen Sie auch mit einem GTR.

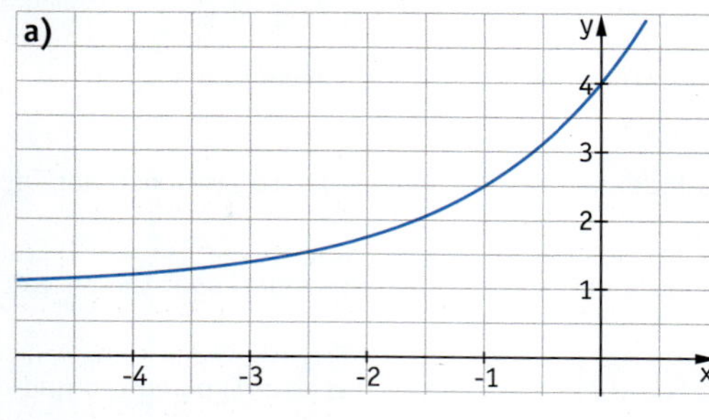

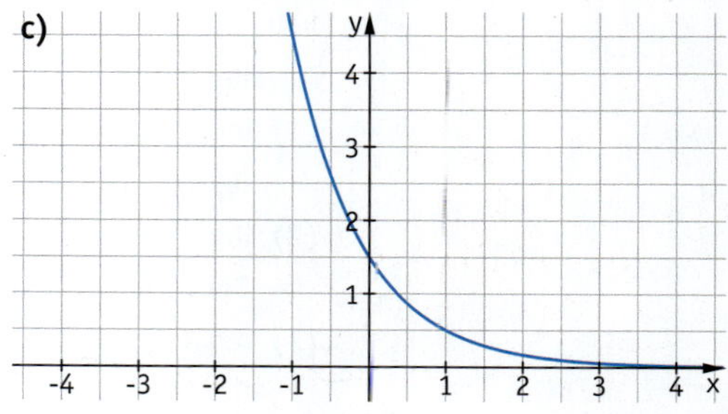

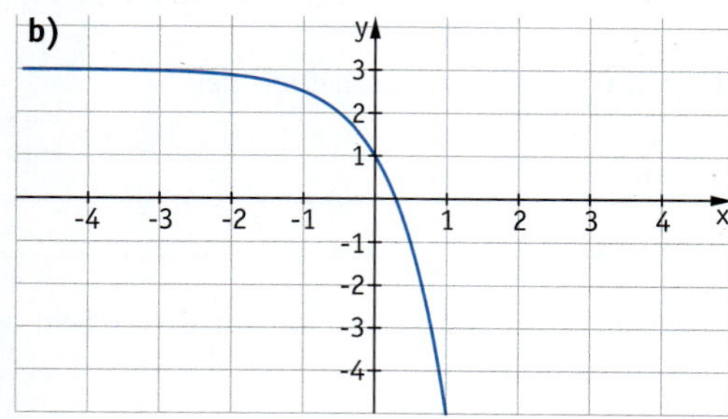

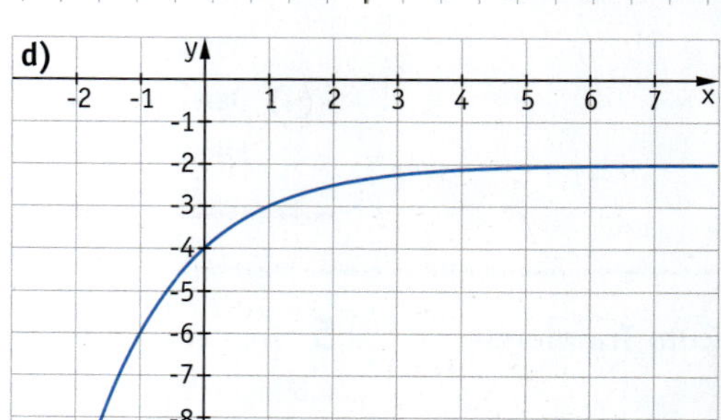

10 Berechnen Sie.

a) $\log_3 9$; **b)** $\log_b\left(\sqrt[3]{b^2}\right)$; **c)** $\log_3 \frac{1}{27}$; **d)** $\log_a \sqrt{a^k}$; **e)** $\log_3\left(3^{\frac{4}{5}}\right)$; **f)** $\log_c \sqrt[3]{\frac{1}{c^2}}$; **g)** $\log_3 \sqrt{3}$ **h)** $\log_b \frac{1}{\sqrt[4]{b^7}}$ **i)** $\log(1\,000)$ **j)** $\log(0{,}01)$

11 Bestimmen Sie die Lösungsmenge.

a) $\log_2 x = 5$ **b)** $\log_3 x = \frac{1}{2}$ **c)** $\log_2 x = -2$ **d)** $\log_{10} x = 0{,}4$ **e)** $\log_b x = 2$

12 Wenden Sie Logarithmengesetze an: **a)** $\log_b (x\,y)^5$ **b)** $\log_b \sqrt[3]{\frac{a}{b}}$ **c)** $\log_b \frac{2a^2 b^3}{c^4 d^5}$

13 Fassen Sie den angegebenen Term mithilfe der Logarithmengesetze zusammen.

a) $\log u + \log v - \log w$ **b)** $2\log x_1 + \frac{1}{2}\log x_2$ **c)** $\frac{2}{3}\log r - \frac{3}{2}\log s$

3 Wachstumsmodelle

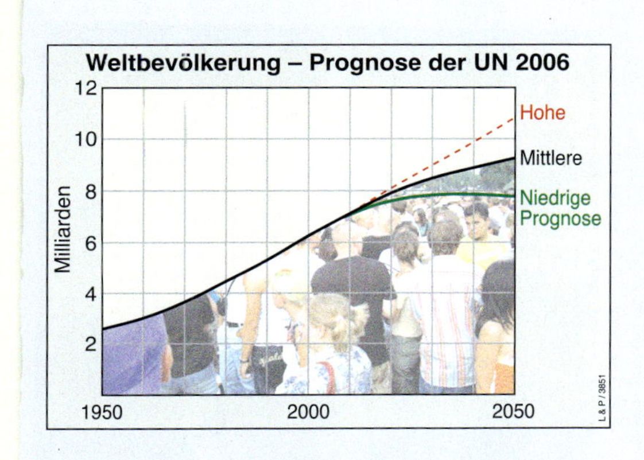

Die Weltbevölkerung wächst und wächst …

Das Wachstum der Weltbevölkerung resultiert aus der Differenz von Geburten und Sterbefällen, da bei globaler Betrachtung Wanderungen keine Rolle spielen. Der Saldo von Geburten und Sterbefällen wird auch als natürliche Bevölkerungsentwicklung oder natürliches Wachstum bezeichnet. Bei wachsender Weltbevölkerung übersteigt die Zahl der Geburten stets die Zahl der Sterbefälle. Der jährliche Bevölkerungszuwachs von derzeit etwa 78 Millionen Menschen setzt sich beispielsweise aus 136 Millionen Geburten und 58 Millionen Sterbefälle zusammen. In den Entwicklungsländern werden jährlich 123 Millionen Kinder geboren, für die Schulen, Lehrer, Ausbildungs- und Arbeitsplätze, sowie eine medizinische Versorgung bereit gestellt werden müssen.

Weltbevölkerung wächst deutlich langsamer

Der Zuwachs der Weltbevölkerung verlangsamt sich in den nächsten Jahrzehnten. Derzeit leben rund 6,8 Milliarden Menschen auf der Erde, wie das Statistische Bundesamt mitteilte. Den Vereinten Nationen zufolge werde die Weltbevölkerung bis 2050 auf über 9,1 Milliarden Menschen anwachsen. Das sind rund 50 Prozent mehr als im Jahr 2000. Von 1950 bis 2000 hatte die Zuwachsrate noch 142 Prozent betragen.

Bei der Prognose der Weltbevölkerung betrachtet man die momentaren Wachstumsgeschwindigkeiten und macht Modellannahmen, wie diese sich in der Zukunft verändern können. Daraus resultieren dann verschiedene Prognosen für die Entwicklung der Weltbevölkerung. Vergleichen Sie die obigen Prognosen hinsichtlich ihrer Wachstumsgeschwindigkeit.

In diesem Kapitel

- vertiefen Sie Ihre Kenntnisse zu verschiedenen Wachstumsmodellen;
- lernen Sie neue Wachstumsmodelle kennen;
- lernen Sie, wie man Exponential- und Logarithmusfunktionen ableitet;
- lernen Sie weitere Ableitungs- und Integrationsregeln kennen;
- führen Sie Funktionsuntersuchungen mit Exponentialfunktionen durch.

Mehr und immer mehr?

Würgegriff der Wasserhyazinthe

1

Wasserhyazinthe

Bei den *Wasserhyazinthen (Eichhornia)* handelt es sich um krautige, schwimmende Wasserpflanzen, die mit aufgeblasenen Blattstielen an der Wasseroberfläche treiben. Die meisten Arten sind mehrjährig, es gibt aber auch einjährige Pflanzen. Die Laubblätter werden an der Sprossbasis gebildet und liegen meistens über der Wasseroberfläche.
Ursprünglich ist die Wasserhyazinthe in den Tropen Südamerikas beheimatet. Über einen botanischen Garten in Java gelangte die Schwimmpflanze 1880 nach Afrika. Ohne natürliche Feinde vermehrte sie sich explosionsartig und gelangte über Bäche und Flüsse in den Viktoriasee. 1988 wurde die Pflanze dort zum ersten Mal gesichtet, zehn Jahre später bedeckte sie Hunderte Quadratkilometer des zweitgrößten Süßwassersees der Welt. Unermüdlich treiben die Ausläufer der Wasserhyazinthe und sie verdoppelt so alle 15 bis 20 Tage ihre Ausmaße.

Wasserhyazinthen überwuchern den Viktoriasee

Vor gut 20 Jahren wurde diese südamerikanische Pflanze erstmals im Viktoriasee gesichtet. Bereits 1998 hielt sie das zweitgrößte Süßwasserbecken der Welt im Würgegriff.
Die Wasserhyazinthe vermehrt sich rasend schnell: Jeden Tag kommen 40 Tonnen Biomasse hinzu. Selbst große Boote kommen nur noch schwer durch das Gestrüpp.

a) Untersuchen Sie das Wachstumsverhalten der Wasserhyazinthen nach den beiden genannten Modellen. Nehmen Sie zu einem Zeitpunkt $t = 0$ einen Anfangsbestand von $100\,m^2$ bzw. kg an. Zeichnen Sie beide Graphen. Vergleichen Sie beide Modellannahmen.

b) Ermitteln Sie die Änderungsraten pro Jahr, pro Monat und pro Tag für beide Schätzungen. Versuchen Sie, die momentanen Wachstumsgeschwindigkeiten zu ermitteln. Vergleichen Sie auch damit die beiden Modellannahmen.

c) Untersuchen Sie allgemeiner die Zusammenhänge zwischen den Graphen von Exponentialfunktionen und denen ihrer 1. Ableitungen. Vergleichen Sie Ihre Ergebnisse mit denen Ihres Partners.

Grenzen in Sicht

2

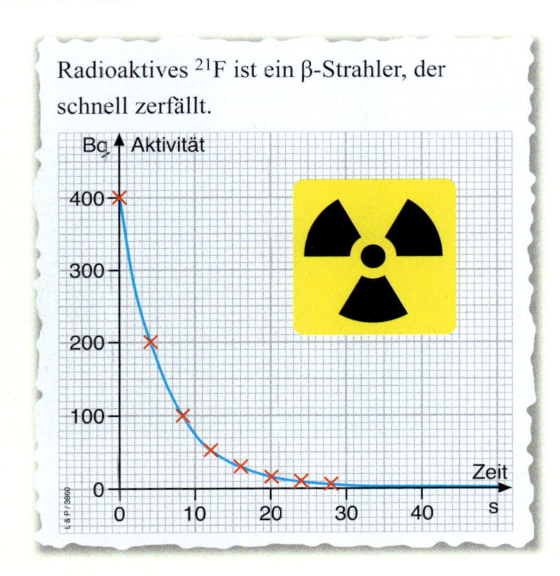

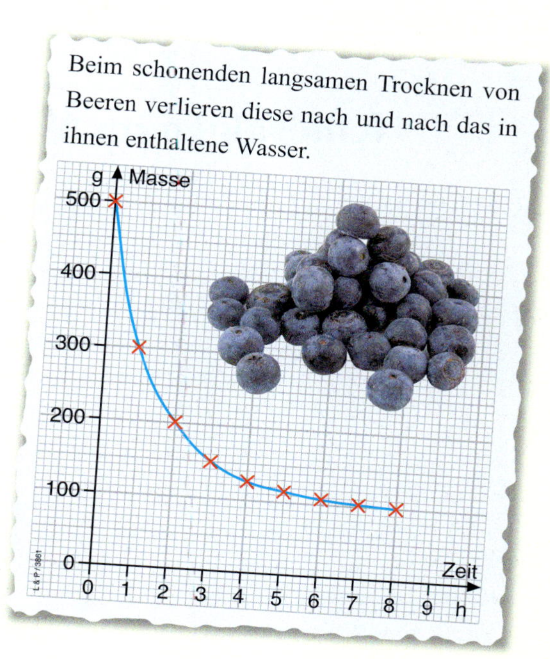

a) Vergleichen Sie die beiden Abnahmeprozesse und beschreiben Sie diese jeweils durch einen Funktionsterm.

b) Ermitteln Sie in beiden Beispielen die momentanen Änderungsraten. Vergleichen Sie die Werte mit dem jeweiligen Bestand. Bilden Sie weitere solche Beispiele und untersuchen Sie Zusammenhänge.

c) Übertragen Sie die Überlegungen auf eine Größe, die wächst und eine obere Grenze hat. Ermitteln Sie eine Funktionsgleichung für einen solchen Graphen.

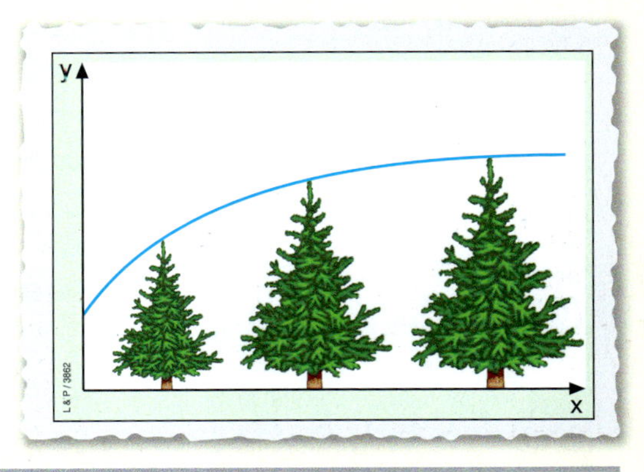

S-förmig zur Grenze

3 Das Wachstum etlicher Größen lässt sich durch einen s-förmigen Kurvenverlauf beschreiben.

a) Bestimmen Sie für das Anwachsen der Weltbevölkerung die Wachstumsgeschwindigkeiten. Was fällt auf?

b) Versuchen Sie, Bedingungen für den s-förmigen Verlauf zu finden.

c) Modellieren Sie diesen Wachstumsprozess abschnittsweise mithilfe von Funktionen für den Anfang und die Schlussphase des Wachstums.

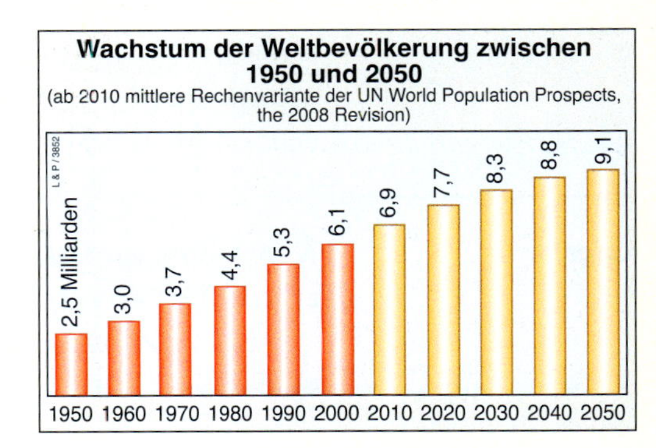

3.1 Exponentielles Wachstum

3.1.1 Wachstumsgeschwindigkeit – e-Funktion

Einführung

Killeralgen im Mittelmeer

Caulerpa taxifolia, auch „Killeralge" genannt, ist in den Gewässern der Karibik und des Pazifiks beheimatet. Auffällige Merkmale sind ihre frische grüne Farbe und ihre federartigen Blätter. Da die Alge giftig ist, hat sie keine natürlichen Feinde, mit ihrem Gift schadet sie vielen Pflanzen- und Tierarten. Zu Beginn der Achtzigerjahre wurde *Caulerpa taxifolia* aufgrund ihrer auffälligen Färbung als Dekoration für Aquarien mit tropischen Fischen eingesetzt. Bei einer Filterreinigung im Ozeanografischen Institut in Monaco im Jahr 1984 gelang es der Killeralge, ins offene Meer zu entkommen.
Seitdem breitet sie sich unkontrollierbar im Mittelmeerraum aus: Nach nur drei Jahren war der Meeresboden vor der französischen Mittelmeerküste großflächig überwuchert. Die Alge erwies sich schnell als äußerst aggressiver Eindringling: Mit Wurzeln, die sich auf nahezu jedem Untergrund festsetzen können, ist sie praktisch unverwundbar. Experten rechnen mit einer Versechsfachung der bedeckten Fläche von Jahr zu Jahr.

Für einfache Prognosen reicht es aus, die Größe der bedeckten Fläche mithilfe der Faustformel der jährlichen Versechsfachung zu berechnen. Für genauere Prognosen ist es wichtig zu wissen, ob die Wachstumsgeschwindigkeit, also die Änderungsrate der Größe der bedeckten Fläche sich ändert.

Das Wachstum der „Killeralge" werde durch die Funktion beschrieben, die jedem Zeitpunkt x die Größe f(x) der bedeckten Fläche zuordnet.

Die *mittlere Wachstumsgeschwindigkeit* im Zeitintervall $[x, x + h]$ ist die Flächenzunahme pro Zeitspanne:

$$\frac{f(x+h) - f(x)}{(x+h) - x} = \frac{f(x+h) - f(x)}{h}$$

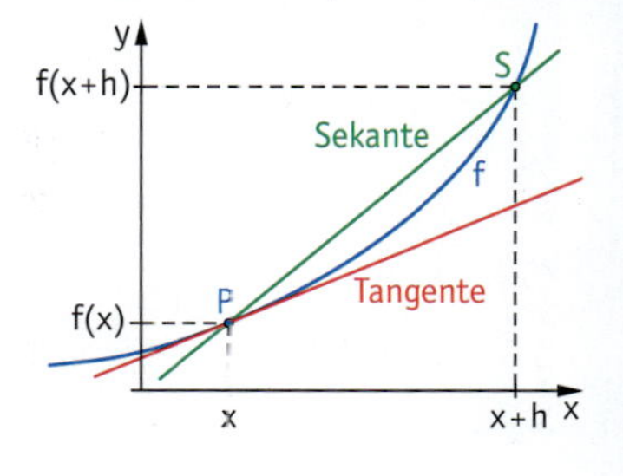

Geometrisch ist dieser Differenzenquotient die Steigung der Sekante durch die Punkte $P\big(x \mid f(x)\big)$ und $S\big(x + h \mid f(x + h)\big)$.

Die *momentane Wachstumsgeschwindigkeit* zum Zeitpunkt x ist der Grenzwert der mittleren Wachstumsgeschwindigkeit für immer kleiner werdende Zeitintervalle: $\lim\limits_{h \to 0} \frac{f(x+h) - f(x)}{h} = f'(x)$

Geometrisch ist dies die Steigung der Tangente an den Graphen im Punkt $P\big(x \mid f(x)\big)$. Zur Bestimmung der Wachstumsgeschwindigkeit exponentieller Prozesse benötigen wir also die Ableitung der Exponentialfunktion.

Aufgabe

1 Ableitung von Exponentialfunktionen

a) Zeichnen Sie mit dem GTR die Graphen zu $f_2(x) = 2^x$ und $f_3(x) = 3^x$. Bestimmen Sie numerisch die Ableitung, erstellen Sie auch Wertetabellen. Äußern Sie eine Vermutung.

b) Beweisen Sie Ihre Vermutung, indem Sie allgemein die Ableitung für $f_b(x) = b^x$ bestimmen.

Lösung

a)

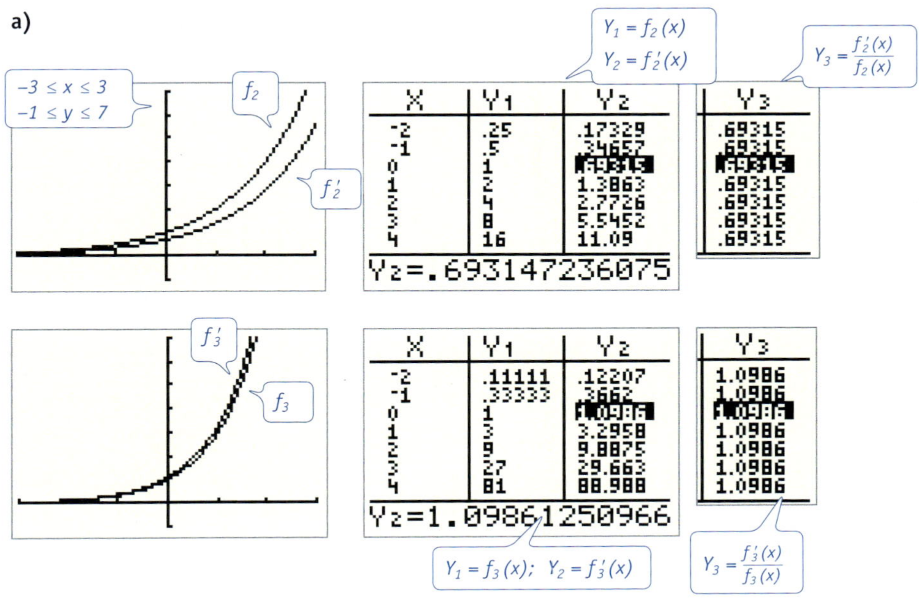

Die Bilder legen die Vermutung nahe, dass die Graphen der Ableitungsfunktionen ebenfalls Graphen von Exponentialfunktionen sind. Wir vermuten, dass die Graphen der Ableitungsfunktionen durch Streckungen parallel zur y-Achse aus den Graphen der Ausgangsfunktionen entstehen, d. h. dass sich die Funktionsterme von f und f′ nur durch einen konstanten Faktor unterscheiden.

Zur Kontrolle berechnen wir die Quotienten $\frac{f_2'(x)}{f_2(x)}$ und $\frac{f_3'(x)}{f_3(x)}$.

Es ist $\frac{f_2'(x)}{f_2(x)} \approx 0{,}7$, also $f_2'(x) \approx 0{,}7 \cdot f_2(x)$. Der Graph von f_2' entsteht also aus dem Graphen von f_2 durch Streckung parallel zur y-Achse, ungefähr mit dem Faktor 0,7.

Es ist $\frac{f_3'(x)}{f_3(x)} \approx 1{,}1$, also $f_3'(x) \approx 1{,}1 \cdot f_3(x)$. Der Graph von f_3' entsteht also aus dem Graphen von f_3 durch Streckung parallel zur y-Achse ungefähr mit dem Faktor 1,1.

Die Streckfaktoren lassen sich gut an der Stelle $x = 0$ ablesen, da sie mit der jeweiligen Ableitung an der Stelle 0 übereinstimmen.

b) Wir wollen die Ableitung für $f_b(x) = b^x$ bestimmen.
Die Steigung der Sekanten durch die Punkte $P(x \mid f_b(x))$ und $Q(x + h \mid f_b(x + h))$ ist der Differenzenquotient:

$$\frac{b^{x+h} - b^x}{(x + h) - x} = \frac{b^x \cdot b^h - b^x}{h} = \frac{b^h - 1}{h} \cdot b^x$$

Für die Ableitung ergibt sich daraus:

$$f_b'(x) = \lim_{h \to 0}\left(\frac{b^h - 1}{h} \cdot b^x\right) = \left(\lim_{h \to 0} \frac{b^h - 1}{h}\right) \cdot b^x$$

Dieser Term zeigt schon, dass sich der Graph zu f_b' durch Streckung mit dem Faktor $\lim\limits_{h \to 0} \frac{b^h - 1}{h}$ parallel zur y-Achse aus dem Graphen zu f_b erzeugen lässt.

Der Streckfaktor ist der Grenzwert $\lim\limits_{h \to 0} \frac{b^h - 1}{h} = \lim\limits_{h \to 0} \frac{b^h - b^0}{h - 0}$, also die Ableitung der Funktion f_b an der Stelle 0. (Deren Existenz entnehmen wir der Anschauung.) Damit können wir den Streckfaktor zu jedem b nur numerisch berechnen.

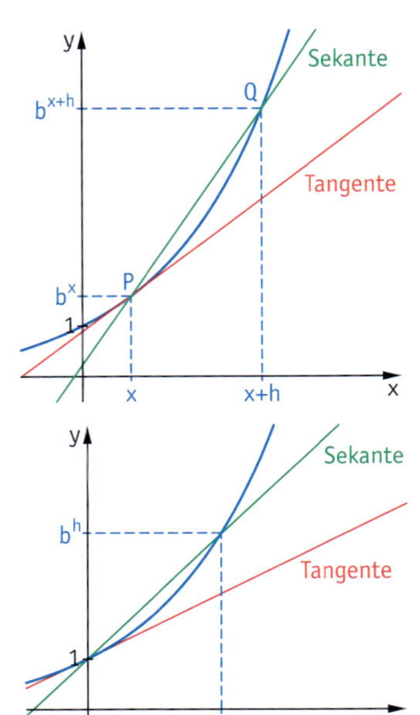

Es ergibt sich folgender Satz:

Kennt man $f_b'(0)$, so kennt man auch $f_b'(x)$

Satz 1: Ableitung von Exponentialfunktionen

Für eine Exponentialfunktion f_b mit $f_b(x) = b^x$ gilt:

$$f_b'(x) = f_b'(0) \cdot b^x.$$

Der Graph der Ableitungsfunktion f_b' geht also aus dem Graphen von f_b durch Streckung parallel zur y-Achse mit dem Faktor $f_b'(0)$ hervor.

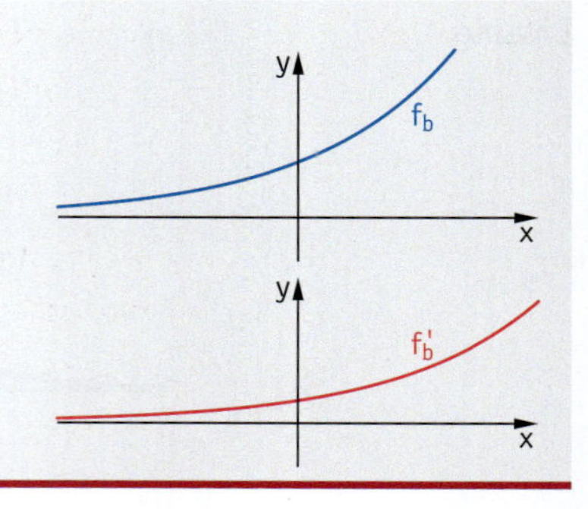

Aufgabe

2 Eine Exponentialfunktion, die mit ihrer Ableitung übereinstimmt

Den Graphen der Ableitung zu $f_2(x) = 2^x$ erhalten wir durch Streckung mit einem Faktor kleiner 1 aus dem Graphen der Funktion f_2. Um den Graphen der Ableitung zu $f_3(x) = 3^x$ zu erhalten, müssen wir den Graphen der Funktion f_3 mit einem Faktor größer 1 strecken. Wir suchen nun eine Exponentialfunktion f_b mit $f_b(x) = b^x$, die mit ihrer Ableitung übereinstimmt. Zu dieser Funktion gehört dann der Streckfaktor 1.

Lösung

Es gibt mehrere Möglichkeiten, diese Exponentialfunktion näherungsweise zu finden.

1. Möglichkeit:

Wir wählen verschiedene Werte für die Basis und kontrollieren anhand des Graphen oder der Wertetabelle, wie gut Funktion und Ableitung übereinstimmen.

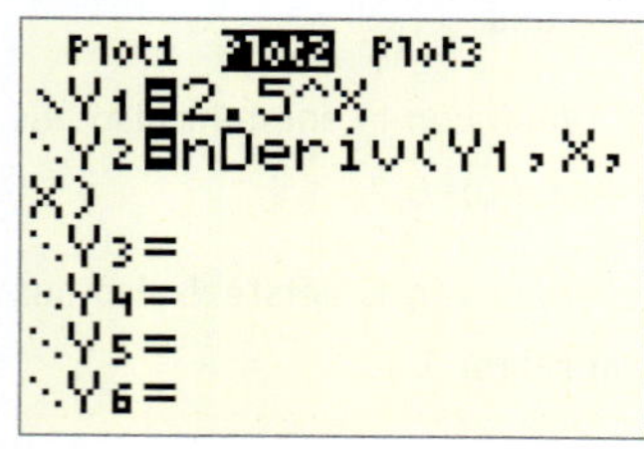

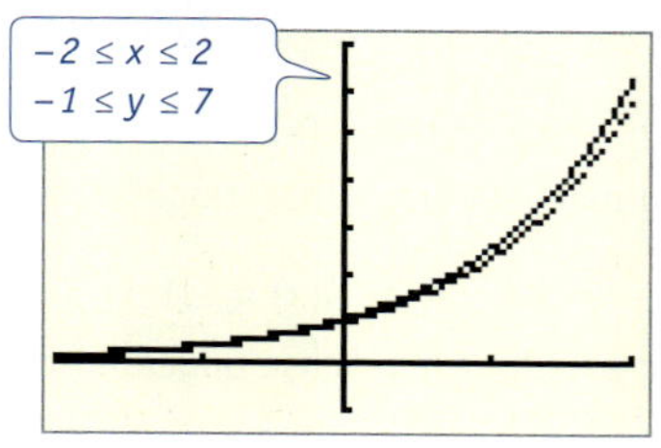

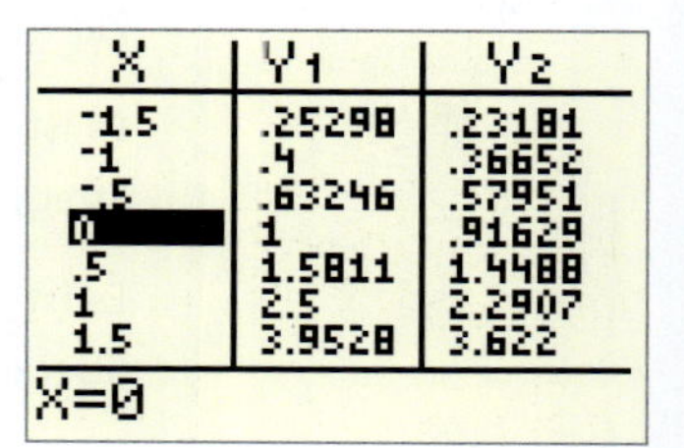

X	Y1	Y2
-1.5	.25298	.23181
-1	.4	.36652
-.5	.63246	.57951
0	1	.91629
.5	1.5811	1.4488
1	2.5	2.2907
1.5	3.9528	3.622

X=0

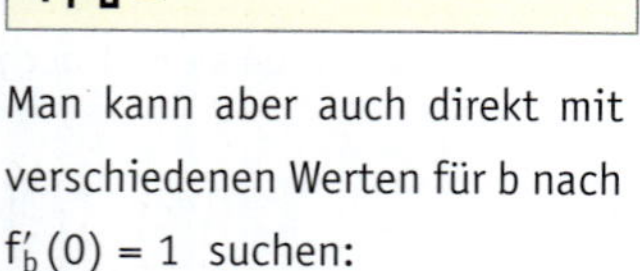

Man kann aber auch direkt mit verschiedenen Werten für b nach $f_b'(0) = 1$ suchen:
Die gesuchte Basis liegt zwischen 2,7 und 2,8.

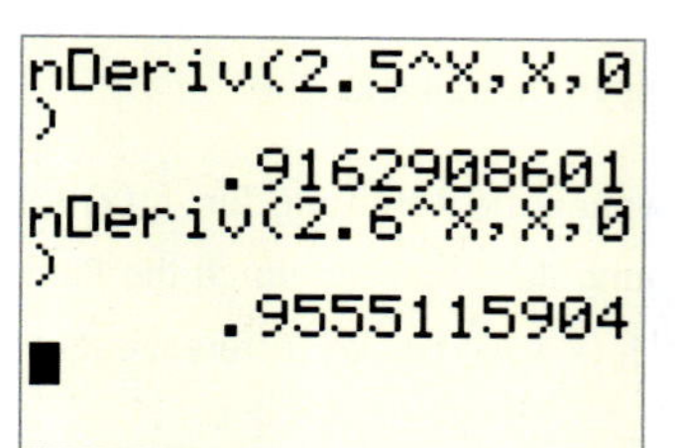

.9555115904
nDeriv(2.7^X,X,0)
.9932519363
nDeriv(2.8^X,X,0)
1.029619599

2. Möglichkeit:

Gesucht ist die Basis b, für die gilt $f_b'(0) = 1$. Wir nähern dazu die Ableitung $f_b'(0) = \lim\limits_{h \to 0} \frac{b^h - 1}{h}$ durch einen Differenzenquotienten mit $h = \frac{1}{1000}$ an.
Der Differenzenquotient für $h = \frac{1}{1000}$ an der Stelle 0 ist $\frac{b^{\frac{1}{1000}} - 1}{\frac{1}{1000}} = 1000\left(b^{\frac{1}{1000}} - 1\right)$.

Wir suchen die Basis b zwischen 2 und 3, für die dieser Differenzenquotient den Wert 1 hat. Mit einem GTR können wir die Basis numerisch bestimmen.
Algebraisch können wir folgendermaßen vorgehen:

Durch Lösen der Gleichung $\frac{b^{\frac{1}{1000}} - 1}{\frac{1}{1000}} = 1$ erhalten wir $b^{\frac{1}{1000}} = 1 + \frac{1}{1000}$, also $b = \left(1 + \frac{1}{1000}\right)^{1000} \approx 2{,}72$.

Ergebnis: Die Exponentialfunktion zu $f_{2,72}(x) = 2{,}72^x$ stimmt fast mit ihrer Ableitung $f_{2,72}'(x) = 1{,}001 \cdot 2{,}72^x$ überein.

Information

(1) Exponentialfunktion, die mit ihrer Ableitung übereinstimmt

In Teilaufgabe 1b) wurde gezeigt, dass der Graph der Ableitungsfunktion einer Exponentialfunktion aus dem Graphen der Exponentialfunktion durch Streckung parallel zur y-Achse mit dem Faktor $f_b'(0)$ hervorgeht.

Anschaulich ist klar, dass es genau eine Exponentialfunktion gibt, die mit ihrer Ableitung übereinstimmt. In Aufgabe 2 haben wir gesehen, dass ihre Basis in der Nähe von 2,72 liegt. Wir wollen diese Basis nun genauer bestimmen.

Der Differenzenquotient zur Bestimmung der Ableitung $f_b'(0)$ der Exponentialfunktion f_b mit $f_b(x) = b^x$ im Intervall $[0; h]$ ist $\frac{b^h - b^0}{h - 0} = \frac{b^h - 1}{h}$.

Setzt man $h = \frac{1}{n}$ ergibt sich daraus $\frac{b^{\frac{1}{n}} - 1}{\frac{1}{n}}$.

$h = \frac{1}{n}$
für $n \to \infty$
gilt $h \to 0$

Für die gesuchte Basis b gilt für große n:

$$\frac{b^{\frac{1}{n}} - 1}{\frac{1}{n}} \approx 1 \qquad \left| \cdot \frac{1}{n} \right.$$

$$b^{\frac{1}{n}} - 1 \approx \frac{1}{n} \qquad | + 1$$

$$b^{\frac{1}{n}} \approx 1 + \frac{1}{n} \qquad | \text{ Potenzieren mit } n$$

$$b \approx \left(1 + \frac{1}{n}\right)^n$$

Leonhard Euler
1707 – 1783

Damit ist die Basis der Exponentialfunktion, die mit ihrer Ableitung übereinstimmt, der Grenzwert $\lim\limits_{n \to \infty} \left(1 + \frac{1}{n}\right)^n \approx 2{,}718\ldots$

Man kann zeigen, dass dieser Grenzwert eine irrationale Zahl ist, d.h. sie kann nicht als Bruch mit ganzzahligem Zähler und Nenner geschrieben werden.

Als Dezimalbruch hat sie unendlich viele Nachkommastellen ohne Periode.

Definition 1

Die Euler'sche Zahl e ist der Grenzwert $e = \lim\limits_{n \to \infty} \left(1 + \frac{1}{n}\right)^n \approx 2{,}71828182845\ldots$

(2) Definition der e-Funktion

Die Exponentialfunktion f mit $f(x) = e^x$ stimmt nach Satz 1 mit ihrer Ableitung überein: $f'(x) = e^x$

An jeder Stelle ist die Tangentensteigung gleich dem Funktionswert an dieser Stelle. Ihrer besonderen Bedeutung wegen erhält sie einen eigenen Namen:

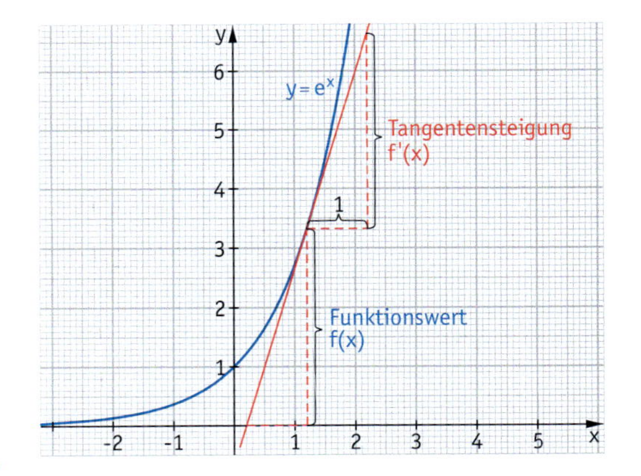

Definition 2

Die Exponentialfunktion f mit $f(x) = e^x$ und $x \in \mathbb{R}$ wird **e-Funktion** genannt.

Damit können wir knapp formulieren:

Satz 2

Die e-Funktion mit $f(x) = e^x$ stimmt mit ihrer Ableitung überein: $f'(x) = e^x$.

Die Ableitung von e^x ist e^x.

Weiterführende Aufgabe

3 Stammfunktionen von $f(x) = e^x$

Eine Funktion F heißt Stammfunktion von f, falls $F'(x) = f(x)$ gilt.
Geben Sie eine Stammfunktion von $f(x) = e^x$ an und berechnen Sie damit $\int_{-1}^{1} e^x\,dx$.

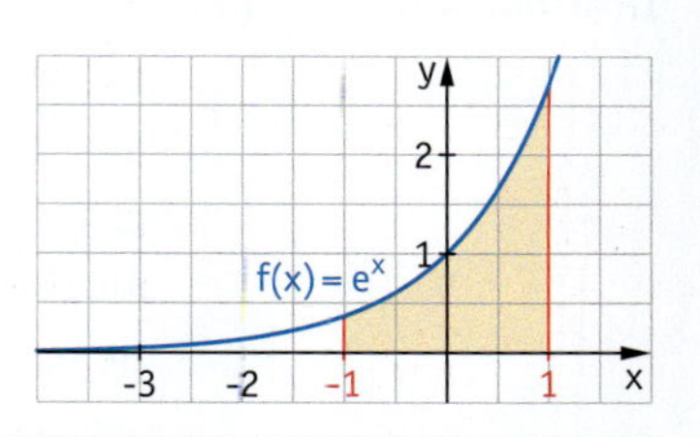

Übungsaufgaben

4 Zeichnen Sie die Graphen verschiedener Exponentialfunktionen $x \mapsto b^x$ und der dazugehörigen Ableitungen. Denken Sie auch an Basen $b < 1$. Schreiben Sie eine Zusammenfassung Ihrer Beobachtungen und formulieren Sie eine Vermutung.

5 Rechts sehen Sie, wie Marc abgeleitet hat.
Überprüfen Sie seine Behauptung.

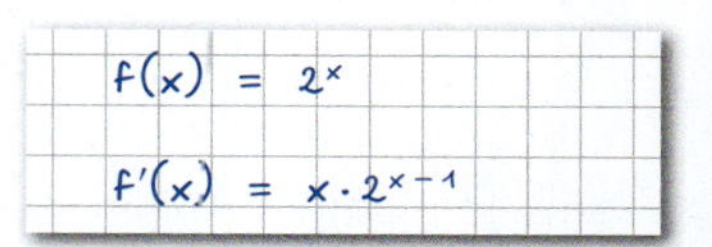

6 Gegeben ist die Funktion f mit $f(t) = 5^t$, die einen Wachstumsprozess beschreibt.
Bestimmen Sie wie in der Lösung von Aufgabe 1 mithilfe des Differenzenquotienten näherungsweise die momentane Wachstumsgeschwindigkeit zu einem beliebigen Zeitpunkt t.

7 Für eine Exponentialfunktion mit $f(x) = b^x$ gilt: $f'(0) = 1{,}3$.

a) Wie geht der Graph von f′ aus dem Graphen von f hervor?

b) Bestimmen Sie näherungsweise die Basis b für den Funktionsterm von f. Geben Sie auch einen Funktionsterm für f′ an.

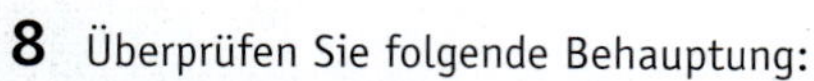

8 Überprüfen Sie folgende Behauptung:
Der Graph der Ableitung einer Exponentialfunktion entsteht durch eine Verschiebung des Graphen der Exponentialfunktion parallel zur x-Achse. Für Basen größer als 3 ist der Graph nach links verschoben; für Basen kleiner als 2,5 nach rechts.

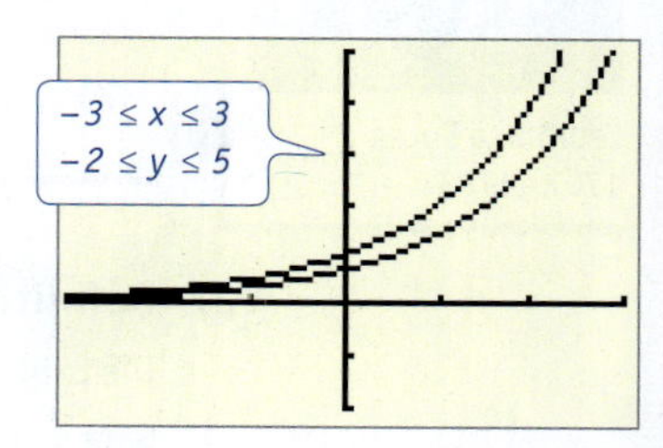

9 Zeichnen Sie die Graphen verschiedener Exponentialfunktionen in ein Koordinatensystem, in dem auch die Gerade g mit der Gleichung $y = 1 + x$ eingezeichnet ist. Ermitteln Sie so einen Näherungswert für die Basis derjenigen Exponentialfunktion, deren Graph diese Gerade als Tangente an der Stelle $x = 0$ hat.

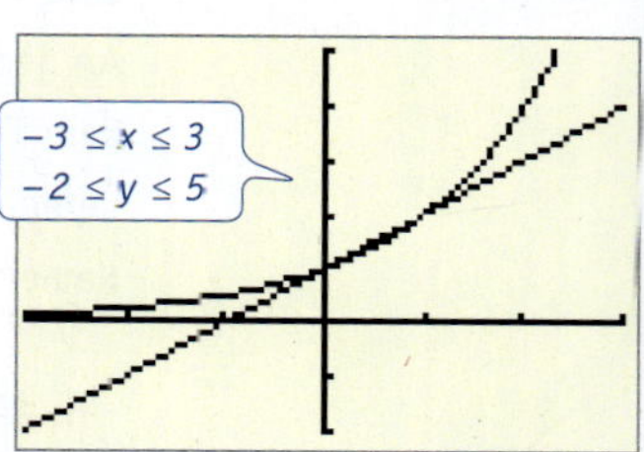

10 Berechnen Sie $\left(1 + \frac{1}{n}\right)^n$ für $n = 1; 10; 100; \ldots; 10^{14}$.
Was fällt auf? Begründen Sie.

11 Nehmen Sie Stellung zu der Argumentation rechts.

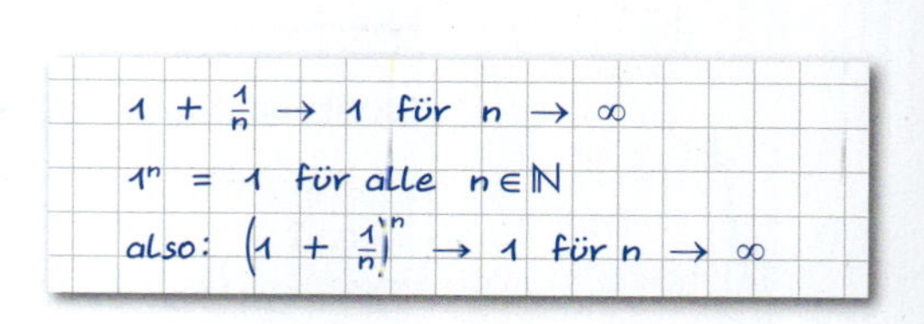

12 In dem Rechnerfenster rechts ist zu erkennen, wie Eva näherungsweise die Zahl e bestimmt hat. Erläutern Sie die Vorgehensweise von Eva.

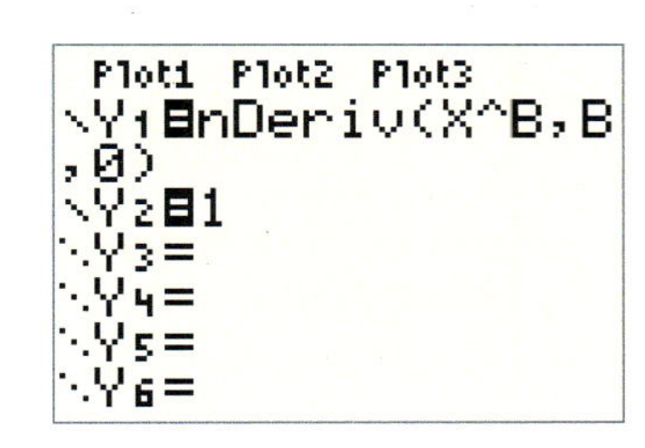

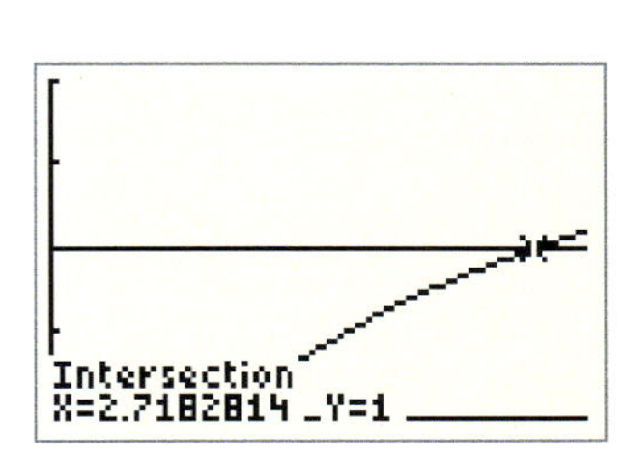

13 Zeichnen Sie den Graphen der Funktion f und geben Sie an, durch welche Abbildung(en) er aus dem Graphen der e-Funktion entsteht.

a) $f(x) = e^x - 1$ **b)** $f(x) = \frac{1}{2}e^x$ **c)** $f(x) = -\frac{1}{4}e^x$ **d)** $f(x) = 2e^x - 3$ **e)** $f(x) = e^{-x}$ **f)** $f(x) = e^{2x}$ **g)** $f(x) = e^{\frac{1}{3}x}$ **h)** $f(x) = e^{-\frac{1}{2}x}$

14 Bilden Sie die Ableitungen f′ und f″.

a) $f(x) = e^x + 1$ **b)** $f(x) = e^x + x$ **c)** $f(x) = 2e^x$ **d)** $f(x) = -3e^x$ **e)** $f(x) = 4e^x - 1$ **f)** $f(x) = -e^x + 3$ **g)** $f(x) = e^x + x^2 + x + 1$ **h)** $f(x) = -e^x - x + 5$ **i)** $f(x) = e^{2x}$ **j)** $f(x) = -e^{-3x}$ **k)** $f(x) = e^{4x-3}$ **l)** $f(x) = e^{-\frac{x}{2}+1} - x^2$

15 Die Größe einer bestimmten Schimmelpilz-Kultur in cm^2 kann durch den Funktionsterm $3 \cdot e^t$ beschrieben werden, wobei t für die Zeit in Stunden steht.

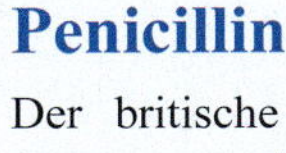

Penicillin

Der britische Bakteriologe ALEXANDER FLEMING entdeckte 1928, dass ein Schimmelpilz, der Pinselschimmel *Penicillium notatum*, besonders wirksam gegen Bakterien ist. Noch heute wird das Antibiotikum Penicillin daraus gewonnen.

a) Ermitteln Sie die durchschnittlichen Wachstumsgeschwindigkeiten der Schimmelpilz-Kultur in den Zeitintervallen
(1) [0; 1], (2) [1; 2], (3) [2; 3], (4) [3; 4], (5) [4; 5].

b) Ermitteln Sie die momentanen Wachstumsgeschwindigkeiten zu den Zeitpunkten
(1) 0, (2) 1, (3) 2, (4) 3, (5) 4 Stunden.

16

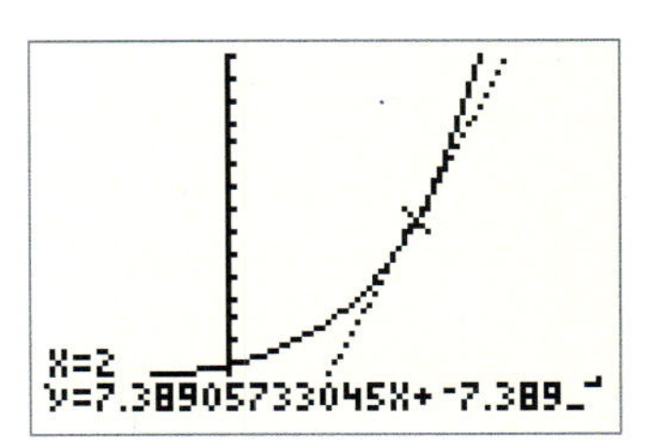

a) Gegeben sind Tangenten an den Graphen der e-Funktion an den Stellen −1; 0; 1; 2; 3. Welchen Schnittpunkt mit der x-Achse haben die Tangenten?

b) Formulieren Sie eine Vermutung und beweisen Sie diese.

c) Untersuchen Sie, welche geometrische Konstruktion für die Tangente sich aus den Überlegungen oben ergibt.

17 Geben Sie eine Stammfunktion F von f an.

a) $f(x) = e^x + 1$ **b)** $f(x) = 2e^x$ **c)** $f(x) = -e^x - x$ **d)** $f(x) = 2e^x + x^2 - x$ **e)** $f(x) = e^{5x}$ **f)** $f(x) = e^{-3x+4}$ **g)** $f(x) = x - e^{-x}$ **h)** $f(x) = e^{\frac{x}{2}} + \frac{2}{x^2}$

18 Berechnen Sie den Flächeninhalt der Fläche unter dem Graphen von f im Intervall [0; 2].

a) $f(x) = e^x + x + 2$ **b)** $f(x) = 2 \cdot e^{x+1}$ **c)** $f(x) = e^x - x$ **d)** $f(x) = 2e^{3x-1}$

19 Bestimmen Sie den Parameter k so, dass das Integral den angegebenen Wert hat.

a) $\int_0^1 k e^x \, dx = e$ **b)** $\int_0^1 (e^x + kx) \, dx = 2$ **c)** $\int_0^k e^x \, dx = e - 1$ **d)** $\int_0^2 e^{kx} \, dx = e^6 - 1$

20 Welche Stammfunktion zu f hat einen Graphen, der durch den Punkt P verläuft?

a) $f(x) = 2e^x + 1;\ P\left(-1 \middle| \frac{1}{2} + \frac{2}{e}\right)$ **b)** $f(x) = 3x^2 - \frac{e^x}{2};\ P\left(-1 \middle| -\frac{1}{2e}\right)$

21 Unten sind die Graphen der Ableitungsfunktionen f_1', f_2' und f_3' abgebildet. Ordnen Sie die Graphen den Funktionen zu. Begründen Sie Ihre Entscheidung. $f_1(x) = e^{(x-2)}$; $f_2(x) = 2e^x$; $f_3(x) = e^x + 2$

(1) 

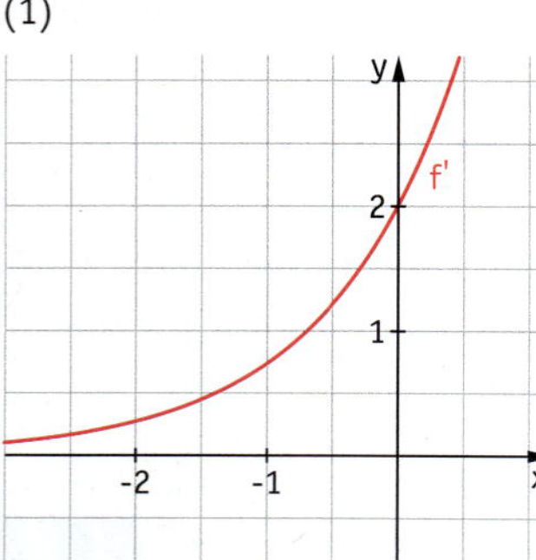

(2)

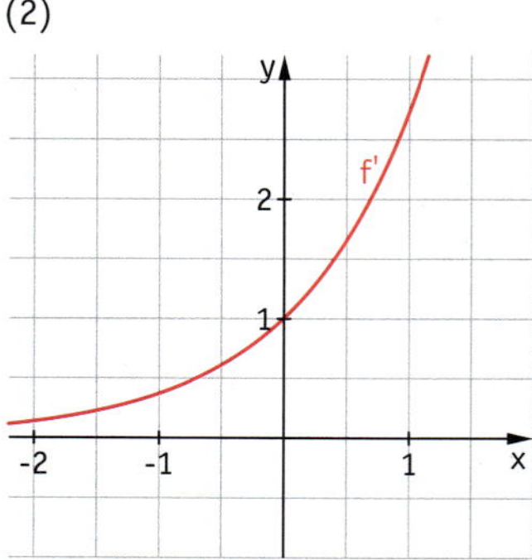

(3)

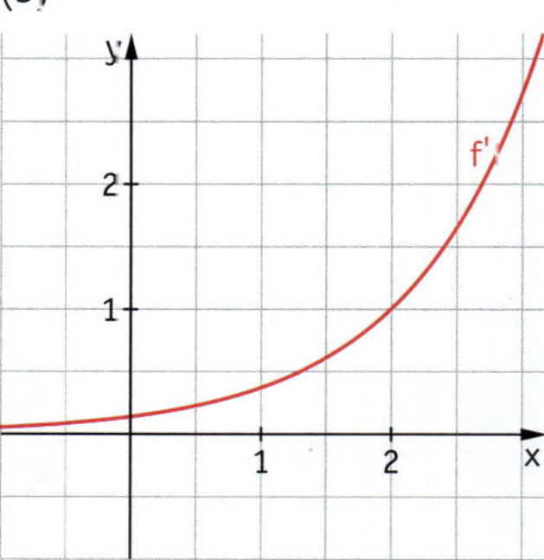

22 Der Graph der Funktion f mit $f(x) = e^x + 1$, seine Tangente im Schnittpunkt mit der y-Achse, die x-Achse und die Gerade mit $x = -4$ begrenzen eine Fläche.
Berechnen Sie deren Flächeninhalt.

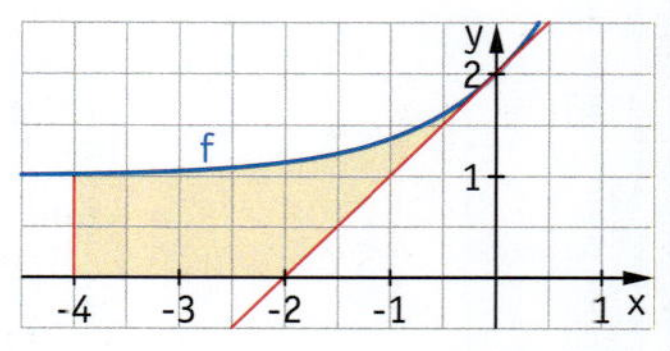

23 Eine Funktion f ist gegeben durch $f(x) = e^x + 1$. Die Tangente in einem Punkt P des Graphen der e-Funktion schneidet die x-Achse im Punkt Q. Wie muss die Lage von P gewählt werden, damit die Länge der Strecke $\overline{PQ}$ möglichst klein wird?

Unser Angebot: Bankschatzbriefe
Wählen Sie entsprechend Ihren Auszahlungswünschen
Typ A: jährliche Zinszahlung von 4 %
Typ B: halbjährliche Zinszahlung von 2 %
Typ C: vierteljährliche Zinszahlung von 1 %

24 Marie und Kevin unterhalten sich über das nebenstehende Angebot.
Marie meint: „Wer vierteljährlich seine Zinsen haben will, verschenkt sein Geld: 1 % als Zinssatz ist ganz schön wenig."
Kevin entgegnet: „Ich denke, alle Angebote sind gleich günstig: zweimal 2 % sind 4 %, viermal 1 % sind 4 %."
Bewerten Sie die Argumentation der beiden anhand von Kunden, die die ausgezahlten Zinsen sofort wieder in Bankschatzbriefen desselben Typs anlegen.

25

a) Erläutern Sie die Überlegung rechts.

b) Welcher Endbetrag ergibt sich bei täglicher, stündlicher, minütlicher, sekündlicher Zinszahlung?

c) Erörtern Sie, ob bei immer kürzeren Zeitspannen das Kapital nach einem Jahr beliebig groß werden kann.

Stetige Verzinsung
Ausgangskapital 1 000 €, Zinssatz 100 % p. a.
Kapital nach einem Jahr bei
- jährlicher Zinszahlung: $K = 1000 \cdot (1 - 1) = 2000$
- monatlicher Zinszahlung: $K = 1000 \cdot \left(1 + \frac{1}{12}\right)^{12} = 2613{,}04$

3.1.2 Ableitung von Exponentialfunktionen – Natürlicher Logarithmus

Einführung

Zu Beginn dieses Kapitels haben wir versucht, die Ableitung zu einer Exponentialfunktion zu bestimmen und vorerst nur ein Zwischenergebnis erhalten:

$f(x) = b^x$ hat als Ableitung $f'(x) = f'(0) \cdot b^x$, wobei wir den Faktor $f'(0)$ bislang nur numerisch bestimmen können.

Andererseits kennen wir die Ableitung der e-Funktion genau. Daher versuchen wir am Beispiel der Exponentialfunktion zu $f(x) = 2^x$ die Basis 2 so zu schreiben, dass sie eine Potenz von e ist.

Am Graphen der e-Funktion oder einer Wertetabelle erkennen wir, dass gilt $e^{0,7} \approx 2$.

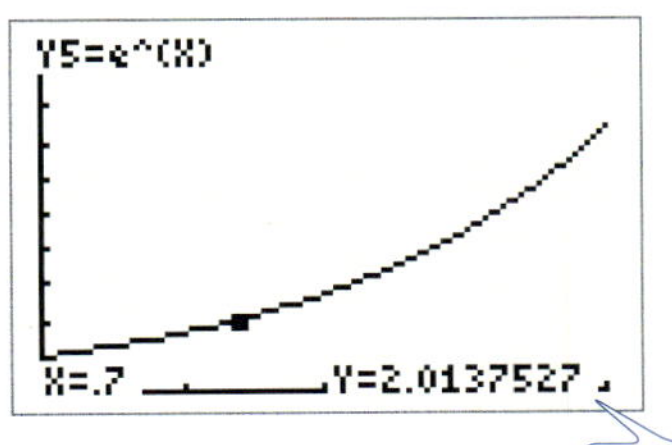

$0 \le x \le 2;\ 0 \le y \le 10$

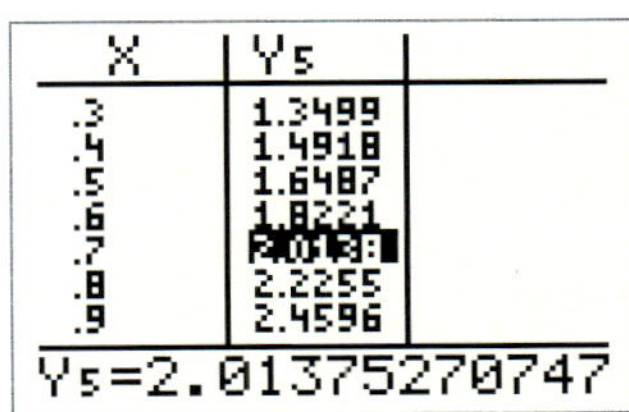

Damit können wir mithilfe der Potzengesetze umformen:

$f(x) = 2^x \approx (e^{0,7})^x = e^{0,7 \cdot x}$

Mithilfe der Kettenregel mit innerer linearer Funktion ergibt sich dann

$f'(x) \approx 0,7 \cdot e^{0,7 \cdot x} \approx 0,7 \cdot 2^x$,

also das Ergebnis, das wir auch zeichnerisch ermittelt hatten.

Information

(1) Natürlicher Logarithmus

Beliebige Exponentialfunktionen mit dem Term b^x können wir ableiten, wenn es uns gelingt, die Basis b als Potenz der EULER'schen Zahl e zu schreiben. Der gesuchte Exponent dieser Potenz ist der Logarithmus zur Basis e.

logarithmus naturalis

Definition 3

Der Logarithmus zur Basis e heißt **natürlicher Logarithmus**; er wird mit ln bezeichnet: $\ln x = \log_e x$

Die Funktion f mit $f(x) = \ln x$ und $x > 0$ nennt man **natürliche Logarithmusfunktion**.

Beispiele

$\ln 4 \approx 1,3863$, denn $e^{1,3863} \approx 4$; $\ln 20,09 \approx 3$, denn $e^3 \approx 20,09$

(2) Zusammenhang zwischen e-Funktion und natürlichem Logarithmus

Für die ln-Funktion gilt:

$\ln(e^x) = x$ (für alle $x \in \mathbb{R}$)

$e^{\ln x} = x$ (für $x > 0$).

Insbesondere gilt: $\ln e = 1$

Beachten Sie: Die Einheiten auf den Koordinatenachsen müssen gleich sein.

Der Graph der natürlichen Logarithmusfunktion entsteht durch Spiegelung des Graphen der e-Funktion an der Winkelhalbierenden mit der Gleichung $y = x$.

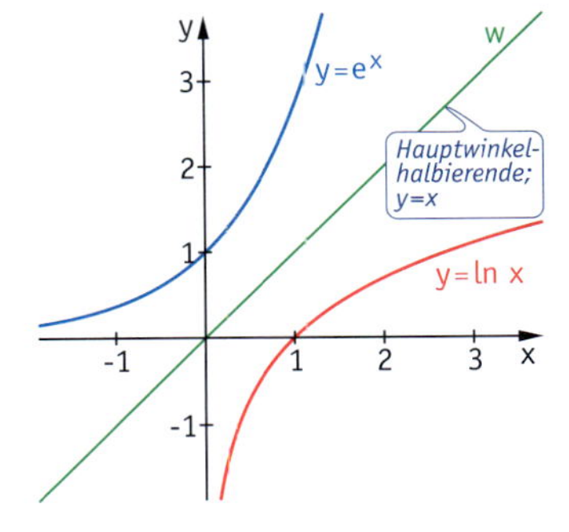

(3) Logarithmengesetze

Die bekannten Logarithmengesetze lauten für den Spezialfall zur Basis e:

(a) $\ln(x \cdot y) = \ln x + \ln y$ (b) $\ln\left(\frac{x}{y}\right) = \ln x - \ln y$ (c) $\ln(x^t) = t \cdot \ln x$

Aufgabe

1 Bestimmen Sie die Ableitung einer Exponentialfunktion mit dem Funktionsterm $f(x) = b^x$ für eine beliebige Basis $b > 0,\ b \neq 1$.

Lösung

Wir schreiben die Basis b als Potenz von e: $b = e^{\ln b}$.
Damit lautet der Funktionsterm $f(x) = (e^{\ln b})^x = e^{(\ln b)\cdot x}$
In dieser Form können wir ihn mithilfe der Kettenregel mit innerer linearer Funktion ableiten:

$$f'(x) = (\ln b)\cdot e^{(\ln b)\cdot x} = (\ln b)\cdot b^x$$

Information

(4) Ableitung von Exponentialfunktionen

Satz 3
Die Exponentialfunktion zu $f(x) = b^x$ mit $b > 0$ und $b \neq 1$ hat die Ableitung $f'(x) = (\ln b)\cdot b^x$.

Beispiel: $f(x) = 3^x$, $f'(x) = (\ln 3)\cdot 3^x \approx 1{,}099\cdot 3^x$

Aufgabe

2 Das Bilden des natürlichen Logarithmus macht das Potenzieren von e rückgängig: $\ln(e^x) = x$. Die e-Funktion stimmt mit ihrer Ableitung überein.
Welche Ableitung hat die Logarithmusfunktion f mit $f(x) = \ln x$? Untersuchen Sie dies mithilfe des GTR und stellen Sie eine Vermutung auf.

Lösung

Betrachtet man die numerische Ableitung der Logarithmusfunktion in einer Wertetabelle im GTR, so gelangt man zu der Vermutung $f'(x) = \frac{1}{x}$.

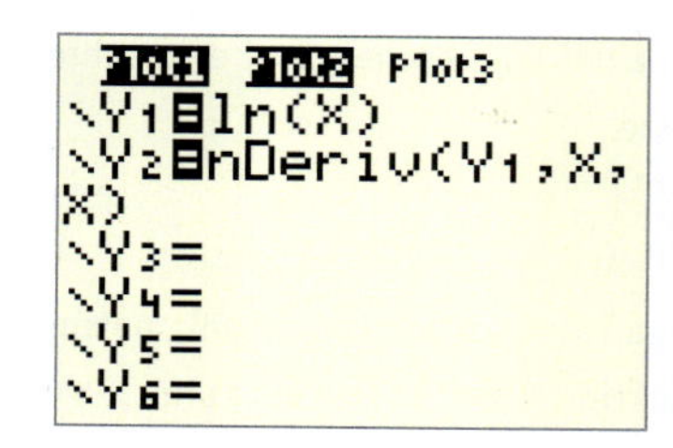

X	Y1	Y2
1	0	1
2	.69315	.5
3	1.0986	.33333
4	1.3863	.25
5	1.6094	.2
6	1.7918	.16667
7	1.9459	.14286

X=3

Information

(5) Ableitung der Logarithmusfunktion

Die Lösung von Aufgabe 2 lässt folgenden Satz vermuten:

Satz 4: Ableitung des natürlichen Logarithmus
Die Funktion f mit $f(x) = \ln x$ hat für alle $x > 0$ die Ableitung $f'(x) = \frac{1}{x}$.

Satz 4 kann man wie folgt begründen:
An der Stelle $\ln x$ hat die e-Funktion mit $g(x) = e^x$ die Ableitung $g'(\ln x) = e^{\ln x} = x$.
Das Steigungsdreieck an den Graphen der e-Funktion an der Stelle $\ln x$ ist kongruent zum Steigungsdreieck an den Graphen der Logarithmusfunktion an der Stelle x.
Daraus ergibt sich für den natürlichen Logarithmus $f'(x) = \frac{1}{x}$.

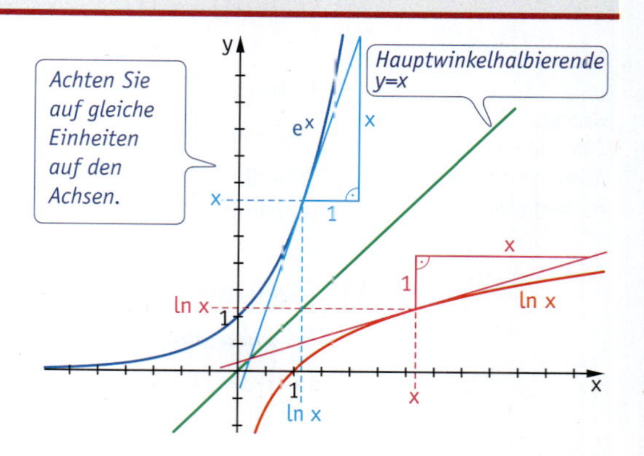

Weiterführende Aufgabe

3 **Stammfunktion von f mit $f(x) = \frac{1}{x}$**

a) Berechnen Sie das Integral $\int_1^5 \frac{1}{x}\,dx$ mithilfe einer Stammfunktion.

b) Beweisen Sie allgemein:

Für $x \neq 0$ ist $F(x) = \ln(|x|)$ eine Stammfunktion zu $f(x) = \frac{1}{x}$.

Übungsaufgaben 

4 Begründen Sie die Formel aus einer Formelsammlung

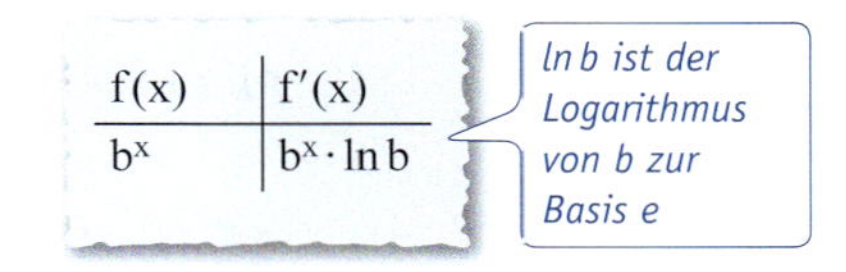

$f(x)$	$f'(x)$
b^x	$b^x \cdot \ln b$

ln b ist der Logarithmus von b zur Basis e

5

a) Zeichnen Sie den Graphen der natürlichen Logarithmusfunktion und beschreiben Sie seinen Verlauf.

b) Verdeutlichen Sie die folgenden Logarithmengesetze durch Zahlenbeispiele am Graphen.

(1) $\ln(x \cdot y) = \ln x + \ln y$ (2) $\ln\left(\frac{x}{y}\right) = \ln x - \ln y$ (3) $\ln(x^t) = t \cdot \ln x$

6 Vereinfachen Sie folgende Terme:

a) $\ln e^2$ **b)** $\ln \frac{1}{e^2}$ **c)** $\ln \sqrt{e}$ **d)** $\ln \sqrt[3]{e}$ **e)** $\ln \frac{e^2}{k}$ **f)** $\ln(2 \cdot e^3)$ **g)** $\ln \sqrt{\frac{3}{e}}$ **h)** $\ln(e^{3k})$ **i)** $\ln \sqrt[n]{e}$ **j)** $e^{\ln 3}$ **k)** $e^{-\ln 2}$ **l)** $e^{\frac{1}{2}\ln 3}$

7 Fassen Sie zusammen.

a) $\ln(x+1) - \ln x + \ln \frac{1}{x}$ **b)** $3\ln x - \ln(2+x) - \ln(x-2)$ **c)** $\ln(e^{x+1}) \cdot \ln(e^{-x^2})$

8 Bestimmen Sie die Lösungsmenge.

a) $\ln x = 3$ **b)** $\ln x = -1$ **c)** $\ln(x+1) = 2$ **d)** $\ln(x^2) = 1$ **e)** $\ln(3x-5) = 0$ **f)** $e^x = 2$ **g)** $e^{\frac{1}{2}x} = 3$ **h)** $e^{2x+1} = \frac{1}{2}$ **i)** $e^{\sqrt{x}} = 2$ **j)** $e^{3x^2} = 7$

9 Zeichnen Sie den Graphen der Funktion f und beschreiben Sie, wie er aus dem Graphen des natürlichen Logarithmus entsteht.

a) $f(x) = \ln(x) + 1$ **b)** $f(x) = \ln(x) - 3$ **c)** $f(x) = \ln(x+1)$ **d)** $f(x) = \ln(x-3)$ **e)** $f(x) = 2 \cdot \ln x$ **f)** $f(x) = \ln\left(\frac{1}{3}x\right)$ **g)** $f(x) = \ln(2x)$ **h)** $f(x) = \frac{1}{3}\ln x$

10 Bestimmen Sie mögliche Funktionsterme zu den Graphen rechts und überprüfen Sie das Ergebnis mit einem GTR.

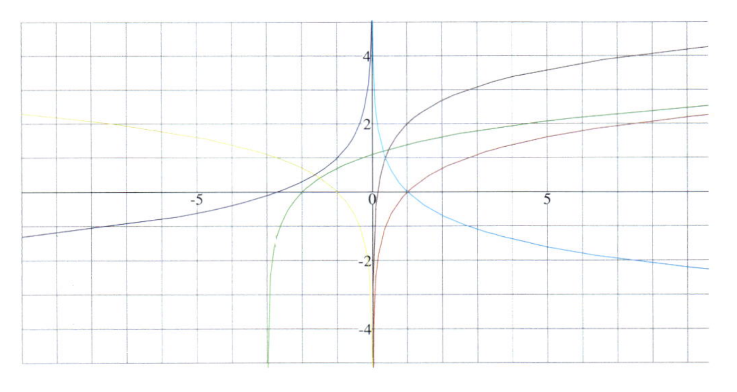

11 Bilden Sie die 1. und 2. Ableitung.

a) $f(x) = 3^x$ **b)** $f(x) = 2 \cdot 3^x$ **c)** $f(t) = 1{,}02^t + t^2$ **d)** $f(x) = 2{,}5^x - 2{,}5 \cdot 2^x$ **e)** $f(x) = k \cdot k^x - k^x$ **f)** $f(x) = 3^x - e^x$

12 Bestimmen Sie für $b = 3$ [2,5; 0,5] die Gleichung der Tangente an den Graphen der Exponentialfunktion zu $f(x) = b^x$ jeweils an den Stellen -1; 0; 1; 2.
Zeichnen Sie diese Tangenten.

13 An den Graphen von f mit $f(x) = \left(\frac{1}{4}\right)^x$ sollen an den Stellen 1 und -2 die Tangenten gelegt werden. Bestimmen Sie den Schnittpunkt der beiden Tangenten.

14 Bestimmen Sie die Integrale:

a) $\int_2^3 1{,}5^x\,dx$ **b)** $\int_0^5 0{,}4^x\,dx$ **c)** $\int_1^4 3\cdot 2^{3x}\,dx$ **d)** $\int_{0{,}5}^1 3^{-x+2}\,dx$

15 Bestimmen Sie den Flächeninhalt der Fläche, die von den Graphen zu $f(x) = 2^x$ und den Geraden mit den Gleichungen $x = 0$ sowie $y = 5$ eingeschlossen wird.

16 Eine Tulpenvase hat einen unteren Durchmesser von 8 cm, einen oberen Durchmesser von 20 cm und eine Höhe von 19 cm. Modellieren Sie den Rand mithilfe einer geeigneten Exponentialfunktion und berechnen Sie das Fassungsvermögen der Vase.

17 Untersuchen Sie, ob man der unbegrenzten Fläche unter dem Graphen der Exponentialfunktion zu $f(x) = \left(\frac{1}{2}\right)^x$ im 1. Quadranten einen endlichen Flächeninhalt zuordnen kann.

18 Bilden Sie die 1. und 2. Ableitung.

a) $f(x) = \ln(x + 1)$ **c)** $f(x) = \ln(1 + kx)$ **e)** $h(t) = \frac{1}{2}\ln\left(\frac{t}{b} - 1\right)$

b) $f(x) = 2\ln(2x)$ **d)** $f(x) = e^{2\ln x} + \ln(e^{2x})$ **f)** $f(s) = \ln(3s - 2) + 2s^3$

19 An welchem Punkt ist die Tangente an den Graphen der natürlichen Logarithmusfunktion parallel zur Geraden mit der Gleichung $2x - 3y + 7 = 0$? Bestimmen Sie die Gleichung der Tangente.

20 Berechnen Sie folgende Integrale.

a) $\int_1^5 \frac{1}{x}\,dx$ **c)** $\int_2^5 \frac{2}{x}\,dx$ **e)** $\int_1^5 \frac{1}{x + 2}\,dx$

b) $\int_{-4}^{-2} \frac{1}{x}\,dx$ **d)** $\int_1^4 \left(x^2 - \frac{1}{x}\right)dx$ **f)** $\int_5^{10} \frac{2}{4x + 1}\,dx$

21 Berechnen Sie das Volumen des Körpers, der durch Rotation des Graphen zu $f(x) = \frac{1}{\sqrt{x}}$ um die x-Achse für $1 \le x \le 5$ entsteht.

22 Untersuchen Sie, ob folgende uneigentliche Integrale existieren:

a) $\int_0^1 \frac{1}{x}\,dx$ **b)** $\int_1^\infty \frac{1}{x}\,dx$

3.1.3 Beschreibung von exponentiellem Wachstum mithilfe der e-Funktion

Ziel

In diesem Abschnitt können Sie sich erarbeiten, wie exponentielles Wachstum mithilfe der e-Funktion beschrieben werden kann.

Zum Erarbeiten

(1) Exponentielle Abnahme

Das Cäsium-Isotop ^{137}Cs kommt ausschließlich als Spaltprodukt bei Kernreaktionen vor. Es wird von Menschen über die Luft, über Pflanzen und ganz besonders über Milch und Fleisch aufgenommen. Das Cäsium-Isotop ^{137}Cs hat eine Halbwertzeit von 30 Jahren.

Radioaktive Substanzen zerfallen so, dass für die Halbierung einer vorhandenen Menge der Substanz stets die gleiche Zeitspanne nötig ist, unabhängig von der Größe der vorhandenen Menge. Diese Zeitspanne nennt man **Halbwertszeit**. Der radioaktive Zerfall ist ein exponentieller Abnahmeprozess. In der Physik wird dieser Prozess mit dem folgenden Zerfallsgesetz aus einer Formelsammlung beschrieben: $N = N_0 \cdot e^{-\lambda t}$

Dabei ist N die zum Zeitpunkt t vorhandene Menge der radioaktiven Substanz, N_0 ist die Menge, die zum Beobachtungsbeginn $t = 0$ vorhanden ist, λ ist eine stoffspezifische Zerfallskonstante.

$1\,\mu g = 10^{-6}\,g$ (μg: Mikrogramm)

- Ermitteln Sie das Zerfallsgesetz für eine Menge von $100\,\mu g$ ^{137}Cs.

  Der Einfachheit halber rechnen wir hier – anders als in der Physik – nur mit den Maßzahlen ohne Einheiten. Es ist $N_0 = N(0) = 100$. Die Konstante λ ermitteln wir aus der Bedingung, dass nach 30 Jahren nur noch die Hälfte, also $50\,\mu g$, vorhanden ist:

  $$50 = 100\,e^{-\lambda \cdot 30} \quad |:100$$
  $$\frac{1}{2} = e^{-\lambda \cdot 30} \quad |\ln$$
  $$\ln\left(\frac{1}{2}\right) = -\lambda \cdot 30 \quad |:(-30)$$
  $$\lambda = \frac{\ln\left(\frac{1}{2}\right)}{-30} \approx 0{,}0231$$

  Damit lautet das Zerfallsgesetz $N(t) = 100 \cdot e^{-0{,}0231t}$ und wir können mit dem GTR den Graphen und die Wertetabelle betrachten.

  N (t) statt nur N

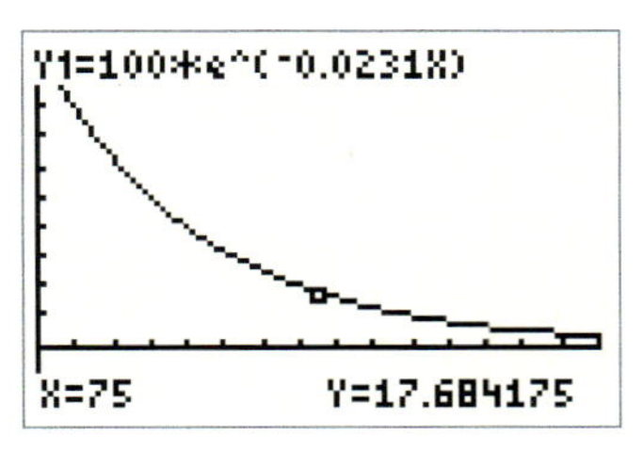

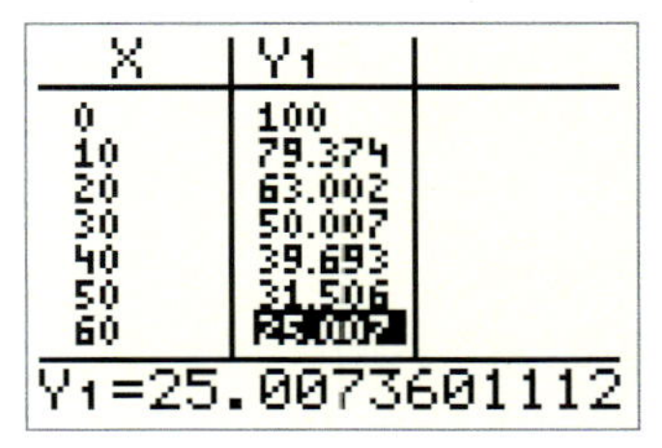

- Die Bestimmung der vorhandenen ^{137}Cs-Menge erfolgt experimentell über die Messung der Zerfallsgeschwindigkeit in der Einheit Bq, also Zerfälle pro Sekunde.

  Erläutern Sie, warum es möglich ist, mithilfe der Zerfallsgeschwindigkeit die Menge der radioaktiven Isotope zu ermitteln, indem Sie N (t) und N′(t) vergleichen.

  Am Beispiel der $100\,\mu g$ ^{137}Cs gilt für die Menge zum Zeitpunkt t:

  $$N(t) = 100 \cdot e^{-0{,}0231t}$$

  und für die Zerfallsgeschwindigkeit zum Zeitpunkt t

  $$N'(t) = 100 \cdot e^{-0{,}0231t} \cdot (-0{,}0231) = N(t) \cdot (-0{,}0231)$$

  Kettenregel mit innerer linearer Funktion

  d. h. zu jedem Zeitpunkt ist die Zerfallsgeschwindigkeit proportional zur vorhandenen Menge und der Proportionalitätsfaktor ist $-\lambda = -0{,}0231$. Man kann also aus der Zerfallsgeschwindigkeit unmittelbar die noch vorhandene Menge ermitteln.

Becquerel (Bq), nach dem Physiker Antoine HENRI BECQUEREL benannte Einheit der Aktivität radioaktiver Stoffe: $1\,Bq = 1\,s^{-1}$ bedeutet 1 radioaktiver Zerfall pro Sekunde.

(2) Exponentielle Zunahme

Bei einer von Grünalgen befallenen Wasserfläche nimmt die befallene Fläche durchschnittlich um 4 % pro Woche zu. Damit ergibt sich der Wachstumsfaktor $1 + \frac{4}{100}$ pro Woche. Die Entwicklung der befallenen Fläche kann durch die Funktion A mit $A(t) = A(0) \cdot 1{,}04^t$ beschrieben werden. Dabei ist A (0) der Flächeninhalt der zum Beobachtungsbeginn befallenen Fläche und t die Zeit in Wochen.

In den Naturwissenschaften beschreibt man exponentielle Prozesse allerdings lieber mithilfe der e-Funktion, weil für sie eine einfache Ableitungsregel gilt und man deshalb auf einfache Weise Wachstumsgeschwindigkeiten bestimmen kann.

- Schreiben Sie den Funktionsterm A (t) mit e als Basis.
  Es gilt: $1{,}04 = e^{\ln 1{,}04} \approx e^{0{,}0392}$
  $A(t) = A(0) \cdot 1{,}04^t = A(0) \cdot (e^{0{,}0392})^t = A(0)\, e^{0{,}0392\,t}$
- Berechnen Sie, wie lange es dauert, bis sich die Algenfläche verdoppelt hat.
  Aus der Bedingung $A(t) = 2 \cdot A(0)$ folgt
  $2 \cdot A(0) = A(0) \cdot e^{0{,}0392\,t}$ | : A (0)
  $2 = e^{0{,}0392\,t}$ | Logarithmieren beider Seiten
  $\ln 2 = 0{,}0392\,t$ | : 0,0392
  $t = \frac{\ln 2}{0{,}0392} \approx 17{,}7$
  Unabhängig davon, wie groß die Algenfläche ist, dauert es stets 17,7 Jahre, bis sich deren Größe verdoppelt hat.
- Vergleichen Sie die Wachstumsgeschwindigkeit mit der vorhandenen Menge.
  Für die Wachstumsgeschwindigkeit gilt:
  $A'(t) = A(t) \cdot e^{0{,}0392\,t} \cdot 0{,}0392$
  $= A(t) \cdot 0{,}0392$
  Kettenregel mit innerer linearer Funktion
  D. h. die Wachstumsgeschwindigkeit ist proportional zur vorhandenen Menge.

Information

Negatives Wachstum

(1) e als Basis für jedes exponentielle Wachstum

Wir benutzen den Begriff exponentielles Wachstum als Oberbegriff für exponentielle Zunahme und exponentielle Abnahme.

Jedes exponentielle Wachstum mit einem Funktionsterm $f(t) = a \cdot b^t$ (mit dem Anfangsbestand $a = f(0)$ zum Zeitpunkt $t = 0$ und $b > 0$) lässt sich mit der EULER'schen Zahl e als Basis schreiben:

$$f(t) = a \cdot e^{kt} \text{ mit } k = \ln b, \text{ da } b^t = (e^{\ln b})^t = e^{(\ln b) \cdot t}.$$

Ist $b > 1$, also $k > 0$, so beschreibt die Funktion f eine **exponentielle Zunahme**.

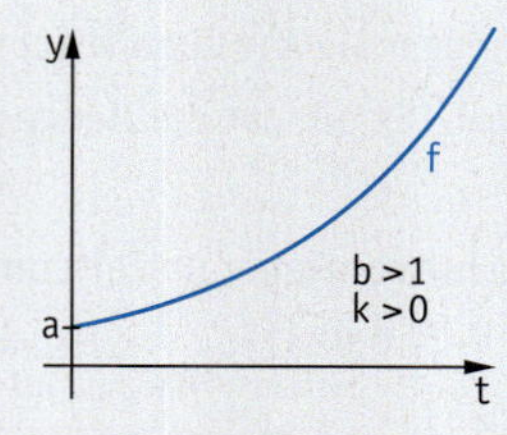

Ist $b < 1$, also $k < 0$, so beschreibt die Funktion f eine **exponentielle Abnahme**.

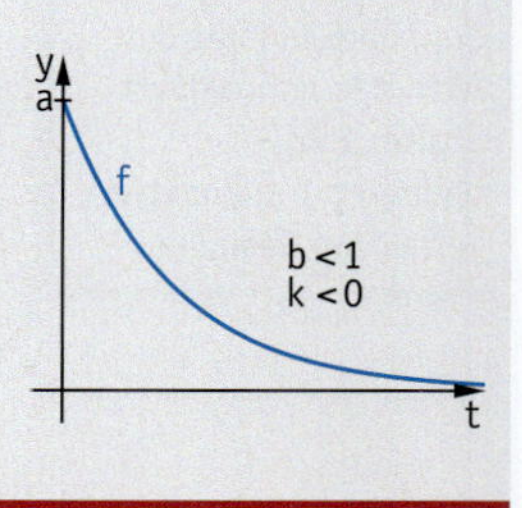

Beispiele

- $f(x) = 2 \cdot 1{,}25^x = 2 \cdot e^{\ln(1{,}25) \cdot x} \approx 2 \cdot e^{0{,}2231 \cdot x}$ *Zunahme: k > 0*
- $f(x) = 9 \cdot 0{,}67^x = 9 \cdot e^{\ln(0{,}67) \cdot x} \approx 9 \cdot e^{-0{,}4005 \cdot x}$ *Abnahme: k < 0*

(2) Wachstumsgeschwindigkeit exponentiellen Wachstums

Bei exponentiellem Wachstum ist die Wachstumsgeschwindigkeit in jedem Moment proportional zum vorhandenen Bestand.

Für $f(t) = a \cdot e^{kt}$ gilt: $f'(t) = a \cdot k \cdot e^{kt} = k \cdot f(t)$

(3) Halbierungszeit bzw. Verdoppelungszeit

Bei einer exponentiellen Abnahme mit dem Funktionsterm $f(t) = a \cdot e^{kt}$, $k < 0$, beträgt die **Halbierungszeit** $t_H = \frac{-\ln 2}{k}$

Bei einer exponentiellen Zunahme mit dem Funktionsterm $f(t) = a \cdot e^{kt}$, $k > 0$, beträgt die **Verdoppelungszeit** $t_V = \frac{\ln 2}{k}$.

Zum Üben

1 Über die Atmung und die Haut sowie durch das Trinken von Wasser und die Nahrungsaufnahme nehmen wir täglich radioaktive Stoffe auf, die sich im menschlichen Körper ablagern. Iod (^{131}I) lagert sich fast ausschließlich in der Schilddrüse ab und kann Schilddrüsen-Krebs auslösen. Pro Tag zerfallen ca. 8,3 % der aktuellen Masse. Von einem Menschen wurden 0,5 mg Iod aufgenommen.

a) Geben Sie einen Funktionsterm der Exponentialfunktion an, die diesen Zerfallsprozess beschreibt. Verwenden Sie zur Beschreibung die Basis e.

b) Wie lange dauert es, bis noch 320 µg vorhanden sind?

1 µg = 10^{-6} g (µg: Mikrogramm)

c) Ermitteln Sie, wie lange es dauert, bis die Iodmenge (1) 0,25 mg (2) 0,125 mg beträgt. Was fällt auf?

d) Beweisen Sie Ihre Vermutung aus Teilaufgabe c).

2

Wer nie sein Beef mit Salmonellen aß

München (dpa) – Kartoffel- und Geflügelsalate können bei Sommerpartys leicht zum Erreger für eine Salmonellenerkrankung werden. Salmonellen finden zwischen 15 und 45 Grad Celsius ideale Wachstumsvoraussetzungen. Die staatliche Beratung für Ernährung wies in München darauf hin, dass sich Salmonellen im lauwarmen Kartoffelsalat und nicht durchgegarten Frikadellen von 800 Keimen in vier Stunden auf über drei Millionen vermehren. Zubereitete Salate sollten unbedingt im Kühlschrank aufbewahrt und in Kühltaschen zur Party transportiert werden. Kartoffel- und Meeresfrüchtesalate sollten schnell abkühlen und in kleinen Mengen aufgeteilt in den Kühlschrank gestellt werden.

a) Beschreiben Sie das Anwachsen der Salmonellen-Anzahl durch einen Funktionsterm mit e als Basis und 800 als Anfangswert.

b) Berechnen Sie, wann 1 600, 3 200, 6 400 Salmonellen vorhanden sind. Was fällt auf?

c) Beweisen Sie Ihre Vermutung aus Teilaufgabe b).

3 Milch der Güteklasse 1 enthält etwa 20 000 Keime von Milchsäurebakterien (Laktobazillen) pro ml Milch. In warmer Umgebung (20 °C bis 30 °C) nimmt die Zahl der Keime exponentiell zu. Nach 5 Stunden sind bereits ca. 140 000 Keime pro ml vorhanden. Milch wird sauer, wenn sie etwa 1 000 000 Keime pro ml enthält.
Berechnen Sie, wann die Milch sauer wird.

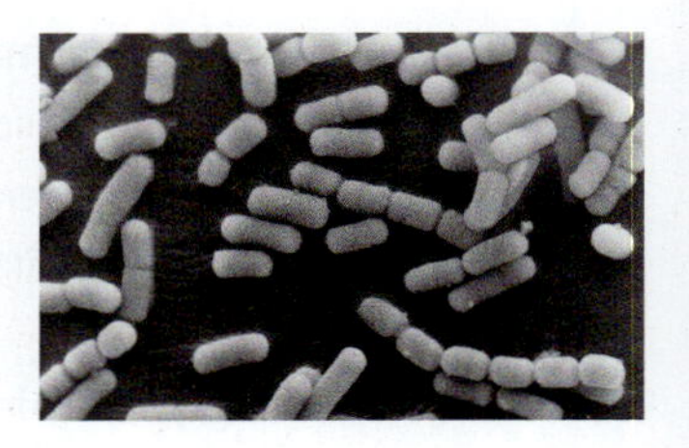

4 Ein exponentieller Wachstumsprozess wird durch eine Funktion f mit $f(t) = a \cdot e^{k \cdot t}$ beschrieben.

a) Erklären Sie den Einfluss des Parameters a auf den Graphen von f.

b) Welchen Einfluss hat eine Veränderung von a auf die Verdoppelungszeit des Wachstumsprozesses?

c) Untersuchen Sie, wie man die Wachstumskonstante k verändern muss, damit die Verdoppelungszeit nur noch halb so groß ist.

5

Am 26. April 1986 fand mit der Explosion des Blocks 4 des Kernkraftwerks in Tschernobyl (Ukraine) die bislang schwerste Katastrophe in der Geschichte der zivilen Nutzung der Atomtechnologie statt. Im radioaktiven Fallout war vor allem das Isotop Cäsium (^{131}Cs) mengenmäßig stark vertreten, das eine Halbwertszeit von 30 Jahren hat. In der „Todeszone" in der Nähe des Reaktors betrug die Bodenbelastung unmittelbar nach dem Reaktorunfall bis zu $55\,000\,000 \frac{\text{Bq}}{\text{m}^2}$.

1 Becquerel (Bq) = 1 radioaktiver Zerfall pro Sekunde

Als „unverseucht" gelten Gebiete mit einer Bodenbelastung unter $35\,000 \frac{\text{Bq}}{\text{m}^2}$.
Bestimmen Sie, wann diese Region wieder bewohnbar sein wird.
Hinweis: Weitere Informationen zur heutigen Lage in Tschernobyl und Antworten auf häufig gestellte Fragen zum Thema finden Sie z. B. auf der Web-Seite des *Bundesamts für Strahlenschutz* in Salzgitter.

6 Nehmen Sie Stellung.

7 Fällt ein Lichtstrahl ins Wasser, so nimmt seine Lichtstärke pro Meter Wassertiefe um 8 % ab.

a) Wie viel Prozent der Lichtstärke an der Wasseroberfläche hat das Licht noch in 3 m Wassertiefe?

b) In welcher Tiefe beträgt die Lichtstärke nur noch die Hälfte der Lichtstärke an der Wasseroberfläche?

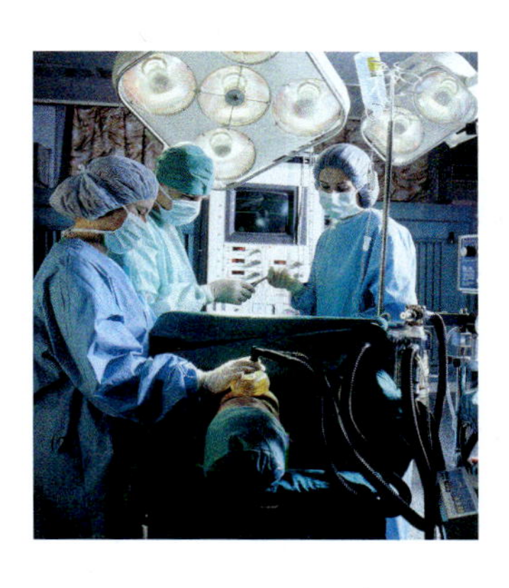

8 Einem Patienten wird vor einer langwierigen Operation ein Medikament für die Vollnarkose injiziert, das mit einer Halbwertszeit von 50 min abgebaut wird.

a) Ein Patient erhält 30 Minuten vor der Operation 5 mg dieses Medikaments. Welche Menge ist bei Operationsbeginn noch vorhanden?

b) Eine Stunde nach der ersten Injektion erhält der Patient eine zweite Dosis von 5 mg. Er beginnt aufzuwachen, wenn höchstens noch 1 mg dieses Medikaments im Körper vorhanden ist. Wann ist dies der Fall?

9 Am 19. September 1991 fand ein deutsches Ehepaar beim Bergsteigen am Hauslabjoch eine Gletschermumie, die als „Ötzi" weltweit berühmt wurde. In der Kleidung von Ötzi fand man Gräser, die noch ca. 53 % der ursprünglichen ^{14}C-Menge enthielten.

Radiocarbon-Methode (^{14}C-Methode)
Wichtiges Verfahren zur Altersbestimmung in der Archäologie und Geologie. Es beruht auf dem radioaktiven Zerfall des Kohlenstoffisotops ^{14}C, das mit einer Halbwertszeit von 5370 Jahren zerfällt. Lebende Organismen enthalten einen bestimmten Anteil von ^{14}C, der durch ständigen Ausgleich mit der Umgebung stabil bleibt und gleich der bekannten, im Wesentlichen stets konstanten ^{14}C-Konzentration in der Natur ist. Mit dem Absterben eines Organismus wird der Kohlenstoffaustausch unterbunden und das im Organismus vorhandene ^{14}C zerfällt unaufhörlich. Der Prozentsatz des noch vorhandenen ^{14}C lässt einen Rückschluss auf das Alter eines Fundes zu.

Zu welcher Zeit lebte Ötzi?

10 Überprüfen Sie die Meldung aus dem Jahr 2006.

Umgerechnet etwa 1,7 Millionen Euro fordert ein pensionierter Offizier von der britischen Regierung. Sein Ururgroßvater, der als Korporal an der Schlacht von Waterloo teilgenommen hatte, habe nach dem Sieg nicht das versprochene Handgeld von 20 englischen Pfund erhalten. Inzwischen hätten sich diese 20 Pfund seit der Schlacht im Jahr 1815 auf rund 1,4 Millionen Pfund (rund 1,7 Millionen Euro) vermehrt, wenn man von einer Verzinsung von 6 % ausgeht.

11 Wie beurteilen Sie die Aussage des nebenstehenden Textes? Geben Sie diesen Sachverhalt in einer mathematisch korrekten Darstellung wieder.

Weltbevölkerung
Unter der Weltbevölkerung versteht man die geschätzte Anzahl der Menschen, die zu einem bestimmten Zeitpunkt auf der Erde lebten bzw. leben (werden). Bei einem Wachstum von ca. 80 Millionen Menschen pro Jahr umfasst die Weltbevölkerung im Mai 2007 ca. 6,7 Milliarden Menschen. Man kann zurzeit weiterhin von einem exponentiellen Wachstum ausgehen.

12 In der Tabelle wird die Bevölkerungsentwicklung der USA im 19. Jahrhundert dargestellt.

Jahr	1800	1810	1820	1830	1840	1850	1860	1870	1880	1890
Bevölkerungszahl (in Mio.)	5,3	7,2	9,6	12,9	17,1	23,2	31,4	38,6	50,2	63,0

ExpReg L1, L2, Y1

a) Führen Sie für den Zeitraum von 1800 bis 1890 eine Funktionsanpassung durch. Wie groß war die durchschnittliche prozentuale Wachstumsrate in diesem Zeitraum? Geben Sie die Verdoppelungszeit dieses Wachstumsprozesses an.

b) Im Jahr 1950 hatten die USA ca 151,3 Millionen Einwohner. Untersuchen Sie, ob die Wachstumsentwicklung des 19. Jahrhunderts auch im 20. Jahrhundert Bestand hatte.

13 Füllt man Bier in ein Glas, so bildet sich an der Oberfläche ein weißer Bierschaum. Wenn das Bier eine Weile im Glas steht, kann man beobachten, dass sich die Höhe des Schaums immer weiter verringert. Oft liest man vom „exponentiellen Zerfall des Bierschaums".

a) Überprüfen Sie, ob die vorliegenden Messwerte diese Behauptung bestätigen.

Zeit (in Sekunden)	0	20	40	60	80	100	120	140
Bierschaumhöhe (in cm)	8	6,6	5,4	3,9	3,5	2,9	2,5	2,1

b) Wie lange dauert es, bis die Bierschaumhöhe unter 1 cm gesunken ist?

14 Die folgende Tabelle zeigt die Entwicklung des Passagieraufkommens des Flughafens Frankfurt am Main in den Jahren zwischen 1960 und 2000:

Jahr	Passagiere
1960	2 000 000
1970	9 000 000
1980	18 000 000
1990	30 000 000
2000	49 000 000

Am Ende des Jahres 2000 äußert ein Flughafensprecher die Hoffnung, dass man bis 2010 die Zahl der Passagiere verdoppeln könne.

a) Überprüfen Sie diese Prognose anhand der obigen Daten und stellen Sie Ihre Ergebnisse ausführlich dar.

b) Recherchieren Sie zum Vergleich aktuelle Daten zum Passagieraufkommen am Flughafen Frankfurt.

15 Das Gas Radon 220 sendet radioaktive Strahlung aus. Man kann dies mithilfe einer Ionisationskammer nachweisen. In Abhängigkeit von der verstrichenen Zeit t stellt man folgende Stromstärken I fest:

Zeit t (in s)	0	30	60	90	120	150	180	210	240	270
Stromstärke I (in 10^{-12} A)	29,9	21,5	15,5	11,1	8,0	5,8	4,1	3,0	2,1	1,5

Zeigen Sie, dass die Stromstärke exponentiell fällt.
Ermitteln Sie die Halbwertszeit.

16 Die genetische Information von Lebewesen ist in einer Abfolge von Basenpaaren in der DNA gespeichert. Im Laufe der letzten Jahrzehnte gelang es, den genetischen Code immer weiter zu entschlüsseln. Überprüfen Sie die Behauptung im Bild rechts.

DNA: Abkürzung für **D**esoxyribo**n**ukleinacid

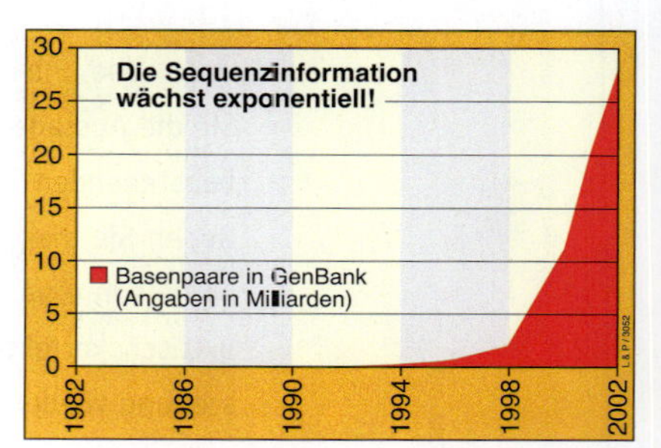

3.1.4 Differenzialgleichung exponentieller Prozesse

Einführung

Kontaktlinsen können zur Desinfektion in Wasserstoffperoxid (H_2O_2) aufbewahrt werden. Da Wasserstoffperoxid ätzend auf Haut und Schleimhäute wirkt, muss es vor dem Tragen der Kontaktlinsen chemisch zersetzt werden.

Dazu dient das Enzym Katalase:
$2\,H_2O_2\,(l) \rightarrow 2\,H_2O\,(l) + O_2\,(aq)$

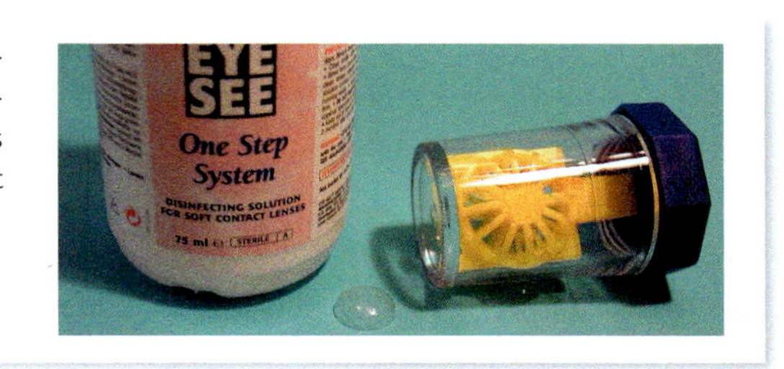

Für eine Gebrauchsinformation des Wasserstoffperoxid-Kontaktlinsen-Systems muss die Geschwindigkeit der Wasserstoffperoxid-Zersetzung bekannt sein, damit nach der Einwirkzeit eine genügend geringe Wasserstoffperoxid-Konzentration $c(t)$ garantiert werden kann.

Die Reaktionsgeschwindigkeit gibt an, wie groß die pro Zeiteinheit abgebaute Menge (gemessen als Konzentrationsdifferenz) ist. Die momentane Reaktionsgeschwindigkeit $r(t)$ erhält man mithilfe der Ableitung $c'(t)$, die die Änderung der Konzentration im Verhältnis zur Zeit beschreibt:

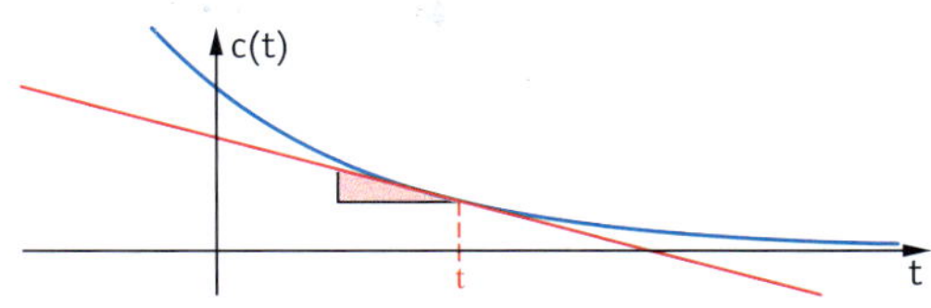

$c'(t)$ ist negativ, also ist $-c'(t)$ eine positive Reaktionsgeschwindigkeit.

$r(t) = -c'(t)$.

Wie hängt die Reaktionsgeschwindigkeit von der Konzentration ab?

Zur Beantwortung dieser Frage betrachten wir die Reaktionsgeschwindigkeit als Funktion der Konzentration und zeichnen den entsprechenden Graphen. Die Punkte liegen nahezu auf einer Ursprungsgeraden. Wir gehen deshalb davon aus, dass die Reaktionsgeschwindigkeit proportional zur Konzentration ist:

In einem Schülerversuch wurde gemessen:

t in s	0	30	60	90	120	150	180
c(t) in $\frac{mmol}{l}$	504	407	327	260	210	163	127
r(t) in $\frac{mmol}{l \cdot s}$	3,43	2,95	2,45	1,95	1,62	1,38	1,10

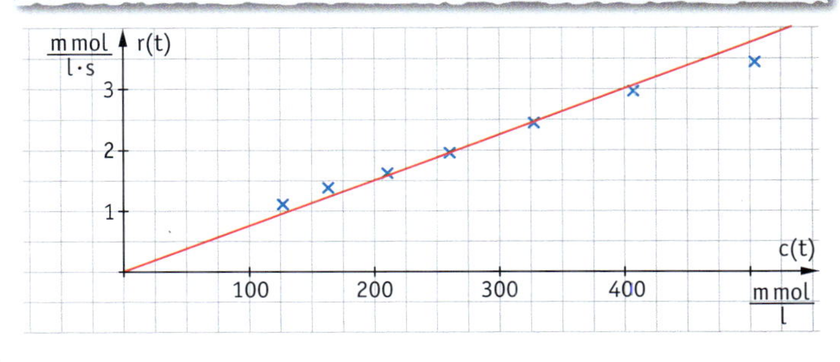

$r(t) \sim c(t)$ also

$-c'(t) \sim c(t)$ und somit

$c'(t) = k \cdot c(t)$

Die Konstante k hat hier die Einheit $\frac{1}{s}$.

mit einer negativen Konstanten k.

Das bedeutet auch, dass die Ableitung $c'(t)$ bis auf einen Proportionalitätsfaktor mit der Funktion $c(t)$ übereinstimmt. Diese Eigenschaft trifft auf jeden Fall für Exponentialfunktionen zu:

Die Funktion mit $f(t) = a\,e^{kt}$ hat als Ableitung $f'(t) = a \cdot k\,e^{kt} = k\,(a\,e^{kt}) = k\,f(t)$.

Wenn wir wüssten, dass diese Eigenschaft für keine anderen Funktionen als für Exponentialfunktionen zutrifft, könnten wir daraus schließen, dass es sich bei $c(t)$ um eine Exponentialfunktion handeln muss.

Dann könnte man aus den obigen Daten die Formel für die Konzentration in Abhängigkeit von der Zeit ermitteln.

Daraus könnte man dann zu jeder Einwirkzeit von Katalase die noch vorliegende Wasserstoffperoxid-Konzentration berechnen und so bestimmen, wie lange der Katalysator einwirken muss, bis man die Kontaktlinsen wieder tragen kann.

Information

(1) Begriff der Differenzialgleichung

Die Einführung oben führte auf die Gleichung $c'(t) = k \cdot c(t)$.

Dies ist eine Gleichung für eine Funktion, in der auch ihre Ableitung vorkommt. Solche Gleichungen ergeben sich oft aus der Beschreibung naturwissenschaftlicher Probleme.

Definition 4

Eine Gleichung, in der die erste oder eine höhere Ableitung einer Funktion vorkommt, heißt **Differenzialgleichung.**

In einer Differenzialgleichung kann auch die Funktion selbst oder die Variable vorkommen.

Beispiele

(1) $f'(x) = f(x)$ mit $x \in \mathbb{R}$

(2) $f''(x) = -f(x)$ mit $x \in \mathbb{R}$

(3) $f'(x) = x^2$ mit $x > 0$

(4) $f''(x) = f'(x) + x$ mit $x > 0$

Bei einer Differenzialgleichung muss die *Definitionsmenge* für die gesuchten Funktionen angegeben werden, z. B. $x \in \mathbb{R}_+^*$ (bzw. $x > 0$).

Wenn eine solche Angabe unterbleibt, ist die größtmögliche Definitionsmenge gemeint. Außerdem kann noch eine *einschränkende Bedingung* (z. B. $f(x) > 0$) für die gesuchten Funktionen der Differenzialgleichung hinzukommen.

(2) Unterschied zwischen einer Gleichung für Zahlen und einer Differenzialgleichung

Differenzialgleichungen muss man von Gleichungen für Zahlen unterscheiden.

Die Gleichung $x^2 + 2x - 48 = 0$ ist z. B. eine Gleichung für Zahlen, d. h. Grundmenge ist die Menge $\mathbb{R}$ der reellen Zahlen.

Bei einer Differenzialgleichung ist die Grundmenge die Menge der entsprechend oft differenzierbaren Funktionen.

Auch bei Gleichungen für Zahlen kann eine *einschränkende Bedingung* für die Lösungen hinzukommen, z. B. bei der Gleichung $x^2 + 2x - 48 = 0$ die Bedingung $x > 0$.

Bei Gleichungen für Zahlen sind einzelne Zahlen Lösungen. Die Zahlen 6 und -8 sind z. B. Lösungen der Gleichung $x^2 + 2x - 48 = 0$, falls $\mathbb{R}$ Grundmenge ist. Sie erfüllen die Gleichung, d. h. nach Einsetzen entsteht eine wahre Aussage.

Lösungen einer Differenzialgleichung sind demgegenüber Funktionen.

Man kann alle Lösungsfunktionen einer Differenzialgleichung zu einer Menge zusammenfassen. Diese Menge ist dann die **Lösungsmenge der Differenzialgleichung.**

(3) Differenzialgleichungen exponentieller Prozesse

Allgemein kann man sagen: Für jede Funktion f mit $f(t) = a \cdot e^{k \cdot t}$, die einen exponentiellen Wachstumsprozess beschreibt, gilt:

$$f'(t) = k \cdot a \cdot e^{k \cdot t} = k \cdot f(t).$$

Dies bedeutet, dass die Ableitung f' bis auf einen Faktor k mit der Funktion f übereinstimmt. Die momentane Änderungsrate $f'(t)$ ist also proportional zum aktuellen Bestand $f(t)$.

Die Funktion f des exponentiellen Wachstums mit $f(t) = a \cdot e^{k \cdot t}$ erfüllt die Differenzialgleichung $f'(t) = k \cdot f(t)$, da $f'(t) = k \cdot a \cdot e^{k \cdot t} = k \cdot f(t)$ gilt. Der Proportionalitätsfaktor k der Differenzialgleichung heißt dabei die *Wachstumskonstante* der Wachstumsfunktion. Wie man nachweisen kann, sind Funktionen dieses Typs die einzigen Lösungen der Differenzialgleichung $f'(t) = k \cdot f(t)$. Allerdings verzichten wir hier auf einen Nachweis.

Alle Lösungen der Differenzialgleichung $f'(t) = 0{,}05 \cdot f(t)$ haben die Form $f(t) = a \cdot e^{0{,}05 \cdot t}$. Sucht man allerdings die Lösungen dieser Differenzialgleichung mit dem Anfangswert $f(0) = 20$, so gibt es wegen $f(0) = a \cdot e^{0{,}05 \cdot 0} = a$ nur eine Lösung und zwar die Funktion f mit $f(t) = f(0) \cdot e^{0{,}05t} = 20 \cdot e^{0{,}05 \cdot t}$.
Wir fassen die Ergebnisse zusammen:

Satz 5

Eine **Differenzialgleichung** der Form $f'(t) = k \cdot f(t)$ mit $k \neq 0$ beschreibt für $k > 0$ einen exponentiellen Zunahmeprozess, für $k < 0$ einen exponentiellen Abnahmeprozess.
Alle Lösungen dieser Differenzialgleichung haben einen Funktionsterm der Form $f(t) = a \cdot e^{k \cdot t}$ mit $a, k \in \mathbb{R}^*$.
Für einen vorgegebenen Anfangswert f(0) hat die Differenzialgleichung nur eine Lösung, nämlich die Funktion f mit $f(t) = f(0) \cdot e^{k \cdot t}$.

Beispiel

Es sollen alle Lösungen der Differenzialgleichung $f'(t) = 0{,}25 \cdot f(t)$ bestimmt werden. Gesucht wird außerdem die Lösung, welche die Anfangsbedingung $f(0) = 4$ erfüllt.
Alle Lösungen dieser Differenzialgleichung sind von der Form $f(t) = a \cdot e^{0{,}25 \cdot t}$ mit $a \neq 0$.
Aus $f(0) = 4$ erhält man $f(t) = 4 \cdot e^{0{,}25 \cdot t}$ als einzige Lösung, welche die Anfangsbedingung erfüllt.

Weiterführende Aufgaben

1 Differenzialgleichung linearer Prozesse

a) Ein Testfahrzeug fährt mit einer konstanten Geschwindigkeit von $400\,\frac{\text{km}}{\text{h}}$. Zum Zeitpunkt 0 ist es 2 km vom Startpunkt entfernt.
Erstellen Sie eine Differenzialgleichung für die Funktion *Zeitpunkt* $\mapsto$ *Entfernung vom Startpunkt*. Lösen Sie diese dann.

b) Lineares Wachstum wird beschrieben durch lineare Funktionen mit dem Term $f(t) = kt + a$. Erstellen Sie eine Differenzialgleichung, die dieses Wachstum beschreibt.

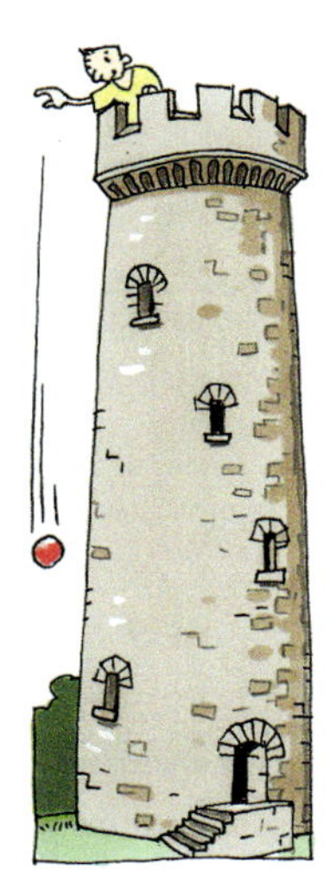

Satz 6

Alle Lösungen der Differenzialgleichung $f'(x) = k$ haben einen Funktionsterm der Form
$$f(x) = kx + a \text{ mit } a, k \in \mathbb{R}.$$
Für einen vorgegebenen Anfangswert f(0) hat die Differenzialgleichung sogar nur eine einzige Lösung, nämlich $f(x) = k \cdot x + f(0)$.

2 Differenzialgleichung einer gleichmäßig beschleunigten Bewegung

Lässt man einen Ball von einem 30 m hohen Turm fallen, so wird dieser gleichmäßig mit der Erdbeschleunigung $g = 9{,}81\,\frac{\text{m}}{\text{s}^2}$ beschleunigt.
Betrachten Sie die Funktion, die die Höhe des Balles in Abhängigkeit von der Zeit beschreibt.
Erstellen Sie eine Differenzialgleichung und lösen Sie diese.

In der Physik schreibt man auch $\ddot{s}(t)$ statt $s''(t)$.

Satz 7

Ein Körper wird konstant beschleunigt mit der Beschleunigung a.
Der in Abhängigkeit von der Zeit t zurückgelegte Weg wird mit s(t) bezeichnet.
Wird die Bewegung des Körpers durch die Differenzialgleichung $s''(t) = a$ beschrieben, so ergibt sich daraus für die Geschwindigkeit des Körpers $s'(t) = a \cdot t$.
Daraus folgt für den zurückgelegten Weg in Abhängigkeit von der Zeit: $s(t) = \frac{1}{2} a t^2$

Bei einer Anfangsgeschwindigkeit $v_0 = 0$ und einem Anfangsweg $s_0 = 0$.

Übungsaufgaben

3 Kohlenhydrate können durch Hefe zu Alkohol vergoren werden. In eine Flasche Weintraubensaft werden zu Beginn 500 Hefezellen eingebracht. Unter günstigen Bedingungen nimmt die Anzahl der Hefezellen zu jedem Zeitpunkt um 80 % pro Stunde zu.

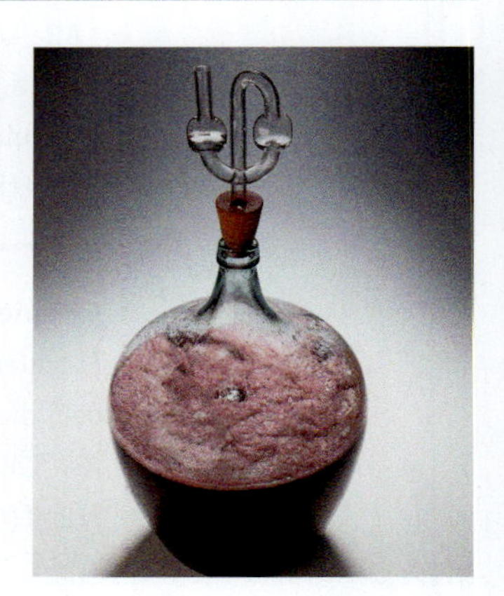

a) Geben Sie einen Funktionsterm der Funktion f an, die diesen Wachstumsprozess beschreibt.

b) Bestimmen Sie die Wachstumsgeschwindigkeit zum Zeitpunkt t. Wie groß ist die Wachstumsgeschwindigkeit nach einer Stunde [nach 5 Stunden]? Skizzieren Sie die Graphen der Wachstumsfunktion f und der Wachstumsgeschwindigkeit in einem gemeinsamen Koordinatensystem.

4 Eine Funktion f erfüllt die Differenzialgleichung $f'(t) = 0{,}053 \cdot f(t)$. Zudem ist $f(10) = 25$. Bestimmen Sie f(0) und f(20).

5 Ein Wachstumsprozess wird durch die Differenzialgleichung $f'(t) = -0{,}015 \cdot f(t)$ mit $f(0) = 70$ beschrieben.

a) Erläutern Sie die Bedeutung der Zahlen $-0{,}015$ und $f(0) = 70$. Um welche Art von Wachstum handelt es sich?

b) Geben Sie die Lösung der Differenzialgleichung an und skizzieren Sie ihren Graphen.

6 Beim radioaktiven Zerfall eines Isotops ist die Zerfallsgeschwindigkeit zu jedem Zeitpunkt proportional zur noch vorhandenen Masse des Isotops. Das Isotop Radium ^{226}Ra hat eine Halbwertszeit von 1600 Jahren. Geben Sie die Differenzialgleichung dieses Abnahmeprozesses an.

7 Bestimmen Sie die Lösung der Differenzialgleichung $f'(t) = 2 \cdot t - 1$ mit $f(2) = 7$.

8 In einem Labor wird das Anwachsen einer Population von Insekten untersucht. Im ersten Jahr wächst die Population so, dass zu jedem Zeitpunkt (in Monaten) die Wachstumsgeschwindigkeit 15 % des vorhandenen Bestandes pro Monat ist.

a) Zu Beginn der Beobachtung waren 38 Insekten vorhanden. Geben Sie die Differenzialgleichung des Wachstumsprozesses sowie die Lösung der Gleichung an.

b) Wie groß war die Population nach einem Jahr?

9 Beim Zerfall einer radioaktiven Substanz beträgt die momentane Zerfallsgeschwindigkeit 15 % des Bestands pro Jahr. Philipp behauptet, dass dann nach einem Jahr 15 % der aktuellen Masse zerfallen sind. Nehmen Sie zu dieser Behauptung Stellung.

10 Einer Patientin wird eine halbe Stunde vor einer medizinischen Untersuchung ein Kontrastmittel mit einer Dosis von 8 mg injiziert. Nach der Injektion wird das Kontrastmittel kontinuierlich zu jedem Zeitpunkt um 20 % pro Stunde abgebaut.

a) Beschreiben Sie den Abbau des Kontrastmittels durch eine Differenzialgleichung und geben Sie die Lösung der Gleichung an.

b) Wie hoch ist die Dosis zum Zeitpunkt der Untersuchung? Wie lange dauert es, bis das Kontrastmittel bis auf 1 mg abgebaut ist?

c) Wann dürfte eine zweite Dosis von 8 mg frühestens verabreicht werden, wenn eine Gesamtdosis von 12 mg im Körper nicht überschritten werden sollte?

11 Der Luftdruck p nimmt mit zunehmender Höhe h ab. Geht man von einem Luftdruck von 1013 mbar an der Erdoberfläche aus, so beschreibt die Differenzialgleichung $p'(h) = -0{,}0001251 \cdot p(h)$ mit h in Metern ü. NN und p in mbar die momentane Änderungsrate des Luftdrucks.

a) Bestimmen Sie eine Lösung der Differenzialgleichung. Wie groß ist der Luftdruck auf dem Feldberg im Schwarzwald (1498 m)?

b) In welcher Höhe beträgt der Luftdruck 500 mbar?

c) Kristin hat im Internet recherchiert, dass der Luftdruck sich pro 5 km Höhenzunahme halbiert. Überprüfen Sie dies.

Barometrische Höhenformel

Setzt man eine konstante Lufttemperatur voraus, so gilt für die momentane Änderungsrate des Luftdrucks:

$p'(h) = \frac{\varrho_0}{p(0)} \cdot g \cdot p(h)$ mit h in Metern.

Dabei sind ϱ_0 die Dichte der Luft und p(0) der Luftdruck jeweils an der Erdoberfläche, g die Erdbeschleunigung. Dieser Zusammenhang wird zur Höhenmessung bei Höhenmessgeräten (Altimetern) verwendet.

12 Im Jahre 2009 hat eine kleine Gemeinde am Rande einer Großstadt 10 000 Einwohner. Die Verwaltung geht für die nächsten Jahre von einer jährlichen Zunahme der Bevölkerung um 4 % aus.

a) Erstellen Sie den Funktionsterm für die Einwohnerzahl in Abhängigkeit von der Zeit.

b) Ermitteln Sie die Wachstumsgeschwindigkeit und vergleichen Sie diese mit der Einwohnerzahl.

13 Für das Anwachsen bzw. Abnehmen einer Größe f(t) gelte

a) $f'(t) = 0{,}002\,f(t)$ und $f(0) = 300$

b) $f'(t) = -0{,}15\,f(t)$ und $f(0) = 4000$

Ermitteln Sie den Funktionsterm von f. Zeichnen Sie die Graphen von f und f′ und vergleichen Sie sie.

14 Bei einer Betriebsfeier hat ein Betriebsangehöriger um 20 Uhr schon einen Blutalkoholgehalt von 2 ‰. Danach trinkt er keinen Alkohol mehr. Sachverständige verwenden als Faustformel, dass stündlich 0,2 Promillepunkte Alkohol im Körper abgebaut werden.

a) Betrachten Sie den Blutalkoholgehalt (in ‰) als Funktion der Zeit (in Stunden) und erstellen Sie eine Differenzialgleichung dafür.

b) Ab einem Blutalkoholgehalt von 0,5 ‰ ist das Führen eines Fahrzeuges verboten.
Darf der Betriebsangehörige um 2 Uhr nachts mit dem Auto fahren?

c) Welchen Alkoholgehalt hat er morgens um 7 Uhr noch im Blut?

3.2 Begrenztes Wachstum

Aufgabe

Newton'sches Abkühlungsgesetz
Die Abkühlungsgeschwindigkeit ist proportional zur Temperaturdifferenz.

1 Begrenzte Abnahme

Frisch aufgebrühter 80 °C warmer Kaffee wird in einem 20 °C warmen Raum stehengelassen. In jedem Moment beträgt die Abkühlung pro Minute 15 % der noch vorhandenen Temperaturdifferenz zur Raumtemperatur.

a) Bestimmen Sie anhand einer groben Skizze des Temperaturverlaufs einen Funktionsterm für die Temperatur in Abhängigkeit von der Zeit t.
Kontrollieren Sie Ihren Funktionsterm anhand der gegebenen Information zur Abkühlungsgeschwindigkeit.

b) Ermitteln Sie, wann der Kaffee eine angenehme Trinktemperatur von 45 °C aufweist.

Lösung

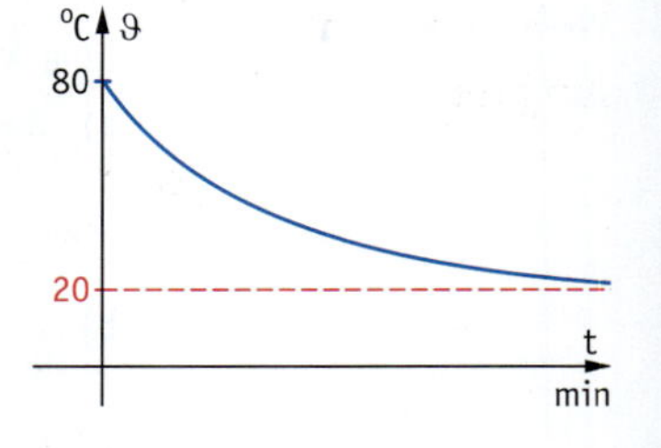

a) Die Kaffee-Temperatur wird sich zunächst schnell und dann immer langsamer der Raumtemperatur annähern, sie aber theoretisch nie erreichen. Der Graph sieht aus wie der einer exponentiellen Abnahme, der um 20 nach oben verschoben wurde:

$\vartheta(t) = a \cdot e^{kt} + 20$

Aus der Anfangsbedingung $\vartheta(0) = 80$ folgt wegen $e^{k \cdot 0} = 1$ sofort:

$a = 60$

Damit lautet der Funktionsterm für die Temperatur in Abhängigkeit von der Zeit:

$\vartheta(t) = 60 \cdot e^{kt} + 20$

Die Abkühlungsgeschwindigkeit ist proportional zur Differenz zwischen Kaffee-Temperatur und Raumtemperatur, also zu $60 \cdot e^{kt}$ mit dem Proportionalitätsfaktor $-0{,}15$. *Abkühlungsgeschwindigkeiten sind negativ*

Da die Temperaturdifferenzen exponentiell abnehmen, ist somit $k = -0{,}15$ und folglich

$\vartheta(t) = 60 \cdot e^{-0{,}15t} + 20.$

Zur Kontrolle der Abkühlungsgeschwindigkeit bilden wir die Ableitung:

$$\begin{aligned}\vartheta'(t) &= 60 \cdot e^{-0{,}15t} \cdot (-0{,}15)\\ &= \left(60 \cdot e^{-0{,}15} + 20 - 20\right) \cdot (-0{,}15)\\ &= \underbrace{(\vartheta(t) - 20)} \cdot (-0{,}15)\end{aligned}$$

Temperaturdifferenz zur Raumtemperatur

b) Zu lösen ist die Gleichung $\vartheta(t) = 45$, also $45 = 60 \cdot e^{-0{,}15t} + 20$.
Dies kann auf mehreren Wegen geschehen:

grafisch

0 ≤ x ≤ 20
0 ≤ y ≤ 80

```
Y6=60*e^(-.15X)+20
X=5.8        Y=45.137093
```

tabellarisch

X	Y6
5.3	47.095
5.4	46.691
5.5	46.294
5.6	45.903
5.7	45.517
5.8	[illegible]
5.9	44.763

Y6=45.1370929549

algebraisch

$45 = 60 \cdot e^{-0{,}15t} + 20 \quad |-20$

$25 = 60 \cdot e^{-0{,}15t} \quad |:60$

$\frac{5}{12} = e^{-0{,}15t} \quad |\ln$

$\ln\left(\frac{5}{12}\right) = -0{,}15t \quad |:(-0{,}15)$

$t = \frac{\ln\left(\frac{5}{12}\right)}{-0{,}15} \approx 5{,}836\ldots$

Ergebnis:

Nach knapp 6 Minuten hat der Kaffee somit die Temperatur von 45 °C erreicht.

Aufgabe

2 Differenzialgleichung der begrenzten Abnahme

Notieren Sie in dem Beispiel von Aufgabe 1 die Information über die Abkühlungsgeschwindigkeit als Differenzialgleichung und ermitteln Sie daraus den Funktionsterm für die Kaffee-Temperatur in Abhängigkeit von der Zeit.

Lösung

Abnahme bedeutet negative Ableitung.

Die Abkühlungsgeschwindigkeit ist durch die Ableitung gegeben:

$\vartheta'(t) = -0{,}15\left(\vartheta(t) - 20\right)$, wobei t in min, $\vartheta(t)$ in °C gemessen wird.

Diese Gleichung ähnelt der Differenzialgleichung exponentieller Prozesse. Noch größere Übereinstimmung ist gegeben, wenn auf der linken Seite statt $\vartheta'(t)$ der wertgleiche Term $\left(\vartheta(t) - 20\right)'$ geschrieben wird:

$$\left(\vartheta(t) - 20\right)' = -0{,}15\left(\vartheta(t) - 20\right)$$

Summenregel der Ableitung

Die Ableitung von $\vartheta(t) - 20$ ist proportional zum Funktionsterm $\vartheta(t) - 20$. Diese Differenzialgleichung hat nur die Lösung $\vartheta(t) - 20 = \left(\vartheta(0) - 20\right)e^{-0{,}15t}$; also

$$\vartheta(t) = 20 + \left(\vartheta(0) - 20\right)e^{-0{,}15t}$$

Weiterführende Aufgabe

3 Begrenzte Zunahme

Milch mit einer Temperatur von 6 °C wird aus dem Kühlschrank genommen und in einen 25 °C warmen Raum gestellt. In jedem Moment erwärmt sie sich pro Minute um 12 % der noch herrschenden Temperaturdifferenz zur Raumtemperatur. Ermitteln Sie

(1) eine Gleichung für die Erwärmungsgeschwindigkeit,

(2) einen Term für die Temperatur in Abhängigkeit von der Zeit,

(3) den Temperaturverlauf.

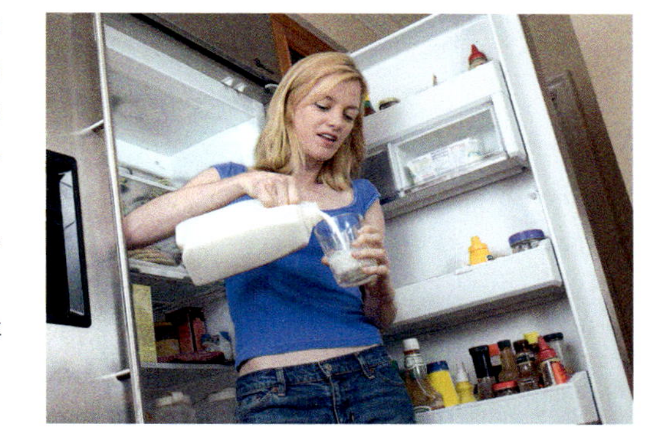

Information

(1) Begrenztes Wachstum

Bei vielen Zu- oder Abnahmeprozessen im Alltag oder in der Natur ist der Zunahme oder der Abnahme eines Bestands eine natürliche Grenze gesetzt, die man **Sättigungsgrenze** oder auch *Kapazität* nennt.
Solche Prozesse bezeichnet man als *begrenzte Zunahme* oder als *begrenzte Abnahme*.
Die Wachstumsgeschwindigkeit $f'(t)$ eines Bestands $f(t)$ ist bei einem begrenzten Wachstumsprozess proportional zur Differenz aus Sättigungsgrenze S und aktuellem Bestand: $f'(t) = k\cdot\left(S - f(t)\right)$ mit $k > 0$

Der Bestand $f(t)$ nähert sich exponentiell an die Sättigungsgrenze S an:
$f(t) = S + \left(f(0) - S\right)e^{-kt}$ mit einer Konstanten $k > 0$.

Begrenzte Zunahme

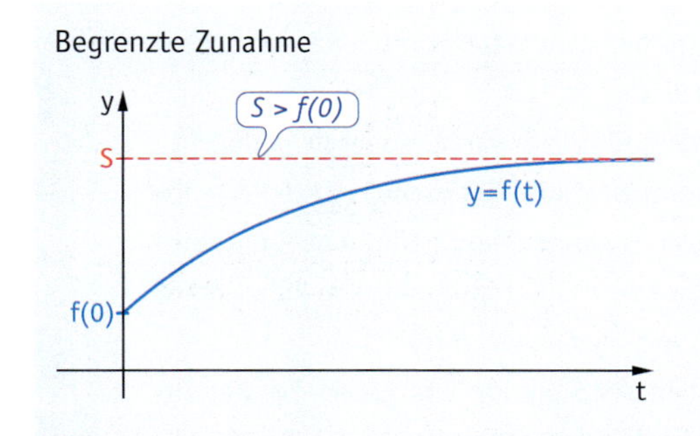

Begrenzte Abnahme

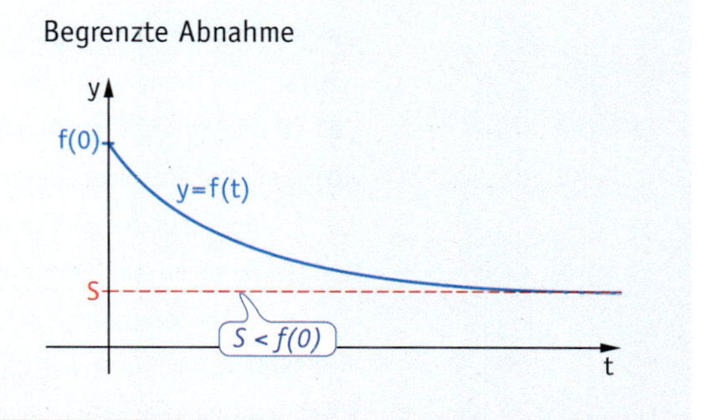

 **(2) Differenzialgleichung des begrenzten Wachstums**

Die Bedingung, dass die Wachstumsgeschwindigkeit proportional zur Differenz aus Sättigungsgrenze und aktuellem Bestand ist, liefert die Differenzialgleichung des begrenzten Wachstums:

$f'(t) = k \cdot (S - f(t))$ mit $k > 0$.

Diese Differenzialgleichung ähnelt der Differenzialgleichung exponentieller Prozesse. Noch größere Übereinstimmung ist gegeben, wenn man $f'(t)$ durch den wertgleichen Term $(f(t) - S)'$ ersetzt:

$(f(t) - S)' = k \cdot (S - f(t))$ bzw. $(f(t) - S)' = -k \cdot (f(t) - S)$

Die Ableitung von $f(t) - S$ ist also proportional zum Funktionsterm. Jede Lösung dieser Differenzialgleichung hat die Form $f(t) - S = a \cdot e^{-k \cdot t}$ bzw. $f(t) = S + a \cdot e^{-k \cdot t}$

Bei vorgegebenem Anfangswert $f(0)$ ist $f(t) = S + (f(0) - S) \cdot e^{-k \cdot t}$ mit $k > 0$ die einzige Lösung.

Ein begrenzter Wachstumsprozess wird durch eine Differenzialgleichung der Form

$f'(t) = k \cdot (S - f(t))$ mit $k > 0$ beschrieben.

Die Lösungen dieser Differenzialgleichungen sind Funktionen der Form

$f(t) = S + a \cdot e^{-k \cdot t}$ mit $k > 0$.

Ist der Anfangswert $f(0)$ vorgegeben, so hat die Differenzialgleichung nur die Lösung

$f(t) = S + (f(0) - S) \cdot e^{-k \cdot t}$ mit $k > 0$.

Weiterführende Aufgabe

DSL: Digital **S**ubscriber **L**ines (engl.): Internetverbindung mit hohen Übertragungsraten bis 210 Mbit/s.

4 Ermitteln eines Funktionsterms für begrenztes Wachstum mithilfe von Regression

In einer Gemeinde mit 5 000 Internet-Anschlüssen stellen die Internetnutzer ihre Anschlüsse schrittweise auf DSL um:

Monat	1	2	3	4	5	6	7	8	9	10	11	12
Anzahl	571	1 101	1 507	1 820	2 104	2 415	2 657	2 903	3 150	3 312	3 456	3 602

Beschreiben Sie den Wachstumsprozess als beschränktes Wachstum mit geeigneter Grenze. Ermitteln Sie dann mithilfe des Regressionsbefehls für exponentielle Regression den Funktionsterm.

Information

(3) Ermitteln des Funktionsterms für begrenztes Wachstum mithilfe von Regression

Bei der Anpassung einer Wachstumsfunktion für begrenztes Wachstum an Datenpaare muss man zunächst die Wachstumsgrenze kennen. Dann kann man die Differenzen zu ihr ermitteln und für diese eine exponentielle Regression durchführen.

Übungsaufgaben

 **5** Eine Flasche mit Saft wurde in einem Kühlschrank auf 7 °C abgekühlt. Sie wird aus dem Kühlschrank herausgenommen und in ein Zimmer mit 24 °C Raumtemperatur gestellt. Bei der Erwärmung der Flüssigkeit beträgt die Temperaturzunahme pro Minute zu jedem Zeitpunkt jeweils 10 % der Differenz zwischen Raumtemperatur und der augenblicklichen Temperatur der Flüssigkeit.

a) Erstellen Sie eine Gleichung für die Erwärmungsgeschwindigkeit.

b) Zeigen Sie, dass die Funktion T mit $T(t) = 24 - 17 \cdot e^{-0,1 \cdot t}$ die Temperatur des Saftes beim Erwärmen beschreibt, wobei die Zeit t in Minuten nach der Entnahme des Getränks aus dem Kühlschrank und die Temperatur $T(t)$ in °C gemessen wird.

Skizzieren Sie den Graphen der Funktion und geben Sie wesentliche Eigenschaften des Funktionsgraphen an.

6 Eine Flüssigkeit mit einer Ausgangstemperatur von 80 °C wird in einem Raum mit der konstanten Raumtemperatur 18 °C abgekühlt. Der Abkühlungsvorgang kann durch die Differenzialgleichung $f'(t) = -0{,}05 \cdot \big(f(t) - 18\big)$ mit t in Minuten ab Messbeginn näherungsweise beschrieben werden. Dabei bedeutet f(t) die Temperatur der Flüssigkeit zum Zeitpunkt t in °C.

a) Erläutern Sie, welches Modell dieser Gleichung zugrunde liegt, und geben Sie die Lösung der Differenzialgleichung an.

b) Berechnen Sie den Zeitpunkt, zu dem die Flüssigkeit die Temperatur von 30 °C erreicht hat.

7 Ein begrenzter Wachstumsprozess mit dem Anfangswert 850 kann durch die Gleichung $f'(t) = 0{,}05 \cdot \big(2000 - f(t)\big)$ beschrieben werden. Überprüfen Sie nebenstehende Lösung.

$f'(t) = 0{,}05 \cdot \big(2000 - f(t)\big)$
Anfangswert: $f(0) = 850$
Lösung der Differenzialgleichung:
$f(t) = 2000 - 850 \cdot e^{-0{,}05 \cdot t}$

8 Pilze können in Dörrautomaten getrocknet werden und verlieren dabei erheblich an Gewicht. Dies zeigt die folgende Messung:

Trockenzeit t (in min)	0	1	4	6	9	12	14	20
Gewicht (in % des Anfangsgewichtes)	100	83	54	39	22	19	14	8

Das Gewicht eines Pilzes sinkt allerdings auch bei längerer Trocknung nicht unter 6 % seines Anfangsgewichts.

a) Stellen Sie die Daten grafisch dar. Welches Wachstumsmodell kann benutzt werden? Begründen Sie Ihre Wahl.

b) Ermitteln Sie anhand geeigneter Wertepaare den Funktionsterm einer Funktion, welche den Gewichtsverlauf bei diesem Modell näherungsweise beschreibt. Zeichnen Sie den Funktionsgraphen in das Koordinatensystem aus Teilaufgabe a).

9 Peter mischt seinen Milchkaffee immer aus gleichen Teilen Kaffee und Milch. Nachdem er den Kaffee frisch aufgebrüht hat, schwankt er zwischen folgenden Möglichkeiten, das Getränk abkühlen zu lassen:

- Er gibt in den Kaffee, der noch eine Temperatur von 90 °C hat, sofort die entsprechende Menge Milch, die er aus dem Kühlschrank holt (8 °C). Dann lässt er den Milchkaffee bei einer Zimmertemperatur von 22 °C zum weiteren Abkühlen stehen.
- Er lässt den Kaffee zuerst 5 Minuten lang bei Zimmertemperatur abkühlen und mischt danach mit Milch.

Man kann davon ausgehen, dass sowohl Kaffee als auch Milchkaffee so abkühlen, dass die Abkühlungsgeschwindigkeit 15 % der Temperaturdifferenz zwischen der Temperatur der Flüssigkeit und der Zimmertemperatur pro Minute beträgt.
Welche Temperatur hat der Milchkaffee jeweils nach weiteren 5 Minuten?

10 Eine heiße Flüssigkeit wird bei einer konstanten Umgebungstemperatur von 20 °C abgekühlt. Die Geschwindigkeit der Temperaturabnahme kann durch eine Funktion a mit $a(t) = -69 \cdot k \cdot e^{k \cdot t}$ näherungsweise beschrieben werden.

a) Um welche Form von Abkühlungsprozess handelt es sich? Begründen Sie Ihre Antwort.

b) 3 Minuten nach Messbeginn hatte die Flüssigkeit eine Temperatur von 73 °C. Wie hoch war die Temperatur zu Beginn der Messung?

c) Zu welchem Zeitpunkt nimmt die Temperatur erstmals um weniger als 1 Grad pro Minute ab?

11 In einem Naturschutzgebiet versucht man, eine fast ausgestorbene Tierart wieder anzusiedeln. Dazu wird eine Gruppe von 12 Tieren in der Natur ausgesetzt. Zwei Jahre später werden bereits 18 Tiere gezählt. Naturschützer gehen davon aus, dass das Naturschutzgebiet maximal 80 Tieren Lebensraum bieten kann.

a) Geben Sie eine Schätzung ab, wann etwa 90 % des maximalen Bestands erreicht sein könnten. Begründen Sie die Wahl Ihres Modells.

b) Wann ist die momentane Wachstumsrate bei diesem Modell am größten?

12

a) Untersuchen Sie, ob es sich bei der Entwicklung der landwirtschaftlichen Betriebe in Niedersachsen um eine exponentielle Abnahme handelt. Geben Sie eine Funktion an, welche die Abnahme näherungsweise beschreibt.
Wie viele landwirtschaftliche Betriebe erwarten Sie danach im Jahr 2015 in Niedersachsen? Beurteilen Sie die Güte des gewählten Modells.

b) Entwerfen Sie ein zweites Modell, mit dem Sie den Rückgang der Zahl der landwirtschaftlichen Betriebe beschreiben können. Erläutern Sie die wichtigsten Unterschiede zwischen den zwei Modellen.

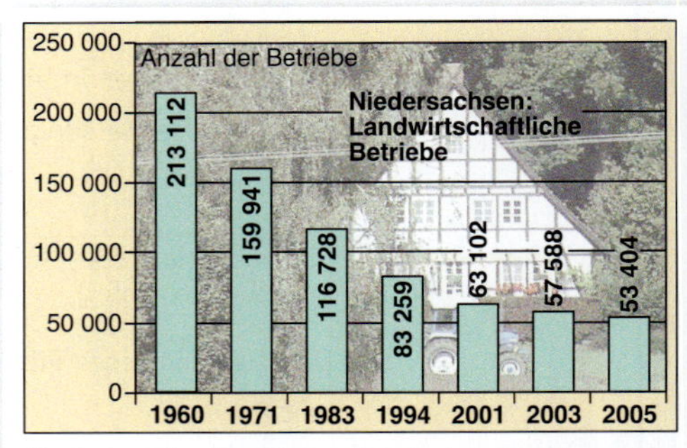

Nach Angabe des Niedersächsischen Landesamtes für Statistik hat in den letzten vierzig Jahren die Zahl der landwirtschaftlichen Betriebe in Niedersachsen in beängstigendem Maße abgenommen.

13

Für die Behandlung von Krankheiten ist eine quantitativ ausreichende und qualitativ hochwertige medizinische Versorgung besonders bedeutsam. Die medizinische Versorgung hat sich in den letzten Jahren ständig verbessert. Rein rechnerisch entfielen im Jahr 2004 auf jede berufstätige Ärztin und jeden berufstätigen Arzt 269 Einwohner gegenüber 615 im Jahr 1970.

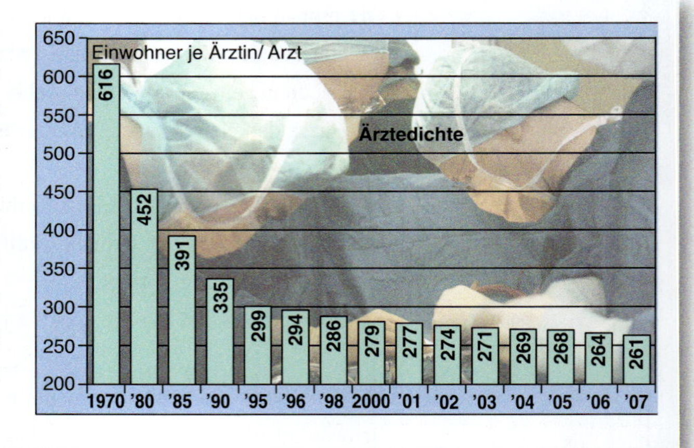

a) Stellen Sie die Daten in einem Koordinatensystem grafisch dar. Führen Sie anhand der Daten der Jahre 1970, 1985 und 2004 eine Funktionsanpassung durch.

b) Welche künftige medizinische Versorgung der Bevölkerung erwarten Sie für die Zukunft? Geben Sie eine Prognose ab.

3.3 Logistisches Wachstum

Einführung

Die Höhe einer Hopfenpflanze wurde gemessen. Wenn man die Daten grafisch darstellt, sieht man, dass zu Beginn die Pflanze nur langsam wächst, dann immer schneller und zum Schluss wieder nur langsam.

Zeit in Wochen	0	2	4	6	8	10	12	14	16	18	20	22	24
Höhe in m	0,13	0,25	0,50	0,94	1,66	2,64	3,71	4,61	5,23	5,60	5,80	5,90	5,95

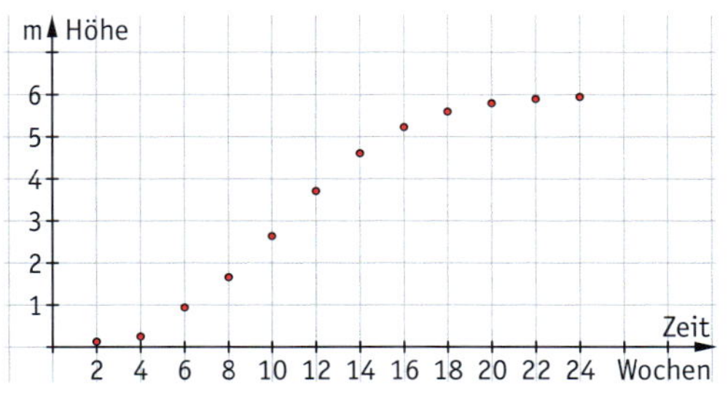

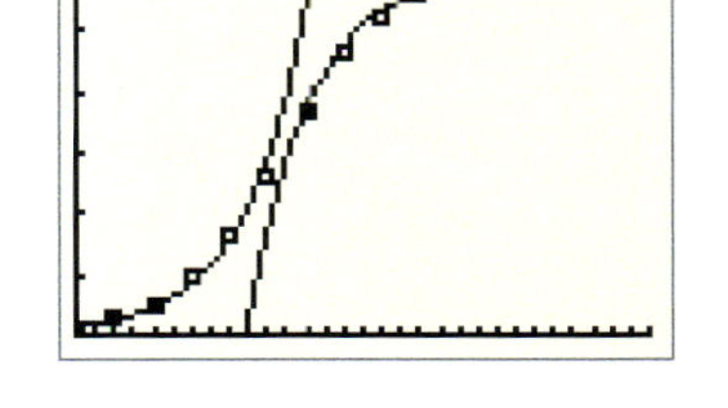

Anfangs scheint die Hopfenpflanze exponentiell zu wachsen. Eine Regression der Daten für die ersten 10 Wochen liefert

$f_1(x) = 0{,}1385 \cdot 1{,}3569^x$.

Gegen Ende scheint begrenztes Wachstum mit der Grenze 6 m vorzuliegen. Eine Regression der Daten ab der 10. Woche liefert

$f_2(x) = 6 - 90{,}469 \cdot 0{,}7356^x$.

Das Diagramm zeigt, dass das Wachstum der Hopfenpflanze in diesen beiden Bereichen gut durch das Modell des anfangs exponentiellen und später begrenzten Wachstums angepasst wird. Folglich ist die Wachstumsgeschwindigkeit $f'(t)$ zu Beginn proportional zu $f(t)$, also $f'(t) = k_1 f(t)$. Am Ende ist sie proportional zur Differenz zur Grenze $6 - f(t)$ also $f'(t) = k_2(6 - f(t))$. Will man die Wachstumsgeschwindigkeit einheitlich beschreiben, so liegt es nahe, eine Proportionalität zu dem Produkt von $f(t)$ und $(6 - f(t))$ anzunehmen.

$f'(t) = k \cdot f(t) \cdot (6 - f(t))$

Ein Wachstum mit dieser Eigenschaft bezeichnet man als *logistisches Wachstum*. Der GTR hat einen Regressionsbefehl zur Anpassung an solche Wachstumsdaten.

Wir nutzen diesen Befehl und erhalten damit:

```
Logistic L1,L2,Y1
```

```
Logistic
 y=c/(1+ae^(-bx))
 a=46.63537746
 b=.360212512
 c=5.999168711
```

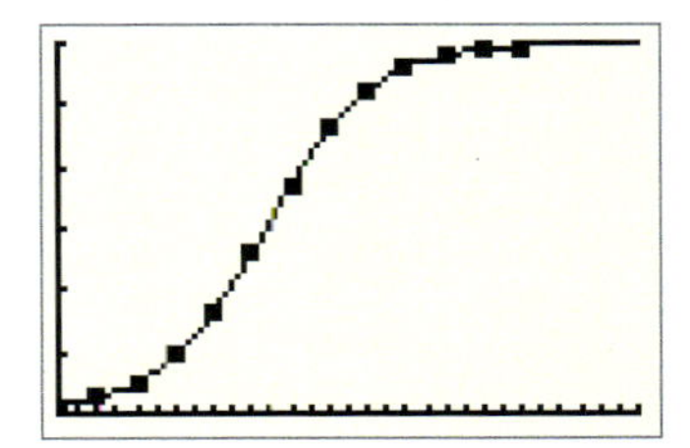

Die Funktion f mit $f(t) = \frac{6}{1 + 46{,}64 \cdot e^{-0{,}36t}}$ beschreibt somit das Wachstum der Hopfenpflanze über den gesamten Zeitbereich gut.

Aufgabe

1 Bedeutung der Parameter im Funktionsterm des logistischen Wachstums

Untersuchen Sie, welche Bedeutung die Parameter a, b, c im Funktionsterm $f(t) = \frac{c}{1 + a e^{-bt}}$ für logistisches Wachstum haben, indem Sie

a) $\lim\limits_{t \to \infty} f(t)$ **b)** $f(0)$ **c)** mit einem CAS k aus $f'(t) = k f(t)(S - f(t))$ berechnen.

Lösung

a) Für $t \to \infty$ und $b > 0$ gilt: $e^{-bt} \to 0$, also $f(t) \to \frac{c}{1+0} = c$ d. h. c stimmt mit der Grenze S des logistischen Wachstum überein.

b) $f(0) = \frac{c}{1+a} = \frac{S}{1+a}$

Daraus folgt $a = \frac{S}{f(0)} - 1$

c) $f'(t) = k f(t)(S - f(t))$, ergibt umgestellt nach k:

$k = \frac{f'(t)}{f(t)(S - f(t))}$

Mit einem CAS erhalten wir als Lösung:

$k = \frac{b}{S}$, also $b = kS$.

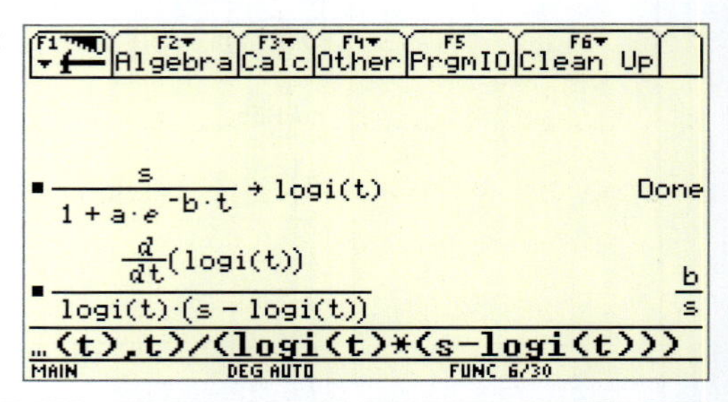

Information

(1) Logistisches Wachstum

Wachstumsprozesse wie das Beispiel der Hopfenpflanze, die anfangs nahezu exponentiell und gegen Ende fast wie begrenztes Wachstum verlaufen, kommen häufig vor.

Pierre-François Verhulst (1804 – 1849), belgischer Mathematiker, entwickelte das Modell des logistischen Wachstums aus den Bevölkerungsdaten der USA in den Jahren 1790 bis 1840.

Ein Wachstumsprozess, dessen Wachstumsgeschwindigkeit $f'(t)$ proportional zum Produkt aus dem Bestand $f(t)$ und der Differenz zur Sättigungsgrenze $S - f(t)$ ist, also $f'(t) = k \cdot f(t) \cdot (S - f(t))$, heißt **logistisch**. Solches Wachstum wird beschrieben durch eine Funktion mit einem Term der Form

$f(t) = \frac{S}{1 + \left(\frac{S}{f(0)} - 1\right) e^{-kSt}}$.

Logistisches Wachstum ist durch eine s-förmige Wachstumskurve gekennzeichnet. Viele grafikfähige Taschenrechner haben Regressionsbefehle, um zu gegebenen Daten eine logistische Wachstumsfunktion zu ermitteln.

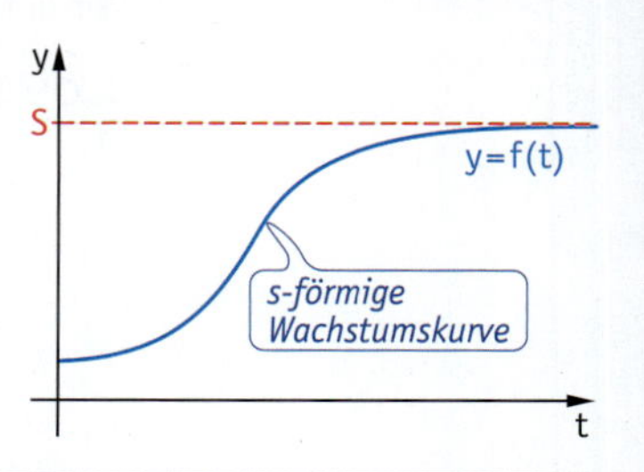

Weiterführende Aufgaben

2 Verschiedene Funktionsterme für logistisches Wachstum

In Formelsammlungen und auch bei verschiedenen grafikfähigen Taschenrechnern wird der Funktionsterm für logistisches Wachstum auf verschiedene Weise notiert. Zeigen Sie, dass alle Terme wertgleich sind.

(1) $f(t) = \frac{S}{1 + \left(\frac{S}{f(0)} - 1\right) e^{-kSt}}$

(2) $f(t) = \frac{f(0) \cdot S}{f(0) + (S - f(0))\, e^{-kSt}}$

(3) $f(t) = \frac{f(0) \cdot S \cdot e^{kSt}}{f(0)\, e^{kSt} + S - f(0)}$

(4) $f(t) = S - \frac{(S - f(0))\, S}{f(0)\, e^{kSt} + S - f(0)}$

3 Wendepunkt beim logistischen Wachstum

Die logistische Wachstumskurve geht von einer Linkskurve in eine Rechtskurve über.

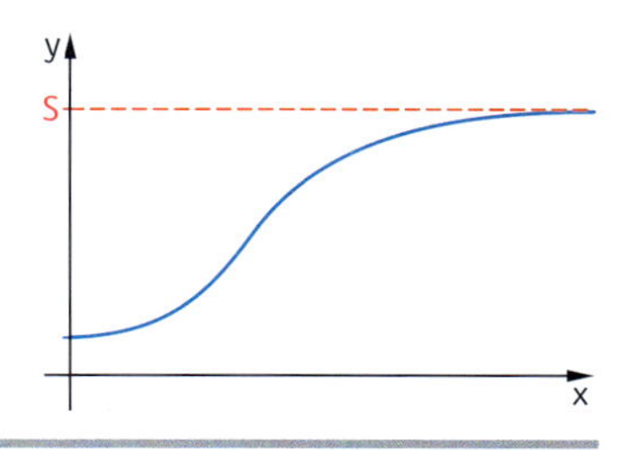

a) Untersuchen Sie an Beispielen mit dem GTR, wann die größte Wachstumsgeschwindigkeit vorliegt. Formulieren Sie eine Vermutung.

CAS **b)** Beweisen Sie diese Vermutung mithilfe eines CAS.

Information

(2) Wendepunkt beim logistischen Wachstum

Satz 8

Beim logistischen Wachstum liegt die größte Wachstumsgeschwindigkeit dort vor, wo der Bestand $f(t)$ gerade die halbe Sättigungsgrenze S erreicht hat.

Das ist zum Zeitpunkt

$t = \frac{\ln\left(\frac{S}{f(0)} - 1\right)}{k \cdot S}$ der Fall.

Dort liegt der Wendepunkt des Graphen.

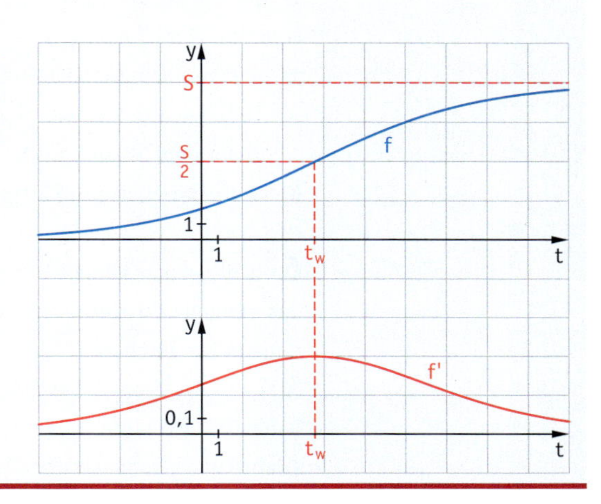

(3) Grenzfälle beim logistischen Wachstum

Wir haben gesehen, dass logistisches Wachstum zu Beginn fast wie exponentielles Wachstum und am Ende fast wie begrenztes Wachstum aussieht. Wir wollen dies am Term der Wachstumsfunktion untersuchen.

a) Für $t \to \infty$ wird im Funktionsterm in der Form (4)

$$f(t) = S - \frac{(S - f(0))S}{f(0)e^{kSt} + S - f(0)}$$

aus der weiterführenden Aufgabe 2 der Term $f(0)e^{kSt}$ immer größer, sodass er den 2. Summanden $S - f(0)$ überwiegt.

Man kann näherungsweise für $t \to \infty$ schreiben:

$$f(t) \approx S - \frac{(S - f(0))S}{f(0)e^{kSt}} = S - \frac{(S - f(0))S}{f(0)}e^{-kSt}$$

Dies ist aber der Term für ein begrenztes Wachstum mit Proportionalitätsfaktor kS zur Wachstumsgeschwindigkeit. Dieser Proportionalitätsfaktor folgt auch aus $f'(t) = k \cdot f(t)(S - f(t)) \approx k \cdot S(S - f(t))$ für $t \to \infty$.

b) Für $t \to -\infty$ wird im Funktionsterm in der Form (3)

$$f(t) = \frac{f(0) \cdot S \cdot e^{kSt}}{f(0)e^{kSt} + S - f(0)}$$

im Nenner der Summand $f(0)e^{kSt}$ beliebig klein, d.h. für $t \to -\infty$ gilt näherungsweise:

$$f(t) \approx \frac{f(0)Se^{kSt}}{S - f(0)} = \frac{f(0)S}{S - f(0)}e^{kSt}$$

Dies ist aber der Term für exponentielles Wachstum mit dem Proportionalitätsfaktor kS. Dieser Proportionalitätsfaktor ergibt sich auch aus $f'(t) = kf(t)(S - f(t)) \approx kf(t)(S - 0) = kSf(t)$ für $t \to -\infty$.

Übungsaufgaben 

4 An einer Schule mit 700 Schülerinnen und Schülern setzen 4 Schüler ein Gerücht in Umlauf. Wie schnell breitet sich das Gerücht aus, wenn jeder Schüler zwei weitere pro Minute informieren kann?

5 Der Inhalt der von einer Schimmelpilzkultur befallenen Fläche (in dm^2) kann näherungsweise durch die Funktion A mit $A(t) = \frac{2}{1 + c \cdot e^{-1,5 \cdot t}}$, t in Tagen ab Beobachtungsbeginn, beschrieben werden.

a) 5 Tage nach Beobachtungsbeginn beträgt der Inhalt der befallenen Fläche $0{,}4\,dm^2$. Untersuchen Sie, wie groß die Fläche am Beobachtungsbeginn war und zu welchem Zeitpunkt die Fläche einen Inhalt von $0{,}1\,dm^2$ hatte.

b) Kann der Flächeninhalt bei diesem Modell größer als $2\,dm^2$ werden? Begründen Sie Ihre Antwort.

6 Weißtannen können bis zu 70 m hoch werden. Das Höhenwachstum einer Weißtanne kann näherungsweise durch eine Funktion h mit $h(t) = \frac{70}{1 + 100\,e^{-30 \cdot k \cdot t}}$ beschrieben werden. Dabei ist h(t) die Höhe der Tanne (in Metern) t Jahre nach Beobachtungsbeginn.

a) Die Tanne hat 8 Jahre nach Beobachtungsbeginn eine Höhe von 6 m erreicht. Wie groß war sie bei Beobachtungsbeginn?

b) Zu welchem Zeitpunkt ist die Wachstumsgeschwindigkeit am größten?

c) Ab welchem Zeitpunkt ist die Höhenzunahme innerhalb eines Jahres geringer als 10 cm?

7 Die ARD/ZDF-Online-Studie 2005 zeigt die Entwicklung der Internetnutzer (in % bezogen auf die Gesamtbevölkerung) in Deutschland in den Jahren von 1997 bis 2005.

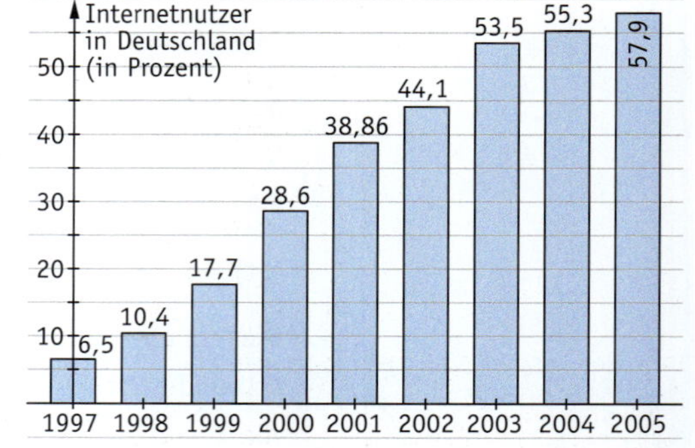

a) Beschreiben Sie das Anwachsen der Internetnutzer durch eine geeignete Funktion. Interpretieren Sie diese auch vor dem Hintergrund Ihrer Kenntnis der Bevölkerung der Bundesrepublik.

b) Erstellen Sie mithilfe der Funktion eine Prognose für das Jahr 2009 und recherchieren Sie, wie gut diese eingetroffen ist.

c) In den Medien wird gerne der Begriff „Trendwende" verwendet. Erläutern Sie, was mit diesem Begriff gemeint ist und untersuchen Sie, ob es bei diesem Wachstumsprozess eine Trendwende gegeben hat und wann diese gegebenenfalls erfolgte.

Trendwende
auf dem Arbeitsmarkt

8 In den letzten Jahren hat die Verkehrsleistung des Luftverkehrs ständig zugenommen, wie die nebenstehende Grafik zeigt.

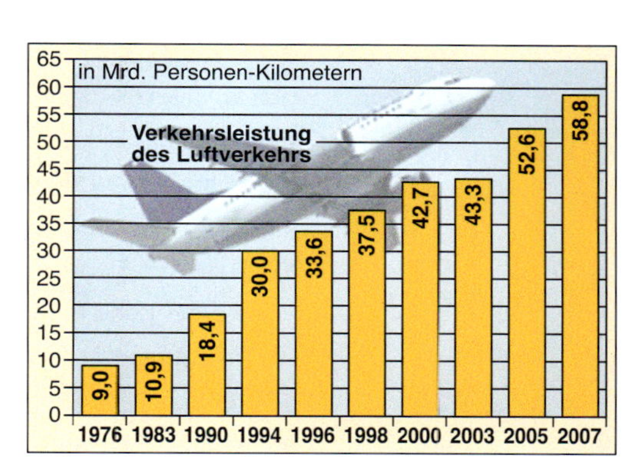

a) Erläutern Sie die verwendete Einheit *Personen-Kilometer* der Verkehrsleistung.

b) Entwerfen Sie zwei verschiedene Modelle, mit denen Sie die Entwicklung zwischen 1976 und 2007 annähernd beschreiben können, und geben Sie anhand dieser Modelle eine Prognose zur Verkehrsleistung im Jahr 2020 ab.

c) Welche Gesamtverkehrsleistung (in Milliarden Personen-Kilometern) erwarten Sie anhand Ihrer Modelle für den Zeitraum zwischen 2003 und 2020?

9

Weltenergieverbrauch – dramatischer Anstieg bis 2030

Allem Energiesparen zum Trotz: Der Verbrauch an Öl, Gas und Kohle nimmt weltweit dramatisch zu. Die Europäische Union hat Prognosen für das Jahr 2030 vorgelegt. Nach dem Szenario, mit dem heutige Trends fortgerechnet werden, steigt der Energieverbrauch bis dahin um fast 50 Prozent – bezogen auf das Vergleichsjahr 1990.

a)

Jahr	1960	1970	1980	1990	1996	2003
Welt-Energieverbrauch (in Mrd. t SKE)	4,66	7,866	10,416	12,636	13,515	15,20

Steinkohleeinheiten

(nach „Yearbook of World Energy Statistics, UN")

Überprüfen Sie die Prognose der EU für das Jahr 2030. Begründen Sie die Wahl des von Ihnen verwendeten Modells. Erläutern Sie die in der Tabelle verwendete Einheit SKE. Welche Gründe spielen für den dramatischen Anstieg des weltweiten Energieverbrauchs eine Rolle?

b) Nach einer Studie aus dem Jahr 2005 betragen die Energiereserven, die sich unter heutigen oder in naher Zukunft zu erwartenden Bedingungen technisch und wirtschaftlich abbauen lassen, etwa 960 Mrd. Tonnen SKE. In welchem Jahr wären diese Reserven nach Ihrem Modell aufgebraucht?

10 In den Teichen einer Fischzuchtanlage werden zu Beginn des Jahres 2006 ca. 1 200 Fische gezählt.

a) Solange sich die Fische ungestört vermehren können, kann die Entwicklung des Fischbestandes durch die Gleichung $f'(t) = 0{,}015 \cdot f(t) \cdot (4000 - f(t))$, t in Jahren ab 2006, beschrieben werden. Wie viele Fische sind 4 Jahre später vorhanden? Von welchem maximalen Bestand kann man ausgehen?

b) Beschreiben Sie die weitere Entwicklung des Fischbestandes bis zum Jahre 2015, wenn ab 2010 am Ende jeden Jahres 300 Fische abgefischt werden.

11 Rechts sehen Sie den Graphen einer Funktion w, die näherungsweise den jährlichen Höhenzuwachs einer Fichte beschreibt.
Die Fichte war zu Beobachtungsbeginn 1 m hoch, ihre maximale Höhe beträgt 50 m.

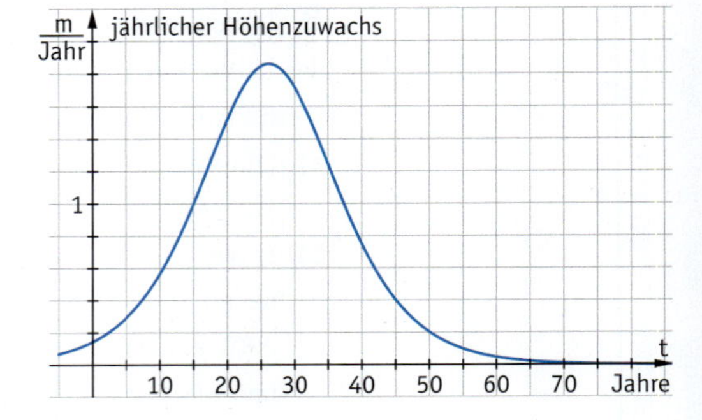

a) Skizzieren Sie den Graphen der Funktion h, welche die Höhe h(t) der Fichte zum Zeitpunkt t (in Jahren ab dem Beobachtungsbeginn) angibt.

b) Welches Wachstumsmodell wird zugrunde gelegt?

c) Nach 10 Jahren hat die Fichte eine Höhe von 4,20 m. Bestimmen Sie jeweils einen Funktionsterm für die Funktion h und die Funktion w.

12

Auf halbem Weg zur siebten Milliarde

DSW-Datenreport 2008: Dynamik des Bevölkerungswachstums ungebrochen

Hannover, August 2008. Bis zum Jahr 2050 wird die Menschheit von heute 6,7 Milliarden Menschen auf über 9,3 Milliarden anwachsen. Dies geht aus dem DSW-Datenreport „Weltbevölkerung 2008" hervor, den die Deutsche Stiftung Weltbevölkerung (DSW) zum diesjährigen Weltbevölkerungstag herausgibt.

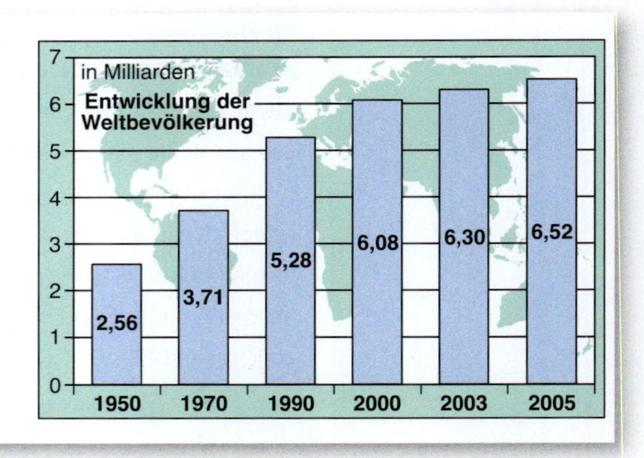

a) Stellen Sie die Entwicklung der Weltbevölkerung in einem für den Rechner geeigneten Koordinatensystem grafisch dar. Beschreiben Sie die Entwicklung ab der Mitte des 20. Jahrhunderts mithilfe eines exponentiellen Wachstumsmodells. Überprüfen Sie mit diesem Modell die Prognose der DSW für das Jahr 2050.

b) Lässt sich mit diesem Modell auch die Entwicklung der Weltbevölkerung vor 1950 gut beschreiben? Wann beginnt nach diesem Modell die Menschheitsgeschichte? Nehmen Sie zu diesem Ergebnis Stellung.

c) Geben Sie ein zweites Modell an, mit dem Sie die Entwicklung der Weltbevölkerung im Zeitraum von 1950 bis 2005 möglichst gut beschreiben können. Welche Prognose erhalten Sie bei diesem Modell für das Jahr 2050?

13 Untersuchen Sie, ob man das Anwachsen der Anzahl der Mobil-Telefone näherungsweise durch logistisches Wachstum beschreiben kann. Welche durchschnittlichen Handy-Anzahlen pro Einwohner würden sich ergeben?

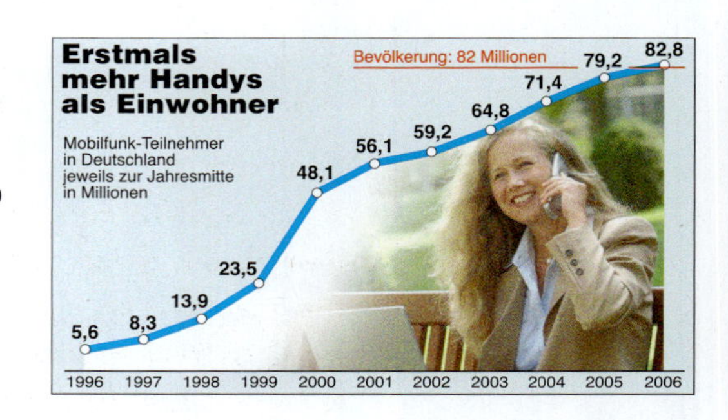

3.4 Vermischte Aufgaben

1

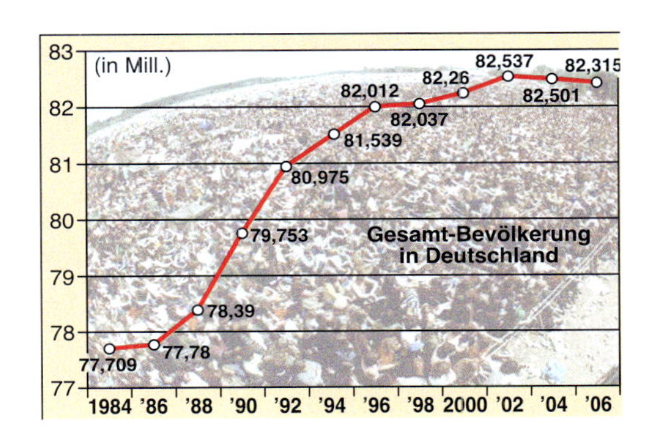

a) Welche Prognose für die Bevölkerungszahl in Deutschland im Jahr 2050 können Sie anhand der vorliegenden Daten errechnen?

b) Neuere Prognosen gehen davon aus, dass ab dem Jahr 2006 trotz Zuwanderung die Bevölkerungszahlen in Deutschland jährlich um durchschnittlich 0,3 % abnehmen werden.
Welche Prognose erhalten Sie nach diesem Modell für das Jahr 2050?

c) Eine Studie aus dem Jahr 1994 zeigt folgende Prognose für den Zeitraum von 1995 bis 2050:

Jahr	1995	2000	2005	2010	2015	2020	2025	2030	2035	2040	2045	2050
Bevölkerung (in Millionen)	81,9	82,3	82,2	81,6	80,7	79,5	78,2	76,8	75,4	74,2	73,1	72,4

Führen Sie für diese Daten eine geeignete Funktionsanpassung durch. Vergleichen Sie die tatsächliche Bevölkerungsentwicklung mit den aus diesem Modell errechneten Werten. Halten Sie dieses Modell für über das Jahr 2050 hinausgehende Prognosen geeignet? Begründen Sie Ihre Antwort.

2 Die Tabelle zeigt die Entwicklung der Haushalte mit Telefonanschluss eines Landes seit 1950:

Jahr	1950	1960	1970	1980	1990	2000	2005
Anzahl der Haushalte (in Millionen)	2,9	8,8	14,9	20,0	21,3	21,9	22,5

a) Führen Sie für die Daten eine Funktionsanpassung durch. Begründen Sie Ihre Wahl des Wachstumsmodells und geben Sie die Parameter dieses Modells an.

b) Wie viele Haushalte mit Telefonanschluss erwarten Sie im Jahr 2020? Ab welchem Jahr liegt der jährliche prozentuale Zuwachs unter 0,5 %?

c) In der Studie wurde die Funktion B mit $B(t) = 25 \cdot \left(\frac{t}{\sqrt{t^2 + 625}}\right) + 1$ zur Beschreibung des Wachstumsprozesses verwendet. Untersuchen Sie dieses Modell und präsentieren Sie Ihre Ergebnisse.

3 Der belgische Mathematiker PIERRE-FRANÇOIS VERHULST (siehe Seite 172) entwickelte das Modell des logistischen Wachstums aus den Bevölkerungsdaten der USA in den Jahren 1790 bis 1840: Zu Beginn der Beobachtung (1790) betrug die Bevölkerung 3,9 Mio. Aus den weiteren Daten wurde eine Grenze von 200 Mio. und ein Wachstumsfaktor $k = 1{,}589 \cdot 10^{-10}$ ermittelt. Berechnen Sie die damit prognostizierten Bevölkerungsdaten und vergleichen Sie diese mit den gezählten Werten.

Jahr	1790	1800	1820	1840	1860	1880	1900	1920
Einwohner USA (in Mio.)	3,9	5,3	9,6	17,1	31,4	50,2	76,0	106,5

4 In einem Wasserbehälter befinden sich zum Zeitpunkt $t = 0$ ca. $190\,m^3$ Wasser. Die Änderung des Wasservolumens kann durch die momentane Änderungsrate w mit $w(t) = 1{,}36 \cdot e^{-0{,}0272 \cdot t}$ beschrieben werden $\left(t \text{ in Tagen, } w(t) \text{ in } \frac{m^3}{\text{Tag}}\right)$.
Nimmt das Wasservolumen ab oder zu? Begründen Sie Ihre Antwort.
Welche maximale Wassermenge kann man bei dieser Entwicklung auf lange Sicht erwarten?

5 Aus einem Staubecken, das ca. 200 000 m³ Wasser fasst, werden zur Reparatur des Staudamms etwa drei Viertel des Wassers abgelassen. Nach erfolgter Reparatur wird wieder Wasser eingelassen; die momentane Wasserzuflussrate wird in der folgenden Tabelle beschrieben:

t (in Tagen)	0	5	10	15	20	25	30	35
Momentane Zuflussrate (in m³ pro Tag)	4 200	5 210	5 480	5 110	4 130	3 010	1 950	1 180

a) Beschreiben Sie die momentane Zuflussrate durch eine ganzrationale Funktion dritten Grades. Wie viel Wasser ist nach 12 Tagen im Staubecken? Nach wie vielen Tagen ist bei diesem Modell der Stausee wieder vollständig gefüllt?

b) Ein zweites Modell beschreibt die Wassermenge im Staubecken bei diesem Füllvorgang durch die Funktion w mit $w(t) = 200\,000 - \frac{600\,000}{3 + e^{0{,}112 \cdot t}}$.
Geben Sie den Funktionsterm derjenigen Funktion an, die bei diesem Modell die momentane Wasserzuflussrate beschreibt. Untersuchen Sie, zu welchem Zeitpunkt diese Zuflussrate maximal ist.

6 Die Studie eines Forschungsinstituts aus dem Jahr 2004 zeigt drei verschiedene Prognosen, wie sich die Weltbevölkerung bis 2050 entwickeln könnte.

Jahr	Höchste Prognose (in Milliarden)	Mittlere Prognose (in Milliarden)	Niedrigste Prognose (in Milliarden)
2005	6,52	6,42	6,40
2010	6,98	6,81	6,71
2015	7,43	7,17	6,97
2020	7,89	7,52	7,18
2025	8,34	7,83	7,34
2030	8,79	8,11	7,45
2035	9,25	8,36	7,51
2040	9,71	8,57	7,52
2045	10,16	8,75	7,48
2050	10,62	8,91	7,39

a) Welche Modelle liegen den drei Prognosen zugrunde? Geben Sie zu jedem Modell eine Funktion an, welche die jeweilige Entwicklung der Weltbevölkerungszahlen im Zeitraum zwischen 2005 und 2050 näherungsweise beschreibt.

b) Welche Bevölkerungszahl ermitteln Sie anhand der drei Modelle für das Jahr 2100? Wie beurteilen Sie die verschiedenen Modelle im Hinblick auf langfristige Prognosen über das Jahr 2050 hinaus?

c) Untersuchen Sie, wie groß durchschnittlich die Weltbevölkerung bei den drei Modellen im Zeitraum zwischen 2005 und 2050 ist.

7

a) In welchem Jahr wird die Zahl der Autodiebstähle erstmals unter die 10 000-Grenze sinken, wenn Sie von einem exponentiellen Abnahmemodell ausgehen? Welchen jährlichen prozentualen Rückgang der Diebstahlszahlen erhält man bei diesem Modell? Nennen Sie Gründe für den drastischen Rückgang der Autodiebstähle im angegebenen Zeitraum.

b) Entwerfen Sie ein zweites Modell, das den Rückgang der Zahl der gestohlenen Pkw beschreibt. Erläutern Sie die wichtigsten Unterschiede zwischen den beiden Modellen.

Autoklau in Deutschland

In Deutschland werden immer weniger Autos gestohlen. Mit 23 771 erreichte die Diebstahlstatistik im Jahr 2005 einen neuen Tiefpunkt. Das bedeutet einen Rückgang von 17,1 Prozent im Vergleich zum Vorjahr.

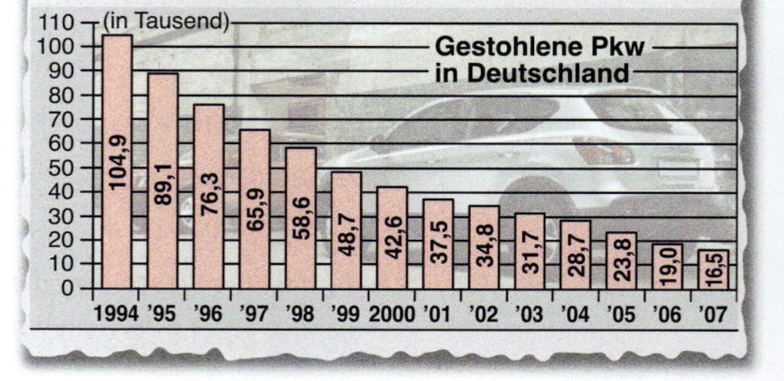

3.5 Ketten-, Produkt- und Quotientenregel

3.5.1 Kettenregel

Logistisches Wachstum wird durch eine Funktionsgleichung wie z. B. $f(t) = \frac{10}{1 + 3e^{-2t}}$ beschrieben. Die Eigenschaften von Wachstumsprozessen können wir auch durch die Wachstumsgeschwindigkeit charakterisieren. Dazu benötigt man die Ableitung. Bei einer Funktion, wie der oben genannten, können wir die Ableitung nicht algebraisch bilden, da der Nenner im Funktionsterm kein linearer Funktionsterm ist. Aus der Sekundarstufe I ist die Kettenregel nur für lineare innere Funktionen bekannt. Daher untersuchen wir jetzt allgemeiner ineinander eingesetzte Funktionsterme.

Aufgabe

1 Verketten von Funktionen

Die Vorrangregeln für die Potenz- und Punktrechnung legen die Berechnungsreihenfolge in dem Term e^{x^2} nicht fest. Wir untersuchen nun, ob und, wenn ja, wie sich die Funktionen f mit $f(x) = e^{(x^2)}$ und g mit $g(x) = (e^x)^2$ unterscheiden.

a) Erstellen Sie für die Funktionen f und g jeweils eine Wertetabelle und zeichnen Sie den Graphen.

b) Erläutern Sie den Zusammenhang von f und g mit der e-Funktion und der Quadratfunktion.

Lösung

a) (1) Beim Term $e^{(x^2)}$ muss zu jeder Zahl für x zunächst das Quadrat berechnet und dann anschließend e damit potenziert werden.

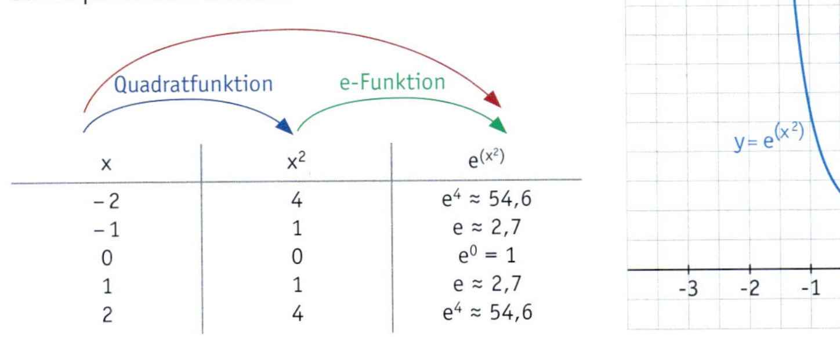

x	x^2	$e^{(x^2)}$
−2	4	$e^4 \approx 54{,}6$
−1	1	$e \approx 2{,}7$
0	0	$e^0 = 1$
1	1	$e \approx 2{,}7$
2	4	$e^4 \approx 54{,}6$

(2) Beim Term $(e^x)^2$ muss zu jeder Zahl für x zunächst die Potenz e^x berechnet und dann der erhaltene Wert quadriert werden.

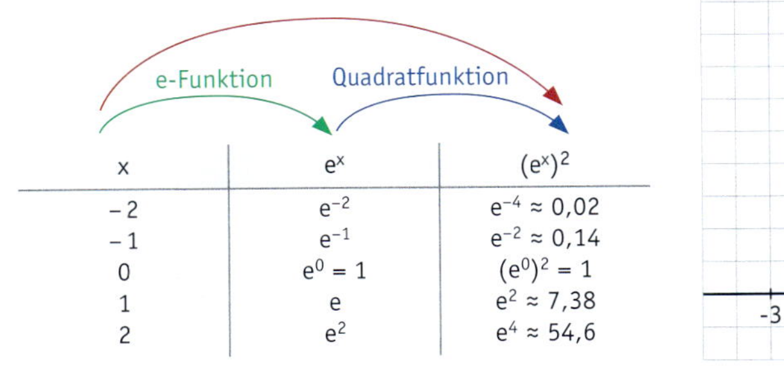

x	e^x	$(e^x)^2$
−2	e^{-2}	$e^{-4} \approx 0{,}02$
−1	e^{-1}	$e^{-2} \approx 0{,}14$
0	$e^0 = 1$	$(e^0)^2 = 1$
1	e	$e^2 \approx 7{,}38$
2	e^2	$e^4 \approx 54{,}6$

b) Die Funktion $f: x \mapsto e^{(x^2)}$ entsteht durch Hintereinanderausführen der Quadratfunktion $v: x \mapsto x^2$ und der e-Funktion $u: x \mapsto e^x$ in dieser Reihenfolge.

Die Funktion $g: x \mapsto (e^x)^2$ entsteht durch Hintereinanderausführen der e-Funktion $u: x \mapsto e^x$ und der Quadratfunktion $v: x \mapsto x^2$ in dieser Reihenfolge.

Die beiden Funktionen f und g unterscheiden sich nur durch die Reihenfolge, in der die e-Funktion $u: x \mapsto e^x$ und die Quadratfunktion $v: x \mapsto x^2$ nacheinander ausgeführt werden.

Information

(1) Vorrangregel für mehrfaches Potenzieren

Um Klammern einzusparen, vereinbaren wir: $a^{b^c} = a^{(b^c)}$

Sofern Klammern keine andere Reihenfolge vorschreiben, wird die Berechnung also mit dem am weitesten oben stehenden Exponenten begonnen.

(2) Verketten von Funktionen

In Aufgabe 1 wurden zwei Funktionen hintereinander ausgeführt.

Definition 5

Die **Verkettung** f von zwei Funktionen u und v ist die Funktion mit dem Term $f(x) = u(v(x))$.
Man erhält sie folgendermaßen:

Man wendet auf x zuerst die Funktion v an und erhält einen Zwischenwert z: $z = v(x)$
Auf diesen Zwischenwert wird dann die Funktion u angewendet: $u(z) = u(v(x))$

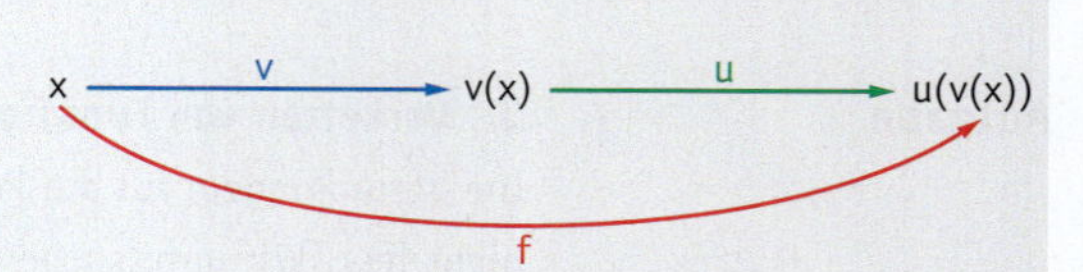

Den Funktionsterm f(x) erhält man also, indem man in den Term u(z) anstelle der Variablen z den Term v(x) einsetzt. Diese Funktion f mit $f(x) = u(v(x))$ mit der Definitionsmenge D_v ist nur dann erklärt, wenn u an der Stelle v(x) definiert ist.

Die Funktion v nennt man auch *innere Funktion* und u *äußere Funktion*.

Beispiel

Gegeben sind die Funktionen u und v mit $v(x) = 2x - 1$ mit $x \in \mathbb{R}$ sowie $u(z) = z^2$ und $z \in \mathbb{R}$.
Dann ist die Verkettung $f(x) = u(v(x)) = (2x - 1)^2$ für alle $x \in \mathbb{R}$.

Aufgabe

2 Kettenregel

a) Gegeben sind die Funktionen u und v sowie die Verkettung f mit $f(x) = u(v(x))$. Eine Änderung der x-Werte bewirkt eine Änderung der Funktionswerte von v und diese Änderung wiederum bewirkt eine Änderung der Funktionswerte von u. Erläutern Sie die folgenden Abbildungen und bestimmen Sie jeweils die Änderungsraten.

Wie hängt die Änderungsrate von f mit den Änderungsraten von u und v zusammen?

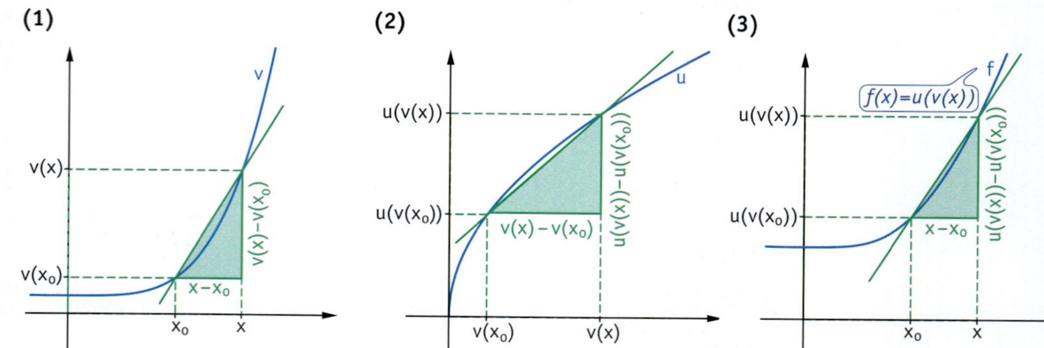

b) Übertragen Sie die Überlegungen aus Teilaufgabe a) und formulieren Sie eine Regel für die Ableitung f′ einer Funktion f mit $f(x) = u(v(x))$.

c) Bestimmen Sie nach der Regel aus Teilaufgabe b) die Ableitungen folgender Funktionen:

(A) $f(x) = e^{x^2}$ (B) $f(x) = (e^x)^2$ (C) $f(x) = \sqrt{x^2 + 1}$

Lösung

a) Wir betrachten die eingezeichneten Steigungsdreiecke.

(1)
Die Änderung $x - x_0$ der Argumente von v verursacht die Änderung $v(x) - v(x_0)$ der Funktionswerte von v.
Die Änderungsrate von v ist der Differenzenquotient:
$\frac{v(x) - v(x_0)}{x - x_0}$

(2)
Die Änderung $v(x) - v(x_0)$ der Argumente von u verursacht die Änderung $u(v(x)) - u(v(x_0))$ der Funktionswerte von u.
Die Änderungsrate von u ist der Differenzenquotient:
$\frac{u(v(x)) - u(v(x_0))}{v(x) - v(x_0)}$

(3)
Die Änderung $x - x_0$ der Argumente von f verursacht die Änderung $u(v(x)) - u(v(x_0))$ der Funktionswerte von f.
Die Änderungsrate von f ist der Differenzenquotient:
$\frac{u(v(x)) - u(v(x_0))}{x - x_0}$

Den Differenzenquotienten unter (3) kann man mit $v(x) - v(x_0)$ erweitern:

$$\frac{u(v(x)) - u(v(x_0))}{x - x_0} = \frac{u(v(x)) - u(v(x_0))}{x - x_0} \cdot \frac{v(x) - v(x_0)}{v(x) - v(x_0)}$$

Der Differenzquotient unter (3) ist das Produkt aus den Differenzenquotienten unter (1) und (2):

$$\frac{u(v(x)) - u(v(x_0))}{x - x_0} = \frac{v(x) - v(x_0)}{x - x_0} \cdot \frac{u(v(x)) - u(v(x_0))}{v(x) - v(x_0)}$$

b) Wir übertragen den Zusammenhang der Änderungsraten auf die lokalen Änderungsraten, also auf die Ableitungen.

(1)
Die lokale Änderungsrate von v an der Stelle x_0 ist $v'(x_0)$.

(2)
Die lokale Änderungsrate von u an der Stelle $v(x_0)$ ist $u'(v(x_0))$.

(3)
Die lokale Änderungsrate von f an der Stelle x_0 ist das Produkt aus $v'(x_0)$ und $u'(v(x_0))$; also $f'(x_0) = v'(x_0) \cdot u'(v(x_0))$

Regel:
Für eine verkettete Funktion f mit $f(x) = u(v(x))$ gilt an jeder Stelle x_0:
Wenn die innere Funktion v die Ableitung v′ hat und die äußere Funktion u die Ableitung u′, dann ist $f'(x_0) = v'(x_0) \cdot u'(v(x_0))$. Es gilt also: $f'(x) = v'(x) \cdot u'(v(x))$

c) (A)
$f(x) = e^{x^2}$
$v(x) = x^2,\ v'(x) = 2x$
$u(x) = e^x,\ u'(x) = e^x,$
$u'(v(x)) = e^{x^2}$
$f'(x) = v'(x) \cdot u'(v(x))$
$= 2x \cdot e^{x^2}$

(B)
$f(x) = (e^x)^2$
$v(x) = e^x,\ v'(x) = e^x$
$u(x) = x^2,\ u'(x) = 2x,$
$u'(v(x)) = 2e^x$
$f'(x) = v'(x) \cdot u'(v(x))$
$= e^x \cdot 2e^x = 2(e^x)^2$

(C)
$f(x) = \sqrt{x^2 + 1}$
$v(x) = x^2 + 1,\ v'(x) = 2x$
$u(x) = \sqrt{x},\ u'(x) = \frac{1}{2\sqrt{x}},$
$u'(v(x)) = \frac{1}{2\sqrt{x^2 + 1}}$
$f'(x) = v'(x) \cdot u'(v(x))$
$= 2x \cdot \frac{1}{2\sqrt{x^2 + 1}} = \frac{x}{\sqrt{x^2 + 1}}$

Information **(3) Ableitung verketteter Funktionen**

Satz 9: Kettenregel
Ist f eine verkette Funktion mit $f(x) = u(v(x))$ mit den Ableitungen v′ der inneren Funktion und u′der äußeren Funktion, dann gilt:
$f'(x) = v'(x) \cdot u'(v(x))$

Da der Faktor $v'(x)$ die Ableitung der *inneren* Funktion v ist, gilt folgende Merkregel:

Ableitung der Gesamtfunktion = innere Ableitung · äußere Ableitung

Übungsaufgaben

3 Marie hat wie rechts abgeleitet.
Kontrollieren Sie ihre Lösung auf verschiedene Weise und korrigieren Sie gegebenenfalls.

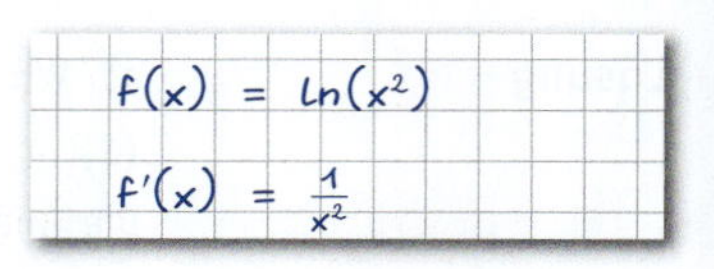

4 Bestimmen Sie – soweit möglich – die Verkettung f mit $f(x) = u(v(x))$ [die Verkettung g mit $g(x) = v(u(x))$] der Funktionen v und u.

a) $v: x \mapsto e^x;\ x \in \mathbb{R}$
$u: x \mapsto \sqrt{x};\ x \in \mathbb{R}_+$

b) $v: x \mapsto x^2 + 3;\ x \in \mathbb{R}$
$u: x \mapsto \sqrt{x};\ x \in \mathbb{R}_+$

c) $v: x \mapsto e^x;\ x \in \mathbb{R}$
$u: x \mapsto \frac{1}{x};\ x \in \mathbb{R}^*$

5 Zerlegen Sie die angegebene Funktion f in Teilfunktionen v und u so, dass gilt: $f(x) = u(v(x))$

a) $f(x) = e^{2x-1};\ x \in \mathbb{R}$ **b)** $f(x) = \sqrt{3x - 2};\ x \geq \frac{2}{3}$ **c)** $f(x) = \cos\frac{1}{x};\ x \in \mathbb{R}^*$

6 Bestimmen Sie die Ableitung einmal mithilfe der Kettenregel und zum anderen nach einer Termumformung. Vergleichen Sie die Ergebnisse.

a) $f(x) = (3x^2 + 1)^2$ **b)** $f(x) = (e^x - 1)^2$ **c)** $f(x) = (e^x + e^{-x})^2$

7 Erläutern Sie, inwiefern die Ableitungsregel $(f(ax + b))' = a f'(ax + b)$ ein Spezialfall der Kettenregel ist. *Hinweis:* Es wird nach x abgeleitet.

8 Leiten Sie ab. Geben Sie eine geeignete Definitionsmenge für f an.

a) $f(x) = e^{4x+5}$
b) $f(x) = e^{x^2-x}$
c) $f(t) = e^{\sqrt{t}}$
d) $f(x) = \sqrt{x^2 + x}$
e) $f(x) = 9 \cdot \sin x^2$
f) $f(x) = e^{\cos x}$

9 Elli hat bei ihren Hausaufgaben nicht alles richtig gemacht. Korrigieren Sie.

a) $f(x) = \sin(x^2)$
$f'(x) = \cos(2x)$

b) $f(x) = (3x + 1)^3$
$f'(x) = 3(3x + 1)^2$

c) $h(x) = \cos(3x^2 - x)$
$h'(x) = (3x - 1)\cos(3x^2 - x)$

10 Bestimmen Sie die Ableitung. Geben Sie eine geeignete Definitionsmenge für f an.

a) $f(x) = (x - 2)^2$
b) $f(x) = (2x^3 + 1)^2$
c) $f(x) = (\sqrt{x} + 1)^2$
d) $f(x) = \left(2 + \frac{1}{x}\right)^2$
e) $f(x) = (x - 4)^5$
f) $f(x) = 2 \cdot (3x - 2)^3$
g) $f(x) = \sqrt{x^2 - 4}$
h) $f(x) = 5 \cdot \sqrt{x - 4}$
i) $f(x) = (2x^2 + x - 1)^4$
j) $f(x) = \sqrt{x \cdot (x + 1)}$
k) $f(x) = \frac{1}{1 + e^x}$
l) $f(x) = \frac{3}{4x + e^x}$

11 Bilden Sie die erste und die zweite Ableitung der Funktion.

a) $f(x) = 2 \cdot e^{x-1}$ **b)** $f(x) = k \cdot k^x - k^{-x}$ **c)** $f(z) = \ln(2z - 1)$ **d)** $v(t) = (t + 5)^x$

12 Bilden Sie die n-te Ableitung von f.

a) $f(x) = 2^x$ **b)** $f(x) = b^x$ **c)** $f(x) = 2^{kx} + x^n$ **d)** $f(x) = (3 - 2x)^n$

13

a) Bestimmen Sie die Ableitung der folgenden Funktionen:
$f(x) = \sin(e^{2x-1})$, $g(x) = \sqrt{\sin(3^x)}$, $h(x) = \frac{1}{e^{2x-1} + 4}$

b) Geben Sie für die Ableitung einer Funktion vom Typ $f(x) = u(v(w(x)))$ eine Regel an.

14 Das Wachsen einer Fichte kann mit dem Modell logistischen Wachstums beschrieben werden. Für die Höhe h(t) (in Meter) in Abängigkeit von der Zeit t (in Jahren) gilt:
$h(t) = \frac{80}{1 + 39e^{-0,1t}}$

a) Ermitteln Sie ohne Verwendung eines CAS einen Term für die Wachstumsgeschwindigkeit. Stellen Sie diese auch grafisch dar.

b) Bestimmen Sie, wann die Wachstumsgeschwindigkeit maximal ist. Dokumentieren Sie einen Lösungsweg, der ohne Verwendung von CAS und GTR nachvollziehbar ist.

c) Interpretieren Sie das Ergebnis von Teilaufgabe b) am Graphen von f.

eN **15**

a) Zeigen Sie ohne Verwendung eines CAS, dass die Funktion zu $f(t) = \frac{15}{1 + 5e^{-30t}}$ eine Lösung der Gleichung $f'(t) = 2 \cdot f(t)\left(15 - f(t)\right)$ ist.

b) Beweisen Sie ohne Verwendung eines CAS, dass die in der Information auf Seite 172 angegebene logistische Wachstumsfunktion eine Lösung der zugehörigen Gleichung ist.

16 Gegeben ist die Funktion f mit $f(x) = x + e^{-\frac{1}{2}x}$.

a) Bestimmen Sie den Tiefpunkt des Funktionsgraphen von f.

b) Begründen Sie, dass die Gerade mit der Gleichung $y = x$ eine Asymptote des Graphen von f ist.

17 Rechts sehen Sie einen Weg zur Bestimmung der Ableitung des natürlichen Logarithmus. Erläutern Sie.

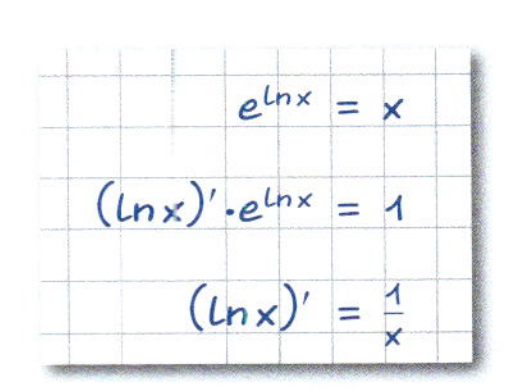

 **18** Ermitteln Sie Funktionen, die die angegebene Ableitung haben.

a) $f'(x) = 2x \cdot e^{x^2}$
b) $f'(x) = 4 \cdot e^{4x}$
c) $f'(x) = e^{2x}$
d) $f'(x) = 4x \cdot e^{x^2}$
e) $f'(x) = 3x^2 e^{x^3}$
f) $f'(x) = 2x\cos(x^2)$
g) $f'(x) = x^2 \sin(x^3)$
h) $f'(x) = \frac{3x^2}{2\sqrt{x^3 + 1}}$
i) $f'(x) = \frac{2x}{x^2 + 1}$

 **19** Berechnen Sie folgende Integrale exakt ohne ein Computer-Algebra-System zu verwenden.

a) $\int_0^1 -2x e^{-x^2}\,dx$
b) $\int_1^2 4x^3 e^{x^4}\,dx$
c) $\int_0^{\sqrt{\pi}} x \cdot \sin(x^2)\,dx$

 **20** In den Schnittpunkten des Graphen der Funktion f mit $f(x) = x^2$ mit dem Einheitskreis (Mittelpunkt M(0|0) und Radius $r = 1$) sind die Tangente an den Graphen und den Einheitskreis gezeichnet.

a) Wo schneiden diese Tangenten die x-Achse [y-Achse]?

b) Die vier Tangenten schließen ein Viereck ein. Bestimmen Sie dessen Flächeninhalt.

  **21** An den Graphen von f mit $f(x) = \sqrt{x^3 + 5}$ sollen an den Stellen 1 und −1 die Tangenten gelegt werden. Bestimmen Sie den Schnittpunkt der beiden Tangenten, ohne einen GTR oder ein CAS zu verwenden.

3.5.2 Produktregel

Einführung

Lukas hat versucht, die Ableitung der Funktion f mit $f(x) = x \cdot e^x$ zu bestimmen.
Beschreiben Sie, wie er vorgegangen ist. Zur Kontrolle hat er Graphen gezeichnet.
Wie kann man erkennen, dass sein Vorgehen fehlerhaft war?

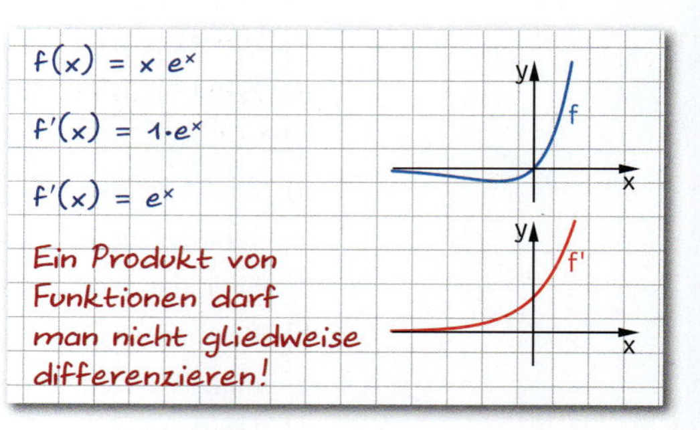

Wir betrachten eine Funktion f, die Produkt zweier Funktionen u und v ist:

$$f(x) = u(x) \cdot v(x)$$

Um die Ableitung von f an der Stelle x_0 zu bestimmen, bilden wir zunächst den Differenzenquotienten:

$$\frac{f(x) - f(x_0)}{x - x_0} = \frac{u(x) \cdot v(x) - u(x_0) \cdot v(x_0)}{x - x_0}$$

Um $f'(x_0)$ auf $u'(x_0)$ und $v'(x_0)$ zurückzuführen, formen wir den Term rechts so um, dass die Differenzenquotienten von u und v auftreten. Dies wird erreicht, wenn wir im Zähler des Bruches das Produkt $u(x_0) \cdot v(x)$ zugleich subtrahieren und addieren. Dann erhalten wir:

$$\frac{u(x) \cdot v(x) - u(x_0) \cdot v(x) + u(x_0) \cdot v(x) - u(x_0) \cdot v(x_0)}{x - x_0} = \frac{u(x) - u(x_0)}{x - x_0} \cdot v(x) + u(x_0) \cdot \frac{v(x) - v(x_0)}{x - x_0}$$

Nun muss untersucht werden, ob der Grenzwert des Differenzenquotienten für $x \to x_0$ existiert und welchen Wert er hat.

Haben u und v an der Stelle x_0 die Ableitungen $u'(x_0)$ und $v'(x_0)$, so gilt für $x \to x_0$:

$$\frac{u(x) - u(x_0)}{x - x_0} \to u'(x_0), \quad v(x) \to v(x_0) \quad \text{und} \quad \frac{v(x) - v(x_0)}{x - x_0} \to v'(x_0)$$

Also folgt:

$$f'(x_0) = \lim_{x \to x_0} \left[\frac{u(x) - u(x_0)}{x - x_0} \cdot v(x) + u(x_0) \cdot \frac{v(x) - v(x_0)}{x - x_0} \right] = u'(x_0) \cdot v(x_0) + u(x_0) \cdot v'(x_0)$$

Information

Produktregel

Die Einführung bringt folgendes Ergebnis:

Satz 10: Produktregel

Wenn die Funktionen u und v die Ableitungen u' und v' haben, so hat die Funktion f mit $f(x) = u(x) \cdot v(x)$ die Ableitung:

$$f'(x) = u'(x) \cdot v(x) + u(x) \cdot v'(x).$$

Wir schreiben kurz: $(u \cdot v)' = u' \cdot v + u \cdot v'$

Aufgabe

1 Bestimmen Sie die Ableitung zu $f(x) = x \cdot e^x$.

Lösung

Für $f(x) = x \cdot e^x$ setzen wir	$u(x) = x$	und	$v(x) = e^x$
Damit ist dann	$u'(x) = 1$	und	$v'(x) = e^x$
Damit ergibt sich	$f'(x) = 1 \cdot e^x + x \cdot e^x = (x + 1) \cdot e^x$		

Übungsaufgaben 

2 Ermitteln Sie die Ableitung einer Funktion, deren Term $f(x) = u(x) \cdot v(x)$ das Produkt zweier Funktionsterme mit positiven Funktionswerten ist. Die Abbildung rechts liefert eine Vereinfachungsmöglichkeit für den Differenzenquotienten in der h-Schreibweise. Erläutern Sie diese.

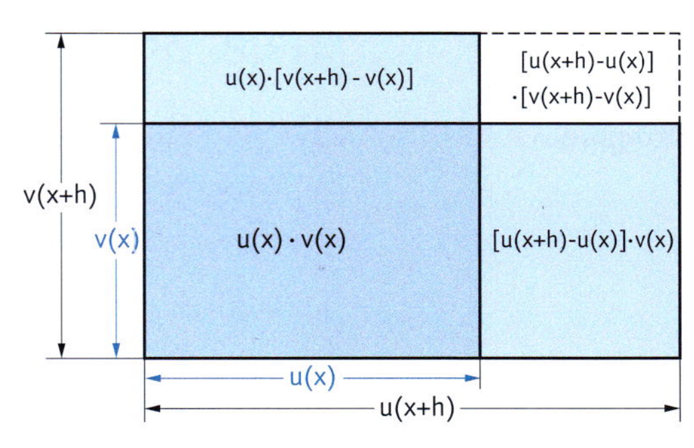

3 Leiten Sie nach der Produktregel ab.

a) $f(x) = x^2 \cdot e^x$
b) $f(x) = x \cdot \sqrt{x}$
c) $f(x) = \frac{1}{x} \cdot 2^x$
d) $f(x) = e^x \cdot \sqrt{x}$
e) $f(x) = \frac{\sqrt{x}}{x}$
f) $f(x) = \sin x \cdot e^x$
g) $f(x) = \sqrt{x} \cdot 3^x$
h) $f(x) = (x^2 + 1) \cdot \sin x$
i) $f(x) = x^3 \cdot e^x$
j) $f(x) = 4x \cdot \cos x$
k) $f(x) = \sin^2 x$
l) $f(x) = e^x \cdot (x^2 - \cos x)$
m) $f(x) = (x^2 + e^x) \cdot \sqrt{x}$
n) $f(x) = \sqrt{x} \cdot \cos x$
o) $f(x) = e^x \cdot \ln x$
p) $f(x) = (2x^2 - 9) \cdot e^x$

 **4** Antonio hat bei seinen Hausaufgaben nicht alles richtig gemacht. Korrigieren Sie, wo nötig.

a) $f(x) = x^3 \cdot \sin x$
$f'(x) = 3x^2 \cdot \cos x$

b) $f(t) = te^t$
$f'(t) = e^t + te^t$

c) $f(x) = e^x \cdot \cos x$
$f'(x) = e^x \cos x + e^x \sin x$

5 Bilden Sie die Ableitung.

a) $f(x) = (a + x) \cdot e^x$
b) $f(x) = ax^2 \cdot e^{-x}$
c) $f(x) = a\sqrt{x} \cdot \sin x$
d) $f(x) = \frac{\sqrt{x}}{c \cdot x}$; $(c \neq 0)$
e) $f(x) = (2ax)^2 \cdot \frac{1}{x}$
f) $f(x) = \frac{\sin x \cdot \cos x}{p}$; $(p \neq 0)$

6 Die Faktorregel kann man als Spezialfall der Produktregel ansehen. Zeigen Sie dies.

7 Ermitteln Sie die ersten drei Ableitungen der Funktion f mit $f(x) = e^x(x^2 - 1)$. Erläutern Sie, welchen Vorteil die rechts vorgenommene Termumformung nach dem Ableiten hat.

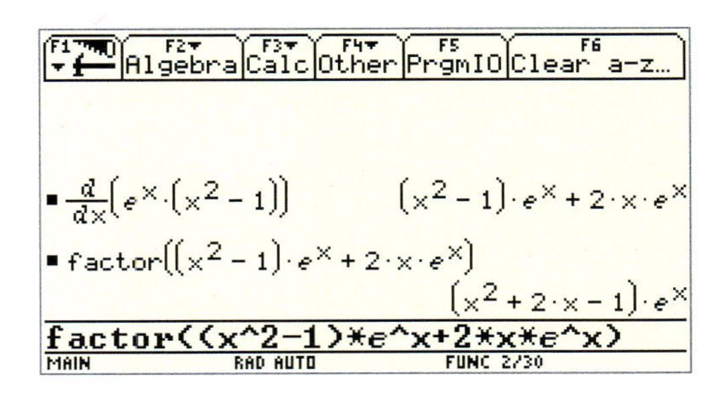

8 Gegeben ist eine Funktion f mit $f(x) = (u(x))^2$. Bestimmen Sie die Ableitung f′ und formulieren Sie eine Regel.

9 Ermitteln Sie die Ableitung zu $f(x) = (\sin x)^2 + (\cos x)^2$. Erklären Sie das erstaunliche Ergebnis.

10 Erläutern Sie, wie man mit dem Ansatz rechts die Produktregel herleiten kann und führen Sie ihn zuende. Nennen Sie dann auch die als Voraussetzung benötigten Ableitungsregeln.

$$(u(x) + v(x))^2 = (u(x))^2 + 2u(x)v(x) + (v(x))^2$$
$$u(x)v(x) = \frac{1}{2}\left((u(x) + v(x))^2 - (u(x))^2 - (v(x))^2\right)$$
$$(u(x)v(x))' = \left(\frac{1}{2}\left((u(x) + v(x))^2 - (u(x))^2 - (v(x))^2\right)\right)'$$

11 Bestimmen Sie die Extrem- und Wendepunkte des Graphen von f, ohne einen Rechner.

a) $f(x) = 5 \cdot x \cdot e^{1-x}$
b) $f(x) = 10 \cdot x \cdot e^{-\frac{1}{2}x^2}$

3.5.3 Quotientenregel

Aufgabe

1

a) Zeigen Sie an einem geeigneten Beispiel, dass für die Ableitung f′ von f mit $f(x) = \frac{u(x)}{v(x)}$ *nicht* gilt: $f'(x) = \frac{u'(x)}{v'(x)}$

b) Bestimmen Sie mithilfe der Kettenregel und der Produktregel die Ableitung zu $f(x) = \frac{e^x}{\sin x}$.

Lösung

a) Gegenbeispiel: $f(x) = \frac{x^2}{x} = x$ mit $x \neq 0$ hat die Ableitung $f'(x) = 1$ und nicht $f'(x) = \frac{2x}{1} = 2x$.

b) Schreiben wir den Funktionsterm in der Form $f(x) = \frac{e^x}{\sin x} = e^x \cdot \frac{1}{\sin x} = e^x \cdot (\sin x)^{-1}$, so erkennt man, dass die Ableitung mithilfe der Produktregel und der Kettenregel bestimmt werden kann:

$$\begin{aligned} f'(x) &= (e^x)' \cdot (\sin x)^{-1} + e^x \left((\sin x)^{-1}\right)' \\ &= e^x \cdot (\sin x)^{-1} + e^x \cdot (-1) \cdot (\sin x)^{-2} \cdot \cos x \\ &= \frac{e^x}{\sin x} - \frac{e^x \cdot \cos x}{(\sin x)^2} \\ &= \frac{e^x \cdot \sin x - e^x \cdot \cos x}{(\sin x)^2} \end{aligned}$$

Information

Quotientenregel

Die Überlegungen bei der Lösung von Aufgabe 1b kann man verallgemeinern.

Satz 11: Quotientenregel

Wenn die Funktionen u und v die Ableitungen u′ und v′ haben, dann hat die Funktion f mit $f(x) = \frac{u(x)}{v(x)}$ mit $v(x) \neq 0$ die Ableitung

$$f'(x) = \frac{u'(x) \cdot v(x) - u(x) \cdot v'(x)}{\left(v(x)\right)^2}.$$

Wir schreiben kurz: $\left(\frac{u}{v}\right)' = \frac{u' \cdot v - u \cdot v'}{v^2}$.

Beweis von Satz 11

Schreiben wir $f(x) = \frac{u(x)}{v(x)} = u(x) \cdot \frac{1}{v(x)} = u(x) \cdot \left(v(x)\right)^{-1}$, so können wir die Ableitung mithilfe der Produkt- und der Kettenregel bilden:

$$f'(x) = u'(x) \cdot \frac{1}{v(x)} + u(x) \cdot \left(-\frac{1}{\left(v(x)\right)^2} \cdot v'(x)\right) = \frac{u'(x)\,v(x) - u(x)\,v'(x)}{\left(v(x)\right)^2}$$

Beachten Sie: Für $g(x) = \frac{1}{x}$ ist $g'(x) = -\frac{1}{x^2}$.

Beispiele für die Anwendung der Quotientenregel

(1) Es ist: $f(x) = \frac{3x + 1}{x^2 + 1}$

Wir setzen: $u(x) = 3x + 1$; $v(x) = x^2 + 1$

Dann ist: $u'(x) = 3$; $v'(x) = 2x$

$$f'(x) = \frac{u'(x) \cdot v(x) - u(x) \cdot v'(x)}{\left(v(x)\right)^2} = \frac{3 \cdot (x^2 + 1) - (3x + 1) \cdot 2x}{(x^2 + 1)^2} = \frac{3x^2 + 3 - 6x^2 - 2x}{(x^2 + 1)^2} = \frac{-3x^2 - 2x + 3}{(x^2 + 1)^2}$$

(2) Für $f(x) = \frac{\sin x}{e^x}$ setzen wir: $u(x) = \sin x$; $v(x) = e^x$

Dann ist: $u'(x) = \cos x$, $v'(x) = e^x$

Damit folgt $f'(x) = \frac{\cos x \cdot e^x - \sin x \cdot e^x}{(e^x)^2} = \frac{\cos x - \sin x}{e^x}$

Weiterführende Aufgaben

2 Ableitung der Tangensfunktion

Es ist $\tan x = \frac{\sin x}{\cos x}$. Beweisen Sie damit den folgenden Satz.

Satz 12

Für die Ableitung der Tangensfunktion gilt:

$$(\tan x)' = \frac{1}{\cos^2 x} = 1 + (\tan x)^2 \quad \text{für} \quad x \neq \frac{\pi}{2} + n\pi, \quad n \in \mathbb{Z}$$

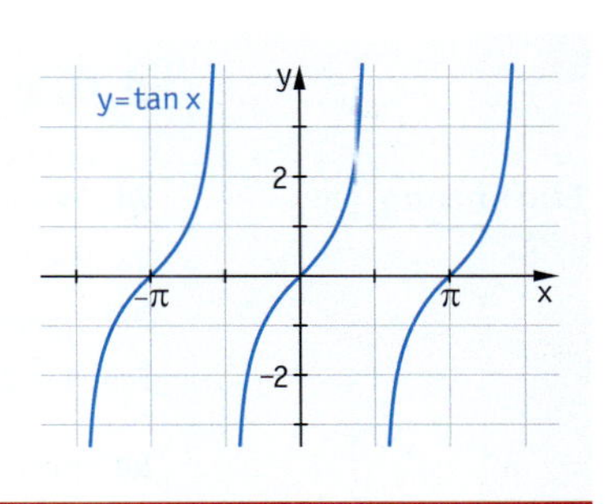

Übungsaufgaben

3

a) Bestimmen Sie die Ableitung der Funktion f mit $f(x) = \frac{x^2}{\sin x} = x^2 \cdot (\sin x)^{-1}$.

b) Stellen Sie eine allgemeine Regel für die Ableitung eines Quotienten zweier Funktionen auf.

4 Leiten Sie nach der Quotientenregel ab. Bilden Sie auch die 2. Ableitung.

a) $f(x) = \frac{x^2}{x^2 + 1}$ **b)** $f(x) = \frac{3x}{x^2 - 1}$ **c)** $f(x) = \frac{7x + 4}{2x + 6}$ **d)** $f(x) = \frac{1}{x^2 - 1}$ **e)** $f(x) = \frac{x^2 + 1}{x}$ **f)** $f(x) = \frac{3x}{7x^5 - 1}$ **g)** $f(x) = \frac{8x^2 - 1}{x + 2}$ **h)** $f(x) = \frac{2x^2 + 5}{x - 1}$

5 Bilden Sie die Ableitung von f.

a) $f(x) = \frac{x^3 + 2x - 1}{x - 1}$ **b)** $f(x) = \frac{x^3 + x^2 + 1}{x^2 - 1}$ **c)** $f(x) = \frac{\frac{1}{2}x^2 - x + \frac{1}{7}}{\frac{3}{2}x + 1}$ **d)** $f(x) = \frac{\sqrt{x} \cdot \sin x}{e^x}$

6 Was hat Marcus falsch gemacht?

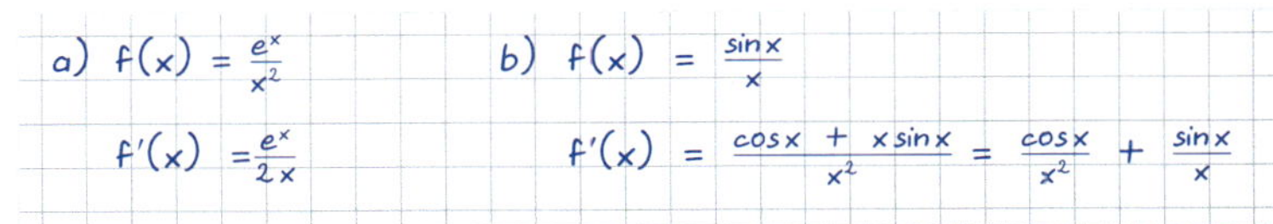

7 Leiten Sie ab.

a) $f(x) = \frac{\sqrt{x}}{e^x}$ **b)** $f(x) = \frac{e^x}{x^2}$ **c)** $f(x) = \frac{x}{e^x}$ **d)** $f(x) = \frac{1}{\ln x}$

e) $f(x) = \frac{1}{\sin x}$ **f)** $f(x) = \frac{\cos x}{x^2}$ **g)** $f(x) = \frac{x^2}{\cos x}$ **h)** $f(x) = \frac{\sqrt{x} + x}{\sin x}$

i) $f(x) = \frac{\sqrt{x}}{x}$ **j)** $f(x) = \frac{x}{\sqrt{x}}$ **k)** $f(x) = \frac{2^x}{\sqrt{x}}$ **l)** $f(x) = \frac{\frac{1}{x} + \sqrt{x}}{\frac{1}{x} - \sqrt{x}}$

m) $f(x) = \frac{\sqrt{x} + e^2}{\cos x}$ **n)** $f(x) = \frac{4ax^2}{\sqrt{x}}$ **o)** $f(x) = \frac{\sqrt{ax}}{2bx}$ **p)** $f(x) = \frac{x^2 + x^3}{\sin(e^x)}$

8 Bilden Sie die Ableitung der Funktion.

a) $f(x) = x^2 \cdot \tan x$ **b)** $f(x) = \frac{\tan x}{x}$ **c)** $f(x) = \frac{e^x}{\tan x}$

eN **9** Gegeben ist eine Funktion u mit der Ableitung u'.

a) Zeigen Sie: Die Funktion F mit $F(x) = \frac{u(x)}{u(x) + 1}$ ist eine Stammfunktion zu f mit $f(x) = \frac{u'(x)}{(u(x) + 1)^2}$.

b) Nutzen Sie das Ergebnis aus Teilaufgabe a) und berechnen Sie $\int_0^k \frac{2x}{(x^2 + 1)^2}\,dx$ für $k = 10, 100, 1000$.

Äußern Sie eine Vermutung über den Wert des Integrals im Fall $k \to \infty$ und beweisen Sie diese.

3.6 Lösen von Differenzialgleichungen

3.6.1 Richtungsfeld – EULER-Verfahren

Einführung

Wir betrachten die Differenzialgleichung $f'(x) = -\frac{x}{f(x)}$ mit $f(x) \neq 0$.
Da $y = f(x)$, schreiben wir $f'(x) = -\frac{x}{y}$. Wir fassen nun $(x\,|\,y)$ als Koordinaten von Punkten der Ebene auf.
Dann kann man die Gleichung $f'(x) = -\frac{x}{y}$ so deuten:
Jedem Punkt $P(x\,|\,y)$ der Ebene ist eine Steigung $f'(x) = -\frac{x}{y}$ zugeordnet.

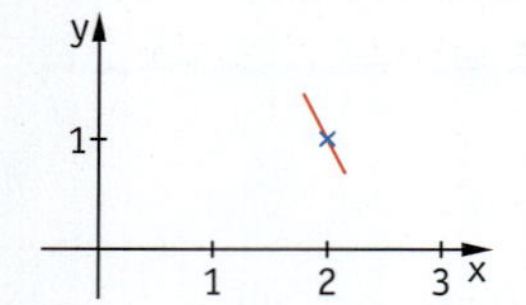

Beispiel

Dem Punkt $P(2\,|\,1)$ ist die Steigung $f'(2) = -\frac{2}{1} = -2$ zugeordnet. Man kann die Steigung durch ein kurzes Geradenstück (einen Strich) andeuten (siehe links). Denkt man sich bei jedem Punkt der Ebene einen solchen Strich gezeichnet, so erhält man das **Richtungsfeld der Differenzialgleichung** $f'(x) = -\frac{x}{f(x)}$. Jeder Strich des Richtungsfeldes gibt die Richtung an, in welcher der Graph einer Lösungsfunktion verläuft.

Zeichnet man in mehreren Punkten diese Striche ein, so erhält man einen guten Eindruck von den Graphen der Lösungsfunktion: Das Richtungsfeld der obigen Differenzialgleichung ist rotationssymmetrisch zum Ursprung. Der Graph der Lösung könnte ein Halbkreis um den Ursprung sein:

$$f(x) = \sqrt{r^2 - x^2}$$

Zur Kontrolle bilden wir die Ableitung mithilfe der Kettenregel:

$$f'(x) = \frac{1}{2\sqrt{r^2 - x^2}} \cdot (-2x) = -\frac{x}{\sqrt{r^2 - x^2}} = -\frac{x}{f(x)}$$

Entsprechendes gilt für den unteren Halbkreis.

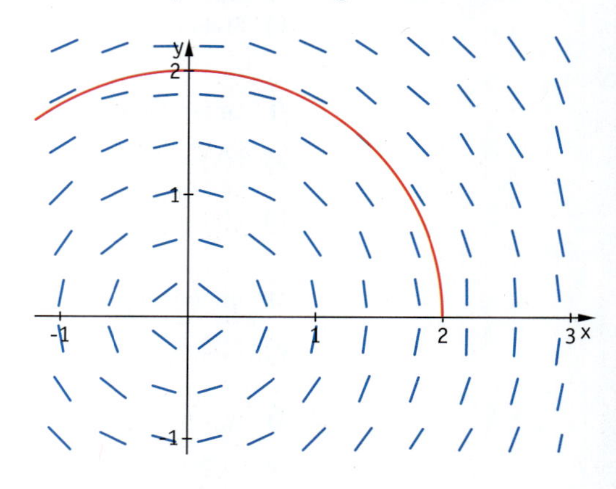

Information

Zeichnen des Richtungsfeldes der Differenzialgleichung mithilfe von CAS

Zunächst wird unter **MODE** für Graphen die Option **DIFF EQUATIONS** ausgewählt. Dann wird im **y=**-Menü die Differenzialgleichung eingegeben. Dabei ist als Variable t statt x zu wählen. Ferner kann man einen Anfangswert für die Lösungsfunktion eingeben.

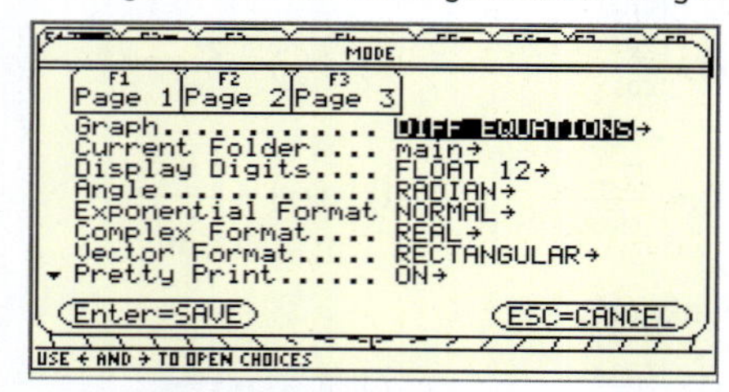

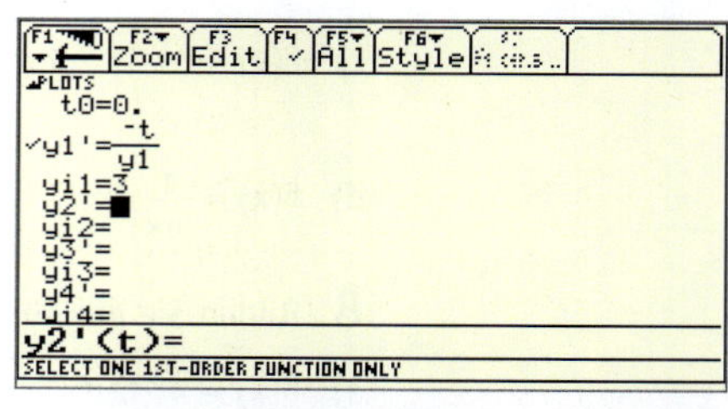

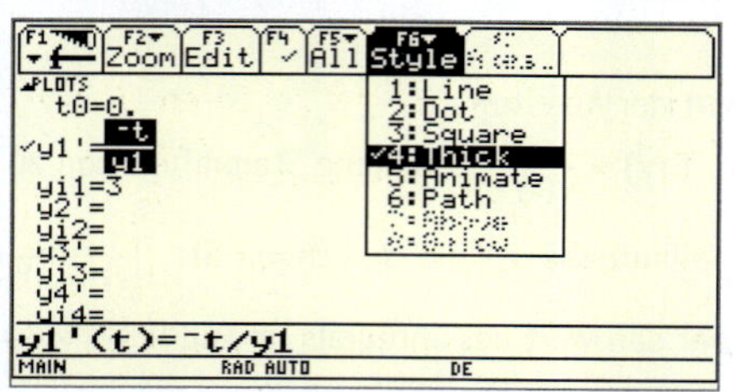

Mit dem Befehl **GRAPH** erhält man schließlich das Richtungsfeld der Differenzialgleichung und zusätzlich den Graphen der Lösungsfunktion zu dem angegebenen Anfangswert. Verzichtet man auf die Eingabe eines Anfangswertes, so erhält man nur das Richtungsfeld.

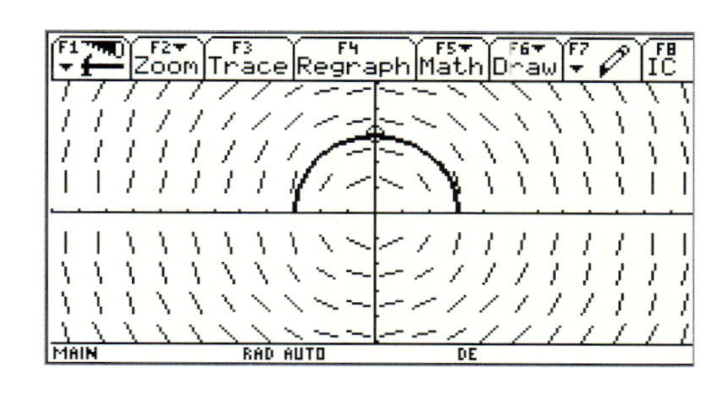

Übungsaufgaben

1 Zeichnen Sie das Richtungsfeld der Differenzialgleichung und tragen Sie näherungsweise die Graphen einiger Lösungsfunktionen in das Richtungsfeld ein.
Kann man eine Vermutung aufstellen? Bestimmen Sie anschließend die Lösungsmenge der Differenzialgleichung und vergleichen Sie das Ergebnis mit der Vermutung.

a) $f'(x) = 2\frac{f(x)}{x}$, $x \neq 0$, $f(x) \neq 0$

b) $f'(x) = \frac{f(x)}{x}$, $x \neq 0$, $f(x) \neq 0$

c) $f'(x) = 2x f(x)$, $f(x) \neq 0$

d) $f'(x) = f(x)$, $f(x) \neq 0$

e) $f'(x) = 2x$

f) $f'(x) = -(f(x))^2$

2 **Euler-Verfahren zum numerischen Lösen einer Differenzialgleichung**
Das Richtungsfeld liefert die Idee zum näherungsweisen Lösen einer Differenzialgleichung, in der keine höhere als die 1. Ableitung vorkommt.
Man startet bei einem Punkt $P_k(x_k \mid f(x_k))$ auf dem Graphen einer Lösungsfunktion. Daraus ergeben sich die Koordinaten eines weiteren Punktes $P_{k+1}(x_{k+1} \mid f(x_{k+1}))$ auf dem Graphen der Lösungsfunktion näherungsweise dadurch, dass man den Graphen der Funktion durch die Tangente ersetzt.

a) Begründen Sie anhand der Skizze rechts:
Für $x_{k+1} = x_k + h$ folgt
$f(x_{k+1}) = f(x_k) + h \cdot f'(x_k)$ wobei h die *Schrittweite* ist.
Dabei kann $f'(x_k)$ mithilfe der Differenzialgleichung aus dem Wertepaar $(x_k \mid f(x_k))$ berechnet werden. Dieses Verfahren setzt man dann entsprechend fort. Hierfür kann ein Taschenrechner oder ein Computer eingesetzt werden. Für kleine Schritte h liefert dieses Verfahren eine gute Näherung.

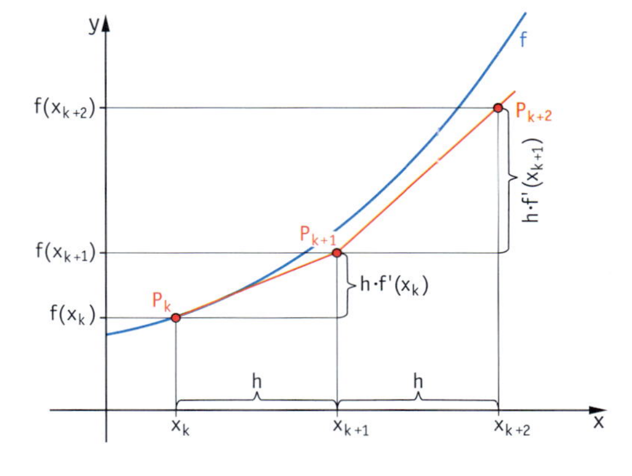

b) Gegeben sei nun die Differenzialgleichung $f'(x) = x + f(x)$.
Bestimmen Sie nach diesem Verfahren die spezielle Lösung im Intervall [1; 1,5], die durch den Punkt $P(1 \mid 1)$ verläuft. Die Schrittweite h soll 0,1 betragen.
Zeichnen Sie den Graphen.

3 Lösen Sie numerisch mit der Schrittweite $h = 0{,}1$ und der Intervalllänge 1.

a) $f'(x) = 1 - f(x)$ mit $f(0) = 0$

b) $f'(x) + 1 = f(x)$ mit $f(0) = 2$

c) $f'(x) = \frac{1}{3}(f(x) - 1)$ mit $f(1) = 2$

d) $f'(x) = \frac{f(x) - 1}{2}$ mit $f(0) = 2$

e) $f'(x) = \frac{f(x)}{2 - f(x)}$ mit $f(0) = 1$

f) $f'(x) = x^2 + f(x)$ mit $f(0) = 0$

3.6.2 Lösen durch Separation der Variablen

Einführung

(1) Problem

Gesucht sind alle Funktionen f, deren Graphen im 1. Quadranten verlaufen, für die gilt: Zeichnet man der Stelle x die Tangente an den Graphen, so schneidet diese Tangente die x-Achse an der Stelle $\frac{1}{2}x$.

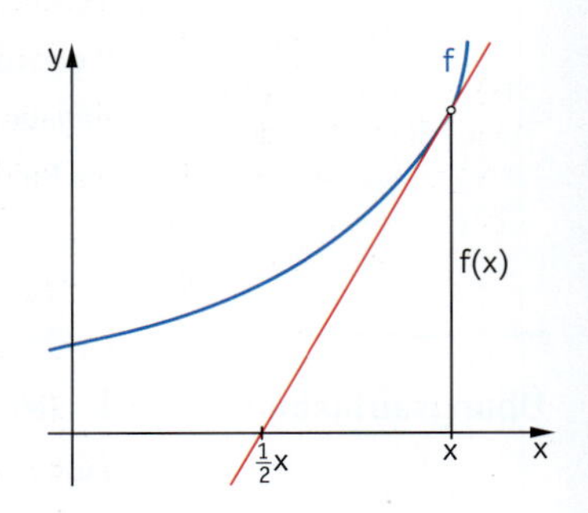

(2) Aufstellen einer Differenzialgleichung

Aus dem Steigungsdreieck der Tangente ergibt sich

$f'(x) = \frac{f(x)}{\frac{1}{2}x} = \frac{2\,f(x)}{x}$.

Die einschränkende Bedingung lautet $x > 0$ und $f(x) > 0$.

(3) Lösen der Differenzialgleichung nach dem Verfahren der Separation der Variablen

Beim Lösen von Gleichungen für Zahlen formt man in einem ersten Schritt häufig so um, dass die Terme mit der Variablen auf einer Seite stehen und die restlichen Terme auf der anderen Seite der Gleichung. Beim Lösen von Differenzialgleichungen ist es entsprechend günstig, die Terme mit der Funktion und ihrer Ableitung auf eine Seite zu bringen und die übrigen Terme auf die andere Seite der Differenzialgleichung.

$f'(x) = \frac{f(x)}{\frac{1}{2}x} = \frac{2\,f(x)}{x}$ | $:f(x)$

$\frac{f'(x)}{f(x)} = \frac{2}{x}$

In dieser Gleichung ist $f(x)$ und $f'(x)$ von dem Term $\frac{2}{x}$ getrennt („separiert“).

Um die Funktion zu ermitteln, müsste man den Ableitungsterm aus der Gleichung eliminieren. Dies kann durch „Aufleiten“ geschehen.

Die linke Seite ist die Ableitung der Funktion $\ln(f(x))$, die rechte die Ableitung der Funktion $2\ln(x)$. Also können wir schreiben:

$\ln(f(x))' = (2\ln(x))'$

Beachte: $x > 0$ und $f(x) > 0$

Wenn die Ableitungen zweier Funktionen in einem Intervall übereinstimmen, müssen die Funktionen nicht unbedingt übereinstimmen, sie können sich aber höchstens um eine additive Konstante $k \in \mathbb{R}$ unterscheiden; also:

$\ln(f(x)) = 2\ln(x) + k$ | Logarithmengesetze

$\ln(f(x)) = \ln(x^2) + k$ | $e^{(\ )}$

$e^{\ln(f(x))} = e^{\ln(x^2) + k} = e^{\ln(x^2)} \cdot e^k$ | Potenzgesetze

$f(x) = e^k \cdot x^2$ | Schreibe kürzer $c = e^k$ als neue Konstante $c > 0$.

$f(x) = c\,x^2$

(4) Ergebnis

Alle Lösungen der Differenzialgleichung $f'(x) = \frac{2 \cdot f(x)}{x}$ mit $x > 0$ haben den Funktionsterm $f(x) = c \cdot x^2$ mit $c > 0$. Alle diese Funktionen f erfüllen auch die Differenzialgleichung, wie folgende Probe zeigt:

Es gilt $f'(x) = 2c \cdot x$ und somit:

$\frac{2 \cdot f(x)}{x} = \frac{2 \cdot c \cdot x^2}{x} = 2cx$ für $x > 0$.

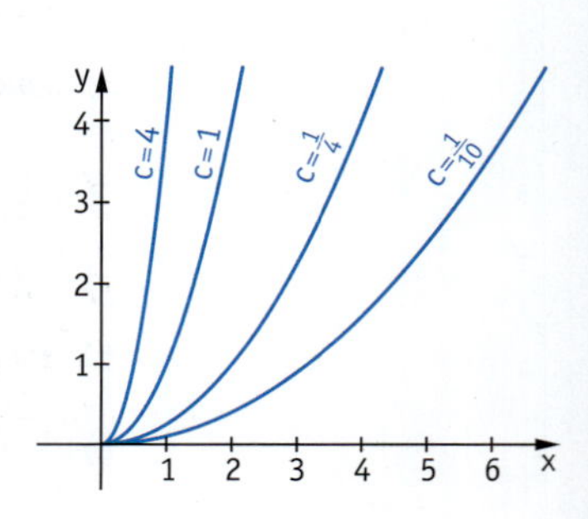

Information

$f'(x) = g(x)$ | Stammfunktion bilden

$f(x) = h(x) + c$, wobei h eine Stammfunktion von g und c eine reelle Zahl ist.

(1) Lösungsverfahren der Separation der Variablen

Man kann manchmal alle Lösungen einer Differenzialgleichung bestimmen, indem man den Funktionsterm $f(x)$ und die Ableitung $f'(x)$ auf die linke Seite der Differenzialgleichung bringt und alle übrigen Terme, wie Zahlen oder Vielfache von x, x^2, ..., auf die rechte Seite. Dann bestimmt man für beide Seiten der Differenzialgleichung die Stammfunktionen. Diese beiden Stammfunktionen können sich höchstens durch eine additive Konstante unterscheiden.

(2) Differenzialgleichungen für Wachstumsprozesse

Aus der Betrachtung der verschiedenen Wachstumsmodelle haben wir verschiedene Differenzialgleichungen erhalten.

Wachstumsmodell	Differenzialgleichung	Alle Lösungsfunktionen haben die Form
linear	$f'(t) = k$	$f(t) = k \cdot t + c$
exponentiell	$f'(t) = k \cdot f(t)$	$f(t) = c \cdot e^{k \cdot t}$
begrenzt	$f'(t) = k \cdot (S - f(t))$	$f(t) = S + c \cdot e^{-k \cdot t}$
logistisch	$f'(t) = k \cdot f(t) \cdot (S - f(t))$	$f(t) = \frac{S}{1 + c \cdot e^{-k \cdot S \cdot t}}$

Die Konstante c kann jeweils durch ein gegebenes Datenpaar $(t \mid f(t))$ angepasst werden.

Weiterführende Aufgabe

1 Lösen der Differenzialgleichungen verschiedener Wachstumsmodelle

a) Lösen Sie die Differenzialgleichung für lineares, exponentielles und begrenztes Wachstum allgemein.

b) Logistische Wachstumsfunktionen haben bekanntlich einen Funktionsterm der Form $f(x) = \frac{a}{1 + b \cdot e^{-k \cdot x}}$. Die Funktion im Nenner erinnert an Funktionen, die begrenztes Wachstum beschreiben. Man könnte also versuchen, statt $f(x)$ den Kehrwert $\frac{1}{f(x)}$ zu betrachten. Setzen Sie $g(x) = \frac{1}{f(x)}$. Erläutern Sie die Schritte rechts. Bestimmen Sie $g(x)$ und daraus dann $f(x)$.

$$f'(x) = k \cdot f(x) \cdot (S - f(x))$$
$$-\frac{g'(x)}{(g(x))^2} = k \cdot \frac{1}{g(x)} \cdot \left(S - \frac{1}{g(x)}\right)$$
$$g'(x) = -k \cdot (S \cdot g(x) - 1)$$
$$g'(x) = -kS \cdot \left(g(x) - \frac{1}{S}\right)$$

Übungsaufgaben

2 Bestimmen Sie durch Separation die Lösungsmenge der Differenzialgleichung.

a) $f(x) = x \cdot f'(x);\ x > 0;\ f(x) > 0$

b) $f(x) = -x \cdot f'(x);\ x > 0;\ f(x) > 0$

3 Bestimmen Sie die Lösungsmenge der Differenzialgleichung.

a) $f'(x) \cdot (f(x))^2 = x;\ x \in \mathbb{R};\ f(x) > 0$

b) $f'(x) \cdot (f(x))^4 = \sin x;\ x \in \mathbb{R};\ f(x) > 0$

c) $f'(x) \cdot x^2 + f(x) \cdot 2x = x;\ x \in \mathbb{R} \setminus \{0\}$

d) $f(x) \cdot e^x + f'(x) \cdot e^x = -e^{-x};\ x \in \mathbb{R}$

4 Bestimmen Sie die Lösungsmenge mit dem Verfahren der Separation.

a) $f'(x) = \frac{x}{(f(x))^3}\ x \in \mathbb{R};\ f(x) > 0$

b) $x - f(x) \cdot f'(x) = 0;\ x \in \mathbb{R};\ f(x) > 0$

c) $f'(x) \cdot f(x) - x^2 = 3;\ x > 0;\ f(x) > 0$

d) $f'(x) = (f(x))^2 \cdot x;\ x \in \mathbb{R}$

5 Bestimmen Sie alle Funktionen f, für die gilt:

Die Tangente an den Graphen von f an der Stelle x verläuft durch den Punkt $P(1 \mid 0)$ [$P(-1 \mid 0)$; $P(0 \mid 1)$; $P(0 \mid -1)$].

3.7 Funktionsuntersuchungen

Ziel

Mithilfe eines GTR kann man den Verlauf eines Funktionsgraphen, z. B. zu $f(x) = \frac{e^x}{(x^2 - 10x)^2}$ in beliebigen Ansichtsfenstern zeichnen. Dennoch bleibt die Frage offen, ob der gewählte Ausschnitt alle wesentlichen Eigenschaften des Graphen zeigt. Es ist auch möglich, dass es kein Fenster gibt, das diese alle zugleich zeigt.

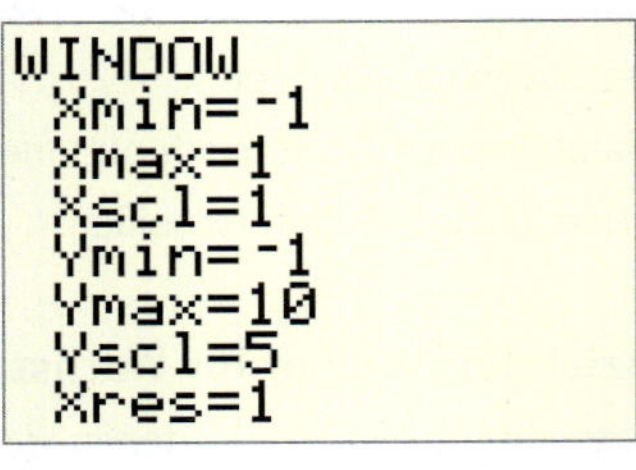

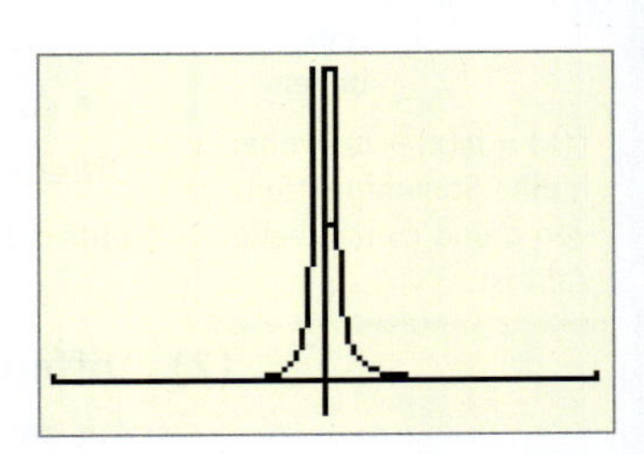

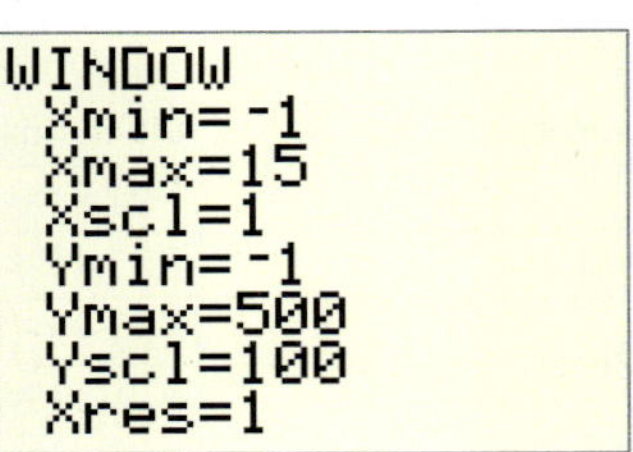

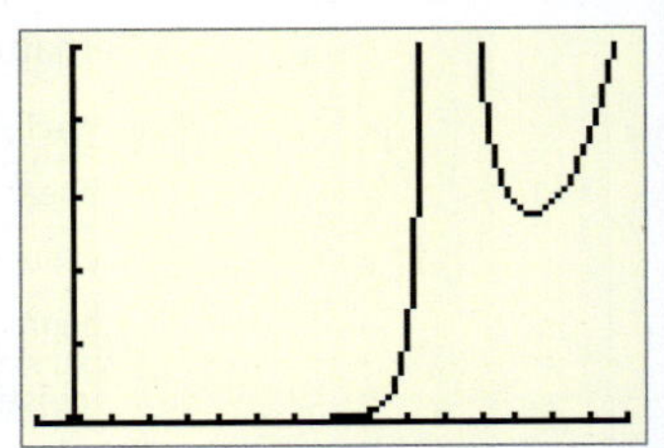

Bei ganzrationalen Funktionen haben Sie Kriterien kennengelernt, mit denen man aus dem Funktionsterm Eigenschaften wie z. B. Globalverlauf, Symmetrie, Nullstellen, Extrempunkte und Wendepunkte ermitteln kann. In diesem Kapitel erweitern Sie Ihre Kenntnisse auf eine größere Klasse von Funktionen, deren Terme auch solche mit der e-Funktion enthalten können.

3.7.1 Summe, Differenz und Produkt von Funktionen

Einführung

Summe von Funktionen

Der Verlauf des Graphen zu $f(x) = \frac{1}{2}e^{-x} + x - 2$ kann ohne Verwendung eines GTR schnell skizziert werden, so dass alle wesentlichen Eigenschaften vollständig erkennbar sind. Der Funktionsterm $f(x)$ ist die Summe eines Exponentialfunktionsterms $f_1(x) = \frac{1}{2}e^{-x}$ und eines linearen Funktionsterms $f_2(x) = x - 2$, deren Graphen wir zuerst zeichnen. Der Graph zu f_1 verläuft vollständig oberhalb der x-Achse: Für $x \to -\infty$ gilt $f_1(x) \to \infty$ und für $x \to \infty$ gilt $f_1(x) \to 0$, d. h. der Graph zu $f_1(x)$ hat für $x \to \infty$ die x-Achse als Asymptote. Der Graph zu f_2 ist eine Gerade mit dem y-Achsenabschnitt -2 und der Steigung 1. Für $x < 2$ verläuft die Gerade unterhalb der x-Achse, für $x > 2$ oberhalb.

Da jeder y-Wert der Funktion f die Summe der entsprechenden y-Werte der Funktionen f_1 und f_2 ist, ergeben sich sofort folgende Eigenschaften von f:

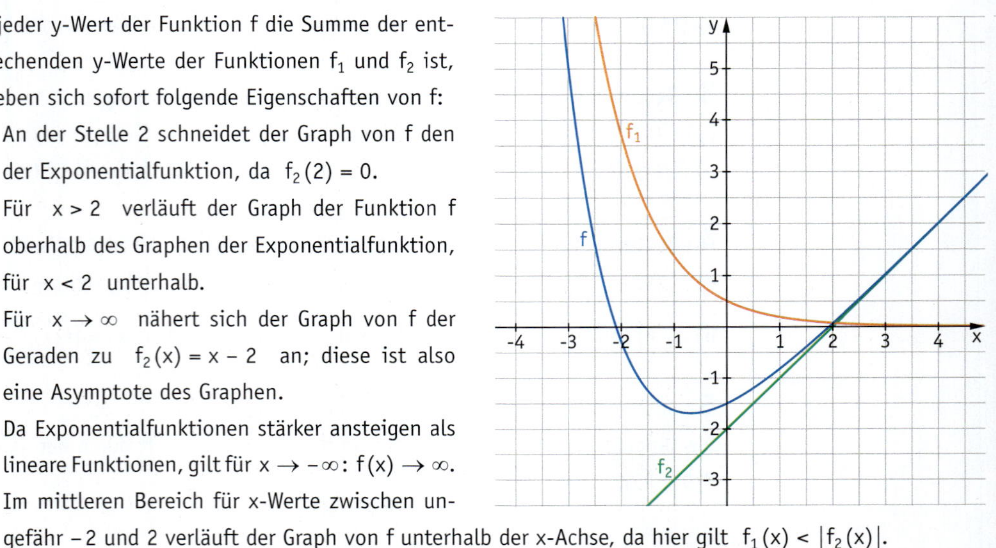

- An der Stelle 2 schneidet der Graph von f den der Exponentialfunktion, da $f_2(2) = 0$.
- Für $x > 2$ verläuft der Graph der Funktion f oberhalb des Graphen der Exponentialfunktion, für $x < 2$ unterhalb.
- Für $x \to \infty$ nähert sich der Graph von f der Geraden zu $f_2(x) = x - 2$ an; diese ist also eine Asymptote des Graphen.
- Da Exponentialfunktionen stärker ansteigen als lineare Funktionen, gilt für $x \to -\infty$: $f(x) \to \infty$.
  Im mittleren Bereich für x-Werte zwischen ungefähr -2 und 2 verläuft der Graph von f unterhalb der x-Achse, da hier gilt $f_1(x) < |f_2(x)|$.

- Der Graph von f hat somit zwei Schnittpunkte mit der x-Achse und dazwischen einen Tiefpunkt. Die Schnittpunkte lassen sich nur näherungsweise bestimmen: $S_1(-2{,}11 \mid 0)$ und $S_2(1{,}93 \mid 0)$.
  Der Tiefpunkt lässt sich algebraisch exakt ermitteln mithilfe der Ableitung $f'(x) = -\frac{1}{2}e^{-x} + 1$
  Kettenregel
  Am Tiefpunkt gilt: $f'(x) = 0$, also
  $$-\tfrac{1}{2}e^{-x} + 1 = 0$$
  $$e^{-x} = 2$$
  $$-x = \ln 2$$
  $$x = -\ln 2$$
  Der y-Wert ist $f(-\ln 2) = \frac{1}{2}e^{-(-\ln 2)} + (-\ln 2) - 2 = -\ln 2 - 1$
  Also gilt für den Tiefpunkt $T(-\ln 2 \mid -\ln 2 - 1)$ bzw. näherungsweise $(-0{,}7 \mid -1{,}7)$.
  Da der prinzipielle Verlauf des Graphen zuvor geklärt wurde, ist hier auch ohne weitere Anwendung eines hinreichenden Kriteriums gesichert, dass an der Stelle $-\ln 2$ ein lokales Minimum der Funktion f vorliegt.

Aufgabe

1 Differenz von Funktionen

Skizzieren Sie den Verlauf des Graphen zu $f(x) = e^x - x^2$ ohne Verwendung eines GTR mithilfe von Teilfunktionen; schreiben Sie dazu den Funktionsterm als Summe. Geben Sie Eigenschaften der Funktion an.

Lösung

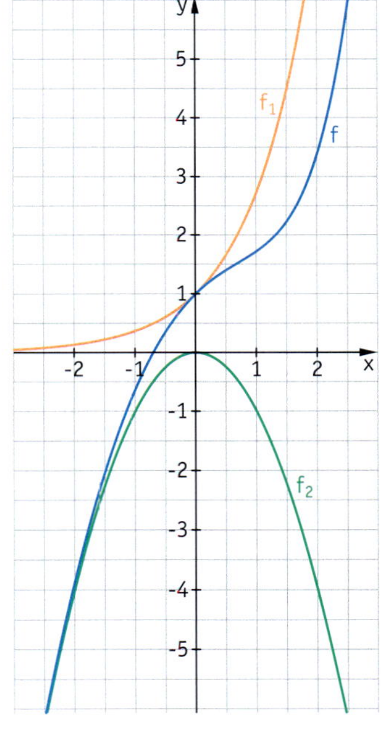

Wir schreiben den Funktionsterm als Summe $f(x) = e^x + (-x^2)$ eines Exponentialfunktionsterms $f_1(x) = e^x$ und eines quadratischen Funktionsterms $f_2(x) = -x^2$.
Dem als Summe geschriebenen Funktionsterm entnimmt man sofort:

- Wegen $-x^2 \le 0$ verläuft der Graph zu f vollständig unterhalb des Graphen zu f_1 – bis auf die Stelle 0, an der sich beide Graphen berühren.
- Für $x \to -\infty$ nähert sich der Graph zu f der Parabel zu $f_2(x) = -x^2$ an, da $f_1(x) \to 0$ für $x \to -\infty$.
- Für $x \to \infty$ gilt $f(x) \to \infty$, da die Exponentialfunktion stärker ansteigt als eine quadratische Funktion.
- f hat demzufolge eine Nullstelle, die sich näherungsweise ermitteln lässt: $x \approx -0{,}70$.
- Der Graph von f muss einen Wendepunkt besitzen, da er zunächst rechtsgekrümmt wie die Parabel ist und später linksgekrümmt wie der Graph der Exponentialfunktion. Wir ermitteln ihn mithilfe der 2. Ableitung: $f''(x) = e^x - 2$
  Aus $f''(x) = 0$ ergibt sich $x = \ln 2$.
  Also liegt der Wendepunkt bei $W\left(\ln 2 \mid 2 - (\ln 2)^2\right)$ oder näherungsweise $(0{,}69 \mid 1{,}52)$
  Dem Augenschein nach handelt es sich nicht um einen Sattelpunkt. Dies lässt sich überprüfen durch Bestimmen der Nullstellen von f':
  $f'(x) = e^x - 2x$
  Da der Graph zu $y = e^x$ vollständig oberhalb der Ursprungsgeraden zu $y = 2x$ verläuft, hat der Graph von f' keine Nullstelle und somit hat der Graph von f keine Punkte mit waagerechter Tangente, also insbesondere auch keine Hoch- und Tiefpunkte.

Information

(1) Überlagerung von Funktionsgraphen

Kann man den Funktionsterm einer Funktion f als Summe der Terme zweier einfacherer Funktionen f_1 und f_2 schreiben, d. h. $f(x) = f_1(x) + f_2(x)$, so kann man den Verlauf des Graphen von f aus denen zu f_1 und f_2 ermitteln.

Besonders hilfreich sind

- Nullstellen einer der beiden Funktionen:
  An dieser Stelle trifft der Graph den anderen Teilgraphen.
- Vorzeichenbereiche der Teilfunktionen:
  Hier erkennt man, ob der Graph von f oberhalb oder unterhalb eines Teilgraphen verläuft.
- x-Achse als Asymptote einer Teilfunktion:
  In diesem Fall nähert sich der Funktionsgraph dem der anderen Teilfunktion an.

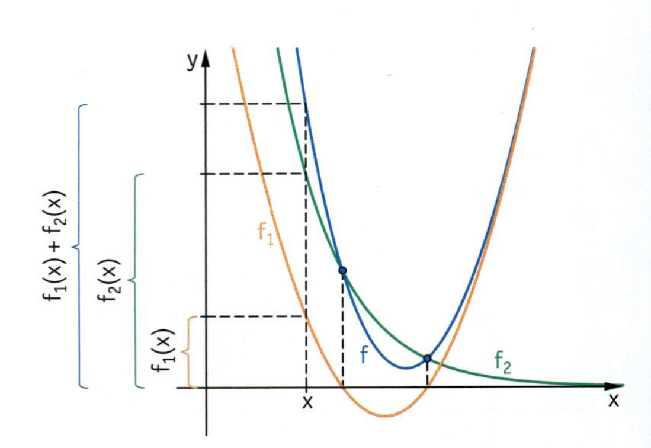

(2) Näherungsfunktion – Asymptote

Beim Überlagern von Funktionsgraphen haben wir gesehen, dass sich ein Funktionsgraph einem anderen annähern kann.

Definition 6

Eine Funktion a heißt **Näherungsfunktion** einer Funktion f für $x \to \infty$, falls gilt:

$\lim\limits_{x \to \infty} |f(x) - a(x)| = 0$

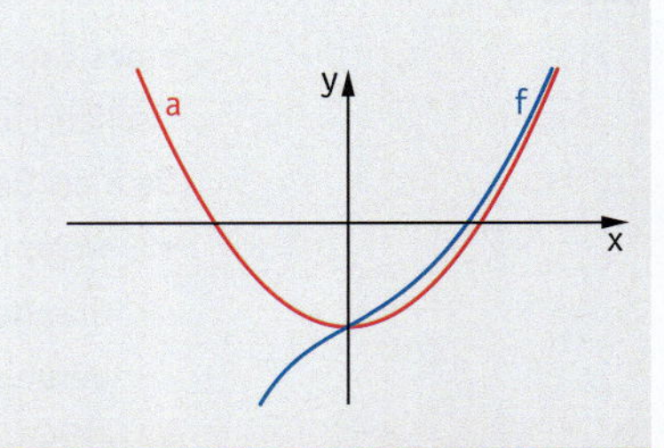

Entsprechend definiert man den Begriff der Näherungsfunktion für $x \to -\infty$.
Ist die Funktion a eine lineare Funktion, so bezeichnet man die Gerade zu a(x) auch als **Asymptote** von f. Ist deren Steigung 0, so spricht man von einer **waagerechten Asymptote**. Ist die Steigung der Asymptote ungleich null, so spricht man von einer **schrägen Asymptote**.

Aufgabe

2 Produkt von Funktionen

Skizzieren Sie mithilfe von Teilfunktionen – ohne Verwendung eines GTR – den Verlauf des Graphen zu $f(x) = e^{-x} \cdot (x^2 - 2{,}25)$. Geben Sie wesentliche Eigenschaften an.

Lösung

Jeder Funktionswert von f ist das Produkt der entsprechenden Funktionswerte der Exponentialfunktion zu $f_1(x) = e^{-x}$ und der quadratischen Funktion zu $f_2(x) = x^2 - 2{,}25$.
Die Graphen dieser beiden Funktionen skizzieren wir zunächst (siehe nächste Seite).
f hat Nullstellen, wo eine der beiden Teilfunktionen Nullstellen hat, hier also an den Nullstellen von f_2: $-1{,}5$ und $1{,}5$. Den weiteren Verlauf kann man mithilfe von Vorzeichenüberlegungen ermitteln.
Für $x < -1{,}5$ ist $f_1(x) > 0$ und $f_2(x) > 0$, also auch $f(x) > 0$.
Für $-1{,}5 < x < 1{,}5$ ist $f_1(x) > 0$, aber $f_2(x) < 0$, und somit $f(x) < 0$.
Für $x > 1{,}5$ ist $f_1(x) > 0$ und $f_2(x) > 0$, also auch $f(x) > 0$.

Wir untersuchen nun den Globalverlauf:
Für $x \to -\infty$ gilt $f_1(x) \to \infty$ und auch $f_2(x) \to \infty$, somit also $f(x) \to \infty$.
Für $x \to \infty$ gilt $f_1(x) \to 0$, aber $f_2(x) \to \infty$, sodass sich hieraus keine eindeutige Aussage für das Verhalten von f folgern lässt.

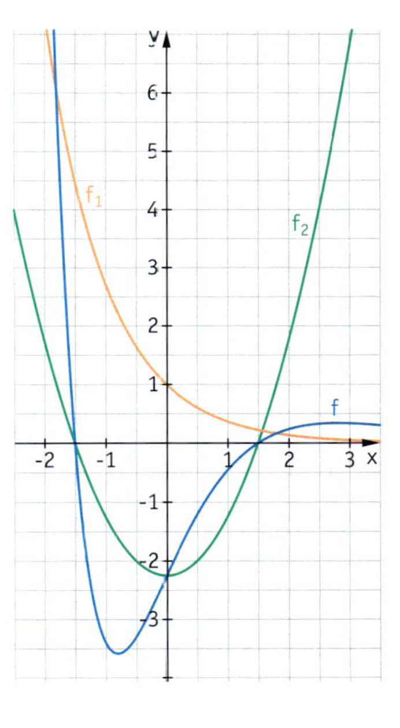

Am Graphen von f erkennt man, dass er rechts von 2 noch einen Hochpunkt haben könnte.
Wir untersuchen das mithilfe der Ableitung:

$$f'(x) = -e^{-x}(x^2 - 2{,}25) + e^{-x} \cdot 2x$$ *Produktregel*

$$= e^{-x}(-x^2 + 2x + 2{,}25)$$

Wegen $e^{-x} > 0$ kann $f'(x)$ nur null werden, wenn der Klammerterm null ergibt.

$$-x^2 + 2x + 2{,}25 = 0$$
$$x^2 - 2x = 2{,}25$$
$$(x - 1)^2 = 3{,}25$$
$$x = 1 + \sqrt{3{,}25} \approx 2{,}80 \quad \text{oder} \quad x = 1 - \sqrt{3{,}25} \approx -0{,}80$$

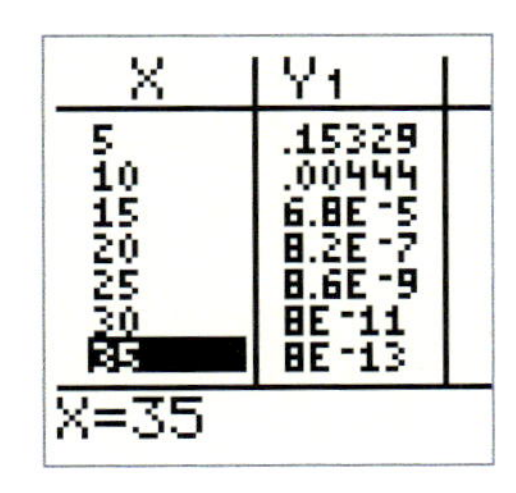

X	Y1
5	.15329
10	.00444
15	6.8E-5
20	8.2E-7
25	8.6E-9
30	8E-11
35	8E-13

X=35

An der Stelle $-0{,}80$ ist ein Tiefpunkt des Graphen, an der Stelle $2{,}80$ ein Hochpunkt, da $f'(x) < 0$ für $x > 2{,}80$.
Daher vermuten wir $\lim\limits_{x \to \infty} e^{-x}(x^2 - 2{,}25) = 0$.

Information

(3) Produkt von Funktionen

Ist der Term einer Funktion f das Produkt der Funktionsterme $f_1(x)$ und $f_2(x)$ zweier einfacher Funktionen, so kann man aus den Graphen zu f_1 und f_2 den Verlauf des Graphen von f erschließen.

- Hilfreich dabei sind die Nullstellen der beiden Teilfunktionen, an diesen Stellen hat auch f eine Nullstelle.
- Zwischen den Nullstellen erschließt man den Verlauf mithilfe der Vorzeichen der Funktionswerte der Teilfunktionen.
- An einer Stelle, an der eine Teilfunktion den Funktionswert 1 hat, trifft der Graph von f den Graphen der anderen Teilfunktion.

Weiterführende Aufgaben

3 Funktionenschar

Gegeben sei die Funktionenschar f_a mit $f_a(x) = e^x - a \cdot x$ mit $a \in \mathbb{R}$.

a) Ermitteln Sie den groben Verlauf der Funktionsgraphen.

b) Bestimmen Sie die Ortslinie der Extrema.

c) Zeigen Sie, dass zwei zu verschiedenen Parametern gehörende Graphen stets einen gemeinsamen Punkt besitzen, aber für keinen Wert $x \in \mathbb{R}$ die gleiche Steigung haben.

d) Untersuchen Sie in Abhängigkeit von $a \in \mathbb{R}$ die Anzahl der Nullstellen.

4 Wachstumsvergleich der e-Funktion mit Potenzfunktionen

a) Ermitteln Sie den Verlauf der Funktionen zu $f(x) = x^n \cdot e^{-x}$ für $n = 1$, $n = 2$, $n = 3$ und $n = 4$ mithilfe von Teilfunktionen.

b) Äußern Sie eine Vermutung für $\lim\limits_{x \to \infty} x^n e^{-x}$.

Information

(4) Wachstum der e-Funktion im Vergleich zu Potenzfunktionen

Die Ergebnisse aus Aufgabe 4 lassen sich zu den folgenden Aussagen über das Wachstumsverhalten der e-Funktion verallgemeinern:

Satz 13: Wachstumsverhalten der e-Funktion

Für jede natürliche Zahl n gilt:

$\lim\limits_{x \to \infty} x^n \cdot e^{-x} = 0$ und

$\lim\limits_{x \to -\infty} x^n e^x = 0$

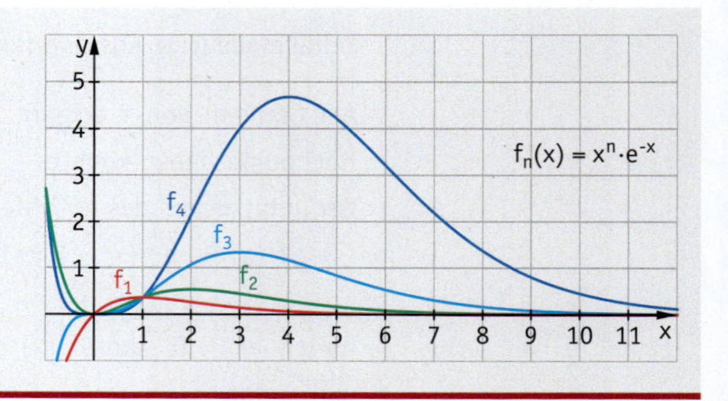

Dieser Satz besagt, dass die e-Funktion „schneller“ als jede Potzenfunktion gegen ∞ anwächst.

Beweis von Satz 13

(1) Bestimmung von $\lim\limits_{x \to \infty} x^n \cdot e^{-x}$

Um die Aussage $\lim\limits_{x \to \infty} x^n e^{-x} = 0$ zu beweisen, untersuchen wir die Funktion $h(x) = x^{n+1} e^{-x}$ auf Extrema.

Für die Ableitung gilt:

$h'(x) = (n+1)x^n e^{-x} + x^{n+1} \cdot (-e^{-x})$ *Produktregel, Kettenregel*

$ = x^n e^{-x}(n+1-x)$

Aus $h'(x) = 0$ folgt: $x^n = 0$ oder $n + 1 - x = 0$,

also $x = 0$ oder $x = n + 1$.

An der Stelle $n + 1$ wechselt $h'(x)$ das Vorzeichen:

Für $x < n + 1$ ist $h'(x) > 0$; für $x > n + 1$ ist $h'(x) < 0$.

Demzufolge hat h an der Stelle $n + 1$ ein lokales Maximum.

Wegen $h(0) = 0$ gilt sogar $h(x) \le h(n+1)$ für alle $x \ge 0$.

Das bedeutet $x^{n+1} e^{-x} \le h(n+1) \quad |:x$

$x^n e^{-x} \le \frac{h(n+1)}{x}$

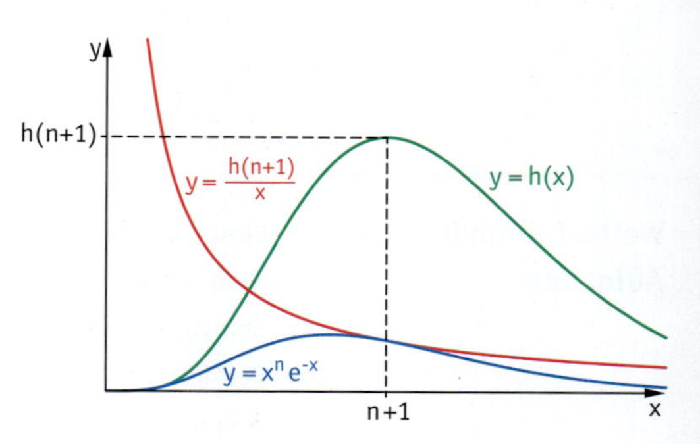

Da $h(n+1)$ für jede natürliche Zahl n eine feste Zahl ist, liegen die Funktionswerte der Funktion zu $y = x^n e^{-x}$ also an jeder Stelle x unterhalb der Funktionswerte der Funktion zu $y = \frac{h(n+1)}{x}$.

Da die Funktionswerte dieser beiden Funktionen positiv sind und die Funktion zu $y = \frac{h(n+1)}{x}$ die x-Achse als Asymptote für $x \to \infty$ hat, folgt

$\lim\limits_{x \to \infty} x^n e^{-x} = 0$.

(2) Bestimmung von $\lim\limits_{x \to -\infty} x^n e^x$

Die Bestimmung von $\lim\limits_{x \to -\infty} x^n e^x$ kann man entsprechend zu dem Vorgehen in (1) vornehmen, oder aber noch einfacher auf die Bestimmung von $\lim\limits_{x \to \infty} x^n e^{-x}$ zurückführen:

Es ist $x^n \cdot e^x = (-1)^n \cdot \frac{(-x)^n}{e^{-x}}$.

Wegen $\lim\limits_{x \to \infty} \frac{x^n}{e^x} = 0$ gilt auch $\lim\limits_{x \to -\infty} x^n e^x = \lim\limits_{x \to -\infty} (-1)^n \frac{(-x)^n}{e^{-x}} = (-1)^n \lim\limits_{x \to -\infty} \frac{(-x)^n}{e^{-x}} = (-1)^n \lim\limits_{x \to \infty} \frac{x^n}{e^x} = 0$

Übungsaufgaben  **5**

a) Skizzieren Sie (ohne GTR) die Graphen der e-Funktion e^x und der Funktion g mit $g(x) = x$. Versuchen Sie aus diesen Graphen den groben Graphenverlauf der Summe $f(x) = e^x + x$ zu ermitteln. Benutzen Sie möglichst keine Hilfsmittel. Untersuchen Sie folgende Eigenschaften des Graphen von f, wie das Verhalten für betragsmäßig große x, Nullstellen, Vorzeichenbereiche und Monotonie. Begründen Sie.

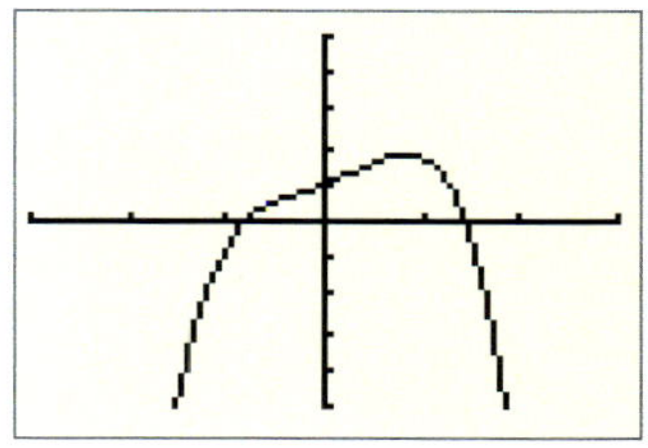

b) Zeigen Sie, dass der Graph der Funktion $f(x) = e^x - x^4$ den abgebildeten groben Graphenverlauf hat. Nutzen Sie die Strategien von a), indem Sie die Differenz als Summe auffassen und die beiden Summanden skizzieren. Bestimmen Sie den Wendepunkt des Graphen mithilfe von Ableitungen.

6 Skizzieren Sie ohne Verwendung eines GTR den Verlauf des Graphen und nennen Sie Eigenschaften und Näherungsfunktionen.

a) $f(x) = e^x + \frac{1}{2}x$
b) $f(x) = e^x - x + 1$
c) $f(x) = e^x + \left(-\frac{1}{2}x\right) - 3$
d) $f(x) = e^{-x} + \frac{1}{4}x^2$
e) $f(x) = e^{-x} - \frac{1}{2}x^2$
f) $f(x) = e^x + \frac{1}{2}x^2 - 2$

7 Skizzieren Sie ohne Verwendung eines GTR den Graphen zu:

a) $f(x) = e^x + e^{-x}$
b) $f(x) = e^x - e^{-x}$
c) $f(x) = e^{-x} - e^x$

8 Ermitteln Sie ohne Verwendung eines GTR Eigenschaften des Graphen mithilfe geeigneter Teilfunktionen. Skizzieren Sie auch die Graphen.

a) $f(x) = x\,e^x$
b) $f(x) = (2x - 1)\,e^{-x}$
c) $f(x) = \left(\frac{1}{2}x^2 - 2\right)e^x$
d) $(1 - x^2)\,e^{-x}$

9 Ordnen Sie die Graphen rechts den Funktionstermen zu und begründen Sie Ihre Entscheidung.

$f_1(x) = (x - 2)\,e^x$ $\quad$ $f_2(x) = (x + 2)\,e^{-x}$
$f_3(x) = (x^2 - 4)\,e^x$ $\quad$ $f_4(x) = (x + 2)\,e^x$

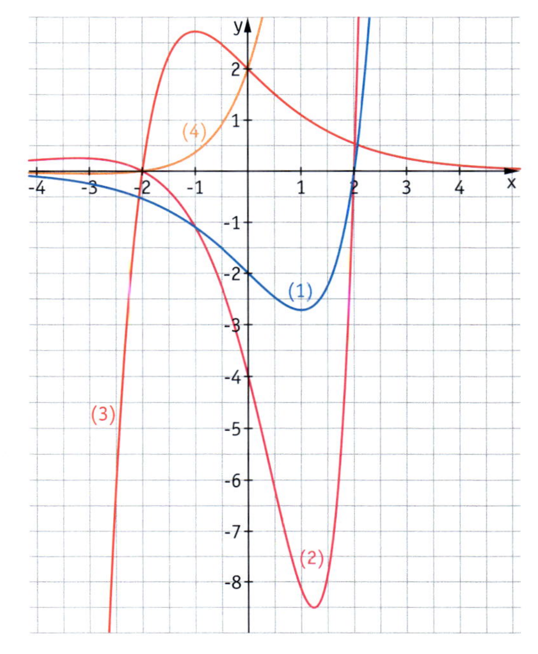

10 Betrachten Sie die Funktionenschar zu $f_t(x) = e^x + t\,e^{-x}$ für $t \in \mathbb{R}$.

a) Untersuchen Sie mithilfe geeigneter Teilfunktionen ohne Verwendung eines GTR, welchen Verlauf die Graphen der Schar haben.

b) Begründen Sie, dass eine Funktion f_t dieser Schar nicht zugleich Extrempunkte und Wendepunkte haben kann.

c) Untersuchen Sie, wo die Wendepunkte der Graphen der Schar liegen.

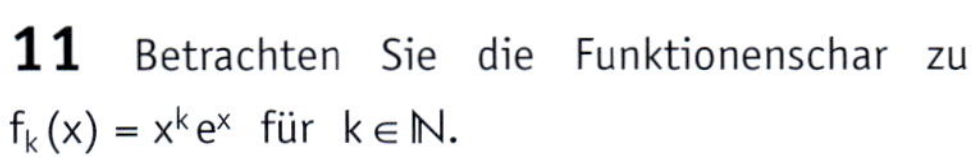

11 Betrachten Sie die Funktionenschar zu $f_k(x) = x^k e^x$ für $k \in \mathbb{N}$.

a) Untersuchen Sie mithilfe von Teilfunktionen, welche Graphenverläufe die Funktionen dieser Schar aufweisen.

b) Bestimmen Sie in Abhängigkeit von k, wie viele Extrempunkte und Wendepunkte der Graph von f_k hat.

12 Betrachten Sie die Funktionenschar zu $f_k(x) = (1 - kx^2)\,e^x$

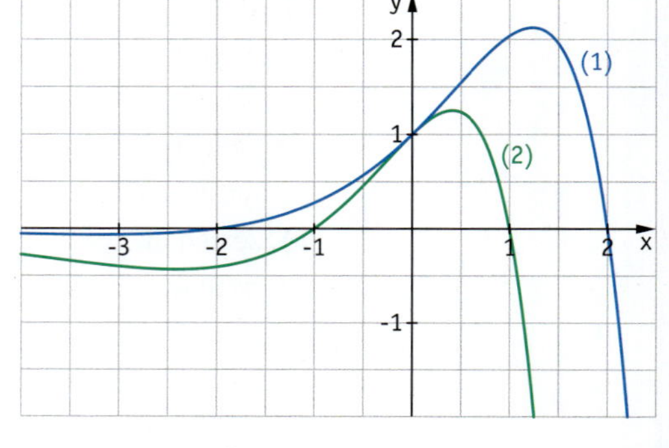

a) Rechts sind zwei Graphen dieser Schar abgebildet. Bestimmen Sie die Parameterwerte.

b) Untersuchen Sie, ob alle Graphen dieser Schar prinzipiell diesen Verlauf haben. Begründen Sie Ihre Antwort möglichst allgemein.

c) Untersuchen Sie, ob verschiedene Graphen dieser Schar gemeinsame Punkte haben können.

d) An der Stelle 0 liegt eine weitere Besonderheit aller Graphen der Schar vor. Nennen und begründen Sie diese.

e) Zeigen Sie, dass $F_k(x) = (-kx^2 + 2kx - 2k + 1)\,e^x$ eine Stammfunktion zu f_k ist. Dokumentieren Sie einen Lösungsweg, der auch ohne Einsatz von Technologie nachvollziehbar ist.

f) Bestimmen Sie den Flächeninhalt der Fläche, die der Graph zu f_k für $k > 0$ mit der x-Achse einschließt.

3.7.2 Quotient von Funktionen

Aufgabe

1 Rechts wurde der Graph der Funktion zu $f(x) = \frac{e^x}{x+2}$ mit einem GTR gezeichnet.

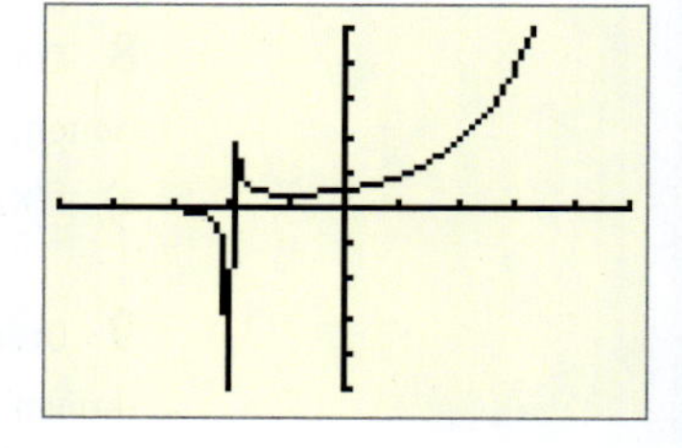

a) An einer Stelle ergibt sich eine Besonderheit. Erläutern Sie diese anhand des Funktionsterms mithilfe der beiden Teilfunktionen. Beschreiben Sie den Verlauf des Graphen an dieser Stelle exakt.

b) Ermitteln Sie die Koordinaten des Tiefpunkts exakt. Dokumentieren Sie einen Lösungsweg, der auch ohne Verwendung von GTR oder CAS nachvollziehbar ist.

Lösung

a) An der Stelle $x = -2$ weist der vom GTR gezeichnete Graph einen abrupten Vorzeichenwechsel von einem Tiefpunkt zu einem Hochpunkt auf, in denen der Graph sehr spitz zuläuft. Der Nennerterm $x + 2$ hat an der Stelle -2 eine Nullstelle. Da die Division durch 0 nicht definiert ist, ist auch $f(x)$ an der Stelle -2 nicht definiert, d.h. den Funktionswert $f(-2)$ gibt es nicht. Links von -2 ist der Nennerterm $x + 2$ stets negativ, d.h. die Funktionswerte von $f(x)$ sind links von -2 auch negativ, da die Funktionswerte der e-Funktion alle positiv sind. Je stärker man sich der Stelle -2 von links nähert, desto näher ist der Wert des Nenners an 0 und desto mehr strebt der Funktionswert gegen $-\infty$.

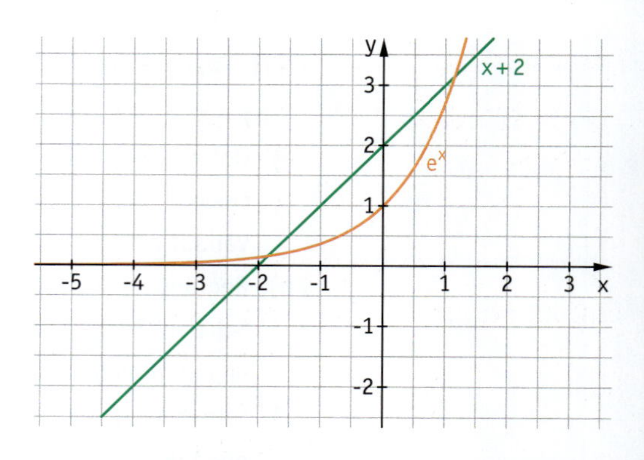

x	−3	−2,1	−2,01	−2,001	−2,0001
e^x	0,0498	0,1225	0,1340	0,1352	0,1353
x + 2	−1	−0,1	−0,01	−0,001	−0,0001
f(x)	−0,0498	−1,225	−13,4	−135,2	−1353

Rechts von -2 hat der Nennerterm $x + 2$ nur positive Werte und damit ist auch der Funktionswert $f(x)$ positiv. Je stärker man sich der Stelle -2 von rechts annähert, desto näher ist der Nennerterm an 0 und desto größer ist der Funktionswert $f(x)$.

x	−1	−1,9	−1,99	−1,999	−1,9999
e^x	0,3678	0,1496	0,1367	0,1355	0,1353
x + 2	1	0,1	0,01	0,001	0,0001
f(x)	0,3678	1,496	13,67	135,5	1353

Der vom GTR gezeichnete Graph ist also missverständlich. Der Funktionsgraph nähert sich also sowohl von links und rechts (aber mit unterschiedlichem Vorzeichen) der senkrechten Geraden mit der Gleichung $x = -2$ an. An der Stelle $x = -2$ ist die Funktion aber nicht definiert.

Für $x \to -\infty$ gilt $f(x) \to 0$, da für $x \to -\infty$ gilt:

$e^x \to 0$ und $x + 2 \to -\infty$.

Für $x \to \infty$ gilt $e^x \to \infty$ und $x + 2 \to \infty$.

Da aber die e-Funktion schneller anwächst als jede Potenzfunktion, folgt $f(x) \to \infty$ für $x \to \infty$.

b) Der Graph von f weist einen Tiefpunkt auf. Um ihn genau zu ermitteln, setzen wir die 1. Ableitung null.

$$f'(x) = \frac{e^x \cdot (x + 2) - e^x \cdot 1}{(x + 2)^2} = \frac{e^x (x + 1)}{(x + 2)^2}$$ *Quotientenregel*

$f'(x)$ kann nur den Wert null annehmen, wenn der Zählerterm 0 wird, also

$e^x (x + 1) = 0$

$e^x = 0$ oder $x + 1 = 0$

$x = -1$

Der Tiefpunkt liegt somit an der Stelle $x = -1$. Wegen $f(-1) = \frac{e^{-1}}{-1 + 2} = e^{-1}$ hat er die Koordinaten $T(-1 \mid e^{-1})$, also ungefähr $(-1 \mid 0{,}37)$.

Weiterführende Aufgabe

2 Besonderheiten an Definitionslücken

Untersuchen Sie das Verhalten des Graphen in der Nähe der Definitionslücke.

a) $f(x) = \frac{e^x}{(x - 1)^2}$ **b)** $f(x) = \frac{e^x - e}{x - 1}$

Information

(1) Definitionslücken

Ist der Funktionsterm einer Funktion ein Quotient, so *können* Stellen vorliegen, an denen die Funktion nicht definiert ist (sogenannte **Definitionslücken**). Dies kommt vor an den Stellen, an denen der Nennerterm den Wert null annimmt:

(1) Schmiegt sich der Graph bei Annäherung an eine Definitionslücke immer mehr einer Parallelen zur y-Achse an, so nennt man diese Stelle einen **Pol**, die Gerade bezeichnet man als **Polgerade** oder **senkrechte Asymptote.**

Streben die Funktionswerte bei Annäherung an den Pol von der einen Seite gegen $-\infty$ und von der anderen gegen $+\infty$, so spricht man von einem **Pol mit Vorzeichenwechsel.**

Streben die Funktionswerte bei Annäherung von beiden Seiten zugleich gegen $+\infty$ (oder $-\infty$), so spricht man von einem **Pol ohne Vorzeichenwechsel.**

(2) Streben die Funktionswerte bei Annäherung an die Definitionslücke gegen einen Grenzwert, so spricht man von einer **hebbaren Definitionslücke.**

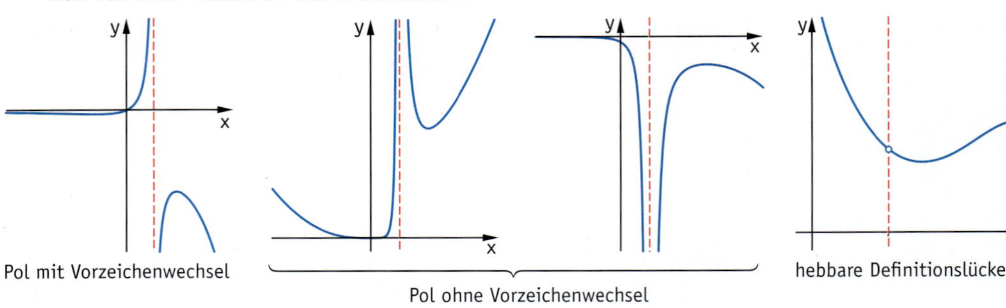

(2) Den Verlauf des Graphen aus dem Funktionsterm folgern

Anhand der Nullstellen des Zählerterms $g(x)$ und des Nennerterms $h(x)$ einer Funktion $f(x) = \frac{g(x)}{h(x)}$ kann man sich grob den Verlauf des Graphen der Funktion f klar machen:

- An den Nullstellen des Zählerterms $g(x)$ trifft der Graph die x-Achse.
- An den Nullstellen des Nennerterms $h(x)$ ist f nicht definiert.
- Zwischen diesen Stellen erhält man den Graphen durch Betrachtung der Vorzeichen des Zählerterms und des Nennterterms.

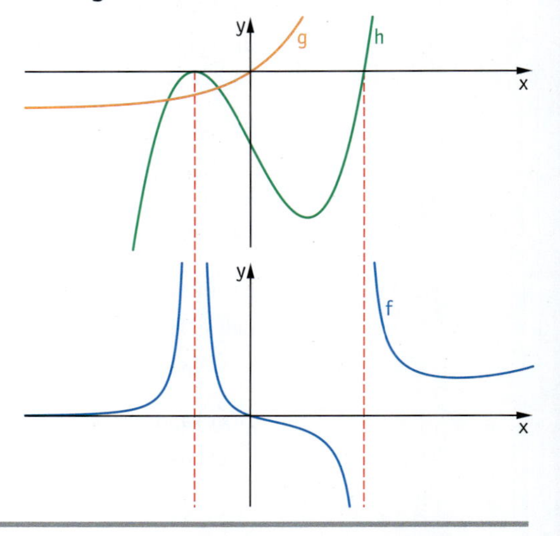

Übungsaufgaben 

3 Skizzieren Sie ohne Verwendung eines GTR den groben Verlauf des Graphen der Funktion f mit $f(x) = \frac{e^x}{(x-3)^2}$ mithilfe von Teilfunktionen.

4 Rechts sehen Sie den mit einem GTR erhaltenen Graphen zu $f(x) = \frac{e^x}{-0{,}3x^2 - x + 1}$. Zeichnen Sie die Graphen der e-Funktion und von $g(x) = -0{,}3x^2 - x + 1$. Überlegen Sie, ob das Bild vom GTR den Graphen von $f(x)$ richtig wiedergibt. Begründen Sie.

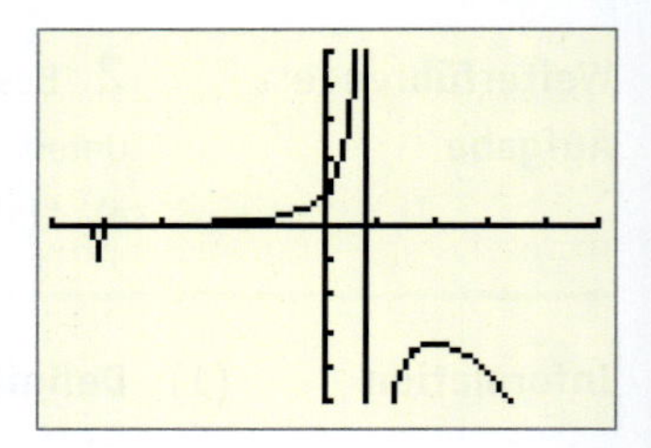

5 Zeichnen Sie die Graphen von $f_1(x) = \frac{e^x - 2}{x - 1}$; $f_2(x) = \frac{e^x - 3}{x - 1}$ und $f_3(x) = \frac{e^x - e}{x - 1}$. Vergleichen Sie die Eigenschaften der Graphen in der Umgebung der Nullstelle des Nenners.

6 Skizzieren Sie mithilfe geeigneter Teilfunktionen den groben Verlauf des Graphen zu

a) $f(x) = \frac{e^x}{x^2(x-2)}$
b) $f(x) = \frac{e^{-x}}{(x-1)(x+3)}$
c) $f(x) = \frac{e^x - 1}{(x-2)^2(x+3)^2}$
d) $f(x) = \frac{e^{-x} - 1}{x(x-3)}$
e) $f(x) = \frac{e^x}{x^2+1}$
f) $f(x) = \frac{e^x - 1}{x^2+1}$

7 Bestimmen Sie Nullstellen, Asymptoten und Extrempunkte des Graphen zu $f(x) = \frac{e^x - e}{(x-1)(x+2)}$

3.7.3 Verkettung von Funktionen

Aufgabe

1 Zeichnen Sie mit dem GTR den Graphen zu $f(x) = e^{1-x^2}$. Beschreiben Sie Eigenschaften des Graphen und begründen Sie diese am Funktionsterm.

Lösung

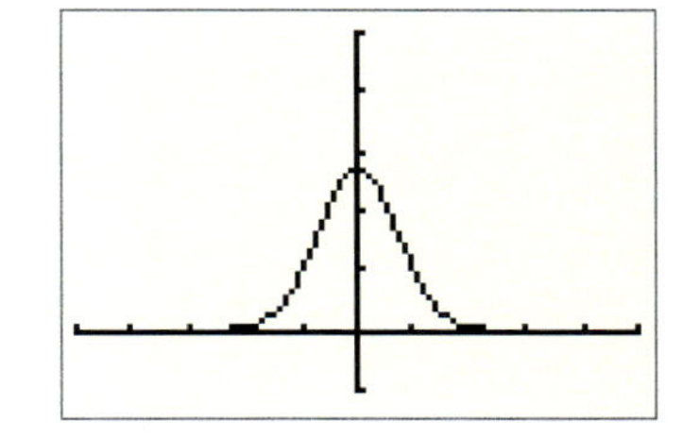

(1) Der Graph ist symmetrisch zur y-Achse, da
$f(-x) = e^{1-(-x)^2} = e^{1-x^2} = f(x)$.

(2) Die x-Achse ist waagerechte Asymptote des Graphen für $x \to \infty$ und $x \to -\infty$, da für die innere Funktion gilt: $1 - x^2 \to -\infty$ für $x \to \infty$ und damit $f(x) = e^{1-x^2} \to 0$ für $x \to \infty$.
Entsprechendes gilt für $x \to -\infty$.

(3) An der Stelle $x = 0$ liegt ein Hochpunkt vor.
Dies lässt sich auch ohne Differenzialrechnung begründen:
Wegen der Monotonie der e-Funktion ist e^{1-x^2} genau dann maximal, wenn $1 - x^2$ maximal ist. Dies ist für $x = 0$ der Fall. Also hat der Graph von f den Hochpunkt $H(0\,|\,e^1)$, also ungefähr $(0\,|\,2{,}7)$.

(4) Der Graph hat offensichtlich zwei Wendepunkte. Deren genaue Lage ermitteln wir mithilfe der 2. Ableitung.

$f'(x) = (-2x) \cdot e^{1-x^2}$

$f''(x) = -2e^{1-x^2} + (-2x)(-2x)e^{1-x^2}$

$= (4x^2 - 2)e^{1-x^2}$

Aus $f''(x) = 0$ folgt $4x^2 - 2 = 0$

also $x = \sqrt{\frac{1}{2}}$ oder $x = -\sqrt{\frac{1}{2}}$

Weiter gilt $f\left(\sqrt{\frac{1}{2}}\right) = e^{1-\frac{1}{2}} = e^{\frac{1}{2}}$

und entsprechend $f\left(-\sqrt{\frac{1}{2}}\right) = e^{\frac{1}{2}}$

Damit sind die Wendepunkte $W_1\left(\sqrt{\frac{1}{2}}\,\middle|\,e^{\frac{1}{2}}\right) \approx (0{,}7\,|\,1{,}6)$ und $W_2\left(-\sqrt{\frac{1}{2}}\,\middle|\,e^{\frac{1}{2}}\right) \approx (-0{,}7\,|\,1{,}6)$.

Information

Graph verketteter Funktionen

Bei einer verketteten Funktion mit dem Term $f(x) = e^{g(x)}$ kann man den Verlauf des Graphen mithilfe der inneren Funktion g ermitteln: Man betrachtet dazu Globalverlauf, Symmetrie und Extrema von g.

Weiterführende Aufgabe

2 Summe von Exponentialfunktionen

Zeigen Sie, dass sich die Verkettung $f(x) = g(e^x)$ mit $g(x) = x^2 - 3x$ als Summe von Exponentialfunktionen darstellen lässt. Zeichnen Sie den Graphen.
Ermitteln Sie die Nullstelle und das Minimum des Graphen von f(x) exakt.

Übungsaufgaben 

3 Untersuchen Sie den Graphen zu $f(x) = e^{x^2-3}$ auf Besonderheiten. Wie wirken sich Eigenschaften der inneren Funktion g mit $g(x) = x^2 - 3$ auf f aus?

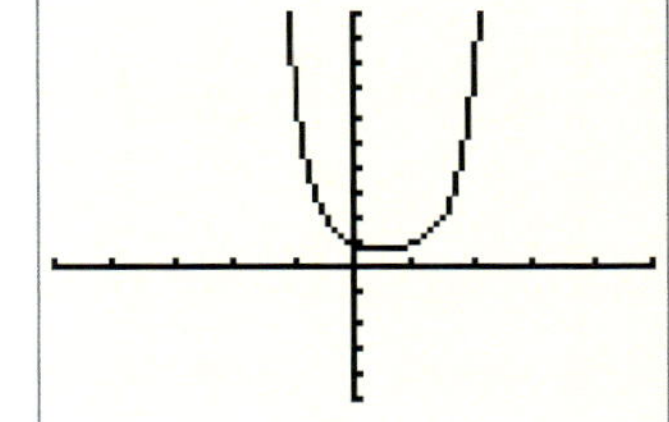

4 Untersuchen Sie, ob das GTR-Bild rechts den wesentlichen Verlauf des Graphen zu $f(x) = e^{x^2-x}$ wiedergibt.

5 Untersuchen Sie den Graphen zu $f(x) = e^{-x^2}$. Begründen Sie Eigenschaften mithilfe der Teilfunktionen.

6 Zeichnen Sie den Graphen der Funktion mithilfe des GTR. Nennen Sie Eigenschaften und begründen Sie diese am Funktionsterm.

a) $f(x) = e^{x^2(x-1)}$
b) $f(x) = e^{\frac{1}{x}}$
c) $f(x) = e^{-\sqrt{x}}$
d) $f(x) = (e^x)^2 + e^x$
e) $f(x) = e^{x^3-1}$
f) $f(x) = \sqrt{e^x} + 1$

3.7.4 Zusammenfassung: Aspekte bei Funktionsuntersuchungen

In den vorherigen Abschnitten haben Sie verschiedene Aspekte, auf die man Funktionen untersuchen kann, eingesetzt. In diesem Abschnitt sollen diese Eigenschaften an je einem Beispiel zu einer Funktion und einer Funktionenschar übersichtlich und vollständig zusammengestellt werden.
In den folgenden Übungen sind nicht stets alle Aspekte zu bearbeiten, sondern nur die dem speziellen Beispiel oder der besonderen Fragestellung angemessenen.

Aufgabe

1 Untersuchung einer Funktion
Gegeben ist die Funktion f mit $f(x) = e^x \cdot (1 - e^x)^2$.
Untersuchen Sie die Funktion f. Bestimmen Sie dazu alle Schnittpunkte mit den Koordinatenachsen, Extrempunkte und Wendepunkte des Graphen von f und beschreiben Sie den Verlauf des Graphen für betragsmäßig große Werte von x.

Lösung

Wir betrachten den Graphen von f mit dem GTR. Aus dem Verlauf des Graphen ergeben sich Vermutungen, die wir jeweils am Funktionsterm überprüfen.

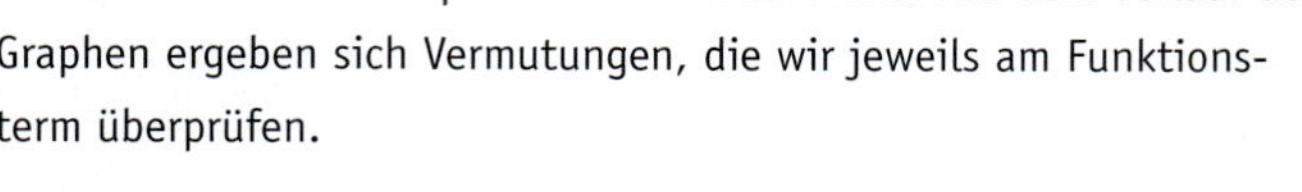
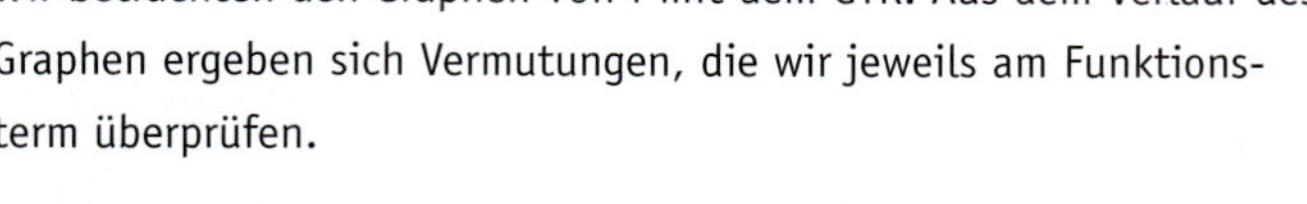

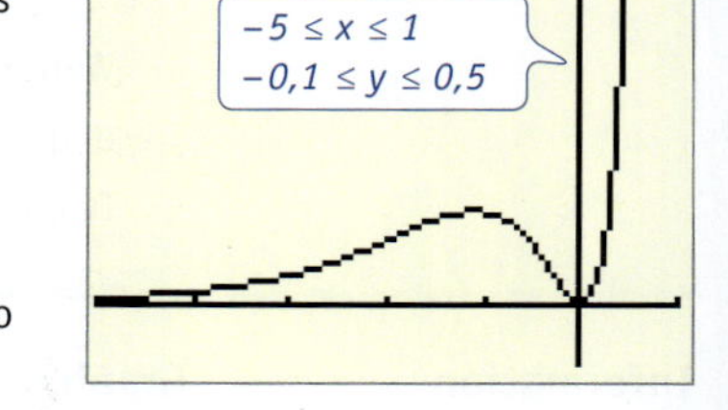

(1) Definitionsmenge und Wertemenge von f
Die Funktion ist für jede beliebige Zahl $x \in \mathbb{R}$ definiert, also $D_f = \mathbb{R}$.
Es gilt $e^x > 0$ für alle $x \in \mathbb{R}$. Daraus folgt:
$e^x \cdot (1 - e^x)^2 \ge 0$ für alle $x \in \mathbb{R}$.
Außerdem ergibt sich aus der strengen Monotonie der e-Funktion $e^x \cdot (1 - e^x)^2 = 0$ nur für $x = 0$, somit ist $W_f = \mathbb{R}_+$ und $O(0 \mid 0)$ ist Tiefpunkt des Graphen von f.

(2) Nullstellen und Schnittpunkt mit der y-Achse
Aus den Überlegungen unter (1) folgt auch, dass der Produktterm $e^x(1 - e^x)^2$ nur null werden kann, wenn die Funktion im Klammerterm null wird. Also ist $x = 0$ die einzige Nullstelle von f und $O(0 \mid 0)$ der gesuchte Schnittpunkt mit der y-Achse.

(3) Verhalten von f(x) für $x \to \infty$ bzw. für $x \to -\infty$
- Für $x \to \infty$ gilt $e^x \to \infty$ und $(1 - e^x)^2 \to \infty$, somit gilt:
  $f(x) = e^x \cdot (1 - e^x)^2 \to \infty$ für $x \to \infty$
- Für $x \to -\infty$ gilt $e^x \to 0$ und $(1 - e^x)^2 \to 1$, somit gilt:
  $f(x) = e^x \cdot (1 - e^x)^2 \to 0$ für $x \to -\infty$

Für $x \to -\infty$ nähert sich der Graph der x-Achse also immer mehr an und kommt ihr beliebig nahe. Die Gerade mit $y = 0$ ist somit eine Asymptote für den Graphen von f. Wegen $f(x) > 0$ für alle $x \in \mathbb{R}$ erfolgt die Annäherung an die Asymptote von oben.

(4) Extrempunkte

In (1) haben wir bereits festgestellt, dass $O(0\,|\,0)$ Tiefpunkt des Graphen von f ist. Die Betrachtung des Graphen zeigt, dass in der Nähe von $x = -1$ ein Hochpunkt liegt. Es stellt sich die Frage, ob dies alle Extrempunkte sind. Wir untersuchen dazu die Ableitungsfunktion von f:

Aus der Produktregel ergibt sich:

$f'(x) = e^x \cdot (1 - e^x)^2 + e^x \cdot 2\,(-e^x)\,(1 - e^x) = e^x \cdot (1 - e^x) \cdot [(1 - e^x) + 2\,(-e^x)] = e^x \cdot (1 - e^x) \cdot (1 - 3\,e^x)$

Extremstellen können nur an den Stellen liegen, an denen $f'(x) = 0$ gilt. Wegen $e^x > 0$ gilt $f'(x) = 0$ nur in den Fällen $1 - e^x = 0$ bzw. $1 - 3\,e^x = 0$, also für $x = 0$ bzw. für $x = \ln\frac{1}{3} \approx -1{,}10$.

Somit hat der Graph von f den Tiefpunkt $O(0\,|\,0)$ und den Hochpunkt $H\left(\ln\frac{1}{3}\,\middle|\,\frac{4}{27}\right) \approx (-1{,}10\,|\,0{,}15)$.

Weitere Extrempunkte kann es nicht geben.

(5) Wendepunkte

Von links nach rechts betrachtet, entfernt sich der Graph von f von der x-Achse als Asymptote zunächst in einer Linkskurve. Bei Annäherung an den Hochpunkt erfolgt ein Wechsel in eine Rechtskurve. Also muss links von der Extremstelle $x = \ln\frac{1}{3} \approx 1{,}10$ eine Wendestelle liegen. Rechts von der Extremstelle $\ln\frac{1}{3}$ beschreibt der Graph von f bei Annäherung an den Tiefpunkt eine Linkskurve. Also muss zwischen den Extremstellen $\ln\frac{1}{3}$ und 0 ein weiterer Wendepunkt liegen.

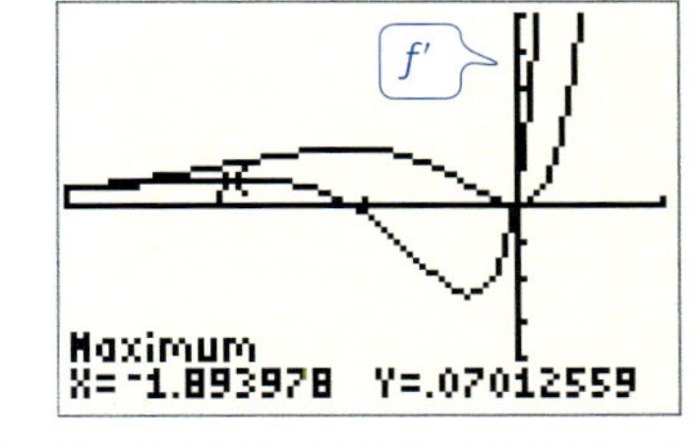

Wir betrachten den Graphen von f′ mit $f'(x) = e^x \cdot (1 - e^x) \cdot (1 - 3\,e^x)$ und finden mithilfe von dessen Extremstellen für den Graphen von f links von $\ln\frac{1}{3}$ die Wendestelle bei $x \approx -1{,}8940$ und zwischen den beiden Extremstellen von f genau eine Wendestelle bei $x \approx -0{,}3032$, als Extremstellen von f′ mit jeweils sichtbaren Wechsel im Monotonieverhalten. Weitere Wendestellen von f kann es also nicht geben, da der Graph von f′ rechts von seinem Tiefpunkt streng monoton wächst.

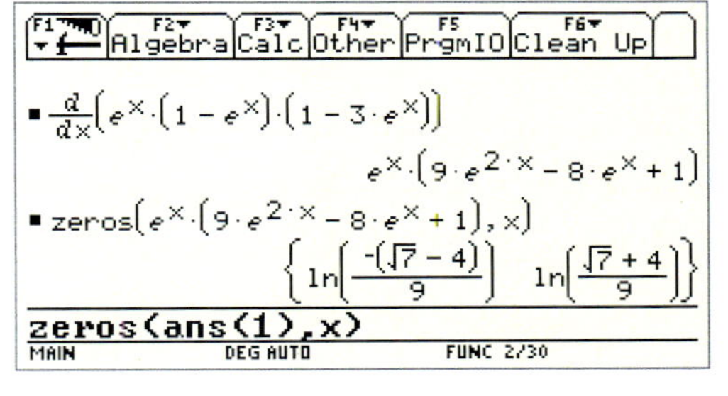

Somit hat der Graph von f die Wendepunkte

$W_1 \approx (-1{,}8940\,|\,0{,}10859)$ und

$W_2 \approx (-0{,}3032\,|\,0{,}0505)$.

Die exakten Koordinaten dieser Wendepunkte lassen sich mithilfe von CAS auch algebraisch ermitteln.

Information

Dokumentation einer Funktionsuntersuchung mit einem GTR

Beachten Sie folgende Aspekte der Darstellung bei Ihrer Dokumentation:

- Stellen Sie den Lösungsweg deutlich erkennbar dar.
- Formulieren Sie Ergebnisse und Begründungen in ganzen Sätzen.
- Listen Sie die verwendeten GTR-Werkzeuge in Kurzform auf.
- Übertragen Sie die Graphen von Funktionen und Ableitungsfunktionen sorgfältig vom Display des Rechners ins Heft. Vergessen Sie die Skalierung nicht.
- Beachten Sie bei der Veranschaulichung, dass die Lage charakteristischer Punkte eindeutig erkennbar ist.
- Beachten Sie, dass die mit dem GTR berechneten Koordinaten von Punkten im Allgemeinen nur näherungsweise richtig sind.

Aufgabe

2 Untersuchung einer Funktionenschar

Gegeben ist die Funktionenschar f_t mit $f_t(x) = (e^x - t)^2$ und $t > 0$.

Untersuchen Sie die Funktionenschar f_t. Zeigen Sie, dass alle Extrempunkte der Schar auf dem Graphen einer Funktion g liegen und alle Wendepunkte auf dem Graphen einer Funktion h. Diese Graphen heißen *Ortslinien* von f_t. Bestimmen Sie die Funktionsterme von g und h und zeichnen Sie die Ortslinien zusammen mit einigen Graphen der Funktionenschar.

Lösung

$-5 \le x \le 2$
$-1 \le y \le 18$

Wir betrachten zunächst die Graphen von f_1, f_2, f_3 und f_4 in einem geeigneten Ansichtsfenster. Aus dem Verlauf des Graphen ergeben sich Vermutungen, die jeweils zu überprüfen sind.

(1) Definitionsmenge und Wertemenge von f

Die Funktionen f_t sind für jede beliebige Zahl $x \in \mathbb{R}$ definiert, also $D = \mathbb{R}$.

Offensichtlich gilt $(e^x - t)^2 \ge 0$ für alle $x \in \mathbb{R}$. Außerdem ergibt sich $(e^x - t)^2 = 0$ nur für $x = \ln t$, somit ist $W = \mathbb{R}_+$ und $T_t(\ln t \mid 0)$ sind Tiefpunkte von f_t.

$\mathbb{R}_+$ ist die Menge der positiven reellen Zahlen einschließlich null.

(2) Nullstellen und Schnittpunkte mit der y-Achse

Aus den Überlegungen unter (1) folgt auch, dass $x = \ln t$ die einzige Nullstelle von f_t ist.

Als Schnittpunkte der Graphen mit der y-Achse ergeben sich die Punkte $S_t\left(0 \mid (1 - t)^2\right)$.

(3) Verhalten von $f_t(x)$ für $x \to \infty$ bzw. für $x \to -\infty$

- Für $x \to \infty$ gilt $e^x \to \infty$, somit gilt: $f_t(x) = (e^x - t)^2 \to \infty$ für $x \to \infty$
- Für $x \to -\infty$ gilt $e^x \to 0$, somit gilt: $f_t(x) = (e^x - t)^2 \to t^2$ für $x \to -\infty$

Für $x \to -\infty$ nähert sich der Graph von f_t immer mehr der Geraden mit $y = t^2$ und kommt ihr beliebig nahe. Die Geraden mit $y = t^2$ sind also Asymptoten für die Graphen von f_t. Wegen $f_t(x) < t^2$ für alle $x < 0$, erfolgt die Annäherung an die Asymptoten jeweils von unten.

(4) Extrempunkte

In (1) haben wir bereits festgestellt, dass $T_t(\ln t \mid 0)$ Tiefpunkte der Graphen von f_t sind. Es stellt sich die Frage, ob die Graphen von f_t noch weitere Extrempunkte haben. Wir untersuchen dazu die Ableitungsfunktion von f_t: Mit der Kettenregel erhalten wir $f_t'(x) = 2e^x(e^x - t)$.

Extremstellen können nur an den Stellen liegen, an denen $f_t'(x) = 0$ gilt. Wegen $e^x > 0$ gilt $f_t'(x) = 0$ nur im Fall $e^x - t = 0$, also für $x = \ln t$.

Somit haben die Graphen von f_t die Tiefpunke $T_t(\ln t \mid 0)$.

Weitere Extrempunkte kann es nicht geben.

(5) Wendepunkte

Von links nach rechts betrachtet, entfernt sich der Graph von f_t in einer Rechtskurve von der Asymptote mit $y = t^2$. Bei Annäherung an den Tiefpunkt erfolgt ein Wechsel in eine Linkskurve. Somit gibt es links vom Tiefpunkt einen Wendepunkt.

Es stellt sich die Frage, ob es noch weitere Wendepunkte gibt. Wir untersuchen dazu die zweite Ableitung von f_t. Mithilfe der Produktregel erhält man aus $f_t'(x) = 2e^x(e^x - t)$:

$$f_t''(x) = 2e^x(e^x - t) + 2e^x e^x = 2e^x(e^x - t + e^x) = 2e^x(2e^x - t)$$

Wendestellen können nur an den Stellen liegen, an denen $f_t''(x) = 0$ gilt. Wegen $e^x > 0$ gilt $f_t''(x) = 0$ nur im Fall $2e^x - t = 0$, also für $x = \ln\frac{t}{2}$.

Somit haben die Graphen von f_t die Wendepunkte $W_t\left(\ln\frac{t}{2} \,\middle|\, \frac{t^2}{4}\right)$.

Weitere Wendepunkte kann es nicht geben.

(6) Ortslinien

Die Extrempunkte der Graphen von f_t sind $T_t(\ln t \mid 0)$. Alle Extrempunkte liegen also auf der Ortslinie zu g mit $g(x) = 0$.

Die Wendepunkte der Graphen von f_t sind $W_t\left(\ln\frac{t}{2} \middle| \frac{t^2}{4}\right)$. Die Wendepunkte haben also die x-Koordinaten $x = \ln\frac{t}{2}$ und die y-Koordinaten $y = \frac{t^2}{4}$. Aus der Gleichung für die x-Koordinaten erhält man $t = 2e^x$. Setzt man dies in die Gleichung der y-Koordinaten ein, so folgt $y = e^{2x}$. Alle Wendepunkte liegen also auf der Ortslinie zu h mit $h(x) = e^{2x}$.

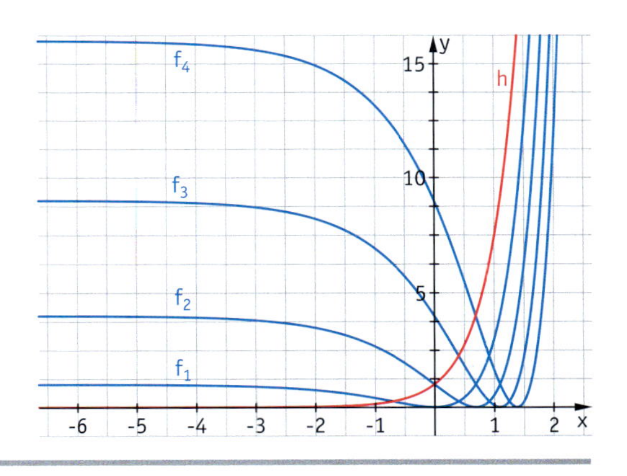

Übungsaufgaben

3 Gegeben ist die Funktion f mit $f(x) = x^2 \cdot e^x$.
Untersuchen Sie die Funktion f. Bestimmen Sie dazu alle Schnittpunkte ihres Graphen mit den Koordinatenachsen, alle Extrem- und Wendepunkte und beschreiben Sie den Verlauf des Graphen von f für betragsmäßig große Werte von x.

4 Untersuchen Sie die Funktion f.

a) $f(x) = (2x - 6) \cdot e^x$

b) $f(x) = x^2 \cdot e^{-x}$

c) $f(x) = 2e^{x-1} - x^2 - 1$

d) $f(x) = e^{2x} - e^x$

e) $f(x) = \frac{1}{2}(e^x - e^{-x})$

f) $f(x) = \frac{e^{2x} - 4}{e^x}$

5 Gegeben ist die Funktion f mit $f(x) = (x^3 - 3x^2) \cdot e^x$.
Untersuchen Sie f auf Nullstellen, Extrema und Verhalten für $x \to +\infty$ bzw. $x \to -\infty$.
Welche Aussage kann man – ohne Rechnung – über Anzahl und Lage der Wendepunkte machen?
Skizzieren Sie den Graphen von f.

6 Gegeben ist die Funktion f mit $f(x) = e^{2x} - 3e^x + 2$.

a) Untersuchen Sie die Funktion f.

b) Berechnen Sie den Inhalt der vom Graphen von f und der x-Achse eingeschlossenen Fläche.

c) Bestimmen Sie die Koordinaten aller Schnittpunkte der Tangente an der Stelle $x = -3$ mit dem Graphen von f.

7 Untersuchen Sie den Graphen von f.

a) $f(x) = x^2 - x - e^{-x}$

b) $f(x) = \frac{e^x}{1 + e^x}$

c) $f(x) = \frac{e^{0{,}1x^2 - x}}{x - 1}$

8

a) Gegeben ist die Funktion f mit $f(x) = (x^2 - 1{,}5x) \cdot e^x$.
Untersuchen Sie den Graphen von f auf Nullstellen und Extrempunkte.
Zeichnen Sie den Graphen von f für $-6 \leq x \leq 2$.

b) Für welche Parameterwerte $k \in \mathbb{R}$ hat der Graph zu $y = (x^2 - 1{,}5x + k) \cdot e^x$ *keine* Nullstellen?

9 Gegeben sind die Funktionen f und g mit $f(x) = (x - 1)e^x$ und $g(x) = (x - 1)e^{-x}$.

a) Untersuchen Sie die Graphen von f und g; zeichnen Sie beide Graphen in ein Koordinatensystem.

b) Berechnen Sie den Flächeninhalt der von beiden Graphen eingeschlossenen Fläche.

10 Begründen Sie, dass die Gleichung keine Lösung hat. Untersuchen Sie dazu geeignete Funktionsgraphen.

a) $e^x + x^2 = 0$ **b)** $e^x - x = 0$ **c)** $(4 - 2x - 2x^2)e^x = 5$

11 Bestimmen Sie eine Stammfunktion zur Funktion f.

a) $f(x) = 2e^x + x - 4$ **b)** $f(x) = \frac{1}{2}(e^x + e^{-x})$ **c)** $f(x) = 3e^{2x} - 2e^{3x}$

12 Untersuchen Sie anhand der zugehörigen Funktionenschar f_k, für welche Parameter k die Gleichung $e^x - kx = 0$ keine Lösung hat. Betrachten Sie dazu die y-Werte der Tiefpunkte in Abhängigkeit von k.

13

a) Zeigen Sie durch Ableiten, dass durch $F(x) = (-x^2 - 2)e^{-x}$ eine Stammfunktion zur Funktion f mit $f(x) = (x^2 - 2x + 2)e^{-x}$ gegeben ist.

b) Berechnen Sie für $b > 0$ den Flächeninhalt der Fläche, die der Graph von f mit der x-Achse in den Grenzen 0 und b einschließt. Was erhält man für $b \to \infty$?

c) Zeigen Sie, dass der Graph von f einen Sattelpunkt besitzt. Bestimmen Sie den Flächeninhalt der Fläche, die der Graph von f mit der Tangente an den Sattelpunkt und der y-Achse einschließt.

14 Bestimmen Sie näherungsweise den Flächeninhalt der Fläche, die der Graph von f zwischen den Nullstellen mit der x-Achse einschließt.

a) $f(x) = (x^2 - 5x + 6)e^x$ **b)** $f(x) = (x^3 - x)e^x$ **c)** $f(x) = (e - e^x)\cdot(1 - e^x)$

15

a) Berechnen Sie näherungsweise den Flächeninhalt der Fläche, die der Graph von f mit $f(x) = x\cdot e^x$ mit der Tangente durch $P(1\,|\,e)$ im 1. Quadranten einschließt (siehe Grafik rechts).

b) Der Graph von h mit $h(x) = (x^2 - 3x + 3)\cdot e^x$ schließt mit der Tangente durch den Tiefpunkt und der y-Achse im 1. Quadranten eine Fläche ein. Bestimmen Sie den Flächeninhalt dieser Fläche.

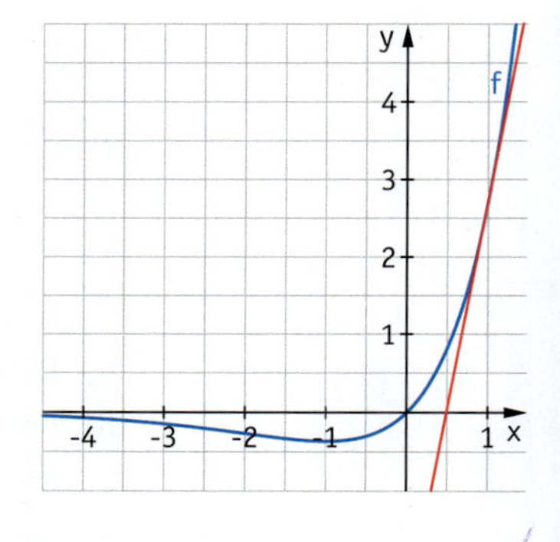

16 Berechnen Sie näherungsweise den Flächeninhalt der Fläche, die von den Graphen von f und von g eingeschlossen wird.

a) $f(x) = e^{2x} + 2;\ g(x) = 3e^x$

b) $f(x) = 3e^{-x} - 3e;\ g(x) = -e^{x+1} + 1$

c) $f(x) = e^x;\ g(x) = (e - 1)\cdot x + 1$

d) $f(x) = xe^x;\ g(x) = (x^2 - 2)e^x$

17 Eine Skischanze kann näherungsweise durch den Graphen der Funktion f mit $f(x) = 30e^{-\frac{x}{12}}$ mit $0 \le x \le 38$ dargestellt werden.
Zeichnen Sie den Graphen.
Direkt nach dem Absprung fliegt ein Springer für kurze Zeit auf der Tangente an den Graphen von f an der Absprungstelle $x = 38$. Bestimmen Sie die Gleichung dieser Tangente.

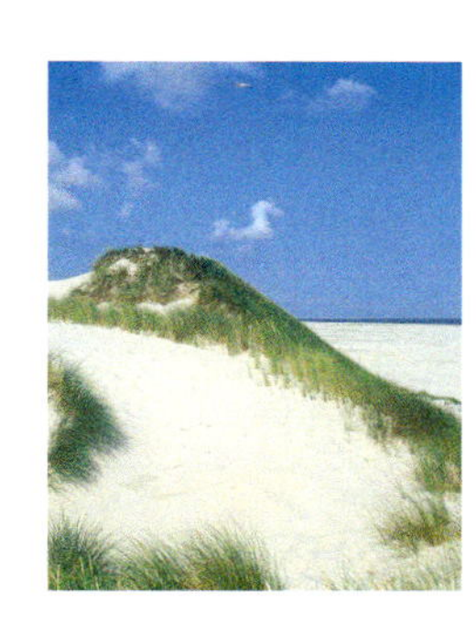

18 Eine Person beobachtet von einer 30 m hohen Düne den Strand. Der Hang der Düne kann im Querschnitt näherungsweise durch den Graphen der Funktion f mit $f(x) = (3x + 30)\,e^{-0{,}1x}$ beschrieben werden.

a) Welcher Bereich ist vor neugierigen Blicken geschützt, wenn die Augenhöhe 1,80 m beträgt?

b) In welcher Höhe müssen sich die Augen mindestens befinden, damit der ganze Hang einsehbar ist?

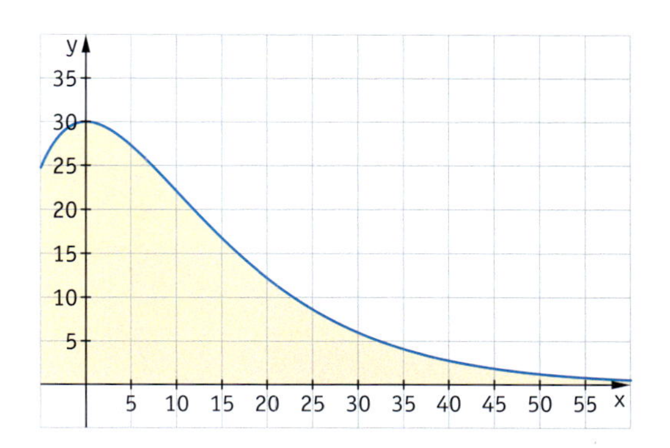

19

a) Rechts ist der Graph einer Funktion f mit $f(x) = -x \cdot e^{ax+b} + c$ dargestellt. Bestimmen Sie den Funktionsterm f(x).
Hinweis: Dort, wo der Graph dem Anschein nach durch Gitterpunkte des Koordinatensystems verläuft, soll er tatsächlich *exakt* durch diese Punkte verlaufen.

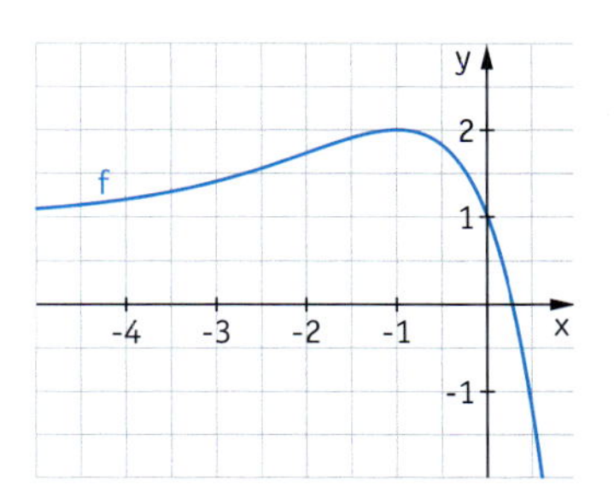

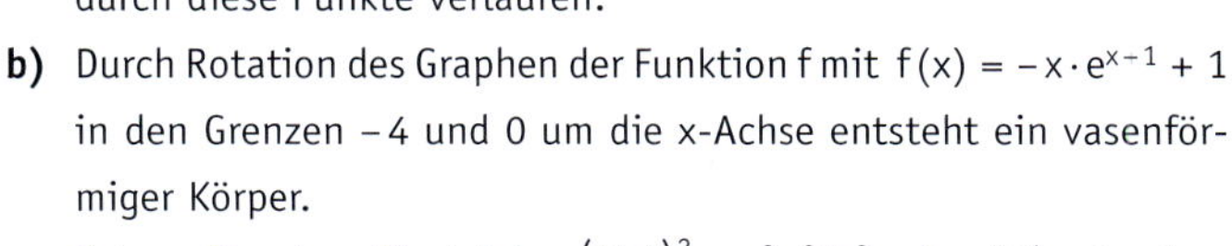

b) Durch Rotation des Graphen der Funktion f mit $f(x) = -x \cdot e^{x-1} + 1$ in den Grenzen −4 und 0 um die x-Achse entsteht ein vasenförmiger Körper.
Zeigen Sie, dass für $h(x) = \left(f(x)\right)^2 = x^2 e^{2x+2} - 2x e^{x+1} + 1$ eine Stammfunktion gegeben ist durch
$H(x) = \left(\frac{1}{2}x^2 - \frac{1}{2}x + \frac{1}{4}\right)e^{2x+2} + (-2x + 2)\,e^{x+1} + x.$
Berechnen Sie näherungsweise das Fassungsvermögen der Vase.

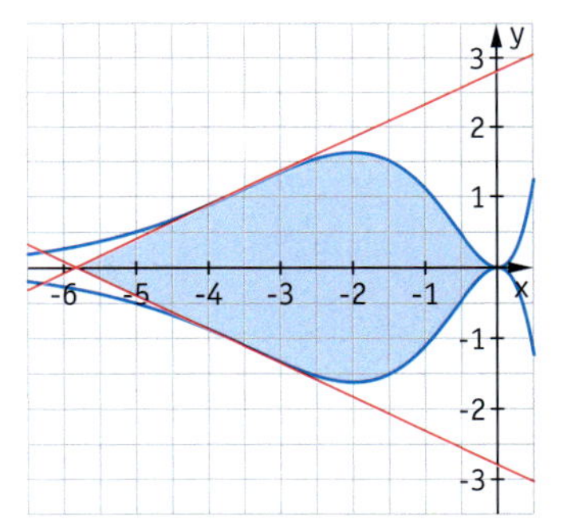

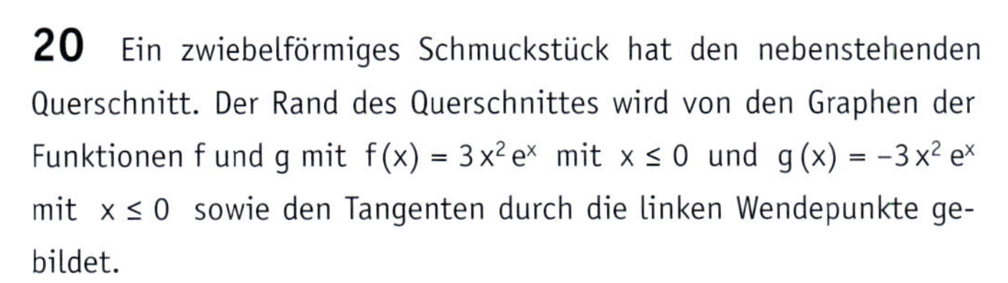

20 Ein zwiebelförmiges Schmuckstück hat den nebenstehenden Querschnitt. Der Rand des Querschnittes wird von den Graphen der Funktionen f und g mit $f(x) = 3x^2 e^x$ mit $x \le 0$ und $g(x) = -3x^2 e^x$ mit $x \le 0$ sowie den Tangenten durch die linken Wendepunkte gebildet.
Bestimmen Sie den Flächeninhalt des Querschnitts.

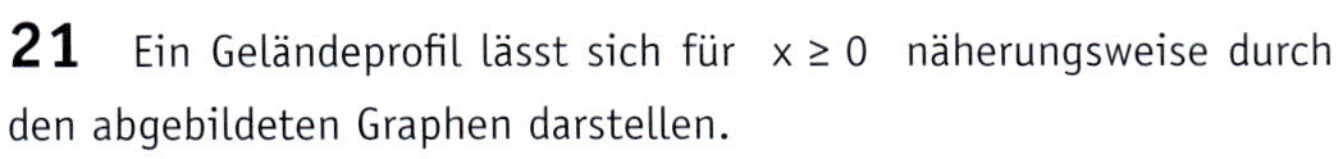

21 Ein Geländeprofil lässt sich für $x \ge 0$ näherungsweise durch den abgebildeten Graphen darstellen.
Bestimmen Sie einen Funktionsterm der Form $(ax + b) \cdot e^{-x}$, der den Graphen beschreibt.

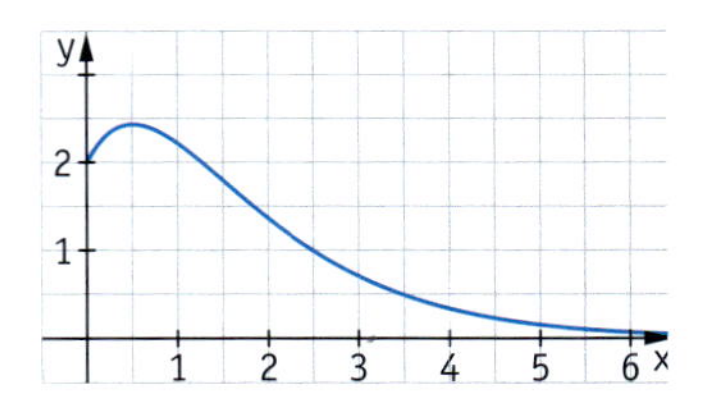

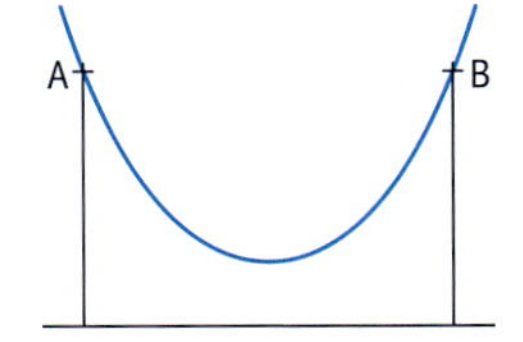

22 Wenn man eine Kette (oder ein Seil) aus homogenem Material an zwei Punkten A und B aufhängt, so nimmt sie unter dem Einfluss der Schwerkraft die Form der sogenannten Kettenlinie an, die sich durch eine Funktion f mit $f(x) = \frac{a}{2}\left(e^{\frac{x}{2}} + e^{-\frac{x}{2}}\right)$ mit einem geeigneten Parameter $a > 0$ beschreiben lässt.
Untersuchen und zeichnen Sie die Kettenlinie für $a = 5$.

23 Gegeben ist die Funktionenschar f_t mit $f_t(x) = x\,e^{-tx}$ und $t > 0$.
Untersuchen Sie die Funktionenschar f_t. Zeigen Sie, dass alle Extrempunkte der Schar auf dem Graphen einer Funktion g liegen. Bestimmen Sie den Funktionsterm von g und zeichnen Sie die Ortslinie zusammen mit einigen Graphen der Funktionenschar.

24 Ordnen Sie die Graphen zu f_k den Parametern $k = -2, -1, 0, 1, 2$ der Funktionsterme begründet zu.

a) $f_k(x) = e^{-kx}$

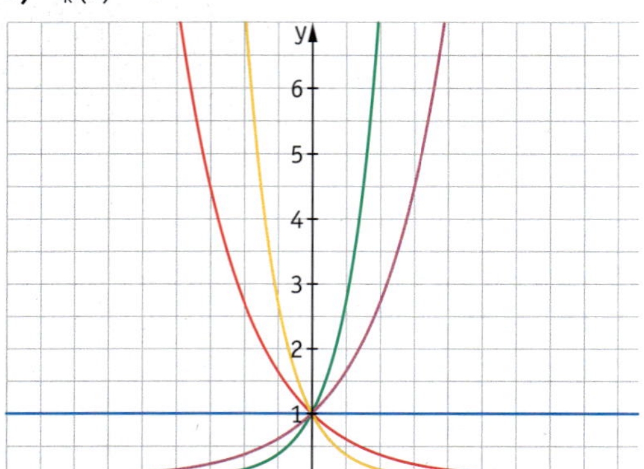

c) $f_k(x) = (x^2 - k) \cdot e^x$

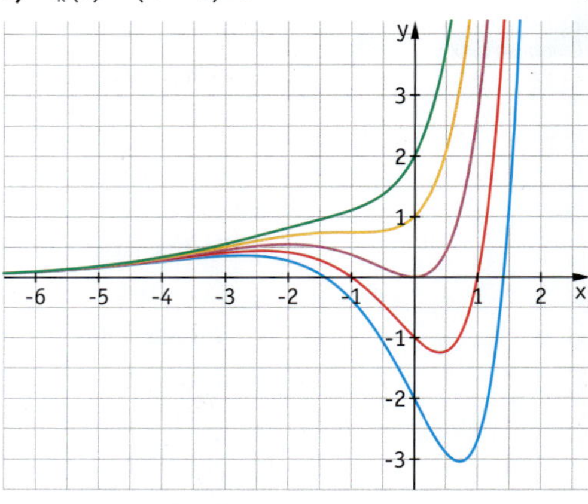

b) $f_k(x) = (x - k)\,e^x$

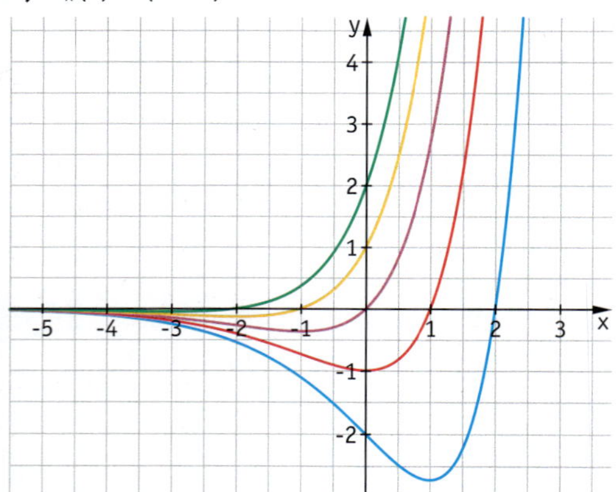

d) $f_k(x) = x\,(x - k)\,e^{-x}$

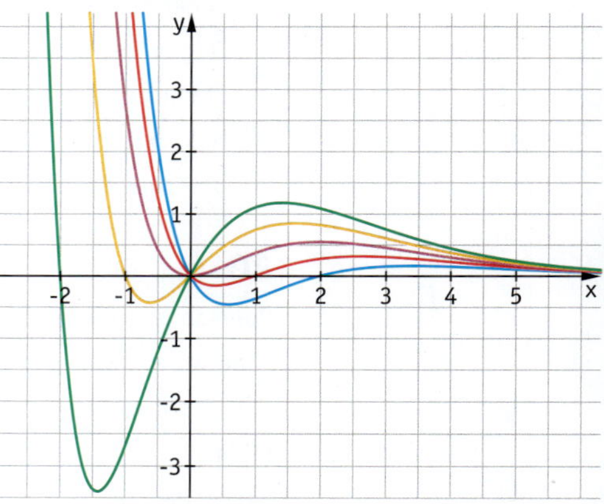

25 Gegeben ist für $k \in \mathbb{R}$ und $k > 0$ die Funktionenschar f_k mit $f_k(x) = x^2 \cdot e^{kx}$.

a) Untersuchen Sie f_k und zeichnen Sie den Graphen für $k = 1; 2; 3; 4$.

b) Zeigen Sie, dass die Ortslinie der Extrempunkte der Funktionenschar eine Parabel ist.

26 Eine Böschung lässt sich durch die Funktionenschar $f_k(x) = (x^2 + kx + k)\,e^{-x}$ mit $2 \le k \le 5$ und $x \ge 0$ modellieren. Dabei wird x orthogonal zur Straße und k parallel zur Straße gemessen.

a) Zeichnen Sie für $2 \le k \le 5$ und $x \ge 0$ die Graphen von f_k.

b) Bestimmen Sie für jeweils festes k die Punkte, in denen der Funktionsgraph von f_k am steilsten abfällt. Bestimmen Sie außerdem die zugehörige Ortslinie dieser Punkte.

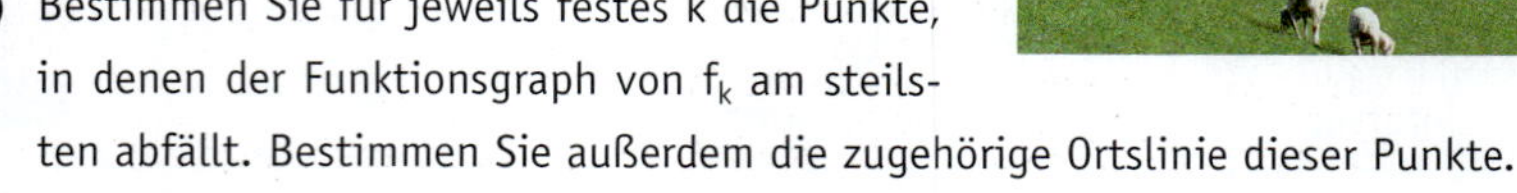

c) Zeichnen Sie für $2 \le k \le 5$ und $x \ge 0$ ein Höhenprofil der Böschung.

Die folgenden Aufgaben helfen Ihnen bei der Organisation des selbstständigen Lernprozesses. Zur Selbstkontrolle sind alle Lösungen dieser Aufgaben im Anhang dieses Buches abgedruckt.

1 Eine Tierpopulation hat sich in 10 Jahren von 800 auf 2500 Exemplare vermehrt.

a) Welche Funktion beschreibt diesen Wachstumsprozess, wenn man exponentielles Wachstum voraussetzt?

b) Wie viel Prozent beträgt das jährliche Wachstum, wie groß ist die Verdoppelungszeit?

2 Der Bestand einer Population von Walen wird in regelmäßigen Abständen von Tierschützen beobachtet und geschätzt. Dabei ergaben sich für die Jahre zwischen 1998 und 2007 folgende Bestände:

Jahr	1998	1999	2000	2001	2002	2003	2004	2005	2006	2007
Anzahl der Wale	430	500	590	720	850	1020	1200	1440	1720	2030

a) Welche Funktion beschreibt den Bestand an Walen ab 1998, wenn man exponentielles Wachstum voraussetzt?
Wie groß wäre nach diesem Modell der Bestand im Jahr 2020?

b) Aufgrund des begrenzten Nahrungsangebots ist es sinnvoll, langfristig von einem logistischen Wachstumsprozess auszugehen.
Auf wie viele Wale kann bei einem logistischen Modell die Population höchstens anwachsen?
In welchem Jahr wäre die momentane Wachstumsrate am größten?

eN **c)** Aufgrund klimatischer Veränderungen wird das Nahrungsangebot immer knapper. Ein meeresbiologisches Institut geht deshalb davon aus, dass sich die Entwicklung des Bestands besser durch die Differenzialgleichung $f'(t) = 0{,}174 \cdot f(t) - 0{,}0000029 \cdot (f(t))^2$ mit t in Jahren ab 2007 beschreiben lässt. Welchen Walbestand erhalten Sie mit diesem Modell für das Jahr 2020, welche Höchstzahl für den Walbestand erwarten Sie?

d) Zeichnen Sie die Graphen der drei verschiedenen Wachstumsfunktionen aus den obigen Teilaufgaben in ein gemeinsames Koordinatensystem. Vergleichen Sie die Modelle miteinander.

3 In einem Labor werden Bakterienkulturen gezüchtet, deren Vermehrung unter günstigen Bedingungen nahezu exponentiell verläuft. Um die Wirkung eines neuen Antibiotikums zu testen, das bei einer bestimmten Dosierung einen bestimmten Anteil der Bakterien abtötet, setzt man der Bakterienkultur eine Menge des Antibiotikums zu, die proportional zur Zeit zunimmt.
Die Anzahl der Bakterien zum Zeitpunkt t (in Stunden ab dem Zusetzen des Antibiotikums) kann beschrieben werden durch die Funktion N mit $N(t) = 10 \cdot e^{\frac{t}{2} - \frac{t^2}{a}}$ mit N in Millionen Bakterien.

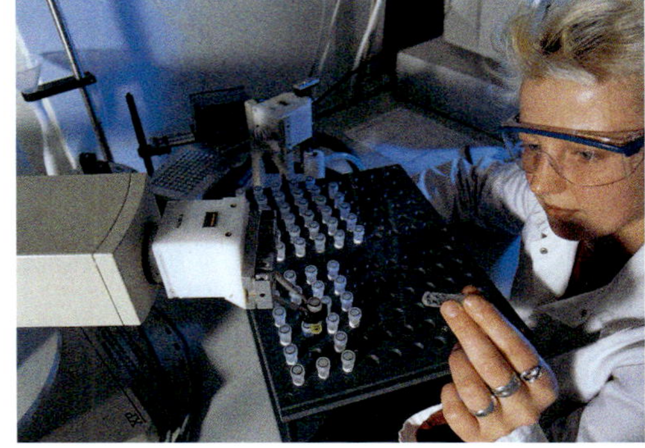

a) Bestimmen Sie den Parameter a so, dass die Anzahl der Bakterien nach 8 Stunden maximal wird.
Wie groß ist die maximale Anzahl an Bakterien?
Zu welchem Zeitpunkt ist die Wachstumsgeschwindigkeit maximal?

b) Beschreiben Sie den Verlauf der Bakterienzahl in Worten.

4 Unten sind die Funktionsgraphen der Funktionen zu $f(x) = e^{-x^3}$, $g(x) = (x^2 + 2x)\,e^{-x}$, $h(x) = \frac{e^x}{e^x - 2}$ abgebildet. Ordnen Sie den Graphen die korrekten Funktionsterme zu, ohne einen GTR zu verwenden. Begründen Sie Ihre Entscheidung am Funktionsterm.

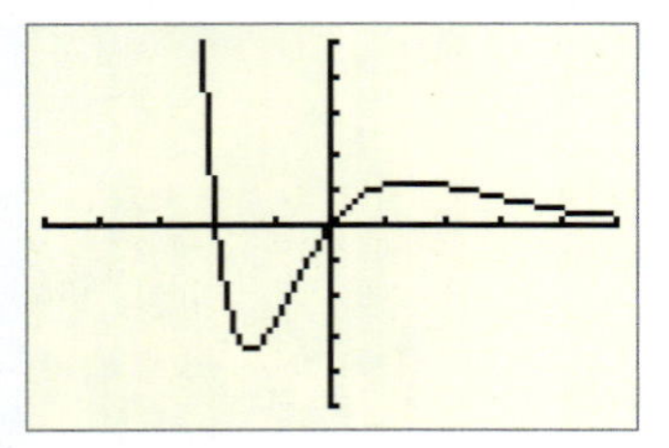

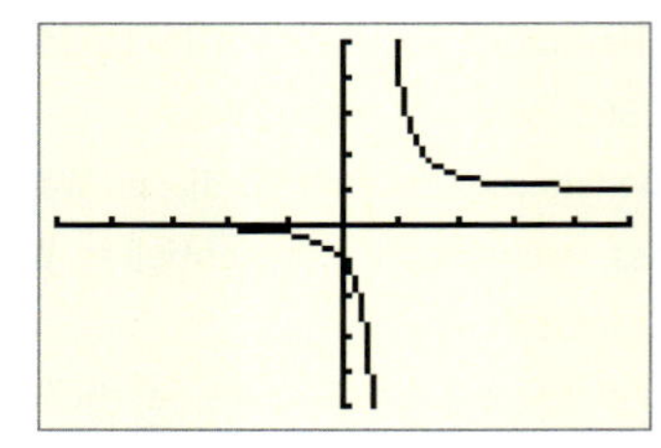

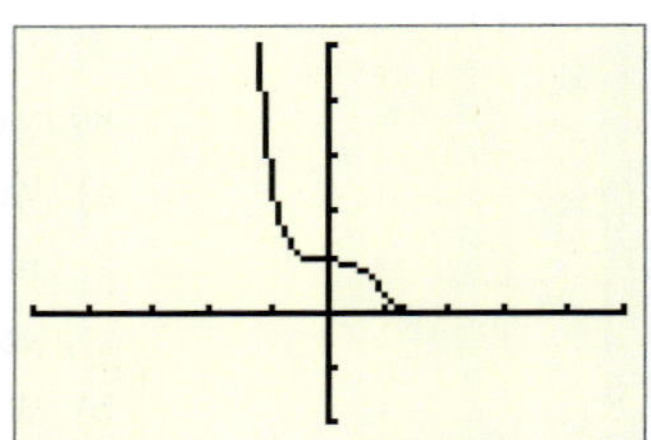

5 Das Alter von Getränken wie Whisky oder Wein kann nach einer Methode von LIBBY mithilfe des Gehaltes am radioaktiven Wasserstoff-Isotop Tritium ^3H bestimmt werden. Dessen Gehalt ist im natürlichen Wasserkreislauf durch Neubildung in den oberen Schichten der Atmosphäre und radioaktiven Zerfall konstant, in abgetrennten Flüssigkeitsproben kommt kein neues Tritium aus der Atmosphäre hinzu. Der Gehalt nimmt ab mit einer Halbwertszeit von 12,3 Jahren.
Wie alt ist ein Whisky, der nur noch 30 % des ursprünglichen Tritiumgehaltes aufweist?

6 Bilden Sie die 1. Ableitung und vereinfachen Sie soweit wie möglich.
Dokumentieren Sie einen Lösungsweg, der ohne Verwendung eines CAS nachvollziehbar ist.

a) $f(x) = (x^2 - 1) \cdot e^x$
b) $f(x) = e^{x^2 - 3}$
c) $f(x) = x^3 \cdot e^{2x}$
d) $f(x) = \frac{x^2}{e^x}$
e) $f_t(x) = (t + e^{-x})^2$

7 Geben Sie jeweils eine Stammfunktion zu f an.
Dokumentieren Sie einen Lösungsweg, der ohne Verwendung eines CAS nachvollziehbar ist.

a) $f(x) = 1 + e^{3-2x}$
b) $f(x) = \frac{1}{4} \cdot e^{2x} - 3 \cdot e^{-x} + 5$
c) $f(x) = e^{5-2x} + \frac{7}{e^{3x}}$

8 Gegeben ist die Funktion f durch $f(x) = 5 - e^x$.

a) Untersuchen Sie das Verhalten von f für $x \to \infty$ bzw. für $x \to -\infty$ und bestimmen Sie die Koordinaten der Schnittpunkte des Graphen von f mit den Koordinatenachsen.
Skizzieren Sie den Graphen von f.

b) Der Graph von f und die Koordinatenachsen begrenzen eine Fläche. Bestimmen Sie ihren Flächeninhalt.

9 Welche Stammfunktion zu f mit $f(x) = \frac{1}{2} e^{2-x}$ hat einen Graphen, der durch $P\left(3 \middle| 2 - \frac{1}{2e}\right)$ geht?

10 Gegeben ist die Funktionenschar f_b mit $f_b(x) = \frac{b \cdot e^x}{b - e^x}$ mit $b \in \mathbb{R}$.

a) Bestimmen Sie den maximalen Definitionsbereich.

b) Untersuchen Sie die Schar f_b in Abhängigkeit von $x \in \mathbb{R}$ auf asymptotisches Verhalten.

c) Ordnen Sie den rechts abgebildeten Graphen der Schar begründet die entsprechenden Parameter zu.

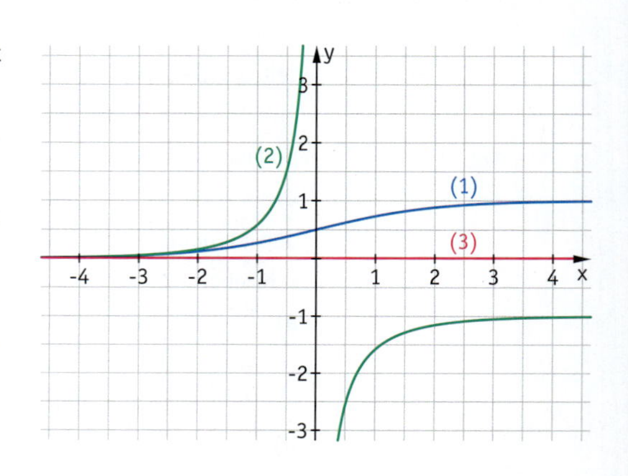

4 Analytische Geometrie

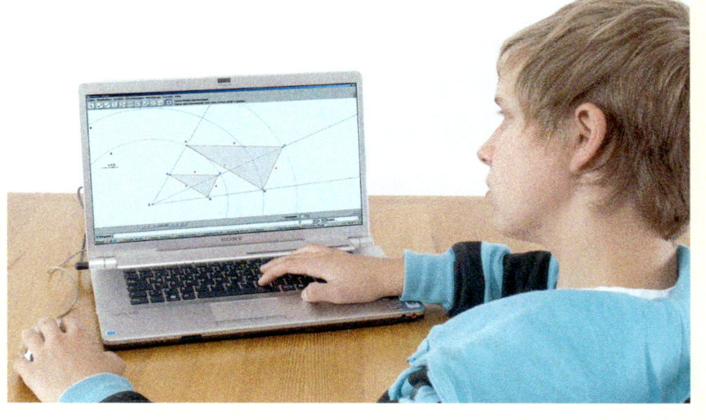

In der Schule konstruiert man mit Lineal, Zirkel und Geodreieck oder verwendet eine dynamische Geometriesoftware, die Konstruktionen geometrischer Figuren durch Berechnungen nachvollzieht. Auch in der Industrie und der Architektur verwendet man Computer-Software zum geometrischen Konstruieren und Planen, um ebene Bilder von räumlichen Gegenständen zu berechnen, z. B. bei der Entwicklung von Bauteilen, Autos oder bei der Architekturplanung. Dasselbe gilt für das Entwerfen räumlich wirkender Bilder für Computerspiele oder Filme.

Damit eine Software solche Berechnungen durchführen kann, müssen Objekte im Raum mathematisch durch Zahlen beschrieben werden. Überlegen Sie, wie man Punkte, Kanten und Flächen im Raum durch Zahlen beschreiben könnte und diskutieren Sie Ihre Vorschläge untereinander.

In diesem Kapitel

- erfahren Sie, wie man Punkte, Geraden und ebene Flächen im dreidimensionalen Raum mithilfe von Koordinaten und Gleichungen mathematisch beschreibt;
- lernen Sie, wie man mit diesen mathematischen Modellen rechnet;
- erarbeiten Sie Methoden, um die Lage von Punkten, Geraden und ebenen Flächen zueinander rechnerisch zu bestimmen;
- berechnen Sie Abstände und Winkel.

Wo ist was im Raum?

Planung einer Küche – Koordinaten im Raum

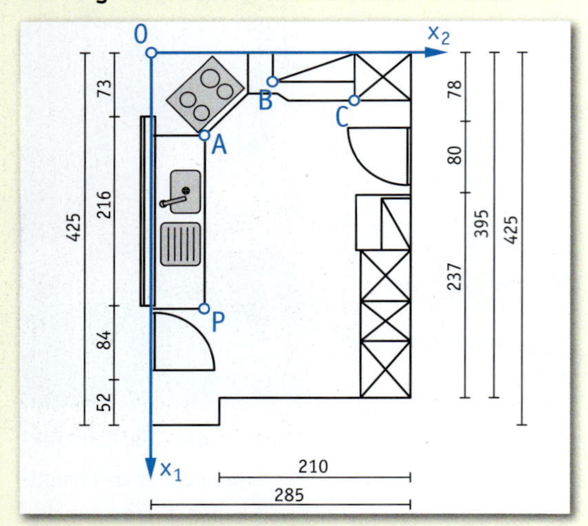

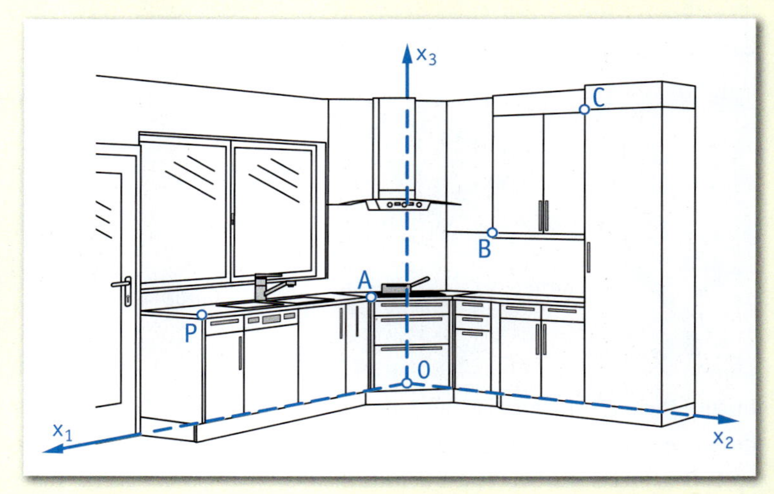

1 Oben sind der Grundriss und das Schrägbild einer Küche abgebildet. Für die Planung sind neben den Angaben zur Länge und Breite der einzelnen Küchenmöbel und des Raumes auch Angaben über die Höhen nötig. Das Schrägbild wurde mithilfe einer Computersoftware erstellt.

Um das Bild zu berechnen, wurde in der hinteren linken Ecke des Raumes ein räumliches Koordinatensystem festgelegt, wodurch jeder Punkt des Raumes durch Koordinaten beschrieben werden kann. Zum Punkt P gelangt man, indem man vom Ursprung aus 289 cm nach vorne geht, dann 60 cm nach rechts und anschließend 85 cm nach oben. Man schreibt dafür P(289 | 60 | 85), analog zur Angabe von Punkten in der Ebene mithilfe von 2 Koordinaten.

Die Raumhöhe beträgt 260 cm, der Hochschrank ist 250 cm hoch und der Hängeschrank hat eine Höhe von 80 cm.

- Welchen Abstand hat der Hängeschrank von der Arbeitsplatte?
- Bestimmen Sie die Koordinaten der eingezeichneten Punkte A, B und C.
- Ermitteln Sie den Abstand der beiden Punkte A und B voneinander.

Verschiebung einer Pyramide

2 Rechts ist das Schrägbild einer geraden quadratischen Pyramide in einem räumlichen Koordinatensystem dargestellt.

- Bestimmen Sie die Koordinaten der Eckpunkte.
- Die Pyramide wird verschoben. Dabei wird der Punkt B(4 | 4 | 0) auf den Bildpunkt B′(2 | 6 | 3) abgebildet.
  Bestimmen Sie die Koordinaten der anderen Bildpunkte.
  Zeichnen Sie die verschobenen Pyramide und die Verschiebungspfeile im Koordinatensystem.
- Wie kann man diese Verschiebung mithilfe von Koordinaten beschreiben?

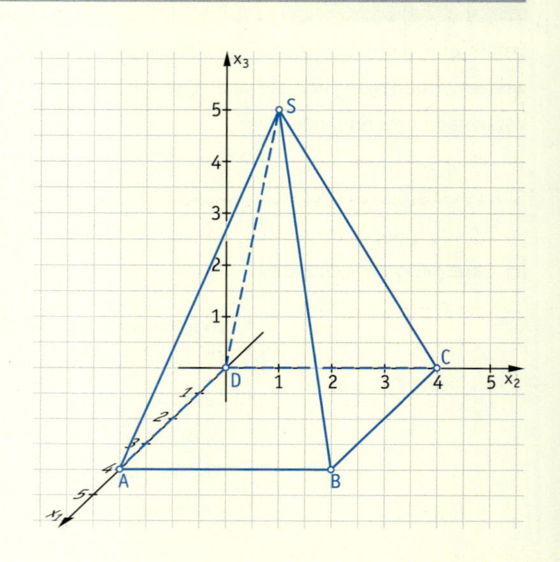

Tensegrity

3 Der amerikanische Architekt und Ingenieur RICHARD BUCKMINSTER FULLER (1895 – 1983) setzte den Begriff *Tensegrity* aus den Wörtern *tension* (Spannung) und *integrity* (Zusammenhalt) zusammen. Tensegrity-Strukturen bestehen aus Druckstäben, die allein durch ein System von Zugstäben, Seilen oder Ketten gehalten werden.

Die Fotos zeigen das Projekt „Als die Tannen fliegen lernten" der Landesgartenschau Vöcklabruck 2007 in Österreich.

Vor dem Aufbau einer solchen Tensegrity-Struktur sind umfangreiche Planungen und Berechnungen nötig. Dazu werden die geraden Tannenstämme vereinfacht als Strecken, also Teilstücke von Geraden im Raum beschrieben.

- Beschreiben Sie die Lage dieser Geraden zueinander im Raum. Was ist anders als bei der Lage von Geraden in einer Ebene?
- In einem räumlichen Koordinatensystem hat eine Strecke, die einen Stamm beschreibt, die Endpunkte $A(3|5|3)$ und $B(1|7|1)$. Geben Sie weitere Punkte an, die auf der Strecke liegen. Wie erhält man aus den Koordinaten der Punkte A und B alle Punkte der Geraden durch A und B?
- Ein anderer Stamm der Tensegrity-Struktur wird bei der Planung durch eine Gerade beschrieben, die durch die Punkte $C(1|4|1)$ und $D(1|6|3)$ verläuft. Überlegen Sie, wie man die besondere Lage der Geraden AB und CD zueinander rechnerisch nachweisen kann.

Rechte Winkel rechnerisch nachweisen

4 In der Abbildung rechts sind drei Dreiecke in einem Koordinatensystem dargestellt.

- Geben Sie für jedes Dreieck die Koordinaten der Eckpunkte an.
- Zeigen Sie, dass die Dreiecke rechtwinklig sind.
- Es gibt eine einfache Beziehung zwischen den Koordinaten der Eckpunkte eines rechtwinkligen Dreiecks. Ermitteln Sie diese Beziehung.
- Zeichnen Sie weitere rechtwinklige Dreiecke in das Koordinatensystem. Überprüfen Sie Ihre Vermutung und begründen Sie diese.

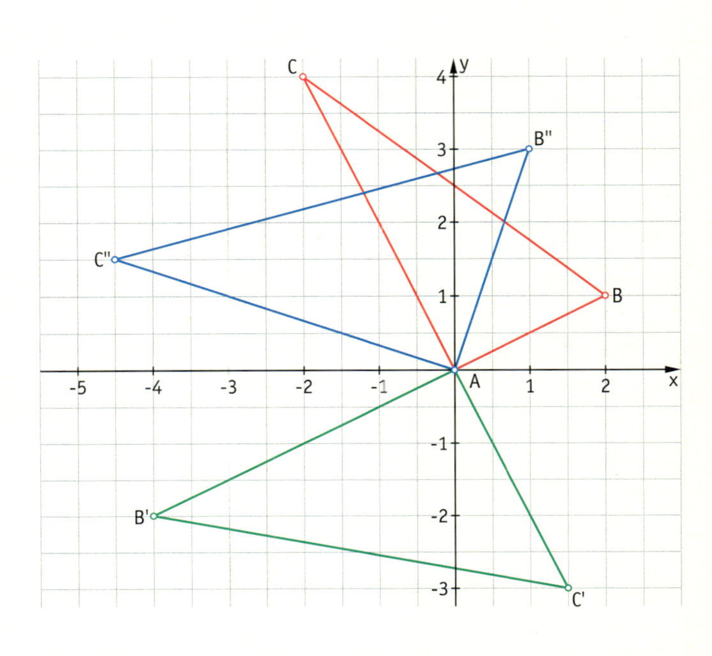

4.1 Punkte und Vektoren im Raum

4.1.1 Punkte im räumlichen Koordinatensystem

Einführung

Räumliches Koordinatensystem

Ein 8 m breiter, 14 m langer und 3 m hoher Flachdachbungalow soll mit einem 6 m hohen Spitzdach versehen werden. Wie kann man die Lage der Dachspitze beschreiben?

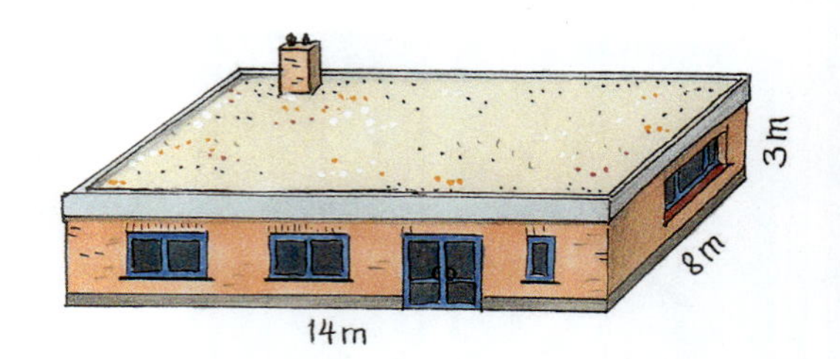

In der Ebene haben wir zur Beschreibung der Lage eines Punktes ein Koordinatensystem mit zwei Achsen verwendet.

Um den Bungalow beschreiben zu können, müssen wir außer der Länge und Breite auch noch die Höhe berücksichtigen.

Das ebene Koordinatensystem muss also noch um eine dritte Achse erweitert werden. Dabei wählen wir eine Hausecke als Koordinatenursprung (z. B. die untere Ecke links hinten).

> Die Koordinaten eines Punktes in der Ebene bilden ein Zahlenpaar, z. B. A(2 | 5).
> Die Koordinaten eines Punktes im Raum bilden ein Zahlentripel, z. B. B(2 | −1 | 3).

Eine Koordinatenachse verläuft in der Verlängerung einer Kante und zeigt nach vorne; wir nennen sie x_1-Achse. Die x_2-Achse zeigt in die Verlängerung einer Kante nach rechts, die x_3-Achse entsprechend nach oben.

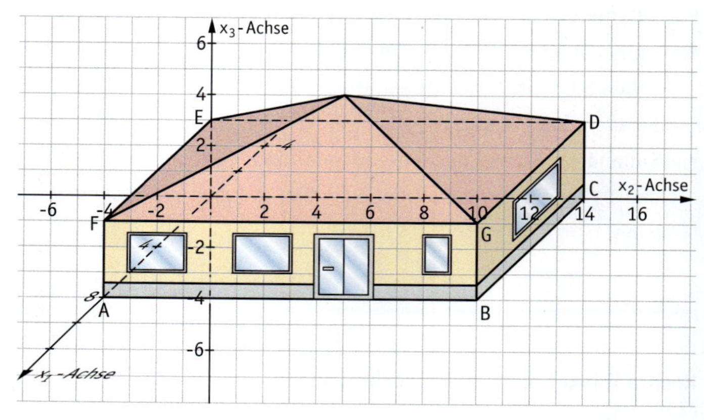

Um vom Ursprung O zu Punkt A zu gelangen, muss man auf der x_1-Achse 8 m nach vorne gehen; der Punkt hat also die Koordinaten A(8 | 0 | 0). Zum Punkt B gelangt man, indem man vom Ursprung 8 m nach vorne und 14 m nach rechts geht, also hat dieser Punkt die Koordinaten B(8 | 14 | 0). Entsprechend findet man für die anderen Punkte: C(0 | 14 | 0), D(0 | 14 | 3), E(0 | 0 | 3), F(8 | 0 | 3), G(8 | 14 | 3).

Die Koordinaten der Dachspitze S bestimmen wir folgendermaßen: Die Dachspitze liegt über dem Mittelpunkt der Grundfläche (Schnittpunkt der Diagonalen), also vom Ursprung aus $\frac{1}{2} \cdot 8\,\text{m} = 4\,\text{m}$ nach vorn und $\frac{1}{2} \cdot 14\,\text{m} = 7\,\text{m}$ nach rechts. Ihre Höhe beträgt $3\,\text{m} + 6\,\text{m} = 9\,\text{m}$. Also hat der Punkt die Koordinaten S(4 | 7 | 9).

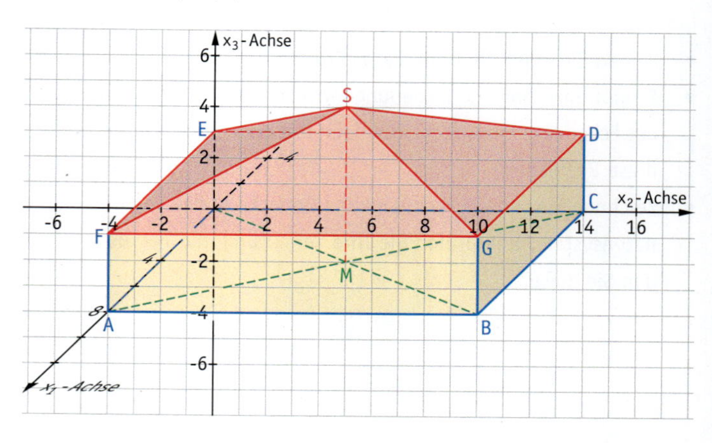

Die rechte Hälfte des Bungalows ist 2,5 m tief unterkellert. Die Eckpunkte des Kellers haben die Koordinaten:
H (8 | 7 | −2,5), I (8 | 14 | −2,5), J (0 | 14 | −2,5), K (0 | 7 | −2,5)

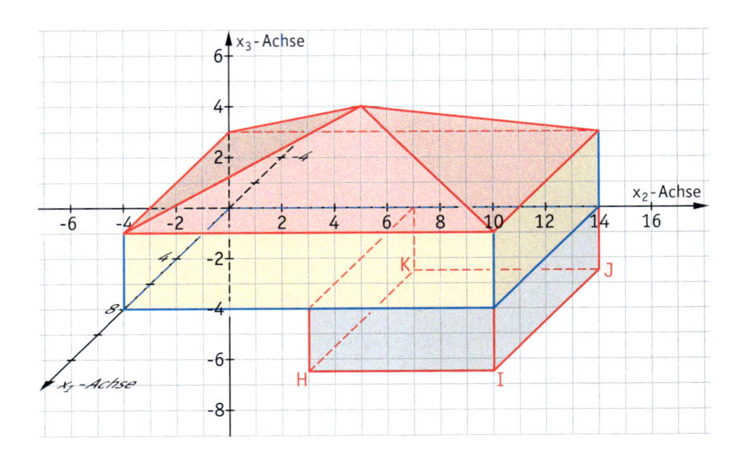

Information

(1) Ein kartesisches Koordinatensystem im Raum wählen

Um Probleme der Raumgeometrie rechnerisch bearbeiten zu können, muss man die Lage von Punkten im Raum mithilfe eines Koordinatensystems beschreiben können. Dazu wählt man ein **kartesisches Koordinatensystem** mit folgenden Eigenschaften:

> Das Wort **kartesisch** geht zurück auf den lateinischen Namen *Renatus Cartesius* des franz. Philosophen, Mathematikers und Naturwissenschaftlers RENÉ DESCARTES (1596 – 1650) und bedeutet so viel wie: alles rechtwinklig.

- Es besteht aus drei Zahlengeraden, der x_1-, der x_2- und der x_3-Achse. Statt mit x_1, x_2 und x_3 bezeichnet man die Achsen auch manchmal mit x, y und z.
- Diese Achsen besitzen einen gemeinsamen Nullpunkt 0. Er heißt **Ursprung** des Koordinatensystems.
- Die Achsen sind paarweise zueinander orthogonal, d. h. sie liegen zueinander wie die an einer Ecke zusammenstoßenden Kanten eines Quaders.
- Auf den Achsen werden Einheitsstrecken derselben Länge festgelegt. Diese Länge nennt man **Einheit des Koordinatensystems.**
- Zu jedem Zahlentripel, z. B. (6 | −3 | 2), gehört ein Punkt im Koordinatensystem. Der Punkt P (6 | −3 | 2) liegt vom Ursprung aus 6 Einheiten in Richtung der x_1-Achse, −3 Einheiten in Richtung der x_2-Achse und 2 Einheiten in Richtung der x_3-Achse.

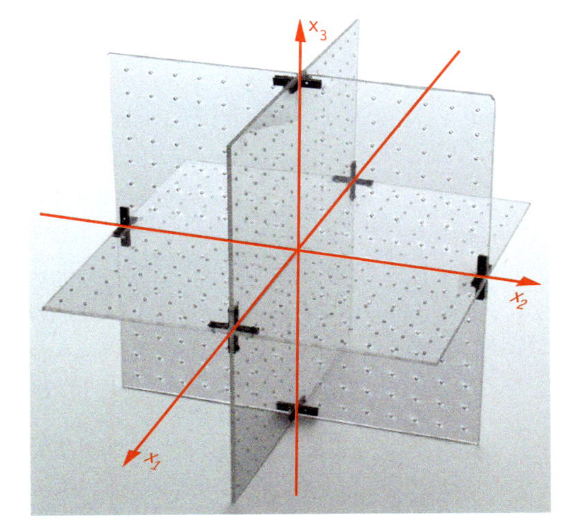

Je zwei Koordinatenachsen spannen eine **Koordinatenebene** auf. So spannen z. B. die x_1- und die x_2-Achse die x_1x_2-Ebene auf.
Die x_1x_2-, die x_1x_3- und die x_2x_3-Koordinatenebene stehen wie die Achsen paarweise senkrecht aufeinander.

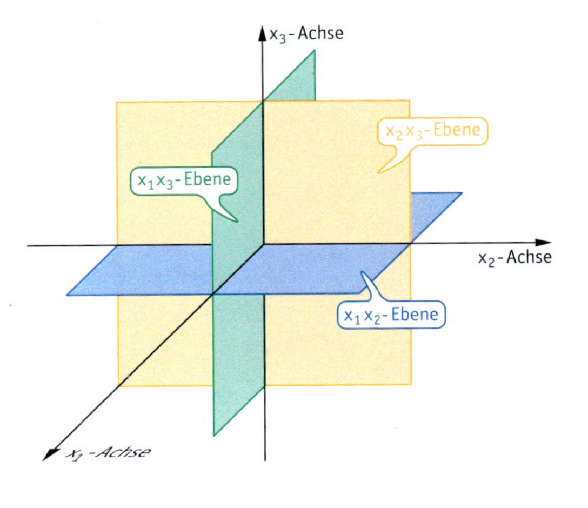

(2) Ein räumliches kartesisches Koordinatensystem zeichnen

Um ein Schrägbild eines räumlichen kartesischen Koordinatensystems zu zeichnen, geht man üblicherweise wie folgt vor:

- Man legt die x_2- und die x_3-Achse wie bei einem ebenen kartesischen Koordinatensystem in die Zeichenebene. Als Einheit wählt man auf beiden Achsen 1 cm.
- Die zur Zeichenebene (x_2x_3-Koordinatenebene) orthogonale x_1-Achse zeichnet man unter einem Verzerrungswinkel $\alpha = 45°$ gegen die Horizontale nach vorne geneigt.
- Die Einheit auf der x_1-Achse entspricht der Länge der Diagonalen eines Kästchens. Die Einheiten auf der x_1-Achse werden somit um den Faktor $k = \frac{1}{2}\sqrt{2} \approx 0{,}7$ verkürzt dargestellt.

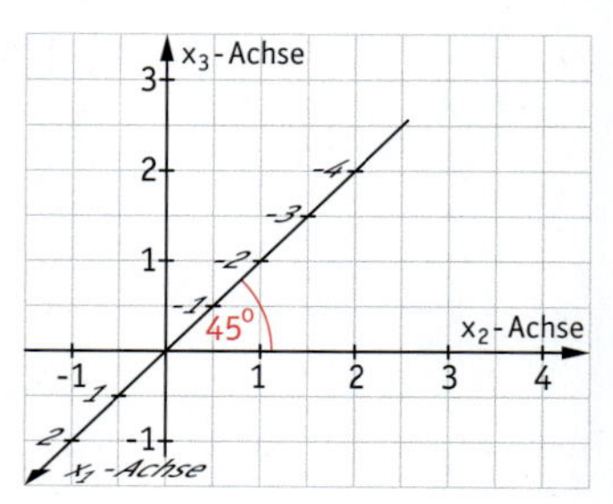

Aufgabe **1**

a) Zeichnen Sie die Punkte zu den Zahlentripeln A(6 | 4 | −1), B(−2 | 0 | 1,5) und C(2 | 5 | 1) in ein Koordinatensystem.

b) Betrachten Sie die Lage des Punktes C im Schrägbild. Welcher Eindruck wird erweckt? Geben Sie weitere Punkte an, die im Schrägbild an derselben Stelle wie C erscheinen.

Lösung

a) Zum Punkt A(6 | 4 | −1) gelangt man, indem man vom Ursprung aus 6 Einheiten nach vorne geht, dann noch 4 Einheiten nach rechts und anschließend 2 Einheiten nach unten. Zum Punkt B(−2 | 0 | 1,5) gelangt man, indem man vom Ursprung aus 2 Einheiten nach hinten und dann 3 Einheiten nach oben geht. Entsprechend kann man den Punkt C(2 | 5 | 1) einzeichnen.

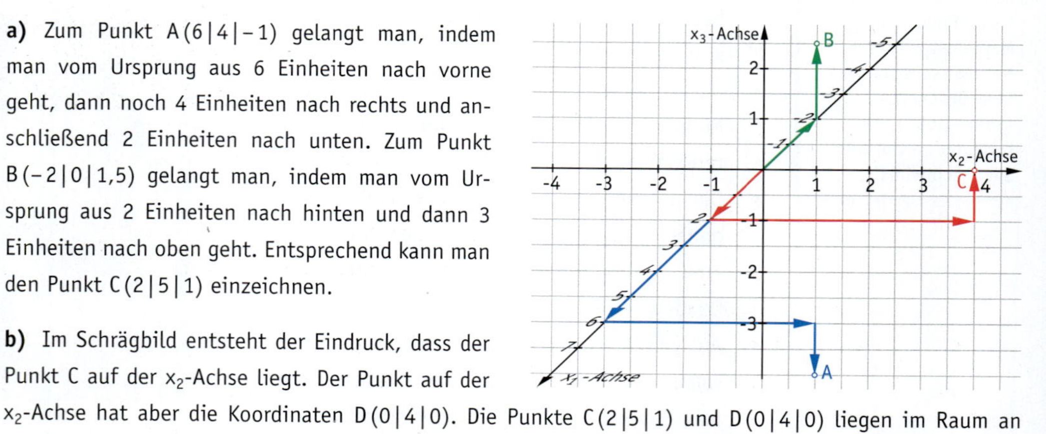

b) Im Schrägbild entsteht der Eindruck, dass der Punkt C auf der x_2-Achse liegt. Der Punkt auf der x_2-Achse hat aber die Koordinaten D(0 | 4 | 0). Die Punkte C(2 | 5 | 1) und D(0 | 4 | 0) liegen im Raum an verschiedenen Stellen, erscheinen aber trotzdem im Schrägbild an ein und derselben Stelle.
Zum Beispiel liegen auch die Punkte R(−8 | 0 | −4), S(−3 | 2,5 | −1,5), T(6 | 7 | 3) und Q(−10 | −1 | −5) im Schrägbild an derselben Stelle wie der Punkt C.

Koordinaten eines Punktes im Schrägbild kann man nicht ablesen.

Information

(3) Punkte im Schrägbild eines Koordinatensystems zeichnen

Zu jedem Zahlentripel, z. B. (3 | 3 | 1,5), gehört ein Punkt mit diesen Koordinaten. Man findet ihn als *Endpunkt eines Koordinatenzuges:* Man geht vom Ursprung aus

- 3 Einheiten in Richtung der x_1-Achse,
- dann 3 Einheiten in Richtung der x_2-Achse,
- schließlich 1,5 Einheiten in Richtung der x_3-Achse.

Wir schreiben P(3 | 3 | 1,5) und lesen: *Punkt P mit den Koordinaten* 3, 3, 1,5.

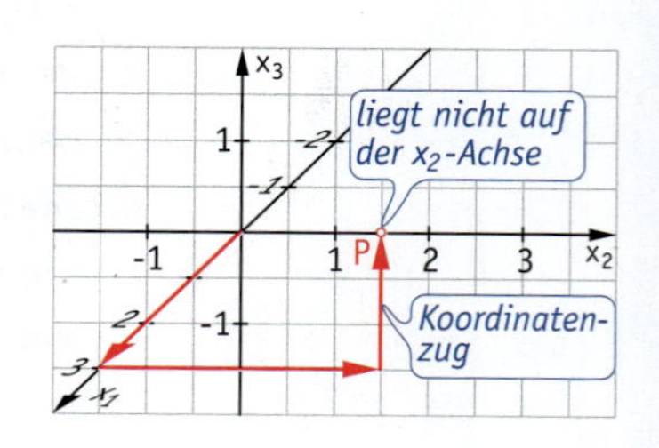

Weiterführende Aufgabe

2 Projektion und Spiegelung eines Punktes

Gegeben ist der Punkt P(2|3|4).

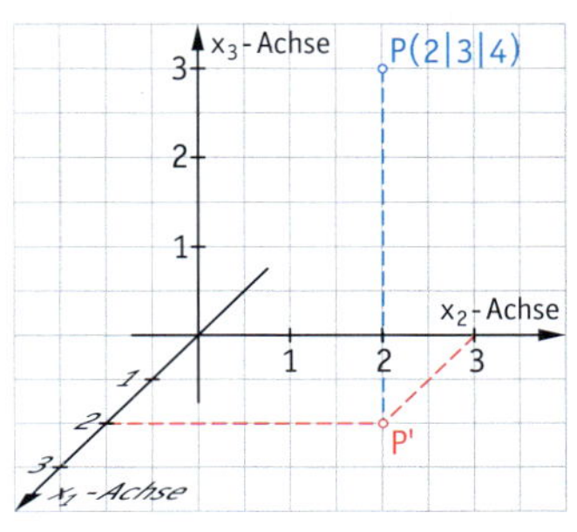

a) Projiziert man den Punkt P parallel zur x_3-Achse in die x_1x_2-Koordinatenebene, so erhält man den Bildpunkt P′ von P in der x_1x_2-Koordinatenebene. Bestimmen Sie die Koordinaten von P′.

b) Projizieren Sie entsprechend ein Bild von P parallel zur x_2-Achse in die x_1x_3-Koordinatenebene und parallel zur x_1-Achse in die x_2x_3-Koordinatenebene.

c) P wird an der x_1x_2-Koordinatenebene gespiegelt. Geben Sie die Koordinaten des Bildpunktes an. Bestimmen Sie auch die Koordinaten der Bildpunkte von P bei Spiegelung an den anderen Koordinatenebenen.

Übungsaufgaben 

3 Beschreiben Sie in Ihrem Klassenraum die Lage bestimmter Punkte wie z. B. einer Ecke Ihres Arbeitstisches oder eines Punktes auf der Tafel möglichst präzise. Erläutern Sie Ihre Vorgehensweise.

4 Bestimmen Sie die Koordinaten der angegebenen Punkte des Körpers im nebenstehenden Schrägbild.

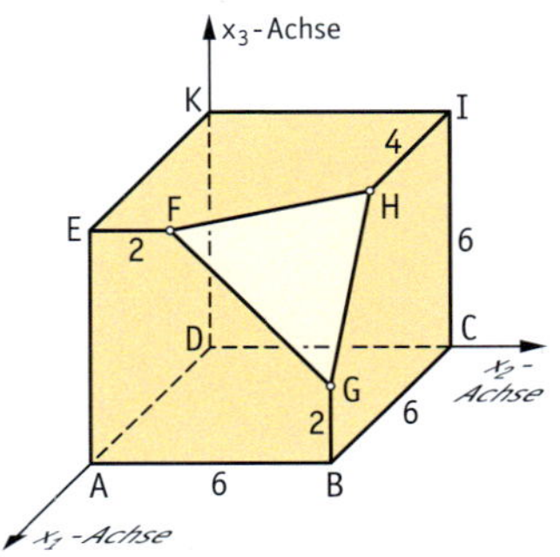

5 Zeichnen Sie das Dreieck mit den Eckpunkten A, B und C in ein Koordinatensystem.

a) A(3|2|4), B(−2|−3|3), C(−4|1|−5)

b) A(−3|−3|2), B(3|1|−1), C(−1|4|1)

6 Lina zeichnet den Punkt P(2|3|4) im Koordinatensystem (siehe Grafik rechts). Was hat sie dabei falsch gemacht?

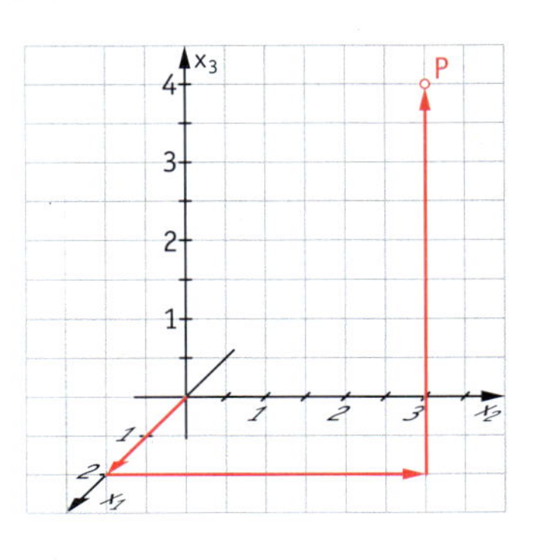

7 Wo liegen im Koordinatensystem alle Punkte,

a) deren x_1-Koordinate [x_2-Koordinate; x_3-Koordinate] null ist;

b) deren x_1-Koordinate und x_2-Koodinate null sind;

c) deren x_3-Koordinate gleich 3 ist;

d) deren x_1-Koordinate gleich 2 ist und deren x_2-Koordinate gleich 3 ist.

8 Eine quadratische Pyramide mit der Kantenlänge a = 10 cm hat die Höhe h = 8 cm. Wählen Sie ein räumliches Koordinatensystem und zeichnen Sie die Pyramide ein. Bestimmen Sie die Koordinaten aller Eckpunkte.

9 Ein Turm hat die Form eines Quaders, auf den eine Pyramide aufgesetzt wurde.

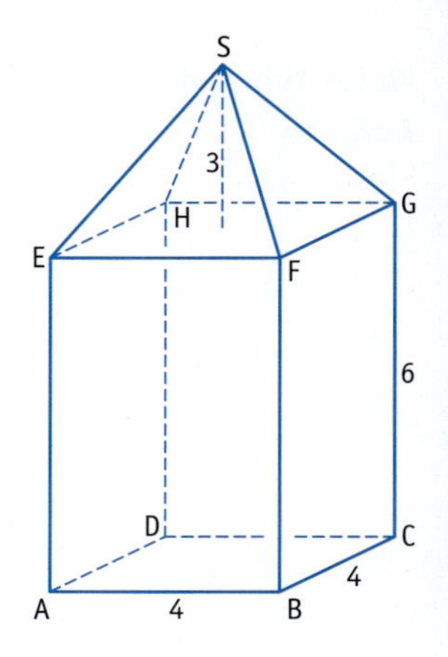

a) Wählen Sie ein Koordinatensystem mit D als Ursprung, sodass die Koordinatenachsen auf den Kanten des Quaders liegen. Zeichnen Sie ein Schrägbild des Turms und geben Sie die Koordinaten seiner Eckpunkte an.

b) Wählen Sie ein zweites Koordinatensystem, bei dem der Ursprung im Mittelpunkt M der Grundfläche ABCD liegt. Bestimmen Sie ebenfalls die Koordinaten aller Eckpunkte des Turms.

c) Vergleichen Sie die Koordinaten der Eckpunkte aus den Teilaufgaben a) und b) miteinander.

10

a) Welche Koordinaten haben die eingetragenen Ecken des abgebildeten Gebäudes?

b) Geben Sie an, welche Punkte in der x_1x_2-Ebene, welche in der x_2x_3-Ebene und welche in der x_1x_3-Ebene liegen.

c) Welche Koordinaten hätten die Punkte, wenn der Ursprung in H, die x_1-Achse in Richtung I und die x_3-Achse in Richtung E verliefe? Welche Punkte des Gebäudes liegen jetzt in der x_1x_2-Ebene [x_2x_3-Ebene; x_1x_3-Ebene]?

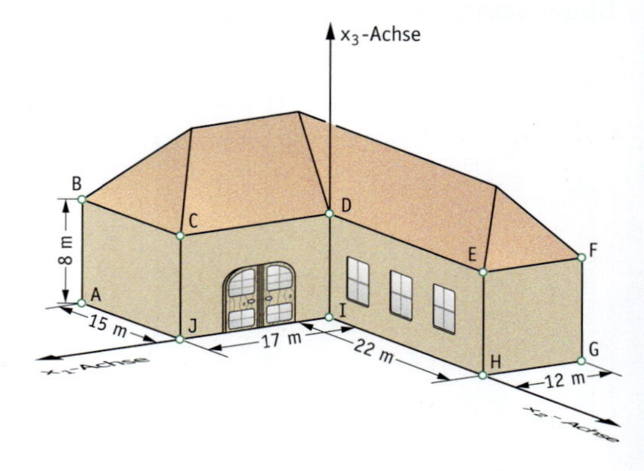

11 Kevin behauptet:

Der Punkt P liegt in der x_2x_3-Ebene und hat die Koordinaten P(0|3|2), Q liegt in der x_1x_2-Ebene und hat die Koordinaten Q(3|−1|0).

Nehmen Sie zu Kevins Behauptung Stellung.

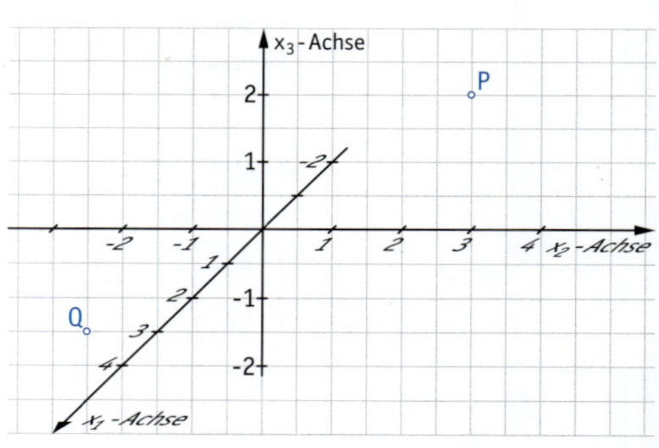

12 Gegeben ist ein Punkt P im Schrägbild. Lassen sich die fehlenden Koordinaten bestimmen?

(1) P(□|□|−2)

(2) P(−2|□|□)

(3) P(□|−2|□)

Begründen Sie.

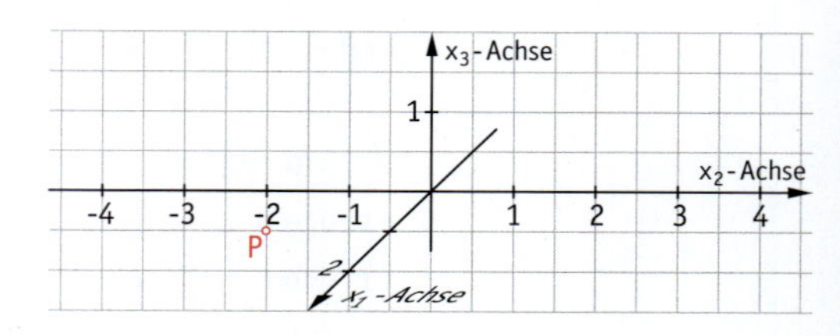

13 Bestimmen Sie die Koordinaten der Bildpunkte der Punkte P(−4|0|0), Q(0|3|0), R(3|−2|4) und S(−8|5|−3), die entstehen, wenn diese Punkte

a) an der x_1x_2-Ebene, **b)** an der x_1x_3-Ebene, **c)** an der x_2x_3-Ebene **d)** am Koordinatenursprung gespiegelt werden.

4.1.2 Vektoren

Einführung

In der Automobilindustrie gibt es ganze Fertigungsstraßen, in denen Roboter die Autos zusammenbauen. Um bestimmte Bewegungsabläufe durchzuführen, muss ein Roboter programmiert werden, das heißt, er muss mit den nötigen Informationen versorgt werden. Für die Steuerung werden Koordinatensysteme gewählt; die Bewegungen werden mithilfe von Koordinaten beschrieben. In der folgenden Aufgabe überlegen wir, wie eine Verschiebung im Raum mithilfe von Koordinaten beschrieben werden kann.

Aufgabe

1 Das Dreieck ABC mit A(0|0|1), B(2|−2|5) und C(0|−4|2) wird so verschoben, dass der Bildpunkt von A die Koordinaten A′(−3|4|3) hat.

a) Bestimmen Sie die Koordinaten der Bildpunkte B′ und C′. Zeichnen Sie auch beide Dreiecke und die Verschiebungspfeile in ein Koordinatensystem.

b) Angenommen, ein Roboter soll die gleiche Verschiebung wie in Teilaufgabe a) mit einem beliebigen Gegenstand ausführen. Welche Informationen zu der Verschiebung kann man ihm geben?

Lösung

a) Vergleicht man die Koordinaten des Punktes A mit denen seines Bildpunktes A′, so erkennt man:

A(0 | 0 | 1)

−3 ↓ +4 ↓ +2 ↓

A′(−3 | 4 | 3)

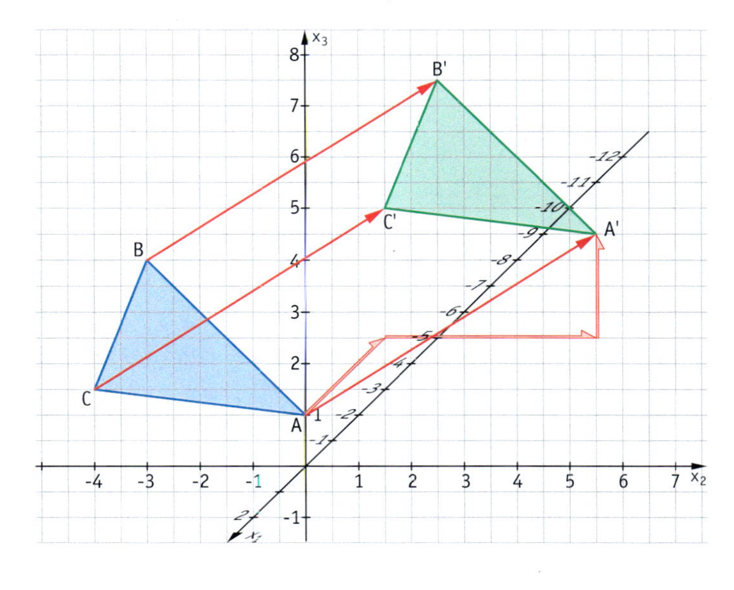

- In x_1-Richtung liegt A′ um 3 Einheiten weiter hinten als A.
- In x_2-Richtung liegt A′ um 4 Einheiten weiter rechts als A.
- In x_3-Richtung liegt A′ um 2 Einheiten weiter oben als A.

Diese Verschiebung muss auch mit den Koordinaten der Punkte B und C durchgeführt werden:

B′(2 − 3|−2 + 4|5 + 2), also B′(−1|2|7) sowie C′(0 − 3|−4 + 4|2 + 2), also C′(−3|0|4)

b) Bei der Lösung von Teilaufgabe a) haben wir die Koordinaten der Bildpunkte bei der Verschiebung bestimmt: 1. Koordinate −3, 2. Koordinate +4, 3. Koordinate +2

Man kann die Verschiebung also durch drei Koordinaten beschreiben.

Soll ein Roboter eine solche Verschiebung durchführen, muss er den Gegenstand also um −3 Einheiten in x_1-Richtung, um 4 Einheiten in x_2-Richtung und um 2 Einheiten in x_3-Richtung bewegen.

Information

(1) Vektor

In Aufgabe 1 haben wir die Verschiebung durch drei Zahlenangaben beschrieben: 3 Einheiten weiter hinten, 4 Einheiten weiter rechts und 2 Einheiten weiter oben. Da diese Angaben *eine* Verschiebung beschreiben, fasst man sie in einer Spalte mit Klammern zusammen: $\begin{pmatrix} -3 \\ 4 \\ 2 \end{pmatrix}$

vector (lat.) der Träger, „trägt A nach B"

Definition 1

(1) Ein **Vektor** mit drei Koordinaten ist ein geordnetes Zahlentripel, das wir als Spalte schreiben. Zur Abkürzung bezeichnen wir Vektoren mit kleinen Buchstaben und einem darüber gesetztem Pfeil, zum Beispiel $\vec{a} = \begin{pmatrix} 7 \\ 3 \\ -2 \end{pmatrix}$, $\vec{b} = \begin{pmatrix} -4 \\ 1 \\ -5 \end{pmatrix}$.

Man wählt die Spaltenschreibweise, damit keine Verwechslung mit Punktkoordinaten vorkommt.

(2) Der Vektor $\vec{o} = \begin{pmatrix} 0 \\ 0 \\ 0 \end{pmatrix}$ heißt **Nullvektor**.

(2) Zusammenhang zwischen Vektoren und Pfeilen

$\overrightarrow{XY}$ bezeichnet den Vektor der Verschiebung, die Punkt X auf Punkt Y abbildet.

In Information (1) wurde ein Vektor zur Beschreibung einer Verschiebung verwendet. Die Koordinaten des Vektors geben an, wie man im Koordinatensystem von einem Punkt zu seinem Bildpunkt kommt. Die Verschiebungspfeile $\overrightarrow{AA'}$, $\overrightarrow{BB'}$, und $\overrightarrow{CC'}$ sind parallel zueinander, gleich gerichtet und gleich lang.

Umgekehrt bestimmt jeder Pfeil, etwa von Q(3 | −2 | −1) nach R(7 | −3 | 5), eine Verschiebung. Nach Lösung von Aufgabe 1 gilt dann:

Der Pfeil von Q(3 | −2 | −1) nach R(7 | −3 | 5) veranschaulicht den Vektor $\overrightarrow{QR} = \begin{pmatrix} 7-3 \\ -3-(-2) \\ 5-(-1) \end{pmatrix} = \begin{pmatrix} 4 \\ -1 \\ 6 \end{pmatrix}$.

Weiterführende Aufgabe

2 Länge eines Vektors bestimmen

Gegeben ist ein Punkt A. Man erhält den Bildpunkt A' von A durch eine Verschiebung mit dem Vektor $\vec{v} = \begin{pmatrix} 5 \\ 7 \\ 1{,}5 \end{pmatrix}$.

Erläutern Sie die nebenstehende Abbildung und bestimmen Sie die Länge der Strecke $\overline{AA'}$.

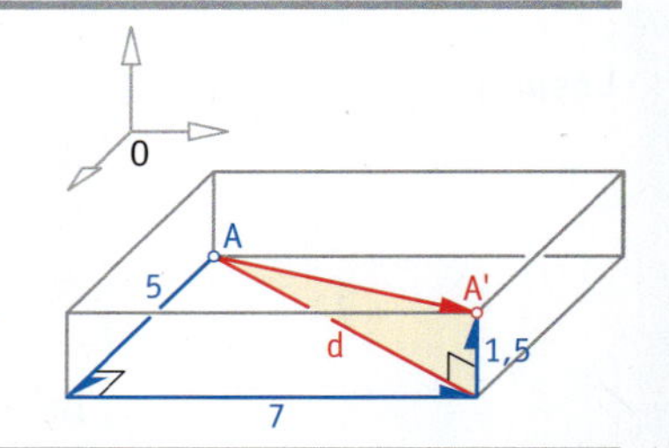

Information

(3) Länge eines Vektors – Abstand zweier Punkte

Definition 2

(1) Unter der **Länge eines Vektors** $\vec{v}$ versteht man die Länge der Pfeile, die zu dem Vektor gehören. Statt Länge sagt man auch **Betrag** von $\vec{v}$. Die Länge eines Vektors $\vec{v}$ wird mit $|\vec{v}|$ bezeichnet.

(2) Der Nullvektor $\vec{o}$ hat die Länge 0.

Satz 1

(1) Für die Länge $|\vec{v}|$ eines dreidimensionalen Vektors $\vec{v} = \begin{pmatrix} v_1 \\ v_2 \\ v_3 \end{pmatrix}$ gilt:

$$|\vec{v}| = \sqrt{v_1^2 + v_2^2 + v_3^2}$$

(2) Der Abstand zweier Punkte A und B ist gleich der Länge des Vektors $\overrightarrow{AB}$.
Es gilt also: $|AB| = |\overrightarrow{AB}|$

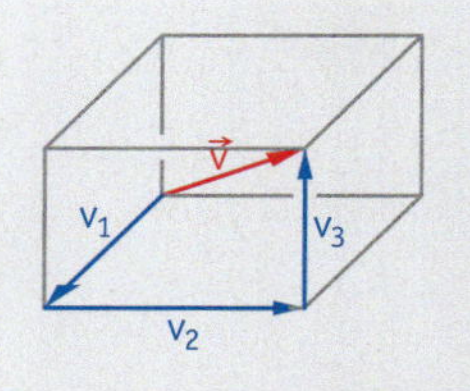

Beispiel

A(4 | 7 | −3), B(1 | −4 | 5), $\overrightarrow{AB} = \begin{pmatrix} -3 \\ -11 \\ 8 \end{pmatrix}$, $|AB| = |\overrightarrow{AB}| = \sqrt{(-3)^2 + (-11)^2 + 8^2} = \sqrt{194} \approx 13{,}93$

Übungsaufgaben  **3** In einem Containerbahnhof werden Container mithilfe eines Containerkrans auf Eisenbahnwaggons verladen. Bei geeigneter Wahl eines räumlichen Koordinatensystems (Einheiten in m) denken wir uns die Ecke A eines Containers im Punkt A(−10 | 21 | 0). Der Container soll auf einen Eisenbahnwaggon verladen werden, der parallel zum Container steht. Dabei wird der Container so verschoben, dass sein Eckpunkt A auf den Punkt A′(−5 | 28 | 1,5) des Waggons fällt.

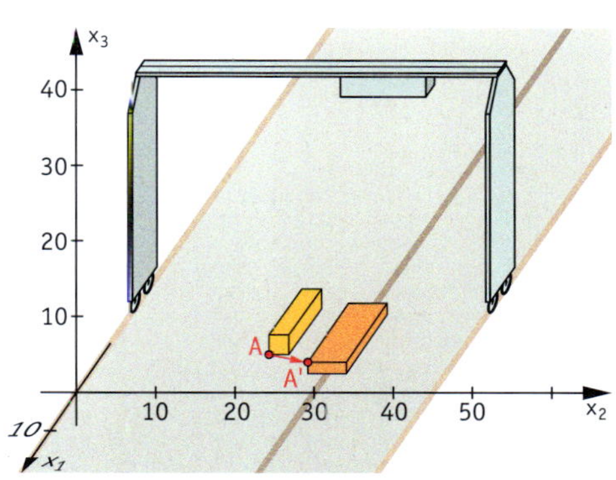

a) Zur Steuerung des Krans muss angegeben werden, um wie viele Einheiten dieser den Container jeweils in Richtung der x_1-Achse, in Richtung der x_2-Achse und in Richtung der x_3-Achse bewegen muss. Welche Werte erhält man? Der Eckpunkt G des Containers liegt vor der Verschiebung im Punkt G(−17 | 23,5 | 2,5). Geben Sie die Koordinaten seines Bildpunktes G′ nach der Verschiebung an.

b) Die Verschiebung von A nach A′ kann man durch einen Pfeil von A nach A′ beschreiben. Die Länge dieses Pfeils gibt die Entfernung des Ausgangspunktes A vom Endpunkt A′ der Verschiebung an. Bestimmen Sie die Länge des Pfeils von A nach A′.

4

a) Zeichnen Sie drei Pfeile des Vektors $\vec{v} = \begin{pmatrix} -4 \\ -3 \\ 3 \end{pmatrix}$ in ein kartesisches Koordinatensystem ein.

b) Der Vektor $\vec{v}$ bildet bei einer Verschiebung den Punkt A(3 | 5 | 2) auf den Punkt A′ ab. Bestimmen Sie die Koordinaten von A′.

c) Bei der gleichen Verschiebung wird der Punkt B auf den Punkt B′(−8 | 17 | −23) abgebildet. Bestimmen Sie die Koordinaten des Punktes B.

d) Prüfen Sie, ob der Punkt P(8 | 11 | −4) ein Bildpunkt von Q(12 | 14 | 1) bei der Verschiebung mit $\vec{v}$ ist.

5 Der Vektor $\vec{v} = \begin{pmatrix} -3 \\ 2 \\ -1 \end{pmatrix}$ bildet den Punkt P bei einer Verschiebung auf den Punkt Q ab.
Bestimmen Sie die Koordinaten des fehlenden Punktes.

a) P(12 | −8 | 25) **c)** P(−1 | −3 | −7)

b) Q(−6 | 15 | 17) **d)** Q(q | q − 5 | 3q + 2)

6 Betrachten Sie die Figur rechts.

a) Bestimmen Sie die Koordinaten der folgenden Vektoren: $\overrightarrow{DA}$, $\overrightarrow{DC}$, $\overrightarrow{AB}$, $\overrightarrow{BC}$, $\overrightarrow{CG}$, $\overrightarrow{HF}$, $\overrightarrow{DB}$, $\overrightarrow{EF}$.

b) Zu welchen Pfeilen aus Teilaufgabe a) gehört derselbe Vektor?

c) Berechnen Sie die Länge der Vektoren $\overrightarrow{DE}$, $\overrightarrow{DB}$ und $\overrightarrow{DF}$.

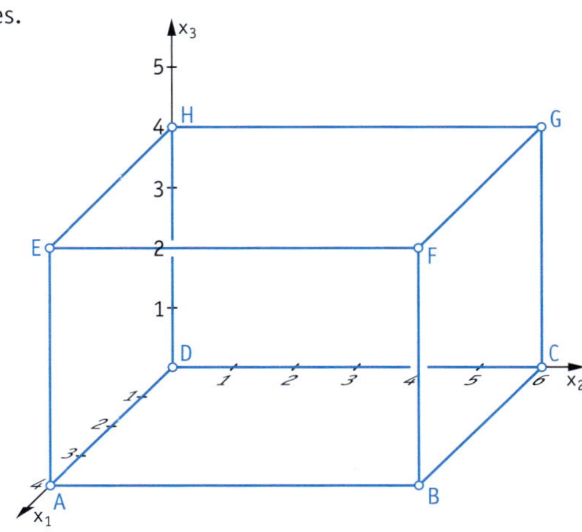

7

a) Wie viele verschiedene Vektoren sind in der Abbildung unten dargestellt?
Nennen Sie die Pfeile, die zum gleichen Vektor gehören.

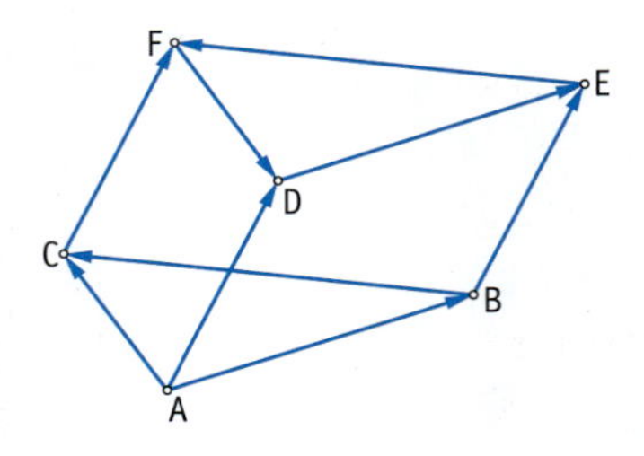

b) Welche Pfeile in der Figur unten gehören zum Vektor $\overrightarrow{AC}$ $[\overrightarrow{AB}; \overrightarrow{BC}; \overrightarrow{IJ}; \overrightarrow{CG}]$?

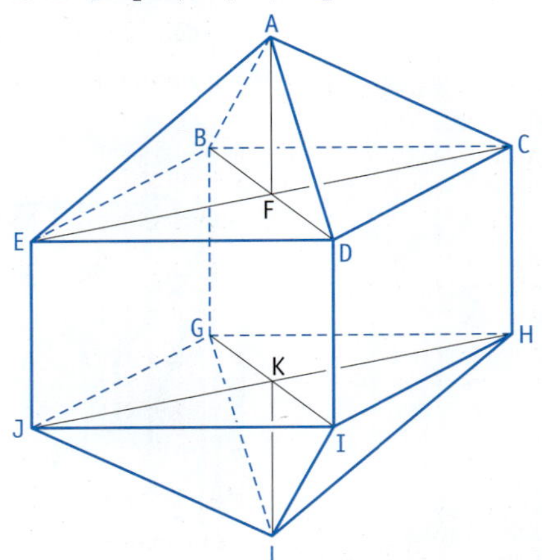

8 Gegeben sind ein Punkt A und ein Vektor $\vec{v}$, der eine Verschiebung beschreibt. Bestimmen Sie die Koordinaten des Bildpunktes A′ von A bei der angegebenen Verschiebung.

a) $A(5\,|\,3\,|\,-1)$; $\vec{v} = \begin{pmatrix} 6 \\ 2 \\ 4 \end{pmatrix}$

b) $A(4{,}2\,|\,1{,}3\,|\,-2{,}5)$; $\vec{v} = \begin{pmatrix} 6{,}4 \\ 4{,}1 \\ -8{,}4 \end{pmatrix}$

c) $A(6\,|\,4\,|\,-3)$; $\vec{v} = \begin{pmatrix} 0 \\ 0 \\ 0 \end{pmatrix}$

d) $A(2\,|\,-5\,|\,1)$; $\vec{v} = \begin{pmatrix} -2 \\ 5 \\ -1 \end{pmatrix}$

9 Bei einer Verschiebung wird der Punkt P auf den Punkt Q abgebildet. Geben Sie den Vektor an, der diese Verschiebung beschreibt. Berechen Sie die Länge des Vektors.

a) $P(-3\,|\,4\,|\,12)$; $Q(4\,|\,-2\,|\,8)$

b) $P(25\,|\,-33\,|\,18)$; $Q(28\,|\,-37\,|\,21)$

c) $P(-8\,|\,2\,|\,4)$; $Q(11\,|\,-7\,|\,15)$

d) $P(-8\,|\,0\,|\,-8)$; $Q(0\,|\,-8\,|\,0)$

10 Bestimmen Sie die fehlende Koordinate so, dass der Pfeil $\overrightarrow{AB}$ die Länge d hat.

a) $A(5\,|\,2\,|\,5)$; $B(6\,|\,4\,|\,b_3)$; $d = 3$

b) $A(-6\,|\,a_2\,|\,-4)$; $B(-2\,|\,3\,|\,-4)$; $d = 5$

c) $A(6\,|\,3\,|\,-5)$; $B(b_1\,|\,2\,|\,-2)$; $d = 4$

d) $A(-10\,|\,21\,|\,0)$; $B(4\,|\,b_2\,|\,5)$; $d = 15$

11 Max und Laura berechnen die Länge des Vektors $\vec{a} = \begin{pmatrix} 4 \\ -2 \\ 3 \end{pmatrix}$.

Max rechnet: 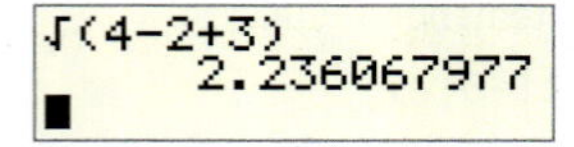

Laura dagegen: 

Was wurde falsch gemacht?

12 Im Koordinatensystem rechts sind die Pfeile $\overrightarrow{AB}$ und $\overrightarrow{OC}$ eingezeichnet.

a) Welche Vektoren können zu diesen Pfeilen gehören?

b) Welche Koordinaten müsste man für A und C wählen, damit $\overrightarrow{AB} = \overrightarrow{OC}$ gilt?

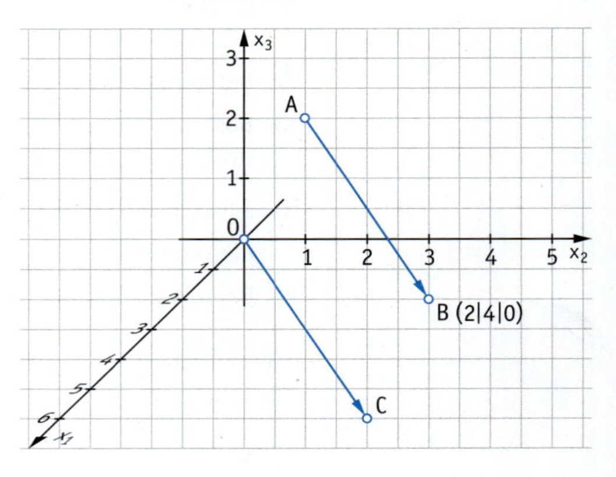

Koordinatensysteme in der Geografie

(1) Kugelkoordinaten

Als **Nullmeridian** legte man für die Länge 1884 den Längenhalbkreis durch die Sternwarte von Greenwich (London) fest, daher auch die Bezeichnung östl. (oder westl.) *Länge von Greenwich*.

(1) Die Erdoberfläche ist zwar unregelmäßig geformt, aber dennoch legt man die Normalnullfläche NN als Oberfläche einer Kugel mit dem Radius 6370 km fest. Die NN-Fläche kann man sich als Fortsetzung der Meeresoberfläche unter dem Festland vorstellen.

Die Lage eines Punktes nahe der Erdoberfläche erfasst man durch die Kugelkoordinaten:

- *geographische Länge* λ (östl. oder westl.),
- *geographische Breite* φ (nördl. oder südl.) und
- *Höhe* h (über oder unter NN).

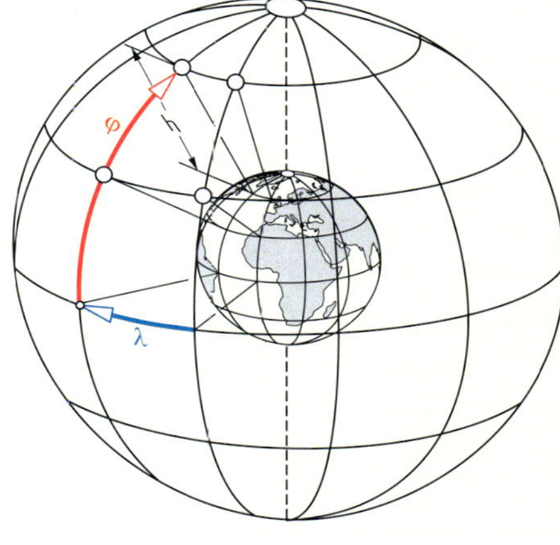

Position N 48°07.417'
±2m E011°27.141'

Mit einem GPS-Empfänger kann man sich jederzeit die geographischen Daten seiner (oberirdischen) Position anzeigen lassen.

Geographische Koordinaten von einigen Orten in Deutschland:

Sternwarte Babelsberg (Potsdam)	λ = 13° 06,25' östl.	φ = 52° 24,3' nördl.
Sternwarte Bonn	λ = 7° 05,8' östl.	φ = 50° 43,8' nördl.
Sternwarte Hannover	λ = 9° 42,3' östl.	φ = 52° 21,75' nördl.

(2) Um genauere Längen- und Breitengrade zu erhalten, muss man berücksichtigen, dass die Erde tatsächlich gar *keine* Kugel ist. Deshalb stellt man die Erde als ein Rotationsellipsoid dar. Die Rotationsachse fällt mit der Erdachse durch den Nord- und den Südpol zusammen. Der Abstand zwischen den Polen beträgt 2 · 6 356,752 km, der Äquatorradius 6378,137 km.

Für Höhenangaben beim GPS legt man das *Geoid* zugrunde. Das Geoid ist eine Bezugsfläche im Schwerefeld der Erde, die durch Messen der Schwerkraft bestimmt werden kann. Das Geoid wird in guter Näherung durch den mittleren Meeresspiegel der Weltmeere repräsentiert.

N
Nullmeridian
P
φ
λ

Das Ellipsoid, das die Erde darstellt ist, anders als in dieser Grafik, kaum von einer Kugel zu unterscheiden.

(2) Umrechnungen zwischen Kugelkoordinaten und kartesischen Koordinaten

Umrechnung von Kugelkoordinaten in kartesische Koordinaten

Ein Punkt X hat die Kugelkoordinaten $r = |OX|$, λ, φ

mit $r \geq 0$, $-\frac{\pi}{2} \leq \varphi \leq \frac{\pi}{2}$, $0 \leq \varphi < 2\pi$

Im rechtwinkligen Dreieck OXX' gilt:

$|OX'| = r \cdot \cos\varphi$; $|XX'| = x_3 = r \cdot \sin\varphi$

Im rechtwinkligen Dreieck OX_1X' gilt:

$|OX_1| = x_1 = |OX'| \cdot \cos\lambda = r \cdot \cos\varphi \cdot \cos\lambda$

$|X_1X'| = x_2 = |OX'| \cdot \sin\lambda = r \cdot \cos\varphi \cdot \sin\lambda$

x_3
X
O
φ
λ
x_1
x_2

Umrechnung von kartesischen Koordinaten in Kugelkoordinaten

Ein Punkt X hat die kartesischen Koordinaten x_1, x_2, x_3. Dann gilt:

$r = \sqrt{x_1^2 + x_2^2 + x_3^2}$ $\quad \sin\varphi = \frac{x_3}{r}$, falls $r > 0$ $\quad$ 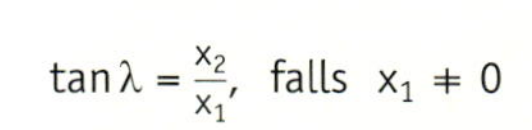 $\tan\lambda = \frac{x_2}{x_1}$, falls $x_1 \neq 0$

4.1.3 Addition und Subtraktion von Vektoren

Aufgabe

1

a) Verschieben Sie ein selbst gewähltes Dreieck ABC mit dem Vektor $\vec{v} = \begin{pmatrix} -3 \\ 4 \\ 2 \end{pmatrix}$ und anschließend das Bilddreieck A′B′C′ mit dem Vektor $\vec{w} = \begin{pmatrix} 2 \\ -3 \\ 1 \end{pmatrix}$. Durch welche Verschiebung kann die Hintereinanderausführung dieser beiden Verschiebungen ersetzt werden?

b) Bestimmen Sie den Vektor $\vec{u}$, der den Punkt $P(-2\,|\,-3\,|\,2)$ nach $P'(4\,|\,6\,|\,7)$ verschiebt.

Lösung

a) Bei der Verschiebung mit dem Vektor $\vec{v}$ ändert sich die erste Koordinate von A um -3. Wird der Bildpunkt A′ mit dem Vektor $\vec{w}$ verschoben, dann wird die erste Koordinate von A′ um 2 verändert. Insgesamt ändert sich bei der Hintereinanderausführung der beiden Verschiebungen die erste Koordinate von A um $(-3) + 2$, also um -1. Entsprechend ändert sich die zweite Koordinate um $4 + (-3) = 1$ und die dritte um $2 + 1 = 3$. Der Vektor $\vec{z}$ der Hintereinanderausführung hat dann die Koordinaten $\begin{pmatrix} -1 \\ 1 \\ 3 \end{pmatrix}$.

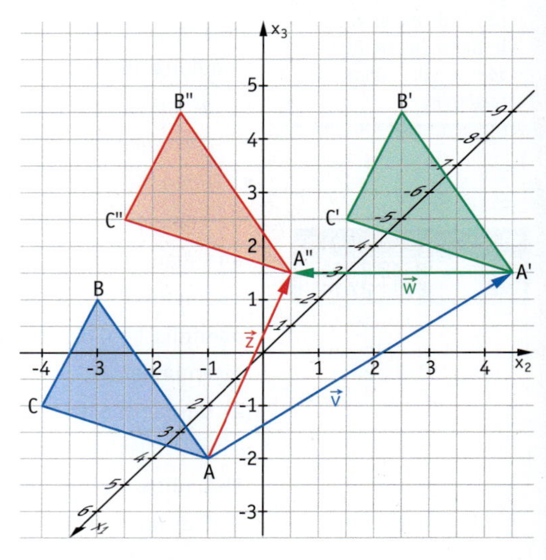

b) Die erste Koordinate von P ändert sich um 6, da $4 = -2 + 6$ bzw. $6 = 4 - (-2)$.
Die zweite Koordinate ändert sich um 9, da $-3 + 9 = 6$ bzw. $9 = 6 - (-3)$.
Die dritte Koordinate ändert sich um 5, da $2 + 5 = 7$ bzw. $5 = 7 - 2$.
Insgesamt ergibt sich daraus $\vec{u} = \begin{pmatrix} 4-(-2) \\ 6-(-3) \\ 7-2 \end{pmatrix} = \begin{pmatrix} 6 \\ 9 \\ 5 \end{pmatrix}$.

Information **(1) Addition und Subtraktion zweier Vektoren**

Definition 3: Summe und Differenz zweier Vektoren

Zwei Vektoren $\vec{a} = \begin{pmatrix} a_1 \\ a_2 \\ a_3 \end{pmatrix}$ und $\vec{b} = \begin{pmatrix} b_1 \\ b_2 \\ b_3 \end{pmatrix}$ werden koordinatenweise **addiert** und **subtrahiert**.

Vektoren werden koordinatenweise addiert und subtrahiert.

Man nennt den Vektor $\vec{s} = \vec{a} + \vec{b} = \begin{pmatrix} a_1 \\ a_2 \\ a_3 \end{pmatrix} + \begin{pmatrix} b_1 \\ b_2 \\ b_3 \end{pmatrix} = \begin{pmatrix} a_1 + b_1 \\ a_2 + b_2 \\ a_3 + b_3 \end{pmatrix}$

die **Summe** der Vektoren $\vec{a}$ und $\vec{b}$ (Summenvektor von $\vec{a}$ und $\vec{b}$).

Man nennt den Vektor $\vec{d} = \vec{a} - \vec{b} = \begin{pmatrix} a_1 \\ a_2 \\ a_3 \end{pmatrix} - \begin{pmatrix} b_1 \\ b_2 \\ b_3 \end{pmatrix} = \begin{pmatrix} a_1 - b_1 \\ a_2 - b_2 \\ a_3 - b_3 \end{pmatrix}$

die **Differenz** der Vektoren $\vec{a}$ und $\vec{b}$ (Differenzvektor von $\vec{a}$ und $\vec{b}$).

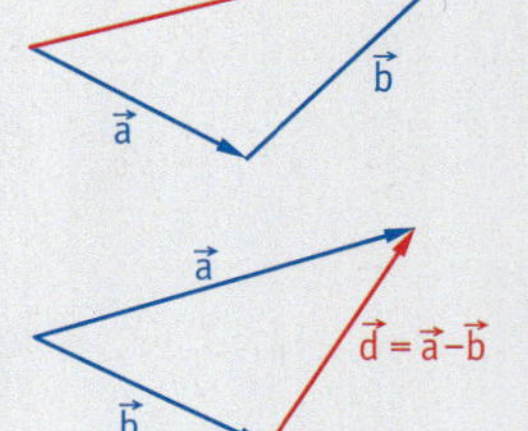

Beispiel

Für $\vec{a} = \begin{pmatrix} -2 \\ 4 \\ 3 \end{pmatrix}$ und $\vec{b} = \begin{pmatrix} 5 \\ 0 \\ -2 \end{pmatrix}$ gilt: $\vec{a} + \vec{b} = \begin{pmatrix} -2 + 5 \\ 4 + 0 \\ 3 + (-2) \end{pmatrix} = \begin{pmatrix} 3 \\ 4 \\ 1 \end{pmatrix}$; $\vec{a} - \vec{b} = \begin{pmatrix} -2 - 5 \\ 4 - 0 \\ 3 - (-2) \end{pmatrix} = \begin{pmatrix} -7 \\ 4 \\ 5 \end{pmatrix}$

(2) Dreiecksregel

Im Koordinatensystem gilt für alle Punkte P, Q und R:

$\overrightarrow{PQ} + \overrightarrow{QR} = \overrightarrow{PR}$.

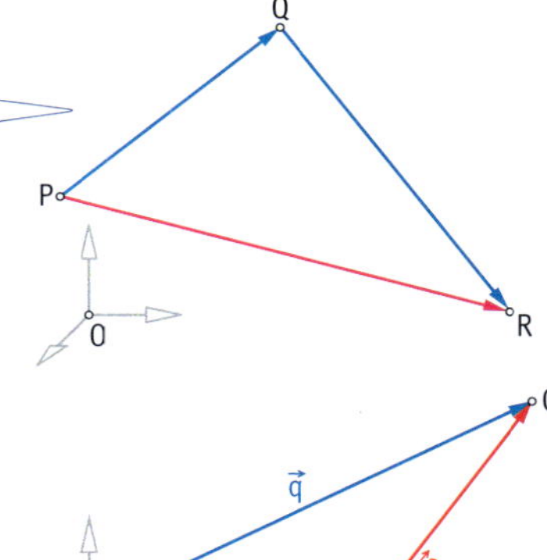

Nach der Dreiecksregel gilt für zwei Punkte P und Q in einem Koordinatensystem mit dem Ursprung O:

$\overrightarrow{OP} + \overrightarrow{PQ} = \overrightarrow{OQ}$.

Daraus folgt für den Verbindungsvektor $\overrightarrow{PQ}$:

$\overrightarrow{PQ} = \overrightarrow{OQ} - \overrightarrow{OP}$

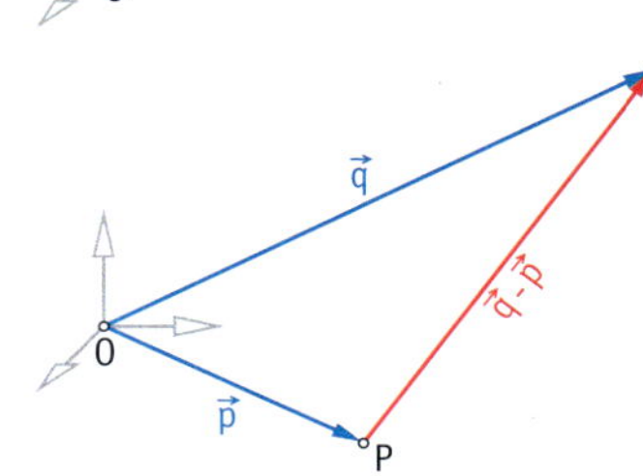

(3) Ortsvektor eines Punktes

Verschiebt man den Ursprung O mit einem Vektor $\vec{p}$, z. B. dem Vektor $\vec{p} = \begin{pmatrix} 4 \\ 5 \\ 6 \end{pmatrix}$, so hat der Bildpunkt P dieselben Koordinaten wie der Vektor $\vec{p}$, nämlich P(4 | 5 | 6).

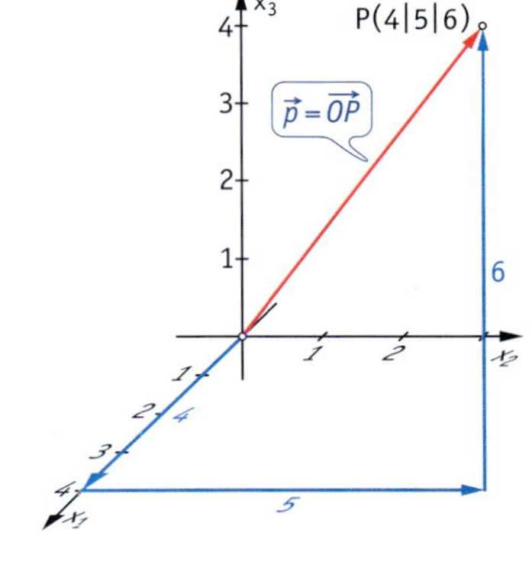

Somit kann man die Lage von Punkten in einem Koordinatensystem mithilfe von Vektoren beschreiben.

Man nennt deshalb den Vektor $\vec{p} = \overrightarrow{OP}$ den **Ortsvektor des Punktes P.**

Mithilfe von Ortsvektoren kann man den Ortsvektor eines Bildpunktes bei einer Verschiebung berechnen: $\overrightarrow{OP'} = \overrightarrow{OP} + \vec{v}$

Kennt man die Ortsvektoren eines Punktes und seines Bildpunktes, so erhält man aus $\vec{v} = \overrightarrow{OP'} - \overrightarrow{OP}$ den Verschiebungsvektor $\vec{v}$.

Weiterführende Aufgabe

2 Rechengesetze für Vektoren

Für die Addition von Zahlen kennen Sie mehrere Rechengesetze. Überprüfen Sie, ob diese Rechengesetze auch für das Rechnen mit Vektoren gelten:

(1) $\vec{a} + \vec{b} = \vec{b} + \vec{a}$ (Kommutativgesetz)

(2) $(\vec{a} + \vec{b}) + \vec{c} = \vec{a} + (\vec{b} + \vec{c})$ (Assoziativgesetz)

Übungsaufgaben 

3 Gegeben ist ein Dreieck ABC mit den Eckpunkten A(3 | 2,5 | 3,5), B(2 | 4 | 2) und C(2 | 3 | 0).

a) Dieses Dreieck wird so verschoben, dass A auf den Punkt A′(8 | 1,5 | 8) fällt. Geben Sie den Vektor an, der diese Verschiebung beschreibt und bestimmen Sie die Koordinaten der Bildpunkte B′ und C′.

b) Das Bilddreieck A′B′C′ wird erneut verschoben; der Punkt A′ fällt dabei auf den Punkt A″(6 | −3 | 2). Geben Sie den Vektor an, der die zweite Verschiebung beschreibt.

c) Welcher Vektor beschreibt die gesamte Verschiebung von A nach A″? Wie hängt dieser Vektor mit den beiden Vektoren $\overrightarrow{AA'}$ und $\overrightarrow{A'A''}$ zusammen? Zeichnen Sie die Punkte A, A′ und A″ sowie die Verschiebungspfeile zu $\overrightarrow{AA'}$, $\overrightarrow{A'A''}$ und $\overrightarrow{AA''}$ in ein Koordinatensystem.

4 Gegeben sind die Punkte $A(3\,|\,1\,|-2)$ und $B(-2\,|\,5\,|\,3)$ sowie die Vektoren $\overrightarrow{AC} = \begin{pmatrix} -3 \\ 1 \\ 9 \end{pmatrix}$ und $\overrightarrow{BD} = \begin{pmatrix} 5 \\ -6 \\ -1 \end{pmatrix}$.

a) Bestimmen Sie die Koordinaten der Punkte C und D.

b) Berechnen Sie die Seitenlängen im Viereck ABCD. Prüfen Sie, ob das Viereck ein Parallelogramm ist.

5

a) Bestimmen Sie die Koordinaten aller Eckpunkte des nebenstehenden Walmdachhauses.

b) Geben Sie die Koordinaten der Vektoren $\overrightarrow{AE}$, $\overrightarrow{FN}$, $\overrightarrow{MH}$, $\overrightarrow{FM}$ und $\overrightarrow{AN}$ an.

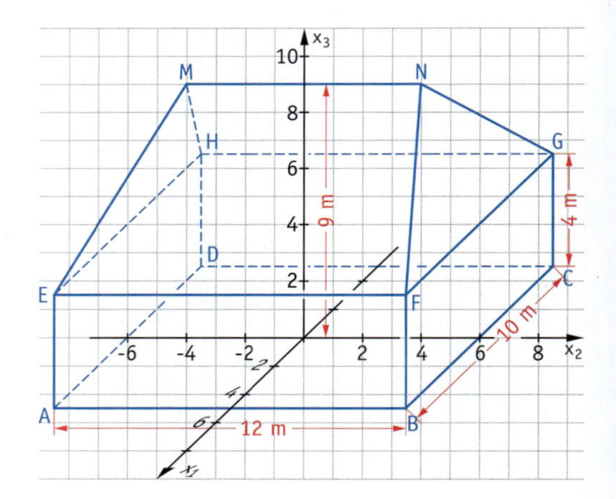

6 Berechnen Sie.

a) $\begin{pmatrix} 2 \\ 3 \\ 5 \end{pmatrix} + \begin{pmatrix} 1 \\ 4 \\ -4 \end{pmatrix}$

b) $\begin{pmatrix} 6 \\ 9 \\ 3 \end{pmatrix} + \begin{pmatrix} -9 \\ -5 \\ 4 \end{pmatrix}$

c) $\begin{pmatrix} 8 \\ -5 \\ 3 \end{pmatrix} + \begin{pmatrix} -6 \\ -1 \\ -3 \end{pmatrix}$

d) $\begin{pmatrix} -3 \\ 2 \\ -4 \end{pmatrix} + \begin{pmatrix} -1 \\ -4 \\ 6 \end{pmatrix} + \begin{pmatrix} 2 \\ 5 \\ -3 \end{pmatrix}$

e) $\begin{pmatrix} 1 \\ 2 \\ 4 \end{pmatrix} - \begin{pmatrix} 3 \\ -1 \\ -1 \end{pmatrix}$

f) $\begin{pmatrix} -3 \\ 2 \\ 1 \end{pmatrix} - \begin{pmatrix} 6 \\ -8 \\ -9 \end{pmatrix}$

g) $\begin{pmatrix} 1 \\ -2 \\ 3 \end{pmatrix} - \begin{pmatrix} 5 \\ 4 \\ -2 \end{pmatrix}$

h) $\begin{pmatrix} -3 \\ 5 \\ -2 \end{pmatrix} - \begin{pmatrix} -7 \\ -1 \\ 3 \end{pmatrix} - \begin{pmatrix} 3 \\ -2 \\ -4 \end{pmatrix}$

7 Den Gipfel der Schneekoppe (tschechisch Sněžka) kann man über einen Sessellift erreichen. Der Lift führt von einer Talstation T über eine Zwischenstation Z auf die Bergstation B.

Der Vektor $\overrightarrow{TZ} = \begin{pmatrix} 563 \\ 676 \\ 682 \end{pmatrix}$ beschreibt näherungsweise den Weg des Liftes von der Talstation zur Zwischenstation und der Vektor $\overrightarrow{ZB} = \begin{pmatrix} 1162 \\ 973 \\ 1434 \end{pmatrix}$ näherungsweise den Weg von der Zwischenstation zur Bergstation (Einheit des Koordinatensystems 1 Meter).

a) Skizzieren Sie den Sachverhalt und bestimmen Sie den Vektor $\overrightarrow{TB}$.

b) Bei einer Erneuerung des Liftes wird die Zwischenstation verlegt. Der Weg von der Talstation zur Zwischenstation wird nun beschrieben durch $\overrightarrow{TZ_{neu}} = \begin{pmatrix} 488 \\ 534 \\ 645 \end{pmatrix}$.
Bestimmen Sie den Vektor $\overrightarrow{Z_{neu}B}$.

8 Die Zeichnung zeigt das Schrägbild eines Quaders.
Geben Sie Pfeile an, die zu dem angegebenen Vektor gehören.

a) $\vec{a} + \vec{b}$

b) $\vec{a} - \vec{b}$

c) $\vec{b} - \vec{a}$

d) $\vec{a} - \vec{c}$

e) $\vec{b} + \vec{c}$

f) $\vec{b} - \vec{c}$

g) $\vec{a} + \vec{b} + \vec{c}$

h) $\vec{a} - (\vec{b} + \vec{c})$

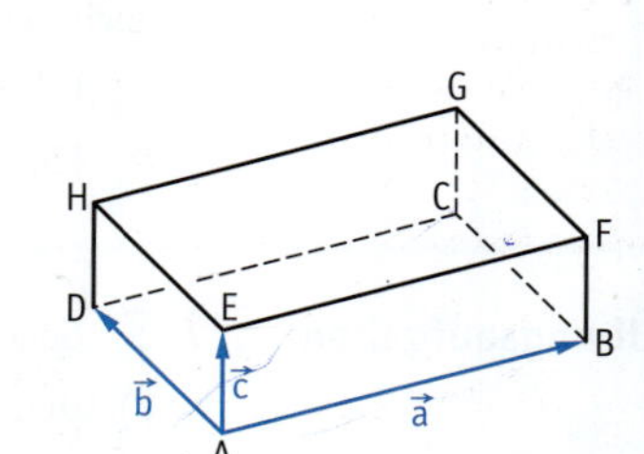

9 Gegeben sind die Punkte A, B, C, D, E und die Vektoren $\vec{r} = \overrightarrow{AB}$, $\vec{s} = \overrightarrow{CD}$, $\vec{t} = \overrightarrow{BE}$ und $\vec{u} = \overrightarrow{CA}$.
Beschreiben Sie die Vektoren $\overrightarrow{AC}$, $\overrightarrow{AD}$, $\overrightarrow{AE}$, $\overrightarrow{BA}$, $\overrightarrow{BC}$, $\overrightarrow{BD}$, $\overrightarrow{CB}$, $\overrightarrow{CE}$, $\overrightarrow{DA}$, $\overrightarrow{DB}$ und $\overrightarrow{DE}$ mithilfe von $\vec{r}$, $\vec{s}$, $\vec{t}$ und $\vec{u}$.

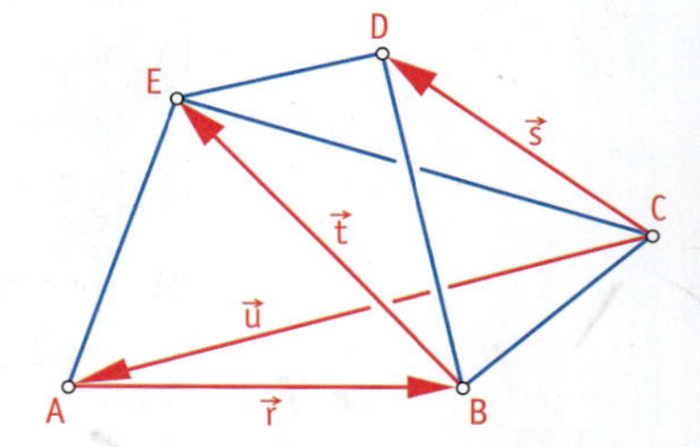

10 Bewerten Sie Annas Überlegung.

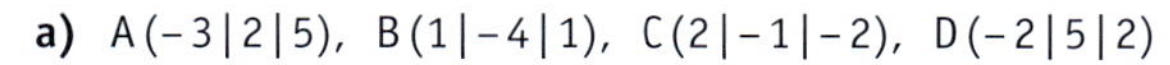

11 Bestimmen Sie b so, dass das Dreieck ABC mit den Eckpunkten A(3 | 7 | 2), B(−1 | b | 1) und C(2 | 3 | 0) gleichschenklig mit der Basis $\overline{BC}$ ist.

12 Geben Sie die Ortsvektoren aller Eckpunkte des Quaders an.
Bestimmen Sie die Koordinaten der Vektoren $\overrightarrow{EG}$, $\overrightarrow{CA}$ und $\overrightarrow{HB}$.

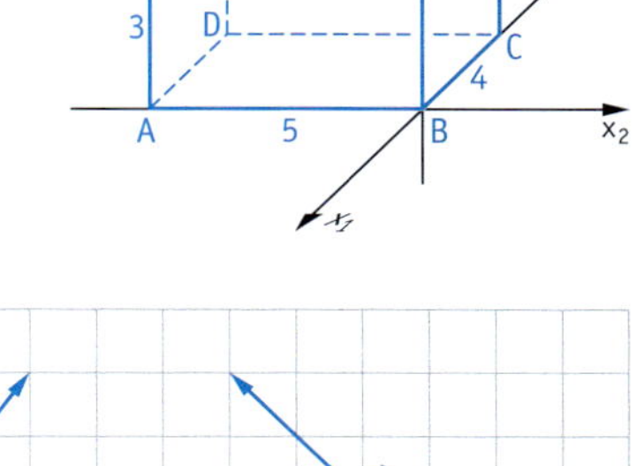

13 Überprüfen Sie, ob die Punkte A, B, C und D die Eckpunkte eines Parallelogramms sind.

a) A(−3 | 2 | 5), B(1 | −4 | 1), C(2 | −1 | −2), D(−2 | 5 | 2)

b) A(3 | 0 | 2), B(−1 | 5 | 4), C(7 | −3 | 0), D(−5 | 8 | 6)

14 Gegeben sind Pfeile der Vektoren $\vec{a}$, $\vec{b}$ und $\vec{c}$.
Zeichnen Sie einen Pfeil des angegebenen Vektors.

a) $\vec{a} + \vec{b}$

b) $\vec{a} + \vec{b} + \vec{c}$

c) $\vec{a} - \vec{c}$

d) $\vec{c} - \vec{b}$

e) $\vec{b} - \vec{a} + \vec{c}$

f) $\vec{a} - (\vec{b} + \vec{c})$

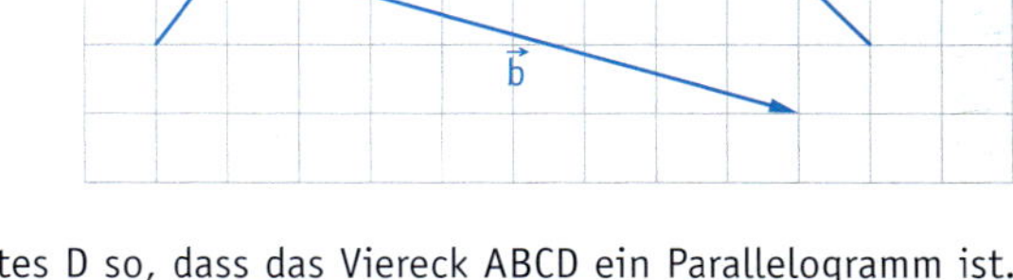

15 Bestimmen Sie die Koordinaten eines Punktes D so, dass das Viereck ABCD ein Parallelogramm ist. Untersuchen Sie, ob dies in jedem Fall möglich ist.

a) A(1 | −1 | 2), B(3 | −4 | 0), C(0 | 0 | 0)

b) A(−1 | −1 | 0), B(1 | 2 | 3), C(3 | 5 | 6)

c) A(0 | 1 | −1), B(2 | 1 | 1), C(1 | 1 | 0)

d) A(3 | 4 | −2), B(−3 | −4 | 2), C(0 | 0 | 0)

16 Bestimmen Sie den Parameter t so, dass das Dreieck ABC gleichschenklig ist.

a) A(3 | −2 | 4), B(5 | 0 | 5), C(1 | t | 2)

b) A(4 | −7 | t), B(2 | −5 | 7), C(−1 | −5 | 7)

Tetraeder:
dreiseitige Pyramide mit gleich langen Kanten

17 Die Punkte A(1 | 2 | 1), B(3 | 2 | −1), C(1 | 4 | −1) und D$\left(\frac{1}{3} \middle| \frac{4}{3} \middle| -\frac{5}{3}\right)$ sind die Eckpunkte einer dreiseitigen Pyramide.

a) Zeigen Sie, dass die Pyramide ein Tetraeder ist.

b) Berechnen Sie die Oberfläche des Tetraeders.

18 Gegeben sind die Punkte P, Q, R und S.

a) Beweisen Sie: Wenn $\overrightarrow{PQ} = \overrightarrow{RS}$, dann gilt auch $\overrightarrow{PR} = \overrightarrow{QS}$.

b) Was bedeutet die Aussage in Teilaufgabe a) geometrisch?

19 Gegeben sind die Punkte A(1 | 2 | 5), B(−1 | 8 | 8), C(−7 | 5 | 10) und D(−5 | −1 | 7).

a) Zeigen Sie, dass die Punkte A, B, C und D die Eckpunkte eines Parallelogramms bilden.
Wie lang sind die Seiten des Parallelogramms?

b) Beschreiben Sie ein Verfahren, mit dem man untersuchen kann, ob ein Parallelogramm sogar ein Rechteck ist. Wenden Sie dieses Verfahren auf das gegebene Parallelogramm an.

4.1.4 Vervielfachen von Vektoren

Ziel

Im vorigen Abschnitt 4.1.3 wurden zwei Vektoren addiert und subtrahiert. Dabei entsteht jeweils ein neuer Vektor. Durch Antragen der zugehörigen Pfeile in einem Punkt konnten diese Rechenoperationen auch geometrisch gedeutet werden.
In diesem Abschnitt können Sie sich erarbeiten, wie man Vektoren mit einer reellen Zahl vervielfacht und welche geometrische Deutung dieser Rechenoperation zugrunde liegt.

Aufgabe

(1) Ein Wetterballon steigt auf

Ein Wetterballon, bestehend aus einem Ballon und einer Radiosonde, dient in der Meteorologie z. B. zur Messung von Temperatur, Luftdruck oder Luftfeuchtigkeit. Die gesammelten Daten werden per Funk an eine Bodenstation gesendet. Per GPS kann dabei die Position des Ballons festgestellt und die Windrichtung ermittelt werden.

Alle Längeneinheiten in m

Nach dem Start steigt ein Ballon in den ersten Minuten nahezu konstant pro Sekunde um den Vektor $\vec{v} = \begin{pmatrix} 0{,}5 \\ -2 \\ 4 \end{pmatrix}$.

Der Ballon startet im Punkt S(145 | 23 | 98). Welche Koordinaten hat der Punkt P_1, in dem sich der Ballon nach einer Sekunde befindet?

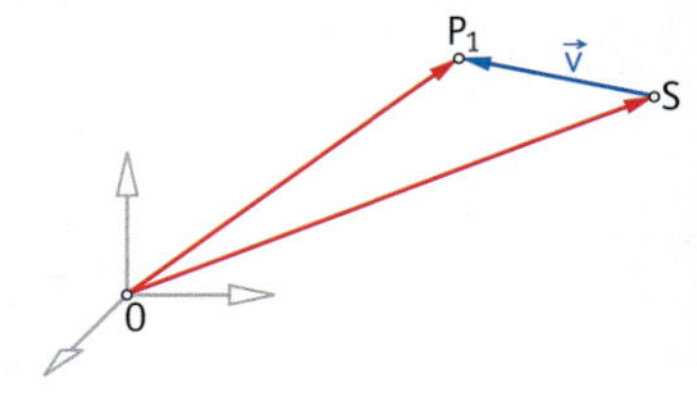

Den Ortsvektor $\overrightarrow{OP_1}$ erhält man durch Addition der Vektoren $\overrightarrow{OS}$ und $\vec{v}$, also

$$\overrightarrow{OP_1} = \overrightarrow{OS} + \vec{v} = \begin{pmatrix} 145 \\ 23 \\ 98 \end{pmatrix} + \begin{pmatrix} 0{,}5 \\ -2 \\ 4 \end{pmatrix} = \begin{pmatrix} 145{,}5 \\ 21 \\ 102 \end{pmatrix}.$$

Somit hat der Punkt P_1 die Koordinaten $P_1(145{,}5 \mid 21 \mid 102)$.

(2) Vielfache eines Vektors

Welche Koordinaten haben die Punkte P_3 und $P_{7,5}$, die der Ballon nach 3 und 7,5 Sekunden passiert?

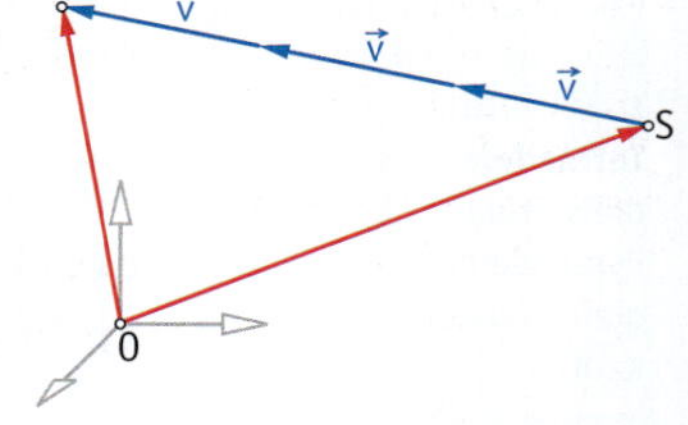

Da der Ballon konstant pro Sekunde um den Vektor $\vec{v} = \begin{pmatrix} 0{,}5 \\ -2 \\ 4 \end{pmatrix}$ steigt, gilt für den Ortsvektor $\overrightarrow{OP_3}$ des Punktes P_3 nach 3 Sekunden:

$$\overrightarrow{OP_3} = \overrightarrow{OS} + \vec{v} + \vec{v} + \vec{v} = \overrightarrow{OS} + 3 \cdot \vec{v} = \begin{pmatrix} 145 \\ 23 \\ 98 \end{pmatrix} + \begin{pmatrix} 0{,}5 + 0{,}5 + 0{,}5 \\ -2 \quad -2 \quad -2 \\ 4 \quad +4 \quad +4 \end{pmatrix}$$

$$= \begin{pmatrix} 145 \\ 23 \\ 98 \end{pmatrix} + \begin{pmatrix} 3 \cdot 0{,}5 \\ 3 \cdot (-2) \\ 3 \cdot 4 \end{pmatrix} = \begin{pmatrix} 146{,}5 \\ 17 \\ 110 \end{pmatrix}$$

Nach drei Sekunden hat der Ballon einen dreimal so langen Weg zurückgelegt wie nach einer Sekunde.

Den Ortsvektor $\overrightarrow{OP_3}$ haben wir erhalten, indem wir zum Vektor $\overrightarrow{OS}$ dreimal den Vektor $\vec{v}$ addiert haben. Dies entspricht einer Addition eines Vektors mit der dreifachen Länge von $\vec{v}$, was in der Rechnung durch Multiplikation jeder Koordinate von $\vec{v}$ mit dem Faktor 3 realisiert wurde. Entsprechend erhält man den Ortsvektor $\overrightarrow{OP_{7,5}}$ indem man einen Vektor mit der 7,5-fachen Länge von $\vec{v}$ zum Vektor $\overrightarrow{OS}$ addiert.

$$\overrightarrow{OP_{7,5}} = \overrightarrow{OS} + 7{,}5 \cdot \vec{v} = \begin{pmatrix} 145 \\ 23 \\ 98 \end{pmatrix} + \begin{pmatrix} 7{,}5 \cdot 0{,}5 \\ 7{,}5 \cdot (-2) \\ 7{,}5 \cdot 4 \end{pmatrix} = \begin{pmatrix} 148{,}75 \\ 8 \\ 128 \end{pmatrix}$$

Der Ballon passiert somit nach 3 und 7,5 Sekunden die Punkte $P_3(146{,}5 \mid 17 \mid 110)$ und $P_{7,5}(148{,}75 \mid 8 \mid 128)$.

Information

(1) Vervielfachen eines Vektors

In der Lösung zu Aufgabe 1 erhält man die Koordinaten des Vektors $\overrightarrow{SP_3}$, indem man jede Koordinate des Vektors $\vec{v}$ mit dem Faktor 3 multipliziert.

Man schreibt deshalb $\overrightarrow{SP_3} = 3 \cdot \vec{v} = 3 \cdot \begin{pmatrix} 0{,}5 \\ -2 \\ 4 \end{pmatrix} = \begin{pmatrix} 3 \cdot 0{,}5 \\ 3 \cdot (-2) \\ 3 \cdot 4 \end{pmatrix}$, entsprechend auch $\overrightarrow{SP_{7,5}} = 7{,}5 \cdot \vec{v}$.

Definition 4: Vielfache von Vektoren

Ein Vektor $\vec{v} = \begin{pmatrix} v_1 \\ v_2 \\ v_3 \end{pmatrix}$ wird koordinatenweise mit einer reellen Zahl r **vervielfacht**.

Man nennt den Vektor $r \cdot \vec{v} = r \cdot \begin{pmatrix} v_1 \\ v_2 \\ v_3 \end{pmatrix} = \begin{pmatrix} r \cdot v_1 \\ r \cdot v_2 \\ r \cdot v_3 \end{pmatrix}$ das **r-fache des Vektors** $\vec{v}$.

Die Multiplikation eines Vektors mit einer reellen Zahl *(Skalar)* bezeichnet man auch als **skalare Multiplikation eines Vektors**.

Beispiel

$$(-3{,}5) \cdot \begin{pmatrix} 2 \\ -3 \\ 4 \end{pmatrix} = \begin{pmatrix} (-3{,}5) \cdot 2 \\ (-3{,}5)(-3) \\ (-3{,}5) \cdot 4 \end{pmatrix} = \begin{pmatrix} -7 \\ 10{,}5 \\ -14 \end{pmatrix}$$

(2) Geometrische Bedeutung des Vervielfachens eines Vektors

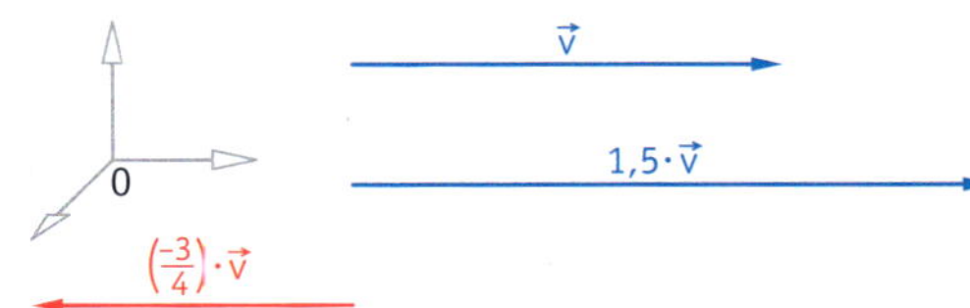

Wird ein Vektor $\vec{v} \neq \vec{o}$ mit einer Zahl $r \neq 0$ vervielfacht, so gilt:

- Die Pfeile des Vektors $r \cdot \vec{v}$ sind parallel zu den Pfeilen des Vektors $\vec{v}$.
- Ist $r > 0$, so haben die Pfeile von $r \cdot \vec{v}$ dieselbe Richtung und die r-fache Länge wie die Pfeile des Vektors $\vec{v}$.
- Ist $r < 0$, so haben die Pfeile von $r \cdot \vec{v}$ die entgegengesetzte Richtung und die $|r|$-fache Länge wie die Pfeile des Vektors $\vec{v}$.

(3) Der Gegenvektor eines Vektors

Man bildet den **Gegenvektor** eines Vektors $\vec{v}$, indem man bei jeder Koordinate von $\vec{v}$ das Vorzeichen ändert.

Ein besonderes Vielfaches des Vektors $\vec{v} = \begin{pmatrix} v_1 \\ v_2 \\ v_3 \end{pmatrix}$ ist der Vektor $(-1) \cdot \vec{v} = (-1) \cdot \begin{pmatrix} v_1 \\ v_2 \\ v_3 \end{pmatrix} = \begin{pmatrix} -v_1 \\ -v_2 \\ -v_3 \end{pmatrix}$.

Statt $(-1) \cdot \vec{v}$ schreibt man kurz $-\vec{v}$.

Die Pfeile eines Vektors $\vec{v} \neq \vec{o}$ und seines sogenannten *Gegenvektors* $-\vec{v}$ haben dieselbe Länge, sind zueinander parallel und entgegengesetzt gerichtet.

Beispiel

Zum Vektor $\vec{v} = \begin{pmatrix} 2 \\ -4 \\ 3 \end{pmatrix}$ lautet der Gegenvektor $-\vec{v} = \begin{pmatrix} -2 \\ 4 \\ -3 \end{pmatrix}$.

(4) Rechengesetze für das Vervielfachen von Vektoren

Für zwei Vektoren $\vec{a} = \begin{pmatrix} a_1 \\ a_2 \\ a_3 \end{pmatrix}$ und $\vec{b} = \begin{pmatrix} b_1 \\ b_2 \\ b_3 \end{pmatrix}$ und eine reelle Zahl r gilt bezüglich der Multiplikation das

Distributivgesetz: $r \cdot (\vec{a} + \vec{b}) = r \cdot \vec{a} + r \cdot \vec{b}$.

Es ist nämlich $r \cdot (\vec{a} + \vec{b}) = r \cdot \left(\begin{pmatrix} a_1 \\ a_2 \\ a_3 \end{pmatrix} + \begin{pmatrix} b_1 \\ b_2 \\ b_3 \end{pmatrix} \right) = r \cdot \begin{pmatrix} a_1 + b_1 \\ a_2 + b_2 \\ a_3 + b_3 \end{pmatrix} = \begin{pmatrix} r \cdot (a_1 + b_1) \\ r \cdot (a_2 + b_2) \\ r \cdot (a_3 + b_3) \end{pmatrix} = \begin{pmatrix} r \cdot a_1 + r \cdot b_1 \\ r \cdot a_2 + r \cdot b_2 \\ r \cdot a_3 + r \cdot b_3 \end{pmatrix} = \begin{pmatrix} r \cdot a_1 \\ r \cdot a_2 \\ r \cdot a_3 \end{pmatrix} + \begin{pmatrix} r \cdot b_1 \\ r \cdot b_2 \\ r \cdot b_3 \end{pmatrix}$

$$= r \cdot \begin{pmatrix} a_1 \\ a_2 \\ a_3 \end{pmatrix} + r \cdot \begin{pmatrix} b_1 \\ b_2 \\ b_3 \end{pmatrix} = r \cdot \vec{a} + r \cdot \vec{b}$$

Weitere Rechengesetze lassen sich entsprechend herleiten. Wir fassen sie zusammen:

Satz 2: Rechengesetze für das Vervielfachen von Vektoren

Für alle Vektoren $\vec{a}$ und $\vec{b}$ sowie alle reellen Zahlen r und s gilt:

(1) $r \cdot (s \cdot \vec{a}) = (r \cdot s) \cdot \vec{a}$ (2) $r \cdot (\vec{a} + \vec{b}) = r \cdot \vec{a} + r \cdot \vec{b}$ (3) $(r + s) \cdot \vec{a} = r \cdot \vec{a} + s \cdot \vec{a}$

(5) Mittelpunkt einer Strecke $\overline{AB}$

Beweisen Sie:

Für den Mittelpunkt M einer Strecke $\overline{AB}$ gilt: $\overrightarrow{OM} = \frac{1}{2} \cdot (\overrightarrow{OA} + \overrightarrow{OB})$.

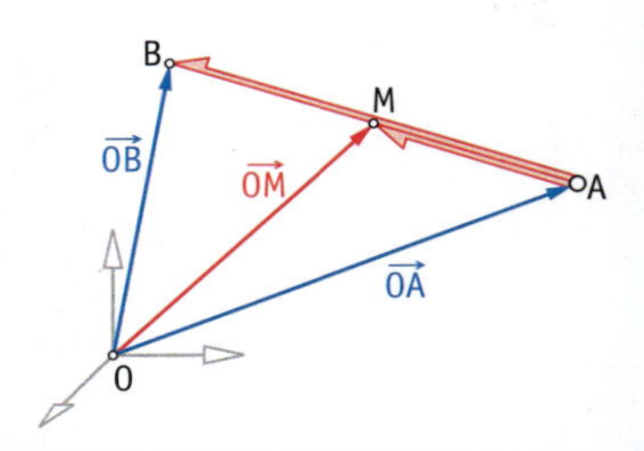

Zum Üben

2 Eine Pipeline soll einen Fluss unterqueren. Dazu wird ein Schacht gebohrt. Eine Stunde nach Bohrbeginn befindet sich der Bohrkopf in 1 m Tiefe, 2 m nördlich und 0,5 m westlich von der Ansatzstelle, an der die Bohrung begann.

a) Wo befindet sich der Bohrkopf nach 2 h, 3 h, 5 h Bohrzeit?

b) Veranschaulichen Sie die Lage des Schachts in einem Koordinatensystem.

3 Berechnen Sie.

a) $2 \cdot \begin{pmatrix} -1 \\ 5 \\ 7 \end{pmatrix}$ **b)** $1{,}5 \cdot \begin{pmatrix} 2 \\ -4 \\ 3 \end{pmatrix}$ **c)** $\left(-\frac{1}{2}\right) \cdot \begin{pmatrix} 4 \\ 0 \\ 5 \end{pmatrix}$ **d)** $(-3) \cdot \begin{pmatrix} 2 \\ 1 \\ -5 \end{pmatrix}$ **e)** $(-1{,}25) \cdot \begin{pmatrix} -4 \\ 6 \\ -5 \end{pmatrix}$

4 Begründen Sie: $\vec{b}$ kann nicht Vielfaches des Vektors $\vec{a} = \begin{pmatrix} 2 \\ 4 \\ 1 \end{pmatrix}$ sein.

(1) $\vec{b} = \begin{pmatrix} -2 \\ -4 \\ 0 \end{pmatrix}$ (2) $\vec{b} = \begin{pmatrix} 1 \\ 4 \\ 3 \end{pmatrix}$ (3) $\vec{b} = \begin{pmatrix} 1 \\ 2 \\ 3 \end{pmatrix}$ (4) $\vec{b} = \begin{pmatrix} t \\ -4 \\ 1 \end{pmatrix}$

5 Schreiben Sie den Vektor $\vec{a}$ als Produkt aus einer reellen Zahl und einem Vektor mit ganzzahligen Koordinaten.

a) $\vec{a} = \begin{pmatrix} \frac{2}{3} \\ -1 \\ \frac{1}{2} \end{pmatrix}$ **b)** $\vec{a} = \begin{pmatrix} -4 \\ -\frac{3}{4} \\ \frac{1}{3} \end{pmatrix}$ **c)** $\vec{a} = \begin{pmatrix} 18 \\ -12 \\ 24 \end{pmatrix}$ **d)** $\vec{a} = \begin{pmatrix} -\frac{1}{2} \\ 20 \\ \frac{4}{6} \end{pmatrix}$

6 Stellen Sie den rot gezeichneten Vektor mithilfe der Vektoren $\vec{a}$ und $\vec{b}$ dar.

(1)
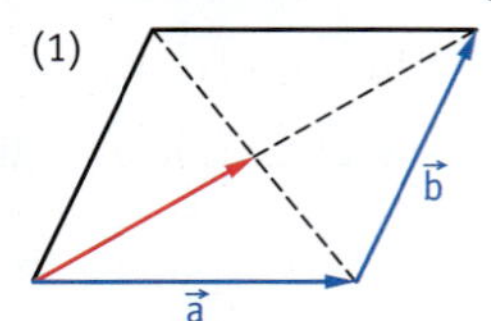

(2)
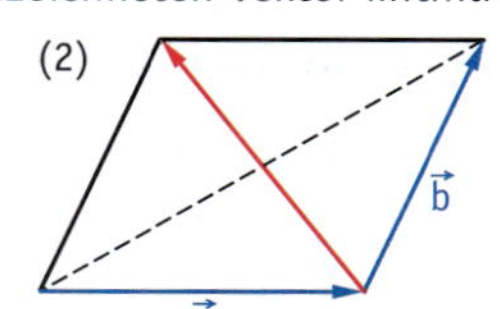

(3)
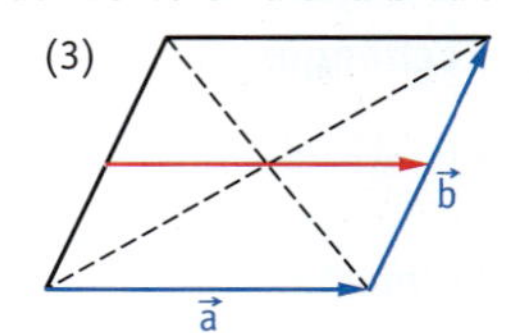

(4)
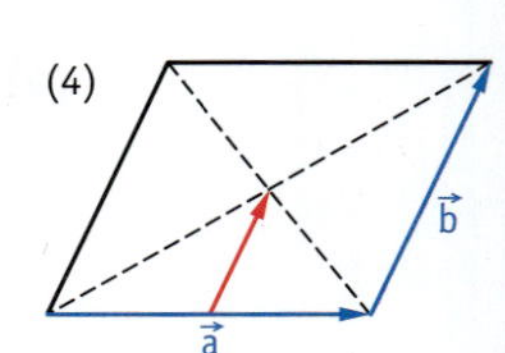

7 Gegeben ist ein Dreieck ABC mit den Eckpunkten A(2 | 1 | 4), B(−4 | 5 | 6) und C(6 | −5 | 2). M_a, M_b und M_c sind die Seitenmitten des Dreiecks.

Bestimmen Sie die Koordinaten der Vektoren $\overrightarrow{AB}$, $\overrightarrow{AC}$, $\overrightarrow{BC}$ und $\overrightarrow{M_aM_b}$, $\overrightarrow{M_aM_c}$, $\overrightarrow{M_bM_c}$.

Welche Folgerungen können Sie für die Dreiecke ABC und $M_aM_bM_c$ ziehen?

8 Stellen Sie den Vektor mithilfe von $\vec{a}$, $\vec{b}$, $\vec{c}$ dar.

a) $\frac{1}{2}\vec{a} + 2\vec{b}$ **c)** $3\vec{c} - 4\vec{a}$

b) $2\vec{c} + \frac{1}{2}\vec{a} - \frac{3}{4}\vec{a}$ **d)** $\vec{a} - \left(2\vec{b} + \frac{1}{2}\vec{c}\right)$

9 Paul berechnet die Koordinaten des Mittelpunkts M der Strecke $\overline{AB}$ mit $A(2|8|-4)$ und $B(6|2|6)$:

$M\left(\frac{6-2}{2} \middle| \frac{2-8}{2} \middle| \frac{6-(-4)}{2}\right)$, also $M(2|-3|5)$.

Untersuchen Sie, was Paul falsch gemacht hat und was diese Koordinaten tatsächlich beschreiben.

10 In einem Koordinatensystem sind zwei Punkte A und B gegeben (siehe Grafik rechts).

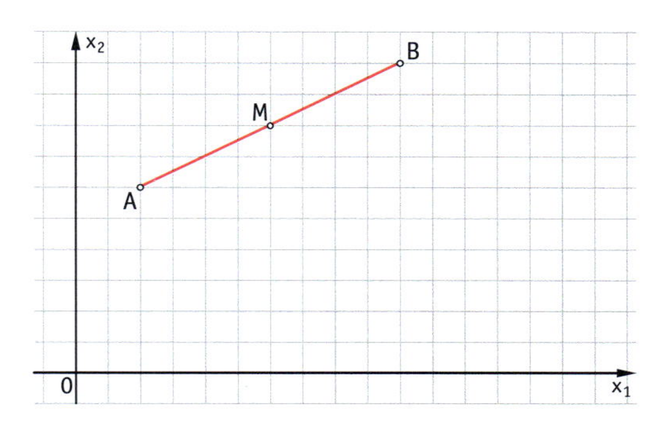

a) Erklären Sie mithilfe der Zeichnung, wie man den Ortsvektor $\vec{m}$ des Mittelpunkts M der Strecke $\overline{AB}$ erhält.
Geben Sie einen Term für diesen Ortsvektor an.

b) Übertragen Sie die Zeichnung rechts in Ihr Heft und zeichnen Sie den Punkt P in das Koordinatensystem ein, für dessen Ortsvektor $\vec{p} = \frac{1}{2}\cdot\left(\vec{b} - \vec{a}\right)$ gilt.

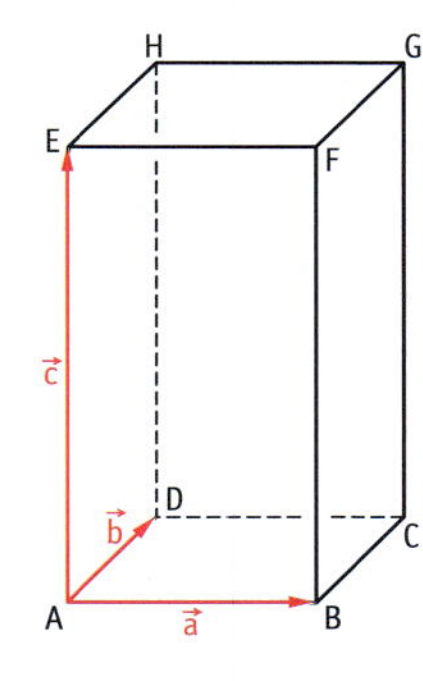

11 M_1, M_2 und M_3 sind die Mitten der Seitenflächen BCGF bzw. CGHD bzw. ABFE des Quaders links.
Stellen Sie die Vektoren $\overrightarrow{AM_1}$, $\overrightarrow{M_1M_2}$, $\overrightarrow{HM_3}$ und $\overrightarrow{M_2A}$ mithilfe der Vektoren $\vec{a}$, $\vec{b}$ und $\vec{c}$ dar.

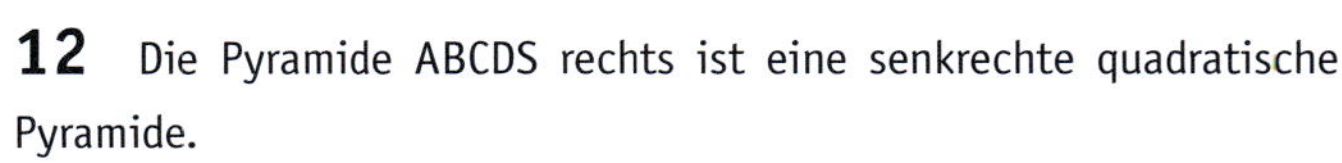

12 Die Pyramide ABCDS rechts ist eine senkrechte quadratische Pyramide.
Stellen Sie die Vektoren $\overrightarrow{MS}$, $\overrightarrow{CS}$ und $\overrightarrow{SB}$ mithilfe der Vektoren $\vec{a}$, $\vec{b}$ und $\vec{c}$ dar.

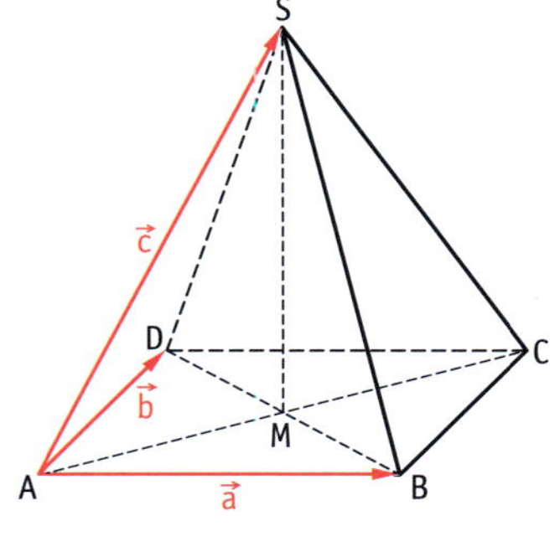

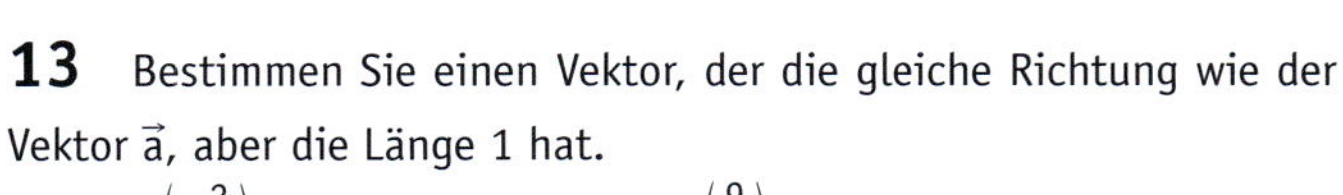

13 Bestimmen Sie einen Vektor, der die gleiche Richtung wie der Vektor $\vec{a}$, aber die Länge 1 hat.

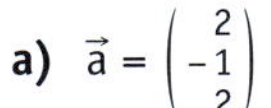

a) $\vec{a} = \begin{pmatrix} 2 \\ -1 \\ 2 \end{pmatrix}$ **c)** $\vec{a} = \begin{pmatrix} 9 \\ 0 \\ 5 \end{pmatrix}$

b) $\vec{a} = \begin{pmatrix} 5 \\ 3 \\ -4 \end{pmatrix}$ **d)** $\vec{a} = \begin{pmatrix} 1 \\ 0 \\ 1 \end{pmatrix}$

14 Die Punkte P und Q sind Mittelpunkte von zwei Kanten eines Quaders. Stellen Sie den Vektor $\overrightarrow{PQ}$ mithilfe der Vektoren $\vec{a}$, $\vec{b}$ und $\vec{c}$ dar.

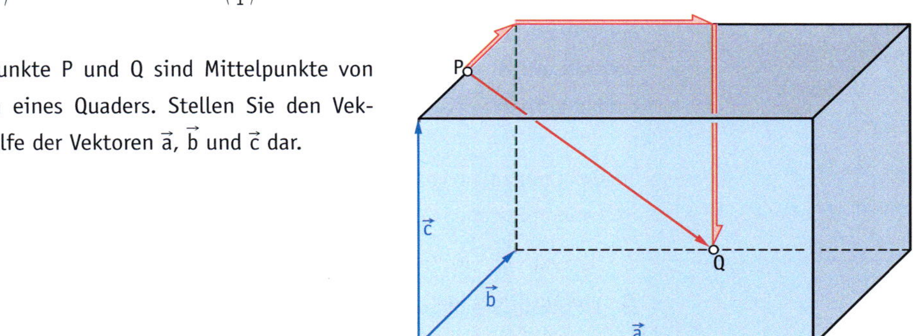

Bewegung auf dem Wasser

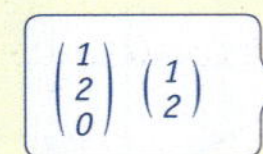

In diesem Blickpunkt werden Bewegungen auf dem Wasser mithilfe von Vektoren beschrieben. Dabei reicht es aus, zweidimensionale Vektoren zu betrachten, da z. B. auf der Wasseroberfläche die Koordinate für die Höhe immer gleich null ist.

Überlagerung von Geschwindigkeiten

Sitzt man in einem Paddelboot und fährt mit der Strömung, so addieren sich die Geschwindigkeiten. Fährt man gegen die Strömung, so muss man die Beträge der Geschwindigkeiten subtrahieren.

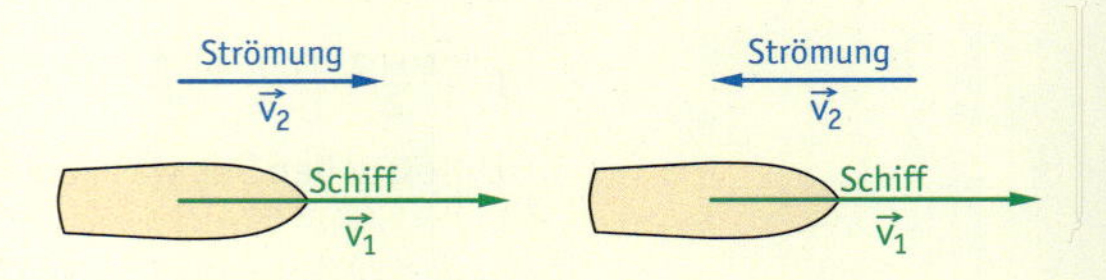

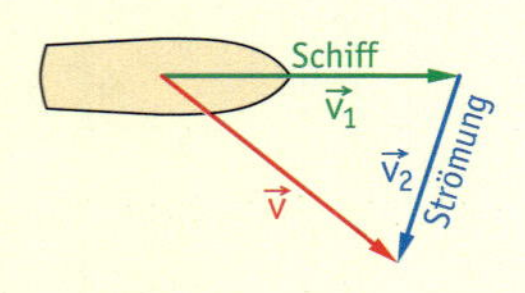

Oft kommen aber Fälle vor, bei denen die Strömungsrichtung und die Richtung, in die z. B. ein Motor das Schiff vorantreibt, verschieden sind. Auch in solchen Fällen kann man die resultierende Geschwindigkeit $\vec{v}$ durch Vektoraddition ermitteln.

Wenn man Geschwindigkeiten überlagert, dann ergibt die Vektoraddition den Vektor der resultierenden Geschwindigkeit. (Die Summe der Beträge der Geschwindigkeiten ist nur dann gleich dem Betrag der resultierenden Geschwindigkeit, wenn die beiden Bewegungen die gleiche Richtung haben.)

1

a) Bestimmen Sie die resultierende Geschwindigkeit $\vec{v}$ zeichnerisch, wenn $\vec{v}_1$ und $\vec{v}_2$ einen Winkel von 65° bzw. 127° bilden und wenn gilt $|\vec{v}_1| = 5\,\frac{m}{s}$ und $|\vec{v}_2| = 3\,\frac{m}{s}$. Man kann dies auch durch eine Rechnung kontrollieren (z. B. mit dem Kosinussatz).

b) Ein Motorboot wird mit $\vec{v}_1 = \begin{pmatrix}3\\2\end{pmatrix}$ durch einen Motor angetrieben auf einem Fluss mit der Strömung $\vec{v}_2 = \begin{pmatrix}-1\\2\end{pmatrix}$ (Einheit in $\frac{m}{s}$). Bestimmen Sie die resultierende Geschwindigkeit.

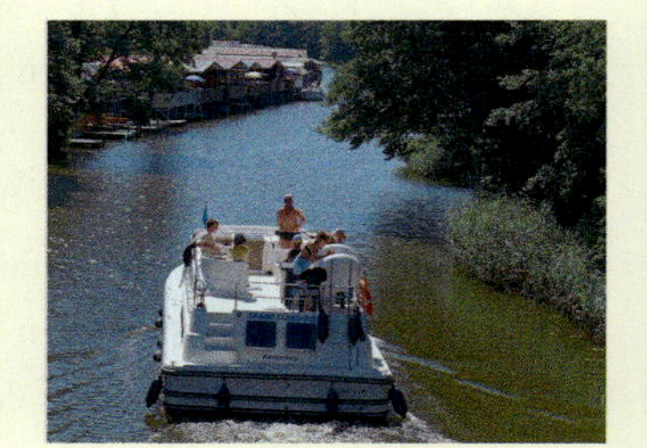

Überlagerung von Kräften

Wenn zwei Schlepper gleichzeitig ein Schiff ziehen, überlagern sich die beiden Zugkräfte. Mathematisch entspricht auch dies der Vektoraddition. Die resultierende Kraft ist die Summe der beiden Einzelkräfte.

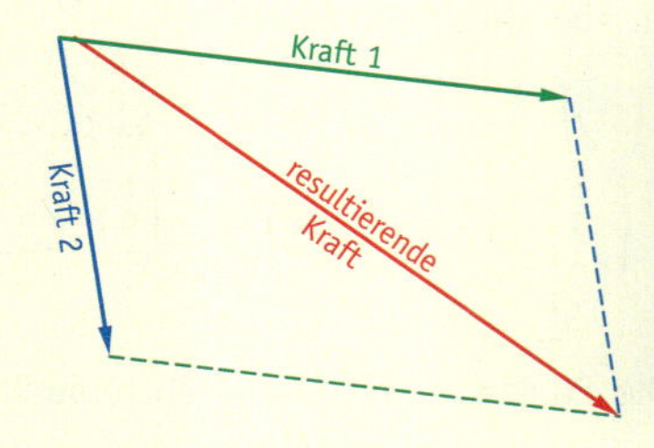

Beim Überlagern von Kräften gelten die gleichen Gesetzmäßigkeiten wie beim Überlagern von Geschwindigkeiten.

2 Ermitteln Sie die resultierende Kraft, wenn zwei Schlepper mit 10 000 N und 30 000 N ziehen und die Richtungen einen Winkel von 65° bilden.

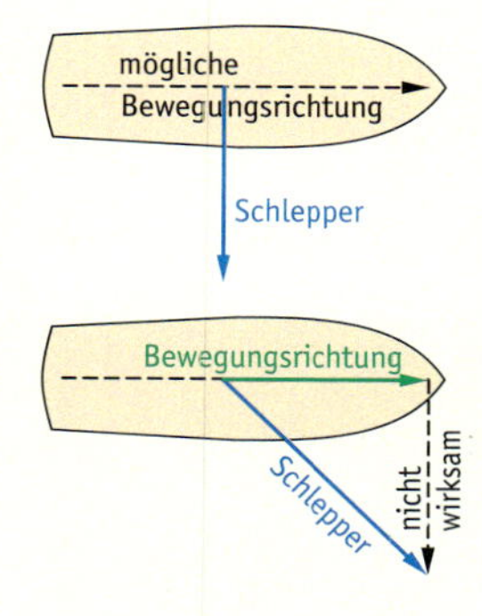

Zerlegen einer Kraft in zwei Kräfte

In vielen Situationen kommt es vor, dass Kräfte nicht ihre volle Wirkung erzielen können. Wenn z.B. ein Schlepper, wie im Bild links ein Schiff in der angegebenen Richtung zieht, kann das Schiff diese Bewegung nicht mitmachen, weil es sich nur in Kielrichtung bewegen kann und diese senkrecht zur Kraft des Schleppers verläuft.

Zieht der Schlepper aber schräg zur Kielrichtung, gibt es einen Teil der Kraft, der wirksam wird. Man zerlegt deshalb die volle Kraft des Schleppers in zwei Teile, deren Summe die volle Kraft ist. Der eine Teil in Kielrichtung treibt das Schiff voran, der andere Teil ist nicht wirksam für die Bewegung.

Beim Zerlegen eines Vektors in zwei Teilvektoren sucht man zwei Vektoren, deren Summe den Ausgangsvektor ergibt. Häufig sind die Richtungen der Teilvektoren durch die Gegebenheiten festgelegt.

3

a) Ermitteln Sie die wirksame Kraft, wenn ein Schlepper, wie im zweiten Bild oben, mit 35 000 N zieht. Untersuchen Sie, wie sich die wirksame Kraft mit dem Winkel zwischen Bewegungsrichtung und Kraftrichtung des Schleppers verändert.

b) Das nebenstehende Bild zeigt den Stapellaufes eines Schiffes. Zeichnen Sie die beiden Teilkräfte ein. Ermitteln Sie den Betrag der Kraft, die das Schiff die schiefe Ebene hinab treibt. Ermitteln Sie auch den Betrag der Kraft, mit der das Schiff senkrecht gegen die schiefe Ebene gedrückt wird. Lösen Sie diese Aufgabe zeichnerisch und rechnerisch. Untersuchen Sie, wie sich eine Veränderung des Winkels auf die beiden Teilkräfte auswirkt. Betrachten Sie auch Extremfälle.

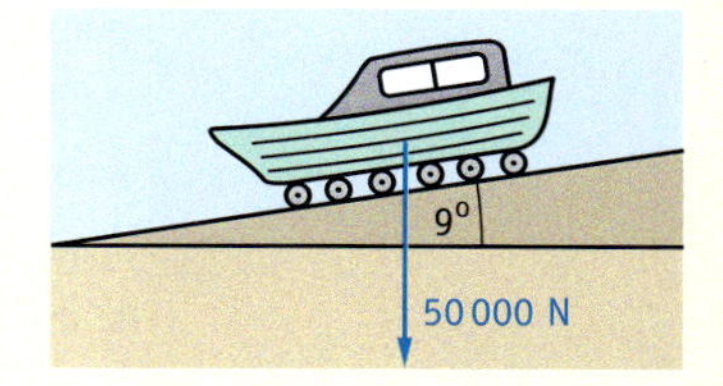

Mehrmaliges Zerlegen einer Kraft

Vielleicht haben Sie schon einmal davon gehört, dass man auch gegen den Wind segeln kann. Dies kann man vereinfacht mit Vektoren erklären.

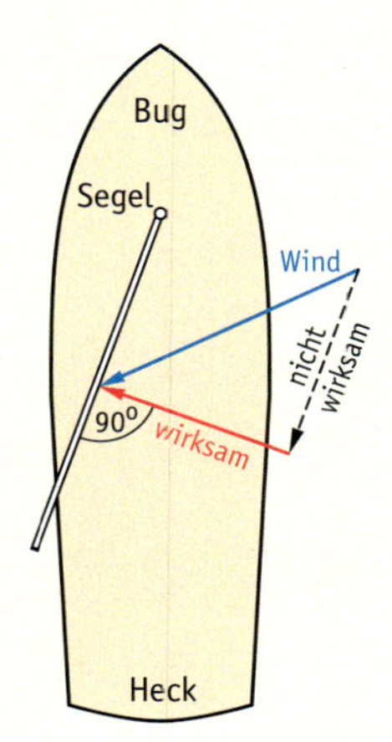

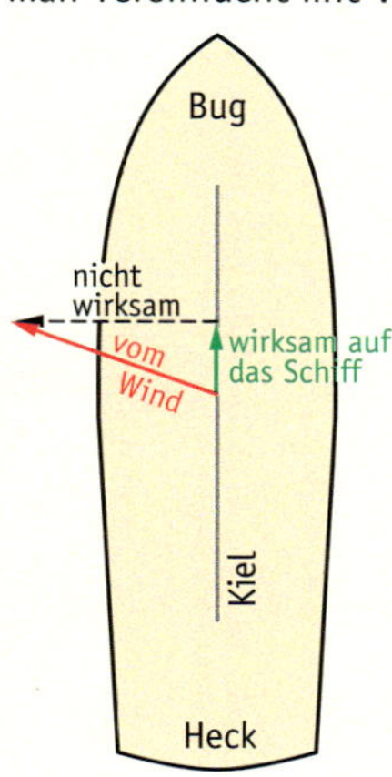

Wenn der Wind parallel zum Segel weht, kann er keine Wirkung ausüben; wenn er senkrecht dazu steht, kann er seine volle Kraft auf das Segel ausüben. Oft jedoch bilden Segel und Wind einen Winkel ungleich 90°. Der senkrecht zum Segel wirksame Teil der Windkraft wird vom Mast auf das Schiff übertragen. Davon ist aber nur der Teil wirksam, der in Kielrichtung verläuft.

Wenn der Wind von hinten kommt und das Segel günstig steht, kommt man gut voran. Die Bilder rechts zeigen, dass man auch gegen den Wind segeln kann: Der Wind kommt schräg von vorn, das Schiff fährt aber ebenfalls nach vorn.

4 Setzen Sie die Überlegungen zum Segeln gegen den Wind mithilfe einer dynamischen Geometriesoftware um. Dabei sind eigentlich nur Rechtecke zu konstruieren und überflüssige Linien zu verbergen. Zeichnen Sie zuerst ein Beispiel auf Papier. Übertragen Sie diesen Fall in das Programm. Verändern Sie dann auch die Stärke des Windes, die Windrichtung und die Segelrichtung. Verfolgen Sie die jeweiligen Auswirkungen. Demonstrieren Sie das Segeln mit dem Wind und gegen den Wind.

4.2 Geraden im Raum

4.2.1 Parameterdarstellung einer Geraden

Einführung

Radar
Abkürzung für **ra**dio **d**etection **a**nd **r**anging (engl.)

Beim Funkmessverfahren (Radar) bestimmt man aus der Richtung und der Laufzeit elektromagnetischer Impulse den Ort von Flugzeugen, bezogen auf den Standort der Sende- und Empfangsantenne.
Gemessene Objekte erscheinen auf dem Radarschirm als leuchtende Punkte.
Mithilfe mehrerer Messungen lassen sich die Bahnen von Flugzeugen erfassen.
Um die Bahn eines bewegten Objektes anzuzeigen, muss diese zuvor aus Messdaten errechnet werden.
Wir beschränken uns auf geradlinige Bahnen.
Unser Ziel ist die Beschreibung beliebiger Geraden im Raum mithilfe von Vektoren.

Aufgabe

1 Ein Flugzeug wird bezüglich eines Koordinatensystems mit der Einheit 1 km von einer Radarstation im Punkt $P(2|5|2)$ geortet. Eine Minute später befindet es sich im Punkt $Q(12|-7|3)$. Wir setzen voraus, dass das Flugzeug seine Richtung und Geschwindigkeit nicht ändert.

a) Wo befindet es sich 3 Minuten nach Beobachtungsbeginn, wenn das Flugzeug in dieser Zeit seine Richtung und Geschwindigkeit beibehält?

b) Untersuchen Sie, wo sich das Flugzeug eine halbe Minute *vor* Beobachtungsbeginn befand, wenn sich seine Richtung und Geschwindigkeit in dieser Zeit nicht geändert haben.

c) Später wird das Flugzeug noch in den Punkten $A(82|-91|10)$ und $B(102|-115|18)$ geortet.
Hat das Flugzeug seine Richtung beibehalten?

Lösung

a) Die Flugrichtung kann durch den Vektor $\vec{u} = \overrightarrow{PQ}$ beschrieben werden. Durch Vergleich der Koordinaten von P und Q erhalten wir:

$$\vec{u} = \begin{pmatrix} 12-2 \\ -7-5 \\ 3-2 \end{pmatrix} = \begin{pmatrix} 10 \\ -12 \\ 1 \end{pmatrix}$$

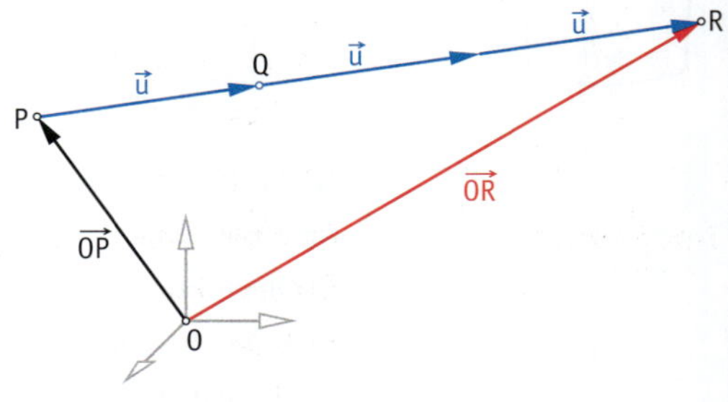

3 Minuten nach Beobachtungsbeginn hat das Flugzeug sich 3-mal so weit von P entfernt und befindet sich im Punkt R.
Den dabei zurückgelegten Weg können wir durch den Vektor $3 \cdot \begin{pmatrix} 10 \\ -12 \\ 1 \end{pmatrix}$ beschreiben.

Für den Punkt R gilt also:

$$\overrightarrow{OR} = \overrightarrow{OP} + 3\cdot\vec{u}$$
$$= \begin{pmatrix}2\\5\\2\end{pmatrix} + 3\cdot\begin{pmatrix}10\\-12\\1\end{pmatrix} = \begin{pmatrix}2\\5\\2\end{pmatrix} + \begin{pmatrix}30\\-36\\3\end{pmatrix} = \begin{pmatrix}32\\-31\\5\end{pmatrix}$$

Das Flugzeug befindet sich im Punkt $R(32\,|-31\,|\,5)$.

b) Der in einer halben Minute zurückgelegte Weg kann durch den Vektor $\frac{1}{2}\cdot\vec{u} = \frac{1}{2}\cdot\begin{pmatrix}10\\-12\\1\end{pmatrix}$ beschrieben werden, wenn Richtung und Geschwindigkeit in dieser Zeit nicht geändert wurden.

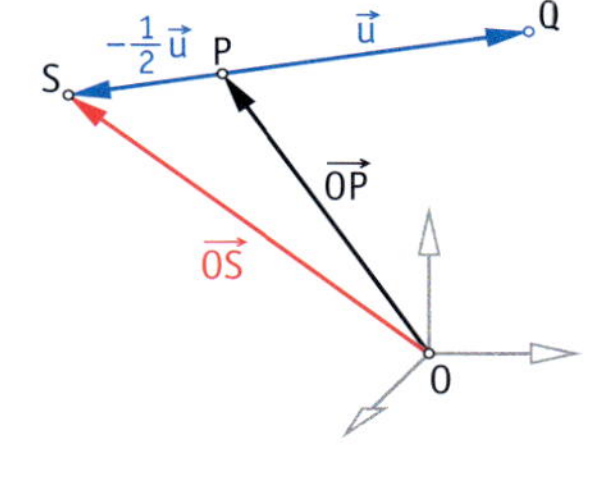

Um den Punkt S zu erreichen, in dem das Flugzeug sich vor einer halben Minute befand, müssen wir in die umgekehrte Richtung gehen. Es gilt also:

$$\overrightarrow{OS} = \overrightarrow{OP} - \tfrac{1}{2}\cdot\vec{u} = \begin{pmatrix}2\\5\\2\end{pmatrix} - \tfrac{1}{2}\cdot\begin{pmatrix}10\\-12\\1\end{pmatrix} = \begin{pmatrix}2\\5\\2\end{pmatrix} - \begin{pmatrix}5\\-6\\0{,}5\end{pmatrix} = \begin{pmatrix}-3\\11\\1{,}5\end{pmatrix}$$

Das Flugzeug befand sich $\frac{1}{2}$ Minute vor Beobachtungsbeginn im Punkt $S(-3\,|\,11\,|\,1{,}5)$.

c) Wenn das Flugzeug seine Richtung $\vec{u}$ beibehält, kann die Flugbahn durch eine Gerade beschrieben werden, auf der die Punkte P, A und B liegen müssten.

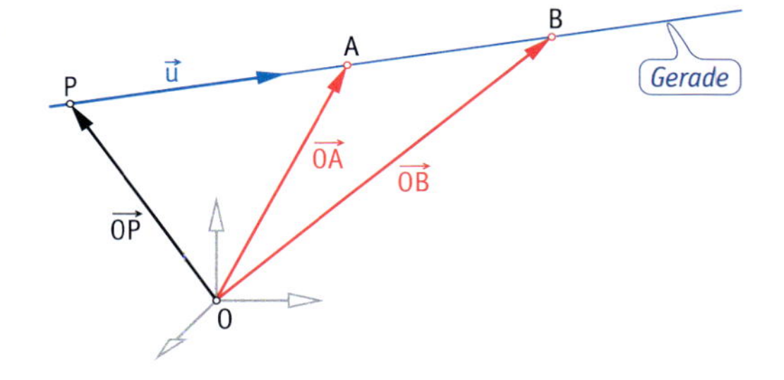

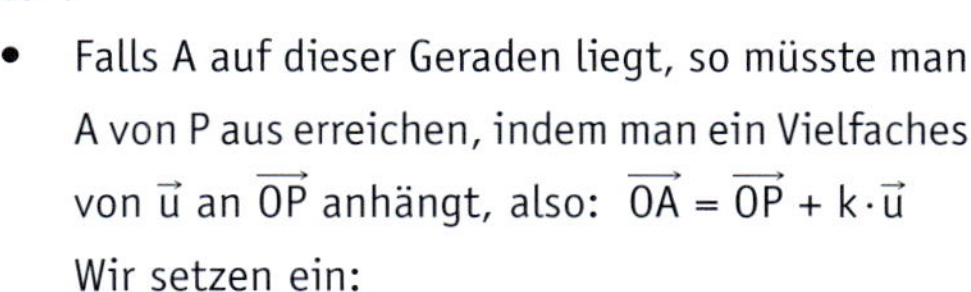

- Falls A auf dieser Geraden liegt, so müsste man A von P aus erreichen, indem man ein Vielfaches von $\vec{u}$ an $\overrightarrow{OP}$ anhängt, also: $\overrightarrow{OA} = \overrightarrow{OP} + k\cdot\vec{u}$

  Wir setzen ein:

  $$\begin{pmatrix}82\\-91\\10\end{pmatrix} = \begin{pmatrix}2\\5\\2\end{pmatrix} + k\cdot\begin{pmatrix}10\\-12\\1\end{pmatrix} = \begin{pmatrix}2+10k\\5-12k\\2+k\end{pmatrix}$$

  Das heißt, k müsste das folgende lineare Gleichungssystem erfüllen: $\left|\begin{array}{r} 82 = 2 + 10k \\ -91 = 5 - 12k \\ 10 = 2 + k \end{array}\right|$

  Durch Vereinfachen ergibt sich daraus: $\left|\begin{array}{l} k = 8 \\ k = 8 \\ k = 8 \end{array}\right|$

  Für den Ortsvektor $\overrightarrow{OA}$ gilt also: $\overrightarrow{OA} = \overrightarrow{OP} + 8\cdot\vec{u}$

  Das Flugzeug erreicht also den Punkt A, ohne seine Richtung zu ändern.

- Falls B auf dieser Geraden liegt, so müsste man B von P aus erreichen, indem man ein Vielfaches von $\vec{u}$ an $\overrightarrow{OP}$ anhängt, also: $\overrightarrow{OB} = \overrightarrow{OP} + k\cdot\vec{u}$

  Wir setzen ein:

  $$\begin{pmatrix}102\\-115\\18\end{pmatrix} = \begin{pmatrix}2\\5\\2\end{pmatrix} + k\cdot\begin{pmatrix}10\\-12\\1\end{pmatrix} = \begin{pmatrix}2+10k\\5-12k\\2+k\end{pmatrix}$$

Das heißt, k müsste das folgende lineare Gleichungssystem erfüllen: $\left|\begin{array}{r} 102 = 2 + 10k \\ -115 = 5 - 12k \\ 18 = 2 + k \end{array}\right|$

Durch Vereinfachen ergibt sich daraus: $\left|\begin{array}{l} k = 10 \\ k = 10 \\ k = 16 \end{array}\right|$

Es gibt also kein k, sodass $\overrightarrow{OB} = \overrightarrow{OP} + k\cdot\vec{u}$ gilt. Das Flugzeug erreicht den Punkt B also nicht, ohne seine Richtung zu ändern.

Information

Parameterdarstellung einer Geraden – Punktprobe

Bei der Lösung von Aufgabe 1 haben wir gesehen, dass eine Gerade durch einen Punkt und einen Vektor bestimmt ist und durch eine Gleichung beschrieben werden kann.

Es gilt allgemein folgender Satz.

Satz 3

Durch einen Punkt A und einen Vektor $\vec{v} \neq \vec{0}$ ist eine Gerade g bestimmt. Die Gerade g kann durch folgende Gleichung beschrieben werden:

g: $\overrightarrow{OX} = \overrightarrow{OA} + k \cdot \vec{v}$ mit $k \in \mathbb{R}$

Diese Gleichung bezeichnet man als **Parameterdarstellung** der Geraden g mit dem **Parameter** k.

Es gilt:

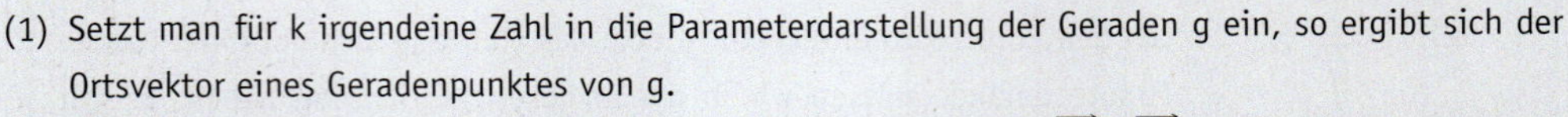

(1) Setzt man für k irgendeine Zahl in die Parameterdarstellung der Geraden g ein, so ergibt sich der Ortsvektor eines Geradenpunktes von g.

(2) Für jeden Punkt P der Geraden g gibt es eine Zahl $k \in \mathbb{R}$, sodass $\overrightarrow{OP} = \overrightarrow{OA} + k \cdot \vec{v}$. Für Punkte außerhalb der Geraden g gibt es eine solche Zahl k nicht.

Beispiel

Die Gerade durch den Punkt A(−2 | 3 | 1) mit dem Richtungsvektor $\vec{v} = \begin{pmatrix} 2 \\ -5 \\ 7 \end{pmatrix}$ hat z. B. die Parameterdarstellung g: $\overrightarrow{OX} = \begin{pmatrix} -2 \\ 3 \\ 1 \end{pmatrix} + t \cdot \begin{pmatrix} 2 \\ -5 \\ 7 \end{pmatrix}$ mit $t \in \mathbb{R}$.

Wählt man z. B. t = 3, so erhält man den Ortsvektor $\begin{pmatrix} -2 \\ 3 \\ 1 \end{pmatrix} + 3 \cdot \begin{pmatrix} 2 \\ -5 \\ 7 \end{pmatrix} = \begin{pmatrix} 4 \\ -12 \\ 22 \end{pmatrix}$ eines Punktes P(4 | −12 | 22) der Geraden g.

Weiterführende Aufgaben

2 Verschiedene Parameterdarstellungen derselben Geraden

Die Gerade g geht durch die Punkte A(3 | 1 | −2) und B(−2 | 4 | −7).

a) Geben Sie zwei verschiedene Parameterdarstellungen der Geraden g an.

b) Beschreiben Sie, wie man weitere Parameterdarstellungen der Geraden erhalten kann, und geben Sie einige an.

3 Zeichnen einer Geraden

Rechts wurde die Gerade g mit der Parameterdarstellung $\overrightarrow{OX} = \begin{pmatrix} 4 \\ 3 \\ 3 \end{pmatrix} + k \cdot \begin{pmatrix} -2 \\ 1 \\ -3 \end{pmatrix}$ gezeichnet.

Erklären Sie die Vorgehensweise und zeichnen Sie ebenso die Gerade h mit $\overrightarrow{OX} = \begin{pmatrix} 3 \\ 1{,}5 \\ 4 \end{pmatrix} + t \cdot \begin{pmatrix} -1 \\ 1{,}5 \\ 4 \end{pmatrix}$.

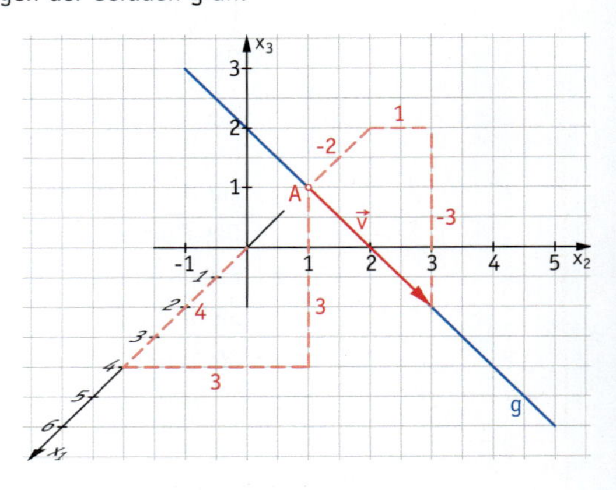

4 Spurpunkte einer Geraden bestimmen

Bestimmen Sie die Schnittpunkte der Geraden g mit den Koordinatenebenen. Diese Punkte bezeichnet man als **Spurpunkte** der Geraden. Zeichnen Sie die Gerade mithilfe ihrer Spurpunkte in ein Koordinatensystem und beschreiben Sie den Verlauf der Geraden.

a) g: $\overrightarrow{OX} = \begin{pmatrix} 2 \\ 2 \\ 1 \end{pmatrix} + t \cdot \begin{pmatrix} 1 \\ 2 \\ -1 \end{pmatrix}$

b) g: $\overrightarrow{OX} = \begin{pmatrix} -4 \\ 1 \\ 3 \end{pmatrix} + t \cdot \begin{pmatrix} 2 \\ -1 \\ 3 \end{pmatrix}$

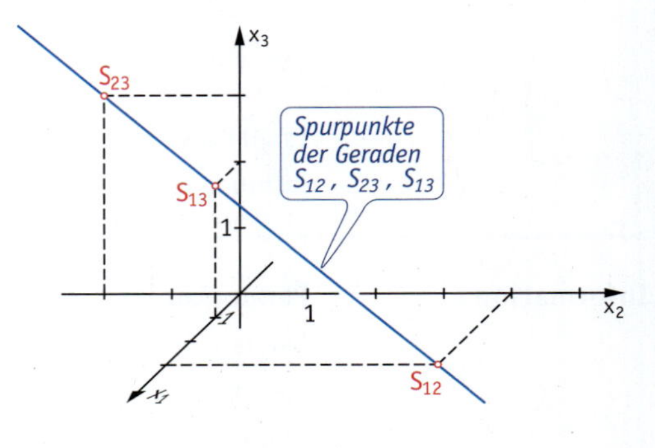

Übungsaufgaben 

Alle Einheiten in m.

5 Ein Tauchboot bewegt sich von seinem Startpunkt $A(5234\,|\,805\,|\,-34)$ über einen längeren Zeitraum nahezu konstant pro Minute um den Vektor $\vec{v} = \begin{pmatrix} 74 \\ 65 \\ -4 \end{pmatrix}$.

a) Bestimmen Sie die Koordinaten der Punkte, die das Tauchboot nach einer Minute, nach 3 Minuten und nach 5 Minuten passiert. Beschreiben Sie die Lage dieser Punkte.

b) Erläutern Sie, wie man den Ortsvektor $\overrightarrow{OX}$ eines beliebigen Punktes X dieses Kurses erhalten kann, vorausgesetzt, das Tauchboot ändert seine Fahrtrichtung nicht. Geben Sie eine Darstellung für den Ortsvektor $\overrightarrow{OX}$ an.

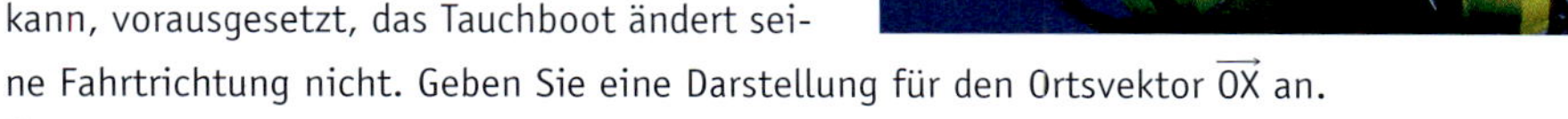

c) Überprüfen Sie, ob das Tauchboot auf seinem Kurs den Punkt $Q(6196\,|\,1650\,|\,-86)$ erreicht. Wenn ja, nach wie vielen Minuten ist dies der Fall?

Eine Gerade durch den Koordinatenursprung heißt **Ursprungsgerade**.

6 Eine Gerade g geht durch den Koordinatenursprung 0 und den Punkt $A(3\,|\,-2\,|\,4)$. Geben Sie drei verschiedene Parameterdarstellungen dieser Geraden an.

7 Die Gerade g geht durch die Punkte A und B. Geben Sie jeweils zwei verschiedene Parameterdarstellungen für g an. Prüfen Sie, ob der Punkt P auf g liegt.

a) $A(-2\,|\,5\,|\,3)$, $B(2\,|\,-3\,|\,1)$, $P(-14\,|\,29\,|\,9)$ **b)** $A(5\,|\,-3\,|\,-1)$, $B(2\,|\,-1\,|\,2)$, $P(-1\,|\,1\,|\,6)$

8

a) Geben Sie eine Parameterdarstellung der Geraden g durch den Punkt A mit dem Richtungsvektor $\vec{v}$ an. Zeichnen Sie die Gerade in ein Koordinatensystem ein.

(1) $A(4\,|\,2\,|\,3)$, $\vec{v} = \begin{pmatrix} -2 \\ 3 \\ -4 \end{pmatrix}$ (2) $A(2\,|\,1\,|\,-2)$, $\vec{v} = \begin{pmatrix} -4 \\ 2 \\ 4 \end{pmatrix}$ (3) $A(-3\,|\,-3\,|\,1)$, $\vec{v} = \begin{pmatrix} 3 \\ 2 \\ -1 \end{pmatrix}$

b) Bestimmen Sie den Punkt auf g, dessen x_3-Koordinate null beträgt. Welche geometrische Bedeutung hat dieser Punkt?

9 Beschreiben Sie die Lage der Geraden g im Koordinatensystem. Geben Sie für g eine weitere Parameterdarstellung mit einem anderen Stützvektor an.

Statt $\overrightarrow{OX}$ schreiben wir auch $\vec{x}$

a) $g\colon \vec{x} = k \cdot \begin{pmatrix} 1 \\ 1 \\ 0 \end{pmatrix}$ **b)** $g\colon \vec{x} = r \cdot \begin{pmatrix} 0 \\ 1 \\ 0 \end{pmatrix}$ **c)** $g\colon \vec{x} = k \cdot \begin{pmatrix} 0 \\ 1 \\ -1 \end{pmatrix}$ **d)** $g\colon \vec{x} = \begin{pmatrix} 1 \\ 0 \\ 2 \end{pmatrix} + t \cdot \begin{pmatrix} 1 \\ 0 \\ 1 \end{pmatrix}$

10 Eine Gerade g ist gegeben durch $g\colon \vec{x} = \begin{pmatrix} -5 \\ 3 \\ 1 \end{pmatrix} + k \cdot \begin{pmatrix} 2 \\ 1 \\ -4 \end{pmatrix}$.

a) Geben Sie eine zweite Parameterdarstellung von g an.

b) Zeigen Sie, dass $\vec{x} = \begin{pmatrix} 29 \\ 20 \\ -67 \end{pmatrix} + r \cdot \begin{pmatrix} -10 \\ -5 \\ 20 \end{pmatrix}$ ebenfalls eine Parameterdarstellung von g ist.

11 Erläutern Sie, welche Punkte durch die folgende Parameterdarstellung beschrieben werden.

a) $\vec{x} = \begin{pmatrix} -2 \\ 0 \\ 3 \end{pmatrix} + k \cdot \begin{pmatrix} 1 \\ 3 \\ 0 \end{pmatrix}$ mit $k \in \mathbb{R}$ und $-2 \le k \le 3$ **b)** $\vec{x} = \begin{pmatrix} 0 \\ 2 \\ -5 \end{pmatrix} + r \cdot \begin{pmatrix} 4 \\ -2 \\ 1 \end{pmatrix}$ mit $r \in \mathbb{R}$ und $1 < r < 5$

12 Bestimmen Sie diejenigen Punkte auf der Geraden g,

(1) die in der x_2x_3-Ebene liegen; (2) deren x_2-Koordinate den Wert 3 hat.

a) $\vec{x} = \begin{pmatrix} -4 \\ 15 \\ 1 \end{pmatrix} + k \cdot \begin{pmatrix} 2 \\ -2 \\ -1 \end{pmatrix}$ **b)** $\vec{x} = \begin{pmatrix} 9 \\ 21 \\ -6 \end{pmatrix} + k \cdot \begin{pmatrix} 3 \\ 2 \\ -2 \end{pmatrix}$

13 Überprüfen Sie, ob die Punkte A, B und C auf der Geraden g liegen.

a) g: $\vec{x} = \begin{pmatrix} 0 \\ 3 \\ 1 \end{pmatrix} + k \cdot \begin{pmatrix} 2 \\ 1 \\ -2 \end{pmatrix}$

A(−4|1|5), B(2|4|2), C(10|8|−9)

b) g: $\vec{x} = \begin{pmatrix} 1 \\ -2 \\ 5 \end{pmatrix} + t \cdot \begin{pmatrix} -1 \\ 1 \\ -1 \end{pmatrix}$

A(4|−5|8), B(2|−1|4), C(−4|1|2)

14 Zeigen Sie, dass die Punkte P, Q und R auf einer Geraden liegen. Welcher der drei Punkte liegt zwischen den beiden anderen? Begründen Sie.

a) P(−4|2|−2), Q(−6|−2|2), R(−1|8|−8) **b)** P(−15|12|−20), Q(9|−20|−4), R(0|−8|−10)

15 Gegeben ist eine Gerade g: $x = \begin{pmatrix} 6 \\ 3 \\ -12 \end{pmatrix} + k \cdot \begin{pmatrix} -4 \\ -2 \\ -6 \end{pmatrix}$.

Kristin erklärt: „*Bei einer Parameterdarstellung einer Geraden kommt es nur auf die Richtung, nicht aber auf die Länge der Vektoren an. Die Parameterdarstellung von g kann man also z.B. auch so schreiben: g: $\vec{x} = \begin{pmatrix} 2 \\ 1 \\ -4 \end{pmatrix} + r \cdot \begin{pmatrix} 2 \\ 1 \\ 3 \end{pmatrix}$.*"

Nehmen Sie zu Kristins Vorgehen Stellung.

Alle Einheiten in m.

16 Ein Tauchboot befindet sich im Punkt A(−6713|4378|−236) und fährt auf einem Kurs in Richtung des Vektors $\vec{u} = \begin{pmatrix} 63 \\ -71 \\ -8 \end{pmatrix}$.

Es sucht nach einem Wrack, das in etwa 500 m Tiefe vermutet wird.

a) In welchem Punkt P erreicht das Tauchboot diese Tiefe, wenn es seinen Kurs beibehält?

b) Der Suchscheinwerfer des Tauchboots kann Objekte in circa 100 m Entfernung gerade noch sichtbar machen.
Kann die Crew des Tauchboots im Punkt P das Wrack sehen, das sich im Punkt W(−4565|2115|−508) befindet? Begründen Sie durch eine Rechnung.

17 Gegeben sind die Punkte A(11|1|6) und B(5|−1|2).

a) Stellen Sie eine Gleichung der Geraden g auf, die durch die Punkte A und B verläuft.
Geben Sie die Koordinaten zweier Punkte auf der Geraden g an, die zwischen A und B liegen.

b) Untersuchen Sie, ob es einen Punkt mit drei gleichen Koordinaten auf der Geraden g gibt.

18 Die Gerade g wird an der x_1x_3-Ebene gespiegelt. Bestimmen Sie eine Parameterdarstellung der Bildgeraden.

a) $\vec{x} = \begin{pmatrix} 4 \\ 3 \\ 2 \end{pmatrix} + k \cdot \begin{pmatrix} 1 \\ -1 \\ -2 \end{pmatrix}$ **b)** $\vec{x} = \begin{pmatrix} -5 \\ 2 \\ -2 \end{pmatrix} + r \cdot \begin{pmatrix} 0 \\ 1 \\ -1 \end{pmatrix}$ **c)** $\vec{x} = \begin{pmatrix} 2 \\ 2 \\ 1 \end{pmatrix} + k \cdot \begin{pmatrix} -2 \\ 0 \\ 3 \end{pmatrix}$

19 Die Punkte P, Q und R sind Mittelpunkte von Seitenkanten. Bestimmen Sie für die eingezeichneten Geraden jeweils eine Parameterdarstellung. Legen Sie dazu ein geeignetes Koordinatensystem fest.

a)

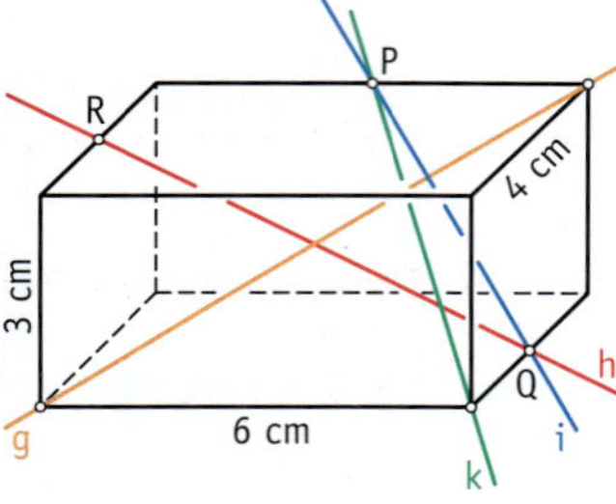

b)

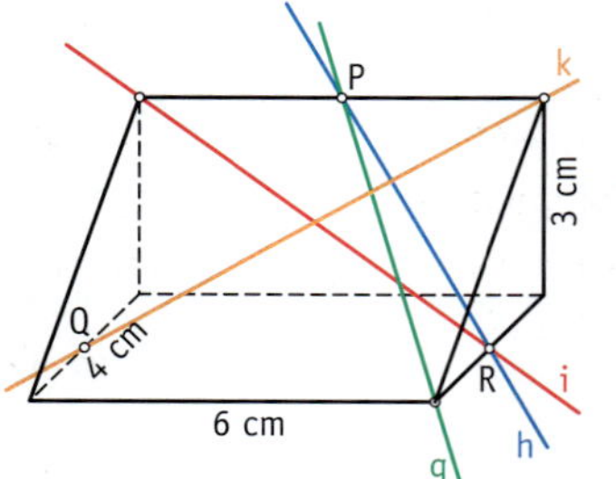

c)

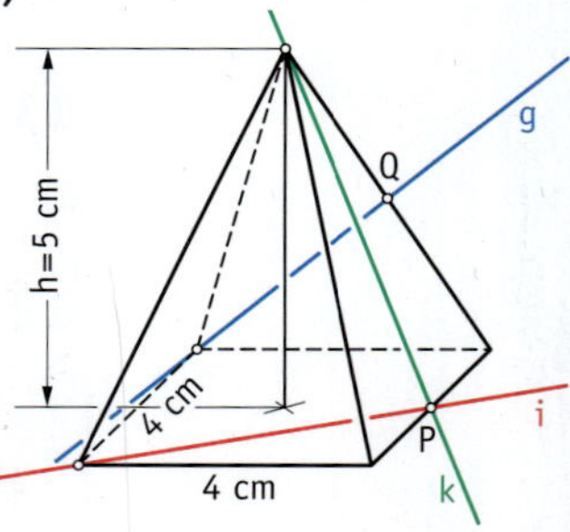

20

LASERSHOW

Lasershows werden häufig in Diskotheken, auf Konzerten oder bei anderen Großveranstaltungen gezeigt. Bei der Beamshow werden die Laserstrahlen in Richtung der Betrachter in den Raum hinein projiziert. Durch im Raum befindlichen Dunst sehen die Zuschauer flächige Muster oder Linien, die sich vom Ausgangspunkt am Spiegel zum Betrachter hin räumlich ausdehnen.

Zur sorgfältigen Planung einer Lasershow muss genau bekannt sein, auf welche Punkte ein bestimmter Laserstrahl trifft. In einem örtlichen Koordinatensystem wird ein Laserstrahl vom Punkt $A(1|0|3)$ ausgesandt. Seine Richtung lässt sich durch den Vektor $v = \begin{pmatrix} 2 \\ -1 \\ 4 \end{pmatrix}$ beschreiben.

Bestimmen Sie alle Punkte im Raum, die von diesem Laserstrahl erreicht werden.

eN 21

a) Für jede reelle Zahl t ist ein Punkt P_t gegeben durch $P_t(3 + 2t|5t|-2 - 4t)$.
Zeigen Sie, dass alle Punkte P_t auf einer Geraden liegen, und geben Sie eine Parameterdarstellung dieser Geraden an.

b) Untersuchen Sie, ob die Punkte A_t mit $A_t(2t - 3|4 - 2t|t^2)$ für alle reellen Werte von t auf einer Geraden liegen.

eN 22

Alle Einheiten in m.

Im Landeanflug auf einen Flughafen überprüft der Pilot ständig seine Position. Augenblicklich befindet sich das Flugzeug im Punkt $K_0(8\,045|-2\,255|1\,020)$ eines geradlinigen Kurses, 32 Sekunden später im Punkt $K_1(5\,965|-1\,535|700)$. Es soll auf der Landebahn etwa im Punkt $L(1\,500|50|0)$ aufsetzen.

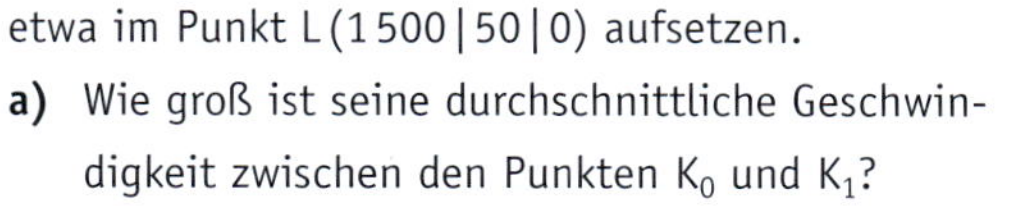

a) Wie groß ist seine durchschnittliche Geschwindigkeit zwischen den Punkten K_0 und K_1?

b) Erreicht das Flugzeug diesen Punkt ohne Kurskorrektur? Begründen Sie durch eine Rechnung.
Wie muss der Pilot im Punkt K_1 gegebenenfalls seinen Kurs ändern?

23

Ermitteln Sie die Spurpunkte der Geraden g und zeichnen Sie damit die Gerade in ein Koordinatensystem. Beschreiben Sie die Lage der Geraden.

a) $g: \vec{x} = \begin{pmatrix} -4 \\ 8 \\ 9 \end{pmatrix} + r \cdot \begin{pmatrix} -2 \\ 3 \\ 3 \end{pmatrix}$ **b)** $g: \vec{x} = \begin{pmatrix} 10 \\ -4 \\ 9 \end{pmatrix} + s \cdot \begin{pmatrix} 0 \\ 2 \\ -3 \end{pmatrix}$ **c)** $g: \vec{x} = \begin{pmatrix} 5 \\ -2 \\ 4 \end{pmatrix} + t \cdot \begin{pmatrix} 1 \\ 0 \\ 0 \end{pmatrix}$

24

Bestimmen Sie alle Spurpunkte der Geraden g und zeichnen Sie mithilfe der Spurpunkte die Gerade in ein Koordinatensystem.

Beschreiben Sie die Lage der Geraden im Koordinatensystem. Welcher besondere Fall liegt vor?

a) $g: x = \begin{pmatrix} -18 \\ 8 \\ 20 \end{pmatrix} + r \cdot \begin{pmatrix} 6 \\ -2 \\ -5 \end{pmatrix}$ **b)** $g: \vec{x} = \begin{pmatrix} -20 \\ 10 \\ -15 \end{pmatrix} + r \cdot \begin{pmatrix} 4 \\ -2 \\ 3 \end{pmatrix}$ **c)** $g: \vec{x} = \begin{pmatrix} -6 \\ 5 \\ -9 \end{pmatrix} + r \cdot \begin{pmatrix} 2 \\ 1 \\ 3 \end{pmatrix}$

25

a) Eine Gerade hat keinen Spurpunkt mit der x_1x_3-Ebene. Beschreiben Sie die besondere Lage dieser Geraden und geben Sie ein Beispiel einer solchen Geraden an.

b) Bei welchen Geraden fallen alle drei Spurpunkte auf einen gemeinsamen Punkt? Geben Sie ein Beispiel einer solchen Geraden an.

c) Geben Sie eine Parameterdarstellung einer Geraden an,
- die parallel zur x_1x_2-Ebene ist;
- die orthogonal zur x_2x_3-Ebene ist;
- bei der zwei Spurpunkte zusammenfallen.

26 Die Gerade g verläuft durch die Punkte A(8 | 4 | − 2) und B(− 4 | 1 | 4).
Zeichnen Sie die Gerade und ihre Spurpunkte in ein Koordinatensystem.

27 Die Gerade g verläuft parallel zur x_1x_2-Ebene. Bestimmen Sie eine Parameterdarstellung der Geraden g und geben Sie die Koordinaten der Spurpunkte an.

a)

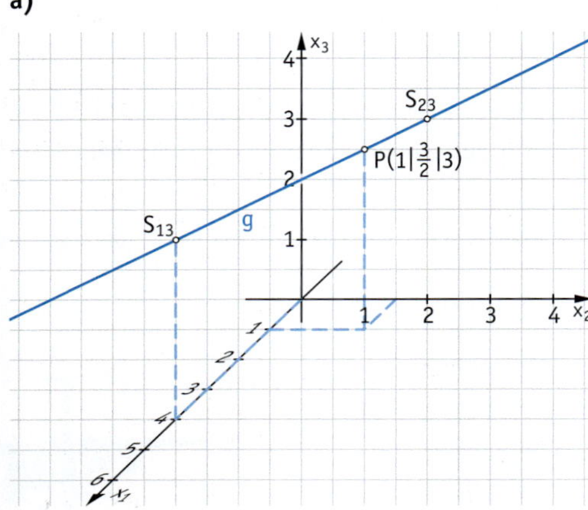

b)

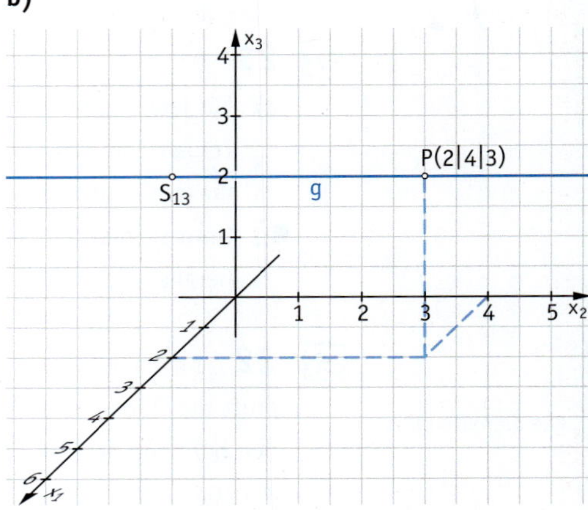

28 Beschreiben Sie die besonderen Lagen der Geraden:

g_1: $\vec{x} = \begin{pmatrix} 0 \\ 3 \\ 0 \end{pmatrix} + k \cdot \begin{pmatrix} 0 \\ 0 \\ 1 \end{pmatrix}$; g_2: $\vec{x} = \begin{pmatrix} 2 \\ 0 \\ 0 \end{pmatrix} + k \cdot \begin{pmatrix} 1 \\ 0 \\ 1 \end{pmatrix}$; g_3: $\vec{x} = k \cdot \begin{pmatrix} -1 \\ 0 \\ 1 \end{pmatrix}$; g_4: $\vec{x} = \begin{pmatrix} 2 \\ 1 \\ 0 \end{pmatrix} + k \cdot \begin{pmatrix} 1 \\ 1 \\ 1 \end{pmatrix}$

29 Zeichnen Sie die Gerade g: $\vec{x} = \begin{pmatrix} -2 \\ 4 \\ 4 \end{pmatrix} + t \cdot \begin{pmatrix} 4 \\ 2 \\ 2 \end{pmatrix}$, nach dem Verfahren in Aufgabe 3.
Was fällt auf? Geben Sie weitere solche Geraden an.

eN **30** Geben Sie die Gleichung einer Geraden an, die

a) parallel zur x_2-Achse ist und von ihr den Abstand 4 besitzt.

b) parallel zur 1. Winkelhalbierenden der x_1x_2-Koordinatenebene verläuft und von ihr den Abstand 2 besitzt.

c) parallel zur x_1-Achse ist, von ihr den Abstand 3 besitzt und in der x_1x_3-Ebene liegt.

Begründen Sie jeweils kurz Ihr Vorgehen.

31 Der Punkt R(2 | r_2 | r_3) liegt auf der Geraden g mit der Parameterdarstellung $\overrightarrow{OX} = \begin{pmatrix} 1 \\ -2 \\ 1 \end{pmatrix} + t \cdot \begin{pmatrix} -1 \\ 1 \\ 3 \end{pmatrix}$.
Bestimmen Sie die fehlenden Koordinaten r_2 und r_3.

4.2.2 Lagebeziehungen zwischen Geraden

Aufgabe

1 Schnittpunkt zweier Geraden bestimmen

Eine Flugüberwachung ortet gleichzeitig zwei Sportflugzeuge. Bezogen auf ein lokales Koordinatensystem (Einheit 1 km), in dessen Ursprung die Flugüberwachung liegt, können die Flugrouten durch folgende Parameterdarstellungen der Geraden g und h beschrieben werden.

$g\colon \overrightarrow{OX} = \begin{pmatrix} 9{,}2 \\ -4 \\ 2 \end{pmatrix} + t \cdot \begin{pmatrix} 1{,}2 \\ -2{,}4 \\ 1 \end{pmatrix};$

$h\colon \overrightarrow{OX} = \begin{pmatrix} 7{,}6 \\ -3{,}2 \\ 1 \end{pmatrix} + t \cdot \begin{pmatrix} 2{,}2 \\ -2 \\ 1{,}5 \end{pmatrix}$

Untersuchen Sie, ob es auf diesen Flugrouten möglicherweise zu einer Kollision der beiden Flugzeuge kommen könnte.

Lösung

Zu einer Kollision könnte es möglicherweise kommen, wenn sich die beiden Flugrouten schneiden. Wenn die Geraden g und h einen gemeinsamen Punkt S haben, dann liegt S sowohl auf der Geraden g als auch auf der Geraden h. Das bedeutet, es gibt für beide Geraden jeweils einen Parameterwert, der eingesetzt in die jeweilige Parametergleichung den Ortsvektor von S ergibt. Die Parameterwerte für die Parameterdarstellung von g und von h können jedoch verschieden sein. Deshalb benennen wir die Parameter unterschiedlich und benennen einen Parameter mit s statt mit t.

Es gibt einen Parameter t, sodass gilt $\overrightarrow{OS} = \begin{pmatrix} 9{,}2 \\ -4 \\ 2 \end{pmatrix} + t \cdot \begin{pmatrix} 1{,}2 \\ -2{,}4 \\ 1 \end{pmatrix}$ und

es gibt einen Parameter s, sodass gilt $\overrightarrow{OS} = \begin{pmatrix} 7{,}6 \\ -3{,}2 \\ 1 \end{pmatrix} + s \cdot \begin{pmatrix} 2{,}2 \\ -2 \\ 1{,}5 \end{pmatrix}$.

Also gilt für einen bestimmten Parameter t und einen bestimmten Parameter s die Vektorgleichung

$\begin{pmatrix} 9{,}2 \\ -4 \\ 2 \end{pmatrix} + t \cdot \begin{pmatrix} 1{,}2 \\ -2{,}4 \\ 1 \end{pmatrix} = \begin{pmatrix} 7{,}6 \\ -3{,}2 \\ 1 \end{pmatrix} + s \cdot \begin{pmatrix} 2{,}2 \\ -2 \\ 1{,}5 \end{pmatrix}$. Diese Gleichung kann man umstellen zu

$t \cdot \begin{pmatrix} 1{,}2 \\ -2{,}4 \\ 1 \end{pmatrix} - s \cdot \begin{pmatrix} 2{,}2 \\ -2 \\ 1{,}5 \end{pmatrix} = \begin{pmatrix} 7{,}6 \\ -3{,}2 \\ 1 \end{pmatrix} - \begin{pmatrix} 9{,}2 \\ -4 \\ 2 \end{pmatrix}$ und somit zu $t \cdot \begin{pmatrix} 1{,}2 \\ -2{,}4 \\ 1 \end{pmatrix} - s \cdot \begin{pmatrix} 2{,}2 \\ -2 \\ 1{,}5 \end{pmatrix} = \begin{pmatrix} -1{,}6 \\ 0{,}8 \\ -1 \end{pmatrix}$.

Falls die Geraden g und h also einen gemeinsamen Punkt haben, so gibt es zwei Parameterwerte für t und s, die die folgende Vektorgleichung und damit auch das folgende lineare Gleichungssystem erfüllen:

$t \cdot \begin{pmatrix} 1{,}2 \\ -2{,}4 \\ 1 \end{pmatrix} - s \cdot \begin{pmatrix} 2{,}2 \\ -2 \\ 1{,}5 \end{pmatrix} = \begin{pmatrix} -1{,}6 \\ 0{,}8 \\ -1 \end{pmatrix} \quad \left| \begin{array}{rcl} 1{,}2t - 2{,}2s &=& -1{,}6 \\ -2{,}4t + 2s &=& 0{,}8 \\ t - 1{,}5s &=& -1 \end{array} \right|$

```
[[1.2   -2.2  -1...
 [-2.4  2     .8 ...
 [1     -1.5  -1 ...
rref([A])
      [[1  0  .5]
       [0  1  1 ]
       [0  0  0 ]]
```

Mithilfe eines GTR findet man die Lösung $t = 0{,}5$ und $s = 1$. Setzt man diese in die jeweilige Parametergleichung der Geraden g und h ein, so erhält man den Ortsvektor $\overrightarrow{OS}$ und somit die Koordinaten von S.

$\overrightarrow{OS} = \begin{pmatrix} 9{,}2 \\ -4 \\ 2 \end{pmatrix} + 0{,}5 \cdot \begin{pmatrix} 1{,}2 \\ -2{,}4 \\ 1 \end{pmatrix} = \begin{pmatrix} 9{,}8 \\ -5{,}2 \\ 2{,}5 \end{pmatrix}; \quad \overrightarrow{OS} = \begin{pmatrix} 7{,}6 \\ -3{,}2 \\ 1 \end{pmatrix} + 1 \cdot \begin{pmatrix} 2{,}2 \\ -2 \\ 1{,}5 \end{pmatrix} = \begin{pmatrix} 9{,}8 \\ -5{,}2 \\ 2{,}5 \end{pmatrix}$

Die Geraden g und h schneiden sich also im Punkt $S(9{,}8 \mid -5{,}2 \mid 2{,}5)$. Eine Kollision der beiden Flugzeuge ist also theoretisch möglich. Wenn aber die Flugzeuge den Punkt S zu unterschiedlichen Zeiten passieren, kommt es zu keiner Kollision.

Aufgabe

2 Lage von zwei Geraden ohne gemeinsamen Schnittpunkt

Gegeben ist eine Gerade k mit der Parameterdarstellung:

k: $\overrightarrow{OX} = \begin{pmatrix} 3 \\ -2 \\ 4 \end{pmatrix} + t \cdot \begin{pmatrix} 2 \\ 1 \\ 2 \end{pmatrix}$

a) Untersuchen Sie die Lage der Geraden k zur Geraden h mit h: $\overrightarrow{OX} = \begin{pmatrix} 4 \\ 6 \\ -4 \end{pmatrix} + s \cdot \begin{pmatrix} 4 \\ 2 \\ 4 \end{pmatrix}$.

b) Untersuchen Sie die Lage der Geraden k zur Geraden g mit g: $\overrightarrow{OX} = \begin{pmatrix} 2 \\ -2 \\ 0 \end{pmatrix} + r \cdot \begin{pmatrix} 1 \\ -3 \\ 4 \end{pmatrix}$.

Lösung

a) Wir können auch hier wie bei der Lösung von Aufgabe 1 verfahren und versuchen, einen gemeinsamen Schnittpunkt von h und k zu bestimmen.

Falls h und k einen gemeinsamen Schnittpunkt haben, so gibt es Parameterwerte für s und t, die die folgende Vektorgleichung und damit auch das folgende lineare Gleichungssystem erfüllen:

$$s \cdot \begin{pmatrix} 4 \\ 2 \\ 4 \end{pmatrix} + t \cdot \begin{pmatrix} -2 \\ -1 \\ -2 \end{pmatrix} = \begin{pmatrix} -1 \\ -8 \\ 8 \end{pmatrix} \qquad \left| \begin{array}{l} 4s - 2t = -1 \\ 2s - 1t = -8 \\ 4s - 2t = 8 \end{array} \right|$$

Mithilfe des GTR vereinfacht man das lineare Gleichungssystem. An der zweiten Zeile erkennt man, dass es keine Lösung hat. Somit gibt es keine Parameterwerte für s und t, die die Vektorgleichung lösen. Die Geraden k und h haben also keine gemeinsamen Punkte.

Für die Richtungsvektoren der beiden Geraden gilt: $\begin{pmatrix} 4 \\ 2 \\ 4 \end{pmatrix} = 2 \begin{pmatrix} 2 \\ 1 \\ 2 \end{pmatrix}$

Beide Geraden h und k sind also parallel zueinander.

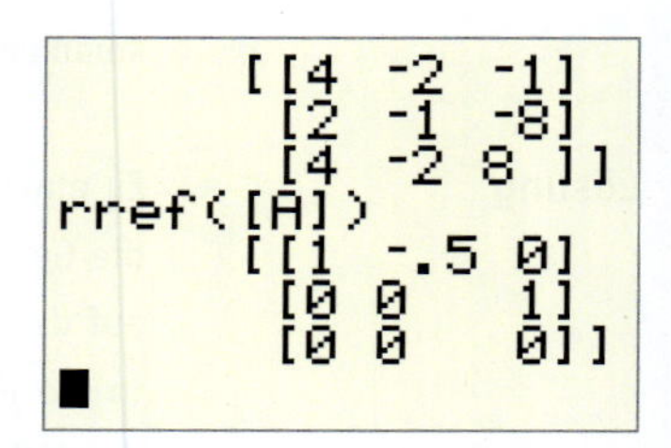

b) Wir suchen zuerst nach einem gemeinsamen Schnittpunkt. Falls g und k einen gemeinsamen Schnittpunkt haben, so gibt es Parameterwerte für r und t, die die folgende Vektorgleichung und damit auch das folgende lineare Gleichungssystem erfüllen:

$$r \cdot \begin{pmatrix} 1 \\ -3 \\ 4 \end{pmatrix} + t \cdot \begin{pmatrix} -2 \\ -1 \\ -2 \end{pmatrix} = \begin{pmatrix} 1 \\ 0 \\ 4 \end{pmatrix} \qquad \left| \begin{array}{r} r - 2t = 1 \\ -3r - 1t = 0 \\ 4r - 2t = 4 \end{array} \right|$$

Mithilfe des GTR vereinfacht man das lineare Gleichungssystem. An der letzten Zeile erkennt man, dass es keine Lösung hat. Somit gibt es keine Parameterwerte für r und t, die die Vektorgleichung lösen. Die Geraden g und k haben also keine gemeinsamen Punkte. Der Richtungsvektor $\begin{pmatrix} 1 \\ -3 \\ 4 \end{pmatrix}$ von g ist kein Vielfaches des Richtungsvektors $\begin{pmatrix} 2 \\ 1 \\ 2 \end{pmatrix}$ von k. Anders als in Teilaufgabe a) sind hier also die Geraden g und k nicht parallel zueinander und haben trotzdem keine gemeinsamen Punkte.

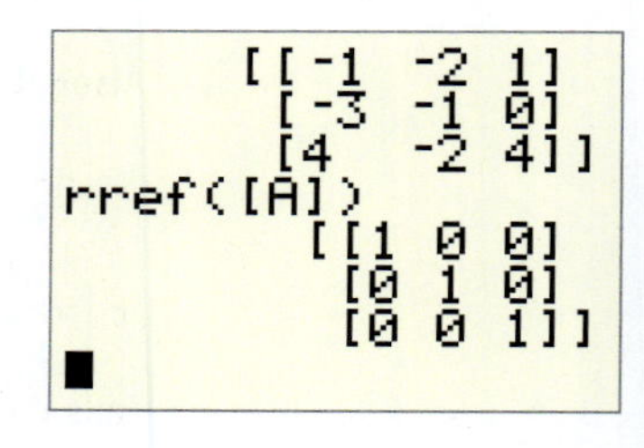

Information

(1) Zueinander windschiefe Geraden

In der Ebene haben zwei verschiedene Geraden, die nicht zueinander parallel sind, stets einen gemeinsamen Schnittpunkt. Aufgabe 2b) und das Bild rechts zeigen, dass dies im Raum nicht gilt.

Im Raum gibt es Geraden, die weder gemeinsame Punkte haben noch zueinander parallel sind. Zwei solche Geraden heißen **windschief zueinander.**

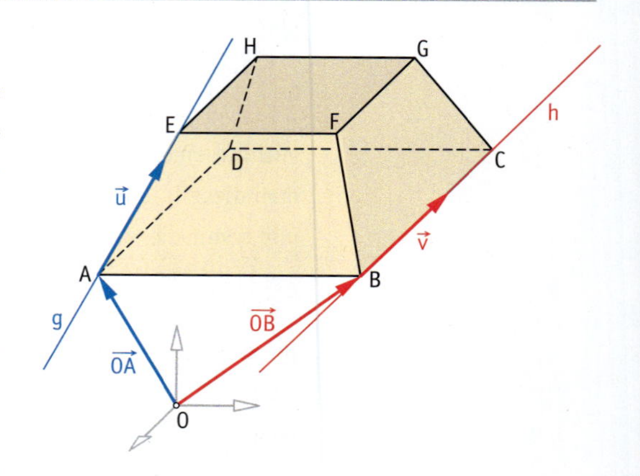

(2) Strategie zur Bestimmung der Lage zweier Geraden zueinander

Da die Untersuchung auf Parallelität zweier Geraden rechnerisch einfacher ist als eine Schnittpunktbestimmung, bietet sich folgende Strategie an.

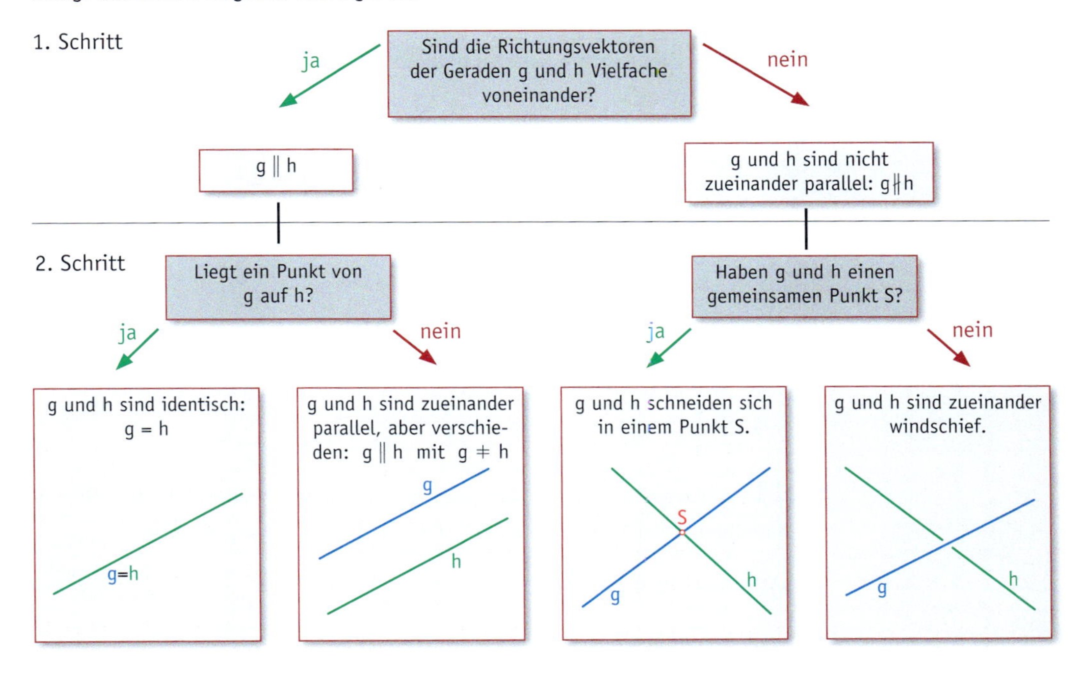

Übungsaufgaben 

3 Gegeben ist eine Parameterdarstellung der Geraden g.

$g\colon \overrightarrow{OX} = \begin{pmatrix} 2 \\ -4 \\ 1 \end{pmatrix} + t \cdot \begin{pmatrix} 3 \\ -1 \\ 4 \end{pmatrix}$

Untersuchen Sie die Lage der Geraden g jeweils zu den folgenden Geraden h, k und l.

(1) $h\colon \overrightarrow{OX} = \begin{pmatrix} 1 \\ -3 \\ 3 \end{pmatrix} + t \cdot \begin{pmatrix} 2 \\ -1 \\ 1 \end{pmatrix}$; (2) $k\colon \overrightarrow{OX} = \begin{pmatrix} 5 \\ 7 \\ 5 \end{pmatrix} + t \cdot \begin{pmatrix} 1{,}5 \\ -0{,}5 \\ 2 \end{pmatrix}$; (3) $l\colon \overrightarrow{OX} = \begin{pmatrix} 5 \\ -5 \\ 0 \end{pmatrix} + t \cdot \begin{pmatrix} 2 \\ 1 \\ -8 \end{pmatrix}$

4 Untersuchen Sie die gegenseitige Lage der Geraden g und h. Geben Sie gegebenenfalls die Koordinaten ihres Schnittpunktes an.

Statt $\overrightarrow{OX}$ schreiben wir auch $\vec{x}$

a) $g\colon \vec{x} = \begin{pmatrix} -1 \\ 3 \\ 2 \end{pmatrix} + k \cdot \begin{pmatrix} 2 \\ 1 \\ -1 \end{pmatrix}$; $h\colon \vec{x} = \begin{pmatrix} -2 \\ 1 \\ 7 \end{pmatrix} + k \cdot \begin{pmatrix} 1 \\ 0 \\ 1 \end{pmatrix}$

b) $g\colon \vec{x} = \begin{pmatrix} -5 \\ 1 \\ 2 \end{pmatrix} + k \cdot \begin{pmatrix} -2 \\ 3 \\ -1 \end{pmatrix}$; $h\colon \vec{x} = \begin{pmatrix} 2 \\ 5 \\ 3 \end{pmatrix} + k \cdot \begin{pmatrix} 4 \\ -6 \\ 2 \end{pmatrix}$

c) $g\colon \vec{x} = \begin{pmatrix} 4 \\ 1 \\ -2 \end{pmatrix} + k \cdot \begin{pmatrix} 1 \\ -3 \\ 2 \end{pmatrix}$; $h\colon \vec{x} = \begin{pmatrix} 17 \\ -38 \\ 24 \end{pmatrix} + k \cdot \begin{pmatrix} -5 \\ 15 \\ -10 \end{pmatrix}$

d) $g\colon \vec{x} = \begin{pmatrix} -7 \\ 2 \\ 2 \end{pmatrix} + k \cdot \begin{pmatrix} 1 \\ 2 \\ -1 \end{pmatrix}$; $h\colon \vec{x} = \begin{pmatrix} 3 \\ 6 \\ 3 \end{pmatrix} + k \cdot \begin{pmatrix} 2 \\ -4 \\ 1 \end{pmatrix}$

5 Untersuchen Sie, wie die drei Geraden zueinander liegen.

$g\colon \overrightarrow{OX} = \begin{pmatrix} 2 \\ 0 \\ 3 \end{pmatrix} + r \cdot \begin{pmatrix} -1 \\ 2 \\ 2 \end{pmatrix}$; $h\colon \overrightarrow{OX} = \begin{pmatrix} 4 \\ 4 \\ 0 \end{pmatrix} + s \cdot \begin{pmatrix} 3 \\ 2 \\ -5 \end{pmatrix}$; $k\colon \overrightarrow{OX} = \begin{pmatrix} 2{,}5 \\ 4 \\ 0 \end{pmatrix} + t \cdot \begin{pmatrix} -3 \\ -2 \\ 5 \end{pmatrix}$

6 Zeigen Sie, dass die Geraden nicht parallel zueinander sind und bestimmen Sie einen gemeinsamen Punkt.

a) $g\colon \vec{x} = \begin{pmatrix} 5 \\ 0 \\ 3 \end{pmatrix} + t \cdot \begin{pmatrix} 1 \\ 2 \\ -1 \end{pmatrix}$
$h\colon \vec{x} = \begin{pmatrix} -1 \\ -2 \\ 6 \end{pmatrix} + t \cdot \begin{pmatrix} 4 \\ -2 \\ -1 \end{pmatrix}$

b) $g\colon \vec{x} = \begin{pmatrix} 0 \\ -4 \\ 5 \end{pmatrix} + t \cdot \begin{pmatrix} 6 \\ 7 \\ -5 \end{pmatrix}$
$h\colon \vec{x} = \begin{pmatrix} -6 \\ -11 \\ 10 \end{pmatrix} + t \cdot \begin{pmatrix} 6 \\ 7 \\ 5 \end{pmatrix}$

c) $g\colon \vec{x} = \begin{pmatrix} 1 \\ 0 \\ 2 \end{pmatrix} + t \cdot \begin{pmatrix} 1 \\ -1 \\ 1 \end{pmatrix}$
$h\colon \vec{x} = \begin{pmatrix} 3 \\ -2 \\ 4 \end{pmatrix} + t \cdot \begin{pmatrix} 4 \\ 6 \\ 0 \end{pmatrix}$

7 Geben Sie eine Parameterdarstellung der Geraden h an, die parallel zur Geraden g durch den Punkt P verläuft.

a) g: $\vec{x} = \begin{pmatrix} 3 \\ 8 \\ 4 \end{pmatrix} + k \cdot \begin{pmatrix} -2 \\ -3 \\ 5 \end{pmatrix}$; P(15 | 26 | 31) **b)** g: $x = \begin{pmatrix} -2 \\ 3 \\ 1 \end{pmatrix} + k \cdot \begin{pmatrix} 1 \\ -4 \\ 0 \end{pmatrix}$; P(8 | 16 | 5)

8 Zeigen Sie, dass die Geraden g und h windschief zueinander sind.

a) g: $\vec{x} = \begin{pmatrix} 3 \\ 6 \\ 4 \end{pmatrix} + t \cdot \begin{pmatrix} 2 \\ 4 \\ 1 \end{pmatrix}$
h: $\vec{x} = \begin{pmatrix} 1 \\ 0 \\ 3 \end{pmatrix} + t \cdot \begin{pmatrix} 2 \\ 3 \\ -1 \end{pmatrix}$

b) g: $\vec{x} = \begin{pmatrix} 0 \\ 1 \\ 1 \end{pmatrix} + t \cdot \begin{pmatrix} 1 \\ 0 \\ 1 \end{pmatrix}$
h: $\vec{x} = \begin{pmatrix} 1 \\ 0 \\ 0 \end{pmatrix} + t \cdot \begin{pmatrix} 2 \\ 1 \\ 1 \end{pmatrix}$

c) g: $\vec{x} = \begin{pmatrix} 5 \\ 5 \\ 1 \end{pmatrix} + t \cdot \begin{pmatrix} 1 \\ 2 \\ 0 \end{pmatrix}$
h: $\vec{x} = \begin{pmatrix} 2 \\ -1 \\ 0 \end{pmatrix} + t \cdot \begin{pmatrix} 3 \\ 1 \\ 0 \end{pmatrix}$

9 Gegeben ist die Gerade g mit der Parameterdarstellung g: $\vec{x} = \begin{pmatrix} 1 \\ 1 \\ 0 \end{pmatrix} + t \cdot \begin{pmatrix} 4 \\ 2 \\ 1 \end{pmatrix}$.
Geben Sie die Gleichung einer Geraden an, die

a) zu g windschief ist; **b)** zu g parallel ist; **c)** g schneidet.

10 Wie muss man p wählen, damit sich die Geraden g und h schneiden?
g: $\vec{x} = \begin{pmatrix} -p \\ 1 \\ -2 \end{pmatrix} + t \cdot \begin{pmatrix} 2 \\ -8 \\ -4 \end{pmatrix}$, h: $\vec{x} = \begin{pmatrix} 2 \\ 6 \\ 4p \end{pmatrix} + t \cdot \begin{pmatrix} 2 \\ -2 \\ -4 \end{pmatrix}$

11 Untersuchen Sie, ob die Geraden a, b und c ein Dreieck bilden. Berechnen Sie gegebenenfalls die Koordinaten der Eckpunkte und die Längen der Seiten des Dreiecks.

a) a: $\vec{x} = \begin{pmatrix} -11 \\ 16 \\ -7 \end{pmatrix} + k \cdot \begin{pmatrix} 6 \\ -5 \\ 5 \end{pmatrix}$; b: $\vec{x} = \begin{pmatrix} 7 \\ -18 \\ 6 \end{pmatrix} + r \cdot \begin{pmatrix} 2 \\ -1 \\ 8 \end{pmatrix}$; c: $\vec{x} = \begin{pmatrix} 15 \\ 7 \\ 16 \end{pmatrix} + s \cdot \begin{pmatrix} 4 \\ 3 \\ 4 \end{pmatrix}$

b) a: $\vec{x} = \begin{pmatrix} -14 \\ -17 \\ -28 \end{pmatrix} + k \cdot \begin{pmatrix} 10 \\ 13 \\ 26 \end{pmatrix}$; b: $\vec{x} = \begin{pmatrix} -3 \\ -2 \\ -5 \end{pmatrix} + r \cdot \begin{pmatrix} 1 \\ 2 \\ -3 \end{pmatrix}$; c: $\vec{x} = \begin{pmatrix} 8 \\ 12 \\ 26 \end{pmatrix} + s \cdot \begin{pmatrix} 2 \\ 3 \\ 2 \end{pmatrix}$

12 Gegeben sind zwei Geraden g und h durch
g: $\vec{x} = \begin{pmatrix} -2 \\ 6 \\ -3 \end{pmatrix} + k \cdot \begin{pmatrix} 3 \\ -2 \\ 2 \end{pmatrix}$ und
h: $\vec{x} = \begin{pmatrix} 7 \\ 4 \\ -4 \end{pmatrix} + k \cdot \begin{pmatrix} 1 \\ -2 \\ 3 \end{pmatrix}$.
Fabian untersucht die Lagebeziehungen der beiden Geraden. Überprüfen Sie seine Lösung und korrigieren Sie gegebenenfalls seine Fehler.

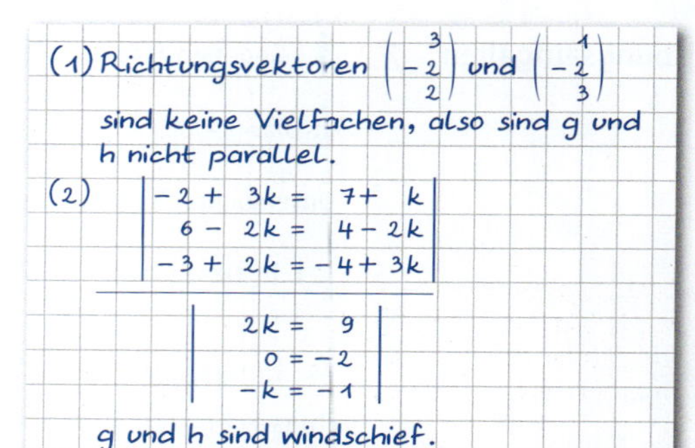

13 Gegeben sind die Gerade g: $\vec{x} = \begin{pmatrix} 2 \\ 1 \\ 8 \end{pmatrix} + r \begin{pmatrix} 2 \\ 0 \\ -1 \end{pmatrix}$ und die Punkte A(3 | 1 | 4), B(−2 | 4 | 1), C(−2 | 1 | 3) und D(3 | −2 | 6).

a) Untersuchen Sie, wie die Gerade g und die Gerade durch die Punkte A und B zueinander liegen. Zeichnen Sie auch.

b) Zeigen Sie, dass das Viereck ABCD ein Parallelogramm ist. In welchem Punkt schneiden sich die Diagonalen dieses Parallelogramms?

14 Vom Parallelogramm ABCD sind die Eckpunkte A(3 | 1 | −2), B(5 | −3 | 4) und C(1 | −5 | 8) gegeben.

a) Bestimmen Sie die Koordinaten des fehlenden Eckpunktes D.

b) M_1 ist der Mittelpunkt der Seite $\overline{AB}$, M_2 der Mittelpunkt der Seite $\overline{BC}$.
Berechnen Sie die Koordinaten des Schnittpunktes der Geraden M_1C und M_2D.
Zeichnen Sie auch.

15 An den Parameterdarstellungen der folgenden Geraden g und h lässt sich *ohne Rechnung* ablesen, welchen Schnittpunkt die Geraden haben. Führen Sie dies durch.

a) g: $\vec{x} = \begin{pmatrix} 2 \\ 1 \\ -3 \end{pmatrix} + t \cdot \begin{pmatrix} 1 \\ 0 \\ 1 \end{pmatrix}$; h: $\vec{x} = \begin{pmatrix} 2 \\ 1 \\ -3 \end{pmatrix} + t \cdot \begin{pmatrix} 1 \\ 1 \\ 0 \end{pmatrix}$ **b)** g: $\vec{x} = t \cdot \begin{pmatrix} -1 \\ 3 \\ 1 \end{pmatrix}$; h: $\vec{x} = t \cdot \begin{pmatrix} 5 \\ -3 \\ 2 \end{pmatrix}$

16

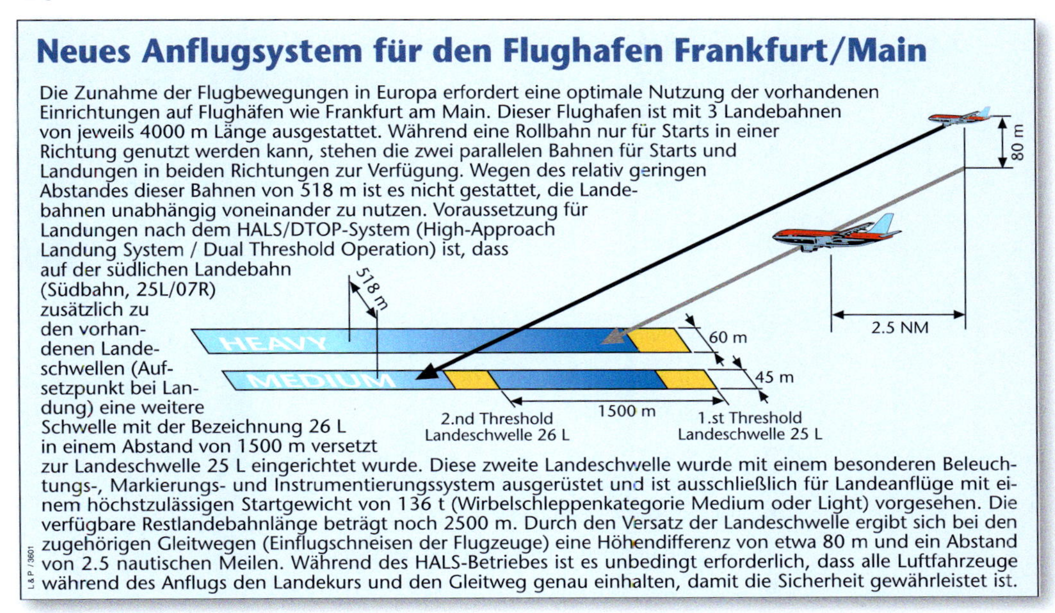

Neues Anflugsystem für den Flughafen Frankfurt/Main

Die Zunahme der Flugbewegungen in Europa erfordert eine optimale Nutzung der vorhandenen Einrichtungen auf Flughäfen wie Frankfurt am Main. Dieser Flughafen ist mit 3 Landebahnen von jeweils 4000 m Länge ausgestattet. Während eine Rollbahn nur für Starts in einer Richtung genutzt werden kann, stehen die zwei parallelen Bahnen für Starts und Landungen in beiden Richtungen zur Verfügung. Wegen des relativ geringen Abstandes dieser Bahnen von 518 m ist es nicht gestattet, die Landebahnen unabhängig voneinander zu nutzen. Voraussetzung für Landungen nach dem HALS/DTOP-System (High-Approach Landung System / Dual Threshold Operation) ist, dass auf der südlichen Landebahn (Südbahn, 25L/07R) zusätzlich zu den vorhandenen Landeschwellen (Aufsetzpunkt bei Landung) eine weitere Schwelle mit der Bezeichnung 26 L in einem Abstand von 1500 m versetzt zur Landeschwelle 25 L eingerichtet wurde. Diese zweite Landeschwelle wurde mit einem besonderen Beleuchtungs-, Markierungs- und Instrumentierungssystem ausgerüstet und ist ausschließlich für Landeanflüge mit einem höchstzulässigen Startgewicht von 136 t (Wirbelschleppenkategorie Medium oder Light) vorgesehen. Die verfügbare Restlandebahnlänge beträgt noch 2500 m. Durch den Versatz der Landeschwelle ergibt sich bei den zugehörigen Gleitwegen (Einflugschneisen der Flugzeuge) eine Höhendifferenz von etwa 80 m und ein Abstand von 2.5 nautischen Meilen. Während des HALS-Betriebes ist es unbedingt erforderlich, dass alle Luftfahrzeuge während des Anflugs den Landekurs und den Gleitweg genau einhalten, damit die Sicherheit gewährleistet ist.

Wählen Sie den Aufsetzpunkt auf der Nordbahn als Koordinatenursprung. Erstellen Sie dann die Geradengleichungen für die Einflugschneisen der beiden Landebahnen.

Beschreiben Sie auch, welche besondere Lage diese beiden Geraden zueinander aufweisen und wie man das an ihren Gleichungen erkennen kann.

Spat: schiefes Prisma mit Parallelogramm als Grundfläche

17 Ein Spat, wie rechts abgebildet, ist gegeben durch die Punkte A(3|4|2), B(5|4|1), D(3|5|1) und E(4|5|2).

a) Bestimmen Sie die Koordinaten der restlichen Eckpunkte des Spats.

b) Untersuchen Sie, ob die Diagonalen AG und EC zueinander windschief sind.

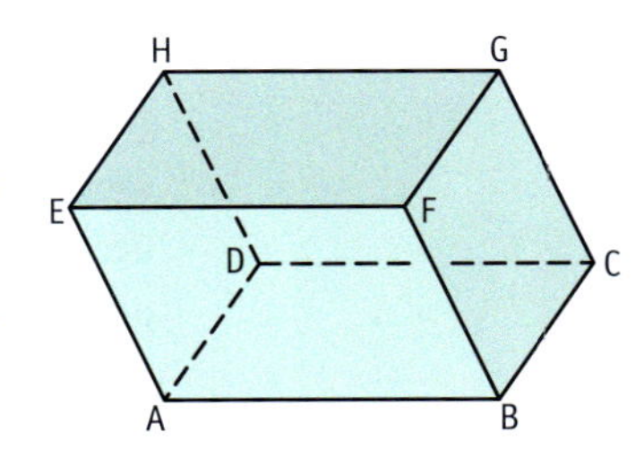

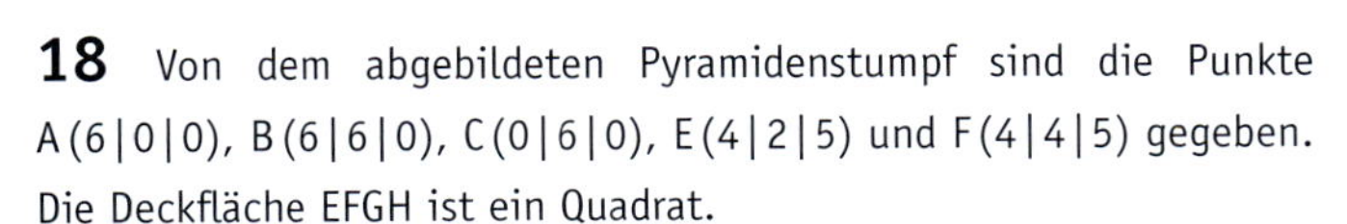

18 Von dem abgebildeten Pyramidenstumpf sind die Punkte A(6|0|0), B(6|6|0), C(0|6|0), E(4|2|5) und F(4|4|5) gegeben.

Die Deckfläche EFGH ist ein Quadrat.

P und Q sind die Mittelpunkte der Seiten $\overline{BC}$ und $\overline{FG}$.

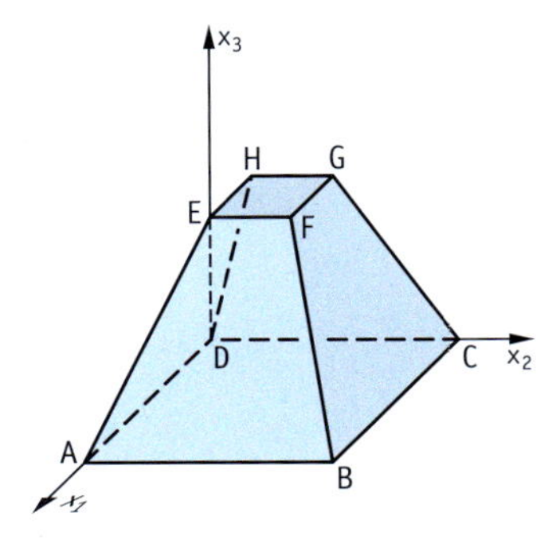

a) Ermitteln Sie die Koordinaten der Punkte G und H.
Zeichnen Sie das Schrägbild des Pyramidenstumpfes in ein Koordinatensystem.

b) Untersuchen Sie die gegenseitige Lage der drei Geraden AQ, BH und EP zueinander.

c) Ergänzen Sie den Pyramidenstumpf zu einer Pyramide. Bestimmen Sie die Koordinaten der Pyramidenspitze S.

19 Bezogen auf ein lokales Koordinatensystem kann die Flugroute eines Sportflugzeugs nach dem Start näherungsweise durch die Gerade $g: \vec{x} = \begin{pmatrix} 420 \\ -630 \\ 120 \end{pmatrix} + r \cdot \begin{pmatrix} 40 \\ 50 \\ 11 \end{pmatrix}$ angegeben werden (Angaben in m).
In der Nähe des Flugplatzes befindet sich ein Windrad. Der Fußpunkt des Windrads befindet sich im Punkt $P(1380 \mid 570 \mid 0)$, der höchste Punkt der Rotorblätter liegt 170 m über dem Boden.
Überprüfen Sie, ob das Flugzeug bei gleichbleibendem Kurs genau über das Windrad hinweg fliegt. Wenn ja, in welchem Abstand überfliegt es das Windrad?

20 Gegeben sind der Punkt $A(9 \mid 5 \mid -4)$ und die Gerade $g: \vec{x} = \begin{pmatrix} 3 \\ -1 \\ 2 \end{pmatrix} + s \cdot \begin{pmatrix} 1 \\ 1 \\ -4 \end{pmatrix}$.
Zeigen Sie, dass alle Punkte $P_t(8 - 2t \mid 4 - 2t \mid 8t)$ mit $t \in \mathbb{R}$ auf derjenigen Geraden h liegen, die parallel zu g verläuft und den Punkt A enthält.

21 Gegeben sind die beiden Geraden $g: \vec{x} = \begin{pmatrix} 2 \\ -1 \\ 0 \end{pmatrix} + r \cdot \begin{pmatrix} 3 \\ -1 \\ 2 \end{pmatrix}$ und $h: \vec{x} = \begin{pmatrix} 1 \\ 1 \\ -1 \end{pmatrix} + s \cdot \begin{pmatrix} 2 \\ b \\ c \end{pmatrix}$.
Für welche Werte von b und c

a) sind die Geraden g und h zueinander parallel,

b) schneiden sich g und h im Punkt $P(-13 \mid 4 \mid -10)$?

22 Gegeben sind die Gerade $g: x = \begin{pmatrix} 0{,}5 \\ 2 \\ -4 \end{pmatrix} + k \cdot \begin{pmatrix} 0 \\ -1 \\ 2 \end{pmatrix}$ und für $t \in \mathbb{R}$ der Punkt $P_t(1 \mid 2t + 5 \mid -10 - 4t)$.
Bestimmen Sie eine Gleichung der Geraden h, auf der alle möglichen Punkte P_t liegen.
Untersuchen Sie, wie die Geraden g und h zueinander liegen.

23 Ein 200 m hoher Sendemast steht im Punkt $F(40 \mid -30 \mid 0)$ senkrecht auf einer ebenen Bodenfläche, die in der x_1x_2-Ebene liegt (Angaben in m).
Der Sendemast wird von der Sonne beschienen und wirft einen Schatten auf die Bodenfläche.

a) Die Sonnenstrahlen, die man als zueinander parallel annehmen kann, fallen in Richtung des Vektors $\vec{v} = \begin{pmatrix} 30 \\ 30 \\ -50 \end{pmatrix}$ ein.
In welchem Punkt S endet der Schatten des Sendemastes?

b) Berechnen Sie, wie lang der Schatten ist.

24 Eine Geradenschar g_t ist durch die Parameterdarstellung $g_t: \vec{x} = \begin{pmatrix} 5 + t \\ -10 - 3t \\ 33 + 11t \end{pmatrix} + k \cdot \begin{pmatrix} 2 \\ -1 \\ 2 \end{pmatrix}$ mit $k, t \in \mathbb{R}$ gegeben.

a) Wie liegen die Geraden der Schar zueinander? Welche Gerade der Schar schneidet die x_3-Achse?

b) Auf welcher der Geraden liegt der Punkt $A(-10 \mid -15 \mid 68)$?
Bestimmen Sie die Koordinaten eines Punktes B auf dieser Geraden, sodass der Abstand der Punkte A und B 12 beträgt.

25 Gegeben sind eine Gerade g und eine Geradenschar h_t.

$g: \vec{x} = \begin{pmatrix} 2 \\ 1 \\ -1 \end{pmatrix} + r \cdot \begin{pmatrix} -1 \\ 2 \\ 1 \end{pmatrix}$, mit $r \in \mathbb{R}$ $\qquad h_t: \vec{x} = \begin{pmatrix} 1-t \\ 3+2t \\ 1+t \end{pmatrix} + s \cdot \begin{pmatrix} 1 \\ -2 \\ -2 \end{pmatrix}$, mit $s, t \in \mathbb{R}$

a) Zeigen Sie, dass jede Gerade der Geradenschar h_t die Gerade g in einem Punkt schneidet. Bestimmen Sie die Koordinaten des Schnittpunkts.

b) Welche Gerade der Geradenschar h_t schneidet die Gerade g im Punkt S(−13 | 31 | 14)?

26 Kristin berechnet den Schnittpunkt der Geraden

$g: \vec{x} = \begin{pmatrix} 7 \\ -3 \\ 2 \end{pmatrix} + r \cdot \begin{pmatrix} 2 \\ -1 \\ 2 \end{pmatrix}$ und $h: \vec{x} = \begin{pmatrix} -5 \\ 1 \\ -3 \end{pmatrix} + s \cdot \begin{pmatrix} 1 \\ 0 \\ 3 \end{pmatrix}$.

Überprüfen Sie ihre Rechnung und korrigieren Sie gegebenenfalls ihre Fehler.

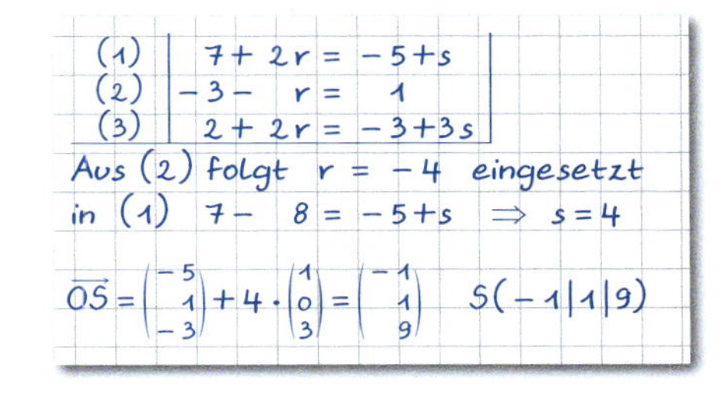

27 Die Positionen von Flugzeugen im Luftraum kann man durch Punkte in einem räumlichen Koordinatensystem beschreiben, bei dem die als Ebene betrachtete Erdoberfläche in der x_1x_2-Ebene liegt. Ein Passagierflugzeug bewegt sich auf einem als geradlinig angenommenen Kurs von Punkt P(8,5 | −28 | 7,5) pro Sekunde um $\begin{pmatrix} -0{,}12 \\ 0{,}175 \\ 0 \end{pmatrix}$. Zum gleichen Zeitpunkt, in dem sich das Passagierflugzeug im Punkt P befindet, fliegt ein zweites Flugzeug vom Punkt Q(22 | 15,5 | 7,3) aus geradlinig so weiter, dass es sich pro Sekunde um den Vektor $\begin{pmatrix} 0{,}1 \\ -0{,}05 \\ 0{,}001 \end{pmatrix}$ bewegt (alle Längeneinheiten in Kilometer).

a) Untersuchen Sie, ob es auf den beiden Flugbahnen zu einer Kollision kommen kann.

b) Geben Sie die Geschwindigkeiten der beiden Flugzeuge an.

28 In einem Bergwerk kam es zu einem Wassereinbruch. Das Wasser steht bei −90 m. Die Bergleute können sich in eine Höhle retten. Der Höhleneingang hat die Koordinaten (120 | 315 | −80) in Meter. Ein Stollen verläuft vom Höhleneingang in Richtung $\begin{pmatrix} -25 \\ -36 \\ -12 \end{pmatrix}$.

Die Rettungsbohrung soll nicht durch die Höhlendecke erfolgen, da dadurch die Bergleute möglicherweise verletzt werden könnten. Es soll versucht werden, mit einer senkrechten Bohrung von der Erdoberfläche (x_1x_2-Ebene) den Stollen auf einem Teilstück zu treffen, das nicht geflutet ist.

Finden sie den Bereich auf der Erdoberfläche, von dem aus die Bohrungen den Stollen zwischen dem Wasser und dem Höhleneingang treffen.

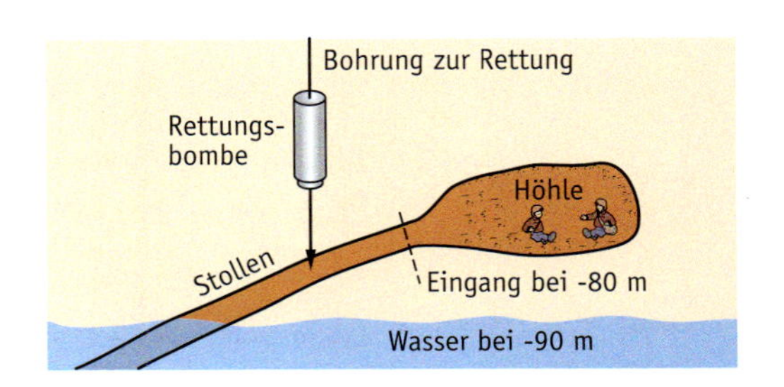

Licht und Schatten

Wenn Licht auf einen Gegenstand fällt, dann entsteht am Boden oder an der nebenstehenden Wand ein Schatten. Dieses Schattenbild entsteht durch eine geometrische Abbildung des Gegenstandes. Dabei müssen zwei Fälle unterschieden werden:

- Fällt das Licht parallel ein (z. B. Sonnenlicht), spricht man von **Parallelprojektion**.
- Geht das Licht von einer punktförmigen Lichtquelle aus, spricht man von **Zentralprojektion**.

In vielen Bereichen der Computeranimation werden Lichteffekte mit den entsprechenden Schatten eingesetzt. Wie berechnet man solche Schattenbilder?

Beispiel

Ein quaderförmiges Kunstobjekt wird tagsüber von der Sonne angestrahlt und nachts von einem Scheinwerfer beleuchtet. Wie zeichnet und berechnet man jeweils den Schatten?

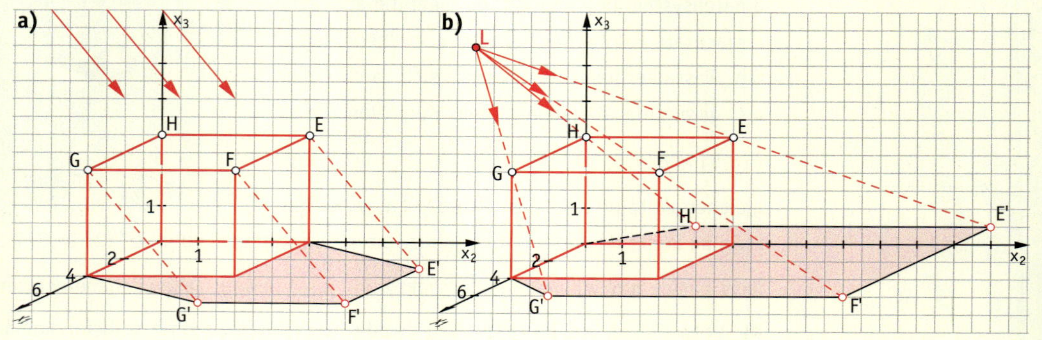

a) Der Quader hat eine Grundfläche von 4 m×4 m und eine Höhe von 3 m. Eine Ecke liegt im Koordinatenursprung. Bestimmen Sie zunächst die Koordinaten der übrigen Eckpunkte des Quaders.

Die parallelen Sonnenstrahlen treffen mit der Richtung $\vec{v} = \begin{pmatrix} 2 \\ 3 \\ -2 \end{pmatrix}$ auf den Quader.

Zunächst machen wir uns klar, dass die Eckpunkte G, F und E den Schatten bestimmen. Der Lichtstrahl durch den Punkt G (eine Gerade mit dem Richtungsvektor $\vec{v}$) trifft die x_1x_2-Ebene in G′, d. h. in G′ gilt: $x_3 = 0$. G′ liegt auf der Geraden mit $\overrightarrow{OX} = \begin{pmatrix} 4 \\ 0 \\ 3 \end{pmatrix} + s \cdot \begin{pmatrix} 2 \\ 3 \\ -2 \end{pmatrix}$ mit der Bedingung $x_3 = 0$, also $0 = 3 - 2s$. Daraus folgt $s = 1{,}5$.

Setzen wir diesen Wert in die Geradengleichung ein, so erhalten wir G′(7 | 4,5 | 0). Durch analoges Vorgehen erhält man die anderen Schattenpunkte F′(7 | 8,5 | 0) und E′(3 | 8,5 | 0).

b) Nachts befindet sich die Lichtquelle L an der Position L(2 | −2 | 6). In diesem Fall hat jeder Lichtstrahl einen anderen Richtungsvektor. Beispielsweise liegt der Schattenpunkt G auf der Geraden LG mit

$\overrightarrow{OX} = \begin{pmatrix} 2 \\ -2 \\ 6 \end{pmatrix} + t \cdot \begin{pmatrix} 4-2 \\ 0+2 \\ 3-6 \end{pmatrix} = \begin{pmatrix} 2 \\ -2 \\ 6 \end{pmatrix} + t \cdot \begin{pmatrix} 2 \\ 2 \\ -3 \end{pmatrix}$. Aus der Bedingung $x_3 = 0$ gewinnen wir $t = 2$ und somit G′(6 | 2 | 0). Die anderen Schattenpunkte sind F′(6 | 10 | 0), E′(−2 | 10 | 0) und H′(−2 | 2 | 0), wobei H′ aus unserer Perspektive nicht sichtbar ist.

1 Ein Carport mit den angegebenen Maßen steht auf der Grundstücksgrenze und wirft auf das Nachbargrundstück einen Schatten. Wählt man den Koordinatenursprung wie im Foto, so kann der Lichteinfall bei niedrigem Sonnenstand durch den Vektor $\vec{v} = \begin{pmatrix} 2 \\ 3 \\ -2 \end{pmatrix}$ beschrieben werden und bei hohem Sonnenstand durch $\vec{u} = \begin{pmatrix} 1 \\ 2 \\ -3 \end{pmatrix}$. Berechnen Sie jeweils die Größe der Schattenfläche auf dem Nachbargrundstück.

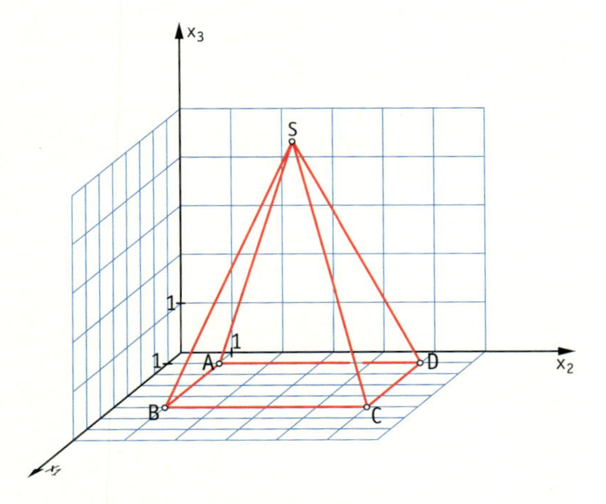

2 Vor einer Wand steht die quadratische Pyramide mit der Kantenlänge 4 Koordinateneinheiten und der Höhe 5 Koordinateneinheiten.

a) Die Pyramide wird von der Sonne beschienen und die Sonnenstrahlen treffen mit der Richtung $\vec{v} = \begin{pmatrix} 2 \\ 3 \\ -2 \end{pmatrix}$ auf die Pyramide.
Berechnen und zeichnen Sie den Schatten.

b) Parallele Lichtstrahlen fallen aus der Richtung $\vec{v} = \begin{pmatrix} 0{,}5 \\ -2 \\ -1 \end{pmatrix}$ auf die Pyramide. Berechnen und zeichnen Sie den Schatten, der am Boden und an der Wand (x_1x_3-Ebene) entsteht.
Hinweis: Berechnen Sie zunächst den Schattenpunkt von S am Boden, um die „Knickstellen" an der x_1-Achse zu erhalten.

c) Bearbeiten Sie die Fragestellung für eine Zentralprojektion mit einer Lichtquelle in L(0 | 2 | 10).

3 Vor einer Wand (x_2x_3-Ebene) steht ein kleiner quadratischer Turm mit der Höhe 6 m.

a) Bestimmen Sie die Eckpunkte.

b) Der Turm wirft einen Schatten auf die Wand und den Boden. Berechnen Sie die Schattenpunkte, wenn die Richtung der Sonnenstrahlen durch $\vec{v} = \begin{pmatrix} -5 \\ 3 \\ -3 \end{pmatrix}$ gegeben ist.

c) Berechnen und zeichnen Sie den Schatten für den Fall, dass der Turm von einer Lichtquelle in L(2 | 0 | 10) beleuchtet wird.

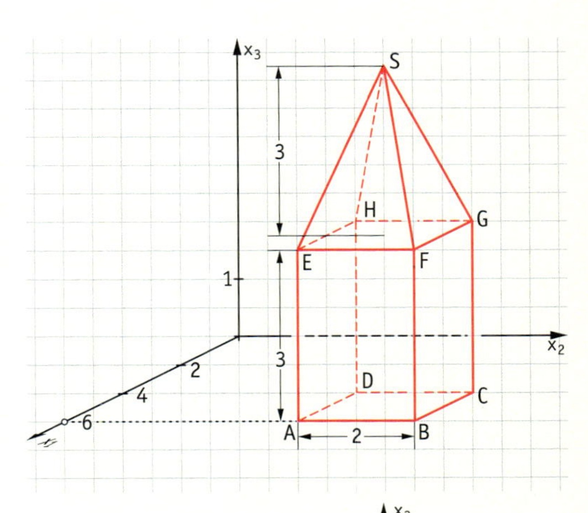

4 Berechnen und zeichnen Sie den Schatten, den die nebenstehende Pyramide mit der Kantenlänge 4 m und der Höhe 6 m auf Boden und Stufe wirft. Die Stufe ist 2 m hoch, ihre untere Kante liegt bei $x_2 = -4$.
Die Richtung des Sonnenlichts ist $\vec{v} = \begin{pmatrix} 0{,}75 \\ -2{,}5 \\ -1 \end{pmatrix}$.

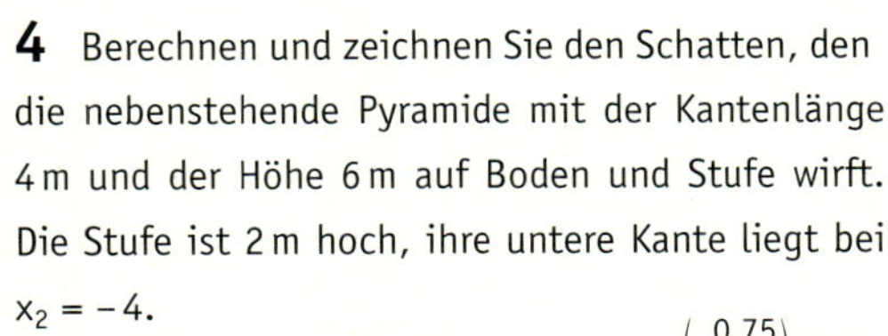

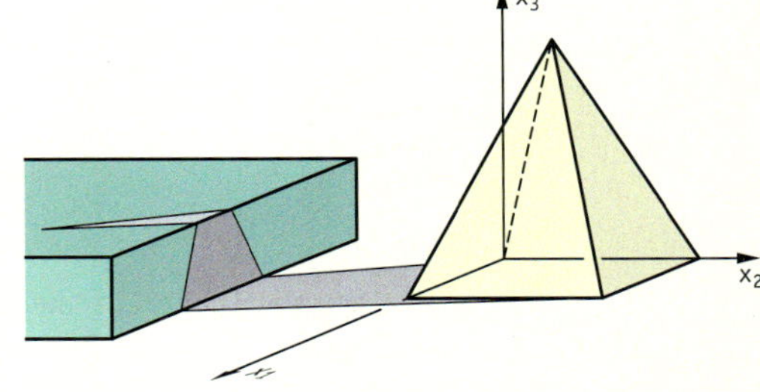

4.3 Winkel im Raum

4.3.1 Orthogonalität zweier Vektoren – Skalarprodukt

Einführung

An Gebäuden, technischen Anlagen und Geräten treten Ecken auf, in denen geradlinige Kanten unter verschiedenen Winkeln zusammenlaufen. Häufig liegt ein rechter Winkel vor, die Kanten können aber auch nicht rechtwinklig aufeinander stoßen. Kanten können auch mithilfe von Vektoren beschrieben werden. Im Folgenden soll daher betrachtet werden, wie man den Winkel zwischen zwei Vektoren berechnen kann.

Aufgabe

1

a) Das Dreieck ABC in dem rechts dargestellten Dach ist durch die zwei Vektoren $\overrightarrow{CA} = \begin{pmatrix} -6 \\ 6 \\ 3 \end{pmatrix}$ und $\overrightarrow{CB} = \begin{pmatrix} -1 \\ -2 \\ 2 \end{pmatrix}$ festgelegt. Untersuchen Sie, ob das Dreieck im Punkt C einen rechten Winkel hat.

b) Leiten Sie ein Kriterium her, mit dem rechnerisch überprüft werden kann, ob zwei Vektoren $\vec{u} = \begin{pmatrix} u_1 \\ u_2 \\ u_3 \end{pmatrix}$ und $\vec{v} = \begin{pmatrix} v_1 \\ v_2 \\ v_3 \end{pmatrix}$ zueinander orthogonal sind.

Lösung

a) Um zu überprüfen, ob das Dreieck ABC rechtwinklig ist, verwenden wir die Umkehrung des Satzes von Pythagoras:
Wenn in einem Dreieck ABC für die Seitenlängen $a^2 + b^2 = c^2$ gilt, dann ist das Dreieck rechtwinklig mit der Hypotenuse c, also einem rechten Winkel im Punkt C.
Wir berechnen zunächst die Längen a, b, c der Seiten des Dreiecks ABC.

$$a = |\overrightarrow{CB}| = \left|\begin{pmatrix} -1 \\ -2 \\ 2 \end{pmatrix}\right| = \sqrt{(-1)^2 + (-2)^2 + 2^2} = \sqrt{9} = 3$$

$$b = |\overrightarrow{CA}| = \left|\begin{pmatrix} -6 \\ 6 \\ 3 \end{pmatrix}\right| = \sqrt{(-6)^2 + 6^2 + 3^2} = \sqrt{81} = 9$$

$$c = |\overrightarrow{AB}| = |\overrightarrow{CB} - \overrightarrow{CA}| = \left|\begin{pmatrix} -1 \\ -2 \\ 2 \end{pmatrix} - \begin{pmatrix} -6 \\ 6 \\ 3 \end{pmatrix}\right| = \left|\begin{pmatrix} 5 \\ -8 \\ -1 \end{pmatrix}\right| = \sqrt{5^2 + (-8)^2 + (-1)^2} = \sqrt{90}$$

Für die Längen der Seitenvektoren gilt: $9^2 + 3^2 = 90$. Das Dreieck ist rechtwinklig mit einem rechten Winkel im Punkt C. Die Vektoren $\overrightarrow{CB}$ und $\overrightarrow{CA}$ sind orthogonal zueinander.

b) Wir machen uns die obigen Überlegungen zunutze. Veranschaulicht man die Vektoren $\vec{u} = \begin{pmatrix} u_1 \\ u_2 \\ u_3 \end{pmatrix}$ und $\vec{v} = \begin{pmatrix} v_1 \\ v_2 \\ v_3 \end{pmatrix}$ durch Pfeile, die vom Ursprung 0 aus bis zu den Punkten $U(u_1 | u_2 | u_3)$ bzw. $V(v_1 | v_2 | v_3)$ verlaufen, so erhält man ein Dreieck OVU.

Wenn das Dreieck im Punkt 0 rechtwinklig ist, dann sind die Vektoren $\vec{u}$ und $\vec{v}$ orthogonal zueinander und nach dem Satz des Pythagoras gilt dann:

(1) $|\vec{v} - \vec{u}|^2 = |\vec{u}|^2 + |\vec{v}|^2$

Sind $\vec{u}$ und $\vec{v}$ nicht orthogonal zueinander, so gilt:

$|\vec{v} - \vec{u}|^2 \neq |\vec{u}|^2 + |\vec{v}|^2$

Nach der Formel für den Betrag eines Vektors ergibt sich:

$$|\vec{u}|^2 = u_1^2 + u_2^2 + u_3^2$$
$$|\vec{v}|^2 = v_1^2 + v_2^2 + v_3^2$$
$$|\overrightarrow{UV}|^2 = |\vec{v} - \vec{u}|^2 = (v_1 - u_1)^2 + (v_2 - u_2)^2 + (v_3 - u_3)^2$$

Setzen wir dies in (1) ein, so erhalten wir:

$$|\vec{v} - \vec{u}|^2 = |\vec{u}|^2 + |\vec{v}|^2$$
$$(v_1 - u_1)^2 + (v_2 - u_2)^2 + (v_3 - u_3)^2 = u_1^2 + u_2^2 + u_3^2 + v_1^2 + v_2^2 + v_3^2$$

Durch Termumformungen auf der linken Seite ergibt sich:

$$u_1^2 + u_2^2 + u_3^2 + v_1^2 + v_2^2 + v_3^2 - 2 \cdot (u_1 v_1 + u_2 v_2 + u_3 v_3) = u_1^2 + u_2^2 + u_3^2 + v_1^2 + v_2^2 + v_3^2$$

Äquivalenzumformungen führen zu der Gleichung:

(2) $u_1 v_1 + u_2 v_2 + u_3 v_3 = 0$

Zwei Vektoren $\vec{u}$ und $\vec{v}$ (mit $\vec{u} \neq \vec{o}$ und $\vec{v} \neq \vec{o}$) sind also genau dann zueinander orthogonal, wenn gilt:

$u_1 v_1 + u_2 v_2 + u_3 v_3 = 0$

Information

(1) Skalarprodukt und Orthogonalität von Vektoren

Bei der Überprüfung, ob zwei Vektoren $\vec{u}$ und $\vec{v}$ orthogonal zueinander sind, berechnen wir aus ihren Koordinaten die Zahl $u_1 v_1 + u_2 v_2 + u_3 v_3$. Die Zahl $u_1 v_1 + u_2 v_2 + u_3 v_3$ hat für zwei Vektoren $\vec{u} \neq \vec{o}$ und $\vec{v} \neq \vec{o}$ eine geometrische Bedeutung, deshalb führen wir einen eigenen Namen und die folgende Schreibweise ein.

Definition 5

Unter dem **Skalarprodukt** zweier Vektoren $\vec{u} = \begin{pmatrix} u_1 \\ u_2 \\ u_3 \end{pmatrix}$ und $\vec{v} = \begin{pmatrix} v_1 \\ v_2 \\ v_3 \end{pmatrix}$ versteht man die reelle Zahl $u_1 v_1 + u_2 v_2 + u_3 v_3$.

Das Skalarprodukt der Vektoren $\vec{u}$ und $\vec{v}$ wird mit $\vec{u} * \vec{v}$ bezeichnet:

$$\vec{u} * \vec{v} = \begin{pmatrix} u_1 \\ u_2 \\ u_3 \end{pmatrix} * \begin{pmatrix} v_1 \\ v_2 \\ v_3 \end{pmatrix} = u_1 v_1 + u_2 v_2 + u_3 v_3$$

Um das Skalarprodukt zweier Vektoren vom Produkt zweier reeller Zahlen zu unterscheiden, benutzen wir in diesem Buch das Zeichen $*$. In anderen Büchern findet man auch andere Schreibweisen wie z. B. $\vec{u} \bullet \vec{v}$ oder $\vec{u} \cdot \vec{v}$.

Beispiel

$$\begin{pmatrix} 3 \\ 4 \\ -1 \end{pmatrix} * \begin{pmatrix} 8 \\ 1 \\ 5 \end{pmatrix} = 3 \cdot 8 + 4 \cdot 1 + (-1) \cdot 5 = 23$$

Die Orthogonalitätsbedingung können wir nun kurz so formulieren:

Satz 4: Orthogonalitätskriterium für Vektoren

Zwei Vektoren $\vec{u}$ und $\vec{v}$ mit $\vec{u} \neq \vec{o}$ und $\vec{v} \neq \vec{o}$ sind genau dann zueinander orthogonal, wenn ihr Skalarprodukt den Wert null hat.

Für zwei Vektoren $\vec{u} \neq \vec{o}$ und $\vec{v} \neq \vec{o}$ gilt also: $\vec{u} \perp \vec{v}$ genau dann, wenn $\vec{u} * \vec{v} = 0$.

Beispiele

(1) $\vec{u} = \begin{pmatrix} 2 \\ -4 \\ 3 \end{pmatrix}$ und $\vec{v} = \begin{pmatrix} 8 \\ 1 \\ -4 \end{pmatrix}$: $\vec{u} * \vec{v} = \begin{pmatrix} 2 \\ -4 \\ 3 \end{pmatrix} * \begin{pmatrix} 8 \\ 1 \\ -4 \end{pmatrix} = 2 \cdot 8 + (-4) \cdot 1 + 3 \cdot (-4) = 0$. Also $\vec{u} \perp \vec{v}$.

(2) $\vec{a} = \begin{pmatrix} 1 \\ -2 \\ 5 \end{pmatrix}$ und $\vec{b} = \begin{pmatrix} 4 \\ 3 \\ -5 \end{pmatrix}$: $\vec{a} * \vec{b} = \begin{pmatrix} 1 \\ -2 \\ 5 \end{pmatrix} * \begin{pmatrix} 4 \\ 3 \\ -5 \end{pmatrix} = 1 \cdot 4 + (-2) \cdot 3 + 5 \cdot (-5) = -27 \neq 0$

$\vec{a}$ und $\vec{b}$ sind also *nicht* orthogonal zueinander.

(2) Zur Bezeichnung Skalarprodukt

Zunächst wundert man sich über den Namensteil *„-produkt“*. Denn zur Berechnung von $\vec{u} * \vec{v}$ wird eine Summe von Produkten gebildet. Aber wir müssen das Skalarprodukt als eine Rechenoperation für Vektoren auffassen, bei der man je zwei Vektoren $\vec{u}$ und $\vec{v}$ zur Zahl $u_1 v_1 + u_2 v_2 + u_3 v_3$ verknüpft. Für die neue Rechenoperation gelten einige Gesetze, die für die Multiplikation von Zahlen richtig und wichtig sind (siehe Aufgabe 3).

Die Beifügung „Skalar-“ weist darauf hin, dass das Verknüpfungsergebnis eine Zahl und kein Vektor ist. Man nennt allgemein eine Größe (z. B. Masse, Energie, Volumen) eine *skalare Größe*, wenn zu ihrer Angabe (nach Wahl einer Einheit) eine reelle Zahl genügt.

Das ist anders bei *gerichteten Größen* (vektoriellen Größen) wie Kräften, Geschwindigkeiten und Beschleunigungen. Diese können durch Pfeile veranschaulicht werden. Zu ihrer vollständigen Beschreibung gehört neben dem *Betrag* die Angabe der *Wirkungsrichtung* und oft auch des *Angriffspunktes*.

(3) Zueinander orthogonale Geraden im Raum

In der Ebene haben zueinander orthogonale Geraden immer einen Schnittpunkt. Im Raum kann es windschiefe Geraden geben, deren Richtungsvektoren zueinander orthogonal sind. Solche Geraden nennt man ebenfalls zueinander orthogonal, auch wenn sie keinen Schnittpunkt besitzen.

Beispiel

Ein Quader hat 12 Kanten. Wählt man eine Kantengerade aus, so ist sie zu drei weiteren Kantengeraden des Quaders *parallel* und zu den restlichen acht Kantengeraden *orthogonal*.

Im Bild sind die Geraden g und k zueinander orthogonal und besitzen einen Schnittpunkt, während die Geraden g und h zueinander orthogonal sind und keinen Schnittpunkt besitzen, da sie zueinander windschief sind.

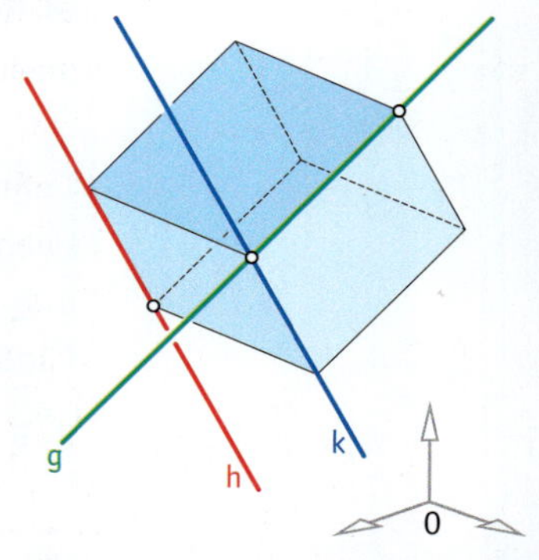

Weiterführende Aufgaben

2 Skalarprodukt und Länge eines Vektors

Berechnen Sie das Skalarprodukt des Vektors $\vec{u} = \begin{pmatrix} u_1 \\ u_2 \\ u_3 \end{pmatrix}$ mit sich selbst und zeigen Sie:

Für die Länge (den Betrag) eines Vektors gilt: $|\vec{u}| = \sqrt{\vec{u} * \vec{u}}$.

Statt $\vec{u} * \vec{u}$ schreibt man auch kurz $\vec{u}^2$

3 Eigenschaften des Skalarprodukts

Gegeben sind die Vektoren $\vec{u} = \begin{pmatrix} 2 \\ -4 \\ 3 \end{pmatrix}$, $\vec{v} = \begin{pmatrix} 8 \\ 1 \\ -4 \end{pmatrix}$ und $\vec{w} = \begin{pmatrix} -1 \\ 5 \\ 7 \end{pmatrix}$.

Berechnen Sie die Skalarprodukte und vergleichen Sie die Ergebnisse miteinander.

(1) $\vec{u} * \vec{v}$ und $\vec{v} * \vec{u}$

(2) $3 \cdot (\vec{u} * \vec{v})$, $(3 \cdot \vec{u}) * \vec{v}$ und $\vec{u} * (3 \cdot \vec{v})$

(3) $\vec{u} * (\vec{v} + \vec{w})$ und $\vec{u} * \vec{v} + \vec{u} * \vec{w}$

Welche Eigenschaften des Skalarprodukts lassen sich aufgrund Ihrer Ergebnisse vermuten?

4 Skalarprodukt mit einem Rechner bestimmen

Anders als bei einem GTR verfügen CAS-Rechner über einen gesonderten Befehl zur Berechnung des Skalarprodukts zweier Vektoren. Man kann jedoch, mithilfe der Multiplikation zweier Listen, das Skalarprodukt zweier Vektoren auch mit einem GTR berechnen.

Die folgenden Rechenfenster zeigen verschiedene Möglichkeiten auf. Erläutern Sie jeweils die Vorgehensweise und bestimmen Sie die unten angegebenen Skalarprodukte mit Ihrem Rechner.

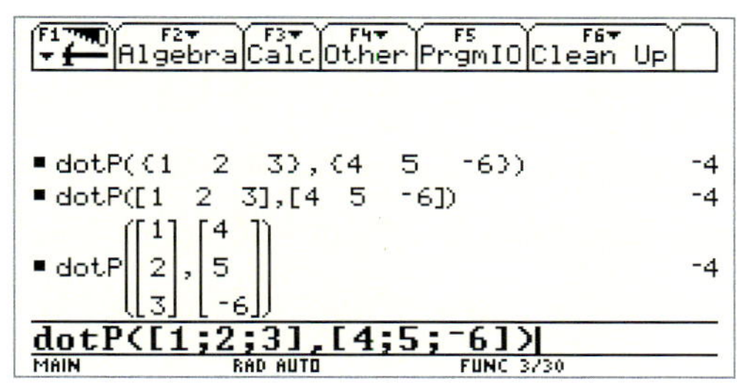


```
{1,2,3}→L1
          {1 2 3}
{4,5,-6}→L2
         {4 5 -6}
sum(L1*L2)
               -4
```

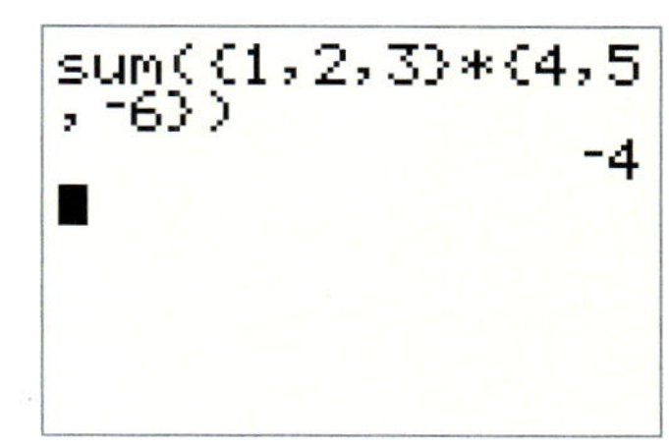

(1) $\begin{pmatrix} 2{,}4 \\ -1{,}8 \\ 3{,}6 \end{pmatrix} * \begin{pmatrix} -4{,}3 \\ 0{,}7 \\ 1{,}2 \end{pmatrix}$ (2) $\begin{pmatrix} -22{,}34 \\ 17{,}53 \\ 83{,}04 \end{pmatrix} * \begin{pmatrix} 102{,}23 \\ 32{,}48 \\ -96{,}08 \end{pmatrix}$ (3) $\begin{pmatrix} 0{,}04 \\ -1{,}38 \\ 12{,}44 \end{pmatrix} * \begin{pmatrix} -21{,}33 \\ -0{,}46 \\ -21{,}08 \end{pmatrix}$

Übungsaufgaben

5 Der griechische Mathematiker PYTHAGORAS wurde um 570 v. Chr. auf der Insel Samos geboren. Ihm zu Ehren steht auf der Hafenmole der nach ihm benannten Stadt Pythagorio auf Samos ein Denkmal. Das aus Stein gefertigte Dreieck hat bezüglich eines Koordinatensystems die Eckpunkte $A(10|2{,}5|0)$, $B(-0{,}5|2|24)$ und $C(0|0|0)$ (Angaben in dm).

a) Weisen Sie nach, dass das Dreieck ABC rechtwinklig in C ist.

b) Leiten Sie ein Kriterium her, mit dem rechnerisch überprüft werden kann, ob zwei Vektoren $\vec{a}$ und $\vec{b}$ orthogonal zueinander sind.

6 Prüfen Sie, ob die Vektoren $\vec{u}$ und $\vec{v}$ orthogonal zueinander sind.

a) $\vec{u} = \begin{pmatrix} -1 \\ 0 \\ 1 \end{pmatrix}$ und $\vec{v} = \begin{pmatrix} 0 \\ 5 \\ 0 \end{pmatrix}$ **c)** $\vec{u} = \begin{pmatrix} 1 \\ -2 \\ 3 \end{pmatrix}$ und $\vec{v} = \begin{pmatrix} 2 \\ 2 \\ 5 \end{pmatrix}$

b) $\vec{u} = \begin{pmatrix} 2 \\ 1 \\ -3 \end{pmatrix}$ und $\vec{v} = \begin{pmatrix} 1 \\ 1 \\ 1 \end{pmatrix}$ **d)** $\vec{u} = \begin{pmatrix} 3 \\ 0 \\ -2 \end{pmatrix}$ und $\vec{v} = \begin{pmatrix} 2 \\ 11 \\ 3 \end{pmatrix}$

7 Untersuchen Sie, was bei der Berechnung des Skalarprodukts falsch gemacht wurde.

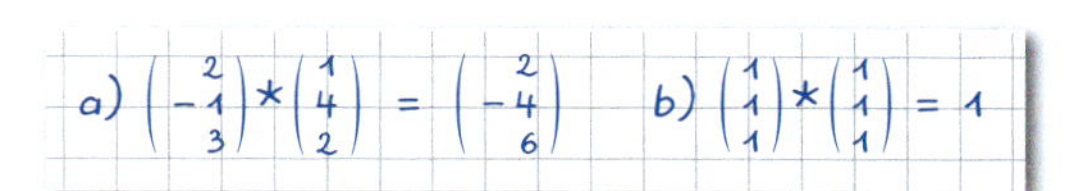

8 Untersuchen Sie, ob die Diagonalen des Vierecks ABCD mit A(3|1|2), B(3|0|−3), C(7|3|−4) und D(6|3|0) zueinander orthogonal sind. Falls ja, welche Aussagen kann man dann über das Viereck machen?

9 Bestimmen Sie $t \in \mathbb{R}$ so, dass die Vektoren $\vec{a}$ und $\vec{b}$ zueinander orthogonal sind.

a) $\vec{a} = \begin{pmatrix} t-3 \\ -2 \\ 6 \end{pmatrix}$, $\vec{b} = \begin{pmatrix} 4 \\ t \\ 1 \end{pmatrix}$ **b)** $\vec{a} = \begin{pmatrix} t^2 \\ 4t \\ 2 \end{pmatrix}$; $\vec{b} = \begin{pmatrix} 4 \\ -2 \\ t+1 \end{pmatrix}$ **c)** $\vec{a} = \begin{pmatrix} t \\ 2+8t \\ 4 \end{pmatrix}$; $\vec{b} = \begin{pmatrix} 2t \\ -2 \\ t+1 \end{pmatrix}$

10 Bestimmen Sie drei Vektoren, die zum Vektor $\vec{v} = \begin{pmatrix} 4 \\ -2 \\ 3 \end{pmatrix}$ orthogonal sind.
Wie viele solcher Vektoren gibt es?

11

a) Geben Sie je vier Vektoren an, die zum Vektor $\vec{v}$ orthogonal sind.

(1) $\vec{v} = \begin{pmatrix} 1 \\ 2 \\ -1 \end{pmatrix}$ (2) $\vec{v} = \begin{pmatrix} 3 \\ 0 \\ 4 \end{pmatrix}$ (3) $\vec{v} = \begin{pmatrix} 0 \\ 1 \\ 0 \end{pmatrix}$ (4) $\vec{v} = \begin{pmatrix} 1 \\ 1 \\ 1 \end{pmatrix}$

b) Begründen Sie geometrisch, dass es zu einem gegebenen Vektor unendlich viele orthogonale Vektoren gibt. Unterscheiden Sie dabei Vektoren im Raum bzw. in der Ebene.

12 Prüfen Sie, ob die Geraden g und h zueinander orthogonal sind und ob sie sich schneiden.

a) g: $\vec{x} = \begin{pmatrix} 1 \\ 4 \\ 6 \end{pmatrix} + r \cdot \begin{pmatrix} -1 \\ 3 \\ 5 \end{pmatrix}$ h: $\vec{x} = \begin{pmatrix} -5 \\ 2 \\ -1 \end{pmatrix} + s \cdot \begin{pmatrix} 7 \\ -1 \\ 2 \end{pmatrix}$ mit $r, s \in \mathbb{R}$

b) g: $\vec{x} = \begin{pmatrix} 3 \\ 0 \\ 1 \end{pmatrix} + r \cdot \begin{pmatrix} 4 \\ 2 \\ -1 \end{pmatrix}$ h: $\vec{x} = \begin{pmatrix} 3 \\ 1 \\ 4 \end{pmatrix} + s \cdot \begin{pmatrix} 5 \\ -7 \\ 5 \end{pmatrix}$ mit $r, s \in \mathbb{R}$

c) g: $\vec{x} = \begin{pmatrix} -2 \\ 1 \\ 3 \end{pmatrix} + r \cdot \begin{pmatrix} 1 \\ -1 \\ 2 \end{pmatrix}$ h: $\vec{x} = \begin{pmatrix} 0 \\ 1 \\ 3 \end{pmatrix} + s \cdot \begin{pmatrix} 2 \\ 2 \\ 0 \end{pmatrix}$ mit $r, s \in \mathbb{R}$

13 Bestimmen Sie für den Dreieckspunkt C die dritte Koordinate so, dass das Dreieck ABC mit A(10|8|0), B(6|11|1) und C(2|8|c_3) rechtwinklig ist.

14

a) Untersuchen Sie, welche Besonderheiten die Dreiecke ABC aufweisen.

(1) A(1|−3|1), B(−1|−1|1) und C(−1|−3|3)

(2) A(2|5|−3), B(−2|2|0) und C(3|1|3)

(3) A(3|1|−2), B(3|−2|−5) und C(3|1|−5)

b) Geben Sie mittels des Skalarprodukts allgemeine Bedingungen für die Vektoren $\overrightarrow{AB}$, $\overrightarrow{BC}$ und $\overrightarrow{CA}$ an, damit ein Dreieck ABC (1) rechtwinklig, (2) gleichschenklig, (3) gleichseitig ist.

15 Die Glaskuppel auf dem Dach eines mehrstöckigen Hauses besteht aus Glaselementen, die von Metallstreben zusammengehalten werden. Einige dieser Streben laufen von der Dachspitze strahlenförmig nach außen.

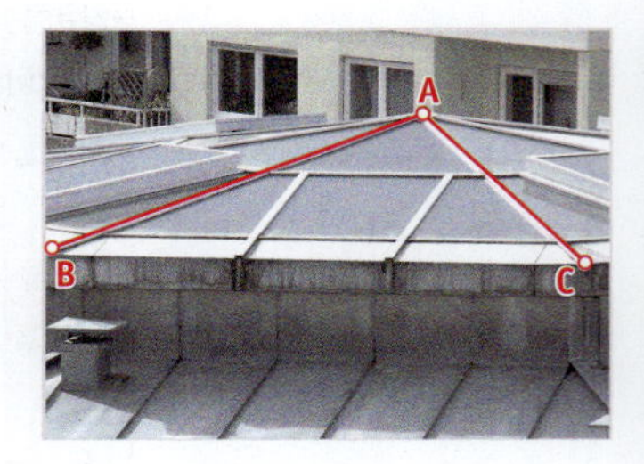

Den Bauplänen kann man die Koordinaten der Endpunkte zweier solcher Streben entnehmen:
A(0|0|15), B(4|−3|13,5) und C(4|3|13,5), gemessen in m.
Zeigen Sie, dass die beiden Dachstreben im Bild rechts keinen rechten Winkel einschließen.

16

a) Bestimmen Sie zu $\vec{v} = \begin{pmatrix} 0 \\ 1 \\ 1 \end{pmatrix}$ und $\vec{u} = \begin{pmatrix} 1 \\ 1 \\ -1 \end{pmatrix}$ einen Vektor, der zu $\vec{v}$ und zu $\vec{u}$ orthogonal ist.

b) Geben Sie zum Vektor $\vec{v} = \begin{pmatrix} 2 \\ -1 \\ 2 \end{pmatrix}$ zwei Vektoren $\vec{u}$ und $\vec{w}$ so an, dass die drei Vektoren paarweise orthogonal zueinander sind.

17 Geben Sie jeweils drei Werte für a und b an, sodass die Vektoren $\vec{v} = \begin{pmatrix} 2 \\ 4 \\ -1 \end{pmatrix}$ und $\vec{u} = \begin{pmatrix} a \\ 2 \\ 8+b \end{pmatrix}$ orthogonal zueinander sind.

18 Begründen Sie die folgende Aussage: Sind die Vektoren $\vec{a}$, $\vec{b}$ orthogonal zueinander, dann sind es auch die Vektoren $r \cdot \vec{a}$ und $s \cdot \vec{b}$ mit $r \neq 0$ und $s \neq 0$.

19 Prüfen Sie, ob die Balken des Tragwerks orthogonal zueinander sind.

20 Überprüfen Sie die Vektoren auf Orthogonalität.

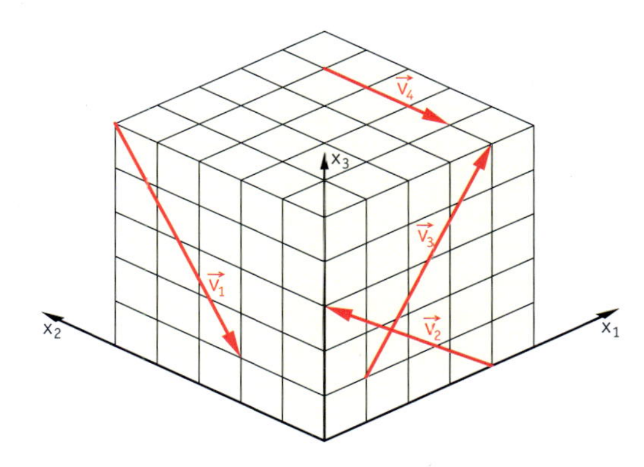

21 Tim behauptet: *Der Vektor $(\vec{a} * \vec{b}) * \vec{c}$ ist ein Vielfaches des Vektors $\vec{c}$.*
Jenny dagegen meint: *Der Term $(\vec{a} * \vec{b}) * \vec{c}$ ergibt keinen Sinn; man kann doch kein Skalarprodukt aus einer Zahl und einem Vektor bilden.*
Nehmen Sie zu den beiden Meinungen Stellung.

22 In einem Koordinatensystem sind die Punkte A(1 | 1 | 2), B(1 | 6 | 2) und C(4 | 6 | 6) gegeben.
Begründen Sie durch eine Rechnung: Ein weiterer Punkt D kann so gewählt werden, dass das Viereck ABCD ein Quadrat ist. Bestimmen Sie die Koordinaten von D.

23 Auf einem Spielplatz stehen mehrere Stangengerüste als Klettertürme mit schrägen dreieckförmigen Dachflächen.
Die Eckpunkte einer der Dachflächen haben in einem lokalen Koordinatensystem die Koordinaten A(2,45 | 1,3 | 2,25), B(1,9 | 4,45 | 2,38) und C(3,75 | 3,05 | 2,57). Bei der Einweihung des Spielplatzes wurde von rechtwinkligen Dachflächen gesprochen. Stimmt dies?

Einheiten in m

24 Gegeben sind die Punkte A(3 | 2 | −1) und B(7 | −4 | 6)
sowie die Gerade $g: \vec{x} = \begin{pmatrix} 6 \\ 4 \\ 5 \end{pmatrix} + r \cdot \begin{pmatrix} -2 \\ 1 \\ 2 \end{pmatrix}$ mit $r \in \mathbb{R}$.
Bestimmen Sie einen Punkt C so auf der Geraden g, dass das Dreieck ABC einen rechten Winkel bei C hat.

4.3.2 Winkel zwischen zwei Vektoren

Einführung

(1) Skalarprodukt zueinander paralleler Vektoren

Für den Fall $\vec{u} \perp \vec{v}$ gilt $\vec{u} * \vec{v} = 0$.

Was ergibt sich in den anderen Fällen für das Skalarprodukt $\vec{u} * \vec{v}$?

Betrachten wir zunächst die Fälle, in denen $\vec{u} \parallel \vec{v}$ gilt:

Beide Vektoren sind parallel zueinander, also sind $\vec{u}$ und $\vec{v}$ Vielfache voneinander.

Es gilt also $\vec{u} = k \cdot \vec{v}$ mit $k \in \mathbb{R}$.

Für das Skalarprodukt ergibt sich damit $\vec{u} * \vec{v} = k \cdot \vec{v} * \vec{v} = k \cdot |\vec{v}|^2 = k \cdot |\vec{v}| \cdot |\vec{v}|$.

Im Fall $k > 0$ ist $|\vec{u}| = k \cdot |\vec{v}|$, also $\vec{u} * \vec{v} = |\vec{u}| \cdot |\vec{v}|$.

Im Fall $k < 0$ ist $|\vec{u}| = -k \cdot |\vec{v}|$, also $\vec{u} * \vec{v} = -|\vec{u}| \cdot |\vec{v}|$.

Bei zueinander parallelen Vektoren $\vec{u}$ und $\vec{v}$ gilt:
Sind $\vec{u}$ und $\vec{v}$ gleichgerichtet, so ist $\vec{u} * \vec{v} = |\vec{u}| \cdot |\vec{v}|$.
Sind $\vec{u}$ und $\vec{v}$ einander entgegengesetzt gerichtet, so ist $\vec{u} * \vec{v} = -|\vec{u}| \cdot |\vec{v}|$.

(2) Winkel zwischen Vektoren im Raum

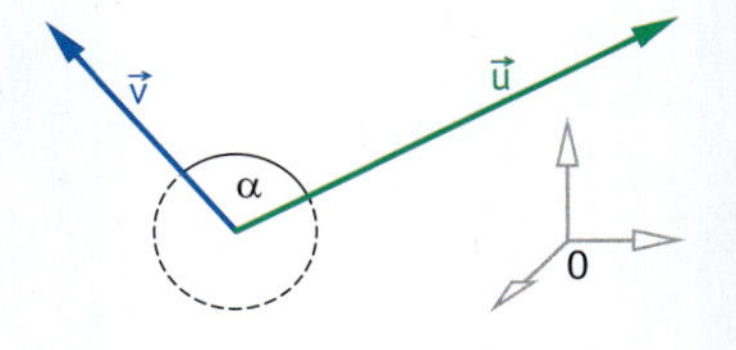

Wie bei zueinander orthogonalen Vektoren versteht man unter dem Winkel zwischen zwei Vektoren $\vec{u}$ und $\vec{v}$ $(\vec{u}, \vec{v} \neq \vec{o})$ den Winkel zwischen einem Pfeil von $\vec{u}$ und einem Pfeil von $\vec{v}$ mit gemeinsamem Anfangspunkt. Die beiden Vektoren bilden in der Ebene, in der die beiden Pfeile liegen, zwei Winkel, die sich zu 360° ergänzen. Üblicherweise gibt man den kleineren der beiden Winkel an.

(3) Skalarprodukt beliebiger Vektoren $\vec{u}$, $\vec{v}$ mit $\vec{u} \neq \vec{o}$ und $\vec{v} \neq \vec{o}$

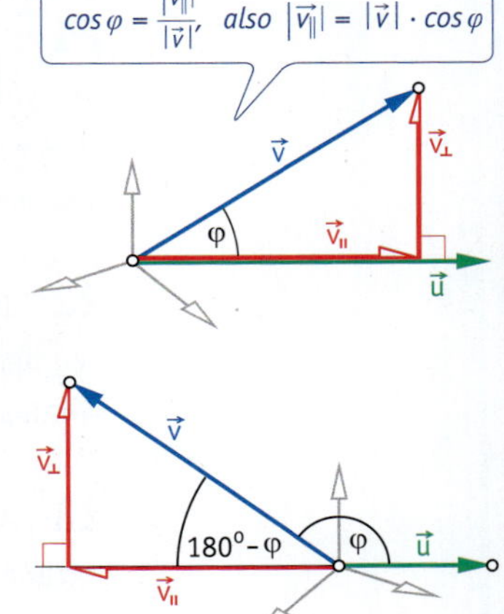

- Man kann im Fall $\varphi < 90°$ den Vektor $\vec{v}$ in einen Anteil $\vec{v}_\perp$ orthogonal zum Vektor $\vec{u}$ und einen Anteil $\vec{v}_\parallel$ parallel zu $\vec{u}$ zerlegen: $\vec{v} = \vec{v}_\perp + \vec{v}_\parallel$
  Für das Skalarprodukt ergibt sich
  $\vec{u} * \vec{v} = \vec{u} * (\vec{v}_\perp + \vec{v}_\parallel) = \vec{u} * \vec{v}_\perp + \vec{u} * \vec{v}_\parallel = \vec{u} * \vec{v}_\parallel$, da $\vec{u} * \vec{v}_\perp = 0$ gilt.
  Weiter erhält man $\vec{u} * \vec{v} = \vec{u} * \vec{v}_\parallel = |\vec{u}| * |\vec{v}_\parallel| = |\vec{u}| \cdot |\vec{v}| \cdot \cos\varphi$.
- Im Fall $\varphi > 90°$ ist $\vec{v}_\parallel$ zu $\vec{u}$ entgegengesetzt gerichtet und man erhält:
  $$\begin{aligned}\vec{u} * \vec{v} = \vec{u} * \vec{v}_\parallel &= -|\vec{u}| \cdot |\vec{v}_\parallel| \\ &= -|\vec{u}| \cdot \big(|\vec{v}| \cdot \cos(180° - \varphi)\big) \\ &= -|\vec{u}| \cdot \big(|\vec{v}| \cdot \cos\varphi\big) \\ &= |\vec{u}| \cdot |\vec{v}| \cdot \cos\varphi\end{aligned}$$
- Auch im Fall $\varphi = 0$ ist die Formel $\vec{u} * \vec{v} = |\vec{u}| \cdot |\vec{v}| \cdot \cos\varphi$ gültig, da $\vec{u}$ und $\vec{v}$ dann zueinander parallel und gleichgerichtet sind. Also gilt: $\vec{u} * \vec{v} = |\vec{u}| \cdot |\vec{v}|$, was sich wegen $\cos 0° = 1$ auch aus der obigen Formel ergibt.

Satz 5

Für je zwei Vektoren $\vec{u} \neq \vec{o}$ und $\vec{v} \neq \vec{o}$ mit dem Winkel φ gilt:
$\vec{u} * \vec{v} = |\vec{u}| \cdot |\vec{v}| \cdot \cos\varphi$

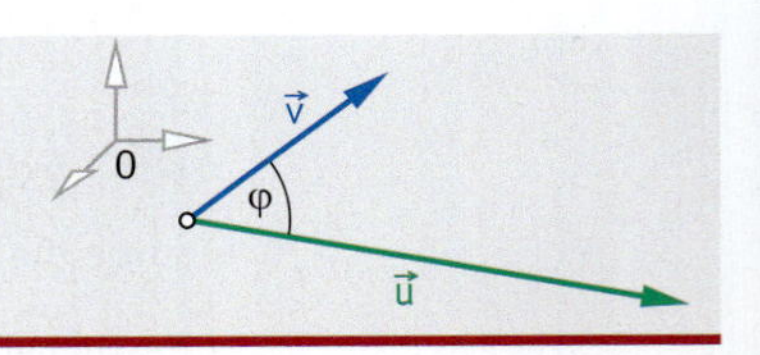

Aufgabe

1 Bei der Planung eines Hauses wird der Lichteinfall im Dachgeschoss auch durch den Winkel des Giebels bestimmt. In einem Koordinatensystem (Einheit 1 m) sind die Eckpunkte eines Giebels gegeben durch $A(4\,|\,3\,|\,2)$, $B(-5\,|\,3\,|\,2)$ und $C(0\,|\,0\,|\,3)$. Berechnen Sie den Winkel, den die Giebelkanten im Eckpunkt C miteinander einschließen.

Lösung

Die gesuchte Winkelgröße ist gleich der Größe des Winkels zwischen den Vektoren $\vec{u} = \overrightarrow{CA}$ und $\vec{v} = \overrightarrow{CB}$, welche die Richtungen der Giebelkanten beschreiben. Für das Skalarprodukt $\vec{u} * \vec{v}$ gilt:
$\vec{u} * \vec{v} = |\vec{u}| \cdot |\vec{v}| \cdot \cos\varphi$. Der Kosinus des Winkels φ kann daraus wie folgt bestimmt werden: $\cos\varphi = \frac{\vec{u} * \vec{v}}{|\vec{u}| \cdot |\vec{v}|}$
Aus dieser Gleichung lässt sich der Winkel φ berechnen.
Wir berechnen zunächst die Verbindungsvektoren $\vec{u} = \overrightarrow{CA}$ und $\vec{v} = \overrightarrow{CB}$:

$$\vec{u} = \overrightarrow{CA} = \begin{pmatrix} 4 \\ 3 \\ 2 \end{pmatrix} - \begin{pmatrix} 0 \\ 0 \\ 3 \end{pmatrix} = \begin{pmatrix} 4 \\ 3 \\ -1 \end{pmatrix} \text{ und } \vec{v} = \overrightarrow{CB} = \begin{pmatrix} -5 \\ 3 \\ 2 \end{pmatrix} - \begin{pmatrix} 0 \\ 0 \\ 3 \end{pmatrix} = \begin{pmatrix} -5 \\ 3 \\ -1 \end{pmatrix}.$$

Für die Längen der Vektoren erhalten wir:

$$|\vec{u}| = \sqrt{\vec{u} * \vec{u}} = \sqrt{4^2 + 3^2 + (-1)^2} = \sqrt{26} \text{ und } |\vec{v}| = \sqrt{\vec{v} * \vec{v}} = \sqrt{(-5)^2 + 3^2 + (-1)^2} = \sqrt{35}$$

Wir berechnen das Skalarprodukt $\vec{u} * \vec{v} = \begin{pmatrix} 4 \\ 3 \\ -1 \end{pmatrix} * \begin{pmatrix} -5 \\ 3 \\ -1 \end{pmatrix} = -10.$

Diese Werte setzen wir in die Gleichung $\cos\varphi = \frac{\vec{u} * \vec{v}}{|\vec{u}| \cdot |\vec{v}|}$ ein:

$$\cos\varphi = \frac{-10}{\sqrt{26} \cdot \sqrt{35}} \approx -0{,}33$$

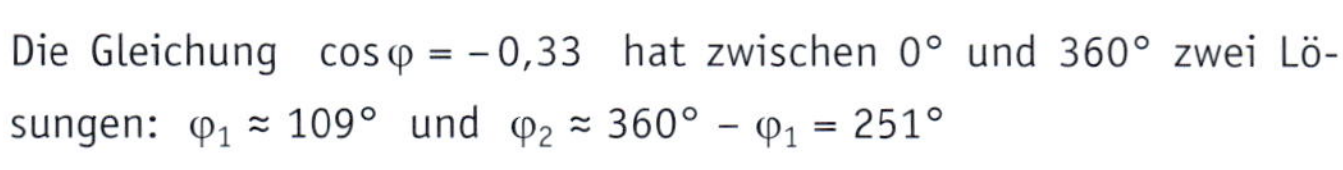

Die Gleichung $\cos\varphi = -0{,}33$ hat zwischen 0° und 360° zwei Lösungen: $\varphi_1 \approx 109°$ und $\varphi_2 \approx 360° - \varphi_1 = 251°$
Beide Winkel φ_1 und φ_2 ergänzen sich zu 360°. Von der Sache her kommt am Giebel der kleinere Winkel, also $\varphi_1 = 109°$, infrage.

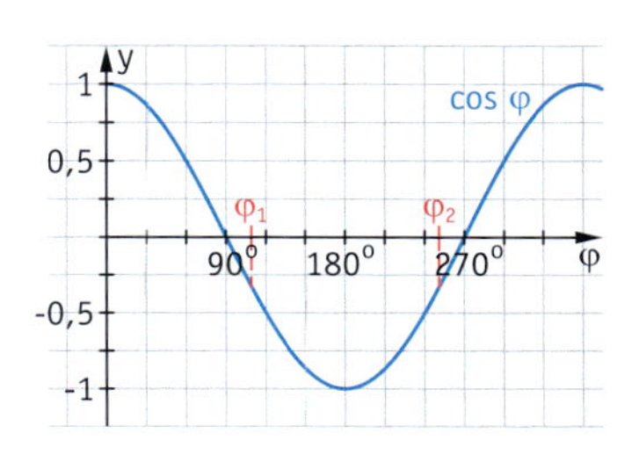

Information

Winkel zwischen Vektoren im Raum berechnen

Aus Satz 5 ergibt sich:

Satz 6

Für den Winkel φ zwischen zwei Vektoren $\vec{u}$ und $\vec{v}$ $(\vec{u} \neq \vec{o};\ \vec{v} \neq \vec{o})$ gilt:
$\cos\varphi = \frac{\vec{u} * \vec{v}}{|\vec{u}| \cdot |\vec{v}|}$ mit $0° \leq \varphi \leq 180°$

Beispiel

$\vec{u} = \begin{pmatrix} -2 \\ 2 \\ 1 \end{pmatrix}$, $\vec{v} = \begin{pmatrix} 4 \\ 0 \\ 3 \end{pmatrix}$; $|\vec{u}| = \sqrt{\vec{u} * \vec{u}} = 3$; $|\vec{v}| = \sqrt{\vec{v} * \vec{v}} = 5$; $\vec{u} * \vec{v} = -5$; $\cos\varphi = \frac{-5}{3 \cdot 5} = -\frac{1}{3}$; also $\varphi \approx 109{,}5°$

Weiterführende Aufgaben

3 Schnittwinkel von Geraden im Raum

Gegeben sind die beiden Geraden g und h mit den Parameterdarstellungen $g\colon \vec{x} = \vec{p} + r \cdot \begin{pmatrix} 8 \\ -8 \\ -4 \end{pmatrix}$ und $h\colon \vec{x} = \vec{p} + s \cdot \begin{pmatrix} 2 \\ 10 \\ 11 \end{pmatrix}$ mit $r, s \in \mathbb{R}$.

Die Geraden schließen beim Schnittpunkt zwei Winkel, einen spitzen sowie einen stumpfen, miteinander ein. Bestimmen Sie die Größe des spitzen Winkels, den man als den *Schnittwinkel* der beiden Geraden bezeichnet.

4 Winkelberechnung mit einem Programm beim GTR

a) Es ist möglich, die Rechenschritte zur Berechnung eines Winkels zu automatisieren. Dazu dient das angegebene Programm **COSV**. Erläutern Sie die einzelnen Schritte des Programms.

```
PROGRAM:COSV
:Input "V1=", LA
:Input "V2=", LB
:cos⁻¹(sum( LA* LB)
/√(sum( LA²)*sum(
LB²)))
:Disp Ans
:Return
```

```
prgmCOSV
V1={-2,2,1}
V2={4,0,3}
        109.4712206
               Done
```

b) Berechnen Sie mithilfe des GTR die Winkel zwischen den Vektoren $\vec{a} = \begin{pmatrix} 12{,}5 \\ -23{,}5 \\ 71{,}2 \end{pmatrix}$ und $\vec{b} = \begin{pmatrix} -2{,}5 \\ 5{,}1 \\ 12{,}3 \end{pmatrix}$.

Übungsaufgaben

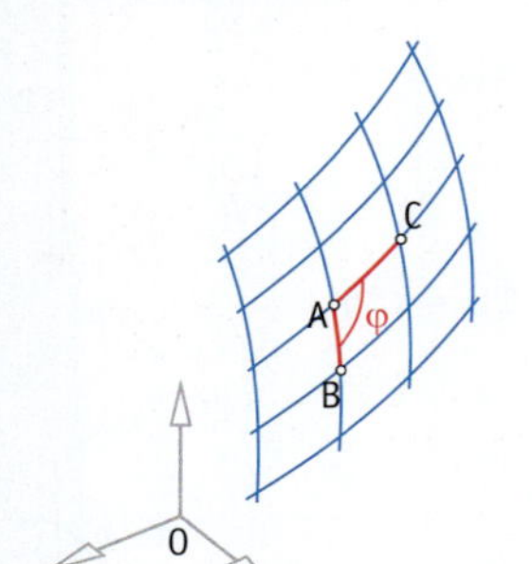

5 Mit A(50 | −10 | 131), B(58 | −18 | 127) und C(52 | 0 | 142) werden in einem Koordinatensystem die benachbarten Gitterpunkte im Netz eines Zeltdaches bezeichnet [Angaben in dm]. Zur Herstellung der Seilverbindungen in den Gitterpunkten sowie der Abdeckplatten für die Maschen benötigt man den Winkel, den die Seilstücke miteinander einschließen. Die Verbindungslinien können dabei zur Vereinfachung als Strecken aufgefasst werden. Bestimmen Sie den Winkel bei A.

6 Berechnen Sie den Winkel, den die gegebenen Vektoren miteinander einschließen.

a) $\vec{u} = \begin{pmatrix} 2 \\ -1 \\ 2 \end{pmatrix}$; $\vec{v} = \begin{pmatrix} 4 \\ 0 \\ -3 \end{pmatrix}$ **b)** $\vec{u} = \begin{pmatrix} 1 \\ 1 \\ 1 \end{pmatrix}$; $\vec{v} = \begin{pmatrix} -5 \\ 3 \\ -1 \end{pmatrix}$ **c)** $\vec{u} = \begin{pmatrix} -3 \\ -2 \\ 5 \end{pmatrix}$; $\vec{v} = \begin{pmatrix} 7 \\ 1 \\ -4 \end{pmatrix}$

7

a) Weisen Sie nach, dass durch die Vektoren $\vec{u} = \begin{pmatrix} 2 \\ -1 \\ 2 \end{pmatrix}$ und $\vec{v} = \begin{pmatrix} 1 \\ 2 \\ -2 \end{pmatrix}$ und einen gemeinsamen Anfangspunkt A(1 | 1 | 2) eine Raute bestimmt wird.

b) Ermitteln Sie die Eckpunkte der Raute sowie den Schnittpunkt und den Schnittwinkel der Diagonalen.

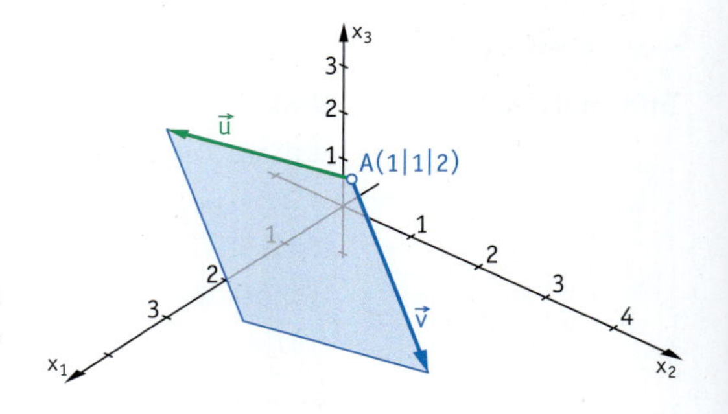

8 In welchem Punkt und unter welchem Winkel schneiden sich die Geraden g und h?

a) g: $\vec{x} = \begin{pmatrix} 3 \\ 2 \\ -1 \end{pmatrix} + r \cdot \begin{pmatrix} 1 \\ 1 \\ -2 \end{pmatrix}$; h: $\vec{x} = \begin{pmatrix} 3 \\ 4 \\ -8 \end{pmatrix} + s \cdot \begin{pmatrix} 2 \\ 0 \\ 3 \end{pmatrix}$

b) g: $\vec{x} = \begin{pmatrix} 2 \\ 7 \\ -5 \end{pmatrix} + r \cdot \begin{pmatrix} 3 \\ 5 \\ -2 \end{pmatrix}$; h: $\vec{x} = \begin{pmatrix} -1 \\ -12 \\ 5 \end{pmatrix} + s \cdot \begin{pmatrix} 1 \\ -3 \\ 2 \end{pmatrix}$

c) g: $\vec{x} = \begin{pmatrix} 2 \\ 5 \\ -3 \end{pmatrix} + r \cdot \begin{pmatrix} 5 \\ -1 \\ 1 \end{pmatrix}$; h: $\vec{x} = \begin{pmatrix} -8 \\ 11 \\ 5 \end{pmatrix} + s \cdot \begin{pmatrix} 0 \\ 2 \\ 5 \end{pmatrix}$

d) g: $\vec{x} = \begin{pmatrix} 1 \\ 5 \\ 3 \end{pmatrix} + r \cdot \begin{pmatrix} 8 \\ -2 \\ -3 \end{pmatrix}$; h: $\vec{x} = \begin{pmatrix} -6 \\ 24 \\ 3 \end{pmatrix} + s \cdot \begin{pmatrix} 3 \\ 5 \\ -2 \end{pmatrix}$

9 Sven erklärt:

Wenn das Skalarprodukt zweier Vektoren einen negativen Wert ergibt, so ist der eingeschlossene Winkel ein stumpfer Winkel.
Ist der Wert dagegen positiv, so ist es ein spitzer Winkel.

Nehmen Sie zu dieser Aussage Stellung.

10 Bestimmen Sie die Längen der Dreiecksseiten und die Innenwinkel des

a) Dreiecks in der Abbildung rechts;

b) Dreiecks ABC mit $A(1|0|-4)$, $B(2|-2|0)$ und $C(4|4|5)$;

c) Dreiecks ABC mit $A(-1|0|0)$, $B(0|1|0)$, $C(-4|3|-2)$.

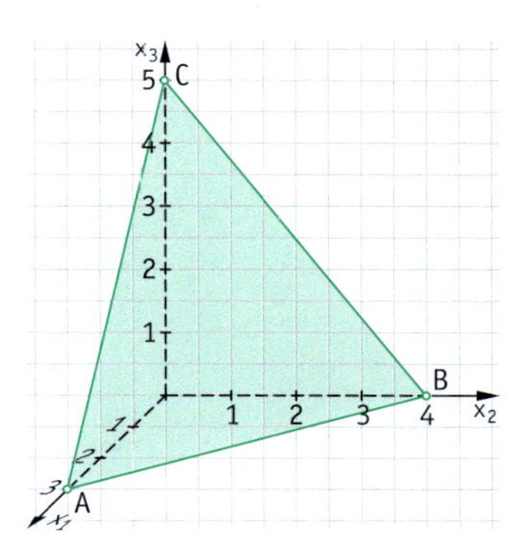

11 Bestimmen Sie die Innenwinkel des Dreiecks PQR in der Figur rechts.

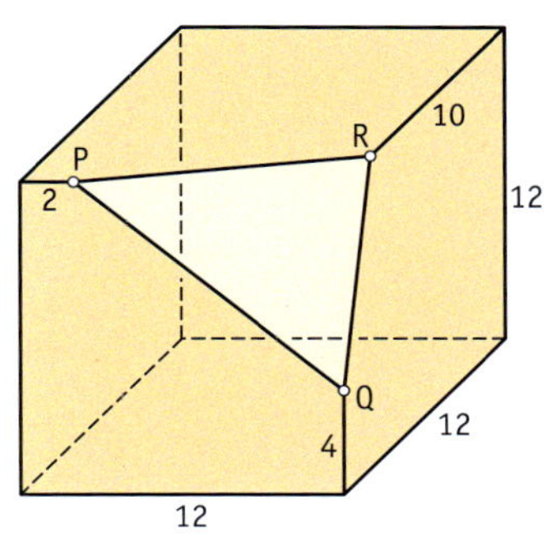

12 Gegeben ist die Gerade g durch die Parameterdarstellung

$g: \vec{x} = \begin{pmatrix} 6 \\ -10 \\ -3 \end{pmatrix} + r \cdot \begin{pmatrix} 2 \\ -1 \\ 3 \end{pmatrix}$.

Bestimmen Sie a so, dass die Gerade h mit $h: \vec{x} = \begin{pmatrix} 4 \\ -2 \\ 1 \end{pmatrix} + s \cdot \begin{pmatrix} 1 \\ 3 \\ a \end{pmatrix}$ die Gerade g schneidet.

Berechnen Sie die Koordinaten des Schnittpunkts und den Schnittwinkel der beiden Geraden.

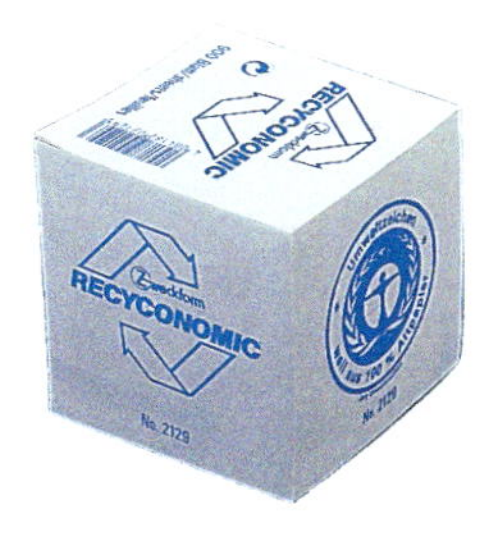

13 Die Abbildung links zeigt einen Würfel mit der Kantenlänge 4 Koordinateneinheiten. Untersuchen Sie, unter welchem Winkel sich jeweils zwei Raumdiagonalen schneiden und ob die Schnittwinkel verschieden groß sind.

14 Gegeben sind die Punkte $A(-5|-1|7)$, $B(0|-2|5)$ sowie die Gerade $g: \vec{x} = \begin{pmatrix} -2 \\ -2 \\ 7 \end{pmatrix} + k \begin{pmatrix} 1 \\ 0 \\ 0 \end{pmatrix}$.

Bestimmen Sie alle Punkte C_k der Geraden so, dass das Dreieck ABC_k rechtwinklig ist.

15 Zeigen Sie, dass Satz 6 zur Berechnung des Winkels zwischen zwei Vektoren auch gilt, wenn die beiden Vektoren zueinander parallel sind.

16 Gegeben ist der Vektor $\vec{v} = \begin{pmatrix} 2 \\ 1 \\ 4 \end{pmatrix}$ $\left[\begin{pmatrix} -2 \\ 3 \\ 5 \end{pmatrix}; \begin{pmatrix} -2 \\ 1 \\ -4 \end{pmatrix}; \begin{pmatrix} -2 \\ -3 \\ -5 \end{pmatrix}; \begin{pmatrix} v_1 \\ v_2 \\ v_3 \end{pmatrix}\right]$

a) Berechnen Sie die Winkel φ_1, φ_2 und φ_3, die der Vektor $\vec{v}$ mit je einer der Koordinatenachsen einschließt.

b) Beweisen Sie allgemein: $\cos^2(\varphi_1) + \cos^2(\varphi_2) + \cos^2(\varphi_3) = 1$.

17 Eine Mutter zieht einen Schlitten mit ihren Kindern 300 m weit über eine schiefe ebene Schneefläche. (Die entstehenden Reibungskräfte können vernachlässigt werden.) Sie bringt dabei eine konstante Kraft von 120 N auf.

Bestimmen Sie, wie groß die Kraft ist, die in Wegrichtung wirksam wird und welche Arbeit verrichtet wird.

4.3.3 Vektorprodukt

Einführung

Bewegen sich in einem Magnetfeld elektrisch geladene Teilchen quer zu den Feldlinien des Magnetfeldes, so werden sie abgelenkt. Das Magnetfeld übt also auf frei bewegliche elektrische Ladungen eine Kraft F_L aus, die nach dem niederländischen Forscher HENDRIK ANTOON LORENTZ (1853 – 1928) LORENTZ-Kraft genannt wird.

Sie ist orthogonal zu den Feldlinien und orthogonal zur Bewegungsrichtung der Elektronen. Ihre Richtung kann man mit der sogenannten *Linke-Hand-Regel* bestimmen.

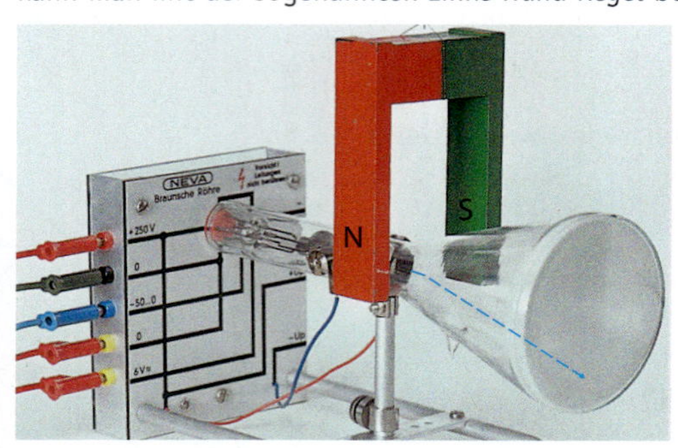

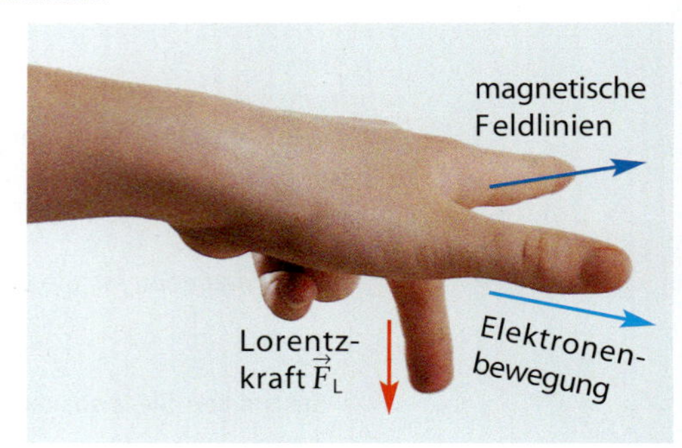

Zur Bestimmung der LORENTZ-Kraft sucht man also einen Vektor, der zu zwei gegebenen Vektoren orthogonal ist. Dieses Problem taucht in vielen weiteren Anwendungen aus Physik und Technik sowie auch in der Geometrie häufig auf.

Aufgabe

1

a) Bestimmen Sie zu den Vektoren $\vec{a} = \begin{pmatrix} 2 \\ -3 \\ 1 \end{pmatrix}$ und $\vec{b} = \begin{pmatrix} 1 \\ 2 \\ -1 \end{pmatrix}$ einen Vektor $\vec{c} = \begin{pmatrix} c_1 \\ c_2 \\ c_3 \end{pmatrix}$, der zu beiden Vektoren orthogonal ist.

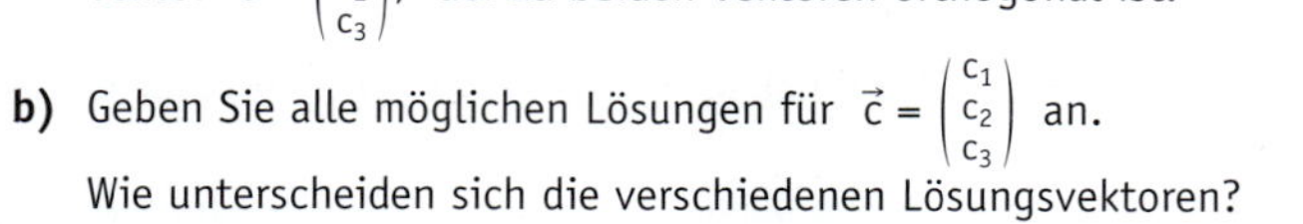

b) Geben Sie alle möglichen Lösungen für $\vec{c} = \begin{pmatrix} c_1 \\ c_2 \\ c_3 \end{pmatrix}$ an.
Wie unterscheiden sich die verschiedenen Lösungsvektoren?

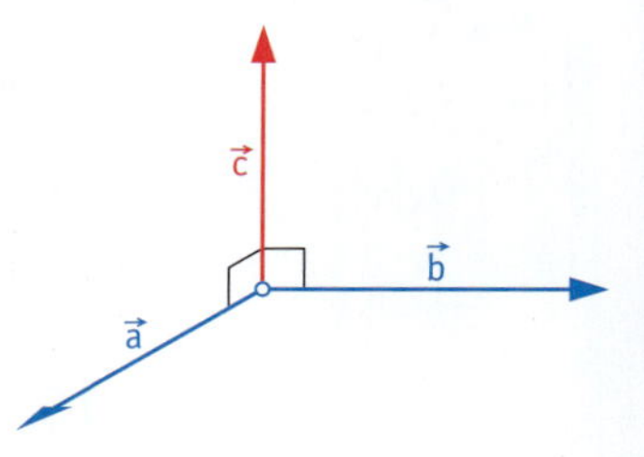

Lösung

a) Für den gesuchten Vektor $\vec{c}$ muss gelten: $\vec{a} \cdot \vec{c} = 2c_1 - 3c_2 + c_3 = 0$ und $\vec{b} \cdot \vec{c} = c_1 + 2c_2 - c_3 = 0$.

Seine Koordinaten müssen somit das lineare Gleichungssystem $\left| \begin{matrix} 2c_1 - 3c_2 + c_3 = 0 \\ c_1 + 2c_2 - c_3 = 0 \end{matrix} \right|$ erfüllen.

Durch Äquivalenzumformungen kann man das lineare Gleichungssystem auf folgende Form bringen:

$$\left| \begin{matrix} 7c_1 \qquad - c_3 = 0 \\ 7c_2 - 3c_3 = 0 \end{matrix} \right|; \text{ also } \left| \begin{matrix} c_1 = \frac{1}{7}c_3 \\ c_2 = \frac{3}{7}c_3 \end{matrix} \right|$$

Setzt man z. B. $c_3 = 7$, so ergibt sich $c_1 = 1$ und $c_2 = 3$.

Der Vektor $\vec{c} = \begin{pmatrix} 1 \\ 3 \\ 7 \end{pmatrix}$ ist sowohl zu $\vec{a}$ als auch zu $\vec{b}$ orthogonal.

b) Alle möglichen Vektoren, die sowohl zu $\vec{a}$ als auch $\vec{b}$ orthogonal sind, haben die Form

$$\begin{pmatrix} \frac{1}{7}c_3 \\ \frac{3}{7}c_3 \\ c_3 \end{pmatrix} = c_3 \cdot \begin{pmatrix} \frac{1}{7} \\ \frac{3}{7} \\ 1 \end{pmatrix} = t \cdot \begin{pmatrix} 1 \\ 3 \\ 7 \end{pmatrix} \text{ mit } t = \frac{c_3}{7}.$$

Diese Vektoren sind also Vielfache voneinander, sie unterscheiden sich nur durch ihre Länge, aber nicht durch ihre Richtung.

Information

(1) Vektorprodukt zweier Vektoren

Führt man die Rechnung für die allgemeinen Vektoren $\vec{a} = \begin{pmatrix} a_1 \\ a_2 \\ a_3 \end{pmatrix}$ und $b = \begin{pmatrix} b_1 \\ b_2 \\ b_3 \end{pmatrix}$ durch, so ergibt sich das lineare Gleichungssystem

$$\left| \begin{array}{l} a_1 \cdot c_1 + a_2 \cdot c_2 + a_3 \cdot c_3 = 0 \\ b_1 \cdot c_1 + b_2 \cdot c_2 + b_3 \cdot c_3 = 0 \end{array} \right|.$$

Durch Äquivalenzumformungen kommt man auf die Form

$$\left| \begin{array}{l} a_1 \cdot c_1 + a_2 \cdot c_2 + a_3 \cdot c_3 = 0 \\ (a_2 b_1 - a_1 b_2) \cdot c_2 + (a_3 b_1 - a_1 b_3) \cdot c_3 = 0 \end{array} \right|$$ und anschließend auf

$$\left| \begin{array}{l} (a_2 b_1 - a_1 b_2) \cdot c_1 + (a_2 b_3 - a_3 b_2) \cdot c_3 = 0 \\ (a_2 b_1 - a_1 b_2) \cdot c_2 + (a_3 b_1 - a_1 b_3) \cdot c_3 = 0 \end{array} \right|.$$

Man erhält: $\left| \begin{array}{l} c_1 = \frac{a_2 b_3 - a_3 b_2}{a_1 b_2 - a_2 b_1} \cdot c_3 \\ c_2 = \frac{a_3 b_1 - a_1 b_3}{a_1 b_2 - a_2 b_1} \cdot c_3 \end{array} \right|$, falls $a_1 b_2 - a_2 b_1 \neq 0$. c_3 ist frei wählbar.

Wählt man $c_3 = a_1 b_2 - a_2 b_1$, so erhält man für $\vec{c}$ den Vektor $\vec{c} = \begin{pmatrix} a_2 b_3 - a_3 b_2 \\ a_3 b_1 - a_1 b_3 \\ a_1 b_2 - a_2 b_1 \end{pmatrix}$, der zu zwei gegebenen Vektoren $\vec{a} = \begin{pmatrix} a_1 \\ a_2 \\ a_3 \end{pmatrix}$ und $\vec{b} = \begin{pmatrix} b_1 \\ b_2 \\ b_3 \end{pmatrix}$ orthogonal ist.

Statt Vektorprodukt sagt man auch Kreuzprodukt.

Definition 6

Für je zwei Vektoren $\vec{a} = \begin{pmatrix} a_1 \\ a_2 \\ a_3 \end{pmatrix}$ und $\vec{b} = \begin{pmatrix} b_1 \\ b_2 \\ b_3 \end{pmatrix}$ kann man den Vektor $\begin{pmatrix} a_2 b_3 - a_3 b_2 \\ a_3 b_1 - a_1 b_3 \\ a_1 b_2 - a_2 b_1 \end{pmatrix}$ berechnen.

Er heißt das **Vektorprodukt von $\vec{a}$ und $\vec{b}$** und wird mit $\vec{a} \times \vec{b}$, gelesen a Kreuz b, bezeichnet.

Beispiel

Für $\vec{a} = \begin{pmatrix} 0 \\ 4 \\ 5 \end{pmatrix}$ und $\vec{b} = \begin{pmatrix} 5 \\ -2 \\ 3 \end{pmatrix}$ erhält man $a \times b = \begin{pmatrix} 4 \cdot 3 - 5 \cdot (-2) \\ 5 \cdot 5 - 0 \cdot 3 \\ 0 \cdot (-2) - 4 \cdot 5 \end{pmatrix} = \begin{pmatrix} 22 \\ 25 \\ -20 \end{pmatrix}$.

Das folgende *Rechenschema* erleichtert die Berechnung des Vektorprodukts:

$$\vec{a} \times \vec{b} = \begin{pmatrix} a_2 b_3 - a_3 b_2 \\ a_3 b_1 - a_1 b_3 \\ a_1 b_2 - a_2 b_1 \end{pmatrix}$$

+	−
~~a_1~~	~~b_1~~
a_2	b_2
a_3	b_3
a_1	b_1
a_2	b_2
~~a_3~~	~~b_3~~

(2) Rechengesetze

Satz 7: Gesetze für das Vektorprodukt

Für alle Vektoren $\vec{a}$, $\vec{b}$ und $\vec{c}$ und alle reellen Zahlen r gilt:

(1) Wenn $\vec{a}$ und $\vec{b}$ Vielfache voneinander sind, dann ist $\vec{a} \times \vec{b} = \vec{o}$.

(2) $\vec{b} \times \vec{a} = -\vec{a} \times \vec{b}$

(3) $\vec{a} \times (\vec{b} + \vec{c}) = \vec{a} \times \vec{b} + \vec{a} \times \vec{c}$

(4) $\vec{a} \times (r \cdot \vec{b}) = r \cdot (\vec{a} \times \vec{b})$

Anmerkung:

Für das Vektorprodukt gilt also nicht das Kommutativgesetz, sondern das unter (2) in Satz 7 angegebene Rechengesetz.

Information

(3) Geometrische Deutung des Vektorprodukts

Der Vektor $\vec{a} \times \vec{b}$ ist zu den Vektoren $\vec{a}$ und $\vec{b}$ orthogonal.

Zudem gilt:

Trägt man Pfeile der drei Vektoren $\vec{a}$, $\vec{b}$ und $\vec{a} \times \vec{b}$ in einem Punkt an, so folgen sie aufeinander wie die x_1-, die x_2- und die x_3-Achse.

Man sagt dazu: Die drei Vektoren $\vec{a}$, $\vec{b}$ und $\vec{a} \times \vec{b}$ bilden ein **Rechtssystem**, wobei der Winkel zwischen $\vec{a}$ und $\vec{b}$ kein rechter Winkel sein muss.

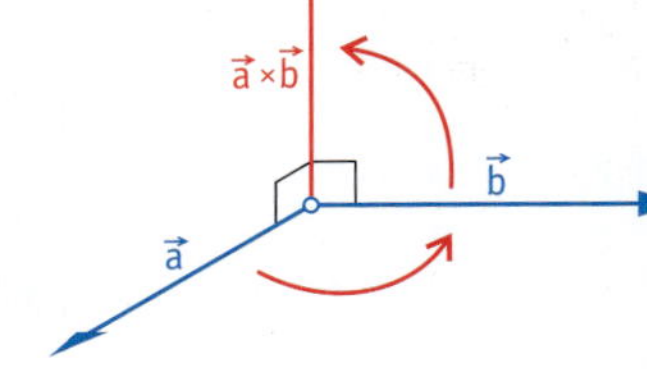

Für die Länge des Vektors $\vec{a} \times \vec{b}$ gilt:

$$\begin{aligned}
&|\vec{a} \times \vec{b}|^2 \\
&= (a_2 b_3 - a_3 b_2)^2 + (a_1 b_3 - a_3 b_1)^2 + (a_1 b_2 - a_2 b_1)^2 \\
&= (a_2 b_3)^2 + (a_3 b_2)^2 + (a_1 b_3)^2 + (a_3 b_1)^2 + (a_1 b_2)^2 + (a_2 b_1)^2 - 2 \cdot (a_2 a_3 b_2 b_3 + a_1 a_3 b_1 b_3 + a_1 a_2 b_1 b_2) \\
&= \left(a_1^2 + a_2^2 + a_3^2\right) \cdot \left(b_1^2 + b_2^2 + b_3^2\right) - (a_1 b_1 + a_2 b_2 + a_3 b_3)^2 \\
&= |\vec{a}|^2 \cdot |\vec{b}|^2 - (\vec{a} \cdot \vec{b})^2 \\
&= |\vec{a}|^2 \cdot |\vec{b}|^2 - |\vec{a}|^2 \cdot |\vec{b}|^2 \cdot \cos^2 \alpha \\
&= |\vec{a}|^2 \cdot |\vec{b}|^2 \cdot (1 - \cos^2 \alpha) = |\vec{a}|^2 \cdot |\vec{b}|^2 \cdot \sin^2 \alpha = \left(|\vec{a}| \cdot |\vec{b}| \cdot \sin \alpha\right)^2
\end{aligned}$$

Beachte:
$\sin^2 \alpha + \cos^2 \alpha = 1$

Wegen $0° < \alpha < 180°$ ist $\sin \alpha > 0$.

Für die Länge des Vektors $\vec{a} \times \vec{b}$ erhält man somit:

$$|\vec{a} \times \vec{b}| = |\vec{a}| \cdot |\vec{b}| \cdot \sin \alpha.$$

Dies entspricht aber gerade dem Flächeninhalt des Parallelogramms, das von den Vektoren $\vec{a}$ und $\vec{b}$ aufgespannt wird.

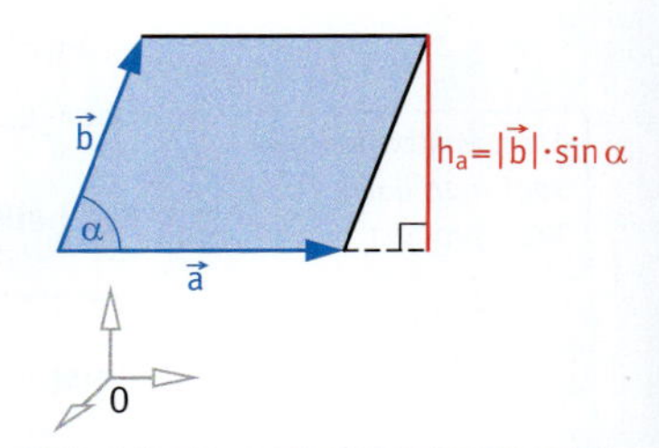

Satz 8: Flächeninhalt eines Parallelogramms

Spannen zwei Vektoren $\vec{a}$ und $\vec{b}$ ein Parallelogramm auf, so gilt für dessen Flächeninhalt:

$$A = |\vec{a} \times \vec{b}| = |\vec{a}| \cdot |\vec{b}| \cdot \sin \alpha$$

(4) Vektorprodukte mit einem CAS berechnen

Ein CAS-Rechner besitzt auch zur Berechnung des Vektorprodukts zweier Vektoren $\vec{a}$ und $\vec{b}$ einen vordefinierten Befehl **crossP**.

Dieser Befehl liefert den Vektor $\vec{a} \times \vec{b}$.

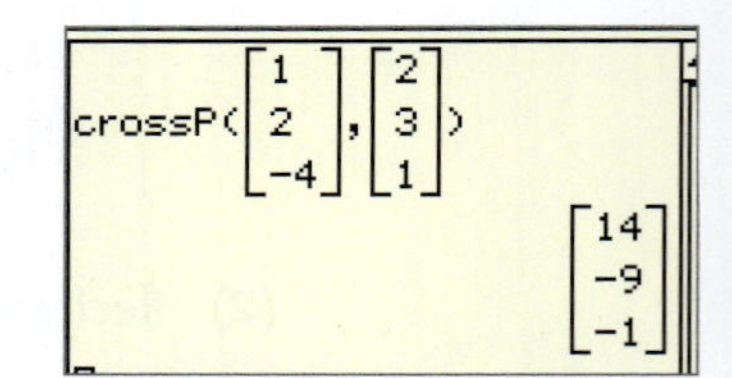

Weiterführende Aufgaben

2 Beweise von Rechengesetzen

Weisen Sie die Gültigkeit der Rechengesetze (1) bis (4) aus Satz 7 von Seite 261 nach.

3 Flächeninhalt eines Dreiecks

Zeigen Sie:

Für den Flächeninhalt eines Dreiecks ABC gilt:

$$A = \frac{1}{2} \cdot |\overrightarrow{AB} \times \overrightarrow{AC}|$$

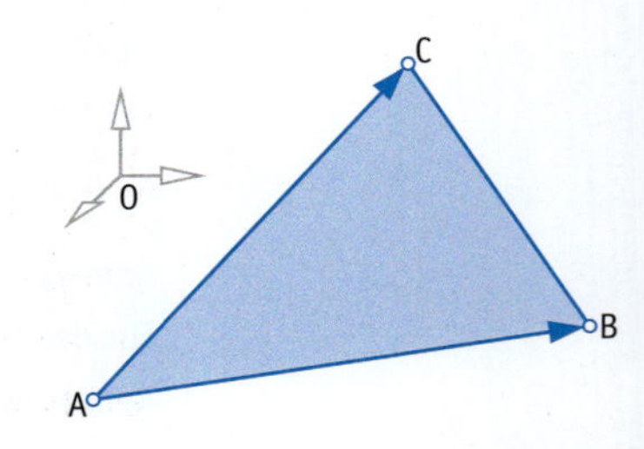

4 Volumen eines Spats

> Ein **Spat** ist ein vierseitiges Prisma mit einem Parallelogramm als Grundfläche.

Ein Spat wird durch die Vektoren $\vec{a}$, $\vec{b}$ und $\vec{c}$ aufgespannt.
Zeigen Sie:
Für das Volumen eines Spats gilt:

$$V = \left|\left(\vec{a} \times \vec{b}\right) * \vec{c}\right|$$

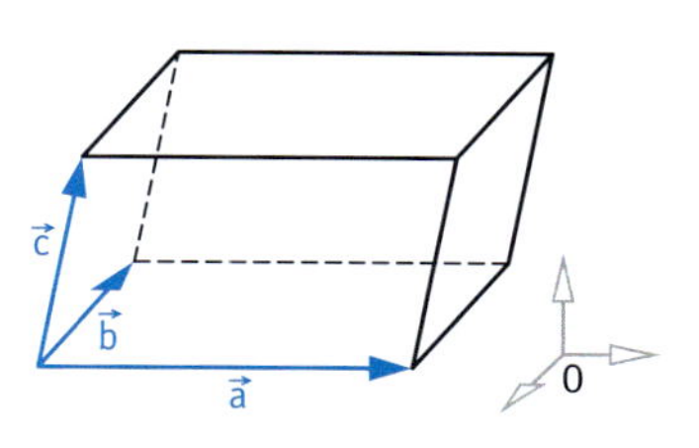

5 Volumen einer dreiseitigen Pyramide

Durch die drei Vektoren $\vec{a}$, $\vec{b}$ und $\vec{c}$ wird eine dreiseitige Pyramide aufgespannt.
Zeigen Sie, dass für das Volumen dieser dreiseitigen Pyramide gilt:

$$V = \frac{1}{6} \cdot \left|\left(\vec{a} \times \vec{b}\right) * \vec{c}\right|$$

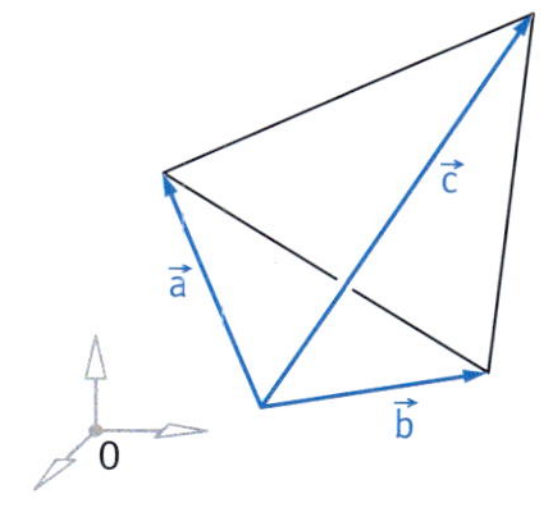

Übungsaufgaben 

6 Bestimmen Sie drei Vektoren, die sowohl zum Vektor $\vec{u} = \begin{pmatrix} 3 \\ 5 \\ -2 \end{pmatrix}$ als auch zum Vektor $\vec{v} = \begin{pmatrix} 0 \\ -1 \\ 3 \end{pmatrix}$ orthogonal sind.

7 Berechnen Sie das Vektorprodukt der Vektoren $\vec{a}$ und $\vec{b}$.

a) $\vec{a} = \begin{pmatrix} 3 \\ -1 \\ 2 \end{pmatrix}$; $\vec{b} = \begin{pmatrix} 4 \\ 2 \\ -3 \end{pmatrix}$ **b)** $\vec{a} = \begin{pmatrix} 0 \\ -5 \\ 2 \end{pmatrix}$; $\vec{b} = \begin{pmatrix} 3 \\ 2 \\ -4 \end{pmatrix}$ **c)** $\vec{a} = \begin{pmatrix} 2 \\ -1 \\ 1 \end{pmatrix}$; $\vec{b} = \begin{pmatrix} 1 \\ 0 \\ 4 \end{pmatrix}$

8 Berechnen Sie den Flächeninhalt des Dreiecks PQR.

a) $P(-3|1|4)$, $Q(2|-5|8)$, $R(6|8|-5)$ **b)** $P(-4|-5|3)$, $Q(0|2|-4)$, $R(-1|7|12)$

9 Gegeben sind die Punkte $A(-1|3|5)$, $B(2|5|5)$, $C(4|3|2)$ und $D(10|-6|12)$.
Zeigen Sie, dass die Punkte A, B, C und D die Eckpunkte einer dreiseitigen Pyramide sind.
Bestimmen Sie das Volumen und den Oberflächeninhalt der Pyramide.

10 Von einem Prisma ABCDEFGH sind die Punkte $A(-1|5|-3)$, $B(3|8|-4)$, $C(2|10|-2)$, $D(-2|7|-1)$ und $F(1|10|2)$ gegeben.

a) Untersuchen Sie, was für ein besonderes Viereck die Grundfläche ABCD ist.
b) Ermitteln Sie die Seitenflächen mit dem größten Flächeninhalt.
c) Berechnen Sie das Volumen des Prismas.

Skizze:

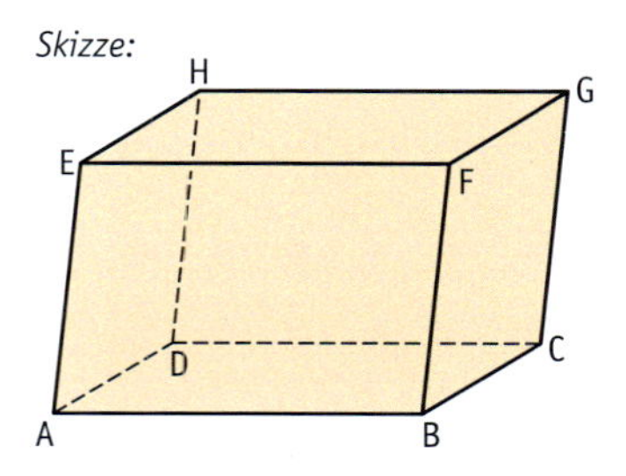

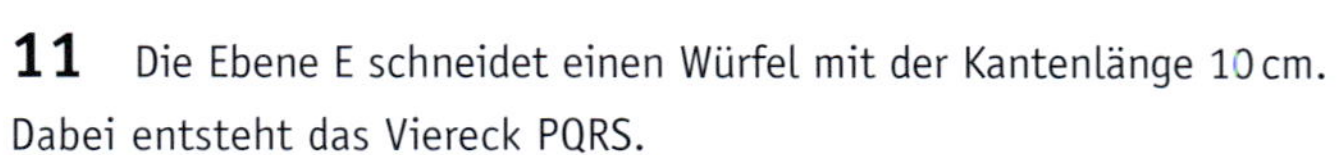

11 Die Ebene E schneidet einen Würfel mit der Kantenlänge 10 cm. Dabei entsteht das Viereck PQRS.

a) Bestimmen Sie die Koordinaten des Punktes R.
b) Berechnen Sie den Flächeninhalt des Vierecks PQRS.
c) Bestimmen Sie die Innenwinkel des Vierecks.

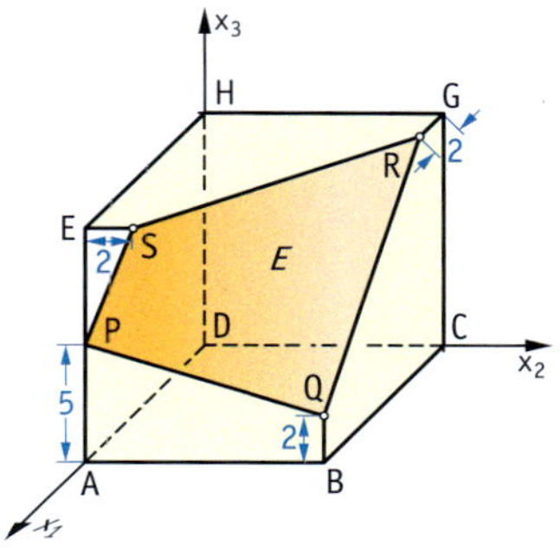

12 Für jedes t enthält die Ebene E_t die Punkte $A(-1|1|-1)$, $B_t(-1|2|2t+1)$ und $C_t(5|3t+1|-1)$. Die Gerade g_t ist für jedes t orthogonal zu E_t und verläuft durch den Punkt $P(7|-11|4)$.

a) Für welchen Wert von t verläuft g_t parallel zu einer Koordinatenachse?
b) Berechnen Sie für diesen Wert von t den Flächeninhalt des Dreiecks AB_tC_t.

Ebenen – Ungekrümmtes im Raum

Wodurch ist eine Ebene festgelegt?

1 Viele Gegenstände aus unserem Alltag z. B. Tischplatten, Schrankwände, Hauswände und Schultafeln haben ebene Flächen. Ebene Flächen kann man sich als Teil einer unbegrenzten ebenen Fläche mit unendlicher Ausdehnung im Raum vorstellen. Eine solche unbegrenzte Fläche nennen wir *Ebene*.
Eine Gerade im Raum ist durch einen Punkt und einen Richtungsvektor eindeutig festgelegt.
Überlegen Sie, wodurch eine Ebene im Raum festgelegt werden kann. Eine Tischplatte kann z. B. durch vier Beine gehalten werden. Die folgenden Fotos zeigen verschiedene Möglichkeiten eine Glasplatte mit Füßen und Latten festzulegen, statt der Glasplatte kann man sich auch eine Ebene vorstellen. Experimentieren Sie selbst mit einer Glasplatte oder einem Buch und erläutern Sie, wodurch die Ebene jeweils festgelegt ist.

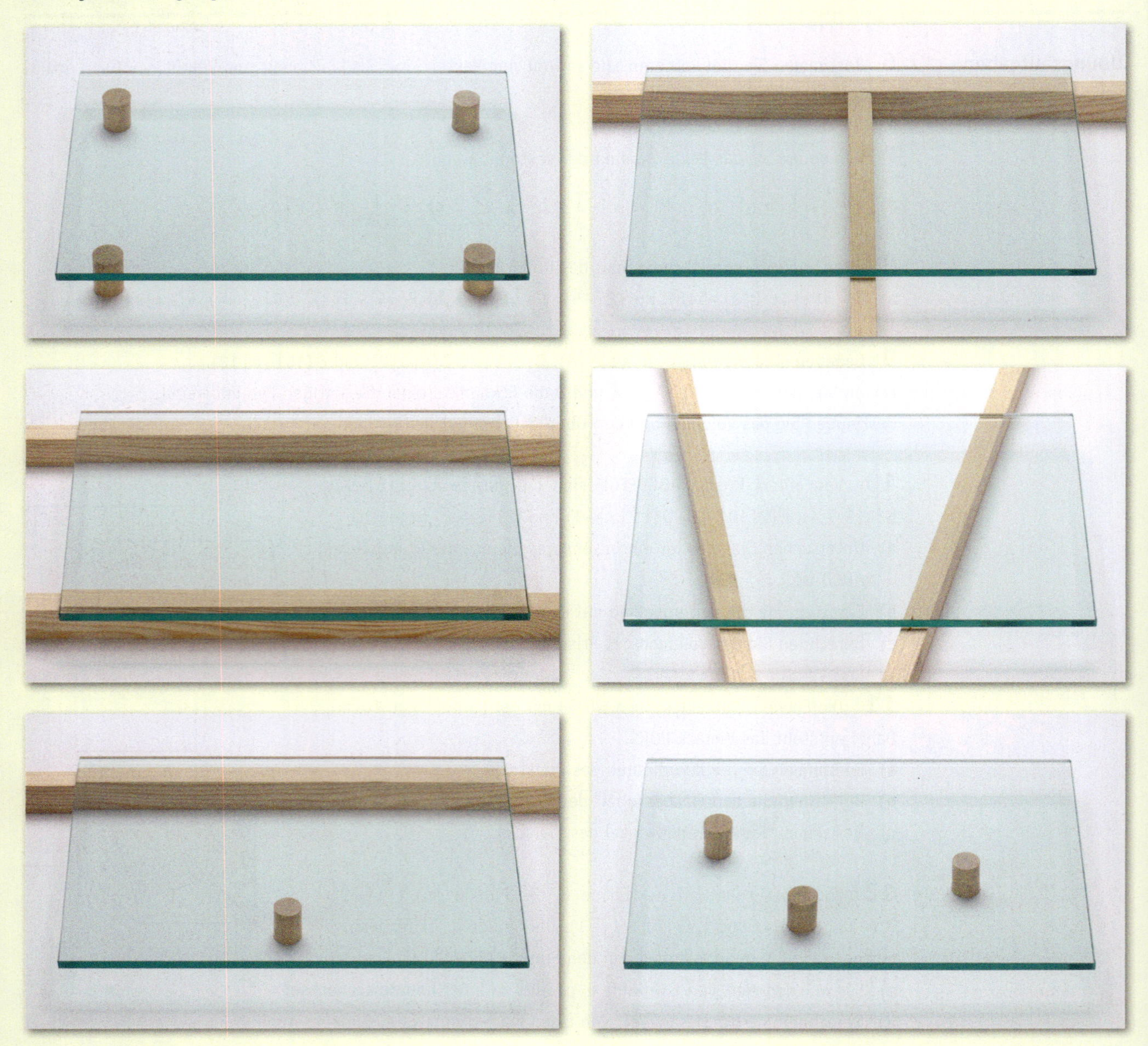

Ebenen am Wintergarten mathematisch beschreiben

2 An einem Winkelhaus wurde ein Wintergarten angebaut. Die Glasflächen des Wintergartens kann man sich als Teilflächen von Ebenen vorstellen.
Um die Lage der Ebenen im Raum mathematisch zu beschreiben, wird ein räumliches Koordinatensystem mit dem Ursprung in der unteren einspringenden Hausecke festgelegt.
Die abgebildeten Punkte haben die folgenden Koordinaten (Einheit m):
A(0 | 3 | 0), B(1 | 3 | 0), C(0 | 3 | 2), D(1 | 3 | 2), E(0 | 0 | 3)

- Die Ebene, in der die Glasfläche ABCD liegt, soll mathematisch beschrieben werden. Beschreiben Sie dazu zunächst die Geraden AB und AC durch Parameterdarstellungen. Verschieben Sie die Gerade AB entlang der Geraden AC. Machen Sie Vorschläge, wie man von A aus über die Gerade AC und die verschobene Gerade AB zu einem beliebigen Punkt P in der Ebene ABCD gelangt und beschreiben Sie den Ortsvektor $\overrightarrow{OP}$ mathematisch.
- Übertragen Sie Ihre Überlegungen auf die Ebene, in der die Glasfläche CDE liegt.

Lage von Ebenen zueinander

3 Auch Hausdächer kann man sich als Teilflächen von Ebenen vorstellen.
Beschreiben Sie anhand des Fotos unterschiedliche Lagen zweier Ebenen zueinander.
Fertigen Sie dazu Skizzen an.

Der Winkel ist wichtig

4 Herr Müller hat auf dem Dach seines Hauses eine Solaranlage anbringen lassen. Er hat gemessen, dass im Sommer am Nachmittag die Sonnenstrahlen unter einem Winkel von etwa 60° auf die Solarzellen treffen.

a) Fertigen Sie eine Skizze an, bei der Sie so auf die Dachebene schauen, dass diese als Gerade erscheint. Welchen Winkel meint man, wenn man vom Winkel zwischen einer Geraden und einer Ebene spricht?

b) Erläutern Sie anhand Ihrer Skizze mithilfe des Reflexionsgesetzes der Optik, wie man den Winkel zwischen einem einfallenden Lichtstrahl und einer (Spiegel-)Ebene messen kann.

4.4 Ebenen im Raum

4.4.1 Parameterdarstellung einer Ebene

Einführung

Im Alltag begegnen wir oft ebenen oder fast ebenen Flächen, wie Hausdächern, Wänden, Solaranlagen oder Schultafeln. Solche ebenen Flächen kann man sich vorstellen als Teil einer ebenen Fläche ohne Begrenzung, also mit unendlicher Ausdehnung. Eine solche ebene Fläche ohne Begrenzung nennt man **Ebene**.

Aufgabe

1

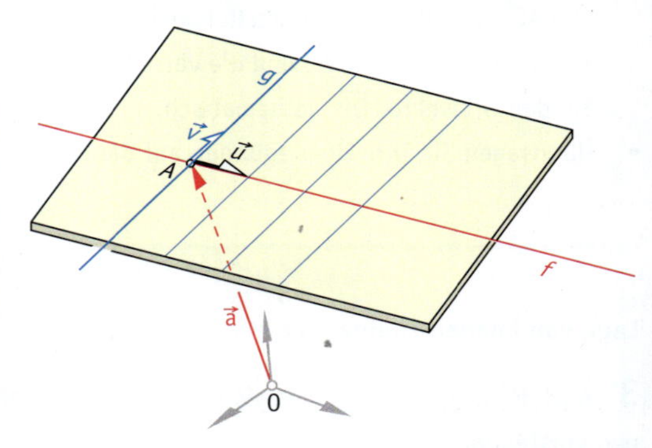

Auf einer Halbinsel im Gremminer See bei Gräfenhainichen in Sachsen-Anhalt kann man fünf ausgediente Schaufelrad- und Eimerkettenbagger besichtigen. Die fünf Bagger, die bis 1991 im Braunkohletagebau eingesetzt wurden, wiegen zusammen etwa 7000 t. Der Standort erhielt wohl auch deshalb den Namen Ferropolis – Stadt aus Eisen. Das Foto oben zeigt zwei Eimerkettenbagger im Einsatz.

Beim Schürfen wird die Eimerkette in Richtung des Vektors $\vec{v}$ gezogen, während sich der Bagger, der sich in Punkt A befindet, langsam in Richtung des Vektors $\vec{u}$ bewegt. Der Bagger erzeugt so ein Stück einer Ebene.

Gegeben sind der Punkt A und die Vektoren $\vec{u}$ und $\vec{v}$:

Koordinateneinheit 10 m

$A(8|3|6)$, $\vec{u} = \begin{pmatrix} 4 \\ -2 \\ 0 \end{pmatrix}$, $\vec{v} = \begin{pmatrix} 1 \\ 2 \\ 1 \end{pmatrix}$

a) Berechnen Sie mit diesen Daten den Ortsvektor des Punktes B in der Figur rechts.

b) Geben Sie den Ortsvektor eines beliebigen Punktes X der Ebene an.

c) Entscheiden Sie begründet, welcher der beiden Punkte $P(10|23|11)$ und $Q(3|13|9)$ in der Ebene liegt und welcher nicht.

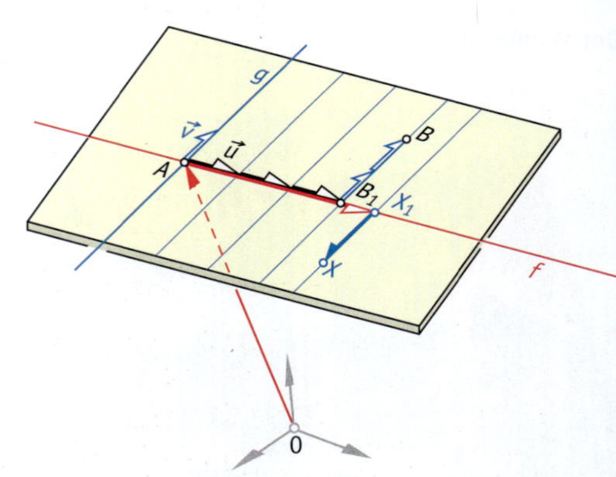

Lösung

a) Der Eimerkettenbagger bewegt sich von A aus nach B_1. Von B_1 aus wird die Eimerkette nach B bewegt.

Es ist $\overrightarrow{OB} = \overrightarrow{OA} + \overrightarrow{AB_1} + \overrightarrow{B_1B}$

$= \overrightarrow{OA} + 3\cdot\vec{u} + 2\cdot\vec{v}$

$= \begin{pmatrix}8\\3\\6\end{pmatrix} + 3\cdot\begin{pmatrix}4\\-2\\0\end{pmatrix} + 2\cdot\begin{pmatrix}1\\2\\1\end{pmatrix} = \begin{pmatrix}22\\1\\8\end{pmatrix}$

b) Man kann jeden Punkt X der Ebene erreichen, indem man vom Punkt A aus zuerst ein Vielfaches des Vektors $\vec{u}$ als Weg zurücklegt und danach noch ein Vielfaches des Vektors $\vec{v}$.

Für jeden Punkt X der Ebene gibt es also zwei Zahlen s und t, sodass gilt: $\overrightarrow{OX} = \overrightarrow{OA} + s\cdot\vec{u} + t\cdot\vec{v}$.

c) Liegt der Punkt P(10 | 23 | 11) in der Ebene, so gibt es zwei Zahlen s und t, sodass gilt:

$\overrightarrow{OP} = \overrightarrow{OA} + s\cdot\vec{u} + t\cdot\vec{v}$.

Eingesetzt ergibt sich $\begin{pmatrix}10\\23\\11\end{pmatrix} = \begin{pmatrix}8\\3\\6\end{pmatrix} + s\cdot\begin{pmatrix}4\\-2\\0\end{pmatrix} + t\cdot\begin{pmatrix}1\\2\\1\end{pmatrix}$ und umgeformt $s\cdot\begin{pmatrix}4\\-2\\0\end{pmatrix} + t\cdot\begin{pmatrix}1\\2\\1\end{pmatrix} = \begin{pmatrix}2\\20\\5\end{pmatrix}$.

Wir suchen also zwei Zahlen s und t, die das Gleichungssystem $\left|\begin{array}{r} 4s + t = 2 \\ -2s + 2t = 20 \\ t = 5 \end{array}\right|$ lösen.

Daraus ergibt sich $\left|\begin{array}{l} s = -\frac{3}{4} \\ s = -5 \\ t = 5 \end{array}\right|$ oder mithilfe des GTR:

```
rref([A])
      [[1 0 0]
       [0 1 0]
       [0 0 1]]
```

Das Gleichungssystem besitzt also keine Lösung, d. h. es gibt keine zwei Zahlen s und t, die die Vektorgleichung erfüllen. Der Punkt P liegt also nicht in der Ebene.

Analog erhält man für Q die Vektorgleichung $\begin{pmatrix}3\\13\\9\end{pmatrix} = \begin{pmatrix}8\\3\\6\end{pmatrix} + s\cdot\begin{pmatrix}4\\-2\\0\end{pmatrix} + t\cdot\begin{pmatrix}1\\2\\1\end{pmatrix}$

und umgeformt $s\cdot\begin{pmatrix}4\\-2\\0\end{pmatrix} + t\cdot\begin{pmatrix}1\\2\\1\end{pmatrix} = \begin{pmatrix}-5\\10\\3\end{pmatrix}$.

Dazu gehört das lineare Gleichungssystem $\left|\begin{array}{r} 4s + t = -5 \\ -2s + 2t = 10 \\ t = 3 \end{array}\right|$ mit der Lösung $t = 3$ und $s = -2$.

Der Punkt Q(3 | 13 | 9) liegt also in der Ebene.

Information

Parameterdarstellung einer Ebene – Punktprobe

Bei der Lösung von Aufgabe 1 haben wir gesehen, dass eine Ebene durch einen Punkt und zwei Vektoren bestimmt ist und durch eine Gleichung beschrieben werden kann.

Satz 9

Durch einen Punkt A und zwei Vektoren $\vec{u} \neq \vec{o}$ und $\vec{v} \neq \vec{o}$, die nicht parallel zueinander sind, ist die Ebene E bestimmt. Die Ebene E kann durch folgende Gleichung beschrieben werden:

$$E: \overrightarrow{OX} = \overrightarrow{OA} + s\cdot\vec{u} + t\cdot\vec{v} \text{ mit } s, t \in \mathbb{R}$$

Diese Gleichung bezeichnet man als **Parameterdarstellung** der Ebene E mit den **Parametern** s und t.

Es gilt:

(1) Setzt man für s und t zwei beliebige Zahlen in die Parameterdarstellung der Ebene E ein, so ergibt sich der Ortsvektor eines Ebenenpunktes von E.

(2) Für jeden Punkt P der Ebene E gibt es zwei Zahlen s, t ∈ ℝ, sodass $\overrightarrow{OP} = \overrightarrow{OA} + s\cdot\vec{u} + t\cdot\vec{v}$ gilt.

Punktprobe

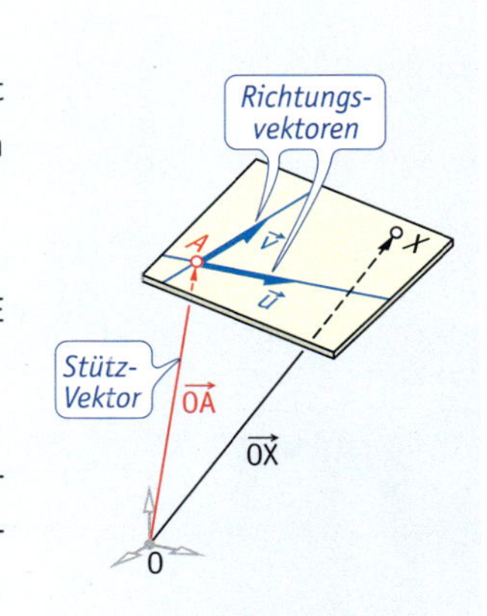

Beispiele

- Gegeben sind $A(2|-1|3)$, $\vec{u} = \begin{pmatrix} 1 \\ 0 \\ -2 \end{pmatrix}$ und $\vec{v} = \begin{pmatrix} -6 \\ 5 \\ 9 \end{pmatrix}$.
  Wir erhalten damit eine Vektorgleichung der Ebene
  $E\colon\ \overrightarrow{OX} = \begin{pmatrix} 2 \\ -1 \\ 3 \end{pmatrix} + s \cdot \begin{pmatrix} 1 \\ 0 \\ -2 \end{pmatrix} + t \cdot \begin{pmatrix} -6 \\ 5 \\ 9 \end{pmatrix}$
  Wählen wir z. B. $s = 2$ und $t = -1$ erhalten wir den Ortsvektor $\overrightarrow{OP} = \begin{pmatrix} 2 \\ -1 \\ 3 \end{pmatrix} + 2 \cdot \begin{pmatrix} 1 \\ 0 \\ -2 \end{pmatrix} - \begin{pmatrix} -6 \\ 5 \\ 9 \end{pmatrix} = \begin{pmatrix} 10 \\ -6 \\ -10 \end{pmatrix}$, also den Punkt $P(10|-6|-10)$ der Ebene.
- Gegeben sind $A(3|-6|5)$, $\vec{u} = \begin{pmatrix} 3 \\ -5 \\ 1 \end{pmatrix}$ und $\vec{v} = \begin{pmatrix} -6 \\ 10 \\ -2 \end{pmatrix}$. Durch A, $\vec{u}$ und $\vec{v}$ ist keine Ebene bestimmt, da die beiden Vektoren parallel zueinander sind. Es gilt nämlich $\vec{v} = -2 \cdot \vec{u}$.

Weiterführende Aufgabe

2 Verschiedene Parameterdarstellungen derselben Ebene

Gegeben sind die drei Punkte $A(2|3|-2)$, $B(-2|5|6)$ und $C(7|0|-7)$.
Maren und Janik haben die folgenden Parameterdarstellungen für die Ebene E bestimmt, die durch die drei Punkte A, B und C festgelegt ist. Erläutern Sie, wie diese Parameterdarstellungen zustande gekommen sind. Geben Sie selbst zwei weitere Parameterdarstellungen für die Ebene E an.

Maren:
$E\colon \vec{x} = \begin{pmatrix} 2 \\ 3 \\ -2 \end{pmatrix} + r \cdot \begin{pmatrix} -4 \\ 2 \\ 8 \end{pmatrix} + t \cdot \begin{pmatrix} 5 \\ -3 \\ -5 \end{pmatrix}$

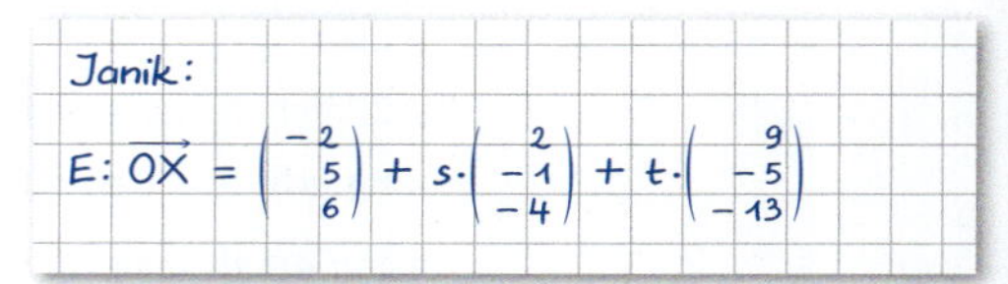

Übungsaufgaben 

3 Eine Gerade kann durch eine Parameterdarstellung mithilfe eines Punktes und eines Richtungsvektors beschrieben werden. Betrachten wir eine Ebene, wie in der Abbildung rechts, von der ein Punkt A und zwei Richtungsvektoren $\vec{u}$ und $\vec{v}$ gegeben sind.

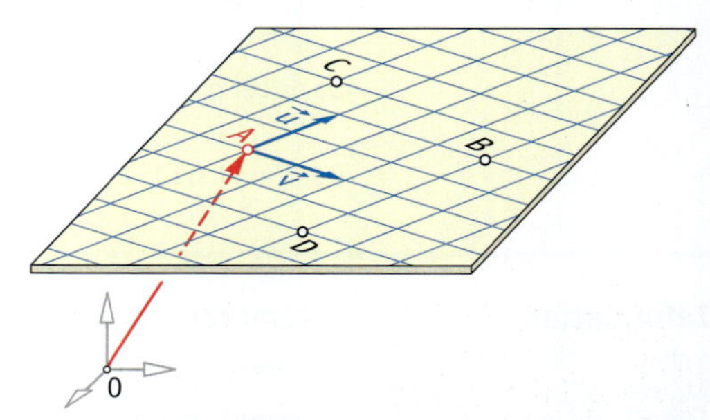

a) Bestimmen Sie die Punkte B, C und D in der Ebene mithilfe der Vektoren $\overrightarrow{OA}$, $\vec{u}$ und $\vec{v}$.

b) Beschreiben Sie, wie man den Ortsvektor eines beliebigen Punktes X der Ebene mithilfe von $\overrightarrow{OA}$, $\vec{u}$ und $\vec{v}$ angeben kann.

4 Eine Ebene geht durch den Punkt $A(3|-5|10)$ und hat die Richtungsvektoren
$\vec{u} = \begin{pmatrix} -1 \\ 6 \\ 2 \end{pmatrix}$ und $\vec{v} = \begin{pmatrix} 3 \\ -0{,}5 \\ 12 \end{pmatrix}$.

a) Geben Sie eine Parameterdarstellung der Ebene an.

b) Bestimmen Sie die Punkte der Ebene zu den folgenden Parameterwerten.
(1) $s = 2;\ t = 3$ (2) $s = -4;\ t = 12$ (3) $s = 0{,}6;\ t = -2{,}4$ (4) $s = \frac{1}{5};\ t = -\frac{3}{8}$

5 Eine Ebene kann durch drei Punkte, die nicht auf einer Geraden liegen, festgelegt werden.
Geben Sie eine Parameterdarstellung an.

a) $P(0|1|2)$; $Q(2|0|4)$; $R(4|8|0)$

b) $P(1|1|1)$; $Q(2|2|3)$; $R(10|4|6)$

c) $A(1|-2|3)$; $B(3|4|-2)$; $C(3|4|5)$

d) $E(0|7|2)$; $F(-10|0|8)$; $G(-4|-4|0)$

6 Eine Ebene kann festgelegt werden durch eine Gerade g und einen Punkt P, der nicht auf der Geraden g liegt. Geben Sie eine Parameterdarstellung der Ebene an.

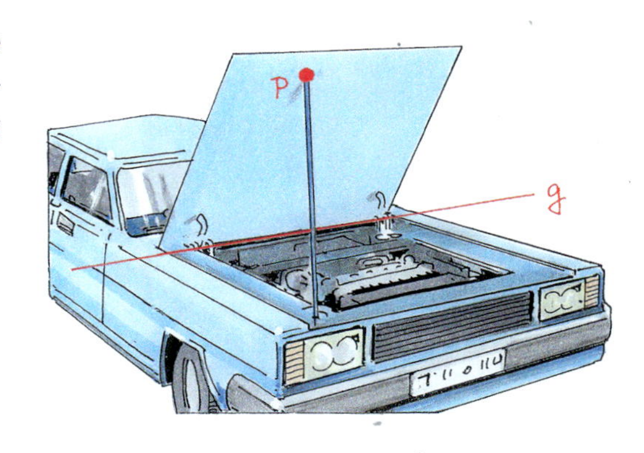

a) $g: \vec{x} = \begin{pmatrix} 4 \\ 0 \\ 2 \end{pmatrix} + s \cdot \begin{pmatrix} 3 \\ -1 \\ -3 \end{pmatrix}$; $P(1|4|-1)$

b) $g: \vec{x} = \begin{pmatrix} 1 \\ 0 \\ 0 \end{pmatrix} + s \cdot \begin{pmatrix} 5 \\ 2 \\ -3 \end{pmatrix}$; $P(2|4|-3)$

c) $g: \vec{x} = \begin{pmatrix} -200 \\ 150 \\ 30 \end{pmatrix} + t \cdot \begin{pmatrix} 10 \\ -10 \\ 5 \end{pmatrix}$; $P(0|0|0)$

7 Gegeben sind zwei Geraden g und h.

$g: \vec{x} = \begin{pmatrix} -3 \\ 2 \\ -1 \end{pmatrix} + s \cdot \begin{pmatrix} -1 \\ 2 \\ 1 \end{pmatrix}$; $h: \vec{x} = \begin{pmatrix} -2 \\ 0 \\ -2 \end{pmatrix} + t \cdot \begin{pmatrix} 2 \\ 1 \\ -1 \end{pmatrix}$

Zeigen Sie, dass sich die Geraden g und h in einem Punkt schneiden. Geben Sie eine Parameterdarstellung der Ebene an, die durch diese beiden Geraden festgelegt ist.

8 Eine Ebene kann festgelegt werden durch zwei verschiedene zueinander parallele Geraden g_1 und g_2. Geben Sie eine Parameterdarstellung der Ebene an.

a) $g_1: \vec{x} = \begin{pmatrix} 5 \\ 0 \\ 2 \end{pmatrix} + s \cdot \begin{pmatrix} 3 \\ -1 \\ 4 \end{pmatrix}$; $g_2: \vec{x} = \begin{pmatrix} 0 \\ -1 \\ -1 \end{pmatrix} + t \cdot \begin{pmatrix} -3 \\ 1 \\ -4 \end{pmatrix}$

b) $g_1: \vec{x} = \begin{pmatrix} 2 \\ 1 \\ 3 \end{pmatrix} + s \cdot \begin{pmatrix} 1 \\ 1 \\ -2 \end{pmatrix}$; $g_2: \vec{x} = \begin{pmatrix} 3 \\ -4 \\ 1 \end{pmatrix} + t \cdot \begin{pmatrix} -3 \\ -3 \\ 6 \end{pmatrix}$

9 Das Dach einer Kirche hat die Form einer geraden quadratischen Pyramide mit einer Höhe von 12 m und einer Breite von 5 m. Legen sie selbst ein Koordinatensystem fest und bestimmen Sie Parameterdarstellungen für die Ebenen, in welchen die Seitenflächen und die Grundfläche der Pyramide liegen.

10 Gegeben ist die Parameterdarstellung einer Ebene: $\vec{x} = \begin{pmatrix} -2 \\ 0 \\ 1 \end{pmatrix} + s \cdot \begin{pmatrix} 1 \\ 1 \\ 1 \end{pmatrix} + t \cdot \begin{pmatrix} -1 \\ 2 \\ 0 \end{pmatrix}$

Wählen Sie drei Punkte in der Ebene. Entwickeln Sie aus den Koordinaten dieser drei Punkte eine andere Parameterdarstellung der Ebene.

11 Kim hat versucht, zu drei gegebenen Punkten A, B, und C eine Parameterdarstellung einer Ebene aufzustellen, in der diese drei Punkte liegen.
Was hat sie falsch gemacht?

$A(2|4|0)$; $B(5|7|-2)$; $C(11|13|-6)$

$\overrightarrow{OX} = \begin{pmatrix} 2 \\ 4 \\ 0 \end{pmatrix} + r \cdot \begin{pmatrix} 5-2 \\ 7-4 \\ -2-0 \end{pmatrix} + s \cdot \begin{pmatrix} 11-2 \\ 13-4 \\ -6-0 \end{pmatrix}$

$\overrightarrow{OX} = \begin{pmatrix} 2 \\ 4 \\ 0 \end{pmatrix} + r \cdot \begin{pmatrix} 3 \\ 3 \\ -2 \end{pmatrix} + s \cdot \begin{pmatrix} 9 \\ 9 \\ -6 \end{pmatrix}$

12 Eine Ebene geht durch den Punkt $A(2|1|3)$ und hat die Richtungsvektoren $\vec{u} = \begin{pmatrix} 2 \\ -3 \\ 1 \end{pmatrix}$ und $\vec{v} = \begin{pmatrix} 2 \\ 1 \\ 3 \end{pmatrix}$.
Überprüfen Sie, welcher der folgenden Punkte in dieser Ebene liegt.

$P_1(4|-6|12)$, $P_2(-8|3|9)$, $P_3(-2{,}6|-6{,}1|3{,}7)$

13 Geben Sie eine Parameterdarstellung für die Ebene an, in der das Dreieck bzw. das Viereck liegt. Die Punkte liegen entweder in den Koordinatenebenen oder ihr Abstand von der x_1x_2-Ebene ist eingezeichnet. Eine Kästchenlänge entspricht einer Koordinateneinheit.

a)

b)

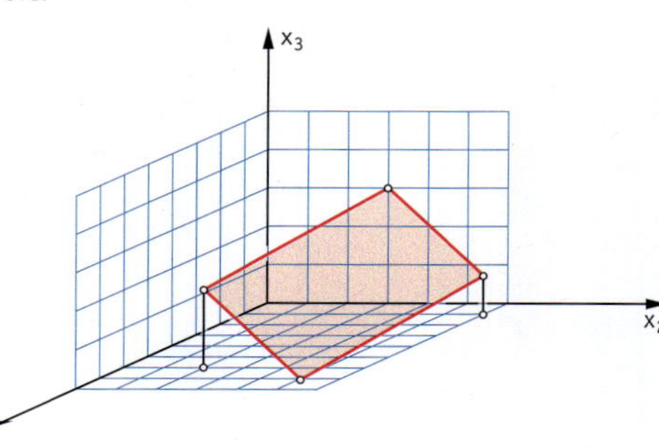

14 Timo hat überprüft, ob der Punkt P(5 | 0 | 11) in der Ebene mit der Parametergleichung $\vec{x} = \begin{pmatrix} 3 \\ 1 \\ 4 \end{pmatrix} + s \cdot \begin{pmatrix} -2 \\ 3 \\ -1 \end{pmatrix} + t \cdot \begin{pmatrix} 0 \\ 1 \\ 3 \end{pmatrix}$ liegt. Erläutern Sie, was Timo dabei falsch gemacht hat.

Statt $\overrightarrow{OX}$ schreiben wir $\vec{x}$.

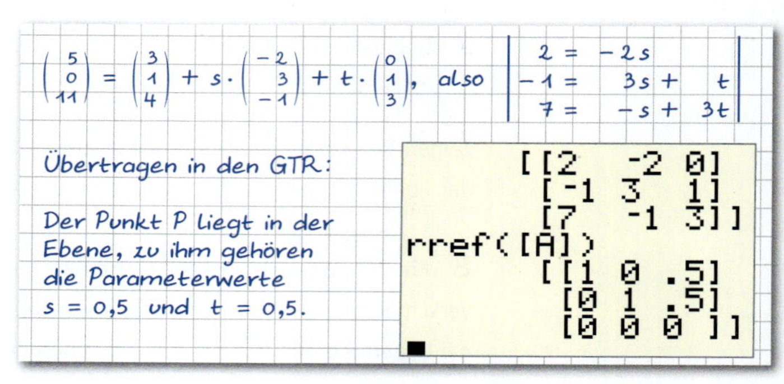

15 Prüfen Sie, ob der Punkt P in der Ebene E mit der Parameterdarstellung $\vec{x} = \begin{pmatrix} 1 \\ 2 \\ 3 \end{pmatrix} + s \cdot \begin{pmatrix} -1 \\ 0 \\ 3 \end{pmatrix} + t \cdot \begin{pmatrix} 1 \\ 1 \\ 1 \end{pmatrix}$ liegt. Wenn ja, bestimmen Sie die Werte für s und t.

a) P(2 | 3 | 4) **b)** P(−2 | 1 | 8) **c)** $P\left(1\frac{1}{6} \middle| 2\frac{2}{3} \middle| 1\frac{1}{6}\right)$ **d)** $P\left(\frac{7}{4} \middle| \frac{7}{4} \middle| -\frac{1}{4}\right)$

16 Bestimmen die Punkte P_1, P_2, P_3 und P_4 ein ebenes Viereck?

a) $P_1(7|2|-1)$ $P_3(0|-2|2)$ $P_2(-1|2|3)$ $P_4(3|2|1)$

b) $P_1(2|1|3)$ $P_3(0|0|4)$ $P_2(-2|2|1)$ $P_4(-2|-1|5)$

c) $P_1(5|-1|5)$ $P_3(3|2|-5)$ $P_2(1|1|-1)$ $P_4(7|0|-1)$

17 Prüfen Sie, ob durch die folgende Angabe eine Ebene festgelegt ist. Formulieren Sie die jeweils zu prüfenden Kriterien.

a) Gegeben sind drei Punkte P, Q und R:

(1) P(1 | 2 | 3), Q(2 | 3 | 4), R(3 | 4 | 5) (2) P(4 | 0 | 1), Q(−1 | 0 | −2), R(−6 | 0 | −5)

b) Gegeben sind eine Gerade g und ein Punkt P:

(1) g: $\vec{x} = \begin{pmatrix} 1 \\ 0 \\ 0 \end{pmatrix} + s \cdot \begin{pmatrix} 5 \\ 2 \\ -3 \end{pmatrix}$; P(14 | 6 | 9) (2) g: $\vec{x} = \begin{pmatrix} 1 \\ -1 \\ 2 \end{pmatrix} + s \cdot \begin{pmatrix} -1 \\ 0 \\ 3 \end{pmatrix}$; P(−9 | −1 | 32)

c) Gegeben sind zwei Geraden g_1 und g_2:

(1) g_1: $\vec{x} = \begin{pmatrix} 2 \\ 1 \\ 4 \end{pmatrix} + s \cdot \begin{pmatrix} 3 \\ 0 \\ 1 \end{pmatrix}$; g_2: $x = \begin{pmatrix} 1 \\ 2 \\ 3 \end{pmatrix} + t \cdot \begin{pmatrix} -1 \\ 2 \\ 1 \end{pmatrix}$

(2) g_1: $\vec{x} = \begin{pmatrix} 1 \\ 1 \\ 0 \end{pmatrix} + s \cdot \begin{pmatrix} -1 \\ 1 \\ 2 \end{pmatrix}$; g_2: $\vec{x} = \begin{pmatrix} 2 \\ 1 \\ -1 \end{pmatrix} + t \cdot \begin{pmatrix} 0 \\ 1 \\ 1 \end{pmatrix}$

(3) g_1: $\vec{x} = \begin{pmatrix} 5 \\ 0 \\ 2 \end{pmatrix} + s \cdot \begin{pmatrix} 3 \\ -1 \\ 4 \end{pmatrix}$; g_2: $\vec{x} = \begin{pmatrix} -1 \\ 2 \\ -6 \end{pmatrix} + t \cdot \begin{pmatrix} 6 \\ -2 \\ 8 \end{pmatrix}$

(4) g_1: $\vec{x} = s \cdot \begin{pmatrix} 2 \\ -1 \\ 0 \end{pmatrix}$; g_2: $\vec{x} = \begin{pmatrix} 2 \\ 3 \\ 1 \end{pmatrix} + t \cdot \begin{pmatrix} 4 \\ -2 \\ 0 \end{pmatrix}$

18 Gegeben ist eine Ebene E durch folgende Parameterdarstellung: E: $\vec{x} = \begin{pmatrix} 3 \\ 1 \\ 2 \end{pmatrix} + s \cdot \begin{pmatrix} 1 \\ -1 \\ 2 \end{pmatrix} + t \cdot \begin{pmatrix} 2 \\ 1 \\ 4 \end{pmatrix}$

a) Woran erkennt man leicht, dass die Geraden g_1 und g_2 in der Ebene liegen?
g_1: $\vec{x} = \begin{pmatrix} 3 \\ 1 \\ 2 \end{pmatrix} + t \cdot \begin{pmatrix} 1 \\ -1 \\ 2 \end{pmatrix}$; g_2: $\vec{x} = \begin{pmatrix} 3 \\ 1 \\ 2 \end{pmatrix} + t \cdot \begin{pmatrix} 2 \\ 1 \\ 4 \end{pmatrix}$

b) Geben Sie einen Punkt P an, der nicht in der Ebene E liegt. Bestimmen Sie eine Parameterdarstellung einer Ebene F, die den Punkt P enthält und die Ebene E in der Geraden g_1 schneidet. Fertigen Sie eine Skizze an und erläutern Sie Ihr Vorgehen.

c) Bestimmen Sie eine Parameterdarstellung einer Ebene G, die den Punkt P aus Teilaufgabe b) enthält und die parallel zu E verläuft. Erläutern Sie Ihr Vorgehen.

19 **Parameterdarstellungen von speziellen Ebenen**

Geben Sie eine Parameterdarstellung der Ebene an,

a) die durch die x_1- und x_2-Achse aufgespannt wird (x_1x_2-Koordinatenebene);

b) die durch die x_2- und x_3-Achse aufgespannt wird (x_2x_3-Koordinatenebene);

c) die durch $P(3|1|-2)$ verläuft und parallel zur x_1x_3-Koordinatenebene ist;

d) die zur x_1- und x_2-Achse parallel ist und die x_3-Achse bei 2 schneidet;

e) welche die x_1-Achse bei 3, die x_2-Achse bei 1 und die x_3-Achse bei -1 schneidet;

f) welche mit der x_1x_2-Koordinatenebene die Punkte $P(3|0|0)$ und $Q(0|-2|0)$ gemeinsam hat und die x_3-Achse bei 4 schneidet;

g) welche die x_3-Achse enthält und mit der x_1x_2-Ebene die Gerade g: $\vec{x} = t \cdot \begin{pmatrix} 1 \\ 2 \\ 0 \end{pmatrix}$ gemeinsam hat.

20

a) Stellen Sie alle Möglichkeiten zusammen, wie man eine Ebene festlegen kann.
Geben Sie jeweils ein Beispiel an.

b) Geben Sie eine Parameterdarstellung für eine Ebene an.
Bestimmen Sie dann drei Punkte, die in der Ebene liegen, und drei Punkte, die nicht in der Ebene liegen. Beschreiben Sie Ihr Vorgehen.

21 Von einem Würfel der Kantenlänge 4 wird eine Ecke abgeschnitten.

a) Geben Sie eine Parameterdarstellung für die Ebene an, in der die Schnittfläche liegt.

b) Welche Einschränkungen sind für die Parameter vorzunehmen, damit die Gleichung die dreieckige Schnittfläche beschreibt?

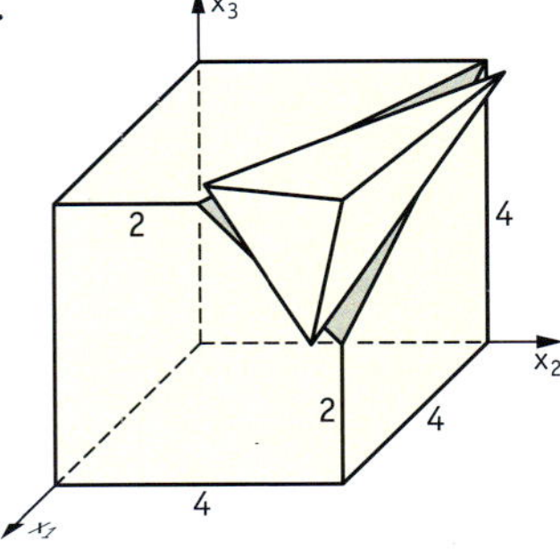

22

a) Gegeben ist eine Ebene E durch die Parameterdarstellung $\vec{x} = \begin{pmatrix} 3 \\ 1 \\ 4 \end{pmatrix} + r \cdot \begin{pmatrix} -1 \\ 2 \\ 2 \end{pmatrix} + s \cdot \begin{pmatrix} 3 \\ 1 \\ -1 \end{pmatrix}$.

Begründen Sie ohne Rechnung, warum die Geraden g_1 und g_2 in der Ebene E liegen.

g_1: $\vec{x} = \begin{pmatrix} 3 \\ 1 \\ 4 \end{pmatrix} + t \cdot \begin{pmatrix} -1 \\ 2 \\ 2 \end{pmatrix}$; g_2: $\vec{x} = \begin{pmatrix} 3 \\ 1 \\ 4 \end{pmatrix} + t \cdot \begin{pmatrix} 3 \\ 1 \\ -1 \end{pmatrix}$

b) Gegeben ist eine Ebene durch die Parameterdarstellung $\vec{x} = \vec{a} + r \cdot \vec{u} + s \cdot \vec{v}$.
Begründen Sie, warum die Geraden in der Ebene liegen.

(1) g: $\vec{x} = \vec{a} + t \cdot \vec{u}$ (2) g: $\vec{x} = \vec{a} + t \cdot \vec{v}$ (3) g: $\vec{x} = \vec{a} + \vec{u} + t \cdot \vec{v}$ (4) g: $\vec{x} = \vec{a} + 3\vec{v} + t \cdot \vec{u}$

4.4.2 Lagebeziehungen zwischen Gerade und Ebene

Aufgabe

1 Schnittpunkt einer Geraden mit einer Ebene bestimmen

Die Wand eines Hochhauses wird während einer Show von einem Laser angestrahlt. Der Laserstrahler befindet sich im Punkt $A(5\,|\,6\,|\,1)$ und strahlt in Richtung des Vektors $\vec{v} = \begin{pmatrix} -1 \\ -2 \\ 3 \end{pmatrix}$.

Angaben in 100 m

Die Hauswand liegt in der Ebene E mit der Parameterdarstellung $E: \vec{x} = \begin{pmatrix} 1 \\ 0 \\ 0 \end{pmatrix} + r \cdot \begin{pmatrix} -1 \\ 6 \\ 0 \end{pmatrix} + s \cdot \begin{pmatrix} 0 \\ 0 \\ 20 \end{pmatrix}$.

An welcher Stelle trifft der Laserstrahl auf die Ebene, in der die Hauswand liegt?

Lösung

Der Laserstrahl kann durch eine Gerade beschrieben werden mit der Parameterdarstellung:

$$g: \vec{x} = \overrightarrow{OA} + t \cdot \vec{v} = \begin{pmatrix} 5 \\ 6 \\ 1 \end{pmatrix} + t \cdot \begin{pmatrix} -1 \\ -2 \\ 3 \end{pmatrix} \text{ mit } t \in \mathbb{R}$$

Wir suchen die Koordinaten des Schnittpunktes S dieser Geraden mit der Ebene E.

Der Punkt S liegt sowohl auf der Geraden g als auch in der Ebene E. Sein Ortsvektor $\overrightarrow{OS}$ erfüllt also sowohl die Parameterdarstellung der Geraden als auch die der Ebene.

S liegt auf g: $\overrightarrow{OS} = \begin{pmatrix} 5 \\ 6 \\ 1 \end{pmatrix} + t \cdot \begin{pmatrix} -1 \\ -2 \\ 3 \end{pmatrix}$ für ein bestimmtes t;

S liegt auf E: $\overrightarrow{OS} = \begin{pmatrix} 1 \\ 0 \\ 0 \end{pmatrix} + r \cdot \begin{pmatrix} -1 \\ 6 \\ 0 \end{pmatrix} + s \cdot \begin{pmatrix} 0 \\ 0 \\ 20 \end{pmatrix}$ für ein bestimmtes r und ein bestimmtes s.

Für r, s und t erhält man somit die Vektorgleichung: $\begin{pmatrix} 5 \\ 6 \\ 1 \end{pmatrix} + t \cdot \begin{pmatrix} -1 \\ -2 \\ 3 \end{pmatrix} = \begin{pmatrix} 1 \\ 0 \\ 0 \end{pmatrix} + r \cdot \begin{pmatrix} -1 \\ 6 \\ 0 \end{pmatrix} + s \cdot \begin{pmatrix} 0 \\ 0 \\ 20 \end{pmatrix}$

Durch Umstellen ergibt sich:

$$-r \cdot \begin{pmatrix} -1 \\ 6 \\ 0 \end{pmatrix} - s \cdot \begin{pmatrix} 0 \\ 0 \\ 20 \end{pmatrix} + t \cdot \begin{pmatrix} -1 \\ -2 \\ 3 \end{pmatrix} = \begin{pmatrix} 1 \\ 0 \\ 0 \end{pmatrix} - \begin{pmatrix} 5 \\ 6 \\ 1 \end{pmatrix}, \text{ also } -r \cdot \begin{pmatrix} -1 \\ 6 \\ 0 \end{pmatrix} - s \cdot \begin{pmatrix} 0 \\ 0 \\ 20 \end{pmatrix} + t \cdot \begin{pmatrix} -1 \\ -2 \\ 3 \end{pmatrix} = \begin{pmatrix} -4 \\ -6 \\ -1 \end{pmatrix}$$

Umgeschrieben in ein Gleichungssystem erhält man:

$$\left| \begin{array}{rcrcrcr} r & & & - & t & = & -4 \\ -6r & & & - & 2t & = & -6 \\ & & -20s & + & 3t & = & -1 \end{array} \right|$$

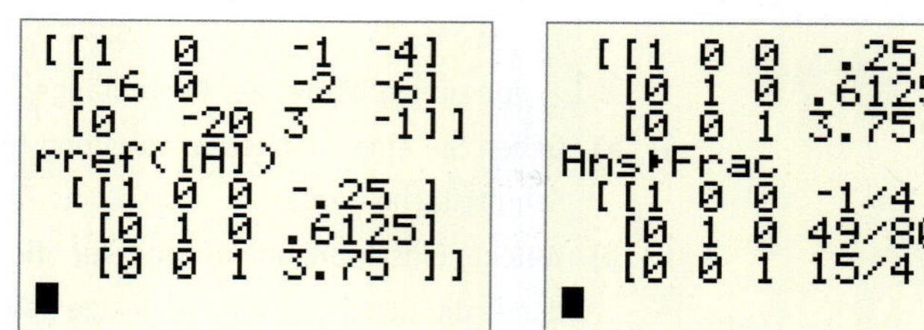

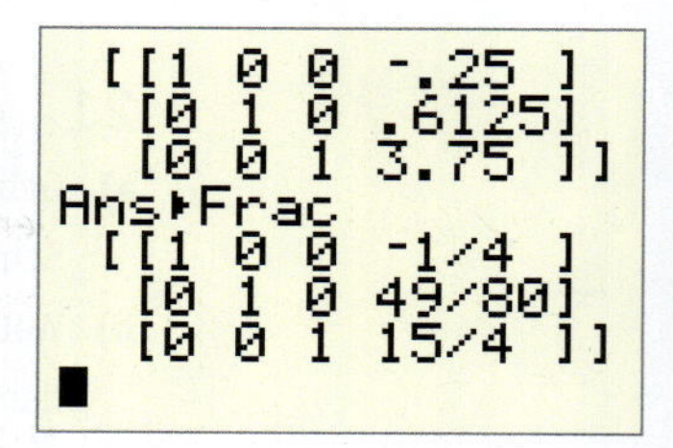

Das Gleichungssystem hat als einzige Lösung das Tripel $(r;\ s;\ t) = (-0{,}25;\ 0{,}6125;\ 3{,}75)$. Dabei sind $r = -0{,}25$ und $s = 0{,}6125$ die Parameterwerte der Ebene, $t = 3{,}75$ ist der Parameterwert der Geraden. Wird $t = 3{,}75$ in die Parameterdarstellung der Geraden eingesetzt, so ergibt sich für den Ortsvektor des gesuchten Schnittpunktes S:

$$\overrightarrow{OS} = \begin{pmatrix} 5 \\ 6 \\ 1 \end{pmatrix} + 3{,}75 \cdot \begin{pmatrix} -1 \\ -2 \\ 3 \end{pmatrix} = \begin{pmatrix} 1{,}25 \\ -1{,}5 \\ 12{,}25 \end{pmatrix}.$$

Setzt man zur Kontrolle r und s in die Parameterdarstellung der Ebene ein, dann erhält man denselben Ortsvektor.

Die Gerade g und die Ebene E schneiden sich also im Punkt S.

Ergebnis

Der Laserstrahl trifft im Punkt $S(1{,}25\,|\,-1{,}5\,|\,12{,}25)$ auf die Ebene, in der die Hochhauswand liegt.

Aufgabe

2 Lage von Gerade und Ebene zueinander

a) Untersuchen Sie, wie eine Gerade und eine Ebene im Raum zueinander liegen können und was diese verschiedenen Möglichkeiten in der Lösung des Gleichungssystems bedeuten.

b) Welcher Fall liegt hier vor?

$g\colon \vec{x} = \begin{pmatrix} 1 \\ -1 \\ 4 \end{pmatrix} + t \cdot \begin{pmatrix} 2 \\ 1 \\ -6 \end{pmatrix}$; $E\colon \vec{x} = \begin{pmatrix} 1 \\ 2 \\ 1 \end{pmatrix} + r \cdot \begin{pmatrix} 1 \\ 2 \\ -4 \end{pmatrix} + s \cdot \begin{pmatrix} 0 \\ -3 \\ 2 \end{pmatrix}$; $r, s, t \in \mathbb{R}$

Lösung

a) Es gibt genau drei verschiedene Fälle:

(1) Die Gerade a hat mit der Ebene genau einen Punkt gemeinsam; sie schneidet die Ebene in einem Punkt S. Das bedeutet:
Das lineare Gleichungssystem hat genau eine Lösung.

(2) Die Gerade b verläuft parallel zur Ebene und hat mit dieser keinen gemeinsamen Punkt. Das bedeutet:
Das lineare Gleichungssystem hat keine Lösung.

(3) Die Gerade c liegt ganz in der Ebene. Das bedeutet:
Das lineare Gleichungssystem hat unendlich viele Lösungen.

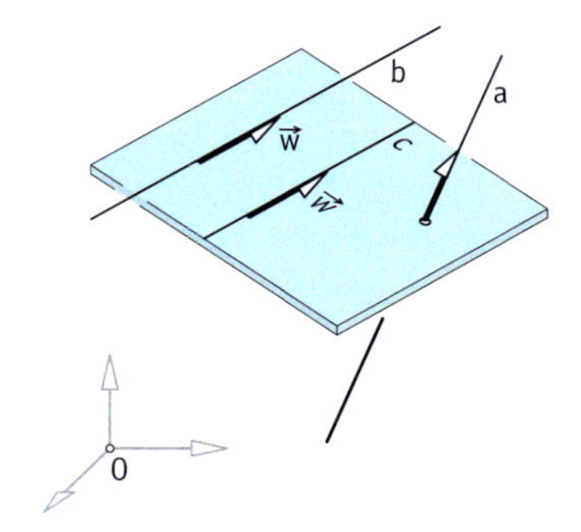

b) Wir prüfen, ob die Gerade g und die Ebene E gemeinsame Punkte haben. Wenn die Gerade und die Ebene gemeinsame Punkte haben, so gibt es Werte r, s, und t, die die Vektorgleichung

$$\begin{pmatrix} 1 \\ -1 \\ 4 \end{pmatrix} + t \cdot \begin{pmatrix} 2 \\ 1 \\ -6 \end{pmatrix} = \begin{pmatrix} 1 \\ 2 \\ 1 \end{pmatrix} + r \cdot \begin{pmatrix} 1 \\ 2 \\ -4 \end{pmatrix} + s \cdot \begin{pmatrix} 0 \\ -3 \\ 2 \end{pmatrix}$$ erfüllen, andernfalls nicht.

Durch Umformen ergibt sich $r \cdot \begin{pmatrix} 1 \\ 2 \\ -4 \end{pmatrix} + s \cdot \begin{pmatrix} 0 \\ -3 \\ 2 \end{pmatrix} - t \cdot \begin{pmatrix} 2 \\ 1 \\ -6 \end{pmatrix} = \begin{pmatrix} 1 \\ -1 \\ 4 \end{pmatrix} - \begin{pmatrix} 1 \\ 2 \\ 1 \end{pmatrix} = \begin{pmatrix} 0 \\ -3 \\ 3 \end{pmatrix}$.

Umgeschrieben erhält man ein Gleichungssystem für r, s und t

$$\left| \begin{array}{rcl} r \qquad - 2t &=& 0 \\ 2r - 3s - \ t &=& -3 \\ -4r + 2s + 6t &=& 3 \end{array} \right| \qquad \left| \begin{array}{rcl} r \qquad - 2t &=& 0 \\ s - \ t &=& 1 \\ 0 &=& 1 \end{array} \right|$$

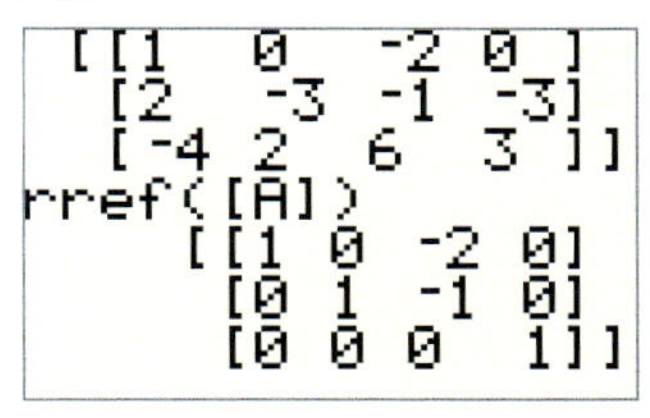

Das Gleichungssystem besitzt keine Lösung, da die letzte Zeile eine falsche Aussage ist. Die Gerade und die Ebene haben also keinen Punkt gemeinsam. Die Gerade und die Ebene sind parallel zueinander.

Weiterführende Aufgabe

3 Geraden in einer Ebene

Gegeben ist die Ebene $E\colon \vec{x} = \begin{pmatrix} 1 \\ 2 \\ 1 \end{pmatrix} + r \cdot \begin{pmatrix} 1 \\ 2 \\ -4 \end{pmatrix} + s \cdot \begin{pmatrix} 0 \\ -3 \\ 2 \end{pmatrix}$ mit $r, s \in \mathbb{R}$.

a) Zeigen Sie, dass die Gerade $g\colon \vec{x} = \begin{pmatrix} 2 \\ 1 \\ -1 \end{pmatrix} + t \cdot \begin{pmatrix} 1 \\ -4 \\ 0 \end{pmatrix}$ mit $t \in \mathbb{R}$ in der Ebene E Liegt.

b) Geben Sie drei Parameterdarstellungen für Geraden an, die nicht parallel zueinander sind und die alle in der Ebene E liegen.

Information

Schnittpunkt einer Geraden mit einer Ebene bestimmen

Die Bestimmung des Schnittpunktes einer Geraden und einer Ebene führt auf die Aufgabe, ein 3×3-Gleichungssystem zu lösen. Es gibt genau drei verschiedene Fälle:

- Das lineare Gleichungssystem hat genau eine Lösung, d. h. die Gerade schneidet die Ebene in einem Punkt S.
- Das lineare Gleichungssystem hat keine Lösung, d. h. die Gerade verläuft parallel zur Ebene und hat mit dieser keinen gemeinsamen Punkt.
- Das lineare Gleichungssystem hat unendlich viele Lösungen, d. h. die Gerade liegt ganz in der Ebene.

Übungsaufgaben 

Koordinateneinheit = 1 m

4 Ein Mast eines Zeltdaches wird durch das Dach und Abspannseile gehalten.
Eines der Seile ist im Punkt A(8|11|21) an dem Mast befestigt und soll aus Gründen der Statik die Richtung des Vektors $\vec{v} = \begin{pmatrix} 1 \\ 3 \\ 4 \end{pmatrix}$ haben.
Das Seil trifft auf die schiefe Ebene mit der Gleichung $\vec{x} = \begin{pmatrix} 2 \\ 1 \\ 1 \end{pmatrix} + s \cdot \begin{pmatrix} -3 \\ 1 \\ 0 \end{pmatrix} + t \cdot \begin{pmatrix} -1 \\ 1 \\ -2 \end{pmatrix}$.
An welcher Stelle der Ebene muss das Seil verankert werden?

5 Untersuchen Sie, ob die Gerade g und die Ebene E Schnittpunkte miteinander haben.

a) (1) g: $\vec{x} = \begin{pmatrix} 3 \\ 2 \\ 1 \end{pmatrix} + r \cdot \begin{pmatrix} 1 \\ -1 \\ 0 \end{pmatrix}$; E: $\vec{x} = \begin{pmatrix} 2 \\ 0 \\ -1 \end{pmatrix} + s \cdot \begin{pmatrix} 2 \\ 1 \\ 1 \end{pmatrix} + t \cdot \begin{pmatrix} -1 \\ 3 \\ 1 \end{pmatrix}$

(2) g: $\vec{x} = \begin{pmatrix} -1 \\ -2 \\ 4 \end{pmatrix} + r \cdot \begin{pmatrix} 1 \\ 0 \\ 1 \end{pmatrix}$; E: $\vec{x} = \begin{pmatrix} 4 \\ -1 \\ 3 \end{pmatrix} + s \cdot \begin{pmatrix} 2 \\ 1 \\ -1 \end{pmatrix} + t \cdot \begin{pmatrix} 3 \\ 1 \\ 0 \end{pmatrix}$

(3) g geht durch A(1|−6|−3) und hat den Richtungsvektor $\vec{v} = \begin{pmatrix} 0 \\ -3 \\ -1 \end{pmatrix}$; E: $\vec{x} = \begin{pmatrix} -1 \\ 3 \\ 2 \end{pmatrix} + s \cdot \begin{pmatrix} 1 \\ -1 \\ 0 \end{pmatrix} + t \cdot \begin{pmatrix} 2 \\ 1 \\ 1 \end{pmatrix}$

(4) g geht durch A(2|−3|5) und hat den Richtungsvektor $\vec{v} = \begin{pmatrix} 4 \\ -1 \\ -3 \end{pmatrix}$; E: $\vec{x} = \begin{pmatrix} 2 \\ -3 \\ 5 \end{pmatrix} + r \cdot \begin{pmatrix} 4 \\ -1 \\ -3 \end{pmatrix} + s \cdot \begin{pmatrix} 2 \\ -3 \\ 4 \end{pmatrix}$

b) Warum muss man bei (4) aus Teilaufgabe a) nicht rechnen?

6 Interpretieren Sie die Ergebnisse des GTR. Wie liegen Gerade und Ebene zueinander?

```
rref([A])
  [[1 0 -2 0]
   [0 1 -1 0]
   [0 0 0  1]]
```

```
rref([A])
  [[1 0 -2 1]
   [0 1 -1 1]
   [0 0 0  0]]
```

```
rref([A])
  [[1 0 0 -5.5]
   [0 1 0 5   ]
   [0 0 1 7.5 ]]
```

7 Gegeben sind eine Ebene E: $\vec{x} = \begin{pmatrix} 3 \\ -2 \\ 5 \end{pmatrix} + r \cdot \begin{pmatrix} 3 \\ -2 \\ 1 \end{pmatrix} + s \cdot \begin{pmatrix} 2 \\ -2 \\ 5 \end{pmatrix}$ mit $r, s \in \mathbb{R}$ und ein Punkt A(−1|2|3).

a) Geben Sie die Parameterdarstellung einer Geraden an, die durch A verläuft und E schneidet.

b) Geben Sie die Parameterdarstellung einer Geraden an, die durch A verläuft und zu E parallel verläuft.

c) Geben Sie die Parameterdarstellung einer Geraden an, die ganz in E liegt.

8 Ein Lichtstrahl aus Punkt A(1|1|−9) ist auf den Punkt B(−2|4|6) gerichtet.
Welcher Punkt der von den Punkten $P_1(-1|3|5)$, $P_2(-8|8|2)$, $P_3(13|-7|3)$ aufgespannten Ebene wird von diesem Lichtstrahl getroffen?

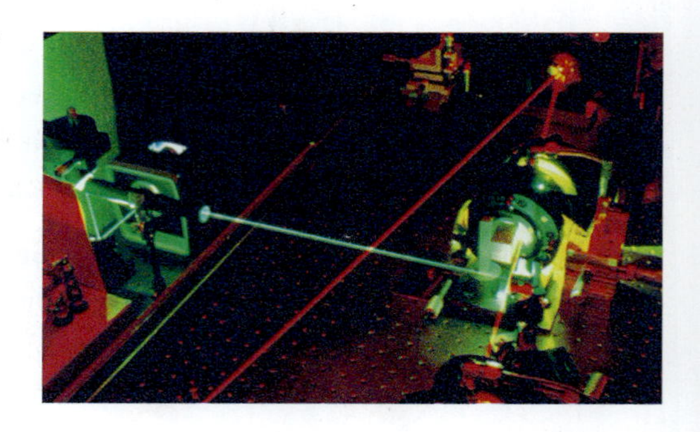

9 Gegeben sind die Gerade g: $\vec{x} = \begin{pmatrix} 2 \\ -3 \\ 5 \end{pmatrix} + t \cdot \begin{pmatrix} 4 \\ -1 \\ -3 \end{pmatrix}$ und die Punkte A(1|2|0), B(3|5|0), D(1|4|6).
Untersuchen Sie, ob die Gerade g das Parallelogramm ABCD trifft.

10 Die Gerade g verläuft auf der x_2-Achse.

a) Geben Sie die Parameterdarstellung einer Ebene E an, sodass A (0 | 2 | 0) der Schnittpunkt der Geraden g mit der Ebene E ist.

b) Geben Sie die Parameterdarstellung einer Ebene E an, zu der g parallel ist.

11 Die Wasseroberfläche wird durch die x_1x_2-Ebene dargestellt. Die Koordinateneinheiten sind in 100 m angegeben. Ein Tauchboot befindet sich im Punkt P (25 | −12 | −4) unter Wasser und bewegt sich in Richtung des Vektors $\vec{v} = \begin{pmatrix} -2 \\ 3 \\ 1 \end{pmatrix}$.

Die Wassertiefe beträgt 800 m.

Taucht das Boot auf oder ab?

In welchem Punkt der Wasseroberfläche taucht das Boot auf oder trifft es auf dem Meeresboden auf?

12 Es sind eine Geradenschar g_a: $\vec{x} = \begin{pmatrix} 1 \\ -6 \\ -3 \end{pmatrix} + t \cdot \begin{pmatrix} 0 \\ -3 \\ a \end{pmatrix}$ und eine Ebene E: $\vec{x} = \begin{pmatrix} -1 \\ 3 \\ 2 \end{pmatrix} + r \cdot \begin{pmatrix} 1 \\ -1 \\ 0 \end{pmatrix} + s \cdot \begin{pmatrix} 2 \\ 1 \\ 1 \end{pmatrix}$ gegeben.

Bestimmen Sie a so, dass g_a mit E keinen gemeinsamen Punkt hat.

13 Fassen Sie die Geraden g: $\vec{x} = \begin{pmatrix} 1 \\ 1 \\ 3 \end{pmatrix} + t \cdot \begin{pmatrix} -1 \\ 1 \\ 2 \end{pmatrix}$ und h: $\vec{x} = \begin{pmatrix} 3 \\ 1 \\ -2 \end{pmatrix} + t \cdot \begin{pmatrix} -1 \\ 1 \\ 2 \end{pmatrix}$ als Schnittgeraden der abgebildeten Figur auf.

Geben Sie drei geeignete Ebenen an.

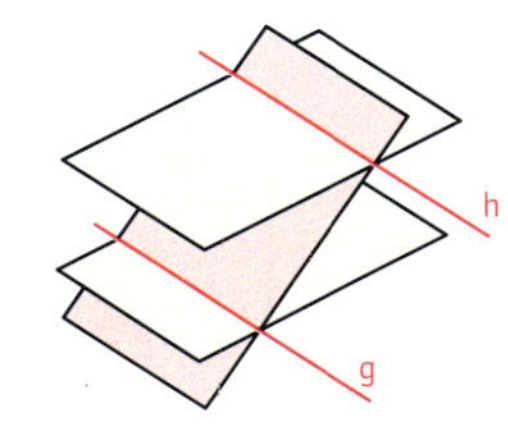

14 Bei der Planung und dem Bau eines Daches sind viele Berechnungen erforderlich. Die Maßangaben in der Zeichnung sind in Meter angegeben. Erstellen Sie für die Dachflächen E_1 und E_2 jeweils eine Ebenengleichung.

Ermitteln Sie für das Schornsteinrohr die Koordinaten des Punktes, an dem es die Dachfläche E_1 durchstößt.

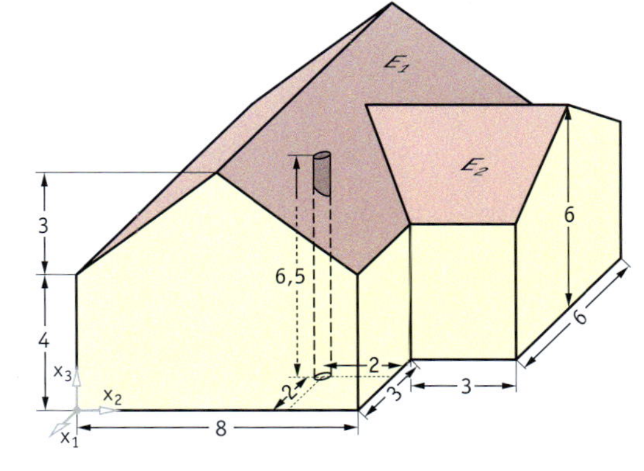

15 Die Abbildung zeigt eine quadratische Pyramide, deren Grundfläche in der x_1x_2-Ebene liegt.

a) Bestimmen Sie die fehlenden Koordinaten der Eckpunkte B, D und E sowie des Mittelpunktes P der Kante $\overline{AE}$.

b) Die Ebene F enthält die Punkte P, Q und R. Sie schneidet die Kante $\overline{DE}$ im Punkt S. Berechnen Sie die Koordinaten von S.

c) Unter welchem Winkel schneiden sich die Geraden BE und QR?

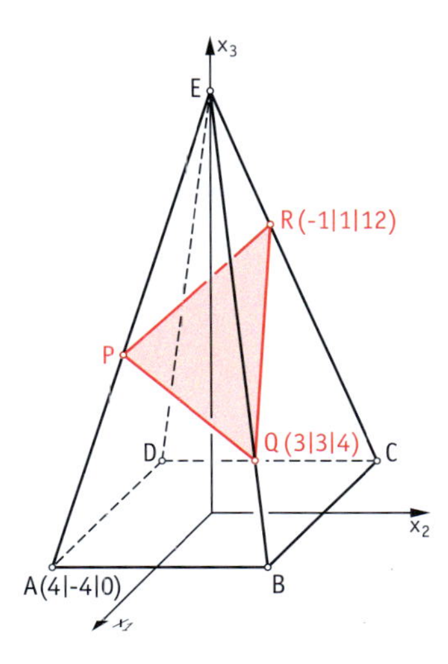

4.4.3 Lagebeziehungen zwischen zwei Ebenen

Aufgabe

1

a) Wie können zwei Ebenen im Raum zueinander liegen?

b) Welcher Fall liegt hier vor?

(1) $E_1\colon \vec{x} = \begin{pmatrix}2\\3\\2\end{pmatrix} + r\cdot\begin{pmatrix}-1\\0\\4\end{pmatrix} + s\cdot\begin{pmatrix}2\\1\\2\end{pmatrix}$; $E_2\colon \vec{x} = \begin{pmatrix}0\\2\\0\end{pmatrix} + k\cdot\begin{pmatrix}3\\3\\1\end{pmatrix} + t\cdot\begin{pmatrix}2\\3\\5\end{pmatrix}$

(2) $E_1\colon \vec{x} = \begin{pmatrix}2\\-1\\1\end{pmatrix} + r\cdot\begin{pmatrix}1\\2\\-3\end{pmatrix} + s\cdot\begin{pmatrix}-4\\0\\2\end{pmatrix}$; $E_2\colon \vec{x} = \begin{pmatrix}1\\2\\1\end{pmatrix} + k\cdot\begin{pmatrix}-2\\4\\-4\end{pmatrix} + t\cdot\begin{pmatrix}1\\6\\-8\end{pmatrix}$

Lösung

a) Es gibt genau drei verschiedene Fälle:

(1) Zwei Ebenen E und F schneiden sich in einer Schnittgeraden g.

(2) Zwei Ebenen E und F liegen parallel zueinander und haben keinen gemeinsamen Punkt.

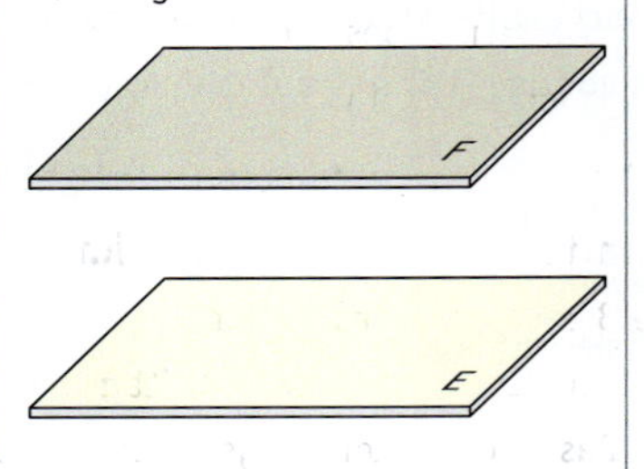

(3) Zwei Ebenen E und F sind identisch.

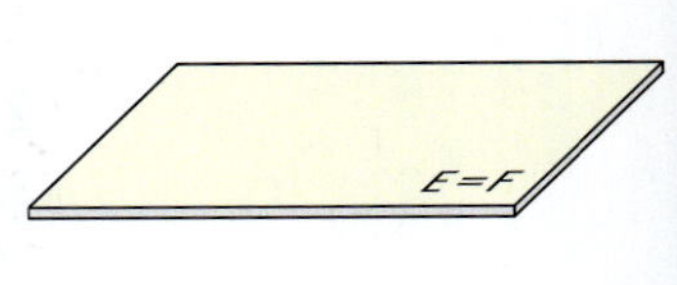

b) (1) $\begin{pmatrix}2\\3\\2\end{pmatrix} + r\cdot\begin{pmatrix}-1\\0\\4\end{pmatrix} + s\cdot\begin{pmatrix}2\\1\\2\end{pmatrix} = \begin{pmatrix}0\\2\\0\end{pmatrix} + k\cdot\begin{pmatrix}3\\3\\1\end{pmatrix} + t\cdot\begin{pmatrix}2\\3\\5\end{pmatrix}$

Aus der Vektorgleichung ergibt sich das folgende Gleichungssystem:

$$\left|\begin{array}{l} -r + 2s - 3k - 2t = -2 \\ \quad\quad s - 3k - 3t = -1 \\ 4r + 2s - k - 5t = -2 \end{array}\right|$$

$$\left|\begin{array}{l} r \quad\quad\quad - t = 0 \\ \quad s \quad\quad\quad = -1 \\ \quad\quad k + t = 0 \end{array}\right|$$

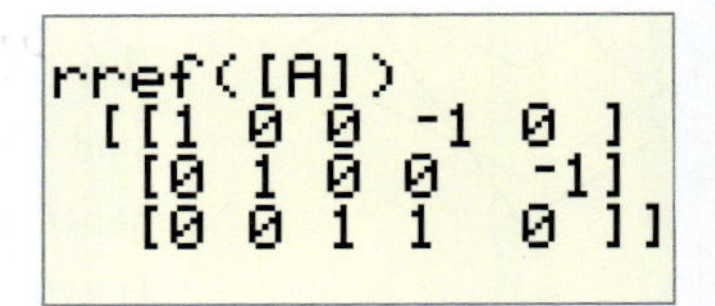

Die dritte Zeile des Gleichungssystems gibt die Beziehung $k + t = 0$, also $k = -t$ an. Setzt man dies in die Parameterdarstellung von E_2 ein, so ergibt sich

$\vec{x} = \begin{pmatrix}0\\2\\0\end{pmatrix} - t\cdot\begin{pmatrix}3\\3\\1\end{pmatrix} + t\cdot\begin{pmatrix}2\\3\\5\end{pmatrix} = \begin{pmatrix}0\\2\\0\end{pmatrix} + t\cdot\begin{pmatrix}-1\\0\\4\end{pmatrix}$ als Parameterdarstellung einer Geraden g.

Alle Punkte auf dieser Geraden g liegen sowohl in der Ebene E_1, als auch in der Ebene E_2. Die Gerade g ist somit Schnittgerade von E_1 und E_2.

Aus der dritten Zeile des Gleichungssystems kann man $s = -1$ ablesen.

Setzt man dies in die Parameterdarstellung von E_1 ein, so erhält man

$$\vec{x} = \begin{pmatrix}2\\3\\2\end{pmatrix} + r\cdot\begin{pmatrix}-1\\0\\4\end{pmatrix} - \begin{pmatrix}2\\1\\2\end{pmatrix} = \begin{pmatrix}0\\2\\0\end{pmatrix} + r\cdot\begin{pmatrix}-1\\0\\4\end{pmatrix},$$

also ebenfalls eine Parameterdarstellung derselben Schnittgeraden.

Ergebnis

Die Ebenen E_1 und E_2 schneiden einander in der Geraden $g\colon \vec{x} = \begin{pmatrix}0\\2\\0\end{pmatrix} + r\cdot\begin{pmatrix}-1\\0\\4\end{pmatrix}$.

(2) Wir prüfen, ob sich die Ebenen E_1 und E_2 schneiden.

Für die gemeinsamen Punkte beider Ebenen muss die folgende Vektorgleichung erfüllt sein:

$$\begin{pmatrix}2\\-1\\1\end{pmatrix} + r\cdot\begin{pmatrix}1\\2\\-3\end{pmatrix} + s\cdot\begin{pmatrix}-4\\0\\2\end{pmatrix} = \begin{pmatrix}1\\2\\1\end{pmatrix} + k\cdot\begin{pmatrix}-2\\4\\-4\end{pmatrix} + t\cdot\begin{pmatrix}1\\6\\-8\end{pmatrix}$$

Aus der Vektorgleichung ergibt sich das folgende Gleichungssystem:

$$\left|\begin{array}{rl} r - 4s + 2k - t &= -1 \\ 2r \quad\quad - 4k - 6t &= 3 \\ -3r + 2s + 4k + 8t &= 0 \end{array}\right| \qquad \left|\begin{array}{rl} 3r - 2s - 4k - 8t &= 0 \\ 10s - 10k - 5t &= 3 \\ 0 &= 1 \end{array}\right|$$

Das Gleichungssystem hat keine Lösung, denn in der letzten Zeile steht ein Widerspruch. Die beiden Ebenen haben also keinen gemeinsamen Punkt.

Ergebnis

Die Ebenen sind parallel zueinander.

Weiterführende Aufgabe

2 Identische Ebenen

Gegeben ist die Ebene $E: \vec{x} = \begin{pmatrix} -4 \\ 2 \\ -1 \end{pmatrix} + r \cdot \begin{pmatrix} 5 \\ 0 \\ 2 \end{pmatrix} + s \cdot \begin{pmatrix} -1 \\ 6 \\ 3 \end{pmatrix}$ mit $r, s \in \mathbb{R}$.

a) Zeigen Sie, dass die Parameterdarstellung der Ebene $F: \vec{x} = \begin{pmatrix} 0 \\ 8 \\ 4 \end{pmatrix} + r \cdot \begin{pmatrix} 4 \\ 6 \\ 5 \end{pmatrix} + s \cdot \begin{pmatrix} 2 \\ 18 \\ 11 \end{pmatrix}$ mit $r, s \in \mathbb{R}$ ebenfalls die Ebene E beschreibt. Man sagt auch E und F sind **identisch**.

b) Geben Sie drei weitere Parameterdarstellungen an, die die Ebene E beschreiben.

Information

Schnitt zweier Ebenen bestimmen

Die Bestimmung des Schnitts zweier Ebenen wie in Aufgabe 1 führt auf das Lösen eines 3×4-Gleichungssystems. Es gibt für den Schnitt zweier Ebenen drei Möglichkeiten:

- Das lineare Gleichungssystem hat unendlich viele Lösungen und es ergibt sich eine Beziehung zwischen den Parametern einer Ebenengleichung.
  Das bedeutet geometrisch: Die Ebenen schneiden sich in einer Schnittgeraden g.
- Das lineare Gleichungssystem hat keine Lösung.
  Das bedeutet: Die Ebenen liegen parallel zueinander und haben keinen gemeinsamen Punkt.
- Das lineare Gleichungssystem hat unendlich viele Lösungen. Zwischen den Parametern einer Ebene gibt es keine Beziehung.
  Das bedeutet: Die beiden Parameterdarstellungen beschreiben dieselbe Ebene.

Übungsaufgaben 

3 Von einem Prisma soll eine Pyramide durch einen ebenen Schnitt abgeschnitten werden. Dabei entstehen neue Kanten. Die Ebene E_1, in der die Schnittfläche PQD liegt, hat die folgende Paramterdarstellung:

$E_1: \vec{x} = \begin{pmatrix} 6 \\ 0 \\ 4 \end{pmatrix} + r \cdot \begin{pmatrix} -3 \\ 0 \\ -4 \end{pmatrix} + s \cdot \begin{pmatrix} -3 \\ 4 \\ -4 \end{pmatrix}$ mit $r, s \in \mathbb{R}$.

Bestimmen Sie eine Parameterdarstellung der Geraden g, auf der die Schnittkante $\overline{DP}$ liegt.

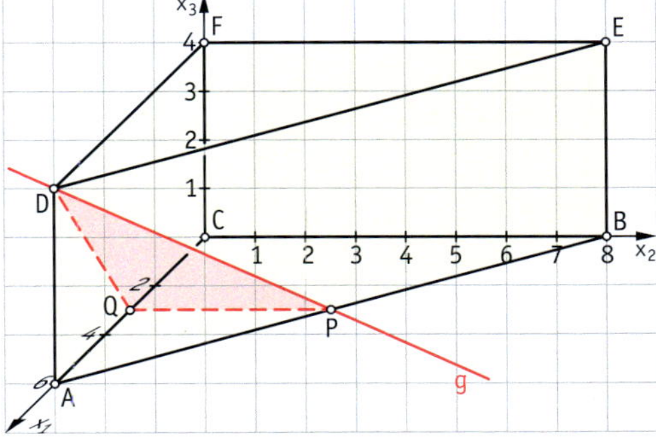

4 Gegeben ist eine Ebene $E: \vec{x} = \begin{pmatrix} 0 \\ 0 \\ 9 \end{pmatrix} + r \cdot \begin{pmatrix} 4 \\ 0 \\ 3 \end{pmatrix} + s \cdot \begin{pmatrix} 0 \\ 2 \\ -3 \end{pmatrix}$.

Untersuchen Sie die gegenseitige Lage der Ebenen E und F. Geben Sie gegebenenfalls eine Parameterdarstellung der Schnittgeraden an.

a) $F: \vec{x} = \begin{pmatrix} 2 \\ 0 \\ 3 \end{pmatrix} + r \cdot \begin{pmatrix} 0 \\ 2 \\ -3 \end{pmatrix} + s \cdot \begin{pmatrix} -2 \\ 3 \\ -3 \end{pmatrix}$

b) $F: \vec{x} = \begin{pmatrix} 8 \\ 0 \\ 3 \end{pmatrix} + r \cdot \begin{pmatrix} -2 \\ 3 \\ -3 \end{pmatrix} + s \cdot \begin{pmatrix} 8 \\ -2 \\ -3 \end{pmatrix}$

c) F geht durch $A(4|4|0)$, $B(0|4|3)$ und $C(0|0|0)$.

d) F ist festgelegt durch $A(2|1|1)$ und $g: \vec{x} = \begin{pmatrix} 1 \\ 0 \\ -3 \end{pmatrix} + t \cdot \begin{pmatrix} 1 \\ 1 \\ 0 \end{pmatrix}$

5 Bestimmen Sie, wie die beiden Ebenen zueinander liegen.

a) $E_1: \vec{x} = \begin{pmatrix} 2 \\ 0 \\ 1 \end{pmatrix} + r \cdot \begin{pmatrix} -2 \\ 1 \\ -1 \end{pmatrix} + s \cdot \begin{pmatrix} -1 \\ 0 \\ -1 \end{pmatrix}$ $E_2: \vec{x} = \begin{pmatrix} 0 \\ -2 \\ 1 \end{pmatrix} + r \cdot \begin{pmatrix} 1 \\ 1 \\ 1 \end{pmatrix} + s \cdot \begin{pmatrix} 1 \\ 2 \\ 2 \end{pmatrix}$

b) $E_1: \vec{x} = \begin{pmatrix} 2 \\ -1 \\ 1 \end{pmatrix} + r \cdot \begin{pmatrix} 1 \\ 2 \\ -3 \end{pmatrix} + s \cdot \begin{pmatrix} -4 \\ 0 \\ 2 \end{pmatrix}$ $E_2: \vec{x} = \begin{pmatrix} -1 \\ 1 \\ 0 \end{pmatrix} + r \cdot \begin{pmatrix} -2 \\ 4 \\ -4 \end{pmatrix} + s \cdot \begin{pmatrix} 1 \\ 6 \\ -8 \end{pmatrix}$

c) $E_1: \vec{x} = \begin{pmatrix} -6 \\ 0 \\ 0 \end{pmatrix} + r \cdot \begin{pmatrix} 6 \\ 4 \\ 0 \end{pmatrix} + s \cdot \begin{pmatrix} 6 \\ 0 \\ 3 \end{pmatrix}$ $E_2: \vec{x} = \begin{pmatrix} 0 \\ 0 \\ 0 \end{pmatrix} + r \cdot \begin{pmatrix} 4 \\ 1 \\ 0 \end{pmatrix} + s \cdot \begin{pmatrix} 3 \\ 0 \\ -1 \end{pmatrix}$

d) $E_1: \vec{x} = \begin{pmatrix} 0 \\ 5 \\ 0 \end{pmatrix} + r \cdot \begin{pmatrix} 0 \\ -5 \\ 2 \end{pmatrix} + s \cdot \begin{pmatrix} -10 \\ -5 \\ 0 \end{pmatrix}$ $E_2: \vec{x} = \begin{pmatrix} 2 \\ 1 \\ 1 \end{pmatrix} + r \cdot \begin{pmatrix} -3 \\ 1 \\ 1 \end{pmatrix} + s \cdot \begin{pmatrix} 2 \\ 1 \\ 0 \end{pmatrix}$

e) $E_1: \vec{x} = \begin{pmatrix} -7 \\ 5 \\ 2 \end{pmatrix} + s \cdot \begin{pmatrix} 9 \\ 1 \\ 7 \end{pmatrix} + t \cdot \begin{pmatrix} 0 \\ -8 \\ 3 \end{pmatrix}$ $E_2: \vec{x} = \begin{pmatrix} 2 \\ 6 \\ 9 \end{pmatrix} + r \cdot \begin{pmatrix} 9 \\ -7 \\ 10 \end{pmatrix} + k \cdot \begin{pmatrix} 9 \\ -17 \\ 13 \end{pmatrix}$

6 Die Gerade g mit der Parameterdarstellung $g: \vec{x} = \begin{pmatrix} 3 \\ 2 \\ -1 \end{pmatrix} + t \cdot \begin{pmatrix} 1 \\ -2 \\ 2 \end{pmatrix}$ ist die Schnittgerade der beiden Ebenen E_1 und E_2. Geben Sie Parameterdarstellungen der beiden Ebenen an, wenn der Punkt $A(5|0|1)$ in der Ebene E_1 und der Punkt $B(-3|2|-4)$ in der Ebene E_2 liegt.

7 Geben Sie mehrere Beispiele für Parameterdarstellungen zweier Ebenen E_1 und E_2 an, sodass die x_3-Achse Schnittgerade von E_1 und E_2 ist.

8

a) Geben Sie eine zur Ebene $E_1: \vec{x} = \begin{pmatrix} -1 \\ 2 \\ -3 \end{pmatrix} + r \cdot \begin{pmatrix} 5 \\ 4 \\ 3 \end{pmatrix} + s \cdot \begin{pmatrix} -3 \\ 3 \\ -4 \end{pmatrix}$ parallele Ebene E_2 an.

b) Geben Sie eine zur x_1x_3-Ebene parallele Ebene an.

c) Geben Sie zwei zueinander parallele Ebenen an.

9 Gegeben sind die Ebenen E_1 und E_2 durch die Gleichungen:

$E_1: \vec{x} = \begin{pmatrix} 2 \\ 1 \\ 2 \end{pmatrix} + r \cdot \begin{pmatrix} -1 \\ 4 \\ 0 \end{pmatrix} + t \cdot \begin{pmatrix} 2 \\ 1 \\ 3 \end{pmatrix}$ $E_2: \vec{x} = \begin{pmatrix} 4 \\ 2 \\ 4 \end{pmatrix} + r \cdot \begin{pmatrix} -2 \\ 8 \\ 0 \end{pmatrix} + t \cdot \begin{pmatrix} 4 \\ 2 \\ 6 \end{pmatrix}$

a) Untersuchen Sie, wie die beiden Ebenen zueinander liegen.

b) Die Ebene E_3 ist zur Ebene E_1 parallel und geht durch den Punkt $P(2|1|6)$. Bestimmen Sie eine Gleichung der Ebene E_3.

c) Eine Ebene E ist zur Ebene E_1 parallel. Geben Sie drei mögliche Gleichungen für E an.

10 Wie liegt die Ebene $E: \vec{x} = \begin{pmatrix} 2 \\ -4 \\ 1 \end{pmatrix} + r \cdot \begin{pmatrix} 1 \\ -3 \\ 0 \end{pmatrix} + s \cdot \begin{pmatrix} -2 \\ 1 \\ 0 \end{pmatrix}$ zur x_1x_2-Ebene?

11 Welche der Ebenen E_1, E_2 und E_3 sind parallel bzw. identisch zur Ebene E?

$E_1: \vec{x} = \begin{pmatrix} 2 \\ 2 \\ 1 \end{pmatrix} + r \cdot \begin{pmatrix} 3 \\ 2 \\ 0 \end{pmatrix} + t \cdot \begin{pmatrix} -1 \\ 0 \\ 1 \end{pmatrix}$

$E_2: \vec{x} = \begin{pmatrix} 8 \\ 0 \\ 0 \end{pmatrix} + r \cdot \begin{pmatrix} -2 \\ 3 \\ 0 \end{pmatrix} + t \cdot \begin{pmatrix} -2 \\ 0 \\ 3 \end{pmatrix}$

$E_3: \vec{x} = \begin{pmatrix} 2 \\ 1 \\ 13 \end{pmatrix} + r \cdot \begin{pmatrix} 2 \\ 0 \\ 3 \end{pmatrix} + t \cdot \begin{pmatrix} 0 \\ 1 \\ -1 \end{pmatrix}$

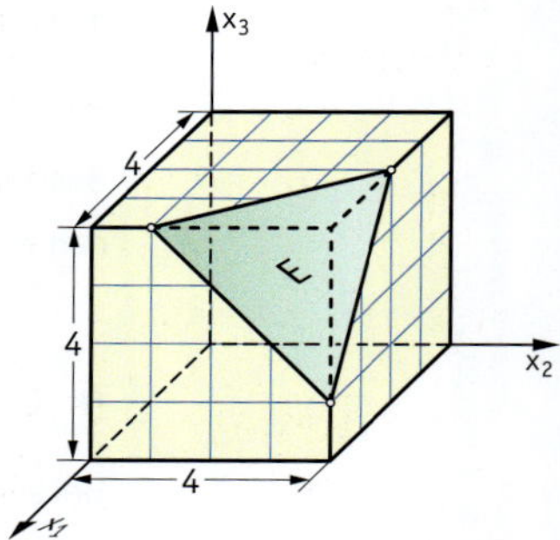

12 Geben Sie jeweils drei Beispiele für zwei Ebenen E_1 und E_2 an, die folgende Schnittgerade haben:

(1) x_1-Achse (2) x_2-Achse (3) x_3-Achse (4) $g: \vec{x} = t \cdot \begin{pmatrix} 1 \\ 1 \\ 1 \end{pmatrix}$

Die Entstehung der Analytischen Geometrie – FERMAT und DESCARTES

Vorläufer der Analytischen Geometrie

Im Laufe der Jahrhunderte brachten verschiedene Mathematiker Ideen ein, die wichtige Schritte im Hinblick auf die Entwicklung der Analytischen Geometrie darstellen.

APOLLONIUS VON PERGE (260 – 190 v. Chr.) wählte bei Untersuchungen von Schnitten von Figuren bereits besondere Bezugspunkte und -linien, z. B. Durchmesser oder Tangenten, auf denen Entfernungen ähnlich wie x-Koordinaten abgemessen wurden und die Abstände paralleler Geraden wie y-Koordinaten.

Der persische Mathematiker **OMAR KHAYYAM** (1048 – 1131) zeigte, dass die Lösungen von Gleichungen 3. Grades als Schnitt von Geraden, Kreisen, Parabeln, Hyperbeln oder Ellipsen interpretiert und entsprechend bestimmt werden können.

Mit seinem Werk „In artem analyticem isagoge“ (Einführung in die analytische Kunst, 1591) schuf **FRANÇOIS VIÈTE** (lateinisch: VIETA, 1540 – 1603) die Voraussetzungen für das Rechnen mit Variablen.

Begründer der Analytischen Geometrie

Als Begründer der Analytischen Geometrie gelten RENÉ DESCARTES und PIERRE DE FERMAT. Beide wandten zu Beginn des 17. Jahrhunderts als Erste das Rechnen mit Buchstaben (= Algebra, damals „Ars analytica“ genannt) systematisch auf geometrische Probleme an.

PIERRE DE FERMAT (1608 – 1665) versuchte schon als Student, aus Andeutungen und Zitaten die verloren gegangene Schrift „Plane loci“ von APOLLONIUS VON PERGE zu rekonstruieren. 1636 verfasste er dann seine Abhandlung „Ad locos planos et solidos isagoge“. Diese enthält – noch vor den Veröffentlichungen DESCARTES' – bereits wesentliche Gedanken der Analytischen Geometrie. FERMAT beschreibt Kurven in der Ebene durch Gleichungen mit zwei Variablen in einem Koordinatensystem und Kreise, Ellipsen, Parabeln und Hyperbeln durch Gleichungen 2. Grades. Veröffentlicht wurde diese Schrift allerdings erst im Jahr 1679, einige Jahre nach FERMATS Tod.

VARIA OPERA
MATHEMATICA
D. PETRI DE FERMAT,
SENATORIS TOLOSANI.
Accesserunt selectæ quædam ejusdem Epistolæ, vel ad ipsum à plerisque doctissimis viris Gallicè, Latinè, vel Italicè, de rebus ad Mathematicas disciplinas, aut Physicam pertinentibus scriptæ.

TOLOSÆ,
Apud JOANNEM PECH, Comitiorum Fuxensium Typographum, juxta Collegium PP. Societatis JESU.
M. DC. LXXIX.

RENÉ DESCARTES (lateinisch: CARTESIUS, 1596 – 1650) stellte seine Überlegungen in einem Buch „La Géométrie“ dar, das 1637 als Anhang zu seinem Werk „Discours de la méthode“ erschien. Darin zeigte er auf, dass sich algebraische Gleichungen durch geometrische Konstruktionen lösen und umgekehrt geometrische Objekte durch algebraische Gleichungen beschreiben lassen. Das historische Verdienst von DESCARTES ist die Einführung von Koordinateneinheiten, durch welche die Lage eines Punktes bestimmt werden kann. Da DESCARTES gegenüber FERMAT die glücklichere Hand bei der Wahl der Bezeichnungsweise hatte, setzte diese sich durch. Die Brüder JACOB BERNOULLI (1654 – 1705) und JOHANN BERNOULLI (1667 – 1748) führten später den Begriff „kartesische Koordinaten“ ein.

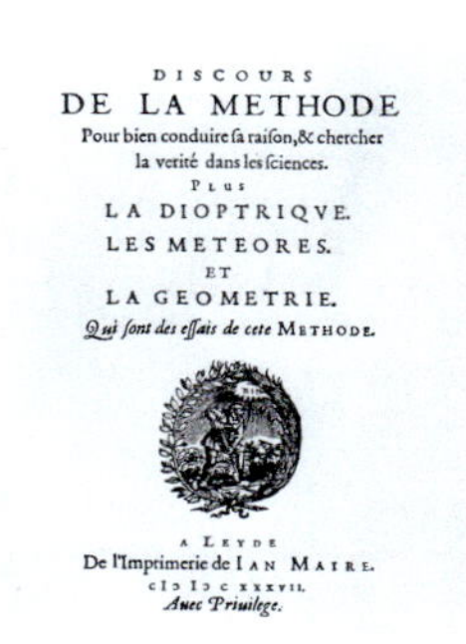

DISCOURS
DE LA METHODE
Pour bien conduire sa raison, & chercher la verité dans les sciences.
PLUS
LA DIOPTRIQVE.
LES METEORES.
ET
LA GEOMETRIE.
Qui sont des essais de cete METHODE.

A LEYDE
De l'Imprimerie de IAN MAIRE.
CIↃ IↃ C XXXVII.
Auec Priuilege.

RENÉ DESCARTES (1596 – 1650)

Der Vater von RENÉ DESCARTES war Jurist am Obersten Gerichtshof der Bretagne. Die Mutter starb, als René ein Jahr alt war; bis zum Alter von 8 Jahren lebte er bei seiner Großmutter, dann kam er in das Internat des Jesuitenkollegs in La Flèche. Wegen seiner schlechten Gesundheit genoss er dort das Privileg, bis 11 Uhr morgens im Bett bleiben zu dürfen – eine Gewohnheit, die er Zeit seines Lebens nicht änderte.

Einer seiner Lehrer war der berühmte Mönch MARIN MERSENNE (1588 – 1640), der mit allen bedeutenden Mathematikern Europas eine regelmäßige Korrespondenz führte und so für einen wissenschaftlichen Erfahrungsaustausch sorgte. Mit ihm verband ihn eine lebenslange Freundschaft. Nach einem Studium der Rechte trat er vorübergehend in den Militärdienst und reiste durch Böhmen, Ungarn, Deutschland, Holland und Italien und wieder zurück nach Frankreich und suchte Kontakt zu den größten Wissenschaftlern seiner Zeit.

1628 ließ er sich – wegen der erhofften größeren Gedankenfreiheit – im mittlerweile republikanischen Holland nieder und begann ein Werk, das den Titel „Traité du monde" (Abhandlung über die Welt) erhalten sollte. Er brach die Arbeit aber wieder ab, als er Kenntnis von den Problemen erhielt, die GALILEI mit der Inquisition hatte. Schließlich überredeten seine Freunde ihn, seine philosophischen Gedanken zu veröffentlichen.

1637 endlich erschien – zunächst anonym – „Discours de la méthode pour bien conduire sa raison et chercher la vérité dans les sciences" (Abhandlung über die Methode, seine Vernunft richtig zu gebrauchen und die Wahrheit in den Wissenschaften zu suchen) mit drei Anhängen: „La Dioptrique" (Über die Lichtbrechung), „Les Météores" (Über die Meteore), „La Géometrie" (Über die Geometrie). 1641 folgten dann noch die „Meditationes" mit dem berühmten Satz „Cogito ergo sum" (Ich denke, also bin ich).

DESCARTES' Methode des wissenschaftlichen Denkens enthält folgende Regeln:

- Halte nichts für wahr, was in Zweifel gezogen werden kann.
- Zerlege schwierige Probleme in Teilprobleme; beginne beim Einfachen und schreite zum Schwierigen fort; prüfe, ob die Untersuchung vollständig ist.

DESCARTES war der Überzeugung, dass alle Naturerscheinungen rational erfasst und erklärt werden können. Er gab eine korrekte Erklärung für das Zustandekommen eines Regenbogens, formulierte als Erster den Impulserhaltungssatz. Er vermutete, dass das Sonnensystem durch einen von Gott in Bewegung gesetzten Materiewirbel entstand, aus dem dann die Sonne, die Planeten und die Kometen hervorgingen.

1649 folgte DESCARTES einer Einladung der Königin CHRISTINA VON SCHWEDEN nach Stockholm, wo er mit seiner Gewohnheit brechen musste, lange im Bett zu bleiben, da die Königin ihn um 5 Uhr zum Frühstück erwartete, um mit ihm über mathematische und philosophische Probleme zu diskutieren. DESCARTES überlebte den ersten nordischen Winter nicht; er zog sich bei den frühen Spaziergängen zur Königin eine Lungenentzündung zu und starb kurze Zeit später.

Pierre de Fermat (1608 – 1665)

Als Sohn eines wohlhabenden Lederhändlers wurde Pierre Fermat wahrscheinlich um 1607/08 in Beaumont-de-Lomagne (nahe Toulouse) geboren. Lange Zeit galt das Jahr 1601 als Geburtsjahr Fermats; heute ist man sich ziemlich sicher, dass ein älterer Bruder mit demselben Namen im Jahr 1601 geboren wurde und bald danach starb. Nach dem Besuch der örtlichen Schule der Franziskaner besuchte er die Universitäten in Toulouse und Bordeaux – mit großem Interesse an mathematischen Themen. In Orléans schloss er ein Jura-Studium an. 1631 wurde er als Anwalt in Toulouse zugelassen. Zum *Conseiller au Parlement* (Gericht) ernannt, kümmerte er sich um Petitionen der Bürger an die Regierung in Paris. Wegen der Bedeutung des Amtes durfte er sich jetzt de Fermat nennen. In einem internen Bericht wird der Jurist Fermat als gelehrt, aber gelegentlich als verwirrt und gedankenverloren beschrieben. Dass er dennoch in höhere Ämter befördert wurde, lag an seiner Unbestechlichkeit und daran, dass viele Juristen Opfer einer Pest-Epidemie wurden. Was Fermat von seinen dienstlichen Aufgaben ablenkte, war die Mathematik.

Zu seinen Lebzeiten veröffentlichte er seine Ideen nur in Briefform, zum Beispiel in einem Briefwechsel mit der Gruppe um Marin Mersenne, zu dem auch Descartes zählte. Er legte ihnen Probleme vor, für die er selbst eine Lösung gefunden hatte. Trotz wiederholter Aufforderung nahm Fermat sich nie die Zeit, die von ihm entwickelten Verfahren detailliert schriftlich auszuarbeiten. Aus diesem Grund wurde erst viele Jahre nach seinem Tod erkannt, welch bedeutender Mathematiker er war.

Neben den Problemen der Analytischen Geometrie beschäftigte sich Fermat mit ganz unterschiedlichen Gebieten der Mathematik und Physik: z. B. mit Problemen der Differenzialrechnung, aber auch – in Auseinandersetzung mit Descartes – mit dem Problem der Lichtbrechung. Fermat leitete ein grundlegendes Gesetz der Optik her, das den Weg eines Lichtstrahls beim Übergang zwischen zwei Medien beschreibt: Das Licht wählt den „schnellsten", nicht den kürzesten Weg zwischen zwei Punkten (sogenanntes Fermat'sches Prinzip). Als Fermat von 1643 bis 1654 wegen eines Bürgerkriegs und der Pest-Epidemie keine Kontakte zu den Mathematikern in Paris hatte, vertiefte er sich – angeregt durch die „Arithmetica" des Diophantos (um 250 n. Chr.) – in ein Gebiet, für das die Mathematiker seiner Zeit wenig Interesse zeigten: die Zahlentheorie. Fünf Jahre nach seinem Tod entdeckte sein Sohn Clément-Samuel auf dem Rand einer kommentierten Diophant-Übersetzung den Satz, der später als Fermat'sche Vermutung bezeichnet wird:

> Die diophantische Gleichung $x^n + y^n = z^n$ mit $x, y, z \in \mathbb{N}$ hat keine Lösung für natürliche Zahlen $n > 2$.

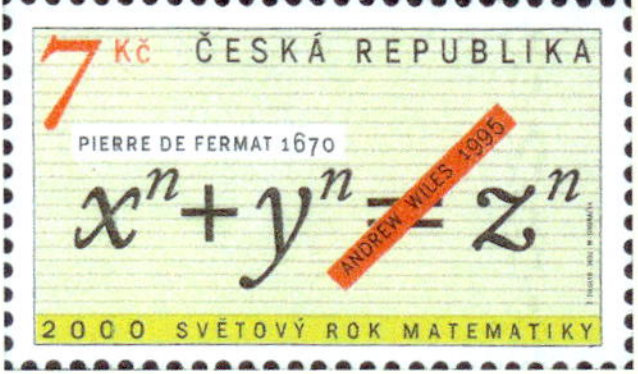

Statt einer Beweisidee hatte Fermat den später berühmt gewordenen Satz notiert: „Cuius rei demonstrationem mirabilem sane detexi. Hanc marginis exiguitas non caperet." (Ich habe einen wahrhaft wunderbaren Beweis gefunden, aber dieser Rand ist zu schmal, ihn zu fassen.) Man kann davon ausgehen, dass Fermat sich irrte; viele Mathematiker bemühten sich um den Beweis, der dann mit großem Aufwand 1995 gelang. Er selbst ging auf den Satz in allgemeiner Fassung später nicht mehr ein, was vielleicht darauf hindeutet, dass er seinen Irrtum erkannt hatte.

4.5 Normalenvektor einer Ebene

4.5.1 Normalenvektor und Koordinatengleichung einer Ebene

Aufgabe

1 Der Schattenstab einer Sonnenuhr hat die Richtung des Vektors $\vec{n} = \begin{pmatrix} 1 \\ 1 \\ -1 \end{pmatrix}$ und steht im Punkt $A(-3\,|\,2\,|\,4)$ orthogonal auf der Ebene E, in der das Ziffernblatt der Sonnenuhr liegt. Ein Punkt auf dem Ziffernblatt hat die Koordinaten $B(-2\,|\,6\,|\,9)$.

a) Erklären Sie die Bedeutung der Aussage: „Der Schattenstab steht orthogonal auf der Ebene E.“ Überprüfen Sie, ob die Punkte $C(3\,|\,5\,|\,13)$ und $D(-4\,|\,8\,|\,5)$ in dieser Ebene liegen.

b) Geben Sie ein Kriterium an, mit dessen Hilfe man entscheiden kann, ob ein Punkt X in dieser Ebene liegt oder nicht. Bestimmen Sie drei weitere Punkte, die in der Ebene liegen, in der auch das Zifferblatt liegt.

Lösung

a) Der Schattenstab liegt auf einer Geraden g, die orthogonal zur Ebene E verläuft. Dies bedeutet, dass die Gerade g orthogonal zu allen Geraden der Ebene E ist. Die Richtung des Schattenstabs wird beschrieben durch den Vektor $\vec{n} = \begin{pmatrix} 1 \\ 1 \\ -1 \end{pmatrix}$.

Der Vektor $\vec{n}$ ist somit orthogonal zu den Richtungsvektoren aller Geraden, die in der Ebene E liegen, also zu allen Richtungsvektoren der Ebene.

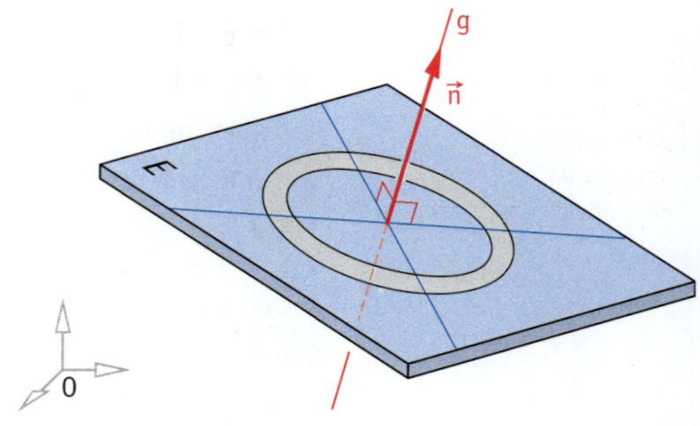

Da A und B in der Ebene liegen, muss der Vektor $\vec{n}$ orthogonal zum Vektor $\overrightarrow{AB} = \begin{pmatrix} 1 \\ 4 \\ 5 \end{pmatrix}$ sein.

Wir überprüfen dies: $\vec{n} * \overrightarrow{AB} = 1 \cdot 1 + 1 \cdot 4 - 1 \cdot 5 = 0$

Entsprechend kann man dies für die Punkte C und D untersuchen:

$\vec{n} * \overrightarrow{AC} = \begin{pmatrix} 1 \\ 1 \\ -1 \end{pmatrix} * \begin{pmatrix} 6 \\ 3 \\ 9 \end{pmatrix} = 6 + 3 - 9 = 0$ und $\vec{n} * \overrightarrow{AD} = \begin{pmatrix} 1 \\ 1 \\ -1 \end{pmatrix} * \begin{pmatrix} -1 \\ 6 \\ 1 \end{pmatrix} = -1 + 6 - 1 = 4 \neq 0$

Die Vektoren $\vec{n}$ und $\overrightarrow{AC}$ sind orthogonal zueinander, folglich liegt C in der Ebene. Dagegen sind die beiden Vektoren $\vec{n}$ und $\overrightarrow{AD}$ nicht orthogonal zueinander. Somit kann D nicht in dieser Ebene liegen.

b) Wenn ein Punkt X in der Ebene liegt, dann liegt auch der Verbindungsvektor $\overrightarrow{AX}$ in der Ebene. Somit gilt: $\vec{n} \perp \overrightarrow{AX}$ bzw. $\vec{n} * \overrightarrow{AX} = 0$. Liegt ein Punkt X dagegen nicht in dieser Ebene, so sind die beiden Vektoren $\vec{n}$ und $\overrightarrow{AX}$ nicht orthogonal zueinander, und es gilt $\vec{n} * \overrightarrow{AX} \neq 0$.

Ein Punkt $X(x_1\,|\,x_2\,|\,x_3)$ liegt also genau dann in der Ebene, wenn gilt: $\vec{n} * \overrightarrow{AX} = 0$.

Nun gilt $\overrightarrow{AX} = \begin{pmatrix} x_1 + 3 \\ x_2 - 2 \\ x_3 - 4 \end{pmatrix}$, damit ergibt sich $\vec{n} * \overrightarrow{AX} = \begin{pmatrix} 1 \\ 1 \\ -1 \end{pmatrix} * \begin{pmatrix} x_1 + 3 \\ x_2 - 2 \\ x_3 - 4 \end{pmatrix} = 0$, also

$$1 \cdot (x_1 + 3) + 1 \cdot (x_2 - 2) = 1 \cdot (x_3 - 4) = 0.$$

Zusammengefasst erhält man daraus die Koordinatengleichung $x_1 + x_2 - x_3 + 5 = 0$.

Zum Beispiel erfüllen die Koordinaten der Punkte $P_1(0\,|\,0\,|\,5)$, $P_2(1\,|\,-6\,|\,0)$ und $P_3(-2\,|\,-2\,|\,1)$ diese Koordinatengleichung und liegen deshalb in der Ebene.

Information

(1) Normalenvektor einer Ebene

Ein Vektor $\vec{n}$, der orthogonal zu allen Richtungsvektoren einer Ebene ist, ist damit orthogonal zu dieser und heißt **Normalenvektor** der Ebene. Alle Normalenvektoren einer Ebene sind Vielfache voneinander.

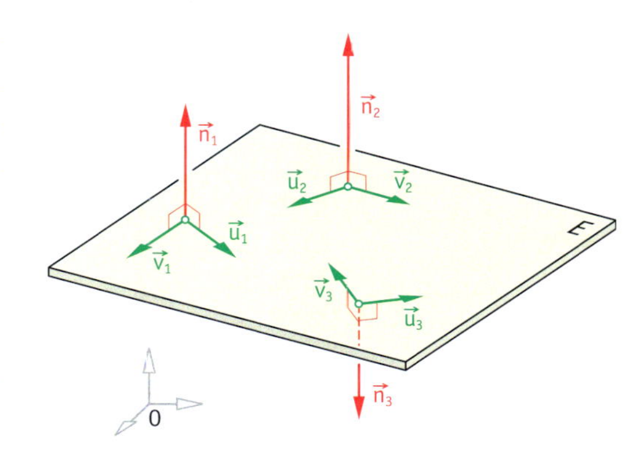

(2) Festlegen einer Ebene durch einen Punkt und einen Normalenvektor

Wir verallgemeinern die Überlegungen aus Aufgabe 1:

Satz 10

Gegeben sind ein Punkt $A(a_1 | a_2 | a_3)$ einer Ebene E und ein Normalenvektor $\vec{n} = \begin{pmatrix} n_1 \\ n_2 \\ n_3 \end{pmatrix}$ von E.

Ein Punkt $X(x_1 | x_2 | x_3)$ liegt genau dann in dieser Ebene, wenn sein Ortsvektor $\overrightarrow{OX} = \begin{pmatrix} x_1 \\ x_2 \\ x_3 \end{pmatrix}$ die folgende Gleichung erfüllt:

$$\vec{n} * \left(\overrightarrow{OX} - \overrightarrow{OA}\right) = 0, \text{ also:}$$

$$\vec{n} * \overrightarrow{OX} = \vec{n} * \overrightarrow{OA}$$

Diese Gleichung nennt man ***Normalenform*** *einer Ebene. Mit $\vec{x} = \overrightarrow{OX}$ und $\vec{a} = \overrightarrow{OA}$ schreibt man dafür auch $\vec{n} * (\vec{x} - \vec{a}) = 0$.*

Mit $d = \vec{n} * \overrightarrow{OA}$ ergibt sich daraus auch die Koordinatengleichung

$$n_1 \cdot x_1 + n_2 \cdot x_2 + n_3 \cdot x_3 = d$$

Diese Gleichung nennt man ***Koordinatengleichung*** *einer Ebene.*

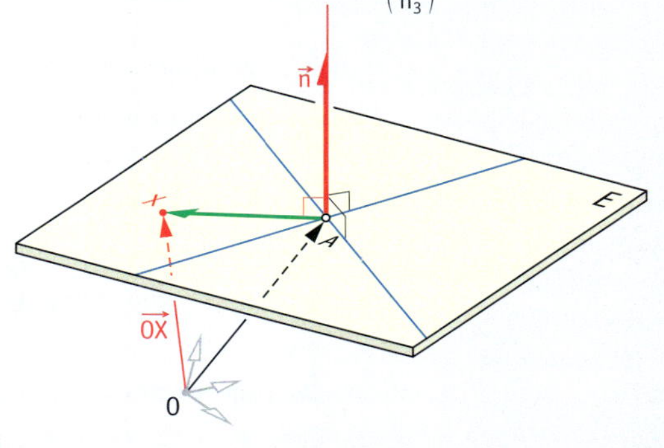

Beispiel

Zu der Ebene mit dem Punkt $A(-6 | 5 | 7)$ und dem Normalenvektor $\vec{n} = \begin{pmatrix} 2 \\ -3 \\ 4 \end{pmatrix}$ erhalten wir eine Normalenform der Ebenengleichung:

$$\begin{pmatrix} 2 \\ -3 \\ 4 \end{pmatrix} * \left[\begin{pmatrix} x_1 \\ x_2 \\ x_3 \end{pmatrix} - \begin{pmatrix} -6 \\ 5 \\ 7 \end{pmatrix}\right] = 0$$

Durch Berechnen des Skalarproduktes ergibt sich daraus:

$$\begin{pmatrix} 2 \\ -3 \\ 4 \end{pmatrix} * \begin{pmatrix} x_1 \\ x_2 \\ x_3 \end{pmatrix} = \begin{pmatrix} 2 \\ -3 \\ 4 \end{pmatrix} * \begin{pmatrix} -6 \\ 5 \\ 7 \end{pmatrix}, \text{ und somit:}$$

$$2x_1 - 3x_2 + 4x_3 = -12 - 15 + 28, \text{ also: } 2x_1 - 3x_2 + 4x_3 = 1$$

Weiterführende Aufgaben

2 Von der Koordinatengleichung zur Normalenform einer Ebene

a) Durch die Koordinatengleichung $3x_1 - 2x_2 + 6x_3 = 18$ wird eine Ebene beschrieben.
Bestimmen Sie wie im Beispiel rechts eine Normalenform dieser Ebenengleichung.

b) Welche Normalenvektoren hat eine Ebene, die durch die Gleichung $a x_1 + b x_2 + c x_3 = d$ beschrieben wird?

Beispiel

E: $2x_1 - 3x_2 + 4x_2 = 1$ ist gegeben.

Man kann direkt ablesen: $\vec{n} = \begin{pmatrix} 2 \\ -3 \\ 4 \end{pmatrix}$.

Einen Punkt A von E kann man am einfachsten bestimmen, indem man zwei Koordinaten null wählt:
$A(0{,}5 | 0 | 0)$ liegt in der Ebene, denn es gilt:
$2 \cdot 0{,}5 - 3 \cdot 0 + 4 \cdot 0 = 1$

Eine Normalenform der Ebene lautet also:

$$\begin{pmatrix} 2 \\ -3 \\ 4 \end{pmatrix} * \left[\begin{pmatrix} x_1 \\ x_2 \\ x_3 \end{pmatrix} - \begin{pmatrix} 0{,}5 \\ 0 \\ 0 \end{pmatrix}\right] = 0$$

3 Von der Koordinatengleichung zur Parameterdarstellung

Gegeben ist die Ebene mit der Gleichung $0{,}5x_1 + 2x_2 + 3x_3 = 6$.

a) Berechnen Sie aus der Ebenengleichung drei Ebenenpunkte und entwickeln Sie daraus eine Parameterdarstellung der Ebene. Worauf müssen Sie achten?

b) Betrachten Sie die Koordinatengleichung als ein lineares Gleichungssystem mit einer Gleichung und drei Variablen. Erstellen Sie aus der Lösung dieses Gleichungssystems eine Parameterdarstellung für die Ebene, wie im Beispiel rechts.

Beispiel

Gegeben ist eine Ebene E.

E: $2x_1 + 4x_2 - 3x_3 = 8$

(1) Die Gleichung nach x_1 umstellen:
$x_1 = 4 - 2x_2 + 1{,}5x_3$

(2) Wir setzen $x_2 = s$ und $x_3 = t$:
$x_1 = 4 - 2s + 1{,}5t$
$x_2 = s$
$x_3 = t$

(3) Die Lösung in Vektorschreibweise übertragen:
$\vec{x} = \begin{pmatrix} 4 \\ 0 \\ 0 \end{pmatrix} + s \cdot \begin{pmatrix} -2 \\ 1 \\ 0 \end{pmatrix} + t \cdot \begin{pmatrix} 1{,}5 \\ 0 \\ 1 \end{pmatrix}$

4 Koordinatengleichungen von Ebenen mit besonderer Lage im Koordinatensystem

a) Gegeben sind die Koordinatengleichungen zweier Ebenen E_1 und E_2.

E_1: $x_2 = 3$; E_2: $5x_1 + 2x_2 = 10$

Wie liegen die Ebenen im Koordinatensystem? Fertigen Sie eine Zeichnung an.

b) Untersuchen Sie allgemein, wie eine Ebene mit der Koordinatengleichung $ax_1 + bx_2 + cx_3 = d$ zum Koordinatensystem liegt, wenn einige Koeffizienten a, b, c oder d gleich null sind.

5 Lage zweier Ebenen zueinander

Gegeben sind zwei Ebenen E_1 bzw. E_2 mit den Normalenvektoren $\vec{n_1}$ bzw. $\vec{n_2}$.

(1) E_1 und E_2 sind parallel zueinander, aber nicht identisch.

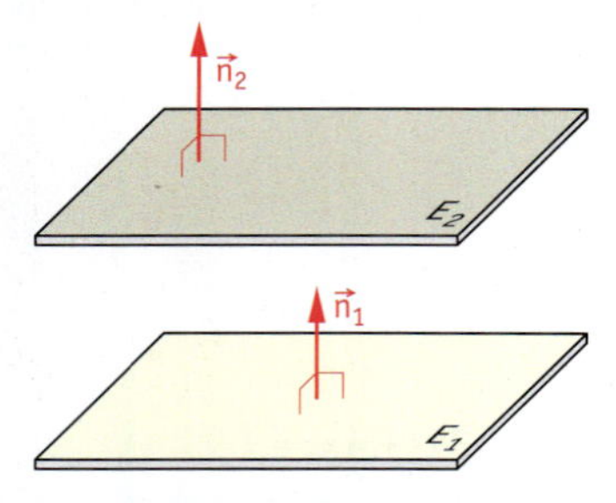

(2) E_1 und E_2 sind identisch.

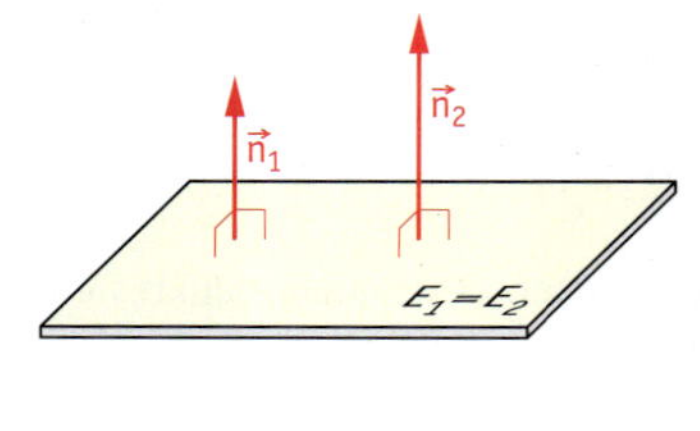

(3) E_1 uns E_2 schneiden einander in einer Gerade g.

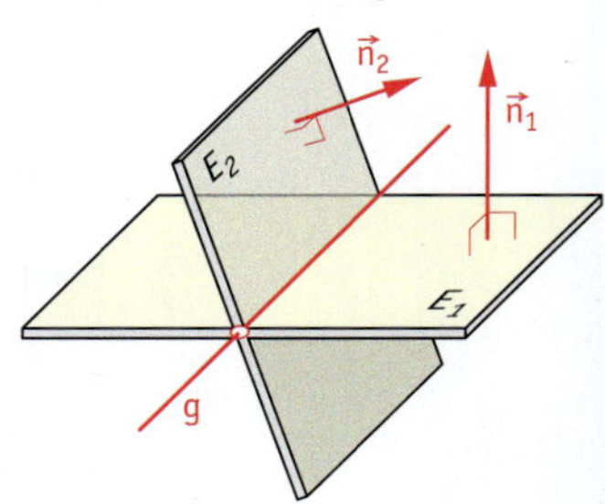

Geben Sie ein rechnerisches Verfahren an, mit dem man mithilfe der Normalenvektoren entscheiden kann, welcher Fall vorliegt.

Information

Es ist $d = 0$ genau dann, wenn die Ebene durch den Ursprung geht.

Veranschaulichung der Lösungsmenge einer linearen Gleichung

Gegeben ist die lineare Gleichung $ax_1 + bx_2 + cx_3 = d$ für die drei Variablen x_1, x_2 und x_3.

- Ist wenigstens eine der Zahlen a, b, c ungleich null, so lässt sich die Gleichung als Koordinatengleichung einer Ebene interpretieren. Die Lösungsmenge stellt eine Ebene im Koordinatensystem dar.
- Ist $a = b = c = d = 0$, so wird die Gleichung $0x_1 + 0x_2 + 0x_3 = 0$ für jedes Zahlentripel $(x_1 | x_2 | x_3)$ erfüllt. Die Lösungsmenge wird durch alle Punkte des Raums veranschaulicht.
- Gilt $a = b = c = 0$ und $d \neq 0$, so hat die Gleichung $0x_1 + 0x_2 + 0x_3 = d$ keine Lösung.

Übungsaufgaben 

6 Seilverankerungen bei Zeltdächern sollen Kräfte möglichst orthogonal aufnehmen und ableiten. Eine Seilabspannung hat die Richtung des Vektors $\vec{n} = \begin{pmatrix} 2 \\ 5 \\ -8 \end{pmatrix}$. Sie ist im Punkt A (17 | −8 | 19) orthogonal auf einem Betonsockel verankert.

Einheit 1 m

a) Überprüfen Sie, ob die Punkte B (29 | −24 | 12) und C (11 | 5 | 20) ebenfalls in dieser Dachflächenebene liegen.

b) Geben Sie ein Kriterium an, mit dessen Hilfe man entscheiden kann, ob ein Punkt X in dieser Ebene liegt oder nicht.

7 Geben Sie eine Normalenform der durch den Punkt A und den Normalenvektor $\vec{n}$ gegebenen Ebene an. Schreiben Sie die Gleichung auch als eine Koordinatengleichung.

a) A (2 | 3 | 2), $\vec{n} = \begin{pmatrix} 2 \\ 1 \\ 2 \end{pmatrix}$ **b)** A (6 | −2 | 3), $\vec{n} = \begin{pmatrix} 4 \\ 0 \\ -3 \end{pmatrix}$ **c)** A (0 | 0 | 0), $\vec{n} = \begin{pmatrix} 1 \\ 1 \\ 1 \end{pmatrix}$

8 Prüfen Sie, ob die Punkte P, Q, R zur Ebene E gehören.

a) E: $\begin{pmatrix} 2 \\ 3 \\ -1 \end{pmatrix} * \left[\vec{x} - \begin{pmatrix} 3 \\ 2 \\ 0 \end{pmatrix}\right] = 0$, P (3 | 1 | 5), Q (1 | 4 | 1), R (6 | 0 | 0)

b) E: $-2x_1 + 3x_2 - 5x_3 = 10$, P (5 | 0 | 2), Q (−1 | −4 | −4), R (0 | 0 | 2)

9 Bestimmen Sie eine Koordinatengleichung der Ebene, deren Ausschnitt abgebildet ist.

a)

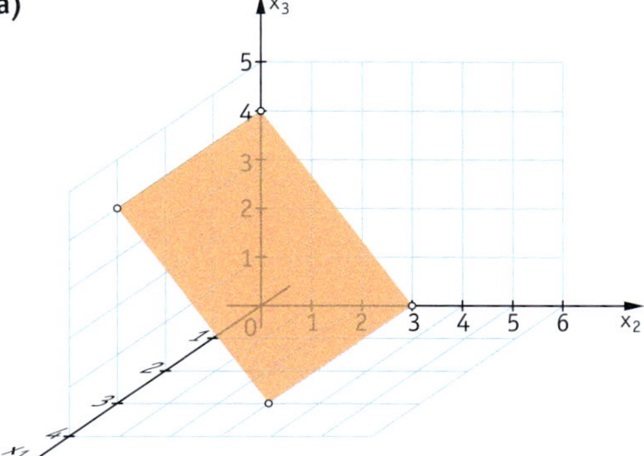

b)

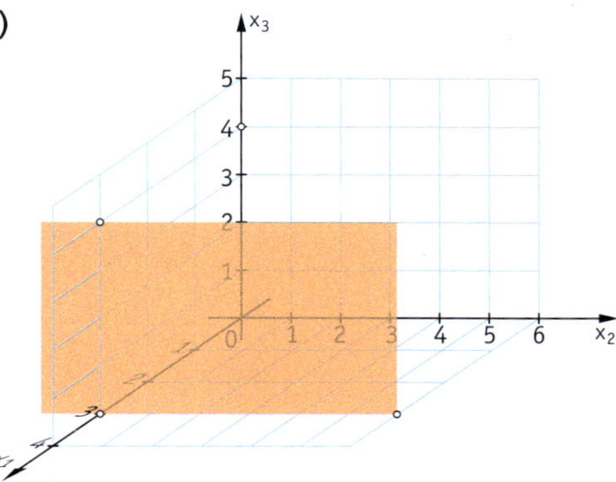

c)

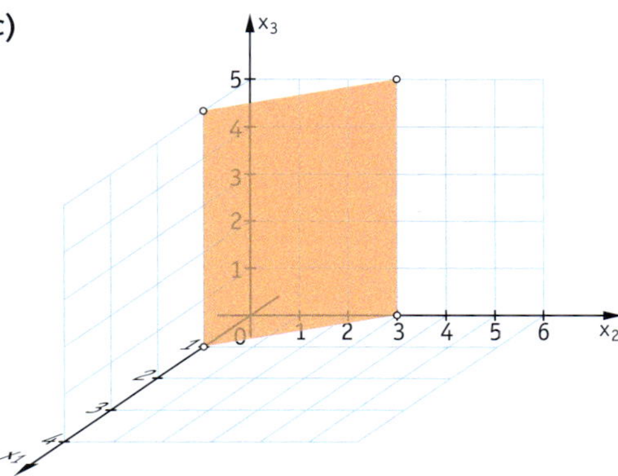

d)

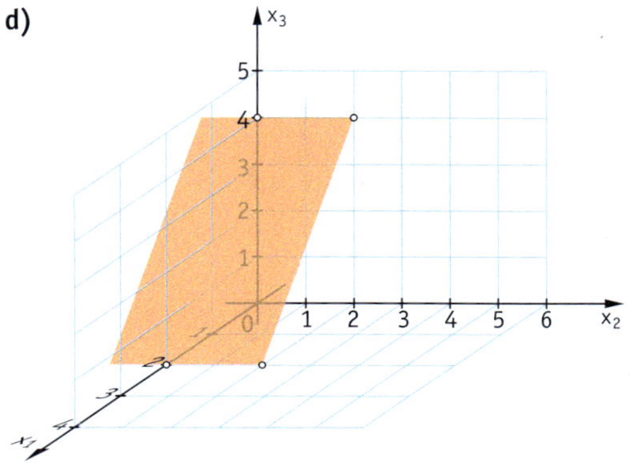

10

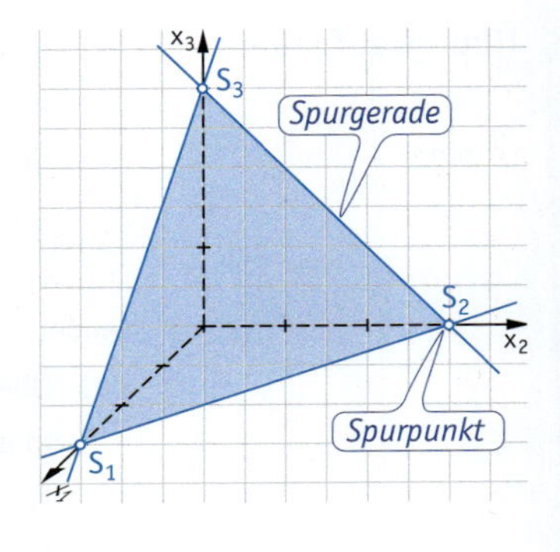

a) Durch die lineare Gleichung wird jeweils eine Ebene im Koordinatensystem dargestellt. Bestimmen Sie die Spurpunkte und zeichnen Sie einen Ausschnitt der Ebene E.

(1) E: $3x_1 + 4x_2 + 2x_3 = 12$
(2) E: $-x_1 = 15 - 3x_2 + 5x_3$
(3) E: $-6x_1 - 12x_2 + 8x_3 = -24$
(4) E: $\frac{2}{3}x_1 + \frac{1}{6}x_2 - \frac{1}{3}x_3 = \frac{2}{3}$
(5) E: $2x_1 - 4x_2 + 2x_3 = 0$
(6) E: $x_1 + 2x_2 = 4$

b) Beschreiben Sie, wie man allgemein vorgeht, um die Spurpunkte einer Ebene aus einer Koordinatengleichung zu bestimmen.

11 Bestimmen Sie eine Koordinatengleichung der Ebene, deren Ausschnitt abgebildet ist.

a)

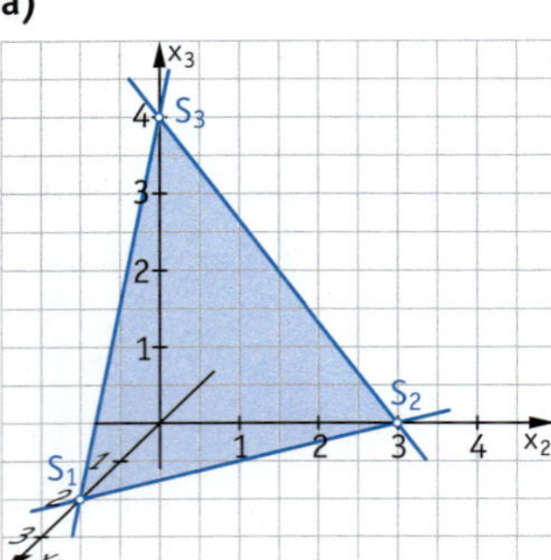

b)

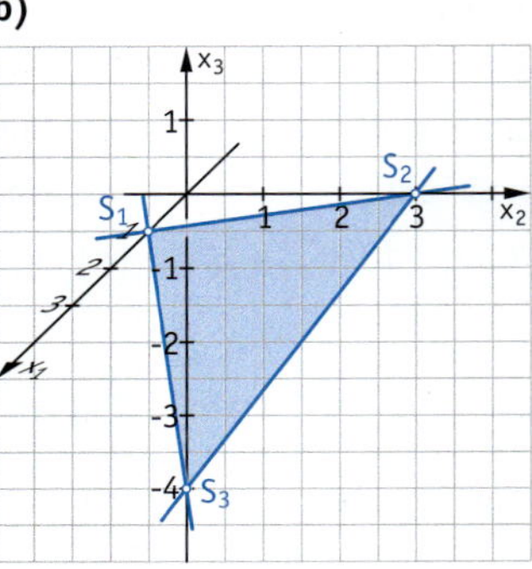

c)

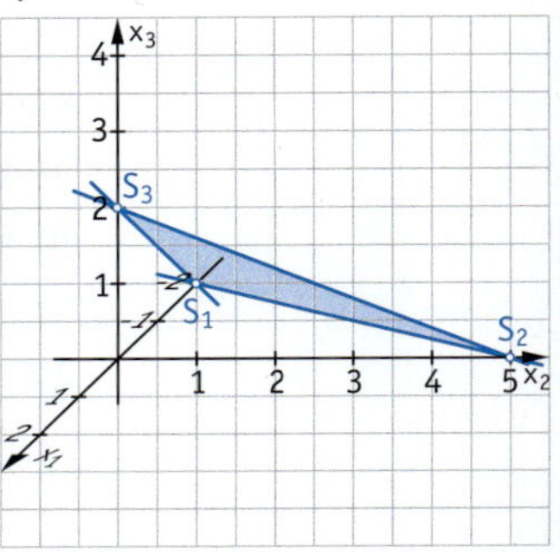

12 Geben Sie die Lage der Ebene im Koordinatensystem an und bestimmen Sie eine Parameterdarstellung der Ebene an. Zeichnen Sie einen Ausschnitt der Ebene.

a) $2x_1 + 3x_2 = 6$
b) $x_2 + 2x_3 = 4$
c) $x_1 - x_2 = 0$
d) $5x_1 = 10$
e) $x_2 = 0$
f) $x_3 = -2$

13 Für alle $t \in \mathbb{R}$ ist eine Schar von Ebenen E_t gegeben durch:
E_t: $(t^2 - 1) \cdot x_1 - (2t + 2) \cdot x_2 + (t^2 + t) \cdot x_3 + 3t + 3 = 0$
Untersuchen Sie, für welche Werte von t die zugehörige Ebene E_t parallel zu einer Koordinatenebene ist.

14 Bestimmen Sie eine Parameterdarstellung der Ebene E.

a) E: $x_1 + x_2 - x_3 = 2$
b) E: $2x_1 - x_2 + x_3 = -1$
c) E: $x_1 + 3x_2 - x_3 = 5$
d) E: $3x_1 - 2x_2 - x_3 = 3$

15 Geben Sie zu der Ebene E jeweils zwei Ebenen an, die parallel zu E liegen.

a) E: $2x_1 - 3x_2 + x_3 = 5$
b) E: $4x_1 - x_2 + x_3 = -2$
c) E: $x_1 - x_3 = 0$
d) E: $x_2 + 2x_3 = 6$

16 Der Punkt $P(p_1 | 0 | 0)$ liegt auf der x_1-Achse. Bestimmen Sie die Koordinatengleichung einer Ebene mit dem Punkt P, die orthogonal zur x_1-Achse ist.

17 Für alle $t \in \mathbb{R}$ ist eine Schar von Ebenen E_t gegeben durch E_t: $3t \cdot x_1 + 4t \cdot x_2 + 3 \cdot x_3 - 6t = 0$.

a) Welche Ebene der Schar enthält den Punkt $P(2 | 3 | 6)$?

b) Für welchen Wert von t ist E_t orthogonal zur Geraden g: $\vec{x} = \begin{pmatrix} 4 \\ 2 \\ -3 \end{pmatrix} + k \cdot \begin{pmatrix} 3 \\ 4 \\ 1 \end{pmatrix}$?
Zeichnen Sie einen Ausschnitt dieser Ebene in ein Koordinatensystem.

4.5.2 Abstandsberechnungen

Aufgabe

1 Bestimmen des Abstandes eines Punktes von einer Ebene

In einem Baugebiet muss nach den gültigen Richtlinien der Schornstein den First um 0,5 m überragen oder die Ausströmöffnung (Schornsteinoberkante) muss von der Dachfläche einen Mindestabstand von 1 m besitzen. In einem Koordinatensystem (Einheit 1 m), das durch die Bodenplatte des Hauses und eine Vertikale bestimmt wird, kann die Dachfläche durch eine Ebene mit der Gleichung $3x_1 + 4x_3 = 12$ beschrieben werden.

Der hintere höchste Punkt P des Schornsteins hat die Koordinaten $(-2\,|\,3\,|\,6)$.
Die Firstlinie verläuft durch die Punkte $S(-4\,|\,0\,|\,6)$ und $T(-4\,|\,6\,|\,6)$.

a) Untersuchen Sie, ob der Schornstein mit der Ausströmöffnung den First überragt.

b) Überprüfen Sie, ob der hintere höchste Punkt der Schornsteinöffnung den erforderlichen Abstand von der Dachfläche hat.

Lösung

a) Die Firstlinie durch S und T verläuft in der Höhe 6, der Punkt $P(-2\,|\,3\,|\,6)$ liegt in derselben Höhe. Der Schornstein überragt also den First nicht um 0,5 m.

b) Zu der Ebene E mit der Gleichung $3x_1 + 4x_3 = 12$ gehört der Normalenvektor $\vec{n} = \begin{pmatrix} 3 \\ 0 \\ 4 \end{pmatrix}$.

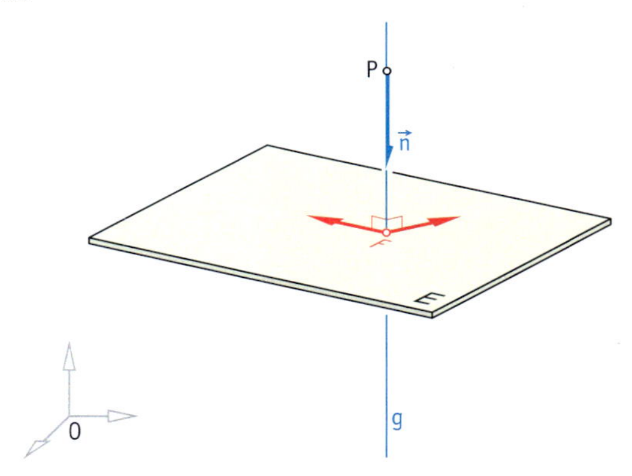

Die Gerade g durch den Punkt $P(-2\,|\,3\,|\,6)$ mit dem Richtungsvektor $\vec{n}$ ist orthogonal zu E.

Sie hat die Gleichung $g\colon \vec{x} = \begin{pmatrix} -2 \\ 3 \\ 6 \end{pmatrix} + r \cdot \begin{pmatrix} 3 \\ 0 \\ 4 \end{pmatrix}$.

Um den Schnittpunkt F der Geraden g mit der Ebene E zu bestimmen, setzen wir $x_1 = -2 + 3r$ und $x_3 = 6 + 4r$ aus der Parameterdarstellung von g in die Gleichung der Ebene ein und lösen nach r auf:

$$3 \cdot (-2 + 3r) + 4 \cdot (6 + 4r) = 12$$
$$25r + 18 = 12$$
$$r = -\frac{6}{25}$$

Einsetzen von r in die Geradengleichung ergibt:
Die Gerade g schneidet die Ebene E im Punkt $F(-2{,}72\,|\,3\,|\,5{,}04)$.
Die Länge der Strecke $\overline{PF}$ beträgt 1,2. Damit hat die Schornsteinoberkante einen Abstand von 1,2 m zur Dachfläche. Insgesamt sind also die Richtlinien für den Schornstein erfüllt.

Weiterführende Aufgaben

2 Abstand einer Geraden zu einer parallelen Ebene

a) Gegeben sind die Gerade $g\colon \vec{x} = \begin{pmatrix} 11 \\ -11 \\ 1 \end{pmatrix} + r \cdot \begin{pmatrix} 5 \\ 7 \\ -4 \end{pmatrix}$ und die Ebene $E\colon 3x_1 - x_2 + 2x_3 = 18$.
Zeigen Sie, dass g parallel zu E verläuft, aber nicht in E liegt.

b) Beschreiben Sie allgemein anhand einer Skizze, wie man den Abstand einer Geraden zu einer parallelen Ebene berechnen kann.
Führen Sie dieses Verfahren am Beispiel der gegebenen Ebene E und der Gerade g durch.

3 Abstand zueinander paralleler Ebenen

a) Gegeben sind die beiden Ebenen E_1: $10x_1 - 2x_2 + 11x_3 = 30$ und E_2: $-20x_1 + 4x_2 - 22x_3 - 30 = 0$. Zeigen Sie, dass die beiden Ebenen parallel zueinander und verschieden sind.

b) Beschreiben Sie allgemein anhand einer Skizze, wie man den Abstand zueinander paralleler Ebenen berechnen kann. Ermitteln Sie den Abstand der gegebenen Ebenen E_1 und E_2.

Information

(1) Abstand eines Punktes von einer Ebene

Der Abstand (P; E) ist die kleinste unter den Entfernungen des Punktes P von allen Punkten der Ebene E.
Fällt man das Lot vom Punkt P aus auf die Ebene E, dann ist der Lotfußpunkt F derjenige Ebenenpunkt, welcher P am nächsten liegt:

$|PF| = \text{Abst}(P;\, E)$

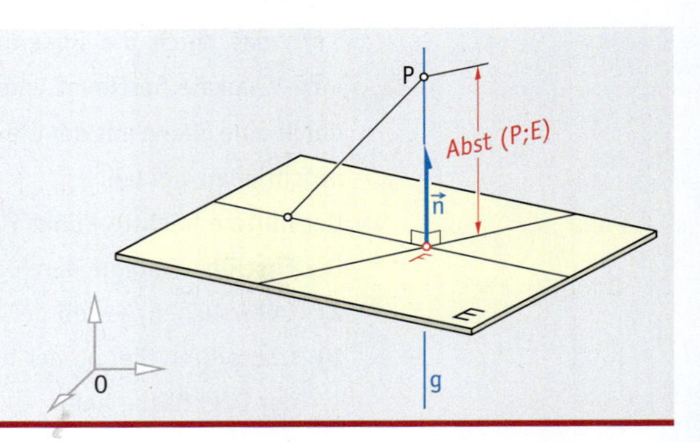

Das Verfahren aus Aufgabe 1 kann man wie folgt zusammenfassen:
Gegeben sind eine Ebene E: $\vec{n} \cdot \vec{x} = d$ sowie ein Punkt P.

(1) Man bestimmt die Gleichung einer **Lotgeraden** g durch P zur Ebene E, also: g: $\vec{x} = \overrightarrow{OP} + r \cdot \vec{n}$

(2) Der **Lotfußpunkt** F wird bestimmt. F ist der Schnittpunkt von g und E.

(3) $|PF|$ ist der Abstand des Punktes P von der Ebene E: $\text{Abst}(P;\, E) = |PF|$

Weiterführende Aufgabe

4 Abstand eines Punktes von einer Geraden

Die Abbildungen zeigen, wie man den Abstand eines Punktes P von einer Geraden g bestimmen kann:

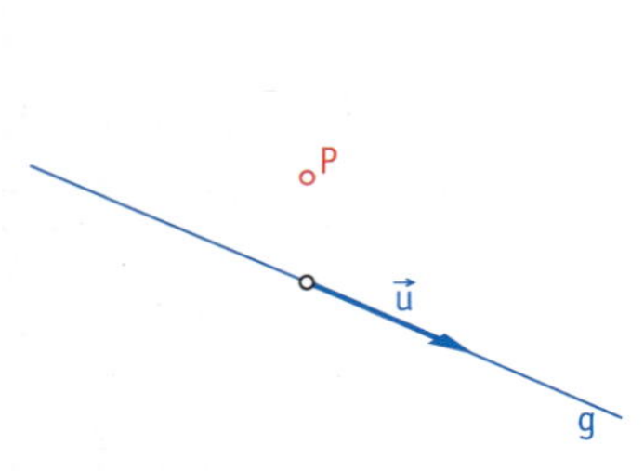

Ausgangssituation:
- Gerade g mit Richtungsvektor $\vec{u}$;
- Punkt P liegt nicht auf g.

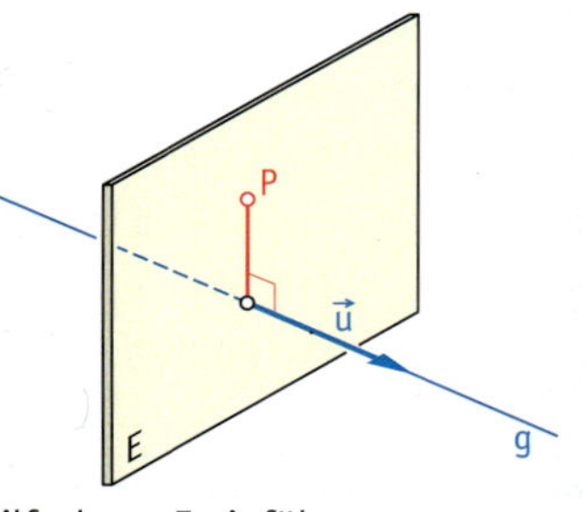

Hilfsebene E einführen:
- E enthält den Punkt P;
- E ist orthogonal zu g.

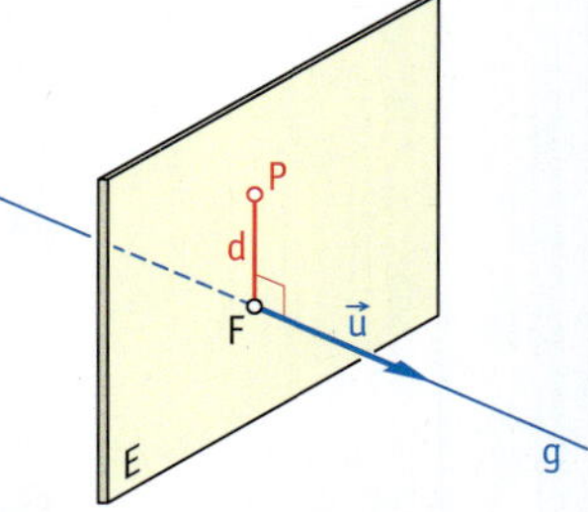

Lotfußpunkt F ist der Schnittpunkt von g und E.
$|PF|$ ist der gesuchte Abstand.

Berechnen Sie den Abstand des Punktes $P(4\,|\,-5\,|\,8)$ von der Geraden g: $\vec{x} = \begin{pmatrix} 6 \\ 1 \\ 6 \end{pmatrix} + s \cdot \begin{pmatrix} 3 \\ -2 \\ 4 \end{pmatrix}$.

5 Abstand zueinander paralleler Geraden

Gegeben sind die beiden zueinander parallelen Geraden g und h durch

$$g\colon \vec{x} = \begin{pmatrix} -2 \\ 1 \\ 5 \end{pmatrix} + s \cdot \begin{pmatrix} 3 \\ -2 \\ 4 \end{pmatrix};\quad h\colon \vec{x} = \begin{pmatrix} 8 \\ -3 \\ 2 \end{pmatrix} + t \cdot \begin{pmatrix} -6 \\ 4 \\ -8 \end{pmatrix}.$$

Bestimmen Sie den Abstand der beiden Geraden g und h. Beschreiben Sie allgemein, wie man den Abstand zweier zueinander paralleler Geraden berechnen kann.

Information **(2) Abstand eines Punktes von einer Geraden**

Der Abstand **Abst (P; g) eines Punktes P von einer Geraden g** ist die kleinste unter den Entfernungen des Punktes P von allen Punkten X der Geraden g.

Unter den Verbindungsvektoren $\overrightarrow{PX}$ zu einem beliebigen Punkt X der Geraden suchen wir denjenigen, der orthogonal zum Richtungsvektor der Geraden ist. Der Lotfußpunkt F des Lots von P auf g ist dann derjenige Geradenpunkt, der P am nächsten liegt.

Somit gilt: $\text{Abst}(P; g) = |\overrightarrow{PF}|$

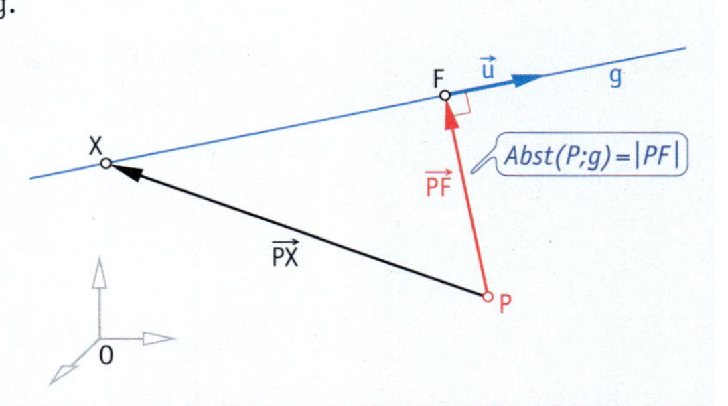

Übungsaufgaben  **6** Der abgebildete Schweißroboter verbindet ein ebenes Blechstück mit einem Rahmen durch Schweißpunkte. Zur Steuerung des Roboters benötigt man den Abstand der Ruhelage P der Spitze des Roboterarms von der Lage des Blechs.

Bezüglich eines lokalen Koordinatensystems (Einheit 1 dm) liegt ein Blech in der Ebene mit der Koordinatengleichung $2x_1 - 2x_2 + x_3 = 1$, der Punkt P hat die Koordinaten $P(-6\,|\,5\,|\,5)$.

a) Was versteht man unter dem Abstand des Punktes P von der Ebene E?
Beschreiben Sie ein Verfahren, wie man diesen Abstand berechnen kann.

b) Berechnen Sie diesen Abstand für die gegebene Ebene E und den Punkt P.

7 Berechnen Sie den Abstand des Punktes P von der Ebene E.

a) $P(2\,|-1\,|\,2)$; E: $2x_1 + x_2 + 2x_3 = 6$

b) $P(-1\,|\,8\,|\,6)$; E: $8x_1 + 4x_2 + x_3 - 27 = 0$

c) $P(0\,|\,0\,|\,0)$; E: $12x_1 - 4x_2 + 3x_3 + 26 = 0$

d) $P(0\,|\,1\,|\,2)$; E: $x_1 = 7$

e) $P(1\,|\,1\,|\,1)$; E: $\vec{x} = \begin{pmatrix} 1 \\ 0 \\ 1 \end{pmatrix} + r \cdot \begin{pmatrix} -2 \\ 1 \\ 1 \end{pmatrix} + s \cdot \begin{pmatrix} 1 \\ 1 \\ 0 \end{pmatrix}$

f) $P(1\,|-2\,|\,0)$; E: $\vec{x} = r \cdot \begin{pmatrix} 2 \\ 1 \\ -1 \end{pmatrix} + s \cdot \begin{pmatrix} 0 \\ 1 \\ 0 \end{pmatrix}$

8 Zeigen Sie, dass die Gerade g und die Ebene E zueinander parallel sind.
Bestimmen Sie ihren Abstand.

a) g: $\vec{x} = \begin{pmatrix} 3 \\ -1 \\ 2 \end{pmatrix} + r \cdot \begin{pmatrix} 2 \\ 1 \\ 3 \end{pmatrix}$; E: $x_1 + x_2 - x_3 = 5$

b) g: $\vec{x} = \begin{pmatrix} 1 \\ -2 \\ 1 \end{pmatrix} + k \cdot \begin{pmatrix} 2 \\ -1 \\ 0 \end{pmatrix}$; E: $\vec{x} = \begin{pmatrix} 3 \\ 0 \\ 4 \end{pmatrix} + r \cdot \begin{pmatrix} 1 \\ 3 \\ 2 \end{pmatrix} + s \cdot \begin{pmatrix} -1 \\ 4 \\ 2 \end{pmatrix}$

9 Zeigen Sie, dass die Ebenen E_1 und E_2 zueinander parallel sind. Berechnen Sie ihren Abstand.

a) E_1: $3x_1 - x_2 + 2x_3 = 6$; E_2: $-9x_1 + 3x_2 - 6x_3 = 24$

b) E_1: $\vec{x} = \begin{pmatrix} -2 \\ 3 \\ 4 \end{pmatrix} + r \cdot \begin{pmatrix} 1 \\ 1 \\ 2 \end{pmatrix} + s \cdot \begin{pmatrix} -1 \\ 2 \\ 2 \end{pmatrix}$; E_2: $2x_1 + 4x_2 - 3x_3 = 9$

c) E_1: $\vec{x} = \begin{pmatrix} -1 \\ 1 \\ 3 \end{pmatrix} + r \cdot \begin{pmatrix} 1 \\ 1 \\ -1 \end{pmatrix} + s \cdot \begin{pmatrix} -1 \\ 2 \\ 0 \end{pmatrix}$; E_1: $\vec{x} = \begin{pmatrix} 4 \\ 3 \\ 5 \end{pmatrix} + k \cdot \begin{pmatrix} -3 \\ 3 \\ 1 \end{pmatrix} + t \cdot \begin{pmatrix} 5 \\ -4 \\ -2 \end{pmatrix}$

10 Bestimmen Sie die Gleichungen aller Ebenen, die von der Ebene E den Abstand 2 haben.

a) E: $x_1 + 2x_2 - 2x_3 = 3$

b) E: $6x_1 - 3x_2 + 2x_3 - 7 = 0$

c) E: $x_1 + x_2 = 0$

d) E: $x_1 - 2x_3 = 3$

11 Gegeben sind die drei Punkte $A(-1|5|6)$, $B(1|7|6)$ und $C(3|5|7)$.

a) Zeigen Sie, dass die drei Punkte eine Ebene E eindeutig festlegen, und geben Sie eine Koordinatengleichung von E an.

b) Weisen Sie nach, dass der Punkt $P(2|5|7)$ im Innern des Dreiecks ABC liegt, und berechnen Sie die Abstände von P zu den Dreieckseiten.

12 Auf dem Frankfurter Flughafen startet ein Flugzeug. Auf dem Foto scheint es den Wolkenkratzern sehr nahe zu kommen. Bezogen auf ein örtliches Koordinatensystem hat die Antennenspitze des höchsten Bürohauses die Koordinaten $B(10|7{,}5|0{,}3)$ (Einheit 1 km).
Im Steigflug befindet sich das Flugzeug auf der Geraden $g: \vec{x} = \begin{pmatrix} 2 \\ 0 \\ 0 \end{pmatrix} + t \cdot \begin{pmatrix} 3 \\ 2 \\ 1 \end{pmatrix}$ mit $t \in \mathbb{R}$.
Berechnen Sie die minimale Entfernung des Flugzeugs von der Antennenspitze B.

13 Berechnen Sie den Abstand des Punktes P von der Geraden g.

a) $g: \vec{x} = \begin{pmatrix} 0 \\ -1 \\ 1 \end{pmatrix} + t \cdot \begin{pmatrix} 2 \\ 1 \\ 0 \end{pmatrix}$; $P(4|1|4)$

b) $g: \vec{x} = \begin{pmatrix} 3 \\ 1 \\ 0 \end{pmatrix} + t \cdot \begin{pmatrix} 4 \\ 1 \\ 2 \end{pmatrix}$; $P(1|2|2)$

c) g geht durch $A(1|1|0)$ und $B(1|3|2)$; $P(2|1|4)$

d) g geht durch $A(6|2|1)$ und $B(2|1|11)$; $P(1|1|14)$

14 Zeigen Sie, dass die Geraden g und h zueinander parallel sind, und berechnen Sie ihren Abstand.

a) $g: \vec{x} = \begin{pmatrix} 4 \\ 0 \\ 3 \end{pmatrix} + s \cdot \begin{pmatrix} 2 \\ -1 \\ 2 \end{pmatrix}$; $h: \vec{x} = \begin{pmatrix} -5 \\ -3 \\ 4 \end{pmatrix} + t \cdot \begin{pmatrix} 4 \\ -2 \\ 4 \end{pmatrix}$

b) $g: \vec{x} = \begin{pmatrix} 6 \\ 1 \\ 4 \end{pmatrix} + s \cdot \begin{pmatrix} 3 \\ -3 \\ 4 \end{pmatrix}$; $h: \vec{x} = \begin{pmatrix} -8 \\ 4 \\ 2 \end{pmatrix} + t \cdot \begin{pmatrix} -6 \\ 6 \\ -8 \end{pmatrix}$

15 Gegeben sind der Punkt $A(4|-3|3)$ und die Gerade $g: \vec{x} = \begin{pmatrix} 6 \\ 3 \\ 1 \end{pmatrix} + t \cdot \begin{pmatrix} 2 \\ 1 \\ -1 \end{pmatrix}$.

a) Bestimmen Sie den Abstand des Punktes A von der Geraden g.

b) Der Punkt A wird an g gespiegelt. Bestimmen Sie die Koordinaten des Bildpunktes A'.

16 Gegeben sind die Gerade $g: \vec{x} = \begin{pmatrix} 4 \\ 3 \\ -1 \end{pmatrix} + t \cdot \begin{pmatrix} 1 \\ -2 \\ 1 \end{pmatrix}$ und der Punkt $P(8|p|5)$.

a) Begründen Sie, dass der Punkt P für keinen Parameterwert p auf der Geraden g liegt.

b) Bestimmen Sie die fehlende Koordinate p des Punktes P so, dass der Abstand von P zu g 5 ist.

17 Gegeben sind die Gerade $g: \vec{x} = \begin{pmatrix} 1 \\ 4 \\ -1 \end{pmatrix} + t \cdot \begin{pmatrix} -1 \\ 2 \\ -3 \end{pmatrix}$ mit $t \in \mathbb{R}$ und die Schar der Geraden $h_a: \vec{x} = \begin{pmatrix} 1 \\ 4 \\ 0 \end{pmatrix} + r \cdot \begin{pmatrix} 5 \\ -2a \\ 3a \end{pmatrix}$ mit $r \in \mathbb{R}$ und $a \in \mathbb{R}$.

a) Welche Gerade h_a der Schar ist parallel zur Geraden g?
Bestimmen Sie den Abstand der beiden Geraden g und h_a.

b) Untersuchen Sie, welche Gerade h_a der Schar zu g orthogonal verläuft.
Sind g und h_a zueinander windschief?

4.5.3 Winkel zwischen einer Geraden und einer Ebene

Aufgabe

1 Auf dem Dach eines Hauses sind Solarzellen angebracht. Zur Mittagszeit eines Tages treffen die Sonnenstrahlen unter einem bestimmten Winkel auf die Solarzellen.

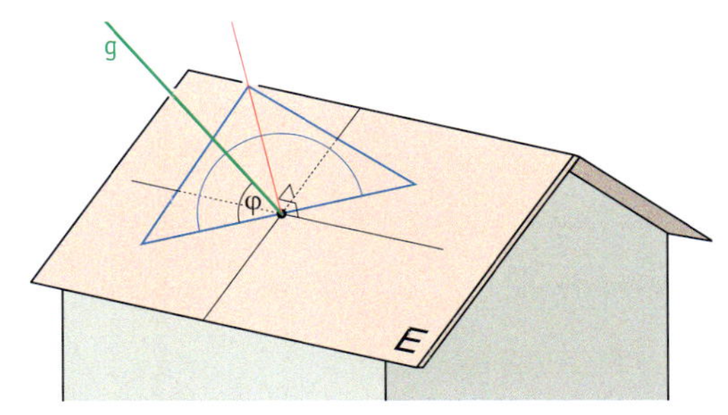

a) Überlegen Sie anhand der Grafik oben rechts, wie ein solcher Winkel φ zwischen einer Geraden und einer Ebene gemessen werden kann. Veranschaulichen Sie dazu mithilfe eines Buches, eines Stiftes und eines Geodreiecks, in welcher Ebene das Geodreieck liegt.
Welche Winkelgrößen sind dabei sinnvoll?

b) Wie kann man die Größe des Winkels φ berechnen? Geben Sie eine Formel an.

c) Gegeben sind der Normalenvektor $\vec{n}$ einer Ebene E und der Richtungsvektor $\vec{v}$ einer Geraden g.
$\vec{n} = \begin{pmatrix} 4 \\ 8 \\ -1 \end{pmatrix}$; $\vec{v} = \begin{pmatrix} 2 \\ -9 \\ 6 \end{pmatrix}$
Begründen Sie, dass sich E und g in einem Punkt schneiden. Berechnen Sie den Winkel φ zwischen E und g.

Lösung

a) Die Ebene des Geodreiecks muss rechtwinklig zur Ebene E stehen und die Gerade g enthalten. Das heißt, in der Ebene des Geodreiecks liegen die Gerade g und ein Normalenvektor $\vec{n}$ von E. Die Skalenmitte des Geodreiecks muss im Schnittpunkt von g und E liegen. Man gibt die Neigung der Geraden gegen eine Ebene sinnvoll als Winkelgröße φ mit $0° \le \varphi \le 90°$ an.

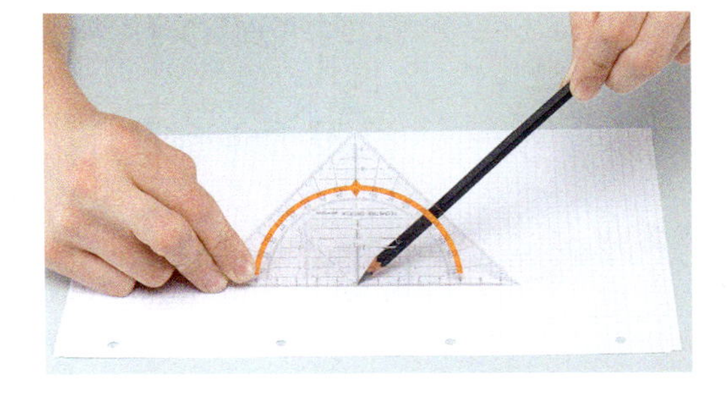

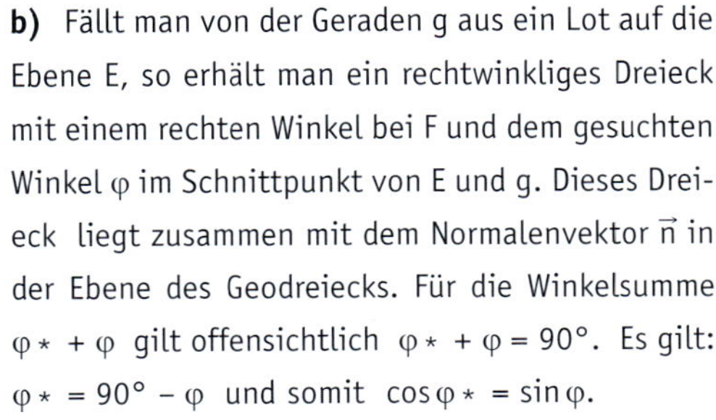

b) Fällt man von der Geraden g aus ein Lot auf die Ebene E, so erhält man ein rechtwinkliges Dreieck mit einem rechten Winkel bei F und dem gesuchten Winkel φ im Schnittpunkt von E und g. Dieses Dreieck liegt zusammen mit dem Normalenvektor $\vec{n}$ in der Ebene des Geodreiecks. Für die Winkelsumme $\varphi* + \varphi$ gilt offensichtlich $\varphi* + \varphi = 90°$. Es gilt: $\varphi* = 90° - \varphi$ und somit $\cos\varphi* = \sin\varphi$.
Der Winkel $\varphi*$ ist der Winkel zwischen dem Richtungsvektor $\vec{v}$ von g und dem Normalenvektor $\vec{n}$ von E.

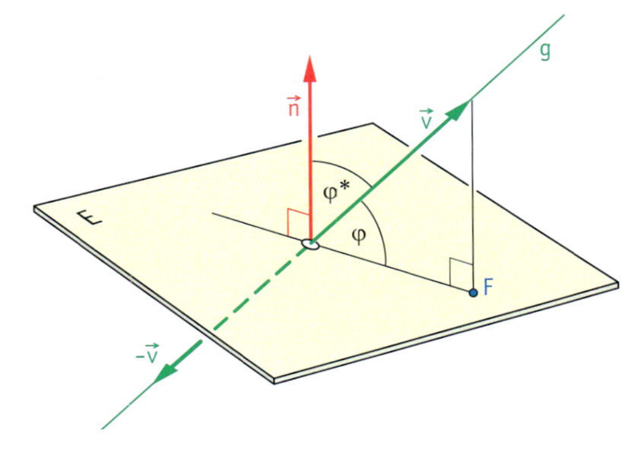

Falls der Richtungsvektor der Geraden wie in der Grafik dargestellt die entgegengesetzte Richtung $-\vec{v}$ hat, so kann man stattdessen den Gegenvektor verwenden oder in der weiteren Rechnung $\vec{v} * \vec{n}$ durch den Betrag $|\vec{v} * \vec{n}|$ ersetzen. Wegen $\cos\varphi = \frac{|\vec{v} * \vec{n}|}{|\vec{v}| \cdot |\vec{n}|}$ erhält man schließlich $\sin\varphi = \frac{|\vec{v} * \vec{n}|}{|\vec{v}| \cdot |\vec{n}|}$.

c) Wir berechnen: $\vec{v} * \vec{n} = \begin{pmatrix} 2 \\ -9 \\ 6 \end{pmatrix} * \begin{pmatrix} 4 \\ 8 \\ -1 \end{pmatrix} = 2 \cdot 4 - 9 \cdot 8 - 6 \cdot 1 = -70$, also $|\vec{v} * \vec{n}| = 70$.

Der Richtungsvektor $\vec{v}$ von g und der Normalenvektor $\vec{n}$ von E liegen nicht orthogonal zueinander, denn ihr Skalarprodukt ist von null verschieden, also schneiden sich g und E in einem Punkt.

Weiter ergibt sich:

$|\vec{v}| = \sqrt{2^2 + (-9)^2 + 6^2} = 11, \quad |\vec{n}| = \sqrt{4^2 + 8^2 + (-1)^2} = 9,$

$\sin\varphi = \frac{|\vec{v} * \vec{n}|}{|\vec{v}| \cdot |\vec{n}|} = \frac{70}{99}$, also $\varphi \approx 45°$.

Ergebnis: Die Gerade g schneidet die Ebene E unter einem Winkel von etwa 45°.

Information

Winkel zwischen einer Gerade und einer Ebene

Man berechnet den Winkel φ zwischen einer Geraden mit dem Richtungungsvektor $\vec{v}$ und einer Ebene mit dem Normalenvektor $\vec{n}$ aus $\sin\varphi = \frac{|\vec{v} * \vec{n}|}{|\vec{v}| \cdot |\vec{n}|}$ und $0° \le \varphi \le 90°$.

Übungsaufgaben

2

a) Veranschaulichen Sie mithilfe eines Buches, eines Stiftes und eines Geodreiecks, wie man einen Winkel zwischen einer Geraden und einer Ebene misst. Welche Winkelgrößen sind dabei sinnvoll?

b) Gegeben sind eine Gerade g mit dem Richtungsvektor $\vec{v}$ und eine Ebene E mit dem Normalenvektor $\vec{n}$. Die Gerade g schneidet E in einem Punkt. Fertigen Sie eine Skizze an.
Wie kann man die Größe des Schnittwinkels φ berechnen? Geben Sie eine Formel an.

3 Gegeben sind der Richtungsvektor $\vec{v}$ einer Geraden g und der Normalenvektor $\vec{n}$ einer Ebene E.
Bestimmen Sie die Größe des Winkels zwischen g und E.

a) $\vec{v} = \begin{pmatrix} -2 \\ 5 \\ 8 \end{pmatrix}, \vec{n} = \begin{pmatrix} 1 \\ 0 \\ 2 \end{pmatrix}$ **c)** $\vec{v} = \begin{pmatrix} 0 \\ -2 \\ 1 \end{pmatrix}, \vec{n} = \begin{pmatrix} 5 \\ 1 \\ 3 \end{pmatrix}$ **e)** $\vec{v} = \begin{pmatrix} 1 \\ 1 \\ 1 \end{pmatrix}, \vec{n} = \begin{pmatrix} 1 \\ 0 \\ 0 \end{pmatrix}$

b) $\vec{v} = \begin{pmatrix} 1 \\ -2 \\ -1 \end{pmatrix}, \vec{n} = \begin{pmatrix} 3 \\ 4 \\ 5 \end{pmatrix}$ **d)** $\vec{v} = \begin{pmatrix} -2 \\ 3 \\ 1 \end{pmatrix}, \vec{n} = \begin{pmatrix} -1 \\ 3 \\ 2 \end{pmatrix}$ **f)** $\vec{v} = \begin{pmatrix} 0 \\ -1 \\ 0 \end{pmatrix}, \vec{n} = \begin{pmatrix} 3 \\ 2 \\ 1 \end{pmatrix}$

4 Gesucht wird der Winkel, unter dem die Gerade g die Ebene E schneidet.
E: $2x_1 - x_2 + 3x_3 = 12$, g: $\vec{x} = \begin{pmatrix} 1 \\ 2 \\ 3 \end{pmatrix} + t \cdot \begin{pmatrix} -1 \\ 1 \\ 1 \end{pmatrix}$
Marios Lösung lautet: *g und E schneiden sich unter einem Winkel von 0°.*
Nehmen Sie Stellung.

5 Berechnen Sie die Größen der Winkel zwischen den eingezeichneten Raumdiagonalen und den Koordinatenebenen für den Quader in der Abbildung rechts.

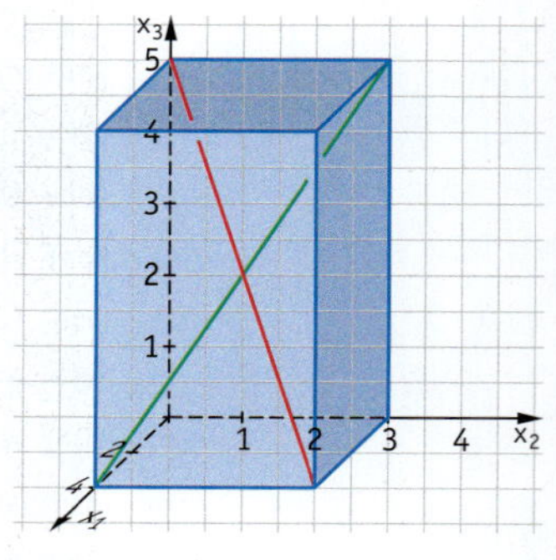

6

a) Gegeben sind zwei Ebenen.
E_1: $3x_1 - 2x_2 + x_3 = 2$; E_2: $x_1 - x_2 + 2x_3 = 0$
Bestimmen Sie die Spurpunkte und zeichnen Sie die Ebenen.
Wie groß sind die Winkel zwischen den Ebenen und den Koordinatenachsen?

b) Eine Ebene hat die Koordinatengleichung $ax_1 + bx_2 + cx_3 = d$. Bestimmen Sie die Größen $\varphi_1, \varphi_2, \varphi_3$ der Winkel, welche die Ebene mit den Koordinatenachsen einschließt.
Beweisen Sie die Formel: $(\sin\varphi_1)^2 + (\sin\varphi_2)^2 + (\sin\varphi_3)^2 = 1$.

7 Gegeben sind eine Ebene E und eine Gerade g. Berechnen Sie den Schnittpunkt sowie den Schnittwinkel von g und E. Bestimmen Sie auch die Gerade, die in E verläuft und die durch orthogonale Projektion von g auf E entsteht.

a) $g: \vec{x} = \begin{pmatrix} 2 \\ 1 \\ 3 \end{pmatrix} + t \cdot \begin{pmatrix} -2 \\ 1 \\ 1 \end{pmatrix}$

$E: x_1 + x_2 + x_3 = 6$

b) $g: \vec{x} = \begin{pmatrix} 1 \\ 1 \\ 1 \end{pmatrix} + t \cdot \begin{pmatrix} 2 \\ 1 \\ 3 \end{pmatrix}$

$E: x_1 + x_2 - x_3 = 1$

c) $g: \vec{x} = \begin{pmatrix} 1 \\ -2 \\ 1 \end{pmatrix} + r \cdot \begin{pmatrix} 1 \\ 2 \\ -3 \end{pmatrix}$

$E: \vec{x} = \begin{pmatrix} -4 \\ -6 \\ 4 \end{pmatrix} + r \cdot \begin{pmatrix} 5 \\ 2 \\ 3 \end{pmatrix} + s \cdot \begin{pmatrix} 1 \\ 1 \\ 1 \end{pmatrix}$

d) $g: \vec{x} = \begin{pmatrix} -1 \\ 0 \\ 6 \end{pmatrix} + r \cdot \begin{pmatrix} 3 \\ 1 \\ -2 \end{pmatrix}$

$E: \vec{x} = \begin{pmatrix} 1 \\ -1 \\ 3 \end{pmatrix} + r \cdot \begin{pmatrix} 1 \\ 2 \\ 1 \end{pmatrix} + s \cdot \begin{pmatrix} 2 \\ 1 \\ 3 \end{pmatrix}$

8

Das Schweißen mithilfe von Laserstrahlen wird in der Automobilindustrie heute für sogenannte Fügeaufgaben beim Zusammenfügen von Blechbauteilen praktiziert.

Aufgrund der berührungslosen Wirkungsweise eignet sich dieses Verfahren zur Automatisierung der Herstellungsprozesse mithilfe von Robotern.

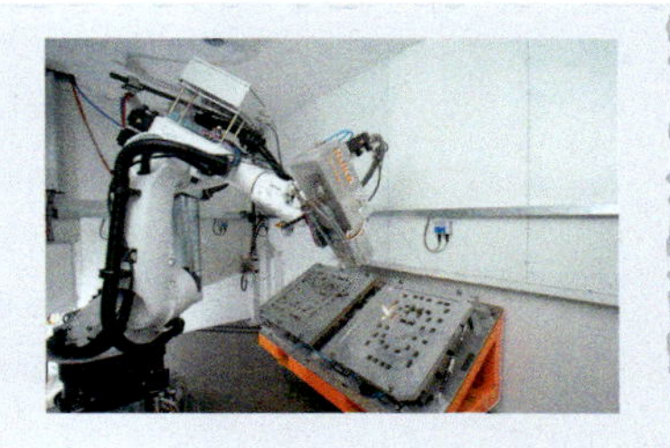

Eine Arbeitsfläche, auf der geschweißt werden soll, liegt in einer Ebene mit der Koordinatengleichung $2x_1 + 3x_2 + x_3 = 0$. Ein Laserstrahl soll auf den Koordinatenursprung, welcher in der Fläche liegt, auftreffen. Der Winkel zur Fläche soll dabei 30° betragen. Bestimmen Sie einen Richtungsvektor für die Gerade, auf der der Laserstrahl verlaufen kann. Die Laserquelle soll einen Abstand von 25 cm vom Schweißpunkt haben. Wo kann die Laserquelle im Koordinatensystem liegen?

9 Die Punkte $A(-4|-1|6)$, $B(0|-3|2)$, $C(-2|1|-2)$ und D bilden die Grundfläche einer geraden quadratischen Pyramide mit der Spitze S und der Höhe 9.

a) Geben Sie die fehlenden Koordinaten des Eckpunktes D an. Bestimmen Sie die Koordinaten der Spitze S, die oberhalb der x_1x_2-Ebene liegt.

b) Unter welchem Winkel schneiden sich je zwei benachbarte Seitenkanten an der Spitze?

c) Welchen Winkel bildet eine Seitenkante mit der Grundfläche?

10 Ein Hang liegt in einer Ebene, die durch die Koordinatengleichung $E: x_1 + 2 \cdot x_2 + 4 \cdot x_3 - 8 = 0$ beschrieben werden kann. Im Punkt $F(2|1|1)$ des Hangs steht ein 8 m hoher Mast (Einheit 1 m).

a) Parallele Sonnenstrahlen fallen in Richtung des Vektors $\vec{u} = \begin{pmatrix} 1 \\ -2 \\ -2 \end{pmatrix}$ ein. Bestimmen Sie die Koordinaten des Schattens der Mastspitze. Unter welchem Winkel treffen die Sonnenstrahlen auf den Hang?

b) Der Mast soll durch ein Stahlseil am Hang abgesichert werden. Dieses Seil ist in 2 m Höhe am Mast befestigt und verläuft orthogonal zum Hang.
In welchem Punkt wird das Seil am Hang verankert? Welchen Winkel bilden Mast und Seil?

4.5.4 Winkel zwischen zwei Ebenen

Ziel

Wir haben bisher gelernt, wie man den Winkel zwischen zwei Geraden oder einer Geraden und einer Ebene misst und berechnet. In diesem Abschnitt lernen Sie, wie man den Winkel zwischen zwei Ebenen misst und die Größe dieses Winkels berechnen kann.

Zum Erarbeiten

(1) Wie misst man den Winkel zwischen zwei Ebenen?

Zwei Ebenen E_1 und E_2 schneiden sich in einer Geraden. Dreht man eine der beiden Ebenen um die Schnittgerade in die andere hinein (bzw. aus ihr heraus), so laufen dabei ihre Punkte auf Kreisbögen. Diese liegen in Ebenen orthogonal zur Schnittgeraden. Der Winkel zwischen beiden Ebenen gibt das Maß einer solchen Drehung an.

Zum Messen muss man ein Geodreieck so halten, dass die Schnittgerade der beiden Ebenen eine Lotgerade der Ebene des Geodreiecks ist, die durch den Skalenmittelpunkt des Geodreiecks verläuft.

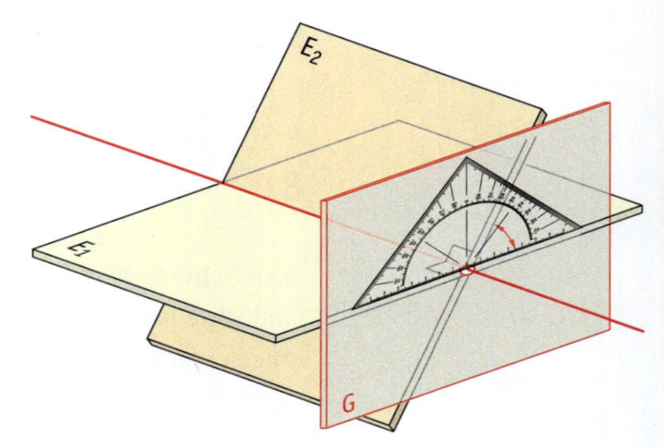

(2) Wie kann man die Größe eines Winkels zwischen zwei Ebenen berechnen?

Wir schauen längs der Schnittgeraden der beiden Ebenen E_1 und E_2. Die beiden Ebenen erscheinen dann als Geraden und der Winkel δ zwischen den Ebenen unverzerrt.

Je nach Wahl der Normalenvektoren $\vec{n_1}$ von E_1 (bzw. $\vec{n_1'}$ von E_1) und $\vec{n_2}$ von E_2 schließen diese auch den Winkel δ ein oder den Winkel δ' mit $\delta + \delta' = 180°$.

Für Situationen wie in der Abbildung gilt:

$$\cos\delta = \frac{\vec{n_1} * \vec{n_2}}{|\vec{n_1}| \cdot |\vec{n_2}|} \quad \text{und}$$

$$\cos\delta' = \frac{\vec{n_1'} * \vec{n_2}}{|\vec{n_1'}| \cdot |\vec{n_2}|} = \cos(180° - \delta) = -\cos\delta$$

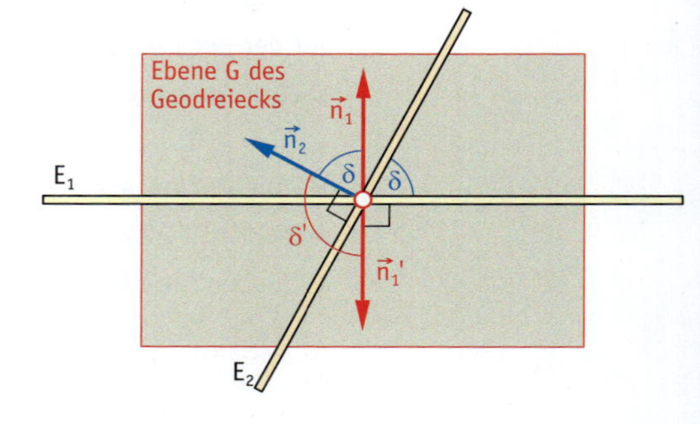

Beide Fälle zuammengefasst, erhalten wir:

Für den Schnittwinkel δ zweier Ebenen mit den Normalenvektoren $\vec{n_1}$ und $\vec{n_2}$ gilt:

$$\cos\delta = \frac{|\vec{n_1} * \vec{n_2}|}{|\vec{n_1}| \cdot |\vec{n_2}|} \quad \text{mit} \quad 0° \le \delta \le 90°$$

Beispiel

Gegeben sind zwei Ebenen E_1 und E_2 durch die Koordinatengleichungen E_1: $x_1 - 8x_2 + 4x_3 = 25$ und E_2: $6x_1 + 9x_2 - 2x_3 = 17$.

Wir berechnen den Schnittwinkel zwischen den beiden Ebenen:

$$\cos\delta = \frac{\left|\begin{pmatrix}1\\-8\\4\end{pmatrix} * \begin{pmatrix}6\\9\\-2\end{pmatrix}\right|}{\left|\begin{pmatrix}1\\-8\\4\end{pmatrix}\right| \cdot \left|\begin{pmatrix}6\\9\\-2\end{pmatrix}\right|} = \frac{|1\cdot 6 + (-8)\cdot 9 + 4\cdot(-2)|}{\sqrt{81}\cdot\sqrt{121}} = \frac{|-74|}{99} = \frac{74}{99}, \quad \text{also} \quad \delta \approx 41{,}6°$$

Zum Üben

1 Berechnen Sie den Schnittwinkel zwischen den Ebenen E_1 und E_2.

a) E_1: $x_1 + x_2 + x_3 = 3$

E_2: $x_1 - x_2 + x_3 = 3$

b) E_1: $x_1 - x_2 = 1$

E_2: $x_1 + x_3 = 2$

c) E_1: $x_1 + 2x_2 + 4x_3 = 2$

E_2: $2x_1 + 3x_2 - 2x_3 = 1$

d) E_1: $x_1 + x_2 + x_3 = 1$

E_2: $\vec{x} = \begin{pmatrix} 2 \\ -1 \\ 1 \end{pmatrix} + r \cdot \begin{pmatrix} 1 \\ 1 \\ -1 \end{pmatrix} + s \cdot \begin{pmatrix} 2 \\ 1 \\ 3 \end{pmatrix}$

e) E_1: $x_1 - x_3 = 0$

E_2: $\vec{x} = \begin{pmatrix} 1 \\ 1 \\ 1 \end{pmatrix} + r \cdot \begin{pmatrix} 1 \\ 3 \\ 3 \end{pmatrix} + s \cdot \begin{pmatrix} 2 \\ -1 \\ 2 \end{pmatrix}$

f) E_1: $\vec{x} = \begin{pmatrix} 1 \\ 2 \\ 3 \end{pmatrix} + r \cdot \begin{pmatrix} 1 \\ 1 \\ -1 \end{pmatrix} + s \cdot \begin{pmatrix} 2 \\ 1 \\ 0 \end{pmatrix}$

E_2: $\vec{x} = \begin{pmatrix} 1 \\ 2 \\ 3 \end{pmatrix} + r \cdot \begin{pmatrix} 2 \\ 2 \\ 1 \end{pmatrix} + s \cdot \begin{pmatrix} 1 \\ 3 \\ -2 \end{pmatrix}$

g) E_1: $\vec{x} = \begin{pmatrix} 2 \\ 2 \\ 1 \end{pmatrix} + r \cdot \begin{pmatrix} 1 \\ -1 \\ 1 \end{pmatrix} + s \cdot \begin{pmatrix} -2 \\ 1 \\ 3 \end{pmatrix}$

E_2: $\vec{x} = \begin{pmatrix} 1 \\ 0 \\ -1 \end{pmatrix} + r \cdot \begin{pmatrix} 2 \\ 1 \\ -1 \end{pmatrix} + s \cdot \begin{pmatrix} 2 \\ 1 \\ 1 \end{pmatrix}$

h) E_1 enthält die Punkte $A(1|5|9)$, $B(5|3|5)$, $C(3|7|1)$, E_2 die Punkte $P(8|9|0)$, $Q(1|1|12)$, $R(6|6|5)$.

2 Unter welchen Winkeln schneidet die Ebene E die drei Koordinatenebenen? Bestimmen Sie auch die Koordinaten der Spurpunkte von E und zeichnen Sie damit einen Ausschnitt der Ebene.

a) E: $x_1 - x_2 - 2x_3 = 6$

b) E: $\vec{x} = \begin{pmatrix} 2 \\ 1 \\ 1 \end{pmatrix} + r \cdot \begin{pmatrix} 1 \\ 2 \\ 1 \end{pmatrix} + s \cdot \begin{pmatrix} -1 \\ 3 \\ 2 \end{pmatrix}$

c) E: $x_1 + 3x_2 - 4x_3 - 12 = 0$

d) E: $\vec{x} = \begin{pmatrix} -9 \\ 5 \\ 5 \end{pmatrix} + r \cdot \begin{pmatrix} 3 \\ -1 \\ -1 \end{pmatrix} + s \cdot \begin{pmatrix} 9 \\ -3 \\ -5 \end{pmatrix}$

3

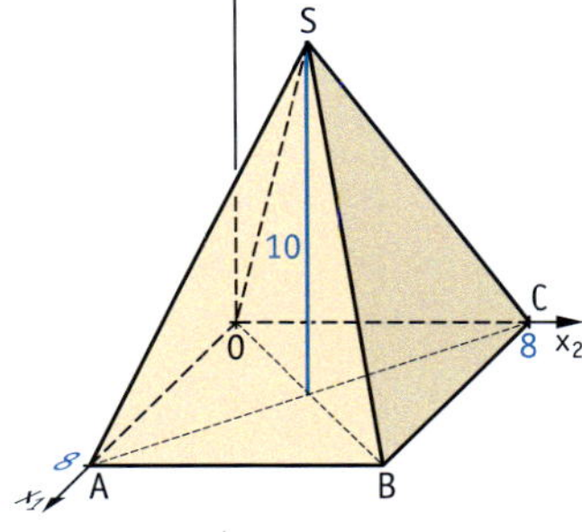

a) Berechnen Sie den Winkel zwischen zwei benachbarten Seitenflächen der Pyramide rechts.

b) Die Pyramide wird von der Ebene E: $20 \cdot x_1 + 5 \cdot x_2 + 18 \cdot x_3 - 220 = 0$ geschnitten. Bestimmen Sie den Flächeninhalt der Schnittfigur.

c) Unter welchem Winkel schneidet die Ebene E die Seitenkante $\overline{AS}$?

4 Von einem Würfel der Kantenlänge 4 wird an der Ecke F ein Stück abgeschnitten, die Schnittfläche bildet das Dreieck PQR.

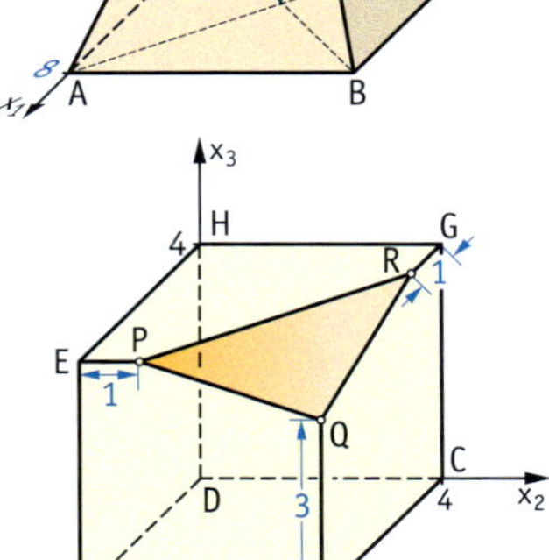

a) Unter welchem Winkel stößt das Dreieck PQR an die Seitenflächen durch die Punkte B, C und G bzw. an die Deckfläche durch die Punkte E, G und H?

b) Bestimmen Sie das Volumen des abgebildeten Körpers.

c) Wie groß ist der Flächeninhalt des Dreiecks PQR?

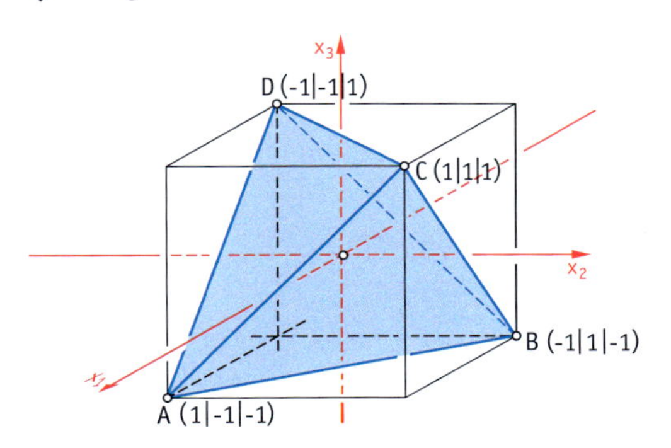

Pyramide aus gleichseitigen Dreiecken

5 Ein reguläres Tetraeder wird aus Diagonalen der Seitenflächen eines geeigneten Würfels gebildet. Berechnen Sie den Winkel zwischen zwei Seitenflächen des abgebildeten Tetraeders.

6 Gegeben ist ein Winkelhaus.

Alle Maße in m

a) Wie groß sind die Dachneigungen?
Berechnen Sie die Flächeninhalte der Dachflächen ABQP und PQCD.
Unter welchem Winkel stoßen diese Dachflächen zusammen?

b) Wie lang ist die Dachkehle $\overline{PQ}$?

c) Im Punkt $K(3|10|k_3)$ der Dachfläche PQCD ragt ein Edelstahlschornstein 2 m weit aus dem Dach. Welchen Abstand hat die Schornsteinspitze von dieser Dachfläche?

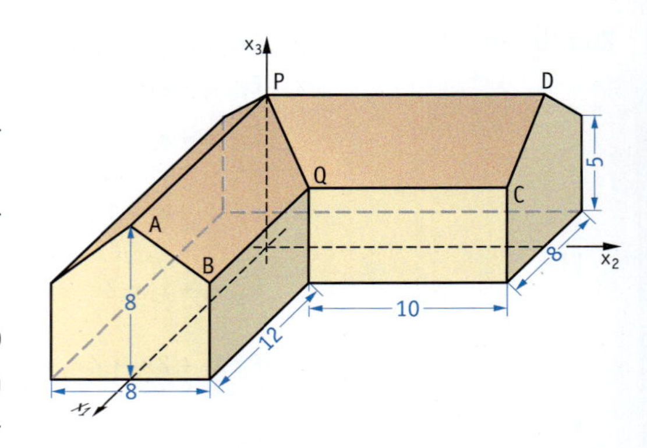

7 Bezogen auf ein lokales Koordinatensystem (Einheit 1 m) liegt ein Hausdach so, dass der Dachboden ABCD in der x_1x_2-Ebene liegt und das Dach symmetrisch zur x_2x_3-Ebene ist. Gegeben sind die Eckpunkte $A(3|-5|0)$, $B(3|5|0)$, $E(2|-3|3)$ und $F(2|3|3)$.

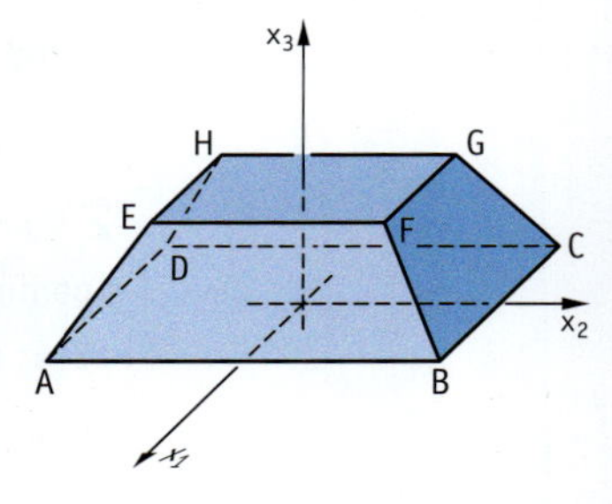

a) Geben Sie die Koordinaten der restlichen Eckpunkte des Dachs an. Zeichnen Sie ein Schrägbild des Dachs in ein Koordinatensystem. Bestimmen Sie die Neigungswinkel der Seitenflächen des Dachs.

b) Im Punkt $P(0|4|0)$ steht ein 5 m langer Mast orthogonal auf dem Dachboden. Wie weit ragt der Mast aus dem Dach heraus?
Der Mast wird mit einem Drahtseil abgespannt, das von der Mitte des Masts orthogonal zur Dachfläche BCGF verläuft. Wie lang ist dieses Seil?

8 Die „Knickpyramide von SNOFRU“ wurde von dem ägyptischen König SNOFRU (um 2550 v. Chr.) in der Nähe des Dorfs Dahschur erbaut. Wahrscheinlich war die Pyramide zuerst als Bauwerk mit 300 Königsellen Länge (1 Königselle = 52,4 cm) und einem Neigungswinkel von 60° geplant. Aufgrund von Stabilitätsproblemen musste der Bauplan geändert werden.
Die Skizze zeigt den Grund- und den Aufriss der Pyramide.

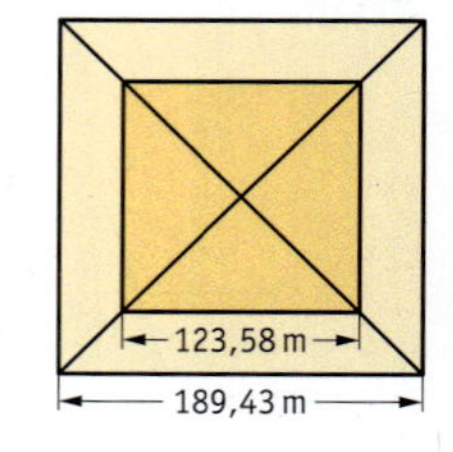

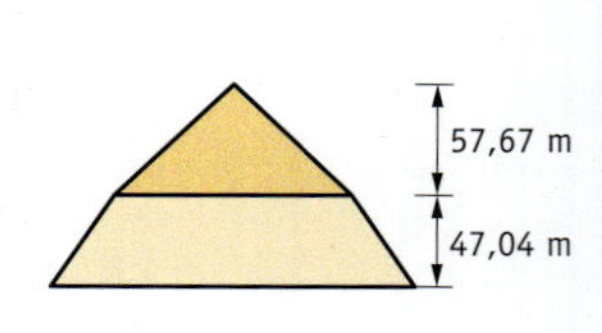

a) Wählen Sie ein geeignetes Koordinatensystem und zeichnen Sie ein Schrägbild der Knickpyramide. Im Internet findet man die Angabe, dass der Böschungswinkel des unteren Teils 54° 27′ 44″ beträgt. Überprüfen Sie diese Angabe.
Berechnen Sie den Innenwinkel, den die beiden Teilflächen einer Seitenfläche miteinander einschließen.

b) Welche Höhe hätte die Pyramide erreicht, wenn der ursprüngliche Bauplan verwirklicht worden wäre?

Die folgenden Aufgaben helfen Ihnen bei der Organisation des selbstständigen Lernprozesses. Zur Selbstkontrolle sind alle Lösungen dieser Aufgaben im Anhang dieses Buches abgedruckt.

1 Gegeben ist das Dreieck ABC mit A(6 | −2 | 1), B(2 | 2 | −1) und C(−4 | −1 | 3).

a) Zeichnen Sie das Dreieck in einem Koordinatensystem.

b) Welche Dreieckseite ist am längsten? Begründen Sie Ihre Antwort.

c) Berechnen Sie die Innenwinkel des Dreiecks ABC.

2 Eine Gerade g ist gegeben durch $g\colon \vec{x} = \begin{pmatrix} 2 \\ -3 \\ 4 \end{pmatrix} + k \cdot \begin{pmatrix} 4 \\ 1 \\ -2 \end{pmatrix}$.

a) Geben Sie eine zweite Parameterdarstellung von g an.

b) Zeigen Sie, dass die Gerade g ebenfalls durch $g\colon \vec{x} = \begin{pmatrix} 86 \\ 18 \\ -38 \end{pmatrix} + r \cdot \begin{pmatrix} -20 \\ -5 \\ 10 \end{pmatrix}$ dargestellt wird.

c) Bestimmen Sie den Schnittpunkt der Geraden g mit der Geraden h, die durch $h\colon \vec{x} = \begin{pmatrix} -6 \\ -5 \\ 8 \end{pmatrix} + t \cdot \begin{pmatrix} 3 \\ 2 \\ 1 \end{pmatrix}$ gegeben ist. Bestimmen Sie auch den Schnittwinkel, den beide Geraden miteinander einschließen.

d) Zeigen Sie, dass der Punkt P(3 | 1 | 11) auf der Geraden h aus Teilaufgabe c) liegt. Bestimmen Sie eine Gerade k durch P, die parallel zur Geraden g verläuft.

3 In der Abbildung rechts wurde eine Ebene mithilfe ihrer Spurgeraden dargestellt.

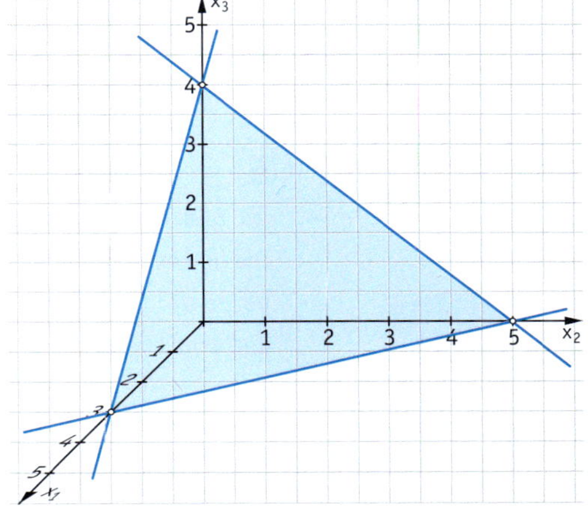

a) Beschreiben Sie die Lage der Ebene im Koordinatensystem.

b) Bestimmen Sie für jede Spurgerade eine Parameterdarstellung.

c) Bestimmen Sie eine Parameterdarstellung für die Ebene.

d) Geben Sie eine Parameterdarstellung für eine Ebene durch den Koordinatenursprung an, die parallel zu der abgebildeten Ebene verläuft.

4 Gegeben ist eine Ebene $E\colon \vec{x} = \begin{pmatrix} 2 \\ 1 \\ 1 \end{pmatrix} + r \cdot \begin{pmatrix} -1 \\ 0 \\ 2 \end{pmatrix} + s \cdot \begin{pmatrix} 0 \\ 1 \\ 1 \end{pmatrix}$.

a) Geben Sie eine Ebene an, die durch den Punkt P(1 | 2 | 2) geht und parallel zu E verläuft.

b) Bestimmen Sie eine Ebene, die mit der Ebene E nur die Gerade g gemeinsam hat.
$g\colon \vec{x} = \begin{pmatrix} 2 \\ 1 \\ 1 \end{pmatrix} + t \cdot \begin{pmatrix} -1 \\ 0 \\ 2 \end{pmatrix}$

c) Aus einem quaderförmigen Rohling (rechts) werden durch einen Schnitt entlang der Diagonalen der Seitenflächen zwei Keile hergestellt. Beschreiben Sie die Schnittfläche mithilfe einer Parameterdarstellung.

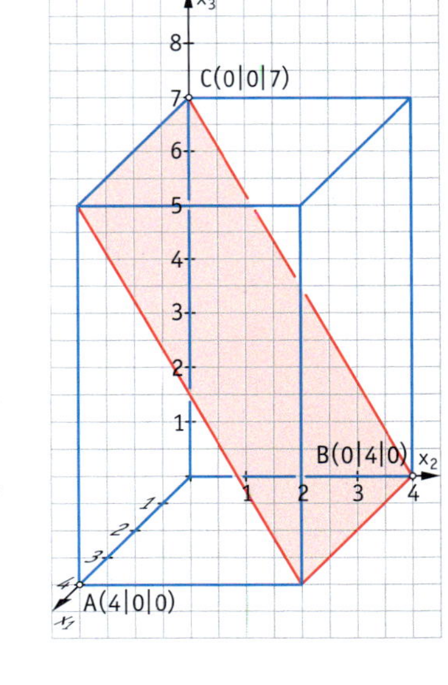

eN **d)** Zeigen Sie, dass sich die Ebene E und die Ebene, in der die Schnittfläche des Rohlings aus Teilaufgabe c) liegt, schneiden. Bestimmen Sie die Schnittgerade.

5 Von einem Flugplatz, der in der x_1x_2-Ebene liegt, hebt ein Sportflugzeug im Punkt $A(4|1|0)$ von der Startbahn ab. Es fliegt in den ersten drei Minuten auf einem Kurs, der annähernd durch die Gerade $g: \vec{x} = \begin{pmatrix} 4 \\ 1 \\ 0 \end{pmatrix} + r \cdot \begin{pmatrix} 18 \\ 14 \\ 3 \end{pmatrix}$ (r in Minuten ab dem Abheben), beschrieben werden kann. Die Längeneinheit beträgt 100 m. Nach drei Minuten ändert der Pilot seinen Kurs und fliegt in den nächsten 20 Minuten ohne weitere Kursänderung pro Minute um den Vektor $\vec{u} = \begin{pmatrix} 22 \\ 19 \\ 1{,}2 \end{pmatrix}$ weiter.

a) Mit welcher Geschwindigkeit hebt die Maschine vom Boden ab? In welchem Punkt befindet sich das Flugzeug 10 Minuten nach dem Abheben?
Welche Geschwindigkeit hat es zu diesem Zeitpunkt?

b) Ein zweites Flugzeug befindet sich in dem Moment, in dem das Sportflugzeug in A abhebt, im Punkt $B(220|-180|32)$. Es bewegt sich über längere Zeit pro Minute um den Vektor $\vec{v} = \begin{pmatrix} 14 \\ 25 \\ 0 \end{pmatrix}$ weiter.
Wie weit sind die beiden Flugzeuge 10 Minuten nach dem Abheben des Sportflugzeugs voneinander entfernt?

c) Untersuchen Sie, ob es zu einer Kollision kommen könnte, wenn die beiden Flugzeuge ihren Kurs beibehalten.

6

Im Bild ist das Pultdach eines Hauses zu sehen. Die im Foto sichtbare Dachfläche liegt in einer Ebene, zu der in einem räumlichen Koordinatensystem der Punkt $A(0|9|4)$ und die Richtungsvektoren $\vec{u} = \begin{pmatrix} 0 \\ -2 \\ 0 \end{pmatrix}$ und $\vec{v} = \begin{pmatrix} -2 \\ 0 \\ 2 \end{pmatrix}$ gehören (Angaben in m).
Die Dachfläche misst 9 m mal 7 m.

a) Bestimmen Sie eine Parametergleichung für die Ebene, in der die Dachfläche liegt.

b) Man kann alle Punkte der Dachfläche beschreiben, indem man die Parameter für die Ebene einschränkt. Führen Sie dies durch.

c) Geben Sie die Koordinaten aller Eckpunkte der Dachfläche an. Bestimmen Sie außerdem drei Punkte, die außerhalb der Dachfläche, aber in derselben Ebene wie die Dachfläche liegen.

7 Gegeben sind zwei Ebenen E und F.

$E: \vec{x} = \begin{pmatrix} 3 \\ -4 \\ 8 \end{pmatrix} + r \cdot \begin{pmatrix} -4 \\ 2 \\ 6 \end{pmatrix} + s \cdot \begin{pmatrix} 1 \\ 2 \\ 2 \end{pmatrix}$ $F: \vec{x} = \begin{pmatrix} 2 \\ -1 \\ 0 \end{pmatrix} + t \cdot \begin{pmatrix} 1 \\ 3 \\ -1 \end{pmatrix} + k \cdot \begin{pmatrix} 3 \\ 1 \\ 3 \end{pmatrix}$

a) Untersuchen Sie die Lage der Ebenen E und F zueinander.

b) Zeigen Sie, dass die Gerade g in der Ebene E liegt.
$g: \vec{x} = \begin{pmatrix} -1 \\ -2 \\ 14 \end{pmatrix} + t \cdot \begin{pmatrix} -3 \\ 4 \\ 8 \end{pmatrix}$

c) Geben Sie eine Ebene H an, die ebenfalls die Gerade g aus Teilaufgabe b) enthält, sodass g Schnittgerade von E und H ist.

5 Matrizen

Der *Verband Deutscher Mineralbrunnen* veröffentlicht jährlich Daten über den Absatz von Mineral- und Heilwasser.
Die folgende Tabelle zeigt die Absätze für die Jahre 2006, 2007 und 2008.

Jahr	2006		2007		2008
		Veränderung (in %)		Veränderung (in %)	
Mineralwasser (in Mio. Liter)	9589,3	+0,7	9658,4	−1,1	9547,5
mit CO_2	4792,7	−4,4	4582,6	−3,9	4403,8
wenig CO_2	4065,4	+2,2	4153,1	−0,2	4144,7
ohne CO_2	619,2	+24,9	773,6	+9,4	846,4
mit Aroma	112,0	+33,1	149,1	+2,3	152,6
Heilwasser (in Mio. Liter)	137,9	−10,7	123,1	−7,6	113,7
Gesamt (in Mio. Liter)	9727,2	+0,6	9781,5	−1,2	9661,2

Aus der Tabelle kann man zum Beispiel ablesen, dass in den Jahren 2007 und 2008 der Absatz von Heilwasser deutlich gesunken ist, während beim Mineralwasser ohne CO_2 eine deutliche Absatzzunahme zu erkennen ist.
Geben Sie weitere Informationen an, die Sie der Tabelle entnehmen können.
Aus Gründen der Übersichtlichkeit ist es oft sinnvoll, Datenmaterial in Tabellenform zu notieren. In vielen Bereichen der Wirtschaft werden deshalb Datenmaterial oder Beziehungen zwischen einzelnen ökonomischen Größen in Tabellenform dargestellt.
Die Schreibweise in Form einer Tabelle ermöglicht es, Zusammenhänge zu analysieren und mit den Daten zu rechnen. Tabellen, mit denen gerechnet werden kann bezeichnet, man als *Matrizen*.

In diesem Kapitel:

- lernen Sie, wie man mit Matrizen rechnet;
- beschreiben Sie Materialverflechtungen und Zustandsänderungen mithilfe von Matrizen;
- analysieren Sie sich wiederholende Prozesse mithilfe von Matrizen.

Überblick behalten mit Tabellen

Absatzplanung

1 Ein Fernsehhersteller beliefert jeden Monat 4 Verkaufsfilialen mit verschiedenen TV-Modellen.
Für die Absatzplanung eines Jahres sind monatlich für 9 Monate die in der Tabelle unten angegebenen Lieferzahlen geplant. In den Sommermonaten Juni und Juli soll jeweils nur die Hälfte geliefert werden und zum Weihnachtsgeschäft im Dezember das Doppelte.

Modell / Filiale	26 Zoll LCD TV	32 Zoll LCD TV	42 Zoll LCD TV		52 Zoll LCD TV	
	HD ready	HD ready	HD ready	Full HD	HD ready	Full HD
Filiale A	8	14	8	16	4	16
Filiale B	4	6	14	20	6	8
Filiale C	0	14	4	12	0	32
Filiale D	0	8	0	22	0	14

Berechnen Sie die geplanten Jahresabsatzzahlen für die jeweiligen Geräte und Filialen.

Module für Gartenhäuser

2 Das Gartenhaus Limo ist aus verschiedenen Modulen zusammengesetzt. Ausgehend von diesen Modulen bietet der Hersteller verschiedene Gartenhausmodelle zum Verkauf.

Modell / Modul	Limo classic	Limo kompakt	Limo premium	Limo deluxe
Wand (mit 1 Tür)	4	4	4	4
Dach (Überstand 20 cm)	1	1	0	0
Dach (Überstand 200 cm)	0	0	1	1
Fenster	0	1	1	2
Holzboden	0	1	1	1
Terrasse	0	0	0	1

- Eine Baumarktkette in Niedersachsen bestellt 30-mal Limo classic, 45-mal Limo kompakt, 60-mal Limo premium und 50-mal Limo deluxe.
  Bestimmen Sie die Anzahlen der einzelnen Module für diese Lieferung.
- Für Baumärkte in 5 Bundesländern kann die Bestellung durch eine sogenannte *Auftragsmatrix* beschrieben werden:

  $$\mathbf{A} = \begin{pmatrix} 25 & 20 & 0 & 30 & 10 \\ 12 & 30 & 35 & 8 & 16 \\ 0 & 10 & 20 & 18 & 8 \\ 3 & 12 & 40 & 34 & 18 \end{pmatrix}$$

  Erläutern Sie die Bedeutung der Zahlen in der Auftragsmatrix.
  Bestimmen Sie die Anzahlen der benötigten Module für jeden Baumarkt.

Von Rohstoffen über Zwischenprodukte zum Endprodukt

3 Es gibt verschiedene Verfahren zur Herstellung von Kerzen: das Gießverfahren, das Pressverfahren, das Tauchverfahren und das Ziehverfahren.
Eine Firma stellt Kerzen im Ziehverfahren her. Dabei wird ein 120 Meter langer Docht über große Trommeln geführt und durch ein Becken mit Paraffin gezogen. Es bildet sich ein langer Strang, der danach in kleine Stücke zerteilt wird. Dadurch, dass bei diesem Verfahren die Kerzen schichtweise aufgebaut werden, haben solche Kerzen eine lange Brenndauer und eine sehr schöne Flamme.
Bei der Produktion einer Serie von 20 cm langen Kerzen entstehen vier Endprodukte aus drei Zwischenprodukten und fünf Rohstoffen. Die Grafik unten zeigt, woraus sich die einzelnen Produkte zusammensetzen.

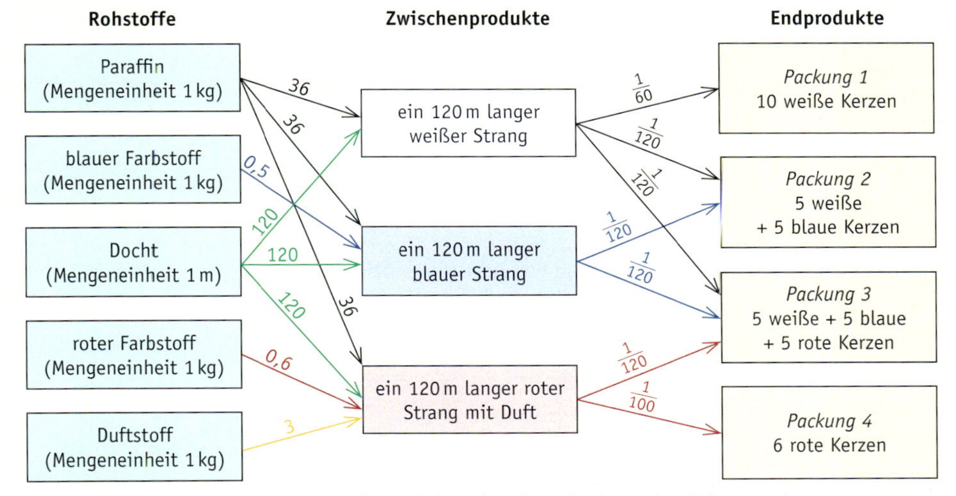

- Bestimmen Sie, wie viele Rohstoffe für die Herstellung jeder einzelnen Packung benötigt werden.
- Entwerfen Sie ein Modell zur Bestimmung der benötigten Rohstoffeinheiten bei beliebigen Bestellmengen der Endprodukte.

Kundenwechsel

4 In einer Region gibt es drei Autowerkstätten: Autoteile Werner, Auto Kalle und Autowerkstatt Knigge.
Alle drei Werkstätten sind mit ihrer Auftragslage zufrieden.
Langjährige Marktbeobachtungen zeigen, dass bedingt durch Werbung und Sonderaktionen jährlich einige Stammkunden ihre Werkstatt wechseln.
So wechseln von der Firma Werner etwa 5 % der Stammkunden zu Auto Kalle und 10 % zur Autowerkstatt Knigge; von Auto Kalle wechseln etwa 10 % zur Autowerkstatt Knigge und 15 % zur Firma Werner; von der Autowerkstatt Knigge wechseln jeweils 5 % zur Firma Werner und zu Auto Kalle.
Zur Zeit hat Autoteile Werner 663 Stammkunden, Auto Kalle 402 Stammkunden und die Autowerkstatt Knigge 642 Stammkunden.
Beschreiben Sie die Entwicklung der Kundenzahlen in den nächsten drei Jahren.

5.1 Matrizen – Addieren und Vervielfachen

Aufgabe

1 Das Zentrallager einer Warenhauskette will an seine vier Filialen in Aachen, Hannover, Leipzig und Münster jeweils fünf verschiedene Typen von Handys liefern. Der Lieferumfang für den Monat Januar wird durch die nebenstehende Tabelle angegeben.

Filiale \ Typ	C102	C104	C105	C110	C112
Aachen	200	300	300	100	100
Hannover	200	250	300	150	100
Leipzig	150	200	250	100	100
Münster	200	200	300	150	150

a) Untersuchen Sie, wie viele Handys im Januar nach Leipzig geliefert werden. Welches Handy wird am häufigsten ausgeliefert?

b) In den Monaten Februar bis November sollen die Filialen jeweils im gleichen Umfang wie im Januar beliefert werden. Bestimmen Sie die Tabelle, die den gesamten Lieferumfang für die ersten 11 Monate des Jahres beschreibt.

c) Wegen des Weihnachtsgeschäftes sollen die Filialen im Dezember entsprechend der nebenstehenden Tabelle beliefert werden. Berechnen Sie den gesamten Lieferumfang für die Monate November und Dezember.

Filiale \ Typ	C102	C104	C105	C110	C112
Aachen	200	350	400	150	150
Hannover	250	300	350	200	150
Leipzig	300	250	250	100	100
Münster	200	300	350	250	250

Lösung

a) Durch Addition der Werte in der *Zeile* für Leipzig erhält man $150 + 200 + 250 + 100 + 100 = 800$.
800 Handys werden im Januar nach Leipzig geliefert.
Durch Addition der Werte in den *Spalten* erhält man die Gesamtlieferanzahlen für die einzelnen Typen von Handys im Monat Januar:
Das Handy C105 wird am häufigsten geliefert.

Typen	C102	C104	C105	C110	C112
Lieferumfang	750	950	1 150	500	450

b) Den Lieferumfang für die ersten 11 Monate erhält man, indem man sämtliche Zahlen der Tabelle mit dem Faktor 11 multipliziert:

Filiale \ Typ	C102	C104	C105	C110	C112
Aachen	2 200	3 300	3 300	1 100	1 100
Hannover	2 200	2 750	3 300	1 650	1 100
Leipzig	1 650	2 200	2 750	1 100	1 100
Münster	2 200	2 200	3 300	1 650	1 650

c) Den Lieferumfang für die Monate November und Dezember zusammen erhält man, indem man jeweils die Zahlen in einander entsprechenden Zellen beider Tabellen addiert:

Filiale \ Typ	C102	C104	C105	C110	C112
Aachen	400	650	700	250	250
Hannover	450	550	650	350	250
Leipzig	450	450	500	200	200
Münster	400	500	650	400	400

500 = 200 + 300

Information

(1) Matrizen als Tabellen

Lässt man in der Tabelle aus Aufgabe 1 die Angaben über Filialen und Typen weg, so reduziert sich die Tabelle auf eine rechteckige Anordnung von Zahlen.

2. Spalte

$$\mathbf{A} = \begin{pmatrix} 200 & 300 & 300 & 100 & 100 \\ 200 & 250 & 300 & 150 & 100 \\ 150 & 200 & 250 & 100 & 100 \\ 200 & 200 & 300 & 150 & 150 \end{pmatrix}$$

3. Zeile

Eine solche Darstellung, die man durch zwei Klammern einschließt, nennt man eine **Matrix**. Die hier dargestellte Matrix hat 4 Zeilen und 5 Spalten. Sie heißt dementsprechend eine 4 × 5-Matrix (sprich: „4-Kreuz-5-Matrix") oder 4,5-Matrix. Wir verwenden nur die erste Schreibweise.

Merke:
Zeilen zuerst, Spalten später

Die Zahlen in der Matrix heißen **Elemente** der Matrix. Sie werden allgemein mit a_{ij} bezeichnet. Dabei gibt i die Zeile und j die Spalte an, in der das Element jeweils steht. Zum Beispiel gilt: $a_{32} = 200$, da in der 3. Zeile und 2. Spalte die Zahl 200 steht.

Die einzelnen Elemente der Matrix, aber auch die Summen der in den Zeilen bzw. Spalten stehenden Elemente können in Sachsituationen jeweils eine konkrete Bedeutung haben (siehe Aufgabe 1).

Definition 1: m × n-Matrix

Eine Zahlentabelle wie rechts mit $a_{ij} \in \mathbb{R}$ für alle vorkommenden i, j heißt **Matrix A** mit m Zeilen und n Spalten, kurz m × n-Matrix oder Matrix vom Typ m × n.

$$\mathbf{A} = \begin{pmatrix} a_{11} & a_{12} & \cdots & a_{1n} \\ a_{21} & a_{22} & \cdots & a_{2n} \\ \vdots & \vdots & \vdots & \vdots \\ a_{m1} & a_{m2} & \cdots & a_{mn} \end{pmatrix}, \quad m, n \in \mathbb{N}$$

Man schreibt kurz: $\mathbf{A} = (a_{ij})$; $i = 1, \ldots, m$; $j = 1, \ldots, n$.

Eine Matrix **A** heißt **quadratisch**, wenn sie ebenso viele Zeilen wie Spalten hat, d. h. wenn gilt: $m = n$.

a_{ij}:
1. Index i: Zeilennummer
2. Index j: Spaltennummer

Untersucht man mehrere Matrizen, so verwendet man entsprechend die Schreibweise $\mathbf{B} = (b_{kl})$, $\mathbf{C} = (c_{ik})$ usw.

Beispiel

$\mathbf{A} = \begin{pmatrix} 3 & 1 & 2 \\ 1 & 0 & 4 \end{pmatrix}$ ist eine 2 × 3-Matrix mit den Elementen

$a_{11} = 3$, $a_{12} = 1$, $a_{13} = 2$, $a_{21} = 1$, $a_{22} = 0$ und $a_{23} = 4$.

(2) Addieren und Vervielfachen von Matrizen

Das Vervielfachen und Addieren von Matrizen ist wie bei Vektoren elementweise definiert.

Definition 2: Vervielfachen von Matrizen

Eine Matrix **A** wird mit einer reellen Zahl r **vervielfacht** (multipliziert), indem man jedes Element von **A** mit r multipliziert. Man schreibt kurz: $r \cdot \mathbf{A} = r \cdot (a_{ij}) = (r \cdot a_{ij})$

$r \cdot \mathbf{A}$ heißt das r-fache der Matrix **A**.

Beispiel

$$4 \cdot \begin{pmatrix} -2 & 1 & 0 \\ -1 & 3 & 2 \end{pmatrix} = \begin{pmatrix} 4 \cdot (-2) & 4 \cdot 1 & 4 \cdot 0 \\ 4 \cdot (-1) & 4 \cdot 3 & 4 \cdot 8 \end{pmatrix} = \begin{pmatrix} -8 & 4 & 0 \\ -4 & 12 & 8 \end{pmatrix}$$

Definition 3: Addieren von Matrizen

Zwei Matrizen **B** und **C** vom selben Typ (d. h. mit gleicher Anzahl an Zeilen bzw. Spalten) werden **addiert**, indem man die in den Matrizen an entsprechender Stelle stehenden Elemente addiert.

Man schreibt kurz: $\mathbf{B} + \mathbf{C} = (b_{ij}) + (c_{ij}) = (b_{ij} + c_{ij})$

B + **C** heißt die Summe der Matrizen **B** und **C**.

Beispiel

$$\begin{pmatrix} -2 & 1 \\ -1 & 3 \\ 0 & 1 \end{pmatrix} + \begin{pmatrix} 3 & -5 \\ 4 & 2 \\ -1 & 1 \end{pmatrix} = \begin{pmatrix} -2+3 & 1-5 \\ -1+4 & 3+2 \\ 0+(-1) & 1+1 \end{pmatrix} = \begin{pmatrix} 1 & -4 \\ 3 & 5 \\ -1 & 2 \end{pmatrix}$$

Zum Vervielfachen und Addieren von Matrizen mithilfe eines GTR oder eines CAS kann man nach Eingabe der Matrizen die Tasten für das gewöhnliche Multiplizieren beziehungsweise Addieren verwenden:

Zur Eingabe siehe auch Abschnitt 1.3 Seite 35

```
MATRIX[A] 2 ×3
[1   -5   2  ]
[4   2    -3 ]

MATRIX[B] 2 ×3
[2   0    -2 ]
[3   1    -1 ]
```

```
2*[A]
   [[2 -10 4 ]
    [8 4   -6]]
```

```
[A]+[B]
   [[3 -5 0 ]
    [7 3  -4]]
```

Information

(3) Vektoren und Matrizen

Jede Spalte in der Lieferumfangsmatrix für Januar (siehe Aufgabe 1, Seite 302) stellt eine 4 × 1-Matrix dar.

Zum Beispiel ergibt sich aus der 2. Spalte: $\begin{pmatrix} 300 \\ 250 \\ 200 \\ 200 \end{pmatrix}$

3 × 1-Matrizen sind uns als Vektoren aus der analytischen Geometrie bekannt, z. B. $\vec{u} = \begin{pmatrix} 3 \\ -1 \\ 2 \end{pmatrix}$; $\vec{v} = \begin{pmatrix} 1 \\ 1 \\ 0 \end{pmatrix}$; $\vec{n} = \begin{pmatrix} 2 \\ -1 \\ 2 \end{pmatrix}$; sie haben nur eine Spalte.

Eine Matrix, die nur aus einer Spalte $\begin{pmatrix} a_1 \\ a_2 \\ \vdots \\ a_m \end{pmatrix}$ besteht, heißt **m-dimensionaler Spaltenvektor.**

Eine Matrix, die nur aus einer Zeile $(a_1 \,|\, a_2 \,|\, \dots \,|\, a_n)$ besteht, heißt **n-dimensionaler Zeilenvektor.** Koordinaten von Punkten im 3-dimensionalen Raum schreiben wir als 3-dimensionale Zeilenvektoren.

Man kann sich jede Matrix aus Zeilen- bzw. Spaltenvektoren zusammengesetzt denken, z. B. besteht die Matrix $\mathbf{A} = \begin{pmatrix} 3 & -2 & 1 \\ 4 & 0 & 3 \end{pmatrix}$ aus den Zeilenvektoren $(3 \,|\, -2 \,|\, 1)$ und $(4 \,|\, 0 \,|\, 3)$ bzw. aus den Spaltenvektoren $\begin{pmatrix} 3 \\ 4 \end{pmatrix}$, $\begin{pmatrix} -2 \\ 0 \end{pmatrix}$ und $\begin{pmatrix} 1 \\ 3 \end{pmatrix}$.

Hinweis: Bei Punkten und Zeilenvektoren werden die einzelnen Koordinaten durch senkrechte Striche getrennt. Insbesondere, wenn statt Zahlen Terme als Koordinaten angegeben sind, trennen die senkrechten Striche solche Koordinaten deutlich voneinander. Beim Schreiben von Matrizen verzichten wir auf eine solche Trennung zwischen den Elementen.

Übungsaufgaben

2 Ein Müslihersteller plant seinen Absatz für das kommende Jahr. Dabei geht er für 8 Monate des Jahres von den Liefereinheiten aus, die unten in der Tabelle aufgelistet sind. Für drei Sommermonate rechnet er erfahrungsgemäß in allen Regionen mit um 20 % geringeren Lieferzahlen wegen erhöhter Urlaubsreisen in dieser Zeit. Im Januar hofft der Hersteller jedoch auf eine Steigerung um 12 % in allen Verkaufsregionen wegen der guten Vorsätze der Käufer für das neue Jahr.

Bestimmen Sie die für das Jahr geplante Liefermenge der einzelnen Müslisorten für die jeweilige Region. Erläutern Sie Ihre Vorgehensweise.

Sorte \ Region	Braunschweig	Hannover	Oldenburg	Schaumburg-Lippe	Bremen	Hamburg
Müsli pur	270	456	143	124	306	476
Knuspermüsli	366	156	105	89	228	568
Fruchtmüsli	178	378	98	97	187	764
Schokomüsli	223	225	87	78	113	356

3 Notieren Sie die 3 × 4-Matrix mit: $a_{13} = 4$, $a_{31} = 1$, $a_{11} = 3$, $a_{24} = 1$, $a_{32} = 4$, $a_{21} = -2$, $a_{12} = 5$, $a_{22} = -2$, $a_{33} = 5$. Die übrigen Elemente sind 0.

4 Notieren Sie die m × n-Matrix $\mathbf{A} = (a_{ij})$, für deren Elemente a_{ij} die angegebenen Bedingungen gelten.

a) $m = 3;\ n = 3$
$a_{ij} = 1$ für $i = j$; $a_{ij} = 0$ für $i \neq j$

b) $m = 4;\ n = 4$
$a_{ij} = i - j$

c) $m = 3;\ n = 5$
$a_{ij} = i \cdot j$

5 Gegeben sind die Matrizen

$$\mathbf{A} = \begin{pmatrix} 3 & -2 & 1 \\ 0 & 1 & 2 \\ 2 & 0 & -1 \\ 4 & 5 & 6 \end{pmatrix},\quad \mathbf{B} = \begin{pmatrix} 2 & 0 & -1 \\ 1 & 1 & 2 \\ -4 & -2 & 1 \\ 5 & 1 & -2 \end{pmatrix},\quad \mathbf{C} = \begin{pmatrix} 0 & -4 & -2 \\ 2 & -1 & 2 \\ -2 & 0 & -3 \\ 4 & 0 & 6 \end{pmatrix}.$$

Berechnen Sie:

a) $\mathbf{A} + \mathbf{B}$;
b) $3 \cdot \mathbf{B}$;
c) $\mathbf{C} - 2 \cdot (\mathbf{A} + \mathbf{B})$;
d) $\mathbf{A} - \mathbf{B}$;
e) $0{,}1 \cdot \mathbf{C}$;
f) $\mathbf{A} - (\mathbf{C} - 2 \cdot \mathbf{A}) + \mathbf{C}$;
g) $\mathbf{A} + \mathbf{B} - \mathbf{C}$
h) $(-2) \cdot \mathbf{A} - 3 \cdot \mathbf{C}$
i) $\mathbf{B} - 2 \cdot (\mathbf{A} + \mathbf{B}) + 3 \cdot \mathbf{A}$

6 Die Matrix **D** gibt die Entfernung zwischen den Städten Berlin, Bonn, Hamburg und München in km an (jeweils in alphabetischer Reihenfolge von oben nach unten bzw. von links nach rechts):

$$\mathbf{D} = \begin{pmatrix} 0 & 622 & 291 & 675 \\ 608 & 0 & 496 & 600 \\ 285 & 450 & 0 & 820 \\ 587 & 588 & 775 & 0 \end{pmatrix}$$

Dabei werden im rechten oberen Teil die Entfernungen für Bahnverbindungen und im linken unteren Teil die Entfernungen über die Straße angegeben.

a) Bestimmen Sie folgende Entfernungen: München – Berlin (Straße), Hamburg – München (Bahn), Berlin – Hamburg (Straße), Bonn – München (Bahn)

b) Geben Sie an, zwischen welchen Städten die Verbindung mit der Bahn kürzer ist als die Verbindung über die Straße.

7 Ein Großhändler besitzt in einer Stadt fünf Filialen F_1, F_2, F_3, F_4 und F_5. Mit d_{ij} wird der Fahrweg in km von der Filiale F_i zur Filiale F_j bezeichnet.

$$\mathbf{D} = \begin{pmatrix} \dots & 2{,}2 & \dots & 2{,}6 & \dots \\ \dots & \dots & \dots & 1{,}9 & \dots \\ 2{,}3 & 1{,}8 & \dots & \dots & 1{,}7 \\ \dots & \dots & 2{,}7 & \dots & 3{,}0 \\ 2{,}0 & 2{,}4 & \dots & \dots & \dots \end{pmatrix}$$

a) Vervollständigen Sie die Entfernungsmatrix $\mathbf{D} = (d_{ij})$ auf sinnvolle Weise.

b) Erläutern Sie die Besonderheiten der Matrix **D** und gehen Sie dabei auf die Bedeutung der Zeilen- bzw. die Spaltenvektoren ein.

 **8** Erläutern Sie, was hier falsch gemacht wurde.

$$\mathbf{A} = \begin{pmatrix} -2 & 3 \\ 10 & -5 \end{pmatrix},\quad \mathbf{B} = \begin{pmatrix} 3 & 0 & 7 \\ -4 & 2 & 5 \\ 8 & 6 & -10 \end{pmatrix}$$

$$\mathbf{A} + \mathbf{B} = \begin{pmatrix} 1 & 3 & 7 \\ 6 & -3 & 5 \\ 8 & 6 & -10 \end{pmatrix}$$

9 Gegeben sind die Matrizen

$$\mathbf{A} = \begin{pmatrix} 2 & 5 & 4 \\ 5 & -3 & 6 \\ 4 & 6 & 1 \end{pmatrix} \text{ und } \mathbf{B} = \begin{pmatrix} 1 & 0 & 1 & 2 \\ 0 & -1 & 0 & 3 \\ 1 & 0 & 1 & 0 \\ 2 & 3 & 0 & 1 \end{pmatrix}$$

a) Beschreiben Sie die Besonderheiten beider Matrizen.

b) Definieren Sie allgemein, was man unter einer *symmetrischen Matrix* versteht.

5.2 Multiplikation von Matrizen

Aufgabe

1 Multiplikation einer Matrix mit einem Vektor

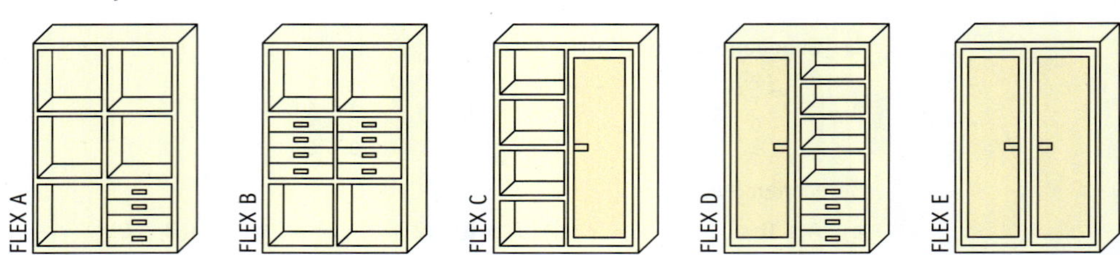

Ein Möbelhersteller bietet ein Möbelsystem Flex an, dessen Schränke nach Wünschen der Kunden auf fünf verschiedene Arten (Flex A, Flex B, Flex C, Flex D, Flex E) aus den Grundelementen *Korpus*, *Tür*, *Einlegeboden* und *Schubladensatz* zusammengestellt werden können. In der folgenden Tabelle ist angegeben, wie viele Grundelemente jeweils für die fünf Schrankmodelle benötigt werden.

Grundelemente \ Modell	Flex A	Flex B	Flex C	Flex D	Flex E
Korpus	1	1	1	1	1
Türen	0	0	1	1	2
Einlegeböden	3	0	3	3	6
Schubladensätze	1	2	0	1	0

Kürzer geschrieben als Matrix:

$$\mathbf{A} = \begin{pmatrix} 1 & 1 & 1 & 1 & 1 \\ 0 & 0 & 1 & 1 & 2 \\ 3 & 0 & 3 & 3 & 6 \\ 1 & 2 & 0 & 1 & 0 \end{pmatrix}$$

Folgender Auftrag zur Lieferung der verschiedenen Schrankmodelle ist zu bearbeiten:

Flex A: 20 Stück
Flex B: 25 Stück
Flex C: 40 Stück
Flex D: 50 Stück
Flex E: 70 Stück

Auftragsvektor

$$\vec{b} = \begin{pmatrix} b_1 \\ b_2 \\ b_3 \\ b_4 \\ b_5 \end{pmatrix} = \begin{pmatrix} 20 \\ 25 \\ 40 \\ 50 \\ 70 \end{pmatrix}$$

Berechnen Sie, wie viele Schrankelemente jeweils hergestellt werden müssen. Beschreiben Sie den Lösungsweg. Schreiben Sie das Ergebnis als Vektor.

Lösung

Man erhält die Produktionszahlen für die einzelnen Schrankelemente, indem man die Bestellmengen der einzelnen Modelle jeweils mit der zu dem Modell gehörigen Anzahl an Schrankelementen multipliziert:

Korpus $1 \cdot 20 + 1 \cdot 25 + 1 \cdot 40 + 1 \cdot 50 + 1 \cdot 70 = 205$
Türen $0 \cdot 20 + 0 \cdot 25 + 1 \cdot 40 + 1 \cdot 50 + 2 \cdot 70 = 230$
Einlegeböden $3 \cdot 20 + 0 \cdot 25 + 3 \cdot 40 + 3 \cdot 50 + 6 \cdot 70 = 750$
Schubladensätze $1 \cdot 20 + 2 \cdot 25 + 0 \cdot 40 + 1 \cdot 50 + 0 \cdot 70 = 120$

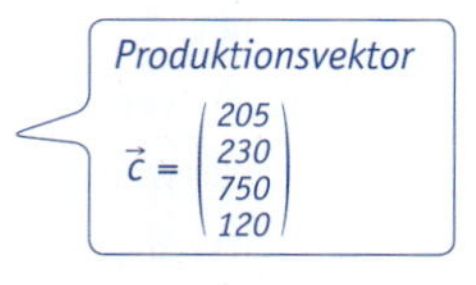

Information

(1) Multiplikation einer Matrix mit einem Vektor

Die einzelnen Koordinaten des Produktionsvektors $\vec{c}$ erhält man als *Skalarprodukt* des entsprechenden Zeilenvektors der Matrix **A** mit dem Vektor $\vec{b}$:

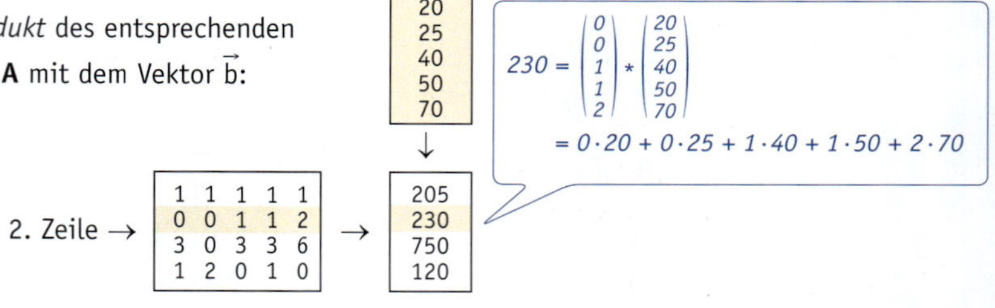

Man nennt den Vektor $\vec{c}$ das **Produkt** der Matrix **A** mit dem Vektor $\vec{b}$ und schreibt:

$$\mathbf{A} \cdot \vec{b} = \vec{c} \quad \text{bzw.} \quad \begin{pmatrix} 1 & 1 & 1 & 1 & 1 \\ 0 & 0 & 1 & 1 & 2 \\ 3 & 0 & 3 & 3 & 6 \\ 1 & 2 & 0 & 1 & 0 \end{pmatrix} \cdot \begin{pmatrix} 20 \\ 25 \\ 40 \\ 50 \\ 70 \end{pmatrix} = \begin{pmatrix} 205 \\ 230 \\ 750 \\ 120 \end{pmatrix}$$

Beachten Sie: Die Multiplikation einer Matrix **A** mit einem Vektor $\vec{b}$ ist nur möglich, wenn die *Anzahl der Spalten von* **A** mit der *Anzahl der Zeilen von* $\vec{b}$ übereinstimmt.

Aufgabe

2 Multiplikation zweier Matrizen

Bei dem Möbelhersteller aus Aufgabe 1 sind folgende drei Kundenaufträge eingegangen:

Modell \ Kunde	Kunde X	Kunde Y	Kunde Z
Flex A	10	30	25
Flex B	15	40	25
Flex C	40	20	50
Flex D	40	10	40
Flex E	50	10	30

Berechnen Sie für die einzelnen Aufträge die Anzahl der jeweils erforderlichen Schrankelemente. Beschreiben Sie den Lösungsweg. Schreiben Sie das Ergebnis als Matrix.

Lösung

Die Produktionszahlen für die einzelnen Aufträge lassen sich wie in Aufgabe 1 berechnen. Um die Berechnung übersichtlicher zu gestalten, schreiben wir die Produktionsmatix

$$\mathbf{A} = \begin{pmatrix} 1 & 1 & 1 & 1 & 1 \\ 0 & 0 & 1 & 1 & 2 \\ 3 & 0 & 3 & 3 & 6 \\ 1 & 2 & 0 & 1 & 0 \end{pmatrix} \quad \text{und die Auftragsmatrix} \quad \mathbf{B} = \begin{pmatrix} 10 & 30 & 25 \\ 15 & 40 & 25 \\ 40 & 20 & 50 \\ 40 & 10 & 40 \\ 50 & 10 & 30 \end{pmatrix}$$

gegeneinander versetzt und multiplizieren jede Zeile der Matrix **A** mit jeder Spalte der Matrix **B**:

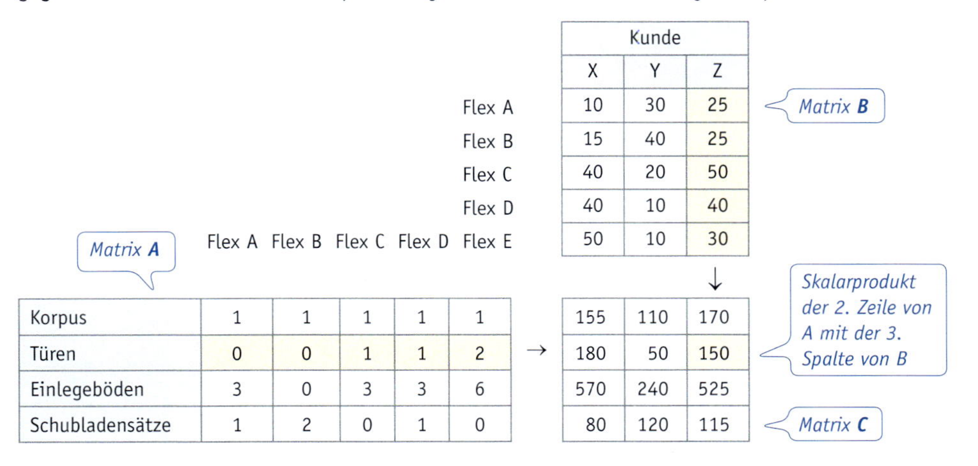

	Kunde X	Kunde Y	Kunde Z
Flex A	10	30	25
Flex B	15	40	25
Flex C	40	20	50
Flex D	40	10	40
Flex E	50	10	30

	Flex A	Flex B	Flex C	Flex D	Flex E	→	X	Y	Z
Korpus	1	1	1	1	1		155	110	170
Türen	0	0	1	1	2	→	180	50	150
Einlegeböden	3	0	3	3	6		570	240	525
Schubladensätze	1	2	0	1	0		80	120	115

Beispielsweise müssen 150 Türen für den Auftrag des Kunden Z hergestellt werden.

Die Matrix $\mathbf{C} = \begin{pmatrix} 155 & 110 & 170 \\ 180 & 50 & 150 \\ 570 & 240 & 525 \\ 80 & 120 & 115 \end{pmatrix}$ gibt an, wie viele Schrankelemente für die einzelnen Auftraggeber zu fertigen sind.

In der ersten Zeile kann man ablesen, dass man 155 Korpusse für den Kunden X, 110 Korpusse für den Kunden Y und 170 Korpusse für den Kunden Z benötigt.

Information

(2) Multiplizieren von Matrizen

Man nennt die Matrix **C** das **Produkt** der Matrizen **A** und **B** und schreibt:

$$\mathbf{A} \cdot \mathbf{B} = \mathbf{C} \quad \text{bzw.} \quad \begin{pmatrix} 1 & 1 & 1 & 1 & 1 \\ 0 & 0 & 1 & 1 & 2 \\ 3 & 0 & 3 & 3 & 6 \\ 1 & 2 & 0 & 1 & 0 \end{pmatrix} \cdot \begin{pmatrix} 10 & 30 & 25 \\ 15 & 40 & 25 \\ 40 & 20 & 50 \\ 40 & 10 & 40 \\ 50 & 10 & 30 \end{pmatrix} = \begin{pmatrix} 155 & 110 & 170 \\ 180 & 50 & 150 \\ 570 & 240 & 525 \\ 80 & 120 & 115 \end{pmatrix}$$

Definition 4: Multiplikation von Matrizen

Gegeben sind eine $l \times m$-Matrix $\mathbf{A} = (a_{ij})$ und eine $m \times n$-Matrix $\mathbf{B} = (b_{jk})$.

Dann ist das Produkt der beiden Matrizen **A** und **B** als eine $l \times n$-Matrix $\mathbf{C} = (c_{ik})$ definiert, deren Elemente man so erhält:

Jedes Element c_{ik} von $\mathbf{C} = (c_{ik})$ berechnet man als Skalarprodukt des i-ten Zeilenvektors der Matrix **A** mit dem k-ten Spaltenvektor der Matrix **B**. Man schreibt $\mathbf{C} = \mathbf{A} \cdot \mathbf{B}$.

Beachten Sie: Man kann zu zwei Matrizen **A** und **B** nur dann das Produkt $\mathbf{A} \cdot \mathbf{B}$ bilden, wenn die *Anzahl der Spalten des ersten Faktors* **A** mit der *Anzahl der Zeilen des zweiten Faktors* **B** übereinstimmt.

Zur Durchführung der Multiplikation liest man die Matrix **A** zeilenweise und die Matrix **B** spaltenweise. Die Elemente des Produktes erhält man als Skalarprodukt der Zeilenvektoren von **A** mit den Spaltenvektoren von **B.**

Beispiel

$$\mathbf{A} = (a_{ij}) = \begin{pmatrix} 2 & -1 & 0 & 5 \\ -4 & 0 & 3 & 2 \end{pmatrix}, \quad \mathbf{B} = (b_{jk}) = \begin{pmatrix} 8 & -2 & -1 \\ 0 & 3 & 4 \\ 12 & -6 & 10 \\ 3 & 1 & 0 \end{pmatrix}.$$

A ist eine 2×4-Matrix, **B** ist eine 4×3-Matrix. Das Produkt $\mathbf{C} = \mathbf{A} \cdot \mathbf{B}$ ist eine 2×3-Matrix:

$$\mathbf{A} \cdot \mathbf{B} = \begin{pmatrix} 2 & -1 & 0 & 5 \\ -4 & 0 & 3 & 2 \end{pmatrix} \cdot \begin{pmatrix} 8 & -2 & -1 \\ 0 & 3 & 4 \\ 12 & -6 & 10 \\ 3 & 1 & 0 \end{pmatrix} = \begin{pmatrix} 31 & -2 & -6 \\ 10 & -8 & 34 \end{pmatrix} = (c_{ik})$$

Zum Beispiel erhält man c_{23}, indem man das Skalarprodukt der 2. Zeile von **A** mit der 3. Spalte von **B** bildet.

$$c_{23} = a_{21} \cdot b_{13} + a_{22} \cdot b_{23} + a_{23} \cdot b_{33} + a_{24} \cdot b_{43} = (-4) \cdot (-1) + 0 \cdot 4 + 3 \cdot 10 + 2 \cdot 0 = 34.$$

Zum Multiplizieren von Matrizen mithilfe eines GTR kann man nach Eingabe der Matrizen die Tasten für das gewöhnliche Multiplizieren verwenden:

```
MATRIX[A] 2 ×3
[ 2    -2    4    ]
[ 1    -5    -3   ]

MATRIX[B] 3 ×3
[ -1   2     4    ]
[ 2    -3    0    ]
[ 1    -1    2    ]
```

```
[A]*[B]
  [[-2   6   16]
   [-14  20  -2]]
```

Weiterführende Aufgabe

3 Einheitsmatrix

Gegeben ist die Matrix $\mathbf{A} = \begin{pmatrix} 2 & -3 & 5 & 1 \\ 1 & 4 & -2 & -6 \\ 7 & -11 & 9 & 15 \end{pmatrix}$.

a) Bestimmen Sie eine Matrix **E**, sodass $\mathbf{E} \cdot \mathbf{A} = \mathbf{A}$ gilt.

b) Bestimmen Sie eine Matrix **E***, sodass $\mathbf{A} \cdot \mathbf{E}^* = \mathbf{A}$ gilt.

c) Wählen Sie selbst eine Matrix A und bestimmen Sie jeweils eine Matrix **E** und **E***, sodass $\mathbf{E} \cdot \mathbf{A} = \mathbf{A}$ und $\mathbf{A} \cdot \mathbf{E}^* = \mathbf{A}$ gilt.

d) Untersuchen Sie die Eigenschaften der Matrizen **E** und **E*** aus den Teilaufgaben a), b) und c). Bilden Sie dazu auch jeweils die Produkte der Matrizen $\mathbf{E} \cdot \mathbf{E}$ und $\mathbf{E}^* \cdot \mathbf{E}^*$.

Information

(3) Einheitsmatrix

Wenn die Anzahl n der Zeilen und Spalten bekannt ist, schreibt man auch oft E statt E_n

Definition 5

Eine quadratische n × n-Matrix $\mathbf{E_n}$, heißt **Einheitsmatrix**, wenn für ihre Elemente e_{ij} gilt: $e_{ij} = \begin{cases} 1, \text{ falls } i = j \\ 0, \text{ falls } i \neq j \end{cases}$

Alle Elemente $e_{ij} = 1$ mit $i = j$ liegen auf der sogenannten **Hauptdiagonalen** der Einheitsmatrix.

$$\mathbf{E_n} = \underbrace{\begin{pmatrix} 1 & 0 & 0 & \dots & 0 \\ 0 & 1 & 0 & \dots & 0 \\ 0 & 0 & 1 & \dots & 0 \\ \vdots & \vdots & \vdots & \ddots & \vdots \\ 0 & 0 & 0 & \dots & 1 \end{pmatrix}}_{\text{n Spalten}} \Big\} \text{ n Zeilen}$$

Die Einheitsmatrix ist das neutrale Element bezüglich der Multiplikation von Matrizen. Für eine k × l-Matrix **A** gilt stets: $\mathbf{E_k} \cdot \mathbf{A} = \mathbf{A}$ und $\mathbf{A} \cdot \mathbf{E_l} = \mathbf{A}$.

Übungsaufgaben

4 Ein Hersteller von Pferdefutter bietet vier Sorten Futter an. Die Zusammensetzung kann der Tabelle entnommen werden.

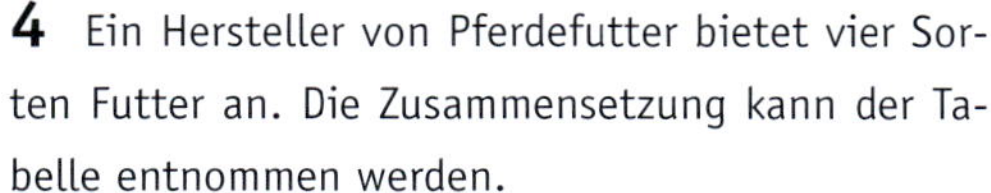

a) Ein Gestüt bestellt die folgenden Mengen: 30 Säcke Fithorse, 25 Säcke Extrahorse, 45 Säcke Premiumhorse und 12 Säcke Foalhorse. Berechnen Sie die benötigten Mengeneinheiten der Zutaten.

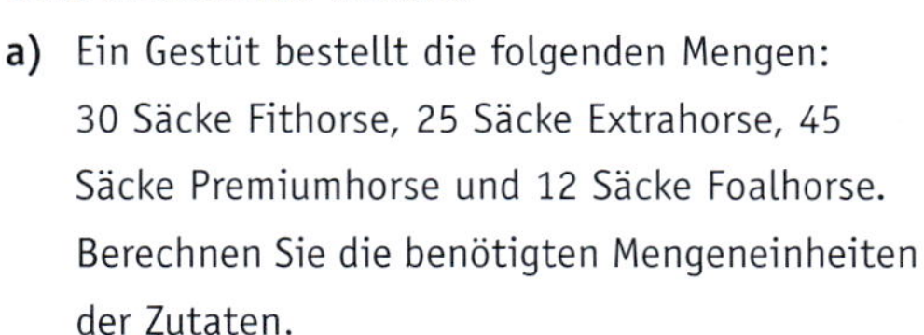

b) Die Bestellung von fünf Gestüten kann durch die folgende Auftragsmatrix beschrieben werden:

$$\begin{pmatrix} 26 & 46 & 22 & 78 & 12 \\ 36 & 58 & 75 & 19 & 32 \\ 102 & 79 & 66 & 58 & 24 \\ 15 & 10 & 12 & 8 & 4 \end{pmatrix}$$

Bestimmen Sie die erforderlichen Mengeneinheiten der einzelnen Zutaten für jedes Gestüt.

Zutat \ Sorte	Fithorse	Extrahorse	Premiumhorse	Foalhorse
Gerstenflocken	20	10	20	10
Hafer geschrotet	10	15	10	20
Maisflocken	15	20	10	5
Weißengrießkleie	5	10	5	10
Zuckerrübenmelasse	0	5	0	10
Kräuter	15	10	20	10
Pflanzenöl	5	0	5	5

(Angaben in Mengeneinheiten pro Sack)

5 Ein Getränkehändler belieferte die Kunden Neugebauer, Möllering und Gundlach mit vier Sorten Wein:

Neugebauer: 10 Kartons der Sorte I; 5 Kartons der Sorte II; 3 Kartons der Sorte IV.

Möllering: 6 Kartons der Sorte I; 15 Kartons der Sorte II; 10 Kartons der Sorte III; 1 Karton der Sorte IV

Gundlach: 20 Kartons der Sorte III; 10 Kartons der Sorte IV.

Die Preise (in € pro Karton) sind durch den Preisvektor $\vec{p} = \begin{pmatrix} 15 \\ 20 \\ 30 \\ 45 \end{pmatrix}$ angegeben.

Schreiben Sie die Auslieferung an die drei Kunden als Matrix, und berechnen Sie, welche Beträge die Kunden Neugebauer, Möllering und Gundlach jeweils zahlen müssen.

6 Untersuchen Sie, welche Fehler bei der Rechnung gemacht wurden.

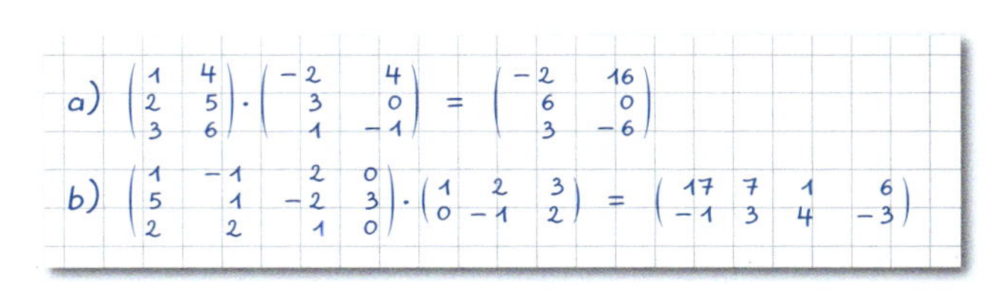

a) $\begin{pmatrix} 1 & 4 \\ 2 & 5 \\ 3 & 6 \end{pmatrix} \cdot \begin{pmatrix} -2 & 4 \\ 3 & 0 \\ 1 & -1 \end{pmatrix} = \begin{pmatrix} -2 & 16 \\ 6 & 0 \\ 3 & -6 \end{pmatrix}$

b) $\begin{pmatrix} 1 & -1 & 2 & 0 \\ 5 & 1 & -2 & 3 \\ 2 & 2 & 1 & 0 \end{pmatrix} \cdot \begin{pmatrix} 1 & 2 & 3 \\ 0 & -1 & 2 \end{pmatrix} = \begin{pmatrix} 17 & 7 & 1 & 6 \\ -1 & 3 & 4 & -3 \end{pmatrix}$

7 Berechnen Sie das Matrizenprodukt, ohne einen Rechner zu benutzen.

a) $\begin{pmatrix} 1 & -1 \\ 2 & 3 \end{pmatrix} \cdot \begin{pmatrix} 2 \\ -1 \end{pmatrix}$

b) $\begin{pmatrix} 1 & -3 & 2 \\ 0 & 2 & 5 \end{pmatrix} \cdot \begin{pmatrix} -3 \\ 0 \\ 1 \end{pmatrix}$

c) $\begin{pmatrix} 1 & -1 & 2 \\ 2 & 1 & 0 \\ 0 & 0 & 1 \end{pmatrix} \cdot \begin{pmatrix} 3 \\ 1 \\ -2 \end{pmatrix}$

d) $\begin{pmatrix} 1 & 2 \\ 0 & -1 \\ -2 & 3 \\ 1 & 3 \\ 4 & 0 \end{pmatrix} \cdot \begin{pmatrix} 2 \\ -3 \end{pmatrix}$

e) $(-2\ 4\ -5\ 1\ 2) \cdot \begin{pmatrix} -1 \\ 2 \\ 0 \\ 12 \\ 4 \end{pmatrix}$

f) $\begin{pmatrix} 0 & 0 & 1 \\ 0 & 1 & 0 \\ 1 & 0 & 0 \end{pmatrix} \cdot \begin{pmatrix} 3 \\ 7 \\ 4 \end{pmatrix}$

8 Berechnen Sie das Matrizenprodukt.

a) $\begin{pmatrix} 1 & -4 & 2 \\ -1 & 0 & 1 \end{pmatrix} \cdot \begin{pmatrix} 2 & -3 \\ -2 & 0 \\ 5 & 1 \end{pmatrix}$

b) $\begin{pmatrix} 2 & -3 \\ -2 & 0 \\ 5 & 1 \end{pmatrix} \cdot \begin{pmatrix} 1 & -4 & 2 \\ -1 & 0 & 1 \end{pmatrix}$

c) $\begin{pmatrix} 2 & -2 & 1 \\ -4 & 1 & 3 \\ 1 & 2 & 3 \end{pmatrix} \cdot \begin{pmatrix} 0 & 1 & 1 \\ 1 & 0 & 1 \\ 1 & 1 & 1 \end{pmatrix}$

d) $\begin{pmatrix} 1 & 1 & 0 \\ 0 & 1 & 1 \\ 1 & 0 & 1 \end{pmatrix} \cdot \begin{pmatrix} 2 & 3 & 1 \\ 1 & -2 & -4 \\ -1 & 2 & 3 \end{pmatrix}$

e) $\begin{pmatrix} 1 & -2 & 0 & 2 & 4 \\ 2 & -5 & 3 & 0 & 1 \end{pmatrix} \cdot \begin{pmatrix} 1 & 0 & 3 \\ -2 & -1 & 4 \\ 4 & 0 & 8 \\ -9 & -5 & 1 \\ 0 & 0 & 2 \end{pmatrix}$

f) $\begin{pmatrix} 1 & 0 & -4 \\ 1 & -1 & 2 \\ 3 & 0 & -1 \end{pmatrix} \cdot \begin{pmatrix} 1 & 0 & -4 \\ 1 & -1 & 2 \\ 3 & 0 & -1 \end{pmatrix}$

g) $(4\ 7\ -2) \cdot \begin{pmatrix} 3 \\ 11 \\ -5 \end{pmatrix}$

h) $\begin{pmatrix} 3 \\ 11 \\ -5 \end{pmatrix} \cdot (4\ 7\ -2)$

i) $\begin{pmatrix} 1 & 2 \\ 0 & -1 \end{pmatrix} \cdot \begin{pmatrix} -2 & 1 \\ 1 & 0 \end{pmatrix}$

9 Gegeben sind die Matrizen $\mathbf{A} = \begin{pmatrix} -2 & 5 & 0 \\ 3 & 1 & 2 \end{pmatrix}$, $\mathbf{B} = \begin{pmatrix} -1 & 2 \\ 2 & 1 \end{pmatrix}$, $\mathbf{C} = \begin{pmatrix} -1 & 3 \\ 3 & 1 \\ 7 & -2 \end{pmatrix}$.
Untersuchen Sie, welche Produkte von Matrizen man bilden kann. Führen Sie die Rechnungen durch.

10 Gegeben sind die Matrizen $\mathbf{A} = \begin{pmatrix} 2 & -1 \\ 3 & 5 \end{pmatrix}$ und $\mathbf{B} = \begin{pmatrix} 6 & -3 \\ 1 & 4 \end{pmatrix}$.
Berechnen Sie die Matrizenprodukte $\mathbf{A} \cdot \mathbf{B}$ und $\mathbf{B} \cdot \mathbf{A}$. Was fällt auf?

11

a) Berechnen Sie das Matrizenprodukt $\begin{pmatrix} 6 & 21 & 13 \\ 4 & 9 & 16 \\ -8 & -14 & 4 \\ 17 & -23 & 10 \end{pmatrix} \cdot \begin{pmatrix} 0 & 0 & 1 \\ 1 & 0 & 0 \\ 0 & 1 & 0 \end{pmatrix}$. Was fällt auf?

b) Berechnen Sie das Matrizenprodukt $\begin{pmatrix} 0 & 0 & 1 \\ 1 & 0 & 0 \\ 0 & 1 & 0 \end{pmatrix} \cdot \begin{pmatrix} 18 & 22 & -34 & 0 & 9 \\ -6 & 53 & -11 & -21 & 17 \\ 24 & -32 & 65 & -31 & 22 \end{pmatrix}$. Was fällt auf?

12 Ein Landhandel stellt aus den Nährstoffen Stickstoff (N), Kaliumoxid (K_2O) und Calciumoxid (CaO) zwei Sorten Mischdünger her. Die nebenstehende Tabelle gibt die Nährstoffanteile der Düngersorten an. Ein Kunde bestellt 25 t von der Düngersorte A und 15 t von der Düngersorte B.
Berechnen Sie als Matrizenprodukt, wie viele Tonnen der Nährstoffe N, K_2O und CaO für diesen Kundenauftrag gebraucht werden.

Sorte / Stoff	Agragold	Bonaflor
N	0,40	0,25
K_2O	0,30	0,30
CaO	0,30	0,45

13 Aus vier Sorten Dünger Florphos, Optiflor, Beneflor und Nitroflor sollen 15 t Mischdünger mit einem Anteil von 20 % Stickstoff (N) und 50 % Phosphor (P) hergestellt werden. Die Anteile an Stickstoff bzw. Phosphor und die Preise der Düngersorten sind in der nebenstehenden Tabelle angegeben.

Bestandteil / Sorte	N	P	Preis pro t in €
Florphos	20 %	60 %	550,–
Optiflor	30 %	30 %	600,–
Beneflor	10 %	60 %	500,–
Nitroflor	40 %	30 %	700,–

a) Bestimmen Sie *alle* möglichen Kombinationen, welche die gewünschte Mischung ergeben.

b) Bestimmen Sie die preisgünstigste Kombination.

5.3 Materialverflechtung

Aufgabe

1 Ein Sägewerk stellt Carports in drei Varianten her. Als Rohstoffe werden Fichtenstämme und Holzschutz-Imprägniersalz verwendet. Für den Bau der Carports werden vier Zwischenprodukte benötigt: Kanthölzer, Dachbalken, Bretter und Dachlatten. Diese Zwischenprodukte werden mit einem sogenannten Sägegatter aus den Fichtenstämmen gesägt und anschließend zum Schutz in einer Kesseldruckimprägnierung mit Holzschutz-Imprägniersalz behandelt, wobei das Imprägniersalz durch den Kesseldruck etwa 3 cm tief in das Holz eindringt und einen wirksamen, dauerhaften Langzeitschutz gegen Schädlinge, Witterungseinflüsse, Pilzbefall und Fäulnis garantiert.

Die folgende Übersicht zeigt den jeweiligen Materialbedarf. An den Pfeilen stehen dabei die jeweils benötigten Mengen.

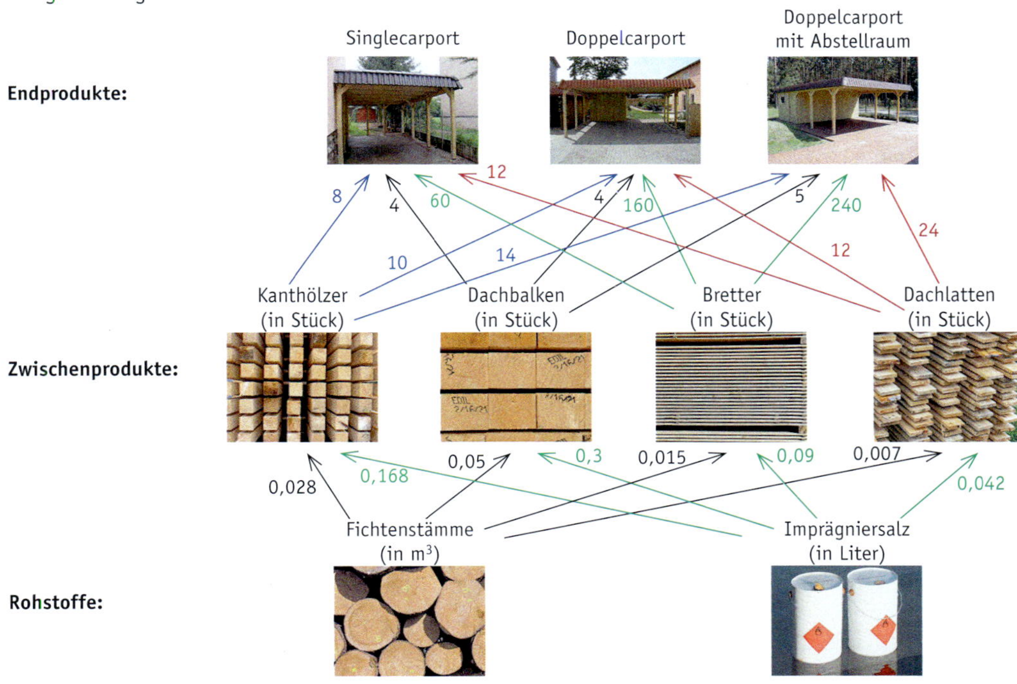

a) Beschreiben Sie den Materialbedarf an Rohstoffen für die Zwischenprodukte und den Materialbedarf an Zwischenprodukten für die Endprodukte jeweils durch eine Matrix.
Ermitteln Sie damit den Rohstoffbedarf für einen Carport jeder Sorte.

b) Ein Baumarkt bestellt 12 Singlecarports, 18 Doppelcarports und 15 Doppelcarports mit Abstellraum. Berechnen Sie den Bedarf an Zwischenprodukten und den Bedarf an Rohstoffen für diese Lieferung.

c) Die Bestellung von 4 Baumärkten kann durch folgende Auftragsmatrix beschrieben werden:

$$\mathbf{A} = \begin{pmatrix} 8 & 6 & 11 & 0 \\ 12 & 15 & 14 & 3 \\ 4 & 0 & 8 & 2 \end{pmatrix}$$

Bestimmen Sie für jeden Baumarkt den Bedarf an Zwischenprodukten und Rohstoffen.

Lösung

a) Aus der Übersicht können wir die folgende Tabelle erstellen:

Rohstoffe \ Zwischenprodukte	Kanthölzer	Dachbalken	Bretter	Dachlatten
Fichtenstämme (in m³ pro Stück)	0,028	0,05	0,015	0,007
Imprägniersalz (in Liter pro Stück)	0,168	0,3	0,09	0,042

Der Bedarf an Rohstoffen zur Herstellung der Zwischenprodukte kann also durch die Matrix **Z** beschrieben werden:

$$\mathbf{Z} = \begin{pmatrix} 0{,}028 & 0{,}05 & 0{,}015 & 0{,}007 \\ 0{,}168 & 0{,}3 & 0{,}09 & 0{,}042 \end{pmatrix}$$

Für den Bedarf an Zwischenprodukten für die Herstellung der drei Endprodukte erhält man die folgende Matrix:

$$\mathbf{P} = \begin{pmatrix} 8 & 10 & 14 \\ 4 & 4 & 5 \\ 60 & 160 & 240 \\ 12 & 12 & 24 \end{pmatrix}$$

Den Bedarf an Rohstoffen zur Herstellung der Carports kann man aus dem Produkt der beiden Matrizen berechnen:

$$\mathbf{Z} \cdot \mathbf{P} = \begin{pmatrix} 0{,}028 & 0{,}05 & 0{,}015 & 0{,}007 \\ 0{,}168 & 0{,}3 & 0{,}09 & 0{,}042 \end{pmatrix} \cdot \begin{pmatrix} 8 & 10 & 14 \\ 4 & 4 & 5 \\ 60 & 160 & 240 \\ 12 & 12 & 24 \end{pmatrix} = \begin{pmatrix} 1{,}408 & 2{,}964 & 4{,}41 \\ 8{,}448 & 17{,}784 & 26{,}46 \end{pmatrix}$$

Für die einzelnen Carport-Varianten ergibt sich daraus der folgende Rohstoffverbrauch aus den Spalten der Produktmatrix:

Singlecarport: 1,408 m³ Fichtenstämme und 8,448 Liter Imprägniersalz

Doppelcarport: 2,964 m³ Fichtenstämme und 17,784 Liter Imprägniersalz

Doppelcarport mit Abstellraum: 4,41 m³ Fichtenstämme und 26,46 Liter Imprägniersalz

b) Die Bestellung kann als Vektor geschrieben werden: $\vec{b} = \begin{pmatrix} 12 \\ 18 \\ 15 \end{pmatrix}$

Der Bedarf an Zwischenprodukten kann über das Produkt aus **P** und $\vec{b}$ berechnet werden:

$$\mathbf{P} \cdot \vec{b} = \begin{pmatrix} 8 & 10 & 14 \\ 4 & 4 & 5 \\ 60 & 160 & 240 \\ 12 & 12 & 24 \end{pmatrix} \cdot \begin{pmatrix} 12 \\ 18 \\ 15 \end{pmatrix} = \begin{pmatrix} 486 \\ 195 \\ 7200 \\ 720 \end{pmatrix}$$

Für diese Bestellung werden also 486 Kanthölzer, 195 Dachbalken, 7 200 Bretter und 720 Dachlatten benötigt. Den Rohstoffbedarf können wir auf zwei Wegen berechnen:

1. Weg: Wir bestimmen aus dem Bedarf an Zwischenprodukten den Bedarf an Rohstoffen, dazu bilden wir das Produkt aus der Matrix **Z** mit dem Bedarfsvektor für die Zwischenprodukte:

$$\begin{pmatrix} 0{,}028 & 0{,}05 & 0{,}015 & 0{,}007 \\ 0{,}168 & 0{,}3 & 0{,}09 & 0{,}042 \end{pmatrix} \cdot \begin{pmatrix} 486 \\ 195 \\ 7200 \\ 720 \end{pmatrix} = \begin{pmatrix} 136{,}398 \\ 818{,}388 \end{pmatrix}$$

2. Weg: Wir bestimmen direkt aus dem Bestellvektor $\vec{b}$ den Bedarf an Rohstoffen, dazu bilden wir das Produkt aus der Matrix zum Rohstoffbedarf für jeden Carport mit dem Bestellvektor $\vec{b}$:

$$\begin{pmatrix} 1{,}408 & 2{,}964 & 4{,}41 \\ 8{,}448 & 17{,}784 & 26{,}46 \end{pmatrix} \cdot \begin{pmatrix} 12 \\ 18 \\ 15 \end{pmatrix} = \begin{pmatrix} 136{,}398 \\ 818{,}388 \end{pmatrix}$$

Aus beiden Wegen ergibt sich, dass man für die Bestellung 136,398 m³ Fichtenstämme und 818,388 Liter Imprägniersalz benötigt.

c) Der Bedarf an Zwischenprodukten für die einzelnen Baumärkte kann aus dem Produkt der Matrix **P** mit der Auftragsmatrix **A** berechnet werden:

$$\mathbf{P} \cdot \mathbf{A} = \begin{pmatrix} 8 & 10 & 14 \\ 4 & 4 & 5 \\ 60 & 160 & 240 \\ 12 & 12 & 24 \end{pmatrix} \cdot \begin{pmatrix} 8 & 6 & 11 & 0 \\ 12 & 15 & 14 & 3 \\ 4 & 0 & 8 & 2 \end{pmatrix} = \begin{pmatrix} 240 & 198 & 340 & 58 \\ 100 & 84 & 140 & 22 \\ 3360 & 2760 & 4820 & 960 \\ 336 & 252 & 492 & 84 \end{pmatrix}$$

Aus den einzelnen Spalten der Produktmatrix kann nun der Bedarf eines Baumarktes an Kanthölzern, Dachbalken, Brettern und Dachlatten abgelesen werden.

Für die Berechnung des Rohstoffbedarfs für jeden einzelnen Baumarkt gibt es wieder zwei Wege:

1. Weg:

Wir bilden das Produkt aus der Matrix **Z** mit der Bedarfsmatrix für die Zwischenprodukte:

$$\begin{pmatrix} 0{,}028 & 0{,}05 & 0{,}015 & 0{,}007 \\ 0{,}168 & 0{,}3 & 0{,}09 & 0{,}042 \end{pmatrix} \cdot \begin{pmatrix} 240 & 198 & 340 & 58 \\ 100 & 84 & 140 & 22 \\ 3360 & 2760 & 4820 & 960 \\ 336 & 252 & 492 & 84 \end{pmatrix} = \begin{pmatrix} 64{,}472 & 52{,}908 & 92{,}264 & 17{,}712 \\ 386{,}832 & 317{,}448 & 553{,}584 & 106{,}272 \end{pmatrix}$$

2. Weg:

Wir bilden das Produkt aus der Matrix zum Rohstoffbedarf für jeden Carport mit Auftragsmatrix **A**:

$$\begin{pmatrix} 1{,}408 & 2{,}964 & 4{,}41 \\ 8{,}448 & 17{,}784 & 26{,}46 \end{pmatrix} \cdot \begin{pmatrix} 8 & 6 & 11 & 0 \\ 12 & 15 & 14 & 3 \\ 4 & 0 & 8 & 2 \end{pmatrix} = \begin{pmatrix} 64{,}472 & 52{,}908 & 92{,}264 & 17{,}712 \\ 386{,}832 & 317{,}448 & 553{,}584 & 106{,}272 \end{pmatrix}$$

Aus der Produktmatrix kann in jeder Spalte der Rohstoffbedarf eines Baumarkts an Fichtenstämmen in m^3 und an Imprägniersalz in Litern abgelesen werden.

Weiterführende Aufgabe

2 Dreistufiger Produktionsprozess

Ein Produktionsprozess verläuft in drei Stufen. Der Materialbedarf ist an den jeweiligen Pfeilen eingetragen. Dabei geben die Zahlen an, wieviel von einer Mengeneinheit des Produkts der vorangegangenen Stufe jeweils benötigt werden.

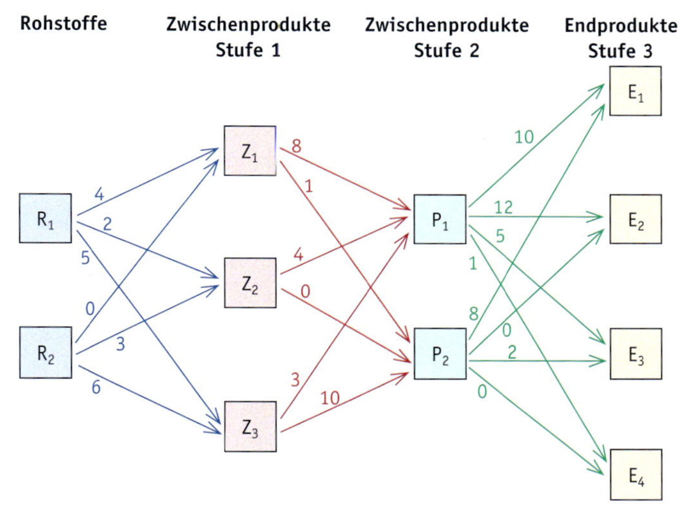

a) Beschreiben Sie den Materialbedarf der einzelnen Stufen jeweils mithilfe einer Matrix und bestimmen Sie den Rohstoffbedarf für jedes Endprodukt.

b) Es werden bestellt: 16 Mengeneinheiten von E_1, 24 Mengeneinheiten von E_2, 40 Mengeneinheiten von E_3 und 8 Mengeneinheiten von E_4. Berechnen Sie den Rohstoffbedarf und den Bedarf an Zwischenprodukten Z_1, Z_2 und Z_3 für diese Lieferung.

Information

(1) Materialverflechtungen grafisch beschreiben – Gozintograph

In den Aufgaben 1 und 2 wurde für sehr einfache Produktionsprozesse der Bedarf der Endprodukte an Rohstoffen, also an *Materialien* ermittelt. Eine grafische Übersicht, aus der hervorgeht, wie die Endprodukte mit den Rohstoffen und Zwischenprodukten mengenmäßig *verflochten* sind, nennt man **Gozintograph**. Als Beispiel ist ein Gozintograph für einen zweistufigen Produktionsprozess mit zwei Rohstoffen, drei Zwischenprodukten und zwei Endprodukten abgebildet.

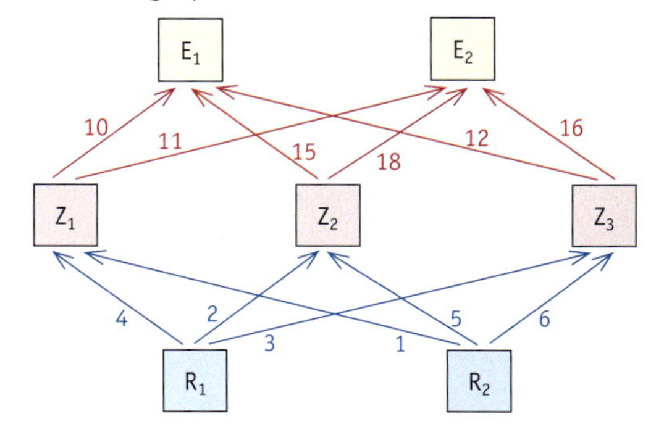

Der Name Gozintograph ist eine scherzhafte Verballhornung: Der Mathematiker ANDREW VAZSONYI gab als Urheber den (fiktiven) italienischen Mathematiker *Zepartzat Gozinto* an, was nichts anderes bedeutet als „the part that goes into". Diese Bezeichnung ist mittlerweile allgemein akzeptiert.

Produktionsprozesse verlaufen ausgehend von den Rohstoffen oft auch über mehrere Stufen von Zwischenprodukten zum Endprodukt (siehe Aufgabe 2).
Der Gozintograh eines Produktionsprozesses beschreibt die mengenmäßige **Materialverflechtung** für den Produktionsprozess, die Pfeile im Gozintographen sind dabei gerichtet, von den Rohstoffen über Zwischenprodukte zum Endprodukt. An einem Pfeil steht dabei *immer*, wie viel von **einer** Mengeneinheit des vorangegangenen Produkts, Materials oder Rohstoffs zur Herstellung **einer** Mengeneinheit des nachfolgenden Produkts oder Materials benötigt wird.

(2) Materialverflechtungen mithilfe von Matrizen beschreiben

Man kann eine Materialverflechtung auch mithilfe von Matrizen beschreiben. Der Vorteil dabei liegt in der rechnerischen Bestimmung des Materialbedarfs mithilfe der Matrizen. Das folgende Beispiel bezieht sich auf den Gozintographen aus der Information (1).

Materialverbrauchsmatrix 1

A_{RZ}	Z_1	Z_2	Z_3
R_1	4	2	3
R_2	1	5	6

•

Materialverbrauchsmatrix 2

B_{ZP}	P_1	P_2
Z_1	10	11
Z_2	15	18
Z_3	12	16

=

Produktmatrix

C_{RP}	P_1	P_2
R_1	106	128
R_2	157	197

$A_{RZ} = \begin{pmatrix} 4 & 2 & 3 \\ 1 & 5 & 6 \end{pmatrix}$; $B_{ZP} = \begin{pmatrix} 10 & 11 \\ 15 & 18 \\ 12 & 16 \end{pmatrix}$; $A_{RZ} \cdot B_{ZP} = C_{RP} = \begin{pmatrix} 106 & 128 \\ 157 & 197 \end{pmatrix}$

Die Matrix $\mathbf{A}_{RZ}$ beschreibt den Materialbedarf an Rohstoffen für die Zwischenprodukte, $\mathbf{B}_{ZP}$ den Bedarf an Zwischenprodukten für die Endprodukte. Man nennt diese Matrizen deshalb auch **Materialverbrauchsmatrizen**. Die Produktmatrix $\mathbf{C}_{RP} = \mathbf{A}_{RZ} \cdot \mathbf{B}_{ZP}$ beschreibt den Bedarf an Rohstoffen für die Endprodukte.
Beim Aufstellen der Materialverbrauchsmatrizen muss man sich entscheiden, welche Informationen man in der Zeile und welche man in der Spalte notiert.
Festlegung: In diesem Buch wird bei einer Materialverbrauchsmatrix in der *Zeile* notiert, was von einem Rohstoff, Material oder vorangegangenen Produkt für das nächste Produkt benötigt wird, also wie viel davon in das nächste (Zwischen-)Produkt einfließt. In der *Spalte* wird immer notiert, aus welcher Menge von welchem Rohstoff oder vorangegangenen Produkt sich ein nachfolgendes (Zwischen-)Produkt zusammensetzt.
Man kann dies auch genau umgekehrt festlegen. Dann erhält man im angegebenen Beispiel die Matrizen $\mathbf{A}_{ZR} = \begin{pmatrix} 4 & 1 \\ 2 & 5 \\ 3 & 6 \end{pmatrix}$, $\mathbf{B}_{PZ} = \begin{pmatrix} 10 & 15 & 12 \\ 11 & 18 & 16 \end{pmatrix}$ und daraus das Produkt $\mathbf{B}_{PZ} \cdot \mathbf{A}_{ZR} = \mathbf{C}_{PR} = \begin{pmatrix} 106 & 157 \\ 128 & 197 \end{pmatrix}$, die Zeilen und Spalten der Matrizen sind dann also vertauscht und die Reihenfolge der Matrizen im Produkt ist verändert.

(3) Assoziativgesetz für die Multiplikation von Matrizen

In der Aufgabe 1 wurde ein zweistufiger Produktionsprozess betrachtet. Die Materialverflechtung der ersten Stufe wurde durch die Materialverbrauchsmatrix **Z** beschrieben, die der zweiten Stufe durch die Materialverbrauchsmatrix **P**.
Der Rohstoffbedarf für einen Auftrag mit der Auftragsmatrix **A** wurde auf zwei Wegen berechnet:

1. Weg: Zunächst wurde der Bedarf an Zwischenprodukten aus $\mathbf{P} \cdot \mathbf{A}$ berechnet und anschließend mit **Z** multipliziert, d.h. es wurde $\mathbf{Z} \cdot (\mathbf{P} \cdot \mathbf{A})$ berechnet.

2. Weg: Zunächst wurde der Bedarf an Rohstoffen für jedes einzelne Endprodukt aus $\mathbf{Z} \cdot \mathbf{P}$ berechnet und anschließend mit **A** multipliziert, d.h. es wurde $(\mathbf{Z} \cdot \mathbf{P}) \cdot \mathbf{A}$ berechnet.

Die Gleichung $\mathbf{Z}\cdot(\mathbf{P}\cdot\mathbf{A}) = (\mathbf{Z}\cdot\mathbf{P})\cdot\mathbf{A}$ ergab sich aus dem Sachverhalt der Aufgabe 1. Sie ist unabhängig von konkreten Zahlenwerten. Es gilt also:

Assoziativgesetz für die Matrizenmultiplikation

Für drei Matrizen **A**, **B** und **C**, für die man das Matrizenprodukt bilden kann, gilt: $\mathbf{A}\cdot(\mathbf{B}\cdot\mathbf{C}) = (\mathbf{A}\cdot\mathbf{B})\cdot\mathbf{C}$

Übungsaufgaben 

4 Ein Süßwarenhersteller stellt aus drei Rohstoffen R_1, R_2, R_3 (z. B. Zucker, Kakao, Fette) drei Endprodukte E_1, E_2, E_3 (Schokoladensorten) her. Dabei werden zunächst Zwischenprodukte Z_1, Z_2 (halbfertige Mischungen) hergestellt, welche dann weiter zur Herstellung der Endprodukte verarbeitet werden.

Im Diagramm rechts geben die Zahlen an den Pfeilen an, wie viele Tonnen jeweils für eine Tonne des entstehenden Produktes verarbeitet werden. Zum Beispiel werden 0,3 Tonnen R_1 und 0,4 Tonnen R_2 für eine Tonne Z_1 benötigt.

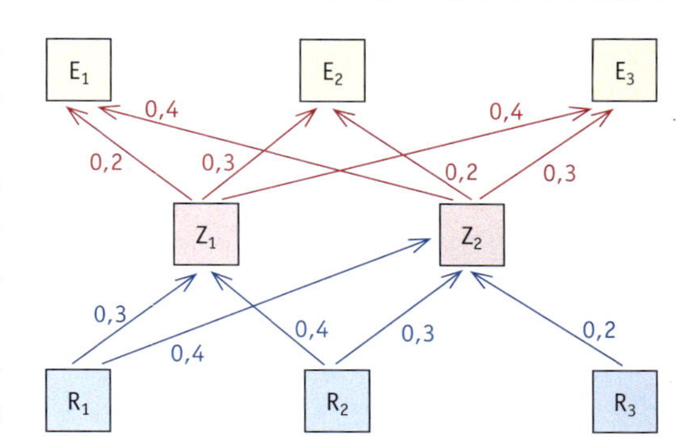

a) Beschreiben Sie den Materialbedarf zwischen Rohstoffen und Zwischenprodukten sowie zwischen Zwischenprodukten und Endprodukten jeweils durch eine Matrix.

b) Ein Supermarkt bestellt 500 Mengeneinheiten von E_1, 800 Mengeneinheiten von E_2 und 600 Mengeneinheiten von E_3. Berechnen Sie den Rohstoffbedarf für diese Lieferung.

5 Ein Betrieb arbeitet in zwei Produktionsstufen. Er stellt in der ersten Produktionsstufe aus drei Rohstoffen R_1, R_2, R_3, drei Zwischenerzeugnisse Z_1, Z_2, Z_3 her. Diese Zwischenerzeugnisse werden in der zweiten Produktionsstufe zu zwei Enderzeugnissen E_1 und E_2 weiterverarbeitet. Der jeweilige Materialbedarf ist im folgenden Diagramm dargestellt. Dabei geben die Zahlen an den Pfeilen an, wie viele Einheiten jeweils für ein neues Erzeugnis verbraucht werden.

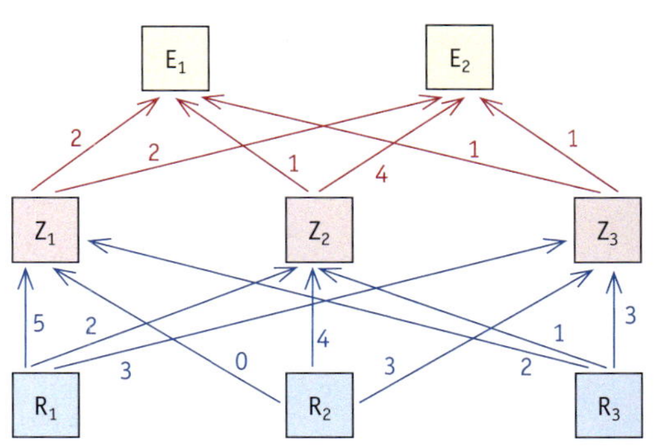

a) Stellen Sie den Materialverbrauch für jede Produktionsstufe als Matrix dar.

b) Berechnen Sie, wie viele Rohstoffeinheiten jeweils für die Herstellung einer Mengeneinheit E_1 bzw. einer Mengeneinheit E_2 benötigt werden.

c) In der Realität sind Produktionsprozesse viel komplexer. Überlegen Sie, inwiefern hier starke Einschränkungen vorgenommen sind.

d) Drei Verkaufsfilialen bestellen Endprodukte. Der Auftrag kann durch die Auftragsmatrix $\mathbf{A} = \begin{pmatrix} 8 & 15 & 0 \\ 10 & 7 & 3 \end{pmatrix}$ beschrieben werden. Berechnen Sie für jeden einzelnen Auftrag jeweils den Bedarf an Zwischenprodukten und Rohstoffen.

6 Die Materialverflechtung eines zweistufigen Produktionsprozesses mit 3 Rohstoffen, 5 Zwischenprodukten und 4 Endprodukten kann durch die Materialverbrauchsmatrizen B und C beschrieben werden.

$$\mathbf{B} = \begin{pmatrix} 0{,}4 & 0 & 2 & 1{,}8 & 1 \\ 0{,}2 & 1 & 1{,}3 & 0 & 2{,}2 \\ 0{,}6 & 0{,}8 & 0{,}2 & 0{,}9 & 1{,}1 \end{pmatrix}; \quad \mathbf{C} = \begin{pmatrix} 8 & 5 & 0 & 2 \\ 12 & 0 & 6 & 1 \\ 3 & 0 & 6 & 0 \\ 7 & 12 & 4 & 0 \\ 4 & 9 & 5 & 0 \end{pmatrix}$$

a) Zeichnen Sie den zugehörigen Gozintographen für die Materialverflechtung.

b) Ermitteln Sie den Rohstoffbedarf für jedes Endprodukt.

c) Geben Sie ein Beispiel für eine Bestellung mit 6 Auftragsgebern an und berechnen Sie für jeden Auftraggeber den Rohstoffbedarf.

7 Ein Winzer verkauft 5 Rotweinsorten: Blauer Michel, Winzers Roterde, Späte Traube, Lieblicher Himmel, Schwarze Erde. Aus drei Traubensorten werden drei Gärmischungen hergestellt:

- Mischung A: 30 % Portugieser und 70 % Dornfelder;
- Mischung B: 50 % Dornfelder und 50 % Schwarzriesling;
- Mischung C: 10 % Portugieser und 80 % Dornfelder und 10 % Schwarzriesling.

Zur Reifung der 5 Weinsorten füllt er die Gärmischungen in Holzfässer:

- Blauer Michel: 20 % Mischung A, 40 % Mischung B und 40 % Mischung C;
- Winzers Roterde: 50 % Mischung A, 50 % Mischung C;
- Späte Traube: 30 % Mischung A, 70 % Mischung B;
- Lieblicher Himmel: je $\frac{1}{3}$ von jeder Mischung;
- Schwarze Erde: 80 % Mischung A; 15 % Mischung B und 5 % Mischung C.

Von seinem Wein verkauft der Winzer jedes Jahr etwa 850 Flaschen Blauer Michel, 1 300 Flaschen Winzers Roterde, 1 750 Flaschen Späte Traube, 900 Flaschen Lieblicher Himmel und 2 100 Flaschen Schwarze Erde. Geben Sie dem Winzer eine Empfehlung, in welchem Verhältnis die Anbaumengen der Traubensorten zueinander stehen sollten.

8 Ein Hersteller von Zäunen fertigt 80 cm hohe Holzzaunfelder mit Stahlblechornamenten in den Breiten 0,8 m und 1,6 m an. Aus Douglasienholz werden zunächst die Latten und die Rahmenteile für den Zaun geschnitten und gehobelt. Für eine 1 m lange Latte werden etwa 0,0008 m³ Holz benötigt und für ein 1 m langes Rahmenteil etwa 0,0024 m³ Holz. Für 1 Ornamentteil benötigt man 0,24 m³ Stahlblech. Für den Zusammenbau der schmalen Zaunfelder benötigt man 7 m Latten und 3,2 m Rahmen und außerdem 1 Ornamentteil. Für das breite Zaunfeld werden 13 m Latten, 4,8 m Rahmen und 2 Ornamentteile benötigt.

Zaunfeld Villa I

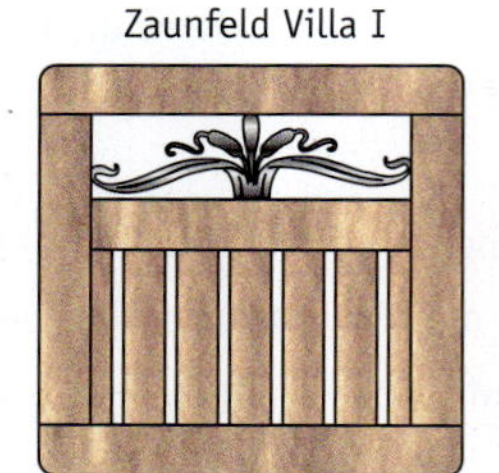

Zaunfeld Villa II

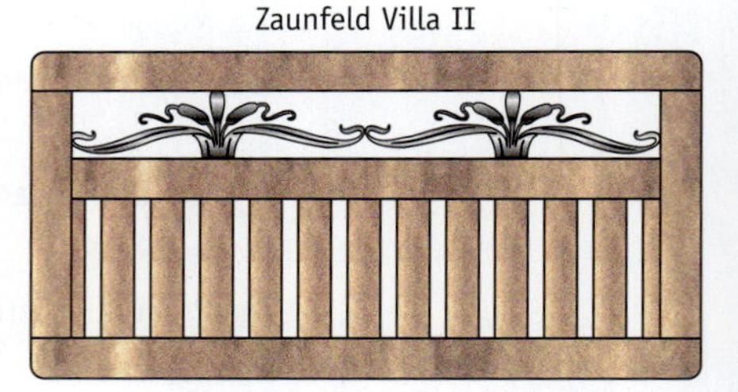

a) Drei Baumärkte haben die folgenden Bestellungen abgegeben:

- Baumarkt in Lüneburg: 80 Zaunfelder (0,8 m) und 140 Zaunfelder (1,6 m);
- Baumarkt in Peine: 60 Zaunfelder (0,8 m) und 120 Zaunfelder (1,6 m);
- Baumarkt in Hannover: 150 Zaunfelder (0,8 m) und 400 Zaunfelder (1,6 m);

Bestimmen Sie den Bedarf an Douglasienholz und Stahlblech für diese Bestellung.

b) Bei Eingang des Auftrags aus Teilaufgabe b) stellt der Hersteller fest, dass er keine fertigen Zaunelemente mehr auf Lager hat. Deshalb überprüft er, ob noch genug Latten, Rahmen und Ornamentteile für den Auftrag vorhanden sind. Ermitteln Sie, wie viele von diesen Teilen er für den Auftrag benötigt.

5.4 Chiffrieren und Dechiffrieren – Inverse Matrix

Ziel

In diesem Abschnitt können Sie etwas über das Verschlüsseln und Entschlüsseln von Nachrichten, also das *Chiffrieren* und *Dechiffrieren*, erfahren. Sie lernen, welche Rolle Matrizen dabei spielen und was man unter einer *inversen Matrix* versteht. Außerdem werden in diesem Abschnitt die bisher erarbeiteten Gesetzmäßigkeiten für das Rechnen mit Matrizen zusammengefasst und ergänzt.

Zum Erarbeiten

(1) Verschlüsselung und Entschlüsselung mithilfe von Matrizen

Eine Nachricht soll verschlüsselt werden. Die Nachricht lautet im *Klartext*:

Elemente der Mathematik

Dazu ordnet man den Buchstaben des Alphabets Zahlen zu, wobei keinen zwei Buchstaben dieselbe Zahl zugeordnet wird, z. B:

A	B	C	D	E	F	G	H	I	J	K	L	M	N	O	P	Q	R	S	T	U	V	W	X	Y	Z
1	2	3	4	5	6	7	8	9	10	11	12	13	14	15	16	17	18	19	20	21	22	23	24	25	26

Aus dem Klartext entsteht so der *Zahlencode*:

5 12 5 13 5 14 20 5 4 5 18 13 1 20 8 5 13 1 20 9 11

Um den Zahlencode zu verschlüsseln, schreibt man den Code in einem ersten Schritt als Matrix. Der Typ der Matrix, ob 3 × 8 oder 4 × 6 kann beliebig gewählt werden. Wir entscheiden uns hier z. B. für eine zweizeilige Matrix. Leere Stellen können dabei mit einer Null aufgefüllt werden:

$$\begin{pmatrix} 5 & 12 & 5 & 13 & 5 & 14 & 20 & 5 & 4 & 5 & 18 \\ 13 & 1 & 20 & 8 & 5 & 13 & 1 & 20 & 9 & 11 & 0 \end{pmatrix}$$

Zur Verschlüsselung wird nun die Matrix mit einer anderen quadratischen Matrix multipliziert, zum Beispiel:

$$\begin{pmatrix} 1 & -2 \\ 1 & -1 \end{pmatrix} \cdot \begin{pmatrix} 5 & 12 & 5 & 13 & 5 & 14 & 20 & 5 & 4 & 5 & 18 \\ 13 & 1 & 20 & 8 & 5 & 13 & 1 & 20 & 9 & 11 & 0 \end{pmatrix}$$

Daraus ergibt sich die sogenannte *Chiffre*, bei der gleiche Zahlen aus dem Zahlencode nicht in gleiche Zahlen in der Chiffre übergehen:

$$\begin{pmatrix} -21 & 10 & -35 & -3 & -5 & -12 & 18 & -35 & -14 & -17 & 18 \\ -8 & 11 & -15 & 5 & 0 & 1 & 19 & -15 & -5 & -6 & 18 \end{pmatrix}$$

Diese Chiffre kann nun weitergeleitet werden, wobei sie auch in die Hände Unbefugter gelangen kann. Nur wer einen passenden Schlüssel besitzt, kann die Chiffre dechiffrieren.

Die Matrix $\begin{pmatrix} -1 & 2 \\ -1 & 1 \end{pmatrix}$ ist ein solcher Schlüssel. Indem man die Chiffre von links mit dem Schlüssel multipliziert erhält man daraus wieder den ursprünglichen Code:

$$\begin{pmatrix} -1 & 2 \\ -1 & 1 \end{pmatrix} \cdot \begin{pmatrix} -21 & 10 & -35 & -3 & -5 & -12 & 18 & -35 & -14 & -17 & 18 \\ -8 & 11 & -15 & 5 & 0 & 1 & 19 & -15 & -5 & -6 & 18 \end{pmatrix} = \begin{pmatrix} 5 & 12 & 5 & 13 & 5 & 14 & 20 & 5 & 4 & 5 & 18 \\ 13 & 1 & 20 & 8 & 5 & 13 & 1 & 20 & 9 & 11 & 0 \end{pmatrix}$$

Entschlüsseln Sie mit der Matrix $\begin{pmatrix} -1 & 2 \\ -1 & 1 \end{pmatrix}$ auch die Chiffre $\begin{pmatrix} -39 & -25 & 3 & -20 \\ -18 & -5 & 8 & -2 \end{pmatrix}$.

(2) Zueinander inverse Matrizen

Oben wurde ein Zahlencode mithilfe der Matrix $\mathbf{A} = \begin{pmatrix} 1 & -2 \\ 1 & -1 \end{pmatrix}$ verschlüsselt und so eine Chiffre erzeugt.

Die so entstandene Chiffre konnte mithilfe der Matrix $\mathbf{B} = \begin{pmatrix} -1 & 2 \\ -1 & 1 \end{pmatrix}$ wieder entschlüsselt werden.

Für die Matrizen **A** und **B** gilt: $\mathbf{A} \cdot \mathbf{B} = \begin{pmatrix} 1 & -2 \\ 1 & -1 \end{pmatrix} \cdot \begin{pmatrix} -1 & 2 \\ -1 & 1 \end{pmatrix} = \begin{pmatrix} 1 & 0 \\ 0 & 1 \end{pmatrix}$ und $\mathbf{B} \cdot \mathbf{A} = \begin{pmatrix} -1 & 2 \\ -1 & 1 \end{pmatrix} \cdot \begin{pmatrix} 1 & -2 \\ 1 & -1 \end{pmatrix} = \begin{pmatrix} 1 & 0 \\ 0 & 1 \end{pmatrix}$ also $\mathbf{A} \cdot \mathbf{B} = \mathbf{B} \cdot \mathbf{A} = \mathbf{E} = \begin{pmatrix} 1 & 0 \\ 0 & 1 \end{pmatrix}$.

Definition 6

Zwei quadratische $n \times n$-Matrizen **A** und **B** mit $\mathbf{A} \cdot \mathbf{B} = \mathbf{B} \cdot \mathbf{A} = \mathbf{E}$ heißen **invers** zueinander.
Die zu einer Matrix A inverse Matrix wird oft mit $\mathbf{A}^{-1}$ bezeichnet.

Beispiel

$$\mathbf{A} = \begin{pmatrix} 2 & 1 & 1 \\ 3 & 2 & 2 \\ 1 & 1 & 2 \end{pmatrix}, \quad \mathbf{A}^{-1} = \begin{pmatrix} 2 & -1 & 0 \\ -4 & 3 & -1 \\ 1 & -1 & 1 \end{pmatrix}, \quad \mathbf{A} \cdot \mathbf{A}^{-1} = \mathbf{A}^{-1} \cdot \mathbf{A} = \mathbf{E} = \begin{pmatrix} 1 & 0 & 0 \\ 0 & 1 & 0 \\ 0 & 0 & 1 \end{pmatrix}$$

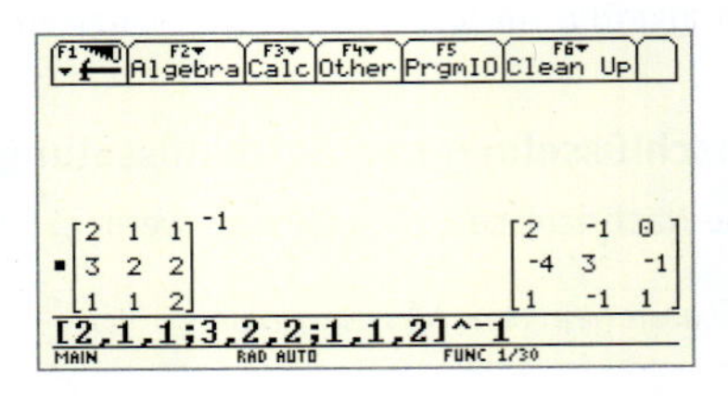

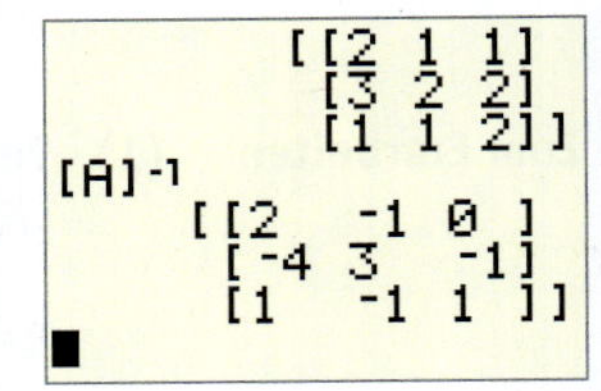

Wenn eine Matrix A eine inverse Matrix besitzt, so kann diese auch mithilfe eines Rechners bestimmt werden. Während CAS-Rechner zur Bestimmung der inversen Matrix auch den Befehl ^−1 akzeptieren, muss bei vielen GTR dafür eine extra Befehlstaste, z. B. die X^{-1}-Taste verwendet werden.

(3) Bestimmung der inversen Matrix mithilfe von linearen Gleichungssystemen

Das Beispiel rechts zeigt, wie mithilfe linearer Gleichungssysteme eine inverse Matrix bestimmt wurde. Erläutern Sie das Verfahren.

$$\begin{pmatrix} a & b \\ c & d \end{pmatrix} \cdot \begin{pmatrix} 4 & 3 \\ 2 & 1 \end{pmatrix} = \begin{pmatrix} 1 & 0 \\ 0 & 1 \end{pmatrix}$$

$$\left| \begin{matrix} 4a + 2b = 1 \\ 3a + b = 0 \end{matrix} \right| \text{ liefert } \left| \begin{matrix} a = -\frac{1}{2} \\ b = \frac{3}{2} \end{matrix} \right|$$

$$\left| \begin{matrix} 4c + 2d = 0 \\ 3c + d = 1 \end{matrix} \right| \text{ liefert } \left| \begin{matrix} c = 1 \\ d = -2 \end{matrix} \right|$$

Bestimmen Sie mithilfe des Verfahrens die zur Matrix $\mathbf{A} = \begin{pmatrix} 1 & 1 \\ 1 & -1 \end{pmatrix}$ inverse Matrix.
Versucht man mit diesem Verfahren z. B. für die Matrix $\mathbf{B} = \begin{pmatrix} 1 & 1 \\ 1 & 1 \end{pmatrix}$ eine inverse Matrix zu bestimmen, so ergibt sich:

$$\begin{pmatrix} a & b \\ c & d \end{pmatrix} \cdot \begin{pmatrix} 1 & 1 \\ 1 & 1 \end{pmatrix} = \begin{pmatrix} 1 & 0 \\ 0 & 1 \end{pmatrix}, \text{ also } \left| \begin{matrix} a + b = 1 \\ a + b = 0 \end{matrix} \right| \text{ und } \left| \begin{matrix} c + d = 1 \\ c + d = 0 \end{matrix} \right|$$

Beide Gleichungssysteme haben keine Lösung, somit gilt:

Nicht zu jeder $n \times n$-Matrix gibt es eine inverse Matrix.

(4) Gesetze für das Rechnen mit Matrizen

In den vorangegangenen Abschnitten wurden bereits an mehreren Stellen Gesetze für das Rechnen mit Matrizen verwendet. So ist beispielsweise die Multiplikation von Matrizen im Allgemeinen nicht kommutativ. In Abschnitt 5.3 ergab sich aus dem Sachzusammenhang der Materialverflechtung, dass für das Produkt dreier Matrizen das Assoziativgesetz gilt.
Hier werden nun die Rechengesetze zusammengefasst und ergänzt.

Satz 1

(a) Für Matrizen **A**, **B**, **C** gilt stets

$(\mathbf{A} \cdot \mathbf{B}) \cdot \mathbf{C} = \mathbf{A} \cdot (\mathbf{B} \cdot \mathbf{C})$, (Assoziativgesetz)

$(\mathbf{A} + \mathbf{B}) \cdot \mathbf{C} = \mathbf{A} \cdot \mathbf{C} + \mathbf{B} \cdot \mathbf{C}$, (Distributivgesetz)

$\mathbf{A} \cdot (\mathbf{B} + \mathbf{C}) = \mathbf{A} \cdot \mathbf{B} + \mathbf{A} \cdot \mathbf{C}$, (Distributivgesetz)

$(r \cdot \mathbf{A})(s \cdot \mathbf{B}) = rs \cdot (\mathbf{A} \cdot \mathbf{B})$, wobei $r, s \in \mathbb{R}$,

falls die Matrizenterme überhaupt definiert sind.

(b) Im Allgemeinen ist $\mathbf{A} \cdot \mathbf{B} \neq \mathbf{B} \cdot \mathbf{A}$, falls die beiden Produkte überhaupt definiert sind.

Beispielhaft beweisen wir das erste Distributivgesetz.

Damit die Matrizen **A** und **B** addiert werden können, müssen beide vom gleichen Typ sein. Angenommen, **A** und **B** haben jeweils m Spalten, dann hat die Summe $\mathbf{A} + \mathbf{B}$ ebenfalls m Spalten. Die Matrix **C** muss dann m Zeilen haben, damit die Summe von links mit C multipliziert werden kann. Bei den folgenden Überlegungen werden nur die i-ten Zeilen von **A** und **B** und die j-te Spalte von **C** betrachtet:

- i-te Zeile von **A**: $a_{i1}\ a_{i2}\ a_{i3}\ \dots\ a_{im-1}\ a_{im}$
- i-te Zeile von **B**: $b_{i1}\ b_{i2}\ b_{i3}\ \dots\ b_{im-1}\ b_{im}$
- i-te Zeile von **A + B**: $a_{i1} + b_{i1}\ \ a_{i2} + b_{i2}\ \dots\ a_{im-1} + b_{im-1}\ \ a_{im} + b_{im}$
- j-te Spalte von C: $\begin{matrix} c_{1j} \\ c_{2j} \\ \vdots \\ c_{mj} \end{matrix}$

(1) $(\mathbf{A} + \mathbf{B}) \cdot \mathbf{C}$

- i-te Zeile, j-te Spalte von $(\mathbf{A} + \mathbf{B}) \cdot \mathbf{C}$: $(a_{i1} + b_{i1})\, c_{1j} + (a_{i2} + b_{i2})\, c_{2j} + \dots + (a_{im} + b_{im}) \cdot c_{mj}$

(2) $\mathbf{AC} + \mathbf{BC}$

- i-te Zeile, j-te Spalte von $\mathbf{AC} + \mathbf{BC}$: $a_{i1} c_{1j} + a_{i2} c_{2j} + \dots + a_{im} c_{mj} + b_{i1} c_{1j} + b_{i2} c_{2j} + \dots + b_{im} c_{mj}$

Durch Umsortieren und Ausklammern ergibt sich daraus:

$(a_{i1} + b_{i1})\, c_{1j} + (a_{i1} + b_{i1})\, c_{2j} + \dots + (a_{im} + b_{im})\, c_{mj}$.

Das entspricht dem Term aus (1) und somit gilt:

$(\mathbf{A} + \mathbf{B}) \cdot \mathbf{C} = \mathbf{AC} + \mathbf{BC}$

Zum Üben

1

a) Codieren Sie das Wort *Spionage* und verschlüsseln Sie es anschließend, wie in Zum Erarbeiten (1).

b) Entschlüsseln Sie mit dem Schlüssel aus Zum Erarbeiten (1) auch die folgende Chiffre:

$\begin{pmatrix} 11 & -16 & -43 & -23 \\ -12 & 2 & -17 & -9 \end{pmatrix}$

2 Die Buchstaben des Alphabets werden wie folgt codiert:

a	b	c	d	e	f	...	x	y	z
11	21	31	41	51	61	...	241	251	261

Zur Verschlüsselung wird die Matrix $\mathbf{A} = \begin{pmatrix} 2 & 3 \\ 3 & 5 \end{pmatrix}$ verwendet.

a) Erstellen Sie die Chiffren für die Wörter Elefant, Autowerkstatt, Taschenrechner.

b) Zeigen Sie, dass man die Chiffren mit dem Schlüssel $\mathbf{B} = \begin{pmatrix} 5 & -3 \\ -3 & 2 \end{pmatrix}$ entschlüsseln kann.

c) Verwenden Sie zur Verschlüsselung die Matrix $\mathbf{A} = \begin{pmatrix} 3 & 5 \\ 1 & 2 \end{pmatrix}$. Mit welcher Matrix kann die Chiffre entschlüsselt werden?

3 Begründen Sie:

(1) Wenn man einen Zahlencode mit einer $n \times n$-Matrix **A** verschlüsselt, so kann die Chiffre mit der zu **A** inversen Matrix entschlüsselt werden.

(2) Die Matrizen zum Verschlüsseln und zum Entschlüsseln können miteinander vertauscht werden.

4 Zeigen Sie, dass die Matrizen **A** und **B** zueinander invers sind.

a) $\mathbf{A} = \begin{pmatrix} 1 & -3 \\ 1 & -4 \end{pmatrix}$, $\mathbf{B} = \begin{pmatrix} 4 & -3 \\ 1 & -1 \end{pmatrix}$

b) $\mathbf{A} = \begin{pmatrix} -1 & 2 & 0 \\ 0 & -1 & 1 \\ 1 & 1 & 1 \end{pmatrix}$, $\mathbf{B} = \frac{1}{4}\begin{pmatrix} -2 & -2 & 2 \\ 1 & -1 & 1 \\ 1 & 3 & 1 \end{pmatrix}$

5 Es ist $\mathbf{A} = \begin{pmatrix} 0 & 1 \\ 1 & 0 \end{pmatrix}$. Bestimmen Sie alle Matrizen **B** mit $\mathbf{A} \cdot \mathbf{B} = \mathbf{B} \cdot \mathbf{A}$. Setzen Sie dazu $\mathbf{B} = \begin{pmatrix} a & b \\ c & d \end{pmatrix}$ und bestimmen Sie die Elemente von **B** aus der Gleichung $\mathbf{A} \cdot \mathbf{B} = \mathbf{B} \cdot \mathbf{A}$.

6

a) Es ist $\mathbf{A} = \begin{pmatrix} 3 & 1 \\ -2 & -1 \end{pmatrix}$. Bestimmen Sie **B** so, dass **A** und **B** invers zueinander sind. Setzen Sie dazu $\mathbf{B} = \begin{pmatrix} a & b \\ c & d \end{pmatrix}$ und bestimmen Sie die Elemente von **B** aus der Gleichung $\mathbf{A} \cdot \mathbf{B} = \mathbf{E}$.

b) Zeigen Sie, dass die Matrix $\mathbf{A} = \begin{pmatrix} 2 & -2 \\ 1 & -1 \end{pmatrix}$ keine inverse Matrix besitzt. Geben Sie weitere 2×2-Matrizen an, die keine inverse Matrix besitzen.

7

a) Bestimmen Sie zu folgenden Matrizen jeweils die inverse Matrix. Beschreiben Sie Ihre Beobachtung. Geben Sie weitere Matrizen und die zugehörige inverse Matrix an.
$\begin{pmatrix} 8 & 3 \\ 5 & 2 \end{pmatrix}, \begin{pmatrix} 8 & 11 \\ 5 & 7 \end{pmatrix}, \begin{pmatrix} 8 & 19 \\ 5 & 12 \end{pmatrix}, \begin{pmatrix} 8 & 27 \\ 5 & 17 \end{pmatrix}, \begin{pmatrix} 8 & 35 \\ 5 & 22 \end{pmatrix}, \ldots$

b) Bestimmen Sie zu der Matrix $\begin{pmatrix} 3 & 2 \\ 7 & 5 \end{pmatrix}$ die inverse Matrix.
Nutzen Sie die Ergebnisse aus Teilaufgabe a) und geben Sie weitere Matrizen und die zugehörige inverse Matrix an.

c) Multiplizieren Sie die Matrizen aus den Teilaufgaben a) und b) mit 10 und bestimmen Sie jeweils die zugehörige inverse Matrix. Was fällt auf? Begründen Sie.

8 Beweisen Sie die übrigen Rechengesetze aus dem Satz 1 auf Seite 318.

9 Legen Sie gemeinsam mit Ihrem Partner einen Code fest. Entwerfen Sie einen Klartext und erstellen Sie dazu den Zahlencode.
Verschlüsseln Sie diesen Zahlencode mithilfe einer selbst gewählten Matrix.
Bestimmen Sie den passenden Schlüssel und geben Sie diesen mit der Chiffre an Ihren Partner weiter, der damit die Chiffre dechiffrieren soll.

10 In diesem Abschnitt haben Sie eine Möglichkeit der Verschlüsselung von Nachrichten kennengelernt. Dabei wurde vor der Verschlüsselung mit einer Matrix aus einem Klartext zunächst ein Zahlencode erstellt, bei dem jedem Buchstaben des Alphabets genau eine feste Zahl zugeordnet wurde. Man bezeichnet ein solches Verfahren deshalb als *monoalphabetische Substitution*.
Dagegen wird bei einer *polyalphabetischen Substitution* jeder Buchstabe eines Alphabets auf eine andere Weise verschlüsselt.

In der heutigen digitalen Kommunikation kommt der Chiffrierung von Daten in allen Bereichen der Kommunikation eine wichtige Bedeutung zu. In früheren Jahrzehnten und Jahrhunderten war die Chiffrierung und Dechiffrierung vor allem im militärischen Bereich von Bedeutung.
In den Jahren nach dem Ersten Weltkrieg wurden die ersten Rotor-Chffriermaschinen entwickelt, deren bekannteste die im Zweiten Weltkrieg von der deutschen Wehrmacht zur Verschlüsselung von Funksprüchen verwendete „Enigma" (griech.: Rätsel) war. Diese Maschine arbeitete mit einer polyalphabetischen Substitution.

Informieren Sie sich über die Funktionsweise und die Geschichte von Chiffriermaschinen und präsentieren Sie Ihre Ergebnisse in einem Referat.

5.5 Bedarfsermittlung

Einführung

(1) Materialverflechtung mit einer Matrix beschreiben

Ein Café bietet als Angebote der Woche frischgebackenen Hefekuchen und süßen Hefezopf an.
Von einer Großbäckerei bezieht das Café dafür Fertigteig, aus dem dann zwei Teigsorten gefertigt werden.

Der Gozintograph rechts unten zeigt den Bedarf an Zutaten (Fertigteig, Butter und Zucker) in Kilogramm und den an den Zwischenprodukten (normaler und süßer Hefeteig) als Anteil am Zwischenprodukt.

Im Unterkapitel 5.3 haben wir die Materialverflechtungen durch zwei Matrizen beschrieben: Eine Matrix für die Mengenbeziehungen zwischen den Rohstoffen und den Zwischenprodukten und eine Matrix für die Mengenbeziehungen zwischen den Zwischenprodukten und den Endprodukten.

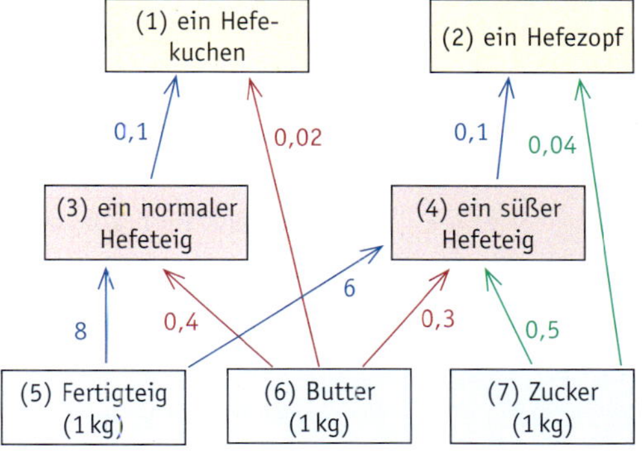

Anders als bei den mehrstufigen Prozessen in Abschnitt 5.3 sind hier im Gozintographen zusätzlich direkte Mengenbeziehungen zwischen den Rohstoffen und den Endprodukten zu erkennen.
Man beschreibt deshalb die unmittelbaren Mengenbeziehungen mit einer einzigen Matrix **D**. Dies hat den Vorteil, dass auch die Mengenbeziehungen zwischen den Rohstoffen und den Endprodukten in dieser Matrix erkennbar sind.
Man nennt eine solche quadratische Matrix **D**, die alle unmittelbaren Mengenbeziehungen zwischen allen im Produktionsprozess beteiligten Rohstoffen, Zwischenprodukten und Endprodukten erfasst, *Direktbedarfsmatrix* des Produktionsprozesses.
Zu jedem Pfeil im Gozintographen von einem Produkt i zu einem Produkt j gehört ein Matrixelement d_{ij} das angibt, welche Mengeneinheit vom Produkt i zur Herstellung des Produktes j benötigt wird.
Hier ist z. B. $d_{42} = 0{,}1$, weil vom Produkt (4) (ein süßer Hefeteig) ein Anteil von 0,1 für das Produkt (2) (Hefezopf) benötigt wird.

von \ nach	(1) Hefekuchen	(2) Hefezopf	(3) n. Hefeteig	(4) s. Hefeteig	(5) Fertigteig	(6) Butter	(7) Zucker
(1) Hefekuchen	0	0	0	0	0	0	0
(2) Hefezopf	0	0	0	0	0	0	0
(3) n. Hefeteig	0,1	0	0	0	0	0	0
(4) s. Hefeteig	0	0,1	0	0	0	0	0
(5) Fertigteig	0	0	8	6	0	0	0
(6) Butter	0,02	0	0,4	0,3	0	0	0
(7) Zucker	0	0,04	0	0,5	0	0	0

$$\mathbf{D} = \begin{pmatrix} 0 & 0 & 0 & 0 & 0 & 0 & 0 \\ 0 & 0 & 0 & 0 & 0 & 0 & 0 \\ 0{,}1 & 0 & 0 & 0 & 0 & 0 & 0 \\ 0 & 0{,}1 & 0 & 0 & 0 & 0 & 0 \\ 0 & 0 & 8 & 6 & 0 & 0 & 0 \\ 0{,}02 & 0 & 0{,}4 & 0{,}3 & 0 & 0 & 0 \\ 0 & 0{,}04 & 0 & 0{,}5 & 0 & 0 & 0 \end{pmatrix}$$

(2) Zusammenhang zwischen Direktbedarfsmatrix, Konsumvektor und Produktionsvektor

Das Café (siehe Einführung (1)) plant für einen Tag 200 Hefekuchen und 150 Hefezöpfe. Am Gozintographen kann man erkennen, dass man dafür 20 normale Hefeteige und 15 süße Hefeteige fertigen muss, wofür man wiederum

$20 \cdot 8\,\text{kg} + 15 \cdot 6\,\text{kg} = 250\,\text{kg}$ Fertigteig und

$20 \cdot 0{,}4\,\text{kg} + 15 \cdot 0{,}3\,\text{kg} + 200 \cdot 0{,}02\,\text{kg} = 16{,}5\,\text{kg}$ Butter sowie

$15 \cdot 0{,}5\,\text{kg} + 150 \cdot 0{,}04\,\text{kg} = 13{,}5\,\text{kg}$ Zucker benötigt.

Zu dem *Auftragsvektor* $\vec{y}$ (auch *Konsumvektor* genannt) gehört der *Produktionsvektor* $\vec{x}$:

$$\vec{y} = \begin{pmatrix} 200 \\ 150 \\ 0 \\ 0 \\ 0 \\ 0 \\ 0 \end{pmatrix}, \quad \vec{x} = \begin{pmatrix} 200 \\ 150 \\ 20 \\ 15 \\ 250 \\ 16{,}5 \\ 13{,}5 \end{pmatrix}$$

(1) Hefekuchen (in Stück)
(2) Hefezopf (in Stück)
(3) normaler Hefeteig (in Stück)
(4) süßer Hefeteig (in Stück)
(5) Fertigteig (in kg)
(6) Butter (in kg)
(7) Zucker (in kg)

Bildet man das Produkt aus der Direktbedarfsmatrix **D** und dem Produktionsvektor $\vec{x}$, so ergibt sich:

$$\mathbf{D} = \begin{pmatrix} 0 & 0 & 0 & 0 & 0 & 0 & 0 \\ 0 & 0 & 0 & 0 & 0 & 0 & 0 \\ 0{,}1 & 0 & 0 & 0 & 0 & 0 & 0 \\ 0 & 0{,}1 & 0 & 0 & 0 & 0 & 0 \\ 0 & 0 & 8 & 6 & 0 & 0 & 0 \\ 0{,}02 & 0 & 0{,}4 & 0{,}3 & 0 & 0 & 0 \\ 0 & 0{,}04 & 0 & 0{,}5 & 0 & 0 & 0 \end{pmatrix} \cdot \begin{pmatrix} 200 \\ 150 \\ 20 \\ 15 \\ 250 \\ 16{,}5 \\ 13{,}5 \end{pmatrix} = \begin{pmatrix} 0 \\ 0 \\ 20 \\ 15 \\ 250 \\ 16{,}5 \\ 13{,}5 \end{pmatrix}$$

Aus dem Produkt ergibt sich ein Vektor, der die nötigen Mengen an Zutaten für die Herstellung von 200 Hefekuchen und 150 Hefezöpfen angibt. Dieser Vektor ist der Differenzvektor aus dem Produktionsvektor $\vec{x}$ und dem Auftragsvektor $\vec{y}$, also gilt:

$\mathbf{D} \cdot \vec{x} = \vec{x} - \vec{y}$. Durch Umstellen erhält man daraus schließlich:

$$\vec{y} = \vec{x} - \mathbf{D} \cdot \vec{x}$$

$$\vec{y} = (\mathbf{E} - \mathbf{D}) \cdot \vec{x}$$

Multipliziert man beide Seiten dieser Gleichung mit der zu $(\mathbf{E} - \mathbf{D})$ inversen Matrix $(\mathbf{E} - \mathbf{D})^{-1}$, so ergibt sich:

$$(\mathbf{E} - \mathbf{D})^{-1} \cdot \vec{y} = \vec{x}$$

Damit haben wir die Möglichkeit, bei gegebener Direktmatrix **D** den Produktionsvektor $\vec{x}$ zu einem Konsumvektor $\vec{y}$ zu berechnen.

Beispiel

An einem Tag ist für das Café der Verkauf von 360 Hefekuchen und 220 Hefezöpfen geplant. Außerdem sollen an eine Konditorei 4 normale Hefeteige und 6 süße Hefeteige geliefert werden. Die dafür erforderlichen Produktionsmengen lassen sich wie folgt berechnen:

$$(\mathbf{E} - \mathbf{D})^{-1} \cdot \vec{y} = \begin{pmatrix} 1 & 0 & 0 & 0 & 0 & 0 & 0 \\ 0 & 1 & 0 & 0 & 0 & 0 & 0 \\ -0{,}1 & 0 & 1 & 0 & 0 & 0 & 0 \\ 0 & -0{,}1 & 0 & 1 & 0 & 0 & 0 \\ 0 & 0 & -8 & -6 & 1 & 0 & 0 \\ -0{,}02 & 0 & -0{,}4 & -0{,}3 & 0 & 1 & 0 \\ 0 & -0{,}04 & 0 & -0{,}5 & 0 & 0 & 1 \end{pmatrix}^{-1} \cdot \begin{pmatrix} 360 \\ 220 \\ 4 \\ 6 \\ 0 \\ 0 \\ 0 \end{pmatrix} = \begin{pmatrix} 360 \\ 220 \\ 40 \\ 28 \\ 488 \\ 31{,}6 \\ 22{,}8 \end{pmatrix}$$

(1) Hefekuchen (in Stück)
(2) Hefezopf (in Stück)
(3) normaler Hefeteig (in Stück)
(4) süßer Hefeteig (in Stück)
(5) Fertigteig (in kg)
(6) Butter (in kg)
(7) Zucker (in kg)

Berechnung mit dem GTR

Information

(1) Materialverflechtung bei Produktionsprozessen mithilfe der Direktbedarfsmatrix beschreiben

In der Einführung (1) wurde die Materialverflechtung eines Produktionsprozesses durch eine einzige Matrix beschrieben.

Definition 7

Eine quadratische Matrix **D**, die alle unmittelbaren Mengenbeziehungen aller am Produktionsprozess beteiligten Rohstoffe, Zwischenprodukte und Endprodukte erfasst, heißt **Direktbedarfsmatrix.**
Die Matrixelemente d_{ij} der Direktbedarfsmatrix **D** geben jeweils an, welche Mengeneinheit vom Produkt i zur Herstellung des Produktes j benötigt wird.

Beispiel

Aus dem Gozintographen eines Produktionsprozesses mit drei Rohstoffen, zwei Zwischenprodukten und zwei Endprodukten wird die Direktbedarfsmatrix erstellt.

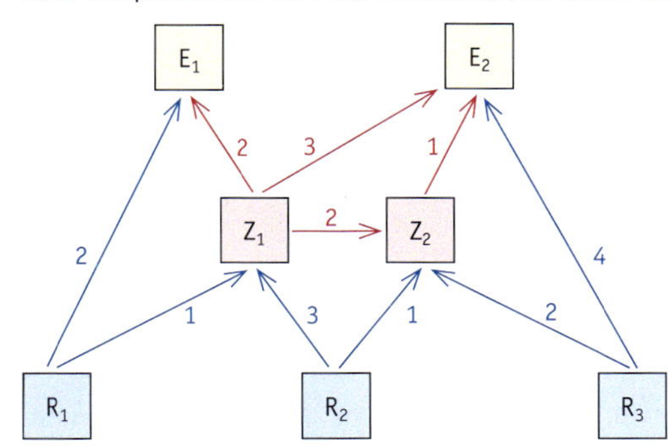

nach / von	E_1	E_2	Z_1	Z_2	R_1	R_2	R_3
E_1	0	0	0	0	0	0	0
E_2	0	0	0	0	0	0	0
Z_1	2	3	0	2	0	0	0
Z_2	0	1	0	0	0	0	0
R_1	2	0	1	0	0	0	0
R_2	0	0	3	1	0	0	0
R_3	0	4	0	2	0	0	0

Die dritte Zeile der Direktbedarfsmatrix liest man zum Beispiel wie folgt: von Z_1 gehen 2 Mengeneinheiten nach E_1, 3 Mengeneinheiten nach E_2, 0 nach Z_1, 2 nach Z_2, 0 nach R_1, 0 nach R_2 und 0 nach R_3.

(2) Bedarfsermittlung bei einem Produktionsprozess mithilfe der Gesamtbedarfsmatrix

Die Überlegungen aus der Einführung (2) mit dem Beispiel können verallgemeinert werden:

Satz 2

Sind die Direktbedarfsmatrix **D** und ein Auftragsvektor $\vec{y}$ eines Produktionsprozesses gegeben, so kann man den zugehörigen Produktionsvektor $\vec{x}$ wie folgt berechnen: $(\mathbf{E} - \mathbf{D})^{-1} \cdot \vec{y} = \vec{x}$

Die Matrix $(\mathbf{E} - \mathbf{D})^{-1}$ wird auch **Gesamtbedarfsmatrix** genannt.
Man kann beweisen, dass zu jeder Direktbedarfsmatrix **D** auch eine Gesamtbedarfsmatrix existiert. Auf einen Beweis dafür verzichten wir in diesem Buch.

Übungsaufgaben 

2 Die Materialverflechtung eines Produktionsprozesses kann durch den nebenstehenden Gozintograhen beschrieben werden.

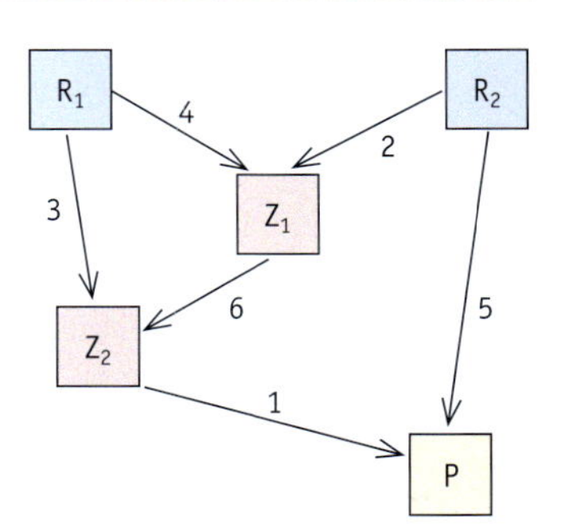

a) Beschreiben Sie die Materialverflechtung mithilfe *einer* Matrix **D**.

b) Es werden 3 Mengeneinheiten von Z_1 bestellt und 10 Mengeneinheiten von P. Geben Sie einen zur Matrix **D** passenden Auftragsvektorvektor an.
Bestimmen Sie auch den zugehörigen Produktionsvektor.

c) Berechnen Sie das Produkt aus **D** und dem Produktionsvektor.
Untersuchen Sie den Zusammenhang von **D** mit dem Auftragsvektor und dem Produktionsvektor.

3 Beim Montageprozess eines Autos werden zwei Varianten A und B des Fahrzeugtyps aus verschiedenen Grundteilen G und 3 Baugruppen montiert. Die Grafik zeigt, wie viele Mengeneinheiten der einzelnen Produkte für andere Produkte benötigt werden.

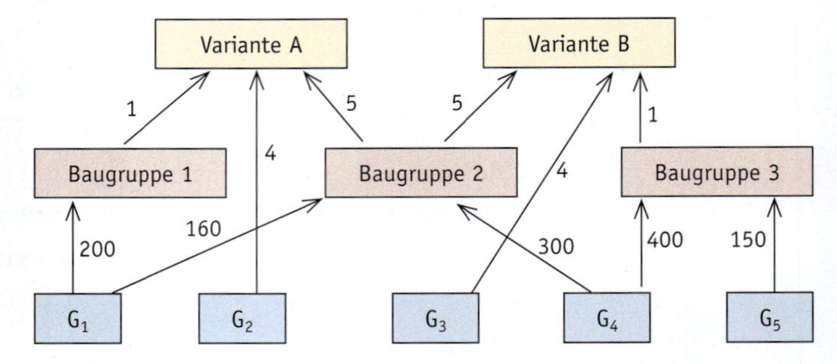

a) Für einen Exportauftrag sollen 6 000 Fahrzeuge der Variante A und 4 500 Fahrzeuge der Variante B gefertigt werden. Außerdem sollen für Werkstätten von 300 Grundteile G_1 und 750 Grundteile G_5 geliefert werden.
Bestimmen Sie die erforderlichen Produktionsmengen für diesen Exportauftrag.
Beschreiben Sie Ihr Vorgehen.

b) Für einen zweiten Exportauftrag sollen 3 000 Fahrzeuge der Variante A und 1 500 Fahrzeuge der Variante B hergestellt werden. Außerdem sollen die 150 Grundteile G_2 und 250 Grundteile G_3 geliefert werden.
Bestimmen Sie die erforderlichen Produktionsmengen für diesen Auftrag und beide Aufträge zusammen.

4 Die rechts stehende Matrix beschreibt die Materialverflechtungen eines Produktionsprozesses in der Reihenfolge für die Produkte P_1 bis P_{10}.

	(1)	(2)	(3)	(4)	(5)	(6)	(7)	(8)	(9)	(10)
(1)	0	0	0	8	3	5	0	0	2	0
(2)	0	0	0	1	0	2	4	0	0	0
(3)	0	0	0	7	1	3	0	2	0	0
(4)	0	0	0	0	0	0	1	3	2	1
(5)	0	0	0	0	0	0	0	1	1	3
(6)	0	0	0	0	0	0	4	0	2	1
(7)	0	0	0	0	0	0	0	0	0	0
(8)	0	0	0	0	0	0	0	0	0	0
(9)	0	0	0	0	0	0	0	0	0	0
(10)	0	0	0	0	0	0	0	0	0	0

a) Zeichnen Sie dazu einen zugehörigen Gozintographen.

b) Es werden folgende Produktmengen bestellt:
12 P_5, 26 P_6; 35 P_7, 130 P_9, 250 P_{10}
Ermitteln Sie, welche Produktionsmengen für diese Bestellung insgesamt erforderlich sind.

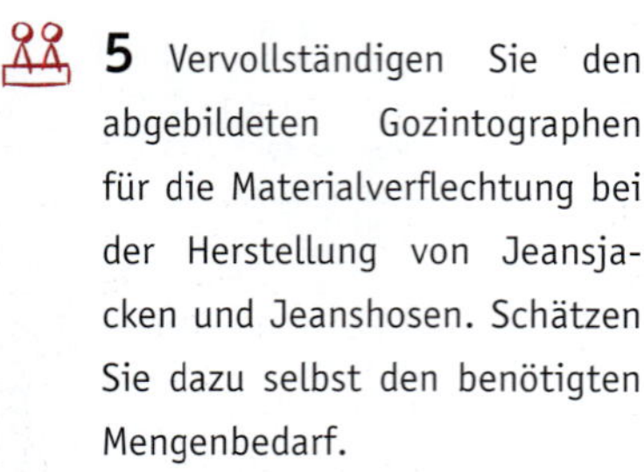

5 Vervollständigen Sie den abgebildeten Gozintographen für die Materialverflechtung bei der Herstellung von Jeansjacken und Jeanshosen. Schätzen Sie dazu selbst den benötigten Mengenbedarf.
Bestimmen Sie anschließend für verschiedene selbstgewählte Auftragsmengen die zugehörigen Produktionsmengen. Präsentieren Sie Ihre Überlegungen und begründen Sie dabei Ihre Vorgehensweise.

Jacke | Hose

Stoff | Garn | Knopf | Niete | Reißverschluss

Baumwolle | Metall

Das LEONTIEF-Modell

Input-Output-Tabellen

Input-Output-Tabellen geben einen detaillierten Einblick in die Güterströme und Produktionsverflechtungen in einer Volkswirtschaft (Haushalte, Unternehmen, Staat). Sie dienen unter anderem als Grundlage für Strukturuntersuchungen der Volkswirtschaft sowie für Analysen der direkten und indirekten Auswirkungen von Nachfrage, Preis- und Lohnänderungen auf die Gesamtwirtschaft und die einzelnen Bereiche. Darüber hinaus sind die Tabellen eine vielseitig verwendbare Basis für Vorausschätzungen der wirtschaftlichen Entwicklung. Sie werden ferner für internationale Vergleiche von Volkswirtschaften verwendet.

Input-Output-Tabelle 2002 zu Herstellungspreisen

Inländische Produktion und Importe (in Mrd. EUR)

Lfd. Nr.	Verwendung / Aufkommen	Input der Produktionsbereiche				Letzte Verwendung von Gütern				Gesamte Verwendung von Gütern
		Primärer Bereich[1]	Sekundärer Bereich[2]	Tertiärer Bereich[3]	zusammen	Konsumausgaben[4]	Bruttoinvestitionen[5]	Exporte	zusammen	
		1	2	3	4	5	6	7	8	9
	Güter aus inländischer Produktion und Importen									
1	Primärer Bereich[1]	7,2	33,5	3,0	43,6	17,5	3,2	5,3	26,0	69,6
2	Sekundärer Bereich[2]	12,1	730,8	140,3	883,2	338,7	281,3	620,2	1 240,2	2 123,3
3	Tertiärer Bereich[3]	10,2	312,0	623,6	945,8	1 160,3	56,5	119,5	1 336,3	2 282,1
4	Vorleistungen der Produktionsbereiche bzw. letzte Verwendung von Gütern	29,5	1 076,3	766,8	1 872,6	1 516,5	341,0	744,9	2 602,4	4 475,0
5	Gütersteuern abzüglich Gütersubventionen	1,3	10,0	38,7	50,0	132,7	27,9	−0,7	160,0	210,0
6	Vorleistungen der Produktionsbereiche bzw. letzte Verwendung von Gütern zu Anschaffungspreisen	30,8	1 086,2	805,5	1 922,6	1 649,2	368,9	744,3	2 762,4	4 685,0
7	Arbeitnehmerentgelt im Inland	8,7	377,3	743,9	1 130,0	–	–	–	–	–
8	Sonstige Produktionsabgaben abzüglich sonstige Subventionen	−1,4	2,1	9,9	10,6	–	–	–	–	–
9	Abschreibungen und Nettobetriebsüberschuss	14,0	140,5	639,9	794,4	–	–	–	–	–
10	Bruttowertschöpfung	21,4	520,0	1 393,7	1 935,0	–	–	–	–	–
11	Produktionswert	52,2	1 606,2	2 199,2	3 857,6	–	–	–	–	–
12	Importe gleichartiger Güter zu cif-Preisen	17,4	517,1	82,9	617,4	–	–	–	–	–
13	Gesamtes Aufkommen an Gütern	69,6	2 123,3	2 282,1	4 475,0	–	–	–	–	–

1 Land- und Forstwirtschaft, Fischerei – 2 produzierendes Gewerbe – 3 private und öffentliche Dienstleistungen – 4 Käufe privater Hauhalte im Inland, privater Organisationen ohne Erwerbszweck und des Staates – 5 Ausrüstungen und sonstige Anlagen, Bauten, Vorratsveränderungen und Nettozugang an Wertsachen.

Input-Output-Analyse

Die Input-Output-Analyse wurde von dem russisch-amerikanischen Wirtschaftswissenschaftler WASSILY LEONTIEF entwickelt. Für die Ausarbeitung und Anwendung seiner Input-Output-Analyse bei wichtigen wirtschaftlichen Problemen erhielt er 1973 den Nobelpreis für Wirtschaftswissenschaften. Grundlage für eine Input-Output-Analyse sind Input-Output-Tabellen. Im Folgenden soll an einem einfachen Beispiel in die Fragestellungen und in das LEONTIEF-Modell bei einer solchen Analyse eingeführt werden.

Der aus einer St. Petersburger Unternehmerfamilie stammende WASSILY LEONTIEF (1905 – 1999) studierte ab 1921 an den Universitäten in Leningrad und Berlin, wo er 1928 promovierte. Seit 1932 war er an der Universität Harvard als wissenschaftlicher Mitarbeiter angestellt. 1946 wurde er dort Professor der Wirtschaftswissenschaften.

Das Leontief-Modell

Wir betrachten einen fiktiven kleinen Küstenstaat, in dem die Wirtschaftssektoren Forstwirtschaft, Fischfang und Bootsbau ausschlaggebend sind.

- Die Forstwirtschaft produziert jährlich 1000 m³ Holz, wovon 50 m³ für den eigenen Bedarf der Forstwirtschaft verwendet werden, 50 m³ an die Fischerei zum Bau und zur Erneuerung von Häfen, 400 m³ an die Bootsbauer geliefert werden und 500 m³ exportiert werden.
- Jährlich werden 2 000 t Fisch gefangen, wovon 600 t an die Forstwirte geliefert werden, 100 t von den Fischern für den eigenen Bedarf verwendet werden, 300 t an die Bootsbauer geliefert werden und 1 000 t exportiert werden.
- Pro Jahr werden 500 Boote gebaut. Davon werden 200 Boote an die Fischer geliefert und 300 Boote werden exportiert.

Man kann diesen Güterfluss auch in der folgenden Input-Output-Tabelle darstellen:

nach / von	Forstwirtschaft	Fischfang	Bootsbau	Interner Verbrauch	Export	Summe
Forstwirtschaft	50	50	400	500	500	1 000
Fischfang	600	100	300	1 000	1 000	2 000
Bootsbau	0	200	0	200	300	500

Stellt man den Güterfluss grafisch in einem Gozintographen dar, so wird deutlich, dass hier die Pfeile nicht so verlaufen, wie bei einer Materialverflechtung eines mehrstufigen Produktionsprozesses, bei dem alle Pfeile von den Rohstoffen aus über die Zwischenprodukte zu den Endprodukten führen. Hier gibt es auch rückwärtsgerichtete Pfeile und solche, deren Anfangs- und Endpunkt gleich ist.

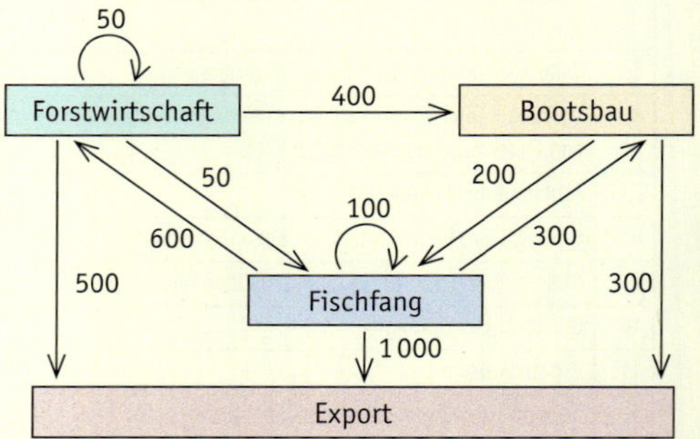

Die Idee bei der Input-Output-Analyse von Leontief besteht darin, den Export wie bei einem mehrstufigen Produktionsprozess als Konsumvektor $\vec{y} = \begin{pmatrix} 500 \\ 1000 \\ 300 \end{pmatrix}$ aufzufassen und die Summe der insgesamt produzierten Mengen als Produktionsvektor $\vec{x} = \begin{pmatrix} 1000 \\ 2000 \\ 500 \end{pmatrix}$.

Wie bei einem mehrstufigen Produktionsprozess möchte man für den Güterfluss eine Matrix **T** bestimmen, die wie eine Direktbedarfsmatrix den Zusammenhang $\mathbf{T} \cdot \vec{x} = \vec{x} - \vec{y}$ herstellt, sodass man wie bei der Modellierung eines mehrstufigen Prozesses mit den Daten rechnen kann. Am naheliegendsten ist es, die Matrix, die den Güterfluss zwischen den drei Wirtschaftssektoren beschreibt, zu verwenden.

Man erkennt aber, dass diese Matrix nicht den gewünschten Zusammenhang liefert.

$$\begin{pmatrix} 50 & 50 & 400 \\ 600 & 100 & 300 \\ 0 & 200 & 0 \end{pmatrix} \cdot \begin{pmatrix} 1000 \\ 2000 \\ 500 \end{pmatrix} \neq \begin{pmatrix} 1000 \\ 2000 \\ 500 \end{pmatrix} - \begin{pmatrix} 500 \\ 1000 \\ 300 \end{pmatrix}, \text{ da}$$

$$\begin{aligned} 50 \cdot 1000 + 50 \cdot 2000 + 400 \cdot 500 &\neq 500 \\ 600 \cdot 1000 + 1000 \cdot 2000 + 300 \cdot 500 &\neq 1000 \\ 0 \cdot 1000 + 200 \cdot 2000 + 0 \cdot 500 &\neq 200 \end{aligned}$$

Allerdings kann man das leicht beheben, indem man jeden Wert in einer Spalte der Matrix durch den entsprechenden Wert in der Zeile des Produktionsvektors dividiert. Man erhält so die sogenannte **Inputmatrix** oder auch **Technologiematrix T**.

Es gilt:
$$\frac{50}{1000}\cdot 1000 + \frac{50}{2000}\cdot 2000 + \frac{400}{500}\cdot 500 = 500$$
$$\frac{600}{1000}\cdot 1000 + \frac{1000}{2000}\cdot 2000 + \frac{300}{500}\cdot 500 = 1000$$
$$\frac{0}{1000}\cdot 1000 + \frac{200}{2000}\cdot 2000 + \frac{0}{500}\cdot 500 = 200$$

Also: $$\mathbf{T} = \begin{pmatrix} \frac{50}{1000} & \frac{50}{2000} & \frac{400}{500} \\ \frac{600}{1000} & \frac{100}{2000} & \frac{300}{500} \\ \frac{0}{1000} & \frac{200}{2000} & \frac{0}{500} \end{pmatrix} = \begin{pmatrix} 0{,}05 & 0{,}025 & 0{,}8 \\ 0{,}6 & 0{,}5 & 0{,}6 \\ 0 & 0{,}1 & 0 \end{pmatrix}$$

Ein Matrixelement t_{ij} gibt an, wie hoch der Güterfluss von einem Wirtschaftssektor i zu einem Wirtschaftsektor j anteilig für eine Mengeneinheit der Güter von j ist. So gibt z. B. $t_{23} = \frac{300}{500} = 0{,}6$ an, dass 0,6 t Fisch für den Bau eines Bootes erforderlich sind.

Für eine Technologiematrix **T**, einen Konsumvektor $\vec{y}$ und dem zugehörigen Produktionsvektor $\vec{x}$ gilt wie gewünscht: $\mathbf{T}\cdot\vec{x} = \vec{x} - \vec{y}$

Durch Umstellen nach $\vec{y}$ ergibt sich damit:

$\vec{y} = (\mathbf{E} - \mathbf{T})\cdot\vec{x}$, also:

$(\mathbf{E} - \mathbf{T})^{-1}\cdot\vec{y} = \vec{x}$

Die zu $(\mathbf{E} - \mathbf{T})$ inverse Matrix $(\mathbf{E} - \mathbf{T})^{-1}$ nennt man **LEONTIEF-Inverse**. Die LEONTIEF-Inverse entspricht also der Gesamtbedarfsmatrix $(\mathbf{E} - \mathbf{D})^{-1}$ für einem mehrstufigen Produktionsprozess. Während die Gesamtbedarfsmatrix für einen n-stufigen Produktionsprozess immer existiert, ist es nicht selbstverständlich, dass zu jeder Technologiematrix auch eine LEONTIEF-Inverse existiert.

Für unser obiges Beispiel existiert die LEONTIEF-Inverse jedoch, mithilfe des GTR erhält man aus der oben ermittelten Technologiematrix

$\mathbf{T} = \begin{pmatrix} 0{,}05 & 0{,}025 & 0{,}8 \\ 0{,}6 & 0{,}5 & 0{,}6 \\ 0 & 0{,}1 & 0 \end{pmatrix}$ die zugehörige LEONTIEF-Inverse

$$(\mathbf{E} - \mathbf{T})^{-1} = \begin{pmatrix} \frac{88}{71} & \frac{21}{71} & \frac{83}{71} \\ \frac{120}{71} & \frac{190}{71} & \frac{210}{71} \\ \frac{12}{71} & \frac{19}{71} & \frac{92}{71} \end{pmatrix}.$$

Veränderung der Rahmenbedingungen

Angenommen, der Export von Fisch soll im kommenden Jahr von 1000 t auf 1500 t steigen, welche Auswirkungen hat das auf die einzelnen Wirtschaftssektoren der Volkswirtschaft?

Man berechnet dazu den zugehörigen Produktionsvektor:

$$\begin{pmatrix} \frac{88}{71} & \frac{21}{71} & \frac{83}{71} \\ \frac{120}{71} & \frac{190}{71} & \frac{210}{71} \\ \frac{12}{71} & \frac{19}{71} & \frac{92}{71} \end{pmatrix}\cdot\begin{pmatrix} 500 \\ 1500 \\ 300 \end{pmatrix} \approx \begin{pmatrix} 1414 \\ 5746 \\ 875 \end{pmatrix}$$

Vergleicht man den alten Produktionsvektor $\begin{pmatrix} 1000 \\ 2000 \\ 500 \end{pmatrix}$ mit dem neuen Produktionsvektor $\begin{pmatrix} 1414 \\ 5746 \\ 875 \end{pmatrix}$, so erkennt man, dass für den Anstieg des Exports von Fisch auch etwa 414 m^3 mehr Holz nötig ist und 375 Boote mehr gebaut werden müssen. Der Fischfang muss dafür sogar insgesamt um 3 746 t erhöht werden.

Mit dem LEONTIEF-Modell kann also analysiert werden, wie sich veränderte Rahmenbedingungen auf die einzelnen Wirtschaftssektoren auswirken.

1 Bei der Input-Output-Analyse werden die Verflechtungen zwischen mehreren Sektoren einer Wirtschaft untersucht. Man kann das Modell jedoch auch auf Betriebe übertragen, zwischen denen ein Warenfluss stattfindet.
Drei Betriebe beliefern sich gegenseitig und geben auch Warenmengen an den außerbetrieblichen Markt (Konsum) ab. Das abgebildete Diagramm zeigt den Warenfluss in den jeweiligen Mengeneinheiten.

a) Erstellen Sie eine Input-Output-Tabelle für diesen Warenfluss.

b) Bestimmen Sie die zugehörige Technologiematrix zu der Input-Output-Tabelle aus Teilaufgabe a).

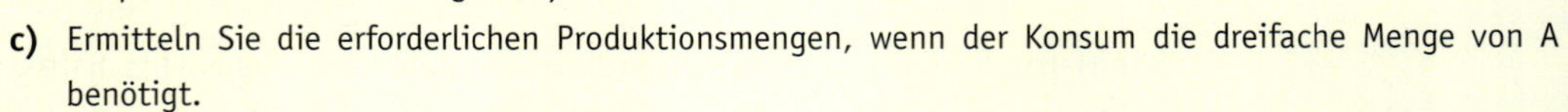

c) Ermitteln Sie die erforderlichen Produktionsmengen, wenn der Konsum die dreifache Menge von A benötigt.

d) Untersuchen Sie, welche Mengen der Konsum erhalten kann, wenn jeder Betrieb 5 Einheiten mehr produzieren kann.

2 In einer Volkswirtschaft kann der Güterfluss zwischen drei Wirtschaftssektoren A, B und C durch folgende Input-Output-Tabelle beschrieben werden:

von \ nach	Sektor A	Sektor B	Sektor C	Inlandskonsum
Sektor A	79	147	504	60
Sektor B	237	294	84	120
Sektor C	553	147	840	140

a) Ermitteln Sie die Technologiematrix. Berechnen Sie, wie viel jeder Sektor produzieren muss.

b) Im vergangenen Zeitraum mussten für den Export insgesamt folgende Mengeneinheiten produziert werden:
Sektor A: 750; Sektor B: 750; Sektor C: 1 500.
Bestimmen Sie die exportierten Mengen.

c) Für den nächsten Zeitraum wird prognostiziert, dass der Inlandskonsum um 3 % und der Export um 5 % steigt. Berechnen Sie den Produktionsvektor, um diese Nachfrage zu befriedigen.

3 Betrachten Sie noch einmal den Güterfluss des kleinen Küstenstaates aus der Einführung, jedoch mit der Änderung, dass es zunächst keinen Export gibt.

von \ nach	Forstwirtschaft	Fischfang	Bootsbau	Interner Verbrauch	Export	Summe
Forstwirtschaft	50	50	400	500	0	500
Fischfang	600	100	300	1 000	0	1 000
Bootsbau	0	200	0	200	0	200

Stellen Sie die zugehörige Technologiematrix auf und untersuchen Sie, ob eine Exportforderung von 200 m^3 Holz, 400 t Fisch und 600 Booten realisierbar ist.
Interpretieren Sie die Ergebnisse.

4 Der Güterfluss zwischen drei Wirtschaftssektoren wird durch die folgende Technologiematrix beschrieben: $\mathbf{T} = \begin{pmatrix} 0{,}1 & 0{,}3 & 0{,}1 \\ 0{,}2 & 0{,}2 & 0{,}4 \\ 0{,}7 & 0{,}5 & 0{,}5 \end{pmatrix}$

Zeigen Sie, dass es keine LEONTIEF-Inverse zu dieser Technologiematrix **T** gibt.
Untersuchen Sie, was dies für den Konsum und die Produktion bedeutet.

5.6 Beschreiben von Zustandsänderungen durch Matrizen

5.6.1 Übergangsmatrizen – Matrixpotenzen

Aufgabe

1

Call a Bike – So leihen Sie Ihr CallBike aus

Blinkt das Schloss des CallBikes grün, ist es frei und kann entliehen werden. Blinkt es rot, ist das CallBike belegt.

Zur Entleihe rufen Sie die rot umrandete Telefonnummer auf dem Deckel des CallBike-Schlosses an. Sie erhalten sofort einen 4-stelligen Öffnungscode, den Sie über das Display unter dem Deckel eintippen. Das Schloss entriegelt sich und Sie können den Sperrriegel entfernen. Kurz nach dem Öffnen des Schlosses erhalten Sie einen ‚Anruf in Abwesenheit'. Hiermit übermitteln wir Ihnen nochmals den Öffnungscode. Beim Anruf aus einer Telefonzelle oder über das Festnetz halten Sie bitte Ihre Kundennummer bereit.

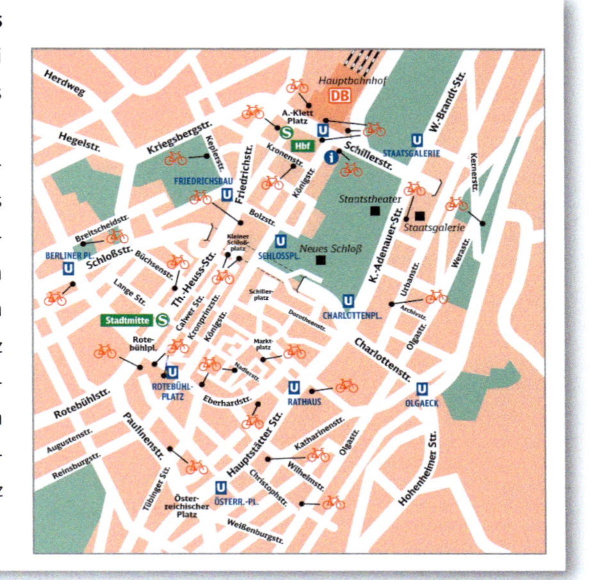

In einer Stadt gibt es einen Call a Bike-Service, bei dem man sich an einer Station ein Fahrrad mieten und es später an einer anderen Station wieder zurückgeben kann. Von den Fahrrädern sind 30 % am Hauptbahnhof stationiert, 25 % am Rathaus, 15 % am Rotebühlplatz und weitere 30 % sind auf andere Stationen in der Stadt verteilt. Aus langfristigen Beobachtungen ist bekannt, dass im Laufe eines Tages etwa folgende Übergänge stattfinden:

- Vom Hauptbahnhof werden 50 % der Räder zum Rathaus gefahren, 20 % zum Rotebühlplatz und 20 % zu anderen Stationen.
- Vom Rathaus werden 80 % der Räder zum Hauptbahnhof gefahren, 10 % zum Rotebühlplatz und 5 % zu anderen Stationen.
- Vom Rotebühlplatz werden 60 % der Räder zum Rathaus gefahren, 20 % zum Hauptbahnhof und 10 % zu anderen Stationen.
- Von den anderen Stationen werden 30 % zum Hauptbahnhof gefahren, 20 % zum Rathaus und 20 % zum Rotebühlplatz.

a) Zeichnen Sie eine Übersicht, die die Übergänge zwischen den einzelnen Stationen beschreibt und erstellen Sie dazu eine Tabelle.

b) Bestimmen Sie eine Matrix, mit der man die Übergänge beschreiben kann. Berechnen Sie mithilfe der Matrix, wie die Fahrräder nach einem Tag auf die Stationen verteilt sind.

c) Untersuchen Sie, wie die Fahrräder nach 2 Tagen, 1 Woche, 2 Wochen verteilt sind.

d) An Ende eines Tages stehen 41 % der Fahrräder am Hauptbahnhof, 30 % der Fahrräder am Rathaus, 15 % am Rotebühlplatz und 14 % an anderen Stationen. Bestimmen Sie, wie die Räder zu Beginn des Tages auf die jeweiligen Stationen verteilt waren.

Lösung

a) Man kann die Daten in einem Graphen oder einer Tabelle zusammenfassen.

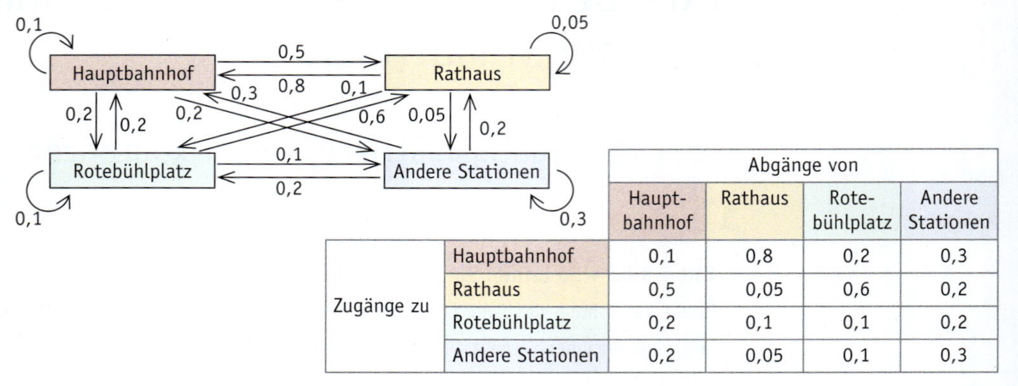

		Abgänge von			
		Haupt-bahnhof	Rathaus	Rote-bühlplatz	Andere Stationen
Zugänge zu	Hauptbahnhof	0,1	0,8	0,2	0,3
	Rathaus	0,5	0,05	0,6	0,2
	Rotebühlplatz	0,2	0,1	0,1	0,2
	Andere Stationen	0,2	0,05	0,1	0,3

b) Die Matrix können wir direkt der Tabelle entnehmen:

ZZ: Zugänge in die Zeile

$$\mathbf{M} = \begin{pmatrix} 0,1 & 0,8 & 0,2 & 0,3 \\ 0,5 & 0,05 & 0,6 & 0,2 \\ 0,2 & 0,1 & 0,1 & 0,2 \\ 0,2 & 0,05 & 0,1 & 0,3 \end{pmatrix}$$

In einer Zeile stehen jeweils die Zugänge zu einer Station. In einer Spalte stehen jeweils die Abgänge von einer Station. Deshalb ist die Spaltensumme jeweils 1.

Zu Beginn sind die Fahrräder wie folgt verteilt: 30 % sind am Hauptbahnhof stationiert, 25 % am Rathaus, 15 % am Rotebühlplatz und 30 % an den anderen Stationen.

Für den Hauptbahnhof ergibt sich damit nach einem Tag aus den Zugängen, also aus der 1. Zeile von **M**:

$$0,1 \cdot 0,3 + 0,8 \cdot 0,25 + 0,2 \cdot 0,15 + 0,3 \cdot 0,3 = 0,35$$

Schreibt man die Anfangsverteilung als Vektor $\vec{a} = \begin{pmatrix} 0,3 \\ 0,25 \\ 0,15 \\ 0,3 \end{pmatrix}$, so kann man die Verteilung der Fahrräder nach einem Tag leicht berechnen aus

$$\mathbf{M} \cdot \vec{a} = \begin{pmatrix} 0,1 & 0,8 & 0,2 & 0,3 \\ 0,5 & 0,05 & 0,6 & 0,2 \\ 0,2 & 0,1 & 0,1 & 0,2 \\ 0,2 & 0,05 & 0,1 & 0,3 \end{pmatrix} \cdot \begin{pmatrix} 0,3 \\ 0,25 \\ 0,15 \\ 0,3 \end{pmatrix} = \begin{pmatrix} 0,35 \\ 0,3125 \\ 0,16 \\ 0,1775 \end{pmatrix}.$$

Nach einem Tag befinden sich also etwa 35 % der Fahrräder am Hauptbahnhof, 31,25 % am Rathaus, 16 % am Rotebühlplatz und 17,75 % an anderen Stationen.

c) Die Verteilung nach zwei Tagen kann man berechnen, indem man den neuen Verteilungsvektor $(\mathbf{M} \cdot \vec{a})$ wieder mit **M** multipliziert. Man berechnet also $\mathbf{M} \cdot (\mathbf{M} \cdot \vec{a}) = (\mathbf{M} \cdot \mathbf{M}) \cdot \vec{a} = \mathbf{M}^2 \cdot \vec{a}$.

Beim GTR kann man dafür einfach den Befehl für das Potenzieren (wie bei Zahlen) verwenden:

Verteilung nach 2 Tagen Verteilung nach 7 Tagen Verteilung nach 14 Tagen

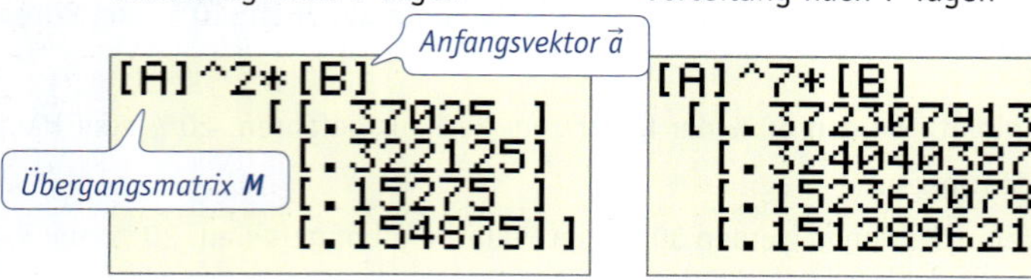

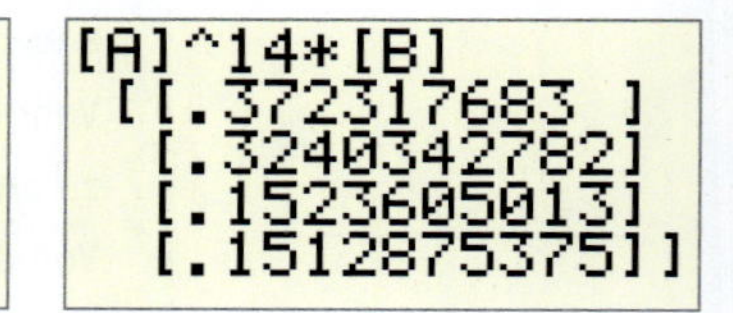

d) Es gilt $\mathbf{M} \cdot \vec{a} = \begin{pmatrix} 0,41 \\ 0,30 \\ 0,15 \\ 0,14 \end{pmatrix}$, wobei der Vektor $\vec{a} = \begin{pmatrix} a_1 \\ a_2 \\ a_3 \\ a_4 \end{pmatrix}$ gesucht ist.

Multipliziert man beide Seiten der Gleichung von links mit der Inversen $\mathbf{M}^{-1}$ von **M**, so ergibt sich

$$\mathbf{M}^{-1} \cdot \mathbf{M} \cdot \begin{pmatrix} a_1 \\ a_2 \\ a_3 \\ a_4 \end{pmatrix} = \mathbf{M}^{-1} \cdot \begin{pmatrix} 0,41 \\ 0,30 \\ 0,15 \\ 0,14 \end{pmatrix}$$ und wegen $\mathbf{M}^{-1} \cdot \mathbf{M} = E$ schließlich

$$\begin{pmatrix} 1 & 0 & 0 & 0 \\ 0 & 1 & 0 & 0 \\ 0 & 0 & 1 & 0 \\ 0 & 0 & 0 & 1 \end{pmatrix} \cdot \begin{pmatrix} a_1 \\ a_2 \\ a_3 \\ a_4 \end{pmatrix} = \mathbf{M}^{-1} \cdot \begin{pmatrix} 0,41 \\ 0,30 \\ 0,15 \\ 0,14 \end{pmatrix}, \text{ also } \begin{pmatrix} a_1 \\ a_2 \\ a_3 \\ a_4 \end{pmatrix} = \mathbf{M}^{-1} \cdot \begin{pmatrix} 0,41 \\ 0,30 \\ 0,15 \\ 0,14 \end{pmatrix}.$$

Damit können wir den Vektor $\vec{a}$ leicht mithilfe eines Rechners bestimmen.

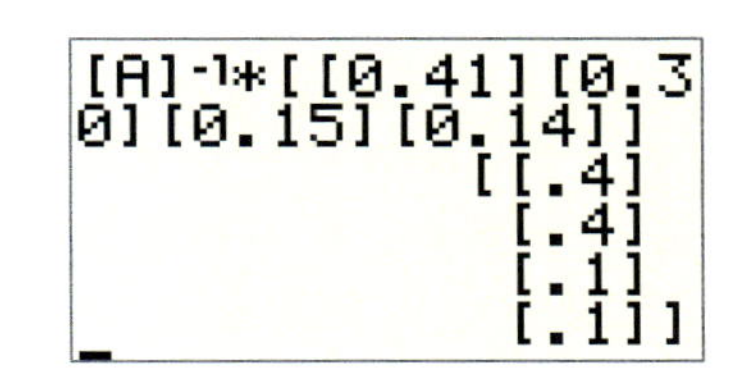

Zu Beginn des Tages standen also jeweils 40 % der Räder am Hauptbahnhof und am Rathaus und jeweils 10 % am Rotebühlplatz und an anderen Stationen.

Information

(1) Zustandsänderungen beschreiben

Übergangsdiagramm

In der Lösung von Teilaufgabe 1 a) haben wir die Veränderung eines Zustands mithilfe eines sogenannten **Übergangsdiagramms** verdeutlicht.

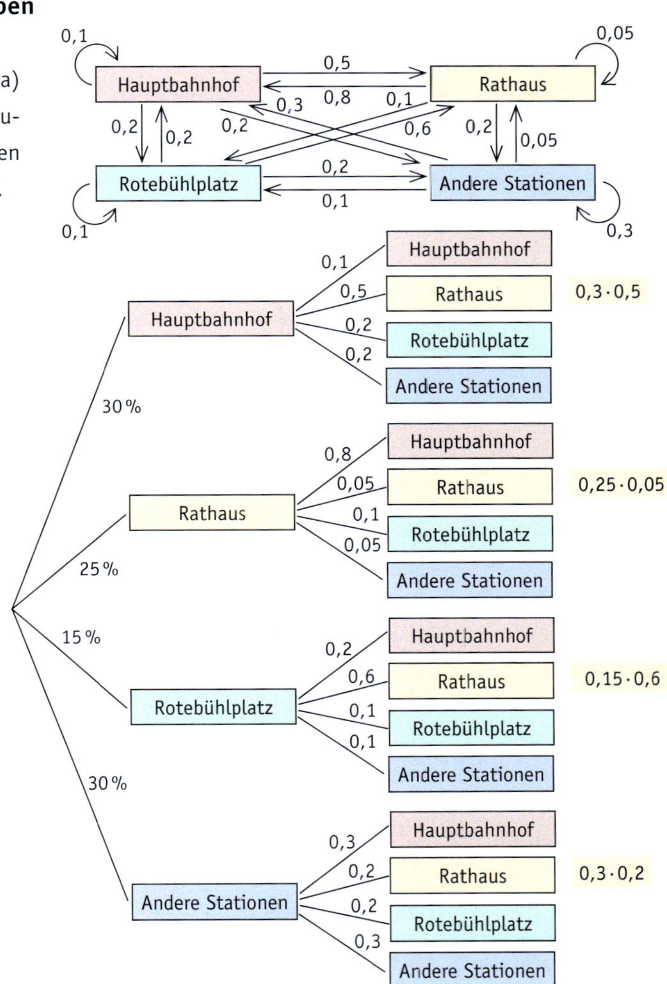

Baumdiagramm

Statt eines solchen Übergangsdiagramms hätte man auch ein Baumdiagramm wie rechts verwenden können.

Der Anfangszustand war mit einer Verteilung der Fahrräder von 30 % am Hauptbahnhof, 25 % am Rathaus, 15 % am Rotebühlplatz und 30 % an anderen Stationen gegeben.

Um aus dem Baumdiagramm zum Beispiel den Anteil der Räder am Rathaus für den nächsten Tag zu bestimmen, hätte man die Anfangsanteile mit dem jeweiligen Faktor auf dem Pfad multipliziert und anschließend addiert, also:

$0,3 \cdot 0,5 + 0,25 \cdot 0,05 + 0,15 \cdot 0,6 + 0,3 \cdot 0,2 = 0,3125$

Matrix

Bei der Lösung von Teilaufgabe 1 b) haben wir den Anfangszustand durch einen

Anfangsvektor $\vec{a} = \begin{pmatrix} 0,3 \\ 0,25 \\ 0,15 \\ 0,3 \end{pmatrix}$ beschrieben und die Übergänge durch eine sogenannte

Übergangsmatrix $\mathbf{M} = \begin{pmatrix} 0,1 & 0,8 & 0,2 & 0,3 \\ 0,5 & 0,05 & 0,6 & 0,2 \\ 0,2 & 0,1 & 0,1 & 0,2 \\ 0,2 & 0,05 & 0,2 & 0,3 \end{pmatrix}$.

Matrix aus der Tabelle entnehmen:

nach \ von					
	0,1	0,8	0,2	0,3	
	0,5	0,05	0,6	0,2	
	0,2	0,1	0,1	0,2	
	0,2	0,05	0,2	0,3	

Dabei wurden die Abgänge von einer Station, also die Zahlen an den Pfaden des Baumdiagramms, jeweils in einer Spalte der Matrix notiert.

Man kann auch hier anders verfahren, jedoch muss dann die Übergangsmatrix von links mit dem Anfangsvektor multipliziert werden, wobei der Anfangsvektor dann als Zeilenvektor geschrieben werden muss.

Festlegung: In diesem Buch wird immer der Zugang in der Zeile notiert.

Eine Übergangsmatrix **M**, die in den Zeilen die Zugänge und in den Spalten die Abgänge beschreibt, ist stets eine n × n-Matrix und besteht ausschließlich aus positiven Zahlen. Die Spaltensumme einer solchen Übergangsmatrix beträgt immer 1. Auch die Spaltensumme des Anfangsvektors hat den Wert 1, da dieser Vektor eine prozentuale Verteilung einer Gesamtheit beschreibt. Der neue Zustand kann dann aus dem Produkt $\mathbf{M}\cdot\vec{a}$ der Übergangsmatrix **M** mit dem **Anfangsvektor** (oder auch **Startvektor** genannt) $\vec{a}$ berechnet werden. Als Ergebnis ergibt sich ein neuer **Zustandsvektor**, der eine neue prozentuale Verteilung der Gesamtheit beschreibt und deshalb ebenfalls die Spaltensumme 1 hat.

Definition 8

Eine n × n-Matrix **M**, die nur aus positiven Zahlen besteht und deren Spaltensummen alle den Wert 1 haben, heißt **stochastische Matrix**.

Beispiele

$\mathbf{M}_1 = \begin{pmatrix} 0{,}3 & 0{,}7 & 0{,}1 \\ 0{,}2 & 0 & 0{,}8 \\ 0{,}5 & 0{,}3 & 0{,}1 \end{pmatrix}$; $\mathbf{M}_2 = \begin{pmatrix} 0{,}4 & 0{,}1 & 1 \\ 0{,}1 & 0{,}6 & 0 \\ 0{,}5 & 0{,}3 & 0 \end{pmatrix}$

(2) Matrixpotenzen

Bei der Lösung von Teilaufgabe 1 c) haben wir den neuen Zustandsvektor erneut mit der Übergangsmatrix multipliziert, also das Produkt $\mathbf{M}\cdot(\mathbf{M}\cdot\vec{a}) = (\mathbf{M}\cdot\mathbf{M})\cdot\vec{a} = \mathbf{M}^2\cdot\vec{a}$ gebildet.

Definition 9

Das k-fache Produkt einer Matrix **M** vom Format n × n mit sich selbst bezeichnet man als **Matrixpotenz** $\mathbf{M}^k$, wobei $k \in \mathbb{N}$ gilt.

Übungsaufgaben  **2** Ein Marktforschungsinstitut hat langfristig das jährliche Wechselverhalten von Abonnenten dreier TV-Zeitschriften untersucht. Als Ergebnis präsentiert das Institut die nebenstehende Übersicht.

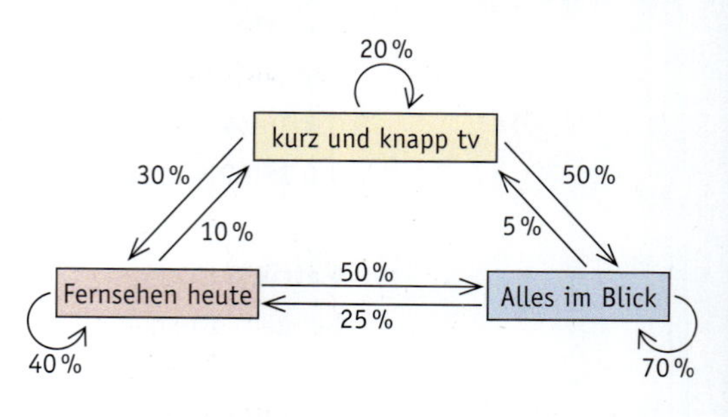

a) Erläutern Sie die Übersicht. Beschreiben Sie das Wechselverhalten mithilfe einer Matrix.

b) Die drei TV-Zeitschriften teilen sich derzeit einen regionalen Markt mit folgenden Anteilen:
- *kurz und knapp tv:* 45 %
- *Fernsehen heute:* 20 %
- *Alles im Blick:* 35 %

Bestimmen Sie die Marktanteile nach einem Jahr, zwei Jahren und fünf Jahren bei unverändertem Wechselverhalten. Beurteilen Sie diese Prognosen.

c) Am Ende eines Jahres haben die Zeitschriften folgende Marktanteile:
- *kurz und knapp tv: 9 %*
- *Fernsehen heute: 29 %*
- *Alles im Blick: 62 %*

Bestimmen Sie die Marktanteile zu Beginn des Jahres und beurteilen Sie die Entwicklung für die einzelnen Zeitschriften.

3 Ergänzen Sie an den Übergangsdiagrammen die fehlenden Angaben.

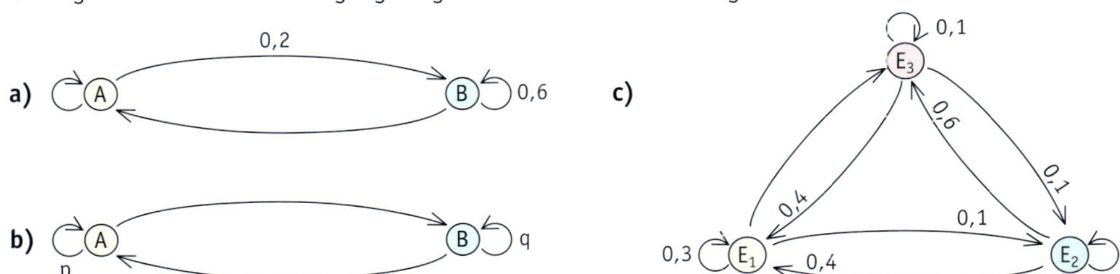

4 Geben Sie zum folgenden Übergangsdiagramm die zugehörige Übergangsmatrix an.

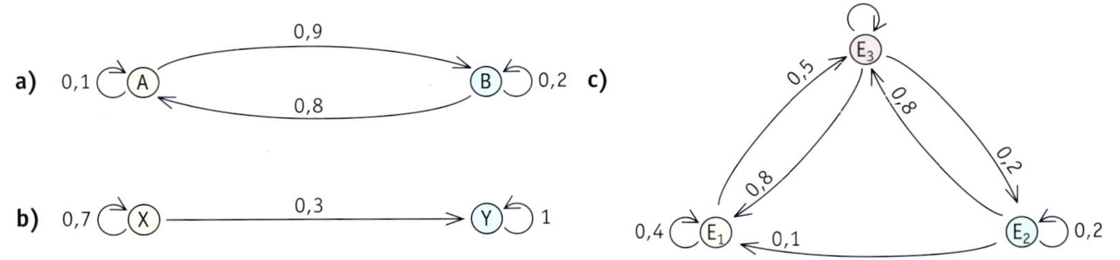

5 Geben Sie zur Übergangsmatrix das zugehörige Übergangsdiagramm an.

a) $\begin{pmatrix} 0{,}1 & 0{,}3 \\ 0{,}9 & 0{,}7 \end{pmatrix}$ **b)** $\begin{pmatrix} 0 & 1 \\ 1 & 0 \end{pmatrix}$ **c)** $\begin{pmatrix} 0{,}2 & 0{,}8 \\ 0{,}8 & 0{,}2 \end{pmatrix}$ **d)** $\begin{pmatrix} 0{,}2 & 0{,}3 & 0{,}5 \\ 0{,}1 & 0{,}5 & 0{,}1 \\ 0{,}7 & 0{,}2 & 0{,}4 \end{pmatrix}$

6

a) Für einen Autovermieter mit vier Standorten gilt das nebenstehende Übergangsdiagramm, H: Hannover, B: Braunschweig, G: Göttingen, O: Osnabrück. Bestimmen Sie die zugehörige Übergangsmatrix.

b) An einem Tag stehen in den vier Standorten je 25 % der Fahrzeuge. Berechnen Sie mithilfe der Übergangsmatrix aus Teilaufgabe a), wie sich die Mietautos nach einem Tag [nach zwei Tagen, nach drei Tagen] auf die vier Standorte verteilen.

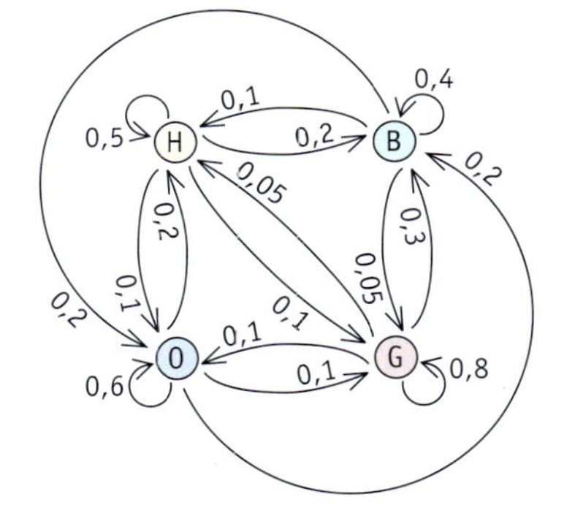

7 In einem Land hat man folgende Beobachtung bezüglich des Wetters gemacht: Auf einen Tag ohne Niederschläge folgt in 70 % der Fälle wieder ein Tag ohne Niederschläge und auf einen Tag mit Niederschlägen folgt in 50 % der Fälle wieder ein Tag mit Niederschlägen.

a) Vervollständigen Sie die Information zu einem Übergangsdiagramm und bestimmen Sie die zugehörige Übergangsmatrix.

b) Mit welcher Wahrscheinlichkeit gibt es übermorgen (= 2. Tag) Niederschläge, wenn es heute (= 0. Tag) Niederschläge gab? (Welcher Zustandsvektor gehört dann zum heutigen Tag?) Wie wird das Wetter am 3. [am 4.; am 5.] Tag?

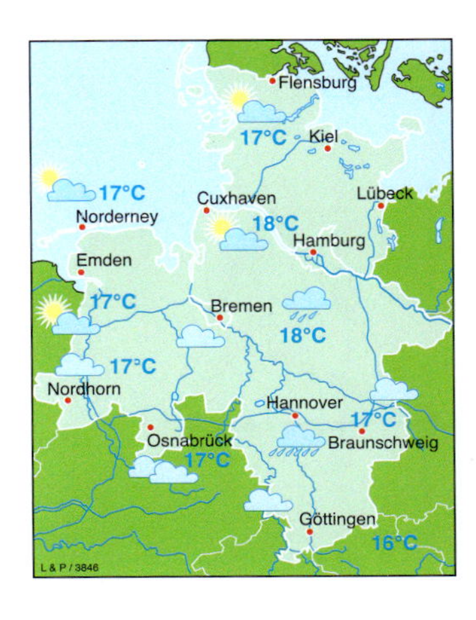

8 In einem Kurort gibt es zwei Warteplätze für den innerstädtischen Taxiverkehr: am Kurhaus und am Bahnhof. Aufträge gehen nur an die beiden Standplätze. Nach Erledigung eines Auftrags fahren die Taxen jeweils zum nächsten Warteplatz.
Durch Beobachtung stellt man fest, dass im Mittel 30 % der Taxen, die morgens am Bahnhof stehen, abends wieder dort stehen. Je 50 % der Taxen, die morgens am Kurhaus stehen, sind am Abend wieder am Kurhaus bzw. am Bahnhof. Die Taxifahrer kehren morgens an denjenigen Warteplatz zurück, an dem sie am Vorabend ihren Dienst beendeten. Am Abend des 0. Tages steht

(1) jeweils die Hälfte der Taxen an den beiden Warteplätzen,
(2) ein Drittel am Bahnhof und zwei Drittel am Kurhaus.

Bestimmen Sie, wie sich die Taxen auf die beiden Warteplätze am Ende des 1., 2., 3. Tages verteilen. Ermitteln Sie auch die Verteilung auf lange Sicht.

9 Aufgrund von soziologischen Studien in den 50er- und 60er-Jahren vermutete man folgende Entwicklung in den Generationen: Söhne von Facharbeitern werden zu 80 % selbst Facharbeiter, je 10 % werden angelernte Arbeiter bzw. ungelernte Arbeiter. Bei den Söhnen von angelernten Arbeitern beobachtete man, dass 60 % wieder als angelernte Arbeiter tätig sind, je 20 % als Facharbeiter bzw. ungelernte Arbeiter. Von den Söhnen ungelernter Arbeiter sind 50 % ungelernte Arbeiter und je 25 % Facharbeiter bzw. angelernte Arbeiter.

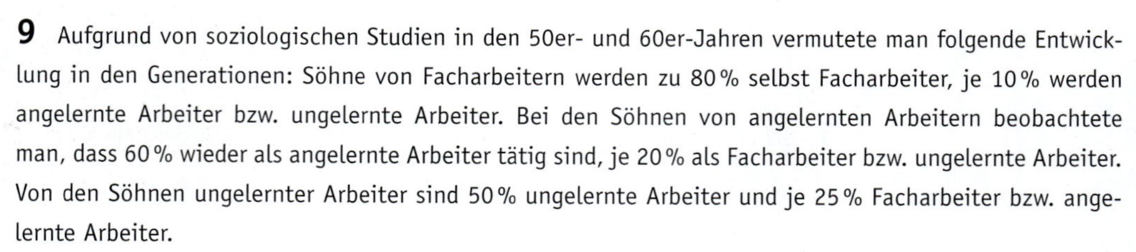

a) Bestimmen Sie die Übergangsmatrix **M** und Matrixpotenzen $\mathbf{M}^2$, $\mathbf{M}^3$, $\mathbf{M}^4$.

b) Angenommen, die Übergänge zwischen den Generationen bleiben über mehrere Generationen so wie oben beschrieben. Bestimmen Sie, mit welcher Wahrscheinlichkeit der Enkel [Urenkel, Ururenkel] eines angelernten Arbeiters als Facharbeiter tätig ist.

c) Angenommen, zu Anfang der Kette waren 30 % Facharbeiter, 40 % angelernte Arbeiter und 30 % ungelernte Arbeiter. Bestimmen Sie, wie sich die Zusammensetzung im Laufe der Generationen verändert.

10 Die Matrix $\mathbf{M} = \begin{pmatrix} 0{,}4 & 0{,}6 & 0{,}8 & 0{,}1 \\ 0{,}2 & 0{,}1 & 0{,}05 & 0{,}3 \\ 0{,}1 & 0{,}1 & 0{,}1 & 0{,}3 \\ 0{,}3 & 0{,}2 & 0{,}05 & 0{,}3 \end{pmatrix}$ beschreibt die Änderung der Marktanteile von vier Markenprodukten innerhalb eines Zeitabschnitts.

a) Zeichnen Sie ein zugehöriges Übergangsdiagramm.

b) Am Ende eines Teilabschnitts kann die Marktverteilung durch den Vektor $\vec{z} = \begin{pmatrix} 0{,}53 \\ 0{,}14 \\ 0{,}12 \\ 0{,}21 \end{pmatrix}$ beschrieben werden. Bestimmen Sie die Marktverteilung zu Beginn des Zeitabschnitts.

c) Machen Sie Aussagen über die weitere Entwicklung der Marktverteilung.

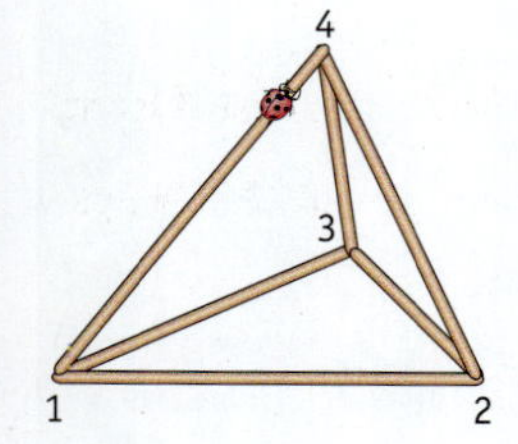

11 Ein Käfer wandert auf dem Drahtmodell eines Tetraeders entlang. Ist er in einer Ecke angekommen, so wählt er zufällig einen der drei Wege zu den anderen Ecken aus (d. h. er kann auch den Weg wieder zurücklaufen, den er gerade gekommen ist).

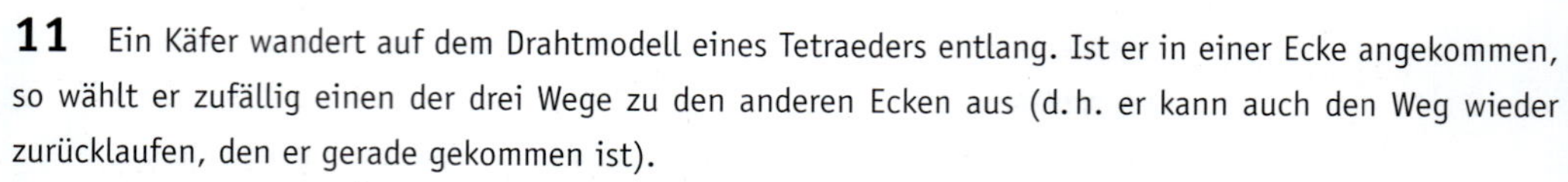

a) Bestimmen Sie die Übergangsmatrix **M** und die Matrixpotenzen $\mathbf{M}^2$, $\mathbf{M}^4$, $\mathbf{M}^8$.

b) Nach einiger Zeit rastlosen Wanderns merkt der Käfer, dass die Wege von 1, 2, 3 nach 4 beschwerlicher sind als die anderen; daher entscheidet er sich für diese Wege nur noch halb so oft wie für die beiden anderen Möglichkeiten. Untersuchen Sie jetzt die Veränderung der Übergangsmatrix **M** und ihrer Potenzen.

5.6.2 Fixvektor – Grenzmatrix

Aufgabe

1 Eine Autovermietung hat Niederlassungen in drei Städten. Die gemieteten Autos können ohne Aufpreis am Ende eines Tages in einer der drei Niederlassungen zurückgegeben werden. Langfristige Marktbeobachtungen ergaben das abgebildete Übergangsdiagramm für einen Tag.

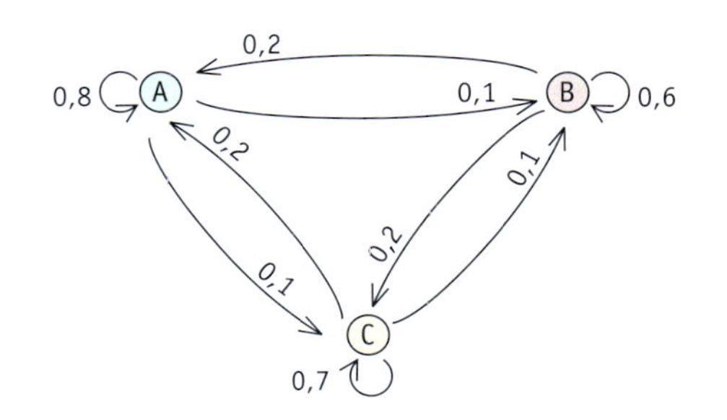

Der Geschäftsführer analysiert die Kosten für das Unternehmen. Dabei fällt ihm auf, dass oft Überführungen von Autos von einer Niederlassung zur anderen nötig waren, damit in den Niederlassungen genügend Fahrzeuge zur Verfügung standen.

a) Um Kosten zu sparen überlegt er, wie die Fahrzeuge auf die Niederlassungen aufzuteilen sind, damit möglichst keine Überführungen nötig sind. Entwickeln Sie dazu einen Vorschlag.

b) Untersuchen Sie die Matrixpotenzen $\mathbf{M}^k$ für $k = 10, 20, 30, 40, 50, 60, 70, 100$. Beschreiben Sie Ihre Beobachtungen.

Lösung

a) Aus dem Übergangsdiagramm können wir die folgende Übergangsmatrix ablesen:

$$\mathbf{M} = \begin{pmatrix} 0{,}8 & 0{,}2 & 0{,}2 \\ 0{,}1 & 0{,}6 & 0{,}1 \\ 0{,}1 & 0{,}2 & 0{,}7 \end{pmatrix}$$

Als Anfangsvektor oder Startvektor setzen wir $\vec{a} = \begin{pmatrix} a_1 \\ a_2 \\ a_3 \end{pmatrix}$. Wenn es keine Überführungen geben soll, so sollte nach einem Tag wieder der gleiche Zustand hergestellt sein, wie am Tag davor, d. h. wir suchen einen Anfangsvektor mit $\mathbf{M} \cdot \vec{a} = \vec{a}$. Aus dieser Bedingung ergibt sich folgende Gleichung:

$$\begin{pmatrix} 0{,}8 & 0{,}2 & 0{,}2 \\ 0{,}1 & 0{,}6 & 0{,}1 \\ 0{,}1 & 0{,}2 & 0{,}7 \end{pmatrix} \cdot \begin{pmatrix} a_1 \\ a_2 \\ a_3 \end{pmatrix} = \begin{pmatrix} a_1 \\ a_2 \\ a_3 \end{pmatrix}$$

Nach der Multiplikation erhält man daraus das folgende lineare Gleichungssystem:

$$\left| \begin{array}{l} 0{,}8\,a_1 + 0{,}2\,a_2 + 0{,}2\,a_3 = a_1 \\ 0{,}1\,a_1 + 0{,}6\,a_2 + 0{,}1\,a_3 = a_2 \\ 0{,}1\,a_1 + 0{,}2\,a_2 + 0{,}7\,a_3 = a_3 \end{array} \right|$$

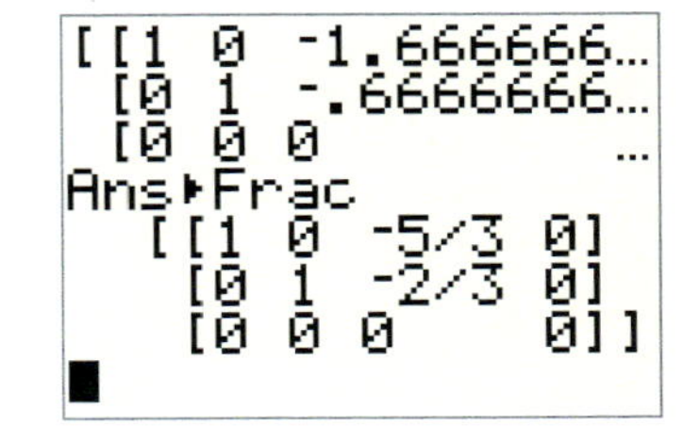

Subtrahiert man jeweils die rechte Seite, so ergibt sich:

$$\left| \begin{array}{r} -0{,}2\,a_1 + 0{,}2\,a_2 + 0{,}2\,a_3 = 0 \\ 0{,}1\,a_1 - 0{,}4\,a_2 + 0{,}1\,a_3 = 0 \\ 0{,}1\,a_1 + 0{,}2\,a_2 - 0{,}3\,a_3 = 0 \end{array} \right|$$

Dieses Gleichungssystem hat unendlich viele Lösungen.

Da der Anfangsvektor $\vec{a} = \begin{pmatrix} a_1 \\ a_2 \\ a_3 \end{pmatrix}$ die Anteile der Autos für die einzelnen Filialen angibt, muss die Lösung auch die Bedingung $a_1 + a_2 + a_3 = 1$ erfüllen. Nehmen wir diese Bedingung noch mit in das Gleichungssystem auf, so ergibt sich:

$$\left| \begin{array}{r} -0{,}2\,a_1 + 0{,}2\,a_2 + 0{,}2\,a_3 = 0 \\ 0{,}1\,a_1 - 0{,}4\,a_2 + 0{,}1\,a_3 = 0 \\ 0{,}1\,a_1 + 0{,}2\,a_2 - 0{,}3\,a_3 = 0 \\ a_1 + a_2 + a_3 = 1 \end{array} \right|$$

Mithilfe des GTR erhalten wir als Lösung dieses Gleichungssystems: $\vec{a} = \begin{pmatrix} 0{,}5 \\ 0{,}2 \\ 0{,}3 \end{pmatrix}$.

Mit dem GTR kann man nun auch leicht die Bedingung $\mathbf{M} \cdot \vec{a} = \vec{a}$, also $\begin{pmatrix} 0{,}8 & 0{,}2 & 0{,}2 \\ 0{,}1 & 0{,}6 & 0{,}1 \\ 0{,}1 & 0{,}2 & 0{,}7 \end{pmatrix} \cdot \begin{pmatrix} 0{,}5 \\ 0{,}2 \\ 0{,}3 \end{pmatrix} = \begin{pmatrix} 0{,}5 \\ 0{,}2 \\ 0{,}3 \end{pmatrix}$ nachprüfen. Wenn also 50 % der Autos in der Niederlassung A stehen, 20 % in der Niederlassung B und 30 % in der Niederlassung C, so ändert sich der Zustand nicht, solange das Übergangsverhalten unverändert bleibt. Es gilt dann $\mathbf{M}^k \cdot \vec{a} = \vec{a}$.

b) Die Matrixpotenzen verändern sich ab dem Exponenten $k = 50$ praktisch nicht mehr. In jeder Spalte steht der Anfangsvektor aus der Lösung zu Teilaufgabe 1 a).

```
[A]^50
      [[.5 .5 .5]
       [.2 .2 .2]
       [.3 .3 .3]]
```

Information

(1) Fixvektor

Bei der Lösung von Teilaufgabe 1 a) haben wir gesehen, dass es zu bestimmten Übergangssituationen auch Zustände gibt, die unverändert bleiben; man spricht auch oft von sogenannten *stationären Verteilungen*. Mathematisch kann man solche Situationen mithilfe der folgenden Definition beschreiben.

Definition 10

Existiert zu einer Übergangsmatrix **M** ein Zustandsvektor $\vec{p}$ mit $\mathbf{M} \cdot \vec{p} = \vec{p}$, so heißt $\vec{p}$ **Fixvektor zu M.**

Beispiele

(1) $\mathbf{M} = \begin{pmatrix} 0{,}6 & 0{,}2 \\ 0{,}4 & 0{,}8 \end{pmatrix}$ und $\vec{p} = \begin{pmatrix} \frac{1}{3} \\ \frac{2}{3} \end{pmatrix}$

$$\mathbf{M} \cdot \vec{p} = \begin{pmatrix} 0{,}6 & 0{,}2 \\ 0{,}4 & 0{,}8 \end{pmatrix} \cdot \begin{pmatrix} \frac{1}{3} \\ \frac{2}{3} \end{pmatrix} = \begin{pmatrix} \frac{1}{3} \\ \frac{2}{3} \end{pmatrix} = \vec{p}$$

(2) $\mathbf{M} = \begin{pmatrix} 0{,}7 & 0{,}1 & 0{,}4 \\ 0{,}3 & 0{,}5 & 0{,}1 \\ 0 & 0{,}4 & 0{,}5 \end{pmatrix}$ und $\vec{p} = \begin{pmatrix} \frac{7}{16} \\ \frac{5}{16} \\ \frac{1}{4} \end{pmatrix}$

$$\mathbf{M} \cdot \vec{p} = \begin{pmatrix} 0{,}7 & 0{,}1 & 0{,}4 \\ 0{,}3 & 0{,}5 & 0{,}1 \\ 0 & 0{,}4 & 0{,}4 \end{pmatrix} \cdot \begin{pmatrix} \frac{7}{16} \\ \frac{5}{16} \\ \frac{1}{4} \end{pmatrix} = \begin{pmatrix} \frac{7}{16} \\ \frac{5}{16} \\ \frac{1}{4} \end{pmatrix} = \vec{p}$$

(2) Grenzmatrix

In der Lösung von Teilaufgabe 1 b) haben wir gesehen, dass sich die Matrixpotenzen $\mathbf{M}^k$ der Übergangsmatrix ab einem genügend großen Exponenten k praktisch nicht mehr veränderten. In den Spalten der Matrixpotenzen für genügend großes k stand jeweils der Fixvektor.

Satz 3

Für jede stochastische Matrix **M**, die verschieden von der Einheitsmatrix ist, gilt:

(1) **M** besitzt genau einen Fixvektor $\vec{p}$, der verschieden vom Nullvektor ist.

(2) Die Folge der Matrixpotenzen $\mathbf{M}^1, \mathbf{M}^2, \mathbf{M}^3, \ldots$ konvergiert gegen eine **Grenzmatrix** $\mathbf{M}^\infty$, deren sämtliche Spalten gleich dem Fixvektor $\vec{p}$ sind.

(3) Ist $\vec{a}$ ein Zustandsvektor, so konvergiert die Folge $\mathbf{M}^1\vec{a}, \mathbf{M}^2\vec{a}, \mathbf{M}^3\vec{a}, \ldots$ gegen den Fixvektor $\vec{p}$, d. h. es gilt: $\mathbf{M}^\infty \cdot \vec{a} = \vec{p}$.

Auf eine genaue Definition des Begriffs Konvergenz bei Matrizen und auf einen Beweis von Satz 3 wird in diesem Buch verzichtet.

Beispiel

Die Übergangsmatrix $\mathbf{M} = \begin{pmatrix} 0{,}8 & 0{,}4 & 0{,}2 \\ 0{,}1 & 0{,}5 & 0{,}1 \\ 0{,}1 & 0{,}1 & 0{,}7 \end{pmatrix}$ hat den Fixvektor $\vec{p} = \begin{pmatrix} \frac{7}{12} \\ \frac{1}{6} \\ \frac{1}{4} \end{pmatrix}$. $\mathbf{M}^{\infty} = \begin{pmatrix} \frac{7}{12} & \frac{7}{12} & \frac{7}{12} \\ \frac{1}{6} & \frac{1}{6} & \frac{1}{6} \\ \frac{1}{4} & \frac{1}{4} & \frac{1}{4} \end{pmatrix}$ ist die Grenzmatrix von $\mathbf{M}$.

Übungsaufgaben 

2 In einer Region gibt es drei Einkaufsmärkte. Eine Marktstudie beziffert die aktuellen Marktanteile auf 30 % für Modi, 60 % für A-Kauf und auf 10 % für Centy, der erst seit zwei Jahren in der Region ansässig ist. Bei der Entwicklung der Anteile geht man für die nächsten Jahre von den dargestellten Übergängen aus.

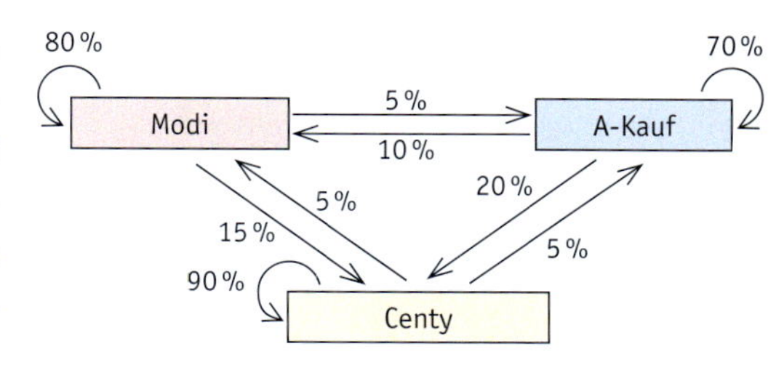

Untersuchen Sie die Entwicklung der Marktanteile für die nächsten 30 Jahre bei unverändertem Übergangsverhalten.

3 Bestimmen Sie die Matrixpotenzen $\mathbf{M}^2$, $\mathbf{M}^4$, $\mathbf{M}^8$ sowie den Fixvektor.

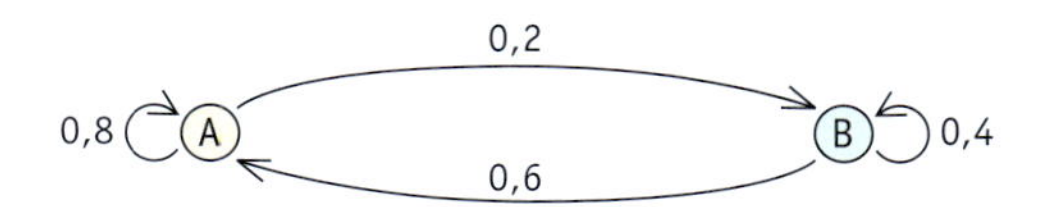

4 Bestimmen Sie einen Anfangsvektor, der durch Multiplikation mit der Matrix $\mathbf{M}$ nicht verändert wird.

a) $\mathbf{M} = \begin{pmatrix} 0{,}2 & 0{,}1 & 0{,}2 \\ 0{,}3 & 0{,}8 & 0{,}4 \\ 0{,}5 & 0{,}1 & 0{,}4 \end{pmatrix}$ **b)** $\mathbf{M} = \begin{pmatrix} 0 & 1 & 0 \\ 1 & 0 & 0 \\ 0 & 0 & 1 \end{pmatrix}$ **c)** $\mathbf{M} = \begin{pmatrix} 1 & 0 & 0 \\ 0 & 1 & 0 \\ 0 & 0 & 1 \end{pmatrix}$

d) $\mathbf{M} = \begin{pmatrix} 0{,}2 & 0{,}3 \\ 0{,}8 & 0{,}7 \end{pmatrix}$ **e)** $\mathbf{M} = \begin{pmatrix} 0{,}5 & 0{,}1 \\ 0{,}5 & 0{,}9 \end{pmatrix}$ **f)** $\mathbf{M} = \begin{pmatrix} 0{,}2 & 0{,}1 & 0 & 0{,}5 \\ 0{,}3 & 0{,}3 & 0{,}8 & 0{,}4 \\ 0{,}5 & 0{,}3 & 0{,}2 & 0 \\ 0 & 0{,}3 & 0 & 0{,}1 \end{pmatrix}$

5 Es ist $\vec{p}_i = \mathbf{M}^i \vec{p}_0$. Bestimmen Sie die Zustandsvektoren $\vec{p}_1$, $\vec{p}_2$, $\vec{p}_3$, $\vec{p}_4$ und den Fixvektor $\vec{p}_F$.

a) $\mathbf{M} = \begin{pmatrix} 0{,}4 & 0 & 0{,}3 \\ 0{,}4 & 0{,}5 & 0 \\ 0{,}2 & 0{,}5 & 0{,}7 \end{pmatrix}$, $\vec{p}_0 = \begin{pmatrix} 0{,}3 \\ 0{,}7 \\ 0 \end{pmatrix}$ **b)** $\mathbf{M} = \begin{pmatrix} \frac{1}{4} & \frac{5}{12} & \frac{1}{3} \\ \frac{1}{3} & \frac{1}{4} & \frac{5}{12} \\ \frac{5}{12} & \frac{1}{3} & \frac{1}{4} \end{pmatrix}$, $\vec{p}_0 = \begin{pmatrix} \frac{1}{4} \\ \frac{1}{4} \\ \frac{1}{2} \end{pmatrix}$ **c)** $\mathbf{M} = \begin{pmatrix} \frac{1}{2} & \frac{1}{6} & \frac{1}{3} \\ \frac{1}{3} & \frac{1}{2} & \frac{1}{6} \\ \frac{1}{6} & \frac{1}{3} & \frac{1}{2} \end{pmatrix}$, $\vec{p}_0 = \begin{pmatrix} 0 \\ 0 \\ 1 \end{pmatrix}$

d)

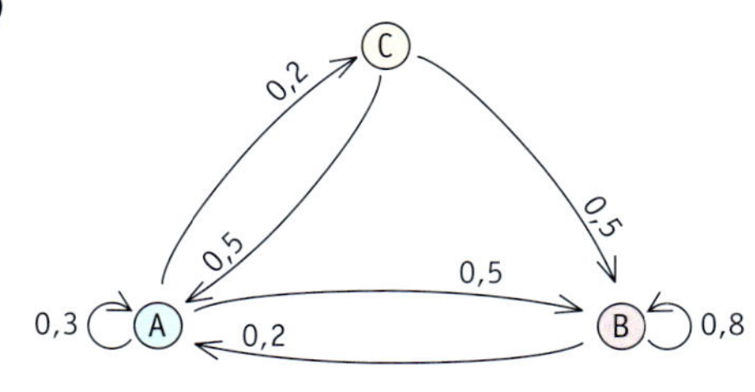

Start in C: $\vec{p}_0 = \begin{pmatrix} 0 \\ 0 \\ 1 \end{pmatrix}$

e)

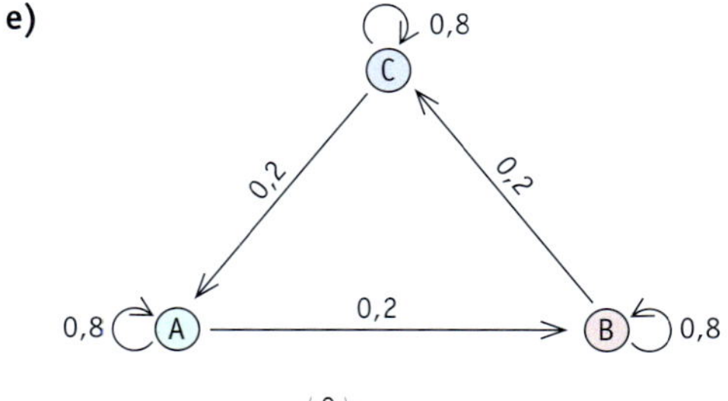

Start in B: $\vec{p}_0 = \begin{pmatrix} 0 \\ 1 \\ 0 \end{pmatrix}$

6 Ein Mann versucht sich das Rauchen abzugewöhnen. Wenn er an einem Tag keine Zigarette geraucht hat, dann raucht er am nächsten Tag in 30 % der Fälle 20 Zigaretten, in 40 % der Fälle 10 Zigaretten. Raucht er an einem Tag 10 Zigaretten, dann schafft er es in 50 % der Fälle, am nächsten Tag nicht zu rauchen; in 10 % der Fälle raucht er am nächsten Tag sogar 20 Zigaretten. Nach einem Tag mit 20 Zigaretten erinnert er sich an seinen Vorsatz und raucht am nächsten Tag nicht.

Gelingt es dem Mann, auf lange Sicht seinen Zigarettenkonsum wenigstens zu senken, wenn er vor seinem ersten Vorsatz im Mittel täglich 10 Zigaretten geraucht hat?

7

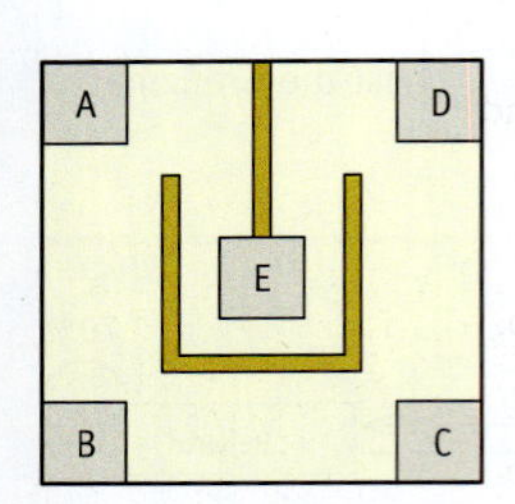

a) Eine Maus kann in einem Versuchslabyrinth an 5 Stellen Futter aufnehmen. Von einer Futterstelle aus bewegt sie sich mit der Wahrscheinlichkeit 0,6 im Uhrzeigersinn zur nächsten Futterstelle. Wenn sie eine Futterstelle verlassen hat, wird an der letzten wieder Futter nachgefüllt.

b) An einem Gang sind an 6 Stellen Möglichkeiten für die Maus, Futter aufzunehmen. Von einer Futterstelle aus geht sie mit der Wahrscheinlichkeit 0,5 nach links bzw. rechts. Am Ende des Gangs kehrt sie jeweils um.

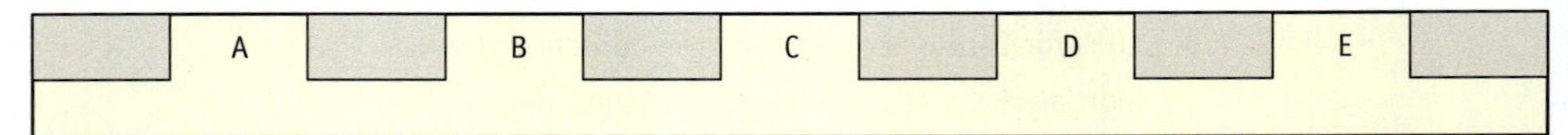

Untersuchen Sie, wie viel Futter die Maus auf lange Sicht an den einzelnen Futterstellen aufnehmen wird. Spielt es eine Rolle, wo sie startet?

8 In einem Betrieb arbeiten unabhängig voneinander drei Produktionseinheiten. In regelmäßigen Abständen wird kontrolliert, ob die Maschinen einwandfrei arbeiten. Falls dies nicht der Fall ist, kann die Reparatur einer Maschine bis zum nächsten Kontrollzeitpunkt erfolgen. Die Wahrscheinlichkeit für den Ausfall einer Maschine während eines Zeitabschnitts ist p.

a) Erläutern Sie das abgebildete Übergangsdiagramm.

b) Berechnen Sie für $p = 0{,}1$ $[p = 0{,}2;$ $p = 0{,}05]$ die Matrixpotenzen $\mathbf{M}$, $\mathbf{M}^2$, $\mathbf{M}^4$.

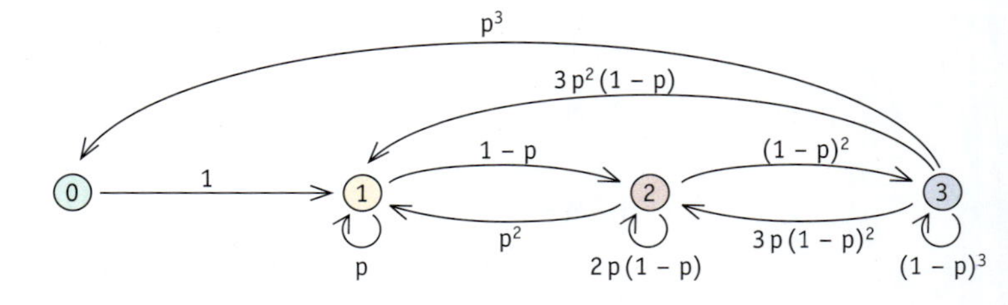

c) Bestimmen Sie den Fixvektor für $p = 0{,}1$ $[0{,}2;\ 0{,}05]$ und hiermit den Mittelwert der betriebsbereiten Maschinen.

9 In einem Reservat wurden die Wanderbewegungen von Zebras beobachtet. Dazu wurde das Reservat in 5 Regionen unterteilt. Eine Anzahl von Tieren wurde markiert und man konnte ein einigermaßen stabiles Wanderverhalten der Tiere beobachten. Die Übergangsmatrix beschreibt das Wanderverhalten der Tiere.

	Region 1	Region 2	Region 3	Region 4	Region 5
Region 1	0,60	0,10	0,05	0,20	0,15
Region 2	0,10	0,50	0,10	0,20	0,15
Region 3	0,05	0,10	0,70	0,10	0,00
Region 4	0,10	0,05	0,05	0,40	0,15
Region 5	0,15	0,25	0,10	0,10	0,55

Eine Zählung ergab für die 5 Regionen die folgenden Bestandsmengen: 2 500, 3 600, 1 700, 2 100, 2 400.

a) Stellen Sie die Entwicklung in einem Übergangsdiagramm dar und betrachten Sie die Entwicklung über die nächsten 4 Jahre, wenn sich das Wanderverhalten der Tiere nicht verändert.

b) Betrachten Sie die langfristige Entwicklung des Tierbestands in den einzelnen Regionen bei stabilem Wanderverhalten. Bestimmen Sie die Verteilung 2 Jahre vor der Zählung. Erläutern Sie Ihr Verfahren.

c) Durch Veränderung der Lebensbedingungen sterben in den Regionen 1 und 5 20 % des jeweiligen Bestandes und in der Region 3 kommen von außen 10 % des jeweiligen Bestandes hinzu. Das Wanderungsverhalten wird durch die veränderten Lebensbedingungen nicht beeinflusst.
Untersuchen Sie die Entwicklung der Tierpopulation in den einzelnen Regionen und insgesamt.

5.6.3 Populationsentwicklungen – Zyklische Prozesse

Aufgabe **1**

Wenn man Glück hat, kann man Ende April bis Ende Juni Maikäfer in freier Natur fliegen sehen. Besonders nach dem Ausfliegen im Frühjahr treffen sich die Käfer, um zu fressen und um sich zu paaren. Ein Phänomen dabei ist, dass in Abständen von 3 bis 4 Jahren in einigen Gebieten besonders viele Maikäfer ausfliegen, obwohl die Maikäfer als selten und vom Aussterben bedroht gelten. Man spricht dann auch von sogenannten Flugjahren oder Maikäferjahren.

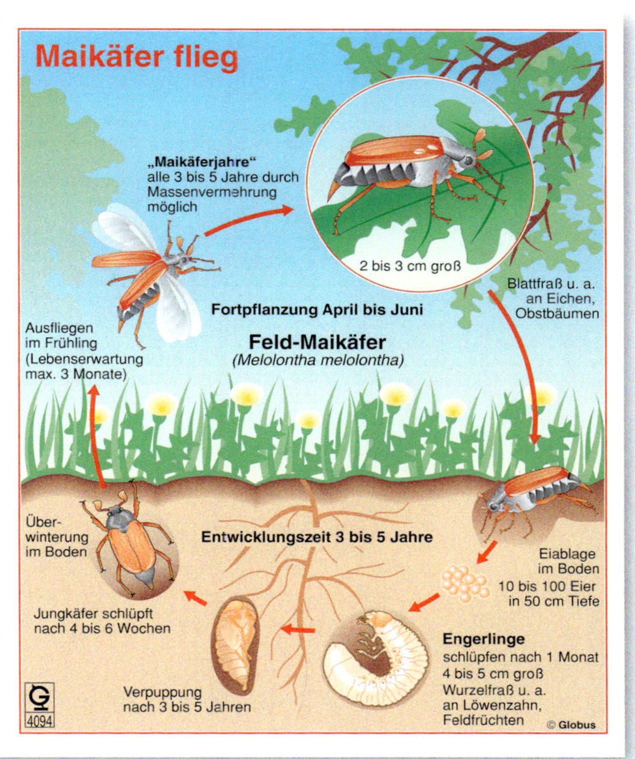

Da die weiblichen Tiere die Eier legen, betrachten wir die Anzahl der weiblichen Tiere einer Population jedes Jahr im Mai.

In einer Modellannahme gehen wir davon aus, dass ein Maikäferweibchen durchschnittlich 40 Eier legt, aus denen sich wieder weibliche Maikäfer entwickeln können (sogenannte Reproduktionsrate) und dass die Larvenentwicklung in einem Klimagebiet maximal 4 Jahre dauert, wobei einige Larven sich bereits nach 3 Jahren verpuppen. Das Übergangsdiagramm rechts zeigt dabei die Übergänge zwischen den angegebenen Entwicklungsstadien innerhalb eines Jahres.

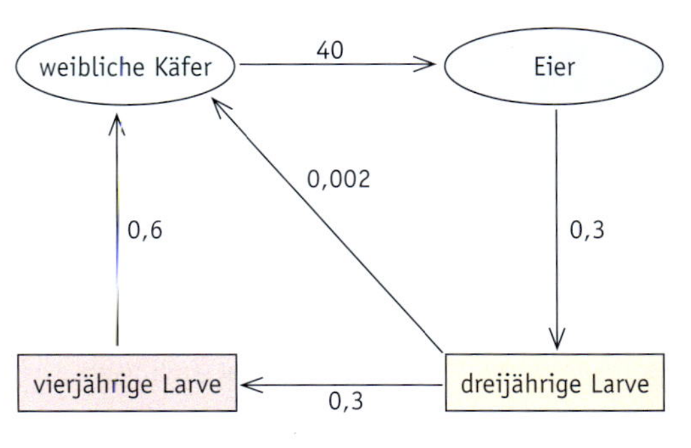

Eine Population hat einen aktuellen Bestand von 800 weiblichen Käfern, 200 Eiern, 200 dreijährigen Larven und 100 vierjährigen Larven.

a) Bestimmen Sie einen Anfangsvektor und eine Übergangsmatrix und untersuchen Sie, ob eine stochastische Matrix vorliegt.

b) Bestimmen Sie die Anzahl der weiblichen Käfer für die nächsten 16 Jahre. Erläutern Sie das Phänomen der sogenannten Flugjahre.

c) Untersuchen Sie, in welchen Jahren die Population der Maikäfer offensichtlich besonders bedroht ist. Erläutern Sie, warum trotzdem kaum die Gefahr besteht, dass die Maikäfer aussterben.

Lösung

a) Mit der Reihenfolge *Anzahl der weiblichen Käfer, Anzahl der Eier, Anzahl der dreijährigen Larven* und *Anzahl der vierjährigen Larven* ergibt sich folgende Übergangsmatrix $\mathbf{M} = \begin{pmatrix} 0 & 0 & 0{,}002 & 0{,}6 \\ 40 & 0 & 0 & 0 \\ 0 & 0{,}3 & 0 & 0 \\ 0 & 0 & 0{,}3 & 0 \end{pmatrix}$.

Die Spaltensummen der Übergangsmatrix haben nicht den Wert 1, die Matrix ist also keine stochastische Matrix, wie in den beiden vorangegangenen Abschnitten. Der Anfangsvektor ist $\vec{a} = \begin{pmatrix} 800 \\ 200 \\ 200 \\ 100 \end{pmatrix}$.

b) Durch wiederholte Multiplikation erhält man die Zustandsvektoren für die einzelnen Jahre, aus denen man die Anzahl der weiblichen Käfer entnehmen kann:

- *nach 1 Jahr:*

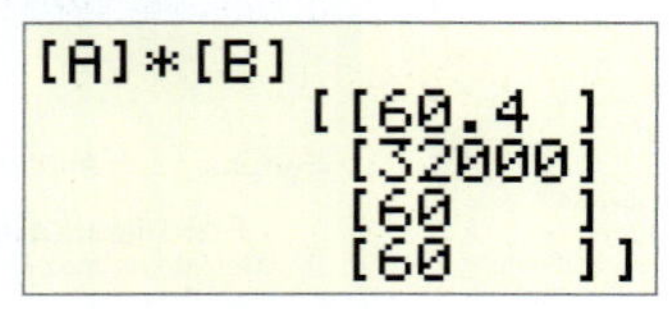

etwa 60 weibliche Käfer

- *nach 2 Jahren:*

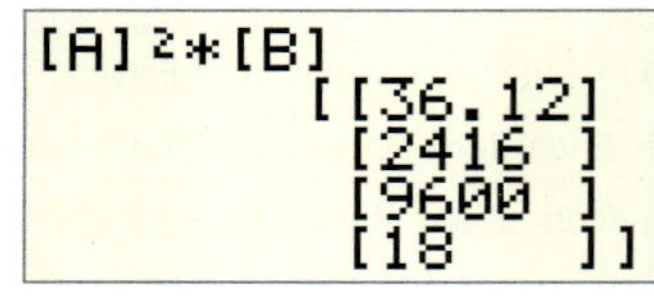

etwa 36 weibliche Käfer

- *nach 3 Jahren:*

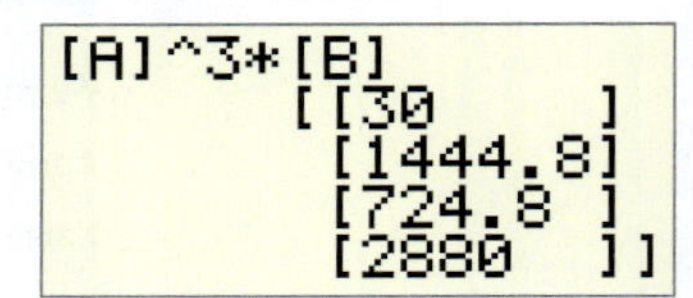

etwa 30 weibliche Käfer

Wir halten diese Entwicklung in einer Tabelle und in einem Graphen fest und zeichnen den Graphen der Funktion *Zeit* (in Jahren) $\mapsto$ *Anzahl der weiblichen Käfer*

Jahr	Anzahl der weiblichen Käfer	Jahr	Anzahl der weiblichen Käfer	Jahr	Anzahl der weiblichen Käfer	Jahr	Anzahl der weiblichen Käfer
1	60	5	131	9	285	13	620
2	36	6	78	10	172	14	380
3	30	7	106	11	319	15	883
4	1445	8	3738	12	8082	16	17473

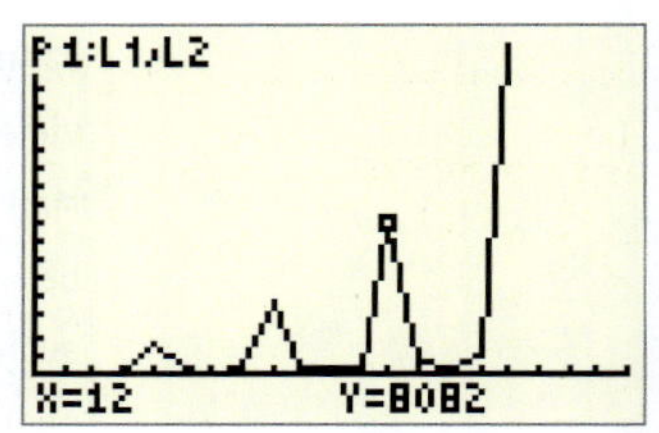

Im Graphen erkennt man alle vier Jahre eine Spitze, d.h. dass die Anzahl der Käfer in diesem Jahr im Vergleich zum Vorjahr sprunghaft steigt. Danach fällt die Anzahl der Käfer jedoch wieder deutlich. In den Jahren, in denen die Spitzen liegen, spricht man wohl von den sogenannten Flugjahren der Maikäfer. In den sogenannten Flugjahren fliegen viele Maikäfer aus, somit werden auch viele Eier gelegt, aus denen sich nach vier Jahren wieder Käfer entwickeln.

c) Man erkennt in der Tabelle Jahre, in denen nur 36, 30 oder 78 weibliche Käfer ausfliegen. In diesen Jahren ist die Population gegenüber äußeren Einflüssen (z.B. käferfressende Vögel) besonders empfindlich. Aber selbst wenn z.B. nach drei Jahren alle weiblichen Käfer gefressen werden, ohne Eier zu legen, so stirbt die Population noch nicht aus, da immer noch Larven in der Erde sind. Dies kann man leicht nachprüfen: Der Anfangsvektor wäre dann $a = \begin{pmatrix} 0 \\ 1444 \\ 724 \\ 2880 \end{pmatrix}$. Rechnet man mit diesem Vektor und der Übergangsmatrix M weiter, so erhält man nacheinander folgende Zustände, an denen man erkennt, wie sich die Population wieder erholt:

```
[A]*[C]
   [[1729.448]
    [0       ]
    [433.2   ]
    [217.2   ]]
```

```
[A]*Ans
   [[131.1864]
    [69177.92]
    [0       ]
    [129.96  ]]
```

```
   [[77.976    ]
    [5247.456  ]
    [20753.376 ]
    [0         ]]
```

```
   [[41.506752]
    [3119.04  ]
    [1574.2368]
    [6226.0128]]
```

```
  [[3738.756154]
   [1660.27008 ]
   [935.712    ]
   [472.27104  ]]
```

```
[A]*Ans
 [[285.234048  ]
  [149550.2461 ]
  [498.081024  ]
  [280.7136    ]]
```

Weiterführende Aufgabe

2 Stabile zyklische Prozesse – zyklische Matrizen

Bei einer Tierpopulation geht man davon aus, dass innerhalb einer Periode nur 40 % der Jungtiere das zeugungsfähige Alter erreichen. Von den Tieren des zeugungsfähigen Alters sterben etwa 15 % in einer Periode. Die Alttiere einer Periode sterben sämtlich bis zum Ende der Periode. Außerdem rechnet man innerhalb einer Periode mit einer Reproduktionsrate von durchschnittlich 2,5 Jungtieren pro Tier mittleren Alters.

a) Untersuchen Sie die Entwicklung der Population bei einem Bestand von 250 Jungtieren, 650 Tieren im zeugungsfähigen Alter und 180 Alttieren.

b) Wiederholen Sie die Untersuchung aus Teilaufgabe a) für einen Bestand von 340 Jungtieren, 800 Tieren im zeugungsfähigen Alter und 500 Alttieren.
Was stellen Sie fest?

c) Berechnen Sie die Matrixpotenzen $\mathbf{M}^k$ für die Übergangsmatrix $\mathbf{M}$ für $k = 1, 2, 3, \ldots, 6$ und begründen Sie damit Ihre Beobachtungen in den Lösungen der Teilaufgaben a) und b).

Information

(1) Populationsentwicklungen mithilfe von Matrizen beschreiben

In den Aufgaben 1 und 2 wurden Populationen von Individuen in verschiedenen Entwicklungsstadien betrachtet, die innerhalb einer Entwicklungsphase mit gewissen Überlebenswahrscheinlichkeiten ein höheres Entwicklungsstadium erreichen und sich außerdem innerhalb einer Entwicklungsphase vermehren oder sterben können. In die Übergangsmatrix, die diese Entwicklung beschreibt, gehen sowohl die Überlebenswahrscheinlichkeiten als auch die Reproduktionsrate als Koeffizienten ein.
Solche Übergangsmatrizen sind im Allgemeinen keine stochastischen Matrizen, da die Spaltensummen nicht den Wert 1 annehmen müssen.

(2) Zyklische Prozesse

Beide Entwicklungsprozesse in den Aufgaben 1 und 2 verlaufen zyklisch. In Aufgabe 1 war alle vier Jahre ein extremes Wachstum beim Ausflug der Maikäfer zu beobachten, allerdings mit ständig zunehmenden Anzahlen. Bei der Entwicklung der Population in Aufgabe 2 ist der Bestand in allen Entwicklungsstadien alle zwei Jahre gleich. Man spricht deshalb im Fall von Aufgabe 2 auch von einem **stabilen zyklischen Prozess** und im Fall von Aufgabe 1 von **zyklischen Schwankungen** in der Entwicklung. Stabile zyklische Prozesse treten dann auf, wenn es für eine Übergangsmatrix M eine natürliche Zahl n gibt, sodass gilt:

$$\mathbf{M}^{n+1} = \mathbf{M}.$$

Man spricht dann von einem **zyklischen Prozess der Länge n.**

Beispiel

Für $\mathbf{M} = \begin{pmatrix} 0 & 2 & 0 \\ 0{,}5 & 0 & 0 \\ 0 & 0{,}7 & 0 \end{pmatrix}$ gilt: $\mathbf{M}^2 = \begin{pmatrix} 1 & 0 & 0 \\ 0 & 1 & 0 \\ 0{,}35 & 0 & 0 \end{pmatrix}$ und $\mathbf{M}^3 = \begin{pmatrix} 0 & 2 & 0 \\ 0{,}5 & 0 & 0 \\ 0 & 0{,}7 & 0 \end{pmatrix} = \mathbf{M}$

Die Matrix **M** beschreibt also einen stabilen zyklischen Prozess der Länge 2.

Für alle natürlichen Zahlen $n > 0$ gilt deshalb:

$$\mathbf{M}^{2n} = \mathbf{M}^2 = \begin{pmatrix} 1 & 0 & 0 \\ 0 & 1 & 0 \\ 0{,}35 & 0 & 0 \end{pmatrix} \text{ und } \mathbf{M}^{2n+1} = \mathbf{M} = \begin{pmatrix} 0 & 2 & 0 \\ 0{,}5 & 0 & 0 \\ 0 & 0{,}7 & 0 \end{pmatrix}$$

Übungsaufgaben 

3 Längere Beobachtungen einer Tierpopulation in normalen Lebensbedingungen haben zu folgender Übergangsmatrix bezüglich der Entwicklung der Herde geführt ($E_{m/w}$ Erwachsene männlich/weiblich; $J_{m/w}$ Einjährige männlich/weiblich; $N_{m/w}$ Neugeborene männlich/weiblich):

$$M = \begin{array}{c} \\ E_m \\ E_w \\ J_m \\ J_w \\ N_m \\ N_w \end{array} \begin{array}{c} \begin{array}{cccccc} E_m & E_w & J_m & J_w & N_m & N_w \end{array} \\ \begin{pmatrix} 0{,}9 & 0 & 0{,}8 & 0 & 0 & 0 \\ 0 & 0{,}9 & 0 & 0{,}8 & 0 & 0 \\ 0 & 0 & 0 & 0 & 0{,}6 & 0 \\ 0 & 0 & 0 & 0 & 0 & 0{,}6 \\ 0 & 0{,}5 & 0 & 0 & 0 & 0 \\ 0 & 0{,}4 & 0 & 0 & 0 & 0 \end{pmatrix} \end{array}$$

a) Erläutern Sie die Matrix mithilfe der Begriffe Überlebensrate, Geburtenrate und Todesrate. Zeichnen Sie das zur Matrix gehörende Übergangsdiagramm.

b) Die Tierpopulation mit 15 erwachsenen männlichen Tieren, 15 erwachsenen weiblichen Tieren, 8 einjährigen männlichen Tieren und 8 einjährigen weiblichen Tieren wird nun in einem Reservat angesiedelt, in dem von ähnlichen Lebensbedingungen ausgegangen werden kann. Betrachten Sie die langfristige Entwicklung dieser Herde.
Die Größe des Reservats und ein insgesamt ausgewogener Tierbestand lassen allerdings kein beliebiges Wachstum zu. Ab einer bestimmten Populationsgröße muss eine Abschussquote festgelegt werden, sodass sich die Herde nicht weiter vergrößert und möglichst auch in ihrer Struktur unverändert bleibt. Machen Sie begründete Aussagen über eine entsprechend festzulegende Abschussquote.

c) Nach 20 Jahren verändern sich die Lebensbedingungen durch eine sich ausbreitende Dürrezone derart, dass insbesondere die Überlebensrate bei den weiblichen Einjährigen negativ beeinflusst wird. Erläutern Sie die Auswirkungen auf die langfristige Entwicklung der Herde.

4

a) Untersuchen Sie das Verhalten der Maikäferpopulation in Aufgabe 1 für verschiedene Anfangsvektoren.

b) Variieren Sie auch die Überlebenswahrscheinlichkeiten und die Reproduktionsrate in der Übergangsmatrix.

c) Durch eine Klimaveränderung kommt es nun vor, dass einige Larven sich erst nach 5 Jahren verpuppen. Entwickeln Sie ein passendes Modell.

5 Eine Schmetterlingsfarm möchte ihre Arten erweitern und Monarchfalter züchten.

Monarch-Ei

Monarch-Raupe

Puppe

Schlüpfen

Monarch-Falter

Für die Zucht beginnt die Farm mit 50 Raupen. Leider muss man bei der Zucht damit rechnen, dass kleinere Raupen von größeren Raupen der eigenen Art gefressen werden, sodass man davon ausgeht, dass sich nur etwa 80 % der Raupen nach 14 Tagen verpuppen. Nach 12 weiteren Tagen schlüpfen aus 50 % der Puppen weibliche Monarchfalter und aus 48 % schlüpfen männliche Falter. Ein Weibchen legt etwa 400 Eier. Aus etwa 15 % der Eier schlüpfen Raupen. Von den Faltern überleben 70 % einen zweiten Reproduktionszyklus. Einen dritten Reproduktionszyklus erlebt kein Falter.
Beschreiben Sie die Entwicklung der Population für die ersten sechs Reproduktionszyklen. Untersuchen Sie, nach wie vielen Reproduktionszyklen erstmals alle vier Entwicklungsstadien des Falters vertreten sind.

6

Auf Korsika befinden sich ausgedehnte Kastanienwälder. Traditionell werden die Kastanien geröstet gegessen oder zu Kastanienmehl verarbeitet, woraus dann beispielsweise Kastanienbrot gebacken wird. Seit einigen Jahren wird aus gemahlenen Kastanien sogar ein Bier gebraut.

Ein Bauer zählt auf seinem Land 264 Kastanienbäume, von denen er im Jahr durchschnittlich 300 Kastanien pro Baum ernten kann. Der Bauer hat bemerkt, dass sein Kastanienbaumbestand bedingt durch das Alter der Bäume, durch Brände und Schädlingsbefall jährlich um etwa 5 % abnimmt. Er beschließt deshalb, jährlich von etwa 1 % der Kastanien Sämlinge zu ziehen. Er rechnet damit, dass 70 % der Sämlinge im nächsten Jahr zu Setzlingen werden. Von den Setzlingen wiederum wachsen innerhalb eines Jahres nur 15 % zu jungen Kastanienbäumen heran, die anderen werden durch Schädlinge und Wild vernichtet.

a) Beschreiben Sie die Entwicklung des Kastanienbaumbestandes über 10 Jahre.

b) Der Bauer überlegt, dass er seinen Baumbestand nicht über 400 Bäume anwachsen lassen will. Wenn ein Bestand von 400 Bäumen erreicht ist, will er die Setzlinge an andere Bauern verkaufen. Untersuchen Sie, ab wann der Bauer mit diesem Zusatzgeschäft rechnen kann.

7 Zeigen Sie, dass durch die folgenden Matrizen stabile zyklische Prozesse beschrieben werden.

a) $\begin{pmatrix} 0 & \frac{10}{7} & 0 \\ 0{,}7 & 0 & 0 \\ 0 & 0{,}6 & 0 \end{pmatrix}$ **b)** $\begin{pmatrix} 0 & 10 & 0 \\ 0 & 0 & 0{,}8 \\ 0{,}125 & 0 & 0 \end{pmatrix}$ **c)** $\begin{pmatrix} 0 & 0 & 20 \\ 0 & 1 & 0 \\ 0{,}05 & 0 & 0 \end{pmatrix}$

8

a) Beweisen Sie:
Wenn $a \cdot b \cdot c = 1$ erfüllt ist, dann beschreibt die Matrix $\begin{pmatrix} 0 & a & 0 \\ 0 & 0 & b \\ c & 0 & 0 \end{pmatrix}$ einen stabilen zyklischen Prozess.
Geben Sie Beispiele für solche Matrizen an.

b) Untersuchen Sie, was für die Fälle $a \cdot b \cdot c > 1$ und für $a \cdot b \cdot c < 1$ gilt.

9 In einem Zoo sind die Affen von Läusen befallen. Der Tierarzt geht davon aus, dass die Affen seit etwa einem Monat von den Läusen befallen sind und deshalb Läuse, Eier (Nissen) und Larven vorhanden sind. Die tägliche Reproduktion der Läuse kann nach einem Monat etwa wie folgt beschrieben werden:
Eine weibliche Laus legt am Tag durchschnittlich 8 Eier. Aus $\frac{1}{8}$ der vorhandenen Eier schlüpfen Larven, aus $\frac{1}{20}$ der vorhandenen Larven entwickeln sich weibliche Läuse, von denen $\frac{1}{30}$ stirbt. Nach regelmäßigem Auskämmen von Nissen und einer Behandlung mit einem speziellen Shampoo geht der Tierarzt davon aus, dass ein Affe höchstens noch 1000 Läuse, 1000 Nissen und 800 Larven hat und dass damit der Befall rückläufig ist. Beschreiben Sie die Entwicklung der Läuse und untersuchen Sie, ob der Tierarzt Recht hat.

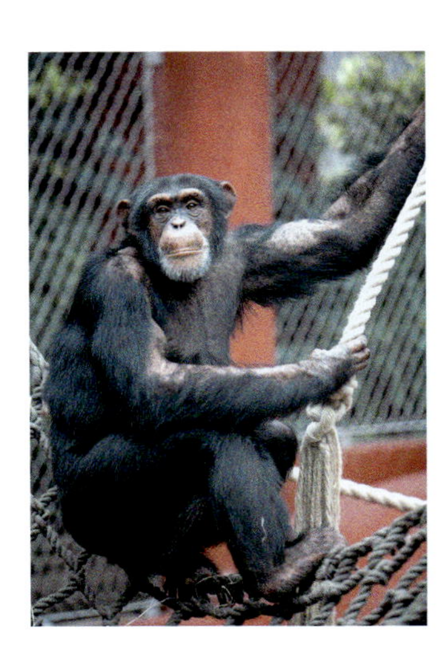

Die folgenden Aufgaben helfen Ihnen bei der Organisation des selbstständigen Lernprozesses. Zur Selbstkontrolle sind alle Lösungen dieser Aufgaben im Anhang dieses Buches abgedruckt.

1 Berechnen Sie die folgenden Matrixprodukte, ohne einen Rechner zu verwenden.

a) $\begin{pmatrix} 2 & -2 \\ 1 & 0 \\ 3 & 1 \end{pmatrix} \cdot \begin{pmatrix} 1 & -2 & 5 \\ 4 & 3 & -6 \end{pmatrix}$ **b)** $\begin{pmatrix} 1 & 0 & 3 \\ 2 & -1 & 4 \\ 0 & 0 & 1 \end{pmatrix}^2$ **c)** $\begin{pmatrix} 2 & 1 & -3 \\ 6 & 3 & -6 \end{pmatrix} \cdot \begin{pmatrix} x \\ -2x \\ 1 \end{pmatrix}$

2 Ein Händler liefert vier verschiedene Boxen mit Schrauben und Dübeln an Baumärkte. Die Inhalte der Boxen können der Tabelle entnommen werden.

Inhalt \ Box	Box-X	Box-L	Box-XL	Box-XXL
Schrauben 30 mm	20	0	20	40
Schrauben 50 mm	30	20	20	40
Schrauben 90 mm	30	40	40	60
Dübel 30 mm	0	0	20	40
Dübel 50 mm	0	20	20	40
Dübel 90 mm	0	40	40	60

a) Ein Baumarkt bestellt 500-mal Box-X, 200-mal Box-L, 100-mal Box-XL und 800-mal Box-XXL.
Bestimmen Sie die erforderlichen Mengen an Schrauben und Dübeln für diese Lieferung.

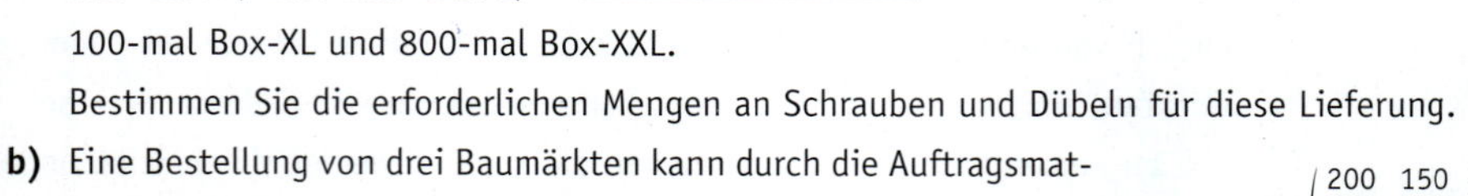

b) Eine Bestellung von drei Baumärkten kann durch die Auftragsmatrix **A** beschrieben werden. Erläutern Sie die Bedeutung der Matrix **A** und bestimmen Sie die erforderlichen Mengen an Schrauben und Dübel für diese Lieferung.

$$\mathbf{A} = \begin{pmatrix} 200 & 150 & 300 \\ 700 & 250 & 600 \\ 300 & 0 & 800 \\ 650 & 700 & 400 \end{pmatrix}$$

3 Der Graph zeigt die Materialverflechtung bei der Herstellung von Bilderrahmen.

a) Beschreiben Sie die Materialverflechtung mithilfe von Matrizen.

b) Von jedem Rahmen sollen 3000 Stück gefertigt werden. Bestimmen Sie die dafür erforderlichen Mengen an Holz, Glas und Pressplatten.

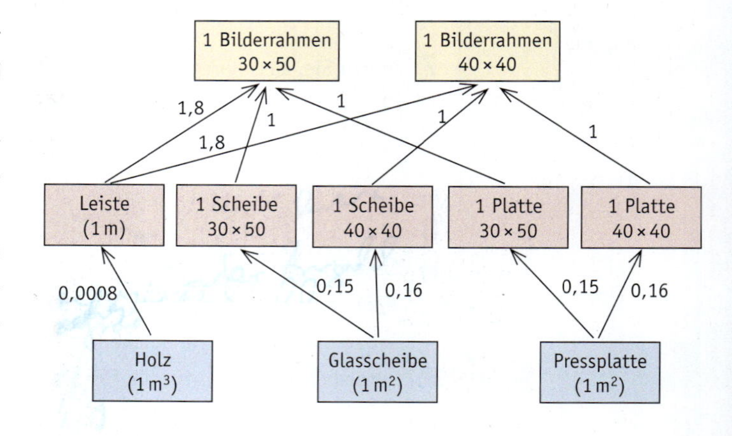

4 Bei einer Marktuntersuchung wurde das Wechselverhalten von Käufern zwischen vier Frühstückssäften untersucht. Langfristige Beobachtungen ergaben:

- von der Sorte *Fit am Morgen* wechseln 5 % der Käufer zur Sorte *Morgentrunk*, 2 % zur Sorte *Frühstückstrunk* und 3 % zur Sorte *Obst am Morgen;*
- von der Sorte *Morgentrunk* wechseln 10 % der Käufer zur Sorte *Fit am Morgen*, 6 % zur Sorte *Frühstückstrunk* und 8 % zur Sorte *Obst am Morgen;*
- von der Sorte *Frühstückstrunk* wechseln 11 % der Käufer zur Sorte *Morgentrunk*, 5 % zur Sorte *Fit am Morgen* und 20 % zur Sorte *Obst am Morgen;*
- von der Sorte *Obst am Morgen* wechseln 32% der Käufer zur Sorte *Morgentrunk*, 12 % zur Sorte *Frühstückstrunk* und 6 % zur Sorte *Fit am Morgen;*

Zu Beginn eines Jahres kaufen 25 % der Kunden *Fit am Morgen*, 40 % kaufen *Morgentrunk*, 20 % kaufen *Frühstückstrunk* und 15 % *Obst am Morgen*. Beschreiben Sie die Entwicklung der Marktanteile für die nächsten 6 Jahre. Untersuchen Sie auch, wie die Marktverteilung im vorherigen Jahr aussah.

6 Häufigkeitsverteilungen – Beschreibende Statistik

Täglich begegnen uns in den Medien Informationen mit statistischen Daten zu wirtschaftlichen und sozialen Zuständen und Vorgängen in unserer Welt. Diese Daten müssen systematisch erfasst und ausgewertet werden: Dazu muss im Vorfeld genau überlegt werden, welche Daten erhoben werden. Dann wird eine große Zahl von Einzeldaten in Tabellen zusammengefasst und repräsentative Werte werden miteinander verglichen; Grafiken sollen die erhobenen Daten veranschaulichen.

Manchmal will man aufgrund von vorhandenen Daten Prognosen erstellen: Wird die Entwicklung so weitergehen?

Welche Informationen kann man den folgenden Grafiken entnehmen?

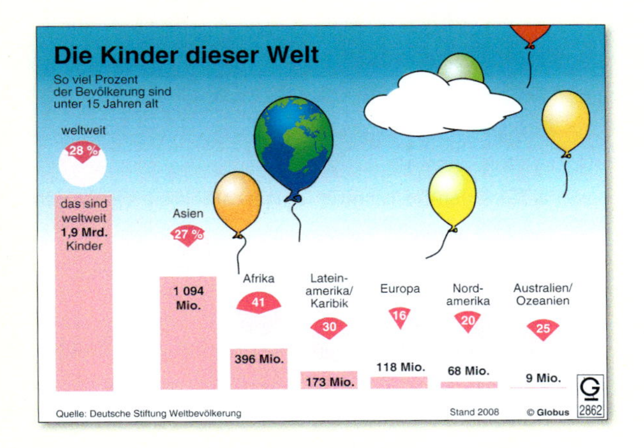

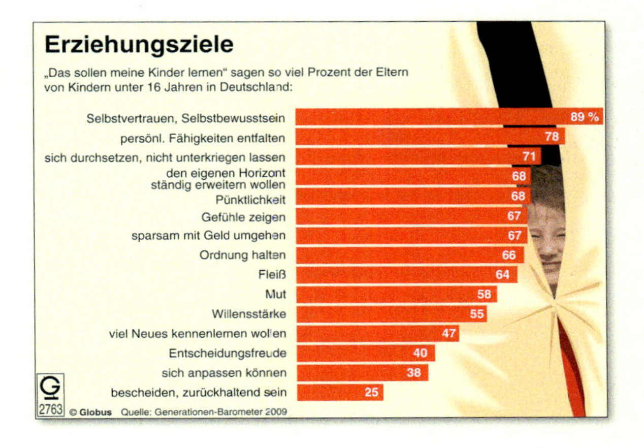

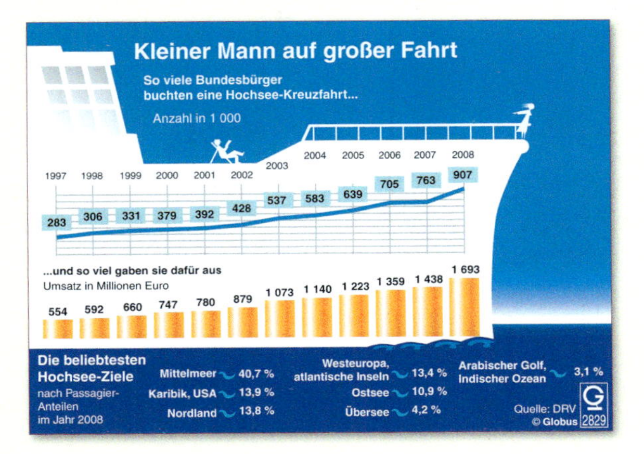

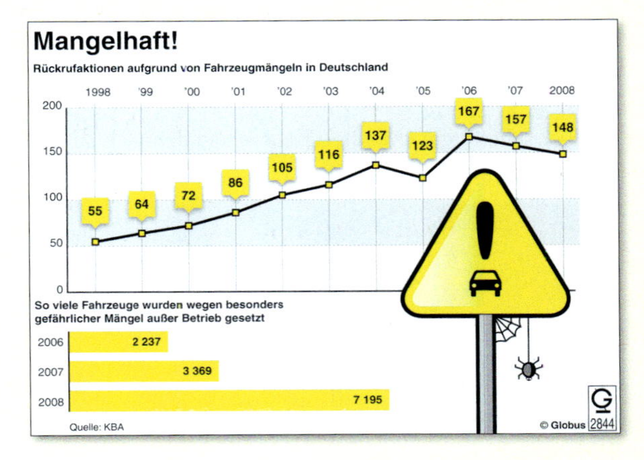

In diesem Kapitel

- erweitern Sie Ihre Kenntnisse über das Erfassen und Darstellen von Daten aus Erhebungen;
- untersuchen Sie Mittelwerte und Streuung von Daten;
- lernen Sie, wie man für Messdaten optimal angepasste lineare Modelle bestimmen kann und welche Folgerungen aus diesen zulässig sind.

Erheben, Darstellen und Auswerten von Daten

Viele leere Autos

1 Die meisten Pkw in Deutschland sind für 5 Personen zugelassen, aber nur selten sind alle Plätze besetzt, wenn die Fahrzeuge unterwegs sind.

- Überlegen Sie in Partnerarbeit, welche Unterschiede es vermutlich im Verlauf eines Tages bzw. einer Woche gibt. Stellen Sie konkrete Vermutungen auf, wie viele von 100 Pkw zu unterschiedlichen Tageszeiten bzw. an den verschiedenen Tagen und auf verschiedenen Straßen (z. B. Neben- und Hauptstraßen) mit 1, 2, 3, 4, 5 Personen besetzt sind.
- Planen Sie eine Erhebung, um Ihre Vermutungen zu überprüfen. Überlegen Sie sich, wie umfangreich Ihre Erhebung sein müsste, damit man die Ergebnisse als repräsentativ bezeichnen kann. Entscheiden Sie sich gegebenenfalls für einen bestimmten eingeschränkten Aspekt des Auftrags.
- Bei einer Verkehrszählung von 400 Pkw auf einer Hauptstraße wurden gezählt: 297 Pkw mit einer Person, 87 mit 2 Personen, 15 mit 3 Personen und 1 Pkw mit 4 Personen. Wie viele Personen waren dies im Mittel?
- Überlegen Sie, wie man folgenden Zufallsversuch simulieren könnte: In 100 Pkw fahren insgesamt 130 Personen mit. In wie vielen Pkw sitzt eine Person, in wie vielen sitzen 2, 3, 4 oder 5 Personen?

„… wie ein Ei dem anderen"

2 Eier sehen irgendwie gleich aus – und dennoch sind sie nicht gleich.

- Man unterscheidet verschiedene Handelsklassen und Größen. Recherchieren Sie, welche Einteilung im Handel vorgenommen wird.

Gewicht (in g)	Anzahl der Eier mit diesem Gewicht	Gewicht (in g)	Anzahl der Eier mit diesem Gewicht
60	1	67	8
61	4	68	6
62	15	69	6
63	14	70	2
64	19	71	2
65	8	72	1
66	14	73	0

- In zehn Packungen zu je zehn Eiern einer bestimmten Klasse und Größe ergab sich die in der Tabelle angegebene Gewichtsverteilung. Stellen Sie diese grafisch dar. Welches Gewicht ergibt sich im Mittel?
- Führen Sie selbst Gewichtskontrollen durch. Werden die vorgeschriebenen Grenzen immer eingehalten?
  Liegt der Mittelwert des Gewichts in der Mitte des vorgeschriebenen Intervalls?

Gerecht verteilt?

3 Die Grafik zeigt die Verteilung des Gesamteinkommens auf die Bevölkerung in Deutschland.

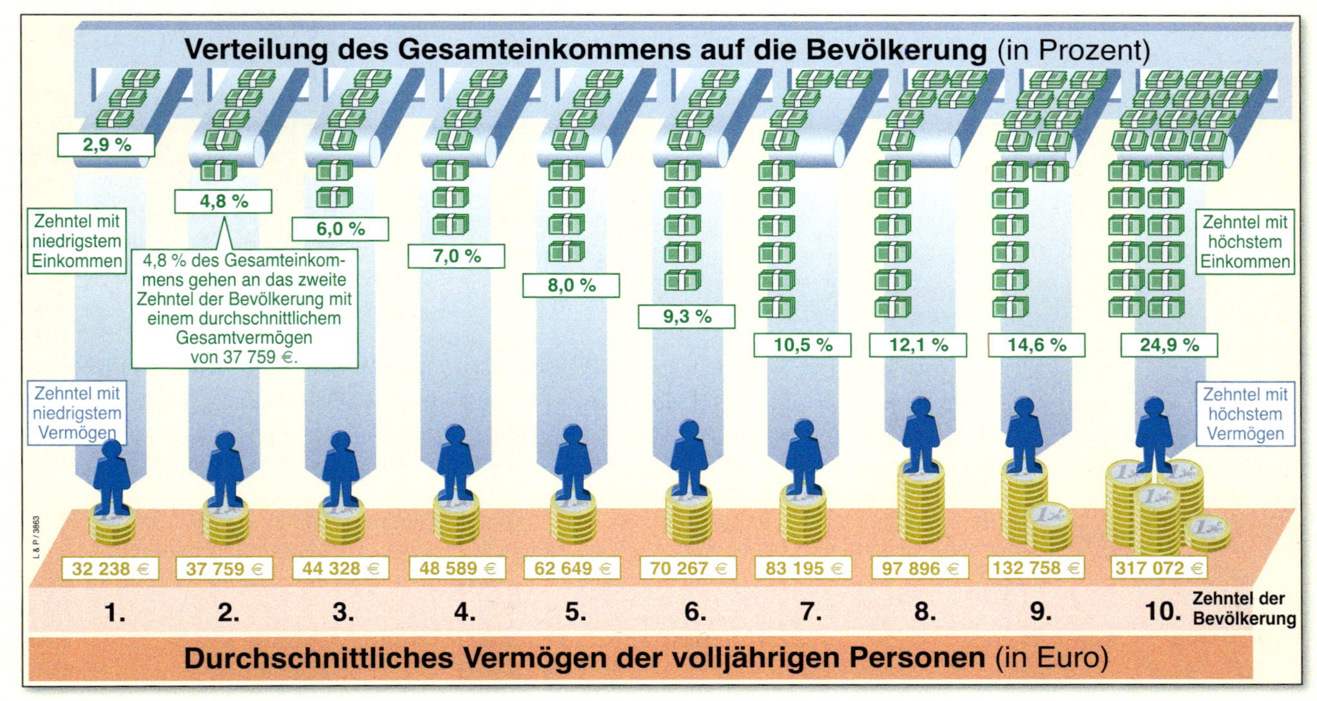

- Welche Aussagen über die Vermögensverteilung lassen sich aus der Grafik ablesen? Erarbeiten Sie in Gruppenarbeit einen geeigneten Text zur Erläuterung.
- Zeichnen Sie einen Boxplot zur Einkommensverteilung.
- Bestimmen Sie aus den gegebenen Informationen einen ungefähren Wert für das durchschnittliche Vermögen der volljährigen Personen in Deutschland.

Blick in die Zukunft

4 Die Anzahl der Verkehrstoten auf Deutschlands Straßen nimmt seit Jahren kontinuierlich ab.

- Im Jahr 2008 gab es 4467 Verkehrstote. Entspricht dies dem Trend der letzten Jahre?
- Welche Prognose würden Sie für 2015 abgeben? Modellieren Sie die weitere Entwicklung mithilfe einer geeigneten linearen Funktion.
- Tauschen Sie Argumente darüber aus, ob eine Modellierung mit einem anderen Funktionstyp vielleicht angemessener sein könnte.

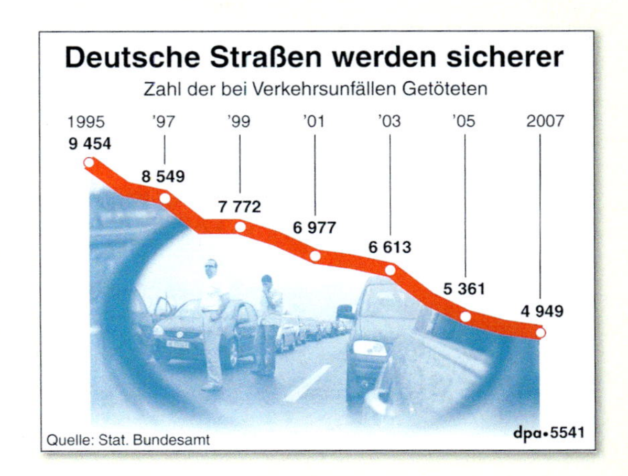

6.1 Merkmale – Relative Häufigkeit

6.1.1 Arithmetisches Mittel einer Häufigkeitsverteilung

Einführung

Eine Erbsen-Neuzüchtung wird auf ihren Ertrag hin untersucht. Dazu wird in einer Stichprobe ausgesucht, wie viele Erbsen die Hülsen jeweils enthalten.

Anzahl der Erbsen	1	2	3	4	5	6	7	8	9
Anzahl der Hülsen mit dieser Erbsenzahl	4	25	36	44	47	29	21	4	2

Für die bisherige Sorte ist aus langjähriger Erfahrung bekannt:

Anzahl der Erbsen	1	2	3	4	5	6	7	8	9
Anteil der Hülsen mit dieser Erbsenzahl	6 %	14 %	20 %	21 %	17 %	12 %	7 %	2 %	1 %

Zum Vergleich kann man für beide Erbsensorten Säulendiagramme zeichnen. Dabei bietet es sich für den bequemen Vergleich an, in beiden Fällen relative Häufigkeiten zu verwenden. Von der Neuzüchtung wurden $4 + 25 + 36 + 44 + 47 + 29 + 21 + 4 + 2 = 212$ Hülsen ausgezählt. Damit bestimmen wir die relative Häufigkeit, z. B. für 1 Erbse pro Hülse:

$$\frac{4}{212} \approx 0{,}0189 \approx 2\,\%$$

Berechnet man auch die übrigen relativen Häufigkeiten, so ergeben sich folgende Säulendiagramme.

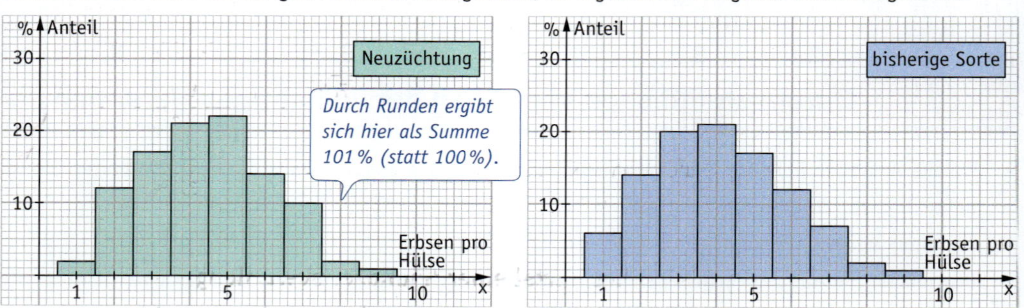

Auf den ersten Blick erkennt man, dass bei der Neuzüchtung wenige Erbsen pro Hülse seltener vorkommen als bei der bisherigen Sorte. Zum genaueren Vergleich kann man berechnen, wie viele Erbsen durchschnittlich pro Hülse vorkommen. Für die Neuzüchtung ergibt sich:

4 Hülsen mit je 1 Erbse — *2 Hülsen mit je 9 Erbsen*

$$\frac{4\cdot 1 + 25\cdot 2 + 36\cdot 3 + 44\cdot 4 + 47\cdot 5 + 29\cdot 6 + 21\cdot 7 + 4\cdot 8 + 2\cdot 9}{212} \approx 4{,}5$$

Für die bisherige Sorte sind keine absoluten Häufigkeiten, sondern nur relative Häufigkeiten in % angegeben. Stellen wir uns vor, dass 100 Hülsen untersucht wurden, so ergibt sich:

$$\frac{6\cdot 1 + 14\cdot 2 + 20\cdot 3 + 21\cdot 4 + 17\cdot 5 + 12\cdot 6 + 7\cdot 7 + 2\cdot 8 + 1\cdot 9}{100} \approx 4{,}1$$

Diesen Term kann man auch so umformen, dass er die gegebenen relativen Häufigkeiten enthält:

$$\frac{6}{100}\cdot 1 + \frac{14}{100}\cdot 2 + \frac{20}{100}\cdot 3 + \frac{21}{100}\cdot 4 + \frac{17}{100}\cdot 5 + \frac{12}{100}\cdot 6 + \frac{7}{100}\cdot 7 + \frac{2}{100}\cdot 8 + \frac{1}{100}\cdot 9 \approx 4{,}1$$

6 % — *1 %*

Man erkennt, dass die Neuzüchtung durchschnittlich fast eine halbe Erbse pro Hülse mehr erhält als die bisherige Sorte.

Information

(1) Merkmale und ihre Merkmalsausprägungen

In der Einführung wurden Erbsenhülsen daraufhin untersucht, wie viele Erbsen pro Hülse enthalten sind. Man hätte bei diesen Hülsen auch die Länge, das Gewicht oder die Farbe untersuchen können.

Beim **Merkmal** *Anzahl der Erbsen pro Hülse* kommen als **Merkmalsausprägungen** natürliche Zahlen (in unserer Stichprobe von 1 bis 9) vor. Beim Merkmal *Länge* wären es Längenangaben, z. B. zwischen 3 cm und 8 cm, gewesen. Merkmale, bei denen sich die Ausprägungen durch Zahlen oder Größen angeben lassen, nennt man **quantitative Merkmale**.

Das Merkmal *Farbe* dagegen hat z. B. die Ausprägung hellgrün, mittelgrün und dunkelgrün; man spricht hier von einem **qualitativen Merkmal**.

(2) Absolute und relative Häufigkeit, Häufigkeitsverteilung eines Merkmals

Unter der **absoluten Häufigkeit** einer Merkmalsausprägung versteht man die Anzahl der Merkmalsträger, auf welche die Merkmalsausprägung zutrifft; z. B. 17 dunkelgrüne Erbsenhülsen.

Als **relative Häufigkeit** einer Merkmalsausprägung bezeichnet man den Anteil, mit dem diese Ausprägung unter den Merkmalsträgern einer Erhebung auftritt; z. B. $\frac{17}{50} = 0{,}34 = 34\,\%$ dunkelgrüne Erbsenhülsen.

Relative Häufigkeiten oder Anteile werden in Prozent, als Bruch oder als Dezimalbruch angegeben.

Eine Tabelle oder eine grafische Darstellung, in der jeder Merkmalsausprägung eines bestimmen Merkmals eine relative Häufigkeit zugeordnet wird und in der die Summe der relativen Häufigkeiten 1 beträgt, beschreibt die **Häufigkeitsverteilung** dieses Merkmals.

Da die Tabelle alle möglichen Ausprägungen eines Merkmals enthält, muss die Summe der zugehörigen relativen Häufigkeiten stets 100 % ergeben. Häufigkeitsverteilungen kann man gut mit Säulen- oder Kreisdiagrammen veranschaulichen.

Gegebenenfalls muss man bei einer Ausprägung anders runden.

Niedersachsen-Wahl 2009

Partei	Anteil
CDU	42,5 %
SPD	30,3 %
FDP	8,2 %
Grüne	8,0 %
Linke	7,1 %
andere	3,9 %

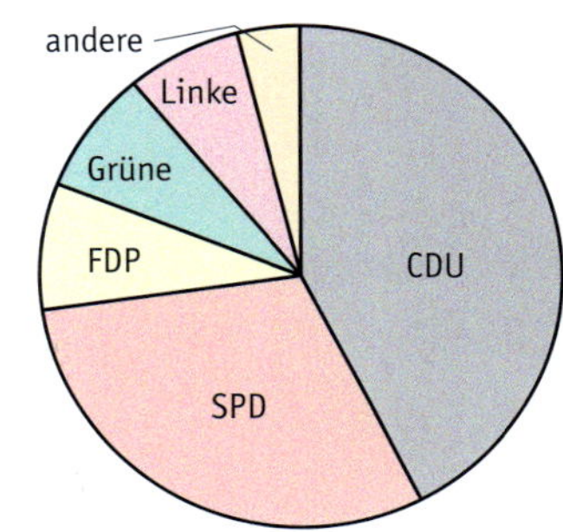

(3) Arithmetisches Mittel einer Häufigkeitsverteilung

In der Einführung haben wir gesehen, wie das arithmetische Mittel berechnet werden kann, wenn Werte mehrfach vorkommen oder wenn die relative Häufigkeit von Werten angegeben ist.

Kommen Werte $x_1, x_2, \dots x_m$ mit den absoluten Häufigkeiten $n_1, n_2, \dots n_m$ vor, so ist das arithmetische Mittel gegeben durch: $\overline{x} = \frac{n_1 \cdot x_1 + n_2 \cdot x_2 + \dots + n_m \cdot x_m}{n_1 + n_2 + \dots + n_m}$

Durch Zerlegen dieses Termes in einzelne Summanden erhält man die Formel zur Berechnung des arithmetischen Mittels, wenn relative Häufigkeiten vorliegen.

Definition 1: Arithmetisches Mittel einer Häufigkeitsverteilung

Gegeben ist ein quantitatives Merkmal mit den Merkmalsausprägungen (Merkmalswerten) $x_1, x_2, x_3, \dots, x_m$. Sind $h(x_1), h(x_2), h(x_3), \dots, h(x_m)$ die zugehörigen relativen Häufigkeiten, mit denen diese Merkmalsausprägungen auftreten, dann ist das **arithmetische Mittel $\overline{x}$ der Häufigkeitsverteilung** definiert durch:

$$\overline{x} = h(x_1) \cdot x_1 + h(x_2) \cdot x_2 + h(x_3) \cdot x_3 + \dots + h(x_m) \cdot x_m,$$

wobei gilt: $h(x_1) + h(x_2) + \dots + h(x_m) = 1$.

Man bezeichnet $\overline{x}$ auch als *gewichtetes Mittel* der Ausprägungen $x_1, x_2, x_3, \dots, x_m$.

Im Alltag bezeichnet man das arithmetische Mittel auch kurz als Mittelwert oder Durchschnittswert.

(4) Berechnen des arithmetischen Mittels mit dem GTR

mean (engl.) durchschnittlich

Der GTR berechnet das arithmetische Mittel mithilfe des Befehls **mean**. Diesen findet man im Untermenü **MATH** des Menüs **LIST**.

Beispiel

mean ({4, 8, 9, 9}) berechnet $\frac{4+8+9+9}{4} = 7{,}5$

```
mean({4,8,9,9})
                7.5
```

Dieser Befehl kann auch verwendet werden, wenn Häufigkeitsverteilungen mit absoluten oder relativen Häufigkeiten angegeben sind.

Man kann die Verteilungen als Listen oder direkt eingeben:

Berechnung mit absoluten Häufigkeiten:

```
L1    L2    L3   2
1     39    ------
2     34
3     13
4     10
5     4
------ ------
L2 ={39,34,13,10...
```

```
mean(L1,L2)
               2.06
mean({1,2,3,4,5}
,{39,34,13,10,4}
)
               2.06
```

Berechnung mit relativen Häufigkeiten:

```
L1    L2    L3   2
1     .39   ------
2     .34
3     .13
4     .1
5     .04
------ ------
L2 ={.39,.34,.13...
```

```
mean(L1,L2)
               2.06
mean({1,2,3,4,5}
,{.39,.34,.13,.1
,.04})
               2.06
```

Weiterführende Aufgabe

1 Zentralwert einer Häufigkeitsverteilung

Diamanten

Der Diamant (von griech. „adamas“: der Unbezwingbare) ist dank seiner Härte der beständigste aller Edelsteine. In der Natur werden Diamanten in allen Farben gefunden, wobei der Anteil der farblosen Steine sehr gering ist. Für diese farblosen Diamanten erzielt man daher einen wesentlich höheren Preis. Ein weiteres Güte- und damit Preismerkmal ist die Reinheit, die international in verschiedene Klassen eingeteilt wird:

IF = internally flawless	Bei 10-facher Vergrößerung sind keine Einschlüsse zu erkennen: „lupenrein“
VVS = very, very small inclusions	Sehr, sehr kleine Einschlüsse, bei 10-facher Vergrößerung nur sehr schwierig zu erkennen.
VS = very small inclusions	Sehr kleine Einschlüsse, bei 10-facher Vergrößerung schwierig zu erkennen.
SI = small inclusions	Kleine Einschlüsse, bei 10-facher Vergrößerung leicht zu erkennen
Piqué 1	Einschlüsse, welche die Brillanz nicht beeinträchtigen und durch die Tafel (Oberteil) bei 10-facher Vergrößerung sofort, aber mit bloßen Auge gerade noch zu erkennen sind.
Piqué 2	Größere zahlreiche Einschlüsse, welche die Brillanz beeinträchtigen und durch die Tafel mit bloßem Auge gut zu erkennen sind.
Piqué 3	Große zahlreiche Einschlüsse, welche die Brillanz merklich beeinträchtigen und durch die Tafel mit bloßem Auge sehr leicht zu erkennen sind.

Die bei einer Auktion versteigerten Diamanten wiesen folgende Reinheitsgrade auf:
Piqué 3, VVS, Piqué 1, VS, IF, Piqué 1, VVS, VS, Piqué 1, SI.
Welchen mittleren Reinheitsgrad wiesen die Diamanten auf?

Information

Definition 2: Zentralwert

Können bei einen Merkmal die möglichen Ausprägungen in eine Rangfolge gebracht werden, so kann man den **Zentralwert** bilden. Dazu ordnet man alle vorkommenden Merkmalsausprägungen.
Bei ungerader Anzahl von Werten ist der Zentralwert der in der Mitte stehende Wert.
Bei gerader Anzahl von Werten kann man die beiden mittleren Werte als Zentralwert angeben.
(Wenn möglich, wählt man häufig das arithmetische Mittel dieser beiden Werte als Zentralwert.)

Beispiel

☺ 😐 ☹ ☺ ☺; Rangfolge: ☹ 😐 ☺ ☺ ☺; Zentralwert: ☺

↑ mittlerer Wert

Zur sprachlichen Unterscheidung bezeichnet man das arithmetische Mittel als Durchschnittswert, den Zentralwert als mittleren Wert. Im Alltag wird aber nicht immer konsequent so verfahren.

Übungsaufgaben 

2 Eine Auswertung der Ergebnisse aller Fußballspiele der letzten zehn Bundesliga-Spielzeiten ergab: In 6,9 % der Spiele wurde kein Tor geschossen, in 14,5 % der Spiele nur ein Tor usw., siehe Tabelle.
Wie viele Tore waren dies im Mittel pro Spiel?

Anzahl der Tore	0	1	2	3	4	5	6	7	8	9	10
Anteil der Spiele	6,9 %	14,5 %	24,5 %	21,7 %	16,8 %	8,8 %	4,2 %	1,6 %	0,7 %	0,2 %	0,1 %

3 Berechnen Sie die durchschnittliche Körpergröße neugeborener Mädchen.

Körpergröße (in cm)	48	49	50	51	52	53	54	55	56	57
Anteil der Mädchen	3 %	3 %	12 %	12 %	17 %	19 %	10 %	13 %	8 %	3 %

4 Bei einer Umfrage in einer Stadt wurden 200 Haushalte nach der Anzahl der Haustiere befragt. Die Auswertung erbrachte folgendes Ergebnis:

Anzahl der Haustiere	0	1	2	3	4	5	6	7	8
Anzahl der Haushalte (in %)	82	64	28	12	6	2	4	0	2

Berechnen Sie die durchschnittliche Anzahl der Haustiere je Haushalt.

5 Bei einer Verkehrszählung wurde untersucht, wie viele Personen in den erfassten Pkw saßen (siehe Grafik rechts).
Bestimmen Sie das arithmetische Mittel $\bar{x}$ der Anzahl der Personen pro Pkw.

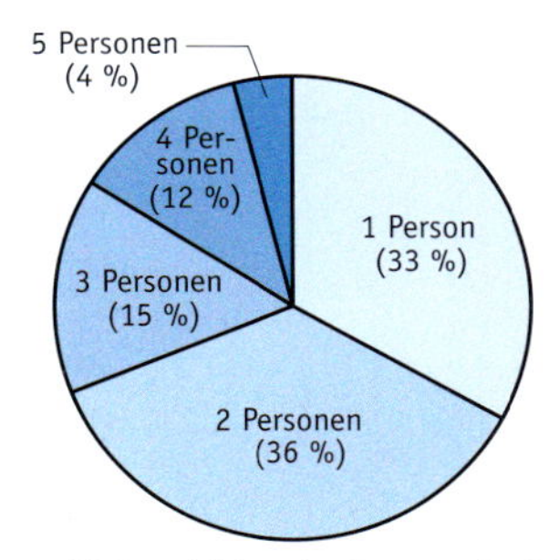

Anzahl der mitfahrenden Personen im PKW

6 Berechnen Sie das arithmetische Mittel. Was gibt es an?

Anzahl der Pkw pro Haushalt	0	1	2	3	4
Anzahl der befragten Haushalte	21	128	85	23	3

7 Zur Probe bearbeiteten 19 Lehrer einen Aufgabenvorschlag für das Abitur und beurteilten anschließend seinen Schwierigkeitsgrad als *leicht lösbar* (ll), *lösbar* (l), *schwer lösbar* (sl), oder *unlösbar* (ul).
Das Ergebnis lautete:

ul, sl, sl, l, l, ll, sl, l, l, sl, ll, sl, l, l, sl, ll, l, ll, sl

Welchen Schwierigkeitsgrad sollte man dem Aufgabenvorschlag zuordnen?

8 Ein Hotel bittet seine Gäste um Rückmeldung mit dem nebenstehenden Fragebogen. Es wurden angekreuzt:

(1) für die Zimmer:
23-mal 😀, 31-mal 🙂, 19-mal 😐, 19-mal 🙁, 8-mal ☹

(2) für das Restaurant:
10-mal 😀, 18-mal 🙂, 22-mal 😐, 23-mal 🙁, 27-mal ☹

Bestimmen Sie die durchschnittliche Beurteilung der Zimmer sowie des Restaurants.

HOTEL MAINZENA
Beurteilungsbogen
Bitte beurteilen Sie die jeweiligen Kriterien und kreuzen Sie das entsprechende Symbol an.
Zimmer:

😀	🙂	😐	🙁	☹

Restaurant:

😀	🙂	😐	🙁	☹

9 Die Spieler von zwei Handballvereinen (1. HC und LHV) veranstalteten anlässlich eines Jubiläumsfestes einen Vergleichs-Sprint über 100 m. Es ergaben sich folgende Zeiten in Sekunden:

1. HC	12,5	11,4	12,2	11,6	13,0	12,6	12,2	11,8	12,6	12,5	13,2
LHV	11,4	12,4	11,7	13,2	10,7	12,4	12,0	14,2	13,1	12,2	12,5

a) Welcher Verein hat besser abgeschnitten?

b) In beiden Vereinen ist ein Spieler 12,5 s gelaufen. Wie ist diese Leistung vereinsintern zu werten?

10 In einer Zeitung war die nebenstehende Schlagzeile abgedruckt. Anlass hierfür war eine Veröffentlichung des Kraftfahrt-Bundesamtes mit Daten des zurückliegenden Jahres. Die Tabelle unten enthält Angaben über die Lackfarben der Pkw, die im Jahr 2007 neu zugelassen wurden. (Aktuelle Daten findet man im Internet unter *www.kba.de.*)
Haben Frauen tatsächlich einen anderen Farbgeschmack als Männer?
Ist die Schlagzeile berechtigt?
Untersuchen Sie anhand der angegebenen Daten die Häufigkeitsverteilung des *qualitativen Merkmals Autofarbe*.

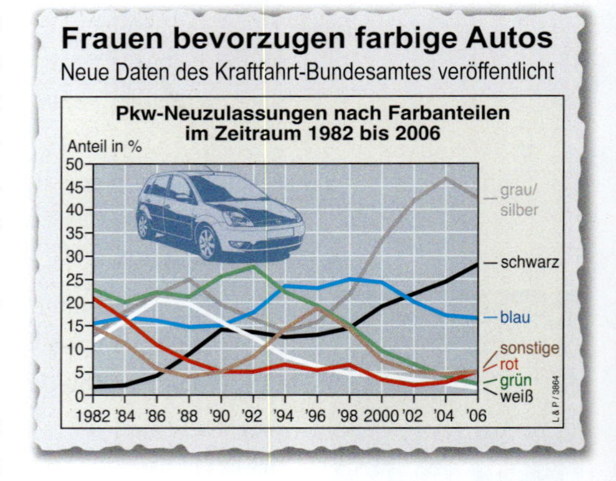
Frauen bevorzugen farbige Autos
Neue Daten des Kraftfahrt-Bundesamtes veröffentlicht

Zulassungen	gesamt	weiß	rot/gelb/orange	blau	grün	grau/silber	schwarz	sonstiges
gesamt	3 146 163	91 004	254 744	475 473	50 923	1 244 933	963 565	65 521
weiblich	398 385	10 277	56 140	65 863	6 822	134 554	114 977	9 752
andere	2 747 778	80 727	198 604	409 610	44 101	1 110 379	848 588	55 769

In der Tabelle sind die auf Männer zugelassenen Fahrzeuge nicht ausdrücklich aufgeführt. Unter „andere Zulassungen“ sind auch Zulassungen von Firmen und Gesellschaften (sogenannten „juristischen Personen“) enthalten. Insofern wird – streng genommen – der Farbgeschmack von *Frauen* mit dem der *Männer und „juristischen Personen“* verglichen.

11 Am 1. Januar 2008 waren in Deutschland insgesamt 41 183 594 Pkw zugelassen.

Erstzulassung nach dem	Anzahl Pkw
01.01.2007	2 809 519
01.01.2006	5 937 349
01.01.2005	8 966 430
01.01.2004	11 745 096
01.01.2003	14 468 808
01.01.2002	17 123 898
01.01.2001	19 747 032
01.01.2000	22 321 712
01.01.1999	25 172 554
01.01.1998	27 831 237
01.01.1997	30 226 684
01.01.1996	32 403 814
01.01.1995	34 278 366
01.01.1994	35 761 388
01.01.1993	36 960 089
01.01.1992	38 053 826

a) Was bedeuten die Angaben in der nebenstehenden Tabelle? Wie lässt sich hieraus ablesen, wie viele der am 01.01.2008 zugelassenen Fahrzeuge im Jahr 2000 [1995; 2005] ihre Erstzulassung erhielten?

b) Bestimmen Sie den Anteil der Pkw, die zum ersten Mal in den Jahren 2004 oder 2005 [vor dem Jahr 2000, zwischen 2000 und 2006] zugelassen wurden?

c) Erstellen Sie eine angemessene grafische Darstellung der Daten.

12 Die Gäste einer Jugendherberge werden nach ihrer Nationalität erfasst.
Für den Computer-Fragebogen bedeuten: 1 deutsch, 2 französisch, 3 englisch, 4 spanisch, 5 griechisch.
Vom Computer wurde ausgezählt:

Nationalität	1	2	3	4	5
Anzahl	5 703	1 474	451	124	59

Woher kommt der typische Gast?

13

Von der Groß- zur Kleinstfamilie

Nur noch 2,1 Personen je Haushalt

Personenzahl gegenüber dem Jahr 1900 mehr als halbiert.

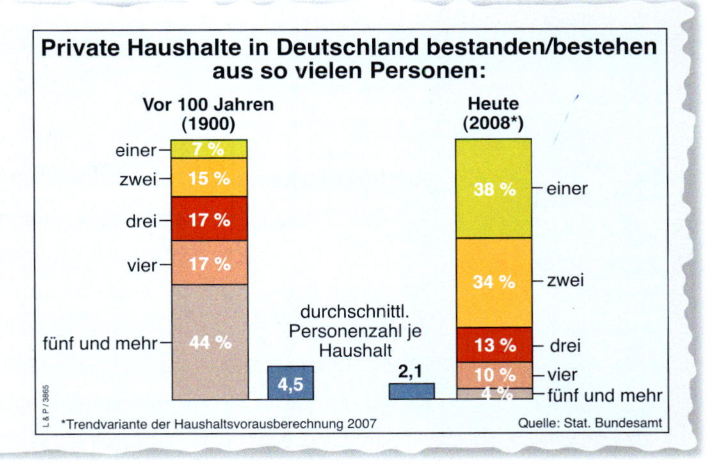

a) Berechnen Sie aus den angegebenen relativen Häufigkeiten für beide Jahre die durchschnittliche Personenanzahl je Haushalt.

b) Erklären Sie Abweichungen Ihrer Werte von den in der Grafik angegebenen Werten.
Tipp: Die Ausprägung *fünf und mehr* kann noch weiter unterteilt werden. Denken Sie sich mögliche relative Häufigkeiten aus.
Wie erklären Sie sich, dass einer der beiden berechneten Durchschnittswerte viel stärker vom angegebenen Wert abweicht als der andere?

6.1.2 Klassieren von Daten – Histogramme

Ziel

Hier lernen Sie, dass es sinnvoll ist, bei manchen Erhebungen die einzelnen Daten zusammenzufassen, und wie man damit weiterarbeitet.

Zum Erarbeiten

(1) Einteilen von Daten in Klassen

Die Schülerinnen und Schüler eines Kurses haben mit einem Videofilm zu Situationen im Straßenverkehr ihre Reaktionszeiten auf ein unerwartetes Ereignis gemessen:

1,02 s, 1,15 s, 1,10 s, 1,26 s, 1,19 s,
1,11 s, 1,06 s, 1,13 s, 1,15 s, 1,18 s,
1,22 s, 1,04 s, 1,11 s, 1,16 s, 1,17 s,
1,24 s, 1,07 s, 1,21 s, 1,09 s, 1,14 s

Wollte man mit den Daten in dieser Form ein Säulendiagramm zeichnen, so wäre das wenig aussagekräftig, da fast alle Werte keinmal oder nur einmal vorkommen; nur zwei Werte kommen doppelt vor. Das bedeutet, dass alle anderen Säulen gleich hoch wären. Wir fassen daher die Werte in sogenannten *Klassen* zusammen. Mit diesen zusammengefassten Werten erhält man ein prägnantes Säulendiagramm.

Reaktionszeit (in s)	Absolute Häufigkeit	Relative Häufigkeit
$1{,}00 \le t < 1{,}05$	||	10 %
$1{,}05 \le t < 1{,}10$	|||	15 %
$1{,}10 \le t < 1{,}15$	𝍸	25 %
$1{,}15 \le t < 1{,}20$	𝍸 |	30 %
$1{,}20 \le t < 1{,}25$	|||	15 %
$1{,}25 \le t < 1{,}30$	|	5 %

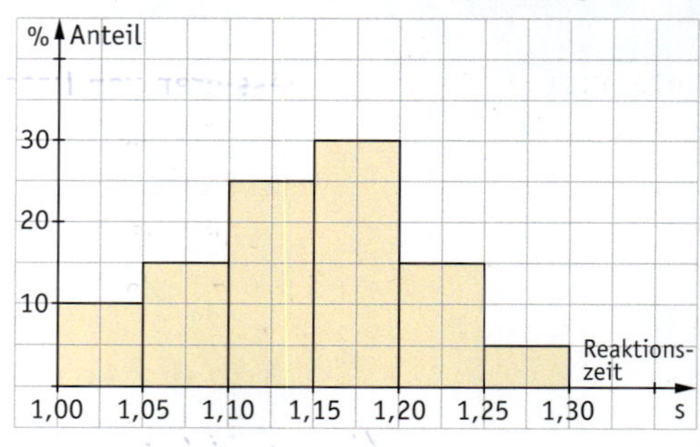

(2) Arithmetisches Mittel klassierter Daten

Aus den Originaldaten ergibt sich als arithmetisches Mittel der Reaktionszeiten (in s) mithilfe des GTR $\bar{x} = 1{,}14$. Bei manchen Erhebungen werden die Originaldaten gar nicht veröffentlicht, sondern nur die klassierten Daten. Auch aus ihnen lässt sich näherungsweise das arithmetische Mittel der Daten berechnen, indem man ersatzweise für die Daten der Klasse die Klassenmitte wählt.

Für das Intervall $1{,}00 \le t \le 1{,}05$ rechnet man also mit der Klassenmitte 1,025 usw. Damit erhalten wir als Näherungswert für das arithmetische Mittel der Originaldaten:

$$\bar{x} \approx 0{,}1 \cdot 1{,}025 + 0{,}15 \cdot 1{,}0725 + 0{,}25 \cdot 1{,}125 + 0{,}3 \cdot 1{,}175 + 0{,}15 \cdot 1{,}225 + 0{,}05 \cdot 1{,}275 \approx 1{,}145$$

(3) Zeichnerische Darstellung bei unterschiedlich breiten Klassen

Die Arbeitnehmer in Deutschland haben teilweise lange Wege zur Arbeitsstätte.

Weg l zum Arbeitsplatz (in km)	$0 \le l < 10$	$10 \le l < 20$	$20 \le l < 50$	$50 \le l < 100$
Anteil der Arbeitnehmer (in %)	47	27	21	5

Vergleichen Sie die folgenden grafischen Darstellungen zu diesen Daten.

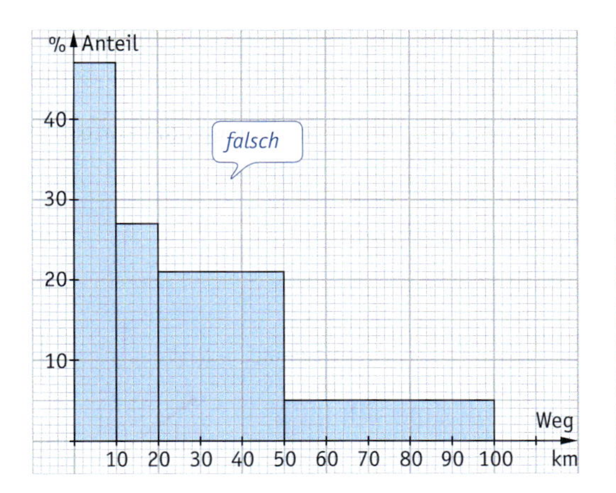

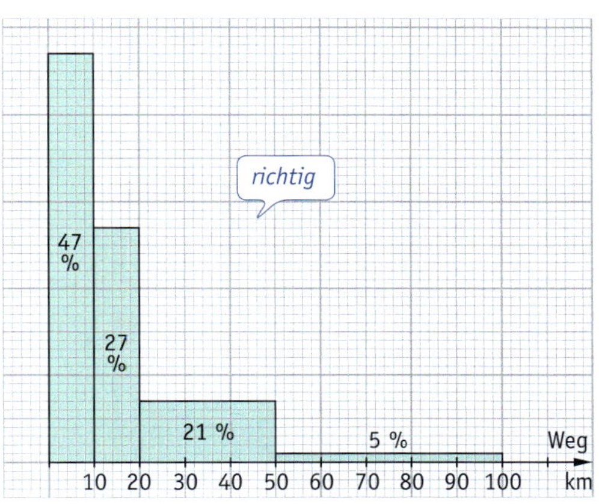

Bei der linken Darstellung wurden trotz unterschiedlich breiter Klassen die Säulenhöhen entsprechend den relativen Häufigkeiten gezeichnet. Dadurch erscheint der Anteil der Arbeitnehmer mit einem Weg von 20 km bis 50 km wesentlich größer als der mit einem Weg von 10 km bis 20 km, da man sich unwillkürlich am Flächeninhalt orientiert.

Bei der rechten Darstellung dagegen wurde für eine dreimal so breite Klasse nur eine ein Drittel so hohe Säule gezeichnet. Die Anteile werden hier durch die Flächeninhalte veranschaulicht und vermitteln einen angemessenen optischen Eindruck.

Information

(1) Klassieren von Daten

Werden in einer statistischen Erhebung quantitative Merkmale mit sehr vielen zahlenmäßig verschiedenen Werten betrachtet, so ist es sinnvoll, mehrere benachbarte Werte zu **Klassen** zusammenzufassen. Ergebnisse, die auf eine Klassengrenze fallen, werden im Allgemeinen der unteren Klasse zugeordnet.

Die Anzahl der Klassen sollte nicht zu groß, aber auch nicht zu klein gewählt werden: 7 bis 15 Klassen sind üblich.

(2) Praktischer Mittelwert klassierter Daten

Liegen statistische Daten nur in Form von klassierten Daten vor, dann ist es üblich, statt des arithmetischen Mittels der nicht vorliegenden Einzelwerte ersatzweise das *arithmetische Mittel der Klassenmitten* zu berechnen (oft als *praktischer Mittelwert* bezeichnet).

Oft ist es allerdings schwierig, einen angemessenen Wert für die Klassenmitte der „untersten" bzw. „obersten" Klasse anzugeben. Besonders problematisch ist es beispielsweise, wenn die letzte Klasse nach oben offen ist, z. B: „monatliches Einkommen: über 10 000 €". Dann gibt es für diese Klasse keine Klassenmitte und man muss einen dem Sachverhalt angemessenen Wert verwenden.

(3) Histogramme klassierter Daten

Liegen statistische Daten in Form klassierter Daten vor, dann wird die Häufigkeitsverteilung oft mithilfe eines **Histogramms** dargestellt. Dieses setzt sich aus einzelnen Rechtecken zusammen, deren *Breite* durch die jeweilige Klasse bestimmt ist und deren *Flächeninhalt* proportional zu den zugehörigen Häufigkeiten ist. Wenn die Häufigkeitsverteilung durch relative Häufigkeiten gegeben ist, dann ist der gesamte Flächeninhalt aller Rechtecke gleich 1.

Damit man sich beim „Lesen" eines Histogrammes nicht irrtümlich an der 2. Achse orientiert (sich also auf die Höhe der Rechtecke konzentriert), werden keine Bezeichnungen an diese Achse geschrieben.

Beispiel

Altersverteilung der Einwohner Deutschlands

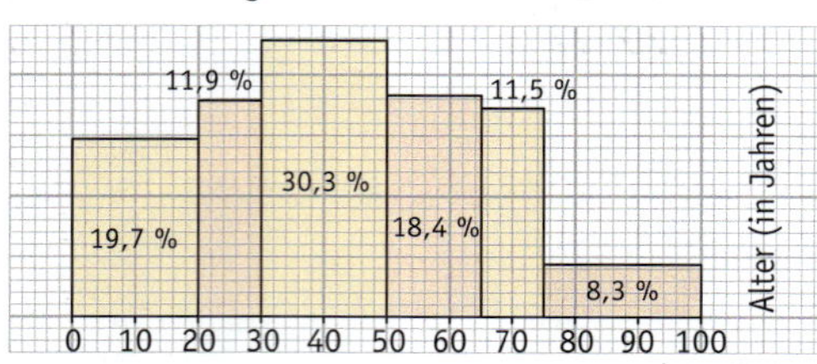

Es ist allerdings zweifelhaft, ob diese Grafik hilfreich ist, denn dadurch, dass die Klasseneinteilungen sehr unterschiedlich sind, verliert man den „Überblick".

(4) Zeichnen von Histogrammen mit dem GTR

Mit dem GTR kann man die Histogramme zu klassierten Daten zeichnen, deren Klassen alle gleich breit sind. Dazu sind die Klassenmitten und die Häufigkeiten in zwei Listen einzugeben (mit dem Befehl **STAT**).

Unter **STATPLOT** muss dann das Histogramm vereinbart werden. Nachdem mit **WINDOW** das Zeichenfenster festgelegt wurde, kann mit **GRAPH** das Histogramm gezeichnet werden.

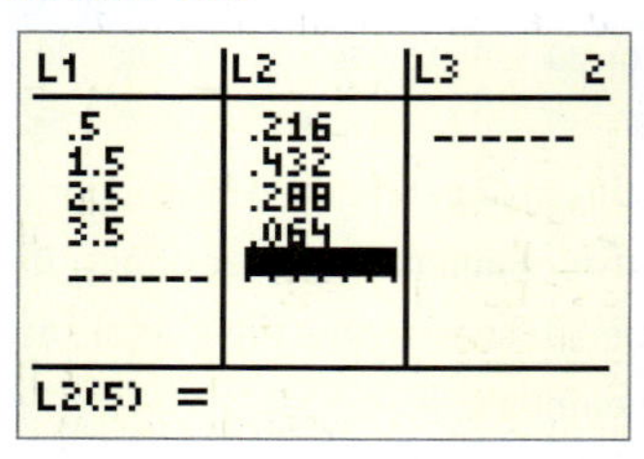

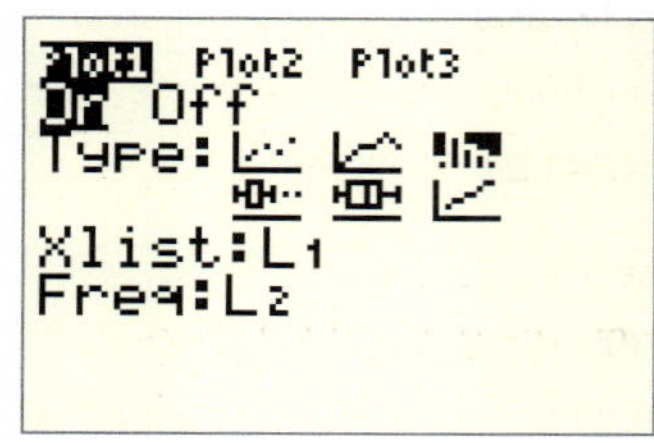

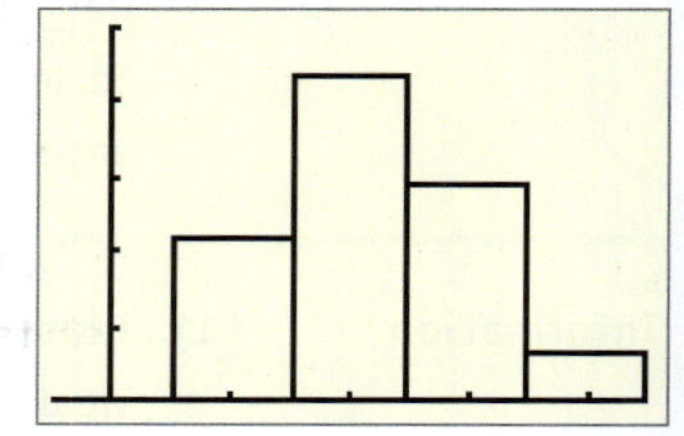

Zum Üben

1 In einer Fabrik für Verpackungsmaterial wurde eine neue Art von Brothülle auf Wasserdampfdurchlässigkeit geprüft. Bei 50 Exemplaren fand man nach einer zweitägigen Lagerung bei 40 °C bei den verpackten Broten folgende Gewichtsminderung (in g).

5,6	1,0	4,6	8,1	2,7	2,6	13,0	9,8	11,9	2,0
3,4	12,4	1,8	4,5	6,3	5,0	8,3	8,0	8,2	3,1
3,0	3,8	5,8	1,8	11,8	4,0	5,7	2,6	8,2	4,7
3,8	5,9	1,8	2,4	2,6	2,5	4,0	1,4	3,5	6,0
5,9	1,7	10,4	6,0	8,1	3,2	9,8	7,7	2,0	8,1

a) Begründen Sie, warum es sinnvoll ist, eine Klasseneinteilung vorzunehmen.

b) Unterteilen Sie in Klassen: 0 g bis unter 2,5 g; 2,5 g bis unter 5 g; …
Berechnen Sie die relativen Häufigkeiten und zeichnen Sie ein Säulendiagramm.

2 Auf einer Teststrecke wurde die Geschwindigkeit von 38 Rennwagen in $\frac{km}{h}$ gemessen:
393; 331; 421; 327; 199; 219; 318; 389; 299; 294; 371; 365; 293; 325; 293; 397; 209; 273; 269; 268; 201; 281; 394; 363; 351; 369; 388; 282; 313; 211; 416; 213; 201; 320; 327; 359; 220; 338

Führen Sie drei Klasseneinteilungen mit verschiedenen Breiten durch. Zeichnen Sie jeweils ein Säulendiagramm der absoluten Häufigkeiten. Vergleichen Sie daran die durchgeführten Klasseneinteilungen.

3 Kraftfahrer, die keinen Unfall verursachen, zahlen im Laufe der Zeit immer weniger Versicherungsprämie. Die Versicherungen erfassen dazu die Anzahl der (ununterbrochenen) schadenfreien Jahre. Die folgende Tabelle zeigt, wie viele Kraftfahrer wie lange schon schadenfrei sind. Zeichnen Sie ein Histogramm.

Schadenfreie Jahre	0 – 1	1 – 2	2 – 3	3 – 4	4 – 5	5 – 6	6 – 8	8 – 10	10 – 14	14 – 17	18 – 25
Anteil der Versicherten (in %)	9,3	4,8	4,8	4,7	5,0	5,1	9,7	10,1	16,2	9,4	20,9

4 Das Tabellenkalkulationsblatt enthält statistische Angaben über das zulässige Gesamtgewicht von in Deutschland zugelassenen Pkw. Die Klassen wurden dabei so gebildet, dass Pkw, die gleichen steuerlichen und rechtlichen Regeln unterliegen, zu einer Klasse gehören.

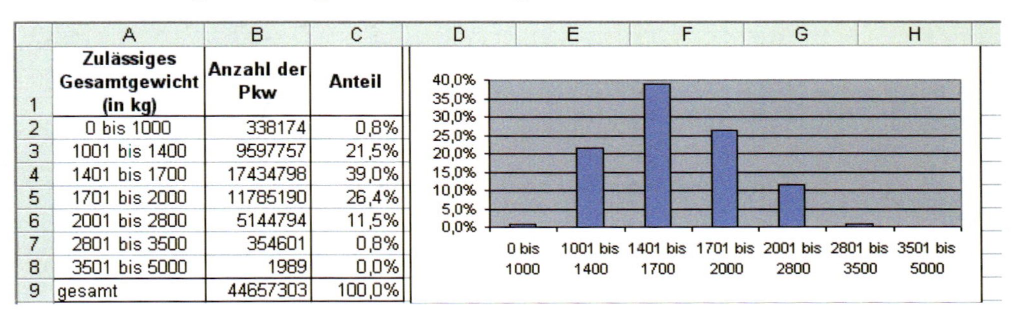

	A	B	C
1	Zulässiges Gesamtgewicht (in kg)	Anzahl der Pkw	Anteil
2	0 bis 1000	338174	0,8%
3	1001 bis 1400	9597757	21,5%
4	1401 bis 1700	17434798	39,0%
5	1701 bis 2000	11785190	26,4%
6	2001 bis 2800	5144794	11,5%
7	2801 bis 3500	354601	0,8%
8	3501 bis 5000	1989	0,0%
9	gesamt	44657303	100,0%

Stellen Sie die Häufigkeitsverteilung in einem Histogramm dar.
Erläutern Sie die Unterschiede zwischen dem Histogramm und dem oben abgebildeten Säulendiagramm.

5 Auf einer Teststrecke hat man bei Lkw die Geschwindigkeiten in $\frac{\text{km}}{\text{h}}$ gemessen:

78,6	66,1	84,2	65,4	39,7	43,8	63,5	88,6	59,8	58,7
74,2	73,0	58,6	65,0	58,6	96,7	41,8	54,6	53,8	53,5
40,1	56,2	78,7	72,6	70,1	73,8	77,5	56,3	62,5	42,1
83,2	19,4	40,2	63,9	65,3	71,7	43,9	67,5		

a) Teilen Sie diese Daten in Klassen mit folgenden Klassenmitten auf:
(1) $20\,\frac{\text{km}}{\text{h}}$, $30\,\frac{\text{km}}{\text{h}}$, …, $100\,\frac{\text{km}}{\text{h}}$ (2) $20\,\frac{\text{km}}{\text{h}}$, $40\,\frac{\text{km}}{\text{h}}$, … , $100\,\frac{\text{km}}{\text{h}}$

b) Berechnen Sie das arithmetische Mittel mithilfe der Klassenmitten und mit den Werten der Urliste. Vergleichen Sie. Erklären Sie mögliche Abweichungen.

6

a) Bestimmen Sie die durchschnittliche Wochenarbeitszeit in West- bzw. Ostdeutschland.

b) Woran liegt es, dass der berechnete Mittelwert nicht mit dem in der Grafik angegebenen Wert übereinstimmt?

7 In einer Erhebung wurden die Personen nach der Größe der Wohnungen gefragt. Bestimmen Sie den Mittelwert.

Wie viel Quadratmeter Wohnfläche hat Ihre Wohnung bzw. Ihr Haus?

Wohnfläche	Bis 50	51-70	71-90	91-110	111-130	Über 130
Anteil der Befragten	10 %	22 %	20 %	17 %	15 %	15 %

L & P / 3869

8 Die folgenden Diagramme zeigen die Häufigkeitsverteilungen der Merkmale

(1) Alter der Lehrerinnen und Lehrer an deutschen Schulen

(2) Kinderzahl von Frauen über 15 Jahren.

Bestimmen Sie jeweils das arithmetische Mittel der Verteilung.

(1)

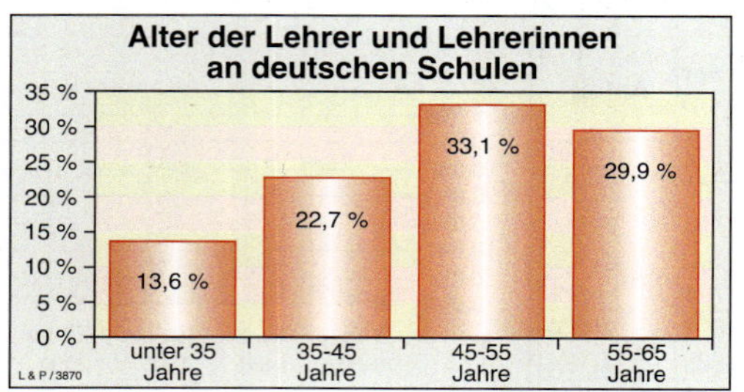

(2)

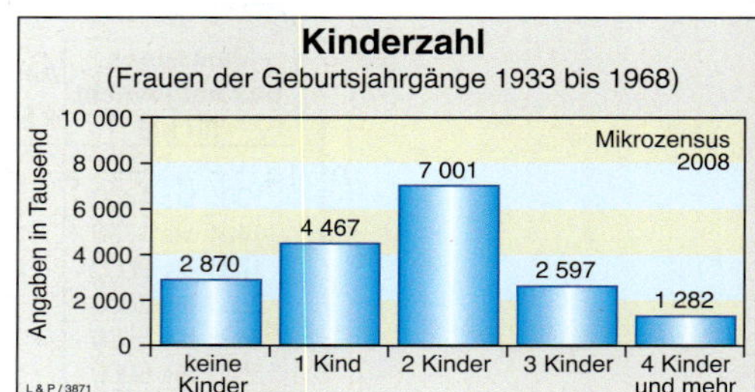

9 Die nebenstehende Grafik gibt einen Überblick darüber, wie groß die Gemeinden und Städte sind, in denen die Bundesbürger wohnen. Dabei sind bezüglich der Gemeindegröße Klassen unterschiedlicher Breite gebildet worden. Wie kann man aus diesen Angaben eine „mittlere Gemeindegröße" berechnen? Welche Setzungen für die ganz kleinen bzw. ganz großen Gemeinden sind notwendig?

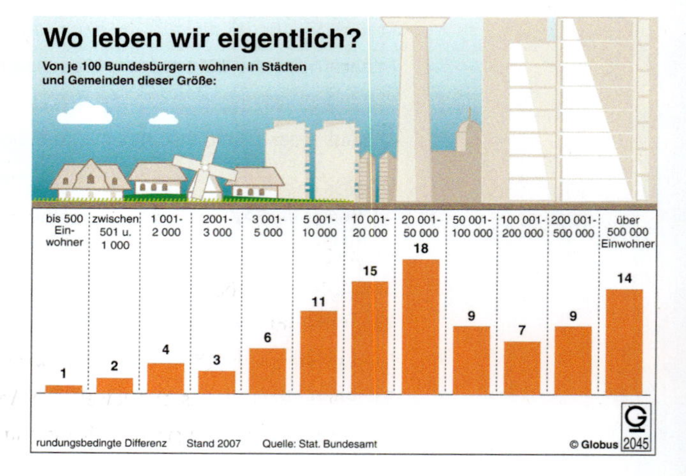

10 Der Grafiker hat die statistischen Daten über Männer im Alter von über 15 Jahren in Form von Kreisdiagrammen dargestellt.

(1) Welche Merkmale werden betrachtet? Welche Merkmalsausprägungen werden unterschieden?

(2) Stellen Sie die Daten in Form von Säulendiagrammen dar.

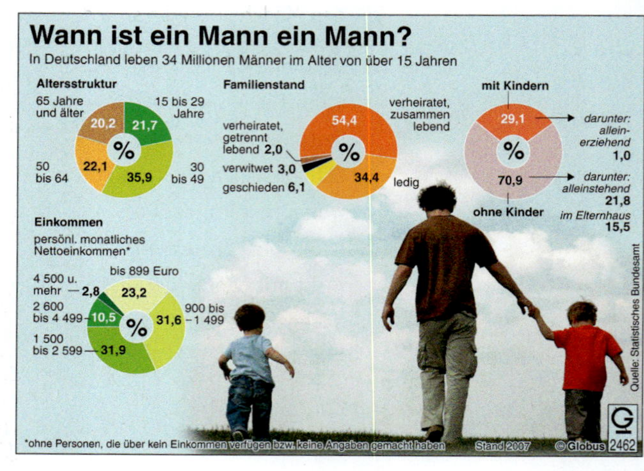

Das SIMPSON'sche Paradoxon (oder: Statistiken lügen nicht – aber manchmal verbergen sie die Wahrheit)

In einer Schülerzeitung war zu lesen …

Mädchen sind besser in Mathematik als Jungen

Bei einer Erhebung in den Jahrgangsstufen 11 und 12 unseres Gymnasiums wurde festgestellt, dass mehr Mädchen gute Leistungen im Fach Mathematik erreichen als Jungen: 44 von 135 Mädchen (das sind 33 %) erhielten auf dem letzten Zeugnis die Note „gut" oder „sehr gut", dagegen schafften nur 37 von 120 Jungen (31 %) diese Notenstufen.

Die Daten wurden aus den Kurslisten von Kursen auf grundlegendem (gN) und auf erhöhtem Niveau (eN) zusammengetragen.

Insgesamt verteilten sich die Schülerinnen und Schüler wie folgt auf die beiden Kurstypen:

	gN	eN	gesamt
Mädchen	112	23	135
Jungen	63	57	120
gesamt	175	80	255

Gute und sehr gute Noten gab es wie folgt:

	gN	eN	gesamt
Mädchen	39	5	44
Jungen	23	14	37
gesamt	62	19	81

Berechnet man die Anteile der „guten" Schülerinnen bzw. Schüler jeweils getrennt für Kurse auf grundlegendem (gN) und auf erhöhtem Niveau (eN), dann ergeben sich paradox erscheinende Ergebnisse:

- Für die gN-Kurse gilt: 37 % der Jungen erreichen gute Noten, aber nur 35 % der Mädchen.
- Für die eN-Kurse gilt: 25 % der Jungen erhielten eine gute Note, aber nur 22 % der Mädchen.

Vergleicht man also die Daten für die Kurse auf unterschiedlichem Niveau getrennt, dann sind jeweils die Jungenanteile größer als die Anteile bei den Mädchen. Dies scheint im Widerspruch zu den in der Schülerzeitung veröffentlichten Gesamtdaten zu stehen.

Dieses Paradoxon klären wir, indem wir uns überlegen, wie sich der Anteil der „guten" Schülerinnen bzw. Schüler insgesamt aus den jeweiligen Anteilen in den Kursen auf grundlegendem bzw. auf erhöhtem Niveau berechnet. Dazu stellen wir die zugehörigen Baumdiagramme auf.

Bei den Mädchen ergibt sich der Anteil 33 % von „guten" Schülerinnen in der Gesamtheit aller Mädchen vor allem in den Kursen auf grundlegendem Niveau, die von den Mädchen bevorzugt gewählt wurden:

$33\,\% = 0{,}33 = 0{,}83 \cdot 0{,}35 + 0{,}17 \cdot 0{,}22$

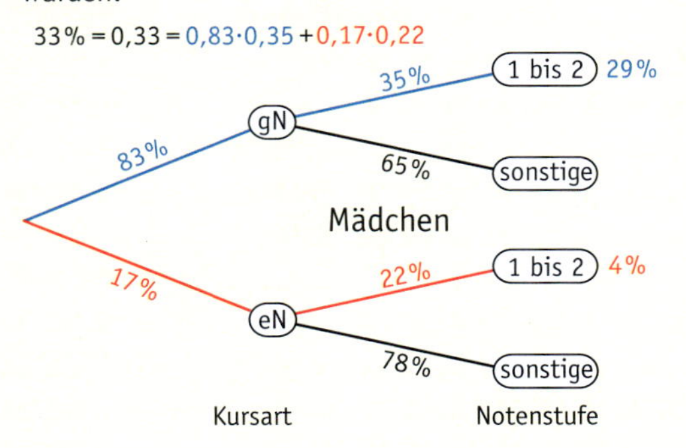

Bei den Jungen weichen die Pfadwahrscheinlichkeiten für „gute" Noten weniger voneinander ab, da sich die Jungen ungefähr jeweils zur Hälfte für einen Kurs auf grundlegendem oder erhöhtem Niveau entschieden haben:

$31\,\% = 0{,}31 = 0{,}53 \cdot 0{,}37 + 0{,}47 \cdot 0{,}25$

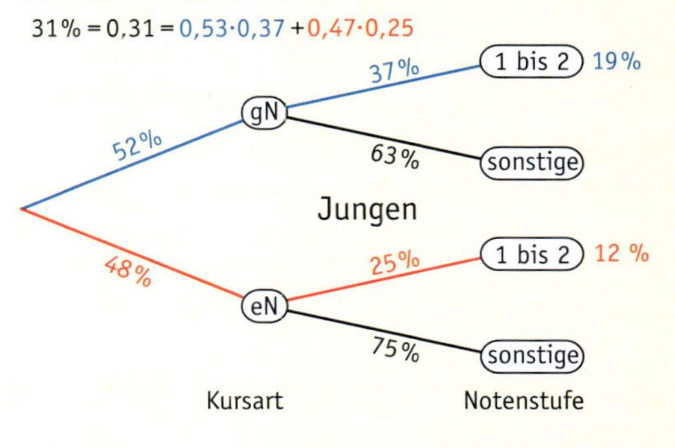

Das scheinbar paradoxe Ergebnis ergibt sich also aus dem sehr stark unterschiedlichen Wahlverhalten der Schülerinnen und Schüler.

Mädchen	gN	eN	gesamt
gut/sehr gut	39	5	44
sonstige	73	18	91
gesamt	112	23	135

Jungen	gN	eN	gesamt
gut/sehr gut	23	14	37
sonstige	40	43	83
gesamt	63	57	120

Der Prozentsatz 33 % bei den Mädchen ergibt sich als gewichteter Mittelwert aus den Anteilen 35 % im gN-Kurs und 22 % im eN-Kurs (in der Grafik: □). Der Prozentsatz 31 % bei den Jungen ist ebenfalls ein gewichtetes Mittel aus 37 % im gN-Kurs und 25 % im eN-Kurs (in der Grafik: ◇). Da jedoch vergleichsweise mehr Jungen einen eN-Kurs gewählt haben, kommt es, dass dieser Mittelwert kleiner ist als der bei den Mädchen – die Raute liegt unterhalb des Quadrats. Offensichtlich kann man also nur einen Teil der Wahrheit erfassen, wenn man die Daten aus unterschiedlich zusammengesetzten Teilgruppen kommentarlos zusammenfasst, wie oben geschehen.

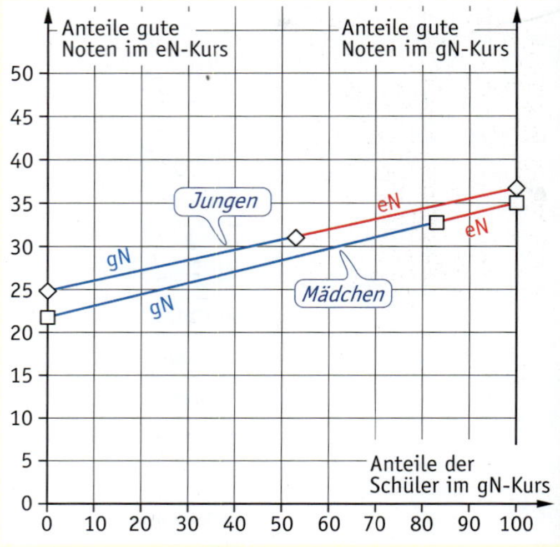

Ähnliche paradox erscheinende Ergebnisse entstehen oft dann, wenn sich eine Gesamtheit aus sehr unterschiedlich strukturierten Teilgesamtheiten zusammensetzt. Nach dem amerikanischen Mathematiker E. H. SIMPSON, der sich 1951 mit dem Problem als Erster beschäftigte, bezeichnet man dieses Phänomen sich scheinbar widersprechender Aussagen als **SIMPSON-Paradoxon**.

1 Folgendes Problem geht auf MARILYN VOS SAVANT zurück: Durch den Neubau einer Fabrik werden 455 Arbeitsplätze geschaffen. Um die 70 Stellen im Büro bewerben sich je 200 Frauen und Männer. 20 % der Frauen, aber nur 15 % der Männer werden eingestellt. Für die 385 Stellen in den Werkshallen bewerben sich 400 Männer, von denen 75 % eingestellt werden, und 100 Frauen, von denen 85 eine Arbeit erhalten. Zeigen Sie, dass man sowohl behaupten kann, dass bevorzugt Männer eingestellt wurden, als auch, dass Männer bei der Einstellung benachteiligt waren. Erklären Sie das Paradoxon.

2 Aus der Literatur sind die Untersuchungen von MOORE und MCCABE bekannt, die sich mit Vergleichsdaten von Krankenhäusern beschäftigten. Die linke Tabelle enthält die Daten von zwei Krankenhäusern, 6 Wochen nach der Operation von Patienten. Bei näherer Analyse der Daten stellt man fest, dass die Ergebnisse von Routineoperationen und schwierigen Operationen zusammengefasst wurden und dass die Krankenhäuser offensichtlich in der Chirurgie unterschiedliche Schwerpunkte gebildet haben (Tabelle rechts).

Gesamtstatistik	Krankenhaus A	Krankenhaus B
verstorben	63	16
überlebt	2 037	784
gesamt	2 100	800

	Routineoperationen		schwierige Operationen	
	Krankenhaus A	Krankenhaus B	Krankenhaus A	Krankenhaus B
verstorben	6	8	57	8
überlebt	594	592	1 443	192
gesamt	600	600	1 500	200

Zeigen Sie, dass hier ebenfalls das SIMPSON-Paradoxon vorliegt. Erklären Sie, wie es hier zustande kommt.

6.2 Streuung – Empirische Standardabweichung

Einführung

In iner Firma füllen drei Maschinen Blumensamen einer Neuzüchtung in Tüten ab. Im Rahmen einer Qualitätskontrolle werden von allen Maschinen abgefüllte Tüten nachgewogen.

gemessenes Gewicht (in g)	Anzahl der Tüten von		
	Maschine A	Maschine B	Maschine C
10,0	0	0	1
10,1	1	3	2
10,2	3	2	2
10,3	4	3	3
10,4	4	4	4
10,5	4	2	4
10,6	3	4	0
10,7	1	2	3
10,8	0	0	1

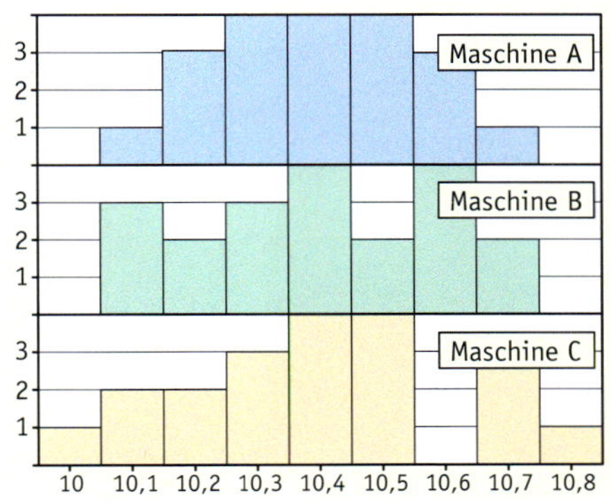

Alle drei Maschinen liefern als arithmetisches Mittel ihrer Tütenfüllungen 10,4 g. (Rechnen Sie nach.) Haben die drei Maschinen gleich gut gearbeitet?

Man erkennt sofort, dass die Abfüllmengen der Maschine C am weitesten streuen. Die **Spannweite**, also die Differenz zwischen dem größten und dem kleinsten Wert beträgt $10{,}8\,\text{g} - 10{,}0\,\text{g} = 0{,}8\,\text{g}$.

Bei den übrigen beiden Maschinen beträgt sie nur $10{,}7\,\text{g} - 10{,}1\,\text{g} = 0{,}6\,\text{g}$. Dennoch sieht es so aus, als ob die Abfüllmengen von Maschine A nicht so weit streuen wie von Maschine B, da sich hier mehr Werte in der Nähe des arithmetischen Mittels befinden.

Um diese Streuung um das arithmetische Mittel quantitativ zu beschreiben, betrachten wir die Differenz der Abfüllmengen zum arithmetischen Mittel. Bildet man deren Mittelwert, so enthält man für Maschine A:

$$\frac{1\cdot(10{,}1-10{,}4)+3\cdot(10{,}2-10{,}4)+4\cdot(10{,}3-10{,}4)+4\cdot(10{,}4-10{,}4)+4\cdot(10{,}5-10{,}4)+3\cdot(10{,}6-10{,}4)+1\cdot(10{,}7-10{,}4)}{20}=0$$

Dass man hier als Ergebnis null erhält liegt daran, dass die Differenzen teilweise positiv und teilweise negativ sind und sich somit gegenseitig aufheben.

Man kann dies verhindern, indem man jeweils den Betrag der Differenz bildet. Gebräuchlicher ist es jedoch, die Differenz zu quadrieren und das arithmetische Mittel dieser Quadrate zu bilden:

$$\frac{1\cdot(10{,}1-10{,}4)^2+3\cdot(10{,}2-10{,}4)^2+4\cdot(10{,}3-10{,}4)^2+4\cdot(10{,}4-10{,}4)^2+4\cdot(10{,}5-10{,}4)^2+3\cdot(10{,}6-10{,}4)^2+1\cdot(10{,}7-10{,}4)^2}{20}$$

$= 0{,}025$

Da die Abfüllmengen in g gemessen wurden, hat dieser Wert die Einheit g^2. Um ein Abweichungsmaß in derselben Einheit wie die Ausgangsweite zu erhalten, zieht man aus dem obigen Wert die Wurzel: $\sqrt{0{,}025} \approx 0{,}158$

Entsprechend ergibt sich für die Maschine B:

$$\sqrt{\frac{3\cdot(10{,}1-10{,}4)^2+2\cdot(10{,}2-10{,}4)^2+3\cdot(10{,}3-10{,}4)^2+4\cdot(10{,}4-10{,}4)^2+2\cdot(10{,}5-10{,}4)^2+4\cdot(10{,}6-10{,}4)^2+2\cdot(10{,}7-10{,}4)^2}{20}}$$

$= 0{,}192$

Für Maschine C ergibt sich:

$$\sqrt{\frac{1\cdot(10{,}0-10{,}4)^2+2\cdot(10{,}1-10{,}4)^2+2\cdot(10{,}2-10{,}4)^2+3\cdot(10{,}3-10{,}4)^2+4\cdot(10{,}4-10{,}4)^2+4\cdot(10{,}5-10{,}4)^2+3\cdot(10{,}7-10{,}4)^2+1\cdot(10{,}8-10{,}4)^2}{20}}$$

$= 0{,}214$

Aus diesen drei Vergleichswerten erkennt man deutlich die vermutete Qualitätsreihenfolge: Bei Maschine A streuen die Abfüllmengen durchschnittlich am wenigsten, bei Maschine C am stärksten.

Information

(1) Empirische Standardabweichung

Das Streuverhalten einer Häufigkeitsverteilung kann mithilfe der Abweichung der Werte vom arithmetischen Mittel beschrieben werden.

Kommen Werte $x_1, x_2, \ldots, x_m$ mit den absoluten Häufigkeiten $n_1, n_2, \ldots, n_m$ vor, so ist die empirische Standardabweichung:

$$\overline{s} = \sqrt{\frac{n_1 \cdot (x_1 - \overline{x})^2 + n_2 \cdot (x_2 - \overline{x})^2 + \ldots + n_m \cdot (x_m - \overline{x})^2}{n_1 + n_2 + \ldots + n_m}}$$

Dabei bezeichnet $\overline{x}$ das arithmetische Mittel der Werte $x_1, x_2, \ldots, x_m$.

Analog zur Definition des arithmetischen Mittels kann man den Bruch unter der Wurzel in eine Summe zerlegen:

$$\overline{s} = \sqrt{\frac{n_1}{n_1 + n_2 + \ldots + n_m}(x_1 - \overline{x})^2 + \frac{n_2}{n_1 + n_2 + \ldots + n_m}(x_2 - \overline{x})^2 + \ldots + \frac{n_m}{n_1 + n_2 + \ldots + n_m}(x_m - \overline{x})^2}$$

Man erhält damit eine Formel, in der die relativen Häufigkeiten der Werte auftreten:

$$\overline{s} = \sqrt{h(x_1) \cdot (x_1 - \overline{x})^2 + h(x_2) \cdot (x_2 - \overline{x})^2 + \ldots + h(x_m) \cdot (x_m - \overline{x})^2}$$

Definition 3: Empirische Standardabweichung einer Häufigkeitsverteilung

Gegeben ist ein quantitatives Merkmal mit den Merkmalsausprägungen (Merkmalswerten) $x_1, x_2, \ldots, x_m$, und den zugehörigen relativen Häufigkeiten $h(x_1), h(x_2), \ldots, h(x_m)$.

$\overline{x}$ bezeichnet das arithmetische Mittel der Merkmalswerte.

Die **(empirische) Standardabweichung** der Werte ist

$$\overline{s} = \sqrt{h(x_1) \cdot (x_1 - \overline{x})^2 + h(x_2) \cdot (x_2 - \overline{x})^2 + \ldots + h(x_m) \cdot (x_m - \overline{x})^2}$$

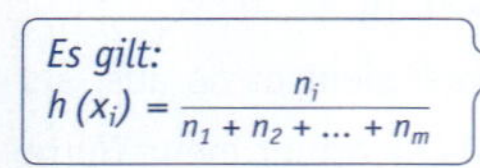

(2) Berechnen der empirischen Standardabweichung mit dem GTR

Zur Berechnung der empirischen Standardabweichung gibt man die Werte und die zugehörigen Häufigkeiten in zwei Listen ein, z. B. L_1 und L_2. Mithilfe das Befehls **1-Var Stats** aus dem Untermenü **CALC** des Menüs **STAT** erhält man dann sowohl das arithmetische Mittel als auch die empirische Standardabweichung. Viele Rechner berechnen die empirische Standardabweichung mit **σx**.

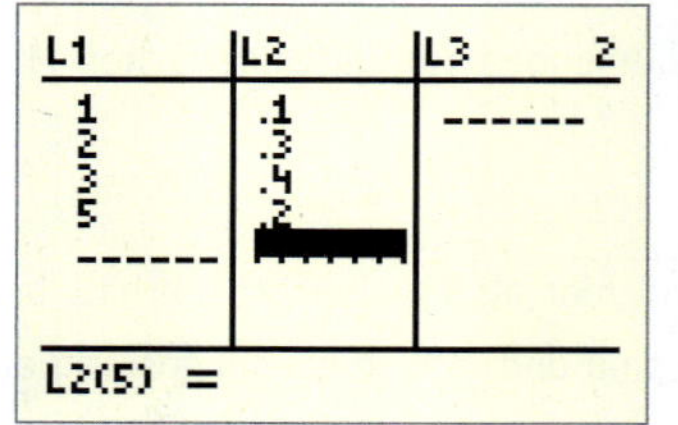

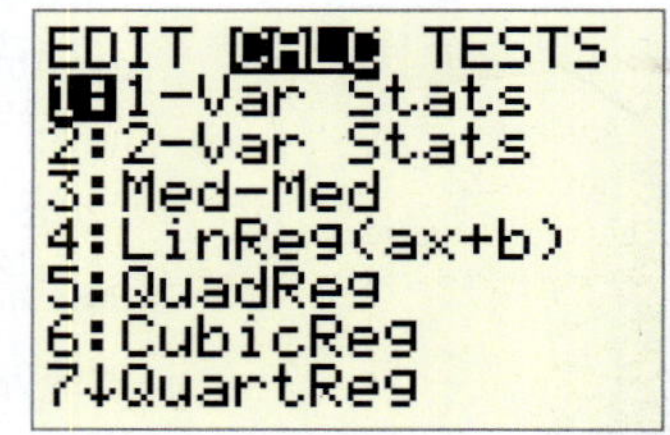

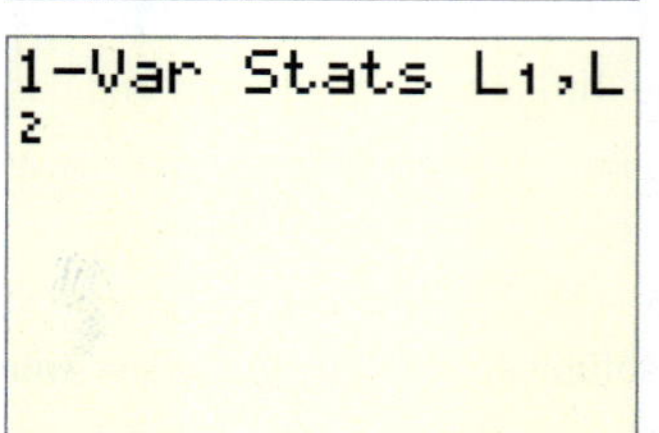

1-Var Stats
x̄=2.9
Σx=2.9
Σx²=9.9
Sx=
σx=1.220655562
↓n=1

Hinweise

(1) Wir haben bei der Definition der empirischen Standardabweichung durch die Gesamtanzahlen der Werte dividiert. Für manche Zwecke ist es auch sinnvoll, nur durch $n - 1$ zu dividieren. Die entsprechende Standardabweichung liefert der Rechner unter der Bezeichnung **Sx**. Wir benötigen sie jedoch nicht. Ferner ist der Unterschied zwischen **Sx** und **σx** nur klein, wenn die Anzahl der Daten groß ist.

(2) Kommen alle Merkmalswerte in der Liste L_1 nur einfach vor, so reicht die Eingabe des Befehls **1-Var Stats** L_1.

Übungsaufgaben 

1 Drei neue Radarmessgeräte sollen einem Gütetest unterzogen werden. Dazu ist mehrfach ein Auto mit einer Geschwindigkeit von exakt $80\,\frac{km}{h}$ an den Geräten vorbeigefahren.

Die Testgeräte haben dabei folgende Geschwindigkeiten gemessen:

	Gemessene Geschwindigkeit (in $\frac{km}{h}$)											
Testgerät 1	81,3	79,0	77,1	78,3	80,9	82,6	83,8	78,3	78,1	80,6		
Testgerät 2	80,4	78,1	80,3	81,1	78,4	82,0	80,2	82,0	78,6	79,7	78,7	80,5
Testgerät 3	81,2	80,5	77,5	78,4	80,4	82,2	79,3	79,0	80,7	79,8	81,5	80,5

Von einem guten Gerät erwartet man folgende Eigenschaften:

(1) Das arithmetische Mittel der Messungen liegt nahe bei dem tatsächlichen Wert.

(2) Die einzelnen Messwerte weichen nicht zu stark voneinander ab.

Vergleichen Sie mithilfe dieser Kriterien die Qualität der drei Testgeräte.

2 Julias Mutter hat über 2 Wochen die Fahrzeit zur Arbeitsstelle genau notiert:

Zeit (in Minuten)	28	33	37	30	35	53	38	32	29	36

a) Wie lange dauert die Fahrt zur Arbeit im Durchschnitt?

b) Berechnen Sie die Spannweite und die durchschnittliche Abweichung.

„Ausreißer" können statistische Erhebungen verzerren.

c) Die Zeit am 6. Tag fällt deutlich aus dem Rahmen. Berechnen Sie ohne diesen Ausreißer die durchschnittliche Fahrzeit, die Spannweite und die empirische Standardabweichung. Vergleichen Sie die Ergebnisse mit denen aus den Teilaufgaben a) und b).

3 Bei einer Klausur wurde ein Kurs in zwei Gruppen A und B aufgeteilt. Beide Gruppen erhielten Aufgaben mit gleichem Schwierigkeitsgrad. 40 Punkte konnten erreicht werden.

Gruppe A	25	31	17	37	26	32	22	14	27	24	19	22	28	23	29
Gruppe B	28	21	32	37	18	27	35	12	40	24	31	23	26		

a) Berechnen Sie für beide Gruppen die durchschnittlich erreichte Punktzahl, die Spannweite der erreichten Punktzahlen sowie die durchschnittliche Abweichung.

b) Vergleichen Sie beide Gruppen hinsichtlich der Leistungsfähigkeit und der Leistungsunterschiede.

c) Berechnen Sie das arithmetische Mittel und die empirische Standardabweichung für den gesamten Kurs. Vergleichen Sie die Ergebnisse mit denen der beiden Einzelgruppen.

4 Eine Überprüfung der Gewichte von Kakaopackungen ergab:

Sorte A:	497 g	504 g	502 g	508 g	492 g	499 g	500 g	502 g		
Sorte B:	500 g	508 g	491 g	494 g	501 g	493 g	496 g	507 g	501 g	504 g

a) Berechnen Sie für jede Stichprobe das arithmetische Mittel und die Spannweite.

b) Berechnen Sie auch die empirische Standardabweichung. Vergleichen Sie.

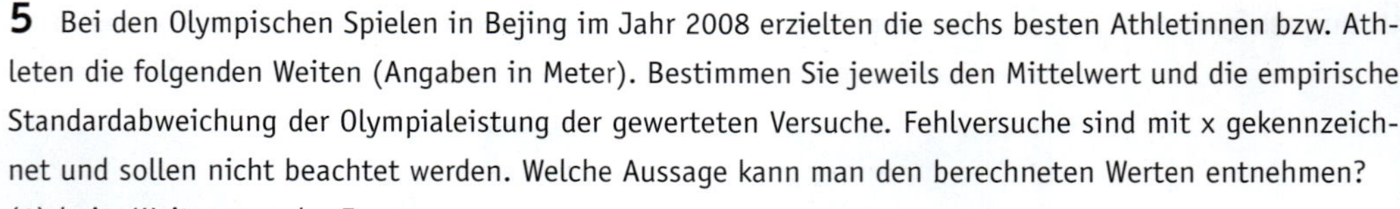

5 Bei den Olympischen Spielen in Bejing im Jahr 2008 erzielten die sechs besten Athletinnen bzw. Athleten die folgenden Weiten (Angaben in Meter). Bestimmen Sie jeweils den Mittelwert und die empirische Standardabweichung der Olympialeistung der gewerteten Versuche. Fehlversuche sind mit x gekennzeichnet und sollen nicht beachtet werden. Welche Aussage kann man den berechneten Werten entnehmen?

(1) beim Weitsprung der Frauen

1	Saladino Aranda Irving Jahir	Panama	x	8,17	8,21	8,34	x	x
2	Mokoena Khotso	South Africa	7,86	x	8,02	8,24	x	x
3	Camejo Ibrahim	Cuba	7,94	8,09	8,08	7,88	7,93	8,20
4	Makusha Ngonidzashe	Zimbabwe	8,19	8,06	8,05	8,10	8,05	6,48
5	Martinez Wilfredo	Cuba	7,60	7,90	x	8,04	x	8,19
6	Badji Ndiss Kaba	Senegal	8,03	x	8,02	8,16	8,03	7,92

(2) beim Kugelstoßen der Männer

1	Majewski Tomasz	Poland	20,80	20,47	21,21	21,51	x	20,44
2	Cantwell Christian	United States	20,39	20,98	20,88	20,86	20,69	21,09
3	Mikhnevich Andrei	Belarus	20,73	21,05	x	20,78	20,57	20,93
4	Armstrong Dylan	Canada	20,62	21,04	x	x	20,47	x
5	Lyzhyn Pavel	Belarus	20,33	20,15	20,98	20,98	20,40	x
6	Bilonog Yuriy	Ukraine	20,63	x	20,53	20,46	20,31	x

6 Nur neun Mannschaften gehörten von der Spielzeit 1999/2000 bis zur Spielzeit 2008/09, also zehn Spielzeiten lang, der Fußball-Bundesliga an.

a) In der Tabelle sind die Punktstände dieser Mannschaften am Ende der jeweiligen Spielzeit abgedruckt. Welche Mannschaft hatte in den zehn Jahren die geringsten Leistungsschwankungen? Bestimmen Sie dazu jeweils die empirische Standardabweichung.

	99/00	00/01	01/02	02/03	03/04	04/05	05/06	06/07	07/08	08/09
Bayer 04 Leverkusen	73	57	69	40	65	57	52	51	51	49
Bayern München	73	63	68	75	68	77	75	60	76	67
Borussia Dortmund	40	58	70	58	55	55	46	44	40	59
Hamburger SV	59	41	40	56	49	51	68	45	54	61
Hertha BSC Berlin	50	56	61	54	39	58	48	44	44	63
FC Schalke 04	39	62	61	49	50	63	61	68	64	50
VfB Stuttgart	48	38	50	59	64	58	43	70	52	64
VfL Wolfsburg	49	47	46	46	42	48	34	37	54	69
Werder Bremen	47	53	56	52	74	59	70	66	66	45

b) Die folgende Tabelle enthält jeweils die Anzahl der in den 34 Spielen einer Spielzeit geschossenen Tore. Wer war hier am beständigsten?

	99/00	00/01	01/02	02/03	03/04	04/05	05/06	06/07	07/08	08/09
Bayer 04 Leverkusen	74	54	77	47	73	65	64	54	57	59
Bayern München	73	62	65	70	70	75	67	55	68	71
Borussia Dortmund	41	62	62	51	59	47	45	41	50	60
Hamburger SV	63	58	51	46	47	55	53	43	47	49
Hertha BSC Berlin	39	58	61	52	42	59	52	50	39	48
FC Schalke 04	42	65	52	46	49	56	47	53	55	47
VfB Stuttgart	44	42	47	53	52	54	37	61	57	63
VfL Wolfsburg	51	60	57	39	56	49	33	37	58	80
Werder Bremen	65	53	54	51	79	69	79	76	75	64

6.3 Regression und Korrelation

6.3.1 Regressionsgerade

Einführung

(1) Regression am Beispiel der Körpergröße von Vätern und Söhnen

Regression

Der englische Biologe und Statistiker SIR FRANCIS GALTON (1822–1911) verglich die Körpergröße von Männern mit der ihrer Väter. Er fand dabei heraus, dass Söhne von ganz kleinen Vätern nicht so klein wie ihr Vater und Söhne von großen Vätern nicht ganz so groß wie ihr Vater sind. So hat zum Beispiel ein Vater, der um 30 cm größer als der Durchschnitt ist, einen Sohn, der weniger als 30 cm über dem Durchschnitt der Söhne liegt. GALTON formulierte das Ergebnis so, dass die Körpergröße von Söhnen extrem großer bzw. kleiner Väter wieder in Richtung zum Durchschnittswert „zurückschreitet".

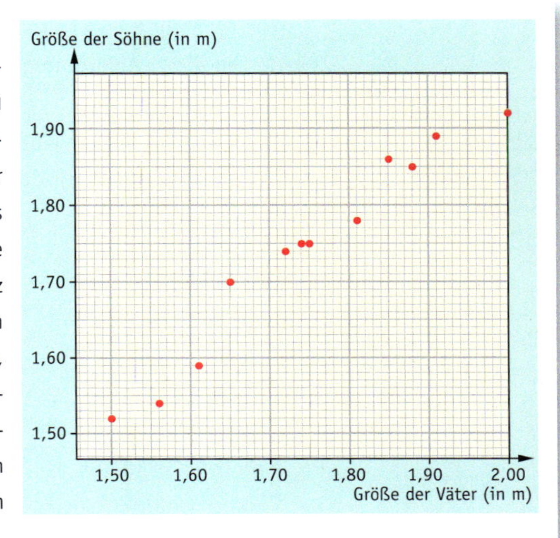

regredior, regressus sum (lat.): zurückgehen

Mit dem GTR kann man leicht eine Gerade bestimmen, die sich den Datenpunkten gut anpasst.

L1	L2	L3 2
150	152	------
156	154	
161	159	
165	170	
172	174	
174	175	
175	175	

L2 ={152,154,159...

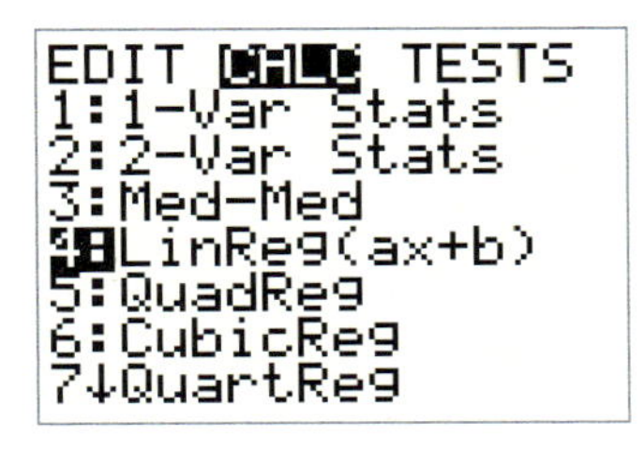

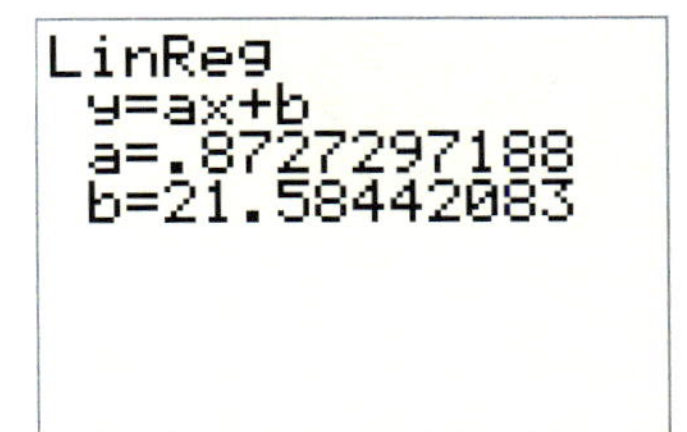

Die Tatsache, dass die Steigung der Regressionsgeraden $y = 0{,}8727 + 21{,}58$ kleiner als 1 ist und die Gerade mitten durch die Punktwolke verläuft, führt genau zu der von GALTON beobachteten Regression („Rückschritt") zum Durchschnitt.

Im Folgenden soll die Formel entwickelt werden, mit dem Rechner die Gleichung einer Regressionsgeraden ermitteln.

(2) Kriterium für die Regressionsgerade

Wir betrachten dazu n Datenpaare $(x_1 \mid y_1)$, $(x_2 \mid y_2)$, …, $(x_n \mid y_n)$ und bestimmen die Gerade mit dem Funktionsterm $f(x) = ax + b$, die sich den Datenpunkten am besten annähert. Dazu gehen wir folgendermaßen vor:

Für jeden Datenpunkt bilden wir die Abweichung des y-Wertes vom zugehörigen Funktionswert der Geraden zu f mit $f(x) = ax + b$, also

$y_1 - (ax_1 + b)$, $y_2 - (ax_2 + b)$, …, $y_n - (ax_n + b)$.

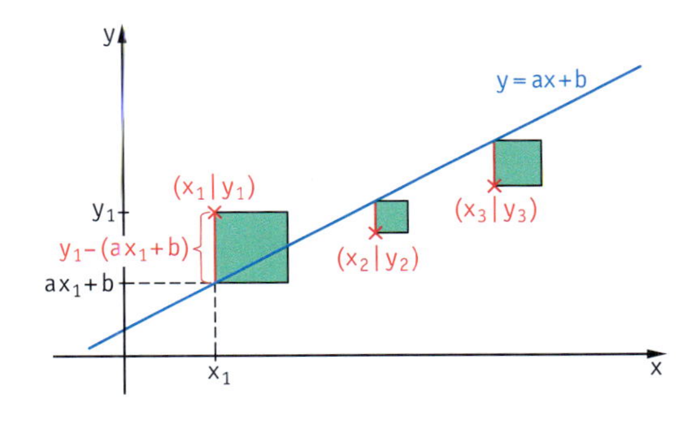

Als Kriterium für die Güte der Anpassung betrachten wir dann die Summe der Quadrate aller dieser Abweichungen $S(a, b) = (y_1 - (a x_1 + b))^2 + (y_2 - (a x_2 + b))^2 + \ldots + (y_n - (a x_n + b))^2$. Gesucht sind also die Steigung a und der y-Achsenabschnitt b der Geraden, sodass $S(a, b)$ minimal wird.

(3) Bestimmen des y-Achsenabschnittes

Der Term $S(a, b)$ kann als Term einer Funktionenschar mit Parameter a und Variable b aufgefasst werden: $S_a(b) = S(a, b)$

Für beliebiges a ist dann das Minimum dieser Funktion S_a gesucht. Dazu leiten wir $S_a(b)$ nach b ab und setzen die 1. Ableitung gleich null.

Ableiten mit der Kettenregel bei linearer innerer Funktion.

$$0 = S_a'(b)$$
$$0 = 2 \cdot (y_1 - (a x_1 + b)) \cdot (-1) + 2 \cdot (y_2 - (a x_2 + b)) \cdot (-1) + \ldots + 2 \cdot (y_n - (a x_n + b)) \cdot (-1) \quad |:(-2)$$
$$0 = y_1 - (a x_1 + b) + y_2 - (a x_2 + b) + \ldots + y_n - (a x_n + b)$$
$$a x_1 + b + a x_2 + b + \ldots + a x_n + b = y_1 + y_2 + \ldots + y_n$$
$$a(x_1 + x_2 + \ldots + x_n) + n b = y_1 + y_2 + \ldots + y_n \quad |:n$$
$$a \cdot \frac{x_1 + x_2 + \ldots + x_n}{n} + b = \frac{y_1 + y_2 + \ldots + y_n}{n}$$
$$a \bar{x} + b = \bar{y}$$

Arithmetisches Mittel der Daten x_i
$\bar{x} = \frac{x_1 + x_2 + \ldots + x_n}{n}$

Arithmetisches Mittel der Daten y_i
$\bar{y} = \frac{y_1 + y_2 + \ldots + y_n}{n}$

Diese Gleichung besagt, dass die Regressionsgerade durch den sogenannten *Schwerpunkt* $P(\bar{x} | \bar{y})$ der Punktwolke verläuft. Aus der Gleichung erhalten wir $b = \bar{y} - a\bar{x}$.

Dieser Term liefert die b-Koordinate des Minimums von S_a, denn der Graph von $S_a(b)$ ist für jeden Wert von a eine nach oben geöffnete Parabel. Dies erkennt man daran, dass der Term von $S_a(b)$ nach dem Ausmultiplizieren einen Term der Form $k b^2 + l b + m$ mit $k > 0$ ergibt.

(4) Bestimmen der Steigung

Einsetzen von $b = \bar{y} - a\bar{x}$ in den Term der Geradengleichung $f(x) = ax + b$.

Wir suchen nun im zweiten Schritt den Wert für a, sodass die Summe der quadratischen Abweichung von der Geraden zu f mit $f(x) = ax + \bar{y} - a\bar{x}$ minimal wird. Diese Summe hängt nur noch von der Variablen a ab.

$$S(a) = (y_1 - (a x_1 + \bar{y} - a\bar{x}))^2 + (y_2 - (a x_1 + \bar{y} - a\bar{x}))^2 + \ldots + (y_n - (a x_n + y - a\bar{x}))^2$$
$$= (y_1 - \bar{y} - a(x_1 - \bar{x}))^2 + (y_2 - \bar{y} - a(x_2 - \bar{x}))^2 + \ldots + (y_n - \bar{y} - a(x_n - \bar{x}))^2$$

Zum Bestimmen des Minimums leiten wir wieder mit der Kettenregel mit linearer innerer Funktion ab und erhalten:

$$S'(a) = 2(y_1 - \bar{y} - a(x_1 - \bar{x})) \cdot (-(x_1 - \bar{x})) + \ldots + 2(y_n - \bar{y} - a(x_n - \bar{x})) \cdot (-(x_n - \bar{x}))$$

Mit der Bedingung $0 = S'(a)$ erhalten wir dann:

$$0 = 2(y_1 - \bar{y} - a(x_1 - \bar{x})) \cdot (-(x_1 - \bar{x})) + \ldots + 2(y_n - \bar{y} - a(x_n - \bar{x})) \cdot (-(x_n - \bar{x})) \quad |:2$$
$$0 = -(y_1 - \bar{y})(x_1 - \bar{x}) + a(x_1 - \bar{x})^2 - (y_2 - \bar{y})(x_1 - \bar{x}) + a(x_1 - \bar{x})^2 - \ldots - (y_n - \bar{y})(x_1 - \bar{x}) + a(x_n - \bar{x})^2$$
$$(y_1 - \bar{y})(x_1 - \bar{x}) + (y_2 - \bar{y})(x_2 - \bar{x}) + \ldots + (y_n - \bar{y})(x_n - \bar{x}) = a(x_1 - \bar{x})^2 + a(x_2 - \bar{x})^2 + \ldots + a(x_n - \bar{x})^2$$
$$(y_1 - \bar{y})(x_1 - \bar{x}) + (y_2 - \bar{y})(x_2 - \bar{x}) + \ldots + (y_n - \bar{y})(x_n - \bar{x}) = a((x_1 - \bar{x})^2 + (x_2 - \bar{x})^2 + (x_n - \bar{x})^2)$$
$$a = \frac{(y_1 - \bar{y})(x_1 - \bar{x}) + (y_2 - \bar{y})(x_2 - \bar{x}) + \ldots + (y_n - \bar{y})(x_n - \bar{x})}{(x_1 - \bar{x})^2 + (x_2 - \bar{x})^2 + \ldots + (x_n - \bar{x})^2}$$

An dieser Stelle liegt ein Minimum vor, da der Graph zu dem Term $S(a)$ eine nach oben geöffnete Parabel ist. Dies erkennt man wiederum durch Ausmultiplikation der Teilterme von $S(a)$ und Sortieren nach den Potenzen von a, denn es gilt:

$$S(a) = ((y_1 - \bar{y}) - a(x_1 - \bar{x}))^2 + \ldots + ((y_n - \bar{y}) - a(x_n - \bar{x}))^2$$
$$= ((x_1 - \bar{x})^2 + \ldots + (x_n - \bar{x})^2) \cdot a^2 - 2((y_1 - \bar{y})(x_1 - \bar{x}) + \ldots + (y_n - \bar{y})(x_n - \bar{x})) \cdot a + ((y_1 - \bar{y})^2 + \ldots + (y_n - \bar{y})^2)$$

positiver Faktor vor a^2

Information **(1) Regressionsgerade**

Satz 1

Für n Datenpaare $(x_1 | y_1)$, $(x_2 | y_2)$, …, $(x_n | y_n)$ hat die Regressionsgerade mit dem Funktionsterm $f(x) = ax + b$ die Steigung

$$a = \frac{(x_1 - \overline{x})(y_1 - \overline{y}) + (x_2 - \overline{x})(y_2 - \overline{y}) + \ldots + (x_n - \overline{x})(y_n - \overline{y})}{(x_1 - \overline{x})^2 + (x_2 - \overline{x})^2 + \ldots + (x_n - \overline{x})^2}$$ und den y-Achsenabschnitt

$$b = \overline{y} - a\overline{x} = \frac{y_1 + y_2 + \ldots + y_n}{n} - a\frac{x_1 + x_2 + \ldots + x_n}{n}.$$

Die obige Formel für die Steigung a lässt sich noch etwas kürzer notieren, wenn man das **Summenzeichen** verwendet:

Statt $q_1 + q_2 \ldots + q_n$ schreibt man auch $\sum_{i=1}^{n} q_i$.

In dieser Schreibweise lautet die Formel $a = \frac{\sum_{i=1}^{n}(x_i - \overline{x})(y_i - \overline{y})}{\sum_{i=1}^{n}(x_i - \overline{x})^2}$.

Weiterführende Aufgabe

1 Modellierung durch Regression mit nicht-linearen Funktionen

In den letzten Jahrzehnten hat die Anzahl der Tankstellen in Deutschland erheblich abgenommen.

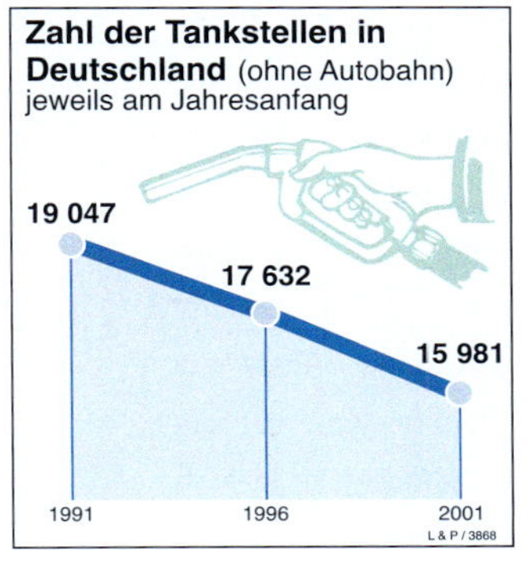

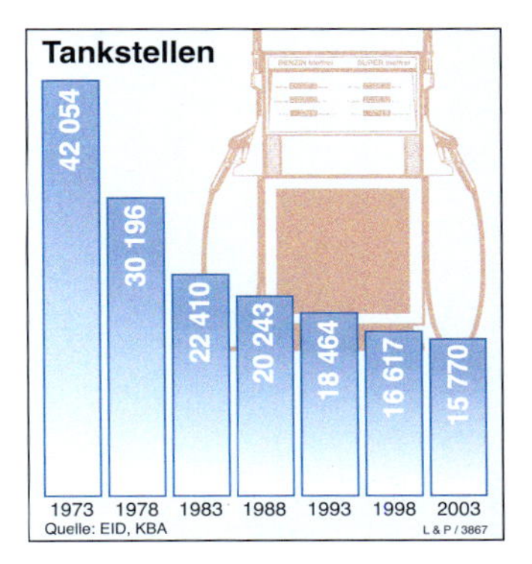

(1) Betrachtet man die linke Grafik, dann könnte man geneigt sein, für die Prognose zukünftiger Bestände ein lineares Modell zu verwenden.
Welche Anzahl an Tankstellen ergäbe sich aus einem linearen Modell als Prognose für das Jahr 2020?

(2) Welchen Eindruck gewinnt man aus der rechten Grafik? Warum erscheint ein lineares Modell in dem betrachteten Sachzusammenhang grundsätzlich nicht geeignet?
Überlegen Sie, welcher Funktionstyp zur Beschreibung eines Abnahmeprozesses eher angemessen ist und bestimmen Sie mithilfe der Möglichkeiten des GTR eine verbesserte Prognose für das Jahr 2020.

Information **(2) Regression mit nicht-linearen Funktionen**

Mit dem GTR lassen sich Regressionen nicht nur mit linearen Funktionen durchführen, sondern auch mit vielen anderen: quadratischen, kubischen, exponentiellen, trigonometrischen, …

Eine weitere Möglichkeit des Rechners ist es, diese Regression auf eine lineare zurückzuführen.

```
EDIT CALC TESTS
5:QuadReg
6:CubicReg
7:QuartReg
8:LinReg(a+bx)
9:LnReg
0:ExpReg
A↓PwrReg
```

Beispiel

Statt der Exponentialfunktion zu $y = a \cdot b^x$ zu den Datenpaaren $(x_1 | y_1)$, $(x_2 | y_2)$, …, $(x_n | y_n)$ kann man die Gerade zu $\ln(y) = \ln(a\,b^x) = \ln(b) \cdot x + \ln(a)$ zu den Datenpunkten $(x_1 | \ln(y_1))$, $(x_2 | \ln(y_2))$, …, $(x_n | \ln(y_n))$ bestimmen und aus dieser die gesuchte Exponentialfunktion ermitteln.

Übungsaufgaben 

2 Im Menü-Punkt *Simulationen* der Software VU-Statistik, die den Band Elemente der Mathematik 10 beiliegt, findet man unter *Optimale Gerade* das Angebot, eine bereits in eine Punktwolke eingezeichnete Gerade so zu drehen oder zu verschieben, bis man den Eindruck hat, dass sie optimal zu den Daten passt.

a) Probieren Sie aus, ob Sie einen Blick für eine solche „optimale Gerade" haben. Anschließend können Sie die Qualität Ihrer Schätzung durch Anklicken von „Regressionsgerade" überprüfen.

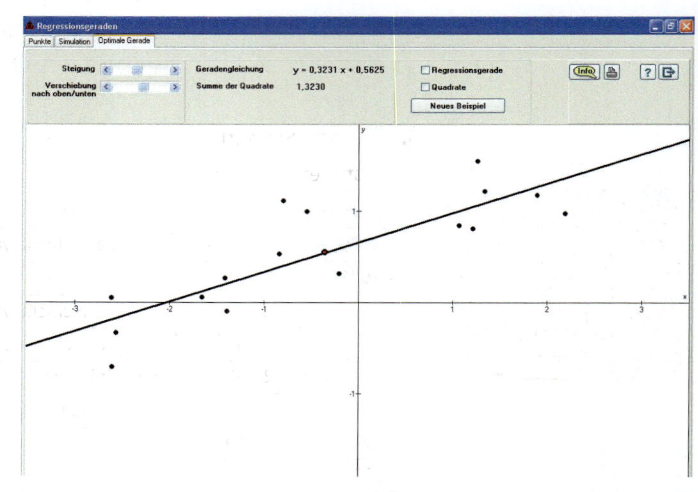

b) Ihre Suche nach der optimalen Gerade können Sie dadurch verbessern, dass Sie die Option *Quadrate* anklicken. Diese machen deutlich, wie groß das Quadrat des vertikalen Abstandes eines Punktes von der gezeigten Gerade ist. Je kleiner deren Gesamtfläche ist, desto besser ist die Anpassung der Gerade an die Datenmenge.

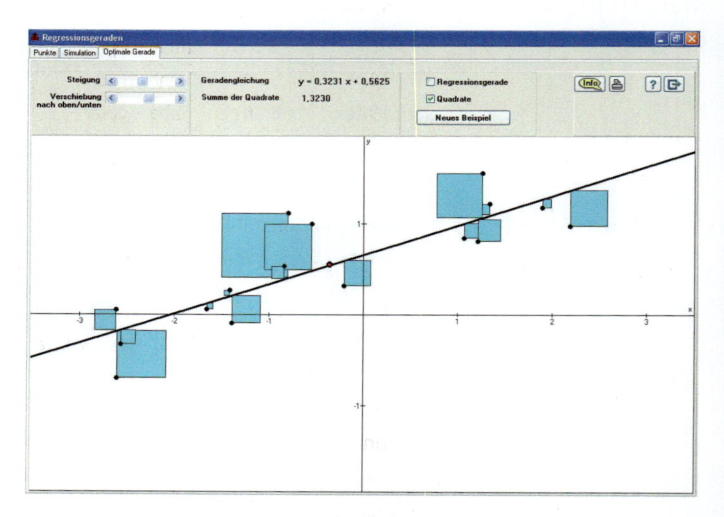

c) Versuchen Sie, eine Gleichung der Regressionsgeraden aus den gegebenen Datenpaaren zu bestimmen.

3 Eine der drei Geraden g mit $g(x) = 0{,}2x + 1{,}5$; h mit $h(x) = 0{,}4x + 0{,}8$ und i mit $i(x) = 0{,}5x + 0{,}5$ ist die Regressionsgerade zu den Datenpaaren $(0|1)$, $(2|2)$, $(4|1)$ und $(6|4)$.
Entscheiden Sie ohne Verwendung des Regressionsbefehls des Rechners, welche. Dokumentieren Sie einen Lösungsweg, der auch ohne GTR oder CAS nachvollziehbar ist.

4 Bei jungen Bohnenpflanzen wurde die Höhe gemessen:

Zeit (in Tagen)	2	4	6	8	10	12	14
Höhe (in mm)	4	11	15	22	31	37	40

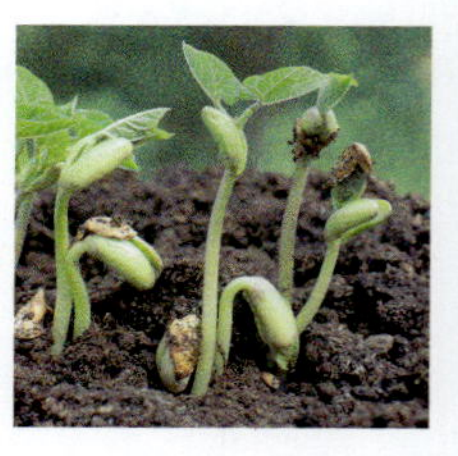

a) Bestimmen Sie die Gleichung der Regressionsgeraden.

b) Ermitteln Sie damit, wie hoch eine Bohnenpflanze nach 21 Tagen sein wird.

5 Der Widerstand eines Metalldrahtes hängt von der Temperatur ab:

Temperatur (in °C)	10	28	42	60	73	91
Widerstand (in Ω)	21,0	22,0	22,8	23,8	24,6	25,6

a) Ermitteln Sie die Gleichung der Regressionsgeraden.

b) Messtechnisch wird häufig umgekehrt aus dem leicht messbaren Widerstand die Temperatur bestimmt. Wie warm ist dieser Draht bei einem Widerstand von 25,0 Ω?

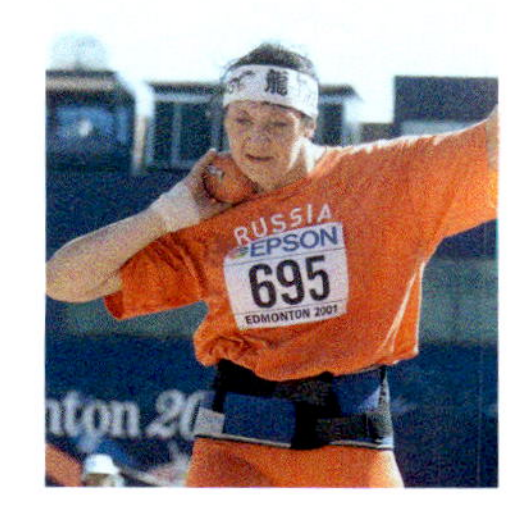

6 Machen Sie mithilfe der Daten eine Prognose für die Welt-Jahresbestleistung im Jahr 2020 für das Kugelstoßen der Frauen.

Jahr	Welt-Jahresbestleistung	
1970	19,69	Nadeschda Tschichowa
1971	20,43	Nadeschda Tschichowa
1972	21,03	Nadeschda Tschichowa
1973	21,45	Nadeschda Tschichowa
1974	21,57	Helena Fibingerova
1975	21,60	Marianne Adam
1976	21,99	Helena Fibingerova
1977	22,32	Helena Fibingerova
1978	22,06	Ilona Slupianek
1979	22,04	Ilona Slupianek
1980	22,45	Ilona Slupianek
1981	21,61	Ilona Slupianek
1982	21,80	Ilona Slupianek
1983	22,40	Ilona Slupianek
1984	22,53	Natalja Lisowskaja
1985	21,73	Natalja Lisowskaja
1986	21,70	Natalja Lisowskaja
1987	22,63	Natalja Lisowskaja
1988	22,55	Natalja Lisowskaja
1989	20,78	Heike Hartwig
1990	21,66	Sui Xinmei
1991	21,12	Natalja Lisowskaja
1992	21,06	Svetlana Kriweljowa
1993	20,84	Svetlana Kriweljowa
1994	20,74	Sui Xinmei
1995	21,22	Astrid Kumbernuss
1996	20,97	Astrid Kumbernuss
1997	21,22	Astrid Kumbernuss
1998	21,69	Viktoria Pawlitsch
1999	20,26	Svetlana Kriweljowa
2000	21,46	Larissa Peleschenko
2001	20,79	Larissa Peleschenko
2002	20,64	Irina Korschanenko
2003	20,77	Svetlana Kriweljowa
2004	20,79	Irina Korschanenko
2005	21,09	Nadeshda Ostapschuk
2006	20,56	Nadeshda Ostapschuk
2007	20,54	Valerie Vili
2008	20,98	Nadeshda Ostapschuk

7 Untersuchen Sie den Zusammenhang zwischen verschiedenen Klimadaten für Hannover-Langenhagen.

	Jan.	Feb.	März	April	Mai	Juni	Juli	Aug.	Sep.	Okt.	Nov.	Dez.
Niederschlags-menge [in mm]	52,2	37,2	48,3	49,8	62,4	72,8	62,3	63,5	53,3	42,0	52,3	59,7
mittlere Tempe-ratur [in °C]	0,6	1,1	4,0	7,8	12,6	15,8	17,2	16,9	13,7	9,7	5,0	1,9
Sonnenschein-dauer [in h]	41,6	66,7	105,7	150,2	206,3	208,0	198,4	197,1	138,6	104,0	51,5	33,5

8 **Übungen zum Summenzeichen**

a) Schreiben Sie ausführlich als Summe und berechnen Sie

(1) $\sum_{i=1}^{5} i^2$ (2) $\sum_{i=0}^{3} (2i+1)$ (3) $\sum_{i=2}^{4} 2^i$ (4) $\sum_{i=-1}^{2} (2+i)$

b) Schreiben Sie mithilfe des Summenzeichens:

(1) Summe der ersten 3 Quadratzahlen;

(2) Summe der ersten 5 geraden Zahlen;

(3) $1 + 3 + 5 + 7 + 9 + 11$;

(4) $x^2 + x^3 + x^4 + x^5$.

6.3.2 Korrelationskoeffizient

Einführung

(1) Allgemeiner Korrelationskoeffizient

Wir wollen ein Maß dafür entwickeln, wie gut Datenpunkte $(x_1 | y_1)$, $x_2 | y_2)$, …, $(x_n | y_n)$ durch ihre Regressionsgerade angenähert werden.

Wir erläutern die Idee am Beispiel von GALTON zu den Körpergrößen von Vätern und Söhnen: Weicht die Körpergröße x_i des Vaters vom arithmetischen Mittel $\bar{x}$ der Körpergröße aller Väter ab, so ist erklärbar, dass auch die Körpergröße y_i seines Sohnes vom arithmetischen Mittel der Körpergröße $\bar{y}$ aller Söhne abweicht. Nach der Regressionsgeraden mit dem Funktionsterm $f(x)$ sollte die Körpergröße des Sohnes $f(x_i)$ betragen, die Abweichung $f(x_i) - \bar{y}$ ist also erklärbar. Diese wird verglichen mit der tatsächlichen Abweichung $y_i - \bar{y}$. Je näher der Punkt $(x_i | y_i)$ an der Regressionsgeraden liegt, desto besser stimmen die Abweichungen $f(x_i) - \bar{y}$ und $y_i - \bar{y}$ überein.

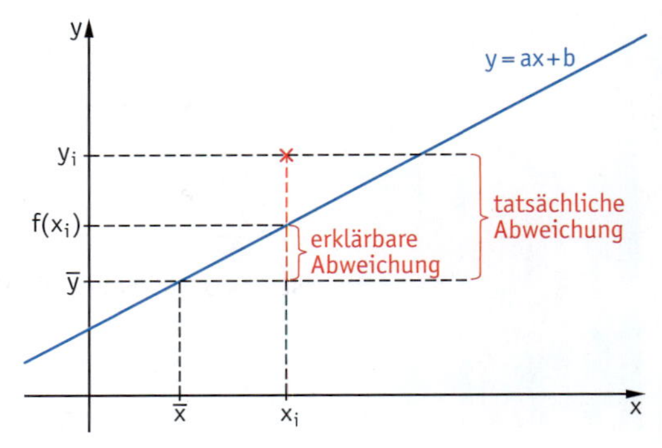

Ein Maß für die Güte der Regressionsgerade ist also der Anteil der erklärbaren Abweichung an der tatsächlichen Abweichung.

Wir definieren den allgemeinen Korrelationskoeffizienten nicht nur für Regressionsgeraden zu linearen Funktionen, sondern für beliebige Regressionsfunktionen.

Korrelation (lat): Wechselbeziehung

Definition 4

Werden Datenpaare $(x_1 | y_1)$, $(x_2 | y_2)$, …, $(x_n | y_n)$ durch eine Funktion f angenähert, so heißt

$$r = \frac{\sqrt{\sum_{i=1}^{n} \left(f(x_i) - \bar{y}\right)^2}}{\sqrt{\sum_{i=1}^{n} (y_i - \bar{y})^2}}$$ **allgemeiner Korrelationskoeffizient.**

(2) Linearer Korrelationskoeffizient

Für eine Regressionsgerade mit dem Funktionsterm $f(x) = ax + b$ gilt:

$f(x_i) = ax_i + b = ax_i + \bar{y} - a\bar{x} = a(x_i - \bar{x}) + \bar{y}$, also $f(x_i) - \bar{y} = a(x_i - \bar{x})$.

Durch Einsetzen von $f(x_i)$ in den Term von r (nach Defintion 4) ergibt sich:

$$r = \sqrt{\frac{\sum_{i=1}^{n} \left(a(x_i - \bar{x})\right)^2}{\sum_{i=1}^{n} (y_i - \bar{y})^2}} = \sqrt{a^2 \cdot \frac{\sum_{i=1}^{n} (x_i - \bar{x})^2}{\sum_{i=i}^{n} (y_i - \bar{y})^2}}$$

Durch Einsetzen der Formel für die Steigung a der Regressionsgeraden folgt daraus:

$$r = \sqrt{\left(\frac{\sum_{i=1}^{n} (x_i - \bar{x})(y_i - \bar{y})}{\sum_{i=1}^{n} (x_i - \bar{x})^2}\right)^2 \cdot \frac{\sum_{i=1}^{n} (x_i - \bar{x})^2}{\sum_{i=1}^{n} (y_i - \bar{y})^2}} = \sqrt{\frac{\left(\sum_{i=1}^{n} (x_i - \bar{x})(y_i - \bar{y})\right)^2}{\sum_{i=1}^{n} (x_i - \bar{x})^2 \sum_{i=1}^{n} (y_i - \bar{y})^2}} = \frac{\left|\sum_{i=1}^{n} (x_i - \bar{x})(y_i - \bar{y})\right|}{\sqrt{\sum_{i=1}^{n} (x_i - \bar{x})^2 \sum_{i=1}^{n} (y_i - \bar{y})^2}}$$

Üblicherweise lässt man die Betragsstriche im Zähler weg. Dann hat der Korrelationskoeffizient dasselbe Vorzeichen wie die Steigung der Regressionsgerade.

Definition 5

Für n Datenpaare $(x_1 | y_1), (x_2 | y_2), \ldots, (x_n | y_n)$ wird der **lineare Korrelationskoeffizient** (mit Vorzeichen) wie folgt berechnet:

$$r = \frac{\sum_{i=1}^{n} (x_i - \bar{x})(y_i - \bar{y})}{\sqrt{\sum_{i=1}^{n} (x_i - \bar{x})^2 \sum_{i=1}^{n} (y_i - \bar{y})^2}}$$

(3) Größe des linearen Korrelationskoeffizienten

Man kann zeigen, dass für den linearen Korrelationskoeffizienten r stets gilt $-1 \le r \le 1$.

Ist $r > 0$, so steigt die Regressionsgerade, für $r = 0$ ist sie parallel zur x-Achse und für $r < 0$ fällt die Regressionsgerade. Je näher die Punkte an der Regressionsgeraden liegen, desto näher liegt der Wert von $|r|$ an 1:

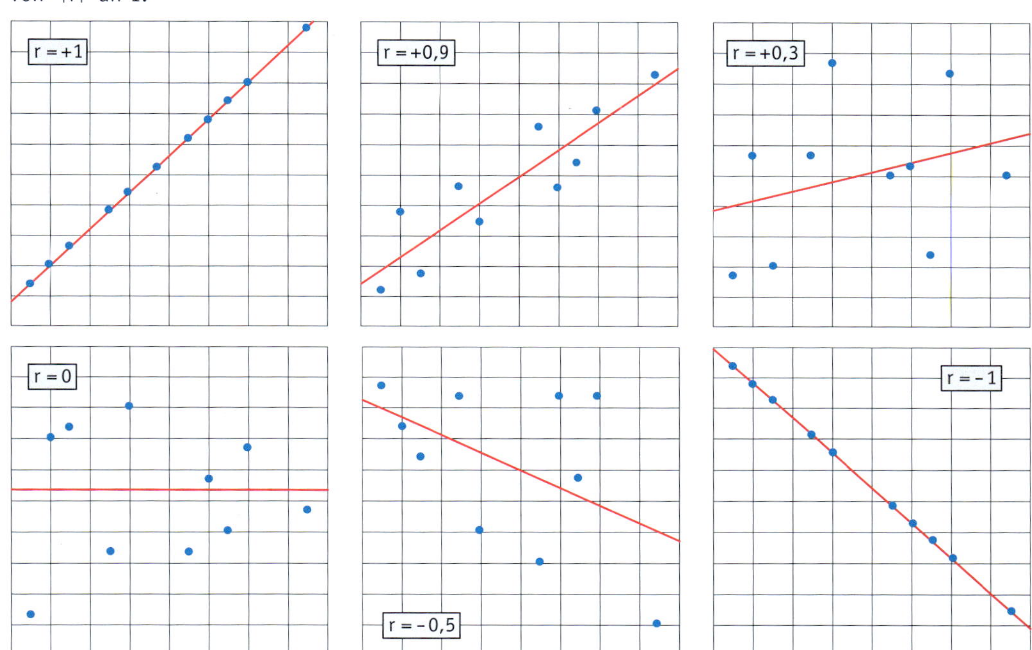

Üblich sind folgende Sprechweisen:

$\lvert r \rvert = 1$:	volle Korrelation
$0{,}7 \le \lvert r \rvert < 1$:	starke Korrelation
$0{,}3 \le \lvert r \rvert < 0{,}7$:	mittlere Korrelation
$0 < \lvert r \rvert < 0{,}3$:	schwache Korrelation
$\lvert r \rvert = 0$:	keine Korrelation

(4) Bestimmen des Korrelationskoeffizienten mit dem GTR

Die meisten GTR geben zusammen mit der Gleichung der Regressionsfunktion sofort den Korrelationskoeffizienten mit aus. Gegebenfalls muss zuvor der Befehl **DiagnosticOn** eingegeben werden.

```
LinReg
 y=ax+b
 a=.8727297188
 b=21.58442083
 r²=.9600470894
 r=.979819927
```

Aufgabe

1 Korrelation und Kausalität

Ermitteln Sie die linearen Korrelationskoeffizienten in folgenden Beispielen und bewerten Sie Ihre Ergebnisse.

a) (1) Jahr → CO_2-Ausstoß der Benziner-Pkw

(2) Jahr → CO_2-Ausstoß der Diesel-Pkw

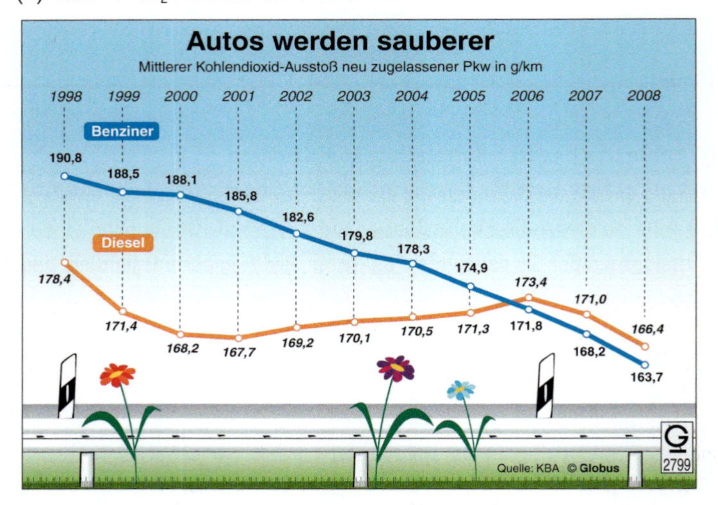

b) Anzahl der Storchenpaare → Geburtenzahl

Bringt der Storch doch die Babys?

Jahr	1971	1972	1973	1974	1975	1976	1977	1978	1979	1980	1981
Storchenpaare in Niedersachsen	585	560	422	483	456	439	441	480	448	413	444
Geburten in Niedersachsen	97 622	87 827	78 979	76 318	71 964	72 434	69 268	68 557	67 637	71 752	72 022

Lösung

a) (1) Für den CO_2-Ausstoß der Benzin-Pkw y in Abhängigkeit von der Zeit ergibt sich:

$y = -2{,}384\,x + 4954{,}4$ mit $r = -0{,}993$.

Für Benzin-Pkw hat im Laufe der Jahre der CO_2-Ausstoß kontinuierlich abgenommen (durch technische Weiterentwicklung). Hier liegt eine starke Korrelation vor.

(2) Für den CO_2-Ausstoß der Diesel-Pkw y in Abhängigkeit von der Zeit ergibt sich:

$y = -0{,}325\,x + 821$ mit $r = -0{,}333$.

Für Diesel-Pkw ist die Abnahme nicht so ausgeprägt, hier liegt eine mittlere Korrelation vor.

b) Für die Anzahl der Geburten besteht eine starke Korrelation zur Anzahl der Storchenpaare:

$r = 0{,}834$.

Diese besagt natürlich nicht, dass hier ein kausaler Zusammenhang vorliegt: Beide Anzahlen haben sich unabhängig voneinander im Laufe der Zeit in dieselbe Richtung entwickelt.

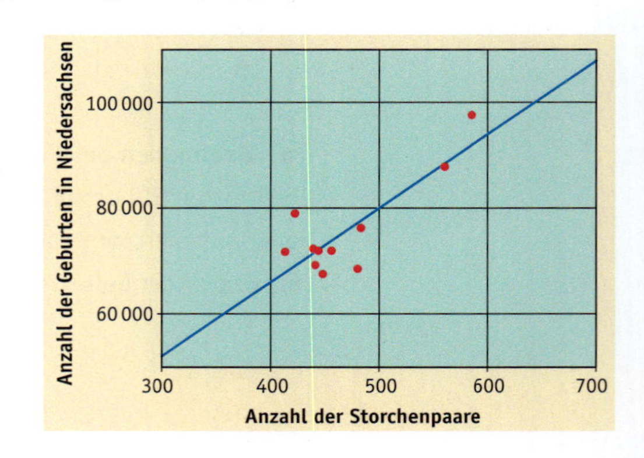

Information

Korrelation und Kausalität

Eine starke Korrelation ($|r| \geq 0{,}7$) bedeutet noch nicht, dass zwischen den betrachteten Merkmalen ein direkter kausaler Zusammenhang besteht. Eine starke Korrelation weist lediglich eine „Gleichläufigkeit" von Merkmalen nach.

Eine starke Korrelation kann also nur Hinweise auf *mögliche* kausale Zusammenhänge geben. Ob ein solcher Zusammenhang tatsächlich vorliegt, muss immer auch noch sachlich beurteilt werden.

Beispiel

RICHARD DOLL untersuchte 1955 als Erster systematisch den möglichen Zusammenhang zwischen Zigarettenkonsum und Erkrankungen an Lungenkrebs.

Er trug folgende Daten zusammen:

Land	Zigarettenkonsum pro Kopf im Jahr 1930	Todesfälle an Lungenkrebs je Millionen im Jahr 1950
Island	230	60
Norwegen	250	90
Schweden	300	110
Dänemark	380	170
Australien	480	180
Holland	490	240
Kanada	500	150
Schweiz	510	250
Finnland	1 100	350
England	1 100	460
USA	1 300	200

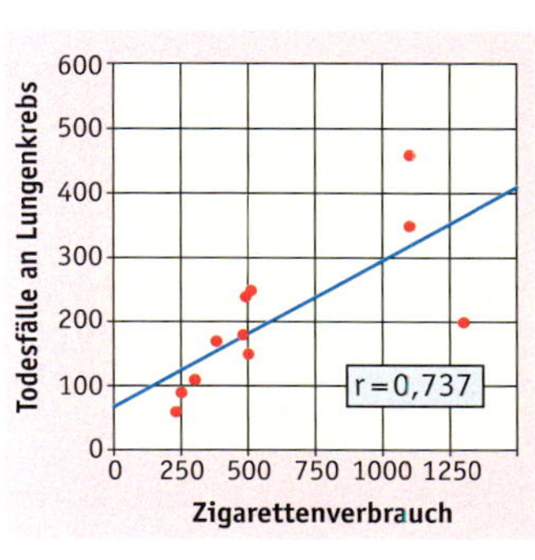

Die hier festgestellte Korrelation lieferte den Anlass, in weiteren Untersuchungen Kausalzusammenhänge zu analysieren.

Übungsaufgaben

2 Bei 23 Schülerinnen und Schülern wurden die Körper- und die Schuhgröße gemessen.
Bestimmen Sie den Korrelationskoeffizienten.

Körpergröße	153	156	157	158	161	165	165	167	169	170	170	170
Schuhgröße	36	36	37	37	37	38	39	38	39	39	39	40

Körpergröße	172	175	176	176	177	179	180	183	187	194	196
Schuhgröße	41	41	40	40	43	41	39	43	46	46	46

 **3** Führen Sie eigene statistische Erhebungen durch.
Bestimmen Sie zu den Daten passende Regressionsfunktionen und ermitteln Sie dazu jeweils die Korrelationskoeffizienten.

4

a) Geben Sie zwei verschiedene Mengen aus jeweils 4 Datenpaaren an, bei denen der Korrelationskoeffizient $r = 0$ ist, aber die Punkte sehr unterschiedlich um die Regressionsgerade streuen.

b) Folgern Sie aus Ihren Beispielen in Teilaufgabe a), welche Bedeutung ein Korrelationskoeffizient $r = 0$ hat.

5 Rechts sehen Sie einen Ausschnitt aus einem Werbe-Flyer.

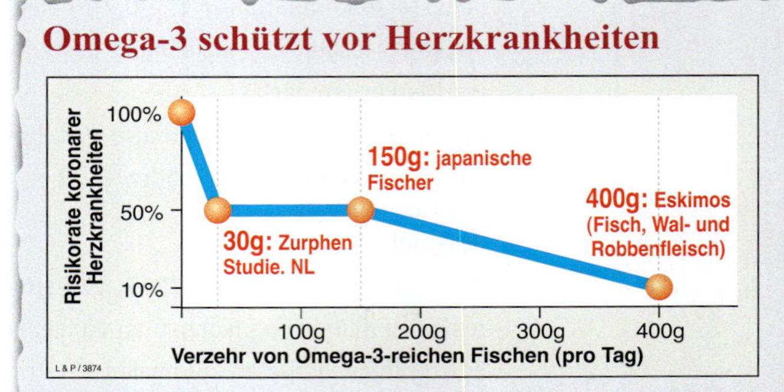

a) Erläutern Sie in einem kurzen Text, nach welchem Kriterium die Regressionsgerade durch die Datenpunkte bestimmt wird.
Erläutern Sie kurz, welche Idee der Definition des Korrelationskoeffizienten zugrunde liegt.

b) Ermitteln Sie für die Daten aus der Grafik die Gleichung der Regressionsgeraden und den Korrelationskoeffizienten.

c) Ermitteln Sie, bei welcher täglichen Verzehrmenge von Omega-3-reichen Fischen die Regressionsgerade eine koronare Herzrisikorate von 0 % prognostiziert.

d) Welche Aussagen kann man dem Korrelationskoeffizienten entnehmen?

e) Bewerten Sie aus mathematischer Sicht die Aussage des Textes.

6 Untersuchen Sie, ob es einen linearen Zusammenhang zwischen der Anzahl der Sterbefälle und der Länge des Autobahnnetzes in den einzelnen Bundesländern gibt.
Stellen Sie die angegebenen Daten in einem Koordinatensystem dar und bestimmen Sie den Korrelationskoeffizienten.

	Anzahl der Sterbefälle	Autobahnlänge (in km)
Baden-Württemberg	94 079	1 039
Bayern	118 432	2 447
Berlin	30 980	73
Brandenburg	26 666	790
Bremen	7 300	71
Hamburg	17 036	81
Hessen	59 137	972
Mecklenburg-Vorpommern	17 595	538
Niedersachsen	82 277	1 405
Nordrhein-Westfalen	184 954	2 189
Rheinland-Pfalz	42 165	872
Saarland	12 327	240
Sachsen	49 069	531
Sachsen-Anhalt	29 392	383
Schleswig-Holstein	29 934	498
Thüringen	25 812	465
Deutschland	829 162	12 594

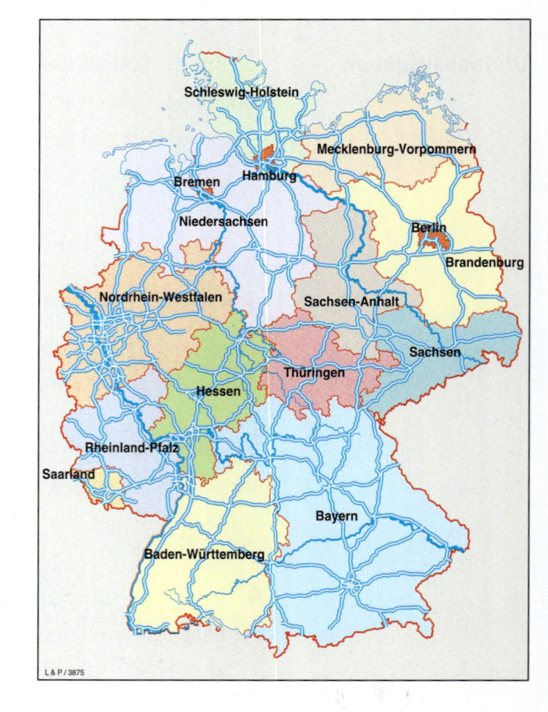

Die folgenden Aufgaben helfen Ihnen bei der Organisation des selbstständigen Lernprozesses. Zur Selbstkontrolle sind alle Lösungen dieser Aufgaben im Anhang dieses Buches abgedruckt.

1 In einer Stichprobe wurde das Gewicht von Eiern einer Handelsklasse erfasst.

a) Bestimmen Sie die zugehörige Häufigkeitsverteilung mit relativen Häufigkeiten und stellen Sie diese grafisch dar.

b) Berechnen Sie den arithmetischen Mittelwert und die empirische Standardabweichung für das Gewicht der Eier.

Gewicht (in g)	57	58	59	60	61	62	63	64	65	66	67	68	69	70	71
Anzahl	1	1	1	1	8	30	36	36	14	24	11	10	7	4	2

2 Die Angestellten einer Firma können ihren Arbeitsbeginn morgens selbst bestimmen.
Bei einer Auswertung ergaben sich die nebenstehenden Daten.
Fassen Sie die Daten aus der Tabelle zu neuen Klassen (Arbeitsbeginn vor 7.00 Uhr, 7.00 – 7.29 Uhr, 7.30 – 7.59 Uhr, ab 8.00 Uhr) zusammen und stellen Sie die Verteilung mithilfe eines Histogramms dar.
Beschreiben Sie die Vor- und Nachteile der neuen Klassenbildung.

Arbeitsbeginn der Angestellten	Anteil der Angestellten
vor 7.00 Uhr	8 %
7.00 – 7.14 Uhr	21 %
7.15 – 7.29 Uhr	15 %
7.30 – 7.44 Uhr	7 %
7.45 – 7.59 Uhr	23 %
8.00 – 8.14 Uhr	12 %
8.15 – 8.29 Uhr	11 %
ab 8.30 Uhr	3 %

3 Bei einem Reaktionstest wurden folgende Zeiten gemessen:
0,28 s; 0,31 s; 0,52 s; 0,33 s; 0,24 s; 0,25 s; 0,32 s; 0,29 s; 0,26 s; 0,31 s; 0,30 s; 0,29 s; 0,37 s; 0,39 s; 0,38 s.
Bestimmen Sie den Median der Daten und das arithmetische Mittel, und erklären Sie, warum diese Lagemaße voneinander abweichen.

4 In einer Befragung unter Autofahrern gaben diese die in den Grafiken angegebenen Antworten.

a) Stellen Sie die Verteilung links in Form eines Histogramms dar. Achten Sie darauf, dass die Klassenbreite unterschiedlich ist.

b) Bestimmen Sie den Median sowie das arithmetische Mittel der Verteilung für die gesamte Stichprobe. Erläutern Sie, warum sich die beiden Mittelwerte unterscheiden.

c) Welche Unterschiede sind hinsichtlich der Geschlechter festzustellen?

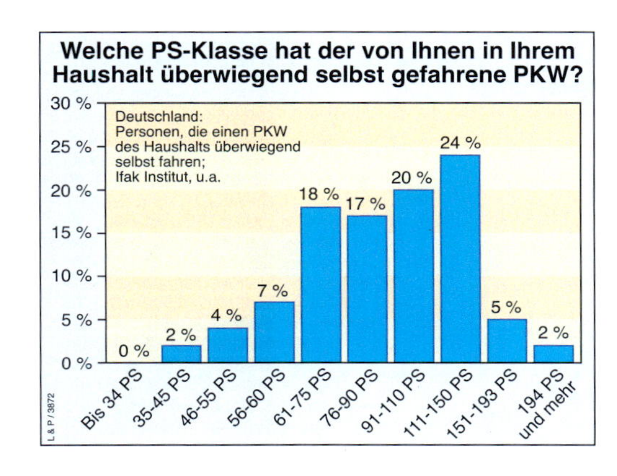

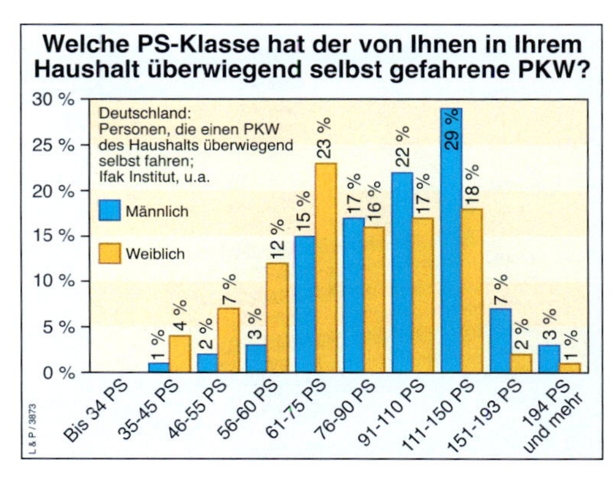

ÖPNV, Abkürzung für öffentlicher Personennahverkehr

5 In der rechts abgebildeten Grafik ist die Entwicklung der Anzahl der Fahrgäste im ÖPNV dargestellt. Untersuchen Sie, welche Prognose sich aufgrund der gegebenen Daten für das Jahr 2012 machen lässt.

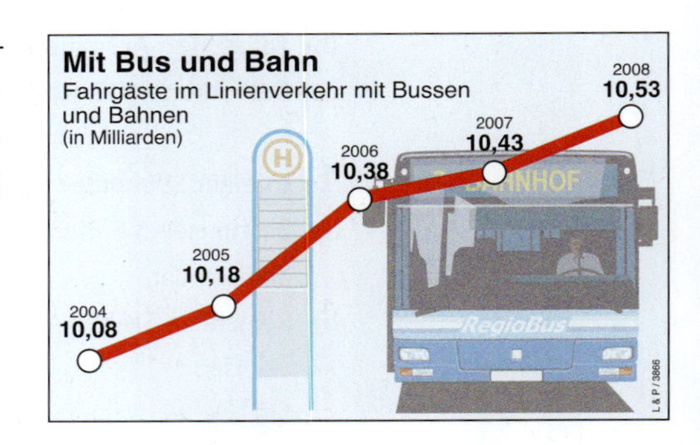

6 In den letzten Jahren hat die wirtschaftliche Nutzung der Sonnenenergie zugenommen.

a) Untersuchen Sie, welche Prognose man aufgrund der in der Grafik enthaltenen Daten für die kommenden Jahre machen kann?

b) Wählen Sie verschiedene Modelle für Ihre Prognose und vergleichen Sie die Güte der Anpassung der Modelle an die vorliegenden Daten.

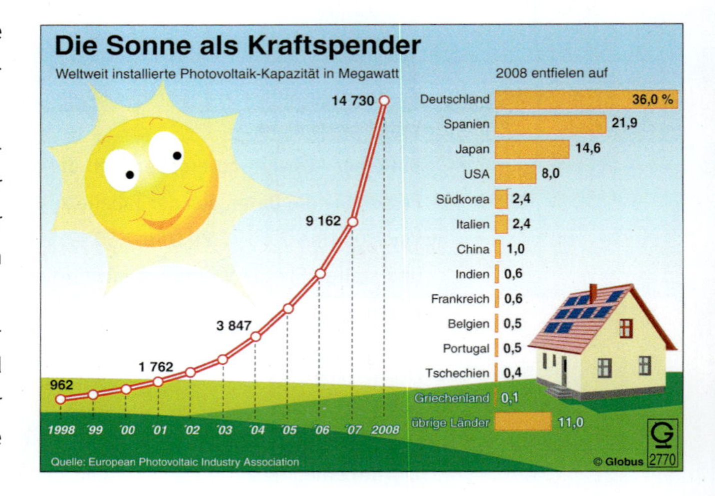

7 Die folgenden beiden Grafiken beschäftigen sich mit der Kriminalitätsstatistik und dem Schuldenstand der 16 Bundesländer.

a) Tragen Sie die Daten in ein Koordinatensystem ein (x-Achse: Schuldenstand je Einwohner, y-Achse: Anzahl der Straftaten pro 100 000 Einwohner).

b) Bestimmen Sie die zugehörige Regressionsgerade und tragen Sie diese ebenfalls in das Koordinatensystem ein.

c) Berechnen Sie den linearen Korrelationskoeffizienten und nehmen Sie Stellung zu der Aussage: „Zwischen dem Schuldenstand der Länder und der Kriminalitätsrate liegt eine hohe Korrelation vor."

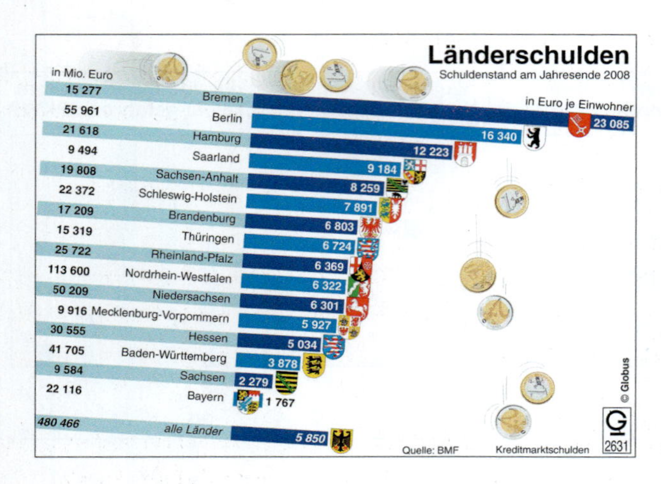

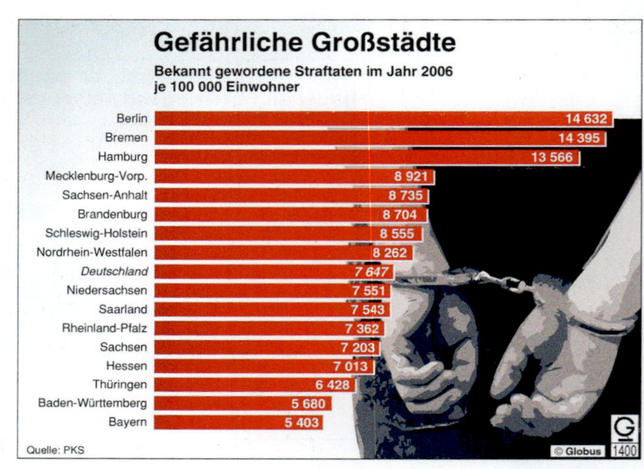

Bleib fit im Umgang mit Wahrscheinlichkeiten

Zum Aufwärmen

Oktaeder

1 Ein regelmäßiges Oktaeder wird zum Würfeln benutzt. Es wird einmal geworfen.

a) Mit welcher Wahrscheinlichkeit treten die einzelnen Ergebnisse auf?

b) Welche Wahrscheinlichkeit hat das Ereignis *Die Augenzahl ist eine gerade Primzahl*?

c) Wie oft wird das Ereignis *Augenzahl 1 oder 2* in 400 Würfen mit diesem Oktaeder ungefähr auftreten?

2 Die abgebildeten kleinen durchbohrten Holzwürfel, die auch zu einer Kette aufgereiht werden können, werden bei einem Glückspiel als Würfel benutzt. Wenn beim Würfeln eine Fläche mit Loch oben liegt, darf man ein Feld vorrücken.

a) Welche Ergebnisse sind beim Werfen mit einem solchen Holzwürfel möglich?

b) Marie denkt: Bei jedem Wurf habe ich die Wahrscheinlichkeit von einem Drittel, dass ich vorrücken kann.
Nehmen Sie Stellung dazu.

3 Bei einem Wettspiel gleich starker Mannschaften wird vereinbart, dass die Mannschaft gewinnt, die zuerst 5 Punkte errungen hat. Beim Stand von 3:2 für die eine Mannschaft muss das Spiel unterbrochen werden.
Man einigt sich darauf, den Preis, den der Sieger erhalten sollte, entsprechend den Chancen zu verteilen, das Wettspiel zu gewinnen (sogenanntes *Problème des partis*).

a) Simulieren Sie den Versuch.

b) Bestimmen Sie die Wahrscheinlichkeit dafür, dass die erste bzw. die zweite Mannschaft gewonnen hätte. Zeichnen Sie dazu ein geeignetes Baumdiagramm.

Zur Erinnerung

Pierre Simon de Laplace, (1749 – 1827)

(1) Zufallsversuche und Wahrscheinlichkeit von Ergebnissen

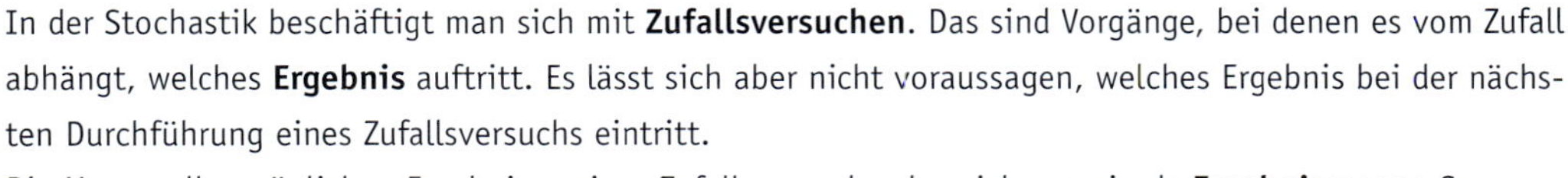

In der Stochastik beschäftigt man sich mit **Zufallsversuchen**. Das sind Vorgänge, bei denen es vom Zufall abhängt, welches **Ergebnis** auftritt. Es lässt sich aber nicht voraussagen, welches Ergebnis bei der nächsten Durchführung eines Zufallsversuchs eintritt.
Die Menge aller möglichen Ergebnisse eines Zufallsversuches bezeichnen wir als **Ergebnismenge** S.

Wir unterscheiden zwei Typen von Zufallsversuchen:

- **Laplace-Versuche:** Aufgrund der Versuchsanordnung ist kein Grund ersichtlich, warum eines der möglichen Ergebnisse eine größere oder kleinere Chance hat aufzutreten. Wir ordnen deshalb jedem möglichen Ergebnis die gleiche Wahrscheinlichkeit zu.

  Beispiele

  Werfen einer Münze, Werfen eines Würfels, Drehen eines Glücksrads mit gleich großen Sektoren, Drehen eines Rouletterads, Ziehen einer Kugel aus einer Urne mit fünf verschiedenfarbigen Kugeln.

- **Nicht-LAPLACE-Versuche:** Die Wahrscheinlichkeiten für die einzelnen möglichen Ergebnisse sind nicht alle gleich und lassen sich nicht durch Symmetrieüberlegungen (oder Ähnliches) erschließen. Man kann diese Wahrscheinlichkeiten nur näherungsweise bestimmen. Einen solchen Schätzwert für die Wahrscheinlichkeit eines Ergebnisses erhält man aus der *relativen Häufigkeit*, mit der das Ergebnis in einer langen Versuchsreihe, z. B. einer umfangreichen Erhebung, auftritt.

(2) Empirisches Gesetz der großen Zahlen

Der Ausgang jeder einzelnen Durchführung eines Zufallsversuches ist rein zufällig und daher nicht vorhersehbar. Mit zunehmender Versuchszahl ändert sich jedoch die relative Häufigkeit eines Ergebnisses immer weniger. Sie liegt dann in der Nähe der Wahrscheinlichkeit dieses Ergebnisses.

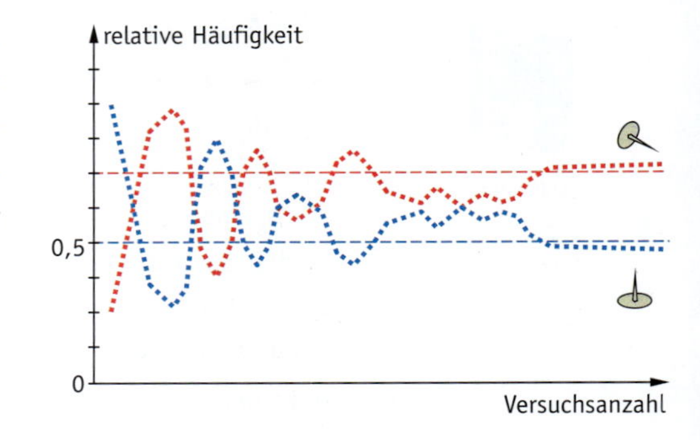

Beispiel

Werfen einer Reißzwecke S = {, }

(3) Wahrscheinlichkeit und relative Häufigkeit

Wahrscheinlichkeit und relative Häufigkeit sind grundsätzlich verschiedene Begriffe: Wahrscheinlichkeiten dienen der Prognose, sie geben Auskunft über die Chancen in bevorstehenden Zufallsversuchen. Dagegen machen relative Häufigkeiten immer Aussagen über bereits durchgeführte Zufallsversuche.
Die beim häufigen Durchführen eines Zufallsversuches ermittelten relativen Häufigkeiten kann man für eine Prognose zukünftiger Versuchsdurchführungen verwenden.

Die **Wahrscheinlichkeit p** eines Ergebnisses gibt an, welche relative Häufigkeit man bei häufiger Versuchsdurchführung für dieses Ergebnis erwarten kann. Hat das Ergebnis eines Zufallsversuchs die Wahrscheinlichkeit p, dann erwarten wir für große n, dass das Ergebnis bei n-facher Durchführung des Versuchs ungefähr $n \cdot p$-mal auftreten wird (Häufigkeitsinterpretation der Wahrscheinlichkeit).

Beispiel

Die Wahrscheinlichkeit für Augenzahl 6 beim Werfen eines Würfels beträgt $\frac{1}{6}$. Beim 600-fachen Werfen eines Würfels kann man erwarten, dass Augenzahl 6 ungefähr 100-mal auftritt.

(4) Ereignisse

Ergebnisse eines Zufallsversuchs lassen sich zu **Ereignissen** zusammenfassen.

Beispiele

- *Drehen eines Glücksrads mit 6 Sektoren*
  Die Ergebnismenge S besteht aus 6 möglichen Ergebnissen:
  S = {1, 2, 3, 4, 5, 6}
  Beispiele für *Ereignisse*:
  E_1: *Die Nummer ist gerade.* E_2: *Der Sektor ist rot.*
  E_1: = {2, 4, 6} E_2: = {1, 4, 6}

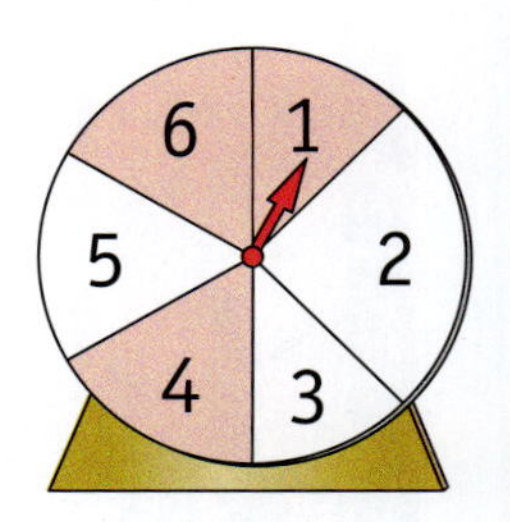

- *Ziehen einer Karte aus vier Karten (Neun, Zehn, Bube, Dame)*
  Ergebnismenge S = {Neun, Zehn, Bube, Dame}
  Beispiele für *Ereignisse*:
  E_1: *Die Karte ist eine Zahl,* E_1: = {Neun, Zehn}; E_2: *Die Karte ist ein Bild,* E2: = {Bube, Dame}

Für die Berechnung der Wahrscheinlichkeit eines Ereignisses gilt eine einfache Regel:

Elementare Summenregel

Betrachtet man bei einem Zufallsversuch mehrere Ergebnisse und fragt nach der Wahrscheinlichkeit, dass eines dieser Ergebnisse eintritt, so fasst man diese Ergebnisse zu einem **Ereignis** zusammen. Gehören zum Ereignis E die Ergebnisse $a_1, a_2, \ldots, a_m$, so gilt für die Wahrscheinlichkeit P(E) des Ereignisses E:

$$P(E) = P(a_1) + P(a_2) + \ldots + P(a_m)$$

Beispiel

Für das Ereignis E_1: *Die Nummer ist gerade* gilt:

$$P(\{2, 4, 6\}) = P(2) + P(4) + P(6) = \frac{1}{4} + \frac{1}{6} + \frac{1}{6} = \frac{7}{12}$$

Ein Ereignis K, das alle Ergebnisse der Ergebnismenge S enthält, wird als **sicheres Ereignis** bezeichnet. Ein Ereignis L, das keines der Ergebnisse aus der Ergebnismenge S enthält, wird als **unmögliches Ereignis** bezeichnet.

Es gilt: $P(K) = P(S) = 1$ und $P(L) = P(\{\ \}) = 0$.

Im Falle eines LAPLACE-Versuchs vereinfacht sich die elementare Summenregel:
Da alle Ergebnisse die gleiche Wahrscheinlichkeit haben, braucht man nur zu zählen, wie viele Ergebnisse zum Ereignis gehören.

LAPLACE-Regel

Bei einem LAPLACE-Versuch gilt für die Wahrscheinlichkeit P(E) eines Ereignisses:

$$P(E) = \frac{\text{Anzahl der zu E gehörenden Ergebnisse}}{\text{Anzahl aller möglichen Ergebnisse}}$$

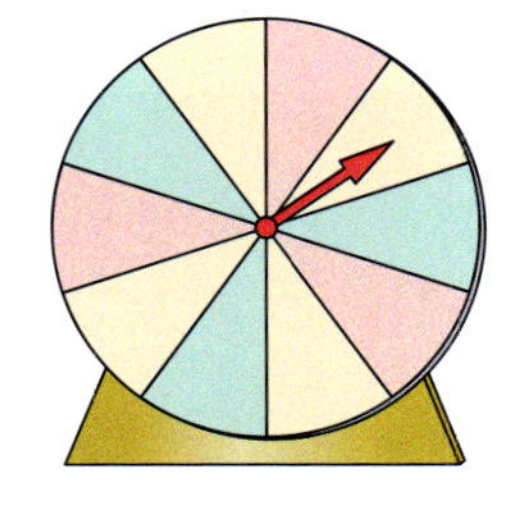

Beispiel: Anwendung der LAPLACE-Regel

Beim Drehen eines Glückrads mit gleich großen Sektoren zählt man die zugehörigen Sektoren.

$P(\text{rot}) = \frac{3}{10}$ — *3 von 10 Sektoren*

$P(\text{blau}) = 0$ unmögliches Ereignis

$P(\text{gelb oder rot oder grün}) = 1$ sicheres Ereignis

Mit einem Ereignis E kennt man gleichzeitig auch immer das zugehörige Ereignis $\overline{E}$, das sogenannte **Gegenereignis** von E. Das Gegenereignis $\overline{E}$ enthält alle die Ergebnisse der Ergebnismenge S des Zufallsversuchs, die *nicht* zu E gehören.

Komplementärregel

Gegeben ist ein Ereignis E einer Ergebnismenge S. Die Wahrscheinlichkeit P(E) des Ereignisses E und die Wahrscheinlichkeit $P(\overline{E})$ des zugehörigen Gegenereignisses $\overline{E}$ ergänzen sich zu 1:

$$P(E) + P(\overline{E}) = 1$$

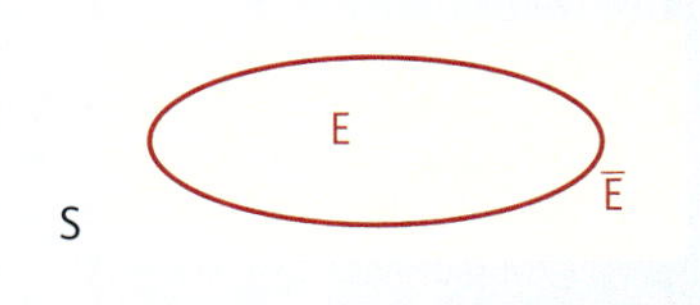

Die Komplementärregel wird angewendet zur Berechnung der Wahrscheinlichkeit eines Ereignisses, wenn die Wahrscheinlichkeit des Gegenereignisses einfach zu bestimmen ist: $P(E) = 1 - P(\overline{E})$.

(5) Pfadregeln

Mehrstufige Zufallsversuche kann man mithilfe von **Baumdiagrammen** darstellen; dabei entsprechen die einzelnen Pfade den möglichen Ergebnissen des Zufallsversuchs.

Beispiel

Zweimaliges Ziehen mit Zurücklegen einer Kugel aus einer Urne, die zu $\frac{1}{4}$ mit grünen Kugeln und zu $\frac{3}{4}$ mit roten Kugeln gefüllt ist.

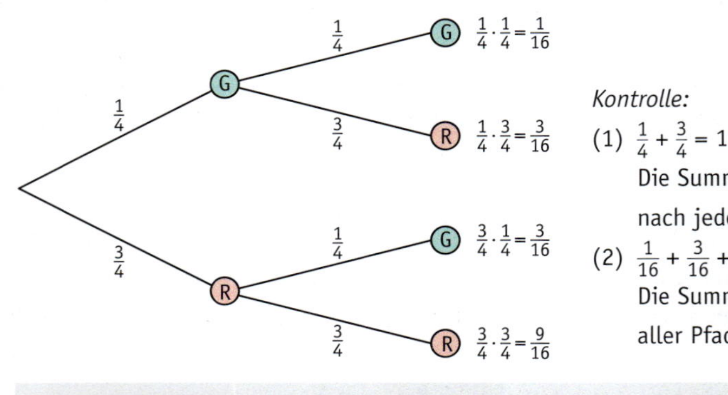

Kontrolle:

(1) $\frac{1}{4} + \frac{3}{4} = 1$
Die Summe der Wahrscheinlichkeiten nach jeder Verzweigung ist gleich 1.

(2) $\frac{1}{16} + \frac{3}{16} + \frac{3}{16} + \frac{9}{16} = 1$
Die Summe der Wahrscheinlichkeiten aller Pfade ist gleich 1.

Pfadmultiplikationsregel

Bei einem mehrstufigen Zufallsversuch ist die Wahrscheinlichkeit eines Ergebnisses (eines Pfades im Baumdiagramm) gleich dem Produkt der Wahrscheinlichkeiten längs des zugehörigen Pfades im Baumdiagramm.

Pfadadditionsregel

Setzt sich bei einem mehrstufigen Zufallsversuch ein Ereignis aus verschiedenen Pfaden im Baumdiagramm zusammen, dann erhält man die Wahrscheinlichkeit des Ereignisses durch Addition der einzelnen Pfadwahrscheinlichkeiten.

Zum Trainieren

1 Beim Roulettespiel läuft eine Kugel über den Rand einer kreisförmigen Schlüssel und bleibt schließlich zufällig auf einem der 37 gleich großen Felder liegen.

a) Wie groß ist die Wahrscheinlichkeit, dass die Kugel auf dem Feld mit der Nummer 1 liegen bleibt?

b) Das Rouletterad wird 370-mal gedreht. Was kann man erwarten, wie oft die Kugel auf dem Feld mit der Nummer 1 liegen bleibt?

c) Mit einem Roulettespiel wird eine sehr lange Versuchsreihe durchgeführt, z. B. von 100 000 Versuchen.
Die relativen Häufigkeiten für die Ergebnisse 0, 1 ,2, …, 35, 36 werden für jede Anzahl der Versuche in ein Koordinatensystem eingetragen. Skizzieren Sie eine mögliche Entwicklung der relativen Häufigkeiten für eine solche Versuchsreihe.

2 In Deutschland sind 17,2 Millionen Einwohner unter 21 Jahre alt, 37,2 Millionen unter 40 Jahre alt; 45,1 Millionen Einwohner sind 40 Jahre oder älter, davon sind 20,6 Millionen mindestens 60 Jahre alt. Eine Person wird zufällig ausgewählt.
Mit welcher Wahrscheinlichkeit ist diese Person mindestens 21, aber unter 60 Jahre alt?

3 Dass beim Würfeln die Augenzahl 3 mit Wahrscheinlichkeit $\frac{1}{6}$ auftritt, kann man sich auf verschiedene Weise veranschaulichen.
Welche der folgenden Deutungen sind richtig, welche sind falsch?
(1) Bei jedem 6. Wurf erscheint eine 3.
(2) Unter 6 Würfen tritt mindestens eine 3 auf.
(3) Wenn 6-mal keine 3 aufgetreten ist, nimmt die Wahrscheinlichkeit für eine 3 zu.
(4) Wirft man einen Würfel n-mal, z. B. n = 600, dann tritt Augenzahl 3 ungefähr $\frac{n}{6}$-mal (also bei n = 600 ungefähr 100-mal) auf.
(5) Wenn bei 6 Würfen keine 3 auftritt, dann ist der Würfel gezinkt.
(6) Wenn jemand 1 € darauf wettet, dass eine 3 beim nächsten Wurf fällt, dann kann man 5 € dagegen setzen.

4 Aus einer Urne mit 50 gleichartigen Kugeln wird zufällig eine Kugel gezogen. Die Kugeln tragen die Nummern 1, 2, ..., 50.
Betrachten Sie die folgenden Ereignisse E_1, E_2, ..., E_6 und geben Sie jeweils die zu den Ereignissen gehörende Menge von Ergebnissen an.
Berechnen Sie die Wahrscheinlichkeit folgender Ereignisse.
E_1: *Die Nummer auf der Kugel ist eine Primzahl.*
E_2: *Die Nummer auf der Kugel ist durch 9 teilbar.*
E_3: *Die Nummer ist ungerade.*
E_4: *Die Nummer ist eine zweistellige Zahl.*
E_5: *Die Nummer ist durch 5 teilbar.*
E_6: *Die Nummer ist kleiner als 32.*

5 Aus einem Skatspiel mit 32 Spielkarten wird zufällig eine Karte gezogen. Mit welcher Wahrscheinlichkeit tritt folgendes Ereignis ein?
Die gezogene Karte
(1) ist eine Pik-Karte,
(2) trägt eine Zahl,
(3) ist eine rote Karte,
(4) ist ein schwarzes Ass.

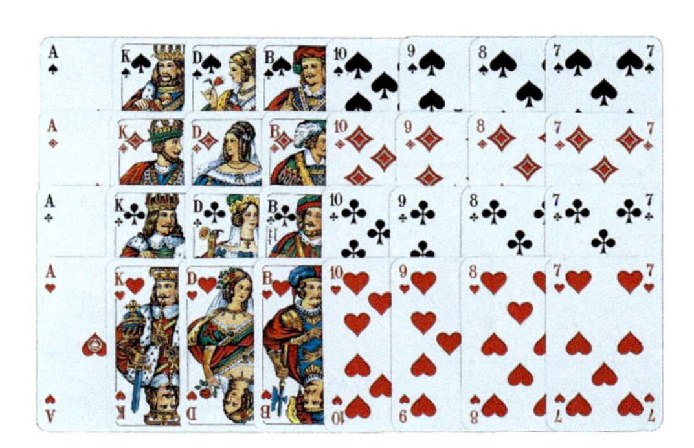

6

Karl Landsteiner, (1868 Wien – 1943 New York), entdeckte 1901 das AB0-Blutgruppensystem; 1930 Nobelpreis für Medizin

Bei Blutspenden muss man genauestens die Blutgruppenzugehörigkeit von Spender und Empfänger beachten. Menschen mit Blutgruppe 0 besitzen Antikörper der Blutgruppen A und B, können also keine Blutspenden von Menschen der Blutgruppen A, B oder AB erhalten. Bei Menschen mit Blutgruppe A entwickeln sich Antikörper gegen das Blut der Blutgruppe B und umgekehrt. Menschen mit Blutgruppe AB besitzen keine Antikörper. Menschen mit der Blutgruppe 0 sind also ideale Spender; Menschen mit der Blutgruppe AB ideale Empfänger.
In Mitteleuropa sind die Blutgruppen so verteilt, wie es das Kreisdiagramm zeigt.

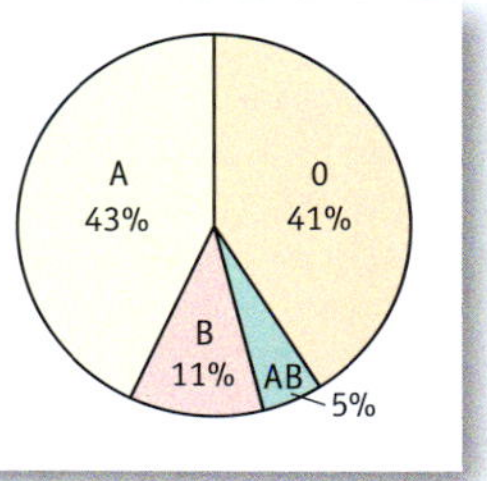

a) Drei Personen kommen zur Blutspende. Wie groß ist die Wahrscheinlichkeit, dass
(1) alle drei Personen die gleiche Blutgruppe haben,
(2) drei Personen lauter verschiedene Blutgruppen haben?

b) Ein Patient mit Blutgruppe 0 [A; B; AB] benötigt dringend eine Blutspende.
Mit welcher Wahrscheinlichkeit ist unter drei Personen, die zur Blutspende kommen, mindestens ein geeigneter Spender?

7 Man darf die Pfadmultiplikationsregel nicht unüberlegt anwenden.

(1) 43 % der Bewohner Deutschlands haben *Blutgruppe A*. 30 % der Blutspender beim Deutschen Roten Kreuz sind *unter 20 Jahre alt*. Ein Blutspender beim DRK wird ausgelost.
Mit welcher Wahrscheinlichkeit ist dies eine Person *unter 20 Jahre mit Blutgruppe A*?

(2) 43 % der Schülerinnen und Schüler einer Klasse haben im Fach Deutsch eine gute Note (*sehr gut* oder *gut*); im Fach Englisch sind es 30 %.
Warum ist es falsch, nach der Pfadmultiplikationsregel zu schließen, dass 12,9 % der Schülerinnen und Schüler in beiden Fächern eine gute Note haben?

8 Aus einer Klasse mit 18 Mädchen und 9 Jungen sollen einige Jugendliche ausgelost werden. Dies geschieht mithilfe eines Glücksrads mit 27 gleich großen Sektoren.
Wie groß ist die Wahrscheinlichkeit für ein „repräsentatives" Ergebnis? Welche Ergebnisse wären nicht „repräsentativ"? Bestimmen Sie die Wahrscheinlichkeiten für das Ergebnis
(1) zwei Mädchen und ein Junge,
(2) vier Mädchen und zwei Jungen,
(3) sechs Mädchen und drei Jungen.

9 BLAISE PASCAL (1623 – 1662) und PIERRE DE FERMAT (1607/08 – 1665) korrespondierten 1654 über ein Problem, das der CHEVALIER DE MERÉ gestellt hatte. Dies gilt als die „Geburtsstunde" der Wahrscheinlichkeitsrechnung.

BLAISE PASCAL
(1623 – 1662)

PIERRE DE FERMAT (1607 oder 1608 – 1665)
FERMAT wurde nicht – wie lange angenommen – 1601 geboren, sondern im letzten Vierteljahr des Jahres 1607 oder in den ersten 12 Tagen des Jahres 1608.

> Warum lohnt es sich darauf zu wetten, dass beim vierfachen Würfeln mit einem Würfel mindestens eine Sechs fällt, aber nicht darauf, dass beim 24-fachen Würfeln mit zwei Würfeln mindestens ein Sechser-Pasch auftritt?

Führen Sie eine Simulation des Zufallsversuchs durch. Ist der Vorteil des einen Spielers zu erkennen?

10 Bei nationalen und internationalen Meisterschaften werden Dopingkontrollen durchgeführt, die verhindern sollen, dass sich Sportler mit unlauteren Methoden Vorteile verschaffen. Dopingmittel werden durch Harnuntersuchungen nachgewiesen.

In den letzten Jahren wurde folgendermaßen verfahren: Zunächst wird die A-Probe untersucht. Falls diese „positiv" ist (d. h. dass Hinweise auf die Verwendung eines Dopingmittels vorliegen), wird der Sportler angehört; auf Verlangen des Sportlers kann dann die B-Probe unter Aufsicht untersucht werden. Falls dann die B-Probe ebenfalls positiv ausfällt, wird der Sportler disqualifiziert und eventuell für weitere Wettkämpfe gesperrt. Falls die zweite Probe negativ ist, wird das Untersuchungsverfahren eingestellt.
Da es vorkommen kann, dass ein „Dopingsünder" nicht überführt wird, weil zufällig die B-Probe negativ ausfällt, gibt es Überlegungen, für den Fall einer positiv getesteten A-Probe und einer negativ getesteten B-Probe eine weitere Probe zu untersuchen.
Vergleichen Sie das zurzeit geltende Verfahren mit der eventuell zukünftig umgesetzten Regelung für den Fall, dass durch das angewandte Prüfverfahren das verwendete Dopingmittel mit einer Wahrscheinlichkeit von (1) $p = 0{,}25$; (2) $p = 0{,}5$; (3) $p = 0{,}75$; (4) $p = 0{,}9$ bei den Proben entdeckt wird.

7 Wahrscheinlichkeits-verteilungen

Menschen haben schon immer versucht, in die Zukunft zu schauen. Das wird ihnen auch mithilfe der Mathematik nicht vollständig gelingen.
Es ist uns aber möglich, Erfahrungen aus zurückliegenden Vorkommnissen für Prognosen zu nutzen.

Beispielsweise kann man Daten darüber sammeln, in welchem Umfang ein Parkplatz genutzt wird, und daraus schließen, ob die Plätze auch in Zukunft ausreichen werden.

Oder man wertet die Anzahl der Feuerwehr-Einsätze der vergangenen Jahre aus und schließt hieraus, welche Auslastung die Einsatzstelle im kommenden Jahr voraussichtlich haben wird.

Um in dieser Weise Daten für eine Prognose zu nutzen, muss man bestimmte Modellannahmen machen, z. B. dass sich am Verhalten der Parkplatzbenutzer nichts ändert oder dass die Gesamtzahl der Feuerwehr-Einsätze im Jahr gleich bleibt.

In diesem Kapitel

- lernen Sie eine Möglichkeit kennen, Ergebnisse von Zufallsversuchen zu interessierenden Ereignissen zusammenzufassen und diese einfacher zu beschreiben;
- lernen Sie eine Formel zur Berechnung von Wahrscheinlichkeiten bei einem bestimmten, häufig vorkommenden Typ von Zufallsversuchen, dem sogenannten BERNOULLI-Versuch, kennen und anwenden;
- beschreiben Sie reale Vorgänge mit einfachen stochastischen Modellen;
- berechnen Sie, wie oft bestimmte Ereignisse voraussichtlich eintreten werden.

Ein Zufall nach dem anderen

Lottoglück

1 Eine Klasse hat in den letzten Jahren bei jedem Schulfest Lose verkauft – in diesem Jahr möchte man statt dessen ein Lotto-Spiel durchführen. Die Anzahl der möglichen Tipps soll überschaubar sein, sodass die Spielteilnehmer eine gute Chance haben zu gewinnen.
Ein Tipp soll 1,00 € kosten und mindestens die Hälfte der Einnahmen soll einem guten Zweck zur Verfügung gestellt werden.

1	2	3
4	5	6
7	8	Lotto 4 aus 8

1	2	3
4	5	6
Lotto 3 aus 6		

Nach langer Diskussion bleiben am Ende zwei Vorschläge übrig: Ein Lottospiel *3 aus 6*, bei dem man mit *3 Richtigen* oder mit *2 Richtigen* etwas gewinnt, und ein Lottospiel *4 aus 8*, bei dem etwas ausgezahlt werden soll, wenn *2*, *3* oder *4* der Gewinnzahlen angekreuzt sind.

- Wie viele Möglichkeiten gibt es in den beiden Fällen, einen Lottoschein auszufüllen?
- In wie viel Prozent der Fälle müsste an die Teilnehmer etwas ausgezahlt werden? Welcher Betrag wäre dabei angemessen?
- Wie könnte man durch Simulation herausfinden, an wie viele Gewinner voraussichtlich etwas gezahlt werden muss?

Kein Groschengrab

2 Bei einem Glücksspielautomaten drehen sich unabhängig voneinander drei Zylinder, auf denen jeweils die drei Symbole *Herz*, *Krone* und *Ball* gleich oft vorkommen.

Wenn bei einem Spiel die Zylinder zum Stillstand gekommen sind, gewinnt man einen angemessenen Betrag, falls die drei sichtbaren Symbole alle gleich sind (siehe die Abbildungen) oder falls sie alle voneinander verschieden sind.

- Welche Auszahlungsbeträge wären bei den verschiedenen Gewinnfällen angemessen?
- Wie müsste die Auszahlungsregelung verändert werden,
  (1) wenn es nur darauf ankommt, wie viele Herzen bei Stillstand der Zylinder zu sehen sind,
  (2) wenn auf jedem Zylinder ein Herz, zwei Kronen und drei Fußbälle vorkommen?
- Die Spieldauer an diesem Gerät beträgt 15 Sekunden pro Spiel. Welchen Einsatz darf der Betreiber des Spielautomaten pro Spiel höchstens fordern?

Auszug aus der *Spielverordnung*
(in der Fassung der Bekanntmachung vom 27. Januar 2006):

„§ 12 … (2) Der Antragsteller hat mit dem Antrag eine schriftliche Erklärung vorzulegen, dass bei dem von ihm zur Prüfung eingereichten Geldspielgerät
a) Gewinne in solcher Höhe ausgezahlt werden, dass bei langfristiger Betrachtung kein höherer Betrag als 33 Euro je Stunde als Kasseninhalt verbleibt, …“

Links oder rechts?

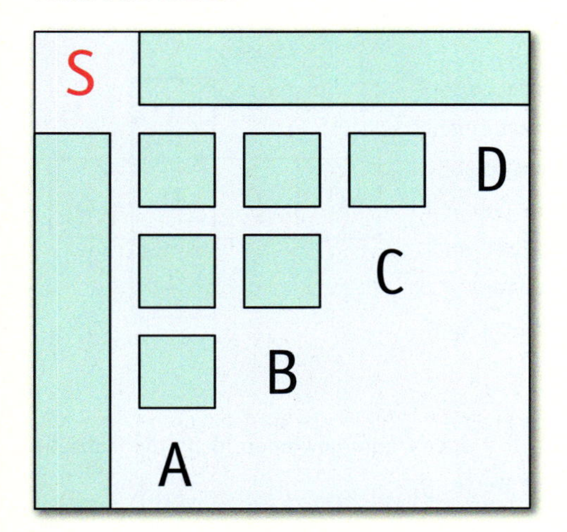

3 Bei einem Lernversuch mit Mäusen werden Mäuse in einem Gehege mit Hindernissen und Wegen an der Stelle S ausgesetzt. Auf dem Platz, den eine Maus bei A, B, C oder D erreichen kann, findet sie Futter. Durch den Geruch des Futters angezogen, bewegt sich die Maus zielstrebig zu dem Platz. Von S aus führen zwei Wege weiter. An jeder Hinderniseckе hat eine Maus die Wahl zwischen zwei Wegen, das Hindernis zu umgehen. Simulieren Sie den Versuch mithilfe einer Münze.

- Mit welcher Wahrscheinlichkeit wird eine Maus den Platz bei A, B, C oder D erreichen?
- Was ändert sich an der Wahrscheinlichkeit, wenn man statt einer Münze ein Tetraeder wirft und bei Augenzahl 1 den Weg links um ein Hindernis gewählt wird und in den anderen Fällen der Weg rechts um ein Hindernis?
- Erweitern Sie das Gehege um jeweils einen weiteren Weg in horizontaler und vertikaler Richtung. Welche Wahrscheinlichkeiten ergeben sich jetzt?

Merkwürdiger Zufall

4 Übertragen Sie das abgebildete Gitter mit 19 Zeilen und 20 Spalten auf ein Blatt mit Rechenkästchen, sodass Sie die folgenden Zufallsversuche protokollieren können. Von den 380 Feldern rechts, stehen 365 für die Tage des Jahres.

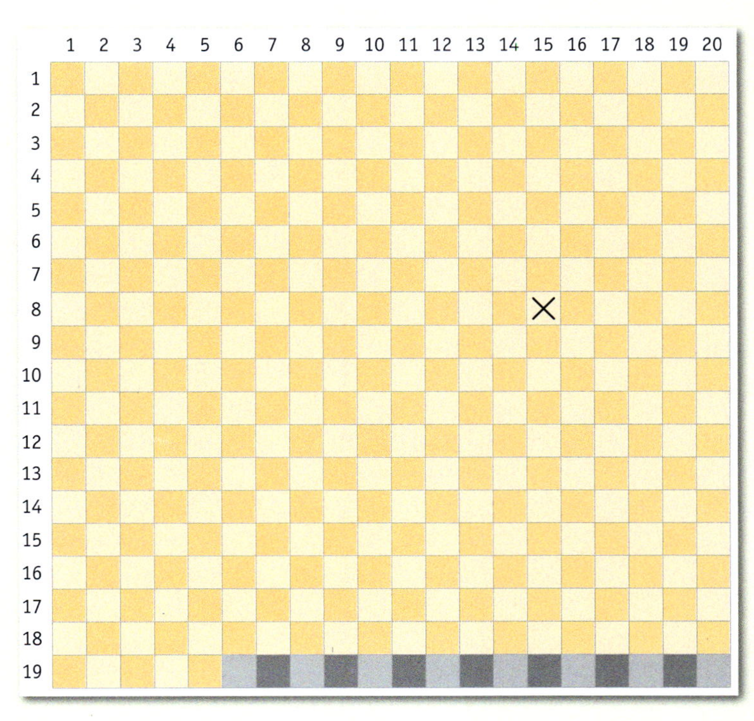

Mit dem Zufallszahlengenerator des GTR oder einer Tabellenkalkulation erzeugt man Zahlen aus der Menge {1, 2, 3, …, 365}. Jede Zufallszahl überträgt man in das 19 × 20-Gitter. Wenn beispielsweise die Zufallszahl 155 erscheint, dann muss man in der 8. Zeile in der 15. Spalte ein Kreuzchen machen.

- Erzeugen Sie 25 Zufallszahlen und tragen Sie diese in das Gitter ein. Tritt der Fall ein, dass Sie in ein Feld mehr als ein Kreuz machen müssen? Wie oft kommt dies in Ihrer Lerngruppe vor? Würden Sie darauf wetten, dass ein solches Ereignis (zwei oder mehr Kreuzchen in irgendeinem der Felder) eher eintritt als das Ereignis *Lauter verschiedene Zufallszahlen*? Wieso kann mit diesem Zufallsversuch das sogenannte Geburtstagsproblem simuliert werden: *Mit welcher Wahrscheinlichkeit sind unter 25 zufällig ausgewählten Personen mindestens zwei, die am gleichen Tag Geburtstag haben*?
- Erzeugen Sie 50 Zufallszahlen und tragen Sie diese in das Gitter ein. In wie vielen Feldern ist kein Kreuzchen, in wie vielen genau ein Kreuzchen, in wie vielen mehr als ein Kreuzchen? Tragen Sie die Ergebnisse Ihrer Lerngruppe zusammen. Erläutern Sie, wieso mit diesem Zufallsversuch beispielsweise simuliert werden kann, wie sich Feuerwehreinsätze über ein Jahr verteilen.

7.1 Zufallsgröße – Erwartungswert einer Zufallsgröße

Aufgabe

1 Mögliche Ergebnisse eines Zufallsversuchs

Bei einem Würfelspiel wird ein besonders beschrifteter Würfel (Hexaeder) zweimal geworfen. Danach werden die Augenzahlen miteinander multipliziert und die so ermittelte Punktzahl in Euro ausgezahlt.

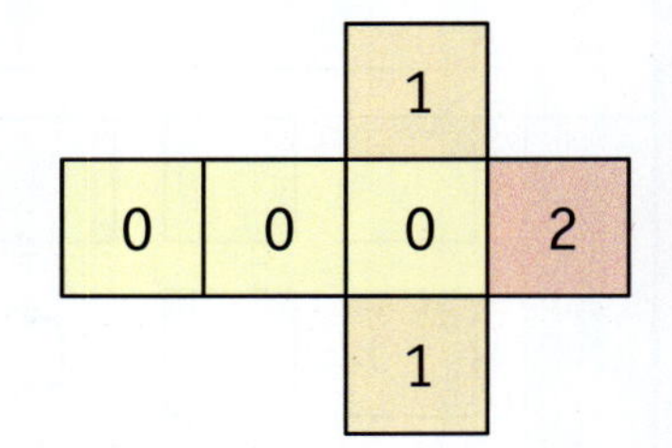

a) Untersuchen Sie, welche Auszahlungen möglich sind und mit welcher Wahrscheinlichkeit man welche Beträge erhalten wird. Stellen Sie dies mithilfe eines geeigneten Histogramms dar.

b) Untersuchen Sie auch, wie hoch der Spieleinsatz bei diesem Spiel sein sollte.

Lösung

a) Beim Doppelwurf des besonderen Würfels kann man 0, 1, 2 oder 4 Euro gewinnen, denn die Multiplikation der Zahlen 0, 1 und 2 untereinander ergibt nur diese Werte.

Die Wahrscheinlichkeit für die möglichen Punktzahlen berechnen wir mithilfe der Pfadregeln anhand des abgebildeten Baumdiagramms:

$P(0 \text{ Punkte}) = \frac{1}{2} + \frac{1}{3} \cdot \frac{1}{2} + \frac{1}{6} \cdot \frac{1}{2} = \frac{9}{12} = \frac{3}{4}$

$P(1 \text{ Punkt}) = \frac{1}{3} \cdot \frac{1}{3} = \frac{1}{9}$

$P(2 \text{ Punkte}) = \frac{1}{3} \cdot \frac{1}{6} + \frac{1}{6} \cdot \frac{1}{3} = \frac{1}{9}$

$P(4 \text{ Punkte}) = \frac{1}{6} \cdot \frac{1}{6} = \frac{1}{36}$

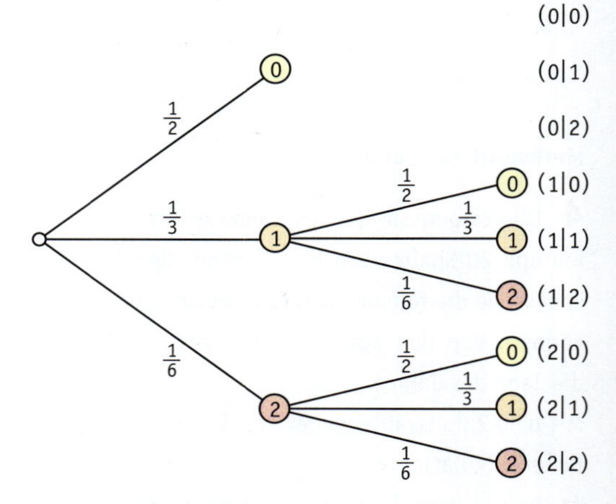

Wir notieren die Ergebnisse unserer Rechnung in einer Tabelle und zeichnen das zugehörige Histogramm.

Ergebnisse	Punktzahl	Wahrscheinlichkeit
(0|0); (0|1); (0|2); (1|0); (2|0)	0	$\frac{3}{4}$
(1|1)	1	$\frac{1}{9}$
(1|2); (2|1)	2	$\frac{1}{9}$
(2|2)	4	$\frac{1}{36}$

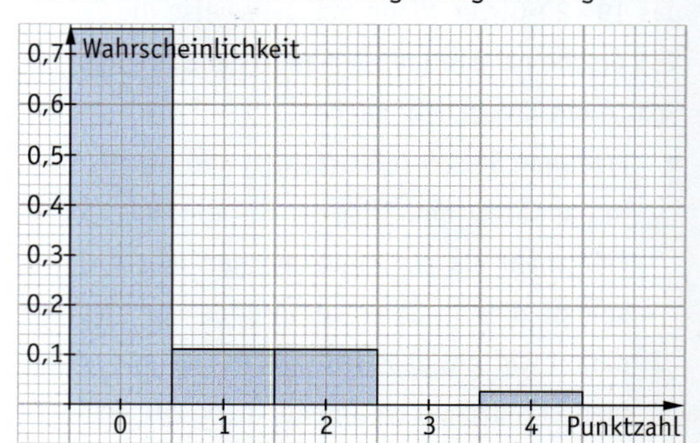

b) Führt man das Spiel oft genug durch, so erwartet man in 36 Spielen

$27 \cdot 0\,€ + 4 \cdot 1\,€ + 4 \cdot 2\,€ + 1 \cdot 4\,€ = 16\,€$,

also pro Spiel im Mittel

$\frac{3}{4} \cdot 0\,€ + \frac{1}{9} \cdot 1\,€ + \frac{1}{9} \cdot 2\,€ + \frac{1}{36} \cdot 4\,€ \approx 0{,}44\,€$ als Auszahlung.

Einen Spieleinsatz von 0,44 € oder 0,45 € kann man als fair bezeichnen. Will der Ausrichter des Spiels jedoch einen kleinen Gewinn erzielen, so sollte er beispielweise 0,50 € Spieleinsatz fordern.

Information

(1) Zufallsgrößen

In Aufgabe 1 wurde ein besonders beschrifteter Würfel zweimal geworfen; der Zufallsversuch hat neun verschiedene Ergebnisse (siehe Tabelle rechts).

Augenzahl	Augenzahl beim 2. Wurf		
beim 1. Wurf	0	1	2
0	(0 | 0)	(0 | 1)	(0 | 2)
1	(1 | 0)	(1 | 1)	(1 | 2)
2	(2 | 0)	(2 | 1)	(2 | 2)

Jedem dieser Ergebnisse wurde eine reelle Zahl zugeordnet, nämlich das *Produkt der Augenzahlen*. Zum Beispiel wurde dem Ergebnis (1 | 2) aus Aufgabe 1 das Produkt 2 zugeordnet, dem Ergebnis (2 | 0) das Produkt 0.

Insgesamt gesehen, wird jedem Ergebnis der Ergebnismenge $S = \{(0|0), (0|1), (0|2), (1|0), (1|1), (1|2), (2|0), (2|1), (2|2)\}$ genau ein Wert der Wertemenge {0, 1, 2, 4} zugeordnet: $S \mapsto \{0, 1, 2, 4\}$.

Solche quantitativen Merkmale eines Zufallsversuchs werden als **Zufallsgrößen** bezeichnet.

Definition 1

Eine Funktion, bei der jedem Ergebnis (der Ergebnismenge S) eines Zufallsversuchs genau eine reelle Zahl zugeordnet wird, heißt **Zufallsgröße.**

Die zugeordneten Zahlen heißen auch **Werte der Zufallsgröße.**

Zufallsgrößen werden im Allgemeinen mit Großbuchstaben X, Y, Z oder mit einem dem Problem angepassten Großbuchstaben bezeichnet.

Beschreibt X die Zufallsgröße *Produkt der Augenzahlen beim zweifachen Werfen des Würfels* aus Aufgabe 1, dann ist $X = 2$ das Ereignis *Produkt der Augenzahlen ist gleich 2.*

(2) Wahrscheinlichkeitsverteilung einer Zufallsgröße

In Aufgabe 1 wurde jedem der Ereignisse $X = 0$, $X = 1$, $X = 2$, $X = 4$ eine Wahrscheinlichkeit zugeordnet:

Ergebnisse	Ereignis	Wahrscheinlichkeit
(0 | 0); (0 | 1); (0 | 2); (1 | 0); (2 | 0)	$X = 0$	$P(X = 0) = \frac{3}{4}$
(1 | 1)	$X = 1$	$P(X = 1) = \frac{1}{9}$
(1 | 2); (2 | 1)	$X = 2$	$P(X = 2) = \frac{1}{9}$
(2 | 2)	$X = 4$	$P(X = 4) = \frac{1}{36}$

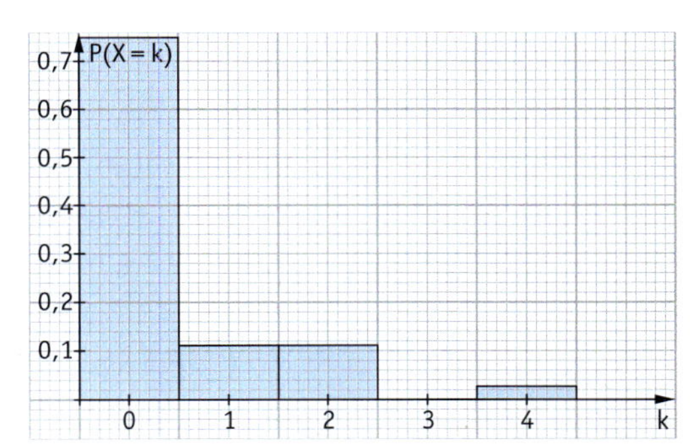

Definition 2

Eine Funktion, die jedem Ereignis einer Zufallsgröße genau eine Wahrscheinlichkeit zuordnet, heißt **Wahrscheinlichkeitsverteilung** oder **Verteilung der Zufallsgröße.** Die Verteilung einer Zufallsgröße kann man durch eine Tabelle, ein Histogramm oder oft durch einen Term angeben.

Aus der Wahrscheinlichkeitsverteilung oben kann man z. B. ablesen, dass das Ereignis $X = 1$ die Wahrscheinlichkeit $P(X = 1) = \frac{1}{9}$ hat.

Führt man den Zufallsversuch aus Aufgabe 1 oft genug durch, so kann man für das Ereignis $X = 1$ eine relative Häufigkeit von $\frac{1}{9}$ erwarten.

Information

(3) Erwartungswert einer Zufallsgröße

Bei der Lösung von Aufgabe 1b) haben wir aus der Wahrscheinlichkeitsverteilung berechnet, welchen Wert man im Mittel erwarten kann, wenn man den Zufallsversuch oft genug durchführt:

$\frac{3}{4}\cdot 0 + \frac{1}{9}\cdot 1 + \frac{1}{9}\cdot 2 + \frac{1}{36}\cdot 4 \approx 0{,}44.$

Führt man den Zufallsversuch aus Aufgabe 1 also oft genug durch, so erwartet man durchschnittlich einen Wert von 0,44.

Ereignis	Wahrscheinlichkeit
$X = 0$	$P(X = 0) = \frac{3}{4}$
$X = 1$	$P(X = 1) = \frac{1}{9}$
$X = 2$	$P(X = 2) = \frac{1}{9}$
$X = 4$	$P(X = 4) = \frac{1}{36}$

Definition 3: Erwartungswert einer Zufallsgröße

Eine Zufallsgröße X nimmt die Werte $a_1, a_2, \ldots, a_m$ mit den Wahrscheinlichkeiten $P(X = a_1),\ P(X = a_2),\ \ldots,\ P(X = a_m)$ an.

Dann wird der zu erwartende Mittelwert E(X) der Verteilung als **Erwartungswert der Zufallsgröße X** bezeichnet.

Es gilt: $\mathbf{E(X) = a_1 \cdot P(X = a_1) + a_2 \cdot P(X = a_2) + \ldots + a_m \cdot P(X = a_m) = \sum_{i=1}^{m} a_i \cdot P(X = a_i)}$

Der Erwartungswert wird auch mit dem griechischen Buchstaben μ (lies: mü) bezeichnet.

Übungsaufgaben

2 In einem Spielautomaten drehen sich zwei Räder, auf denen die vier Symbole ♣, ♦, ♥, ♠ mehrfach, aber gleich oft aufgetragen sind.

a) Welche Auszahlung kann man im Mittel pro Spiel erwarten? Bestimmen Sie zunächst den erwarteten Mittelwert für 100 Spiele.

b) Untersuchen Sie, welcher Spieleinsatz angemessen wäre.

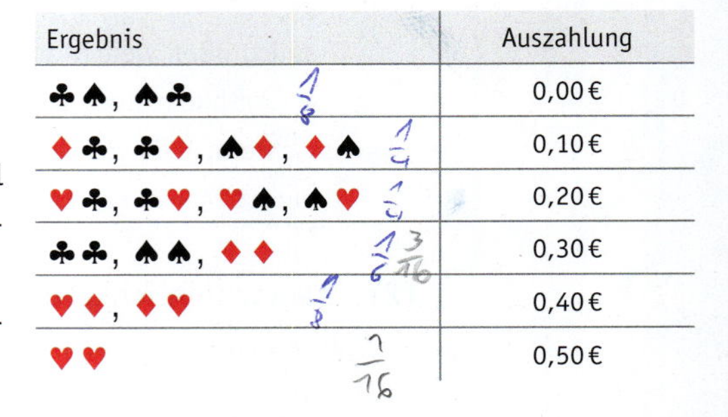

Ergebnis	Auszahlung
♣♠, ♠♣	0,00 €
♦♣, ♣♦, ♠♦, ♦♠	0,10 €
♥♣, ♣♥, ♥♠, ♠♥	0,20 €
♣♣, ♠♠, ♦♦	0,30 €
♥♦, ♦♥	0,40 €
♥♥	0,50 €

3 In einem Volleyballturnier treffen zwei gleich starke Mannschaften A und B aufeinander. Ein Spiel gilt als gewonnen, wenn eine Mannschaft drei Sätze zu ihren Gunsten entschieden hat; ein Spiel besteht also aus mindestens drei, höchstens aus fünf Sätzen. Aus wie vielen Sätzen wird ein solches Spiel *im Mittel* bestehen?

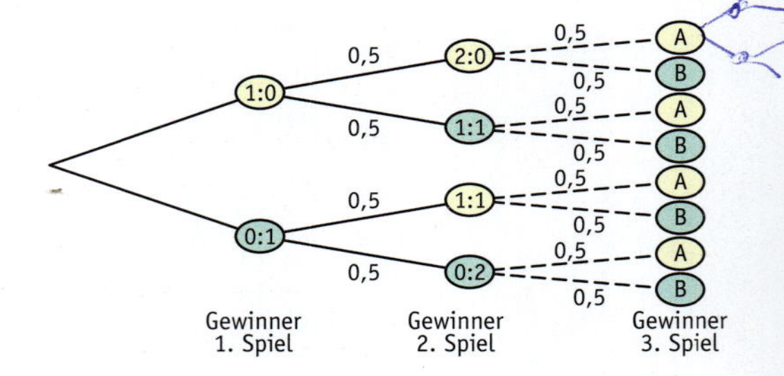

4 Bei einem 400-m-Lauf starten für die beiden teilnehmenden Mannschaften je 3 Läuferinnen. Die Bahnen werden ausgelost. Die Innenbahn (Nr. 1) bleibt frei. Die Lose enthalten die Nummern 2, 3, 4, 5, 6 und 7. Niedrige Nummern gelten als glückliches Los. Als Maß für das Losglück einer Mannschaft kann die Summe der drei Bahnnummern angesehen werden.

a) Mit welchen Wahrscheinlichkeiten treten die verschiedenen Summen auf?

b) Mit welcher Wahrscheinlichkeit ist die Summe der Bahnnummern (1) kleiner als 12; (2) größer als 7; (3) mindestens gleich 14?

5 Bei einem Spiel mit einem Glücksrad kann man 1 \$, 2 \$, 5 \$, 10 \$, 20 \$ oder sogar 40 \$ gewinnen.
Da es dem Veranstalter genügt, auf lange Sicht einen Gewinn zu machen, verlangt er einen Spieleinsatz, der nur knapp über der mittleren Auszahlung liegt.
Untersuchen Sie, wie viel Geld er vermutlich als Einsatz nehmen wird.

6 Ein regelmäßiger Würfel ist mit den ersten 6 Zweierpotenzen beschriftet. Kevin hat den Erwartungswert für die geworfene Augenzahl berechnet. Kontrollieren Sie sein Ergebnis:

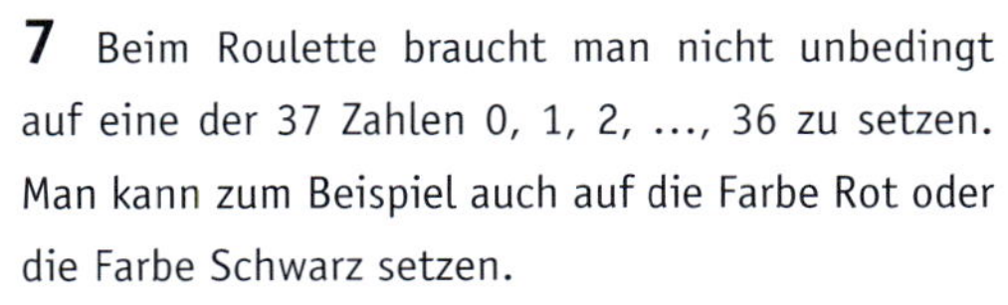

$$E(x) = \frac{\frac{1}{6}\cdot 2 + \frac{1}{6}\cdot 4 + \frac{1}{6}\cdot 8 + \frac{1}{6}\cdot 16 + \frac{1}{6}\cdot 32 + \frac{1}{6}\cdot 64}{6}$$
$$= \frac{126}{36} \approx 4$$

7 Beim Roulette braucht man nicht unbedingt auf eine der 37 Zahlen 0, 1, 2, ..., 36 zu setzen. Man kann zum Beispiel auch auf die Farbe Rot oder die Farbe Schwarz setzen.
Hat man auf Rot gesetzt und bleibt die Kugel auf einem der 18 roten Fächer stehen, dann erhält man das Doppelte des Einsatzes zurückgezahlt.
Berechnen Sie den Erwartungswert der Zufallsgröße X: *Gewinn beim Setzen auf Rot*.

8 Im Tennis benötigt ein Spieler im Allgemeinen vier Gewinnpunkte, um ein Spiel zu gewinnen, es sei denn, vorher ist ein Spielstand von 3 : 3 eingetreten (Einstand).
Nach einem Einstand muss ein Spieler zwei Punkte Vorsprung erzielen, um zu gewinnen, also mindestens ein 5 : 3 oder 6 : 4.
Zwei gleich starke Spieler bestreiten ein Match.

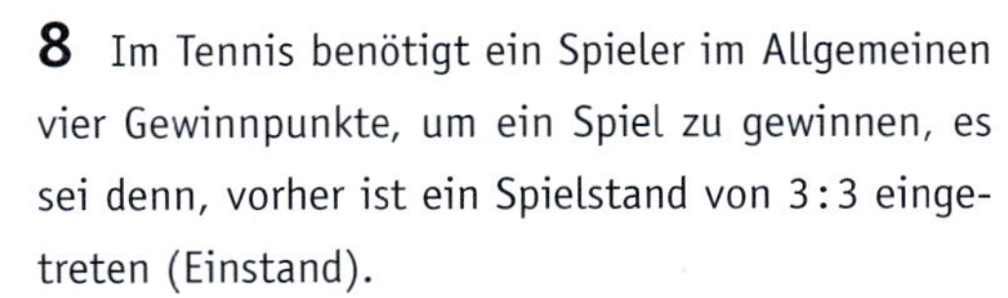

(1) Mit welcher Wahrscheinlichkeit ist das Spiel nach dem Erzielen von insgesamt $k = 4, 5, \ldots, 10$ Gewinnpunkten zu Ende?
(2) Wie viele Gewinnpunkte werden im Mittel insgesamt erzielt werden?
(3) Bei Turnieren wird aus Zeitgründen oft von der Regel der Zwei-Punkte-Differenz abgewichen. Erläutern Sie, was sich in (2) ändert, wenn ein Spiel spätestens dann beendet wird, wenn einer der Spieler fünf Punkte erreicht hat.

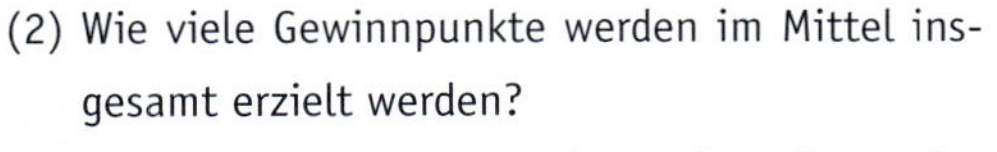

Im Tennis benutzt man eine traditionelle Zählweise, bei dem ein Spieler nacheinander 0, 15, 30, 40 Punkte erreichen kann. Gewinnt ein Spieler beim Spielstand von 40 : 40 („deuce") den nächsten Punkt, dann wird dies als „advantage" bezeichnet.
Gewinnt er auch den nächsten Punkt, hat er das Spiel gewonnen.
Verliert er den nächsten Punkt, liegt wieder „Einstand" vor.

9 Die Wahrscheinlichkeit für die Geburt eines Mädchens beträgt ungefähr $\frac{1}{2}$. Eine Familie mit 3 Kindern wird zufällig ausgesucht. Betrachten Sie die Zufallsgröße X: *Anzahl der Mädchen*.
Mit welcher Wahrscheinlichkeit tritt das Ereignis $X = 0$, $X = 1$, $X = 2$, $X = 3$ auf?
Bestimmen Sie auch den Erwartungswert der Zufallsgröße. Interpretieren Sie den Wert.

10 A und B vereinbaren, eine Münze so lange zu werfen, bis Wappen erscheint, maximal jedoch fünfmal. A zahlt an B für jeden notwendigen Wurf 1 €. Ist nach dem 5. Wurf noch kein Wappen gefallen, muss A an B den Betrag von 7 € bezahlen.

a) Zeichnen Sie ein Baumdiagramm und bestimmen Sie die Verteilung der Zufallsgröße X: *Betrag (in €), den A an B zahlen muss* und deren Erwartungswert.

b) Untersuchen Sie, wie groß der Einsatz von B sein muss, damit die Spielregel fair ist.

11 In einer Lostrommel sind 20 % Gewinnlose und 80 % Nieten.
Jemand will so lange ein Los kaufen, bis er ein Gewinnlos gezogen hat, maximal jedoch 5 Stück. Mit welcher Ausgabe muss er rechnen, wenn ein Los 2 € kostet?

12 Bei einem Klassenfest muss jeder der 25 Teilnehmer ein Los kaufen. Der erste Preis hat einen Wert von 15 €, der zweite von 10 €, der dritte von 4 €. Außerdem gibt es noch Trostpreise im Wert von 0,50 €. Untersuchen Sie, wie viel ein Los kosten müsste, damit Einnahmen und Ausgaben übereinstimmen.

13

a) In einem Wintersportgebiet kann man erfahrungsgemäß nur an einem Tag des Monats Januar nicht Ski laufen. Für die folgende Rechnung legen wir die Modellannahme zugrunde, dass die Wetterbedingungen an den drei Tagen eines Wochenendes unabhängig voneinander sind, d. h. dass die Wahrscheinlichkeit für jeden der Tage jeweils $\frac{1}{31}$ dafür beträgt, dass die Wetterbedingungen das Skilaufen nicht zulassen. Untersuchen Sie, mit welcher Wahrscheinlichkeit man dann an 0, 1, 2, 3 Tagen eines Januar-Wochenendes nicht Ski laufen kann.

b) Ermitteln Sie die durchschnittlichen Einnahmen pro Skipass.

14 Ein Feinkosthändler führt in seinem Angebot auch Packungen leicht verderblicher Sushi, die am Tage der Herstellung verkauft werden müssen. Durch Beobachtung stellt er fest, dass er an 5 % der Tage 10 Portionen verkaufen kann, an 15 % der Tage 11 Portionen, an 30 % der Tage 12 Portionen, an 25 % der Tage 13 Portionen, an 15 % der Tage 14 Portionen und an 10 % der Tage sogar 15 Portionen. An einer verkauften Portion verdient er 4 €, während eine nicht verkaufte Portion 6 € Verlust einbringt.
Untersuchen Sie, bei welcher Herstellungsmenge an Sushi-Packungen der Feinkosthändler maximalen Nettogewinn erwarten kann.

Sushi

ist ein japanisches Gericht, das hauptsächlich aus erkaltetem gesäuertem Reis, überwiegend rohem Fisch und meistens auch getrocknetem oder gerösteten Seetang besteht. Es wird in mundgroßen Stücken optisch ansprechend serviert.

Weitere Zutaten sind, je nach Art des Sushis, Gemüse und Ei. Sushi wird traditionell mit Stäbchen oder mit der Hand gegessen. Das Sushi wird nicht abgebissen, sondern in einem Stück in den Mund geführt.

7.2 Binomialverteilung

7.2.1 Bernoulli-Ketten

Aufgabe

1 Bernoulli-Ketten

Ein Hersteller von Überraschungs-Schokokugeln wirbt damit, dass in jeder siebten Kugel eine Figur enthalten ist, die unter Sammlern als besonders wertvoll gilt. Daher ist die Freude groß, wenn man in seiner Kugel eine solche Figur entdeckt. Ein solcher Kugel-Inhalt werde also als Erfolg gewertet, alle anderen Kugel-Füllungen als Misserfolg.

Bestimmen Sie die Wahrscheinlichkeitsverteilung für die Zufallsgröße X: *Anzahl der Erfolge*. Stellen Sie die Wahrscheinlichkeitsverteilung in einer Tabelle und in einem Histogramm dar.

Lösung

Auf jeder Stufe des vierstufigen Zufallsversuchs interessiert nur, ob eine wertvolle Figur in der Kugel ist (Erfolg) oder nicht (Misserfolg).

Das zugehörige Baumdiagramm besteht also aus $2^4 = 16$ Pfaden:

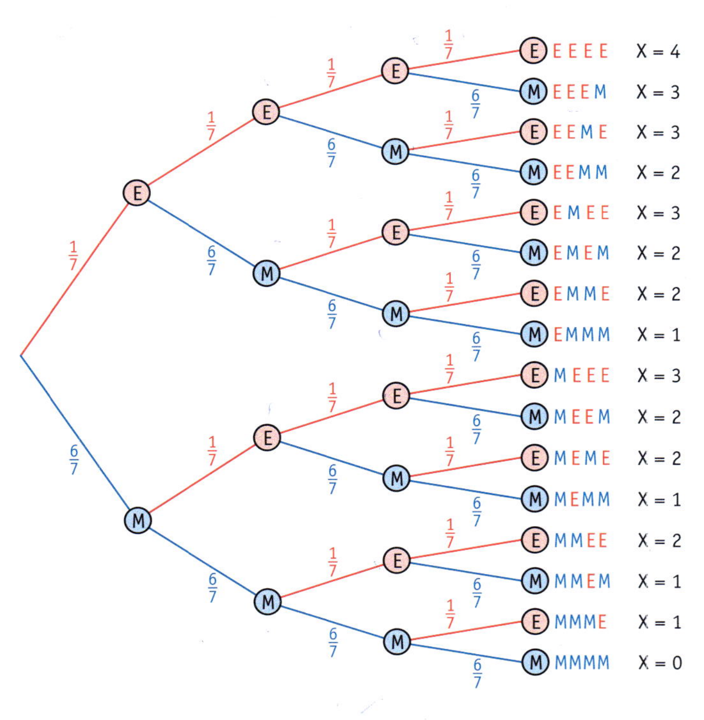

Die Wahrscheinlichkeit für die verschiedenen möglichen Ereignisse berechnen wir mithilfe der Pfadmultiplikationsregel und der Pfadadditionsregel.

- Zum Ereignis „Kein Erfolg" (also $X = 0$) gehört *ein* Pfad: MMMM
  Dieser hat die Wahrscheinlichkeit: $P(X = 0) = \left(\frac{6}{7}\right)^4 \approx 0{,}5398$
- Zum Ereignis „Ein Erfolg" (also $X = 1$) gehören *vier* Pfade mit gleichen Pfadwahrscheinlichkeiten: EMMM, MEMM, MMEM, MMME, d.h. $P(X = 1) = 4 \cdot \left(\frac{1}{7}\right)^1 \cdot \left(\frac{6}{7}\right)^3 \approx 0{,}3599$
- Zum Ereignis „Zwei Erfolge" (also $X = 2$) gehören *sechs* Pfade mit gleichen Pfadwahrscheinlichkeiten: EEMM, EMEM, EMME, MEEM, MEME, MMEE, d.h. $P(X = 2) = 6 \cdot \left(\frac{1}{7}\right)^2 \cdot \left(\frac{6}{7}\right)^2 \approx 0{,}0900$

- Zum Ereignis „Drei Erfolge“ (also X = 3) gehören *vier* Pfade mit gleichen Pfadwahrscheinlichkeiten: EEEM, EEME, EMEE, MEEE, d.h. $P(X = 3) = 4 \cdot \left(\frac{1}{7}\right)^3 \cdot \left(\frac{6}{7}\right) \approx 0{,}0100$
- Schließlich gehört zum Ereignis „Vier Erfolge“ also $(X = 4)$ *ein* Pfad: EEEE. Dieser hat die Wahrscheinlichkeit $P(X = 4) = \left(\frac{1}{7}\right)^4 \approx 0{,}0004$.

Damit können wir die Wahrscheinlichkeitsverteilung angeben:

Die Tabelle stellt die Wahrscheinlichkeitsverteilung für X dar.

Anzahl k der Erfolge X = k	Wahrscheinlichkeit für k Erfolge P(X = k)
0	$1 \cdot \left(\frac{1}{7}\right)^0 \cdot \left(\frac{6}{7}\right)^4 \approx 0{,}5398$
1	$4 \cdot \left(\frac{1}{7}\right)^1 \cdot \left(\frac{6}{7}\right)^3 \approx 0{,}3599$
2	$6 \cdot \left(\frac{1}{7}\right)^2 \cdot \left(\frac{6}{7}\right)^2 \approx 0{,}0900$
3	$4 \cdot \left(\frac{1}{7}\right)^3 \cdot \left(\frac{6}{7}\right)^1 \approx 0{,}0100$
4	$1 \cdot \left(\frac{1}{7}\right)^4 \cdot \left(\frac{6}{7}\right)^0 \approx 0{,}0004$
Kontrollfeld	Summe: 1,0001 *Rundungsfehler*

P(X=k)
0,6
0,5
0,4
0,3
0,2
0,1
0 1 2 3 4 k
Histogramm der Verteilung für
$n = 4$
$p = \frac{1}{7}$

Histogramm zur Wahrscheinlichkeitsverteilung

Information

(1) Bernoulli-Ketten

In Aufgabe 1 interessierte uns auf jeder Stufe nur, ob die begehrte Sammlerfigur in der Schokokugel war oder nicht; wir bewerten die Ergebnisse als Erfolge bzw. Misserfolge.

Da man bei vielen Zufallsexperimenten solche Unterteilungen nach Erfolg oder Misserfolg vornehmen kann, lohnt es, sich hiermit näher zu beschäftigen.

Jakob Bernoulli
1654 – 1705
Mitbegründer der Wahrscheinlichkeitsrechnung

Definition 4: Bernoulli-Experiment, Bernoulli-Kette

(1) Ein Zufallsexperiment mit nur zwei interessierenden Ergebnissen heißt ein **Bernoulli-Experiment**. Die Ergebnisse bezeichnet man als *Erfolg* bzw. *Misserfolg*. Die Wahrscheinlichkeit für einen Erfolg bezeichnet man als *Erfolgswahrscheinlichkeit* p, die für einen Misserfolg als *Misserfolgswahrscheinlichkeit* q. Es gilt: $q = 1 - p$.

(2) Wird ein Bernoulli-Experiment n-mal durchgeführt und ändert sich die Erfolgswahrscheinlichkeit von Stufe zu Stufe nicht, so spricht man von einem n-stufigen Bernoulli-Experiment oder einer n-stufigen **Bernoulli-Kette**.

(2) Interpretation eines Zufallsversuchs als Bernoulli-Kette

Statt Erfolg und Misserfolg kann man auch Treffer und Niete sagen.

Der Begriff *Erfolg* ist umgangssprachlich mit etwas Erfreulichem verbunden, *Misserfolg* ist entsprechend negativ belastet. Im Zusammenhang mit dem Urnenmodell und der Ziehung unterschiedlich gefärbter Kugeln oder Lose erscheinen die Bezeichnungen angemessen. Wird aber z. B. bei zufällig ausgesuchten Personen geprüft, ob eine Infektion vorliegt, dann wird man das Vorliegen einer Infektion umgangssprachlich kaum als „Erfolg“ bezeichnen, auch wenn die Mediziner von einem „positiven“ Befund sprechen.

Für die Interpretation als Bernoulli-Kette interessieren nur folgende Eigenschaften:

- Der Zufallsversuch lässt sich als n-stufiger Versuch interpretieren.
- Auf jeder Stufe gibt es nur zwei verschiedene Ergebnisse, die wir als Erfolg bzw. Misserfolg bezeichnen.
- Die Wahrscheinlichkeit für einen Erfolg bzw. Misserfolg ist auf allen Stufen gleich.

Erfolg und Misserfolg sind als Bezeichnungen austauschbar; entsprechend sind die Erfolgs- und Misserfolgswahrscheinlichkeiten p und $q = 1 - p$ zu vertauschen.

Information

(3) Zufallsgröße bei BERNOULLI-Ketten

Da wir uns nur dafür interessieren, ob auf einer Stufe ein *Erfolg* oder ein *Misserfolg* eintritt, betrachten wir bei BERNOULLI-Ketten stets die Zufallsgröße X: *Anzahl der Erfolge*. Diese kann die Werte $k = 0, 1, \ldots, n$ annehmen (mindestens 0 Erfolge, höchstens n Erfolge).

Bevor wir nun einen allgemeinen Term für die Wahrscheinlichkeit $P(X = k)$ angeben können, müssen wir wie bei der Lösung von Aufgabe 1 überlegen, wie viele Pfade zum Ereignis $X = k$ im Baumdiagramm einer n-stufigen BERNOULLI-Kette gehören. Dies klären wir im nächsten Abschnitt.

Übungsaufgaben

2 Drei Freunde haben für ein Würfelspiel vereinbart, dass man eine Spielfigur erst dann auf das Spielfeld setzen darf, wenn man eine Eins gewürfelt hat. Jeder hat nur einen Versuch, dann muss der Würfel weitergereicht werden.

Bestimmen Sie die Wahrscheinlichkeiten, dass in einer Runde keine Eins, eine Eins, zwei Einsen, drei Einsen gewürfelt werden.

Geben Sie die Wahrscheinlichkeitsverteilung für die Zufallsgröße X: *Anzahl der Einsen in einer Runde* in einer Tabelle und in einem Histogramm an.

3 Geben Sie an, ob das Zufallsexperiment ein BERNOULLI-Experiment ist oder nicht. Begründen Sie.

a) Werfen einer Reißzwecke.

b) Ziehen aus einem Gefäß, das Lose enthält, die entweder Nieten oder Gewinne sind.

c) Ziehen einer Kugel aus einem Gefäß, das rote, grüne und weiße Kugeln enthält; wir achten darauf, ob die gezogene Kugel rot ist.

d) Gleichzeitiges Werfen von zwei Münzen; wir achten darauf, ob die oben liegenden Seiten gleich sind.

4 Entscheiden Sie, ob das Zufallsexperiment eine BERNOULLI-Kette ist. Begründen Sie die Antwort.

a) Ein Würfel wird siebenmal nacheinander geworfen: Wir notieren jeweils die Augenzahl.

b) Aus einer Urne mit 20 schwarzen und 10 weißen Kugeln werden 12 Kugeln gezogen. Die gezogene Kugeln wird jedesmal in die Urne zurückgelegt [nicht zurückgelegt].
Wir achten darauf, ob die gezogene Kugel weiß ist.

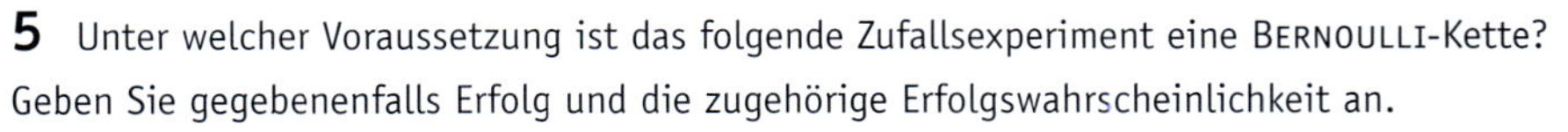

5 Unter welcher Voraussetzung ist das folgende Zufallsexperiment eine BERNOULLI-Kette?
Geben Sie gegebenenfalls Erfolg und die zugehörige Erfolgswahrscheinlichkeit an.

(1) Eine Münze wird 10-mal geworfen.

(2) 10 Münzen werden gleichzeitig geworfen.

(3) 5 % aller Konservendosen haben Untergewicht; 8 Dosen werden zufällig aus Kartons herausgegriffen und gewogen.

(4) 90 % aller Haushalte besitzen einen Internetanschluss; 50 Haushalte werden repräsentativ ausgewählt.

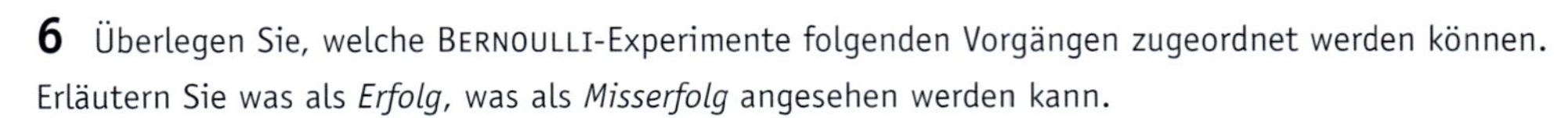

6 Überlegen Sie, welche BERNOULLI-Experimente folgenden Vorgängen zugeordnet werden können.
Erläutern Sie was als *Erfolg*, was als *Misserfolg* angesehen werden kann.

a) Eine Klasse geht ins Schwimmbad.

b) Eine Reisegesellschaft passiert die Zollkontrolle.

c) Ein Lehrer stellt einen Vokabeltest.

7 Eine Münze wird fümfmal geworfen. Wir betrachten die Zufallsgröße X: *Anzahl der Wappen*.

(1) Notieren Sie, welche Ergebnisse (5-Tupel) möglich sind.

(2) Wie viele dieser 5-Tupel gehören zum Ereignis $X = 0$; $X = 1$; ...; $X = 5$?

(3) Welche Wahrscheinlichkeitsverteilung hat die Zufallsgröße X?

8 Kann das Zufallsexperiment als BERNOULLI-Kette aufgefasst werden?
Begründen Sie Ihre Entscheidung.

a) Aus einer Kiste mit Schrauben werden einzeln nacheinander 10 Stück herausgenommen, auf ihre Brauchbarkeit geprüft und danach wieder zurückgelegt.

b) Beim Fußballtraining tritt jeder der 15 möglichen Feldspieler einen Elfmeter.

c) In einem Gefäß sind schwarze und weiße Kugeln; 6 Kugeln werden auf einmal herausgenommen.

d) Bei einer Meinungsumfrage haben die befragten Personen die Möglichkeit, einer bestimmten Meinung zuzustimmen oder diese abzulehnen.

e) Eine Klasse wählt einen Klassensprecher und seinen Stellvertreter.

9 Bei einer Lotterie werden Tausende von Losen mit dreistelligen Nummern von 000 bis 999 verkauft. Anschließend wird die Glücksnummer der Lotterie Ziffer für Ziffer einzeln mithilfe eines Glücksrades ausgelost.
Begründen Sie, warum dieses Zufallsexperiment als dreistufige BERNOULLI-Kette mit Erfolgswahrscheinlichkeit $\frac{1}{10}$ aufgefasst werden kann.
Der 1. Preis wird vergeben, wenn die Losnummer mit der Glückszahl übereinstimmt. Stimmen Losnummer und Glückszahl in zwei Ziffern überein, so erhält man den 2. Preis. Bestimmen Sie die Wahrscheinlichkeiten für den Gewinn eines 1. Preises und für den Gewinn eines 2. Preises.

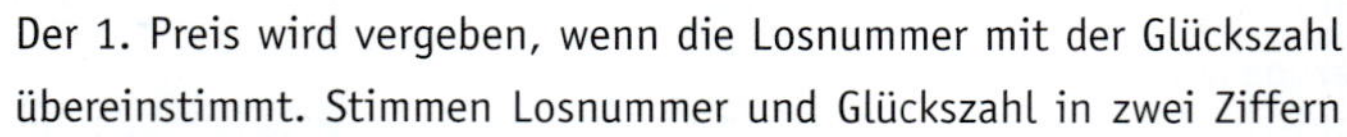

10 Beim Lottospiel 6 aus 49 werden nacheinander 6 Kugeln aus einem Ziehungsgefäß mit 49 Kugeln gezogen. Die Kugeln tragen die Nummern 1, 2, 3, ..., 49. In jeder Woche finden zwei solcher Lottoziehungen statt, sodass es pro Jahr 102 oder manchmal sogar 103 Lottoziehungen gibt.
Begründen Sie:

(1) Die Wahrscheinlichkeit für die Ziehung einer bestimmten Zahl, z. B. der Zahl 13, in einer der Lottoziehungen beträgt $p = \frac{6}{49}$.

(2) Betrachtet man die Zufallsgröße X: *Anzahl der Ziehungen einer bestimmten Zahl*, kann man die Abfolge von $n = 102$ Lottoziehungen in einem Jahr als 102-stufige BERNOULLI-Kette mit $p = \frac{6}{49}$ auffassen.

11 BERNOULLI-Ketten lassen sich leicht mithilfe einer Tabellenkalkulation oder eines GTR simulieren.

(1) Begründen Sie, wie und warum dies möglich ist.

(2) Erläutern Sie, wie die Simulation des Zufallsversuchs aus Aufgabe 1 durchgeführt werden kann.

(3) Erläutern Sie, warum durch folgenden Schritte die Simulation einer 100-stufigen BERNOULLI-Kette mit $p = \frac{1}{6}$ vorgenommen wird. Führen Sie die Schritte mehrfach durch und tragen Sie die Ergebnisse der Lerngruppe zusammen. Stellen Sie die Häufigkeitsverteilung in Form eines Histogramms dar.

```
randInt(1,6,100)
→L1
{6 6 1 4 3 5 1 ...
```

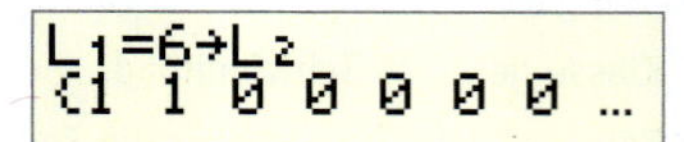


```
sum(L2)
                22
```

7.2.2 Binomialkoeffizienten – BERNOULLI-Formel

Einführung

In diesem Abschnitt soll für die Wahrscheinlichkeitsverteilung von BERNOULLI-Ketten eine Formel entwickelt werden. Dazu betrachten wir das BERNOULLI-Experiment „Werfen eines Würfels“. Als Erfolg wird die Augenzahl Sechs gewertet. Der Würfel wird sechsmal hintereinander geworfen. Wir bestimmen die Wahrscheinlichkeit für die folgenden Ereignisse:

(1) Es werden genau zwei Sechsen geworfen. (2) Es werden genau 3 Sechsen geworfen.

(1) Wahrscheinlichkeit für genau zwei Sechsen bestimmen

Wir bezeichnen das Auftreten einer Sechs als Erfolg E, das Auftreten der übrigen Augen als Misserfolg M. Es ist aufwendig, ein Baumdiagramm für diese BERNOULLI-Kette vollständig zu zeichnen, da es insgesamt $2^6 = 64$ Pfade enthält. Wir zeichnen daher nur einen Ausschnitt.

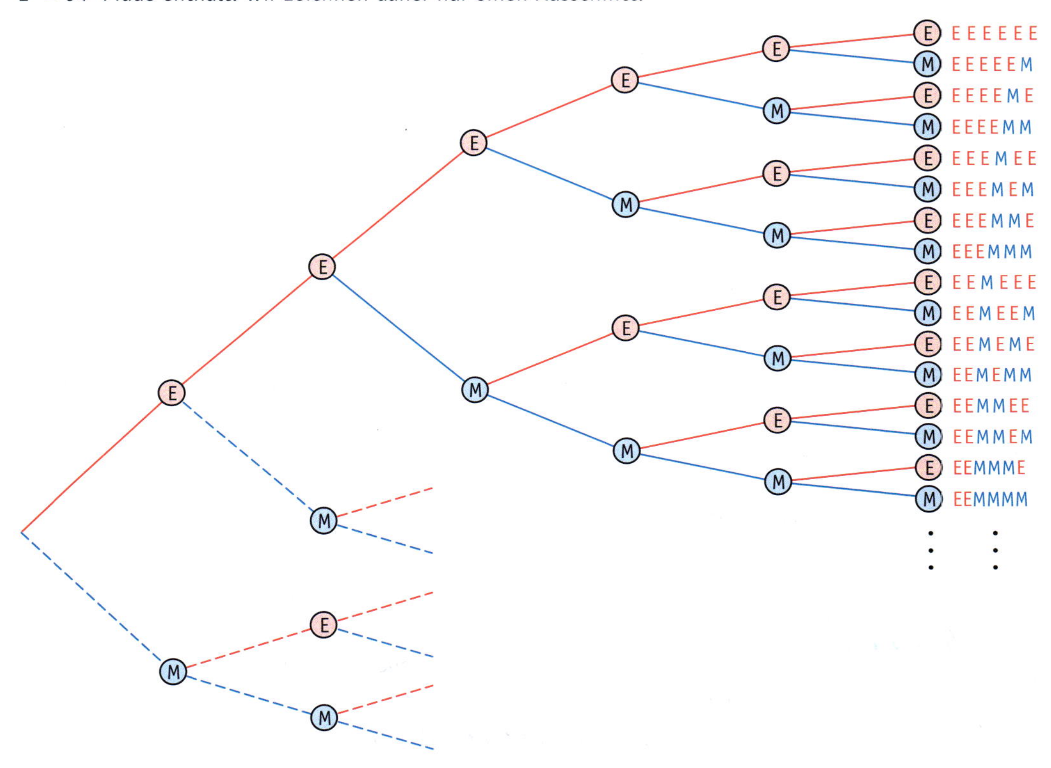

Am Ausschnitt des Baumdiagramms erkennt man schon, dass jeder der Pfade mit zwei Erfolgen die Wahrscheinlichkeit $\frac{1}{6}\cdot\frac{1}{6}\cdot\frac{5}{6}\cdot\frac{5}{6}\cdot\frac{5}{6}\cdot\frac{5}{6} = \left(\frac{1}{6}\right)^2\cdot\left(\frac{5}{6}\right)^4 = \frac{625}{46\,656}$ hat.

Wir müssen also nur überlegen, wie viele Pfade mit zwei Erfolgen es gibt.

Wir können am obigen Baumdiagrammausschnitt nicht abzählen, wie viele solcher Pfade es gibt. Wir überlegen daher, wie viele Möglichkeiten es gibt, zwei Erfolge auf 6 Stellen unterzubringen.

Die übrigen Felder könnten mit M ausgefüllt werden. Der Übersichtlichkeit halber verzichten wir darauf.

Für die Wahl des ersten Feldes für Ⓔ gibt es 6 Möglichkeiten:

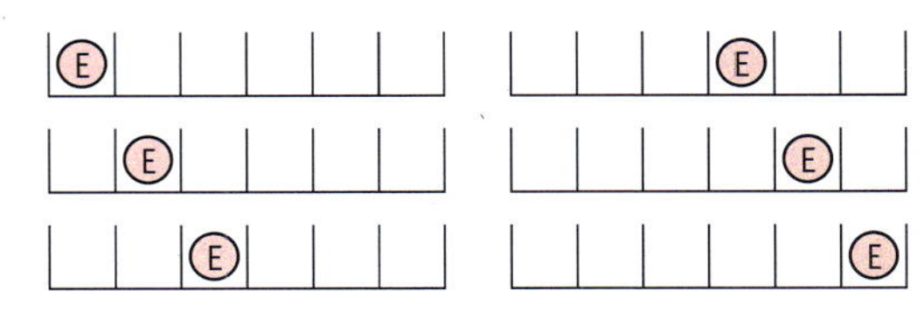

Für die Wahl des zweiten Feldes, in das ein Ⓔ eingetragen werden kann, bleiben dann jeweils noch 5 freie Felder. Insgesamt sind dies dann $6 \cdot 5 = 30$ Möglichkeiten, zwei Ⓔ einzutragen.

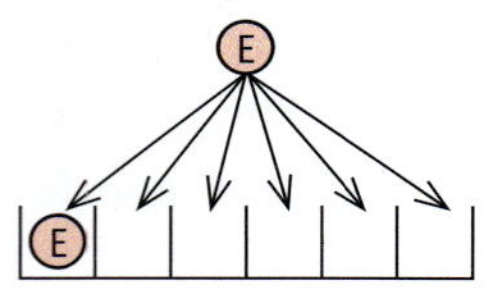

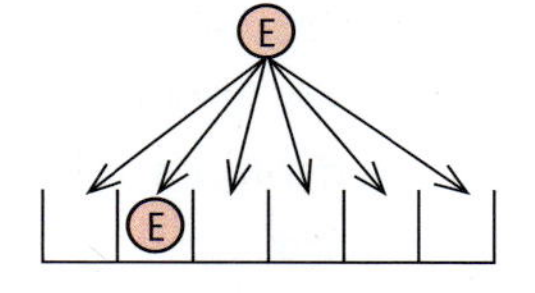

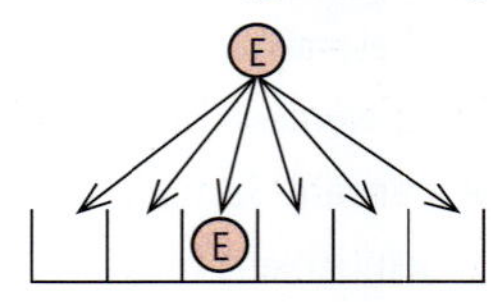

...

Allerdings entstehen dabei nicht 30 verschiedene Belegungen der sechs Felder:

Die Belegung | Ⓔ | Ⓔ | | | | | kann man zum Beispiel auf zwei verschiedene Weisen erhalten.

Da man zum Schluss nicht erkennen kann, welches der beiden Ⓔ zuerst eingetragen wurde, sind jeweils zwei Belegungen der Felder identisch.

Bei der obigen Zählweise werden also die möglichen Fälle doppelt gezählt. Daher gibt es insgesamt $\frac{6 \cdot 5}{2} = 15$ Möglichkeiten der Auswahl von *2 aus 6 Stufen* für einen Erfolg. Die Wahrscheinlichkeit für genau 2 Sechsen beim 6-fachen Würfeln beträgt also $15 \cdot \frac{625}{46\,656} = \frac{9\,375}{46\,656} \approx 0{,}20$.

(2) Wahrscheinlichkeit für genau 3 Sechsen bestimmen

Jeder Pfad mit 3 Sechsen hat die Wahrscheinlichkeit $\frac{1}{6} \cdot \frac{1}{6} \cdot \frac{1}{6} \cdot \frac{5}{6} \cdot \frac{5}{6} \cdot \frac{5}{6} = \left(\frac{1}{6}\right)^3 \cdot \left(\frac{5}{6}\right)^3 = \frac{25}{46\,656}$.

Wir überlegen wieder, wie viele solcher Pfade es gibt. Verteilt man 3 Ⓔ auf 6 Felder, so hat man für das erste Ⓔ 6 Möglichkeiten, für das zweite 5 und für das dritte 4. Da alle diese Möglichkeiten miteinander kombiniert werden können, ergeben sich insgesamt $6 \cdot 5 \cdot 4 = 120$ Möglichkeiten.

Die Belegung | Ⓔ | | Ⓔ | Ⓔ | | | kann zum Beispiel auf sechs verschiedene Arten entstehen:

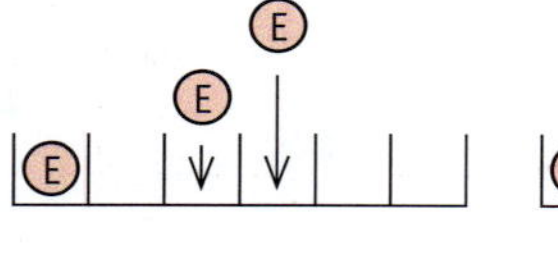

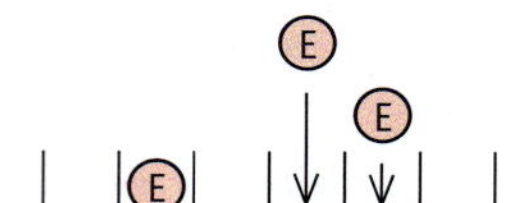

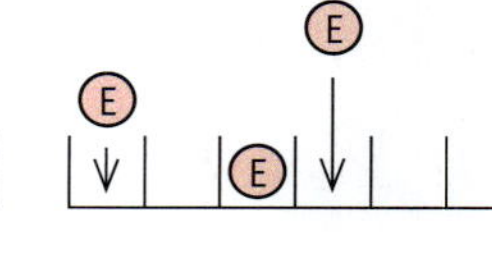

3. Auswahl
2. Auswahl
1. Auswahl

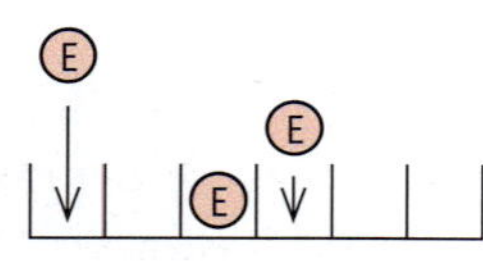

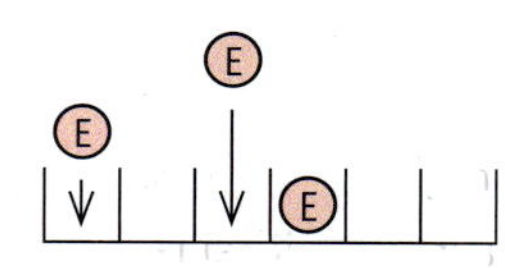

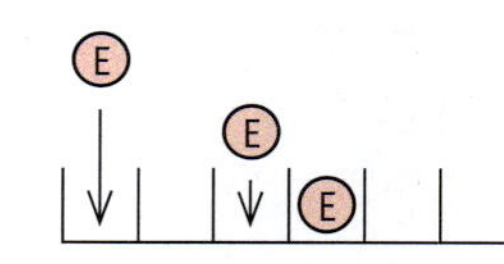

3. Auswahl
2. Auswahl
1. Auswahl

Jeweils 6 von den 120 Möglichkeiten stimmen also im Ergebnis überein, da man am Ende nicht mehr erkennen kann, in welcher Reihenfolge die Ⓔ verteilt wurden. Es gibt daher insgesamt $\frac{120}{6} = 20$ Auswahlmöglichkeiten für *3 aus 6 Stufen* für einen Erfolg.

Die Wahrscheinlichkeit für genau 3 Sechsen beträgt also $20 \cdot \frac{125}{46\,656} = \frac{2\,500}{46\,656} \approx 0{,}05$

Information

(1) Anzahl der Pfade mit k Erfolgen – Binomialkoeffizienten

Wir verallgemeinern die Überlegung aus der Einführung zur Bestimmung der Anzahl der Pfade für k Erfolge bei einer n-stufigen BERNOULLI-Kette. Dazu überlegen wir, wie viele Möglichkeiten es gibt, k aus n Feldern für einen Erfolg E auszuwählen:

- Anzahl der Möglichkeiten für das erste E: n
- Anzahl der Möglichkeiten für das zweite E: $n - 1$
- Anzahl der Möglichkeiten für das dritte E: $n - 2$

  ⋮ ⋮ ⋮ ⋮ ⋮ ⋮ ⋮

- Anzahl der Möglichkeiten für das k-te E: $n - k + 1$

Insgesamt sind es $n(n-1)(n-2) \cdot \ldots \cdot (n-k+1)$ Möglichkeiten.

Von diesen Möglichkeiten stimmen diejenigen im Ergebnis überein, bei denen die E nur in anderer Reihenfolge auf die k belegten Felder verteilt werden:

- Anzahl der Möglichkeiten für das erste Feld: k
- Anzahl der Möglichkeiten für das zweite Feld: k − 1
- Anzahl der Möglichkeiten für das dritte Feld: k − 2

⋮

- Anzahl der Möglichkeiten für das k-te Feld: 1

Insgesamt stimmen also jeweils $k(k-1)(k-2)\cdot\ldots\cdot 1$ der zunächst gewählten Möglichkeiten überein.

Es gibt also $\frac{n\cdot(n-1)(n-2)\cdot\ldots\cdot(n-k+1)}{k\cdot(k-1)(k-2)\cdot\ldots\cdot 1}$ Pfade mit k Erfolgen.

Sowohl im Zähler als auch im Nenner k Faktoren

Für diesen Term führt man eine Abkürzung ein:

Definition 5

Für natürliche Zahlen n und k mit $k \le n$ setzt man

$$\binom{n}{k} = \frac{n\cdot(n-1)\cdot(n-2)\cdot\ldots\cdot(n-k+1)}{k\cdot(k-1)\cdot(k-2)\cdot\ldots\cdot 1} \quad \text{sowie} \quad \binom{n}{0} = 1$$

Es gibt nur 1 Pfad mit 0 Erfolgen.

$\binom{n}{k}$ wird gelesen als *n über k* und heißt **Binomialkoeffizient**.

Beispiele

$\binom{7}{4} = \frac{7\cdot 6\cdot 5\cdot 4}{4\cdot 3\cdot 2\cdot 1} = 35$ $\binom{12}{5} = \frac{12\cdot 11\cdot 10\cdot 9\cdot 8}{5\cdot 4\cdot 3\cdot 2\cdot 1} = 792$ $\binom{4}{1} = \frac{4}{1} = 4$

Der Bruch $\binom{n}{k} = \frac{n\cdot(n-1)\cdot\ldots\cdot(n-k+1)}{k\cdot(k-1)\cdot\ldots\cdot 1}$ gibt eine Anzahl an; er ist also eine natürliche Zahl.

Daraus ergibt sich, dass sich dieser Bruch stets in eine natürliche Zahl kürzen lässt.

(2) Allgemeines Zählprinzip der Kombinatorik

In der Information (1) wurde eine wichtige Regel der Kombinatorik angewandt:
Wir können die Anzahl der möglichen Ergebnisse eines mehrstufigen Zufallsversuchs bestimmen, indem wir uns das zugehörige Baumdiagramm mit seinen Verzweigungen vorstellen. Die Anzahl der Möglichkeiten erhalten wir dann durch Multiplikation der jeweiligen Anzahl von Verzweigungen auf den einzelnen Stufen.

Nacheinander sollen k Entscheidungen (Auswahlen) getroffen werden. Angenommen,

auf der ersten Stufe gibt es	n_1 Möglichkeiten;
auf der zweiten Stufe gibt es jeweils	n_2 Möglichkeiten;
⋮	⋮
auf der k. Stufe gibt es jeweils	n_k Möglichkeiten.
Dann gibt es *insgesamt*	$n_1\cdot n_2\cdot\ldots\cdot n_k$ Möglichkeiten.

Beispiel

Bei der Lottoziehung „6 aus 49“ hat man für das erste Kreuz bei einem Tipp 49 Möglichkeiten, für das zweite Kreuz 48, für das dritte Kreuz 47 usw., insgesamt also $49\cdot 48\cdot 47\cdot 46\cdot 45\cdot 44$ Möglichkeiten.
Nun kommt es beim Ankreuzen der Zahlen aber nicht auf die Reihenfolge an. Insgesamt kann man 6 Zahlen auf $6\cdot 5\cdot 4\cdot 3\cdot 2\cdot 1$ Arten anordnen.
Daher gibt es also $\binom{49}{6} = \frac{49\cdot 48\cdot 47\cdot 46\cdot 45\cdot 44}{6\cdot 5\cdot 4\cdot 3\cdot 2\cdot 1} = 13\,983\,816$ verschiedene Lottotipps.

Information

(3) Berechnen von Binomialkoeffizienten mit dem Rechner

Auch Binomialkoeffizienten können mit vielen Rechnern direkt berechnet werden. Im Englischen bezeichnet man die obige Anzahl der Möglichkeiten als *combinations*.

Der entsprechende Rechner-Befehl lautet bei vielen Rechnern: **nCr**

(a) Beim grafikfähigen Taschenrechner findet man im Menü **MATH** im Untermenü **PRB** den Befehl **nCr** zur Bestimmung von Binomialkoeffizienten.

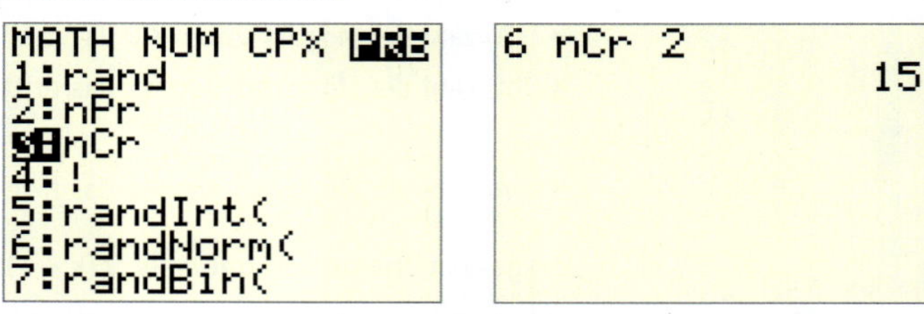

(b) Beim CAS-Rechner lautet der Befehl zum Bestimmen von Binomialkoeffizienten auch **nCr**, muss aber in der Form nCr(n, k) verwendet werden und kann direkt so eingegeben werden.

Aufgabe

1 Wahrscheinlichkeiten von BERNOULLI-Ketten

a) Ein Würfel wird achtmal geworfen. Die Wahrscheinlichkeit, dass unter den 8 Würfen genau 5 Einsen sind, wurde im Beispiel rechts mithilfe des Binomialkoeffizienten bestimmt.
Erläutern Sie die Vorgehensweise bei dieser Rechnung.

Wahrscheinlichkeiten für	
Erfolg	$p = \frac{1}{6}$
Misserfolg	$(1 - p) = \frac{5}{6}$
5 Erfolge und 3 Misserfolge an einem Pfad:	$\left(\frac{1}{6}\right)^5 \cdot \left(\frac{5}{6}\right)^3$
Anzahl der Pfade mit genau 5 Erfolgen:	$\binom{8}{5} = \frac{8 \cdot 7 \cdot 6 \cdot 5 \cdot 4}{5 \cdot 4 \cdot 3 \cdot 2 \cdot 1} = 56$
Wahrscheinlichkeit für genau 5 Erfolge beim achtfachen Würfeln:	$56 \cdot \left(\frac{1}{6}\right)^5 \cdot \left(\frac{5}{6}\right)^3 \approx 0{,}00417$

b) Begründen Sie den folgenden Satz:

Satz 1: BERNOULLI-Formel
Gegeben ist eine n-stufige BERNOULLI-Kette mit Erfolgswahrscheinlichkeit p.
Dann ist die Wahrscheinlichkeitsverteilung der Zufallsgröße X: *Anzahl der Erfolge* gegeben durch

$$\mathbf{P(X = k) = \binom{n}{k} p^k (1 - p)^{n-k}} \quad \text{mit } k = 0, 1, \ldots, n$$

Lösung

a) Die Erfolgswahrscheinlichkeit beträgt $\frac{1}{6}$, die Misserfolgswahrscheinlichkeit somit $\frac{5}{6}$. Wenn es genau 5 Erfolge gibt, dann gibt es genau 3 Misserfolge. Am Baum interessieren somit nur die Pfade mit 5 Erfolgen und 3 Misserfolgen. Die Wahrscheinlichkeit ist immer gleich $\left(\frac{1}{6}\right)^5 \cdot \left(\frac{5}{6}\right)^3$. Die Anzahl dieser Pfade kann mithilfe des Binomialkoeffizienten $\binom{8}{5} = 56$ ermittelt werden. Da es aber 56 Pfade mit jeweils der gleichen Wahrscheinlichkeit $\left(\frac{1}{6}\right)^5 \cdot \left(\frac{5}{6}\right)^3$ sind, ergibt sich die gesuchte Wahrscheinlichkeit aus $56 \cdot \left(\frac{1}{6}\right)^5 \cdot \left(\frac{5}{6}\right)^3$.

b) Zum Ereignis $X = k$ gehören $\binom{n}{k}$ Pfade, denn es gibt $\binom{n}{k}$ Möglichkeiten, k Erfolge und $n - k$ Misserfolge auf n Stufen anzuordnen.
Jeder dieser Pfade mit k Erfolgen und $n - k$ Misserfolgen hat gemäß Pfadmultiplikationsregel die Wahrscheinlichkeit $p^k (1 - p)^{n - k}$. Daher gilt die oben angegebene Formel.

Information

(1) Binomialverteilung

Die Wahrscheinlichkeitsverteilung der Zufallsgröße X: *Anzahl der Erfolge* bei einer n-stufigen BERNOULLI-Kette wird als **Binomialverteilung** bezeichnet.

Die Bezeichnung Binomialverteilung wurde gewählt, weil es einen Zusammenhang mit den binomischen Formeln gibt, den wir im Abschnitt 7.2.3 behandeln.

Beispiel

Für eine 5-stufige BERNOULLI-Kette mit der Erfolgwahrscheinlichkeit p und der Misserfogswahrscheinlichkeit $(1 - p)$ ergibt sich für die Zufallsgröße X: *Anzahl der Erfolge* die folgende Binomialverteilung:

k	0	1	2	3	4	5
$P(X = k)$	$\binom{5}{0}p^0(1-p)^5$	$\binom{5}{1}p^1(1-p)^4$	$\binom{5}{2}p^2(1-p)^3$	$\binom{5}{3}p^3(1-p)^2$	$\binom{5}{4}p^4(1-p)^1$	$\binom{5}{5}p^5(1-p)^0$

(2) Binomialverteilungen mit dem GTR bestimmen und darstellen

DISTR
distribution (engl.):
Verteilung

Im GTR-Menü mit Wahrscheinlichkeitsverteilungen (z. B. **DISTR**) finden wir z. B. den Befehl **binompdf**. Diesen Befehl kann man auf verschiedene Weise benutzen, z. B.:

- binompdf(10, 0.3, 4) berechnet bei einer 10-stufigen BERNOULLI-Kette mit Erfolgswahrscheinlichkeit $p = 0{,}3$ die Wahrscheinlichkeit für 4 Erfolge.
- binompdf(5, 0.5, {0, 1, 2}) liefert z. B. beim 5-fachen Münzwurf die Wahrscheinlichkeiten für 0; 1; 2 Erfolge (Wappen).
- binompdf(6, 1/6) bestimmt alle Werte der Binomialverteilung mit $n = 6$ und $p = \frac{1}{6}$

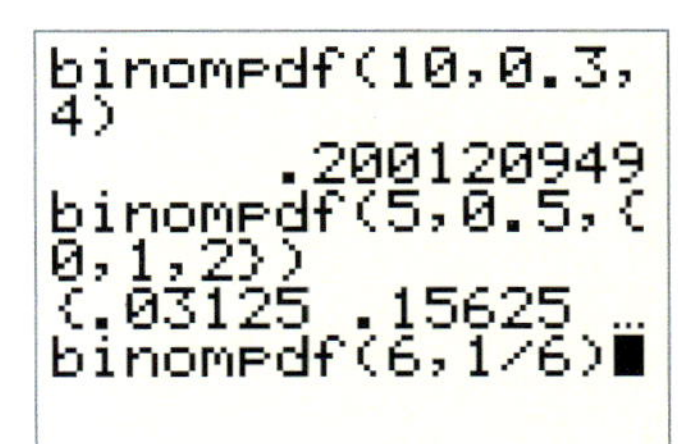

Erzeugt man in einer Liste L1 die natürlichen Zahlen 0, 1, 2, ..., n und in einer Liste L2 die Wahrscheinlichkeiten einer BERNOULLI-Kette, dann stellen die beiden Listen L1 und L2 die Tabelle einer Binomialverteilung dar. Diese kann man grafisch in Form von sogenannten Histogrammen darstellen. Die Rechtecke haben die Breite 1; die Höhe entspricht der Wahrscheinlichkeit. Daher ist der Gesamtflächeninhalt aller Rechtecke 1.

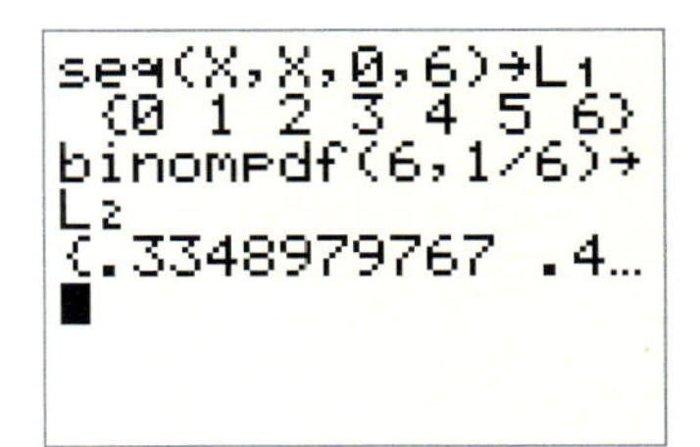

Man beachte, dass es wegen der vergleichsweise geringen Anzahl der Bildschirm-Pixel nicht möglich ist, Histogramme mit beliebig großem n zu zeichnen.

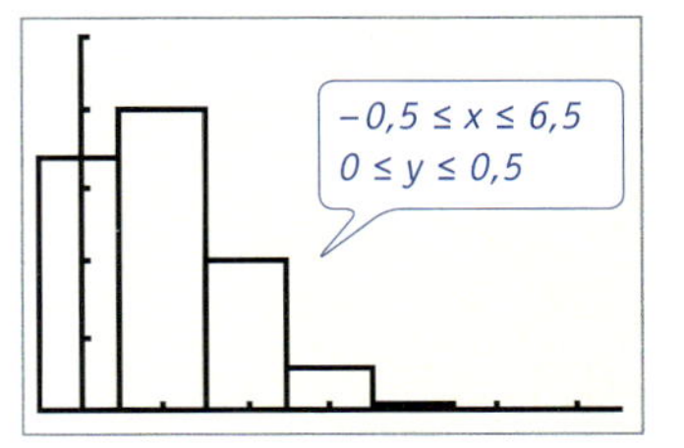

Im rechts abgebildeten Beispiel des 200-fachen Würfelns musste das Fenster auf den Bereich $k = 10$ bis $k = 57$ beschränkt werden, damit eine Darstellung als Histogramm noch möglich ist.

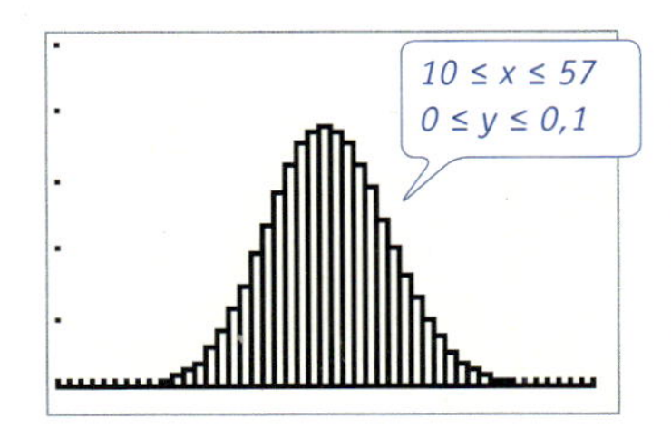

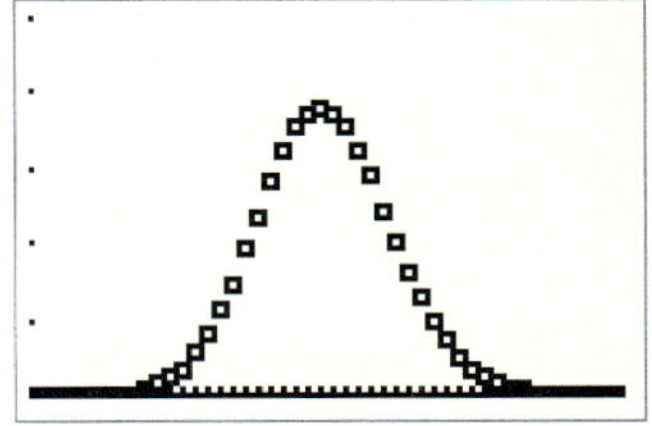

Alternativ besteht auch die Möglichkeit der Darstellung als Scatter-Diagramm (Punktdiagramm).

Weiterführende Aufgabe

2 Stichproben und Bernoulli-Ketten

Ziehvorgänge mit Zurücklegen können grundsätzlich als Bernoulli-Ketten aufgefasst werden, da sich die Wahrscheinlichkeit für einen Erfolg nicht ändert. Bei Stichprobennahmen, z. B. bei Meinungsumfragen, achtet man darauf, dass ausgewählte Personen nur einmal erfasst werden.

Kann man trotzdem Wahrscheinlichkeiten von Ereignissen näherungsweise mit einem Binomialansatz berechnen?

a) Vergleichen Sie – zur Klärung dieser Frage – die Wahrscheinlichkeiten von folgenden Ereignissen:
In einer Jahrgangsstufe sind 70 Jungen und 80 Mädchen. Für eine Befragung werden 4 Schülerinnen oder Schüler ausgelost – als Ziehen
(1) mit Zurücklegen (2) ohne Zurücklegen
Mit welcher Wahrscheinlichkeit sind unter den ausgelosten Personen $k = 0, 1, 2, \ldots, 4$ Mädchen?

b) Begründen Sie aufgrund der berechneten Wahrscheinlichkeiten in Teilaufgabe a) die folgende Regel:

Binomialansatz bei Stichprobennahmen

Zieht man aus einer großen Gesamtheit nur wenige Elemente zufällig heraus, dann ergeben sich annähernd gleiche Wahrscheinlichkeitswerte, egal ob man die Auswahl mit oder ohne Zurücklegen vornimmt. Anders formuliert:
Aus einer Urne mit der Gesamtheit n Kugeln wird eine Stichprobe von k Kugeln gezogen. Ist das Verhältnis *Umfang der Gesamtheit* zu *Umfang der Stichprobe* sehr groß, dann ist für die Berechnung von Wahrscheinlichkeiten näherungsweise ein Binomialansatz möglich.

Übungsaufgaben 

3

a) Beim Lottospiel *6 aus 49* werden nacheinander 6 Zahlen aus einem Ziehungsgefäß mit 49 Kugeln gezogen. Wie viele Möglichkeiten gibt es für die Ziehung der ersten Gewinnzahl, der zweiten Gewinnzahl, ..., der sechsten Gewinnzahl? Untersuchen Sie, wie viele Ziehungsmöglichkeiten es für die Ziehung der sechs Glückszahlen insgesamt gibt.

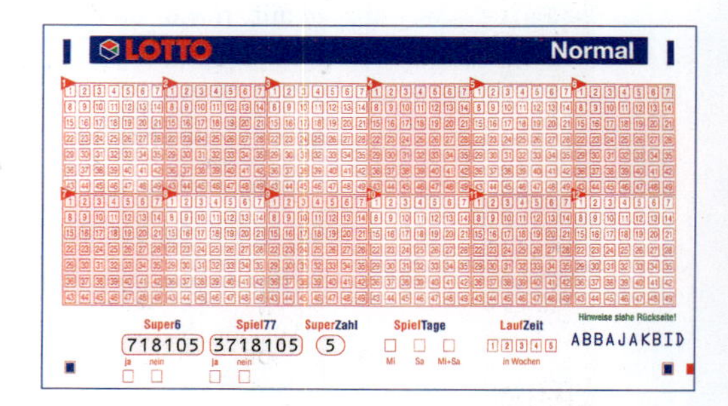

b) Nach der Ziehung der sechs Gewinnzahlen werden die gezogenen Zahlen der Größe nach geordnet, sodass man nachträglich nicht mehr sieht, in welcher Reihenfolge die sechs Kugeln gezogen wurden.
An einem Samstag wurden z. B. die Zahlen 11 – 14 – 24 – 32 – 36 – 42 gezogen. Auf wie viele Arten hätte dieses Ergebnis zustande kommen können?
Bestimmen Sie, wie viele Ziehungsmöglichkeiten es demnach für die Ziehung der sechs Lottozahlen insgesamt gibt, wenn man die Ziehungsreihenfolge nicht beachtet.

c) Ein Würfel wird 49-mal geworfen; dabei tritt 6-mal Augenzahl 1 auf. Wie viele Pfade im Baumdiagramm (mit insgesamt $2^{49} \approx 5 \cdot 10^{14}$ Pfaden) gehören zum Ergebnis 6-mal Augenzahl 1?
Untersuchen Sie, was diese Anzahl mit der in Teilaufgabe b) bestimmten Zahl zu tun hat.

4 Untersuchen Sie, ob zu einer 8-stufigen Bernoulli-Kette mehr Pfade mit 4 Erfolgen als zu einer 9-stufigen Bernoulli-Kette mit 3 Erfolgen gehören.

5

a) Eine Münze wird 10-mal geworfen. Bestimmen Sie die Anzahl der Pfade im Baumdiagramm mit 0-, 1-, 2-, ... 10-mal Wappen.

b) Begründen Sie, warum es genauso viele Pfade mit 3 Erfolgen gibt wie mit 7 Erfolgen [mit 4 Erfolgen wie mit 6 Erfolgen].

c) Begründen Sie, warum bei einer n-stufigen BERNOULLI-Kette zum Ereignis *k Erfolge* genauso viele Pfade gehören wie zum Ereignis *n − k Erfolge*.

6 Ein Multiple-Choice-Test besteht aus 5 Fragen mit je 5 gleichen plausiblen Antworten, wobei aber jeweils nur eine Antwort richtig ist. Jemand kreuzt die Antwortmöglichkeiten auf gut Glück an.
Mit welcher Wahrscheinlichkeit hat diese Person 0 [1; 2; 3; 4; 5] Antworten richtig angekreuzt?
Mit welcher Wahrscheinlichkeit hat sie mehr als die Hälfte der Antworten richtig geraten?

7 Die Wahrscheinlichkeit, dass ein Neugeborenes ein Junge ist, beträgt etwa 0,514.

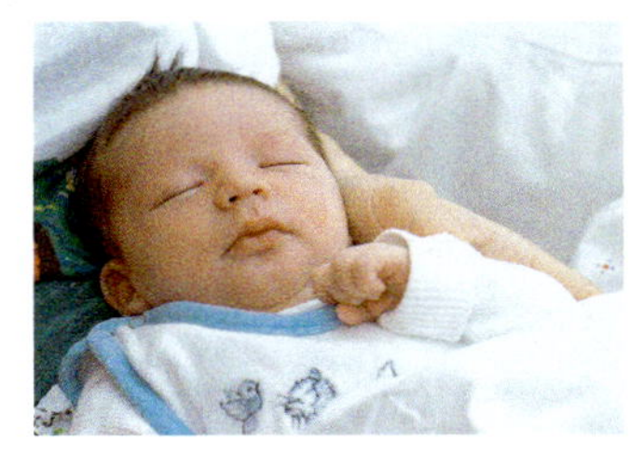

a) In einem Krankenhaus werden an einem Tag 12 Kinder geboren. Bestimmen Sie die Wahrscheinlichkeit, dass es genau 6 Jungen und 6 Mädchen sind.

b) Bestimmen Sie die Verteilung der Zufallsgröße X: *Anzahl der Mädchen in einer Familie mit 4 Kindern.*

c) Mit welcher Wahrscheinlichkeit sind in einer Familie mit 6 Kindern mehr Jungen als Mädchen?

Oktaeder

Dodekaeder

Ikosaeder

8

a) Ein Würfel wird 6-mal geworfen. Mit welcher Wahrscheinlichkeit tritt Augenzahl 6 genau 2-mal auf?

b) Ein reguläres Oktaeder wird 8-mal geworfen [ein reguläres Dodekaeder wird 12-mal geworfen; ein reguläres Ikosaeder wird 20-mal geworfen].
Mit welcher Wahrscheinlichkeit tritt Augenzahl 3 genau einmal [fünfmal] auf?

9

(1) In einer Bevölkerungsgruppe haben 70 % der Erwachsenen einen Führerschein. 10 erwachsene Personen werden zufällig ausgewählt. Bestimmen Sie die Wahrscheinlichkeit dafür, dass unter diesen 10 Befragten genau 7 Personen einen Führerschein besitzen.

(2) 21 von 30 Kindern einer Klasse kommen mit dem Bus zur Schule. Für eine Befragung werden 10 von 30 Kindern zufällig ausgewählt. Untersuchen Sie, mit welcher Wahrscheinlichkeit unter den 10 Befragten genau 7 Kinder sind, die mit dem Bus zu Schule kommen.

(3) Erläutern Sie den Unterschied bei den Berechnungen der Wahrscheinlichkeiten in (1) und (2). Begründen Sie, warum man in (1) einen Binomialansatz verwenden darf und in (2) nicht.

10 25 % aller Wahlberechtigten sind jünger als 30 Jahre, 75 % sind jünger als 60 Jahre.

a) Wie groß ist die Wahrscheinlichkeit dafür, dass unter 8 zufällig ausgesuchten Wahlberechtigten
(1) genau 2 Personen unter 30 Jahre alt sind;
(2) genau 6 Personen unter 60 Jahre alt sind?

b) Bestimmen Sie die Wahrscheinlichkeitsverteilung bei einer Zufallsauswahl von 10 wahlberechtigten Personen.
Stellen Sie diese Verteilung auch grafisch dar.

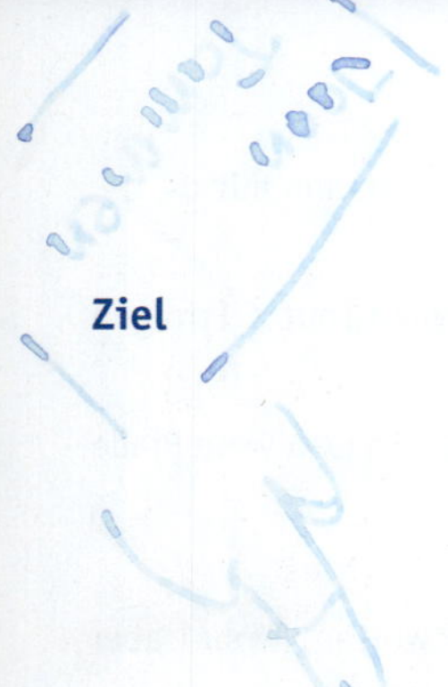

7.2.3 Rekursive Berechnung von Wahrscheinlichkeiten bei BERNOULLI-Ketten

Ziel

In Abschnitt 7.2.2 wurde erarbeitet, wie man die Wahrscheinlichkeit für k Erfolge $P(X = k)$ für eine n-stufige BERNOULLI-Kette mit der Erfolgswahrscheinlichkeit p berechnen kann. Wir haben dort zwei Möglichkeiten kennengelernt:

- Die Formel $P(X = k) = \binom{n}{k} p^k (1 - p)^{n-k}$,
  wobei der Binomialkoeffizient $\binom{n}{k} = \frac{n \cdot (n-1) \cdot (n-2) \cdot \ldots \cdot (n-k+1)}{k \cdot (k-1) \cdot (k-2) \cdot \ldots \cdot 2 \cdot 1}$
  die Anzahl der Pfade mit k Erfolgen im zugehörigen Baumdiagramm beschreibt.
- Die Berechnung mithilfe eines GTR, z. B. durch den Befehl **binompdf(n, p, k)**.

In diesem Abschnitt können Sie sich eine dritte Möglichkeit zur Berechnung der Wahrscheinlichkeiten und der Binomialkoeffizienten erarbeiten.

Zum Erarbeiten

Zurückführen einer n-stufigen BERNOULLI-Kette auf eine (n – 1)-stufige BERNOULLI-Kette

Bei einem Würfelspiel vereinbaren die Spieler, dass man erst mit einer Eins das Spiel beginnen kann. Drei Spieler beginnen mit dem Spiel. Jeder darf nur einmal würfeln. Für die erste Würfelrunde liegt also eine 3-stufige BERNOULLI-Kette mit der Erfolgswahrscheinlichkeit $p = \frac{1}{6}$ vor.

Die Wahrscheinlichkeiten dafür, dass nach der ersten Runde 0, 1, 2 oder alle 3 Spieler im Spiel sind, können wir mithilfe der Formel berechnen:

$P(X = 0) = \binom{3}{0}\left(\frac{1}{6}\right)^0\left(\frac{5}{6}\right)^3 = \mathbf{1} \cdot \left(\frac{5}{6}\right)^3$

$P(X = 1) = \binom{3}{1}\left(\frac{1}{6}\right)^1\left(\frac{5}{6}\right)^2 = \mathbf{3} \cdot \left(\frac{1}{6}\right)^1\left(\frac{5}{6}\right)^2$

$P(X = 2) = \binom{3}{2}\left(\frac{1}{6}\right)^2\left(\frac{5}{6}\right)^1 = \mathbf{3} \cdot \left(\frac{1}{6}\right)^2\left(\frac{5}{6}\right)^1$

$P(X = 3) = \binom{3}{3}\left(\frac{1}{6}\right)^3\left(\frac{5}{6}\right)^0 = \mathbf{1} \cdot \left(\frac{1}{6}\right)^3$

Nach der ersten Runde, nachdem also jeder der drei Spieler einmal gewürfelt hat, kommt ein vierter Spieler dazu und möchte auch mitspielen. Er darf mitmachen und gleich einmal würfeln. Die BERNOULLI-Kette wird also von 3 Stufen auf 4 Stufen erhöht. Wenn dieser neue Spieler würfelt, gibt es zwei Möglichkeiten: Der neue Spieler würfelt eine Eins, die Wahrscheinlichkeit dafür beträgt $\frac{1}{6}$. Oder der neue Spieler würfelt keine Eins, die Wahrscheinlichkeit dafür beträgt $\frac{5}{6}$. Im Einzelnen sind folgende Fälle möglich:

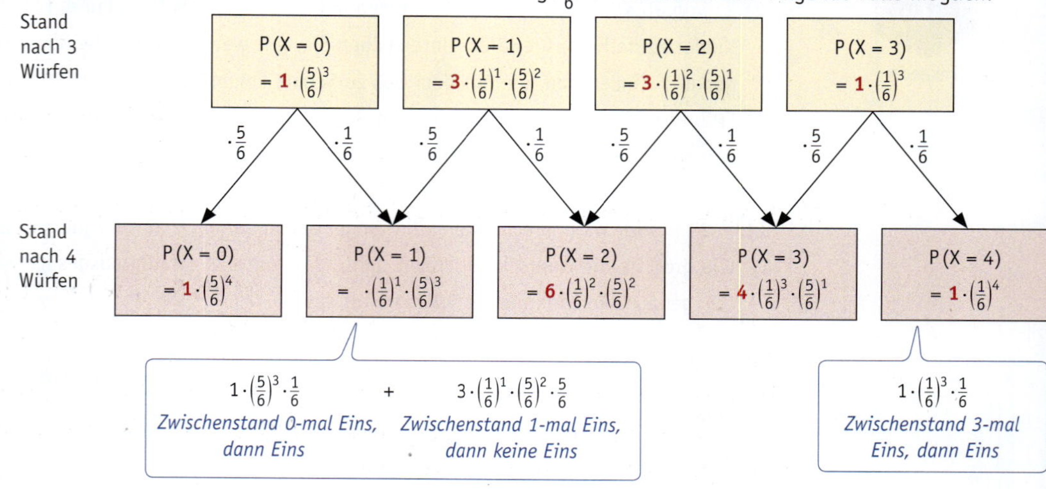

Angenommen, es kommt noch ein fünfter Spieler hinzu. Wie ergeben sich z.B. $P(X = 3)$ und wie $P(X = 5)$, wenn man die Überlegungen von oben fortführt?

Drei Einsen nach fünffachen Würfeln sind nur möglich, wenn die vier Spieler zuvor bereits zwei Einsen gewürfelt haben und der neue fünfte Spieler auch eine Eins würfelt, oder wenn die Spieler zuvor bereits drei Einsen gewürfelt haben und der neue Spieler keine Eins wirft. Es ergibt sich also:

$$P(X = 3) = \mathbf{6}\cdot\left(\tfrac{1}{6}\right)^2\cdot\left(\tfrac{5}{6}\right)^2\cdot\tfrac{1}{6} + \mathbf{4}\cdot\left(\tfrac{1}{6}\right)^3\cdot\left(\tfrac{5}{6}\right)^1\cdot\tfrac{5}{6}$$
$$= \mathbf{10}\cdot\left(\tfrac{1}{6}\right)^3\cdot\left(\tfrac{5}{6}\right)^2$$

Stand nach 4 Würfen:

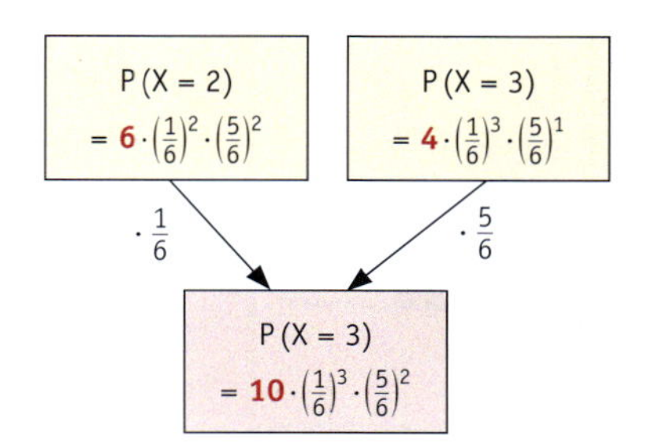

Fünf Einsen nach fünffachen Würfeln sind nur möglich, wenn die vier Spieler zuvor schon vier Einsen gewürfelt haben. Es ergibt sich also:

$$P(X = 5) = \mathbf{1}\cdot\left(\tfrac{1}{6}\right)^4\cdot\tfrac{1}{6} = \mathbf{1}\cdot\left(\tfrac{1}{6}\right)^5$$

Stand nach 4 Würfen:

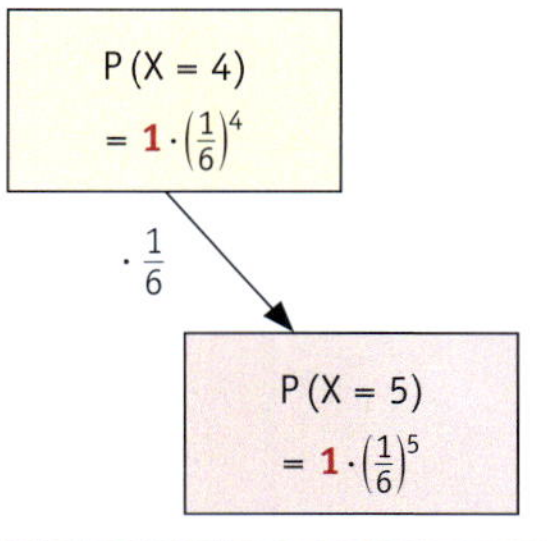

Stand nach 5 Würfen:

Information

(1) Rekursive Berechnung von Wahrscheinlichkeiten bei BERNOULLI-Ketten

Wir betrachten eine n-stufige BERNOULLI-Kette mit der Erfolgswahrscheinlichkeit p. Um die Wahrscheinlichkeit für k Erfolge zu bestimmen, betrachten wir die möglichen Zwischenstände nach $k - 1$ Stufen: Entweder hat man nach $n - 1$ Stufen erst $k - 1$ Erfolge und dann tritt auf der n-ten Stufe ein Erfolg ein, oder man hat nach $n - 1$ Stufen bereits k Erfolge und auf der n-ten Stufe tritt ein Misserfolg ein.

Die Wahrscheinlichkeit $P_n(X = k)$ für k Erfolge bei der n-stufigen BERNOULLI-Kette ergibt sich also aus den Wahrscheinlichkeiten $P_{n-1}(X = k - 1)$ und $P_{n-1}(X = k)$ der $(n-1)$-stufigen BERNOULLI-Kette mit $k - 1$ Erfolgen und für k Erfolge, wie folgt:

(n – 1)-stufige BERNOULLI-Kette mit Erfolgswahrscheinlichkeit p

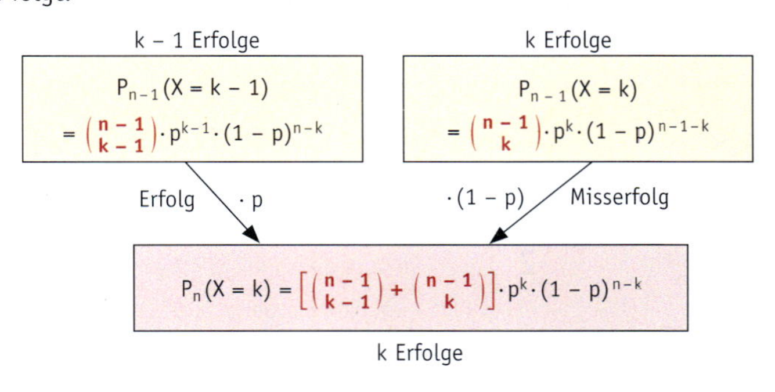

n-stufige BERNOULLI-Kette mit Erfolgswahrscheinlichkeit p

(2) Rekursive Bestimmung der Anzahl der Pfade bei einer n-stufigen BERNOULLI-Kette

Bei der rekursiven Bestimmung der Wahrscheinlichkeit $P_n(X = k)$ muss man also vor allem wissen, wie man die Anzahl der Pfade (also die Binomialkoeffizienten) rekursiv bestimmen kann. Dabei beachtet man, welche Zwischenstände nach $k - 1$ Stufen möglich sind.

Der obigen Rechnung entnimmt man, dass für eine $(n - 1)$-stufige und eine n-stufige BERNOULLI-Kette mit Erfolgswahrscheinlichkeit p gilt: Die Anzahl der Pfade zum Ereignis *k Erfolge*, also $X = k$, bei einer n-stufigen BERNOULLI-Kette ist die Summe aus der Anzahlen der Pfade für *k Erfolge* und für *k – 1 Erfolge* bei einer $(n - 1)$-stufigen BERNOULLI-Kette.

BLAISE PASCAL (1623 – 1662)

Dieses Verfahren zur Bestimmung der Anzahl der Pfade entspricht genau dem Bildungsprinzip des PASCAL'schen Dreiecks, das Sie vielleicht aus der Algebra kennen.

(a) Am Anfang und am Ende der Zeile steht eine Eins.

(b) Die übrigen Zahlen erhält man durch Addition benachbarter Zahlen in der darüberstehenden Zeile.

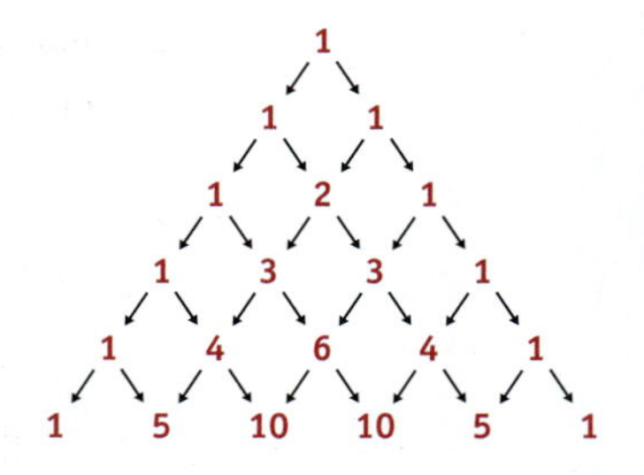

Aus dem PASCAL'schen Dreieck kann man somit unmittelbar ablesen, wie viele Pfade zum Ereignis *k Erfolge* bei einer n-stufigen BERNOULLI-Kette gehören.

Anzahl n der Stufen \ Anzahl k der Erfolge	0	1	2	3	4	5	6	7
0	1							
1	1	1						
2	1	2	1					
3	1	3	3	1				
4	1	4	6	4	1			
5	1	5	10	10	5	1		
6	1	6	15	20	15	6	1	
7	1	7	21	35	35	21	7	1

Das nach PASCAL benannte Zahlenschema war bereits chinesischen Mathematikern bekannt. Es ist z. B. in einem Buch aus dem Jahr 1303 enthalten.

Das PASCAL'sche Dreieck kann man auch mit Binomialkoeffizienten aufstellen.

Beginnt man die Nummerierung bei 0, so steht $\binom{n}{k}$ an der k-ten Stelle in der n-ten Reihe des PASCAL'schen Dreiecks.

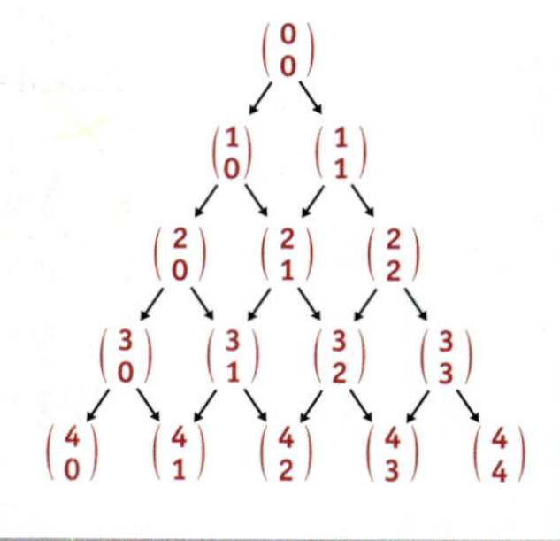

Zum Üben

1 Erläutern Sie: Wie kommt es zu *k-mal Augenzahl 4* beim 10-fachen Würfeln ($k = 0, 1, \ldots, 10$)? Welche Zwischenstände müssen nach neun Stufen vorgelegen haben?

2 Lesen Sie aus dem PASCAL'schen Dreieck ab: Wie viele Pfade gehören zum Ereignis

(1) 3-mal Augenzahl 6 beim 10-fachen Würfeln,

(2) 5-mal Wappen beim 8-fachen Münzenwurf.

4

a) Auch die binomischen Formeln für höhere Exponenten kann man iterativ ermitteln. Leiten Sie aus $(a + b)^2 = a^2 + 2ab + b^2$ eine Formel für $(a + b)^3$ ab und leiten Sie hieraus wiederum eine Formel für $(a + b)^4$ her.

b) Die Wahrscheinlichkeitsverteilung einer 5-stufigen BERNOULLI-Kette ergibt sich auch aus folgender Rechnung: $(q + p)^5 = \binom{5}{0}p^0q^5 + \binom{5}{1}p^1q^4 + \binom{5}{2}p^2q^3 + \binom{5}{3}p^3q^2 + \binom{5}{4}p^4q^1 + \binom{5}{5}p^5q^0 = 1$
Erläutern Sie die Rechnung und die Bedeutung der einzelnen Summanden im Term rechts.

3 Notieren Sie die beiden Konstruktionsprinzipien des PASCAL'schen Dreiecks mithilfe der Schreibweise der Binomialkoeffizienten $\binom{n}{k}$.

5 Begründen Sie, dass für natürliche Zahlen n gilt: $\binom{n}{0} + \binom{n}{1} + \binom{n}{2} + \ldots + \binom{n}{n} = 2^n$

6 Bestimmen Sie die einzelnen Summanden des binomischen Terms und deuten Sie dies als Wahrscheinlichkeitsverteilung einer geeigneten BERNOULLI-Kette:

(1) $(0{,}5 + 0{,}5)^6$ (2) $\left(\frac{5}{6} + \frac{1}{6}\right)^8$ (3) $\left(\frac{3}{4} + \frac{1}{4}\right)^7$

7

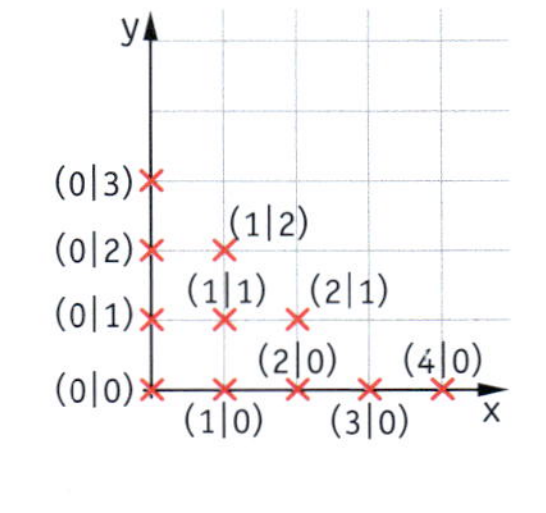

a) Man kann die Binomialkoeffizienten $\binom{n}{k}$ auch auffassen als Anzahl der Wege in einem Koordinatennetz mit natürlichen Koordinaten vom Ursprung (0|0) zum Punkt (k|n − k) oder (n − k|k) für k = 0; 1; 2; …; n. Erläutern Sie dies mithilfe einer Folge von Rechts-Links-Entscheidungen.

b) Überlegen Sie und prüfen Sie am Stadtplan der Innenstadt von Mannheim: Auf wie vielen Wegen kann man ohne Umwege

(1) von der Sternwarte zum Herschelbad,

(2) vom Rathaus zum Finanzamt gelangen?

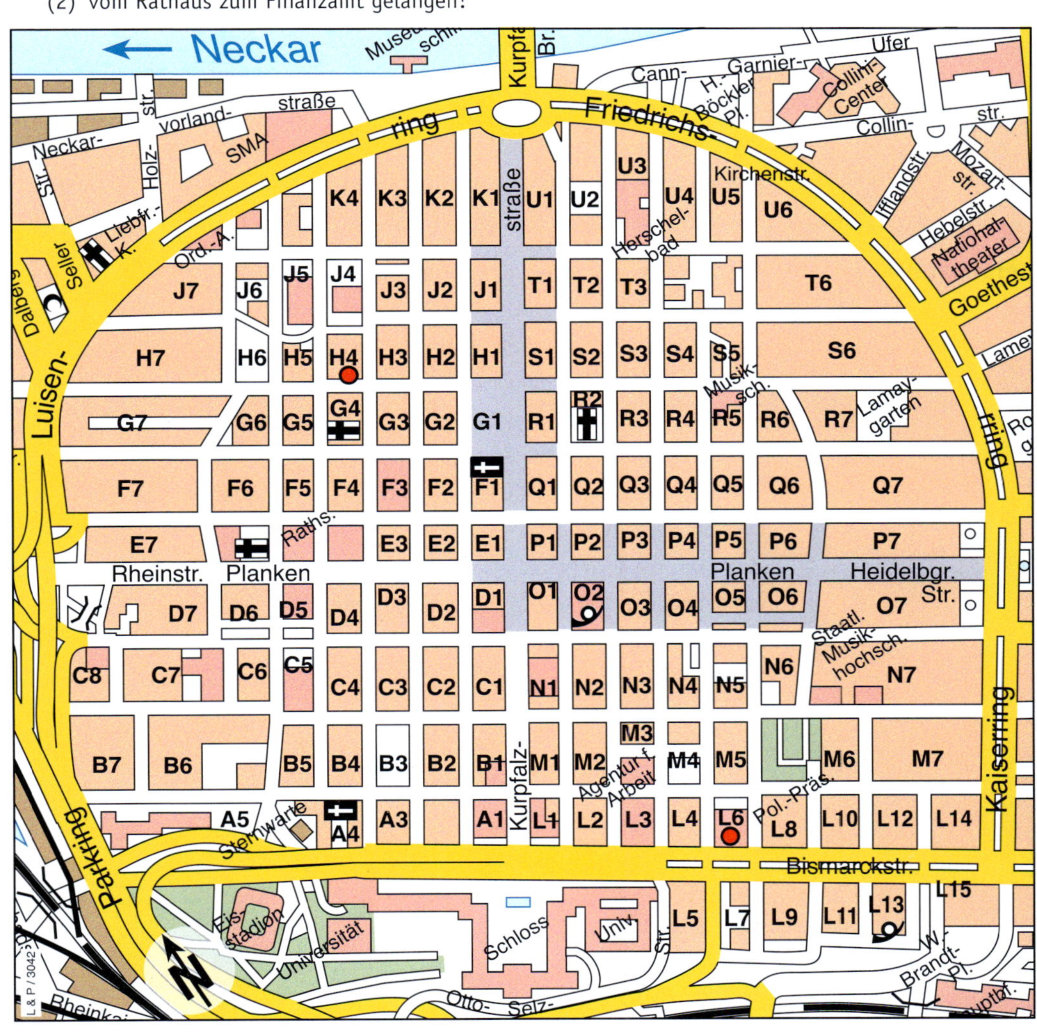

7.3 Erwartungswert einer Binomialverteilung

Aufgabe

1 Ein Blumenhändler gibt für seine Blumenzwiebeln eine 90%-Keimgarantie. Berechnen Sie für eine Packung mit 6 Zwiebeln den Erwartungswert für die Anzahl der keimenden Zwiebeln.

Lösung

Jede einzelne Zwiebel keimt mit einer Wahrscheinlichkeit von 90%. Daher liegt eine BERNOULLI-Kette mit der Erfolgswahrscheinlichkeit $p = 0{,}9$ vor. Wir notieren die Wahrscheinlichkeitsverteilung in einer Tabelle und berechnen den Erwartungswert.

X: Anzahl der keimenden Zwiebeln	P(X = k)	k · P(X = k)
0	0,000001	0
1	0,000054	0,000054
2	0,001215	0,002430
3	0,014580	0,043740
4	0,098415	0,393658
5	0,354294	1,771470
6	0,531441	3,188646
Summe	1	5,4

Berechnung mit dem GTR:

```
seq(X,X,0,6)→L1
 {0 1 2 3 4 5 6}
binompdf(6,0.9)→
L2
{1E-6 5.4E-5 .0…
sum(L1*L2)
                5.4
```

Der Erwartungswert für die Anzahl der keimenden Zwiebeln ist $E(X) = 5{,}4$; also genau 90% von 6. Man kann folglich im Mittel mit 5 bis 6 keimenden Zwiebeln pro Packung rechnen.

Information

(1) Erwartungswert einer Binomialverteilung

Die Häufigkeitsinterpretation der Wahrscheinlichkeit besagt: Hat ein bestimmtes Ergebnis eines Zufallsexperiments die Wahrscheinlichkeit p, dann machen wir die Prognose, dass nach einer großen Zahl n von Versuchsdurchführungen das Ergebnis ungefähr $(n \cdot p)$-mal auftreten wird. Hierbei geht man davon aus, dass ein Versuch n-mal *unter gleichen Voraussetzungen* wiederholt wird, d.h. wir fordern genau die Bedingungen, die von einer n-stufigen BERNOULLI-Kette erfüllt werden müssen. Der Erwartungswert einer Binomialverteilung gibt die zu erwartende Anzahl von Erfolgen der betrachteten BERNOULLI-Kette an. Also liegt die Vermutung nahe: $E(X) = n \cdot p$.

Man kann diese Formel allgemein beweisen. Wir begnügen uns hier mit den Berechnungen für Binomialverteilungen mit $n = 1, 2, 3$ und beliebigem p:

n = 1

q = 1 − p

k	P(X = k)	k · P(X = k)
0	q	0
1	p	p

$E(X) = p$

n = 2

k	P(X = k)	k · P(X = k)
0	q^2	0
1	$2pq$	$2pq$
2	p^2	$2p^2$

$$E(X) = 2pq + 2p^2 = 2p(q + p) = 2p$$

q + p = 1

n = 3

k	P(X = k)	k · P(X = k)
0	q^3	0
1	$3pq^2$	$3pq^2$
2	$3p^2q$	$6p^2q$
3	p^3	$3p^3$

$$E(X) = 3p(q^2 + 2pq + p^2) = 3p(q + p)^2 = 3p$$

Allgemein ergibt sich: $E(X) = np \cdot (q + p)^{n-1} = np$.

Satz 2: Erwartungswert bei einer Binomialverteilung

Gegeben ist eine n-stufige BERNOULLI-Kette mit der Erfolgswahrscheinlichkeit p.

Für den Erwartungswert E(X) der Zufallsgröße X: *Anzahl der Erfolge* gilt:

$$E(X) = n \cdot p$$

Statt E(X) schreibt man auch μ.

Weiterführende Aufgabe

2 Maximum einer Binomialverteilung

a) In Aufgabe 1 wurde festgestellt, dass der Erwartungswert E(X) einer binomialverteilten Zufallsgröße nach der einfachen Formel $E(X) = n \cdot p$ berechnet werden kann.

Welche Bedeutung hat nun dieser Wert $E(X) = n \cdot p$ für eine Binomialverteilung?

Betrachten Sie dazu die Histogramme der Binomialverteilungen für $n = 50$ und $p = 0{,}1$; $p = 0{,}2$; $p = 0{,}4$; $p = 0{,}5$; $p = 0{,}65$ und $p = 0{,}75$.

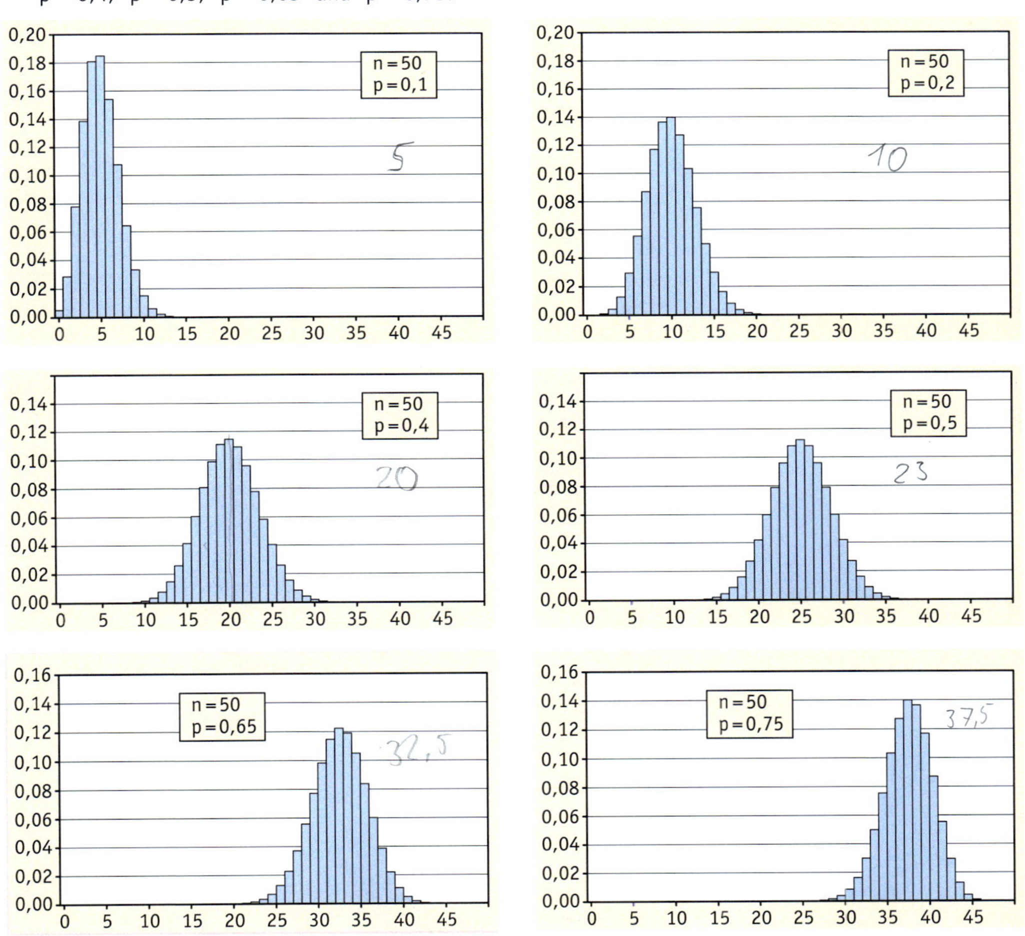

b) Der Erwartungswert einer Binomialverteilung muss nicht ganzzahlig sein. Bestimmen Sie den Erwartungswert für die folgenden BERNOULLI-Ketten. Untersuchen Sie auch, welche Anzahl k der Erfolge jeweils die größte Wahrscheinlichkeit hat.

(1) $n = 20$; $p = 0{,}3$
(2) $n = 19$; $p = 0{,}4$
(3) $n = 17$; $p = 0{,}5$
(4) $n = 11$; $p = 0{,}6$
(5) $n = 16$; $p = 0{,}7$
(6) $n = 17$; $p = 0{,}75$
(7) $n = 31$; $p = 0{,}25$
(8) $n = 32$; $p = 0{,}25$

Information

(2) Maximum einer Binomialverteilung

In Aufgabe 1 haben wir gezeigt, dass das Produkt $n \cdot p$ die Anzahl der zu erwartenden Erfolge bei einer n-stufigen BERNOULLI-Kette beschreibt. In Aufgabe 2 haben wir an Beispielen erkannt:

> Gegeben ist eine n-stufige BERNOULLI-Kette mit Erfolgswahrscheinlichkeit p. Dann gilt: Ist das Produkt $n \cdot p$ ganzzahlig, dann liegt an der Stelle $E(X) = n \cdot p$ das Maximum der Binomialverteilung.

Man kann allgemein zeigen:
Das Maximum einer Binomialverteilung liegt an einer Stelle k_{max} mit $(n + 1) \cdot p - 1 \le k_{max} \le (n + 1) \cdot p$

Übungsaufgabe

3 Eine Zeitschrift veranstaltet jede Woche ein Preisausschreiben mit 10 Fragen zur Allgemeinbildung. Bei jeder Frage sind vier mögliche Antworten vorgegeben, von denen eine richtig ist. Jemand kreuzt bei allen Fragen eine Antwort auf gut Glück an.

a) Wie groß ist die Wahrscheinlichkeit für 0; 1; 2; ... ; 10 richtige Antworten?

b) Wie viele richtige Antworten kann er im Mittel erwarten?

VON HUNDERT AUF NULL
Eine Frage der Allgemeinbildung – und eine des Überlebens:
Um wie viel verlängert sich der Bremsweg bei doppelter Geschwindigkeit?
Er verdoppelt sich. A
Er verlängert sich um 25 Prozent. B
Er verlängert sich um 75 Prozent. C
Er vervierfacht sich. D

GUTER ALTER GLOBUS
Ist natürlich nur eine Theorie – allerdings eine ziemlich gut belegte:
Vor wie vielen Jahren entstand die Erde?
vor etwa 4,5 Milliarden Jahren A
vor 45 Mrd. J. B
vor 450 Mio. J. C
vor 4,5 Millionen Jahren D

IST DOCH KLAR, ODER?
Moment mal! Das muss in der Bio-Stunde dran gewesen sein, als ich krank war.
Pilze sind ...
Pflanzen A
Tiere B
Bakterien C
nichts davon D

HEILIG-NÜCHTERN
Der strenge und doch überwältigende romanische Kirchenbau
Der Historiker und Journalist Joachim Fest nannte seine Jugenderinnerungen „Ich nicht". Es ist dies ein Teil des berühmten Diktums. Auch wenn alle es tun, ich nicht.
„Wer sprach das „ego non"
(Matthäus-Evangelium. Ölbergszene)?
Jesus A
Judas B
Petrus C
ein römischer Soldat D

MATHE MUSS SEIN
Wir lieben sie. Wir sind von Ihnen fasziniert. Primzahlen sind das Tollste. Nebenbei:
Sind gerade Primzahlen möglich?
vielleicht A
Nein, das ist nicht möglich. B
Es gibt eine gerade Primzahl. C
Es gibt unendlich viele gerade Primzahlen. D

DES SÄNGERS KLEINES HANDICAP
Humanistische Schule ohne Homer? Undenkbar!
Die neueste Theorie: Homer soll ein kastrierter Schreiber am Hofe eines kirchlichen Herrschers gewesen sein. Das behauptet zumindest der österreichische Schriftsteller Raoul Schrott. Dass der Dichter der „Ilias" seiner Manneskraft beraubt war, bezweifeln die meisten Homer-Forscher. Ein anderer Defekt jedoch gilt seit jeher als Attribut des griechischen Dichtervaters: Homer ...
... war blind. A
... war taub. B
... hatte eine Glatze. C
... fehlte ein Ohr. D

4 Wenn man eine n-stufige BERNOULLI-Kette mit Erfolgswahrscheinlichkeit p oft genug durchführt, dann erwarten wir im Mittel $n \cdot p$ Erfolge in jedem der n-stufigen Versuche.

a) Beispiel: $n = 40$, $p = 0{,}2$. Vergleichen Sie die Wahrscheinlichkeit für genau 8 Erfolge mit den Wahrscheinlichkeiten von Nachbarwerten (7 Erfolge; 9 Erfolge; 6 Erfolge; 10 Erfolge).

b) Untersuchen Sie analog zu Teilaufgabe a) die Nachbarwerte von $n \cdot p$:

(1) $n = 60$; $p = 0{,}7$ (2) $n = 55$; $p = 0{,}6$ (3) $n = 80$; $p = 0{,}3$ (4) $n = 72$; $p = 0{,}5$

5 Ein Würfel wird 12-mal geworfen. Untersuchen Sie, wie oft dabei im Mittel die Augenzahl 6 auftritt.

a) Simulieren Sie zunächst den 12-stufigen Zufallsversuch 100-mal und bestimmen Sie die durchschnittliche Anzahl von Sechsen.
Einige Rechner verfügen über den Befehl **randBin** (n, p, s), mit dem man eine n-stufige BERNOULLI-Kette mit der Erfolgswahrscheinlichkeit p insgesamt s-mal simulieren kann.

```
randBin(12,1/6,1
00)→L1
{1 1 3 1 3 2 5 ...
mean(L1)
                2.09
```

b) Vergleichen Sie die Häufigkeitsverteilung aus Teilaufgabe a) mit der Binomialverteilung mit $n = 12$ und $p = \frac{1}{6}$.

(1) Welchen Erwartungswert hat diese Verteilung?

(2) Untersuchen Sie, welche durchschnittliche Anzahl von Sechsen man also erwarten kann, wenn man das 12-fache Würfeln 100-mal, 1000-mal, … durchführt.
Warum ist dies plausibel?

6 Bei entsprechender Wahl des Fensters beim GTR kann man für verschiedene Stufenzahlen n die Wahrscheinlichkeiten für 0 Erfolge, 1 Erfolg, 2 Erfolge, …, n Erfolge einer Binomialverteilung passend auf dem Display darstellen.

a) Vergleichen Sie verschiedene Binomialverteilungen mit gleicher Erfolgswahrscheinlichkeit $p = 0{,}5$ [$p = 0{,}3$] und unterschiedlichem n miteinander:

(1) $n = 10$ (2) $n = 20$ (3) $n = 40$ (4) $n = 80$

Stellen Sie dazu die Verteilungen grafisch dar. Was kann man über die Gestalt des Graphen sagen, wenn n von Schritt zu Schritt verdoppelt wird?

b) Vergleichen Sie die Histogramme der Binomialverteilungen mit gleicher Stufenzahl $n = 50$ und unterschiedlicher Erfolgswahrscheinlichkeit:

(1) $p = 0{,}1$ (2) $p = 0{,}25$ (3) $p = 0{,}5$ (4) $p = 0{,}75$ (5) $p = 0{,}9$

7 In Aufgabe 1 (siehe Seite 406) wurde dargestellt, wie man mithilfe des GTR den Erwartungswert einer Binomialverteilung berechnen kann.
Bestimmen Sie nach dem gleichen Verfahren den Erwartungswert einer BERNOULLI-Kette mit $n = 300$ und $p = \frac{1}{3}$ [$n = 200$ und $p = \frac{1}{4}$].

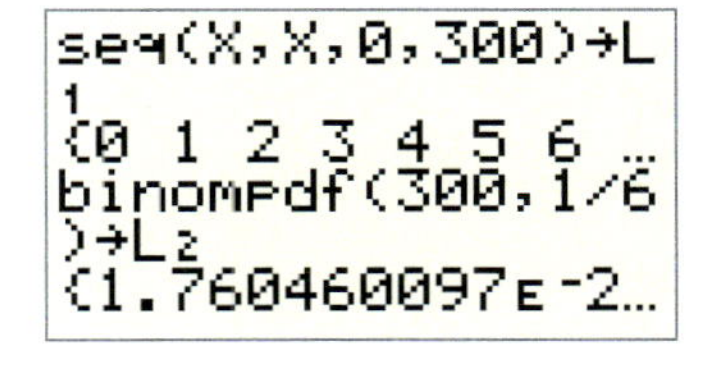

8 Die Grafiken zeigen Histogramme von Binomialverteilungen mit $n = 12$. Wie groß könnte p sein?

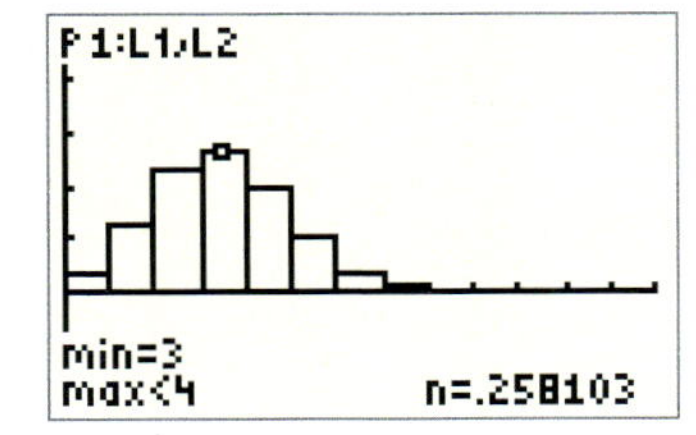

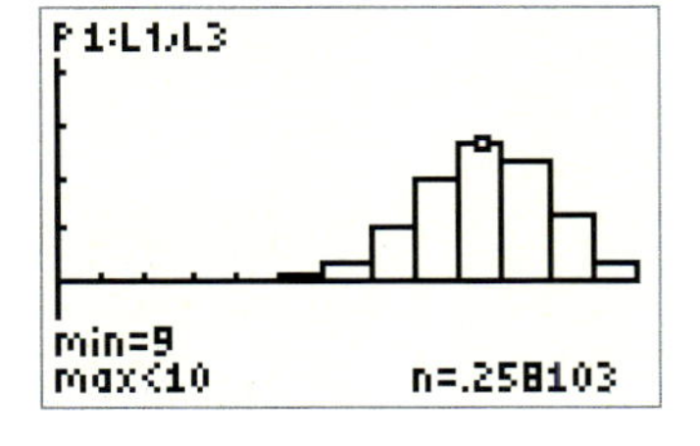

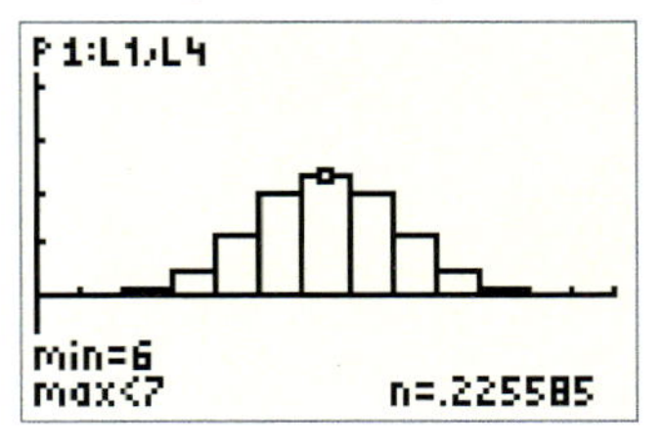

eN **9** Man kann beweisen, dass das Maximum einer Binomialverteilung an einer Stelle k_{max} liegt, für die $(n+1) \cdot p - 1 \le k_{max} \le (n+1) \cdot p$ gilt.

a) Überprüfen Sie diese Aussage für $n = 10, 20, 50, 100$ und

(1) $p = \frac{1}{5}$; (2) $p = \frac{2}{3}$; (3) $p = \frac{2}{7}$.

b) Untersuchen Sie, ob es Binomialverteilungen mit zwei Maximalstellen gibt.

7.4 Anwendungen der Binomialverteilung

7.4.1 Kumulierte Binomialverteilung – Auslastungsmodell

Aufgabe

1 In einer Autowerkstatt arbeiten 5 Monteure, die während eines Drittels der Arbeitszeit eine Maschine zum Auswuchten von Radfelgen benötigen. Vor der Anschaffung neuer Maschinen soll geklärt werden, ob zwei solcher Maschinen ausreichen. Untersuchen Sie dazu, mit welcher Wahrscheinlichkeit es vorkommt, dass ein Monteur warten muss oder sogar mehrere Monteure warten müssen. Überlegen Sie zunächst, welche vereinfachenden Modellannahmen gemacht werden sollten, damit eine Rechnung möglich ist.

Lösung

Zur Vereinfachung nehmen wir an, dass die 5 Monteure unabhängig voneinander arbeiten, die Arbeit eines Monteurs also keinen Einfluss auf die Tätigkeit eines anderen Arbeiters hat. Auch soll die anfallende Arbeit gleichmäßig über den Arbeitstag verteilt sein; es soll also keine Phasen geben, in denen die Maschinen häufiger benötigt werden als sonst.

Wir betrachten nun einen beliebigen Zeitpunkt. Da jeder Monteur während eines Drittels der Arbeitszeit eine Maschine zum Auswuchten benötigt, beträgt die Wahrscheinlichkeit dafür, dass er zu diesem Zeitpunkt an einer solchen Maschine arbeiten möchte, $\frac{1}{3}$. Entsprechendes gilt für seine Kollegen. Da jeder von ihnen unabhängig voneinander entscheidet, liegt somit eine 5-stufige BERNOULLI-Kette mit der Erfolgswahrscheinlichkeit $p = \frac{1}{3}$ vor. Als Zufallsvariable X betrachten wir daher für einen beliebigen Zeitpunkt:

X: *Anzahl der Monteure, die zu diesem Zeitpunkt die Maschine benötigen.*

Die Wahrscheinlichkeit, dass zu diesem Zeitpunkt kein Monteur eine solche Maschine benötigt, beträgt:

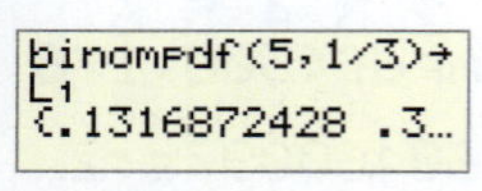

$$P(X=0) = \binom{5}{0}\cdot\left(\frac{1}{3}\right)^0\cdot\left(\frac{2}{3}\right)^5 \approx 13{,}2\,\%$$

Entsprechend erhalten wir:

L1	L3	L4
.13169	------	------
.32922		
.32922		
.16461		
.04115		
.00412		

L1(1)=.1316872427…

$$P(X=1) = \binom{5}{1}\cdot\left(\frac{1}{3}\right)^1\cdot\left(\frac{2}{3}\right)^4 \approx 32{,}9\,\%$$

$$P(X=2) = \binom{5}{2}\cdot\left(\frac{1}{3}\right)^2\cdot\left(\frac{2}{3}\right)^3 \approx 32{,}9\,\%$$

$$P(X=3) = \binom{5}{3}\cdot\left(\frac{1}{3}\right)^3\cdot\left(\frac{2}{3}\right)^2 \approx 16{,}5\,\%$$

$$P(X=4) = \binom{5}{4}\cdot\left(\frac{1}{3}\right)^4\cdot\left(\frac{2}{3}\right)^1 \approx 4{,}1\,\%$$

$$P(X=5) = \binom{5}{5}\cdot\left(\frac{1}{3}\right)^5\cdot\left(\frac{2}{3}\right)^0 \approx 0{,}4\,\%$$

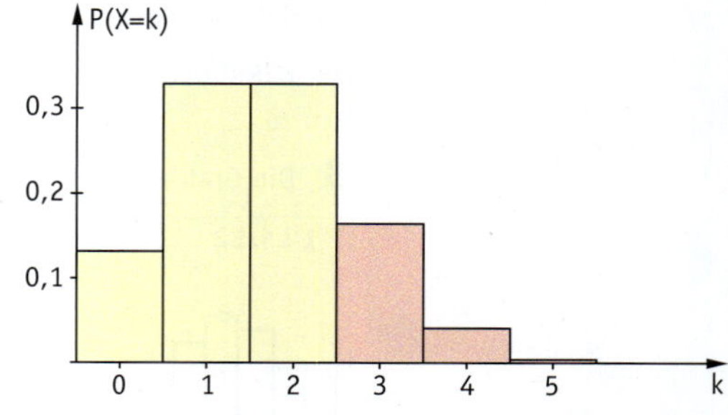

Sind 2 Maschinen vorhanden, dann muss mindestens ein Monteur warten, wenn zum gewählten Zeitpunkt mehr als 2 Monteure zugleich an einer Maschine arbeiten wollen.

Die Wahrscheinlichkeit für dieses Ereignis beträgt:

$$P(X>2) = P(X\geq 3) = P(X=3) + P(X=4) + P(X=5) \approx 21{,}0\,\%$$

Es kommt also relativ häufig vor, dass mindestens ein Monteur warten muss.

Wenn drei Maschinen zur Verfügung stehen, muss nur gewartet werden, wenn 4 oder 5 Monteure zugleich an einer solchen Maschine arbeiten wollen. Die Wahrscheinlichkeit dafür beträgt:

$$P(X\geq 4) = P(X=4) + P(X=5) \approx 4{,}5\,\%$$

Die Firma wird also drei Maschinen anschaffen, falls diese nicht zu teuer sind.

Information

(1) Kumulieren von Wahrscheinlichkeiten

In der Lösung von Aufgabe 1 mussten Wahrscheinlichkeiten von verschiedenen Ergebnissen addiert werden, damit die gestellte Frage beantwortet werden konnte. Dies ist bei vielen Aufgabenstellungen notwendig.

Daher bildet man aus der Binomialverteilung durch Aufaddieren der Einzelwahrscheinlichkeiten die sogenannte **kumulierte Binomialverteilung**.

cumulare (lat.): anhäufen

Beispiel *(aus Aufgabe 1)*

Zufallsvariable X: *Anzahl der Monteure, die zu einem Zeitpunkt die Maschine benötigen*

k	P(X = k)	P(X ≤ k)
0	0,132	0,132
1	0,329	0,461
2	0,329	0,790
3	0,165	0,955
4	0,041	0,996
5	0,004	1,000

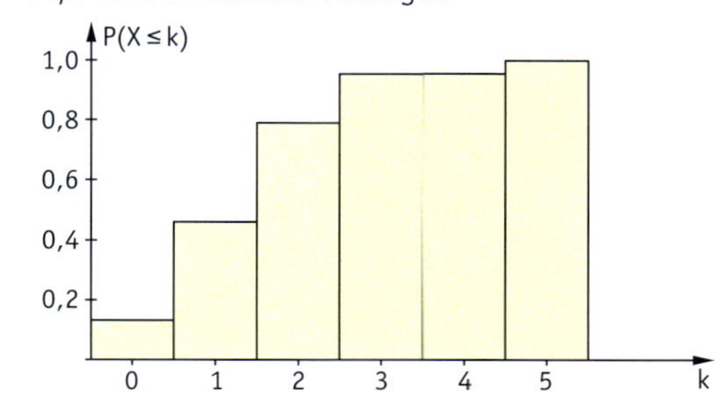

Für eine n-stufige BERNOULLI-Kette mit Zufallsvariable X: *Anzahl der Erfolge* heißt eine Tabelle mit den Wahrscheinlichkeiten $P(X \leq k)$ mit $0 \leq k \leq n$ **kumulierte Binomialverteilung**.

(2) Modellieren der Auslastung von Maschinen mithilfe der Binomialverteilung

Durch starke Vereinfachung der Rahmenbedingungen gelang es, in Aufgabe 1 eine Berechnung für die Auslastung der Maschinen zum Auswuchten der Reifen vorzunehmen. Um die Situation mithilfe einer BERNOULLI-Kette zu modellieren, haben wir angenommen:

- Die Wahrscheinlichkeit für eine Arbeit an der Maschine ist während der gesamten Arbeitszeit gleich, d. h. die Erfolgswahrscheinlichkeit p ändert sich nicht.
- Die einzelnen Monteure arbeiten unabhängig voneinander; d. h. ein Erfolg auf einer Stufe der BERNOULLI-Kette hat keinen Einfluss auf andere Stufen.

Wegen der angesprochenen Anwendungsbereiche spricht man von einem **Auslastungsmodell**.

Auslastungsmodell

n Personen üben während eines gewissen Zeitraums pro Stunde (im Mittel m Minuten) eine bestimmte Tätigkeit aus.

Sofern die Personen dies unabhängig voneinander tun, erscheint es angemessen, mithilfe eines Binomialmodells die Wahrscheinlichkeit dafür zu berechnen, dass k Personen gleichzeitig diese Tätigkeit ausüben:

$$\mathbf{P(X = k) = \binom{n}{k}\left(\frac{m}{60}\right)^k\left(1 - \frac{m}{60}\right)^{n-k}}$$

Anmerkung zum Auslastungsmodell:

Bei dem angewandten Modell wird die Situation stark vereinfacht. Sofern jedoch die Unabhängigkeit der Benutzung von Maschinen u. ä. gewährleistet ist, kann man sich mithilfe der o. a. Rechnung eine grobe Vorstellung von der Situation verschaffen. Die berechneten Wahrscheinlichkeiten geben wichtige Anhaltspunkte für eventuell notwendige Investitionen.

(3) Bestimmen der kumulierten Binomialverteilung mithilfe eines GTR

cdf cumulative distribution function

Im Menü **DISTR** findet man neben dem Befehl **binompdf (n, p, k)** auch den Befehl **binomcdf (n, p, k)**. Mit diesem Befehl können wir die Wahrscheinlichkeit für *höchstens* k Erfolge bei einer n-stufigen BERNOULLI-Kette mit Erfolgswahrscheinlichkeit p berechnen. Gibt man nur **binomcdf (n, p)** ein, so erhält man die vollständige kumulierte Binomialverteilung.

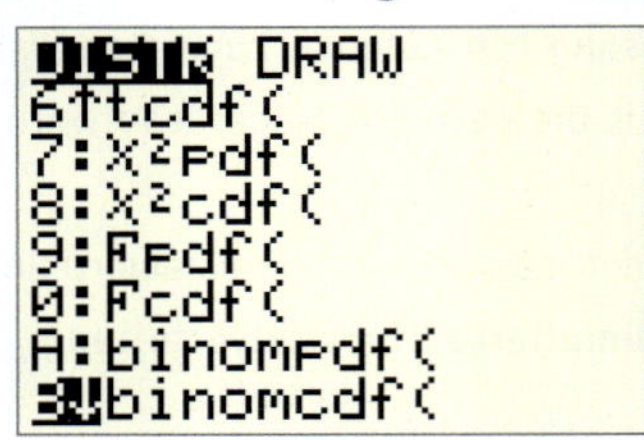


```
binomcdf(3,.6,2)
                .784
binomcdf(3,.6)
{.064 .352 .784…
```

Aufgabe

2 Berechnen von Wahrscheinlichkeiten mithilfe der kumulierten Binomialverteilung

Im Jahr 2007 gab es schon in ca. 30 % der Haushalte einen Fernseher mit Flachbildschirm. Im Rahmen einer Marktuntersuchung wurden 100 Haushalte zufällig ausgewählt.

Mit welcher Wahrscheinlichkeit findet man in

a) höchstens 30,

b) mindestens 40,

c) mehr als 24, aber weniger als 36

dieser Haushalte einen Flachbildschirm-TV?

Lösung

Bei jedem einzelnen ausgewählten Haushalt beträgt die Wahrscheinlichkeit, dass er über einen Flachbildschirm-TV verfügt, $p = 30\,\% = 0{,}3$. Da 100 Haushalte ausgewählt werden, liegt eine 100-stufige BERNOULLI-Kette mit der Erfolgswahrscheinlichkeit $p = 0{,}3$ vor.

Für die Anzahl X der Erfolge soll gelten:

Komplementärregel beachten!

a) $P(X \le 30)$

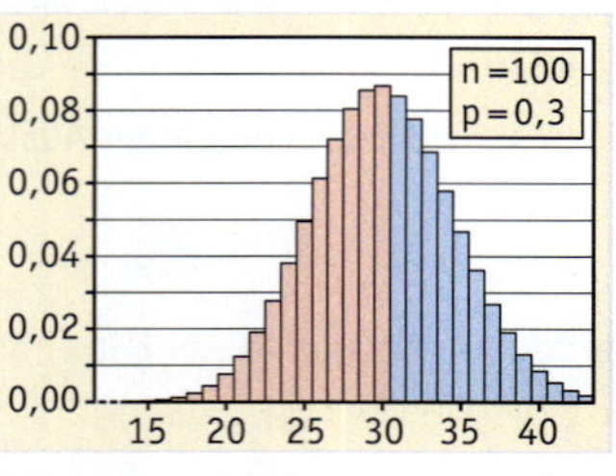


```
binomcdf(100,.3,
30)
        .5491235942
```

Mit einer Wahrscheinlichkeit von ca. 55 % findet man höchstens 30 Haushalte mit einem Flachbildschirm-TV.

b) $P(X \ge 40)$
$= 1 - P(X \le 39)$

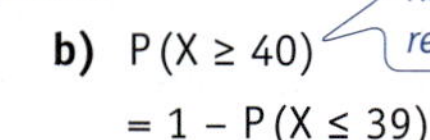

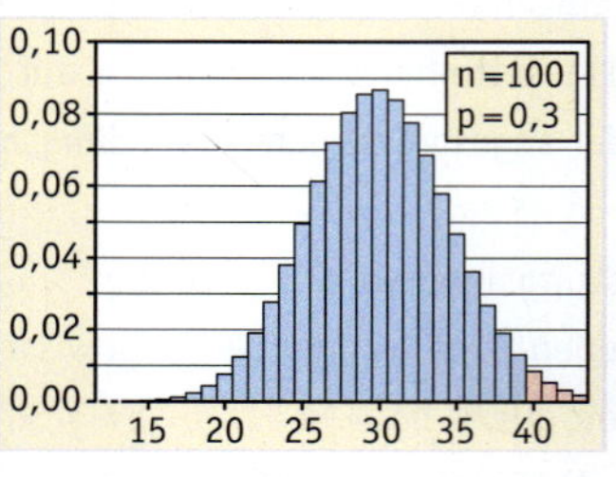

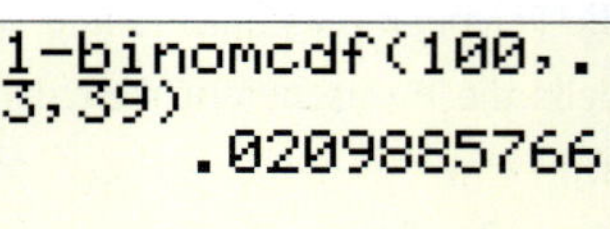

Mit einer Wahrscheinlichkeit von ca. 2 % findet man mindestens 40 Haushalte mit einem Flachbildschirm-TV.

c) $P(24 < X < 36)$
$= P(X \le 35) - P(X \le 24)$

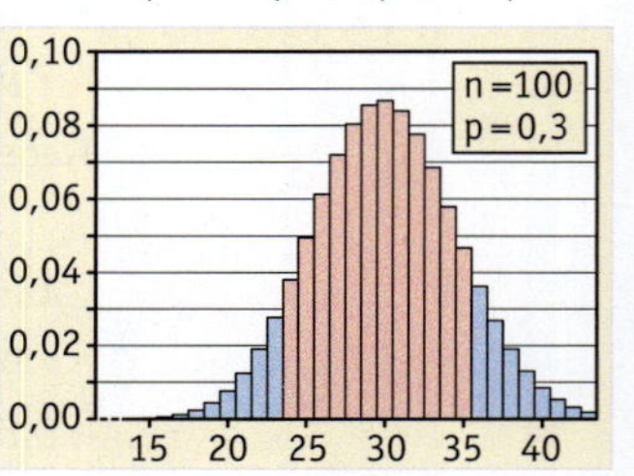

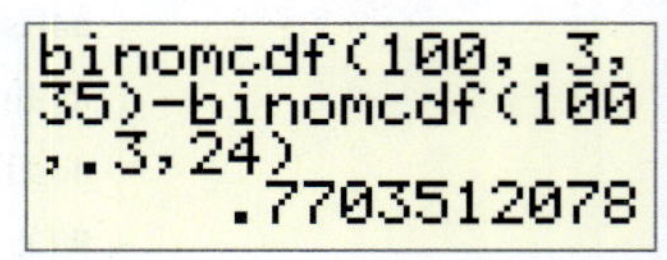

Mit einer Wahrscheinlichkeit von ca. 77 % findet man mehr als 24, aber weniger als 36 Haushalte mit einem Flachbildschirm-TV.

Bei CAS-Rechnern einfacher: binomcdf (100, .3, 25, 35)

Übungsaufgaben

3 In einer Bank stehen drei Automaten zum Ausdrucken von Kontoauszügen. Im Mittel dauert das Ausdrucken eine Minute. Während der Hauptgeschäftszeit benutzen in einer Stunde 120 Kunden einen solchen Automaten.
Untersuchen Sie, ob es oft vorkommt, dass Kunden warten müssen.

4 Nach Untersuchungen kommen nur 65 % der Telefongespräche beim ersten Wählen zustande. Entweder ist der gewünschte Teilnehmer nicht anwesend oder sein Anschluss besetzt. Michaela muss 5 Telefongespräche erledigen. Untersuchen Sie, wie groß die Wahrscheinlichkeit ist, dass sie jedesmal [keinmal; dreimal; mindestens dreimal] durchkommt.

5 Daniel und Alexandra vereinbaren 15 Tennisspiele gegeneinander. Wer die meisten Spiele gewinnt, ist Turniersieger. Bisher hat Daniel 60 % der Einzelspiele gewonnen.
Untersuchen Sie, wie groß seine Chancen sind, Turniersieger zu werden.
Welche Modellannahmen müssen gemacht werden, damit überhaupt eine Berechnung der Chancen möglich ist?

6 Ein Geschichtskurs schreibt einen Test mit 12 Fragen. Zu jeder der Fragen sind 3 Antworten vorgegeben. Eine davon ist richtig. Markus hat sich überhaupt nicht vorbereitet und muss bei allen Antworten raten. Mit welcher Wahrscheinlichkeit schafft er es, mindestens die Hälfte der Fragen durch bloßes Raten richtig zu beantworten?

7 Ein Blumenhändler gibt eine 95 %ige Keimgarantie für seine Blumenzwiebeln. Angenommen, die Blumenzwiebeln keimen tatsächlich mit einer Wahrscheinlichkeit von (genau) 95 %.
Mit welcher Wahrscheinlichkeit keimen

a) 9 oder 10 von 10 eingesetzten Blumenzwiebeln;

b) mehr als 9 von 12 eingesetzten Blumenzwiebeln;

c) mindestens 13 von 15 eingesetzten Blumenzwiebeln?

8 Ein Würfel wird 10-mal geworfen. Andreas berechnet mit dem GTR die Wahrscheinlichkeiten dafür, dass
(1) die *Augenzahl 6* mindestens 4-mal auftritt;
(2) die *Augenzahl 6* weniger als 7-mal, aber mehr als 3-mal auftritt.
Erläutern Sie, was Andreas dabei falsch gemacht hat und korrigieren Sie seine Ergebnisse.

```
1-binomcdf(10,1/
6,4)
      .0154619667
binomcdf(10,1/6,
7)-binomcdf(10,1
/6,3)
      .0697083934
█
```

9 Katharina benutzt zur Bestimmung von Wahrscheinlichkeiten einen GTR.

a) Bei welcher Fragestellung gibt sie Folgendes ein: **binompdf** $\left(8, \frac{1}{6}, 3\right)$; **binomcdf** (6, 0.5, 4)?

b) Was geschieht, wenn sie (1) **binompdf** (3, 0.5, 4); (2) **binomcdf** (5, 0, 4, 3) eingibt? Begründen Sie Ihre Antwort.

Tetraeder

10 Ein reguläres Tetraeder wird 20-mal geworfen. Mit welcher Wahrscheinlichkeit treten folgende Ereignisse auf:

(1) genau 4-mal Augenzahl 1;
(2) höchstens 4-mal Augenzahl 1;
(3) mindestens 4-mal Augenzahl 1;
(4) mehr als 2-mal Augenzahl 1;
(5) weniger als 6-mal Augenzahl 1;
(6) mindestens 3-mal, höchstens 7-mal Augenzahl 1;
(7) mehr als 4-mal, weniger als 10-mal Augenzahl 1?

11 Man weiß, dass in 80 % der Haushalte ein Videorecorder vorhanden ist. In einer Stichprobe werden Befragungen in 30 Haushalten durchgeführt. Betrachten Sie die Zufallsvariable X: *Anzahl der Haushalte mit Videorekorder.*

Für welches k gilt:

(1) $P(X \leq k) > 0{,}3$; (2) $P(X > k) \leq 0{,}5$?

binomcdf (30, 0.8)

L1	L2	L3 2
1	1E-21	------
2	1E-19	
3	8E-18	
4	3E-16	
5	8E-15	
6	2E-13	
7	3E-12	

L2(1)=1.073741823...

12 In einer Station einer S-Bahnlinie stehen 2 Fahrkarten-Automaten. Während der Hauptverkehrszeiten zwischen 7 und 9 Uhr morgens bzw. zwischen 16 und 18 Uhr abends wollen pro Stunde 50 [75; 100; 125] Personen eine Fahrkarte ziehen; sie benötigen im Mittel hierfür eine Minute.

a) Mit welcher Wahrscheinlichkeit genügen diese zwei Automaten? Erläutern Sie die Modellannahmen für die Rechnung.

b) Untersuchen Sie, wie sich die Wahrscheinlichkeit verbessern würde, wenn noch ein dritter Automat aufgestellt würde.

13

Bei Überbuchung Bares

Bei Überbuchung von Flugzeugen haben Passagiere, die zurück bleiben, Anspruch auf Entschädigung durch die Airline.

Sogenannte No-Show-Passagiere, die ihren Flug nicht antreten, veranlassen die Airlines, ihre Flüge um 10 bis 15 Prozent zu überbuchen. Erscheinen mehr Passagiere als erwartet, können die überzähligen Passagiere nicht an Bord gehen. Die Letzten beim Check-in beißen die Hunde. Oft wird eingecheckten Passagieren mit Bargeld der freiwillige Verzicht auf den Flug schmackhaft gemacht. Geboten werden z.B. Lockprämien zwischen 100 Euro bei Inlandsflügen (mit garantiertem Sitzplatz in der nächsten Maschine) bis zu 200 Euro bei Interkontinentalflügen inklusive Übernachtung am jeweiligen Abflugort plus Sitzplatz in der Business Class auf dem Flug am darauffolgenden Tag.

85 %

Sitzengebliebene Passagiere haben zudem nach EU-Recht Anspruch auf Entschädigung:
- 250 Euro bei Flügen bis 1500 km
- 400 Euro bei Flügen über 1500 km innerhalb der EU und zwischen 1500 km und 3500 km bei anderen Flügen
- 600 Euro bei anderen Flügen über 3500 km

Auch die notwendigen Übernachtungen und Spesen muss die Fluggesellschaft bezahlen.

Ein Airbus A 320 hat 150 Sitzplätze. Wie viele Tickets vergibt die Fluggesellschaft für einen Flug bei 12 % Überbuchung? Wie groß ist die Wahrscheinlichkeit, dass keiner der Passagiere, die den Flug antreten, zurückgewiesen werden muss?

7.4.2 Das Kugel-Fächer-Modell

Aufgabe

1 Das Kugel-Fächer-Modell

Für die Klassenstufe 5 sind an einer Schule 150 Schülerinnen und Schüler angemeldet. Am ersten Schultag an der neuen Schule begrüßt der Schulleiter die Kinder in der Aula. Falls ein Kind an diesem Tag Geburtstag hat, will er diesem besonders gratulieren.

a) Wie groß ist die Wahrscheinlichkeit, dass an diesem Tag kein Kind, ein Kind Geburtstag hat, zwei Kinder, mehr als zwei Kinder Geburtstag haben?

(1) Geben Sie ein geeignetes Binomialmodell an und berechnen sie die Wahrscheinlichkeiten.

(2) Führen Sie eine Simulation mithilfe eines GTR durch. Wie groß sind die Abweichungen der relativen Häufigkeiten? (Hinweis: Einige Rechner verfügen über den speziellen Befehl **randBin**.)

b) Wie oft kommt es vor, dass an einem beliebigen Tag des Jahres unter 150 zufällig betrachteten Personen 0, 1, 2, ... Geburtstag haben?

Führen Sie auch hier eine Simulation mithilfe des GTR durch: Erzeugen Sie 150 ganzzahlige Zufallszahlen. Wie viele Zahlen kommen genau einmal, wie viele mehr als einmal vor?

Lösung

Wir nehmen zur Vereinfachung an, dass das Jahr 365 Tage hat, lassen also die Schaltjahre außer Acht.

a) Das Überprüfen der Schülerdatei auf mögliche Geburtstagskinder kann man als 150-stufige BERNOULLI-Kette auffassen: Bei jedem Datensatz der Schülerdatei kann man feststellen, ob die betreffende Person am ersten Schultag Geburtstag hat, d. h. für die Erfolgswahrscheinlichkeit p gilt: $p = \frac{1}{365}$, also $q = \frac{364}{365}$.
Die Wahrscheinlichkeiten für bestimmte Ergebnisse dieses Zufallsversuches werden mithilfe der Binomialverteilung mit $n = 150$ und $p = \frac{1}{365}$ berechnet oder durch Simulation näherungsweise bestimmt.

(1) Die exakte Wahrscheinlichkeitsberechnung ergibt:

$P(0 \text{ Geburtstagskinder}) = \left(\frac{364}{365}\right)^{150} \approx 0{,}663 = 66{,}3\,\%$

$P(1 \text{ Geburtstagskind}) = \binom{150}{1} \cdot \left(\frac{1}{365}\right)^1 \cdot \left(\frac{364}{365}\right)^{149} \approx 0{,}273 = 27{,}3\,\%$

$P(2 \text{ Geburtstagskinder}) = \binom{150}{2} \cdot \left(\frac{1}{365}\right)^2 \cdot \left(\frac{364}{365}\right)^{148} \approx 0{,}056 = 5{,}6\,\%$

$P(\text{mehr als 2 Geburtstagskinder}) = 1 - P(\text{höchstens zwei Geburtstagskinder})$
$\approx 1 - (0{,}663 + 0{,}273 + 0{,}056)$
$= 0{,}008 = 0{,}8\,\%$

```
binompdf(150,1/3
65,0)
                .663
binompdf(150,1/3
65,1)
                .273
binompdf(150,1/3
65,2)
```

```
1-binomcdf(150,1
/365,2)
       .0084050448
```

(2) Mithilfe des binomialverteilten Zufallsgenerators wird der Zufallsversuch 50-mal nachgespielt.

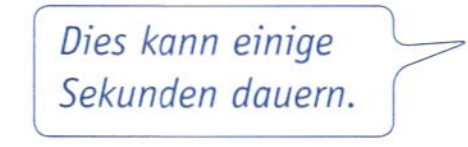

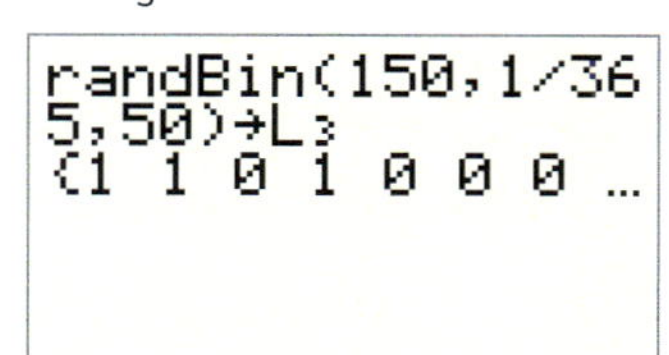

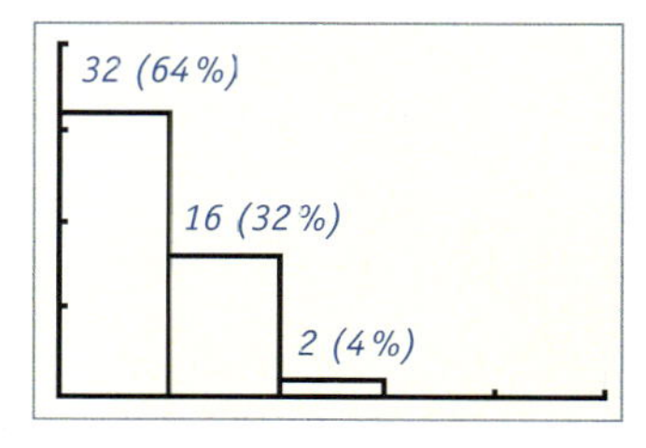

Bei dieser Simulation von 50 Ziehungen kam es in 32 Zufallsversuchen vor, dass niemand an dem Tag Geburtstag hatte. Das entspricht einer relativen Häufigkeit von 64 %. Die relative Häufigkeit weicht damit um 2,3 Prozentpunkte nach unten von der berechneten Wahrscheinlichkeit ab.
In 16 Zufallsversuchen hatte genau eine Person Geburtstag: Relative Häufigkeit 32 %; Abweichung 4,7 Prozentpunkte nach unten.
In 2 Zufallsversuchen hatten zwei Personen Geburtstag: Relative Häufigkeit 4 %; Abweichung 1,6 Prozentpunkte nach unten.
Es gab keinen Versuch, bei dem mehr als 2 Personen Geburtstag hatten. Relative Häufigkeit 0 %; Abweichung 0,8 Prozentpunkte nach unten.

b) Was für den ersten Schultag eines Jahres gilt, ist auch für jeden anderen Tag des Jahres anwendbar. Da 66,3 % die Wahrscheinlichkeit dafür ist, dass an irgendeinem Tag des Jahres keiner von den 150 Personen Geburtstag hat, erwarten wir also an ca. 66,3 % von 365 Tagen kein Geburtstagskind, d. h. an ungefähr 242 Tagen. Mithilfe dieser Häufigkeitsinterpretation erhalten wir entsprechend:

$0{,}273 \cdot 365$ Tage ≈ 100 Tage mit genau 1 Geburtstagskind,

$0{,}056 \cdot 365$ Tage ≈ 20 Tage mit genau 2 Geburtstagskinder

und entsprechend immerhin noch ca. 3 Tage mit mehr als 2 Geburtstagskindern.
Bei der Simulation können einige Rechner z. B. mithilfe von **randInt**(1, 365, 150) 150 Zufallszahlen in einer Liste L1 speichern. In der sortierten Liste können wir relativ schnell nachzählen, wie viele der Zahlen genau einmal und wie viele mehr als einmal vorkommen.

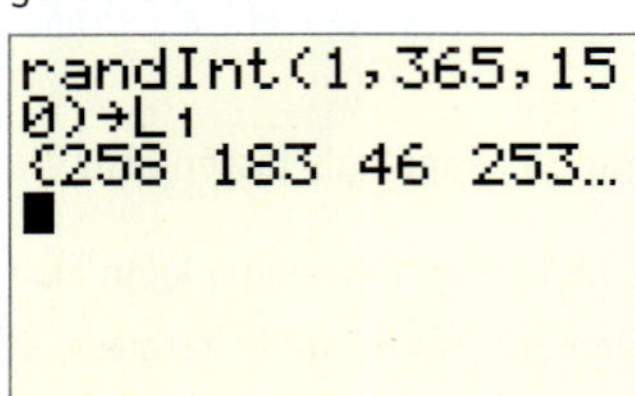

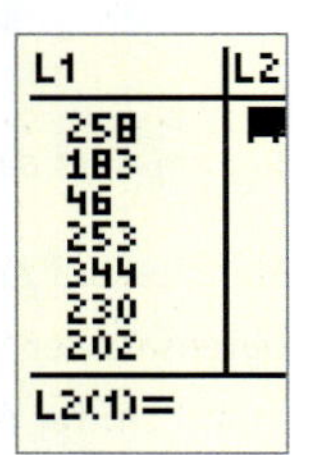

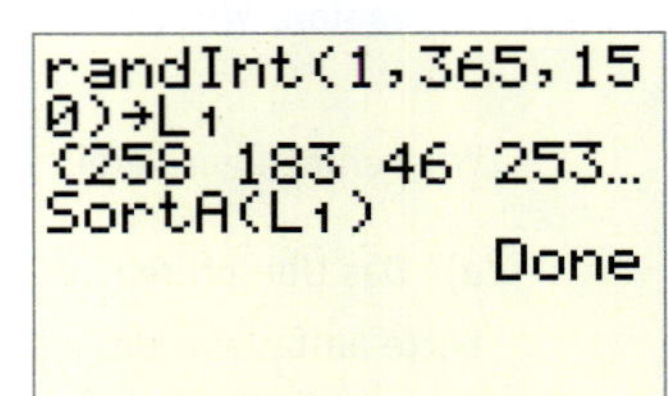

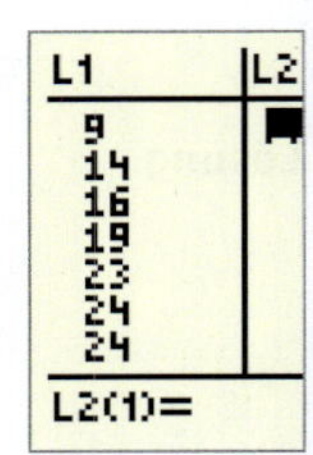

Weiterführende Aufgaben

2 Wahrscheinlichkeiten mit n-stufigen Bernoulli-Ketten mit $p = \frac{1}{n}$

Vergleichen Sie die folgenden Wahrscheinlichkeiten von Ereignissen miteinander. Was fällt auf? Führen Sie erst eine Simulation durch, rechnen Sie dann.

(1) 365 Personen werden zufällig ausgewählt. Mit welcher Wahrscheinlichkeit haben 0 [1; mehr als 1] Personen an einem bestimmten Tag des Jahres Geburtstag?

(2) Ein Roulette-Rad (mit 37 Feldern) wird 37-mal gedreht. Mit welcher Wahrscheinlichkeit bleibt die Kugel auf einem bestimmten Feld 0-mal [1-mal; mehr als 1-mal] liegen?

(3) Auf ein Quadratgitter mit 10x10 Feldern fallen zufällig 100 Regentropfen. Mit welcher Wahrscheinlichkeit fallen in ein bestimmtes Feld 0 [1, mehr als 1] Regentropfen?

3 Schätzung der Anzahl der Stufen

Beim Roulettespiel bleibt die Kugel auf einem der 37 Felder (mit den Nummern 0, 1, 2, ..., 36) stehen.

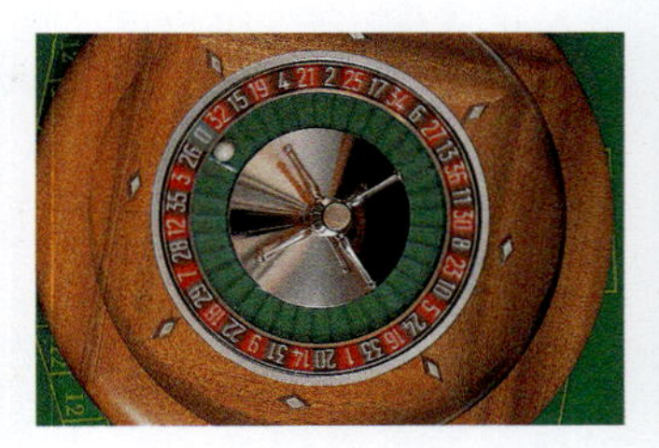

a) Mit welcher Wahrscheinlichkeit wird die Kugel in n Runden keinmal auf dem Feld mit der 0 liegen bleiben?

b) Nach n Runden stellt man fest, dass die Kugel auf 10 der 37 Felder noch nicht liegen geblieben ist. Schätzen Sie, wie oft das Spiel durchgeführt wurde.

Information

(1) Kugel-Fächer-Modell

Es gibt viele Problemstellungen, die zum Problem aus Aufgabe 1 ähnlich sind und sich auch entsprechend lösen lassen. In Aufgabe 1 waren 150 (zufällig ausgewählte) Personen auf 365 Tage zufällig verteilt worden. Dabei gehen wir von der idealisierten Modellannahme aus, dass die Wahrscheinlichkeit für jeden Tag des Jahres $\frac{1}{365}$ ist. Zur Lösung der Aufgabenstellung haben wir eine *Modellannahme* gemacht:
150 Kugeln (Geburtstage von Kindern) werden zufällig auf 365 Fächer (Tage) verteilt, d.h. für jede der Kugeln ist die Wahrscheinlichkeit, dass sie in ein bestimmtes Fach gelegt wird, gleich $\frac{1}{365}$.
Allgemein geht es darum, n Kugeln auf f Fächer zufällig zu verteilen und anschließend ein bestimmtes Fach zu untersuchen.

Kugel-Fächer-Modell

Beim sogenannten Kugel-Fächer-Modell betrachtet man n Kugeln, die – gegebenenfalls unter bestimmten Einschränkungen – zufällig auf f Fächer verteilt werden.

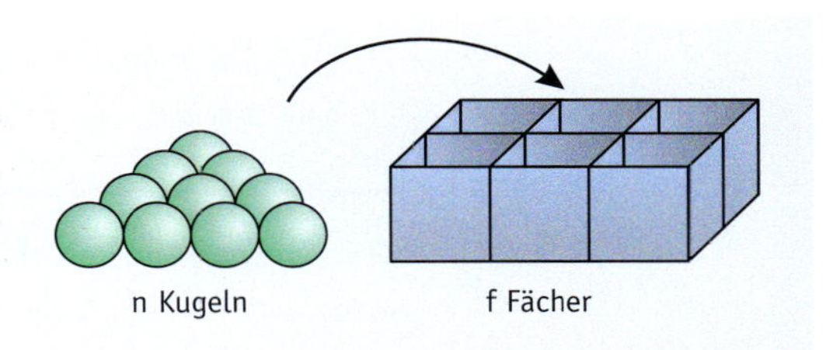

(2) Das klassische Rosinenproblem

Klassisches Rosinenproblem

In den Teig für f Brötchen mischt ein Bäcker n Rosinen ein. Auch wenn die Anzahl n der Rosinen viel größer ist als die Anzahl f der Brötchen, kann es vorkommen, dass in einem fertigen Rosinenbrötchen gar keine Rosine ist.
Wie groß ist diese Wahrscheinlichkeit (d.h. die Wahrscheinlichkeit, dass in einem zufällig ausgewählten Brötchen keine Rosine ist)?

Beispiel

In den Teig von 100 Rosinenbrötchen werden 500 Rosinen gemischt. Die Wahrscheinlichkeit, dass in einem beliebig ausgewählten Brötchen keine Rosine ist, beträgt $\left(\frac{99}{100}\right)^{500} \approx 0{,}7\,\%$.

Auch die Aufgabenstellung von Aufgabe 1 ist vom Typ ein „klassisches Rosinenproblem“. Hier werden zufällig $n = 150$ „Rosinen“ auf $f = 365$ „Brötchen“ verteilt. Da die Anzahl der „Rosinen“ kleiner ist als die Anzahl der „Brötchen“, wunderten wir uns nicht darüber, dass die Wahrscheinlichkeit für ein „Brötchen ohne Rosine“ groß war.

In der allgemeinen Beschreibung des Vorgangs mithilfe des Kugel-Fächer-Modells lässt sich das klassische Rosinenproblem wie folgt darstellen:

Klassisches Rosinenproblem als Beispiel des Kugel-Fächer-Modells

Gegeben sind n Kugeln, die zufällig auf f Fächer verteilt werden.
Zufallsversuche von dieser Art können als n-stufige BERNOULLI-Ketten mit der Erfolgswahrscheinlichkeit $p = \frac{1}{f}$ aufgefasst und mit dem Binomialansatz gelöst werden.
Mithilfe des Binomialansatzes kann dann berechnet werden, mit welcher Wahrscheinlichkeit auf ein beliebiges Fach 0, 1, 2, ..., n Kugeln verteilt werden.

Information

(3) Klassisches Geburtstagsproblem als Kugel-Fächer-Modell formuliert

Obwohl es in Aufgabe 1 ebenfalls um Geburtstage geht, unterscheidet sich die dort betrachtete Fragestellung von der des *klassischen Geburtstagsproblems:* In Aufgabe 1 betrachten wir *irgendeinen* Tag des Jahres und fragen, ob an diesem Tag keiner, einer, zwei ... Geburtstag haben.
Beim *klassischen Geburtstagsproblem* dagegen betrachten wir *alle* Tage des Jahres und fragen, ob es darunter mindestens einen Tag gibt, an dem mindestens zwei Personen Geburtstag haben. In der Beschreibung durch das Kugel-Fächer-Modell geht es also um folgende Fragestellung:

Klassisches Geburtstagsproblem in der Einkleidung des Kugel-Fächer-Modells
Gegeben sind n Kugeln, die auf f Fächer zufällig verteilt werden (n ist klein im Vergleich zu f).
Mit welcher Wahrscheinlichkeit gibt es unter den f Fächern mindestens eines, in dem mindestens zwei Kugeln liegen?

Beim sogenannten Geburtstagsparadoxon betrachtet man beispielsweise die Geburtstage von $n = 23$ Personen und $f = 365$ Tagen (und wundert sich darüber, dass die Wahrscheinlichkeit über 50 % beträgt, dass mindestens zwei Personen mit gleichem Geburtstag darunter sind).

(4) Das $\frac{1}{e}$-Gesetz – eine Faustregel zum Kugel-Fächer-Modell

In allen Zufallsversuchen in der Aufgabe 2 wurden n Kugeln zufällig auf n Fächer verteilt ($n = 365$ bzw. $n = 37$ bzw. $n = 100$); die Wahrscheinlichkeiten für die Ereignisse „0 Erfolge“ bzw. „1 Erfolg“ waren jedoch ungefähr gleich, und zwar ungefähr gleich $\frac{1}{e} \approx 37\,\%$.

Das $\frac{1}{e}$-Gesetz
Führt man einen Zufallsversuch mit n verschiedenen gleichwahrscheinlichen Ergebnissen n-mal durch, dann erwarten wir für jedes der möglichen Ergebnisse, dass es *im Mittel* einmal auftritt.
Tatsächlich treten jedoch ca. 37 % der Ergebnisse keinmal auf, ca. 37 % der Ergebnisse genau einmal und ca. 26 % der Ergebnisse mehr als einmal.

Das $\frac{1}{e}$-Gesetz lässt sich auch so formulieren:

Das $\frac{1}{e}$-Gesetz in der Sprechweise des Kugel-Fächer-Modells
Werden n Kugeln zufällig auf n Fächer verteilt, dann bleiben ca. 37 % der Fächer leer, ca. 37 % enthalten genau eine Kugel und ca. 26 % mehr als eine Kugel.

Dass hier die EULER'sche Zahl $e = 2{,}71828...$ eine Rolle spielt, erklärt sich wie folgt:
Für n-stufige BERNOULLI-Ketten mit $p = \frac{1}{n}$ und Zufallsgröße X: *Anzahl der Erfolge* gilt:

$P(X = 0) = \left(1 - \frac{1}{n}\right)^n \approx \frac{1}{e}$

$P(X = 1) = \left(1 - \frac{1}{n}\right)^{n-1} \approx \frac{1}{e}$

$P(X \geq 2) \approx 1 - 2 \cdot \frac{1}{e}$

Die Folge $a_n = \left(1 - \frac{1}{n}\right)^n$ konvergiert gegen $\frac{1}{e} = 0{,}3678...$

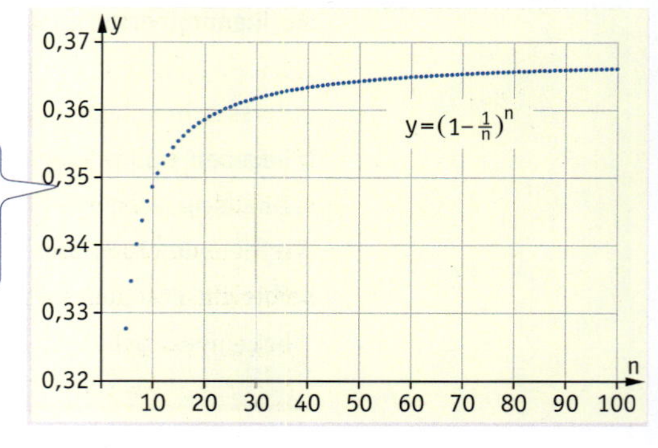

Hinweis: Man kann beweisen $e = \lim\limits_{n \to \infty} \left(1 + \frac{1}{n}\right)^n$, siehe Abschnitt 3.1.1, Seite 147.

Übungsaufgaben 

4 Blumensamen kann leicht durch Unkrautsamen verunreinigt werden.

a) 100 Unkrautsamen gelangen in die Abfüllmenge von 100 Samentüten.

(1) Mit welcher Wahrscheinlichkeit sind in einer zufällig herausgegriffenen Tüte 0, 1, 2 mehr als 2 Unkautsamen?

(2) Wie viele Packungen etwa werden 0, 1, 2, mehr als 2 Unkrautsamen enthalten?

b) In die Abfüllmenge von 100 Samentüten sind n Unkrautsamen gelangt.

(1) Berechnen Sie die Wahrscheinlichkeit dafür, dass in einer zufällig herausgegriffenen Tüte keine Unkrautsamen sind.

(2) Wie viele Packungen etwa werden 0 Unkrautsamen enthalten?

(3) Von 100 Tüten enthielten 50 keinen Unkrautsamen. Schätzen Sie die Anzahl n der Unkrautsamen aufgrund der Überlegungen in (2).

5 Ein Buch mit 400 Seiten enthält 60 Druckfehler.

a) Auf wie vielen Seiten kann man 0, 1, 2, 3, ..., 8 Druckfehler erwarten?
Erläutern Sie, welche Modellannahme gemacht wird und was hier die Kugeln bzw. die Fächer sind.

b) Wie groß ist die Wahrscheinlichkeit, nach dem Zufall eine Seite aufzuschlagen, die mindestens 2 Druckfehler enthält?

6 In einer Firma arbeiten 100 Personen. Mit welcher Wahrscheinlichkeit haben von diesen Personen 0, 1, 2, mehr als 2 Personen am 25. Februar Geburtstag?

7

a) In einem Ort wird pro Jahr ca. 400-mal die Feuerwehr alarmiert.
Untersuchen Sie, an ungefähr wie vielen Tagen des Jahres 0, 1, 2, mehr als 2 Alarme erfolgen.

b) In einem anderen Ort vergehen pro Jahr ca. 100 Tage, an denen kein Alarm erfolgt.
Schätzen Sie hieraus, wie oft die Feuerwehr dieses Ortes im Lauf eines Jahres alarmiert wird.

8

a) In einer Jahrgangsstufe eines Gymnasiums gibt es 260 Tage im Jahr, an denen kein Schüler Geburtstag hat. Schätzen Sie, wie viele Schüler in dieser Jahrgangsstufe sind.
Probieren Sie aus: Für welches n gilt $365 \cdot \left(\frac{364}{365}\right)^n \approx 260$? Begründen Sie diesen Ansatz.

b) Recherchieren Sie, wie viele Schülerinnen und Schüler an Ihrer Schule sind. Schätzen Sie dann, an wie vielen Tagen des Jahres 0, 1, 2, 3, mehr als 3 Schülerinnen und Schüler Geburtstag haben.

9 In der Fußball-Bundesliga wurden in der Spielzeit 2008/09 in 306 Spielen insgesamt 894 Tore geschossen. Interpretieren Sie die gesamte Spielzeit als 894-stufigen BERNOULLI-Versuch.
Wie viele der 306 Spiele müssten nach diesem Ansatz mit 0 Toren, 1 Tor, 2 Toren, ... ausgegangen sein?
Vergleichen Sie diese geschätzten Anzahlen mit den tatsächlichen Häufigkeiten:

Anzahl k der Tore	0	1	2	3	4	5	6	7	8	9
Anzahl der Spiele mit k Toren	15	43	77	71	47	31	16	4	1	1

10

a) In den Teig für 500 Brötchen mischt ein Bäcker 1 000 Rosinen ein.
Geben Sie an, bei wie vielen Brötchen man mit 0, 1, 2, ..., 8 Rosinen rechnen kann.

b) In 50 von 500 Brötchen eines anderen Bäckers findet man keine Rosinen.
Schätzen Sie hieraus, wie viele Rosinen in den Teig gemischt wurden.

11 In ein Wassergefäß mit quadratischer Grundfläche werden 85 Wassertierchen ausgesetzt und beobachtet. Nach einiger Zeit legt man ein Quadratgitter darüber und zählt die an der Wasseroberfläche befindlichen Wassertierchen in 10×10, also 100 Feldern.
Angenommen, die Wassertierchen verteilen sich zufällig auf die 100 Felder des Quadratgitters und neigen nicht zur Klumpenbildung:
Wie viele Felder enthalten dann 0, 1, 2, ... Wassertierchen?

12 Tragen Sie in Ihrer Klasse folgende Daten zusammen: Jeder erfasst die Geburtsdaten von 10 nahen Verwandten und markiert diese Tage in einem Jahreskalender im Klassenraum. Wenn z. B. 25 Schülerinnen und Schüler in der Klasse sind, werden so 250 Kreuzchen im Kalender gemacht.
Vergleichen Sie die Ergebnisse mit den Vorhersagen eines Kugel-Fächer-Modells.

13 Die dem Band EdM 10 beigefügte Software VU-Statistik enthält u. a auch das Simulationsprogramm *Zufallsregen,* mithilfe dessen man allgemein Fragestellungen zum Kugel-Fächer-Modell veranschaulichen kann. Insbesondere kann man hiermit Erfahrungen zum $\frac{1}{e}$-Gesetz sammeln.

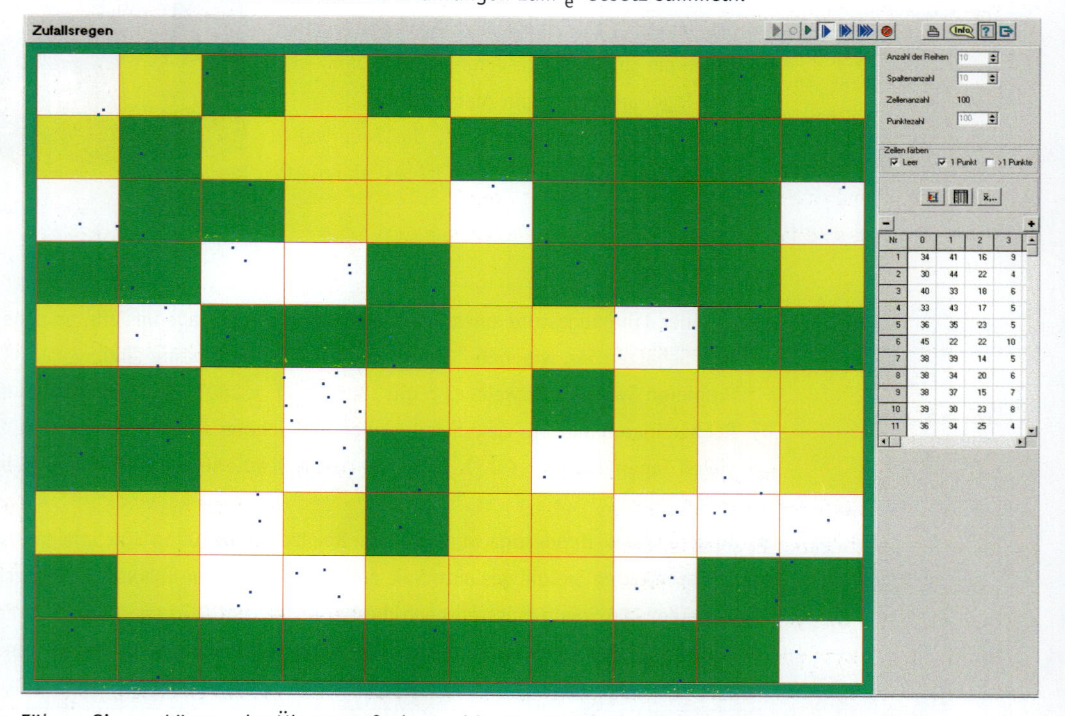

Nr	0	1	2	3
1	34	41	16	9
2	30	44	22	4
3	40	33	18	6
4	33	43	17	5
5	36	35	23	5
6	45	22	22	10
7	38	39	14	5
8	38	34	20	6
9	38	37	15	7
10	39	30	23	8
11	36	34	25	4

Führen Sie zur Lösung der Übungsaufgaben 4 bis 11 mithilfe der Software Simulationen durch.

Das Problem der vollständigen Serie

Diese Fußball-Bilder gehören zu einer Sammelserie von 20 Bildern. Die Bilder sind – zufällig verteilt – Kaugummi-Packungen beigefügt. Wie viele Packungen muss man kaufen, bis man alle Bilder der Serie hat?

Das Problem der vollständigen Serie (auch als Sammelbilderproblem bekannt) gehört zu den klassischen Problemen der Stochastik, mit denen sich bereits ABRAHAM DE MOIVRE (1667–1754), LEONHARD EULER (1707–1783) und PIERRE SIMON LAPLACE (1749–1827) beschäftigten. In allen Einkleidungen geht es um die Frage, wie lange es dauert, bis jedes der s möglichen Ergebnisse eines Zufallsversuchs mindestens einmal aufgetreten ist. In der Beschreibung des Kugel-Fächer-Modells (siehe Seite 417) lautet dies wie folgt:

Das Problem der vollständigen Serie in der Formulierung des Kugel-Fächer-Modells
n Kugeln werden zufällig auf s Fächer verteilt.

- Wie groß ist (bei vorgegebenem n) die Wahrscheinlichkeit, dass in jedem Fach mindestens eine Kugel liegt?
- Wie viele Kugeln müssen im Mittel verteilt werden, bis in jedem Fach mindestens eine Kugel liegt? (Es wird hier also nach n gefragt.)

Wir wollen uns die Situation an einem Beispiel verdeutlichen: Bei einem Würfel (regelmäßiges Hexaeder) können die Augenzahlen 1, 2, 3, 4, 5, 6 auftreten; es gibt also $s = 6$ Fächer. Ein Würfel wird n-mal geworfen, d. h. n Kugeln werden auf die 6 Fächer verteilt. Wir betrachten die Zufallsgröße X: *Anzahl der Würfe bis zum Vorliegen einer vollständigen Serie.*
Die Frage, wie viele Würfe notwendig sind, bis alle Augenzahlen mindestens einmal aufgetreten sind, können wir wiederum nach verschiedenen Gesichtspunkten beantworten:

Theoretisch kann X beliebig große natürliche Zahlen annehmen.

- Wie groß ist die Wahrscheinlichkeit, dass nach n Würfen eine vollständige Serie vorliegt? Gesucht ist also die Wahrscheinlichkeitsverteilung der Zufallsgröße X.
- Nach wie vielen Würfen lohnt es sich, darauf zu wetten, dass eine vollständige Serie vorliegt? Gesucht ist also die Anzahl n, für welche die kumulierte Wahrscheinlichkeit den Wert von 50 % überschreitet.
- Wie viele Würfe sind im Mittel erforderlich, bis eine vollständige Serie vorliegt? Gesucht ist also der Erwartungswert der Zufallsgröße X.

---

1 Erfahrungen sammeln durch Experimente und Simulationen

a) Werfen Sie in Ihrer Lerngruppe einen Würfel so lange, bis jede der Augenzahlen mindestens einmal aufgetreten ist. Untersuchen Sie, wie viele Würfe im Mittel erforderlich sind, bis eine vollständige Serie vorliegt. Äußern Sie eine Vermutung.

b) Im rechts abgebildeten Boxplot ist die Häufigkeitsverteilung einer Serie mit 100 Versuchen dargestellt. Welche Informationen lassen sich entnehmen?

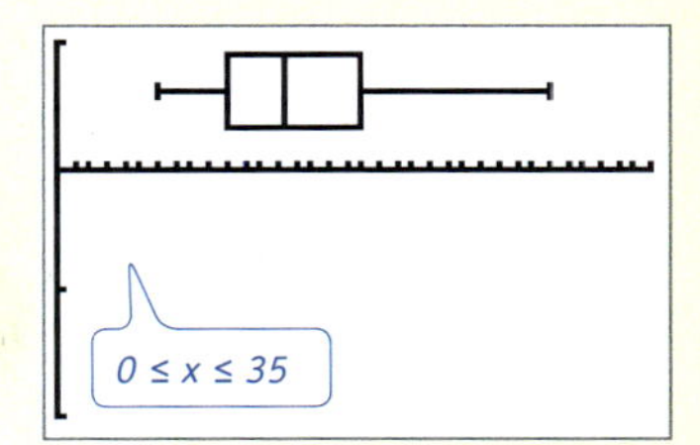

c) Überprüfen Sie Ihre Vermutung aus Teilaufgabe a) durch eine Simulation mithilfe eines GTR. Mit einem GTR kann man mithilfe des **randInt**-Befehls n Zufallszahlen erzeugen, in einer Liste abspeichern und diese Liste sortieren. An der sortierten Liste kann man leichter erkennen, ob alle Augenzahlen vorkommen.

2 Den Erwartungswert der notwendigen Versuchsanzahl bestimmen

Ein Würfel (Hexaeder) wird so lange geworfen, bis jede der sechs Augenzahlen mindestens einmal aufgetreten ist. Das abgebildete Übergangsdiagramm beschreibt diesen Vorgang. Der Zustand [2 verschiedene Augenzahlen] gibt zum Beispiel an, dass *bis zu diesem Zeitpunkt* zwei verschiedene Augenzahlen aufgetreten sind.

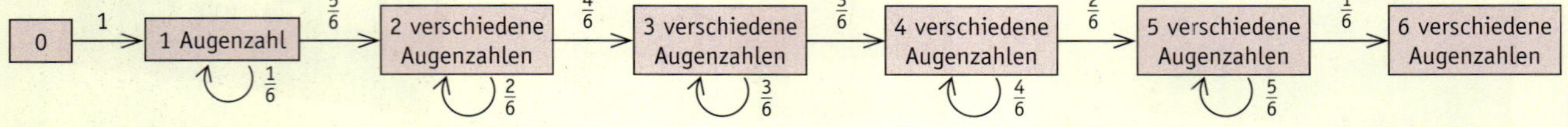

a) Erläutern Sie das Übergangsdiagramm.

b) Es ist plausibel, dass man eine Münze *im Mittel* zweimal werfen muss, bis Wappen fällt, oder dass man einen Würfel *im Mittel* 6-mal werfen muss, bis z. B. eine Sechs geworfen wird, und dass für beliebige BERNOULLI-Experimente mit der Erfolgswahrscheinlichkeit p gilt, dass das Experiment *im Mittel* $\frac{1}{p}$-mal durchgeführt werden muss, bis sich ein erster Erfolg einstellt.
Begründen Sie damit anhand des Übergangsdiagramms, dass man im Mittel
$\left(1+\frac{6}{5}+\frac{6}{4}+\frac{6}{3}+\frac{6}{2}+\frac{6}{1}\right)=6\cdot\left(1+\frac{1}{2}+\frac{1}{3}+\frac{1}{4}+\frac{1}{5}+\frac{1}{6}\right)=14{,}7$ mal werfen muss, bis eine vollständige Serie vorliegt.

c) Berechnen Sie analog zu Teilaufgabe b) den Erwartungswert für die Anzahl der Würfe bis zum Vorliegen einer vollständigen Serie bei einem (1) Tetraeder, (2) Oktaeder, (3) Dodekaeder, (4) Ikosaeder.

d) Begründen Sie allgemein, dass man einen Zufallsversuch mit s verschiedenen gleichwahrscheinlichen Ergebnissen im Mittel $s\cdot\left(1+\frac{1}{2}+\frac{1}{3}+\ldots+\frac{1}{s}\right)$ mal durchführen muss, bis jedes Ergebnis mindestens einmal auftritt.

3 Wahrscheinlichkeiten schrittweise berechnen

Die Wahrscheinlichkeit für das Ereignis, dass beim Würfeln mit einem Hexaeder nach n Würfen k verschiedene Augenzahlen aufgetreten sind, soll im Folgenden mit mit $P(n;k)$ bezeichnet werden. Diese Wahrscheinlichkeit kann schrittweise berechnet werden.

a) In der folgenden Tabelle sind die Wahrscheinlichkeiten für $n=1$ bis $n=4$ bereits berechnet. Beschreiben Sie die Bedeutung der darin enthaltenen Wahrscheinlichkeiten. Zum Beispiel: Die Wahrscheinlichkeit, dass nach drei Würfen auch drei verschiedene Augenzahlen gefallen sind, beträgt $\frac{20}{36}$.
Begründen Sie die angegebenen Berechnungen und ergänzen Sie die Tabelle um zwei Zeilen $(n=5;\ n=6)$.

	k = 1	k = 2	k = 3	k = 4	k = 5	k = 6
n = 1	1	0	0	0	0	0
n = 2	$\frac{1}{6}$	$\frac{5}{6}$	0	0	0	0
n = 3	$\left(\frac{1}{6}\right)^2=\frac{1}{36}$	$\frac{1}{6}\cdot\frac{5}{6}+\frac{5}{6}\cdot\frac{2}{6}=\frac{15}{36}$	$\frac{5}{6}\cdot\frac{4}{6}=\frac{20}{36}$	0	0	0
n = 4	$\left(\frac{1}{6}\right)^3=\frac{1}{216}$	$\frac{1}{36}\cdot\frac{5}{6}+\frac{15}{36}\cdot\frac{2}{6}=\frac{35}{216}$	$\frac{15}{36}\cdot\frac{4}{6}+\frac{20}{36}\cdot\frac{3}{6}=\frac{120}{216}$	$\frac{20}{36}\cdot\frac{3}{6}=\frac{60}{216}$	0	0

b) Berechnen Sie die Wahrscheinlichkeiten für $n=7, \ldots, 20$ mithilfe einer Tabellenkalkulation. Wie kann man hieraus dann den Erwartungswert der Zufallsgröße näherungsweise bestimmen? Erläutern Sie, warum es sich nur eine Näherung handelt.

c) An der Grafik rechts kann man die Wahrscheinlichkeiten $P(n;k=s)$ für die fünf regulären Körper (Tetraeder $(s=4)$, Hexaeder $(s=6)$, Oktaeder $(s=8)$, Dodekaeder $(s=12)$, Ikosaeder $(s=20)$) ablesen.
Untersuchen Sie, ab wann es sich lohnt, darauf zu wetten, dass eine vollständige Serie vorliegt.

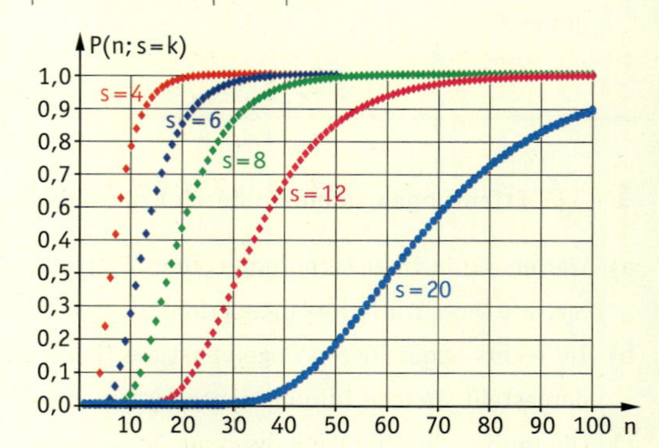

4 Verallgemeinerung

Übertragen Sie die Überlegungen aus den Aufgaben 1 bis 3 auf

a) das Sammeln von Bildern bei einer Serie von 20 Bildern;

b) das Warten auf eine vollständige Serie beim Roulette-Spiel.

Die folgenden Aufgaben helfen Ihnen bei der Organisation des selbstständigen Lernprozesses. Zur Selbstkontrolle sind alle Lösungen dieser Aufgaben im Anhang dieses Buches abgedruckt.

1 In den USA werden nicht nur im Tennis-Training, sondern auch beim Baseball- und Football-Training Ballwurfmaschinen eingesetzt. Einige Profi-Fußballvereine und Fußballschulen in Europa verwenden eine *football passing machine* als Torschussmaschine zum Torwarttraining. Ein Forscherteam hat eine Maschine so umkonstruiert, dass der Ball zufällig in die linke oder rechte Torecke und dabei auch zufällig flach oder hoch geschossen wird.

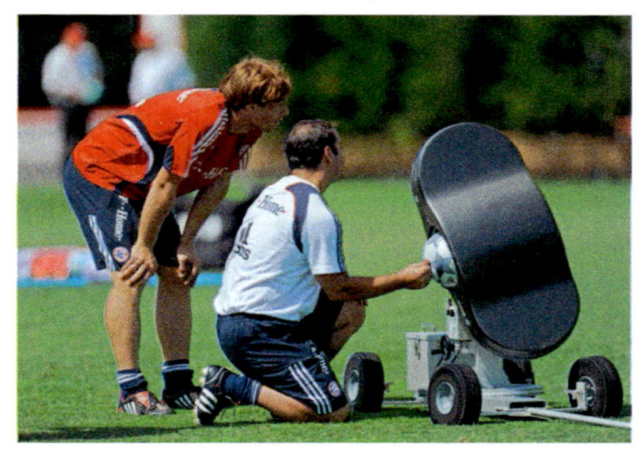

Erläutern Sie, warum sich das Training mit der Maschine als BERNOULLI-Kette auffassen lässt und geben Sie verschiedene Möglichkeiten dafür an, was dabei als „Erfolg" interpretiert werden kann.

2 Ein Würfel wird geworfen. Als Erfolg wird jede Augenzahl größer als 4 gewertet.

a) Bestimmen Sie für dieses BERNOULLI-Experiment die Binomialverteilung für die 6-stufige BERNOULLI-Kette.

b) Begründen Sie mithilfe der BERNOULLI-Formel, warum die Wahrscheinlichkeit
(1) für 1 Erfolg dreimal so groß ist wie die für 0 Erfolge;
(2) für 2 Erfolge viermal so groß ist wie die für 4 Erfolge;
(3) für 4 Erfolge fünfmal so groß ist wie die für 5 Erfolge.

3 Ein Lebensmittelhändler führt in seinem Sortiment unter anderem abgepackte Feinkostsalate, die wöchentlich geliefert werden und nach Ablauf der Haltbarkeitsfristen nicht mehr verkauft werden können. Bei der Lieferung muss der Händler immer 5er-Packungen abnehmen. Er beobachtet die Verkäufe und stellt fest, dass er von 60 eingekauften Packungen in 15 % der Fälle 50, in 10 % der Fälle 45 und in 20 % der Fälle 55 Packungen verkauft hat. In den übrigen Fällen verkaufte er alle 60 Packungen Feinkostsalat.

Der Händler verdient an einer Packung 1,20 €. An einer nicht verkauften Packung hat er 2,10 € Verlust. Untersuchen Sie, bei welcher Bestellmenge der Händler den größten Gewinn erwarten kann.

4 In einer Urne sind 1 rote, 2 grüne und 3 blaue Kugeln. Nacheinander werden Kugeln ohne Zurücklegen gezogen.

a) Bestimmen Sie die Verteilung der Zufallsgröße X: *Anzahl der notwendigen Ziehungen, bis von jeder Farbe mindestens eine Kugel gezogen wurde.*

b) Wie viele Ziehungen sind im Mittel notwendig?

c) Das Ziehen der Kugeln soll bei einem Schulfest als möglichst faires Glücksspiel angeboten werden, für das man einen Einsatz von 50 Cent bezahlen muss und für das folgende Bedingung gilt: Wenn man erst nach sechs Ziehungen drei verschiedene Farben zieht, verliert man seinen Einsatz vollständig.

Geben Sie einen möglichen Gewinnplan für das Spiel an.

5 17,3% der Einwohner Deutschlands sind jünger als 18 Jahre. Wie groß ist die Wahrscheinlichkeit dafür, dass unter 100 zufällig ausgewählten Personen

(1) genau 17 Personen jünger als 18 Jahre sind;

(2) mindestens 15, höchstens 25 Personen jünger als 18 Jahre sind;

(3) mehr als 80 Personen mindestens 18 Jahre alt sind;

(4) höchstens 75 mindestens 18 Jahre alt sind.

6 Eine Münze wird fünfmal geworfen.

a) Mit welcher Wahrscheinlichkeit wirft man keinmal, 1-mal, 2-mal, 3-mal, 4-mal, 5-mal Wappen?

b) Mit welcher Wahrscheinlichkeit wirft man

(1) höchstens dreimal Wappen;

(2) weniger als dreimal Wappen;

(3) mindestens einmal Wappen;

(4) mehr als einmal Wappen?

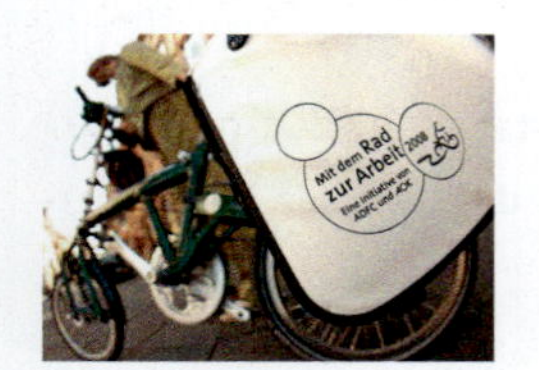

7 Ein Unternehmen beteiligt sich an der Sommeraktion „Mit dem Rad zur Arbeit" der AOK und des ADFC (unter der Schirmherrschaft des *Bundesministeriums für Verkehr, Bau und Stadtentwicklung*). Da die Radwege vor Ort gut ausgebaut sind, erwartet die Firmenleitung, dass durchschnittlich 30 % der 120 Angestellten mit dem Fahrrad zur Arbeit kommen. Um die Aktion zu unterstützen, soll ein abschließbarer Fahrradunterstand gebaut werden.

a) Untersuchen Sie, mit welcher Wahrscheinlichkeit 40 Fahrradständer genügen.

b) Ermitteln Sie, wie viele Fahrradständer zur Verfügung stehen sollten, damit diese mit einer Wahrscheinlichkeit von mindestens 95 % ausreichen.

8 Zu einer Serie von Sammelbildern gehören 40 verschiedene Bilder. Diese sind einer bestimmten Sorte von Schoko-Riegeln beigefügt. Der Hersteller der Schoko-Riegel garantiert, dass alle Bilder mit gleicher Häufigkeit und gut gemischt den Riegeln beigefügt sind.

a) Wie groß ist die Wahrscheinlichkeit, dass man nach dem Kauf

(1) von sechs Schoko-Riegeln bereits mindestens eines der Bilder doppelt hat,

(2) von vierzig Schoko-Riegeln ein bestimmtes Bild noch nicht [genau einmal; mehr als einmal] hat.

b) Jemand hat nach dem Kauf einer gewissen Anzahl von Schoko-Riegeln erst 20 Bilder der Serie. Schätzen Sie, wie viele Schoko-Riegel er bis dahin gekauft hat.

9 Die Autobahn A 2 bei Peine gilt als schwer unfallträchtig. Gut, dass der örtliche Rettungsdienst rund um die Uhr im Einsatz ist. Über Jahre hinweg betrachtet, ist die Anzahl der Einsätze der Rettungsfahrzeuge des Rettungsdienstes in Peine relativ konstant.

In Peine wird tagsüber zwischen 6 Uhr und 20 Uhr durchschnittlich 30-mal pro Stunde ein Rettungsfahrzeug benötigt. Es sei angenommen, dass die Einsatz-Alarme innerhalb dieser Zeit gleichmäßig verteilt erfolgen.

Wie groß ist die Wahrscheinlichkeit, dass innerhalb der nächsten Minute ein Einsatz erfolgen muss? Untersuchen Sie, an wie vielen Minuten einer Stunde *kein* Einsatz, *ein* Einsatz, *mehr als ein* Einsatz zu erwarten ist.

8 Beurteilende Statistik

Wenn beim Werfen einer idealen Münze 10-mal nacheinander *Zahl* aufgetreten ist,

so ist auch im 11. Wurf die Wahrscheinlichkeit für

Wappen  immer noch $\frac{1}{2}$.

„Der Zufall hat kein Gedächtnis ..." formulierte der französische Mathematiker JOSEPH BERTRAND vor über 100 Jahren.
Das heißt: Für den einzelnen Zufallsversuch sind keine Vorhersagen möglich. Wahrscheinlichkeiten für einzelne Ergebnisse geben nur die Chancen an, mit denen diese auftreten.
Aber: „... auch den Zufall gelten gewisse Gesetzmäßigkeiten! "

JOSEPH BERTRAND (1822 – 1900) Mathematikprofessor in Paris

Vor einer Wahl wird in einer Umfrage die Wählerstimmung im Land erhoben. Hier sehen Sie die Umfrageergebnisse und die tatsächlichen Wahlergebnisse für die Landtagswahl in Niedersachsen 2008.

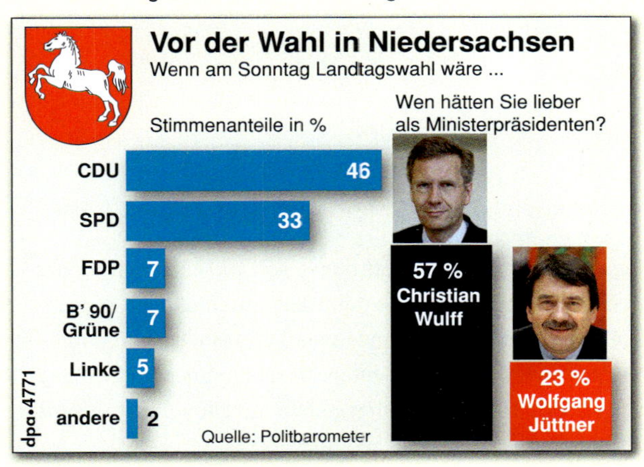

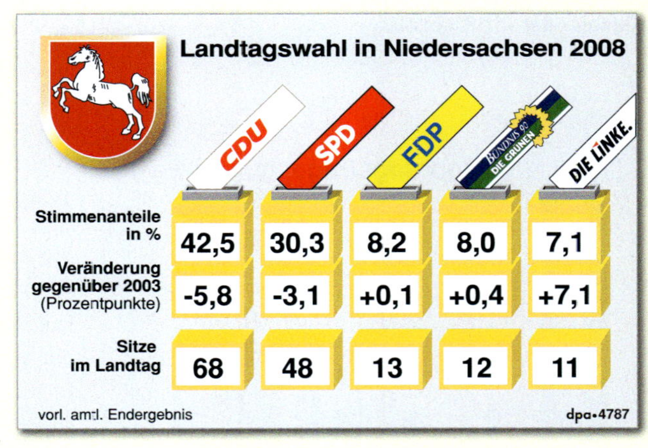

Haben die Wähler ihre Meinung geändert, oder war die Stichprobe vielleicht nicht repräsentativ genug?
Hätte man mit einem größeren Stichprobenumfang eine genauere Vorhersage treffen können?

In diesem Kapitel

- erstellen Sie Prognosen für Bereiche, in denen die absoluten bzw. die relativen Häufigkeiten von Ereignissen mit hoher Wahrscheinlichkeit liegen werden,
- lernen Sie, wie man – ausgehend von Stichprobenergebnissen – auf die Zusammensetzung einer Gesamtheit schließen kann,
- erfahren Sie, wie man Wahrscheinlichkeitsberechnungen auch bei Zufallsversuchen vornehmen kann, die unendlich viele Werte als Ergebnisse annehmen können.

Stichproben liefern weitreichende Erkenntnisse

Fast sichere Vorhersagen

1 Wenn wir 100-mal eine Münze werfen, erwarten wir ungefähr $100 \cdot 0{,}5 = 50$-mal Wappen, bei 200 Würfen entsprechend 100-mal Wappen, also doppelt so viele wie bei $n = 100$, und bei 400 Würfen viermal so viele.

- Die Wahrscheinlichkeit für genau 50-, 100- oder 200-mal Wappen beim 100-, 200- oder 400-fachen Münzwurf ist sehr klein. Wie verändert sich diese Wahrscheinlichkeit, wenn man von $n = 100$ zu $n = 200$ und $n = 400$ übergeht? Wird sie mit dem gleichen Faktor kleiner wie die Versuchsanzahl zunimmt?
- Zum Erwartungswert selbst kann man auch noch die Nachbarwerte hinzunehmen (symmetrisch von unten und oben) – so viele, bis man einen Bereich hat, in dem 90 % der Ergebnisse liegen. Bestimmen Sie einen solchen Bereich.
  Ist dieser Bereich für $n = 200$ doppelt so breit wie der für $n = 100$ und der für $n = 400$ doppelt so breit wie der für $n = 200$?

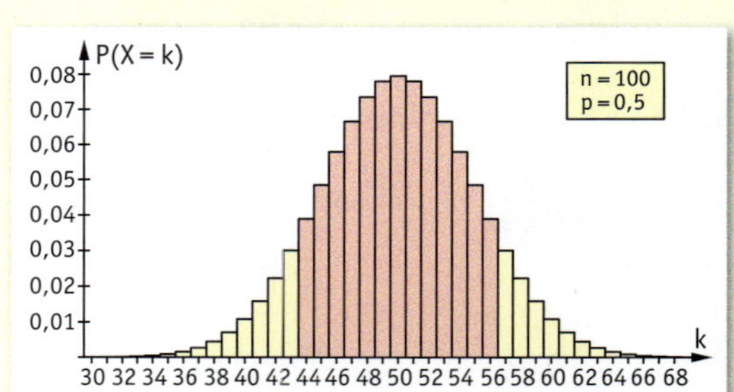

Genau oder nicht genau?

2

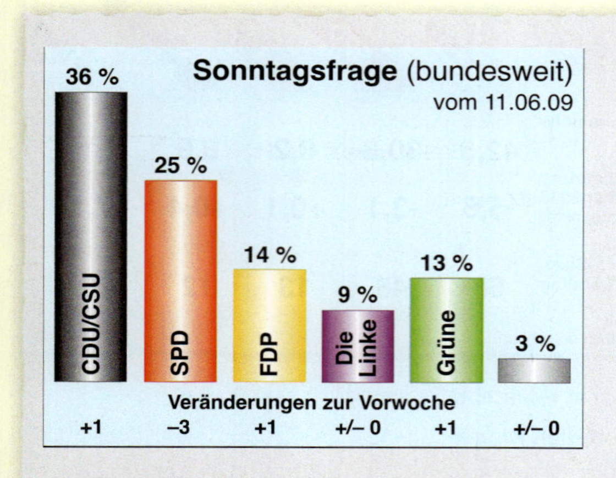

Sonntagsfrage

Wenn am kommenden Sonntag Bundestagswahl wäre …

Mit der Sonntagsfrage ermittelt Infratest dimap seit 1997 im Auftrag der ARD zwischen den Wahlen die aktuelle politische Stimmung in Deutschland. Wir stellen hierzu jede Woche mindestens 1 000 Bundesbürgern die Frage: „Welche Partei würden Sie wählen, wenn am kommenden Sonntag Bundestagswahl wäre?". Die Sonntagsfrage steht nie allein, ihr Ergebnis aber meist im Mittelpunkt des öffentlichen Interesses.
Die Befunde sind repräsentativ, da unsere Stichproben sehr genau die gesamte wahlberechtigte Bevölkerung abbilden.
(www.infratest-dimap.de/umfragen-analysen/bundesweit/sonntagsfrage/)

- Recherchieren Sie die aktuellen Daten zu der „Sonntagsfrage" der ARD oder eines anderen Fernsehsenders.
  Wenn im Rahmen einer solchen Stichprobe 1 000 Bundesbürger gefragt werden: Welche absoluten Häufigkeiten wurden vermutlich in der Stichprobe gefunden?
- Wie genau sind die Ergebnisse einer Befragung von 1 000 Personen?
  Führen Sie dazu folgendermaßen eine Simulation durch: Angenommen, der Anteil der CDU-Wähler in der Gesamtheit aller Wähler/innen wäre tatsächlich $p = 0{,}36$. Erzeugen Sie auf dem GTR zweimal 500 Zufallszahlen zwischen null und eins. Wenn eine Zufallszahl kleiner als 0,36 ist, gilt dies als Erfolg. Bestimmen Sie auf diese Weise mehrfach die Anzahl der Erfolge dieser 1 000-stufigen BERNOULLI-Kette.
  Wie sehr streuen die Ergebnisse um den Erwartungswert $1000 \cdot 0{,}36 = 360$?

Auf drei Stellen genau

3 Der *Bundesverband Informationswirtschaft, Telekommunikation und neue Medien e.V. (BITKOM)* veröffentlichte die in der Grafik enthaltenen Daten. Sie stammen aus einer repräsentativen Befragung von insgesamt 1 000 Personen über 14 Jahren.

- Überlegen Sie und diskutieren Sie mit Ihren Mitschülern, ob die angegebenen Prozentsätze so stimmen können. Recherchieren Sie dazu, wie hoch der Anteil der verschiedenen Bevölkerungsgruppen (Schüler/Studenten, Erwerbstätigen usw.) in Deutschland ist und was dies für die Stichprobe und die angegebenen Anteile bedeutet.
- Wenn in Zeitschriften oder im Fernsehen Umfrageergebnisse präsentiert werden, stellen sich viele Menschen die Frage: Wie genau sind die Umfragen?

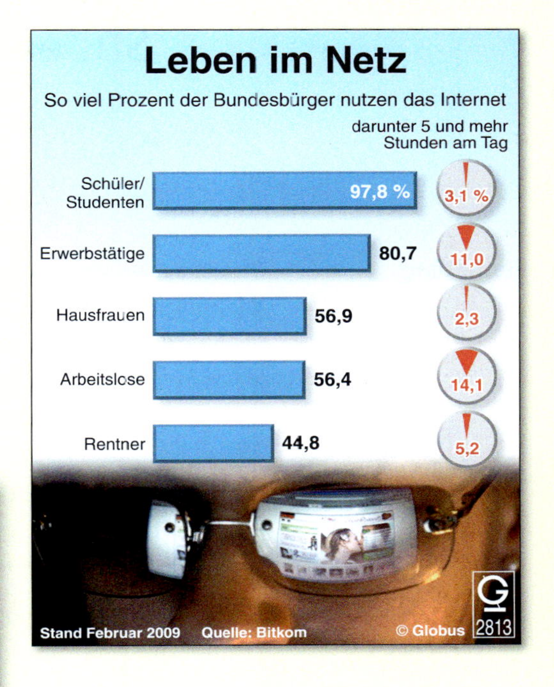

> Nur Zufallsstichproben stellen repräsentative Ergebnisse sicher. Aussagen auf der Basis von Zufallsstichproben sind aber immer Wahrscheinlichkeitsaussagen, die sich innerhalb bestimmter Fehlergrenzen bewegen. Angelehnt an entsprechende statistische Modelle ergibt sich danach bei 1 250 Befragten und einem gemessenen Parteianteil von 40 Prozent eine Fehlergrenze in der Größenordnung von plus/minus drei Prozentpunkten. (Antwort auf der Internetseite der ZDF-Sendung Politbarometer, http://politbarometer.zdf.de)

Was bedeutet diese Antwort für die Angaben der BITKOM-Studie?

Was ist normal?

4 Die Grafik rechts beschreibt den Verlauf der Entwicklung des Body-Mass-Index bei Mädchen im Alter bis 18 Jahren.
Der Body-Mass-Index ist definiert als der Quotient aus dem Gewicht der Personen (gemessen in kg) dividiert durch das Quadrat der Körpergröße (gemessen in m).

- Die Kurven sind beschriftet mit 3 bzw. 50 bzw. 97. Was bedeuten diese Zahlen?
- Welche Aussagen kann man aus den Grafiken ablesen? Geben Sie einige Beispiele an.
- Recherchieren Sie, welche Empfehlungen hinsichtlich des Body-Mass-Index für Erwachsene von Gesundheits-Organisationen gegeben werden. Stellen Sie diese Angaben in Beziehung zu den Aussagen der Grafik.

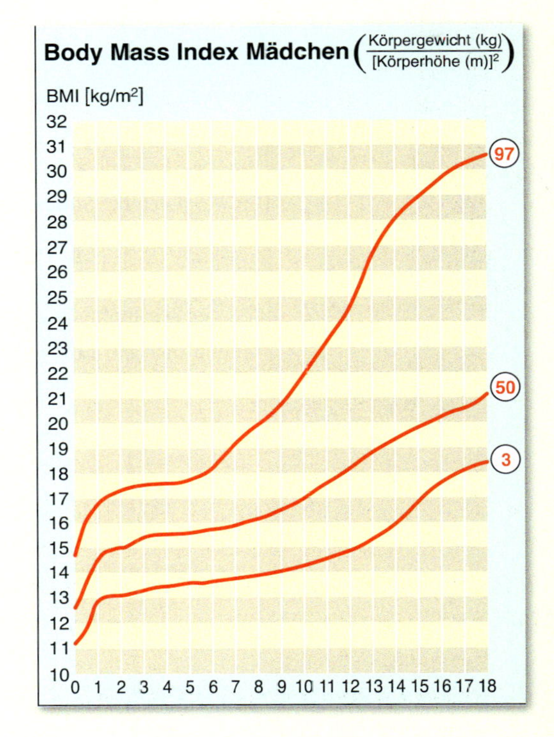

8.1 Binomialverteilung für große Stufenzahlen

8.1.1 Standardabweichung bei Wahrscheinlichkeitsverteilungen

Einführung

Standardabweichung einer Zufallsgröße

Wir betrachten jeweils die Zufallsgröße *Anzahl der Erfolge* für drei verschiedene BERNOULLI-Ketten:

(1) $n_1 = 200,\ p_1 = 0{,}05$ (2) $n_2 = 15,\ p_2 = \frac{2}{3}$ (3) $n_3 = 50,\ p_3 = 0{,}24$

Jeweils $0 \le x \le 30$, $0 \le y \le 0{,}25$.

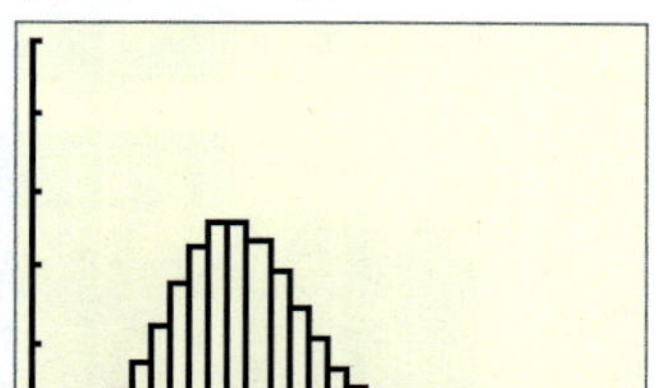

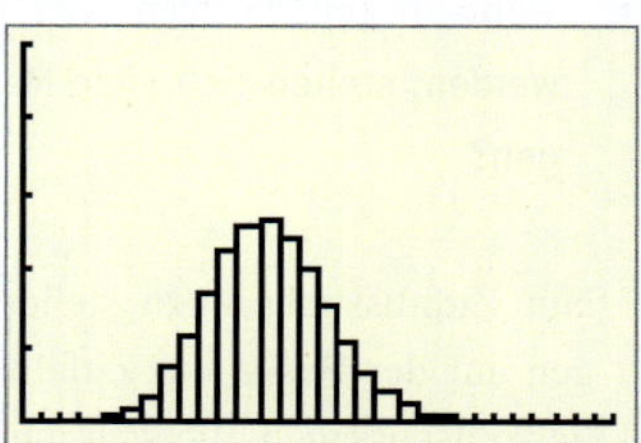

Für die Erwartungswerte gilt:

Statt E (X) sagt man auch μ.

(1) $\mu_1 = 200 \cdot 0{,}05 = 10$ (2) $\mu_2 = 15 \cdot \frac{2}{3} = 10$ (3) $\mu_3 = 50 \cdot 0{,}24 = 12$

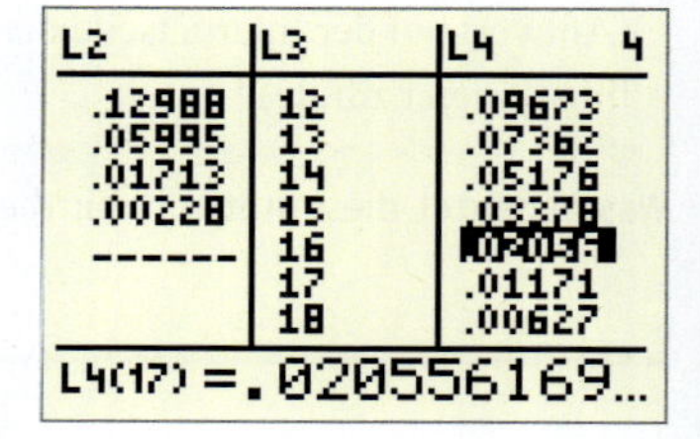

In den Fällen (1) und (2) sind die Erwartungswerte gleich 10. Während die Zufallsgröße im Fall (2) nur Werte von 0 bis 15 annehmen kann, nimmt die Zufallsgröße im Fall (1) noch Werte über 15 an, die immer noch eine geringe Wahrscheinlichkeit haben. Die Streuung um den Erwartungswert 10 ist im Fall (1) somit größer als im Fall (2).

Bei gleichen Erwartungswerten hat also die Binomialverteilung mit der höheren Stufenzahl n eine größere Streuung der Zufallsgröße um den Erwartungswert als die Binomialverteilung mit einer geringeren Stufenzahl. Hier ist dies auch gut daran zu erkennen, dass das Histogramm im Fall (2) deutlich schmaler und höher ist als in Fall (1).

Wie kann man jedoch die Streuungen zweier Wahrscheinlichkeitsverteilungen mit verschiedenen Erwartungswerten, wie z. B. im Fall (1) und (3), miteinander vergleichen?

Ein Vergleich der Streuungen wäre in jedem Fall viel leichter möglich, wenn man ein quantitatives Maß für die Streuung einer Wahrscheinlichkeitsverteilung um den Erwartungswert der Zufallsgröße zur Verfügung hätte.

Aus der Beschreibenden Statistik kennen wir ein solches Maß schon für die Streuung einer Häufigkeitsverteilung um den arithmetischen Mittelwert $\overline{x}$ der Verteilung als empirische Standardabweichung $\overline{s}$ (siehe Abschnitt 6.2 Seite 362). Dieses Maß kann auch auf Wahrscheinlichkeitsverteilungen übertragen werden.

Definition 1: Standardabweichung einer Zufallsgröße

Eine Zufallsgröße X nehme die Werte $a_1, a_2, \ldots, a_m$ mit den Wahrscheinlichkeiten $P(X = a_1), P(X = a_2), \ldots, P(X = a_m)$ und dem Erwartungswert μ an.

Die **Standardabweichung σ** der Zufallsgröße X mit

$$\sigma = \sqrt{(a_1 - \mu)^2 \cdot P(X = a_1) + (a_2 - \mu)^2 \cdot P(X = a_2) + \ldots + (a_m - \mu)^2 \cdot P(X = a_m)}$$

ist ein Maß für die Streuung der Zufallsgröße X um ihren Erwartungswert μ.

Aufgabe

1

a) Bestimmen Sie die Standardabweichung der Zufallsgröße X: *Anzahl der Würfe mit Augenzahl 6 beim 3-fachen Würfeln* soweit wie möglich ohne einen Rechner.

b) Nutzen Sie die Überlegungen aus Teilaufgabe a) zur Bestimmung der Standardabweichung mithilfe eines Rechners und bestimmen Sie zudem die Standardabweichungen für die drei Fälle

(1) $n_1 = 200,\ p_1 = 0{,}05$ (2) $n_2 = 15,\ p_2 = \frac{2}{3}$ (3) $n_3 = 50,\ p_3 = 0{,}24$

aus der Einführung auf Seite 428.

c) Bestimmen Sie die Standardabweichungen für die BERNOULLI-Ketten mit $n = 100$ und $p = 0{,}1;\ 0{,}2;\ 0{,}3;\ \ldots;\ 0{,}9$. Untersuchen Sie die Ergebnisse auf eine Gesetzmäßigkeit zur Bestimmung der Standardabweichung bei einer Binomialverteilung.

Stellen Sie eine Vermutung auf und überprüfen Sie diese an folgenden Beispielen, bei denen die Anzahl n der Stufen variiert: $p = 0{,}4$ und $n = 10, 20, 40, 80$.

Lösung

a) Es handelt sich um eine 3-stufige BERNOULLI-Kette mit der Erfolgswahrscheinlichkeit $p = \frac{1}{6}$ und $\mu = n \cdot p = 3 \cdot \frac{1}{6} = \frac{1}{2}$. Die Zufallsgröße X kann die Werte 0, 1, 2, 3 annehmen. In der Tabelle rechts berechnen wir die zugehörigen Wahrscheinlichkeiten und die Summanden unter der Wurzel der Standardabweichung:

$$s = \sqrt{(a_1 - \mu)^2 P(X = a_1) + \ldots + (a_m - \mu)^2 P(X = a_m)}$$

k	P(X = k)	$(k - \mu)^2$	$(k - \mu)^2 \cdot P(X = k)$
0	$1 \cdot \left(\frac{1}{6}\right)^0 \cdot \left(\frac{5}{6}\right)^3 = \frac{125}{216}$	$\frac{1}{4}$	$\frac{125}{864}$
1	$3 \cdot \left(\frac{1}{6}\right) \cdot \left(\frac{5}{6}\right)^2 = \frac{75}{216}$	$\frac{1}{4}$	$\frac{75}{864}$
2	$3 \cdot \left(\frac{1}{6}\right)^2 \cdot \left(\frac{5}{6}\right) = \frac{15}{216}$	$\frac{9}{4}$	$\frac{135}{864}$
3	$1 \cdot \left(\frac{1}{6}\right)^3 \cdot \left(\frac{5}{6}\right)^0 = \frac{1}{216}$	$\frac{25}{4}$	$\frac{25}{864}$
		Summe:	$\frac{360}{864} = \frac{5}{12}$
			$\sigma = \sqrt{\frac{5}{12}} \approx 0{,}65$

b) Wir berechnen nochmals die Standardabweichung aus Teilaufgabe a), diesmal jedoch mit einem GTR.

Wir benötigen dazu zwei Listen:

- In L_1 speichern wir die Wahrscheinlichkeiten $P(X = k)$.
- In L_2 speichern wir die Werte für $(k - \mu)^2$, also $\left(k - \frac{1}{2}\right)^2$.

Die Summe der Produkte aus den Zahlen in L_1 und L_2 wird gebildet und daraus die Wurzel gezogen.

```
binompdf(3,1/6)→
L1
{.5787037037 .3…
seq((X-1/2)²,X,0
,3)→L2
{.25 .25 2.25 6…
```

```
√(sum(L1*L2))
.6454972244
```

Für die oben angeführten Fälle in der Einführung ergibt sich mithilfe eines GTR: (1) $\sigma_1 \approx 3{,}08$ (2) $\sigma_2 \approx 1{,}83$ (3) $\sigma_3 \approx 3{,}02$

c) Dieses Verfahren mit einem GTR wenden wir nun für die BERNOULLI-Ketten mit $n = 100$ und $p = 0{,}1;\ 0{,}2;\ \ldots;\ 0{,}9$ an und erhalten:

p	0,1	0,2	0,3	0,4	0,5	0,6	0,7	0,8	0,9
μ	10	20	30	40	50	60	70	80	90
σ	$\sqrt{9} = 3$	$\sqrt{16} = 4$	$\sqrt{21} \approx 4{,}58$	$\sqrt{24} \approx 4{,}90$	$\sqrt{25} = 5$	$\sqrt{24} \approx 4{,}90$	$\sqrt{21} \approx 4{,}58$	$\sqrt{16} = 4$	$\sqrt{9} = 3$

Es fällt auf, dass die Standardabweichung gleiche Werte hat für $p = 0{,}1$ und $p = 0{,}9$; $p = 0{,}2$ und $p = 0{,}8$; $p = 0{,}3$ und $p = 0{,}7$; $p = 0{,}4$ und $p = 0{,}6$; also müssen in einer Formel zur Berechnung von σ die Erfolgswahrscheinlichkeit p und die Misserfolgswahrscheinlichkeit $q = 1 - p$ eine gleichberechtigte Rolle spielen.

Ein Vergleich der verwendeten Werte für p, μ, und σ lässt uns zu der Vermutung kommen:

$\sigma^2 = \mu \cdot (1 - p) = \mu \cdot q$, also

$\sigma = \sqrt{n \cdot p \cdot q}$

Wir überprüfen diese Vermutung nun für die Erfolgswahrscheinlichkeit $p = 0{,}4$ und die verschiedenen Stufenzahlen n.

Wir berechnen zunächst σ gemäß Definition analog zu (1). Für den festen Wert $p = 0{,}4$ und den variablen Wert für n bestätigt sich die Vermutung für eine Formel zur Berechnung von σ bei n-stufigen BERNOULLI-Ketten.

n	$n \cdot p \cdot q$	$\sqrt{n \cdot p \cdot q}$	σ
10	2,4	$\sqrt{2{,}4} \approx 1{,}549$	1,549
20	4,8	$\sqrt{4{,}8} \approx 2{,}190$	2,190
40	9,6	$\sqrt{9{,}6} \approx 3{,}098$	3,098
80	19,2	$\sqrt{19{,}2} \approx 4{,}381$	4,381

Information

Standardabweichung bei BERNOULLI-Ketten

In Aufgabe 1 haben wir die Standardabweichung von bestimmten Binomialverteilungen mithilfe des GTR berechnet und versucht, eine Regel für ihre Berechnung zu finden. Für $n = 1$ und $n = 2$ bestimmen wir allgemein einen Term für die Standardabweichung σ:

1-stufige BERNOULLI-Kette mit Erfolgswahrscheinlichkeit p: $\mu = 1 \cdot p$

k	$(k - \mu)^2$	$P(X = k)$	$(k - \mu)^2 \cdot P(X = k)$
0	p^2	$1 - p$	$p^2(1 - p)$
1	$(1 - p)^2$	p	$p(1 - p)^2$

Nach Definition 1 gilt:

$$\sigma = \sqrt{p^2(1 - p) + p(1 - p)^2}$$
$$= \sqrt{p(1 - p)[p + 1 - p]} = \sqrt{p(1 - p)}$$
$$= \sqrt{1pq}$$

2-stufige BERNOULLI-Kette mit Erfolgswahrscheinlichkeit p: $\mu = 2 \cdot p$

k	$(k - \mu)^2$	$P(X = k)$	$(k - \mu)^2 \cdot P(X = k)$
0	$4p^2$	$(1 - p)^2$	$4p^2(1 - p)^2$
1	$(1 - 2p)^2$	$2p(1 - p)$	$2p(1 - p)(1 - 2p)^2$
2	$(2 - 2p)^2$	p^2	$4p^2(1 - p)^2$

Nach Definition 1 gilt:

$$\sigma = \sqrt{2p(1 - p) \cdot [2p - 2p^2 + 1 - 4p + 4p^2 + 2p - 2p^2]}$$
$$= \sqrt{2p(1 - p) \cdot 1}$$
$$= \sqrt{2pq}$$

Satz 1: Standardabweichung bei Binomialverteilungen

Gegeben ist eine n-stufige BERNOULLI-Kette mit der Erfolgswahrscheinlichkeit p und der Misserfolgswahrscheinlichkeit $q = 1 - p$. Die Zufallsgröße X: *Anzahl der Erfolge* hat die Standardabweichung $\sigma = \sqrt{n \cdot p \cdot q} = \sqrt{n \cdot p \cdot (1 - p)}$.

Übungsaufgaben

2

a) Ordnen Sie den Histogrammen (1) bis (3) die entsprechende Binomialverteilung zu.

a $n = 400$, $p = 0{,}1$ b $n = 50$, $p = 0{,}8$ c $n = 100$, $p = 0{,}4$

Begründen Sie Ihre Zuordnung.

Beschreiben Sie die Gemeinsamkeiten und die Unterschiede der Histogramme.

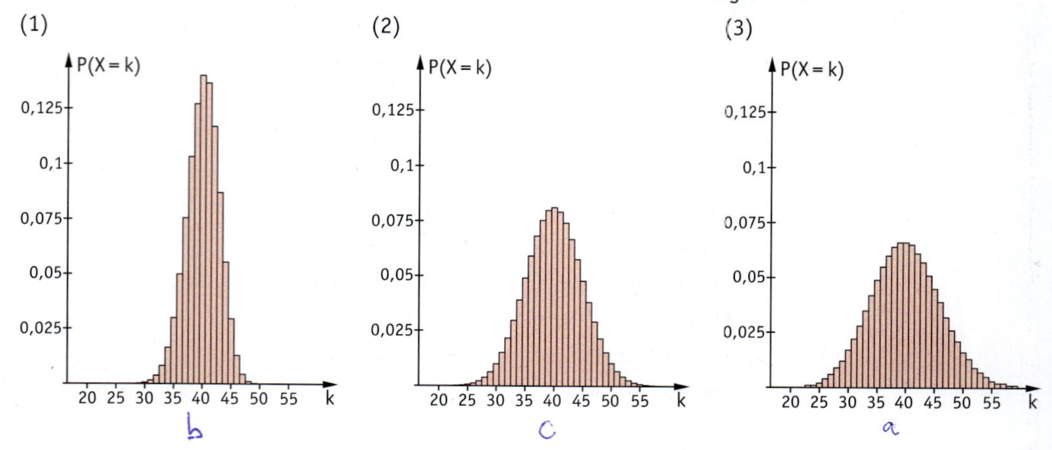

b) Die empirische Standardabweichung $\overline{s}$ ist ein Maß für die Streuung einer Häufigkeitsverteilung um den arithmetischen Mittelwert $\overline{x}$ der Verteilung (siehe Abschnitt 6.2 Seite 362).
Übertragen Sie dieses Maß auf Wahrscheinlichkeitsverteilungen und die Streuung um den Erwartungswert einer Wahrscheinlichkeitsverteilung.
Untersuchen Sie mit diesem Maß die Streuung der Binomialverteilung mit $n = 4$ und $p = 0{,}2$ um ihren Erwartungswert, ohne einen Rechner zu verwenden.

c) Übertragen Sie die Überlegungen aus Teilaufgabe b) und berechnen Sie die Standardabweichung für die oben angegebenen Binomialverteilungen mithilfe eines GTR.

3 Gegeben ist eine binomialverteilte Zufallsgröße X: *Anzahl der Erfolge.*

a) Berechnen Sie $\sigma = \sqrt{n \cdot p \cdot (1 - p)}$ für $n = 50$ und $p = 0{,}1; 0{,}2; 0{,}3; \ldots; 0{,}9$.
Für welches p ist σ am größten, d. h. *streut* die Verteilung am stärksten?

b) Begründen Sie: Die Standardabweichung einer binomialverteilten Zufallsgröße mit festem n ist für $p = 0{,}5$ am größten.
Anleitung: Untersuchen Sie die Funktion f mit $f(p) = \sqrt{n \cdot p \cdot (1 - p)}$.

4 Ordnen Sie die Binomialverteilungen mit Stufenzahl n und Erfolgswahrscheinlichkeit p den Histogrammen zu. Begründen Sie.

(1) $n = 20,\ p = 0{,}6$ (2) $n = 40,\ p = 0{,}6$ (3) $n = 40,\ p = 0{,}3$ (4) $n = 30,\ p = 0{,}3$

Alle im gleichen Ansichtsfenster!

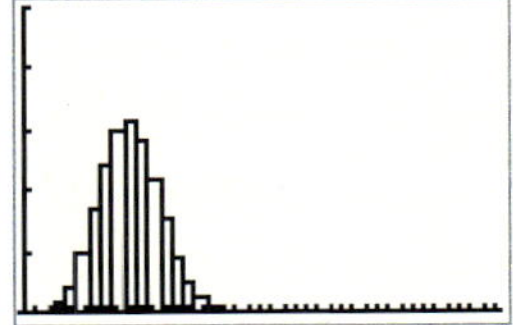
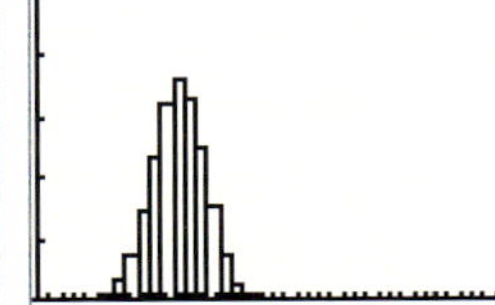
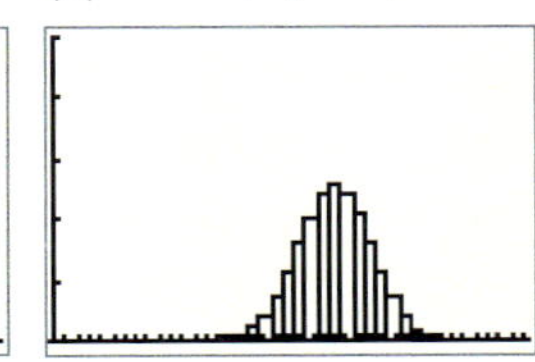
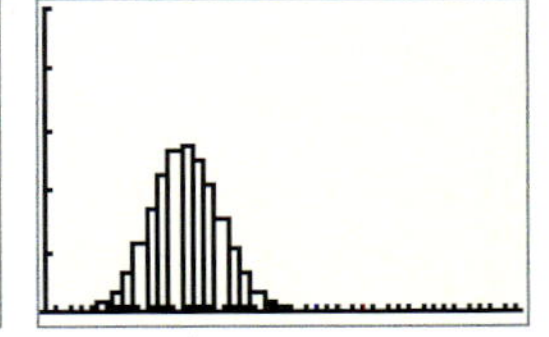

5 Von einer Binomialverteilung sind bekannt:

a) $\mu = 36$ und $\sigma = 3$.
Bestimmen Sie hieraus den Stichprobenumfang n und die Erfolgswahrscheinlichkeit p.

b) $n = 72$ und $\sigma = 2$.
Bestimmen Sie die Erfolgswahrscheinlichkeit p. Ist dies eindeutig möglich?

c) $\sigma = 6$ und $p = 0{,}4$.
Bestimmen Sie den Erwartungswert μ.

d) Geben Sie allgemein Lösungswerte zu a), b), c) an.

6 Bestimmen Sie mithilfe eines GTR gemäß Definition die Standardabweichung σ für die (nicht binomialverteilten) Zufallsgrößen

a) X_4: Augenzahl beim 1-fachen Tetraederwurf
X_6: Augenzahl beim 1-fachen Hexaederwurf
X_8: Augenzahl beim 1-fachen Oktaederwurf
X_{12}: Augenzahl beim 1-fachen Dodekaederwurf
X_{20}: Augenzahl beim 1-fachen Ikosaederwurf.
Welche Gesetzmäßigkeit ist hier zu erkennen?

b) X: Augensumme beim 2-fachen Würfeln mit einem Hexaeder

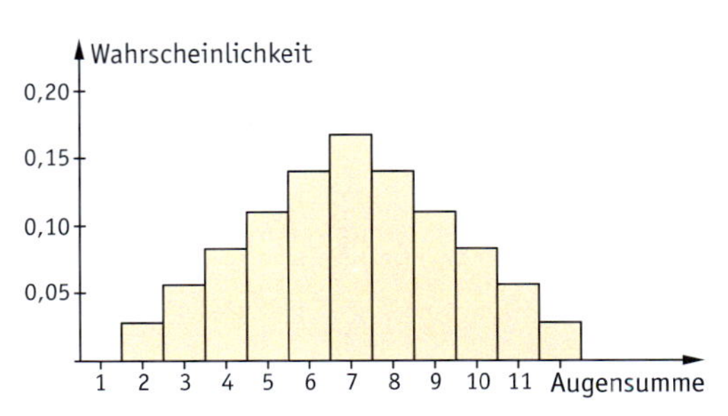

8.1.2 Die Sigma-Regeln

In Abschnitt 8.1.1 haben wir gelernt, wie man die Standardabweichung bei BERNOULLI-Ketten berechnet. In diesem Abschnitt wollen wir untersuchen, welche Bedeutung diese für die Streuung tatsächlich hat.

Aufgabe

1 Gegeben sind Binomialverteilungen mit der Erfolgswahrscheinlichkeit $p = 0{,}3$ und
(1) $n = 50$; (2) $n = 100$; (3) $n = 200$; (4) $n = 300$.

a) Untersuchen Sie für alle vier Binomialverteilungen, mit welcher Wahrscheinlichkeit die Anzahl der Erfolge in den zum Erwartungswert $\mu = n \cdot p$ symmetrisch liegenden Intervalle $[\mu - 1\sigma; \mu + 1\sigma]$, $[\mu - 2\sigma; \mu + 2\sigma]$, $[\mu - 3\sigma; \mu + 3\sigma]$ liegt. Vergleichen Sie die Ergebnisse. Im Folgenden wollen wir diese drei Intervalle kurz als 1σ-Umgebung von μ bzw. 2σ-Umgebung von μ bzw. 3σ-Umgebung von μ bezeichnen.

b) Untersuchen Sie, inwieweit die Wahrscheinlichkeiten der 1σ-, 2σ-, 3σ-Umgebungen von μ von der Erfolgswahrscheinlichkeit p abhängen. Bestimmen Sie konkret die Wahrscheinlichkeiten der drei Intervalle $[\mu - 1\sigma; \mu + 1\sigma]$, $[\mu - 2\sigma; \mu + 2\sigma]$, $[\mu - 3\sigma; \mu + 3\sigma]$ für $n = 200$ und $p = 0{,}5; 0{,}4; \frac{1}{6}$.
Vergleichen Sie diese mit den Werten aus Teilaufgabe a).

Lösung

a) Wir berechnen zuerst die Erwartungswerte und die Standardabweichungen:

(1) $\mu = 50 \cdot 0{,}3 = 15$; $\sigma = \sqrt{50 \cdot 0{,}3 \cdot 0{,}7} = \sqrt{10{,}5} \approx 3{,}24$

(2) $\mu = 100 \cdot 0{,}3 = 30$; $\sigma = \sqrt{100 \cdot 0{,}3 \cdot 0{,}7} = \sqrt{21} \approx 4{,}58$

(3) $\mu = 200 \cdot 0{,}3 = 60$; $\sigma = \sqrt{200 \cdot 0{,}3 \cdot 0{,}7} = \sqrt{42} \approx 6{,}48$

(4) $\mu = 400 \cdot 0{,}3 = 120$; $\sigma = \sqrt{300 \cdot 0{,}3 \cdot 0{,}7} = \sqrt{63} \approx 7{,}94$

Für die Umgebungen des Erwartungswerts μ ergibt sich dann mithilfe des GTR für (1)

$P(15 - 1 \cdot 3{,}24 \le X \le 15 + 1 \cdot 3{,}24) \approx P(12 \le X \le 18) \approx 0{,}720$

$P(15 - 2 \cdot 3{,}24 \le X \le 15 + 2 \cdot 3{,}24) \approx P(9 \le X \le 21) \approx 0{,}957$

$P(15 - 3 \cdot 3{,}24 \le X \le 15 + 3 \cdot 3{,}24) \approx P(6 \le X \le 24) \approx 0{,}997$

Bei den übrigen Binomialverteilungen (2) bis (4) gehen wir analog vor.

	μ	σ	1σ-Umgebung von μ: $P(\mu - 1\sigma \le X \le \mu + 1\sigma)$	2σ-Umgebung von μ: $P(\mu - 2\sigma \le X \le \mu + 2\sigma)$	3σ-Umgebung von μ: $P(\mu - 3\sigma \le X \le \mu + 3\sigma)$
(1)	15	3,24	0,720	0,957	0,997
(2)	30	4,58	0,674	0,963	0,997
(3)	60	6,84	0,684	0,947	0,997
(4)	90	7,94	0,655	0,943	0,997

Vergleicht man die Wahrscheinlichkeiten in den Spalten der Tabelle, erkennt man, dass die Wahrscheinlichkeiten für die symmetrischen Intervalle $[\mu - 2\sigma; \mu + 2\sigma]$ und $[\mu - 3\sigma; \mu + 3\sigma]$ jeweils ungefähr gleich sind, unabhängig davon, welchen Erwartungswert die Binomialverteilung hat.
Für das Intervall $[\mu - 1\sigma; \mu + 1\sigma]$ lässt sich dies nicht so eindeutig erkennen. Man kann aber feststellen, dass die Wahrscheinlichkeiten ungefähr bei 70 % liegen.

b) Wir führen eine Rechnung analog zu a) durch:

p	μ	σ	$P(\mu - 1\sigma \le X \le \mu + 1\sigma)$	$P(\mu - 2\sigma \le X \le \mu + 2\sigma)$	$P(\mu - 3\sigma \le X \le \mu + 3\sigma)$
0,5	100	7,071	0,711	0,960	0,998
0,4	80	6,928	0,651	0,949	0,997
$\frac{1}{6}$	$33\frac{1}{3}$	5,270	0,657	0,954	0,998

Auch hier ergeben sich – insbesondere für die 2σ- und 3σ-Umgebung des Erwartungswerts – ungefähr die gleichen Wahrscheinlichkeiten wie in Teilaufgabe a).

Information

(1) Sigma-Umgebung um den Erwartungswert

Ein zum Erwartungswert μ symmetrisches Intervall der Form $[\mu - k \cdot \sigma;\ \mu + k \cdot \sigma]$ bezeichnen wir als **Sigma-Umgebung** oder kurz σ-Umgebung von μ.

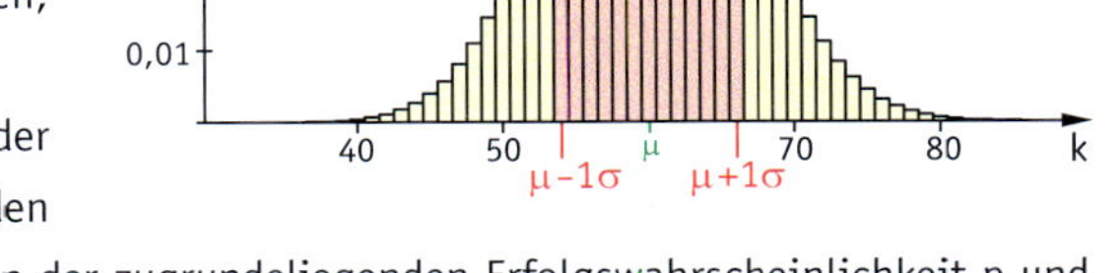

(2) Sigma-Regeln

Der Lösung von Aufgabe 1 kann man entnehmen, dass für beliebige Binomialverteilungen gilt:
Die Wahrscheinlichkeiten der 1σ-Umgebung, der 2σ-Umgebung und der 3σ-Umgebung um den Erwartungswert sind weitgehend unabhängig von der zugrundeliegenden Erfolgswahrscheinlichkeit p und der Stufenzahl n.

Diese Gleichheit der $k \cdot \sigma$-Umgebungen bei verschiedenen Binomialverteilungen gilt auch für andere Vielfache $k \in \mathbb{R}_+$. Speziell für die $1{,}64\sigma$-Umgebung, die $1{,}96\sigma$-Umgebung und die $2{,}58\sigma$-Umgebung von μ gelten besondere Regeln:

Für n-stufige BERNOULLI-Ketten mit der Erfolgswahrscheinlichkeit p ist der Erwartungswert der Zufallsgröße X: *Anzahl der Erfolge* gleich $\mu = n \cdot p$ und die Standardabweichung $\sigma = \sqrt{n \cdot p \cdot (1 - p)}$.

Es gilt:

In 90 % aller Fälle gilt: $|X - \mu| \le 1{,}64 \cdot \sigma$

- Mit einer Wahrscheinlichkeit von ca. 90 % liegt die Anzahl der Erfolge im Intervall zwischen $\mu - 1{,}64 \cdot \sigma$ und $\mu + 1{,}64 \cdot \sigma$ ($1{,}64\sigma$-Umgebung von μ).

In 95 % aller Fälle gilt: $|X - \mu| \le 1{,}96 \cdot \sigma$

- Mit einer Wahrscheinlichkeit von ca. 95 % liegt die Anzahl der Erfolge im Intervall zwischen $\mu - 1{,}96 \cdot \sigma$ und $\mu + 1{,}96 \cdot \sigma$ ($1{,}96\sigma$-Umgebung von μ).

In 99 % aller Fälle gilt: $|X - \mu| \le 2{,}58 \cdot \sigma$

- Mit einer Wahrscheinlichkeit von ca. 99 % liegt die Anzahl der Erfolge im Intervall zwischen $\mu - 2{,}58 \cdot \sigma$ und $\mu + 2{,}58 \cdot \sigma$ ($2{,}58\sigma$-Umgebung von μ).

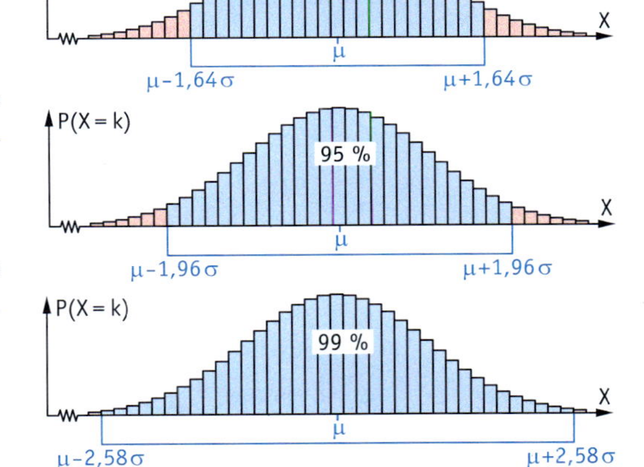

Wir fassen diese Regeln, die als Sigma-Regeln bezeichnet werden, zusammen:

Sigma-Regeln

Für eine n-stufige BERNOULLI-Kette mit der Erfolgswahrscheinlichkeit p, dem Erwartungswert μ und der Standardabweichung $\sigma = \sqrt{n \cdot p \cdot (1 - p)}$ gilt:

$P(\mu - 1\sigma \le X \le \mu + 1\sigma) = 0{,}683$	$P(\mu - 1{,}64\sigma \le X \le \mu + 1{,}64\sigma) = 0{,}90$
$P(\mu - 2\sigma \le X \le \mu + 2\sigma) = 0{,}955$	$P(\mu - 1{,}96\sigma \le X \le \mu + 1{,}96\sigma) = 0{,}95$
$P(\mu - 3\sigma \le X \le \mu + 3\sigma) = 0{,}997$	$P(\mu - 2{,}58\sigma \le X \le \mu + 2{,}58\sigma) = 0{,}99$

Diese Regeln sind nützliche Faustregeln, die erfahrungsgemäß gelten, wenn die Standardabweichung σ größer ist als 3 (LAPLACE-Bedingung).

Beispiel

100-facher Münzwurf: Es gilt $\mu = 100 \cdot 0{,}5 = 50$ und $\sigma = \sqrt{100 \cdot 0{,}5 \cdot 0{,}5} = 5$;

also $1{,}64 \cdot \sigma = 8{,}2$; $1{,}96 \cdot \sigma = 9{,}8$; $2{,}58 \cdot \sigma = 12{,}9$.

Wahrscheinlichkeit von 90 %: $P(50 - 8{,}2 \le X \le 50 + 8{,}2) \approx P(42 \le X \le 58) \approx 0{,}9$

Wahrscheinlichkeit von 95 %: $P(50 - 9{,}8 \le X \le 50 + 9{,}8) \approx P(40 \le X \le 60) \approx 0{,}95$

Wahrscheinlichkeit von 99 %: $P(50 - 12{,}9 \le X \le 50 + 12{,}9) \approx P(37 \le X \le 63) \approx 0{,}99$

Dies sind ungefähre Werte für die Wahrscheinlichkeiten, die wir durch exakte Rechnung mit dem GTR überprüfen können:

$P(42 \le X \le 58) = 0{,}911$ (> 90 %)

$P(40 \le X \le 60) = 0{,}965$ (> 95 %)

$P(37 \le X \le 63) = 0{,}993$ (> 99 %)

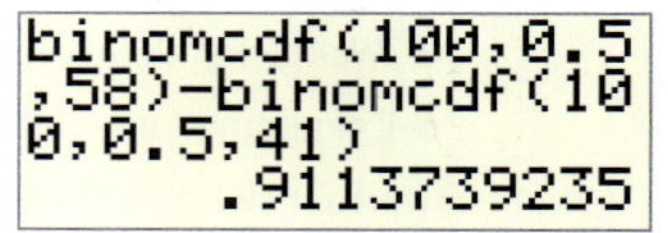

Wenn wir also symmetrisch zum Erwartungswert liegende Intervalle angeben sollen, in denen die Anzahl der Erfolge mit einer Wahrscheinlichkeit von mindestens 90 %, von mindestens 95 % bzw. von mindestens 99 % erreicht werden soll, können wir mithilfe der Sigma-Regeln solche Intervalle ungefähr bestimmen.
Mit dem GTR können wir dann prüfen, ob diese Abschätzungen genügen oder ob man die Intervallgrenzen ggf. korrigieren muss.
In den Beispielen stellen wir fest, dass kleinere Umgebungen um den Erwartungswert Wahrscheinlichkeiten haben, die unter 90 % bzw. 95 % bzw. 99 % liegen:
$P(43 \le X \le 57) \approx 0{,}867$; $P(41 \le X \le 59) \approx 0{,}943$; $P(38 \le X \le 62) \approx 0{,}988$

Weiterführende Aufgabe

2 Zusammenhang zwischen Sigma-Umgebungen und den zugehörigen Wahrscheinlichkeiten

Mithilfe eines GTR kann man zum Beispiel für $n = 400$ und $p = 0{,}3$ zu den verschiedenen Sigma-Umgebungen die zugehörigen Wahrscheinlichkeiten bestimmen.

k (Vielfaches von σ)	0,5	1	1,5	2	2,5	3
Wahrscheinlichkeit für die k·σ-Umgebung	0,421	0,708	0,880	0,960	0,989	0,998

Die Punkte mit den Koordinaten
$(k \mid P(\mu - k \cdot \sigma \le X \le \mu + k \cdot \sigma))$
kann man in ein Koordinatensystem eintragen.
Übertragen Sie das Koordinatensystem sowie den Graphen und ergänzen Sie die Punkte für die Binomialverteilungen mit $n = 600$ und $p = 0{,}2$. Beschreiben Sie Ihre Beobachtung.

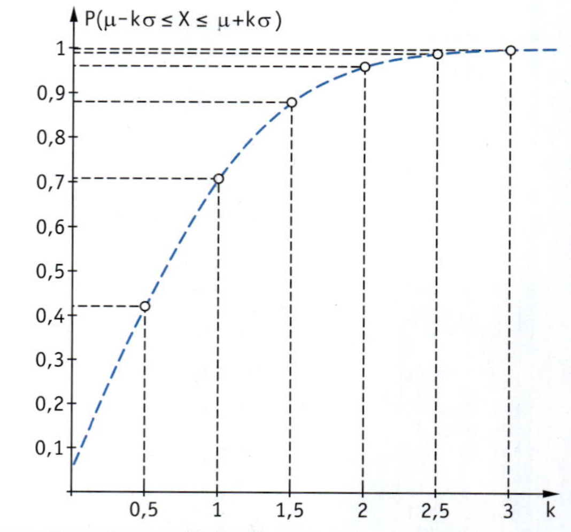

Übungsaufgaben

3 Fertigen Sie auf Folien in Partnerarbeit Histogramme zu verschiedenen Binomialverteilungen mit gleicher Standardabweichung σ an. Sprechen Sie vor dem Zeichnen ab, welche Einheiten Sie verwenden wollen. Schneiden Sie die Histogramme aus und legen Sie sie übereinander.
Beschreiben Sie Ihre Beobachtungen.

4

a) Stellen Sie die Histogramme der Binomialverteilungen $n_1 = 81$, $p_1 = 0{,}5$ und $n_2 = 225$, $p_2 = 0{,}1$ dar und beschreiben Sie Ihre Beobachtung.
Ermitteln Sie den Erwartungswert und die Standardabweichung beider Verteilungen.

b) Bestimmen Sie für $k = 0{,}5;\ 1;\ 1{,}5;\ 2;\ 2{,}5\text{: } 3$ die Wahrscheinlichkeiten $P(\mu - k \cdot \sigma \le X \le \mu + k \cdot \sigma)$ beider Verteilungen aus Teilaufgabe a).

5 Für die Zufallsgröße X: *Anzahl der Wappen* beim 400-fachen Münzwurf gilt: $\mu = 200$ und $\sigma = 10$.
In welchem Intervall liegt die Anzahl der Wappen mit einer Wahrscheinlichkeit von 90 %?
(A) [175; 225] (B) [180; 220] (C) [184; 216] (D) [187; 213] (E) [200; 232]

6

a) Bestimmen Sie die Sigma-Umgebung, die ungefähr eine Wahrscheinlichkeit von 90 % hat .
(1) $n = 150$, $p = 0{,}28$; (2) $n = 245$, $p = 0{,}71$; (3) $n = 392$, $p = 0{,}52$; (4) $n = 548$, $p = 0{,}36$.

b) Bestimmen Sie zum gegebenen σ die Wahrscheinlichkeiten der Sigma-Umgebungen $[\mu - 1\sigma;\ \mu + 1\sigma]$, $[\mu - 2\sigma;\ \mu + 2\sigma]$ $[\mu - 3\sigma;\ \mu + 3\sigma]$
(1) $n = 234$, $\sigma = 4{,}6$; (2) $n = 312$, $\sigma = 5{,}3$; (3) $n = 324$, $\sigma = 7{,}2$; (4) $n = 400$, $\sigma = 8$.

7 Erläutern Sie die folgenden Aussagen an einem konkreten Beispiel. Für eine binomialverteilte Zufallsgröße X mit der Erfolgswahrscheinlichkeit p, dem Erwartungswert μ und der Standardabweichung σ gilt

- in 68,3 % aller Fälle $|X - \mu| \le \sigma$;
- in 95,5 % aller Fälle $|X - \mu| \le 2\sigma$;
- in 99,7 % aller Fälle $|X - \mu| \le 3\sigma$.

8 Untersuchen Sie, welches zum Erwartungswert μ symmetrische Intervall ungefähr 50 % [60 %, 70 %, 75 %, 80 %] der Ergebnisse einer BERNOULLI-Kette umfasst. Betrachten Sie dazu eine beliebige BERNOULLI-Kette mit selbst gewählter Erfolgswahrscheinlichkeit p und Stufenzahl n. Überprüfen Sie die von Ihnen aufgestellte Sigma-Regel durch Vergleich mit einer anderen BERNOULLI-Kette.

9 Histogramme von Binomialverteilungen mit großer Stufenzahl sind nahezu symmetrisch. Daher lassen sich die σ-Regeln auch als Wahrscheinlichkeitsaussagen für die Bereiche unterhalb von $\mu - k \cdot \sigma$ bzw. oberhalb von $\mu + k \cdot \sigma$ formulieren.
Setzen Sie den folgenden Satz fort. Formulieren Sie weitere Aussagen.
Nur mit einer Wahrscheinlichkeit von ca. 5 % wird die Anzahl der Erfolge …

10

a) Vergleichen Sie die beiden BERNOULLI-Ketten hinsichtlich ihrer Streuung um den Erwartungswert:
(1) $n = 40$; $p = 0{,}5$ (2) $n = 50$; $p = 0{,}4$
Bei welcher BERNOULLI-Kette liegt die größere Streuung vor? Erläutern Sie an einem konkreten Beispiel, was dies bedeutet.

b) Vervollständigen Sie die folgenden Sätze für jede BERNOULLI-Kette aus Teilaufgabe a):
(1) Mit einer Wahrscheinlichkeit von 99 % liegt die Anzahl der Erfolge …
(2) In 95,5 % aller Fälle gilt …
(3) $|X - \mu| > 1{,}64\sigma$ gilt nur in …

8.2 Schluss von der Gesamtheit auf die Stichprobe

In diesem Abschnitt werden wir die Sigma-Regeln für BERNOULLI-Ketten mit großer Stufenzahl anwenden. Mit ihnen sind Prognosen über die zu erwartende Anzahl der Erfolge möglich, die mit hoher Wahrscheinlichkeit zutreffen.

Aufgabe

1 Schätzung der Ziehungshäufigkeiten von Lottozahlen

a) Die Wahrscheinlichkeit, dass eine bestimmte Zahl im Rahmen einer Wochenziehung des Lottospiels *6 aus 49* gezogen wird, beträgt $p = \frac{6}{49}$. Begründen Sie, warum es sich bei der Abfolge von Wochenziehungen um eine BERNOULLI-Kette handelt.

b) Machen Sie eine Prognose darüber, wie oft eine bestimmte Zahl (z. B. die Zahl 37) bis zur 3 198. Ziehung (einschließlich) gezogen sein wird.

(1) Geben Sie die zu erwartende Ziehungshäufigkeit einer Zahl für 3 198 Ziehungen an.

(2) Geben Sie Intervalle an, in denen die Ziehungshäufigkeit dieser Zahl mit großer Wahrscheinlichkeit (90 %; 95 %; 99 %) liegen wird. Bestimmen Sie auch die genauen Wahrscheinlichkeiten für diese Bereiche.

c) Die Überlegungen aus Teilaufgabe b) gelten für jede der 49 Zahlen des Lottospiels. Wie viele der 49 Zahlen werden gemäß Teilaufgabe b) in der $1{,}64\,\sigma$-Umgebung von μ liegen, wie viele in der $1{,}96\,\sigma$-Umgebung bzw. in der $2{,}58\,\sigma$-Umgebung?

d) Vergleichen Sie Ihre Schätzung aus Teilaufgabe c) mit der Realität: In der Tabelle sind die Ziehungshäufigkeiten aller Lottozahlen in den 3 198 Ziehungen bis zum 31. 12. 2008 erfasst.

1	2	3	4	5	6	7	8	9	10	11	12	13	14	15	16	
398	394	399	398	395	415	395	361	411	388	396	379	330	373	367	369	
17	18	19	20	21	22	23	24	25	26	27	28	29	30	31	32	
401	384	386	379	388	401	378	384	410	420	413	363	373	378	412	427	
33	34	35	36	37	38	39	40	41	42	43	44	45	46	47	48	49
411	380	386	399	390	421	393	396	397	402	404	381	364	374	383	407	435

Lösung

a) Es liegt eine BERNOULLI-Kette vor, da die betrachtete Zahl in jeder Wochenziehung mit derselben Wahrscheinlichkeit $p = \frac{6}{49}$ als Gewinnzahl auftritt (Erfolg); mit der Wahrscheinlichkeit $q = \frac{43}{49}$ wird sie in einer Wochenziehung nicht gezogen (Misserfolg). Die Erfolgswahrscheinlichkeit $p = \frac{6}{49}$ bleibt also unverändert.

b) Wir betrachten die Zufallsgröße X: *Anzahl der Ziehungen einer bestimmten Zahl in 3 198 Wochenziehungen.*

(1) Der Erwartungswert $\mu = n \cdot p$, hier also $\mu = 3\,198 \cdot \frac{6}{49} \approx 391{,}59$. Wir können also mit ca. 392 Ziehungen dieser Zahl bei 3 198 Ziehungen rechnen.

(2) Um die genannten Bereiche zu bestimmen, betrachten wir Umgebungen des Erwartungswertes μ. Dazu berechnen wir zunächst die Standardabweichung σ:

$$\sigma = \sqrt{n \cdot p \cdot q} = \sqrt{3\,198 \cdot \frac{6}{49} \cdot \frac{43}{49}} \approx 18{,}54$$

Die Voraussetzung für die Anwendung der σ-Regeln ist erfüllt, da $\sigma > 3$ (LAPLACE-Bedingung).

Für die verschiedenen Umgebungen von μ benötigen wir bestimmte *Vielfache von* σ.

Wahrscheinlichkeit der Umgebung	90 %	95 %	99 %
Vielfaches k	1,64	1,96	2,58
$k \cdot \sigma$	30,40	36,33	47,83
$\mu - k \cdot \sigma$ $\mu + k \cdot \sigma$	361,18 421,99	355,26 427,92	343,76 439,42
Ergebnisse in der Umgebung	361, 362, …, 422	355, 356, …, 428	343, 344, …, 440

Zur Sicherheit runden wir die untere Grenze ab und die obere Grenze auf.

Ergebnis:

Eine Lottozahl wird in 3198 Ziehungen

- mit einer Wahrscheinlichkeit von mindestens 90 % mindestens 361-mal, höchstens 422-mal gezogen.
  Exakt gilt: $P(361 \le X \le 422) = 90{,}6\,\%$;
  sowie $P(362 \le X \le 421) = 89{,}45\,\%$.

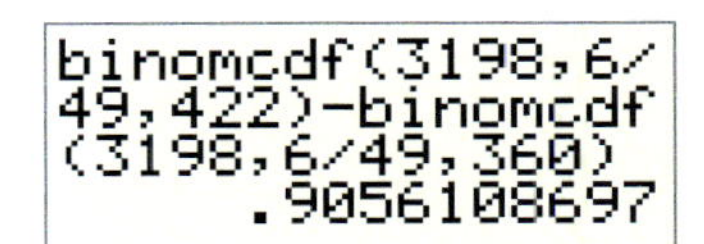

- mit einer Wahrscheinlichkeit von mindestens 95 % mindestens 355-mal, höchstens 428-mal gezogen.
  Exakt gilt: $P(355 \le X \le 428) = 95{,}41\,\%$;
  sowie $P(356 \le X \le 427) = 94{,}79\,\%$.

```
binomcdf(3198,6/
49,428)-binomcdf
(3198,6/49,354)
               .9541123892
```

- mit einer Wahrscheinlichkeit von mindestens 99 % mindestens 343-mal, höchstens 440-mal gezogen.
  Exakt gilt: $P(343 \le X \le 440) = 99{,}18\,\%$;
  sowie $P(344 \le X \le 439) = 99{,}04\,\%$.

```
binomcdf(3198,6/
49,440)-binomcdf
(3198,6/49,342)
               .9917855487
```

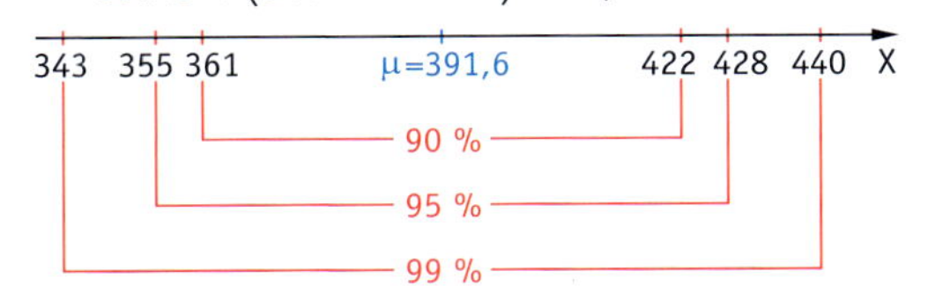

c) Wir benutzen die mithilfe der Sigma-Regeln bestimmten Wahrscheinlichkeiten für die symmetrischen Intervalle im Sinne der Häufigkeitsinterpretation: Wir schätzen, dass also auch

- ca. 90 % der 49 Zahlen, das sind ca. 44 Zahlen, mit ihrer Ziehungshäufigkeit in der berechneten $1{,}64\,\sigma$-Umgebung von μ liegen;
- ca. 95 % der 49 Zahlen, das sind ca. 46 bis 47 Zahlen, mit ihrer Ziehungshäufigkeit in der berechneten $1{,}96\,\sigma$-Umgebung von μ liegen;
- ca. 99 % der 49 Zahlen, das sind ca. 48 bis 49 Zahlen, mit ihrer Ziehungshäufigkeit in der berechneten $2{,}58\,\sigma$-Umgebung von μ liegen.

d) Tatsächlich liegen

- 46 Zahlen mit ihrer Ziehungshäufigkeit in der $1{,}64\,\sigma$-Umgebung von μ (die Zahlen 13, 32 und 49 liegen außerhalb);
- 47 Zahlen in der $1{,}96\,\sigma$-Umgebung von μ (die Zahlen 13 und 49 liegen außerhalb);
- 48 Zahlen in der $2{,}58\,\sigma$-Umgebung von μ (nur die Zahl 13 liegt außerhalb).

Weiterführende Aufgabe

2 Schätzung relativer Häufigkeiten

Als *Linkshänder* bezeichnet man Personen, die bevorzugt die linke Hand benutzen. Früher wurden linkshändige Kinder auf die Nutzung der rechten Hand regelrecht „umerzogen“, weil die rechte Hand kulturell als „besser“ galt. Heute kommt dies bei uns eher selten vor.

Der Anteil der erwachsenen Linkshänder in Deutschland wird auf 10 % geschätzt.
Wie groß wird dann der Anteil der Linkshänder in einer Stichprobe sein, wenn man 1000 erwachsene Personen zufällig auswählt?

Information

(1) Punkt- und Intervallschätzung für eine Zufallsgröße X

Um abzuschätzen, welche Werte eine Zufallsgröße X voraussichtlich annehmen wird, kann man sich mit der Angabe des Erwartungswertes μ begnügen. Eine solche Schätzung nennt man **Punktschätzung** für die Zufallsgröße X.

Gibt man dagegen ein Intervall an, in dem das Ergebnis des Zufallsexperiments mit großer Wahrscheinlichkeit liegen wird, dann nennt man dies eine **Intervallschätzung** für die Zufallsgröße X.

(2) Sicherheitswahrscheinlichkeit – Schluss von der Gesamtheit auf die Stichprobe

Bei der Angabe der Wahrscheinlichkeit P für eine Sigma-Umgebung von μ spricht man oft von der **Sicherheitswahrscheinlichkeit**, um P von der (dem Zufallsexperiment zugrunde liegenden) Erfolgswahrscheinlichkeit p zu unterscheiden.

Man benutzt oft auch die Sprechweise: *in 90 % [95 %; 99 %] der Fälle gilt …*

Nach der Häufigkeitsinterpretation der Wahrscheinlichkeiten bedeutet dies, dass bei ca. 90 % [ca. 95 %; ca. 99 %] der Durchführungen des Zufallsexperiments die betreffende Eigenschaft eintreten wird.

Beachten Sie:
In Aufgabe 1 besteht *ein* Zufallsexperiment aus 3 198 Lottoziehungen.

> Bei Aussagen über voraussichtliche Ergebnisse von BERNOULLI-Ketten beschränken wir uns nicht darauf, nur den Erwartungswert μ zu berechnen (Punktschätzung), sondern geben Bereiche an, in denen das Stichprobenergebnis mit einer hohen Sicherheitswahrscheinlichkeit liegen wird: Sigma-Umgebungen des Erwartungswertes mit einer Sicherheitswahrscheinlichkeit von 90 %, 95% oder 99 % (Intervallschätzung).
>
> Dieses Verfahren bezeichnet man als **Schluss von der Gesamtheit auf die Stichprobe**.

(3) Aussagen über relative Häufigkeiten

Die Regeln über Sigma-Umgebungen von μ lassen sich auch als Regeln für relative Häufigkeiten formulieren. Die Erfolgswahrscheinlichkeit p ist eine Punktschätzung für die relative Häufigkeit $\frac{X}{n}$.

So erhält man z. B. aus der bekannten Aussage $|X - \mu| \le 1{,}96\,\sigma$ durch Division mit n sofort $\left|\frac{X}{n} - \frac{\mu}{n}\right| \le 1{,}96\,\frac{\sigma}{n}$, also $\left|\frac{X}{n} - p\right| \le 1{,}96\,\frac{\sigma}{n}$, d. h. eine Intervallschätzung für die relative Häufigkeit $\frac{X}{n}$ durch Angabe einer $\frac{\sigma}{n}$-Umgebung von p.

Beispiel

Aussage über *absolute* Häufigkeiten:

$P(\mu - 1{,}96\sigma \leq X \leq \mu + 1{,}96\sigma) = 0{,}95$

Mit einer Wahrscheinlichkeit von 95 % gilt: Die Anzahl X der Erfolge in der Stichprobe unterscheidet sich vom Erwartungswert μ um höchstens 1,96σ.

$\mu - 1{,}96\sigma$ $\quad$ μ $\quad$ $\mu + 1{,}96\sigma$ $\quad$ X

Aussage über *relative* Häufigkeiten:

$P\left(p - 1{,}96\frac{\sigma}{n} \leq \frac{X}{n} \leq p + 1{,}96\frac{\sigma}{n}\right) = 0{,}95$

Mit einer Wahrscheinlichkeit von 95 % gilt: Der Anteil $\frac{X}{n}$ in der Stichprobe unterscheidet sich vom Anteil p in der Gesamtheit um höchstens $1{,}96\frac{\sigma}{n}$.

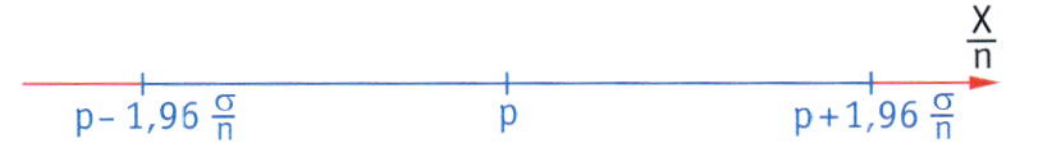

Regeln über $\frac{\sigma}{n}$-Umgebungen von p

Wenn bei einer n-stufigen BERNOULLI-Kette mit Erfolgswahrscheinlichkeit p die LAPLACE-Bedingung $\sigma > 3$ erfüllt ist, gelten folgende Regeln:

Die relative Häufigkeit $\frac{X}{n}$ der Anzahl der Erfolge liegt mit einer Wahrscheinlichkeit von

90 % in der $1{,}64\frac{\sigma}{n}$-Umgebung von p,

95 % in der $1{,}96\frac{\sigma}{n}$-Umgebung von p,

99 % in der $2{,}58\frac{\sigma}{n}$-Umgebung von p.

(4) Signifikante und hochsignifikante Abweichungen

Ergebnisse von Zufallsversuchen, die außerhalb der $1{,}96\sigma$-Umgebung des Erwartungswerts μ bzw. der $1{,}96\frac{\sigma}{n}$-Umgebung der Erfolgswahrscheinlichkeit p liegen, sind möglich, treten aber nur selten (nämlich mit einer Wahrscheinlichkeit von insgesamt ca. 5 %) auf. Man sagt, dass sie vom Erwartungswert μ bzw. der Erfolgswahrscheinlichkeit p **signifikant** abweichen. Bei Ergebnissen außerhalb der $2{,}58\sigma$-Umgebung von μ bzw. $2{,}58\frac{\sigma}{n}$-Umgebung von p spricht man von **hochsignifikanten** Abweichungen.

Ergebnisse, die innerhalb der $1{,}96\sigma$-Umgebung von μ bzw. der $1{,}96\frac{\sigma}{n}$-Umgebung von p liegen, werden als **verträglich** mit der zugrunde liegenden Erfolgswahrscheinlichkeit p bezeichnet.

Übungsaufgaben 

3 Im Jahr 2007 wurden in Deutschland 686 869 Kinder geboren, davon 48,8 % Mädchen.

Weichen die Daten aus den einzelnen Ländern vom Bundesdurchschnitt erheblich ab? Geben Sie dazu für die einzelnen Länder Intervallschätzungen für die Anzahl der Mädchengeburten an und vergleichen Sie diese Intervalle mit den tatsächlichen Daten.

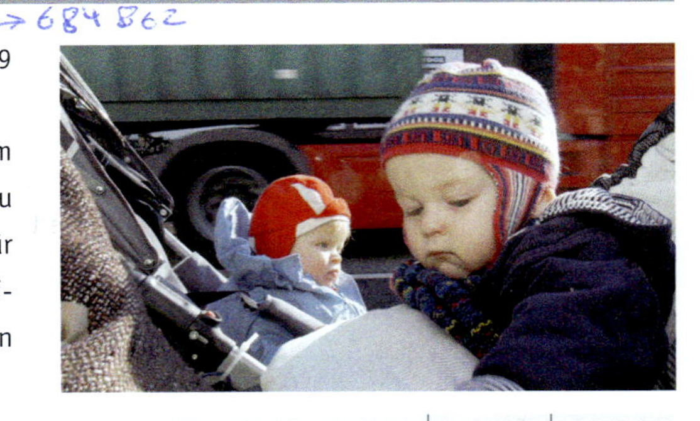

	männlich	weiblich
Baden-Württemberg	47 382	45 441
Bayern	54 640	52 230
Berlin	16 135	15 039
Brandenburg	9 547	9 042
Bremen	2 865	2 726
Hamburg	8 636	8 091
Hessen	27 095	25 521
Mecklenburg-Vorpommern	6 561	6 225

	männlich	weiblich
Niedersachsen	33 689	31 637
Nordrhein-Westfalen	77 579	73 589
Rheinland-Pfalz	16 801	15 735
Saarland	3 723	3 551
Sachsen	17 424	16 434
Sachsen-Anhalt	8 942	8 445
Schleswig-Holstein	11 895	11 066
Thüringen	8 925	8 251

4 Die LANDESZEITUNG veröffentlichte den folgenden Artikel.

Roulette-Gaunerei

Ein manipulierter Roulette-Kessel stand am Anfang der Spielbank-Affäre in Hittfeld. Die Staatsanwaltschaft Lüneburg ermittelt seit Monaten wegen Betrugs. Nun berichtet das Nachrichten-Magazin „Der Spiegel“, dass eine Bande nach Erkenntnissen von Landesbehörden Millionen in die eigene Tasche gespielt habe. … Bereits 1998 war eine Zahlenhäufung an einem der Zahlenkessel aufgefallen. Daraufhin legte die Spielbankenaufsicht das Gerät still und ordnete eine Prüfung durch den TÜV an. Dieser fand keine Spuren, und so wurde das Gerät wieder in Betrieb genommen. Zunächst waren die Ergebnisse normal, zur Jahreswende allerdings fielen einige Zahlen wieder deutlich häufiger als normal.

Zur Kontrolle eines Roulette-Kessels sollen auf diesem 3 700 Spiele durchgeführt werden. Bestimmen Sie den Bereich, in dem mit hoher Wahrscheinlichkeit die absoluten Häufigkeiten der einzelnen Ergebnisse liegen müssten.

5

a) Geben Sie eine Punkt- und eine 95 %-Intervallschätzung für die Ziehungshäufigkeit in 1 500 Lottoziehungen an. Bestimmen Sie Intervalle, in denen die Ziehungshäufigkeit mit einer Wahrscheinlichkeit von ca. 5 % liegen wird.

b) Nach 1 500 Wochenziehungen im Lotto war die Zahl 37 bereits 179-mal gezogen worden. Vergleichen Sie.

6 Schätzen Sie, wie oft man beim n-fachen Münzwurf das Ergebnis Wappen erhalten wird. Geben Sie Intervalle an, in denen die Anzahl der Wappen mit einer Wahrscheinlichkeit von 90 % [95 %; 99 %] liegen wird. Bestimmen Sie auch die exakten Wahrscheinlichkeiten.

(1) n = 300 (2) n = 158 (3) n = 1 000 (4) n = 1 234

7 Schätzen Sie, wie oft man beim n-fachen Würfeln die Augenzahl 6 erhalten wird. Geben Sie Intervalle an, in denen diese Anzahl mit einer Wahrscheinlichkeit von 90 % liegen wird. Bestimmen Sie auch die exakten Wahrscheinlichkeiten.

(1) n = 180 (2) n = 234 (3) n = 3 000 (4) n = 1 932

8 Nach Veröffentlichungen des Statistischen Bundesamtes sind die Haushalte in Deutschland wie folgt ausgestattet:

(1) Geschirrspüler 68,5 %
(2) Videorekorder 69,4 %
(3) PC 72,8 %
(4) Wäschetrockner 40,0 %

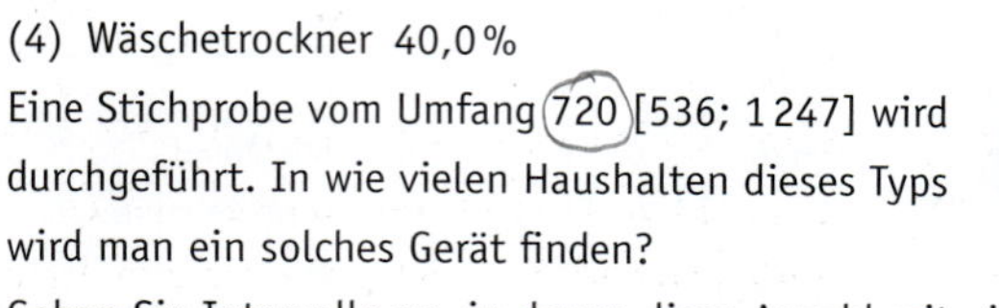

Eine Stichprobe vom Umfang 720 [536; 1 247] wird durchgeführt. In wie vielen Haushalten dieses Typs wird man ein solches Gerät finden?

Geben Sie Intervalle an, in denen diese Anzahl mit einer Wahrscheinlichkeit von 90 % liegen wird.

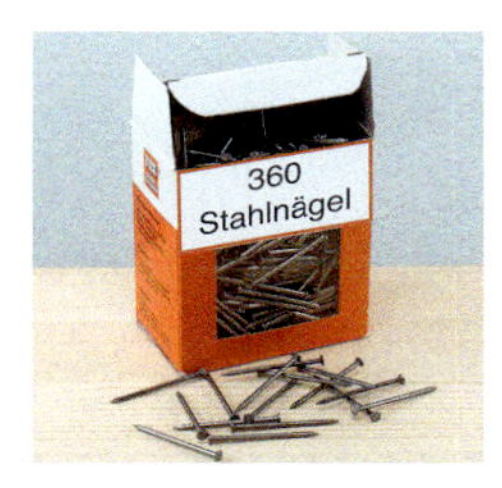

9 5 % aus der Produktion einer bestimmten Sorte Nägel sind nicht einwandfrei. In einer Packung sind 360 Nägel. Wie viele Nägel sind in 90 % [95 %; 99 %] der Packungen nicht in Ordnung?

10 Die Wahlbeteiligung bei der Bundestagswahl 2005 betrug 77,7 %. In einer Untersuchung soll festgestellt werden, ob Personen, die sich an der Wahl nicht beteiligt haben, dies auch zugeben. Die Befragung wird unter 800 zufällig ausgesuchten Wahlberechtigten durchgeführt.
Was vermuten Sie: Wie viele Personen in der Stichprobe werden angeben, dass sie sich an der Wahl beteiligt haben?

11 Bei den sogenannten Wahltagsbefragungen werden Wählerinnen und Wähler nach Verlassen des Wahllokals befragt. Das Ergebnis einer solchen Stichprobe wird um 18.00 Uhr (zum Zeitpunkt der Schließung der Wahllokale) im Fernsehen als erste Prognose veröffentlicht. Überprüfen Sie die Qualität der Befragungsergebnisse.

Bundestag, September 2005 Stichprobe: 102 713 Wähler			Nordrhein-Westfalen, Mai 2005 Stichprobe: 48 522 Wähler			Niedersachsen, Januar 2008 Stichprobe: 21 158 Wähler		
	Prognose	Ergebnis		Prognose	Ergebnis		Prognose	Ergebnis
CDU/CSU	35,5 %	35,2 %	CDU	45,0 %	44,8 %	CDU	44,0 %	42,5 %
SPD	34,0 %	34,2 %	SPD	37,5 %	37,1 %	SPD	29,8 %	30,3 %
FDP	10,5 %	9,8 %	FDP	6,0 %	6,2 %	FDP	8,0 %	8,2 %
Grüne	8,5 %	8,1 %	Grüne	6,0 %	6,2 %	Grüne	8,0 %	8,0 %
Linke	7,5 %	8,7 %				Linke	6,5 %	7,1 %

12 Von den 200 Beschäftigten eines Betriebes kommen durchschnittlich 40 % mit ihrem Auto zur Arbeit. Machen Sie mithilfe der σ-Regeln eine Prognose, wie viele Parkplätze in 80 % der Fälle benötigt würden. Untersuchen Sie, wie viele Plätze zur Verfügung stehen müssen, damit diese mit einer Wahrscheinlichkeit von ca. 90 % ausreichen.
Erläutern Sie dazu die folgende Sigmaregel an einer Skizze:
$P(\mu - 1{,}28\sigma \le X \le \mu + 1{,}28\sigma) \approx 80\,\%$, also $P(X \le \mu + 1{,}28\sigma) \approx 90\,\%$

13 Ein Reiseunternehmer nimmt 400 Buchungen für ein Feriendorf mit 360 Betten an, da erfahrungsgemäß 12 % der Buchungen wieder rückgängig gemacht werden.

a) Machen Sie mithilfe der σ-Regeln eine Prognose, wie viele Betten tatsächlich benötigt würden, wenn (1) 375; (2) 400; (3) 410 Buchungen angenommen werden.

b) Wie viele Betten müssten zur Verfügung stehen, damit diese mit einer Wahrscheinlichkeit von ca. 90 % ausreichen?

14 Für einen Flug eines Airbus A 300 der Lufthansa mit 270 Plätzen liegen 280 Buchungen vor; man kann mit ca. 10 % Stornierung rechnen.

a) Machen Sie mithilfe der σ-Regeln eine Prognose, wie viele Plätze tatsächlich benötigt würden, wenn (1) 290; (2) 300; (3) 320 Buchungen angenommen werden.

b) Wie viele Plätze müssten zur Verfügung stehen, damit diese mit einer Wahrscheinlichkeit von ca. 90 % ausreichen?

8.3 Schluss von der Stichprobe auf die Gesamtheit – Konfidenzintervalle

8.3.1 Schätzung der zugrunde liegenden Erfolgswahrscheinlichkeit

Einführung

Wir vergleichen folgende Beispiele:

(1) Bei einer Wahl erhielt eine Partei 35,6 % der Stimmen. Wir wählen 100 Stimmzettel zufällig aus.
Auf wie vielen Zetteln der Stichprobe wird diese Partei angekreuzt sein?

(2) Bevor die Stimmzettel einer Wahl ausgezählt werden, greift man 100 Zettel zufällig aus den Wahlurnen heraus. Auf 47 Zetteln ist eine bestimmte Partei angekreuzt. Welchen Anteil an Stimmen hat diese Partei in der Gesamtheit errungen?

Beim Aufgabentyp *Schluss von der Gesamtheit auf die Stichprobe* wie in Beispiel (1) wird untersucht, welche Ergebnisse ein BERNOULLI-Versuch mit großer Wahrscheinlichkeit haben wird. Dabei ist uns die dem Versuch zugrunde liegende Erfolgswahrscheinlichkeit (z. B. als Anteil in einer Gesamtheit) bekannt.
Erhebungen (oder allgemein: Zufallsversuche) werden aber oft gerade deshalb durchgeführt, weil man Anteile (allgemein: Erfolgswahrscheinlichkeiten) nicht kennt, vergleiche Beispiel (2).
Beim Aufgabentyp **Schluss von der Stichprobe auf die Gesamtheit** beschäftigt man sich dagegen mit der Frage: *Welche Erfolgswahrscheinlichkeit liegt dem Zufallsversuch zugrunde?*
Es geht hier also um eine *Schätzung* der Wahrscheinlichkeit p.
Diese Fragestellung kommt in der Praxis überwiegend vor, da man die Anteile in der Gesamtheit oft nicht kennt, sondern versucht, sie mithilfe von Stichproben zu ermitteln.

Aufgabe

1 Bestimmung von Anteilen in der Gesamtheit

Bei einer Befragung von 500 zufällig (repräsentativ) ausgewählten Personen einer Großstadt gaben 273 an, bei einer bevorstehenden Oberbürgermeister-Direktwahl den bisherigen Amtsinhaber wählen zu wollen. Kann der Kandidat auf die absolute Mehrheit der Stimmen hoffen?
Bestimmen Sie dazu *alle* Anteile p in der Gesamtheit, in deren 95 %-Umgebung das Stichprobenergebnis liegt.

Lösung

(1) Beispiel eines Anteils p, mit dem $X = 273$ verträglich ist

Zunächst wählen wir ein Beispiel für einen möglichen Anteil p aus und überprüfen, ob das Stichprobenergebnis $X = 273$ mit diesem Anteil p verträglich ist; z. B. $p = 0{,}51$ (d. h. der Anteil der Wahlberechtigten, die den bisherigen Amtsinhaber wieder wählen wollen, betrage 51 %).
Für $p = 0{,}51$ und $n = 500$ ist $\mu = 255$ und $\sigma = 11{,}18$, also $1{,}96\sigma = 21{,}91 \approx 22$, d. h. mit einer Wahrscheinlichkeit von 95 % wird das Ergebnis der Stichprobe vom Umfang $n = 500$ im Intervall [233, 277] liegen, was relativen Häufigkeiten zwischen 46,6 % und 55,4 % entspricht.

Das Stichprobenergebnis von $X = 273$ liegt im Intervall [233; 277]; es ist also z. B. verträglich mit $p = 0{,}51$.

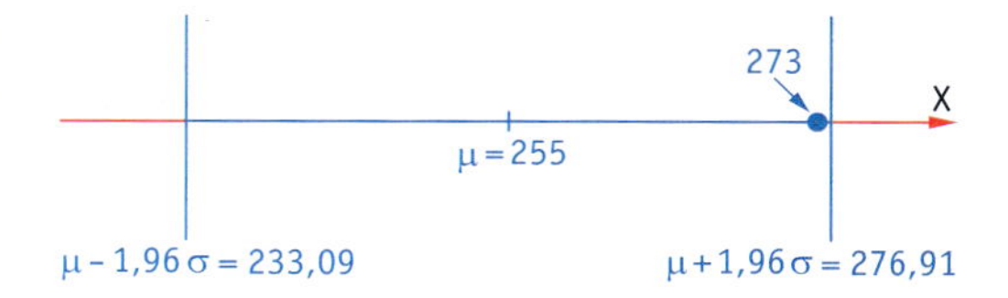

(2) Bestimmen aller Anteile p, mit denen X = 273 verträglich ist

Wir untersuchen jetzt, mit welchen Anteilen p das Stichprobenergebnis $X = 273$ überhaupt verträglich ist, d. h. wir suchen alle Erfolgswahrscheinlichkeiten p, für die $X = 273$ in der 95 %-Umgebung von μ liegt.

Mit einer Wahrscheinlichkeit von 95 % gilt für Stichprobenergebnisse X: $\mu - 1{,}96\sigma \le X \le \mu + 1{,}96\sigma$.

Für das Stichprobenergebnis $X = 273$ gilt also:

$$500p - 1{,}96\sqrt{500 \cdot p(1-p)} \le 273 \le 500p + 1{,}96\sqrt{500p(1-p)}$$

$$-1{,}96\sqrt{500p(1-p)} \le 273 - 500p \le 1{,}96\sqrt{500p(1-p)}$$

Zu lösen ist somit die Ungleichung $|273 - 500p| \le 1{,}96\sqrt{500p(1-p)}$.

Dafür gibt es – abhängig von der zur Verfügung stehenden Technologie – verschiedene Möglichkeiten:

(1) Lösen zweier Gleichungen

Für $X = 273$ kommen also im Extremfall solche Erfolgswahrscheinlichkeiten p infrage, für die gilt:

$500p - 1{,}96\sqrt{500 \cdot p \cdot (1-p)} = 273$ bzw. $500p + 1{,}96\sqrt{500 \cdot p \cdot (1-p)} = 273$

273 $\mu_{max} = 500\,p_{max}$ X

$-1{,}96\sqrt{500\,p_{max}(1-p_{max})}$

$\mu_{min} = 500\,p_{min}$ 273 X

$+1{,}96\sqrt{500\,p_{min}(1-p_{min})}$

Wir können diese beiden Gleichungen beispielsweise dadurch lösen, dass wir untersuchen, für welche Werte von p die beiden Funktionen

$y_1 = 500\,p_{max} - 1{,}96 \cdot \sqrt{500 \cdot p_{max} \cdot (1 - p_{max})}$ bzw.

$y_2 = 500\,p_{min} + 1{,}96 \cdot \sqrt{500 \cdot p_{min} \cdot (1 - p_{min})}$ den Funktionswert $y = 273$ annehmen.

Die gesuchten Werte können auf verschiedene Weise ermittelt werden:

- *Tabellarische Lösung:* Anhand der Wertetabelle finden wir heraus, dass sowohl die 1,96σ-Umgebung von $p_{max} = 0{,}589$, als auch die 1,96σ-Umgebung von $p_{min} = 0{,}503$ gerade noch das Stichprobenergebnis $X = 273$ einschließen. Das Stichprobenergebnis $X = 273$ liegt am unteren Rand für $p_{max} = 0{,}589$ bzw. am oberen Rand für $p_{min} = 0{,}503$.

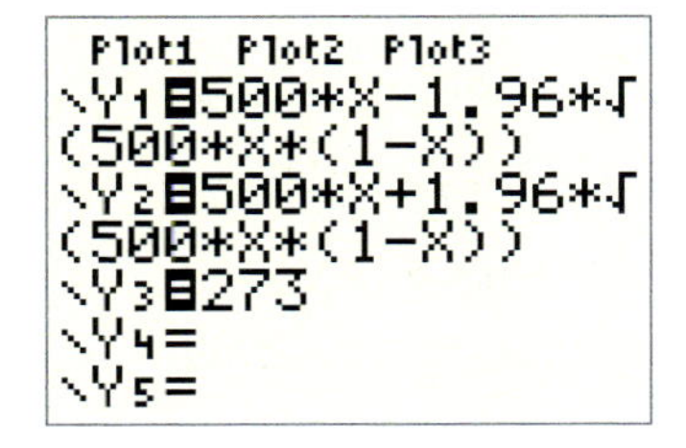

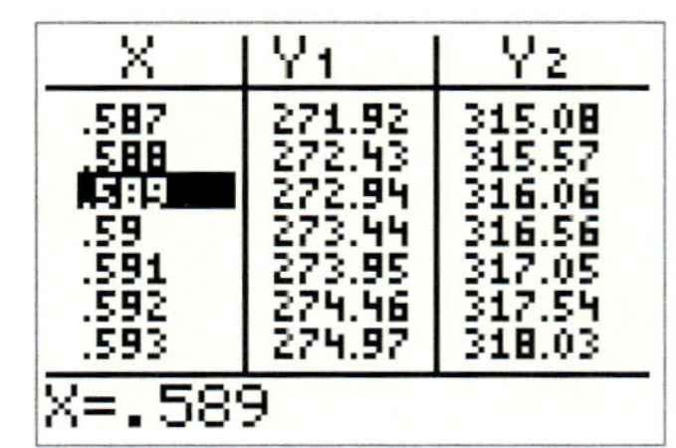

X	Y1	Y2
.587	271.92	315.08
.588	272.43	315.57
.589	272.94	316.06
.59	273.44	316.56
.591	273.95	317.05
.592	274.46	317.54
.593	274.97	318.03

X=.589

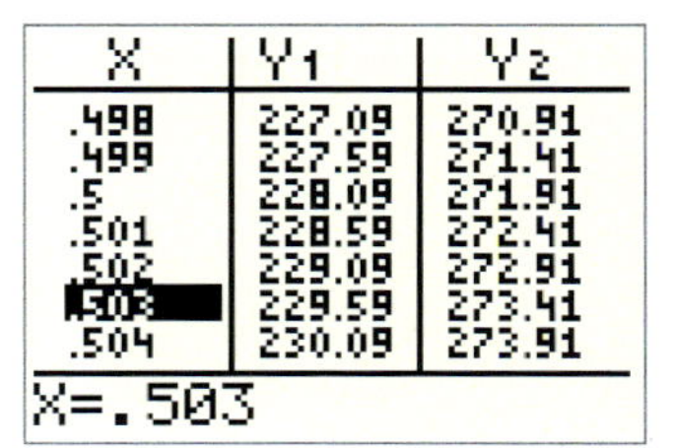

X	Y1	Y2
.498	227.09	270.91
.499	227.59	271.41
.5	228.09	271.91
.501	228.59	272.41
.502	229.09	272.91
.503	229.59	273.41
.504	230.09	273.91

X=.503

- *Grafische Lösung:* Man kann auch im Grafik-Menü die Schnittstellen der beiden Funktionsgraphen mit dem Graphen der Funktion $y_3 = 273$ bestimmen.

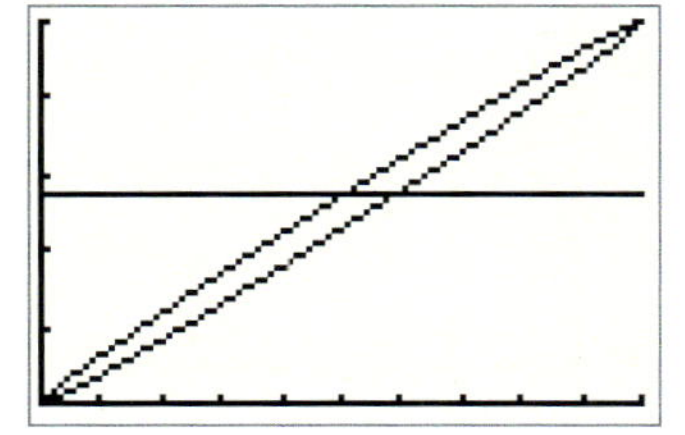

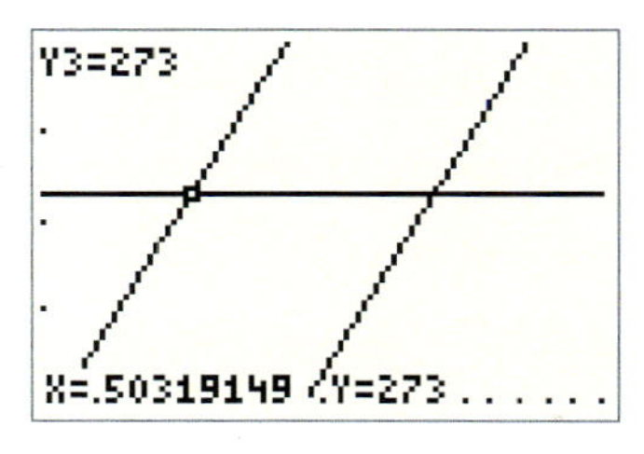

(2) Algebraische Lösung

Man kann die Ungleichung

$|273 - p| \le 1{,}96\sqrt{500\,p\,(1-p)}$

auch nach der Wurzel auflösen und dann quadrieren; dies führt auf eine quadratische Gleichung.

Ein CAS löst die Ungleichung auch direkt mit dem **solve**-Befehl.

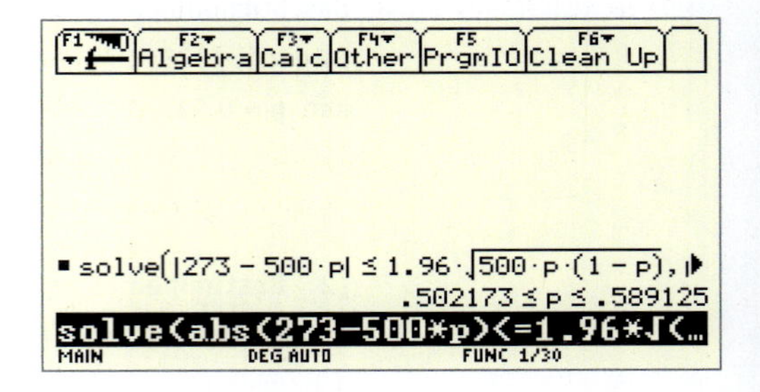

(3) Kommentar zum Ergebnis der Rechnung

Das Stichprobenergebnis von $X = 273$ ist also verträglich mit Anteilen in der Gesamtheit, die zwischen 50,3 % und 58,9 % liegen.

$p = 0{,}503$ ist das kleinste p, mit dem $X = 273$ verträglich ist.

$p = 0{,}589$ ist das größte p, mit dem $X = 273$ verträglich ist.

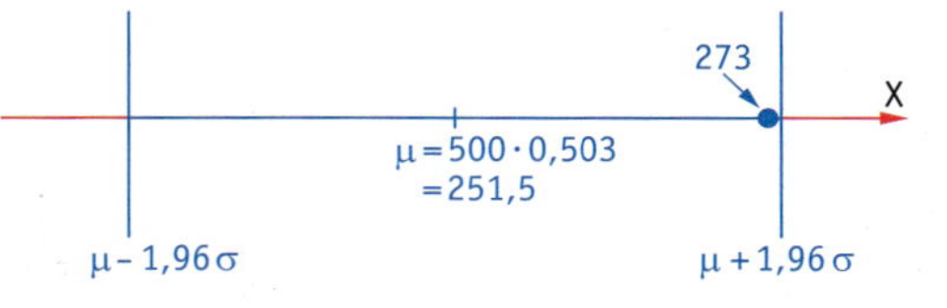

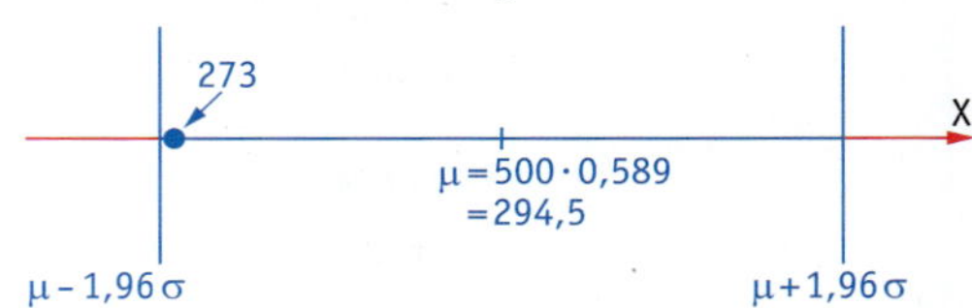

Ein Wahlergebnis von 50,3 % der Stimmen genügt dem Kandidaten zur Wiederwahl. Allerdings müssen wir beachten, dass der Ansatz zur Bestimmung des o. a. Intervalls nur mit einer Wahrscheinlichkeit von 95 % richtig ist. Denn wenn ein Stichprobenergebnis vorliegt, weiß man nicht, ob es verträglich ist mit dem wahren, aber unbekannten Anteil p in der Gesamtheit oder aber von diesem p signifikant abweicht.

Bei unserem Ansatz gehen wir vom ersten Fall aus, d. h. wir nehmen an, dass $X = 273$ in der 95 %-Umgebung des tatsächlichen Wertes von $\mu = 500\,p$ liegt.

Das Verfahren zur Bestimmung eines Schätzintervalls für p kann also prinzipiell nur in 95 % der Fälle zu einem Intervall führen, welches das wahre p enthält.

Information

Konfidenzintervalle für die Erfolgswahrscheinlichkeit p

Mit einer Wahrscheinlichkeit von 95 % liegt ein Stichprobenergebnis X in der $1{,}96\,\sigma$-Umgebung des Erwartungswertes, d. h. es gilt: $\mu - 1{,}96\,\sigma \le X \le \mu + 1{,}96\,\sigma$, d. h. $|X - \mu| \le 1{,}96\sqrt{n\,p\,(1-p)}$.

Ist der relative Anteil $\frac{X}{n}$ in der Stichprobe bekannt, lautet diese Ungleichung:

$$\left|\frac{X}{n} - p\right| \le 1{,}96\,\frac{\sqrt{n\,p\,(1-p)}}{n}$$

Je nachdem, ob in der Stichprobe relative oder absolute Häufigkeiten angegeben worden, ist die eine oder andere Ungleichung zu lösen, um ein Interall $[p_{min};\, p_{max}]$ von Erfolgswahrscheinlichkeiten p zu erhalten, mit denen das Stichprobenergebnis X verträglich ist. Das Intervall wird als **95 %-Konfidenzintervall** oder auch **Vertrauensintervall für p** bezeichnet.

Bei der Bestimmung eines **Konfidenzintervalls** schätzen wir die Erfolgswahrscheinlichkeit p, die dem Zufallsversuch zugrunde liegt.

Dabei schließen wir von einem Stichprobenergebnis X auf die Werte von p, mit denen das Stichprobenergebnis verträglich ist.

Da bei Erhebungen die Erfolgswahrscheinlichkeit p gleich dem Anteil in der Gesamtheit ist, wird diese Schätzung von p auch als **Schluss von der Stichprobe auf die Gesamtheit** bezeichnet.

Übungsaufgaben 

2 In einer Umfrage unter 1 000 zufällig ausgesuchten Personen vertraten 620 die Meinung, dass sie bei der nächsten Wahl eine andere Partei als bei der letzten Wahl wählen werden.

a) Nennen Sie Beispiele von Erfolgswahrscheinlichkeiten, die mit dem Stichprobenergebnis verträglich sind (Sicherheitswahrscheinlichkeit 95 %).

b) Welches ist die kleinste bzw. größte Erfolgswahrscheinlichkeit, in deren $1{,}96\,\sigma$-Umgebung von μ das Stichprobenergebnis liegt? Probieren Sie systematisch aus, für welche Erfolgswahrscheinlichkeiten dies der Fall ist.

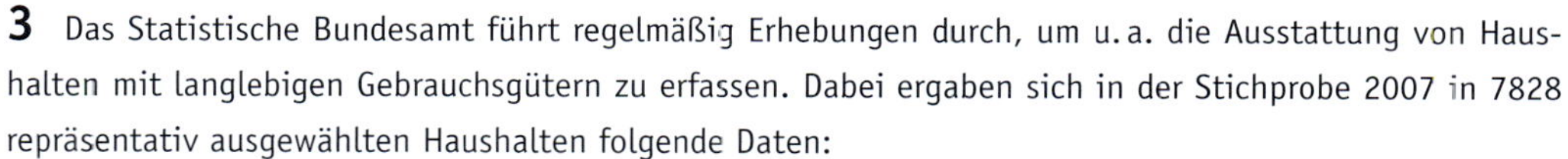

3 Das Statistische Bundesamt führt regelmäßig Erhebungen durch, um u. a. die Ausstattung von Haushalten mit langlebigen Gebrauchsgütern zu erfassen. Dabei ergaben sich in der Stichprobe 2007 in 7828 repräsentativ ausgewählten Haushalten folgende Daten:

(1) 76,7 % der erfassten Haushalte verfügten über einen Pkw,
(2) 60,0 % über einen Internetzugang,
(3) 48,7 % über eine Digitalkamera,
(4) 29,0 % über einen MP3-Player.

Bestimmen Sie jeweils ein 95 %-Konfidenzintervall für den Anteil p aller Haushalte, die mit diesen Konsumgütern ausgestattet sind.

4 Wenn man bei Zufallsversuchen nicht über die notwendigen Kenntnisse für die Bestimmung von Wahrscheinlichkeiten verfügt, kann man diese Zufallsversuche simulieren und dann anschließend ein Konfidenzintervall für die gesuchte Wahrscheinlichkeit bestimmen.

a) In einer Klasse mit 30 Kindern wird ein „Weihnachtswichteln“ durchgeführt: Die Namen der 30 Kinder werden auf Zettel geschrieben. Jeder zieht einen Zettel um zu erfahren, für wen ein Geschenk gebastelt werden soll. Wie groß ist die Wahrscheinlichkeit, dass jemand seinen eigenen Namen zieht?
In einer 200-fachen Simulation kam dies 119-mal vor. Würden Sie darauf wetten, dass so etwas passiert? (Es lohnt sich, auf etwas zu wetten, wenn die Wahrscheinlichkeit dafür über 50 % beträgt.)

b) Untersuchen Sie, ob es sich lohnt, darauf zu wetten, dass nach 15-maligem Werfen eines Würfels jede der sechs Augenzahlen mindestens einmal gefallen ist? Bei einer 100-maligen Versuchsdurchführung (mit je 15 Würfen) lag 58-mal eine vollständige Serie mit sechs verschiedenen Augenzahlen vor.

5 Der Jahreswechsel gibt immer wieder Anlass zu Umfragen zur Stimmung in der Bevölkerung.

Gespaltene Stimmung

Allen düsteren Prognosen zum Trotz: Die überwältigende Mehrheit der Deutschen (78 Prozent) ist überzeugt, dass 2009 für sie persönlich ein gutes Jahr wird. Vor allem die Jüngeren (88 Prozent) blicken optimistisch ins neue Jahr. In starkem Kontrast steht die Einschätzung, wie 2009 für Deutschland verlaufen wird: 62 Prozent befürchten ein schlechtes Jahr für das Land. Auf 2008 schauen die Deutschen gern zurück: 69 Prozent sagen, es sei für sie persönlich gut gewesen – von 2007 hatten dies vor einem Jahr nur 64 Prozent gesagt.

(Stern 2/2009)

Bestimmen Sie für die drei Antwortmöglichkeiten die Konfidenzintervalle in den beiden Jahren 2008 und 2009. Treffen Sie auf dieser Grundlage Aussagen über die Veränderung der Stimmung in Deutschland.

6

Scientology-Verbot

67 %

aller Befragten sind der Meinung, dass Scientology verboten werden sollte.

Gegen ein Verbot sind: **20 %**

Spontan: „Weiß nicht, was Scientology ist" **8 %**

TNS Forschung: 1000 Befragte am 16. und 17. September, an 100 fehlende Prozent: „weiß nicht"/keine Angabe

Protest gegen Scientology (in Berlin): *„Lückenhaftes Lagebild"* *(Der Spiegel 39/2008)*

Bestimmen Sie die Vertrauensintervalle für die Anteile an der Gesamtbevölkerung zu den jeweiligen Antwortmöglichkeiten.

7 In Zeitschriften werden regelmäßig Ergebnisse von Umfragen veröffentlicht. Wählen Sie einen Bericht aus und bestimmen Sie zu dem Umfrage-Ergebnis ein Konfidenzintervall. Präsentieren Sie Ihre Ergebnisse.

8 Bei einer Befragung von 400 Personen vertreten 40 davon eine bestimmte Meinung. Kann man ein Konfidenzintervall für den zugrundeliegenden wahren Anteil in der Gesamtheit folgendermaßen bestimmen: $p_{min} = 0{,}1 - 1{,}96 \cdot \sqrt{\frac{0{,}1 \cdot 0{,}9}{400}} = 0{,}0706$; $p_{max} = 0{,}1 + 1{,}96 \cdot \sqrt{\frac{0{,}1 \cdot 0{,}9}{400}} = 0{,}1294$? Begründen Sie.

9 In einer Stichprobe vom Umfang 827 fand man 354 Personen mit Blutgruppe A.

a) Bestimmen Sie ein 95%-Konfidenzintervall für den Anteil p der Personen mit Blutgruppe A in der Gesamtheit aller erwachsenen Personen der betrachteten Bevölkerungsgruppe.

b) In der betrachteten Bevölkerungsgruppe leben 325 000 Erwachsene. Wie viele Personen kommen daher als Blutspender für Blutgruppe A in Frage?

10 Um herauszufinden, mit welcher absoluten Häufigkeit eine bestimmte Tierart vorkommt, fängt man im betrachteten Gebiet Tiere dieser Art ein und markiert sie. Danach setzt man sie wieder aus. Nach einiger Zeit zählt man Tiere dieser Art und stellt fest, wie viele davon markiert sind.

(1) In einem Bezirk Finnlands werden 200 Rentiere gefangen und mit einem gut sichtbaren Farbfleck gekennzeichnet. Einige Wochen später fotografiert man vom Flugzeug aus verschiedene Rentierherden mit insgesamt 430 Tieren, von denen 72 eine Markierung tragen.

(2) Von 120 markierten Fischen eines Fischteichs werden 28 beim zweiten Mal gefangen; 104 Fische des zweiten Fangs waren nicht markiert.

Schätzen Sie den Anteil markierter Tiere in der Gesamtheit. Wie viele Tiere der betrachteten Art wird es – mit einer Wahrscheinlichkeit von 95 % – in dem Bezirk bzw. dem Fischteich geben?

8.3.2 Wahl eines genügend großen Stichprobenumfangs

Aufgabe

1 Bestimmung des notwendigen Stichprobenumfangs

Eine Partei möchte vor den Wahlen durch eine Meinungsumfrage herausfinden, wie hoch der Anteil der Wähler ihrer Partei ist. Die Wahlmanager der Partei möchten sicher gehen und den Anteil der Wähler ihrer Partei auf einen Prozentpunkt genau bestimmen.

(1) Untersuchen Sie, welcher Stichprobenumfang für die Befragung notwendig ist.

(2) Die Wahlmanager gehen davon aus, dass der Anteil der Wähler ihrer Partei bei 40 % liegt. Welcher Stichprobenumfang wäre in diesem Fall nötig?

Lösung

(1) In 95 % der Stichproben gilt: $\left|\frac{X}{n} - p\right| \leq 1{,}96\frac{\sigma}{n}$

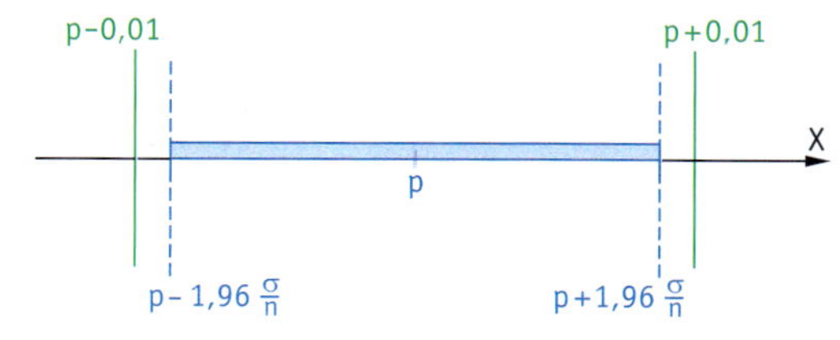

Es wird gefordert, dass sich der Anteil $\frac{X}{n}$ in der Stichprobe vom Anteil p der Gesamtheit um höchstens 1 Prozentpunkt unterscheiden soll:

$\left|\frac{X}{n} - p\right| \leq 0{,}01.$

Der Stichprobenumfang ist also so groß zu wählen, dass $1{,}96\frac{\sigma}{n} \leq 0{,}01.$

Wenn n so gewählt wird, dann wird bei 95 % der Stichproben von diesem Umfang die Genauigkeitsforderung erfüllt sein.

Aus der Ungleichung ergibt sich:

$1{,}96\,\frac{\sigma}{n} \leq 0{,}01$

$1{,}96\,\frac{\sqrt{n\cdot p\cdot(1-p)}}{n} \leq 0{,}01$ | Quadrieren beider Seiten

$1{,}96^2\,\frac{p\cdot(1-p)}{n} \leq 0{,}01^2$ | Nach n umstellen

$\left(\frac{1{,}96}{0{,}01}\right)^2 p\cdot(1-p) \leq n$

Wenn p nicht bekannt ist, muss man den ungünstigsten Fall berücksichtigen.

Der ungünstigste Fall tritt ein, wenn $p\cdot(1-p)$ am größten wird. Das ist für $p\cdot(1-p) = 0{,}25$, also für $p = 0{,}5$ der Fall. In allen anderen möglichen Fällen ist $p\cdot(1-p) < 0{,}25$.

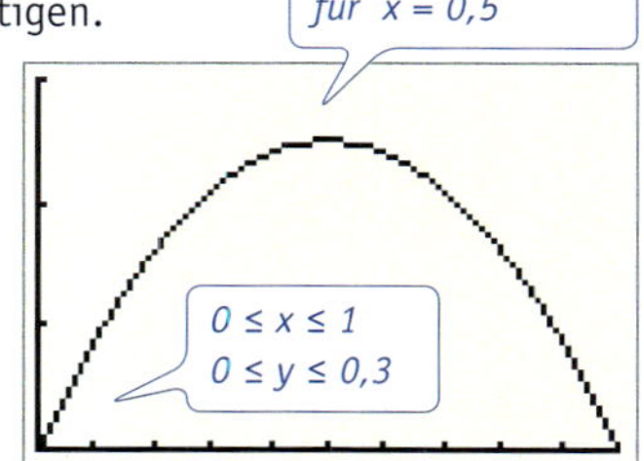

Mit dem ungünstigsten Fall $p\cdot(1-p) = 0{,}25$ ergibt sich:

$\left(\frac{1{,}96}{0{,}01}\right)^2\cdot 0{,}25 \leq n$ und somit $9\,604 \leq n$

Demnach ist also ein Stichprobenumfang von mindestens 9 604 notwendig, damit sich mit einer Wahrscheinlichkeit von 95 % der ermittelte Anteil der Wähler in der Stichprobe nicht mehr als um 1 Prozentpunkt vom tatsächlichen Anteil der Wähler in der Gesamtheit unterscheidet.

(2) Falls $p \approx 0{,}4$, dann ergibt sich nach Einsetzen:

$n \geq \left(\frac{1{,}96}{0{,}01}\right)^2\cdot 0{,}4\cdot 0{,}6 = 9219{,}84$, also $n \geq 9\,220$

In diesem Fall wäre also ein Stichprobenumfang von mindestens 9 220 notwendig.

Weiterführende Aufgabe

2 Abhängigkeit des Stichprobenumfangs von der Erfolgswahrscheinlichkeit

Welche Auswirkungen hat es auf den notwendigen Stichprobenumfang n in Aufgabe 1, wenn der Anteil p in der Gesamtheit 5 %, 10 %, 20 %, 90 % beträgt?

Stellen Sie den Zusammenhang grafisch in einem p-n-Koordinatensystem dar.

Vergleichen Sie die Ergebnisse mit dem Stichprobenumfang, der notwendig ist, wenn nichts über den Anteil p bekannt ist.

Information

Zu vorgegebenem n kann man den Radius der $1{,}96\frac{\sigma}{n}$-Umgebung berechnen, also den Bereich, in dem mit einer Wahrscheinlichkeit von 95 % das Ergebnis einer Stichprobe vom Umfang n liegen wird. Umgekehrt lassen sich aus dem Ansatz $P\left(p - 1{,}96\frac{\sigma}{n} \le \frac{X}{n} \le p + 1{,}96\frac{\sigma}{n}\right) \approx 0{,}95$ Mindestwerte für n (bei vorgegebener Schranke für $1{,}96\frac{\sigma}{n}$) bestimmen. Man kann dies in einem Koordinatensystem grafisch durch den sogenannten **95 %-Trichter** veranschaulichen:

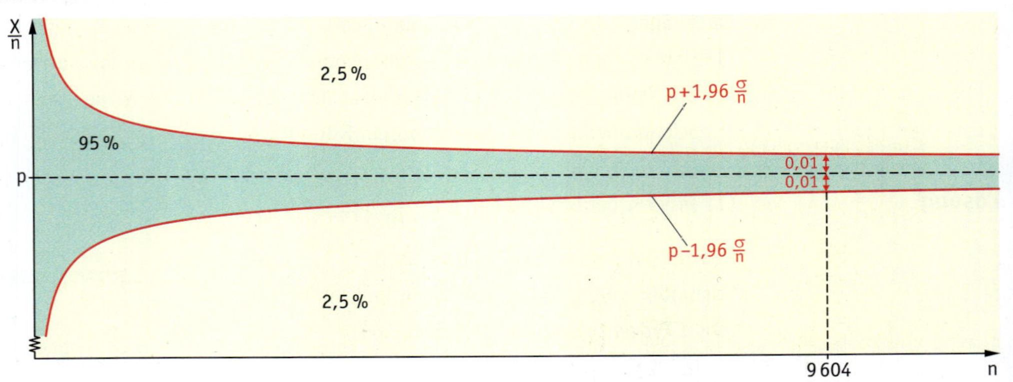

Zeichnet man zu einem konkreten p die Graphen der Funktionen $p \mapsto p + 1{,}96\frac{\sigma}{n}$ bzw. $p \mapsto p - 1{,}96\frac{\sigma}{n}$, so kann man an diesen Graphen für beliebige Werte von p die Breite der $1{,}96\frac{\sigma}{n}$-Umgebung ablesen. Fragt man umgekehrt nach der Stelle (d. h. nach dem Wert von n), an der die halbe Breite des sogenannten 95 %-Trichters höchstens 0,01 ist, so lässt sich dies (näherungsweise) aus der Grafik entnehmen.

Die Grafik kann auch zur Veranschaulichung des **Gesetzes der großen Zahlen** verwendet werden: Mit zunehmendem Stichprobenumfang wird der Bereich immer kleiner, in dem die Stichprobenergebnisse mit einer bestimmten Wahrscheinlichkeit (z. B. 95 %) liegen.

Wahl eines genügend großen Stichprobenumfangs

Mithilfe einer Stichprobe soll der Anteil p in einer Gesamtheit bestimmt werden. Dabei soll sich der Anteil in der Stichprobe um höchstens d vom tatsächlichen Anteil in der Gesamtheit unterscheiden.
In 95 % der Fälle wird diese Genauigkeit auf jeden Fall erreicht, wenn $n \ge \left(\frac{1{,}96}{d}\right)^2 \cdot 0{,}25$.

Falls der Wert von p ungefähr geschätzt werden kann, lässt sich der notwendige Stichprobenumfang mithile der Ungleichung $n \ge \left(\frac{1{,}96}{d}\right)^2 \cdot p \cdot (1 - p)$ bestimmen.

Übungsaufgaben 

3 Wie groß muss der Umfang der Stichprobe sein, damit behauptet werden kann, die Mehrheit der Bevölkerung vertrete diese Meinung? (Sicherheitswahrscheinlichkeit 95 %)

Mehrheit findet Politik langweilig
In unserer großen Umfrage gaben 53,4 % der Bürger an, sie finden Politik langweilig, …

4 Bearbeiten Sie die Aufgabenstellung von Aufgabe 1 für eine Sicherheitswahrscheinlichkeit von 90 % [99 %] und für eine Genauigkeit von 1 [von 2] Prozentpunkten.

5 Bestimmen Sie (bei einer Sicherheitswahrscheinlichkeit von 99 %) den notwendigen Stichprobenumfang für den Fall, dass bei einer Befragung vor einer Wahl

a) die Anteile zweier Parteien jeweils ungefähr 40 % betragen (Genauigkeit 0,5 Prozentpunkte);

b) der Anteil einer Partei bei 6 % liegt (Genauigkeit 1 Prozentpunkt).

6 Man will den Anteil der Wähler einer Partei mit 1 % Genauigkeit bestimmen (Sicherheitswahrscheinlichkeit 95 %).

a) Welcher Stichprobenumfang ist erforderlich, wenn nichts über den Anteil bekannt ist?

b) Aus einer Wählerbefragung vom Umfang 300 weiß man, dass der Anteil ungefähr bei 0,75 liegt. Bestimmen Sie den Mindestumfang der Stichprobe für die Hauptuntersuchung.

c) Beschreiben Sie, wie sich der Stichprobenumfang prozentual bei b) gegenüber a) verringert.

d) Bestimmen Sie die prozentuale Ersparnis für den Fall, dass $p \approx 0{,}4\,[0{,}9;\ 0{,}2]$ ist.

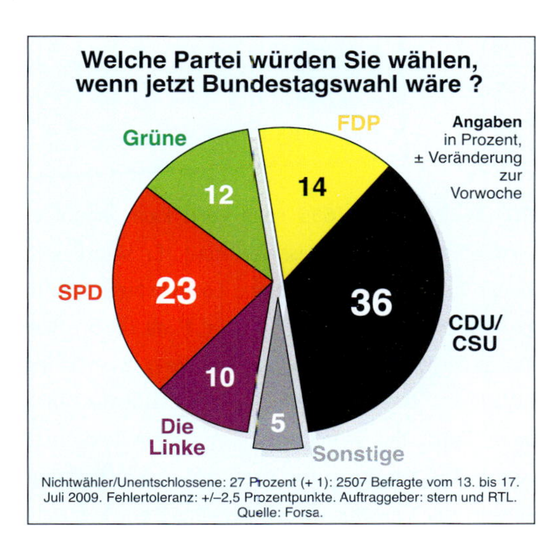

7 Der Stern veröffentlichte in der Ausgabe 31/2009 vom 23.7.2009 das nebenstehende Umfrage-Ergebnis.

a) Bestimmen Sie das Intervall, in dem der Anteil der FDP-Wähler in Deutschland mit 95 %iger Sicherheit zum Zeitpunkt der Umfrage lag.

b) Kann man aus der Umfrage folgern, dass die FDP bei der kommenden Wahl mehr Wähler haben wird als die Grünen? Begründen Sie.

c) Wie groß muss der Stichprobenumfang gewählt werden, wenn die Ergebnisse mit 95 %iger Sicherheit auf 1 Prozentpunkt genau sein sollen?

d) In der Legende zur Grafik steht: „Fehlertoleranz +/– 2,5 Prozentpunkte". Diese Angabe ist unvollständig. Beschreiben Sie inwiefern und ermitteln Sie die fehlende Information.

8 Ein Kuboktaeder ist ein Körper, der durch Abschneiden der Ecken eines Hexaeders entsteht; die Oberfläche besteht aus sechs gleich großen Quadraten und aus acht gleichseitigen Dreiecken. Die dreieckigen Flächen haben an der gesamten Oberfläche einen Anteil von circa 36,6 %.

a) In 500 Würfen lag 116-mal die dreieckige Fläche oben.
Untersuchen Sie, wie groß die Wahrscheinlichkeit dafür sein könnte, dass ein Kuboktaeder auf einer dreieckigen Fläche liegen bleibt. Bestimmen Sie ein 90 %-Konfidenzintervall für die gesuchte Wahrscheinlichkeit p.

b) Wie oft müsste man das Kuboktaeder werfen, damit man die gesuchte Wahrscheinlichkeit p mit einer Sicherheitswahrscheinlichkeit von 90 % auf einen Prozentpunkt genau bestimmen kann?

9 Zwei Zahlen x, y werden zufällig und unabhängig voneinander aus dem Intervall [0; 1[gewählt.

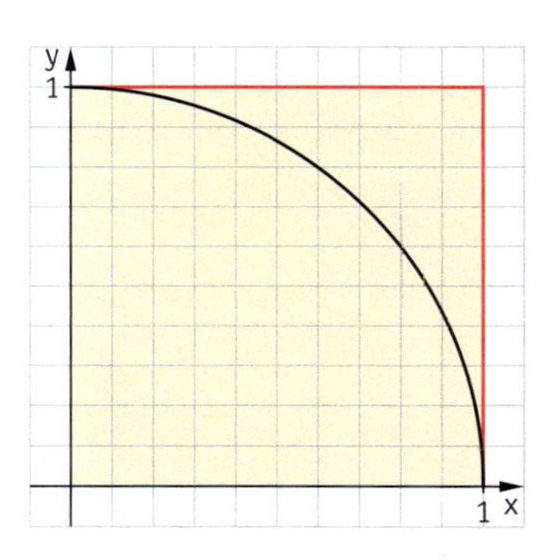

a) Begründen Sie: Mit der Wahrscheinlichkeit $p = \frac{\pi}{4}$ gilt: $x^2 + y^2 \le 1$.

b) 1 000 Paare (x | y) von Zufallszahlen werden gebildet. In welchem Intervall liegt der Schätzwert für $\frac{\pi}{4}$? Wie genau kann demnach die Kreiszahl π geschätzt werden?

c) Wie viele Paare (x | y) von Zufallszahlen müssen gebildet werden, um $\frac{\pi}{4}$ auf drei Dezimalstellen genau zu bestimmen? (Sicherheitswahrscheinlichkeit 99 %)

Anfänge der Wahrscheinlichkeitsrechnung – Pascal und Huygens

Vorreiter der Wahrscheinlichkeitsrechnung

Als Geburtsstunde der Wahrscheinlichkeitsrechnung als Teilgebiet der Mathematik wird im Allgemeinen der Briefwechsel zwischen Pierre de Fermat (1608 – 1665) und Blaise Pascal (1623 – 1662) aus dem Jahr 1654 angesehen. Der Pariser Schriftsteller Chevalier de Méré (1607 – 1684) hatte Pascal zwei Probleme vorgelegt, für die er selbst keine befriedigende Lösung bzw. Erklärung gefunden hatte und die Pascal dann in seinem Briefwechsel mit Fermat diskutierte. Pascal und Fermat fanden verschiedene Lösungswege für die beiden Probleme, die grundsätzliche Strategien zum Umgang mit Wahrscheinlichkeiten enthielten.

Als der holländische Mathematiker Christiaan Huygens (1629 – 1695) 1655 nach Paris kam, erfuhr er von dem Briefwechsel zwischen Fermat und Pascal, jedoch nichts über dessen Inhalt. Er setzte sich daher selbst das Ziel, über die Lösung der beiden Probleme hinaus eine allgemeine Lösungsmethode für Glücksspiele zu entwickeln. Seine Theorie der Glücksspiele *(Tractatus de Ratiociniis in Aleae Ludo – Van Rekeningh in Spelen van Geluck)* war dann das erste Lehrbuch der Wahrscheinlichkeitsrechnung. Es erschien bereits 1657 als Teil des Buches *Exercitationum Mathematicarum* seines Lehrers Frans von Schooten. Auch das 1713 posthum herausgegebene Werk *Ars conjectandi* (Kunst des Vermutens) von Jakob Bernoulli (1655 – 1705) enthielt die Huygens'sche Abhandlung als erstes Kapitel – versehen mit einem umfangreichen Kommentar. Während Fermat und Pascal in ihren Briefen vor allem den Begriff der Gewinnchancen verwendeten, benutzte Huygens den Begriff der „Hoffnung“ (lat.: *expectatio*), der sich zu unserem heutigen Begriff des Erwartungswertes entwickelte.

Das erste Problem: das Teilungsproblem

Das erste Problem, das von Pascal und Fermat diskutiert wurde, war das sogenannte *Teilungsproblem* oder *problème de partis*. Dieses lässt sich bis ins 14. Jahrhundert zurückverfolgen. Fra Luca Pacioli (1445 – 1514) hatte sich bereits in seinem im Jahr 1494 erschienenen Buch *Summa de arithmetica, geometria, proportioni et proportionalita* (Zusammenfassende Darstellung über Arithmetik, Geometrie und Algebra), dem ersten Mathematikbuch in italienischer Sprache, mit der Lösung dieses Problems beschäftigt. Er hatte allerdings eine aus heutiger Sicht falsche Lösung vorgeschlagen.

> Zwei Spieler vereinbaren für ein Glücksspiel über mehrere Runden, dass derjenige den gesamten Spieleinsatz gewinnen soll, der als Erster eine bestimmte Anzahl von Gewinnrunden erreicht. Das Spiel muss dann allerdings unerwartet bei einem Zwischenstand a : b abgebrochen und kann nicht fortgesetzt werden. Wie sollte der Spieleinsatz (entsprechend zum aktuellen Spielstand) gerecht aufgeteilt werden?

Im Folgenden werden zwei Lösungsansätze vorgestellt, die vorrangig von Pascal entwickelt wurden.
Pascals **erster Lösungsweg** sieht eine rekursive Berechnung der Gewinnchancen vor. Wir erläutern ihn an dem folgenden Beispiel:

Beispiel: Für ein Spiel wird vereinbart, dass derjenige den gesamten Einsatz erhalten soll, der als Erster drei Runden gewonnen hat. Das Spiel muss beim Spielstand von 2 : 1 abgebrochen werden.

Lösungsidee:

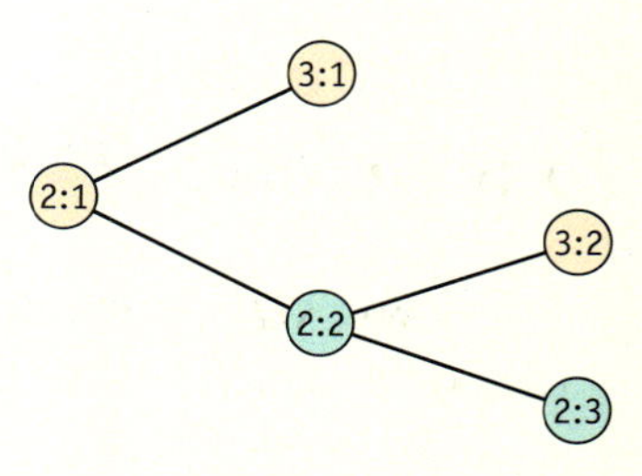

Um eine gerechte Verteilung zu ermitteln, kann man den Spielverlauf in Gedanken fortsetzen, bis einer der beiden Spieler drei Gewinnrunden erreicht hat. An einem Baumdiagramm verdeutlicht, sieht dies folgendermaßen aus:
Gewinnt der 1. Spieler den nächsten Satz (Endstand 3 : 1), erhält dieser den gesamten Einsatz. Wenn der 2. Spieler gewinnt (Zwischenstand 2 : 2), dann sind die Chancen der beiden Spieler wieder gleich groß. Insgesamt stehen die Gewinnchancen von Spieler 1 zu Spieler 2 wie 3 zu 1, wenn das Spiel bei einem Spielstand von 2 : 1 abgebrochen worden wäre. Wäre das Spiel bei einem Spielstand von 2 : 0 abgebrochen worden, dann müssten wir nicht völlig neu überlegen, denn: Wenn bei einem Spielstand von 2 : 0 der 1. Spieler den nächsten Satz gewinnt, erhält er den gesamten Einsatz; wenn der 2. Spieler den Satz gewinnt, steht es 2 : 1 – hierfür sind die Chancen gerade eben berechnet worden. Und vom Spielstand 2 : 0 kann man wiederum zurückschließen, wie die Chancen bei einem Spielstand von 1 : 0 gewesen wären: Beim Stand von 1 : 0 kann der nächste Satz an den 1. Spieler gehen und es steht 2 : 0 (Aufteilung s. o.) – oder an den 2. Spieler und beide haben gleiche Chancen zu gewinnen usw.

Der **zweite Lösungsweg** PASCALS knüpfte an seine intensive Beschäftigung mit einem besonderen Zahlendreieck (*‚triangle arithmétique'*, dem später so genannten PASCAL'schen Dreieck, siehe Seite 404) an. Er zeigte, dass sich das Verhältnis der gerechten Aufteilung aus den Zahlen dieses Dreiecks ablesen lässt.

Beispiel: Für ein Spiel wird vereinbart, dass derjenige den gesamten Einsatz erhalten soll, der als Erster fünf Runden gewonnen hat, und das Spiel muss beim Spielstand von 3 : 2 abgebrochen werden.

Lösungsidee:

Das Spiel hätte noch maximal vier Runden weitergehen können. Die fehlenden Spielrunden werden durch einen Münzwurf ersetzt. In der Grafik sind vier Runden dargestellt – auch diejenigen, in denen der Münzwurf hätte früher beendet werden können. Zu den Endergebnissen nach 4 Runden führen 1 + 4 + 6 bzw. 4 + 1 Wege (siehe Aufgabe 7, Seite 405). Der Spieleinsatz ist also im Verhältnis 11 zu 5 zwischen den beiden Spielern aufzuteilen.

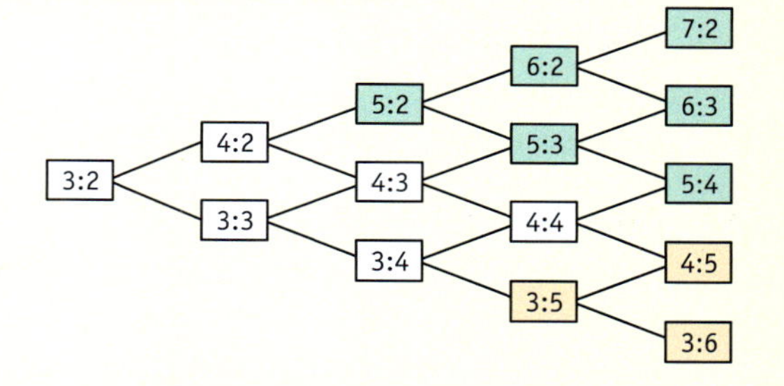

Das zweite Problem: das Würfelproblem

Das zweite, das sogenannte *Würfelproblem* oder *problème des dès*, beschäftigt sich mit einem einfachen Wettspiel mit einem Würfel, dessen Lösung selbst PASCAL unlogisch vorkam (*„l'arithmétique se dementoit"*):

Warum lohnt es sich, darauf zu wetten, dass beim 4-fachen Würfeln mit einem Würfel mindestens eine Sechs fällt, aber nicht darauf, dass beim 24-fachen Würfeln mit zwei Würfeln mindestens ein Sechser-Pasch auftritt?

Beim 4-fachen Würfeln gibt es insgesamt $6^4 = 1\,296$ verschiedene Ergebnisse, von denen $5^4 = 625$ ungünstig sind, die übrigen 671 also günstig. Die Wahrscheinlichkeit, dass in vier Würfen *mindestens* eine Sechs fällt, beträgt also 51,8 %. Es lohnt sich also, darauf zu wetten.

Beim 24-fachen Werfen zweier Würfel gibt es insgesamt 36^{24} verschiedene Ergebnisse, von denen 35^{24} ungünstig, die übrigen also günstig sind. Die Wahrscheinlichkeit, dass in 24 Würfen *mindestens* einmal ein Sechserpasch fällt, beträgt also 49,1 %. Hier lohnt sich eine Wette also nicht.

PASCAL verglich die Wahrscheinlichkeiten für *mindestens eine Sechs* bzw. *mindestens einen Sechserpasch* mit den Erwartungswerten für eine Sechs beim 4-fachen Würfeln $\left(\mu = 4 \cdot \frac{1}{6} = \frac{2}{3}\right)$ und für einen Sechser-Pasch bei 24 Würfen mit zwei Würfeln $\left(\mu = 24 \cdot \frac{1}{36} = \frac{2}{3}\right)$. Dass diese Erwartungswerte gleich sind, die zuvor berechneten Wahrscheinlichkeiten aber nicht, war für PASCAL noch unlogisch.

Blaise Pascal (1623 – 1662)

Blaise Pascal wurde 1623 als zweites Kind von Étienne Pascal, Richter am Steuergerichtshof im südfranzösischen Clermont-Ferrand, geboren. Nach dem frühen Tod seiner Ehefrau verkaufte der Vater sein Richteramt, um seine Kinder selbst zu erziehen. Die Familie zog nach Paris. Dort nahm Étienne Pascal regelmäßig an den berühmten wissenschaftlichen Gesprächsrunden des Franziskanermönchs, Theologen, Musikwissenschaftlers und Mathematikers Marin Mersenne (1588 – 1640) teil – dieser pflegte intensive Korrespondenzen mit den führenden Wissenschaftlern außerhalb Frankreichs (wie beispielsweise Galilei und Descartes) und hielt somit auch die Pariser Mathematiker über neueste Erkenntnisse auf dem Laufenden. Seinen kränklichen Sohn Blaise wollte er jedoch nicht mit Mathematik belasten. Dieser begann dann aber von sich aus Fragen zur Geometrie zu stellen.

Aufgrund des wirtschaftlichen Niedergangs infolge des Dreißigjährigen Krieges (1618 – 1648) wurde Étienne Pascal gezwungen, das Amt des Steuereintreibers für die Normandie zu übernehmen. Sein Sohn Blaise entwickelte für die aufwendigen Additionen und Subtraktionen bei der Steuerberechnung eine mechanische Rechenmaschine *(La Pascaline)*, die sogar das Umrechnen zwischen den Einheiten der französischen Währung (1 livre = 20 sols; 1 sol = 12 deniers) bewältigen konnte.

Im Jahr 1646 trat die gesamte Familie der katholischen Reformbewegung des Jansenismus bei. Blaise Pascal war von dieser Zeit an tief religiös, beschäftigte sich zunächst noch weiter mit mathematischen Problemen, vor allem mit Problemen der Geometrie. Nach einer „mystischen Erfahrung" im November 1656 widmete er sich stärker philosophischen und theologischen Fragen. Unter Pseudonym verfasste er Streitschriften gegen die Jesuiten *(Lettres provinciales)*. Sprachwissenschaftler bezeichnen sie wegen der brillanten Formulierungen als den Beginn der modernen französischen Prosa.

Eine Abhandlung über den christlichen Glauben *(Pensées sur la religion)* konnte Pascal aufgrund seiner sich rapide verschlechternden Gesundheit nicht mehr vollenden. Einer der „Gedanken" ist die berühmte Pascal*'sche Wette*. Der Glaube an Gott ist nicht nur richtig, sondern auch vernünftig: Wenn Gott nicht existiert, dann verliert man nichts, wenn man dennoch an ihn glaubt; aber wenn Gott existiert, verliert man alles, wenn man nicht glaubt.

Sein letztes mathematisches Werk – entstanden in einer Nacht des Jahres 1658, in der er vor Schmerzen nicht schlafen konnte – befasste sich mit *Zykloiden*, das sind Ortskurven von Punkten auf einem rollenden Rad. Es gelang ihm nicht nur, die Bogenlänge und die Fläche unter den Graphen sowie deren Schwerpunkt zu berechnen, sondern auch das Volumen und die Oberfläche desjenigen Körpers zu bestimmen, der bei Rotation einer Zykloide um die x-Achse entsteht.

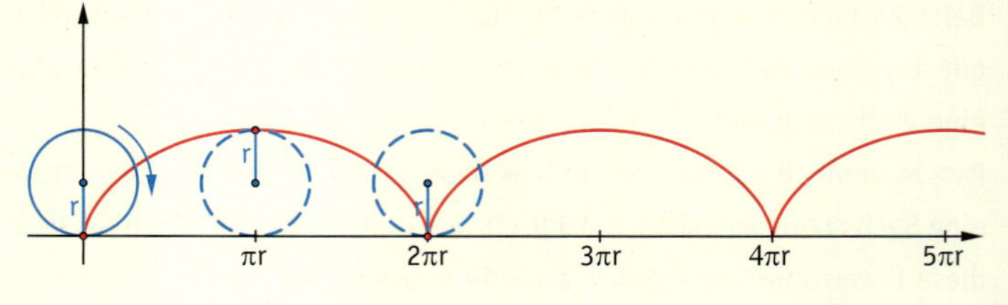

Christiaan Huygens (1629 – 1695)

1629 als Sohn eines Dichters und wohlhabenden Diplomaten in Den Haag geboren, genoss Christiaan Huygens eine umfassende und vielseitige Ausbildung durch Hauslehrer. Sein Vater Constantin Huygens hatte Verbindungen zu vielen bedeutenden Wissenschaftlern in ganz Europa; zu den Freunden des Hauses gehörte René Descartes, der seit 1629 im liberalen Holland lebte. Mit 16 Jahren nahm Christiaan Huygens ein Studium der Rechtswissenschaften in Leiden auf, hörte aber auch Mathematik-Vorlesungen bei Frans von Schooten (1615 – 1660), einem begnadeten Lehrer der Mathematik und Herausgeber der *Opera mathematica* des François Viète (1540 – 1603). Huygens trat aber entgegen der Familientradition nicht in den diplomatischen Dienst ein, sondern widmete sich der wissenschaftlichen Forschung in Mathematik und Astronomie (Entdeckung des Saturn-Mondes Titan, Erklärung des Rätsels des Saturn-Rings, Bestimmung der Rotationsdauer des Mars).

Huygens beschäftigte sich intensiv mit dem Problem der exakten Zeitmessung. Er entdeckte die Gesetzmäßigkeiten zwischen der Schwingungsdauer und der Länge eines Pendels und bestimmte hiermit die Gravitationskonstante. Er fand heraus, dass ein Pendel *tautochron* schwingt (d.h. exakt die gleiche Zeit für einen Schwingungsvorgang benötigt, unabhängig davon, wie weit es zu Beginn ausgelenkt wird), wenn sich der Pendelkörper auf einem Zykloidenbogen bewegt. Er realisierte dies, indem er den „Faden", an dem die Schwingungsmasse aufgehängt ist, entlang zweier zykloidenförmiger Schablonen führte (siehe Grafik rechts).

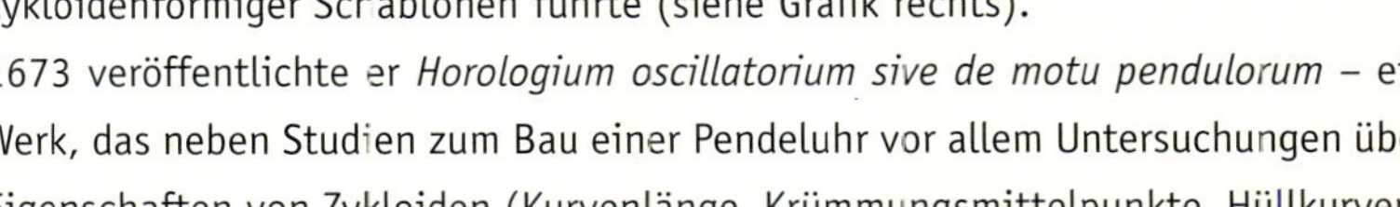

1673 veröffentlichte er *Horologium oscillatorium sive de motu pendulorum* – ein Werk, das neben Studien zum Bau einer Pendeluhr vor allem Untersuchungen über Eigenschaften von Zykloiden (Kurvenlänge, Krümmungsmittelpunkte, Hüllkurven) enthält.

Von 1666 an leitete er die *Académie Royale des Sciences* in Paris, bis 1681 Protestanten in Frankreich nicht mehr geduldet wurden. 1689 reiste Huygens nach England, um Isaac Newton kennenzulernen. Einerseits bewunderte er dessen 1687 veröffentlichte *Philosophiae Naturalis Principia Mathematica,* andererseits hielt er den Gedanken für absurd, dass Massen sich gegenseitig beeinflussen können. Nach seiner Rückkehr veröffentlichte er seine Theorie des Lichts *(Traité de la lumière)* mithilfe eines Wellenmodells (Huygens'sches Prinzip). Dies führte zu einem erbittert ausgetragenen Streit mit Isaac Newton, der für die Ausbreitung des Lichts die Korpuskular-Theorie entwickelt hatte.

Seine letzten fünf Jahre verbrachte der – Zeit seines Lebens unverheiratete – Huygens auf seinem Landgut in der Nähe von den Haag, krank und einsam.

8.4 Normalverteilung

8.4.1 Annäherung der Binomialverteilung durch eine Normalverteilung

Einführung

(1) Gauss'sche Glockenkurve

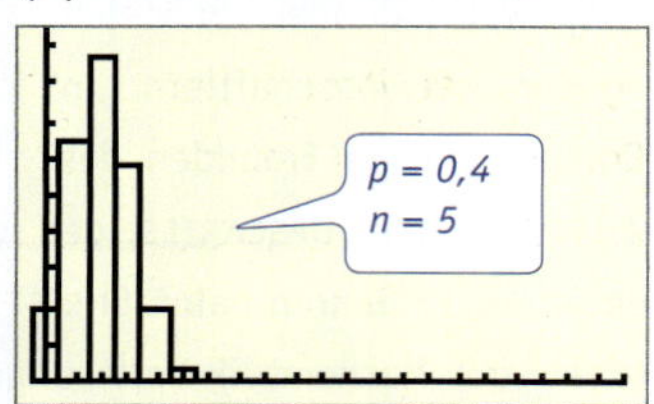

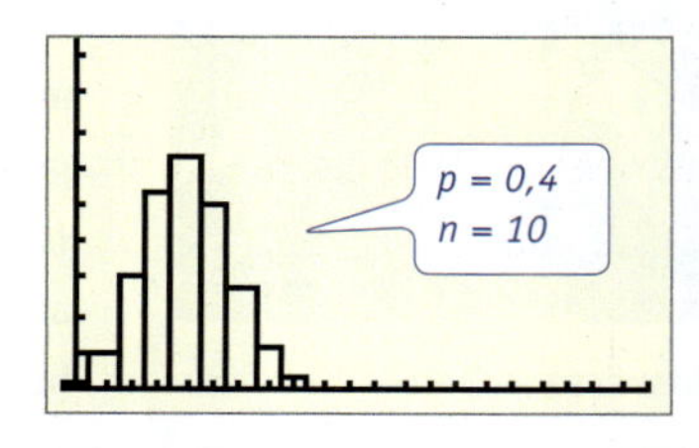

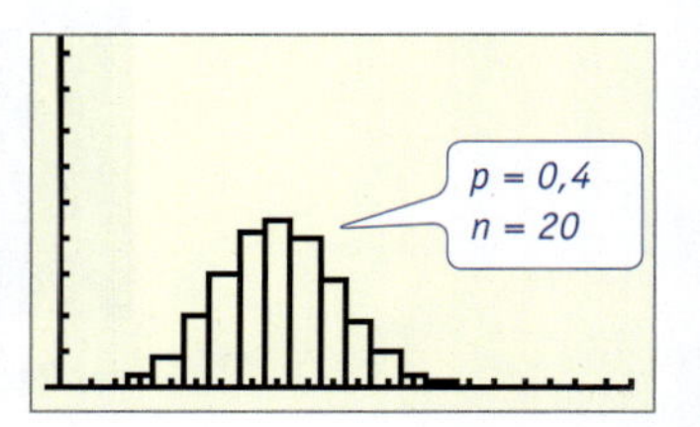

Die Histogramme *aller* Binomialverteilungen werden mit zunehmender Stufenzahl n immer symmetrischer und nähern sich einer Glockenkurve an. Daher gelten für sie auch einheitliche Sigma-Regeln.

Man kann (für genügend großes n) alle Histogramme durch eine Glockenkurve beschreiben, die zu einer Funktionenschar gehört. Die einfachste Funktion hat den Term $\varphi(x) = \frac{1}{\sqrt{2\pi}} e^{-\frac{x^2}{2}}$.

Der Graph zu dieser Funktion ist offensichtlich symmetrisch zur y-Achse und es gilt $\varphi(x) \to 0$ für $x \to \infty$ sowie $\varphi(x) \to 0$ für $x \to -\infty$.

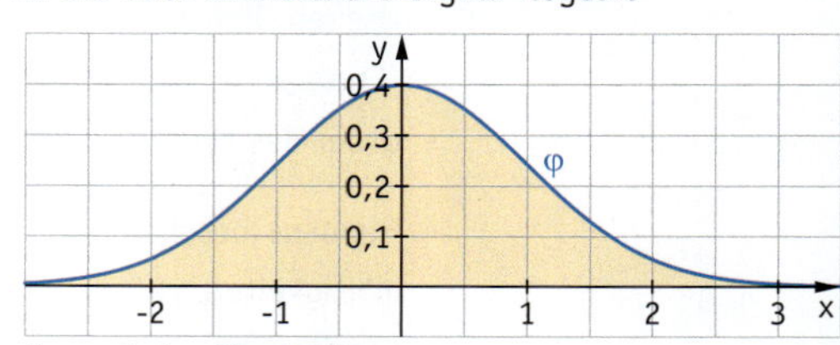

GAUSS'sche Glockenkurve

Außerdem gilt, dass die Fläche zwischen Graph und x-Achse den Flächeninhalt 1 hat:

$\int_{-\infty}^{\infty} \varphi(x)\,dx = 1$ (Auf einen Beweis verzichten wir hier.)

(2) Annäherung einer Binomialverteilung mithilfe der Gauss'schen Glockenkurve

Am Beispiel der Binomialverteilung mit $n = 20$ Stufen und Erfolgswahrscheinlichkeit $p = 0{,}4$ wird im Folgenden gezeigt, wie man das Histogramm einer beliebigen Binomialverteilung durch den Graphen der Funktion φ annähern kann.

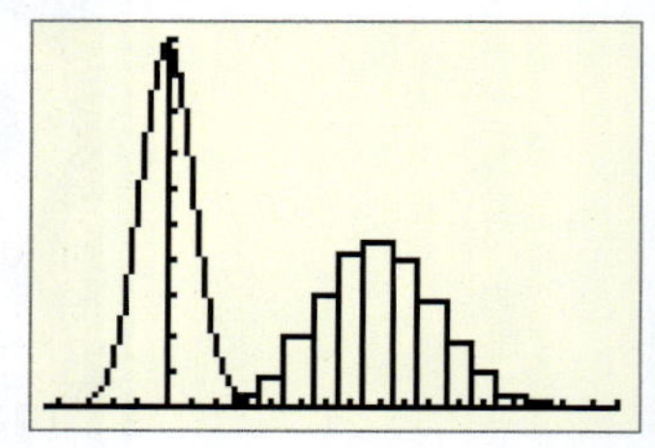

Zunächst muss der Graph von φ so weit nach rechts verschoben werden, dass sein Maximum an der gleichen Stelle ist wie das der Biomialverteilung; dieses liegt beim Erwartungswert

$\mu = n\,p = 20 \cdot 0{,}4 = 8.$

Dazu wird der Graph zu $f(x) = \varphi(x - 8)$ gezeichnet.

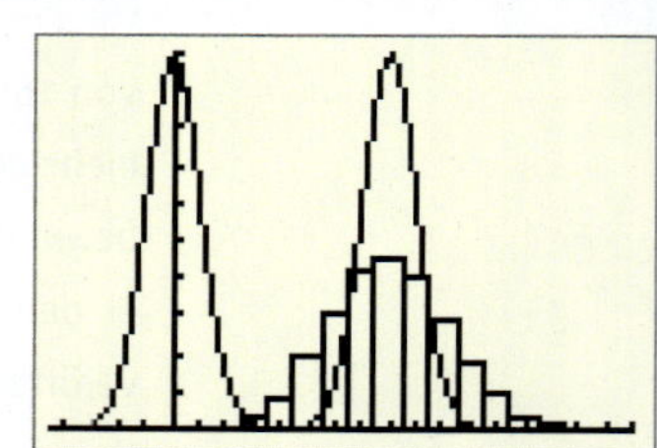

Diese Glockenkurve ist noch zu schmal. Daher wird sie mit der Standardabweichung $\sigma = \sqrt{20 \cdot 0{,}4 \cdot (1 - 0{,}4)} = \sqrt{4{,}8}$ der Binomialverteilung parallel zur x-Achse gestreckt.

Dazu wird der Graph zu $g(x) = \varphi\left(\frac{x - 8}{\sqrt{4{,}8}}\right)$ gezeichnet.

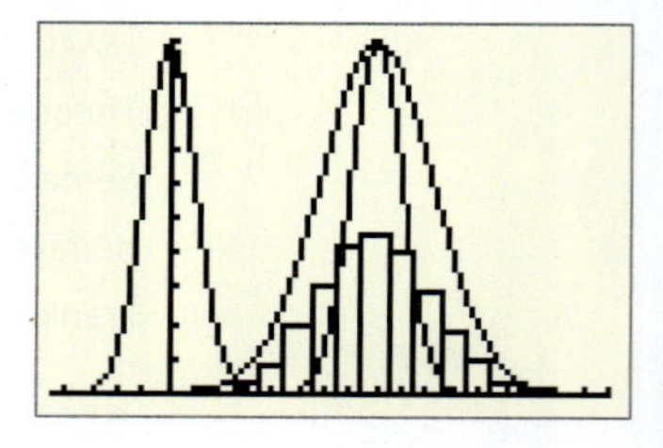

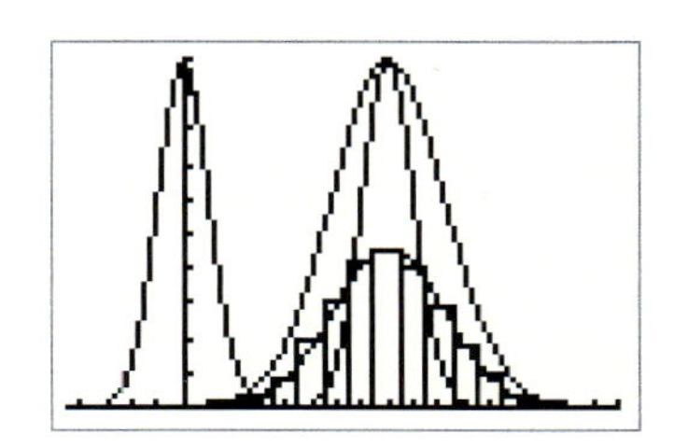

Der Graph hat jetzt „die gleiche Breite“ wie die Binomialverteilung, ist aber noch zu hoch.

Da alle Rechtecke zusammen den Flächeninhalt 1 haben und durch die Streckung der Flächeninhalt von 1 unter dem Graphen der Funktion φ mit dem Faktor $\sigma = \sqrt{4{,}8}$ vergrößert wurde, muss jetzt parallel zur y-Achse mit dem Faktor $\frac{1}{\sigma} = \frac{1}{\sqrt{4{,}8}}$ gestreckt werden, um eine Glockenkurve mit dem Maximum bei $x = 8$ und der durch die Standardabweichung beschriebenen Breite zu erhalten.

Dazu wird der Graph zu $h(x) = \frac{1}{\sqrt{4{,}8}}\,\varphi\left(\frac{x-8}{\sqrt{4{,}8}}\right)$ gezeichnet. Der Graph dieser Funktion nähert das gegebene Histogramm der Binomialverteilung mit $n = 20,\ p = 0{,}4$ gut an.

Information

(1) Dichtefunktion der Normalverteilung

Mithilfe der GAUSS'schen Glockenkurve lassen sich Binomialverteilungen wie in der Einführung gut annähern. Daher definiert man allgemein:

Definition 2

Die Funktion zu $\varphi_{\mu;\sigma}(x) = \frac{1}{\sigma\sqrt{2\pi}}\,e^{-\frac{1}{2}\left(\frac{x-\mu}{\sigma}\right)^2}$ heißt **Dichtefunktion der Normalverteilung** mit Erwartungswert μ und Standardabweichung σ.

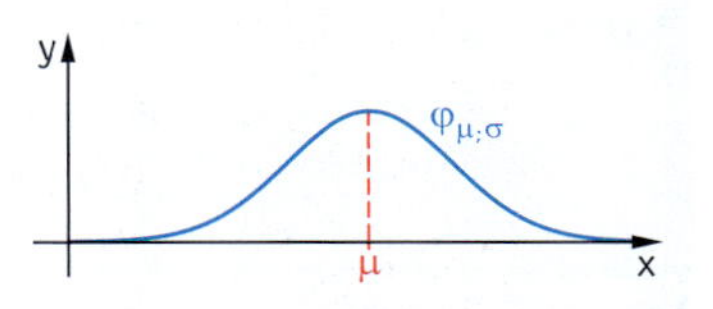

normal probability density function

Der Graph von $\varphi_{\mu;\sigma}$ ist symmetrisch zur Geraden $x = \mu$ und es gilt $\int_{-\infty}^{\infty} \varphi_{\mu;\sigma}(x)\,dx = 1$.

Grafikfähige Taschenrechner und Computer-Algebra Systeme verfügen über diese Funktion unter der Bezeichnung **normalpdf** (x, μ, σ) bzw. **normpdf** (x, μ, σ).

(2) Approximation der Binomialverteilung durch eine Normalverteilung

Satz 2

Für eine Binomialverteilung mit $\sigma > 3$ (LAPLACE-*Bedingung*) lässt sich die Wahrscheinlichkeit für k Erfolge näherungsweise mit der Normalverteilung berechnen:

$$P(X = k) = \binom{n}{k} p^k (1-p)^k \approx \varphi_{\mu;\sigma}(k) = \frac{1}{\sigma\sqrt{2\pi}}\,e^{-\frac{1}{2}\left(\frac{x-\mu}{\sigma}\right)^2}$$

mit $\mu = np$ und $\sigma = \sqrt{np(1-p)}$

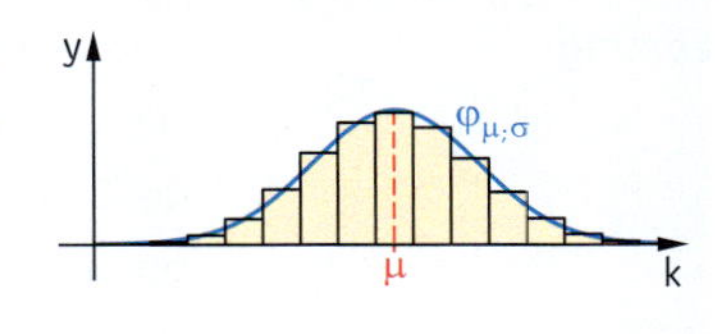

Beispiel

Für $n = 100,\ p = 0{,}36$ ist

$\mu = np = 100 \cdot 0{,}36 = 36$ und

$\sigma = \sqrt{np(1-p)} = \sqrt{100 \cdot 0{,}36 \cdot 0{,}64} = \sqrt{23{,}04} = 4{,}8 > 3$

Wir vergleichen die Wahrscheinlichkeit für z. B. 40 Erfolge bei beiden Berechnungen.

Exakt gilt: $P(X = 40) = \binom{100}{40} 0{,}36^{40}\, 0{,}64^{60} \approx 0{,}05768$ *binompdf (100, 0.36, 40)*

Der Näherungswert mithilfe der Normalverteilung ist:

$$\varphi_{36;4,8}(40) = \frac{1}{4{,}8\sqrt{2\pi}}\,e^{-\frac{1}{2}\left(\frac{x-36}{4{,}8}\right)^2} \approx 0{,}05873$$ *normalpdf (40, 36, 4.8)*

Beide Werte stimmen ungefähr überein.

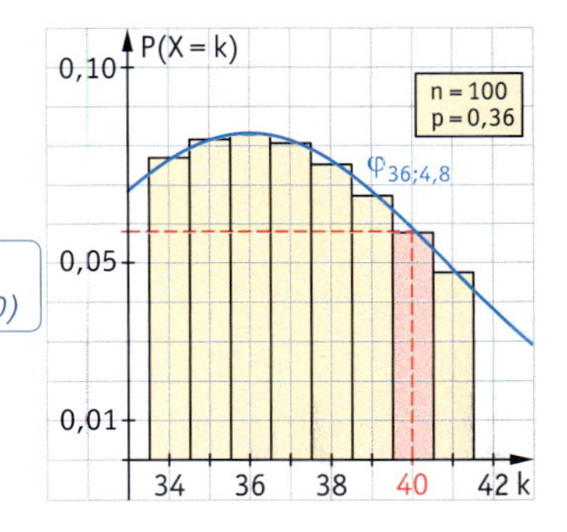

(3) Praktische Bedeutung der Annäherung

Als es noch keine Rechner mit Funktionen wie **binompdf** gab, konnte man sich Werte für Binomialverteilungen aus Tabellen für spezielle Werte von n und p verschaffen. War aber in einem Sachverhalt eine nicht tabellierte Kombination von n und p gefordert, so konnte man diese mit ebenfalls tabellierten Werten der Normalverteilung zu $\mu = 0$, $\sigma = 1$ annähern.

Im Zeitalter der Rechner hat die Annäherung der Binomialverteilung durch eine Normalverteilung keine große rechnerische Relevanz mehr. Wir behandeln sie aber wegen der besonderen Bedeutung der Normalverteilung, auf die wir in Abschnitt 8.4.2 eingehen.

(4) Standardnormalverteilung

Als die Dichtefunktion beliebiger Normalverteilungen noch nicht mit Rechnern problemlos berechenbar waren, wurden alle Berechnungen auf die Normalverteilung zu $\varphi(x) = \frac{1}{\sqrt{2\pi}} e^{-\frac{1}{2}x^2} = \varphi_{0;1}(x)$ mit der Parametern $\mu = 0$ und $\sigma = 1$ zurückgeführt. Ihre Werte waren tabelliert.

Entsprechend zur Einführung kann man zeigen:

$$\varphi_{\mu;\sigma}(x) = \frac{1}{\sigma}\varphi\left(\frac{x-\mu}{\sigma}\right)$$

Hinweis:

Bei den meisten GTR und CAS-Rechnern kann man die Parameter $\mu = 0$ und $\sigma = 1$ weglassen, wenn man diese Dichtefunktion erhalten möchte: **normalpdf** (x) = **normalpdf** (x, 0, 1)

Aufgabe

1 Die Zufallsgröße X beschreibt die Anzahl der Erfolge bei einem 100-stufigen BERNOULLI-Versuch mit Erfolgswahrscheinlichkeit $p = 0{,}36$.
Berechnen Sie näherungsweise mithilfe der Normalverteilung die Wahrscheinlichkeit $P(30 \le X \le 35)$.

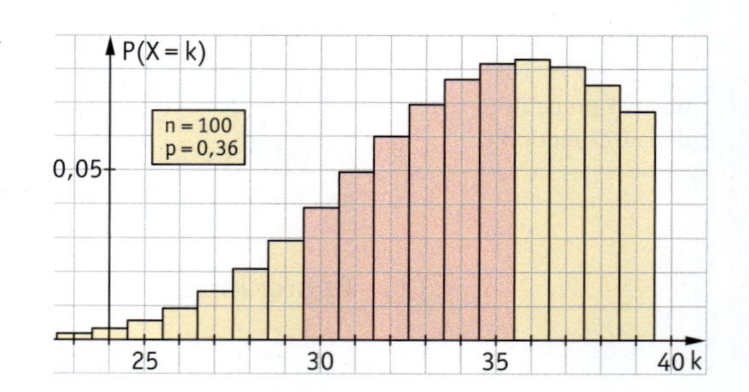

Lösung

Eine Möglichkeit wäre es, die Einzelwahrscheinlichkeiten $P(X = 30)$, $P(X = 31)$, ..., $P(X = 35)$ mithilfe der Normalverteilung wie in Information (2) anzunähern und zu addieren.

Bei Rechtecken der Breite 1 im Histogramm entspricht die Wahrscheinlichkeit nicht nur der Rechteckshöhe sondern auch dem Rechtecksflächeninhalt. Daher kann man die gesuchte Wahrscheinlichkeit auch als Flächeninhalt unter der Glockenkurve auffassen.

Die Binomialverteilung mit $n = 100$ und $p = 0{,}36$, also $\mu = np = 36$ und $\sigma = \sqrt{np(1-p)} = 4{,}8$ kann angenähert werden durch die Dichtefunktion der Normalverteilung zu $\varphi_{36;4,8}(x)$. Da im Histogramm das Rechteck für 30 Erfolge bei 29,5 beginnt und das für 35 Erfolge bei 35,5 endet, kann $P(30 \le X \le 35)$ angenähert werden durch

$$\int_{29,5}^{35,5} \varphi_{36;\,4,8}(x)\,dx.$$

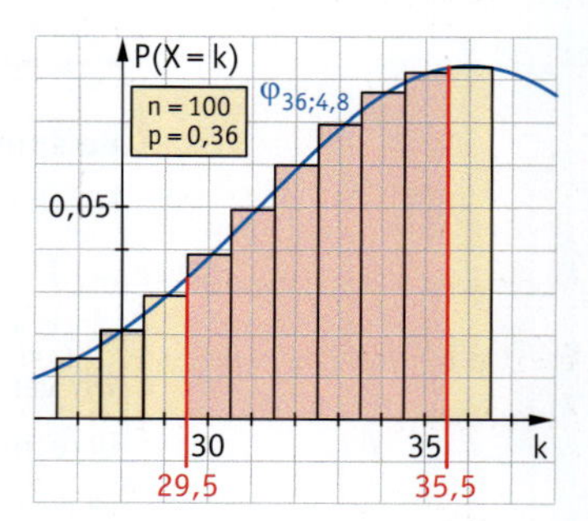

Für dieses Integral erhält man mit dem GTR den Näherungswert 0,3707.

```
fnInt(normalpdf(
X,36,4.8),X,29.5
,35.5)
        .3706769376
```

Kontrolle:

Mit **binomcdf** (100, 0.36, 35) – **binomcdf** (100, 0.36, 29) erhalten wir den exakten Wert 0,376073.

Information

(5) Integralfunktion der Normalverteilung

Wahrscheinlichkeiten für Bereiche lassen sich mithilfe der Dichtefunktion der Normalverteilung durch Integration bestimmen. Dazu kann man die Integralfunktion verwenden.

$$\Phi_{\mu;\sigma}(x) = \int_{-\infty}^{x} \varphi_{\mu;\sigma}(t)\,dt$$

Für den Spezialfall $\mu = 0$, $\sigma = 1$ ist $\Phi(x) = \int_{-\infty}^{x} \varphi(t)\,dt$.

Mit GTR und CAS-Rechnern sind diese Integrale einfach berechenbar.

normal **p**robability **c**umulative **f**unction

Der Befehl **normalcdf (a, b, μ, σ)** bzw. **normalcdf (a, b, p, σ)** liefert den Wert für $\int_{a}^{b} \varphi_{\mu;\sigma}(x)\,dx$.

(6) Näherungsweise Berechnung von Intervallwahrscheinlichkeiten bei Binomialverteilungen

Für eine Binomialverteilung mit n Stufen und Erfolgswahrscheinlichkeit p, also Erwartungswert $\mu = n \cdot p$ und Standardabweichung $\sigma = \sqrt{n\,p\,(1-p)} > 3$ gilt für die Anzahl X der Erfolge

$$P(k \le X \le l) \approx \int_{k-0,5}^{l+0,5} \varphi_{\mu;\sigma}(x)\,dx.$$

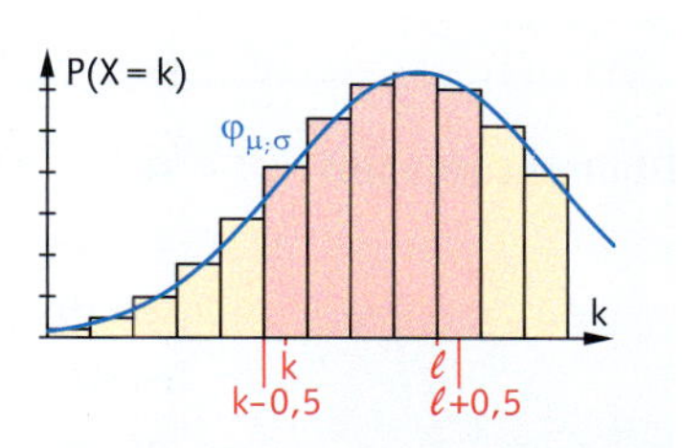

Beispiel

100-faches Werfen einer idealen Münze: $n = 100$; $p = \frac{1}{2}$;
$\mu = n\,p = 50$; $\sigma = \sqrt{n\,p\,(1-p)} = 5 > 3$;
Zufallsgröße X: *Anzahl der Wappen*

$$P(20 \le X \le 40) \approx \int_{19,5}^{40,5} \varphi_{50;5}(x)\,dx \approx 0{,}029$$

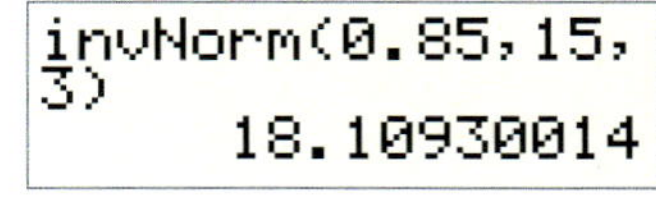

(7) Bestimmen von Funktionswerten der Integralfunktion mit dem GTR

Mit dem Befehl **normalcdf** kann man die Dichtefunktion der Normalverteilung bis zu einer bestimmten Stelle integrieren, d.h. mit **normalcdf** ist die zugehörige Integralfunktion gegeben.

Bei manchen GTR muss ein Näherungswert für $-\infty$ eingesetzt werden.

normalcdf $(-\infty, x, \mu, \sigma)$ liefert den Wert für $\Phi_{\mu;\sigma}(x) = \int_{-\infty}^{x} \varphi_{\mu;\sigma}(t)\,dt$.
Umgekehrt kann man mit dem Befehl **invNorm** die Stelle bestimmen, an der diese Integralfunktion einen vorgegebenen Wert annimmt:
invNorm (p, μ, σ) liefert die Stelle x, für die gilt:

$$p = \Phi_{\mu;\sigma}(x) = \int_{-\infty}^{x} \varphi_{\mu;\sigma}(t)\,dt.$$

invNorm(0.85,15,3)
18.10930014

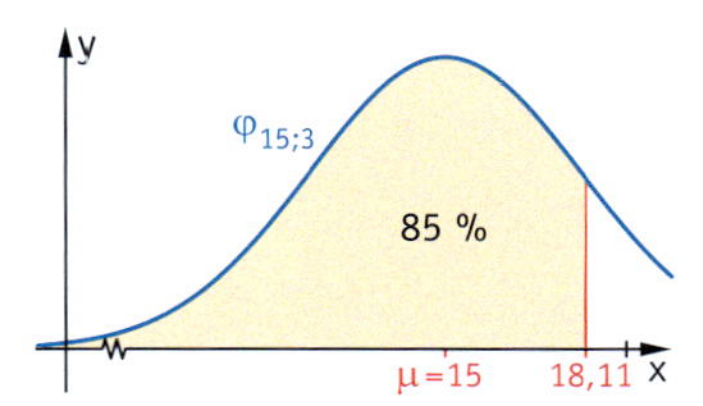

Weiterführende Aufgaben

2 Bestimmen eines Intervalls für die Erfolgszahl bei beliebiger Sicherheitswahrscheinlichkeit

Betrachten Sie das 200-fache Werfen einer idealen Münze. Mithilfe der Sigma-Regeln können Sie Intervalle ermitteln, in denen die Anzahl der Wappen in 90 % bzw. 95 % bzw. 99 % aller Fälle liegen. Mithilfe der Annäherung der Binomialverteilung durch eine Normalverteilung ist dies auch für beliebige Sicherheitswahrscheinlichkeiten ohne Probieren möglich. Bestimmen Sie das symmetrische Intervall um den Erwartungswert, in dem die Anzahl der Wappen in 80 % aller Fälle liegt.

Tipp: Verwenden Sie den Befehl **invNorm** des GTR.

3 Näherungsformeln von De Moivre und Laplace

Begründen Sie, wie die Berechnung von Wahrscheinlichkeiten bei einer beliebigen Normalverteilung auf die Standardnormalverteilung mit $\mu = 0$, $\sigma = 1$ zurückgeführt werden kann:

Abraham de Moivre (1667 – 1754)

Näherungsformeln von De Moivre und Laplace

Sei X eine binomialverteilte Zufallsgröße mit $\sigma > 3$.

(1) Die Wahrscheinlichkeit für genau k Erfolge lässt sich näherungsweise berechnen durch:

$P(X = k) \approx \frac{1}{\sigma} \cdot \varphi\left(\frac{k - \mu}{\sigma}\right)$ (lokale Näherungsformel)

(2) Die Wahrscheinlichkeit für höchstens k Erfolge lässt sich näherungsweise berechnen durch:

$P(X \leq k) \approx \Phi\left(\frac{k + 0{,}5 - \mu}{\sigma}\right)$ (integrale Näherungsformel)

Übungsaufgaben

4 Da für alle Binomialverteilungen mit $\sigma > 3$ einheitliche Sigma-Regeln gelten, liegt es nahe, die Histogramme der Binomialverteilungen durch einen einheitlichen Funktionsterm näherungsweise zu beschreiben. Der einfachste Grundtyp ist eine Funktion mit dem Term $e^{-\frac{1}{2}x^2}$.

Wählen Sie eigene Beispiele für n, p. Verschieben und strecken Sie diesen Funktionsgraphen so, dass die durch die Sigma-Regeln gegebenen Bedingungen erfüllt sind. Vergleichen Sie Ihre Funktionen.

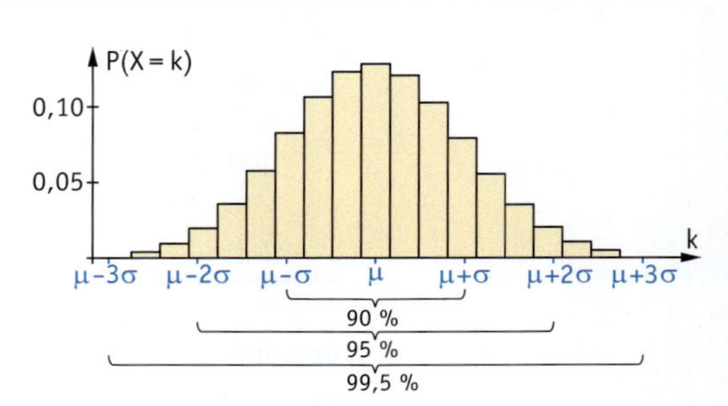

5 Zeichnen Sie mithilfe des GTR den Graphen der angegebenen Binomialverteilung und der zugehörigen Normalverteilungs-Dichtefunktion:

a) $n = 200$; $p = 0{,}4$ **b)** $n = 136$; $p = 0{,}37$ **c)** $n = 55$; $p = 0{,}1$

6 Geben Sie den Funktionsterm einer geeigneten Normalverteilungs-Dichtefunktion an, die den Graphen der folgenden Binomialverteilung approximiert:

a) $n = 100$; $p = 0{,}2$ **b)** $n = 84$; $p = 0{,}3$ **c)** $n = 900$; $p = 0{,}9$

7 Erläutern Sie an einer Skizze folgende Möglichkeiten zur näherungsweisen Berechnung der Anzahl der Erfolge einer Binomialverteilung. Vergleichen Sie beide Möglichkeiten.

(1) $P(X = k) \approx \varphi_{\mu;\sigma}(k)$ (2) $P(X = k) \approx \int_{k-0{,}5}^{k+0{,}5} \varphi_{\mu;\sigma}(x)\,dx$

8 Betrachten Sie das 300-maligen Werfen eines idealen Würfels. Bestimmen Sie näherungsweise mithilfe der Normalverteilung folgende Wahrscheinlichkeiten für die Anzahl X der Sechsen. Vergleichen Sie auch mit dem exakten Wert, den Sie mithilfe der Binomialverteilung berechnen.

a) $P(X = 50)$ **b)** $P(40 \leq X \leq 53)$ **c)** $P(X \geq 70)$ **d)** $P(X < 40)$

9 Bestimmen Sie mithilfe der Approximationseigenschaft der Normalverteilungs-Dichtefunktion eine geeignete symmetrische Umgebung um den Erwartungswert μ, in der die Anzahl der Erfolge mit einer Wahrscheinlichkeit von 50 % [75 %, 98 %] liegen wird.

a) $n = 75$; $p = 0{,}2$ **b)** $n = 290$; $p = 0{,}8$ **c)** $n = 625$; $p = 0{,}5$

10 Zeichnen Sie mit dem GTR die Histogramm der Binomialverteilungen für BERNOULLI-Versuche mit der Erfolgswahrscheinlichkeit $p = 0{,}3$ und verschiedenen Stufenzahlen n.
Zeichnen Sie in dasselbe Diagramm auch die Dichtefunktion der Normalverteilung mit den entsprechenden Werten für Erwartungswert und Standardabweichung.
Vergleichen Sie, wie gut die Binomialverteilung in Abhängigkeit von n durch die Dichtefunktion der Normalverteilung angenähert wird.

11 Für eine Kleinstadt mit 63 000 Einwohnern soll eine Marktanalyse über die Anzahl der Vegetarier erstellt werden. Geben Sie ein Intervall an, in dem die Anzahl der Vegetarier mit einer Wahrscheinlichkeit von 75 % liegt.

Vegetarier im Kommen

Vegetarier ernähren sich ausschließlich von pflanzlichen Produkten und Milch und Eiern. Seit langer Zeit ernähren sich die Angehörigen mancher hinduistischer und buddhistischer Glaubensrichtungen vegetarisch, da für sie alle Tiere heilig sind. Auch zahlreiche Philosophen und Autoren im antiken Griechenland und Rom ernährten sich vegetarisch. Seit 1908 gibt es den internationalen Dachverband *International Vegetarian Union*. Der Anteil der Vegetarier in Deutschland beträgt schätzungsweise 15 %.

12 Ein Linienbusunternehmen geht davon aus, dass 45 % seiner Fahrgäste eine Monatskarte besitzen. Es soll eine große Befragung an 8 000 Fahrgästen durchgeführt werden, um zu überprüfen, ob die Annahme über den Anteil der Monatskarten-Inhaber zutrifft.
Wir betrachten die Zufallsgröße X: *Anzahl der Monatskarteninhaber*.

a) Nennen Sie Voraussetzungen unter denen die Zufallsgröße X als binomialverteilt angesehen werden kann. Berechnen Sie Erwartungswert und Standardabweichung für die Anzahl der Monatskarteninhaber in dieser Stichprobe.
Weisen Sie damit nach, dass diese Binomialverteilung durch eine Normalverteilung angenähert werden kann.

b) Berechnen Sie sowohl mithilfe der Binomialverteilung als auch mithilfe der Normalverteilung die Wahrscheinlichkeit dafür, dass in der Stichprobe
(1) weniger als 3 500; (2) zwischen 3 500 und 4 000; (3) mehr als 4 000
Monatskarteninhaber enthalten sind.
Begründen Sie anhand der Werte, die mit beiden Verteilungen berechnet wurden, dass die näherungsweise Berechnung mithilfe der Normalverteilung angemessen ist.

c) Bestimmen Sie eine Zahl r so, dass für den Erwartungswert μ und die Standardabweichung σ gilt: $P(\mu - r\sigma < \mu < \mu + r\sigma) = 0{,}5$, sowohl mit der Binomialverteilung als auch mit der Annäherung durch die Normalverteilung. Vergleichen Sie beide Werte miteinander.
Erläutern Sie auch, welche Bedeutung diese Werte im Sachkontext haben.

8.4.2 Wahrscheinlichkeiten bei normalverteilten Zufallsgrößen

Ziel

Bislang haben Sie die Normalverteilung dazu verwendet, Wahrscheinlichkeiten von binomialverteilten Zufallsgrößen näherungsweise zu berechnen. Bei binomialverteilten Zufallsgrößen sind nur natürliche Zahlen für die Anzahl der Erfolge möglich. Bei vielen Anwendungsbeispielen, z. B. beim Messen des Körpergewichts, sind bei genügend genauer Messung mehrere Nachkommastellen, im Prinzip sogar beliebige reelle Zahlen (aus gewissen Bereichen) als Ergebnisse möglich.

In diesem Abschnitt werden Sie die Wahrscheinlichkeiten für solche Zufallsgrößen wie *Körpergewicht einer Person* berechnen.

Zum Erarbeiten

(1) Normalverteilte Zufallsgrößen

Wir betrachten das Gewicht von Brötchen, die ein Bäcker noch mit der Hand herstellt. Rechts ist das Histogramm der Gewichte dargestellt, wenn auf 1 Gramm genau gemessen wird.

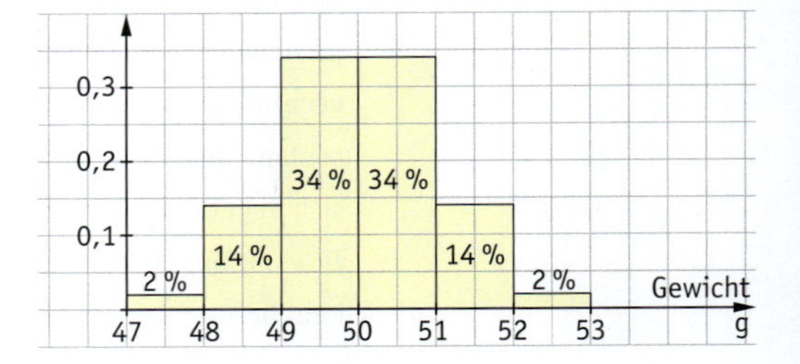

Wenn man das Gewicht genauer misst, z. B. auf 0,1 g genau, so erhält man das Histogramm rechts.

Ein Zehntel so breite Klassen haben nur ein Zehntel so große Häufigkeiten, daher ist hier ein zehnfacher Maßstab gewählt, damit der Gesamtflächeninhalt 1 bleibt.

Natürlich kann man noch feiner messen, z. B. auf 0,01 g. Idealtypisch können wir uns vorstellen, dass man beliebig genau messen kann. Dann erhält man einen glockenförmigen Graphen wie bei der Dichtefunktion der Normalverteilung.

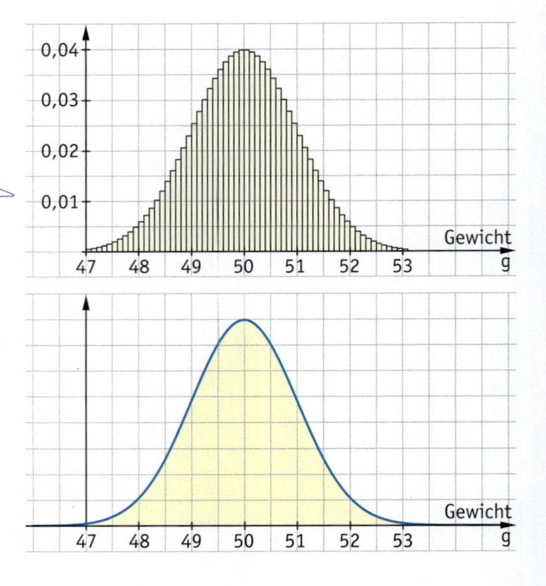

Definition 3

Eine Zufallsgröße X heißt **normalverteilt** mit Erwartungswert μ und Standardabweichung σ, wenn für alle Wahrscheinlichkeiten gilt:

$$P(a \le X \le b) = \int_a^b \varphi_{\mu;\sigma}(x)\,dx.$$

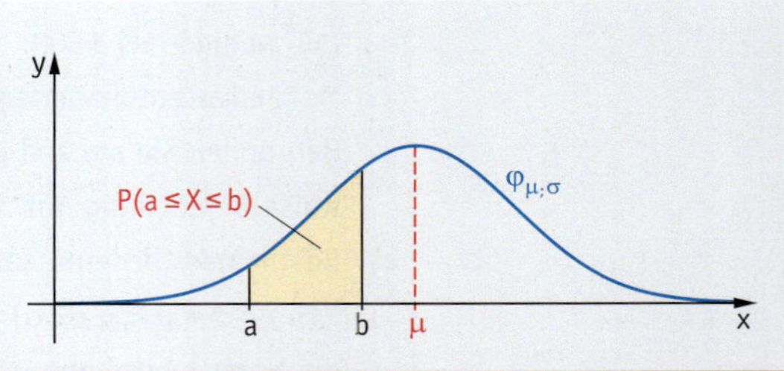

(2) Berechnen von Wahrscheinlichkeiten bei normalverteilten Zufallsgrößen

Wir nehmen an, dass das Gewicht der Brötchen normalverteilt mit Erwartungswert 50 g und Standardabweichung 1 g ist.

Berechnen Sie die Wahrscheinlichkeit, dass ein beliebig aus der Produktion herausgegriffenes Brötchen

a) zwischen 49 und 54 g **b)** weniger als 49 g **c)** mehr als 52,5 g **c)** genau 49,3 g wiegt.

Mithilfe des Befehls **normalcdf** des Rechners ergibt sich

a) $P(49 \leq X \leq 54) = \int_{49}^{54} \varphi_{50;\,1}(x)\,dx = 0{,}841$ — *normalcdf (49, 54, 50, 1)*

b) $P(X < 49) = \int_{0}^{49} \varphi_{50;\,1}(x)\,dx = 0{,}159$

c) $P(X > 49) = \int_{49}^{\infty} \varphi_{50;\,1}(x)\,dx = 0{,}006$ — *z. B. 100 g als Obergrenze statt ∞ nehmen*

d) $P(X = 49{,}3) = \int_{49{,}3}^{49{,}3} \varphi_{50;\,1}(x)\,dx = 0$

Die Wahrscheinlichkeit, dass ein Brötchen *genau* 49,3 g wiegt, ist exakt null. Das bedeutet aber – anders als bei Zufallsgrößen mit nur endlich vielen Werten – nicht, dass dieses Ergebnis unmöglich ist. Normalverteilte Zufallsgrößen können unendlich viele Werte annehmen, daher muss jeder einzelne dieser Werte die Wahrscheinlichkeit null haben.

(3) Berechnen von Bereichen zu vorgegebenen Wahrscheinlichkeiten

Der Benzinverbrauch X eines Pkw-Modells im Stadtverkehr in $\frac{l}{100\,km}$ kann näherungsweise durch eine Normalverteilung mit dem Erwartungswert $\mu = 7{,}8$ bei einer Standardabweichung von $\sigma = 1{,}5$ beschrieben werden.

In welchem symmetrischen Bereich um den Erwartungswert liegt der Benzinverbrauch mit einer Wahrscheinlichkeit von

a) 50 % **b)** 75 % **c)** 90 % **d)** 95 % **e)** 99 %?

a) Eine grafische Darstellung liefert die Lösungsidee:

An der oberen Grenze des Bereiches gilt:

$\Phi_{7,8;\,1,5}(x) = 0{,}75.$ — *20 % + 50 % = 75 %*

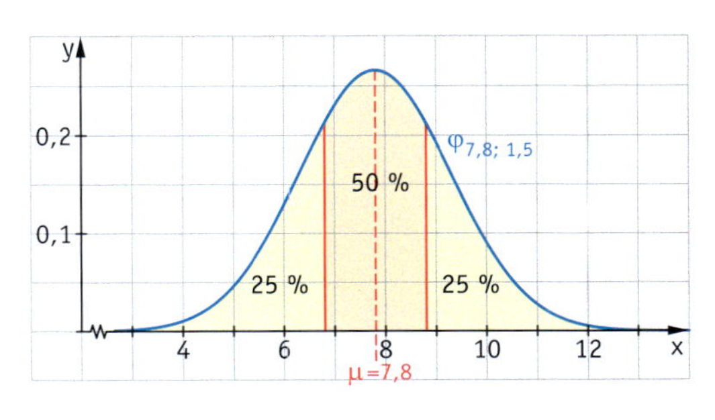

Diese Grenze bestimmen wir mithilfe des **invNorm**-Befehls des Rechners: 8,8.

Die untere Grenze liegt symmetrisch zu $\mu = 7{,}8$, also $7{,}8 - (8{,}8 - 7{,}8) = 6{,}8$.

Man könnte die untere Grenze ebenfalls mithilfe des **invNorm**-Befehls bestimmen: **invNorm** (0.25, 7.8, 1.5) liefert 6,8.

In 50 % der Fälle liegt der Benzinverbrauch also zwischen $6{,}8\,\frac{l}{100\,km}$ und $8{,}8\,\frac{l}{100\,km}$.

```
invNorm(.75,7.8,
1.5)
          8.811734624
```

Entsprechend ergeben sich folgende Bereiche:

b) In 75 % der Fälle liegt der Benzinverbrauch zwischen $6{,}1\,\frac{l}{100\,km}$ und $9{,}5\,\frac{l}{100\,km}$.

c) In 90 % der Fälle liegt der Benzinverbrauch zwischen $5{,}3\,\frac{l}{100\,km}$ und $10{,}3\,\frac{l}{100\,km}$.

d) In 95 % der Fälle liegt der Benzinverbrauch zwischen $4{,}9\,\frac{l}{100\,km}$ und $10{,}7\,\frac{l}{100\,km}$.

e) In 99 % der Fälle liegt der Benzinverbrauch zwischen $3{,}9\,\frac{l}{100\,km}$ und $11{,}7\,\frac{l}{100\,km}$.

Information

Die bereits bekannten Sigma-Regeln für Binomialverteilungen mit $\sigma > 3$ gehen darauf zurück, dass diese Binomialverteilungen durch die Normalverteilung angenähert werden können, und dass die Normalverteilung – sogar für beliebiges σ – folgende Eigenschaft hat:

Sigma-Regeln bei normalverteilten Zufallsgrößen

Bei normalverteilten Zufallsgrößen mit Erwartungswert μ und Standardabweichung σ gilt:

$P(\mu - \sigma \leq X \leq \mu + \sigma) = 0{,}683$	$P(\mu - 1{,}64\sigma \leq X \leq \mu + 1{,}64\sigma) = 0{,}90$
$P(\mu - 2\sigma \leq X \leq \mu + 2\sigma) = 0{,}955$	$P(\mu - 1{,}96\sigma \leq X \leq \mu + 1{,}96\sigma) = 0{,}95$
$P(\mu - 3\sigma \leq X \leq \mu + 3\sigma) = 0{,}997$	$P(\mu - 2{,}58\sigma \leq X \leq \mu + 2{,}58\sigma) = 0{,}99$

„glatte" Intervalle

„glatte" Wahrscheinlichkeiten

Übungsaufgaben

1 Das Gewicht von Eiern frei laufender Hühner auf einem Bauernhof ist normalverteilt mit Erwartungswert $\mu = 55\,g$ und Standardabweichung $\sigma = 5\,g$.
Bestimmen Sie die Wahrscheinlichkeit, dass ein beliebig aus diesen Eiern ausgewähltes Ei

a) zwischen 45 und 53 g; **b)** mindestens 45 g;
c) höchstens 50 g; **d)** genau 60 g wiegt.

2 Die Länge von Schrauben einer bestimmten Produktion ist normalverteilt mit Erwartungswert $\mu = 40\,mm$ und Standardabweichung $\sigma = 0{,}3\,mm$.

a) Bestimmen Sie die Wahrscheinlichkeit, dass eine beliebig ausgewählte Schraube dieser Produktion
(1) zwischen 39,5 und 40,5 mm;
(2) kürzer als 39 mm;
(3) länger als 41 mm;
(4) genau 40 mm lang ist.

b) In einer technischen Information soll angegeben werden:
(1) Die Länge von 90 % der Schrauben liegt zwischen ... und ... mm.
(2) 95 % aller Schrauben sind mindestens ... mm lang.
Ermitteln Sie die fehlenden Werte.

Mikrozensus: statistische Erhebung in einem repräsentativen Teil der Bevölkerung

3 Im Rahmen des zuletzt durchgeführten Mikrozensus ergab sich für die Körpergröße von 18- bis 20-jährigen Frauen ein Mittelwert von 1,68 m bei einer Standardabweichung von 6,5 cm. Die Körpergröße kann näherungsweise als normalverteilt angesehen werden.

a) Mit welcher Wahrscheinlichkeit ist eine zufällig ausgewählte Frau dieser Altersgruppe
(1) größer als 1,63 m;
(2) mindestens 1,62 m und höchstens 1,75 m groß?

b) Bestimmen sie die sogenannten *Perzentilwerte* P_{10}, P_{25}, P_{75}, P_{90}. Das sind diejenigen Körpergrößen, für die gilt, dass 10 %, 25 %, 75 % bzw. 90 % der Bevölkerungsgruppe unterhalb dieses Wertes liegen.

4 Für das Körpergewicht von 18- bis 20-Jährigen ergaben sich folgende Daten:

Frauen: $\mu = 60{,}2\,\text{kg}$; $\sigma = 9{,}8\,\text{kg}$ Männer: $\mu = 73{,}2\,\text{kg}$; $\sigma = 11{,}1\,\text{kg}$

Als 10 %- , 90 %- bzw. 50 %-Perzentilwerte (siehe Aufgabe 3) wurden festgestellt:

Frauen: $P_{10} = 50{,}0\,\text{kg}$, $P_{90} = 73{,}9\,\text{kg}$ $P_{50} = 59{,}9\,\text{kg}$

Männer: $P_{10} = 60{,}0\,\text{kg}$, $P_{90} = 87{,}1\,\text{kg}$ $P_{50} = 72{,}0\,\text{kg}$

Erläutern Sie, warum man hieran ablesen kann, dass das Körpergewicht auch nicht näherungweise als normalverteilt angesehen werden kann.

5 Untersuchen Sie, ob die Angaben in den beiden Artikeln zueinander passen.

Intelligenz (lat.: *intelligentia* „Einsicht, Erkenntnisvermögen", *intellegere* „einsehen, verstehen") bezeichnet im weitesten Sinne die geistige Fähigkeit zum Erkennen von Zusammenhängen und zum Finden von Problemlösungen. Intelligenz kann auch als die Fähigkeit, den Verstand zu gebrauchen, angesehen werden. Sie zeigt sich im vernünftigen Handeln. In der Psychologie ist *Intelligenz* ein Sammelbegriff für die kognitiven Fähigkeiten des Menschen, also die Fähigkeit, zu verstehen, zu abstrahieren und Probleme zu lösen, Wissen anzuwenden und Sprache zu verwenden.

Intelligenztest Ein Intelligenztest dient dazu, die kognitiven Fähigkeiten eines Menschen zu erfassen. Es existiert eine Vielzahl unterschiedlicher Tests für unterschiedliche Zielgruppen und Anwendungsfälle. Ergebnis eines solchen Tests ist häufig der sogenannte Intelligenzquotient (IQ).
Intelligenztests liegt die Annahme zugrunde, dass die Intelligenz der Bevölkerung normalverteilt ist. Damit beschreibt der IQ die Abweichung vom Mittelwert 100, eine Standardabweichung beträgt 15 IQ-Punkte. (Wikipedia 07/2009)

Intelligent, intelligenter, am intelligentesten
Intelligenztests zeigen: Zwei Drittel aller Deutschen haben einen IQ zwischen 85 und 115.
50 Prozent sind intelligenter als der Durchschnitt.
Aber nur 2 % sind Hochintelligente mit einem weit überdurchschnittlichen IQ über 130.

6 Eine Firma produziert Stahlbolzen, deren Durchmesser 5 mm betragen soll. Aus einer Qualitätskontrolle weiß man, dass der durchschnittliche Durchmesser der hergestellten Bolzen genau dem Sollwert entspricht – bei einer Standardabweichung von 0,2 mm. Folgende Qualitätseinteilung wird verwendet:

a) Berechnen Sie die Wahrscheinlichkeit dafür, dass ein zufällig der Produktion entnommener Stahlbolzen 1. Wahl ist.

b) Täglich werden 50 000 Bolzen produziert. Geben Sie eine begründete Prognose dafür an, wie viele Bolzen der einzelnen Qualitätsstufen man in dieser Produktion erwarten kann.

Qualität	Abweichung des Durchmessers vom Sollwert
1. Wahl	höchstens 0,15 mm
2. Wahl	mehr als 0,15 mm, aber weniger als 0,30 mm
Ausschuss	mehr als 0,30 mm

7 Eine Zufallsgröße X ist normalverteilt mit $\mu = 70$ und $\sigma = 4$.

a) Bestimmen Sie $P(65 \le X \le 75)$.

b) Beschreiben Sie, wie sich diese Wahrscheinlichkeit ändert, wenn man μ beibehält und σ verändert.

c) Beschreiben Sie, wie sich die Wahrscheinlichkeit aus Teilaufgabe a) ändert, wenn man bei festem $\sigma = 4$ den Erwartungswert μ verändert.

8.4.3 Bestimmen der Kenngrößen von normalverteilten Zufallsgrößen

Aufgabe

1 Bestimmen einer Normalverteilung aus arithmetischem Mittel und empirischer Standardabweichung

In einer Stichprobe unter 1 000 Frauen im Alter zwischen 18 und 20 Jahren fand man für die Körpergröße die nebenstehende Häufigkeitsverteilung.

Hinweis: Die Körpergröße 160 cm bedeutet, dass die betreffende Person mindestens 159,5 cm groß ist, aber kleiner ist als 160,5 cm.

Körpergröße (in cm)	relative Häufigkeit
150	0,1 %
151	0,2 %
152	0,3 %
153	0,4 %
154	0,6 %
155	0,8 %
156	1,1 %
157	1,5 %
158	1,9 %
159	2,4 %
160	2,9 %
161	3,4 %
162	4,0 %
163	4,6 %
164	5,1 %
165	5,5 %
166	5,9 %
167	6,2 %
168	6,2 %

Körpergröße (in cm)	relative Häufigkeit
169	6,2 %
170	5,9 %
171	5,5 %
172	5,1 %
173	4,6 %
174	4,0 %
175	3,4 %
176	2,9 %
177	2,4 %
178	1,9 %
179	1,5 %
180	1,1 %
181	0,8 %
182	0,6 %
183	0,4 %
184	0,3 %
185	0,2 %
186	0,1 %

a) Stellen Sie die Verteilung der relativen Häufigkeiten in Form eines Histogramms dar.

b) Bestimmen Sie das arithmetische Mittel $\overline{x}$ und die empirische Standardabweichung s der Häufigkeitsverteilung. Zeigen Sie, dass sich der Graph der Dichtefunktion mit $f(x) = \frac{1}{s\sqrt{2\pi}} \cdot e^{-\frac{(x-\overline{x})^2}{2s^2}}$ die Verteilung der relativen Häufigkeit gut annähert.

normalpdf *(x, $\overline{x}$, s)*

Lösung

a) Wir können die Daten aus der Tabelle als Listen L1 und L2 eingeben. Mithilfe eines GTR können wir das abgebildete Histogramm zeichnen.

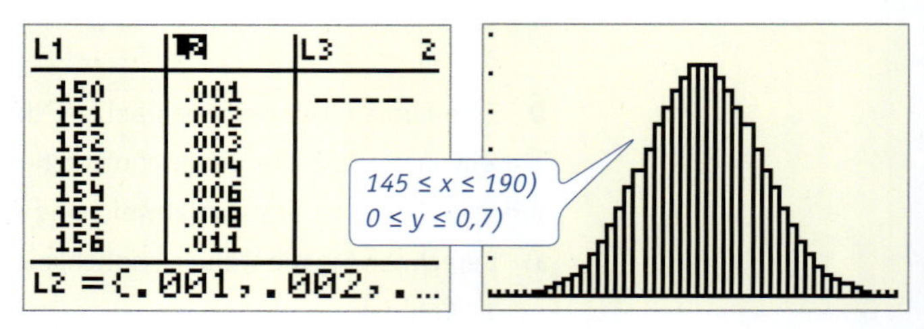

b) Wir bestimmen das arithmetische Mittel $\overline{x}$ der Häufigkeitsverteilung mithilfe des GTR. Bei großem Stichprobenumfang nähert sich dieser Mittelwert dem tatsächlichen Erwartungswert μ der Zufallsgröße. Die empirsiche Standardabweichung s (Stichprobenstreuung) können wir ebenso mithilfe des GTR bestimmen. Dieser Wert nähert sich bei großem Stichprobenumfang der zugrundeliegenden Standardabweichung σ der Zufallsgröße. Nach Eingabe von **normalpdf** (X, 168, 6.334) im Funktioneneditor können wir die Glockenkurve der Dichtefunktion zeichnen und die gute Anpassung an die Häufigkeitsverteilung sehen.

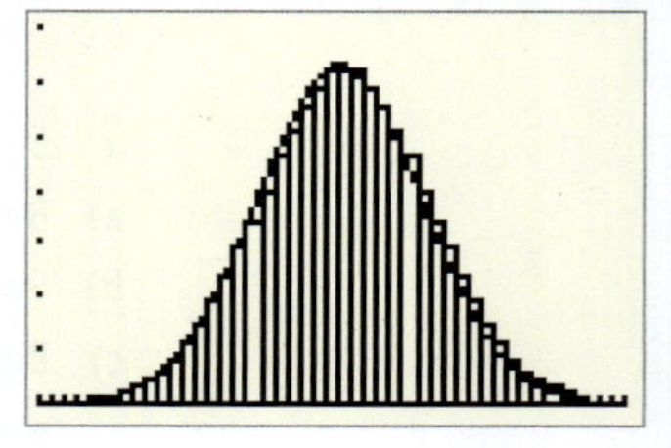

Aufgabe

2 Bestimmen einer Normalverteilung aus gegebenen Wahrscheinlichkeiten

In bestimmten Altersstufen kann die Körpergröße von Kindern als normalverteilt angesehen werden. Aus dem Diagramm rechts kann man beispielsweise ablesen, dass jeweils 3 % der Vierjährigen kleiner als 96 cm und größer als 111 cm sind.

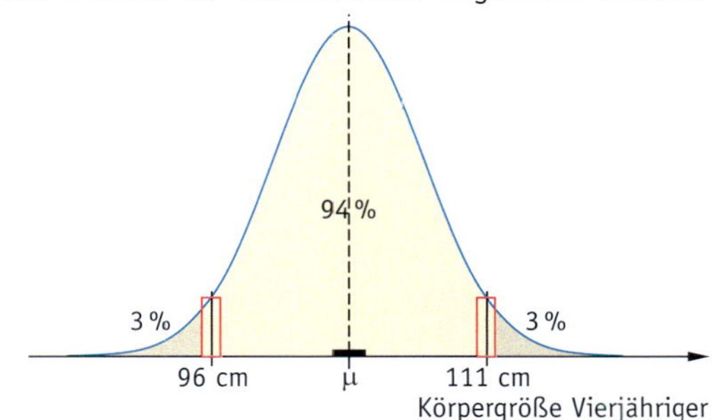

Bei den Vorsorgeuntersuchungen von Kindern wird geprüft, ob die Körpergröße des untersuchten Kindes auffällig groß oder klein ist, d. h. ob es zu den 3 % am oberen oder am unteren Ende der Verteilung gehört.

Hinweis: Beachten Sie, dass mit der Körpergröße 96 cm das Intervall [95,5 cm; 96,5 cm[gemeint ist.

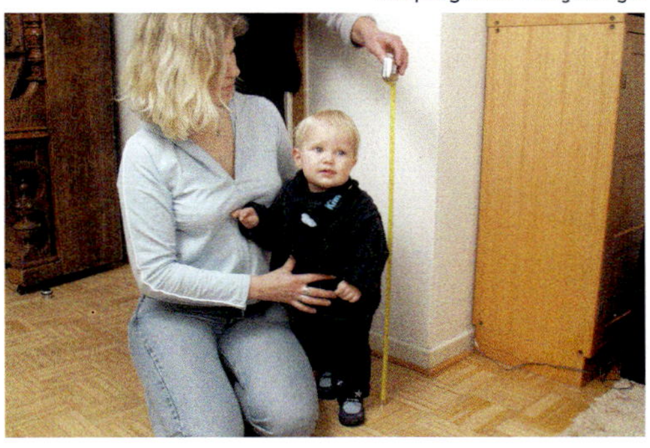

a) Bestimmen Sie aus diesen Angaben die benötigten Kenngrößen μ und σ.

b) Wie viel Prozent der Vierjährigen sind
(1) größer als 99 cm;
(2) zwischen 99 cm und 102 cm groß?

Lösung

a) Wegen der Symmetrie der Normalverteilung liegt der Erwartungswert μ in der Mitte zwischen 95,5 cm und 111,5 cm, also: $\mu = 103{,}5$ cm. Das Intervall [95,5; 111,5[beschreibt die 94 %-Umgebung von μ.

Um die Standardabweichung σ zu bestimmen, betrachten wir die Funktion $s(x) =$ **normalcdf**(95.5, 111.5, 103.5, x), die uns zu verschiedenen Werten für die Standardabweichung σ Wahrscheinlichkeiten für das Intervall [95,5 cm; 111,5 cm[liefert.
Gesucht ist also diejenige Zahl x, für die $s(x) = 0{,}94$ ist.
Eine solche Zahl finden wir mithilfe der Wertetabelle der Funktion.

X	Y1
4.23	.94141
4.24	.94081
4.25	.94021
4.26	.93961
4.27	.93901
4.28	.9384
4.29	.93779

X=4.25

$x \approx 4{,}25$

Eine andere Möglichkeit: Wir betrachten den Graphen der Dichtefunktion und die Gerade mit $y = 0{,}94$ parallel zur x-Achse. Mithilfe des entsprechenden GTR-Befehls, z. B. **intersect**, bestimmen wir den Schnittpunkt beider Graphen.

```
Plot1 Plot2 Plot3
\Y1=normalcdf(95.5,111.5,103.5,X)
\Y2=0.94
\Y3=
\Y4=
\Y5=
```

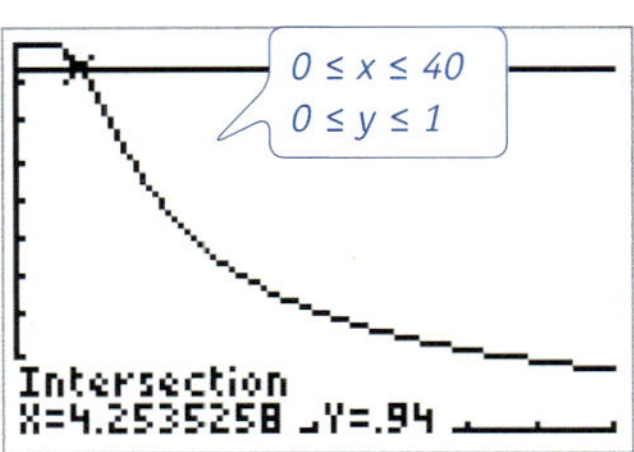

Die x-Koordinate liefert ebenfalls den gesuchten Wert $\sigma \approx 4{,}25$.

b) (1) P(größer als 99 cm) = 1 − P(höchstens 99,5 cm groß)
= 1 − **normalcdf**(0, 99.5, 103.5, 4.25) = 0,8267

(2) P(zwischen 99 cm und 102 cm)
= P(mindestens 99,5 cm und höchstens 101,5 cm groß)
= **normalcdf**(99.5, 101.5, 103.5, 4.25) = 0,1457

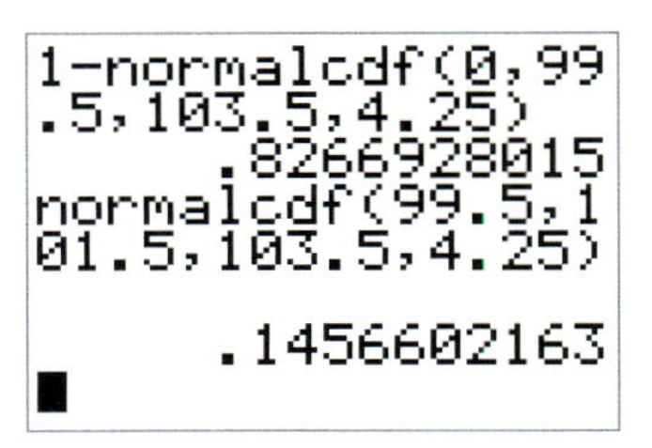

Übungsaufgaben 

3 Aus der Produktion von Stahlnägeln wurde eine Stichprobe vom Umfang 500 genommen und die Länge der Nägel x (in mm) bestimmt; mit h (x) wird die relative Häufigkeit der Nägel der Länge x bezeichnet.

x	h (x)	x	h (x)	x	h (x)	x	h (x)
68,0	0,001	68,7	0,028	69,4	0,092	70,1	0,022
68,1	0,001	68,8	0,039	69,5	0,087	70,2	0,013
68,2	0,003	68,9	0,051	69,6	0,079	70,3	0,011
68,3	0,005	69,0	0,063	69,7	0,071	70,4	0,006
68,4	0,007	69,1	0,074	69,8	0,059	70,5	0,003
68,5	0,013	69,2	0,085	69,9	0,043	70,6	0,001
68,6	0,019	69,3	0,090	70,0	0,034		

(1) Stellen Sie die empirische Verteilung durch ein Histogramm dar.

(2) Bestimmen Sie Mittelwert und Stichprobenstreuung für diese Häufigkeitsverteilung.

(3) Bestimmen Sie eine Normalverteilung, die zu den Daten der Häufigkeitsverteilung passt.

(4) Berechnen Sie mithilfe dieser Normalverteilung die Wahrscheinlichkeit, dass ein zufällig aus der Stichprobe gezogener Nagel eine Länge hat, die im Intervall]68,85 mm; 70,05 mm] liegt. Vergleichen Sie die bestimmte Wahrscheinlichkeit mit den relativen Häufigkeiten aus der Stichprobe.

4 Aus einem Korb mit Pflaumen wurden 200 zufällig ausgewählt und gewogen.

Gewicht (in g)	13	14	15	16	17	18	19	20	21	22	23
Anzahl der Pflaumen	1	1	2	3	6	9	11	12	13	19	17

Gewicht (in g)	24	25	26	27	28	29	30	31	32	33	34
Anzahl der Pflaumen	20	20	17	13	12	8	7	3	2	2	2

a) Ermitteln Sie eine Normalverteilung, die das Gewicht dieser Pflaumen beschreibt.

b) Bestimmen Sie, welcher Anteil der Pflaumen

(1) leichter als 20 g; (2) schwerer als 30 g; (3) zwischen 20 g und 30 g schwer ist.

5

a) Bestimmen Sie mithilfe der Grafik den Erwartungswert und die Standardabweichung der Körpergröße von Kindern im Alter

(1) von 6 Monaten; (2) von 12 Monaten.

b) Bestimmen Sie μ und σ für die Körpergröße von Kindern mit dem Körpergewicht

(1) 6 kg; (2) 8 kg.

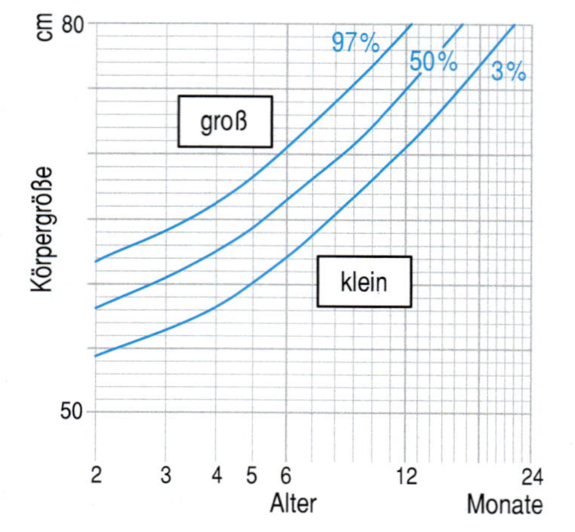

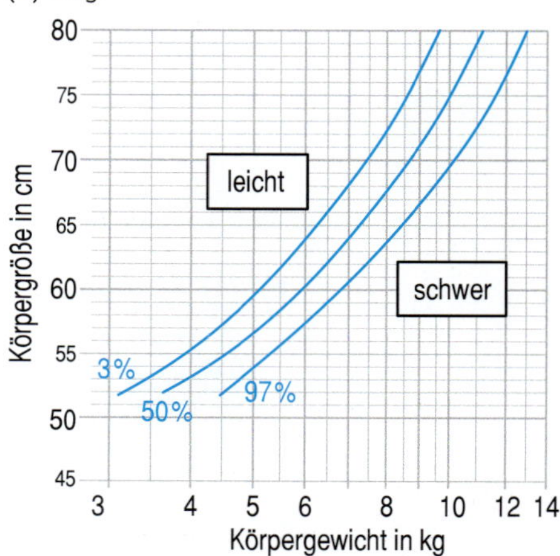

6 Die Körpergröße von Neugeborenen ist näherungsweise normalverteilt. Bestimmen Sie wie in Aufgabe 1 eine Dichtefunktion, die die Daten der folgenden Stichprobe gut approximiert.

Körpergröße (in cm)	≤ 47	48	49	50	51	52	53	54	55	56	57	58	≥ 59
Anzahl Jungen	0	1	2	8	12	12	16	14	13	11	7	3	1
Anzahl Mädchen	2	1	3	12	12	17	19	10	13	8	3	0	0

7 Die WHO (World Health Organization) führte in verschiedenen Ländern aller Kontinente eine umfangreiche Stichprobe durch, mit deren Hilfe Wahrscheinlichkeiten für Körpermaße von Kindern und Jugendlichen geschätzt werden können.

a) Erläutern Sie, was in den drei abgebildeten Grafiken dargestellt ist.

b) Schätzen Sie Erwartungswert und Standardabweichung der näherungsweise normalverteilten Körpergröße von Mädchen im Alter von 10 Jahren.

c) Mit welcher Wahrscheinlichkeit ist ein 12-jähriges Mädchen kleiner als 150 cm?

d) Mit welcher Wahrscheinlichkeit hat ein 3 Jahre alter Junge einen Kopfumfang von über 50 cm?

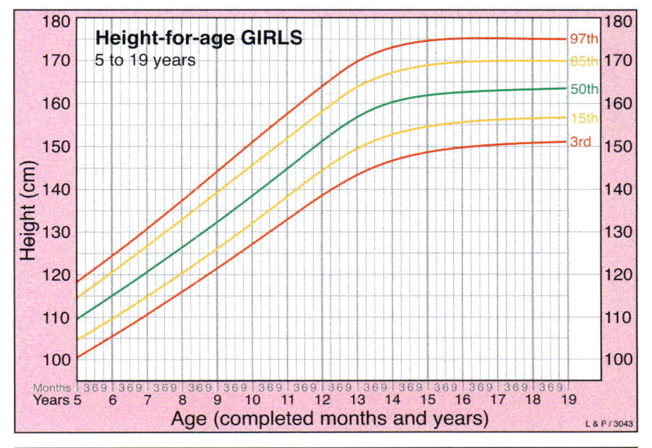

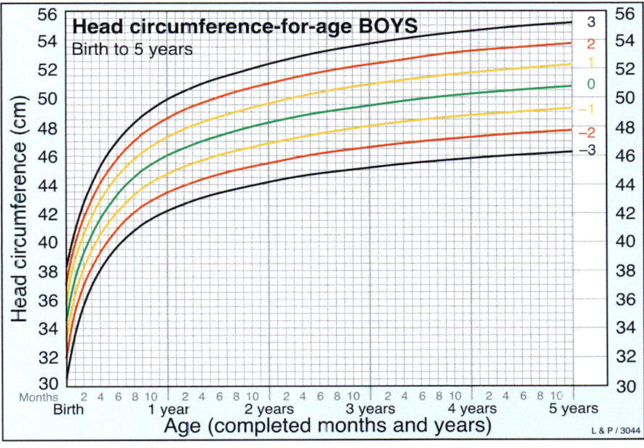

e) Woran kann man erkennen, dass das Körpergewicht von Mädchen im Alter zwischen 5 und 10 Jahren nicht normalverteilt ist?

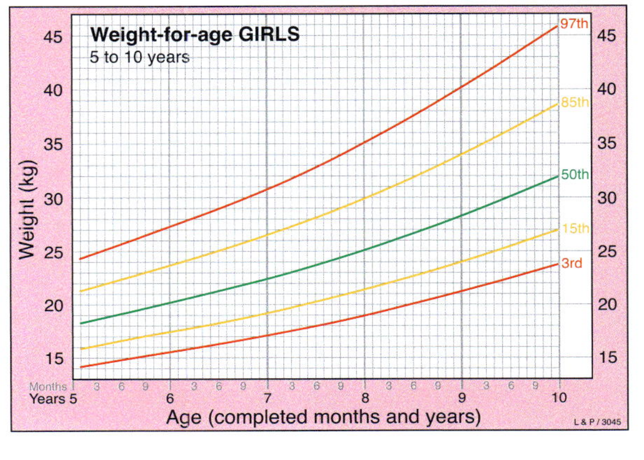

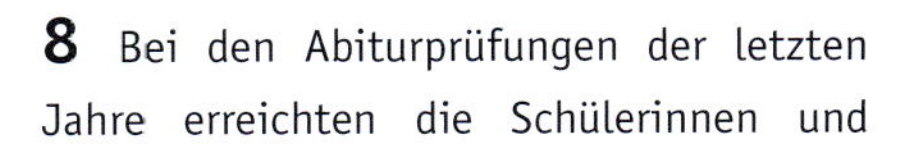

8 Bei den Abiturprüfungen der letzten Jahre erreichten die Schülerinnen und Schüler eines Gymnasiums die folgenden Gesamtpunktzahlen:

Punkte	< 314	314 – 364	365 – 414	415 – 464	465 – 515	516 – 565
Anzahl	2	19	55	65	70	53

Punkte	566 – 616	617 – 666	667 – 716	717 – 767	> 767
Anzahl	39	27	15	9	2

Kann die Verteilung als normalverteilt angesehen werden? Schätzen Sie gegebenenfalls μ und σ.

8.5 Stetige Zufallsgrößen

Einführung

Stetige Verteilungen als Idealisierungen von diskreten Verteilungen

In den sogenannten *Sterbetafeln* ist angegeben, wie viele Personen eines Geburtsjahrgangs in einem bestimmten Alter noch leben.

Wegen der unterschiedlichen Lebenserwartung von Männern und Frauen wird daher nach dem Geschlecht unterschieden.

Zur Vereinfachung hat man die absoluten Häufigkeiten auf 100 000 Lebendgeborene umgerechnet.

Alter	männlich			weiblich		
	1910	1934	2006	1910	1934	2006
0	100 000	100 000	100 000	100 000	100 000	100 000
1	79 766	91 465	99 567	82 952	93 161	99 602
2	76 585	90 618	99 531	79 761	92 394	99 568
5	74 211	89 654	99 481	77 334	91 535	99 522
10	72 827	88 793	99 426	75 845	90 753	99 464
15	72 007	88 244	99 367	74 887	90 270	99 400
20	70 647	87 298	99 145	73 564	89 490	99 126
25	68 881	86 032	98 825	71 849	88 390	98 753
30	67 092	84 715	98 502	69 848	87 139	98 402
35	65 104	83 243	98 124	67 679	85 754	97 975
40	62 598	81 481	97 571	65 283	84 135	97 269
45	59 405	79 285	96 600	62 717	82 211	95 951
50	55 340	76 322	94 937	59 812	79 620	93 811
55	50 186	72 147	92 294	55 984	76 038	90 657
60	43 807	66 293	88 463	50 780	70 984	86 406
65	36 079	58 106	82 970	43 540	63 712	80 725
70	27 136	47 059	75 093	34 078	53 184	72 506
75	17 586	33 479	63 680	23 006	39 132	60 647
80	8 687	19 122	48 524	12 348	23 500	45 367
85	3 212	7 732	30 667	4 752	10 323	28 027
90	683	1 966	14 463	1 131	2 868	12 249

Aus der Tabelle für 2006 lesen wir z. B. ab: Von 100 000 Lebendgeborenen erreichen 99 145 Männer das Alter von 20 Jahren, 98 124 Männer das Alter von 35 Jahren.

Wahrscheinlichkeit als Prognose

Die relative Häufigkeit $\frac{98\,124}{99\,145} = 0{,}99$ kann zur Schätzung der Wahrscheinlichkeit dafür dienen, dass ein 20-Jähriger 35 Jahre alt wird.

Mithilfe der obigen Sterbetafel ist das folgende Histogramm erstellt worden.

Aus dem Diagramm ist ablesbar, mit welcher Wahrscheinlichkeit ein männlicher Neugeborener im Lebensalter von a Jahren bis a + 5 Jahren stirbt.

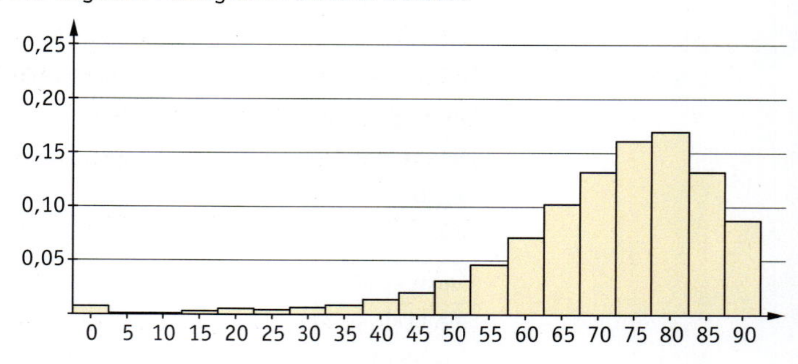

Analog kann man auch ein *verfeinertes* Histogramm zum gleichen Sachverhalt zeichnen, wenn man eine Sterbetafel vorliegen hat, die in Abständen von 1 Jahr angibt, wie viele von 100 000 Neugeborenen nach a Jahren noch leben.

Es liegt nahe sich vorzustellen, dass man noch beliebig weiter verfeinern kann. Dies stellt eine Idealisierung des Sachverhalts dar. Statt der treppenartigen Histogramme erhält man dann den Graphen einer stetigen Funktion, die sogenannte **Dichtefunktion** der Zufallsgröße X.

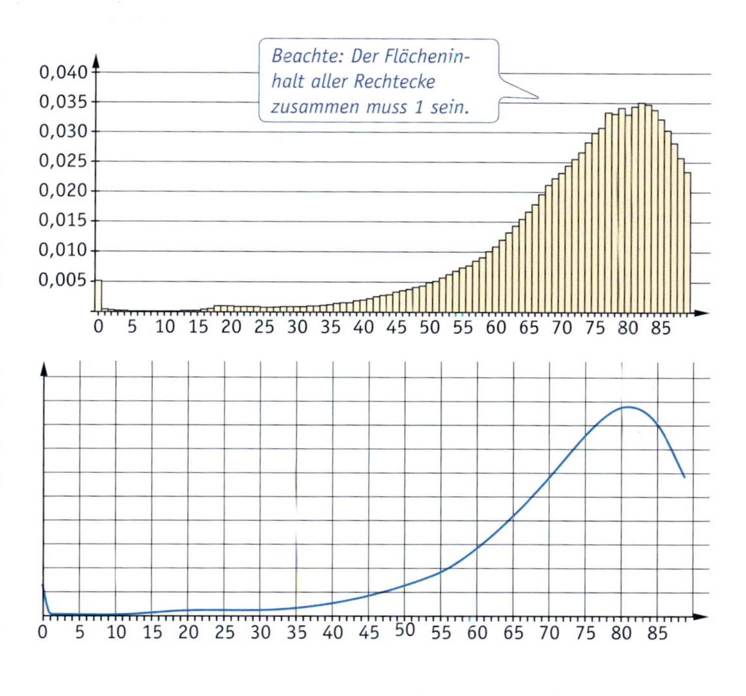

Information **(1) Dichtefunktion einer stetigen Zufallsgröße**

Zufallsgrößen, die beliebige Werte in einem Intervall annehmen können, bezeichnet man als **stetige Zufallsgrößen**. Die Wahrscheinlichkeit einer stetigen Zufallsgröße wird durch eine sogenannte Dichtefunktion beschrieben.

Definition 4: Dichtefunktion einer stetigen Zufallsgröße

Eine Funktion f heißt **Dichtefunktion einer stetigen Zufallsgröße X**, wenn folgende Eigenschaften erfüllt sind:

(1) Für alle $x \in \mathbb{R}$ gilt: $f(x) \geq 0$

(2) $\int_{-\infty}^{+\infty} f(x)\,dx = 1$

Eine Zufallsgröße X und deren Verteilung heißen **stetig**, falls es eine geeignete Dichtefunktion mit den Eigenschaften (1) und (2) gibt, sodass gilt: $P(a \leq X \leq b) = \int_a^b f(x)\,dx$

Die Eigenschaft (1) der Nicht-Negativität ist plausibel, da dann für die Wahrscheinlichkeit von beliebigen Ereignissen E folgt: $P(E) = P(a \leq X \leq b) \geq 0$.

Ebenso leuchtet die „Summeneigenschaft“ (2) ein, da auch bei den bisher behandelten Verteilungen die Summe der Wahrscheinlichkeiten aller Ergebnisse 1 ist.

Die Funktion $b \mapsto F(b) = P(X \leq b)$ wird als **Verteilungsfunktion** der Zufallsgröße X bezeichnet. Sie entspricht den kumulierten Verteilungen bei den bisher betrachteten Zufallsgrößen.

Hinweis: Man beachte, dass der Wert f(a) der Dichtefunktion an der Stelle a nicht mit der Wahrscheinlichkeit für a verwechselt werden darf.

Die schon bekannten normalverteilten Zufallsgrößen sind spezielle stetige Zufallsgrößen.

(2) Unmögliche Ereignisse bei diskreten Verteilungen – Ereignisse mit Wahrscheinlichkeit null bei stetigen Verteilungen

Diskrete Zufallsgrößen können nur endlich viele Werte annehmen. Wenn ein bestimmter Wert bei einem Zufallsversuch nicht angenommen werden kann, dann hat er die Wahrscheinlichkeit null (unmögliches Ereignis).

Bei stetigen Größen ist dies anders, wie schon von der Normalverteilung bekannt: Die Zufallsgröße kann kontinuierlich alle Werte aus einem Intervall annehmen. Die Wahrscheinlichkeit, dass genau der Wert a angenommen wird, berechnet sich gemäß Definition (2) als $P(X = a) = P(a \le X \le a) = \int_a^a f(x)\,dx$.

Aus der Integralrechnung wissen wir, dass dieses Integral gleich null ist, d. h. für alle $a \in \mathbb{R}$ gilt: $P(X = a) = 0$.

Dies bedeutet allerdings (anders als bei diskreten Zufallsgrößen) *nicht*, dass das Ereignis $X = a$ ein *unmöglichen* Ereignis ist.

Aufgabe

1 Für eine bestimme Sorte von Glühlampen lässt sich die Lebensdauer mithilfe der Dichtefunktion $f(x) = 0{,}004\,e^{-0{,}004x}$ für $x \ge 0$ und $f(x) = 0$ sonst beschreiben, wobei x die Brenndauer in Stunden bedeutet.

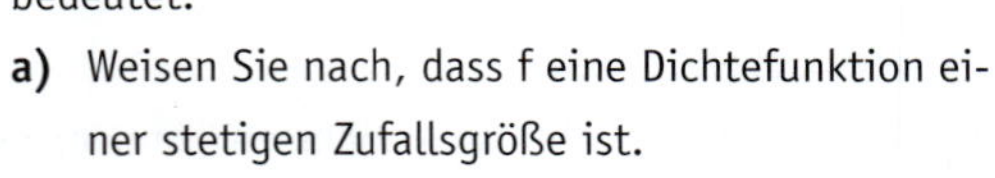

a) Weisen Sie nach, dass f eine Dichtefunktion einer stetigen Zufallsgröße ist.

b) Bestimmen Sie den Anteil der Glühlampen, die weniger als 300 Stunden brennen.

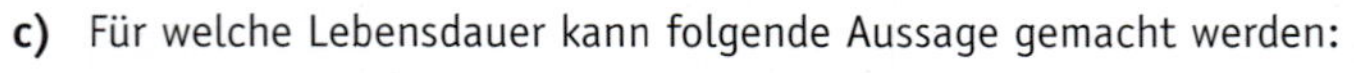

c) Für welche Lebensdauer kann folgende Aussage gemacht werden:

(1) Mit einer Wahrscheinlichkeit von 75 % leuchtet eine zufällig ausgewählte Glühlampe dieses Typs bis zu a Stunden.

(2) Mit einer Wahrscheinlichkeit von 75 % leuchtet eine zufällig ausgewählte Glühlampe dieses Typs mindestens b Stunden.

d) Ermitteln Sie den Erwartungswert für die Brenndauer dieser Glühlampen.

Lösung

a) (1) Offensichtlich gilt $f(x) \ge 0$ für alle $x \in \mathbb{R}$, da eine Exponentialfunktion nur positive Funktionswerte hat.

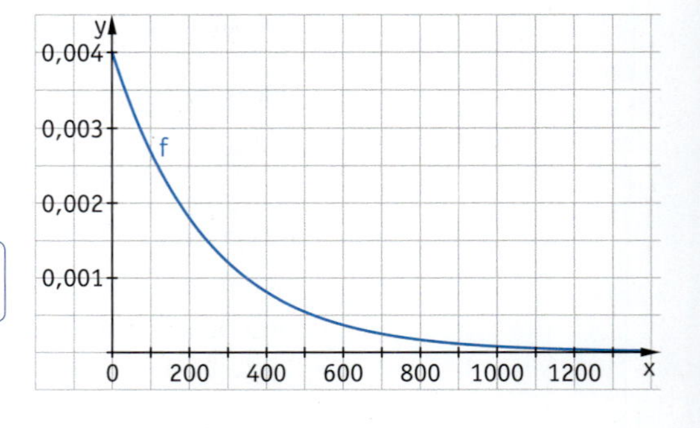

(2) Es gilt

$$\int_0^\infty f(x)\,dx = \lim_{b\to\infty} \int_0^b f(x)\,dx$$

Wir berechnen:

Integration mit linearer Substitution

$$\int_0^b 0{,}004\,e^{-0{,}004x}\,dx = \left[-e^{-0{,}004x}\right]_0^b$$
$$= -e^{-0{,}004b} - (-e^{-0})$$
$$= 1 - e^{-0{,}004b} \to 1 \text{ für } b \to \infty$$

Also gilt für das uneigentliche Integral:

$$\int_0^\infty 0{,}004\,e^{-0{,}004x}\,dx = 1$$

b) $P(X < 300) = \int_0^{300} 0{,}004\,e^{-0{,}004x}\,dx = \left[-e^{-0{,}004x}\right]_0^{300} = -e^{-1{,}2} - (-1) \approx 0{,}7$

Also brennen etwa 70 % aller dieser Glühlampen weniger als 300 Stunden.

c) (1) Aus dem Ansatz $\int_0^b 0{,}004 \cdot e^{-0{,}004x}\,dx = 0{,}75$ erhalten wir $\left[-e^{-0{,}004x}\right]_0^b = 0{,}75$, also:

$-e^{-0{,}004b} - (-1) = 0{,}75$, folglich

$b \approx 347$.

Also leuchtet eine Glühlampe diesen Typs mit einer Wahrscheinlichkeit von 75 % bis zu 347 Stunden.

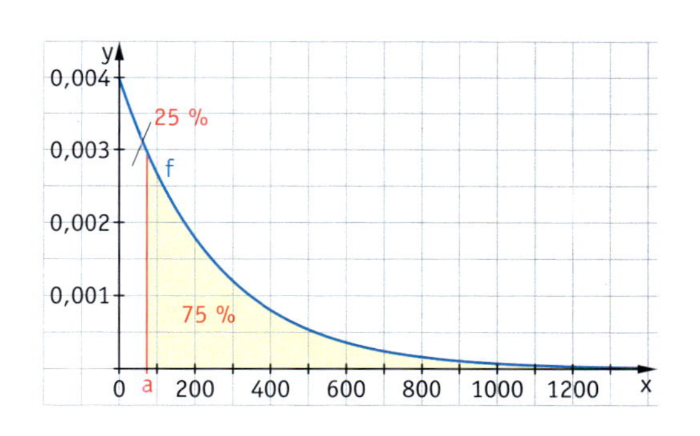

(2) Aus der Bedingung, dass die Lampe mit einer Wahrscheinlichkeit von 0,75 mindestens a Stunden brennen soll, folgt mit der Komplementärregel, dass sie mit einer Wahrscheinlichkeit von 0,25 weniger als a Stunden brennt. Zu lösen ist die Gleichung

$\int_0^a 0{,}004 \cdot e^{-0{,}004x}\,dx = 0{,}25$.

Die Berechnung des Integrals führt zu

$1 - e^{-0{,}004a} = 0{,}25$.

Hieraus folgt: $a \approx 72$

Also leuchtet eine Glühlampe diesen Typs mit einer Wahrscheinlichkeit von 75 % mindestens 72 Stunden.

d) Wir ermitteln zunächst einen Näherungswert, indem wir die stetige Dichtefunktion durch ein Histogramm einer Häufigkeitsverteilung annähern. Das arithmetische Mittel dieser Häufigkeitsverteilung ist näherungsweise

Flächeninhalt des Rechtecks mit der Breite 100 und der Höhe f(50)

$\bar{x} = \underbrace{50}_{\text{Dauer}} \cdot \underbrace{f(50) \cdot 100}_{\text{relative Häufigkeit}} + 150 \cdot f(150) \cdot 100 + \ldots + 950 \cdot f(950) \cdot 100 \approx 229$

Die einzelnen Summanden kann man als Flächeninhalt von Rechtecken zum Graphen der Funktion zu $g(x) = x \cdot f(x) = x \cdot 0{,}004\,e^{-0{,}004x}$ auffassen.

Je feiner man die Unterteilung des Histogramms wählt, desto besser ist der Näherungswert.

Als Erwartungswert μ sollte man daher festlegen:

$\mu = \int_0^\infty x \cdot f(x)\,dx = \int_0^\infty x \cdot 0{,}004\,e^{-0{,}004x}\,dx$

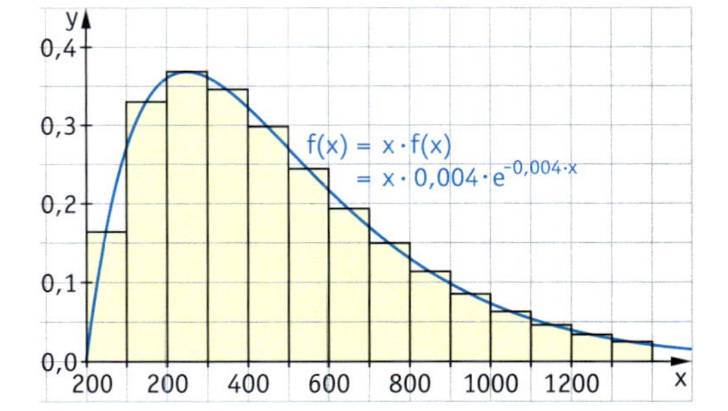

Mit einem CAS oder näherungsweise mit einem GTR erhält man $\mu = 250$, d. h. für die untersuchten Glühlampen kann man eine durchschnittliche Brenndauer von 250 Stunden erwarten.

Weiterführende Aufgabe

2 Standardabweichung einer stetigen Zufallsgröße

Betrachten Sie die Brenndauer der Glühlampe in Aufgabe 1.

Berechnen Sie die Standardabweichung der Brenndauer vom Erwartungswert.

Information

(3) Erwartungswert und Standardabweichung einer stetigen Zufallsgröße

Zur Bestimmung des Erwartungswertes einer stetigen Zufallsgröße nähert man die zugehörige Dichtefunktion durch ein Histogramm einer Häufigkeitsverteilung mit Klassenbreite Δx an.

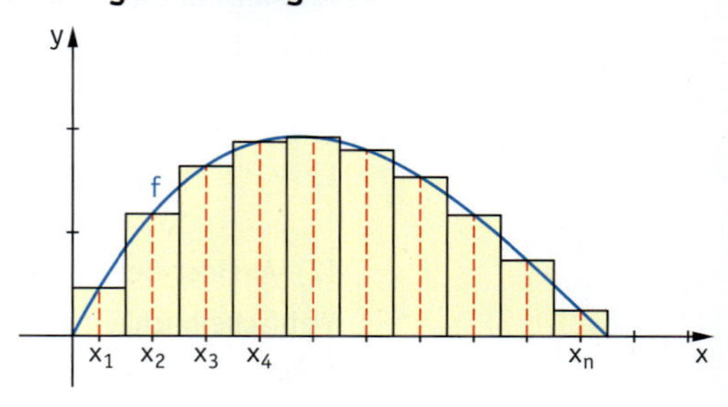

Für das arithmetische Mittel dieser Häufigkeitsverteilung gilt: *Flächeninhalt des Rechtecks an x_1*

$$\overline{x} = \underbrace{x_1}_{\text{Wert}} \cdot \underbrace{f(x_1) \cdot \Delta x}_{\text{relative Häufigkeit}} + x_2 f(x_2)\,\Delta x + \ldots + x_n f(x_n)\,\Delta x$$

Je feinere Streifen man wählt, desto besser stimmt diese Summe mit dem Integral der Funktion zu $x \cdot f(x)$ überein.

Analog kann man sich die Standardabweichung überlegen. Daher definiert man allgemein:

Definition 5: Erwartungswert und Standardabweichung bei stetigen Zufallsgrößen

Sei f eine Dichtefunktion einer stetigen Zufallsgröße X. Dann berechnen sich Erwartungswert μ und Standardabweichung σ der Zufallsgröße X wie folgt:

$$\mu = E(X) = \int_{-\infty}^{+\infty} x \cdot f(x)\,dx \quad \text{und} \quad \sigma = \sqrt{\int_{-\infty}^{+\infty} (x-\mu)^2 \cdot f(x)\,dx}$$

(4) Exponentialverteilung

Zufallsgrößen wie die Lebensdauer von Bauteilen oder die Wartezeit bis zum Eintreten eines bestimmten Ereignisses lassen sich häufig mithilfe einer Dichtefunktion von Typ wie in Aufgabe 1 beschreiben.

Definition 6

Eine stetige Zufallsgröße mit einer Dichtefunktion mit dem Term $f(x) = \begin{cases} \lambda e^{-\lambda x} & \text{für } x \geq 0 \\ 0 & \text{für } x < 0 \end{cases}$ für $\lambda \in \mathbb{R}_+^*$ heißt **exponentialverteilt** mit Parameter λ.

Man kann allgemein beweisen:

Satz 3

Für eine exponentialverteilte Zufallsgröße X mit Parameter λ gilt für den Erwartungswert μ und die Standardabweichung σ: $\mu = E(X) = \frac{1}{\lambda}$ und $\sigma = \frac{1}{\lambda}$

Die zum Beweis nötige Berechnung uneigentlicher Integrale kann auch mithilfe eines CAS-Rechners durchgeführt werden.

- $\int_0^{\infty}(x \cdot \lambda \cdot e^{-\lambda \cdot x})\,dx \mid \lambda > 0$ $\qquad \frac{1}{\lambda}$
- $\int_0^{\infty}\left(\left(x - \frac{1}{\lambda}\right)^2 \cdot \lambda \cdot e^{-\lambda \cdot x}\right)dx \mid \lambda > 0$ $\qquad \frac{1}{\lambda^2}$
- $\sqrt{\frac{1}{\lambda^2}} \mid \lambda > 0$ $\qquad \frac{1}{\lambda}$

Übungsaufgaben 

3 Die Lebenserwartung einer bestimmten Hamster-Rasse ist nicht normalverteilt. Sie kann nicht durch eine symmetrische Glockenkurve sondern näherunsweise durch den Graphen der Funktion zu $f(x) = -\frac{3}{4}x^2(x-2)$ beschrieben werden.

a) Von welchem Höchstalter für Hamster geht dieses Modell aus?

b) Berechnen Sie die Wahrscheinlichkeit dafür, dass einer dieser Hamster
(1) höchstens 1 Jahr alt wird;
(2) mindestens $1\frac{1}{2}$ Jahre alt wird;
(3) genau 1 Jahr alt wird.

c) Berechnen Sie die zu erwartende durchschnittliche Lebenserwartung für diese Hamster.

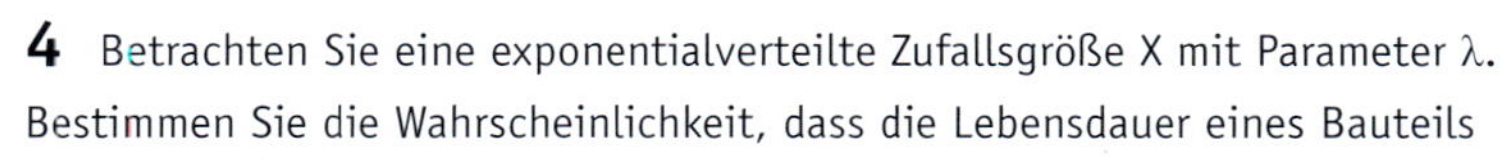

4 Betrachten Sie eine exponentialverteilte Zufallsgröße X mit Parameter λ.
Bestimmen Sie die Wahrscheinlichkeit, dass die Lebensdauer eines Bauteils

a) (1) höchstens μ Zeiteinheiten dauert; **b)** höchstens $\mu + 1\sigma$ beträgt.

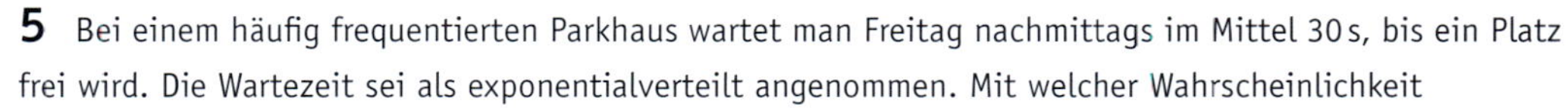

5 Bei einem häufig frequentierten Parkhaus wartet man Freitag nachmittags im Mittel 30 s, bis ein Platz frei wird. Die Wartezeit sei als exponentialverteilt angenommen. Mit welcher Wahrscheinlichkeit

a) muss man mehr als 30 s warten; **b)** ist ein Parkplatz nach spätestens 1 Minute frei?

6 Vor einer Behörde ist ein Parkplatz für Kurzparker eingerichtet. Besucher der Behörde finden dort selten sofort einen freien Parkplatz, aber es lohnt sich zu warten. Die Wartezeit (in min) auf einen frei werdenden Parkplatz lasse sich durch die Dichtefunktion $f(x) = \begin{cases} \frac{1}{2}e^{-\frac{1}{2}x} & \text{für } x \geq 0 \\ 0 & \text{für } x < 0 \end{cases}$ beschreiben.

a) Zeigen Sie, dass man durchschnittlich 2 Minuten auf einen freien Parkplatz warten muss.

b) Mit welcher Wahrscheinlichkeit hat man nach spätestens 5 Minuten einen Parkplatz gefunden?

7 Eine Glühlampe (deren Lebensdauer exponentialverteilt sei) brennt mit einer Wahrscheinlichkeit von 90 % mindestens 200 Stunden (Sicherheitsgarantie des Herstellers).

a) Wie groß ist die mittlere Brenndauer der Glühlampe?

b) Mit welcher Wahrscheinlichkeit brennt sie auch noch nach 500 Stunden?

c) Wie lange kann die Glühlampe in 95 % der Fälle genutzt werden?

8

a) Bestimmen Sie den Parameter k so, dass $f(x) = \begin{cases} k \cdot x & \text{für } 0 \leq x \leq 1 \\ 0 & \text{sonst} \end{cases}$ der Funktionsterm einer stetigen Dichtefunktion ist.

b) Berechnen Sie den Erwartungswert. **c)** Berechnen Sie die Standardabweichung.

9

a) Bestimmen Sie den Parameter a so, dass $f(x) = \begin{cases} a\,x(x-2) & \text{für } 0 \leq x \leq 2 \\ 0 & \text{sonst} \end{cases}$ der Funktionsterm einer stetigen Dichtefunktion ist.

b) Ermitteln Sie den Erwartungswert und die Standardabweichung zu dieser Dichtefunktion.

10 Die *Rechteckverteilung* hat die Dichtefunktion $f(x) = \begin{cases} \frac{1}{b-a} & \text{für } a \le x \le b \\ 0 & \text{sonst} \end{cases}$

a) Weisen Sie nach, dass tatsächlich eine Dichtefunktion vorliegt.

b) Berechnen Sie den Erwartungswert. Deuten Sie das Ergebnis.

c) Berechnen Sie die Standardabweichung. Deuten Sie deren Abhängigkeit von der Rechtecksbreite.

11 Über eine Behörde wird Klage geführt, dass die telefonische Erreichbarkeit schlecht sei: Zu oft landen Anrufer in Warteschleifen. Im Rahmen eines Qualitätsmanagements wurden daraufhin die Wartezeiten statistisch erfasst und ausgewertet: Die Verteilung der Wartezeiten kann demzufolge näherungsweise beschrieben werden durch die Dichtefunktion w mit dem Term

$w(x) = \begin{cases} 0{,}123\, e^{-0{,}123x} & \text{für } x \ge 0 \\ 0 & \text{für } x < 0 \end{cases}$, wobei x für die Wartezeit in Minuten steht.

a) Weisen Sie nach, dass w eine Dichtefunktion ist.

b) Berechnen Sie die Wahrscheinlichkeit, dass ein Anrufer
(1) weniger als 1 Minute; (2) zwischen 1 und 2 Minuten; (3) länger als 3 Minuten warten muss.

c) Berechnen Sie den Erwartungswert für die Wartezeit.

d) Als Median m einer stetigen Zufallsgröße mit der Dichtefunktion w bezeichnet man die Stelle m, für die gilt:
$\int_{-\infty}^{m} w(x)\,dx = 0{,}5$. Erläutern Sie, welche Idee dieser Festlegung zugrunde liegt.

e) Berechnen Sie den Median m der Wartezeiten und vergleichen Sie diesen mit dem Erwartungswert.

12 Bei der Produktion von Kugellager-Kugeln werden die Abweichungen des Durchmessers vom Sollwert durch positive und negative Längenangaben beschrieben. Ihre Verteilung soll durch eine Dichtefunktion mit einem Term der Art $f(x) = \begin{cases} k \cdot (1 - x^2) & \text{für } -0{,}1 \le x \le 0{,}1 \\ 0 & \text{sonst} \end{cases}$ modelliert werden.

a) Bestimmen Sie den Parameter k so, dass eine Dichtefunktion vorliegt.

b) Auf dem Notizzettel eines Ingenieurs findet man die Bedingung $P(Y > a) = 0{,}1$.
Erläutern Sie, was mit dieser Bedingung für den Sachkontext ausgesagt wird und bestimmen Sie den entsprechenden Wert für den Parameter a.

13 Nach dem französischen Mathematiker AUGUSTIN CAUCHY ist die sogenannte CAUCHY-Verteilung benannt.

Das folgende Zufallsexperiment führt auf eine CAUCHY-Verteilung:
Zu einer x-Achse wird an der Stelle 0 eine orthogonale Strecke $\overline{OA}$ mit der Länge 1 abgetragen. Von A geht ein Strahl unter einem zufällig gewählten Winkel α mit $-\frac{\pi}{2} < \alpha < \frac{\pi}{2}$ aus, der die x-Achse an einer Stelle x schneidet.
Die Zufallsgröße X wird durch diese Stelle x beschrieben.

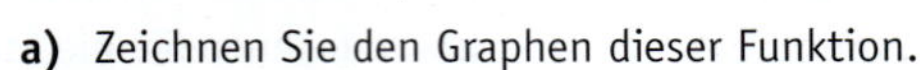

Die Funktion f mit $f(x) = \frac{1}{\pi} \cdot \frac{1}{1 + x^2}$ ist geeignet, Wahrscheinlichkeiten dafür zu bestimmen, dass X in einem bestimmten Intervall liegt.

AUGUSTIN CAUCHY (1789 – 1857)

a) Zeichnen Sie den Graphen dieser Funktion.

b) Zeigen Sie, dass f eine Dichtefunktion ist.

c) Bestimmen Sie ein symmetrisches Intervall um den Erwartungswert μ, in dem 50 % der Ergebnisse liegen.
Interpretieren Sie das Ergebnis.

Die folgenden Aufgaben helfen Ihnen bei der Organisation des selbstständigen Lernprozesses. Zur Selbstkontrolle sind alle Lösungen dieser Aufgaben im Anhang dieses Buches abgedruckt.

1 Machen Sie eine Prognose, in welchen Bereich das Ergebnis mit einer Sicherheitswahrscheinlichkeit von 90 % auftritt.
Führen Sie die notwendigen Berechnungen ohne Verwendung eines Taschenrechners durch.

a) Anzahl der Wappen beim 400-fachen Münzwurf

b) Anzahl der Würfel mit Augenzahl 6 beim 720-fachen Würfeln

2 Dokumentieren Sie Ihre Lösungen jeweils so, dass sie ohne Verwendung von CAS und GTR nachvollziehbar sind:

a) Zeigen Sie, dass der Graph rechts zu einer stetigen Dichtefunktion gehört. Geben Sie auch deren Term an.

b) Berechnen Sie: (1) $P(X \leq 3)$ (2) $P(X \geq 3)$ (3) $P(X = 3)$

c) Berechnen Sie den Erwartungswert und deuten Sie Ihr Ergebnis am Graphen der Dichtefunktion.

3 Das Meinungsforschungsinstitut IPOS veröffentlichte das Ergebnis einer Umfrage zusammen mit dem nachfolgenden Kommentar. Erläutern Sie, wie die Prozentangaben im Text zustande kommen und überprüfen Sie deren Richtigkeit.

> … Die Ergebnisse der Studie sind repräsentativ für die wahlberechtigte Bevölkerung in Deutschland. Bei der Interpretation der Daten muss berücksichtigt werden, dass es sich bei der Auswahl der Befragten um Zufallsstichproben handelt, die anstelle der Gesamtheit untersucht werden. Für die Erhebung ergibt sich folgender Vertrauensbereich: Wenn in der Umfrage bei einer Stichprobengröße von $n = 1\,500$ ein Wert von 50 % ermittelt wird, liegt der wahre Wert in der Gesamtheit aller Wahlberechtigten mit einer Wahrscheinlichkeit von 95 % im Bereich von 47,5 % bis 52,5 %. Beträgt die Merkmalsausprägung in der Stichprobe 10 %, so liegt der wahre Wert zwischen 8,5 % und 11,5 %. Insofern müssen geringfügige Unterschiede sehr vorsichtig interpretiert werden …

4 Ein Zeitschriftenverlag plant die Einführung einer neuen Fernsehzeitschrift, mit der – durch eine entsprechende Auswahl der Themen – insbesondere Tierfreunde angesprochen werden sollen. Ein Meinungsforschungsinstitut wird beauftragt, gezielt unter Haustierbesitzern zu erfragen, wie groß das Interesse an einer solchen Zeitschrift ist. In Deutschland gibt es etwa 12 Millionen Haushalte mit Tieren.

a) Aufgrund der Befragung schätzt man, dass 214 der 1 000 befragten Personen als zukünftige Käufer der Zeitschrift in Frage kommen. Wie groß könnte der tatsächliche Anteil in der Gesamtheit der Haushalte mit Tieren sein, welche diese Zeitschrift zukünftig beziehen wollen? Bestimmen Sie dazu alle Anteile p, in deren 90 %-Umgebung das Stichprobenergebnis $\frac{X}{n} = 21{,}4\,\%$ liegt.

b) Welche geschätzte Auflage ergibt sich aus den Ergebnissen von Teilaufgabe a)?

5 An einer Blutspendeaktion in einer Region beteiligten sich 500 Personen. Unter den Blutspendern fand man jedoch niemanden mit der (in Deutschland insgesamt selten auftretenden) Blutgruppe AB Rh– . Bedeutet dies, dass es in der Region niemanden mit dieser Blutgruppe gibt?

a) Bestimmen Sie ein 95 %-Konfidenzintervall für den Anteil in der Stichprobe.

b) Was würde sich ändern, wenn diese Blutgruppe unter 1 000 Personen nicht vorgekommen wäre?

c) Angenommen, der Anteil der Personen mit Blutgruppe AB Rh– beträgt in einer anderen Region 1 %. Mit wie vielen Spendern mit dieser Blutgruppe hätte man rechnen können, wenn 600 Personen zur Blutspende kommen? (Sicherheitswahrscheinlichkeit 90 %)

6 Wie genau ist die Prozentangabe im folgenden Artikel? Ermitteln Sie ein 95 %-Konfidenzintervall für den Anteil der Befragten, die Probleme mit dem Behördendeutsch haben.

Wortmonster und Bandwurmsatz

Deutsche verstehen die Behördensprache kaum

Wiesbaden, 15.4.2009 Sie sind berüchtigt und gefürchtet: Die Wortungetüme und Bandwurmsätze in Behördenbriefen geben vielen Deutschen ein Rätsel auf. Was will beispielsweise ein Amt, das zu einer „Restmüllvolumenverminderung" auffordert? Oder wenn es zu einen „Eignungsfeststellungsverfahren" einlädt? Viele verstehen die Blähsprache der hochoffiziellen Mitteilungen schlicht nicht – das belegt eine Studie im Auftrag der Gesellschaft für deutsche Sprache (Gfds) in Wiesbaden. Eine repräsentative Umfrage unter 1 814 Deutschen ergab: 86 % der Befragten gaben an, Probleme mit dem Behördendeutsch in den Briefen der Ämter, Gerichte und Anwaltskanzleien zu haben.
Mit einer kleineren Mülltonne wäre der Wunsch der Behörde nach einer „Restmüllbehältervolumenminderung" übrigens erfüllt. Das „Eignungsfeststellungsverfahren" ist einfach ein Bewerbungstest. Sätze wie „Zur Erfüllung eines kurzfristig auftretenden Datenbedarfs für Zwecke der Vorbereitung und Begründung anstehender Entscheidungen dürfen Bundesstatistiken ohne Auskunftspflicht durchgeführt werden" sorgen für Gänsehaut. Dieser Satz ließe sich getrost zweiteilen, mit Verben verständlicher schreiben und aktiv formulieren.

7 Die WHO (World Health Organization) führte in verschiedenen Ländern aller Kontinente eine umfangreiche Stichprobe durch, mit deren Hilfe Wahrscheinlichkeiten für die Körpergröße von Kindern und Jugendlichen geschätzt werden können.

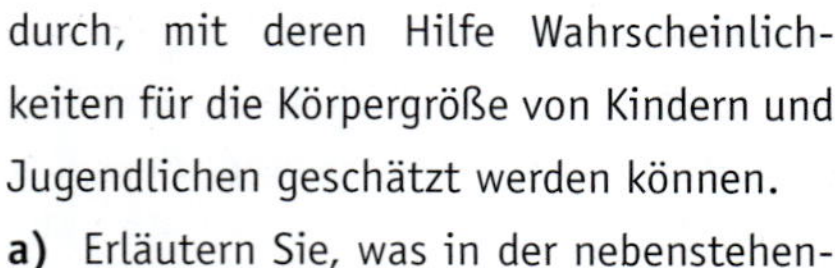

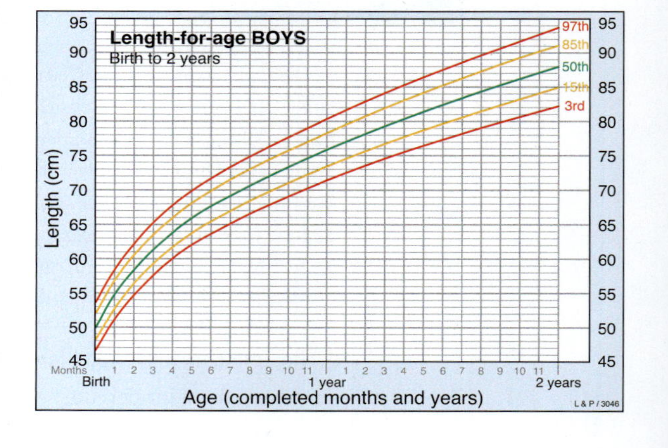

a) Erläutern Sie, was in der nebenstehenden Grafik dargestellt ist.

b) Schätzen Sie Erwartungswert und Standardabweichung der näherungsweise normalverteilten Körpergröße von Jungen im Alter von 1 Jahr.

c) Mit welcher Wahrscheinlichkeit ist ein 2-jähriger Junge größer als 86 cm?

8 Es ist bekannt, dass 90 % der 45- bis 50-jährigen Männer in Deutschland größer sind als 1,68 m und dass 90 % kleiner sind als 1,86 m; die Körpergröße werde als normalverteilt angenommen.

a) Bestimmen Sie Erwartungswert und Standardabweichung für die Gesamtheit aller Männer aus dieser Altersgruppe.

b) Mit welcher Wahrscheinlichkeit würde man unter 45- bis 50-jährigen Männern jemanden finden der

(1) kleiner ist als 1,75 m (2) größer ist als 1,70 m

(3) mindestens 1,72 m, höchstens 1,79 m groß ist?

9 Betrachten Sie die Dichtefunktion f mit $f(x) = \begin{cases} \frac{1}{2} \cdot e^{-\frac{x}{2}} & \text{für } x \geq 0 \\ 0 & \text{für } x < 0 \end{cases}$.

a) Skizzieren Sie den Graphen von f.

b) Bestimmen Sie die Wahrscheinlichkeit für das Ereignis $P(X > 6)$.
Für welchen Wert m von X gilt: $P(X \leq m) = 0{,}90$?

c) Berechnen Sie den Erwartungswert der Zufallsgröße gemäß Definition.

9 Vorbereitung auf das Abitur

9.1 Aufgaben zur Analysis

1 Golden-Gate-Bridge

Das Foto zeigt die Golden-Gate-Bridge in San Francisco.

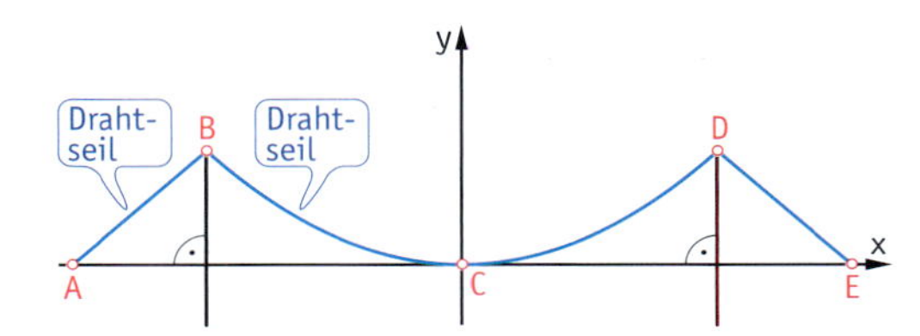

Oben ist eine vereinfachte Skizze der Brücke dargestellt: Die Seilbefestigungen in den Punkten B und D liegen jeweils 152 m höher als die Fahrbahn. Sie haben einen Abstand von 1 280 m voneinander.
Die Verankerungsseile der beiden Masten durch B und D sind in den Punkten A und E befestigt, die jeweils einen Abstand von 337 m von den Fußpunkten der Masten haben.

1.1 Erläutern Sie, welche Gründe für die Wahl des eingezeichneten Koordinatensystems sprechen.

1.2 Modellieren Sie den Verlauf der Spanndrahtseile

a) von A nach B; **b)** von B über C nach D; **c)** von D nach E

mithilfe von ganzrationalen Funktionen möglichst niedrigen Grades.

1.3 Untersuchen Sie als Vorbereitung für die weitere Modellierung der Golden-Gate-Bridge die Funktion zu $k(x) = e^x + e^{-x}$. Skizzieren Sie den Graphen und entnehmen Sie ihm Vermutungen über

- Verhalten für große Werte von $|x|$; Symmetrie;
- Nullstellen; Extrempunkte; Wendepunkte.

Beweisen Sie die Vermutungen mithilfe des Funktionstermes.

1.4 Geben Sie eine mögliche Modellierung des Seilverlaufes von B über C nach D mithilfe der Funktion k aus Teilaufgabe 1.3 an. Bewerten Sie Ihr Ergebnis im Vergleich zur Modellierung aus 1.2 b).

1.5 Machen Sie anhand der Skizzen rechts plausibel, dass die Länge L des Funktionsgraphen einer Funktion über einem Intervall [a; b] mithilfe folgender Formel berechnet werden kann: $L = \int_a^b \sqrt{1 + (f'(x))^2}\,dx$

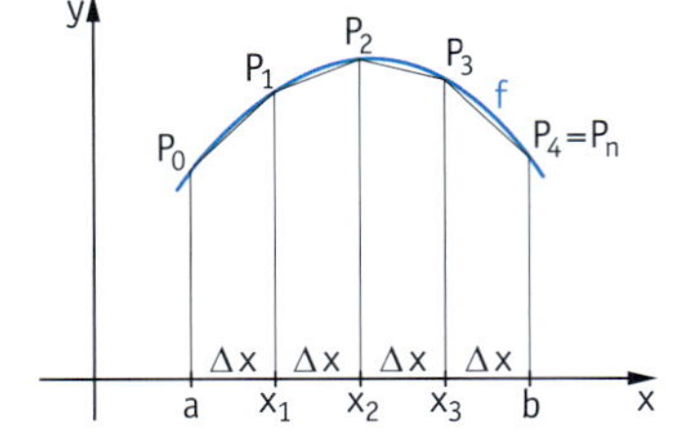

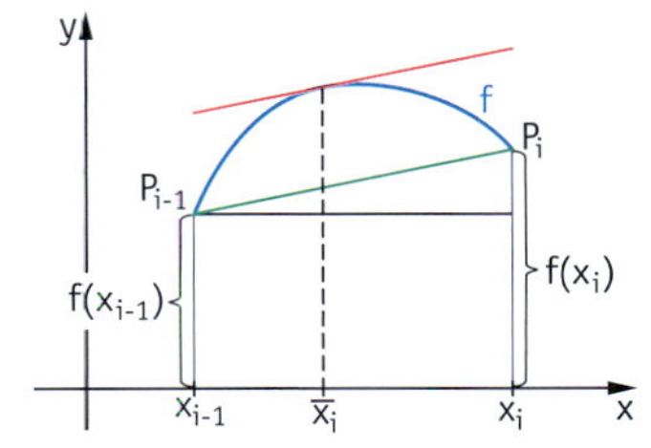

Formulieren Sie anhand der Graphen eine Vermutung über die Länge des Seils von B über C nach D nach den Modellen aus 1.2 b) und 1.4. Überprüfen Sie diese durch Berechnung.

2 Wachstum von Hopfen

Zur Herstellung von Bier wird unter anderem Hopfen benötigt. Dabei handelt es sich um eine schnell wachsende Schlingpflanze. Zur Untersuchung des Höhenwachstums von Hopfen wurde folgende Messwerttabelle aufgenommen:

Zeit t (in Wochen)	0	2	4	6	8	10	12	14
Höhe h (t) (in m)	0,45	1,10	2,30	3,75	4,90	5,55	5,85	5,95

Gehen Sie im Folgenden davon aus, dass diese Hopfenpflanze höchstens 6,00 m groß werden kann.

2.1 Erläutern Sie die Modellannahme für beschränktes Wachstum und lösen Sie die entsprechende Differenzialgleichung. Ermitteln Sie dann eine Funktion, die das Höhenwachstum beschreibt. Zeichnen Sie den Graphen dieser Funktion und die Messwerte zum Vergleich in ein gemeinsames Koordinatensystem.

2.2 Erläutern Sie die Modellannahme für logistisches Wachstum und erstellen Sie die entsprechende Differenzialgleichung. Weisen Sie nach, dass die Funktion zu $d(t) = \frac{6 \cdot e^{\frac{t}{2}}}{e^{\frac{t}{2}} + 12}$ eine Lösung der Differenzialgleichung ist.

2.3 Untersuchen Sie die Funktion zu d (t) auf Grenzwerte, Nullstellen, Extrempunkte und Wendepunkte. (Die Untersuchung der Grenzwerte muss ohne Verwendung von GTR/CAS durch Umformung der Funktionsgleichung erfolgen.) Interpretieren Sie Ihre Ergebnisse für die Höhe beziehungsweise für die Wachstumsgeschwindigkeit der Hopfenpflanze. Zeichnen Sie auch den Graphen der Funktion d andersfarbig in das Koordinatensystem zu Teilaufgabe 2.1 ein. Beurteilen Sie dann die Güte der beiden unterschiedlichen Modelle zur Beschreibung des Wachstums der Hopfenpflanze.

2.4 Untersuchen Sie den Graphen der Funktion d auf Symmetrie. Beweisen Sie Ihre Behauptung.

2.5 Untersuchen Sie, ob der Graph der Funktion d mit seiner Asymptote im I. Quadranten ein Flächenstück endlichen Flächeninhalts einschließt.

3 Kirche São Francisco de Assis

Anfang der 1940er-Jahre beschloss die brasilanische Stadt Belo Horizonte zur Entwicklung des Außenbezirks Pampulha ein Gelände zu einem kulturellen Zentrum auszubauen. An einem künstlich angelegten See entstanden verschiedene Gebäude, wie z. B. ein Casino oder eine Kirche.

Die Kirche São Francisco de Assis wurde 1945 gemeinsam von dem Architekten Oscar Niemeyer und dem Ingenieur und Dichter Joaquim Cardoso errichtet. Die paraboloide Betonkonstruktion war bis dahin beim Bau von Flugzeughangars eingesetzt worden.
Aufgrund ihrer außergewöhnlichen Form ist die Kirche heute eines der beliebtesten Postkartenmotive von Belo Horizonte.

Auf der Rückseite der Kirche ist eine Wandkeramik angebracht. Der höchste Punkt der rückwärtigen Fassade liegt 8 m über dem Boden. Die Gesamtbreite beträgt gut 30 m. Damit die Wandkeramik nicht durch Umwelteinflüsse geschädigt wird, soll sie mit einer Schutzlasur versehen werden. Die Kirchengemeinde hat dafür Geld gesammelt und davon Lasur gekauft, die für etwa 140 m² Wandfläche reichen soll. Untersuchen Sie, ob die gekaufte Schutzlasur für die komplette rückwärtige Fassade ausreicht.

4 Funktionenschar und Kraftstoffverbrauch

Gegeben ist die Funktionenschar f_k mit $f_k(x) = (x^2 - k + 1)\,e^{-x}$ mit $k \in \mathbb{R}$.

4.1 Untersuchen Sie die Funktionenschar im Hinblick auf folgende Aspekte:

- Verhalten für $x \to \infty$ bzw. $x \to -\infty$
- Nullstellen
- Extremstellen
- Wendestellen

Zur Kontrolle: $f_k'(x) = (-x^2 + 2x + k - 1)\,e^{-x}$

4.2 Zeigen Sie, dass alle Extrempunkte auf dem Graphen einer Funktion g liegen, und bestimmen Sie g (x). Untersuchen Sie, welche Punkte des Graphen von g *nicht* Extrempunkte der Funktionenschar f_k sind.

4.3 Der momentane Kraftstoffverbrauch $\left(\text{in } \frac{l}{\text{min}}\right)$ eines Motors während eines 2-minütigen Testlaufs kann für $0 \le x \le 2$ (x in min) beschrieben werden durch die Funktion f_k mit $f_k(x) = (x^2 - k + 1)\,e^{-x}$ und $0{,}5 \le k \le 0{,}9$. Dabei hängt der Parameter k von spezifischen Einstellungen des Motors ab.

a) Berechnen Sie, zu welchem Zeitpunkt die Änderungsrate des momentanen Kraftstoffverbrauchs in Abhängigkeit vom jeweiligen Parameter k am größten ist.

b) Der gesamte Kraftstoffverbrauch während des 2-minütigen Testlaufs soll nicht größer als 1 l sein. Untersuchen Sie, welche Einschränkungen sich hieraus für den Parameter $k \in [0{,}5;\, 0{,}9]$ ergeben.

5 Medikamenteneinnahme

Durch die Einnahme eines Medikamentes zum Zeitpunkt $t = 0$ gelangt ein bestimmter Wirkstoff in das Blut des Patienten. Die Wirkstoffkonzentration, die zum Zeitpunkt $t \in [0;\, 24]$ im Körper des Patienten ist, kann durch eine Funktion der Funktionenschar $f_k(t) = 20 \cdot t \cdot e^{-k \cdot t}$ mit $k > 0$, beschrieben werden. Dabei wird die Zeit t in Stunden und die Wirkstoffkonzentration in $\frac{\text{mg}}{l}$ angegeben.

5.1 Die nebenstehende Abbildung zeigt einen zeitlichen Verlauf, bei dem die Wirkstoffkonzentration im Blut des Patienten zwei Stunden nach der Einnahme des Medikamentes $26{,}813\,\frac{\text{mg}}{l}$ beträgt.

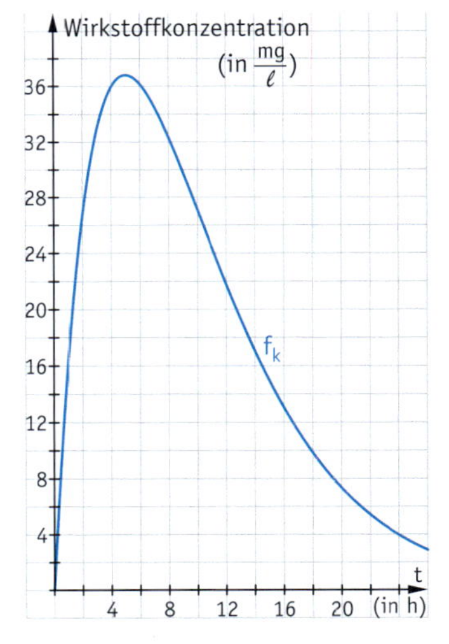

a) Berechnen Sie den Parameter k der Funktion f_k, die den zeitlichen Verlauf der Wirkstoffkonzentration modellhaft beschreibt, sowie die Höhe der Wirkstoffkonzentration 12 Stunden nach der Einnahme des Medikamentes.

Ergebnis: $k \approx 0{,}2$

b) Berechnen Sie den Zeitpunkt und den Wert der maximalen Konzentration des Wirkstoffes im Blut.

c) Weisen Sie nach, dass die Wirkstoffkonzentration nach 24 Stunden kleiner als $4\,\frac{\text{mg}}{l}$ ist.

d) Berechnen Sie den Zeitpunkt, an dem die Wirkstoffkonzentration am stärksten abnimmt.

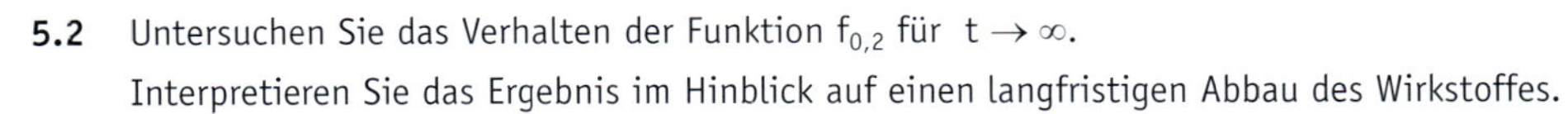

5.2 Untersuchen Sie das Verhalten der Funktion $f_{0,2}$ für $t \to \infty$.
Interpretieren Sie das Ergebnis im Hinblick auf einen langfristigen Abbau des Wirkstoffes.

5.3 Berechnen Sie für $k > 0$ die Extrempunkte der Funktionenschar f_k sowie eine Gleichung der Ortslinie der Extrempunkte.

5.4 Durch eine entsprechende Dosierung der Einnahmemenge kann man den Parameter k beeinflussen. Innerhalb welcher Grenzen muss k liegen, damit die maximale Wirkstoffkonzentration $50\,\frac{\text{mg}}{l}$ nicht übersteigt?

6 Vom Graphen zum Funktionsterm

Mithilfe eines CAS wurden drei Graphen einer ganzrationalen Funktionenschar f_k und die Gerade mit der Gleichung $y = x$ gezeichnet. Die Abbildung rechts gibt den wesentlichen Verlauf dieser drei Graphen wieder, das heißt in der Abbildung sind alle Nullstellen, Extremstellen und Wendestellen dieser drei Funktionen sichtbar.

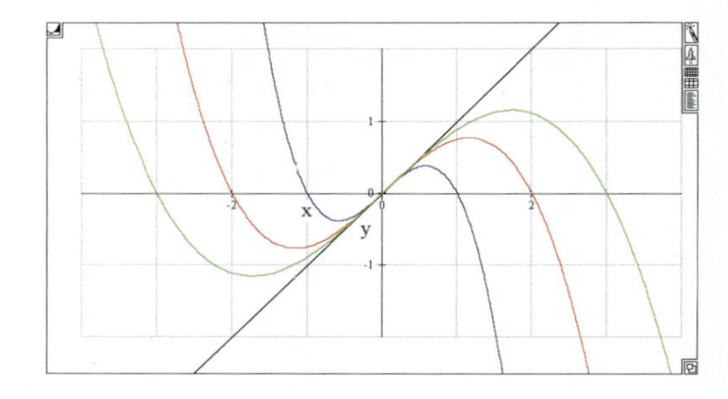

6.1 Welche Eigenschaften der Funktionen f_k lassen sich aus der Abbildung ablesen?

6.2 Angenommen, bei der Funktion f_k handelt es sich um eine Funktion dritten Grades. Zeigen Sie, dass man dann aufgrund der Eigenschaften aus Teilaufgabe 6.1 den Funktionsterm $f_k(x) = -\frac{1}{k^2}x^3 + x$ für f_k erhält.

6.3 Auf welcher Ortslinie liegen die Extrempunkte der Funktionenschar f_k?

6.4 Begründen Sie, dass die Gerade zu $y = x$ nicht zur Funktionenschar f_k gehört, jedoch als Grenzfall der Schar aufgefasst werden kann.

6.5 Der Flächeninhalt A_k der vom Graphen von f_k und der x-Achse eingeschlossenen Fläche verändert sich mit wechselndem k. Ermitteln Sie den funktionalen Zusammenhang zwischen k und A_k in Form eines Funktionsterms.

7 Volumen eines Flüssiggas-Tanks

Flüssiggas wird außerhalb von Wohngebäuden in besonderen Tanks gelagert.

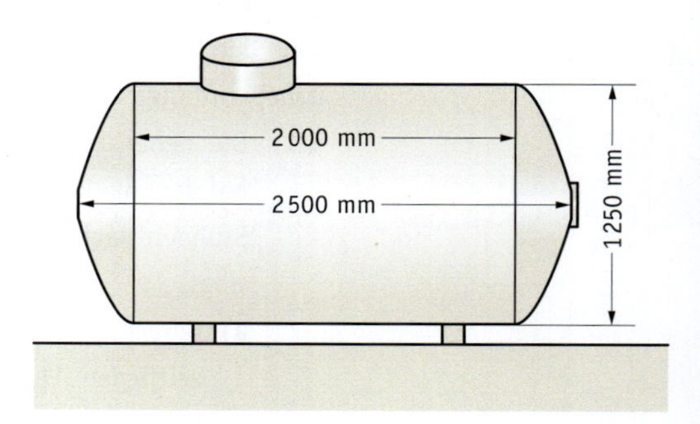

7.1 Zeigen Sie mithilfe eines geeigneten Zylinders, dass der Tank weniger als 3100 l Gas enthält.

7.2 Sie kennen die Formel für die Berechnung des Volumens eines Rotationskörpers:

$$V = \pi\int_a^b (f(x))^2\,dx$$

Erläutern Sie diese Formel.

7.3 In der nebenstehenden Zeichnung wurde ein Koordinatensystem in den Tank gelegt und die Graphen zweier Funktionen für die Modellierung der Aufsätze an den zylinderförmigen Teil eingezeichnet:

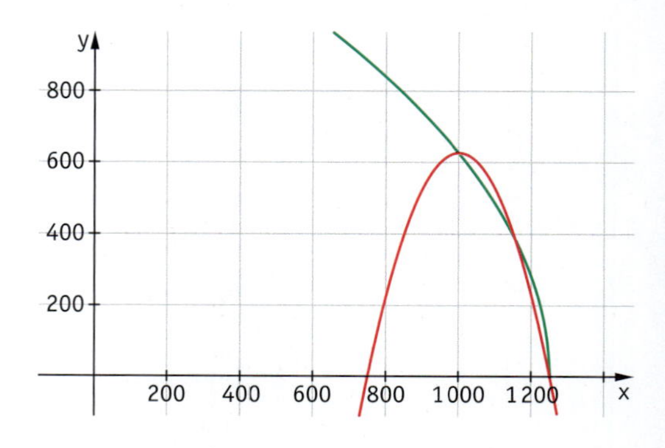

$a(x) = -\frac{1}{100}(x - 1000)^2 + 625$

$b(x) = \sqrt{1562{,}5\,(1250 - x)}$

Begründen Sie, welches der Graph von a und welches der Graph von b ist.

Beurteilen Sie Vor- und Nachteile der Modellierung der Aufsätze mithilfe von a und b. Bestimmen Sie dann das Tankvolumen mithilfe der Funktion b.

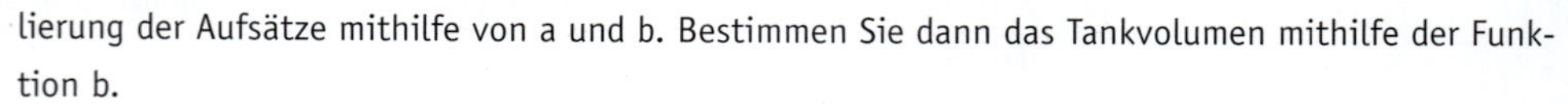

7.4 Der Gastank wird mit konstanter Zuflussgeschwindigkeit gefüllt. Betrachten Sie die Höhe des Flüssigkeitspegels h (t) im Tank über dem Boden in Abhängigkeit von der Zeit t. Skizzieren Sie qualitativ den Graphen dieser Funktion und erläutern Sie die zugrunde liegenden Überlegungen.

8 Vermehrung von Waschbären mithilfe von Funktionen beschreiben

Im folgenden Auszug aus einer Zeitungsmeldung aus dem Jahr 1983 wird berichtet, wie sich Waschbären vermehrten, die 1934 am Edersee in Nordhessen ausgesetzt wurden.

Waschbär schon fast ein Haustier

Plagegeist taucht besonders in Harleshausen immer wieder auf

Eigentlich hat er hierzulande nichts zu suchen. Zu finden ist er mittlerweile aber überall: Der Waschbär. Der Einwanderer aus Nordamerika, zu den Kleinbären gehörend, hat längst die bundesdeutschen Wälder, aber auch die Vorgärten erobert. Denn nicht nur mancher Bauer, sondern auch die Bewohner der Randbezirke der Städte haben schon längst gemerkt: Der Schreck der Hühnerställe und Obstgärten ist schon fast zu einem Haustier geworden. Auch in Kassel. Besonders in Harleshausen taucht der Plagegeist immer wieder auf.

Nordhessen ist sozusagen die Waschbär-Hochburg der Republik. Kein Wunder, wurden doch Anno 1934 in Vöhl am Edersee zwei Waschbärpärchen erstmals ausgesetzt. Zu Studienzwecken mit Genehmigung des preußischen Jagdamtes. Doch als Forschungsobjekte wollten sich die beiden Pärchen wohl nur ungern missbrauchen lassen. Sie verschwanden – bis Jahre später ihre Nachkommen zu Hunderten, ja Tausenden auftauchten. 1954, so ist es in einer Broschüre des Deutschen Jagdschutzverbandes nachzulesen, gab es die ersten Beschwerden über Schäden in Hausgärten, verursacht von Waschbären.

1977 zählte man in den Regierungsbezirken Kassel, Darmstadt, in Nordrhein-Westfalen, Rheinland-Pfalz und Niedersachsen etwa 40 000 dieser putzigen Allesfresser. Man schätzt, dass sich alle drei Jahre die Zahl der Waschbären verdoppelt. Demnach müssten sich nunmehr mehrere hunderttausend Waschbären in der Bundesrepublik wohlfühlen.

Denn schlecht geht es dem kleinen Bären mit dem begehrten Fell bestimmt nicht. Bei der Nahrungssuche zum Beispiel hat er keine Probleme. Ob Obst, Mais, Hafer, Eicheln oder Bucheckern, ob kleine Hasen, junge Fasane, Hühner und Singvögel – dem Waschbär schmeckt, was ihm vor das Maul rennt.

Natürliche Feinde hat er nicht. Bleiben nur die Jäger, die sich nach Kräften bemühen, dass die Waschbärplage nicht überhand nimmt. In Hessen unterliegt der Waschbär keinerlei Schonzeiten. 1 180 wurden im vorigen Jahr im Regierungsbezirk Kassel von den Jägern zur Strecke gebracht.

Das Wachstum der Anzahl der Waschbären soll mithilfe einer Funktion beschrieben werden. Dazu sollen verschiedene Modellrechnungen vorgenommen und bewertet werden. Dabei setzt man für das Jahr 1934 den Zeitpunkt $t = 0$.

8.1 In einem einfachen Modell geht man von einem linearen Wachstum aus. Wie viele Tiere würden nach dieser Annahme heute leben?

8.2 Erstellen Sie aus den Angaben in der Zeitungsmeldung auch einen Funktionsterm für eine quadratische Wachstumsfunktion. Wie viele Tiere würden nach diesem Modell heute leben?

8.3 Welche Aussage im Text spricht gegen die beiden Wachstumsmodelle aus den Teilaufgaben 8.1 und 8.2? Begründen Sie dies.

8.4 Bestimmen Sie anhand der Aussagen in der Zeitungsmeldung eine exponentielle Wachstumsfunktion. Erläutern Sie, warum es hier mehrere Lösungen gibt.
Welches jährliche prozentuale Wachstum ergibt sich jeweils? Innerhalb welchen Zeitraums verzehnfacht sich die Anzahl der Tiere bei diesen Modellfunktionen?

8.5 Den Mittelwert μ der Funktionswerte einer Funktion f über einem Intervall [a; b] kann man mit der folgenden Formel bestimmen: $\mu = \frac{1}{b-a}\int_a^b f(x)\,dx$.
Bestimmen Sie für die Wachstumsmodelle aus Teilaufgabe 8.4 die mittlere Anzahl der Waschbären zwischen 1934 und 1977. Warum erhält man für die Modelle so unterschiedliche Ergebnisse?

9 Wachstum von Sonnenblumen

In einer Sonnenblumenpflanzung werden die jungen Pflanzen ab einer Höhe von ca. 30 cm wöchentlich gemessen. Dabei ergeben sich folgende durchschnittliche Höhen.

t (in Wochen)	1	2	3	4
Höhe h (in cm)	42,2	58,6	81,8	102,1

9.1 Tragen Sie die Werte in ein geeignetes Koordinatensystem ein. Welche Wachstumsform scheint vorzuliegen?
Begründen Sie Ihre Behauptung.
Bestimmen Sie einen möglichen Funktionsterm, der dieses Wachstum beschreibt.

9.2 Bei Fortführung der Messung ergaben sich folgende weitere Messwerte:

t (in Wochen)	6	8	10	12	14	16	18	20
Höhe h (in cm)	149,2	181,9	203,4	213,1	215,8	218,2	219,3	219,8

Tragen Sie die Wertepaare in das Koordinatensystem aus 9.1 ein. Welche Wachstumsform vermuten Sie für die Werte der neuen Tabelle? Begründen Sie Ihre Aussage. Bestimmen Sie einen Funktionsterm, der die Messreihe der neuen Tabelle möglichst gut beschreibt und zeichnen Sie den Graphen dieser Funktion in das vorhandene Koordinatensystem ein.

9.3 In welchem Bereich ist der Unterschied zwischen den Messwerten und Ihrem Modell am größten? Bestimmen Sie den mittleren Fehler.

9.4 Zu welchem Zeitpunkt ist bei Ihrem Modell die Wachstumsgeschwindigkeit am größten? Was bedeutet dieser Zeitpunkt für die Funktion?

10 Berechnungen am Barockgiebel

Der symmetrische Giebel eines Barockhauses soll rekonstruiert werden. Der Giebel ist in der Abbildung in einem Koordinatensystem dargestellt. Eine ganzrationale Funktion f beschreibt im entsprechenden Intervall den oberen Giebelrand. Die x-Achse ist die Tangente an den Graph der Funktion f in den Punkten $P_1(-4|0)$ und $P_2(4|0)$. Die maximale Höhe des Giebels über der Dachkante beträgt 4,0 m (siehe Abbildung).

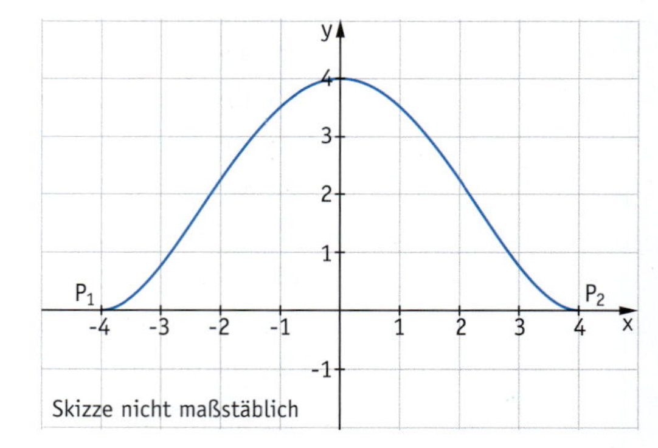

Skizze nicht maßstäblich

10.1 Begründen Sie, dass f eine Funktion mindestens 4. Grades sein muss.

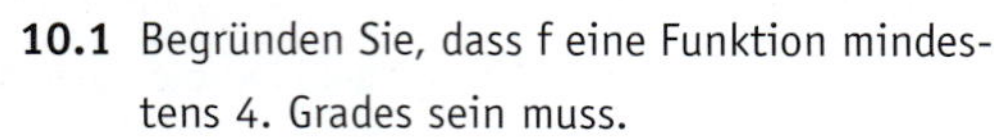

10.2 Ermitteln Sie eine Gleichung der Funktion f.

10.3 Ein Architekt beschreibt einen solchen Giebelrand durch die Funktion g mit $g(x) = \left(\frac{1}{8}x^2 - 2\right)^2$. Dieser Giebel soll durch eine waagerechte Linie in zwei flächeninhaltsgleiche Teile zerlegt werden. Während der untere Teil des Giebels mit Ornamenten verziert wird, ist beabsichtigt, im oberen Teil des Giebels Fenster anzubringen.
Ermitteln Sie auf Dezimeter genau, bis zu welcher Höhe der Giebel mit Ornamenten versehen werden soll.

11 Wachstum von Weißtannen

Weißtannen können bis zu 50 m hoch werden. Die Höhe h einer Weißtanne t Jahre nach Beobachtungsbeginn kann näherungsweise durch eine Funktion h beschrieben werden, die Lösung der Gleichung $h'(t) = k \cdot h(t) \cdot (50 - h(t))$ ist.

11.1 Zeigen Sie, dass die Funktion h mit

$h(t) = \frac{75}{1{,}5 + 48{,}5 \cdot e^{-50 \cdot k \cdot t}}$

die Gleichung erfüllt.

Skizzieren Sie den Graphen von h und beschreiben Sie den Verlauf.

11.2 Eine dieser Tannen war 15 Jahre nach Beobachtungsbeginn 8,4 m hoch.

Wie lange wird es jetzt noch dauern, bis diese Tanne 90 % ihrer Endhöhe erreicht hat?

11.3 Wie hoch war diese Tanne bei Beobachtungsbeginn?

12 Untersuchung von Sprungschanzenprofilen

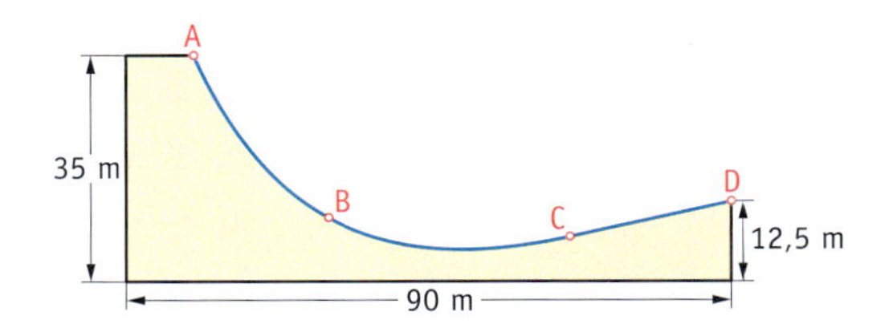

Die Abbildung zeigt das seitliche Profil einer Sprungschanze (Längeneinheit m). Die Profilkurve hat bezüglich eines passend gewählten x-y-Koordinatensystems den Definitionsbereich $40 \le x \le 120$ und verläuft durch die Punkte A(40 | 0), B(60 | −25), C(96 | −28) und D(120 | −22,5).

12.1 Die Profilkurve soll durch eine Funktion f modelliert werden, die im Intervall $40 \le x \le 96$ durch einen Funktionsterm der Form $y = \frac{a}{x} + bx + c$ und im Intervall $96 \le x \le 120$ durch einen Funktionsterm der Form $y = mx + n$ beschrieben wird.

a) Stellen Sie Gleichungen auf, mit denen sich die Parameterwerte a, b, c, m und n bestimmen lassen. Führen Sie die erforderlichen Rechnungen durch und bestätigen Sie auf diese Weise die folgenden Resultate: $a = 4800$; $b = 0{,}75$; $c = -150$; $m = \frac{11}{48}$; $n = -50$

b) Bestimmen Sie den tiefsten Punkt der Profilkurve.

c) Aus Sicherheitsgründen darf die Profilkurve in keinem Punkt einen Knick aufweisen, sie muss also überall differenzierbar sein. Untersuchen Sie, ob diese Bedingung erfüllt ist. Inwiefern genügt es, die Funktion an der Stelle $x = 96$ auf Differenzierbarkeit zu untersuchen?

d) Die Sprungschanze hat die konstante Breite 4 m und ist aus Beton angefertigt.
Berechnen Sie, wie viele Kubikmeter Beton für ihren Bau erforderlich waren.

12.2 Die Funktion k mit $k(x) = \frac{f''(x)}{\left(1 + (f'(x))^2\right)^{\frac{3}{2}}}$ heißt die Krümmungsfunktion zu f.

a) Erläutern Sie die Bedeutung dieser Funktion und skizzieren Sie ihren Graphen innerhalb des Intervalls $40 \le x \le 120$. Untersuchen Sie in diesem Zusammenhang auch die Frage, ob an jeder Stelle dieses Intervalls ein Wert für die Krümmung definiert ist.

b) Ermitteln Sie die mittlere Krümmung im Intervall $40 \le x \le 120$.

13 Trigonometrische Funktion

Gegeben ist eine Schar von Geraden durch $g_t(x) = tx$ mit $t > 0$. Über dem Intervall $[-2\pi; +2\pi]$ wird durch die Gleichung $f(x) = x \cdot \sin x$ eine Funktion f festgelegt.

13.1 a) Skizzieren Sie den Verlauf des Graphen von f über dem Intervall $[-2\pi; +2\pi]$.

b) Untersuchen Sie den Graphen von f auf Symmetrie, Schnittpunkte mit den Koordinatenachsen, Hoch-, Tief- und Wendepunkte.

c) Bestimmen Sie in Abhängigkeit von t die Anzahl der Schnittpunkte der Geraden g_t mit dem Graphen von f.

13.2 a) Die Gerade g_1 berührt den Graphen von f in den beiden Punkten B_1 im 1. Quadranten und B_2 im 3. Quadranten. Wie lang ist die Strecke zwischen diesen beiden Punkten?

b) Die Strecke B_1B_2 beschreibt beim Rotieren um die x-Achse bzw. um die y-Achse jeweils einen Doppelkegel. Vergleichen Sie die Volumina dieser beiden Doppelkegel.

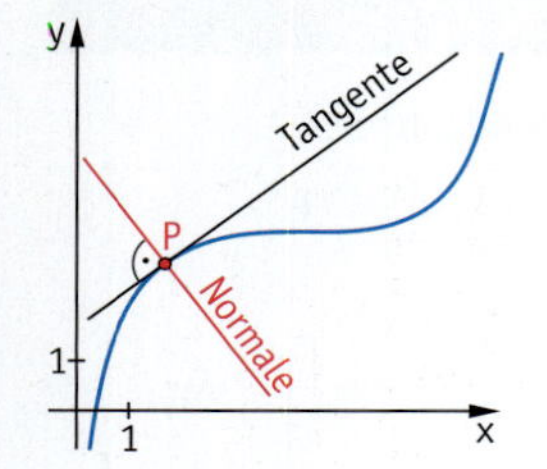

13.3 Die Gerade g_1 und der Graph von f haben für $x > 0$ den Punkt B_1 gemeinsam. Die Normale an den Graphen von f in B_1 teilt die Fläche zwischen der x-Achse und dem Graphen in zwei Teilflächen. In welchem Verhältnis stehen die zugehörigen Flächeninhalte?

13.4 a) Der Graph von f über dem Intervall $[0; \pi]$ soll durch eine ganzrationale Funktion p dritten Grades angenähert werden. Dabei soll der Graph von p ebenfalls den Tiefpunkt $T(0|0)$ besitzen, die x-Achse in $S(\pi|0)$ schneiden und durch den Punkt $\left(\frac{\pi}{2}\middle|\frac{\pi}{2}\right)$ gehen. Bestimmen Sie eine Gleichung für p.

b) Vergleichen Sie die Inhalte der beiden Flächen zwischen der x-Achse und dem Graphen von f bzw. dem Graphen von p über dem Intervall $[0; \pi]$.

Funktionenscharen

14 Gegeben ist die Funktionenschar f_t mit $f_t(x) = \frac{1}{t} \cdot e^{-tx^2}$ mit $t > 0$.

14.1 Bestimmen Sie in Abhängigkeit von $t > 0$ die Extrema sowie die Gleichung der Wendetangente. Skizzieren Sie für $t = \frac{1}{4}$ die Graphen zu f_t und f_t' in ein gemeinsames Koordinatensystem.

14.2 Bestimmen Sie für $t > 0$ den Schnittpunkt S_t der Graphen zu f_t und f_t'. Ermitteln Sie die Gleichung der Ortskurve aller Schnittpunkte S_t mit $t \in \mathbb{R}_+^*$ an. Zeigen Sie, dass es einen Wert für t gibt, sodass S_t mit einem Wendepunkt des Graphen f_t zusammenfällt.

14.3 Zeigen Sie, dass je 2 Graphen der Schar f_t keinen gemeinsamen Punkt haben.

15 Gegeben ist die Funktionenschar f_b mit $f_b(x) = (x - b) \cdot e^x$ und $b \in \mathbb{R}$.

15.1 Ermitteln Sie charakteristische Eigenschaften der Schar und skizzieren Sie den Graphen zu f_2.

15.2 Vergleichen Sie die Funktionen f_2' und f_1. Verallgemeinern Sie begründet den Zusammenhang.

15.3 Der Graph und die x-Achse begrenzen für jedes b ein Flächenstück. Bestimmen Sie den Flächeninhalt und erläutern Sie das benutzte Verfahren.
Deuten Sie das Ergebnis für $b \to -\infty$.

15.4 Bestimmen Sie die Gleichung der Tangente an den Graphen zu f_b an der Stelle $x = 0$.
Berechnen Sie den Schnittpunkt zweier derartiger Tangenten zu unterschiedlichen Parameterwerten. Wählen Sie nun die Parameterwerte allgemein und interpretieren Sie das Ergebnis.

16 Gegeben ist die Funktionenschar f_b mit $f_b(x) = (x - b) \cdot e^x - 2$ und $b \in \mathbb{R}$.

16.1 Untersuchen Sie die Schar begründet auf die Existenz absoluter Extrema und skizzieren Sie den Graphen zu f_1.
Untersuchen Sie in Abhängigkeit von $b \in \mathbb{R}$ die Anzahl der Nullstellen einer Kurve der Schar.

16.2 Der Graph von f_b, die positive x-Achse und die negative y-Achse begrenzen für jedes b ein Flächenstück.
Bestimmen Sie den Flächeninhalt und erläutern Sie das benutzte Verfahren.
Deuten Sie das Ergebnis für $b \to \infty$.

16.3 Bestimmen Sie die Gleichung der Tangenten an den Graphen zu f_b an der Stelle $x = 0$.
Berechnen Sie den Schnittpunkt zweier derartiger Tangenten zu unterschiedlichen Parameterwerten.
Wählen Sie nun die Parameterwerte allgemein und interpretieren Sie das Ergebnis.

17 Gegeben ist die Funktionenschar f_b mit $f_b(x) = \left(x^2 - \frac{2x}{b}\right)e^{bx}$ mit $b > 0$.

17.1 Untersuchen Sie die Graphen der Schar auf asymptotisches Verhalten und ordnen Sie begründet den skizzierten Graphen entsprechende Parameter zu.

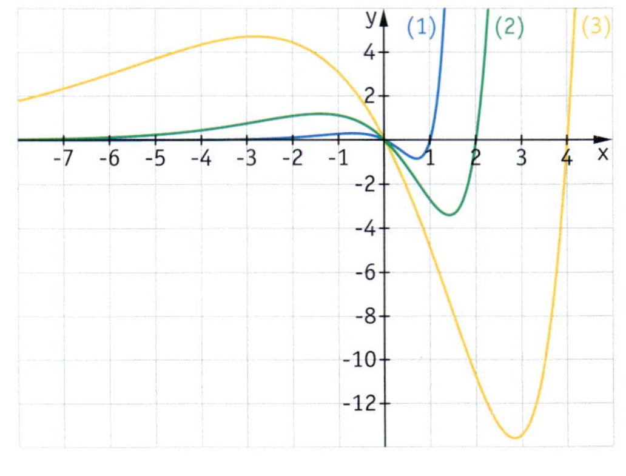

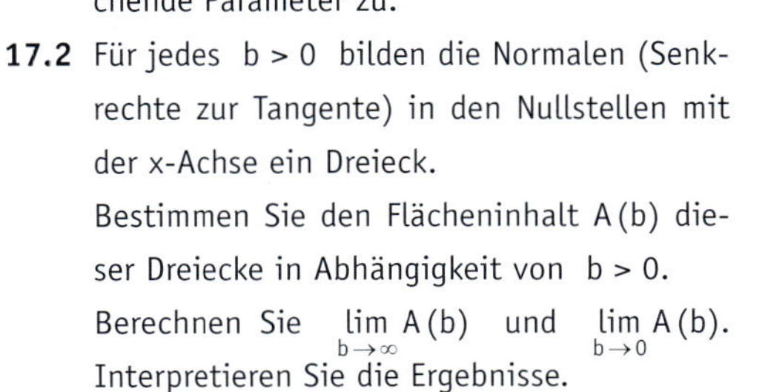

17.2 Für jedes $b > 0$ bilden die Normalen (Senkrechte zur Tangente) in den Nullstellen mit der x-Achse ein Dreieck.
Bestimmen Sie den Flächeninhalt $A(b)$ dieser Dreiecke in Abhängigkeit von $b > 0$.
Berechnen Sie $\lim\limits_{b \to \infty} A(b)$ und $\lim\limits_{b \to 0} A(b)$.
Interpretieren Sie die Ergebnisse.

17.3 Der Graph zu f_1 und die x-Achse begrenzen im 2. Quadranten eine Fläche mit dem Inhalt $A_1(a)$.
Berechnen Sie den Inhalt und erläutern Sie das benutzte Verfahren.

17.4 Für jedes $b > 0$ ist neben f_b noch die Parabelschar p_b mit $p_b(x) = b\left(x^2 - \frac{2x}{b}\right)$ gegeben.
Bestimmen Sie in Abhängigkeit von b die Anzahl der Schnittpunkte der entsprechenden Graphen.

18 Gegeben ist die Funktionenschar f_a mit $f_a(x) = \frac{e^x}{(a + e^x)^2}$ mit $a \in \mathbb{R}$.

18.1 Bestimmen Sie den Definitionsbereich und untersuchen Sie die Schar hinsichtlich ihres asymptotischen Verhaltens.

18.2 Beweisen Sie die Gültigkeit der Gleichung $f_a(\ln a - t) = f_a(\ln a + t)$ für $t \in \mathbb{R}$ und deuten Sie das Ergebnis bezüglich des Verlaufs der Graphen zu f_a.

18.3 Für die erste Ableitung gilt: $f_a'(x) = \frac{a - e^x}{a + e^x} \cdot f_a(x)$.
Bestimmen Sie hiermit die Art vorhandener Extrema und die Gleichung der zugehörigen Ortslinie h.

18.4 Skizzieren Sie für ausgewählte klassifizierende Parameter die Graphen sowie die Ortslinie h in ein gemeinsames Koordinatensystem.
Begründen Sie Ihre Auswahl.

18.5 Das rechts von der Geraden zu $x = t$ mit $t \geq \ln a$ liegende Flächenstück zwischen den Graphen von f_t und der x-Achse wird durch die Ortslinie h geteilt.
Bestimmen Sie t so, dass die Teilflächen gleich groß sind.

9.2 Aufgaben zur Stochastik

1 Blutgruppen

In verschiedenen Populationen treten die Blutgruppen 0, A, B, AB mit unterschiedlichen Anteilen auf.

1.1 In Italien hat ein Drittel (33,3 %) der Bewohner Blutgruppe A.

a) Mit welcher Wahrscheinlichkeit wird man in einer Stichprobe vom Umfang 100 weniger als 60 Personen finden, die nicht Blutgruppe A haben?

b) Für eine Untersuchung (in Italien) benötigt man 100 Personen mit Blutgruppe A. Wie viele Personen müsste man mindestens auswählen, damit man mit einer Sicherheitswahrscheinlichkeit von 90 % genügend Personen mit dieser Blutgruppe hat?

1.2 Welchen Umfang muss eine Stichprobe mindestens haben, damit man den Anteil von Blutgruppe B in einer Population auf 0,5 % genau bestimmen kann (Sicherheitswahrscheinlichkeit 90 %)? Man beachte, dass in Europa der Anteil von Blutgruppe B zwischen 10 % und 20 % liegt.

1.3 In verschiedenen Stichproben wurden die Verteilungen der Blutgruppen in zwei Generationen untersucht. Hierbei fand man beispielsweise in der Elterngeneration einen Anteil von 37,7% für Blutgruppe 0. Die Stichprobe umfasste 24 343 Kinder dieser Eltern.

a) Geben Sie ein Intervall an, in dem mit einer Wahrscheinlichkeit von 95 % die Anzahl der Kinder mit Blutgruppe 0 liegt. Bestimmen Sie auch die zugehörigen relativen Häufigkeiten.

b) Tatsächlich fand man in der Stichprobe 9 271 Kinder mit Blutgruppe 0. Erschließen Sie umgekehrt alle Anteile, mit denen dieses Stichprobenergebnis verträglich wäre (Sicherheitswahrscheinlichkeit 95 %).

c) Beschreiben Sie die Gemeinsamkeiten und Unterschiede in den Aufgabenstellungen der Teilaufgaben a) und b).

2 Freikarten

In einem Kurs sind 12 Schülerinnen und 8 Schüler. Der Kurslehrer erhält von einem Verein regelmäßig fünf Freikarten für Basketballspiele des örtlichen Vereins, die er an die Kursteilnehmer weitergibt.

Ikosaeder

2.1 Für die Auslosung benutzt der Lehrer ein reguläres Ikosaeder; die Augenzahlen entsprechen dabei der Nummer des Schülers/der Schülerin in der Kursliste.
Mit welche Wahrscheinlichkeit werden nach diesem Verfahren mehr Freikarten an Jungen als an Mädchen verteilt?

2.2 Wie oft muss das Ikosaeder mindestens geworfen werden, bis ein bestimmter Schüler mit einer Wahrscheinlichkeit von mindestens 90 % mindestens einmal eine Freikarte erhalten hat?

2.3 Der Kurssprecher protokolliert, wie oft die einzelnen Kursteilnehmer nach diesem Glücksverfahren eine Freikarte erhalten haben. Wie groß ist die Wahrscheinlichkeit, dass nach 50 Ikosaeder-Würfen ein bestimmter Kursteilnehmer noch keine Freikarte, eine Freikarte, zwei, drei, mehr als drei Freikarten erhalten hat?

2.4 Die Jungen haben den Verdacht, dass der Lehrer das Ikosaeder so geschickt werfen kann, dass dadurch die Mädchen im Vorteil sind. Aufgrund der nächsten 60 Ikosaeder-Würfe erhalten 40 Mädchen eine Freikarte. Bestimmen Sie ein 90%-Konfidenzintervall für die tatsächliche Wahrscheinlichkeit, dass ein Mädchen eine Freikarte erhält und vergleichen Sie dies mit dem Verdacht der Jungen.

3 Glücksrad

3.1 Ein Glücksrad mit von 1 bis 10 nummerierten, gleich großen Sektoren wird 10-mal gedreht.

a) Mit welcher Wahrscheinlichkeit tritt mindestens eine der Zahlen mindestens zweimal auf?

b) Mit welcher Wahrscheinlichkeit bleibt der Zeiger keinmal, genau einmal, mehr als einmal auf dem Sektor Nr. 5 stehen?

3.2 Für ein Spiel wird die Summe der Zahlen aus 5 Spielen gewertet. Für die Zufallsgröße X: *Summe der 5 Nummern* gilt: $\mu = 27{,}5$ und $\sigma \approx 6{,}42$. Die Zufallsgröße ist näherungsweise normalverteilt.

a) Mit welcher Wahrscheinlichkeit wird die Summe kleiner sein als 15 oder größer als 30?

b) Um das Glücksrad zu überprüfen, wird die Durchschnittspunktzahl aus 25 Spielrunden gebildet. Welche Durchschnittspunktzahlen wären verdächtig?

3.3 Von den 10 Sektoren sind 6 schwarz und 4 weiß gefärbt.

a) Machen Sie eine Prognose auf dem 90 %-Niveau, wie oft das Glücksrad bei den nächsten 250 Umdrehungen auf einem schwarzen Sektor stehen bleiben wird.

b) Mit welcher Wahrscheinlichkeit wird der Zeiger beim n-fachen Drehen des Glücksrads öfter auf einem weißen als auf einem schwarzen Sektor stehen bleiben (n = 10, 50, 200)?

3.4 Bei einem Spiel mit dem Glücksrad aus Teilaufgabe 3.3 gelten folgende Gewinnregeln: Zunächst wird das Glücksrad zweimal gedreht. Falls der Zeiger in beiden Fällen auf Felder von gleicher Farbe gezeigt hat, erhält der Spieler seinen Einsatz von 1 Euro zurück. Wenn das Glücksrad auf zwei verschieden farbigen Feldern stehen geblieben ist, wird das Glücksrad noch ein drittes Mal gedreht: Bleibt der Zeiger jetzt auf einem weißen Feld stehen, dann werden an den Spieler 2 Euro ausgezahlt, sonst ist der Einsatz verloren.

Welchen Betrag können die Spieler auf Dauer gewinnen oder verlieren?

4 Körpergewicht

Nach den Ergebnissen des Mikrozensus sind je 3 % der 18-jährigen Männer größer als 192 cm bzw. kleiner als 169 cm. Die Körpergröße sei als näherungsweise normalverteilt angenommen.

4.1 **a)** Bestimmen Sie aus diesen Angaben den Erwartungswert μ und die Standardabweichung σ.

b) In welchem Intervall liegt die Körpergröße in 50 % der Fälle? Geben Sie verschiedene Beispiele von Intervallen an.

c) Von einhundert 18-jährigen Männern wird die durchschnittliche Körpergröße bestimmt. Mit welcher Wahrscheinlichkeit liegt dieser Mittelwert oberhalb von 184 cm?

4.2 Nach den Ergebnissen der vorliegenden Stichproben haben 25 % der jungen Männer ein Körpergewicht über 70 kg. In einer Schule sind 138 junge Männer dieses Alters. Schätzen Sie, wie viele von diesen über 70 kg wiegen.

4.3 Wegen der Beliebtheit von Fast-Food vermutet man, dass sich der Anteil der 18-jährigen Männer, die mehr als 70 kg wiegen, seit dem letzten Mikrozensus verändert hat. In einer Stichprobe vom Umfang 500 findet man 130 junge Männer, die mehr als 70 kg wiegen.

a) Bestimmen Sie ein 95 %-Konfidenzintervall für den tatsächlichen Anteil der jungen Männer über 70 kg unter den 18-jährigen.

b) Wie groß müsste der Stichprobenumfang gewählt werden, damit man den Anteil der jungen Männer, die mehr als 70 kg wiegen, auf einen Prozentpunkt genau schätzen könnte (Sicherheitswahrscheinlichkeit 95 %)?

5 Känguru-Wettbewerb

Beim Känguru-Wettbewerb sind in 75 Minuten 30 Aufgaben zu lösen. Von den Aufgaben werden je 10 Aufgaben als leicht, als mittel-schwer bzw. als schwer bezeichnet.

5.1 Zu den Aufgaben gibt es jeweils 5 Antwortalternativen. Angenommen, ein Teilnehmer versucht, die Aufgaben zu lösen, ohne den Aufgabentext durchzulesen, setzt also zufällig das Kreuz bei einer der 5 Alternativen. Auf welchen Anteil richtiger Lösungen wird er in 90 % der Fälle höchstens kommen?

5.2 Zur Vorbereitung seiner Schüler auf den neuen Wettbewerb stellt ein Lehrer ein Aufgabenblatt aus den Aufgaben des letzten Jahres zusammen, das 2 leichte, 3 mittlere und 4 schwierige Aufgaben enthält. Bestimmen Sie, wie viele Möglichkeiten der Lehrer hat.

5.3 Die leichten Aufgaben werden erfahrungsgemäß mit einer Wahrscheinlichkeit von 60 % gelöst, die mittleren mit 50 %, die schwierigeren mit einer Wahrscheinlichkeit von 30 %.

a) Einem Schüler werden drei Aufgaben vorgelegt – je eine der verschiedenen Schwierigkeitsgrade. Mit welcher Wahrscheinlichkeit wird er mindestens zwei Aufgaben lösen?

b) In einem Test wird einem Schüler eine leichte Aufgabe vorgelegt. Wenn er sie löst, gewinnt er einen kleinen Preis; falls nicht, erhält er eine neue Chance – dann muss er aber eine mittel-schwere Aufgabe lösen. Wenn er auch das nicht schafft, folgt eine dritte Chance mit einer schwierigen Aufgabe. Mit welcher Wahrscheinlichkeit besteht er den Test?

5.5 Erfahrungsgemäß vergessen 2 % der Teilnehmer des Wettbewerbs, ihren Namen auf das Lösungsblatt zu schreiben.
Mit welcher Wahrscheinlichkeit

a) sind unter 1 000 zufällig ausgewählten Lösungsbögen mehr als 25, die keinen Namen enthalten,

b) weicht die Anzahl der Bögen ohne Namen unter diesen 1 000 Bögen von der erwartenden Anzahl um weniger als 5 ab?

5.6 Am Känguru-Wettbewerb 2009 nahmen in Deutschland 28 114 Schülerinnen und Schüler der Oberstufe teil. Der oben angegebenen Tabelle können Sie entnehmen, wie viele Schülerinnen und Schüler welche Punktzahlen erreichten.

Punkte	Anzahl der Schülerinnen und Schüler der Oberstufe
150,00	4
140,00 – 149,95	9
130,00 – 139,95	11
120,00 – 129,95	34
110,00 – 119,95	97
100,00 – 109,95	239
90,00 – 99,95	507
80,00 – 89,95	1 202
70,00 – 79,95	2 397
60,00 – 69,95	4 468
50,00 – 59,95	6 443
40,00 – 49,95	6 990
30,00 – 39,95	4 226
20,00 – 29,95	1 252
10,00 – 19,95	221
0,00 – 9,95	14

a) Bestimmen Sie Näherungswerte für den Mittelwert und die empirische Standardabweichung.

b) Begründen Sie, warum auch nicht einmal näherungsweise eine Normalverteilung vorliegt.

6 Hotelübernachtungen

Bei der Auswertung der Übernachtungsdaten eines großen Hotels wird festgestellt, dass 30 % Geschäftsleute übernachten, 45 % ausländische und 25 % deutsche Touristen.

6.1 Für eine Einzeluntersuchung werden einige der Gäste des letzten Jahres zufällig ausgewählt und angeschrieben.
Bestimmen Sie die Wahrscheinlichkeit,mit der folgendes Ereignis eintritt:
Ereignis A: Unter fünf ausgewählten Personen sind mehr Touristen als Geschäftsleute.
Ereignis B: Unter fünf ausgewählten Personen sind mehr deutsche als ausländische Touristen.
Ereignis C: Unter 20 ausgewählten Personen sind genau 6 Geschäftsleute, 9 ausländische und 5 deutsche Touristen.

6.2 Die Wahrscheinlichkeit, dass ein bestimmtes Einzelzimmer mit einer Person belegt war, die aus geschäftlichen Gründen in dem Hotel übernachtete, betrage p. Die Wahrscheinlichkeit, dass von zwei zufällig nacheinander in diesem Raum übernachtenden Personen mindestens einer eine Geschäftsfrau oder ein Geschäftsmann war, beträgt 80 %. Wie groß ist p?

6.3 Das Einchecken an der Hotel-Reception dauert unterschiedlich lange. Wenn eintreffende Einzelpersonen bereits schon einmal im Hotel übernachtet haben, brauchen nur die bekannten Daten überprüft werden; auch Erklärungen zu Frühstückszeiten usw. entfallen. Hier genügen in der Regel erfahrungsgemäß 3 Minuten für die Anmeldung. Für neue Gäste benötigt man ungefähr 10 Minuten. Wenn Ehepaare ankommen, verlängern sich die genannten Zeiten um jeweils eine Minute. Aus den Hotelstatistiken ist bekannt, dass 30 % der Buchungen Einzelzimmer betreffen und dass 25 % der Buchungen durch Einzelpersonen erfolgen, die bereits schon einmal im Hotel übernachtet haben.
Wie viel Zeit wird im Mittel für das Einchecken an der Hotel-Reception benötigt?

6.4 In den Personenaufzügen des Hotels ist für 4 Personen Platz; laut Vorschrift dürfen die Aufzüge maximal eine Last von 350 kg aufnehmen. Angenommen, das Durchschnittsgewicht von 4 Personen beträgt 320 kg bei einer Standardabweichung von 20 kg. Mit welcher Wahrscheinlichkeit würde der Aufzug durch das Einsteigen von 4 Personen überbelastet?

7 Medien heute

„Noch nie hat es eine Generation gegeben, die von Kindheit an mit elektronischen Medien aufgewachsen ist und von ihnen in ihrem Lebensgefühl so stark geprägt wurde wie heute.“ (BAT-Freizeit-Studie)

7.1 „Das Fernsehen dient den jungen Leuten in erster Linie zu ihrer Unterhaltung, deshalb stehen für 69 % der 12- bis 19-Jährigen Spielfilme, Serien und Krimis am höchsten in der Gunst“, heißt es in der Studie.
Angenommen, diese Befragungsergebnisse sind auch repräsentativ für die Jugendlichen in Niedersachsen. Machen Sie eine Prognose auf dem 90 %-Niveau, wie viele unter 500 zufällig ausgewählten 12- bis 19-Jährigen aus diesem Bundesland den Spielfilmen oberste Priorität im Fernsehprogramm geben würden.
Wie könnte man ein Stichprobenergebnis interpretieren, das außerhalb der 90 %-Umgebung liegt?

7.2 Die Frage, ob sie eher Musik- oder Sportsendungen bevorzugen, beantworteten Jugendliche wie rechts angegeben.

	„Ich bevorzuge Sportsendungen.“	„Ich bevorzuge Musiksendungen.“
Jungen	58 %	42 %
Mädchen	34 %	66 %

Bestimmen Sie unter allen Jugendlichen,

a) die eine Sportsendung bevorzugen, den Anteil der Jungen,

b) die eine Musiksendung bevorzugen, den Anteil der Mädchen.

c) Notieren Sie die beiden möglichen Baumdiagramme, die zur Vierfeldertafel gehören.

7.3 In einer Untersuchung soll festgestellt werden, bei wie vielen Jugendlichen das Lesen von Büchern zu den wichtigen Freizeitbeschäftigungen gehört.
Wie viele Jugendliche müssten dazu (zufällig) ausgewählt werden, damit man den Anteil auf drei Prozentpunkte genau bestimmen kann (Sicherheitwahrscheinlichkeit 90 %)?

7.4 In der nebenstehenden Grafik sind Ergebnisse von Befragungen dargestellt. Welche Informationen müsste man noch zusätzlich haben, damit man hieraus einen Mittelwert für die gesamte Bevölkerung (ab 14 Jahren) bestimmen könnte?

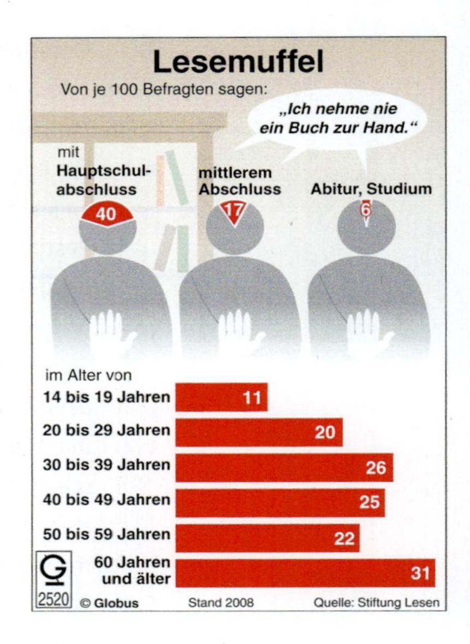

8 Nur alle vier Jahre Geburtstag

Personen, die in einem Schaltjahr am 29. Februar geboren wurden, können nur alle vier Jahre „richtig" Geburtstag feiern.

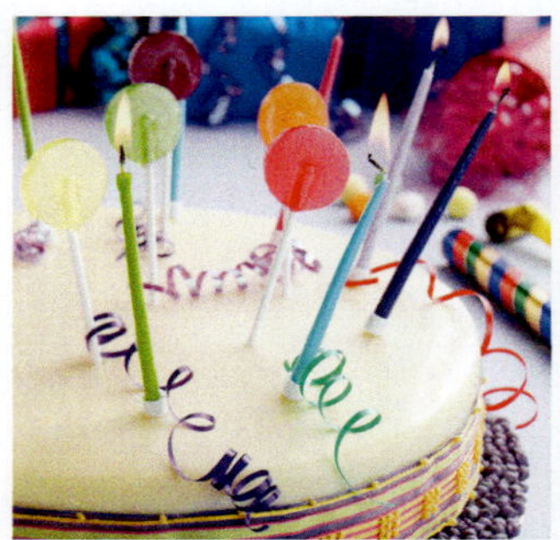

8.1 Geben Sie einen Schätzwert an, wie viele Personen, die am 29.02. Geburtstag haben, in einer Stadt wie Göttingen (121 500 Einwohner) leben. Gehen Sie bei der Rechnung davon aus, dass die Wahrscheinlichkeit, am 29.02. geboren zu sein, genauso groß ist wie an jedem anderen Tag der 1 461 Tage eines 4-Jahres-Zyklus.

8.2 Geben Sie ein Intervall an, in dem mit einer Wahrscheinlichkeit von etwa 95 % die Anzahl der Personen aus Potsdam liegt, die am 29.02. Geburtstag haben.

8.3 Wie groß ist die Wahrscheinlichkeit, dass von den 800 Schülerinnen und Schülern einer Schule keiner [einer, mehr als einer] am 29.02. Geburtstag hat?

8.4 In jedem Schaltjahr berichten die Lokalredaktionen der Tageszeitungen darüber, wie Geburtstagskinder des 29.02. ihren Geburtstag feiern – vor allem aber auch, wie sie in Nicht-Schaltjahren ihren Geburtstag begehen. Stellen Sie die Informationen, die in der folgenden Vierfeldertafel enthalten sind, in zwei Zeitungsartikeln zusammen, in denen unterschiedliche Aspekte (Merkmale) im Vordergrund stehen.

	„Ich feiere meinen Geburtstag nach."	„Ich feiere vom 28.02. in den 01.03. hinein."
15 – 40 Jahre	14 %	29 %
über 40 Jahre	42 %	15 %

8.5 Bei der Recherche in mehreren Grundschulen des Kreises findet ein Journalist heraus, dass es insgesamt 10 Kinder gibt, die am 29.02. Geburtstag haben. Er vermutet, dass bei den werdenden Müttern der Wunsch nach einem „besonderen" Geburtstag für ihr Kind zu einer Häufung der Geburten am Schalttag geführt hat. Bestimmen Sie ein 90 %-Konfidenzintervall zu diesem Stichprobenergebnis und vergleichen Sie die Wahrscheinlichkeiten des Intervalls mit dem Ansatz in Teilaufgabe 8.1.

8.6 Wenn man von 2 100 zufällig ausgewählten Personen den Geburtstag erfasst und in einen Jahreskalender einträgt, dann könnte es zufällig vorkommen, dass es an irgendeinem Tag des Jahres keine Eintragung gibt.
Bestimmen Sie die Wahrscheinlichkeit für ein solches Ereignis.
Nehmen Sie kritisch Stellung zu dem von Ihnen gewählten Modell.

9 Würfeln mit einem schiefen Prisma

Man kann schiefe Prismen als „Würfel" benutzen, wie bei einem regelmäßigen Hexaeder werden dazu die Flächen mit den Augenzahlen 1 bis 6 nummeriert. Angenommen, die Wahrscheinlichkeiten für die sechs Augenzahlen sind:

$P(1) = P(6) = 0{,}1$; $P(2) = P(5) = 0{,}18$ und $P(3) = P(4) = 0{,}22$

9.1 Das schiefe Prisma wird dreimal geworfen. Mit welcher Wahrscheinlichkeit ist die Augensumme größer als 12?

9.2 Das schiefe Prisma wird 100-mal geworfen. Welche Augensumme kann erwartet werden?

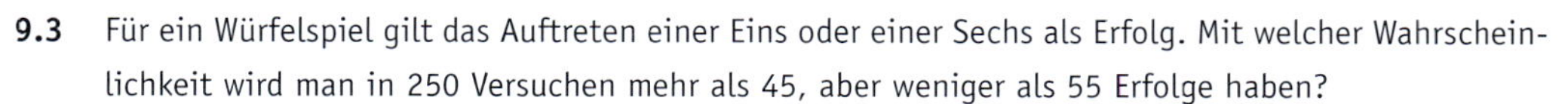

9.3 Für ein Würfelspiel gilt das Auftreten einer Eins oder einer Sechs als Erfolg. Mit welcher Wahrscheinlichkeit wird man in 250 Versuchen mehr als 45, aber weniger als 55 Erfolge haben?

9.4 Das schiefe Prisma aus Teilaufgabe 9.1 wird 500-mal geworfen. Geben Sie ein Intervall an, in dem mit einer Wahrscheinlichkeit von 95 % die Anzahl der Würfe mit Augenzahl 2 liegen wird.

9.5 Die in Teilaufgabe 9.1 angegebenen Wahrscheinlichkeiten sind Schätzwerte aufgrund einer 1000-fachen Versuchsdurchführung. Geben Sie ein 95 %-Konfidenzintervall für die Wahrscheinlichkeit an, dass Augenzahl 2 geworfen wurde. Erläutern Sie den Unterschied dieser Aufgabenstellung zu der in Teilaufgabe 9.2.

9.6 Wie oft müsste man ein schiefes Prisma mindestens werfen, damit man die Wahrscheinlichkeiten für die einzelnen Augenzahlen auf 2 Prozentpunkte genau schätzen kann (Sicherheitswahrscheinlichkeit 90 %)?

10 Frühstück im Hotel

Unter den Gästen eines Hotels sind erfahrungsgemäß durchschnittlich 50 % Geschäftsreisende, 30 % Touristen und 20 % Personen, die aus sonstigen Gründen die Stadt besuchen.

Beim Frühstücksbuffet entscheiden sich erfahrungsgemäß 70 % der Geschäftsreisenden, 50 % der Touristen, aber nur 20 % der sonstigen Gäste für Rühreier mit gebratenem Speck.

10.1 Mit welcher Wahrscheinlichkeit tritt folgendes Ereignis ein:

Ereignis A: Ein Gast nimmt zum Frühstück Rührei mit Speck.

Ereignis B: Ein Gast ist ein Tourist, der kein Rührei nimmt.

Ereignis C: Ein Gast wählt Rühreier mit Speck oder ist ein Tourist.

10.2 Ein Gast wird dabei beobachtet, dass er Rühreier mit Speck zum Frühstück nimmt. Bestimmen Sie die Wahrscheinlichkeit, dass es sich hierbei um einen Geschäftsreisenden handelt.

10.3 Mit welcher Wahrscheinlichkeit sind unter 100 zufällig ausgewählten Gästen

a) mehr als 30 Touristen, **b)** höchstens 50 Geschäftsreisende?

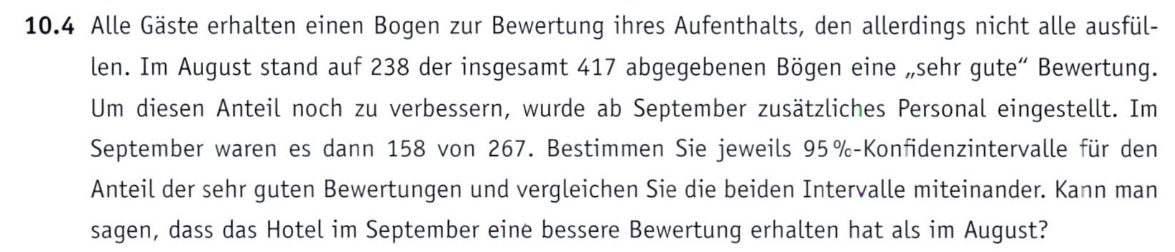

10.4 Alle Gäste erhalten einen Bogen zur Bewertung ihres Aufenthalts, den allerdings nicht alle ausfüllen. Im August stand auf 238 der insgesamt 417 abgegebenen Bögen eine „sehr gute" Bewertung. Um diesen Anteil noch zu verbessern, wurde ab September zusätzliches Personal eingestellt. Im September waren es dann 158 von 267. Bestimmen Sie jeweils 95 %-Konfidenzintervalle für den Anteil der sehr guten Bewertungen und vergleichen Sie die beiden Intervalle miteinander. Kann man sagen, dass das Hotel im September eine bessere Bewertung erhalten hat als im August?

10.5 Der Fremdenverkehrsverband der Stadt veröffentlichte die folgende Statistik über die Anzahl der Übernachtungen in der Stadt insgesamt:
Tragen Sie die Daten in ein geeignetes Koordinatensystem ein. Wählen Sie ein angemessenes Modell, um eine Prognose für die beiden folgenden Jahre abzugeben.

Jahr	Gesamtzahl der Übernachtungen
2002	74 300
2004	77 100
2006	81 400
2007	82 500
2008	85 400

11 Schätzungen zum Flugverkehr

Obwohl der Flugverkehr in den letzten 10 Jahren erheblich zugenommen hat, ist die Anzahl der Flugzeugabstürze pro Jahr etwa gleich geblieben: Die Erfahrungen zeigen, dass weltweit etwa 50 Flugzeuge pro Jahr abstürzen.
Wenn an einem Tag ein Flugzeug abstürzt, erscheint die Nachricht auf der Titelseite vieler Zeitungen; wenn sogar zwei oder mehr Unfälle dieser Art auf einmal eintreten, ist schnell von einer Unglücksserie die Rede.
Führen Sie eine Schätzung der Häufigkeit solcher Ereignisse mithilfe des Kugel-Fächer-Modells durch.

11.1 Untersuchen Sie, mit welcher Wahrscheinlichkeit es an einem beliebig ausgewählten Tag des Jahres zu 0, 1, 2, mehr als 2 Flugzeugabstürzen kommt.

11.2 Mit welcher Wahrscheinlichkeit kommt es in einer beliebig ausgewählten Jahreswoche zu mehr als 3 Abstürzen?

11.3 An wie vielen Tagen bzw. in wie vielen Wochen kommt es durchschnittlich zu den in Teilaufgaben 11.1 bzw. 11.2 beschriebenen Ereignissen (Häufigkeitsinterpretation)?

11.4 Ermitteln Sie die Wahrscheinlichkeit, dass es mindestens einen Tag im Jahr gibt, an dem zwei Flugzeuge abstürzen.
(Beachten Sie den Unterschied in der Formulierung im Vergleich zu Teilaufgabe 11.1.)

11.5 Um die Sicherheit der deutschen Passagiere zu erhöhen, wurden unter den Jets, die Deutschland anfliegen, stichprobenartig zeitaufwendige Zusatzkontrollen durchgeführt.
Im betreffenden Jahr wurden bei 12 % dieser Kontrollen ernsthafte Mängel entdeckt, die mit erheblichen Bußgeldern bestraft wurden.
Die Sicherheitsbehörden gingen davon aus, dass sich der Anteil der unsicheren Jets reduzieren wird, weil die weniger zuverlässigen Fluggesellschaften nur noch ihre „besten Flugzeuge" nach Deutschland starten lassen.
Nach den ersten 200 Kontrollen im folgenden Jahr wurde eine Bilanz gezogen:
„Nur" noch 18 Flugzeuge hatten ernsthafte Mängel. Kritiker wandten ein, dass sich ein solches Ergebnis oder auch kleinere Anzahlen auch zufällig ergeben könne, obwohl die Qualität der Flugzeuge nicht besser geworden sei.
Bestimmen Sie ein 95 %-Konfidenzintervall für den Anteil der Flugzeuge mit ernsthaften Mängeln und nehmen Sie Stellung zur Meinung der Sicherheitsbehörden bzw. der Kritiker.

11.6 Die Grafik zeigt die Entwicklung des Flugverkehrs auf deutschen Flughäfen. Bestimmen Sie für die Jahre 2002 bis 2007 jeweils die Gesamtzahl der Fluggäste und machen Sie aufgrund dieser Daten eine Prognose für das Jahr 2010.
Geben Sie einen kritischen Kommentar zu dem von Ihnen gewählten Modell ab.

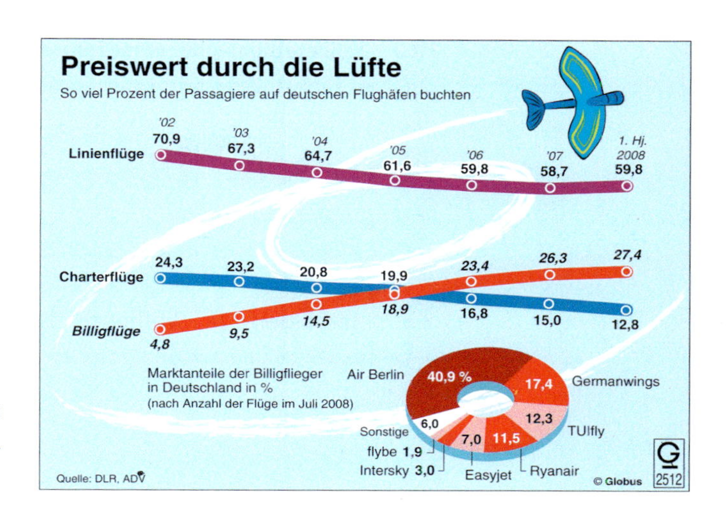

12 Beliebtheit von Unterrichtsfächern

12.1 Aufgrund von Befragungen weiß man, dass 70 % aller 15-Jährigen gerne Sport treiben. Mit welcher Wahrscheinlichkeit findet man in einer Zufallsstichprobe unter 100 ausgewählten Jugendlichen dieses Alter
(1) genau 70,
(2) weniger als 75,
(3) mindestens 60, höchstens 71 Sportbegeisterte?

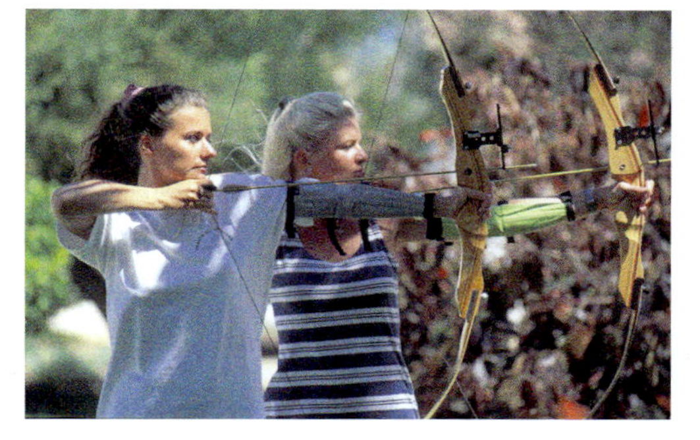

12.2 Wie viele Jugendliche müsste man mindestens auswählen, damit man mit einer Wahrscheinlichkeit von mindestens 99 % mindestens einen Sportbegeisterten unter den Ausgewählten hat?

12.3 Während Jugendliche offen darüber reden, ob sie gerne Sport treiben oder nicht, ist zu befürchten, dass die Auskunft bezüglich der Beliebtheit von anderen Schulfächern nicht ehrlich erfolgt. Deshalb bietet man folgende Befragungsmethode an: Der Befragte darf vor der Antwort verdeckt würfeln. Falls Augenzahl 6 fällt, soll die Antwort auf jeden Fall „Ja“ heißen (d. h. das Fach ist beliebt). Falls Augenzahl 1 oder 2 fällt, muss „Nein“ angekreuzt werden. Bei den übrigen Augenzahlen soll wahrheitsgetreu geantwortet werden.
Stellen Sie den Befragungsvorgang als 2-stufigen Zufallsversuch dar.
(1) Angenommen, es mögen 21 % der Jugendlichen das Fach Physik. Untersuchen Sie, wie viele dann tatsächlich mit „Ja“ antworten.
(2) Angenommen, bezüglich des Faches Mathematik antworten 35 % der Befragten mit „Ja“. Ermitteln Sie bei wie viel Prozent der Jugendlichen Mathematik tatsächlich beliebt ist.

12.4 Das Fach Geschichte wird von ungefähr einem Drittel der Jugendlichen als Lieblingsfach bezeichnet. Gilt dies gleichermaßen für Mädchen und Jungen? Um dies zu klären, werden jeweils 300 zufällig ausgewählte Mädchen und Jungen befragt. Während 87 Jungen Geschichte als Lieblingsfach bezeichneten, gaben bei den Mädchen 103 an, dass dies ihr liebstes Fach sei.
Bestimmen Sie jeweils ein 90 %-Konfidenzintervall für den Anteil der Mädchen bzw. Jungen, für die Geschichte Lieblingsfach ist. Lässt sich ein „statistischer Unterschied“ feststellen?

12.5 Wie viele Jugendlichen müsste man mindestens befragen, damit man den Anteil derer, die ein bestimmtes Fach als ihr Lieblingsfach bezeichnen, auf 5 Prozentpunkte genau schätzen kann?

13 Sehbeteiligung bei einer Fernsehsendung

In einer Fernseh-Zeitschrift konnte man lesen:

Wetten, dass ..?

Die zuletzt ausgestrahlte ZDF-Sendung von *Wetten, dass ..?* wurde von 24,31 Mio. der insgesamt 78 Millionen Fernsehzuschauer in Deutschland gesehen.

13.1 Die Daten wurden aus einer Erhebung unter 12000 Personen gewonnen. Aus den Zeitungsangaben kann man schließen, dass in der Stichprobe 3740 Personen diese Samstagabend-Show gesehen haben.
Begründen Sie dies.

13.2 Mit welchen Sehbeteiligungsquoten ist dieses Stichprobenergebnis verträglich (Sicherheitswahrscheinlichkeit 90 %)?
Untersuchen Sie, ob es möglich ist, dass die Sehbeteiligung dieser Sendung 30 % betrug.

13.3 Angenommen, die Sehbeteiligung für diese Sendung betrug tatsächlich 31,2 %.

a) Mit welcher Wahrscheinlichkeit hätte man in einer Zufallsstichprobe von 50 Personen höchstens 15 Personen angetroffen, die diese Sendung gesehen haben?

b) Angenommen, 100 zufällig ausgewählte Personen werden gefragt.
Welches Ergebnis hätte die größte Wahrscheinlichkeit?
Begründen Sie die Antwort durch Vergleich von Wahrscheinlichkeiten benachbarter Ergebnisse.

c) Wie viele Personen hätte man mindestens befragen müssen, damit man mit einer Wahrscheinlichkeit von mindestens 90 % mindestens einen Zuschauer der Fernsehshow erfasst hat?

13.4 Bei der Abstimmung über den „Wettkönig" (der besten Wette des Abends) rufen viele Tausend Fernsehzuschauer an; der Sieger einer Show erhielt 40 % der Anruferstimmen.
Geben Sie an, mit welchen Wahrscheinlichkeiten unter den ersten

a) 5 Anrufern weniger als 3 Personen,

b) 10 Anrufern genau 4 Personen,

c) 50 Anrufern mehr als 20 Personen für den späteren Wettkönig stimmten.

13.5 Die Meinungen über die letzten Sendungen gingen sehr weit auseinander. Insbesondere gab es große Unterschiede bei den Meinungen von jüngeren und älteren Zuschauern:

	positive Bewertung	negative Bewertung	gesamt
Befragte unter 30 Jahren	135	113	248
Befragte ab 30 Jahren	217	204	421
gesamt	352	317	669

Betrachten Sie den Zufallsversuch:
Eine Person wird zufällig ausgewählt. Übertragen Sie dann die Informationen aus der gegebenen Vierfeldertafel in die beiden möglichen Baumdiagramme und stellen Sie in den Baumdiagrammen enthaltenen Informationen in Form von Zeitungsartikeln dar.

14 Reiseunternehmen

14.1 Ein Bus eines Reiseunternehmers hat 50 Sitzplätze. 45 Personen wollen in den Bus einsteigen.
Wie viele Möglichkeiten gibt es für die Belegung der Plätze?
Geben Sie hierfür einen Term an.
Untersuchen Sie, wie viele Möglichkeiten es für die freien Plätze gibt.

14.2 Gewöhnlich werden 90 % der gebuchten Fahrten tatsächlich wahrgenommen. Für eine Busreise sind 50 Plätze verkauft worden. Ermitteln Sie, mit welcher Wahrscheinlichkeit mehr als drei Plätze freibleiben.

14.2 Wegen der kurzfristigen Absagen von gebuchten Reisen verkauft das Unernehmen mehr Plätze als vorhanden sind. Für eine Fahrt mit zwei kleineren Bussen mit zusammen 92 Plätzen werden 100 Buchungen angenommen.
Untersuchen Sie, mit welcher Wahrscheinlichkeit der Busunternehmer keinen Ärger bekommt.

14.4 Der Reiseunternehmer ändert die Vertragsbedingungen dahingehend, dass bei kurzfristigen Absagen dennoch 50 % des Reisepreises gezahlt werden muss. Dadurch will er erreichen, dass der Anteil der Absagen sinkt. Während der nächsten 200 Buchungen soll untersucht werden, wie sich die neue Regelung auswirkt.
Mit welcher Wahrscheinlichkeit wird der Unternehmer trotzdem wieder 20 Absagen haben, obwohl die neue Vertragsbedingung mittelfristig dazu führt, dass 95 % der Buchungen auch tatsächlich wahrgenommen werden?

14.5 Der Unternehmer hat aufgrund einiger Rückmeldungen den Eindruck, dass möglicherweise Fahrt-Interessenten durch die verschärften Bedingungen abgeschreckt werden. Bis zur Einführung der neuen Regelung war es so, dass 45 % der Personen, die Prospekte über eine Fahrt angefordert hatten, die Fahrt auch tatsächlich gebucht haben.
Auf die 150 nächsten Prospektanforderungen folgen tatsächlich nur 59 Buchungen.
Beurteilen Sie dieses Ergebnis, indem Sie

a) ein 90 %-Konfidenzintervall für die zugrunde liegende Wahrscheinlichkeit bestimmen;

b) überprüfen, ob sich das Stichprobenergebnis signifikant vom Erwartungswert unterscheidet.

9.3 Aufgaben zur Analytischen Geometrie

1 Holzkeil

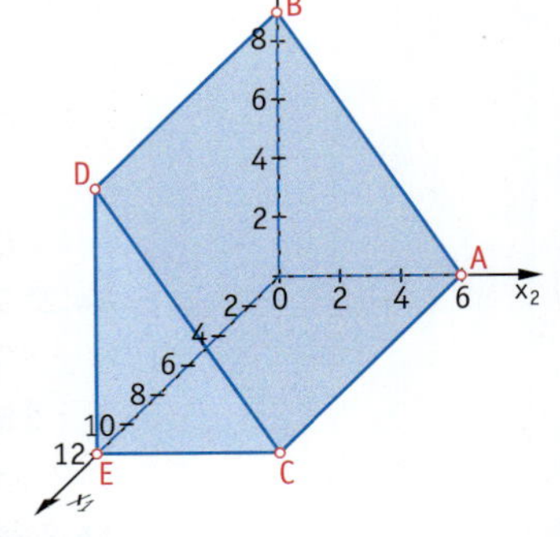

Ein Holzkeil hat die Form eines Prismas mit der Grundfläche ECD (Einheiten auf den Koordinatenachsen in cm).

1.1 **a)** Bestimmen Sie den Winkel zwischen den Seitenflächen ECAO und CABD.

b) Berechnen Sie den Abstand der Kante EO von der Seitenfläche CABD.

1.2 Im Schwerpunkt der Fläche ECD wird ein Bohrer angesetzt, die Bohrung erfolgt parallel zur x_1-Achse. Wie groß darf der Durchmesser des Bohrers maximal sein, wenn zu allen drei Seitenflächen ein mindestens 1 cm starker Rand bleiben soll?

1.3 Die Bohrung erfolgt mit einem Bohrer mit maximalem Durchmesser. Wie viel Prozent Abfall entsteht bei der Bohrung?

2 Werkstück

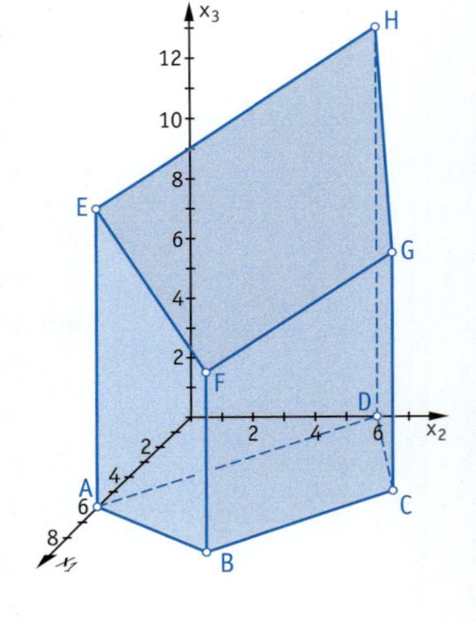

In einem kartesischen Koordinatensystem ist ein Werkstück ABCDEFGH durch die Eckpunkte A(6 | 0 | 0), B(9 | 5 | 0), C(5 | 9 | 0), D(0 | 6 | 0), E(6 | 0 | 10), F(9 | 5 | 6) und H(0 | 6 | 13) gegeben (Koordinatenangaben in cm).

Die Deckfläche EFGH des Werkstücks ist eine ebene Fläche.

2.1 **a)** Bestimmen Sie die Koordinaten des Eckpunkts G der Deckfläche.

b) Berechnen Sie die Größe des Innenwinkels, unter dem die Flächen ABFE und EFGH zusammenstoßen.

2.2 Am oberen Teil des Werkstücks wird gerade so viel abgeschliffen, dass die neue Deckfläche E′F′G′H′ des verbleibenden Körpers parallel zur Grundfläche ABCD liegt.

a) Geben Sie die Koordinaten der Eckpunkte der neuen Deckfläche an.

b) Zeigen Sie, dass Grund- und Deckfläche ein symmetrisches Trapez bilden.

c) Zeichnen Sie ein Schrägbild dieses Körpers.

2.3 Das abgeschliffene Werkzeug wird parallel zur x_3-Achse zylindrisch durchbohrt. Dabei beträgt der Radius des Bohrlochs 1 cm, der Mittelpunkt des Bohrlochs in der Deckfläche ist der Punkt M(5 | 5 | 6). Wie groß ist die Wandstärke zwischen Bohrloch und den einzelnen Seitenflächen?

3 Schiefes Prisma

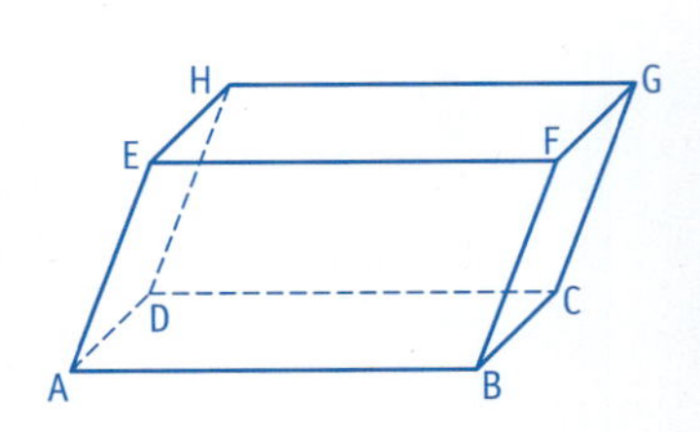

In einem kartesischen Koordinatensystem sind die Punkte A(2 | 1 | −1), B(6 | 4 | −2), C(5 | 6 | 0), D(1 | 3 | 1), F(4 | 6 | 4) und H(−1 | 5 | 7) gegeben. Die Punkte A, B, C, D, E, F, G und H sind Eckpunkte eines schiefen Prismas mit der Grundfläche ABCD (siehe Abbildung).

3.1 Geben Sie die Koordinaten der Punkte G und E an.

3.2 Weisen Sie nach, dass die Grundfläche des Prismas ein Rechteck ist. Untersuchen Sie, welche beiden Seitenflächen des Prismas den größten Flächeninhalt haben.

3.3 Untersuchen Sie, ob sich alle Raumdiagonalen des Prismas in genau einem Punkt schneiden. Berechnen Sie gegebenenfalls die Koordinaten des Schnittpunktes dieser Diagonalen.

3.4 Eine zur Grundfläche parallele Ebene zerlegt das Prisma in zwei Teilkörper mit gleichen Volumina. Ermitteln Sie eine Gleichung dieser Ebene in parameterfreier Form.

3.5 Untersuchen Sie rechnerisch, ob der Punkt $P(3|4|1)$ im Inneren des Prismas liegt.

4 Turm mit Wetterfahne

Ein Turm steht auf der x_1x_2-Ebene. Er hat die Form eines Quaders mit quadratischer Grundfläche und mit einer aufgesetzten Pyramide. Auf der Turmspitze befindet sich eine Wetterfahne aus Metall, welche die Form eines gleichschenkligen Dreiecks hat und um die Achse PQ drehbar ist.
Gegeben sind die Punkte $A(4|2|0)$, $B(6|6|0)$, $C(2|8|0)$, $D(0|4|0)$, $D_1(0|4|2)$, $P(3|5|13)$, $Q(3|5|15)$ und $R(4|7|14)$ (Koordinateneinheiten in m).

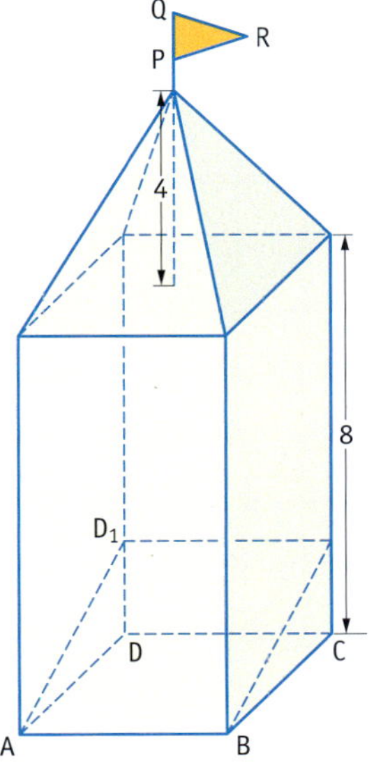

4.1 **a)** Zeichnen Sie den Turm samt Wetterfahne in ein Koordinatensystem.

b) Der Turm steht in einem schrägen Hang, dessen Oberfläche in der Ebene durch die Punkte A, B und D_1 liegt. Bestimmen Sie den Neigungswinkel dieses Hangs.

4.2 Ein Beobachter (Augenhöhe 1,8 m) steht im Punkt $M(6|10|0)$ auf der x_1x_2-Ebene. Untersuchen Sie, ob er von dieser Stelle aus den Punkt Q der Wetterfahne sehen kann.

4.3 Bei einem starken Wind, der in Richtung des Vektors $\vec{w} = \begin{pmatrix} -1 \\ -2 \\ 0 \end{pmatrix}$ weht, wird die Wetterfahne so gedreht, dass sie genau in Windrichtung steht. Geben Sie die Koordinaten des Punktes R' an, in dem sich nun die Spitze R der Wetterfahne befindet.

5 Oktaeder

Ein Oktaeder ist ein Körper, bei dem alle Kanten gleich lang sind (siehe Abbildung). Gegeben sind die Eckpunkte $A(2|4|1)$, $B(2|-2|7)$, $F(8|-2|1)$ und $G(4|6|9)$.

5.1 **a)** Ermitteln Sie die Koordinaten der Eckpunkte C und D und berechnen Sie das Volumen des Oktaeders.

b) Zeichnen Sie ein Schrägbild des Oktaeders ABCDFG in ein Koordinatensystem ein.

c) Bestimmen Sie den Innenwinkel zwischen den Seitenflächen ABG und BCG.

5.2 In den Oktaeder wird eine Kugel einbeschrieben, die alle Seitenflächen berührt. Berechnen Sie den Radius dieser Innenkugel.

5.3 Durch $x_1 - 2x_2 - 2x_3 + t = 0$ mit $t \in \mathbb{R}$ ist eine Schar von Ebenen E_t gegeben.

a) Für welche Werte von t schneidet eine Ebene E_t das Oktaeder?

b) Welche Ebenen der Schar schneiden aus dem Oktaeder ein Quadrat aus, dessen Flächeninhalt halb so groß ist wie der Flächeninhalt des Quadrats ABCD?

CAS

6 Radarstation

Eine Radarstation befindet sich im Punkt $P(61|-110|1)$. Ein Verkehrsflugzeug, das über einen längeren Zeitraum mit nahezu konstanter Geschwindigkeit auf geradlinigem Kurs fliegt, wird um 18.37 Uhr vom Radar im Punkt $F_1(-9|-54|7)$ und 5 Minuten später im Punkt $F_2(-4|-99|7)$ erfasst (Koordinatenangaben in km).

6.1 **a)** Mit welcher Geschwindigkeit ist das Flugzeug unterwegs?

b) Wie weit ist das Flugzeug um 18.51 Uhr von der Radarstation entfernt?

6.2 Ab welchem Zeitpunkt entfernt sich das Flugzeug von der Radarstation? Wie groß ist zu diesem Zeitpunkt seine Entfernung von der Station?

6.3 Um 19.00 Uhr ändert das Flugzeug seine Richtung und seine Geschwindigkeit. Es wird um 19.05 Uhr von einer zweiten Radarstation im Punkt $G_1(14|-276|6)$ und 10 Minuten später im Punkt $G_2(14|-346|4)$ geortet. Wenn das Flugzeug diesen geradlinigen Flugkurs beibehält, erreicht es ohne weitere Kurskorrektur den Flughafen, der in 1000 m Höhe liegt. Die Landung des Flugzeugs ist für 19.20 Uhr geplant. Kann dieser Zeitplan eingehalten werden?

7 Position von Flugzeugen

Zur Beschreibung der Position von Flugzeugen im Luftraum wird ein kartesisches Koordinatensystem benutzt. Die als eben angenommene Erdoberfläche liegt in der xy-Ebene. Die Flugbahn des Flugzeuges F_1 verläuft geradlinig durch die Punkte $P(0|15|8)$ und $Q(2|13|8)$. Für jedes k mit $k \in \mathbb{N}$ und $0 \le k \le 20$ verläuft eine geradlinige Flugbahn des Flugzeuges F_2 durch die Punkte $S_k\left(15|-2{,}5|\frac{k}{2}\right)$ und $T_k(30|-10|k)$.

7.1 Zeigen Sie, dass für $k = 12$ die beiden Flugzeuge auf den Bahnen kollidieren können.

7.2 Das Flugzeug F_2 befindet sich auf einer der möglichen Flugbahnen im Punkt S_k. Untersuchen Sie, ob das Flugzeug F_2 in jedem Fall von der im Punkt $O(0|0|0)$ befindlichen Bodenstation gesehen werden kann, wenn die Sichtweite 18 Längeneinheiten beträgt.

7.3 Von einem „Beinahezusammenstoß" spricht man, wenn der Abstand zweier Flugzeuge weniger als eine Längeneinheit beträgt. Ermitteln Sie die Werte von k, für die es auf den Bahnen der Flugzeuge F_1 und F_2 zu einem „Beinahezusammenstoß" kommen kann.

7.4 Die geradlinig verlaufende Grenze zum Nachbarland geht durch die Punkte $G(0|-33|0)$ und $H(100|-83|0)$. Die Grenze des Luftraumes ist eine zur Erdoberfläche (xy-Ebene) senkrechte Ebene, die die Landesgrenze enthält. Aus Sicherheitsgründen muss sich ein Flugzeug bei Annäherung an das Nachbarland spätestens dann bei dessen Bodenstation anmelden, wenn der Abstand zur Luftraumgrenze 10 Längeneinheiten beträgt.

Berechnen Sie die Koordinaten des Punktes, in dem sich Flugzeug F_1, welches sich im Punkt P befindet und sich der Luftraumgrenze des Nachbarlandes nähert, spätestens bei der Bodenstation des Nachbarlandes anmelden muss.

7.5 Das Flugzeug F_1 befindet sich zu einem Zeitpunkt im Punkt P. Zum selben Zeitpunkt befindet sich das Flugzeug F_2 im Punkt S_{12}. Beide Flugzeuge fliegen geradlinig mit konstanter Geschwindigkeit. F_1 fliegt in einer Zeiteinheit von P nach Q und F_2 in derselben Zeiteinheit von S_{12} nach T_{12}.
Ermitteln Sie einen Term A(t) für den Abstand der beiden Flugzeuge voneinander in Abhängigkeit von der Zeit t.

8 Berechnungen im Raum

In einem kartesischen Koordinatensystem sind die Punkte $A(-4|4|2)$, $B(1|-1|0)$, $C(5|1|2)$ und $G(1|7|14)$ sowie die Ebenen E_a mit der Gleichung $a x_1 - 14 x_2 + 8 x_3 = 6a - 1 \quad (a \in \mathbb{R})$ gegeben.

8.1 Durch die Punkte A und C verläuft die Gerade g. Der Punkt D ist der Bildpunkt des Punktes B bei der Spiegelung an der Geraden g.
Beschreiben Sie ein rechnerisches Verfahren zur Ermittlung der Koordinaten des Punktes D. Geben Sie die Koordinaten des Punktes D an. Geben Sie die Art des Vierecks ABCD an und berechnen Sie den Flächeninhalt dieses Vierecks.

8.2 Die Gerade h geht durch die Punkte C und G. Ermitteln Sie den Wert a, für den die Gerade h in der zugehörigen Ebene E_a liegt. Untersuchen Sie, ob ein Wert a existiert, so dass die Gerade h orthogonal zur Ebene E_a ist.

Betrachtet wird nun das schiefe Prisma ABCDEFGH mit der Grundfläche ABCD, bei dem die Strecke $\overline{CG}$ eine Seitenkante ist.

8.3 Berechnen Sie die Größe des Schnittwinkels der Geraden durch die Punkte C und G mit der Grundflächenebene des Prismas. Ermitteln Sie eine Gleichung der Ebene, in der die Deckfläche EFGH des Prismas liegt. Berechnen Sie das Volumen des Prismas.

8.4 Durch den Diagonalenschnittpunkt der Fläche ABCD verlaufen Geraden. Für welche dieser Geraden hat die im Inneren des Prismas liegende Strecke die maximale Länge? Geben Sie eine Gleichung für diese Gerade an.

8.5 Auf der Seitenkante $\overline{CG}$ existiert ein Punkt P, der von der Grundfläche den Abstand $d = \frac{23}{\sqrt{35}}$ besitzt. Ermitteln Sie die Koordinaten dieses Punktes.

9 Berechnungen am Sternenhimmel

In einem geeigneten Koordinatensystem stellen die Punkte $A(0|0|0)$, $B(-52|7|29)$ und $D(-81|10|38)$ das Sternbild „Dreieck" (lat. *triangulum*) am nördlichen Sternenhimmel dar.
Dabei steht A für den Stern „α Trianguli", B für den Stern „β Trianguli" und C für den Stern „γ Trianguli".
Der Maßstab ist: 1 Einheit = 1 Lichtjahr.

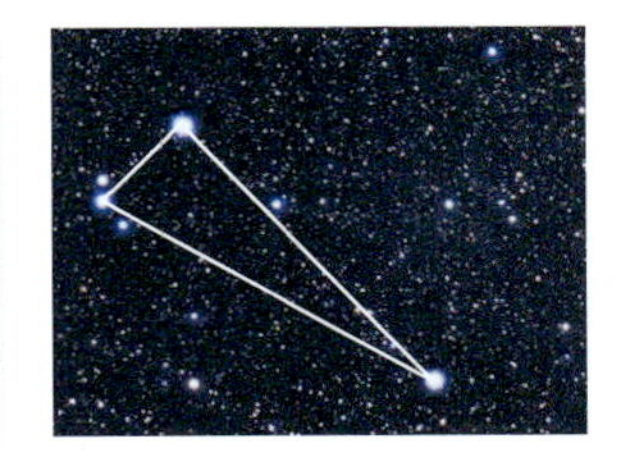
Das Sternbild „Dreieck" aus irdischer Sicht

9.1 Berechnen Sie den Abstand der Punkte voneinander und prüfen Sie, ob es sich um ein rechtwinkliges Dreieck handelt.
Geben Sie eine Parametergleichung und eine Gleichung für die durch A, B und C bestimmte Ebene E an.

9.2 Bestimmen Sie die Menge aller Punkte, die jeweils von A, B und C den gleichen Abstand haben.

9.3 Der Stern Wega hat (näherungsweise) die Koordinaten $W(64|0|0)$. Das Sternbild des Dreiecks ABC aus der Sicht eines „Bewohners" der Wega erhält man durch Projektion der Punkte A, B und C in die x_2x_3-Ebene mit dem Projektionszentrum W.
Bestimmen Sie die Bildpunkte A′, B′ und C′ von A, B und C bei dieser Projektion. Zeichnen Sie A′, B′ und C′ in ein x_2x_3-Koordinatensystem.

10 Bauwerk über einer Ausgrabungsstelle

Über einer archäologischen Ausgrabungsstelle soll eine quadratische Pyramide auf einem Sockel, beides aus Glas, errichtet werden.

Der Sockel hat die Kantenlänge 4 m und die Höhe 2 m. Das gesamte Bauwerk ist 7 m hoch.

10.1 Der Punkt A(2 | 4 | 0) ist gegeben. Bestimmen Sie die Koordinaten der anderen Eckpunkte. Zeichnen Sie ein Schrägbild im Koordinatensystem.

10.2 Ermitteln Sie den Glasbedarf.

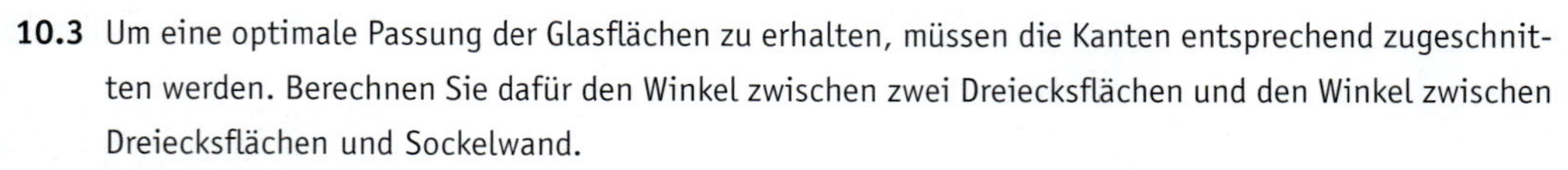

10.3 Um eine optimale Passung der Glasflächen zu erhalten, müssen die Kanten entsprechend zugeschnitten werden. Berechnen Sie dafür den Winkel zwischen zwei Dreiecksflächen und den Winkel zwischen Dreiecksflächen und Sockelwand.

10.4 Wenn die Sonne scheint, wirft das Bauwerk einen Schatten auf den Boden und die danebenliegende Hauswand (x_1x_3-Ebene). Die Richtung der Sonnenstrahlen ist gegeben durch $\vec{v} = \begin{pmatrix} 1 \\ -2 \\ -0{,}5 \end{pmatrix}$.

Berechnen Sie die wichtigen Schattenpunkte auf der Hauswand und zeichnen Sie den Schatten im Schrägbild ein.

11 Vogelvoliere

Ein Zoo plant den Bau einer neuen Vogelvoliere. Dazu wurde ein Architektur-Wettbewerb ausgeschrieben. Der Entwurf *Tensegrity* ist der Gewinner des Wettbewerbs.

Der Entwurf *Tensegrity* basiert auf einer Idee des amerikanischen Architekten und Ingenieurs RICHARD BUCKMINSTER FULLER (1895 – 1983).
Er setzte den Begriff *Tensegrity* aus den Wörtern *tension* (Spannung) und *integrity* (Zusammenhalt) zusammen. Tensegrity-Strukturen, wie die Vogelvoliere im Foto, bestehen aus Druckstäben, die allein durch ein System von Zugstäben, Seilen oder Ketten gehalten werden und einander nicht berühren.

11.1 Für die Planung wird ein räumliches Koordinatensystem (Einheit 1 m) verwendet. Ein Druckstab hat in diesem Koordinatensystem die Endpunkte A(−1 | 1 | 7) und B(7 | 1 | 8), ein anderer Stab hat die Endpunkte C(0 | 0 | 7) und D(0 | 8 | 7).
Zeigen Sie, dass sich die beiden Druckstäbe nicht berühren.

11.2 Bestimmen Sie den Abstand der beiden Druckstäbe voneinander.

11.3 Zeigen Sie, dass der Druckstab mit den Endpunkten C und D in einer der Koordinatenebenen liegt. Bestimmen Sie den Schnittpunkt und den Schnittwinkel des zweiten Stabes AB mit dieser Koordinatenebene.

11.4 Ein dritter Druckstab hat den Endpunkt P(1 | 0 | 0), eine Höhe von 8 m und verläuft parallel zur x_3-Achse.
Bestimmen Sie ungefähr das Volumen der geplanten Vogelvoliere.

11.5 Betrachten Sie das Foto der Voliere und treffen Sie Aussagen zur möglichen Lage der übrigen drei Druckstäbe im Koordinatensystem.

9.4 Aufgaben zu Matrizen

1 Materialverbrauch eines Betriebes

Ein Betrieb arbeitet in zwei Produktionsstufen. Er stellt in der ersten Produktionsstufe aus zwei Rohstoffen R_1 und R_2, drei Zwischenerzeugnisse Z_1, Z_2 und Z_3 her.

Diese Zwischenerzeugnisse werden in der zweiten Produktionsstufe zu drei Enderzeugnissen E_1, E_2 und E_3 weiterverarbeitet.

Der jeweilige Materialbedarf ist in der folgenden Abbildung dargestellt.

Dabei geben die Zahlen an den Pfeilen an, wie viele Einheiten jeweils für ein neues Erzeugnis verbraucht werden.

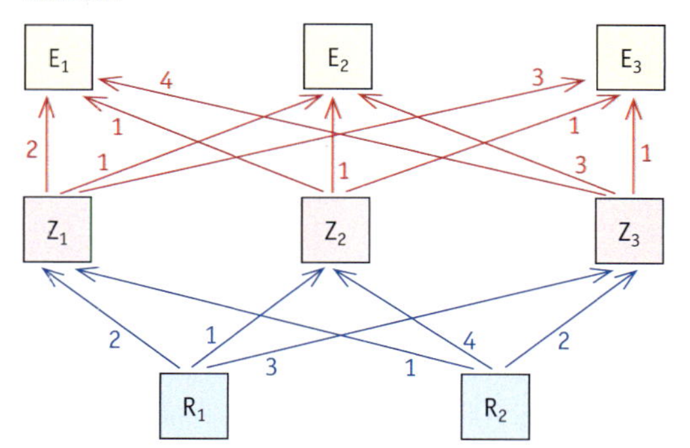

1.1 Stellen Sie den Materialverbrauch für jede Produktionsstufe als Matrix dar.

1.2 Berechnen Sie, wie viele Rohstoffeinheiten R_1 und R_2 jeweils für die Herstellung je einer Mengeneinheit E_1, E_2 bzw. E_3 benötigt werden.
Geben Sie die zugehörige Matrix an.

2 Getreiderost

Getreiderost ist eine durch Rostpilze verursachte Pflanzenkrankheit, die insbesondere oft bei Getreide auftritt. Befallene Anbauflächen werden zur Bekämpfung der Pflanzenkrankheit mit einem Pflanzenschutzmittel besprüht. Das Pflanzenschutzmittel enthält 11 Mengeneinheiten der Chemikalie C_1, 20 Mengeneinheiten der Chemikalie C_2 und 9 Mengeneinheiten der Chemikalie C_3. Die drei Chemikalien werden aus drei Präparaten P_1, P_2 und P_3 gewonnen.

- Das Präparat P_1 enthält 1 Mengeneinheit von C_1, 4 Mengeneinheiten von C_2 und 3 Mengeneinheiten von C_3;
- P_2 enthält 3 Mengeneinheiten von C_1, 6 Mengeneinheiten von C_2 und 3 Mengeneinheiten von C_3;
- P_3 enthält je 2 Mengeneinheiten von C_1 und C_2.

2.1 Ermitteln Sie alle möglichen Mengenkombinationen aus den drei Präparaten, die als Pflanzenschutzmittel gegen Getreiderost geeignet sind.

2.2 Das Präparat P_1 kostet 10 € pro Mengeneinheit, P_2 kostet 7 € pro Mengeneinheit und P_3 kostet 2 € pro Mengeneinheit.
Geben Sie eine Mischung der drei Präparate an, die genau 33 € kostet und als Pflanzenschutzmittel gegen Getreiderost geeignet ist.

2.3 Untersuchen Sie, welche als Pflanzenschutzmittel gegen Getreiderost geeignete Mischung der drei Präparate am billigsten ist.

3 Telefonkosten

Eine Telefongesellschaft unterscheidet insgesamt zwischen vier Gruppen von Haushalten:

- Gruppe KR Kunden, die immer pünktlich zahlen und deshalb keinen Zahlungsrückstand haben;
- Gruppe WR Kunden mit wenig Zahlungsrückstand;
- Gruppe GR Kunden mit so großem Zahlungsrückstand, dass der Telefonanschluss befristet gesperrt ist;
- Gruppe OA Haushalte ohne Telefonanschluss.

Erfahrungsgemäß verändert sich das Zahlungsverhalten am Ende eines Quartals wie man der Grafik entnehmen kann.

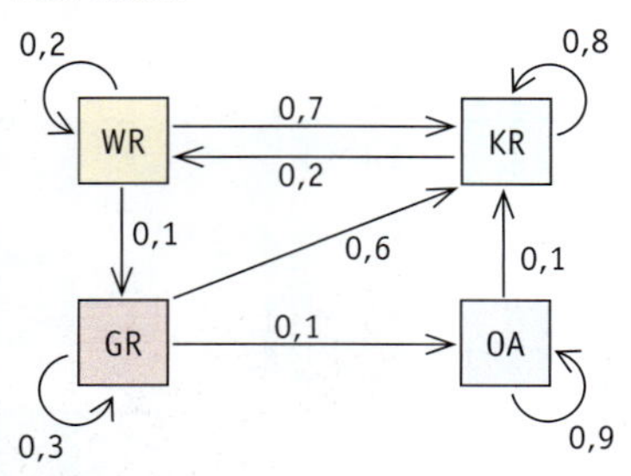

Zur Zeit bezahlen $\frac{3}{4}$ aller Haushalte mit Telefonanschluss pünktlich ihre Telefongebühren. $\frac{1}{5}$ aller Haushalte mit Telefonanschluss gehören zu den Kunden mit wenig Zahlungsrückstand.

3.1 Erarbeiten Sie für eine Stadt mit circa 40 000 Haushalten mit Telefonanschluss und 1 000 Haushalten ohne Telefonanschluss auf zweifache Weise eine begründete Prognose für die Entwicklung der Zahlungsprobleme in den nächsten Quartalen und sichern Sie diese rechnerisch ab.
Erläutern Sie die vorgenommene Modellierung und nehmen Sie kritisch dazu Stellung.

3.2 Innerhalb des Unternehmens werden Überlegungen zu einer Veränderung der Geschäftspolitik diskutiert:

(1) Es sollen alle Schulden auf einmal erlassen werden.

(2) Um die Kunden zum schnelleren Zahlen zu bewegen, sollen die Anschlüsse von Haushalten mit wenig Zahlungsrückstand schneller gesperrt werden. Man rechnet damit, dass es dann nach der ersten Abrechnung nur noch 5 % Haushalte mit wenig Zahlungsrückstand, aber auch 25 % befristet gesperrte geben wird.

Bewerten Sie die Folgen dieser neuen Geschäftspolitik.

4 Autoproduktion

Ein Automobilwerk hat drei Zweigwerke ZW 1, ZW 2, ZW 3. Die Produktion in diesen Zweigwerken für die Monate Juli, August und September lassen sich der Tabelle entnehmen.

	im Juli			im August			im September		
	ZW 1	ZW 2	ZW 3	ZW 1	ZW 2	ZW 3	ZW 1	ZW 2	ZW 3
Pkw klein	8 000	6 000	3 500	8 500	4 000	3 000	8 000	6 000	3 500
Pkw mittel	6 000	4 500	3 000	6 500	5 000	3 500	6 000	4 500	3 000
Pkw groß	5 000	0	2 000	4 500	0	2 000	5 000	0	2 000
Transporter	0	2 000	1 500	0	2 500	1 500	0	2 000	1 500
Lkw	2 000	2 500	0	1 000	2 000	0	2 000	2 500	0

4.1 Vergleichen Sie die Produktionszahlen der drei Monate miteinander.
Welche mathematische Aussage lässt sich über die zu den Monaten gehörenden Matrizen treffen?

4.2 Wie viele Automobile der einzelnen Sorte wurden in den einzelnen Zweigwerken

a) im Juli und August; **b)** in allen drei Monaten zusammen produziert?

4.3 Bestimmen Sie für die folgenden Teilaufgaben die jeweiligen Produktionsmatrizen.

a) Im Dezember ist die Nachfrage so gering, dass in allen Werken und in allen Produktionsarten nur noch die Hälfte der Juli-Produktion gefahren werden kann.

b) Wegen der Verschlechterung der Absatzlage kann im Januar nur 90 % der Dezember-Produktion gefahren werden.

c) Im Februar wird 80 % der August-Produktion gefahren.

d) Im März wird 90 % der August-Produktion gefahren.

4.4 Wie groß sind die Produktionszahlen

a) von Februar und März zusammen; **b)** von Januar und März zusammen?

5 Populationsentwicklung

In einer Tierpopulation gibt es 2 000 Jungtiere, 5 000 Tiere mittleren Alters und 1 000 Alttiere.
80 % der Jungtiere werden in der folgenden Periode zu Tieren mittleren Alters, die restlichen Tiere sterben.
5 % der Tiere mittleren Alters verenden innerhalb einer Periode, die restlichen werden zu Alttieren.
Die Anzahl der Jungtiere einer Periode beträgt 125 % der Tiere mittleren Alters der vorhergehenden Periode. Die Alttiere einer jeden Periode sterben bis zum Ende der Periode.

5.1 Geben Sie eine Matrix an, mit der man den Übergang der Populationszahl von einer Periode zur nächsten berechnen kann.

5.2 Zeigen Sie, dass sich unabhängig vom Anfangsbestand die Größen der einzelnen Tiergenerationen alle drei Jahre zyklisch wiederholen.

6 Management mit Matrizen

Die beiden Matrizen $\mathbf{M_1}$ und $\mathbf{M_2}$ stellen die Verkaufszahlen von 1 000 Stück einer vor zwei Jahren neu gegründeten Firma für drei Produkte A, B und C in Bundesländern Hessen, Bayern, Saarland und Thüringen dar. $\mathbf{M_1}$ sind die Zahlen für das erste Produktionsjahr, $\mathbf{M_2}$ sind die Zahlen für das zweite.

$$\mathbf{M_1} = \begin{pmatrix} 2{,}5 & 1{,}8 & 1{,}4 & 0{,}8 \\ 3 & 4{,}1 & 2{,}3 & 1{,}6 \\ 2{,}2 & 3{,}4 & 2{,}9 & 2{,}5 \end{pmatrix} \text{ und } \mathbf{M_2} = \begin{pmatrix} 2{,}5 & 2{,}8 & 3{,}4 & 1{,}8 \\ 3{,}9 & 6{,}1 & 3{,}7 & 2{,}8 \\ 3{,}2 & 3{,}4 & 4{,}9 & 3{,}8 \end{pmatrix}$$

6.1 Berechnen Sie $\mathbf{M_1} + \mathbf{M_2}$. Interpretieren Sie das Ergebnis und gehen Sie dabei insbesondere auf die zweite Spalte ein.

6.2 Berechnen Sie $\mathbf{M_2} - \mathbf{M_1}$. Interpretieren Sie das Ergebnis und gehen Sie dabei insbesondere auf die zweite Zeile ein.

6.3 Das Management hatte ausgehend vom Ergebnis des ersten Jahres eine allgemeine Absatzsteigerung von 20 % erwartet. Verwenden Sie geeignete Matrizenoperationen, um die Differenz zwischen den tatsächlich erreichten und den geplanten Verkaufszahlen darzustellen.

6.4 Geben Sie eine Übersicht über jene Produkte und Bundesländer, in denen nicht der erwartete Erfolg eingetreten ist.

6.5 Im ersten Jahr sind die Verkaufspreise pro Einheit 2 650, 3 240 und 1 890, im zweiten Jahr liegen diese bei 2 760, 3 190 und 2 100. Bestimmen Sie mithilfe der Matrizenrechnung die Umsatzänderungen zwischen 1. und 2. Jahr für die Länder.

7 Fertighäuser

Ein Produzent von Fertighäusern bietet 3 Haustypen an: *Basis*, *Classic* und *Exclusiv*. Für die Herstellung werden unter anderem unterschiedliche Mengen an wichtigen Materialien wie Stahl, Holz, Glas, Isolation und Farbe sowie die Arbeit benötigt.

	Stahl	Holz	Glas	Isolation	Farbe	Arbeit
Typ Basis	5	25	15	11	8	19
Typ Classic	8	18	16	12	12	24
Typ Exklusiv	12	13	24	14	11	15

7.1 Der Produktionsplan für das nächste halbe Jahr sieht die Herstellung von 6 Häusern vom Typ Basis, 9 Häusern Classic und 14 Häusern Exclusiv vor.
Bestimmen Sie von jedem Rohmaterial/von der Arbeit die bereitzustellende Menge.
Für jedes Material muss je Einheit mit einem Geldwert (in Euro) laut folgender Tabelle gerechnet werden.

Material	Stahl	Holz	Glas	Isolation	Farbe	Arbeit
Geldwert (in Euro)	17	11	7	12	5	24

7.2 Bestimmen Sie die Kosten für jeden Haustyp sowie die Gesamtkosten für die Bestellung.

7.3 Für die nächste Produktionsperiode, wenn 10 Häuser vom Typ Basis, 5 Classic und 9 Exklusiv gebaut werden sollen, sind die Kosten generell um 8,5 % gestiegen.
Bestimmen Sie die Mehrkosten pro Haustyp sowie die Produktionskosten insgesamt.

8 Materialverpflechtung

In einem Unternehmen werden die Grundmodule G_1, G_2 und G_3 hergestellt und zunächst zu den Baugruppen B_1, B_2 und B_3 zusammengestellt, um dann schließlich in einem weiteren Fertigungsprozess die beiden Endprodukte E_1 und E_2 zu erzeugen. Die beiden Tabellen geben die jeweiligen Zusammenhänge wieder.

	B_1	B_2	B_3
G_1	4	2	0
G_2	1	3	1
G_3	5	0	4

	E_1	E_2
G_1	0	2
B_1	3	0
B_2	7	1
B_3	0	2

8.1 Stellen Sie den Produktionsprozess in einem Gozintographen dar und bestimmen Sie den für die Bestellung von 100 Mengeneinheiten (ME) von G_1, 200 ME von G_3, 400 ME B_1, 300 ME von B_2, 800 ME von B_3, 1 000 ME von E_1 und 2 000 ME von E_2 benötigten Produktionsvektor. Erläutern Sie dabei Ihr Verfahren zur Bedarfsermittlung.

8.2 In der folgenden Tabelle werden die Rohstoffkomponenten R_1 bis R_5 für die einzelnen Produkte und die Einkaufspreise pro Materialeinheit dargestellt.

	G_1	G_2	G_3	B_1	B_2	B_3	E_1	E_2	Preis pro Einheit
R_1	2	1	4	0	2	0	0	0	3
R_2	3	0	1	4	1	1	0	3	1
R_3	1	4	0	2	7	0	0	0	5
R_4	0	4	3	1	2	5	7	0	2
R_5	5	4	0	3	0	0	0	0	6

a) Ergänzen Sie den Gozintographen aus Teilaufgabe 8.1. Erläutern Sie den Zusammenhang mit der Tabelle. Gehen Sie dabei insbesondere auf die erste Zeile und letzte Spalte ein.

b) Erläutern Sie für die Bestellung aus Teilaufgabe 8.1 ein Verfahren zur Berechnung der Kosten für die einzelnen Rohstoffe R_1 bis R_5.

c) Im Rahmen einer Kostenreduzierung bei der Produktion der Endprodukte wird auch an eine Reduzierung bei der Materialbeschaffung gedacht. Es soll erreicht werden, dass die Kosten des Endproduktes E_1 maximal 2 500 € betragen. In Verhandlungen mit dem Lieferanten sollen neue Preise für die Rohstoffe R_3 und R_5 ausgehandelt werden. Geben Sie begründet einen Verhandlungsspielraum für die Preisgestaltung bei den beiden Rohstoffen an.

8.3 Im Rohstofflager befinden sich nach der Fertigstellung der Bestellung noch 150 000 ME der Rohstoffe R_1 bis R_3 und je 200 000 ME der Rohstoffe R_4 und R_5.
Erarbeiten Sie mögliche Produktionspläne für Endprodukte, wenn man beide
- in gleicher Menge
- in beliebigen Mengenzusammensetzungen herstellen will.

9 Personalentwicklung

Die Matrix **S** beschreibt die Änderung der Personalentwicklung in den drei Filialen eines Betriebes:

$$\mathbf{S} = \begin{pmatrix} 0{,}3 & 0{,}2 & 0{,}1 \\ 0{,}4 & 0{,}5 & 0{,}1 \\ 0{,}3 & 0{,}3 & 0{,}8 \end{pmatrix}$$

9.1 Erläutern und veranschaulichen Sie diese Veränderungen. Stellen Sie eine begründete Prognose für die zukünftige Entwicklung auf und weisen Sie diese rechnerisch nach. Nehmen Sie kritisch Stellung zu der vorgenommenen Modellierung.

9.2 Für den Fixvektor $\vec{v}$ einer stabilen Verteilung gilt $(\mathbf{S} - \mathbf{E}) \cdot \vec{v} = \vec{o}$ mit **E** als Einheitsmatrix.
Begründen Sie diese Gleichung.

9.3 Untersuchen Sie, ob die Inverse $(\mathbf{S} - \mathbf{E})^{-1}$ existiert und zeigen Sie daraus resultierende Konsequenzen für die Lösbarkeit des obigen Linearen Gleichungssystems und für die Berechnung des Fixvektors auf.

9.4 Die Übergangsmatrix **S** ist eine stochastische Matrix.
Begründen Sie diese Aussage und prüfen Sie, ob S eine inverse Matrix hat und ob gegebenenfalls die besondere Eigenschaft von **S** auf $\mathbf{S}^{-1}$ übertragen wird.
Untersuchen Sie allgemein, wann eine 2 × 2-Matrix **A** mit $\mathbf{A} = \begin{pmatrix} a & b \\ c & d \end{pmatrix}$ eine Inverse besitzt.
Leiten Sie hieraus die Aussage über die Existenz und das Aussehen der Inversen einer stochastischen 2 × 2-Matrix her.

10 Holzzaun

Ein Versandhaus bietet in seinem Katalog einen Holzzaun an, bestehend aus 10 Zaunfeldern, 1 Tür, zugehörigen Pfosten, Längsriegeln und Nägeln. Auch die Einzelbestellung der Teile ist möglich.

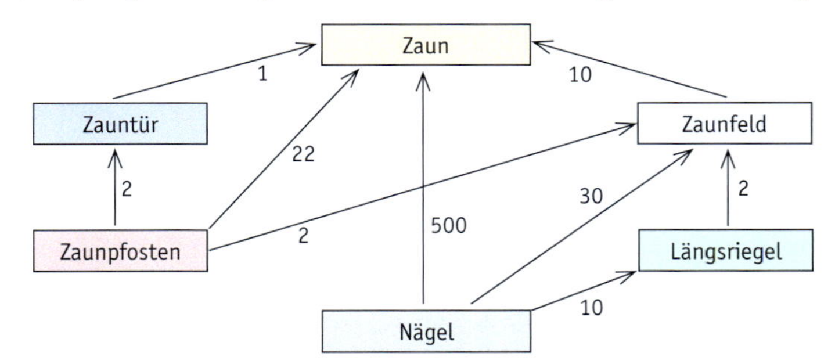

Die Versandstatistik weist aus, dass innerhalb eines Monats mit etwa folgenden Bestellungen zu rechnen ist: 50 ganze Zäune, 40 Zauntüren, 200 Zaunfelder, 800 Pfosten, 120 Längsriegel, 100 000 Nägel.

10.1 Planen Sie die monatliche Produktion mithilfe der Matrizenrechnung. Erläutern Sie Ihre Vorgehensweise.

10.2 Zur Modellierung von 10.1 werden sogenannte „Direktbedarfsmatrizen **D**" benutzt. Erläutern Sie diesen Begriff und die Bedeutung der Matrizen **D** und $(\mathbf{E} - \mathbf{D})^{-1}$.

11 Permutationsmatrix

Eine Matrix heißt *Permutationsmatrix*, wenn sie quadratisch ist und in jeder Zeile und in jeder Spalte nur genau eine 1, sonst nur Nullen aufweist.

11.1 Multiplizieren Sie die Matrix $\mathbf{A} = \begin{pmatrix} 4 & 6 & -10 \\ -14 & 30 & 14 \\ 10 & -6 & -4 \end{pmatrix}$ von links und von rechts mit der Permutationsmatrix $\mathbf{P} = \begin{pmatrix} 0 & 1 & 0 \\ 0 & 0 & 1 \\ 1 & 0 & 0 \end{pmatrix}$.

Beschreiben Sie die Auswirkungen dieser beiden Multiplikationen.

11.2 Bestimmen Sie alle möglichen Permutationsmatrizen vom Typ 3×3.

11.3 Untersuchen Sie die Auswirkungen der *Multiplikation* einer beliebigen 3×3-Matrix $\mathbf{A} = (a_{ij})$ mit jeder der möglichen Permutationsmatrizen *von rechts*.

11.4 Verallgemeinern Sie Ihre Ergebnisse zu einer zusammenfassenden Aussage.

11.5 Formulieren Sie eine entsprechende Vermutung für die *Multiplikation* der Matrix **A** *von links* mit einer Permutationsmatrix.

12 Trendwechsel

Zwei Fabrikanten stellen miteinander konkurrierende Güter A und B her. Der herrschende Trend für den Wechsel eines Kunden von einem Produkt zum anderen wird durch die Matrix $\mathbf{M}_1$ beschrieben.

Der Fabrikant A plant nun die Einführung eines zusätzlichen Produktes X oder Y, um seinen Marktanteil zu vergrößern. Die Marktforschung aufgrund von Probepackungen ergab, dass sich dann die Trends wie in den Matrizen $\mathbf{M}_2$, $\mathbf{M}_3$ angegeben verhalten würden:

$$\mathbf{M}_1: \begin{array}{c} \\ A \\ B \end{array} \begin{array}{c} \begin{matrix} A & B \end{matrix} \\ \begin{pmatrix} 0{,}8 & 0{,}3 \\ 0{,}2 & 0{,}7 \end{pmatrix} \end{array} \qquad \mathbf{M}_2: \begin{array}{c} \\ A \\ B \\ X \end{array} \begin{array}{c} \begin{matrix} A & B & X \end{matrix} \\ \begin{pmatrix} 0{,}8 & 0{,}1 & 0{,}1 \\ 0{,}1 & 0{,}7 & 0{,}4 \\ 0{,}1 & 0{,}2 & 0{,}5 \end{pmatrix} \end{array} \qquad \mathbf{M}_3: \begin{array}{c} \\ A \\ B \\ Y \end{array} \begin{array}{c} \begin{matrix} A & B & Y \end{matrix} \\ \begin{pmatrix} 0{,}8 & 0{,}1 & 0{,}2 \\ 0{,}1 & 0{,}6 & 0{,}2 \\ 0{,}1 & 0{,}3 & 0{,}6 \end{pmatrix} \end{array}$$

12.1 Stellen Sie die Marktforschungsergebnisse grafisch dar; beschreiben Sie die Ergebnisse.

12.2 **a)** Untersuchen Sie für alle Produktionsmöglichkeiten das langfristige Kaufverhalten. Charakterisieren Sie kurz die festgestellten Tendenzen.

b) Der Produzent A stellt sich folgende Fragen:

(1) Kann er durch Einführung eines der beiden neuen Produkte langfristig seinen Marktanteil vergrößern?

(2) Welche der beiden Produkte X oder Y sollte er zusätzlich zu A produzieren?

Beantworten Sie diese Fragen auf der Basis Ihrer Ergebnisse aus Teilaufgabe a).

Lösungen zu Kapitel 1 (Seiten 77 bis 78)

1 Mithilfe des GAUSS-Algorithmus erhält man:

a) $\left|\begin{array}{l} x = 2 \\ y = -1 \\ z = 1 \end{array}\right|$ $L = \{(2 \mid -1 \mid 1)\}$

b) $\left|\begin{array}{r} x + 2z = 0 \\ y - z = 0 \\ 0 = 1 \end{array}\right|$ $L = \{\ \}$

c) $\left|\begin{array}{r} x + z = 6 \\ y - z = -5 \\ 0 = 0 \end{array}\right|$ $L = \{(6 - z \mid z - 5 \mid z) \mid z \in \mathbb{R}\}$

2 Der Graph sieht aus wie der einer ganzrationalen Funktion 3. Grades.
Ansatz (1) ist ungeeignet, da der Graph eine Parabel ist.
Ansatz (2) ist geeignet, da er eine allgemeine kubische Funktion beschreibt.
Ansatz (3) ist geeignet, da er eine ganzrationale Funktion 4. Grades beschreibt und der gezeichnete Graph weiter links noch einen Tiefpunkt haben könnte.
Ansatz (4) ist geeignet, da er kubische Funktionen durch den Punkt $P(4 \mid 14)$ allgemein beschreibt.

3 Für eine Funktion 3. Grades mit dem Term
$f(x) = ax^3 + bx^2 + cx + d$ mit den Ableitungen $f'(x) = 3ax^2 + 2bx + c$ sowie $f''(x) = 6ax + 2b$ ergibt sich

aus den Bedingungen $\left|\begin{array}{r} f(-1) = 3 \\ f'(-1) = 0 \\ f''(0) = 0 \\ f(3) = 3 \end{array}\right|$

das Gleichungssystem $\left|\begin{array}{r} -a + b - c + d = 3 \\ 3a - 2b + c \quad\ = 0 \\ 2b \quad\ = 0 \\ 27a + 9b + 3c + d = 3 \end{array}\right|$.

Dieses hat die Lösung $\left|\begin{array}{l} a = 3 \\ b = 0 \\ c = 0 \\ d = 3 \end{array}\right|$,

liefert also die lineare Funktion $y = 3$ und somit keine ganzrationale Funktion 3. Grades.
Für eine Funktion 4. Grades lauten die Terme
$f(x) = ax^4 + bx^3 + cx^2 + dx + e$
$f'(x) = 4ax^3 + 3bx^2 + 2cx + d$
$f''(x) = 12ax^2 + 6bx + 2c$
Aus den vier Bedingungen ergibt sich das Gleichungssystem

$$\left|\begin{array}{r} a - b + c - d + e = 3 \\ -4a + 3b - 2c + d \quad = 0 \\ 2c \quad = 0 \\ 81a + 27b + 9c + 3d + e = 3 \end{array}\right|$$

Dieses lässt sich mit dem GTR vereinfachen zu $\left|\begin{array}{r} a - \frac{1}{15}e = -\frac{1}{5} \\ b + \frac{2}{5}e = \frac{6}{5} \\ c = 0 \\ d - \frac{22}{15}e = -\frac{22}{5} \end{array}\right|$

Dieses Gleichungssystem hat also unendlich viele Lösungen mit einem frei wählbaren Parameter e.
Beispielsweise ergibt sich für $e = 15$ für die übrigen Koeffizienten
$a = 0{,}8$; $b = -4{,}8$; $c = 0$; $d = 17{,}6$;
also die Funktion zu
$f(x) = 0{,}8x^4 - 4{,}8x^3 + 17{,}6x + 15$
Es ist darauf zu achten, dass die Wahl von e einen positiven Koeffizienten vor x^4 ergibt, da sonst an der Stelle −1 ein Hochpunkt statt eines Tiefpunktes vorliegt.

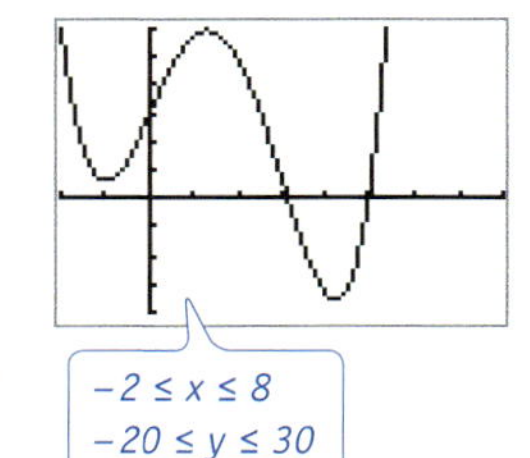

4 Für die Funktion p des Übergangsbogens ergeben sich 6 Bedingungen:

$p(0) = 0$	$p(2) = 6 \cdot 2 - 6 = 6$
$p'(0) = 0$	$p'(2) = 6$
$p''(0) = 0$	$p''(2) = 0$

Damit kommt für p eine ganzrationale Funktion mit 6 Koeffizienten, also 5. Grades infrage:
$p(x) = ax^5 + bx^4 + cx^3 + dx^2 + ex + f$
$p'(x) = 5ax^4 + 4bx^3 + 3cx^2 + 2dx + e$
$p''(x) = 20ax^3 + 12bx^2 + 6cx + 2d$
Das Einsetzen der obigen Bedingungen liefert das Gleichungssystem

$$\left|\begin{array}{r} f = 0 \\ e = 0 \\ d = 0 \\ 32a + 16b + 8c = 6 \\ 80a + 32b + 12c = 6 \\ 160a + 24b + 12c = 0 \end{array}\right|$$

Dies liefert nach Lösen mit dem GTR die Koeffizienten für die gesuchte Funktion p mit $p(x) = -\frac{9}{112}x^5 - \frac{3}{56}x^4 + \frac{23}{28}x^3$

5 Aus der Tabelle erkennt man, dass die Schaumhöhe alle 10 Minuten um ca. ein Fünftel abnimmt. Dies legt die Vermutung einer exponentiellen Abnahme nahe. Mit dem Regressionsbefehl des Rechners erhält man als Funktionsgleichung
$f(x) = 4{,}819 \cdot 0{,}9789^x$.
Die Funktion passt die Messwerte gut an, wie eine entsprechende grafische Darstellung zeigt.

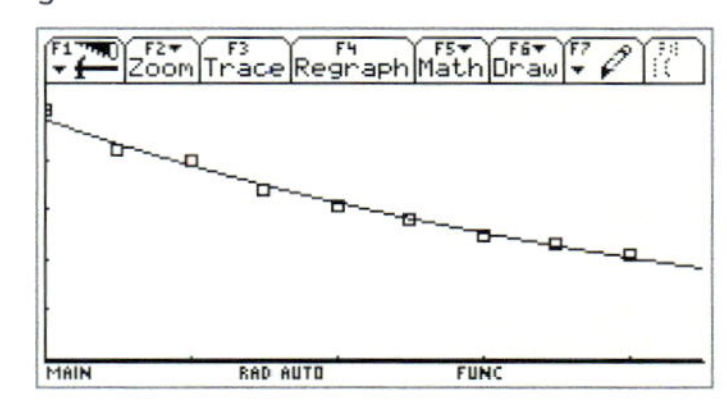

6 Bei der Spline-Interpolation versucht man nicht, den Term einer ganzrationalen Funktion zu bestimmen, auf deren Graph alle gegebenen Punkte liegen, sondern ermittelt zwischen benachbarten Punkten jeweils den Term einer kubischen Funktion, sodass alle diese Teilfunktionen zu einer abschnittsweise definierten Funktion zusammengesetzt werden können, die überall differenzierbar ist. Am Rand links und rechts ist der Graph dieser Funktion ungekrümmt. Insgesamt ergibt sich so eine möglichst wenig gekrümmte Funktion, deren Graph sich somit auch nur wenig von den gegebenen Punkten entfernt.

7 Der Term x^3 nimmt an der Stelle −1 den Wert −1 an, somit muss auch der Term $x + b$ an dieser Stelle den Wert −1 haben: $-1 = -1 + b$, also $b = 0$. Mit $\lim\limits_{x \to -1} 3x^2 = -3 \neq 1$ folgt, dass die Funktion f mit

$f(x) = \begin{cases} x^3 & \text{für } x \geq -1 \\ x & \text{für } x < -1 \end{cases}$ an der Stelle −1 zwar stetig, aber nicht differenzierbar ist.

Mit $f(x) = \begin{cases} x^3 & \text{für } x \geq -1 \\ mx + b & \text{für } x < -1 \end{cases}$ folgt aus der Stetigkeitsbedingung $m \cdot (-1) + b = -1$ und aus der Differenzierbarkeitsbedingung $3 \cdot (-1)^2 = m$. Daraus ergibt sich $m = 3$ und $b = 2$, also

$f(x) = \begin{cases} x^3 & \text{für } x \geq -1 \\ 3x + 2 & \text{für } x < -1 \end{cases}$

8 **a)** Festlegung eines Koordinatensystems: Die x-Achse legt man in die Höhe 0 m, die y-Achse verläuft durch den Scheitelpunkt.
$f(x) = ax^2 + b$ muss damit folgenden Bedingungen genügen:
(1) $f(0) = 5{,}5$, also $b = 5{,}5$
(2) $f(3) = 2{,}1$, also $16a + 5{,}5 = 2{,}1$; $a = -\frac{17}{80}$
Damit $f(x) = -\frac{17}{80}x^2 + 5{,}5$.
Brückenhöhe an der Bordsteinkante: $f(3) = 3{,}5875$ m.
Mit Berücksichtigung des Sicherheitsabstandes darf die Durchfahrt für eine maximale Durchfahrtshöhe von 3,38 m freigegeben werden.

b) Mit Berücksichtigung eines Sicherheitsabstandes von 20 cm müsste die Brückenhöhe an der Bordsteinkante 4,20 m betragen. Da die augenblickliche Höhe an dieser Stelle 3,5875 m beträgt, müsste die Straße um mindestens 0,6125 m tiefer gelegt werden.

9 Aus dem Ansatz $f(x) = ax^3 + bx^2$ und den Bedingungen $f(4) = -0{,}75$, $f(8) = -2{,}4$ ergibt sich das lineare Gleichungssystem
$\left| \begin{array}{l} 64a + 16b = -0{,}75 \\ 512a + 64b = -2{,}4 \end{array} \right|$ mit den Lösungen $a = \frac{3}{1280} \approx 0{,}00234$ und $b = -\frac{9}{160} = -0{,}05625$.
Demnach gilt $f(x) = \frac{3}{1280}x^3 - \frac{9}{160}x^2$ mit $f(6) = -1{,}51875$.
Die Auslenkung beträgt also ca. 1,5 cm.

10 **a)** $f_k'(x) = 0$
$x = 0$ oder $3x^2 - kx + 3k = 0$
$x = 0$ oder $x = \frac{k}{6} + \sqrt{\frac{k^2}{36} - k}$ oder $x = \frac{k}{6} - \sqrt{\frac{k^2}{36} - k}$
$f_k'(x) = 9x^2 - 2kx + 3k$
$f_k'(x) = 0$
$x = \frac{k}{9} + \sqrt{\left(\frac{k}{9}\right)^2 - \frac{k}{3}}$ oder $x = \frac{k}{9} - \sqrt{\left(\frac{k}{9}\right)^2 - \frac{k}{3}}$
$f_k''(x) = 18x - 2k$
$f''(x) = 0$
$x = \frac{k}{9}$

Soll der Graph von f_k nur *eine* waagerechte Tangente besitzen, muss gelten:
$\left(\frac{k}{9}\right)^2 - \frac{k}{3} = 0$
$k = 0$ oder $k = 27$
Der Graph von f_k hat also für $k = 0$ oder $k = 27$ genau eine waagerechte Tangente.

b) $f_k(x) = f_s(x)$
$3x^3 - kx^2 + 3kx = 3x^3 - sx^2 + 3sx$
$x\big((s - k)\cdot x + 3(k - s)\big) = 0$
$x = 0$ oder $x = \frac{-3(k - s)}{s - k} = 3$
Alle Graphen der Schar schneiden sich an den Stellen 0 und 3.

c) $f_k''(x) = 0$
$18x - 2k = 0$
$k_w = 9x$
$g(x) = 3x^2 - 9x\cdot x^2 + 3\cdot 9x\cdot x = -6x^3 + 27x^2$ ist die Ortslinie der Wendepunkte von f_k.

11 **a)**

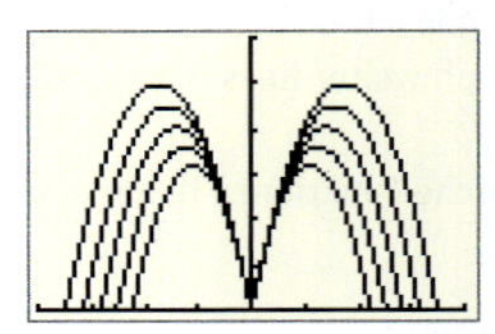

b) $f_v(x) = x\left(5{,}7 - \frac{163}{v^2}\right)x$; Nullstellen von f_v sind: $x_1 = 0$; $x_2 = \frac{5{,}7v^2}{163}$
Die Fontänen treffen innerhalb des Beckens auf, falls $\frac{5{,}7v^2}{163}$, also $v < 13{,}1$.
Für $v < 13{,}1\,\frac{m}{s}$ treffen die Fontänen im Becken auf. Maximale Höhe der Fontänen bei $v \approx 13{,}1$.
Hochpunkt des Graphen $f_{13{,}1}$: ungefähr $H(3{,}0\,|\,8{,}55)$
Die Fontänen werden maximal 8,55 m hoch.

Lösungen zu Kapitel 2 (Seiten 135 bis 136)

1 **a)** $F(x) = \frac{x^6}{30} - \frac{x^3}{3} + 4x + \frac{169}{30}$

b) $F(x) = \frac{2}{3}\left(\frac{1}{2}x + 4\right)^3 - \frac{250}{3}$

c) $F(x) = \frac{1}{4}x^4 - \frac{4}{3} \cdot x^3 + 2x^2 - \frac{16}{3}$

2 **a)** 2

b) $\frac{546}{5}$

c) -81

3 **a)** $f(x) = 4 - x^2$; $g(x) = -x + 2$; $A = 4{,}5$

b) $f(x) = \sqrt{x}$; $g(x) = -\frac{3}{4}x + 3$; $A \approx 3{,}382$

4 $k = 2$

5 **a)** $A \approx 76{,}61$

b) $A \approx 13{,}17$

c) $A = \int_{\frac{\pi}{4}}^{2\pi+\frac{\pi}{4}} |\sin x - \cos x| \, dx = 2\int_{\frac{\pi}{4}}^{\frac{5\pi}{4}} |\sin x - \cos x| \, dx = 2 \cdot 2 \cdot \sqrt{2} \approx 5{,}657$

d) $A \approx 3{,}83$

6 Tangentengleichung $y = 2 \cdot \sqrt{2} \cdot x$
$A = \frac{2}{3} \cdot \sqrt{2} \approx 0{,}94$

7 Die Gerade zu $y = 4{,}5 \cdot \left(2 - \sqrt[3]{2}\right) \approx 3{,}330$ zerlegt die mit der x-Achse eingeschlossene Fläche in zwei gleich große Teile.

8 Der Energieverlust innerhalb der ersten 24 Stunden beträgt etwa 43,67 Wh.

9 Flächeninhalt des Querschnitts $A = 10\frac{2}{3}\,\text{cm}^2$.
Innerhalb der ersten 20 Sekunden sind etwa $21\,322{,}61\,\text{cm}^3 = 21{,}32261$ Liter durch die Öffnung geflossen.

10 **a)** Die Wirkstoffkonzentration ist nach 5 Stunden maximal. Sie beträgt dann etwa 24,10 mg/l.

b) Die Wirkstoffkonzentration zum Zeitpunkt t beträgt
$F(t) = \int_0^t (12 - 2{,}4x) \cdot 0{,}87^x \, dx$

Der Rechner liefert folgenden Graphen:
Für $t > 14{,}7$ wird $F(t)$ negativ. Das ist unrealistisch. Daher ist für die Modellierung der Definitionsbereich von t einzuschränken.

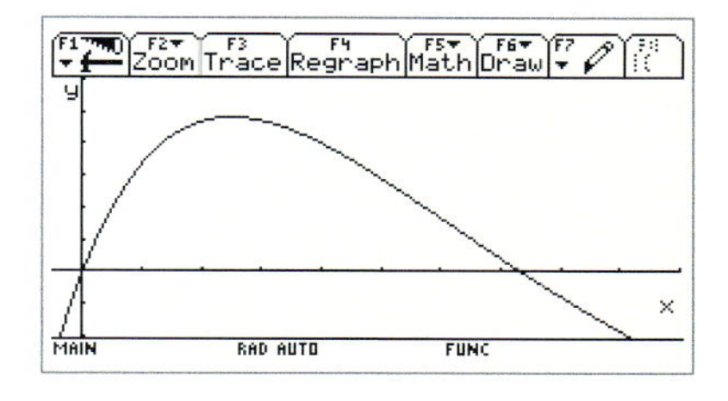

11 **a)** Die Gerade und die Parabel schneiden sich im Punkt $P(b \,|\, b^2)$.
Daher hat die Gerade die Gleichung $y = b \cdot x$.
Für den Flächeninhalt A_1 der von der Geraden und der Parabel eingeschlossenen Fläche erhält man: $A_1 = \frac{b^3}{6}$. Für den Flächeninhalt A_2 der von der Parabel und der x-Achse in den Grenzen 0 und b eingeschlossenen Fläche erhält man: $A_2 = \frac{b^3}{3}$. Daher gilt $A_1 : A_2 = 1 : 2$.

b) Die Gerade und der Graph zu $y = x^n$ schneiden sich im Punkt $P(b \,|\, b^n)$. Daher hat die Gerade die Gleichung $y = b^{n-1} \cdot x$.
Für den Flächeninhalt A_1 der von der Geraden und dem Graphen zu $y = x^n$ eingeschlossenen Fläche erhält man: $A_1 = \frac{(n-1) \cdot b^{n+1}}{2 \cdot (n+1)}$. Für den Flächeninhalt A_2 der von dem Graphen zu $y = x^n$ und der x-Achse in den Grenzen 0 und b eingeschlossenen Fläche erhält man: $A_2 = \frac{b^{n+1}}{n+1}$.
Daher gilt $A_1 : A_2 = (n-1) : 2$

12 $V = \pi \int_1^5 \left(f(x)\right)^2 dx = \frac{38\,588\,\pi}{7} \approx 17\,318{,}25$

13 $V_f = \pi \int_0^{20} \left(\sqrt{10x + 40}\right)^2 dx = 2800\,\pi$;

$V_g = \pi \int_5^{20} \left(\sqrt{15x - 75}\right)^2 dx = 1687{,}5\,\pi$

$V = V_f - V_g = 1112{,}5\,\pi \approx 3495{,}02\ [\text{cm}^3]$

14 Fassungsvermögen:

$\pi \int_{-25}^{0} \left(f(x)\right)^2 dx = \pi \cdot \int_{-25}^{0} (1{,}1^{2x} + 12 \cdot 1{,}1^x + 36)\, dx \approx 3\,202{,}8\,\text{cm}^3 \approx 3{,}2\,l$

Volumen: $\pi \int_{-25}^{0} \left(g(x)\right)^2 dx - \pi \int_{-25}^{0} \left(f(x)\right)^2 dx + \pi \cdot 6{,}5^2 \cdot 0{,}5 \approx 587{,}16\,\text{cm}^3$

Lösungen zu Kapitel 3 (Seiten 209 bis 210)

1 **a)** $f(0) = 800$ und $f(10) = 2500$

$f(t) = 800 \cdot e^{kt}$

$2500 = 800 \cdot e^{k \cdot 10}$ liefert $k \approx 0{,}114$

$f(t) = 800 \cdot e^{0{,}114\,t}$

b) Prozentuale Wachstumsrate

$\frac{f(t+1)}{f(t)} = \frac{800 \cdot e^{0{,}114(t+1)}}{800 \cdot e^{0{,}114t}} = e^{0{,}114} = 1{,}21 = 121\,\%$

also jährliches Wachstum um 21 %.

Verdoppelungszeit:

$Z = \frac{f(t+Z_V)}{f(t)} = \frac{800 \cdot e^{0{,}114(t+t_V)}}{800 \cdot e^{0{,}114t}} = e^{0{,}114\,t_V}$

$\ln 2 = 0{,}144\,t_V$

$t_V = \frac{\ln 2}{0{,}114} \approx 6{,}08$

Die Verdoppelungszeit beträgt ca. 6 Jahre.

2 **a)** Das Jahr 1998 wird hier als Jahr 0 gezählt (Skalierung der x-Achse in 1-Jahresschritten).

Mithilfe des GTR erhält man die Funktion:

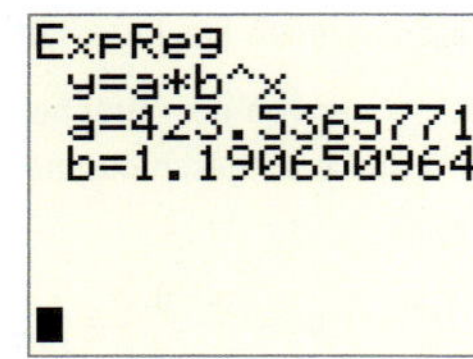

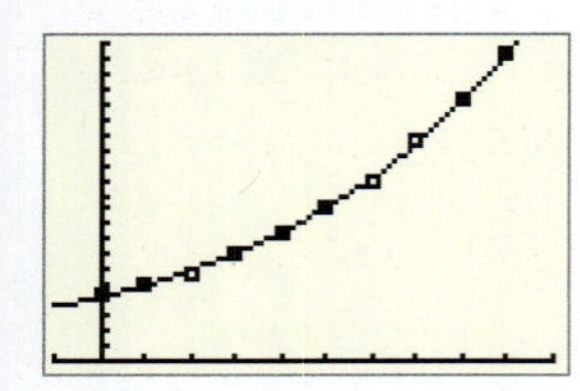

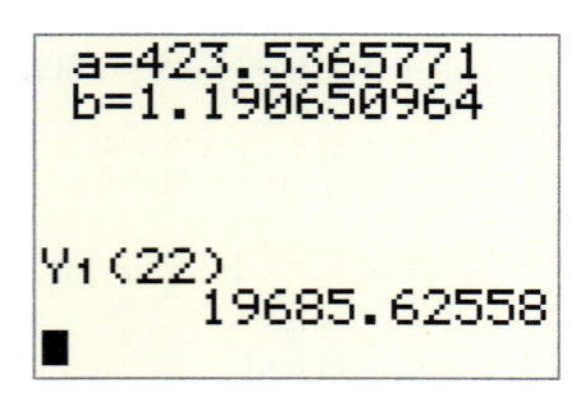

Im Jahr 2020 kann man nach diesem Modell mit einem Bestand von etwa 19 686 Walen rechnen.

b) Mithilfe des GTR erhält man folgende Funktion als Modell für ein logistisches Wachstum, bei der die Sättigungsgrenze bei 65 606 Tieren liegt:

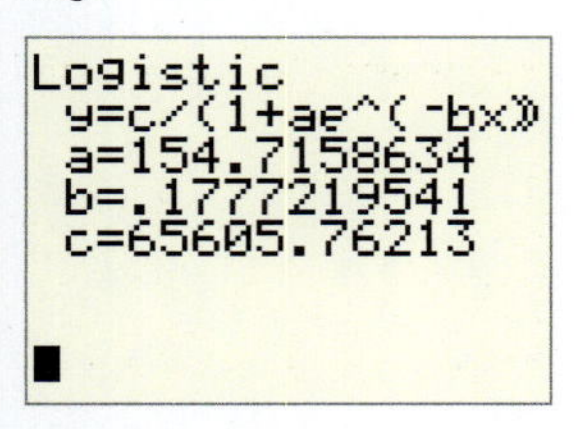

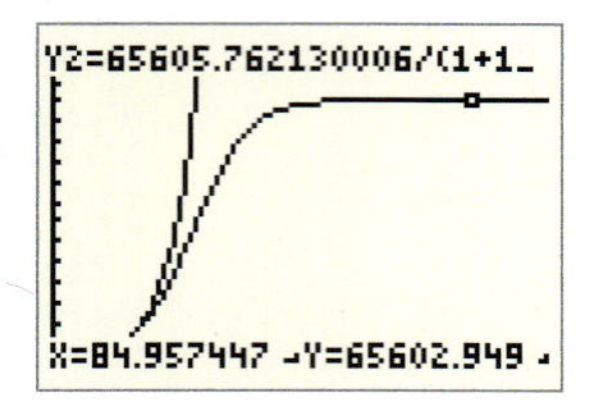

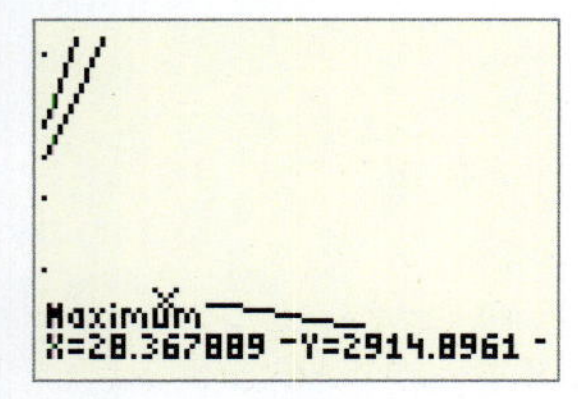

Mithilfe von nDerive findet man das Maximum der Wachstumsgeschwindigkeit nach etwa 28,37 Jahren, also im Jahr 2027, wenn der Bestand die Hälfte der Sättigungsgrenze erreicht hat.

c) Näherungsweises Lösen der Differenzialgleichung liefert schrittweise die Bestände.

Jahr	Kalenderjahr	Bestand
9	2007	2 030
10	2008	2 371
11	2009	2 767
12	2010	3 226
13	2011	3 757
14	2012	4 370
15	2013	5 075

Jahr	Kalenderjahr	Bestand
16	2014	5 883
17	2015	6 806
18	2016	7 856
19	2017	9 044
20	2018	10 380
21	2019	11 874
22	2020	13 531

Der maximale Bestand ist erreicht, wenn $f'(t) = 0$ gilt, also bei $0{,}174 \cdot f(t) = 0{,}0000029 \cdot (f(x))^2$. Dies ist der Fall bei $f(t) = 0$, was keine Bedeutung für die Realität hat, und bei $f(t) = 60\,000$.

d)

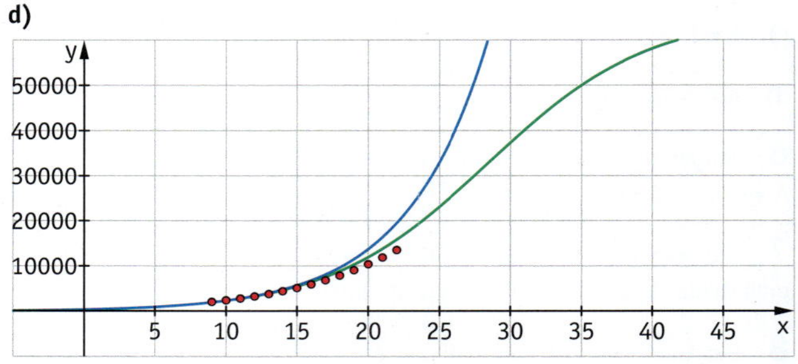

3 **a)** $N(t) = 10 \cdot e^{\frac{t}{2} - \frac{t^2}{a}}$; $N'(t) = \left(5 - \frac{20t}{a}\right) e^{\frac{t}{2} - \frac{t^2}{a}}$; $N'(8) = 0$ liefert $5 - \frac{160}{a} = 0$, also $a = 32$, damit die Anzahl der Bakterien nach 8 Stunden maximal ist. Sie beträgt dann $N(8) = 74$. Die Wachstumsgeschwindigkeit ist maximal, wenn gilt: $0 = N''(t) = \left(\frac{5t^2}{128} - \frac{5t}{8} + \frac{15}{8}\right) e^{\frac{t}{2} - \frac{t^2}{32}}$; also $t = 4$ oder $t = 12$; $N'(4) \approx 11{,}2$; $N'(12) \approx -11{,}2$

Nach 4 Stunden ist die Wachstumsgeschwindigkeit maximal.

b) Die Bakterienanzahl steigt zunächst langsam, dann stärker, dann wieder schwächer an, bis sie ihr Maximum nach 8 Stunden erreicht und fällt dann erst schnell, dann langsamer ab, bis sie nach 20 Stunden fast den Wert 0 hat.

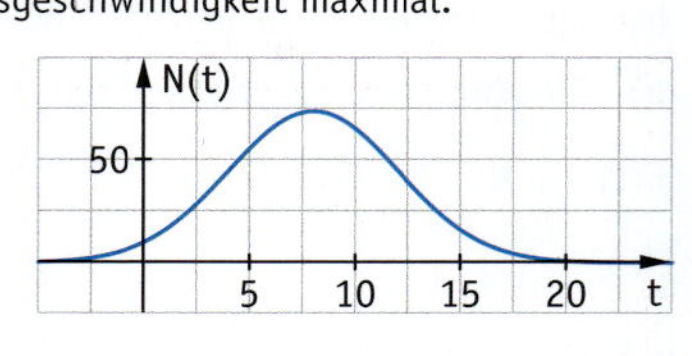

4 Der erste Graph gehört zu $g(x)$, da er als einziger 2 Nullstellen aufweist, bei 0 und -2. Der zweite Graph gehört zu $h(x)$, da er als einziger eine Definitionslücke aufweist, an der Stelle $\ln 2$. Der dritte Graph gehört zu $f(x)$.

5 Aus der Halbwertszeit $t_H = 12{,}3\,a$ ermittelt man die Zerfallskonstante $k = \frac{-\ln 2}{12{,}3} \approx -0{,}05635$.

Damit ergibt sich das Zerfallgesetz $N(t) = N(0)\,e^{-0{,}05635\,t}$.

Mit $\frac{N(t)}{N(0)} = 30\,\% = 0{,}3$ erhält man daraus $t = 21{,}37$ Jahre für das Alter des Whiskys.

6 **a)** $f'(x) = 2x \cdot e^x + (x^2 - 1)\,e^x = (x^2 + 2x - 1)\,e^x$

b) $f'(x) = e^{x^2-3} \cdot 2x = 2x\,e^{x^2-3}$

c) $f'(x) = 3x^2 e^{2x} + x^3 e^{2x} \cdot 2 = (3x^2 + 2x^3)\, e^{2x}$

d) $f'(x) = \frac{2x e^x - x^2 e^x}{(e^x)^2} = \frac{2x - x^2}{e^x}$

e) $f_t'(x) = 2(t + e^{-x}) \cdot (-e^{-x}) = -2t e^{-x} - 2e^{-2x}$

7 a) $f(x) = 1 + \left(-\frac{1}{2}\right) \cdot (-2)\, e^{3-2x}$

$F(x) = x - \frac{1}{2} e^{3-2x}$

b) $f(x) = \frac{1}{8} \cdot 2 e^{2x} + 3 \cdot (-1)\, e^{-x} + 5$

$F(x) = \frac{1}{8} e^{2x} + 3e^{-x} + 5x$

c) $f(x) = -\frac{1}{2}(-2)\, e^{5-2x} + 7e^{-3x} = -\frac{1}{2}(-2)\, e^{5-2x} - \frac{7}{3}(-3)\, e^{-3x}$

$F(x) = -\frac{1}{2} e^{5-2x} - \frac{7}{3} e^{-3x} = -\frac{1}{2} e^{5-2x} - \frac{7}{3e^{3x}}$

8 a) $f(x) = 5 - e^x \to 5$
für $x \to -\infty$
$f(x) = 5 - e^x \to -\infty$
für $x \to \infty$
Schnittpunkt mit der y-Achse:
$S(0\,|\,4)$, da $f(0) = 5 - 1 = 4$
Schnittpunkt mit der x-Achse:
$f(x) = 0$
$5 = e^x$
$x = \ln 5$,
also $N(\ln 5\,|\,0)$

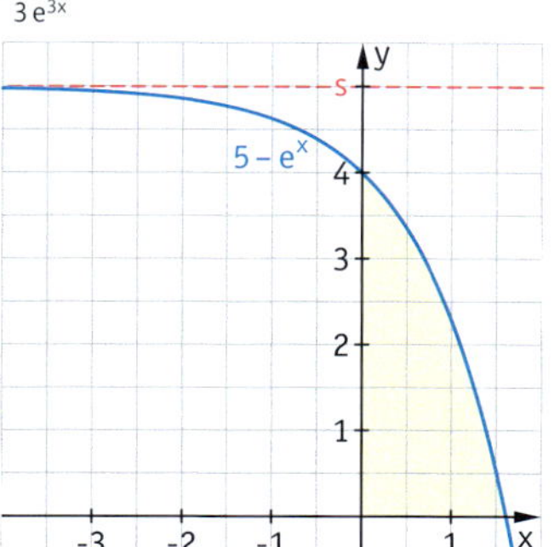

b) $A = \int_0^{\ln 5} 5 - e^x\, dx = [5x - e^x]_0^{\ln 5} = 5\ln 5 - 5 - (-1) = 5\ln 5 - 4 \approx 4{,}05$

9 $f(x) = -\frac{1}{2}(-1)\, e^{2-x}$; $F(x) = -\frac{1}{2} e^{2-x} + c$; $F(3) = 2 - \frac{1}{2e}$ liefert $c = 2$.
Der Graph zu $F(x) = -\frac{1}{2} e^{2-x} + 2$ geht durch den Punkt $P\left(3\,\middle|\,2 - \frac{1}{2e}\right)$.

10 a) Für $b \le 0$ ist der Nenner $b - e^x < 0$, d.h. f_b ist für $b \le 0$ für alle $x \in \mathbb{R}$ definiert.
Für $b > 0$ hat der Nenner $b - e^x$ eine Nullstelle bei $\ln b$, d.h. f_b weist eine Definitionslücke bei $\ln b$ auf.
Definitionsbereich $D_b = \begin{cases} \mathbb{R} & \text{für } b \le 0 \\ \mathbb{R} \setminus \{\ln b\} & \text{für } b > 0 \end{cases}$

b) Für $x \to -\infty$ gilt: $f_b(x) = \frac{b e^x}{b - e^x} \to 0$, d.h. die x-Achse ist waagerechte Asymptote für $x \to -\infty$.
Für $x \to \infty$ gilt: $f_b(x) = \frac{b e^x}{e^x\left(\frac{b}{e^x} - 1\right)} = \frac{b}{\frac{b}{e^x} - 1} \to -b$, d.h. die Gerade zu $y = -b$ ist waagerechte Asymptote für $x \to \infty$.
Für $b > 0$ hat f_b eine Definitionslücke an der Stelle $\ln b$. Da der Zähler $b e^x$ an dieser Stelle nicht null ist, liegt an dieser Stelle ein Pol vor, d.h. die Gerade mit $x = \ln b$ ist senkrechte Asymptote des Graphen zu f_b für $b > 0$.

c) Der Graph zu f_0 ist die x-Achse. Der Graph zu f_1 ist der mit der Definitionslücke an der Stelle 0. Der dritte Graph ist der zu f_{-1}.

Lösungen zu Kapitel 4 (Seiten 317 bis 318)

1 a)

b)
$|AB| = |\overrightarrow{AB}| = \left|\begin{pmatrix}2\\2\\-1\end{pmatrix} - \begin{pmatrix}6\\-2\\1\end{pmatrix}\right| = \left|\begin{pmatrix}-4\\4\\-2\end{pmatrix}\right| = \sqrt{(-4)^2 + 4^2 + (-2)^2} = \sqrt{36} = 6$

Entsprechend:

$|BC| = |\overrightarrow{BC}| = \left|\begin{pmatrix}-6\\-3\\4\end{pmatrix}\right| = \sqrt{61} \approx 7{,}81$

$|AC| = |\overrightarrow{AC}| = \left|\begin{pmatrix}-10\\1\\2\end{pmatrix}\right| = \sqrt{105} \approx 10{,}25$

Die Seite $\overline{AC}$ ist die längste Dreieckseite.

c) Winkel α:

$\cos\alpha = \frac{\overrightarrow{AB} * \overrightarrow{AC}}{|\overrightarrow{AB}| \cdot |\overrightarrow{AC}|} = \frac{\begin{pmatrix}-4\\4\\-2\end{pmatrix} * \begin{pmatrix}-10\\1\\2\end{pmatrix}}{6 \cdot 10{,}25} = \frac{40}{61{,}5} \approx 0{,}6504$; $\alpha \approx 49{,}43°$

Winkel β:

$\cos\beta = \frac{\overrightarrow{BA} * \overrightarrow{BC}}{|\overrightarrow{BA}| \cdot |\overrightarrow{BC}|} \approx \frac{\begin{pmatrix}4\\-4\\2\end{pmatrix} * \begin{pmatrix}-6\\3\\4\end{pmatrix}}{6 \cdot 7{,}81} = \frac{-4}{46{,}86} = -0{,}08536$; $\beta \approx 94{,}89°$

Winkel γ: $\gamma = 180° - \alpha - \beta \approx 35{,}68°$

2 a) Für einen beliebigen Wert von k erhält man einen weiteren Punkt der Geraden g, z.B. für $k = 3$ den Punkt $P(14\,|\,0\,|\,-2)$. Als Richtungsvektor der Geraden g kann man jedes Vielfache des Vektors $\begin{pmatrix}4\\1\\-2\end{pmatrix}$ verwenden.
Eine zweite Parameterdarstellung von g ist dementsprechend z.B.
$g: \vec{x} = \begin{pmatrix}14\\0\\-2\end{pmatrix} + k \cdot \begin{pmatrix}-8\\-2\\4\end{pmatrix}$.

b) Der Richtungsvektor $\begin{pmatrix}-20\\-5\\10\end{pmatrix}$ ist ein Vielfaches von $\begin{pmatrix}4\\1\\-2\end{pmatrix}$, nämlich $\begin{pmatrix}-20\\-5\\10\end{pmatrix} = -5 \cdot \begin{pmatrix}4\\1\\-2\end{pmatrix}$.
Nun muss noch überprüft werden, ob der Punkt $(86\,|\,18\,|\,-38)$ auf g liegt.
Die Gleichung $\begin{pmatrix}86\\18\\-38\end{pmatrix} = \begin{pmatrix}2\\-3\\4\end{pmatrix} + k \cdot \begin{pmatrix}4\\1\\-2\end{pmatrix}$ ist erfüllt für $k = 21$.
Also ist $\vec{x} = \begin{pmatrix}86\\18\\-38\end{pmatrix} + r \cdot \begin{pmatrix}-20\\-5\\10\end{pmatrix}$ ebenfalls eine Parameterdarstellung von g.

c) Ansatz: $\begin{pmatrix}2\\-3\\4\end{pmatrix} + k \cdot \begin{pmatrix}4\\1\\-2\end{pmatrix} = \begin{pmatrix}-6\\-5\\8\end{pmatrix} + t \cdot \begin{pmatrix}3\\2\\1\end{pmatrix}$

Umgestellt als Gleichungssystem: $\left|\begin{array}{rl} 4k - 3t = & -8 \\ k - 2t = & -2 \\ -2k - t = & 4 \end{array}\right|$
Lösung: $(k = -2;\ t = 0)$
Schnittpunkt: $S(-6\,|\,-5\,|\,8)$
Schnittwinkel:

$\cos\varphi = \frac{\begin{pmatrix}4\\1\\-2\end{pmatrix} * \begin{pmatrix}3\\2\\1\end{pmatrix}}{\left|\begin{pmatrix}4\\1\\-2\end{pmatrix}\right| \cdot \left|\begin{pmatrix}3\\2\\1\end{pmatrix}\right|} = \frac{12}{\sqrt{21} \cdot \sqrt{14}} \approx 0{,}69985$; $\varphi \approx 45{,}58°$

d) Für $t = 3$ ergibt sich $P(3\,|\,1\,|\,11)$ als Punkt der Geraden h.
Da P auf der Geraden k liegt, wählen wir z.B. P als Aufpunkt der Geraden. Die Gerade k soll parallel zur Geraden g sein, also wählen wir z.B. denselben Richtungsvektor. Damit ergibt sich: $k: \vec{x} = \begin{pmatrix}3\\1\\11\end{pmatrix} + t \cdot \begin{pmatrix}4\\1\\-2\end{pmatrix}$.

3 **a)** Die Ebene schneidet die Koordinatenachsen in folgenden Spurpunkten: $S_1(3|0|0)$; $S_2(0|5|0)$; $S_3(0|0|4)$
Die Punkte der Dreiecksfläche $S_1S_2S_3$ haben nur positive Koordinaten. Alle anderen Punkte der Ebene haben mindestens eine negative Koordinate. Es gibt keinen Punkt in der Ebene mit drei negativen Koordinaten.

b) z. B. Gerade $\overline{S_1S_2}$: $\vec{x} = \begin{pmatrix}3\\0\\0\end{pmatrix} + t\cdot\begin{pmatrix}-3\\5\\0\end{pmatrix}$;

z. B. Gerade $\overline{S_1S_3}$: $\vec{x} = \begin{pmatrix}3\\0\\0\end{pmatrix} + t\cdot\begin{pmatrix}-3\\0\\4\end{pmatrix}$;

z. B. Gerade $\overline{S_2S_3}$: $\vec{x} = \begin{pmatrix}0\\5\\0\end{pmatrix} + t\cdot\begin{pmatrix}0\\-5\\4\end{pmatrix}$.

c) Aus den Spurpunkten $S_1(3|0|0)$, $S_2(0|5|0)$ und $S_3(0|0|4)$ ergibt sich z. B.: $\vec{x} = \overrightarrow{OS_1} + t\cdot\overrightarrow{S_1S_2} + r\cdot\overrightarrow{S_1S_3} = \begin{pmatrix}3\\0\\0\end{pmatrix} + t\cdot\begin{pmatrix}-3\\5\\0\end{pmatrix} + r\cdot\begin{pmatrix}-3\\0\\4\end{pmatrix}$

d) Wir wählen dazu als Aufpunkt den Koordinatenursprung und behalten die Richtungsvektoren bei: $\vec{x} = \begin{pmatrix}0\\0\\0\end{pmatrix} + t\cdot\begin{pmatrix}-3\\5\\0\end{pmatrix} + r\cdot\begin{pmatrix}-3\\0\\4\end{pmatrix}$

4 **a)** Man kann prüfen, dass P nicht in E liegt. Die Richtungsvektoren kann man beibehalten und P als Aufpunkt nutzen:
E_1: $\vec{x} = \begin{pmatrix}1\\2\\2\end{pmatrix} + r\cdot\begin{pmatrix}-1\\0\\2\end{pmatrix} + s\cdot\begin{pmatrix}0\\1\\1\end{pmatrix}$

b) Eine mögliche Lösung wäre z. B. E_2: $\vec{x} = \begin{pmatrix}2\\1\\1\end{pmatrix} + t\cdot\begin{pmatrix}-1\\0\\2\end{pmatrix} + s\cdot\begin{pmatrix}1\\2\\0\end{pmatrix}$

c) Für die Beschreibung einer Fläche müssen die Parameter in der Parameterdarstellung der Ebene eingeschränkt werden:
Eine mögliche Lösung ist z. B: Rechteck: $\vec{x} = \begin{pmatrix}0\\4\\0\end{pmatrix} + r\cdot\begin{pmatrix}4\\0\\0\end{pmatrix} + s\cdot\begin{pmatrix}0\\-4\\7\end{pmatrix}$
mit $0 \le r \le 1$ und $0 \le s \le 1$

d) Ansatz: $\begin{pmatrix}0\\4\\0\end{pmatrix} + r\cdot\begin{pmatrix}4\\0\\0\end{pmatrix} + s\cdot\begin{pmatrix}0\\-4\\7\end{pmatrix} = \begin{pmatrix}2\\1\\1\end{pmatrix} + t\cdot\begin{pmatrix}-1\\0\\2\end{pmatrix} + k\cdot\begin{pmatrix}0\\1\\1\end{pmatrix}$

Umgestellt als Gleichungssystem: $\left|\begin{matrix}4r + 0s + t + 0k = 2\\ 0r - 4s + 0t - k = -3\\ 0r + 7s - 2t - k = 1\end{matrix}\right|$

Lösung: $\left(r = -\frac{1}{32} + \frac{11}{32}k \,\middle|\, s = \frac{3}{4} - \frac{1}{4}k \,\middle|\, t = \frac{17}{8} - \frac{11}{8}k\right)$ mit $k \in \mathbb{R}$

$t = \frac{17}{8} - \frac{11}{8}k$ in die Ebenengleichung eingesetzt, ergibt:

$\vec{x} = \begin{pmatrix}2\\1\\1\end{pmatrix} + \left(\frac{17}{8} - \frac{11}{8}k\right)\cdot\begin{pmatrix}-1\\0\\2\end{pmatrix} + k\cdot\begin{pmatrix}0\\1\\1\end{pmatrix} = \begin{pmatrix}-\frac{1}{8}\\1\\\frac{21}{4}\end{pmatrix} + k\cdot\begin{pmatrix}\frac{11}{8}\\1\\-\frac{15}{4}\end{pmatrix}$

$\vec{x} = \begin{pmatrix}-\frac{1}{8}\\1\\\frac{21}{4}\end{pmatrix} + k\cdot\begin{pmatrix}\frac{11}{8}\\1\\-\frac{15}{4}\end{pmatrix}$ ist eine Parameterdarstellung der Schnittgeraden der beiden Ebenen.

5 **a)** $\left|\begin{pmatrix}18\\14\\3\end{pmatrix}\right| = 23$

Die Geschwindigkeit der Maschine beträgt $2300\,\frac{m}{min} = 138\,\frac{km}{h}$.

$\overrightarrow{p_3} = \begin{pmatrix}4\\1\\0\end{pmatrix} + 3\cdot\begin{pmatrix}18\\14\\3\end{pmatrix} = \begin{pmatrix}58\\43\\9\end{pmatrix}$

Nach 3 Minuten am Ende der Startphase befindet sich das Flugzeug im Punkt $P_3(58|43|9)$.
Danach kann der Flugkurs durch die Gerade h: $\vec{x} = \begin{pmatrix}58\\43\\9\end{pmatrix} + s\cdot\begin{pmatrix}22\\19\\1{,}2\end{pmatrix}$ beschrieben werden.
Nach weiteren 7 Minuten: $\overrightarrow{p_{10}} = \begin{pmatrix}58\\43\\9\end{pmatrix} + 7\cdot\begin{pmatrix}22\\19\\1{,}2\end{pmatrix} = \begin{pmatrix}212\\176\\17{,}4\end{pmatrix}$

$\left|\begin{pmatrix}22\\19\\1{,}2\end{pmatrix}\right| \approx 29{,}09$; $2909\,\frac{m}{min} \approx 174{,}5\,\frac{km}{h}$

10 Minuten nach dem Abheben befindet sich das Flugzeug im Punkt $P_{10}(212|176|17{,}4)$ und hat dort die Geschwindigkeit $174{,}5\,\frac{km}{h}$.

b) Der Kurs des zweiten Flugzeugs kann durch die Gerade
k: $\vec{x} = \begin{pmatrix}220\\-180\\32\end{pmatrix} + t\cdot\begin{pmatrix}14\\25\\0\end{pmatrix}$ beschrieben werden.

$\overrightarrow{q_{10}} = \begin{pmatrix}220\\-180\\32\end{pmatrix} + 10\cdot\begin{pmatrix}14\\25\\0\end{pmatrix} = \begin{pmatrix}360\\70\\32\end{pmatrix}$

Das zweite Flugzeug befindet sich nach 10 min im Punkt $Q_{10}(360|70|32)$.

$\left|\overrightarrow{P_{10}Q_{10}}\right| = \left|\begin{pmatrix}148\\-106\\14{,}6\end{pmatrix}\right| \approx 182{,}6$

Der Abstand der beiden Flugzeuge beträgt zu diesem Zeitpunkt ca. 18 260 m.

c) Untersuchung, ob die beiden Geraden h: $\vec{x} = \begin{pmatrix}58\\43\\9\end{pmatrix} + s\cdot\begin{pmatrix}22\\19\\1{,}2\end{pmatrix}$ und k: $\vec{x} = \begin{pmatrix}220\\-180\\32\end{pmatrix} + t\cdot\begin{pmatrix}14\\25\\0\end{pmatrix}$ zueinander windschief sind:
Die Richtungsvektoren der beiden Geraden sind keine Vielfachen voneinander, somit schneiden sich h und k oder sie sind zueinander windschief.
Aus $\begin{pmatrix}58\\43\\9\end{pmatrix} + s\cdot\begin{pmatrix}22\\19\\1{,}2\end{pmatrix} = \begin{pmatrix}220\\-180\\32\end{pmatrix} + t\cdot\begin{pmatrix}14\\25\\0\end{pmatrix}$ erhält man das lineare Gleichungssystem $\left|\begin{matrix}22s - 14t = 162\\ 19s - 25t = -223\\ 1{,}2s = 23\end{matrix}\right|$, das keine Lösung besitzt.
Die beiden Geraden h und k sind also windschief, es würde nicht zu einer Kollision kommen.

6 a) Mit dem Aufpunkt A und den Vektoren $\vec{u}$ und $\vec{v}$ als Richtungsvektoren erhält man z. B. die Parameterdarstellung:
$\vec{x} = \begin{pmatrix}0\\9\\4\end{pmatrix} + r\cdot\begin{pmatrix}-2\\0\\0\end{pmatrix} + s\cdot\begin{pmatrix}0\\-2\\2\end{pmatrix}$

b) Für die Parameterdarstellung aus Teilaufgabe a):
$0 \le r \le 4{,}5$ und $0 \le s \le 2{,}475$

c) oben rechts $B(-4{,}95|9|8{,}95)$;
oben links $C(-4{,}95|0|8{,}95)$;
unten links $D(0|0|4)$
Punkte außerhalb der Dachfläche sind z. B.:
$E(0|-5|4)$; $F(0|20|4)$; $G(-6|3|10)$; $H(2|-1|2)$

7 **a)** Falls die Ebenen gemeinsame Punkte haben, so lassen sich Werte für die Parameter in beiden Gleichungen für die gemeinsamen Punkte finden. Dies führt zu folgendem linearen Gleichungssystem:
$\left|\begin{matrix}-4r + s - t - 3k = -1\\ 2r + 2s - 3t - k = 3\\ 6r + 2s + t - 3k = -8\end{matrix}\right|$
Die Lösung mithilfe des GTR führt in der dritten Gleichung auf $t = \frac{10}{11}k - \frac{65}{22}$.
Dies setzen wir in die Parameterdarstellung von F ein und erhalten so eine Parameterdarstellung der Schnittgeraden s der beiden Ebenen E und F:

s: $\vec{x} = \begin{pmatrix}2\\-1\\0\end{pmatrix} + \left(\frac{10}{11}k - \frac{65}{22}\right)\cdot\begin{pmatrix}1\\3\\-1\end{pmatrix} + k\cdot\begin{pmatrix}3\\1\\3\end{pmatrix} = \begin{pmatrix}\frac{-21}{22}\\\frac{-217}{22}\\\frac{65}{22}\end{pmatrix} + k\cdot\begin{pmatrix}\frac{43}{11}\\\frac{41}{11}\\\frac{23}{11}\end{pmatrix}$

b) Wir bestimmen zwei Punkte der Geraden g, z. B. $P(-1|-2|14)$ für $t = 0$ und $Q(2|-6|6)$ für $t = -1$. Anschließend prüfen wir, ob beide Punkte in der Ebene E liegen. P ergibt sich für $r = 1$ und $s = 0$. Q ergibt sich für $r = 0$ und $s = -1$. Somit liegen die beiden Punkte P und Q der Geraden g in der Ebene E, also liegt die Gerade g in E.

c) Wir wählen einen Punkt S, der nicht in der Ebene E liegt, z. B. $S(0|0|0)$. Anschließend bestimmen wir eine Ebene H, die durch S und g festgelegt ist. So erhält man z. B.: $\vec{x} = \begin{pmatrix}-1\\-2\\14\end{pmatrix} + t\cdot\begin{pmatrix}-3\\4\\8\end{pmatrix} + r\cdot\begin{pmatrix}1\\2\\-14\end{pmatrix}$

Lösungen zu Kapitel 5 (Seite 386)

1 a) $\begin{pmatrix} -6 & -10 & 22 \\ 1 & -2 & 5 \\ 7 & -3 & 9 \end{pmatrix}$ b) $\begin{pmatrix} 1 & 0 & 6 \\ 0 & 1 & 6 \\ 0 & 0 & 1 \end{pmatrix}$ c) $\begin{pmatrix} -3 \\ -6 \end{pmatrix}$

2 a)

$$\begin{pmatrix} 20 & 0 & 20 & 40 \\ 30 & 20 & 20 & 40 \\ 30 & 40 & 40 & 60 \\ 0 & 0 & 20 & 40 \\ 0 & 20 & 20 & 40 \\ 0 & 40 & 40 & 60 \end{pmatrix} \cdot \begin{pmatrix} 500 \\ 200 \\ 100 \\ 800 \end{pmatrix} = \begin{pmatrix} 44\,000 \\ 53\,000 \\ 75\,000 \\ 34\,000 \\ 38\,000 \\ 60\,000 \end{pmatrix} \begin{matrix} \text{Schrauben 30 mm} \\ \text{Schrauben 50 mm} \\ \text{Schrauben 90 mm} \\ \text{Dübel 30 mm} \\ \text{Dübel 50 mm} \\ \text{Dübel 90 mm} \end{matrix}$$

b) Jede Spalte der Matrix A ist ein Bestellvektor eines Baumarktes. So hat der zweite Baumarkt z. B. 150-mal Box-X, 250-mal Box-L, 0-mal Box-XL und 700-mal Box-XXL bestellt.

$$\begin{pmatrix} 20 & 0 & 20 & 40 \\ 30 & 20 & 20 & 40 \\ 30 & 40 & 40 & 60 \\ 0 & 0 & 20 & 40 \\ 0 & 20 & 20 & 40 \\ 0 & 40 & 40 & 60 \end{pmatrix} \cdot \begin{pmatrix} 200 & 150 & 300 \\ 700 & 250 & 600 \\ 300 & 0 & 800 \\ 650 & 700 & 400 \end{pmatrix} = \begin{pmatrix} 36\,000 & 31\,000 & 38\,000 \\ 52\,000 & 37\,500 & 53\,000 \\ 85\,000 & 56\,500 & 89\,000 \\ 32\,000 & 28\,000 & 32\,000 \\ 46\,000 & 33\,000 & 44\,000 \\ 79\,000 & 52\,000 & 80\,000 \end{pmatrix}$$

In der Produktmatrix ist in jeder Spalte der Bedarf für einen Baumarkt abzulesen. So sind für die Bestellung des dritten Baumarktes 38 000 Schrauben 30 mm, 53 000 Schrauben 50 mm, 83 000 Schrauben 90 mm u. s. w. zu fertigen.

Die für diese Bestellung insgesamt erforderlichen Produktionsmengen ergeben sich aus der Zeilensumme der Produktionsmatrix. Insgesamt werden benötigt:

Schrauben	30 mm	105 000 Stück
Schrauben	50 mm	142 500 Stück
Schrauben	90 mm	230 500 Stück
Dübel	30 mm	92 000 Stück
Dübel	50 mm	123 000 Stück
Dübel	90 mm	211 000 Stück

3 a)

	Leiste	Scheibe 30 × 50 mm	Scheibe 40 × 40 mm	Platte 30 × 50 mm	Platte 40 × 40 mm
Holz	0,0008	0	0	0	0
Glasscheibe	0	0,15	0,16	0	0
Pressplatte	0	0	0	0,15	0,16

Der Bedarf an Rohstoffen zur Herstellung der Zwischenprodukte kann also durch die Matrix **Z** beschrieben werden:

$$\mathbf{Z} = \begin{pmatrix} 0{,}0008 & 0 & 0 & 0 & 0 \\ 0 & 0{,}15 & 0{,}16 & 0 & 0 \\ 0 & 0 & 0 & 0{,}15 & 0{,}16 \end{pmatrix}$$

Für den Bedarf an Zwischenprodukten für die Herstellung der beiden Endprodukte erhält man folgende Matrix:

$$\mathbf{P} = \begin{pmatrix} 1{,}8 & 1{,}8 \\ 1 & 0 \\ 0 & 1 \\ 1 & 0 \\ 0 & 1 \end{pmatrix}$$

b) Der Gesamtbedarf an Holz, Glas und Pressplatten zur Herstellung je eines Bilderrahmens ergibt sich aus dem Produkt **Z · P**:

$$\mathbf{Z} \cdot \mathbf{P} = \begin{pmatrix} 0{,}0008 & 0 & 0 & 0 & 0 \\ 0 & 0{,}15 & 0{,}16 & 0 & 0 \\ 0 & 0 & 0 & 0{,}15 & 0{,}16 \end{pmatrix} \cdot \begin{pmatrix} 1{,}8 & 1{,}8 \\ 1 & 0 \\ 0 & 1 \\ 1 & 0 \\ 0 & 1 \end{pmatrix} = \begin{pmatrix} 0{,}00144 & 0{,}00144 \\ 0{,}15 & 0{,}16 \\ 0{,}15 & 0{,}16 \end{pmatrix}$$

Zur Herstellung des Bilderrahmens 30 × 50 werden 0,00144 m³ Holz, 0,15 m² Glas und 0,15 m² Pressplatte benötigt. Für den Rahmen 40 × 40 benötigt man 0,00144 m³ Holz, 0,16 m² Glas und 0,16 m² Pressplatte.
Für die Fertigung von 3 000 Rahmen jeder Sorte, benötigt man also
$(0{,}00144\,m^3 + 0{,}00144\,m^3) \cdot 3\,000 = 8{,}64\,m^3$ Holz;
$(0{,}15\,m^2 + 0{,}16\,m^2) \cdot 3\,000 = 930\,m^2$ Glas und
$(0{,}15\,m^2 + 0{,}16\,m^2) \cdot 3\,000 = 930\,m^2$ Pressplatte

4

nach \ von	Fit am Morgen	Morgentrunk	Frühstückstrunk	Obst am Morgen
Fit am Morgen	0,9	0,10	0,05	0,06
Morgentrunk	0,05	0,76	0,11	0,32
Frühstückstrunk	0,02	0,06	0,64	0,12
Obst am Morgen	0,03	0,08	0,20	0,50

Anfangsvektor $\vec{a} = \begin{pmatrix} 0{,}25 \\ 0{,}40 \\ 0{,}20 \\ 0{,}15 \end{pmatrix}$

$$\mathbf{M} = \begin{pmatrix} 0{,}9 & 0{,}10 & 0{,}05 & 0{,}06 \\ 0{,}05 & 0{,}76 & 0{,}11 & 0{,}32 \\ 0{,}02 & 0{,}06 & 0{,}65 & 0{,}12 \\ 0{,}03 & 0{,}08 & 0{,}20 & 0{,}50 \end{pmatrix}$$

	1. Jahr	2. Jahr	3. Jahr
Fit am Morgen	0,284	0,31272	0,33578
Morgentrunk	0,3865	0,37663	0,36793
Frühstückstrunk	0,175	0,15941	0,14907
Obst am Morgen	0,1545	0,15169	0,14723
Rechnung	$\mathbf{M} \cdot \vec{a}$	$\mathbf{M}^2 \cdot \vec{a}$	$\mathbf{M}^3 \cdot \vec{a}$

	4. Jahr	5. Jahr	6. Jahr
Fit am Morgen	0,35528	0,37141	0,38473
Morgentrunk	0,35992	0,35265	0,34619
Frühstückstrunk	0,14186	0,13664	0,13275
Obst am Morgen	0,14293	0,13929	0,13633
Rechnung	$\mathbf{M}^4 \cdot \vec{a}$	$\mathbf{M}^5 \cdot \vec{a}$	$\mathbf{M}^6 \cdot \vec{a}$

$$\mathbf{M} \cdot \vec{b} = \begin{pmatrix} 0{,}25 \\ 0{,}40 \\ 0{,}20 \\ 0{,}15 \end{pmatrix}$$

$$\vec{b} = \mathbf{M}^{-1} \cdot \begin{pmatrix} 0{,}25 \\ 0{,}40 \\ 0{,}20 \\ 0{,}15 \end{pmatrix} = \begin{pmatrix} 0{,}2088 \\ 0{,}4260 \\ 0{,}2432 \\ 0{,}1221 \end{pmatrix} \approx \begin{pmatrix} 0{,}21 \\ 0{,}43 \\ 0{,}24 \\ 0{,}12 \end{pmatrix}$$

Im Vorjahr waren die Marktanteile wie folgt verteilt:

Fit am Morgen:	21 %
Morgentrunk:	43 %
Frühstückstrunk:	24 %
Obst am Morgen:	12 %

Lösungen zu Kapitel 6 (Seite 375 bis 376)

1

Spalte 1	Spalte 2	Spalte 3	Spalte 4	Spalte 5
Gewicht in g	absolute Häufigkeit	relative Häufigkeit	Produkt aus Spalte 1 und 3	gewichtete quadratische Differenz
57	1	0,54 %	0,306	0,291
58	1	0,54 %	0,312	0,217
59	1	0,54 %	0,317	0,154
60	1	0,54 %	0,323	0,102
61	8	4,30 %	2,624	0,484
62	30	16,13 %	10,000	0,894
63	36	19,35 %	12,194	0,355
64	36	19,35 %	12,387	0,024
65	14	7,53 %	4,892	0,031
66	24	12,90 %	8,516	0,349
67	11	5,91 %	3,962	0,414
68	10	5,38 %	3,656	0,714
69	7	3,76 %	2,597	0,812
70	4	2,15 %	1,505	0,685
71	2	1,08 %	0,763	0,475
	n = 186	100,00 %	$\bar{x}$ = 64,355	$\bar{s}^2$ = 6,003
				$\bar{s}$ = 2,45

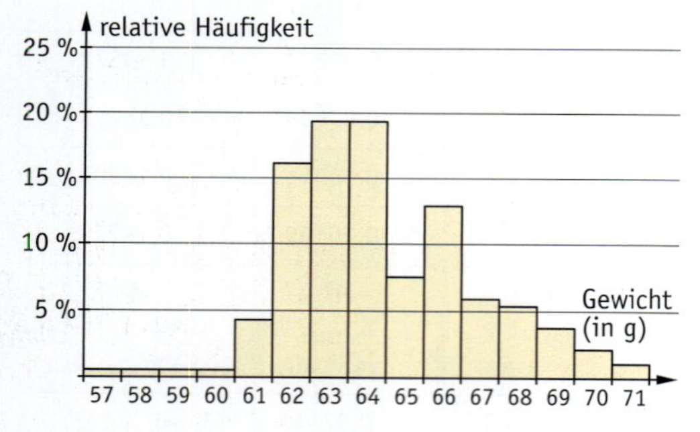

2 Die Verteilung mit neuen Klassen lautet dann wie folgt:

Arbeitsbeginn der Angestellten	Anteil der Angestellten
vor 7.00 Uhr	8 %
7.00 – 7.14 Uhr	36 %
7.30 – 7.59 Uhr	30 %
ab 8.00 Uhr	26 %

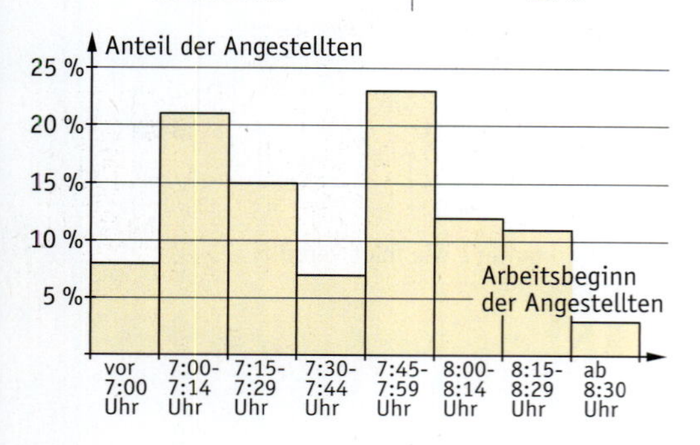

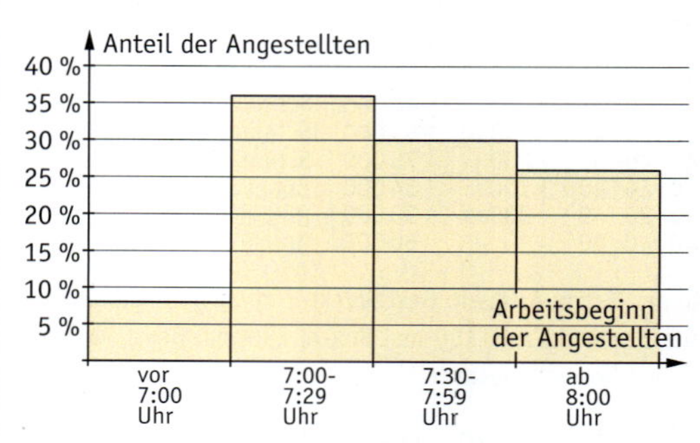

Vorteilhaft an der neuen Klasseneinteilung ist die Tatsache, dass man schnell einen groben Überblick über den Arbeitsbeginn der Angestellten erhält.

Aus dem Vergleich der beiden Häufigkeitstabellen und deren Darstellungen wird sichtbar, dass die Zusammenfassung zu breiteren Klassen einen falschen Eindruck erwecken kann. Aus der ersten Darstellung wird deutlich, dass es eine Gruppe unter den Angestellten gibt, die sehr früh ihre Arbeit beginnt (21 % im Zeitraum zwischen 7.00 Uhr und 7.15 Uhr), dass dann die Anteile zurückgehen, aber im Zeitraum 7.45 bis 7.59 Uhr wieder ansteigen. Dies ist bei der zweiten Klasseneinteilung nicht ersichtlich.

Hinweis zu den Histogrammen: Bei der ersten Klasseneinteilung beträgt die Klassenbreite 15 Minuten, bei der zweiten 30 Minuten. Dies gilt auch für die offenen Klassen am Anfang bzw. Ende der Verteilung, obwohl hierüber eigentlich nichts Näheres bekannt ist.

3

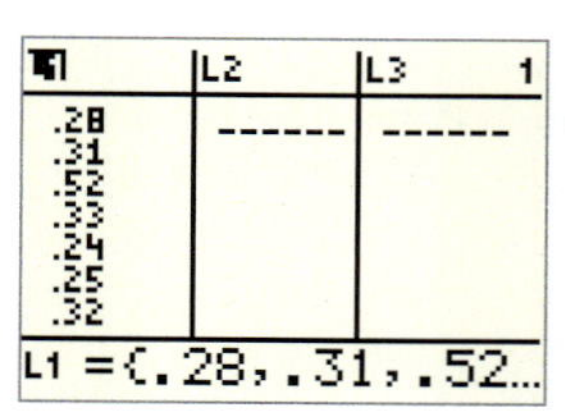

EDIT CALC TESTS
1:1-Var Stats
2:2-Var Stats
3:Med-Med
4:LinReg(ax+b)
5:QuadReg
6:CubicReg
7↓QuartReg

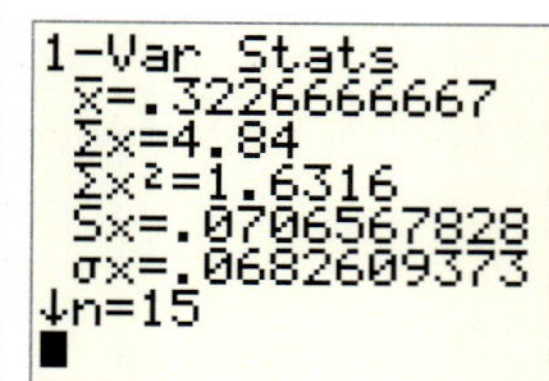

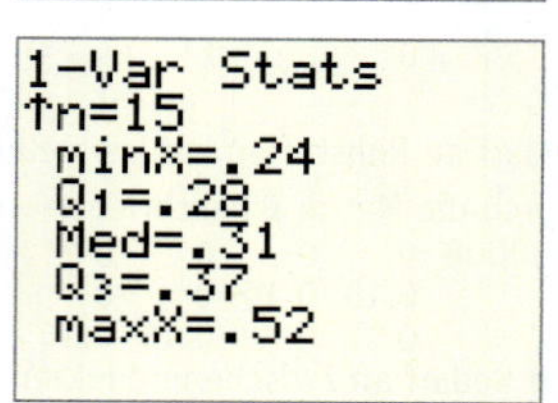

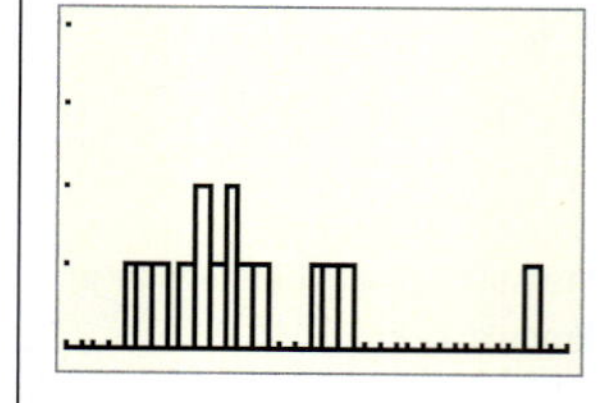

Die Datenmenge umfasst n = 15 Daten mit dem arithmetischen Mittel $\bar{x} \approx 0{,}323$ und dem Median 0,31. An der geordneten Liste der Daten erkennen wir, dass es einige Reaktionszeiten gibt, die sich ungünstig hinsichtlich des arithmetischen Mittels auswirken.

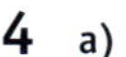

4 a)

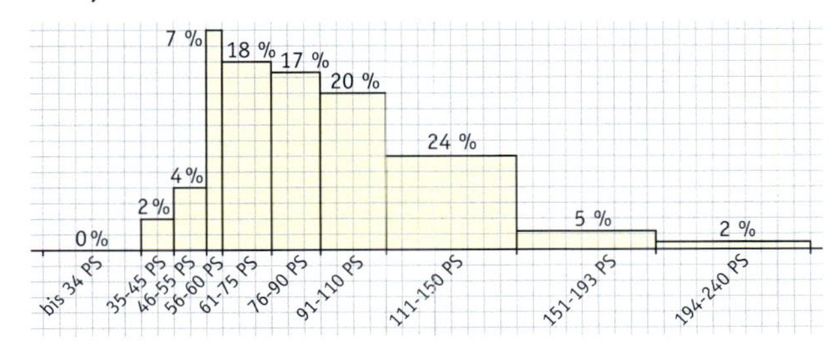

b) Um das arithmetische Mittel zu bestimmen, müssen zunächst die Klassenmitten berechnet werden (siehe Tabelle). Es ist auch möglich, die Klassenmitte um 0,5 kleiner festzulegen als in der Tabelle angegeben (Beispiel: Klasse von 46 bis 55 PS umfasst eigentlich das Intervall oberhalb von 45 PS bis einschließlich 55 PS; die Mitte wäre 50 PS); dann wäre auch entsprechend das arithmetische Mittel um 0,5 PS kleiner.

PS-Klasse	Klassenmitte	Anteil	Produkt
bis 34 PS	spielt keine Rolle	0 %	0
35 bis 45 PS	40	2 %	0,8
46 bis 55 PS	50,5	4 %	2,0
56 bis 60 PS	58	7 %	4,1
61 bis 75 PS	68	18 %	12,2
76 bis 90 PS	83	17 %	14,1
91 bis 110 PS	100,5	20 %	20,1
111 bis 150 PS	130,5	24 %	31,3
151 bis 193 PS	172	5 %	8,6
194 PS und mehr	210 (festgelegt)	2 %	4,2
Summe		99 %	$\bar{x} = 97,5$

Um den Median zu bestimmen, muss man untersuchen, wo bei der kumulierten Häufigkeitsverteilung der 50 %-Anteil überschritten wird; dies ist bei der Klasse 91 bis 110 PS der Fall. Da man keine näheren Informationen über die Verteilung der Fahrzeuge innerhalb dieser Klasse hat, muss man die 50 %-Grenze durch Interpolation bestimmen: Die Klasse 91 bis 110 PS umfasst 20 PS-Werte und tritt mit der Häufigkeit 20 % auf. Da innerhalb Klassen bis 90 PS bereits 48 % der Autos liegen, kann man die 50 %-Grenze der Häufigkeitsverteilung bei 92 PS vermuten.

obere Klassengrenze	34	45	55	60	75	90	110	150	193	250
kumulierter Anteil (in %)	0	2	6	13	31	48	68	92	97	99

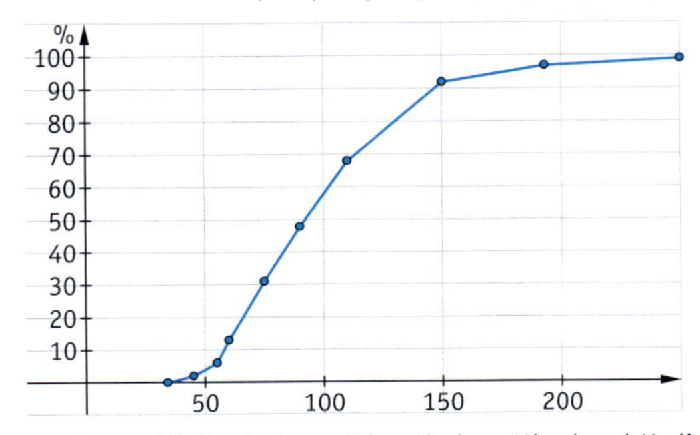

Der Unterschied zwischen arithmetischem Mittel und Median kommt dadurch zustande, dass ein großer Teil der Fahrzeuge eine hohe PS-Zahl hat, was sich beim arithmetischen Mittel auswirkt.

c) Durch analoge Rechnungen wie in Teilaufgabe b) erhält man für das arithmetische Mittel bei Männern einen Wert von 105,8 PS und bei Frauen von 87,1 PS, für den Median bei den Männern 100,9 PS, bei den Frauen 78,75 PS.

5 Nach Eingabe der Daten in den GTR (Tipp: statt der Jahreszahlen 2004, 2005 usw. ist es günstiger 4, 5 usw. einzugeben) erhält man die Regressionsgerade mit der Gleichung $y = 0,115x + 9,63$, welche für $x = 12$ (d. h. für das Jahr 2012) den Funktionswert 11,01 liefert:

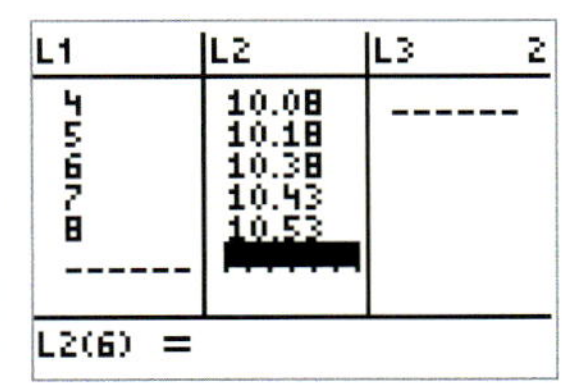

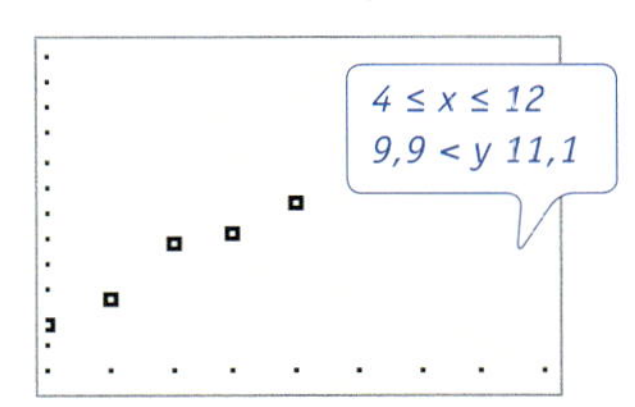

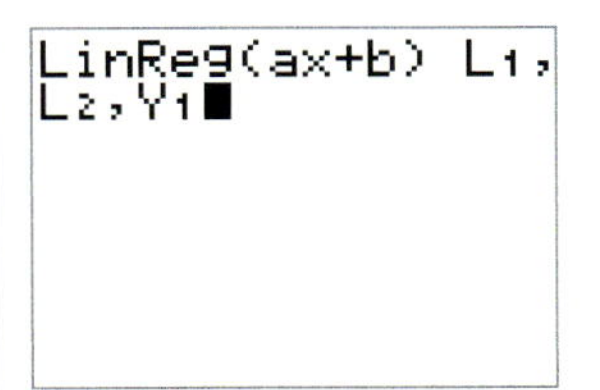

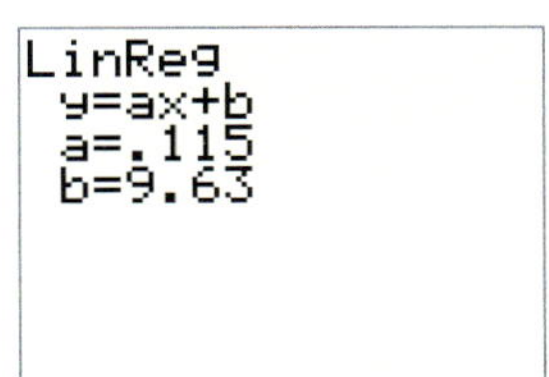

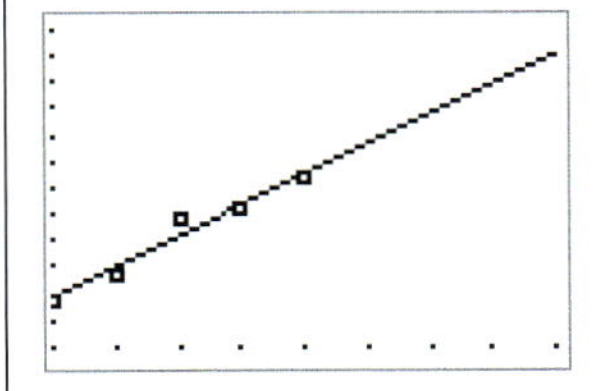

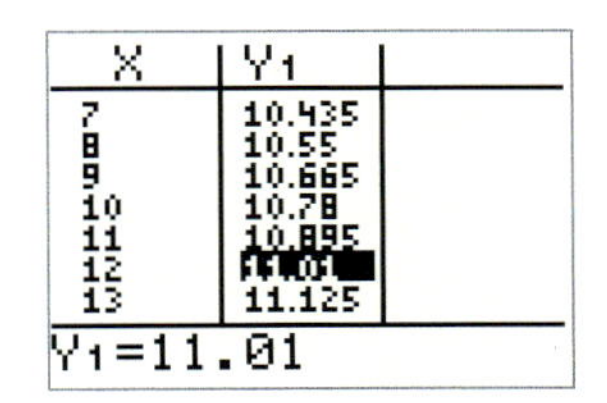

6 Nach Eingabe der Daten (Jahreszahlen ab 2000, vgl. Lösung zu Aufgabe 5) erhält man bei einem Exponentialmodell den Funktionsterm $y = 1470,7 \cdot 1,309^x$ sowie die rechts im GTR-Display ablesbaren Prognosedaten für die folgenden Jahre:

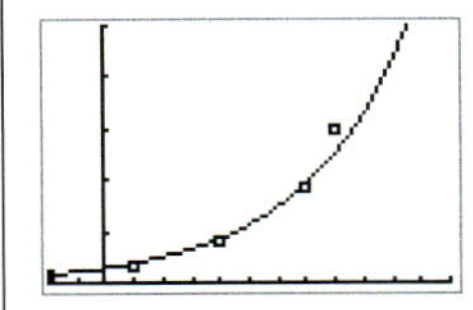

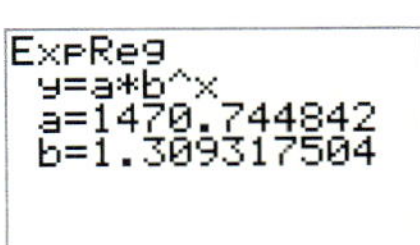

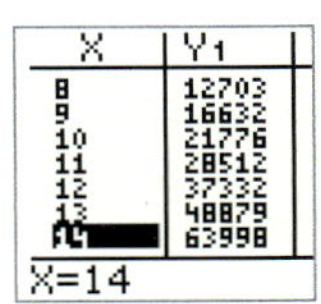

Bei einer kubischen Regression erhält man den Funktionsterm:
$y = 33,7x^2 - 101,7x^2 + 197,5x + 1958$

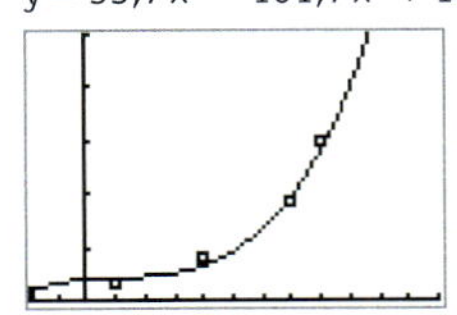

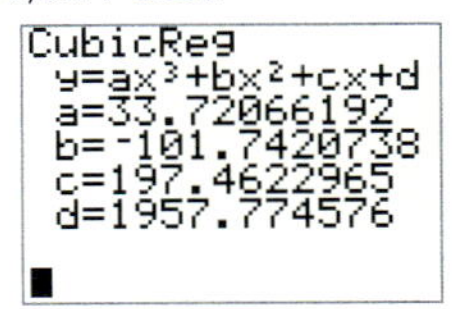

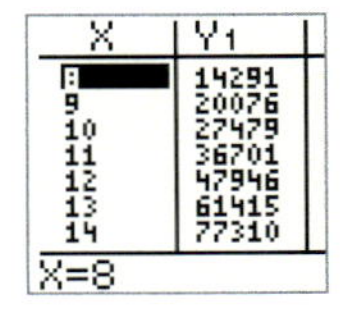

Bei Regression 4. Grades erhält man den Funktionsterm:
$y = 9,79x^4 - 85,9x^3 + 182,3x^2 + 755,7x + 900,1$:

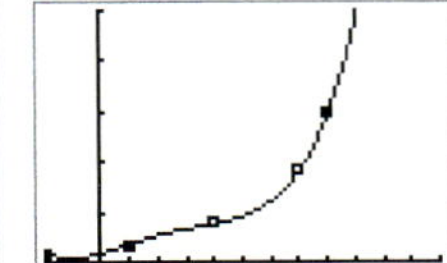

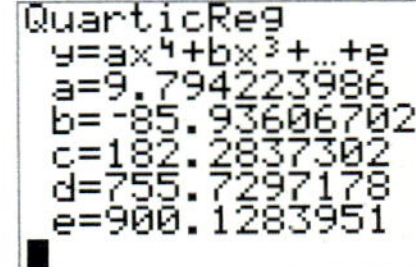

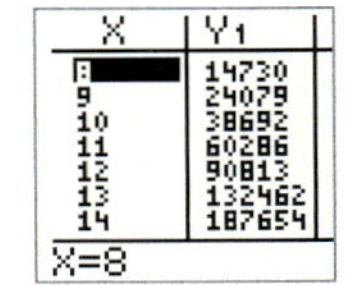

Schaltet man mit **DiagnosticOn** die Berechnung des Korrelationskoeffizienten ein, dann werden für die drei betrachteten Modelle folgende Korrelationskoeffizienten ermittelt:
Exponentialmodell: $r^2 = 0{,}988$;
kubisches Modell: $r^2 = 0{,}991$;
Modell 4. Grades: $r^2 = 1$.

7 **a)**

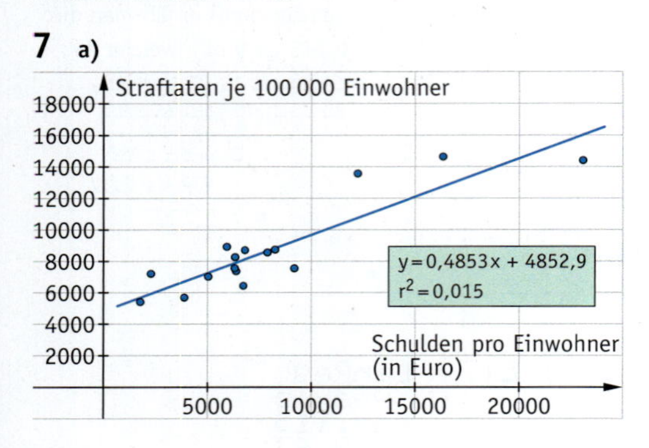

b) Aus der Grafik in Teilaufgabe a) entnehmen wir die Gleichung der Regressionsgeraden: $y = 0{,}4853\,x + 4852{,}9$

c) Der Korrelationskoeffizient zeigt mit $r \approx 0{,}90$ eine starke Korrelation an. Diese bedeutet jedoch keinen ursächlichen Zusammenhang zwischen den betrachteten Merkmalen. Aus der Grafik wird deutlich, dass die Punkte, die zu den Stadtstaaten gehören, im Wesentlichen diejenigen sind, welche die Lage der Regressionsgeraden bestimmen – Städte haben strukturbedingt einen höheren Schuldenstand und eine höhere Kriminalitätsrate.

Lösungen zu Kapitel 7 (Seiten 423 bis 424)

1 Wenn der Zufallsgenerator der Maschine die vier Möglichkeiten tatsächlich mit gleicher Wahrscheinlichkeit zufällig auswählt und die Ergebnisse vorangegangener Torschüsse nicht berücksichtigt, dann sind die Voraussetzungen für das Vorliegen einer BERNOULLI-Kette gegeben (Unabhängigkeit der Stufen, feste Erfolgswahrscheinlichkeit).
Was man als Erfolg ansieht, ist willkürlich. Beispiele könnten sein:

- Schuss in die untere rechte Torecke [obere rechte Torecke, untere linke Torecke, obere linke Torecke] die Erfolgswahrscheinlichkeit ist jeweils 25 %;
- Schuss in die rechte Torecke (egal ob oben oder unten) [linke Torecke] die Erfolgswahrscheinlichkeit beträgt 50 %;
- Flacher Schuss [hoher Schuss] – die Erfolgswahrscheinlichkeit beträgt 50 %
- Schuss, der nicht in die linke untere Torecke geht [linke obere, rechte untere, rechte obere] – die Erfolgswahrscheinlichkeit beträgt 75 %.

2 **a)** $p = \frac{1}{3}$

k	P (X = k)
0	$\binom{6}{0}\left(\frac{1}{3}\right)^0\left(\frac{2}{3}\right)^6 = 1\cdot\frac{2^6}{3^6} = \frac{2^6}{3^6} = 0{,}0878$
1	$\binom{6}{1}\left(\frac{1}{3}\right)^1\left(\frac{2}{3}\right)^5 = 6\cdot\frac{2^5}{3^6} = \frac{2^6}{3^5} = 0{,}2634$
2	$\binom{6}{2}\left(\frac{1}{3}\right)^2\left(\frac{2}{3}\right)^4 = 15\cdot\frac{2^4}{3^6} = 5\cdot\frac{2^4}{3^5} = 0{,}3292$
3	$\binom{6}{3}\left(\frac{1}{3}\right)^3\left(\frac{2}{3}\right)^3 = 20\cdot\frac{2^3}{3^6} = 5\cdot\frac{2^5}{3^6} = 0{,}2195$
4	$\binom{6}{4}\left(\frac{1}{3}\right)^4\left(\frac{2}{3}\right)^2 = 15\cdot\frac{2^2}{3^6} = 5\cdot\frac{2^2}{3^5} = 0{,}0823$
5	$\binom{6}{5}\left(\frac{1}{3}\right)^5\left(\frac{2}{3}\right)^1 = 6\cdot\frac{2^1}{3^6} = \frac{2^2}{3^5} = 0{,}0165$
6	$\binom{6}{6}\left(\frac{1}{3}\right)^6\left(\frac{2}{3}\right)^0 = 1\cdot\frac{2^0}{3^6} = \frac{1}{3^6} = 0{,}0014$

b) $P(X = 1) = \frac{2^6}{3^5} = 3\cdot\frac{2^6}{3^6} = 3\cdot P(X = 0)$

$P(X = 2) = 5\cdot\frac{2^4}{3^5} = 4\cdot 5\cdot\frac{2^2}{3^5} = 4\cdot P(X = 4)$

$P(X = 4) = 5\cdot\frac{2^2}{3^5} = 5\cdot\frac{2^2}{3^5} = 5\cdot P(X = 5)$

3 X: Anzahl der verkauften Packungen; Y: Gewinn in Euro

a_i	$P(X = a_i) = P(Y = b_i)$	b_i	$b_i \cdot P(Y = b_i)$
45	0,10	45 · 1,20 € – 15 · 2,10 € = 22,50 €	2,25 €
50	0,15	50 · 1,20 € – 10 · 2,10 € = 39,00 €	5,85 €
55	0,20	55 · 1,20 € – 5 · 2,10 € = 55,50 €	11,10 €
60	0,55	60 · 1,20 € = 72,00 €	39,60 €
zu erwartender mittlerer Gewinn			58,80 €

Wenn nur 55 Packungen bestellt werden, dann gilt:
X: Anzahl der verkauften Packungen; Y: Gewinn in Euro

a_i	$P(X = a_i) = P(Y = b_i)$	b_i	$b_i \cdot P(Y = b_i)$
45	0,10	45 · 1,20 € – 10 · 2,10 € = 33,00 €	3,300 €
50	0,15	50 · 1,20 € – 5 · 2,10 € = 49,50 €	7,425 €
55	0,75	55 · 1,20 € = 66,00 €	49,500 €
zu erwartender mittlerer Gewinn			60,225 €

Wenn nur 50 Packungen bestellt werden, dann gilt:
X: Anzahl der verkauften Packungen; Y: Gewinn in Euro

a_i	$P(X = a_i) = P(Y = b_i)$	b_i	$b_i \cdot P(Y = b_i)$
45	0,10	45 · 1,20 € – 5 · 2,10 € = 43,50 €	4,35 €
50	0,90	50 · 1,20 € = 60,00 €	54,00 €
zu erwartender mittlerer Gewinn			58,35€

Wenn nur 45 Packungen bestellt werden, beträgt der Gewinn nur 45 · 1,20 € = 54,00 €.
Die optimale Bestellmenge ist also 55 Packungen.

4 Die Zufallsgröße X: *Anzahl der benötigten Ziehungen* kann mithilfe eines Baumdiagramms (sehr aufwendig) oder durch einfache kombinatorische Überlegungen bestimmt werden.

X = 3: Bei den drei Ziehungen werden jeweils eine rote, eine grüne und eine blaue Kugel gezogen. Hierfür gibt es $3 \cdot 2 \cdot 1 = 6$ mögliche Reihenfolgen. Die Wahrscheinlichkeiten der zugehörigen Pfade sind jeweils gleich, nämlich $\frac{3 \cdot 2 \cdot 1}{6 \cdot 5 \cdot 4} = \frac{1}{20}$.

Demnach gilt: $P(X = 3) = \frac{6}{20} = \frac{9}{30}$

X = 4: Bei den drei ersten Ziehungen dürfen nur zwei verschieden farbige Kugeln gezogen worden sein; bei der 4. Ziehung wird dann eine Kugel einer anderen Farbe gezogen.

Mögliche Fälle: rgg – b, rbb – g, gbb – r, bgg – r; dabei kann die Reihenfolge der ersten drei Würfe auch anders sein (jeweils 3 Möglichkeiten). Daher gilt:

$$P(X = 4) = 3 \cdot \left[\frac{1 \cdot 2 \cdot 1}{6 \cdot 5 \cdot 4} \cdot \frac{3}{3} + \frac{1 \cdot 3 \cdot 2}{6 \cdot 5 \cdot 4} \cdot \frac{2}{3} + \frac{2 \cdot 3 \cdot 2}{6 \cdot 5 \cdot 4} \cdot \frac{1}{3} + \frac{3 \cdot 2 \cdot 1}{6 \cdot 5 \cdot 4} \cdot \frac{1}{3}\right] = \frac{9}{30}$$

X = 5: Bei den vier ersten Ziehungen dürfen nur zwei verschieden farbige Kugeln gezogen worden sein; bei der 5. Ziehung wird dann eine Kugel einer anderen Farbe gezogen.

Mögliche Fälle: gbbb – r, ggbb – r, rbbb – g; dabei kann die Reihenfolge der ersten vier Würfe auch anders sein (4 bzw. 6 bzw. 4 Möglichkeiten). Daher gilt:

$$P(X = 5) = 4 \cdot \frac{2 \cdot 3 \cdot 2 \cdot 1}{6 \cdot 5 \cdot 4 \cdot 3} \cdot \frac{1}{2} + 6 \cdot \frac{2 \cdot 1 \cdot 3 \cdot 2}{6 \cdot 5 \cdot 4 \cdot 3} \cdot \frac{1}{2} + 4 \cdot \frac{1 \cdot 3 \cdot 2 \cdot 1}{6 \cdot 5 \cdot 4 \cdot 3} \cdot \frac{2}{2} = \frac{7}{30}$$

X = 6: Bei den ersten fünf Ziehungen dürfen nur grüne und blaue Kugeln gezogen worden sein; die rote Kugel wird erst bei der 6. Ziehung gezogen. Für die fünf ersten Ziehungen gibt es $\binom{5}{2} = \binom{5}{3} = 10$ Möglichkeiten, die alle die Wahrscheinlichkeit $\frac{3 \cdot 2 \cdot 1 \cdot 2 \cdot 1}{6 \cdot 5 \cdot 4 \cdot 3 \cdot 2}$ haben, d. h. $P(X = 6) = \frac{5}{30}$.

(Es ist auch möglich, eine der o. a. Wahrscheinlichkeiten mithilfe der Komplementärregel zu bestimmen.)

Für den Erwartungswert von X gilt:

$$\mu = 3 \cdot \frac{9}{30} + 4 \cdot \frac{9}{30} + 5 \cdot \frac{7}{30} + 6 \cdot \frac{5}{30} = \frac{128}{30} \approx 4{,}3$$

Wenn das Glücksspiel fair sein soll, darf bei dem Spiel auf lange Sicht weder Gewinn noch Verlust entstehen. Für die Gestaltung des Gewinnplans gibt es unendlich viele Möglichkeiten. Allerdings verhindern die auftretenden Wahrscheinlichkeiten, dass man mit glatten Auszahlungsbeträgen (Vielfache von 10 Cent) zu einer fairen Spielregel kommt.

Bei dem folgenden Beispiel eines Gewinnplans verliert der Spielteilnehmer im Mittel pro Spiel einen Euro-Cent. Man kann dies über die Berechnung des zu erwartenden Gewinns oder über die zu erwartende Auszahlung berechnen.

k	P(X = k)	Gewinn g	Auszahlung a	g · P(X = k)	a · P(X = k)
3	$\frac{9}{30}$	0,40 €	0,90 €	0,120 €	0,27 €
4	$\frac{9}{30}$	0,00 €	0,50 €	0,000 €	0,15 €
5	$\frac{7}{30}$	−0,20 €	0,30 €	−0,047 €	0,07 €
6	$\frac{5}{30}$	−0,50 €	0,00 €	−0,083 €	0,00 €
				−0,010 €	0,49 €

5 Auch wenn bei einer Erhebung sicherlich darauf geachtet würde, dass keine Person mehr als einmal erfasst wird, kann hier näherungsweise der Ansatz einer Bernoulli-Kette gemacht werden.

n = 100, p = 0,173; X: *Die ausgewählte Person ist jünger als 18 Jahre alt;*

oder p = 0,827; Y: *Die ausgewählte Person ist mindestens 18 Jahre alt.*

(1) $P(X = 17)$ = binompdf(100, 0.173, 17) ≈ 0,105

(2) $P(15 \le X \le 25)$ = binomcdf(100, 0.173, 25) − binomcdf(100, 0.173, 14) ≈ 0,748

(3) $P(Y > 80)$ = 1 − binomcdf(100, 0.827, 80) = $P(X \le 19)$ = binomcdf(100, 0.173, 19) ≈ 0,726

(4) $P(Y \le 75)$ = binomcdf(100, 0.827, 75) = $P(X \ge 25)$ = 1 − binomcdf(100, 0.173, 24) ≈ 0,033

6 **a)**

k	0	1	2	3	4	5
P(X = k)	$\frac{1}{32}$	$\frac{5}{32}$	$\frac{10}{32}$	$\frac{10}{32}$	$\frac{5}{32}$	$\frac{1}{32}$

b) (1) $P(X \le 3) = \frac{26}{32}$ (3) $P(X \ge 1) = \frac{31}{32}$

(2) $P(X < 3) = \frac{16}{32}$ (4) $P(X > 1) = \frac{26}{32}$

7 n = 120; p = 0,3; X: *Anzahl der Angestellten, die mit dem Fahrrad zur Arbeit kommen*

a) $P(X \le 40)$ = binomcdf(120, 0.3, 40) ≈ 0,816

b) Gesucht ist der kleinste Wert für k, für den gilt: $P(X \le k) \ge 0{,}95$. Dazu betrachtet man die kumulierte Binomialverteilung für n = 120 und p = 0,3 und findet: $P(X \le 43) \approx 0{,}931$ und $P(X \le 44) \approx 0{,}953$, also sollte $k \ge 44$ sein, damit die Bedingung erfüllt ist.

8 **a)** (1) P(Nach dem Kauf von 6 Schoko-Riegeln liegen lauter verschiedene Bilder vor) $= \frac{40 \cdot 39 \cdot 38 \cdot 37 \cdot 36 \cdot 35}{40^6} \approx 0{,}325$

(2) X: Anzahl, mit der das bestimmte Bild vorliegt; n = 40; $p = \frac{1}{40}$

$P(X = 0)$ = binompdf$\left(40, \frac{1}{40}, 0\right) \approx 0{,}363$

$P(X = 1)$ = binompdf$\left(40, \frac{1}{40}, 1\right) \approx 0{,}373$

$P(X > 1) \approx 1 - 0{,}363 - 0{,}373 \approx 0{,}264$

b) Im Sinne der Häufigkeitsinterpretation der Wahrscheinlichkeit machen wir den folgenden Ansatz: Die Hälfte der Bilder liegt nicht vor, d. h. die Wahrscheinlichkeit, für das Nicht-Vorliegen eines bestimmten Bildes beträgt ungefähr 0,5, also $P(X = 0) = \left(\frac{39}{40}\right)^n \approx 0{,}5$, also $n \approx 27{,}4$. Bisher wurden ungefähr 27 Schokoriegel gekauft.

9 X: Anzahl der Einsätze in einer bestimmten Minute; n = 30; $p = \frac{1}{60}$

$P(X = 0) \approx 0{,}604$; $P(X = 1) \approx 0{,}307$; $P(X > 1) \approx 0{,}089$

Dies gilt für jede der Minuten. Im Sinne der Häufigkeitsinterpretation erwarten wir daher, dass von 60 Minuten einer Stunde

ungefähr 60,4 % von 60 ≈ 36 Minuten ohne Alarm sein werden,

ungefähr 30,7 % von 60 ≈ 18 Minuten mit genau einem Alarm und

ungefähr 6 Minuten mit mehr als einem Alarm.

Lösungen zu Kapitel 8 (Seiten 475 bis 476)

1 **a)** $p = 0{,}5;\ \mu = 400 \cdot 0{,}5 = 200;\ \sigma = \sqrt{400 \cdot 0{,}5 \cdot 0{,}5} = 10;$
$1{,}64\sigma = 16{,}4;\ \mu - 1{,}64\sigma = 183{,}6;\ \mu + 1{,}64\sigma = 216{,}4$
Mit einer Wahrscheinlichkeit von ca. 90 % wird die Anzahl der Wappen mindestens 184, höchstens 216 betragen.

b) $p = \frac{1}{6};\ \mu = 720 \cdot \frac{1}{6} = 120;\ \sigma = \sqrt{720 \cdot \frac{1}{6} \cdot \frac{5}{6}} = 10;$
$1{,}64\sigma = 16{,}4;\ \mu - 1{,}64\sigma = 103{,}6;\ \mu + 1{,}64\sigma = 136{,}4$
Mit einer Wahrscheinlichkeit von ca. 90 % wird die Anzahl der Sechsen mindestens 104, höchstens 136 betragen.

2 **a)** Da der Flächeninhalt der Fläche unter dem Graphen gleich 1 ist, handelt es sich um den Graphen einer Dichtefunktion. Diese lässt sich, wie folgt, beschreiben:

$$f(x) = \begin{cases} \frac{1}{6}x & \text{für } 0 \le x \le 3 \\ -\frac{1}{2}x + 2 & \text{für } 3 \le x \le 4 \\ 0 & \text{sonst.} \end{cases}$$

b) (1) $P(X \le 3) = \frac{1}{2} \cdot \left(3 \cdot \frac{1}{2}\right) = \frac{3}{4}$ (2) $P(X \ge 3) = 1 - P(X \le 3) = \frac{1}{4}$
da (3) $P(X = 3) = 0$

c) Nach Definition gilt:

$$E(X) = \int_{-\infty}^{+\infty} x \cdot f(x)\,dx = \int_{-\infty}^{0} (x \cdot 0)\,dx + \int_{0}^{3} \left(x \cdot \frac{1}{6}x\right) dx + \int_{3}^{4} \left(x \cdot \left(-\frac{1}{2}x + 2\right)\right) dx$$
$$+ \int_{4}^{+\infty} (x \cdot 0)\,dx = 0 + \frac{3}{2} + \frac{5}{6} + 0 = \frac{7}{3}$$

Deutung: Der Erwartungswert ist der im Mittel zu erwartende Wert, d. h. bei häufiger Versuchsdurchführung ist im Mittel $x = \frac{7}{3}$ zu erwarten.

3 Für eine Stichprobe von $n = 1500$ und einem Stichprobenergebnis von $\frac{X}{n} = 50\,\%$ gilt mit einer Wahrscheinlichkeit von 95 %:
Das Stichprobenergebnis unterscheidet sich von der unbekannten, zugrunde liegenden Wahrscheinlichkeit p (also dem Anteil in der Gesamtheit) um höchstens $1{,}96\frac{\sigma}{n}$, also $|0{,}5 - p| \le 1{,}96\sqrt{\frac{p(1-p)}{1500}}$
Durch Quadrieren erhält man eine quadratische Ungleichung
$(0{,}5 - p)^2 \le 1{,}96^2 \cdot \frac{p(1-p)}{1500}$, die zu folgendem 95 %-Konfidenzintervall führt: $0{,}4747 \le p \le 0{,}5253$, gerundet also zum im Text angegebenen Intervall.
Analog ergibt sich aus dem Ansatz $|0{,}1 - p| \le 1{,}96\sqrt{\frac{p(1-p)}{1500}}$ das 95 %-Konfidenzintervall $0{,}0858 \le p \le 0{,}1162$, das selbst bei Rundung auf drei Stellen nicht mit dem im Text übereinstimmt. (Hinweis: Der Autor des Textes hat eine Näherungsmethode benutzt, um das Konfidenzintervall zu bestimmen.)

4 **a)** Bestimmung eines 90 %-Konfidenzintervalls für $\frac{X}{n} = 0{,}214$ für $n = 1000$:
Aus $|0{,}214 - p| \le 1{,}64\sqrt{\frac{p(1-p)}{1000}}$ ergibt sich: $0{,}1935 \le p \le 0{,}2361$

b) Hieraus ergibt sich eine Auflage, die zwischen 2,32 Millionen und 2,83 Millionen liegen könnte.

5 **a)** Bestimmung eines 95 %-Konfidenzintervalls für $\frac{X}{n} = 0$ für $n = 500$:
Aus $|0 - p| \le 1{,}96\sqrt{\frac{p(1-p)}{500}}$ ergibt sich: $0 \le p \le 0{,}0076$

b) Für $n = 1000$ ergibt sich das 95 %-Konfidenzintervall $0 \le p \le 0{,}0038$

c) Für $p = 0{,}01$ und $n = 600$ ergibt sich: $\mu = 600 \cdot 0{,}01 = 6$ und $\sigma = \sqrt{600 \cdot 0{,}01 \cdot 0{,}99} \approx 2{,}44$, also $1{,}64\sigma \approx 4$
Mit einer Wahrscheinlichkeit von ca. 90 % wird die Anzahl der Personen mit der betr. Blutgruppe im Intervall [2; 10] liegen.
Kontrollrechnung, auch da die LAPLACE-Bedingung nicht erfüllt ist:
$P(2 \le X \le 10) \approx 0{,}941$
Da $P(3 \le X \le 9) \approx 0{,}856$, erfüllt das Intervall $2 \le X \le 10$ die Bedingung.

6 Bestimmung eines 95 %-Konfidenzintervalls für $\frac{X}{n} = 0{,}86$ für $n = 1814$:
Aus $|0{,}86 - p| \le 1{,}96\sqrt{\frac{p(1-p)}{1814}}$ ergibt sich: $0{,}8432 \le p \le 0{,}8752$

7 **a)** Aus der Grafik können Intervalle für die Körpergröße von Jungen zwischen 0 und 2 Jahren abgelesen werden. Die eingetragenen Graphen ermöglichen das Ablesen der Körpergröße, unterhalb der 3 %, 15 %, 50 %, 85 % bzw. 97 % der Jungen eines bestimmten Alters liegen.

b) Den Erwartungswert lesen wir am 50 %-Graphen ab: $\mu \approx 75{,}8$ cm.
Das $97\,\% - 3\,\% = 94\,\%$-Intervall umfasst alle Körpergrößen zwischen 71,4 cm und 80,2 cm. Wir suchen daher bei der Funktion
s(X) = normalcdf(71.4, 80.2, 75.8, X) denjenigen Wert von X, für den $s(X) = 0{,}94$ ist. Wir finden $s(2{,}34) \approx 0{,}94$. Also $\sigma \approx 2{,}34$ cm.

c) Für 2-jährige Jungen lesen wir ab): $\mu \approx 87{,}8$ cm.
Wir ermitteln (analog zu Teilaufgabe b)): $\sigma \approx 3{,}03$ cm.
Daher ist: $P(X > 86{,}5\,\text{cm}) = 1 - P(X \le 86{,}5\,\text{cm})$
$= 1 -$ normalcdf(0, 86.5, 87.8, 3.03) $\approx 67\,\%$.

8 **a)** $\left.\begin{array}{l} \mu - 1{,}28\sigma = 1{,}685\,\text{m} \\ \mu + 1{,}28\sigma = 1{,}855\,\text{m} \end{array}\right\} \Rightarrow \begin{array}{l} \mu = 1{,}77\,\text{m} \\ \sigma = 0{,}066\,\text{m} \end{array}$

b) (1) $P(X \le 1{,}745\,\text{m}) \approx 0{,}352$
(2) $P(X \ge 1{,}705\,\text{m}) = 1 - P(X \le 1{,}705) \approx 0{,}837$
(3) $P(1{,}715\,\text{m} \le X \le 1{,}795\,\text{m}) \approx 0{,}445$

9 **a)**

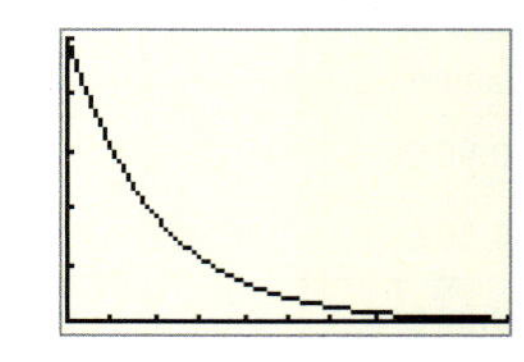

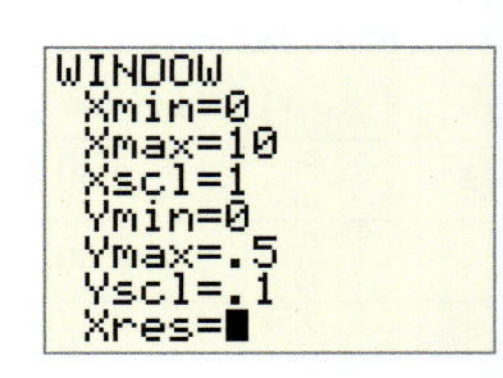

b) (1) $P(X > 6) = 1 - P(X \le 6) = 1 - 0{,}950 = 0{,}05$
Lösung mithilfe des GTR:

- mit dem Befehl $\int f(x)\,dx$ im CALCULATE-Menü:

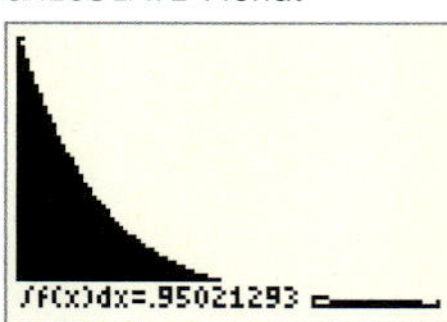

- mit dem Befehl fnInt im MATH-Menü:

```
1-fnInt(Y1,X,0,6
)
          .0497870684
```

Exakte Berechnung mithilfe der Integralrechnung:

$P(X > 6) = 1 - P(X \le 6) = 1 - \int_0^6 \frac{1}{2} e^{-\frac{x}{2}} dx = 1 - \left[-e^{-\frac{x}{2}}\right]_0^6 = 1 - [-e^{-3} + e^0]$

$= 1 - 0{,}9502\ldots \approx 0{,}05$

(2) $P(X \le 4{,}6) \approx 0{,}9$

Lösung mithilfe des GTR, mit dem Befehl intersect im MATH-Menü:

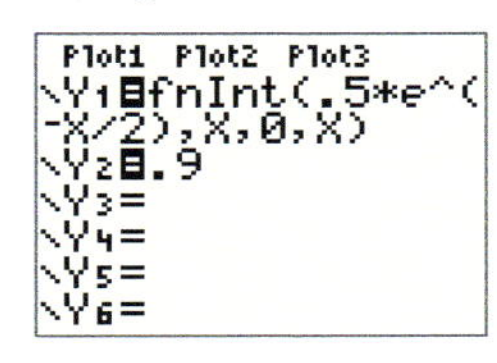

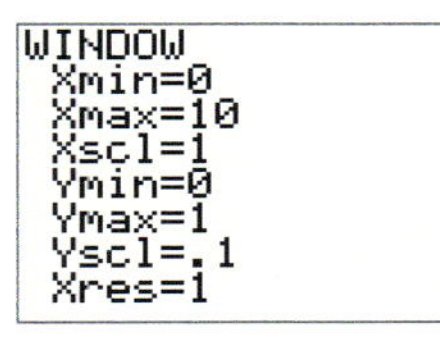

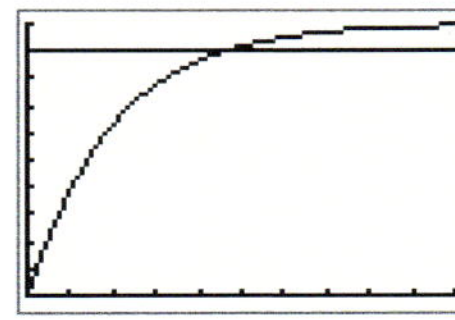

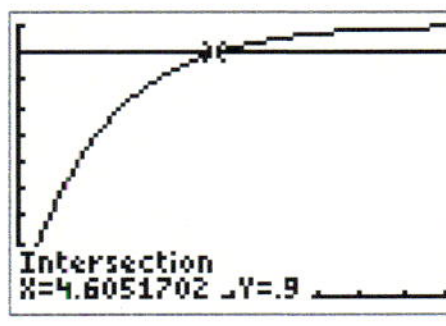

Berechnung mithilfe der Integralrechnung:

$P(X \le a) \approx 0{,}9$

$\int_0^a \frac{1}{2} e^{-\frac{x}{2}} dx = \left[-e^{-\frac{x}{2}}\right]_0^a = -e^{-\frac{a}{2}} + e^0 = 1 - e^{-\frac{a}{2}} \approx 0{,}9$

$e^{-\frac{a}{2}} \approx 0{,}1$

$-\frac{a}{2} \approx \ln(0{,}1)$

$a \approx 4{,}605$

c) Die Berechnung mit einem Rechner liefert: $\int_0^\infty x \cdot \frac{1}{2} \cdot e^{-\frac{x}{2}} dx = 2$

Stichwortverzeichnis

F

G

H

I

K

L

Mathematische Symbole

Mengen, Zahlen

$\mathbb{N}$	Menge der natürlichen Zahlen
$\mathbb{Z}$	Menge der ganzen Zahlen
$\mathbb{Q}$	Menge der rationalen Zahlen
$\mathbb{R}_+$	Menge der positiven reellen Zahlen einschließlich Null
$\mathbb{R}_+^*$	Menge der positiven reellen Zahlen ohne Null
$x \in M$	x ist Element von M
$x \notin M$	x ist nicht Element von M
$\{x \in M \mid \ldots\}$	Menge aller x aus M, für die gilt …
$\{a, b, c, d\}$	Menge mit den Elementen a, b, c, d
$\{\ \}$	leere Menge
$[a; b]$	abgeschlossenes Intervall, $\{x \in \mathbb{R} \mid a \le x \le b\}$
$]a; b[$	offenes Intervall, $\{x \in \mathbb{R} \mid a < x < b\}$
$a < b$	a kleiner b
$a \le b$	a kleiner oder gleich b
$\lvert x\rvert$	Betrag von x
$\sqrt{x}$	Quadratwurzel aus x
$\sqrt[n]{x}$	n-te Wurzel aus x
b^x	Potenz b hoch x
$\sin x$	Sinus x
$\cos x$	Kosinus x
$\tan x$	Tangens x
$\log_b x$	Logarithmus x zur Basis b
$\ln x$	natürlicher Logarithmus von x
$\underline{S}_n$	Untersumme
$\overline{S}_n$	Obersumme

Funktionen

$y = \operatorname{sgn} x$	Signumfunktion
$y = H(x)$	HEAVISIDE-Funktion
$y = [x]$	Ganzteilfunktion
$y = e^x$	e-Funktion
$y = \sin x$	Sinusfunktion
$y = \cos x$	Kosinusfunktion
$y = \tan x$	Tangensfunktion
$y = I_a(x) = \int_a^x f(t)\,dt$	Integralfunktion
$y = F(x)$	Stammfunktion
D_f	Definitionsbereich von f
W_f	Wertebereich von f
f'	Ableitungsfunktion von f
$f'(a)$	Ableitung von f an der Stelle a
$\lim\limits_{x \to a} f(x)$	Grenzwert der Funktion f an der Stelle a
$\int_a^b f(x)\,dx$	Integral von a bis b der Funktion f

Geometrie

$P(x \mid y)$	Punkt mit den Koordinaten x und y
$P(x \mid y \mid z)$	Punkt mit den Koordinaten x, y und z
AB	Gerade durch A und B
$\overline{AB}$	Strecke mit den Endpunkten A und B
$\overrightarrow{AB}$	Strahl mit Anfangspunkt A durch B
$\lvert AB\rvert$	Länge der Strecke $\overline{AB}$
ABC	Dreieck mit den Eckpunkten A, B und C
$g \parallel h$	g parallel zu h
$g \perp h$	g orthogonal zu h
$\begin{pmatrix} x_1 \\ x_2 \\ x_3 \end{pmatrix}$	Vektor mit den Koordinaten x_1, x_2 und x_3
$\overrightarrow{OP}$	Ortsvektor des Punktes P
$\overrightarrow{PQ}$	Vektor von P nach Q
$\vec{v}$	Vektor $\vec{v}$
$-\vec{v}$	Gegenvektor von $\vec{v}$
$\vec{o}$	Nullvektor
$\lvert\vec{v}\rvert$	Länge (Betrag) des Vektors $\vec{v}$
$\vec{a} + \vec{b}$	Summe von $\vec{a}$ und $\vec{b}$
$r \cdot \vec{a}$	r-faches von $\vec{a}$
$\vec{a} * \vec{b}$	Skalarprodukt von $\vec{a}$ und $\vec{b}$
$\vec{n}$	Normalenvektor
$\vec{a} \times \vec{b}$	Vektorprodukt von $\vec{a}$ und $\vec{b}$

Matrizen

$\mathbf{A}$	Matrix **A**
a_{ij}	Element der Matrix **A** in der i-ten Zeile und der j-ten Spalte
$\mathbf{A} = \begin{pmatrix} a_{11}\,a_{12} & \ldots & a_{1n} \\ a_{21}\,a_{22} & \ldots & \\ a_{m1}\,a_{m2} & \ldots & a_{mn} \end{pmatrix}$	$m \times n$-Matrix **A** mit den Elementen a_{ik}
$\mathbf{E}_n$	$n \times n$-Einheitsmatrix
$\mathbf{A}^{-1}$	Inverse der Matrix **A**

Stochastik

A	Ereignis A
$\overline{A}$	Gegenereignis zu A
$A \cap B$	Und-Ereignis von A und B
$A \cup B$	Oder-Ereignis von A und B
$P(E)$	Wahrscheinlichkeit für das Ereignis E
$P_B(A)$	Wahrscheinlichkeit für A unter der Bedingung B
$h(E)$	relative Häufigkeit von E
$n!$	n Fakultät
$\binom{n}{k}$	Binomialkoeffizient n über k
μ, $E(x)$	Erwartungswert der Zufallsgröße X
$V(X)$	Varianz der Zufallsgröße X
σ	Standardabweichung
X, Y, Z	Zufallsgrößen
$\varphi_{\mu;\sigma}(x)$	Dichtefunktion der Normalverteilung mit Erwartungswert μ und Standardabweichung σ
$\Phi_{\mu;\sigma}(x)$	Verteilungsfunktion der Normalverteilung mit Erwartungswert μ und Standardabweichung σ

Bildquellenverzeichnis

agenda, Hamburg: 291 oben links (J. Boethling); akg-images, Berlin: 34 unten links, 63, 72 links, 72 rechts, 128 unten links, 279 unten rechts, 280 oben; alamy images, Oxfordshire: 282 oben (Justin Kasezfourz); alimdi.net, Deisenhofen: 41 Mitte (al-franz), 96 oben (Michael Dietrich), 159 2. Foto von oben (Gerhard Zwerger-Schoner), 311 unten links (Horst Mahr); allOver, Plourivo: 446 unten; ANDIA, Pacé: 389 unten (Aldo Liverani); AOK Bundesverband, Berlin: 424 oben rechts; Arco Images, Lünen: 368 unten, 576 (Pfeiffer); argum, München: 441 oben rechts (Thomas Einberger); argus Fotoarchiv, Hamburg: 107, 301 unten (Peter Frischmuth); Arnold, Peter, Berlin: 253 (Digital Light Source), 342 unten Monarch-Ei; artur Architekturbilder Agentur, Essen: 257 oben (Hessmann); BASF, Ludwigshafen: 311 oben; Bayer AG, Leverkusen: 209; Bildagentur Geduldig, Maulbronn: 209; Bildagentur Huber, Garmisch-Partenkirchen: 226 Mitte, 293 unten (Bernhart); Bildagentur Schapowalow, Hamburg: 246 oben (Jensen); Bildagentur-online, Burgkunstadt: 241 oben (Bernard Desestres/Vandystadt), 259 unten; BilderBox Bildagentur, Thening: 234 oben links, 239 Mitte; Blickwinkel, Witten: 156 oben; Bridgeman Art Library, London: 281 oben, 452 oben; Bridgeman Berlin, Berlin: 49 Mitte, 128 oben Mitte (Ashmolean Museum, Oxford); Buck, Andreas , Dortmund: 246 unten; Bundesverband der Deutschen Ziegelindustrie, Bonn: 265 Mitte; Caro Fotoagentur, Berlin: 157, 364 oben; Christoph & Friends / Das Fotoarchiv, Essen: 56 oben (Tack), 324 oben (Manfred Vollmer); Classen, Bernhard, Lüneburg: 442 Mitte; Conrad Electronic, Hirschau: 445 2. Foto von oben; Corbis, Düsseldorf: 49 unten (James L. Amos), 120 oben, 232 unten (Anthony Dalton), 482 (Tom Bean), 586 (Floris Leeuwenberg); Das Luftbild-Archiv, Wennigsen: 84; DB Mobility Logistics AG, Frankfurt/M.: 329; Deuter, Wolfgang, Düsseldorf: 311 unten rechts; Deutsche Bahn AG, Berlin: 19 (Bartlomieji Banaszak), 305 Mitte rechts; Deutsches Schifffahrtsmuseum, Bremerhaven: 115 rechts; die bildstelle, Hamburg: 326 oben (Rex Features Ltd.), 338 unten (McPhoto), 417 Info2; Dingeldein, Frank: 287 oben; ecopix-Fotoagentur, Berlin: 353 links, 492 (Andreas Froese); Eisele Photos, Augsburg: 219 oben links; F1online, Frankfurt/Main: 370; Fabian, Hannover: 20, 43 oben, 58, 334 oben, 335, 391 oben, 401 Mitte links, 401 oben links, 410 oben, 413, 414 oben links, 419, 465 oben, 470 Mitte; Face To Face Bildagentur, Hamburg: 460 links; Fotoagentur SVEN SIMON, Mülheim an der Ruhr: 45; fotolia.com , New York: 364 links; Fotostudio Druwe & Polastri, Weddel: 80, 112, 113 oben, 139, 160 oben links, 169, 211 oben links, 211 oben rechts, 264, 291 Mitte, 354, 384, 393 oben rechts, 438, 440 unten, 441 oben links, 459 oben, 462 oben, 462 unten, 463, 466 Mitte rechts, 466 oben links, 473 Mitte links, 476 oben rechts; Garnuka Carport & Wintergartenwerk, Neubrandenburg: 311 Mitte oben; Getty Images, München: 174 Mitte (Thomas Northcut), 206 (Bongarts); Globus Infografik, Hamburg: 490, 493; go digitalpro!, Wietze: 106 Mitte (Gottschalk); Graefe, Sven von, Helmstedt: 77, 161 oben; Gundlach, Andreas, Edemissen: 33 unten links, 344 oben links, 389 oben, 500; Haag & Kropp GbR, Heidelberg: 384 Mitte (artpartner-images.com); Helga Lade Fotoagentur, Frankfurt/Main: 41 unten (Gläser), 121 oben Mitte, 383 Mitte rechts, 452 Mitte rechts; images.de, Berlin: 464 (Martin Fejer); imagetrust: 341 oben (Robert Kah); imago stock & people, Berlin: 183 oben, 346 oben (Manja Elsässer), 351 Mitte rechts; IPNSTOCK: 477 (Kevin Taylor); Jahreszeiten Verlag, Hamburg: 309 rechts (Markus Bassler); Joker, Bonn: 42 oben (Lohmeyer), 401 Mitte rechts (Hick); Juniors Bildarchiv, Ruhpolding: 473 oben; Jupiterimages, Ottobrunn: 207; Jürgens Ost + Europa Photo, Berlin: 158 Mitte; Keystone, Hamburg: 41 oben (Schulz), 87 (Oelsner), 163 Mitte (Schulz), 217 Mitte (Knackfuss), 373 (Zick), 382 unten rechts (DiAgentur), 423 Mitte (tranquillium); KUKA Systems GmbH, Augsburg: 293 oben; Kuttig, Siegfried, Lüneburg: 207; Landrat-Lucas-Gymnasium, Leverkusen: 415 oben; Lausitzer Braunkohle AG, Senftenberg: 266 Mitte; Lavendelfoto, Hamburg: 142 oben rechts (Hans-Heinrich Mueller); LOOK, München: 175 unten (Greune), 493 (Bernhard Limberger); Luftbildverlag Hans Bertram, Memmingerberg: 228 (E. Hummel); Mauritius, Mittenwald: 23 oben links (fact), 29 oben rechts (Firstlight), 47 (Merten), 56 unten rechts, 61 unten (Photo Researchers), 78 unten (Thonig), 113 Mitte (age), 132 Mitte (Werner Otto), 136 (imagebroker), 159 oben (Arthur), 167 Mitte (UpperCut), 168 unten, 170 oben (imagebroker/Wolf), 171 oben (Walker), 211 Mitte links (imagebroker/Peucker), 219 oben rechts (Speedy), 232 Mitte (Reinhard Kliem), 234 oben rechts (imagebroker/Frey), 239 oben (imagebroker/Frey), 247 oben (Rosenfeld), 258 (Schwarz), 269 links (Pinn), 274 oben, 274 unten (Phototake), 285 oben (imagebroker), 289 (Rosenfeld), 299 oben (Ypps), 304, 305 Mitte links (Pokorski), 310 (age), 311 6 (Heiner Heine), 311 Mitte (Bretter) (Horst Sollit), 311 Mitte rechts (age), 315 Mitte, 316 links, 321 oben (Elsen), 339 oben links, 342 unten Monarch-Falter, 342 unten Monarch-Raupe, 342 unten Puppe, 342 unten Schlüpfen, 343 oben, 343 unten, 348 oben (Walker), 380 unten, 388 unten (Bordis), 390 unten (Stockbroker RF), 416 unten, 440 oben, 481 (Lange), 489, 490 (FreshFood), 491 (Walser), 498 (Wolfgang Filser), 501 (Lehn), 503 (age); Minkus IMAGES, Isernhagen: 133 unten; NASA, Houston: 11 rechts oben, 79, 79; National Portrait Gallery, London: 365 oben links; OKAPIA, Frankfurt/Main: 115 links (NAS/Blair Seitz), 164, 208 (SAVE), 237 oben (Westmorland/Global Pic), 298 oben (Warden); Picture Press, Hamburg: 383 oben rechts (Schloemann); Picture-Alliance, Frankfurt/Main : 50 (Kosecki), 52 oben (Kosecki), 69 (zb), 100 oben (EPA/Ghemen), 100 unten (zb), 142 Mitte links (Stang), 144 oben (Amsler/OKAPIA), 160 Mitte, 221 oben links (dpa/Endig), 230 (zb), 247 unten (dpa), 290, 296 (dpa-Report), 320 unten (dpa/Federico Gambarini), 325 unten, 339 oben rechts, 345 oben links, 345 oben rechts, 345 unten links, 345 unten rechts, 347 unten, 357 unten, 358 Mitte, 358 unten, 360 unten links (Pleul), 364 Mitte (Schiffmann), 369 (Hensel), 372 oben, 376 Mitte, 376 unten links, 376 unten rechts, 392 Mitte links (akg-images), 397 unten (dpa/Frank May), 421 oben Mitte (dpa/Tschauner), 421 oben links (dpa/Weißbrod), 421 oben rechts (zb/Wolf), 424 links (Rumpenhorst), 424 unten (dpa), 425 Mitte links, 425 Mitte rechts, 425 oben rechts (Bifab), 427 oben rechts, 445 oben (Hirschberger), 453 oben links (MP/Leemage), 458 oben links (maxppp), 478 (Schultes), 478, 483 (Schrader), 494; Plainpicture, Hamburg: 495 (Onimage); Pock, Kurt: 213; Poorten, R., Düsseldorf: 389 Mitte; Presse- und Informationsamt der Bundesregierung, Berlin: 175 Mitte; Reinhard-Tierfoto, Heiligkreuzsteinach: 351 links unten; Reuters, Berlin: 24 (Vreeker); Roto Zimpel, München: 423 oben; Saba Laudanna, Berlin: 103 oben; Schicke, Jens, Berlin: 265 unten; Schlüter, Heinz-Jürgen, Frankfurt/Main: 436; Science Museum, London: 474 (SSPL); SeaTops, Karlsruhe: 275 oben (Amsler); Siemens, München: 113 unten; Simon, Sven, Essen: 356 unten; Stachniss-Carp, Sibylle, Lahntal: 248 oben; Stark, F., Dortmund: 211 Mitte rechts; Stefanie Sudek, Berlin: 86 oben; Steinbeis Forschungsinstitut für solare und zukunftsfähige thermische Energiesysteme, Stuttgart: 85 oben; Stills-Online Bildagentur, Hamburg: 302 oben links; Stock4B, München: 85 Mitte links, 383 oben links (RF); stockagentur Gerhard Leber, Berlin: 346 unten; Strick, Heinz Klaus, Leverkusen: 377 oben rechts, 404 oben links, 449 Mitte rechts, 450 oben links, 450 oben rechts, 452 Mitte links, 453 Mitte links, 453 oben rechts, 453 unten, 491; Suhr, Friedrich, Lüneburg: 51 unten, 53 oben, 166 oben; Superbild, Taufkirchen: 174 oben; Tegen, Hambühren: 165 oben; Thaler, Leipzig: 165 Mitte; Tooren-Wolff, Magdalena, Hannover: 259 Mitte; TopicMedia Service, Ottobrunn: 420 oben; ullstein bild, Berlin: 279 unten links (Granger Collection); vario images, Bonn: 74 oben, 116 oben, 311 Mitte links, 344 unten links, 350 Mitte, 459 Mitte, 486; Visum, Hamburg: 238 Mitte (Steinmetz), 272 oben (Steinberg), 300 oben (Williamson), 301 oben (Specht), 439 (Müller), 446 oben; Warmuth, T., Berlin: 458 unten links; Weisflog, Rainer, Cottbus: 498; Werner, S., Hannover: 102 unten; Wieck, Thomas, Völklingen: 309; Wissenschaftliche Film- und Bildagentur Karly, München: 158 oben (Prof. Wanner).

Es war nicht in allen Fällen möglich, die Inhaber der Bildrechte ausfindig zu machen und um Abdruckgenehmigungen zu bitten. Berechtigte Ansprüche werden selbstverständlich im Rahmen der üblichen Konditionen abgegolten.

In diesem Band wird an einigen Stellen auf die **CD-ROM *Mathematik interaktiv*** verwiesen, die dem Band 10 Elemente der Mathematik beiliegt.
Unter der ISBN 978-3-507-83996-0 können Sie diese CD auch einzeln bestellen.

Für die Abiturvorbereitung bieten wir Ihnen folgenden Service:
Das Kapitel **Abiturvorbereitung Sinusfunktionen** finden Sie (ab Januar 2010) auf der Internetseite ***www.mathematik-gymnasium.de/edm/download*** zum kostenfreien Download.